数学の杜 5

群のスピン表現入門

—初歩から対称群のスピン表現(射影表現)を越えて

平井 武 著

関口次郎・西山 享・山下 博 編

数学書房

数学の杜にようこそ
シリーズ刊行にあたって

本シリーズは，数学を専門に学び始めた大学院生や意欲のある学部学生など，数学の研究に関心のある人たちに，セミナーのためのテキストあるいは自習書として使用できる教材を提供するために企画された．

現代数学は高度に発展し，分野も多様化している．このような現状では現代数学のすべての分野を網羅することは困難であろう．そこで，シリーズ『数学の杜』では分野にこだわらずに話題を選択し，その方面で特色ある研究をされている専門家に執筆を依頼した．

シリーズの各巻においては，大学の数学科の授業で学ぶような知識を仮定して，ていねいに理論の解説をすることに力点が置かれている．執筆者の方には，仮定された知識についてはきちんと参考書をあげるなどの配慮をこころがけ，読者が戸惑うことがないようお願いした．

本シリーズだけで数学の面白いトピックスがすべてカバーできるわけでない．しかし，この緑陰の杜には，数学がこれほど面白いということを読者に伝えるに十分な話題が用意されている．ぜひ自分の手を動かし，自ら考えながらじっくり味わっていただきたいと思う．

2010 年 10 月

編集委員一同

まえがき

本書は群のスピン表現（射影表現ともいう）に関する入門書である．主として有限群の場合を取り扱っているが，必要に応じて，例などの中にリー群の場合などを取り入れてある．またコンパクト群が現れる局面も取り扱って，読者に，より広い観点から理解して頂けるように配慮している．

そもそも，群の線形表現の概念は，Frobenius に始まるが，それは大雑把に言えば，群を線形変換によって表現するものである．より正確に言うと，群 G の各元 g に，ある線形空間 V 上の線形変換 $T(g)$ を対応させ，

$$T(g)T(h) = T(gh) \quad (g, h \in G), \quad T(e) = I_V,$$

となるようにしたものである．ここに，e は G の単位元，I_V は V 上の恒等作用素を表す．もっとも，Frobenius の第 1 論文 [Fro1, 1896] では，**指標**の概念を可換群から非可換群に拡張し，それを「指標方程式」により定義して代数的に研究した．第 2 論文 [Fro2, 1896] では群行列式を研究した．そして，実際に**線形表現** $g \mapsto T(g)$ を持ち出して，それから指標 $\chi_T(g) = \mathrm{tr}(T(g))$ を与えたのは，その直後である．[1)]

群の**スピン表現**の概念は，Frobenius の第 1 論文から十年を経ないうちに Schur の論文 [Sch1, 1904] から始まった．それは大雑把に言うと，群 G の各元 g に一次分数変換 $S(g)$ を対応させて，G を準同型に表現するものである．これを言い方を変えて，より正確に言うと，次のようになる．体 K 上の線形空間 V をとり，任意の $g \in G$ に V 上の線形変換 $\pi(g)$ を対応させて，

$$\pi(g)\pi(h) = r_{g,h}\,\pi(gh) \quad (g, h \in G,\ \exists r_{g,h} \in K^\times),$$

を満たすものをとる．ここに，$K^\times = \{k \in K; k \neq 0\}$．このとき，$G \times G$ 上の $K^\times$ 値関数 $r_{g,h}$ を π の因子団と呼び，π を（K 上の）G のスピン表現もしくは射影表現とよぶ．[2)]

V 上の可逆な線形変換全体のなす群を $GL(V)$ とし，それを単位行列の非零定数倍のなす中心的部分群 $K^\times I_V = \{cI_V; c \in K^\times\}$ で割った群を（V 上の）射影変換群と言い，$PGL(V)$ で表す．$S(g) \in PGL(V)$ を $\pi(g)$ が代表する射影変換とす

---

1) 論文 [Fro3, 1897]．詳しくは，文献 [平井 1] 参照.

2) 歴史的な詳細は，本書付録 A または文献 [平井 2] 参照.

ると，上の関係式から

$$S(g)S(h) = S(gh) \quad (g, h \in G)$$

を得るので，S は G から $PGL(V)$ への準同型を与える．なお，この定義には，群 G が有限群ではなくて，位相群やリー群の構造が入っている場合にはそれに応じた（追加の）制限条件を加える必要がある．本書第 2 章で説明されているように，実は S を与えることと π を与えることは本質的に同値である．また，G のスピン表現は，G の多価表現である，という解釈も成り立つことを説明する．

なお，理論物理の方面からは Pauli が「電磁場の中の電子の量子力学」の論文 [Pau, 1927] において，（Schur や Cartan の仕事を知らなくてそれらとは独立に）Pauli 行列の 3 つ組の理論を発表した．これは現代風に言えば，3 次元ユークリッド空間の回転群 $SO(3)$ のスピン表現（2 価の表現）を与えていることになる．それに続いて，Dirac が翌年の論文 [Dir, 1928] で，相対論的に不変な波動方程式，Dirac 方程式，を提出した．この方程式に作用するのは，ローレンツ群の 2 価の表現（スピン表現）である．（詳しくは本書付録 A を参照されたし．）

筆者は，以前に何回か，理論物理を専攻する大学院生の方々から，「群のスピン表現を勉強したいのだが，適当な本はあるでしょうか？」と聞かれることがあった．そして「出来れば日本語の本がいいのですが」と付け加えられた．そのころには，推薦するのに適当な本が無くて困ってしまった．そうした声にも励まされて，今回，「数学の杜」編集委員，関口次郎，西山享，山下博の三氏のお奨めにより本シリーズの中に取り込んでいただいたのを機会に，特に心して，数学を専門とする学生・研究者だけではなく，数学を使う立場の方々にも利用して頂けるように工夫した入門書として本書を書いてみた．

このシリーズの出版目的に重点を置くのは勿論だが，全体としてはそれを越えて，数学を専門としないがそれを応用したい方々にも読んで頂けるようにと目的を拡げて，より一般向けの入門書の形を取った．それにしたがって必然的に分量が増えて，結果的にこの分厚さになってしまった．

本書は，第 I 部が 8 章，第 II 部が 6 章，ほかに付録 A, で構成されている．細部の組み立ては次のようになっている．

第 I 部（第 1 章〜第 8 章）では，群の線形表現の基本を必要な範囲でまとめたあと，スピン表現の初歩から，対称群・交代群などの置換群のスピン表現まで，を取り扱う．

第 1 章では，群の線形表現の基本を述べている．第 1.2 節では，誘導表現とその指標について証明付きで述べ，具体例を計算してある．第 1.3 節では，n 次対称群 $\mathfrak{S}_n$ の既約線形表現とその指標についてまとめてある．これらは，引き続いて述べられる「スピン表現の理論」のモデルを与えるものである．本書全体を通しての基本方針としては，スピン表現を線形表現とは全く異なる対象として捉えるのではなくて，できるだけ（馴染みのある）線形表現の枠の中で取り扱う，ということを目指している．したがって，本章は全体への導入部としての位置付けである．線形表現に馴染みのある方はここを軽く通過して，のちに必要になればその個所を見直す，ということでよい．

第 2 章では，スピン表現の初歩を取り扱い，有限群 G に対する表現群 $R(G)$ を G の特別の中心拡大として定義し，その存在や構造を論ずる．対称群の表現群や巡回群の直積の 2 重被覆群などを与え，それらのスピン表現が，実は自然な作用の中から現れてくる様子を，具体例を挙げて示している．

第 3 章では，コンパクト群 U と有限群 S との半直積の群 $G = U \rtimes S$ に対して，その既約表現の完全系を構成する方法を述べる．一般の場合には，この場面に，S のある部分群のスピン表現が必然的に現れる．具体例として「一般化された対称群」の場合が取り扱われる．この理論は，第 9 章以下で取り扱われる複素鏡映群のスピン表現の理論に応用される．

第 4 章では，群 S の 2 重被覆群 S' のスピン表現（S から見れば 2 価の表現）の理論が取り扱われる．m 個の群 S_j $(j = 1, 2, \cdots, m)$ の 2 重被覆群 S'_j の歪中心積（twisted central product）$S' = S'_1 \widehat{*} S'_2 \widehat{*} \cdots \widehat{*} S'_m$ を直積群 $S = S_1 \times S_2 \times \cdots \times S_m$ の 2 重被覆群として定義する．そして，S'_j のスピン表現 π_j の歪中心積

$$\pi = \pi_1 \widehat{*} \pi_2 \widehat{*} \cdots \widehat{*} \pi_m$$

として，S' のスピン表現 π を与える．π_j がすべて既約ならば，歪中心積 π も既約である．こうして構成されたスピン既約表現から，S' のスピン既約表現の完全代表元系が選べることを証明する．本章の理論は，第 5 章〜第 6 章の，n 次対称群 $\mathfrak{S}_n$ や n 次交代群 $\mathfrak{A}_n$ のスピン表現の理論に生かされる．

第 5 章では，n 次対称群 $\mathfrak{S}_n$, n 次交代群 $\mathfrak{A}_n$ やその部分群のスピン表現の基本的事項をまとめて述べてある．そして，$\mathfrak{S}_n$ や $\mathfrak{A}_n$ のスピン既約表現の構成とその指標の計算，という作業の第 1 段階までが取り扱われる．そこでは，憶えておくにはやや複雑すぎる細かい事実が沢山現れるのだが，それらを整理して多くの表にまとめておいた．これは読者の理解を助けるほかに，記憶したり参照したり

する際の便宜をはかるということである．

第 6 章では，前章の結果を受けて，n 次対称群 $\mathfrak{S}_n$ や n 次交代群 $\mathfrak{A}_n$ のスピン既約表現の構成と，その指標の計算が取り扱われる．前章と併せて，ここに取り入れた方法は，もともとの Schur [Sch4, 1911] のやり方を踏襲したものである．とくに既約指標の計算については，Józefiak の論説 [Józ, 1989] も参考にして，長く続く証明のステップ建てには筆者なりの工夫も込められている．証明も省略することなく，できるだけ分かり易く丁寧に述べた積もりである．

第 7 章では，スピン既約表現の次元公式と，部分群への制限 $\mathfrak{S}_n \downarrow \mathfrak{S}_{n-1}$ に関する分岐律が取り扱われる．

第 8 章では，Nazarov による「$\mathfrak{S}_n$ のスピン既約表現の行列による実現」が取り扱われる．これは（上の分岐律を踏まえた）Gelfand-Zetlin 型基底を表現空間にとって，それに関する行列表現を与えるものであるが，応用面での活用が期待される．

第 II 部（第 9 章〜第 14 章）では，第 I 部の発展形として，まず，複素鏡映群のスピン表現・スピン指標を取り扱う．ついで，群上の正定値関数と指標の一般理論を述べる．

さらに，成長する群の無限系列 $\cdots \subset H_n \subset H_{n+1} \subset \cdots$ があったとき，帰納極限群 $H_\infty = \lim_{n\to\infty} H_n$ の指標と H_n の既約指標の極限との関係を調べる．これは，無限対称群に対するいわゆる Vershik-Kerov 理論をさらに発展させたものである．最後に，これらの理論を総合して，無限複素鏡映群の指標をすべて求める．

第 9 章では，**複素鏡映群** $G(m,p,n)$, $n \geq 1$, $p|m$, を導入する．すべての有限 Coxeter 群はここに含まれる．Shephard-Todd [ShTo, 1954] による分類によれば，既約複素鏡映群の大部分を占めるのは無限族 $G(m,p,n)$, $1 \leq n < \infty$, $1 \leq m < \infty$, $p|m$, であり，ここに入らないのは，34 個の例外群と呼ばれるものだけである．$p = 1$ のもの，$G(m,1,n)$, は**拡張された対称群**といわれ，$\mathfrak{S}_N$, $N = nm$, の自然な部分群であり，母群（ぼぐん）と呼ばれる．$G(m,p,n)$, $p|m$, $p > 1$, は $G(m,1,n)$ の典型的正規部分群であり，$G(m,1,n)$ の子群（こぐん）といわれる．スピン既約表現やスピン既約指標について，まず母群に対して結果を出せば，子群に対する結果の重要部分がそれから導かれることが示される．

第 10 章では，まず一般化対称群 $G(m,1,n)$ の表現群の構造が調べられる．$R(G(m,1,n))$ は，いわゆる Schur 乗法因子群（Schur multiplier）Z による

$G(m,1,n)$ の中心拡大である：

$$\{e\} \longrightarrow Z \longrightarrow R(G(m,1,n)) \xrightarrow{\Phi} G(m,1,n) \longrightarrow \{e\},$$

ここに，Φ は典型準同型である．表現群での「Z を法とする共役類」を調べる．その結果から，スピン既約指標の台に関する重要な結果が得られる．そして，帰納極限の群 $R(G(m,1,\infty)) := \lim_{n\to\infty} R(G(m,1,n))$ の指標に対しても台の評価が得られる．その情報を使って，$R(G(m,1,\infty))$ 上の不変正定値関数が指標であるための（使いやすい）必要十分条件が得られる．

第 11 章では，一般化対称群 $G(m,1,n)$ のスピン既約表現とその指標が求められる．$4 \le n < \infty$ のとき，$G(m,1,n)$ の Schur 乗法因子群は

$$Z = \begin{cases} \langle z_1 \rangle \cong \boldsymbol{Z}_2, & {z_1}^2 = e, \quad m \text{ が奇数のとき}, \\ \prod_{1\leqslant i\leqslant 3} \langle z_i \rangle \cong {\boldsymbol{Z}_2}^3, & {z_i}^2 = e, \quad m \text{ が偶数のとき}. \end{cases}$$

$G(m,1,n)$ の**既約**スピン表現 π を取ると，典型準同型 Φ を通して，表現群 $R(G(m,1,n))$ の線形表現になる．それを同じ記号で書く．Z の 1 次元指標 χ_Z^π が存在して，$\pi(z) = \chi_Z^\pi(z)I$ (I = 恒等写像) となる．$\chi_Z^\pi \in \widehat{Z}$ を π のスピン型という．非自明なスピン型の個数は，m 奇のとき $2-1=1$ 個，m 偶のとき $2^3-1=7$ 個，である．すべてのスピン型に対して，スピン既約表現の完全代表元系を構成し，それらの指標を計算する．スピン既約表現の構成には，第 3 章での半直積群の既約表現の構成法を応用する．指標の計算にはなかんずく第 4 章の指標公式（定理 4.5.3）を応用する．

第 12 章では，無限離散群を含む一般の群に対する「群上の正定値関数と指標の一般理論」を取り扱う．とくに著しい結果としては，G の指標をその正規部分群 N に制限したときにどうなるか，に関して定理 12.3.2 がある．それらを無限複素鏡映群 $G(m,1,\infty)$ やその表現群 $R(G(m,1,\infty))$ の場合に適用する．とくに，母群 $G(m,1,\infty)$ と子群 $G(m,p,\infty)$, $p|m$, $p>1$, の相関に関する重要な結果としては，定理 12.5.1 がある．

第 13 章では，増大するコンパクト群の列 $\cdots \subset H_n \subset H_{n+1} \subset \cdots$ とその帰納極限 $H_\infty := \lim_{n\to\infty} H_n$ を取り扱う．H_n の正規化された既約指標 $\widetilde{\chi}_n$ の列の各点収束極限と H_∞ の指標との相互関係を調べる．著しい結果としては定理 13.8.2 がある．さらにそれを精密化した定理 13.9.1 では

「H_∞ のすべての指標は，コンパクト一様収束極限 $\lim_{n\to\infty} \widetilde{\chi}_n$ として得られる」

が示されている．確率論を背景とした，これらの議論は，洞彰人氏との共著論文 [HoHH, §14] を踏まえている．各 H_n が有限群の場合には，H_∞ を**局所有限群**という．局所有限群，とくに，$R(G(m,1,\infty)) := \lim_{n\to\infty} R(G(m,1,n))$ の場合に，これらの結果が適用できる．

この章の内容は，本シリーズの最新刊『対称群の表現とヤング図形集団の解析学 — 漸近的表現論への序説』(洞 彰人) と深い関係があり，洞氏の許可の下，共著論文 [HoH] からも最新の結果を取り込んである．確率論と表現論が実質的に絡み合う現在発展中の理論であり，その一部を一般化対称群とその極限群の場合ならびにそれらの表現群の場合に，具体的に応用した結果が次章の内容である．

第 14 章では，無限一般化対称群 $G(m,1,\infty)$ の指標・スピン指標がすべて求められている．無限対称群 $\mathfrak{S}_\infty = G(1,1,\infty)$ に対する Thoma の古典的結果のほか，無限複素鏡映群 $G(m,p,\infty)$, $p|m$, $p \geq 1$, などに対する指標が具体的に与えられている．また，Nazarov の $\mathfrak{S}_\infty$ のスピン指標に関する結果，を込めて，すべてのスピン指標の具体形も与えられている．各スピン型 $\chi_Z \in \widehat{Z}$ に対する指標全体の集合に対するパラメーター空間がどうなっているかは，第 14.13 節の表 14.1, 14.2, 14.3 にまとめてある．

なお，付録 A では，群のスピン表現（射影表現，もしくは多価表現ともいう）の理論の歴史を概観している．その始まりは Schur による有限群のスピン表現であった．そのあと，回転群などの無限群の場合や，Pauli の行列 3 つ組の導入による（回転群 $SO(3)$ の 2 重被覆を用いた）電子の理論，Lorentz 群のスピン表現に至る Dirac の相対論的波動方程式の理論，等も折り込んで，スピン表現理論の発展史をたどる．そこでは定義されていない専門用語が出てくるかも知れないが気にせず，読み物として読み飛ばして頂きたい．それによりスピン表現に関するおおよその雰囲気を知ることができる．これが学習の手助けとなることを期待している．

2017 年 7 月　京都にて，　著者識す

目　次

●第 I 部　群の線形表現の基本・スピン表現の初歩から置換群のスピン表現まで

●第 II 部　有限および無限複素鏡映群のスピン表現・スピン指標, 群指標の一般理論と指標の極限

凡 例.

(1) 文章の区割りを，章（chapter），節（section），小節（subsection）という．それを太文字の算用数字で表す．例えば，

第 **2.3** 節，**2.3** 節，または単に **2.3** は，第 2 章第 3 節を表し，
第 **4.5.4** 小節，**4.5.4** 小節，**4.5.4** は，第 4 章第 5 節第 4 小節を表す．

(2) 記号 □ は，定理，命題，補題等の**証明**の終わりにおかれる．そのほかに，証明無しの**定理**の終わりや，**定義**，**例**などの終わりを明示するためにおかれることもある．

(3) 巻末の「引用文献」は，まず本文用のものがあり，それに漏れている「付録 A」の引用文献は別表として付け加えてある．

(4) 巻末の「記号索引」においては，

$GL(V)$ 2

は記号 $GL(V)$ が第 2 頁にあることを示す．

読者へのお願い.

1. 欧文での数学書では，display した数式のうしろにその数式に現れた未定義記号の定義を与えることがごく一般に起こる．例えば，

$$A = B + C,$$

where B is $\cdots\cdots$ and C is $\cdots\cdots$.

の形である．日本語の数学書では，この形はやや無理筋だが，本書のスペースを圧縮するためにこの形をとった個所もあるのでご了解頂きたい．ある式を見て定義を知らない記号があったときには，（忘れたと思って）以前に遡って定義を探す前に，まずはその式の直後を見て頂きたい．そこに定義が書かれている可能性が大である．

2. おなじく本書のスペースを圧縮するためだが，（とくに本書後半において）文章がいわゆる「体言止め」風になっている個所がある．例えば，“・・・である．” という文章で最後の「である」が改行にかかる場合に，これをカットして改行を防ぎ，行数を減らしてある．お許しを頂きたい．

第I部

群の線形表現の基本・スピン表現の初歩から置換群のスピン表現まで

第1章

群の線形表現の基本

群のスピン表現（射影表現）の理論を学び始める基礎として，ここではまず線形表現の基本をまとめておく．この本は，数学を専門とする方々だけではなく，数学を利用される方面の学生・研究者の方々をも読者に想定して，入門書として書かれるので，必要事項は具体的な例を交えて，できるだけ丁寧に述べる．これは全体の序章であるが，線形表現に一応の知識のある人は，この章をパスして第2章から読み始めても良い．そして，必要なときに参照することをお奨めする．

1896 年に Frobenius が有限群の指標の理論を創始し，すぐに続いて翌年に線形表現の理論を作ったが，おおよそ十年ほどの間に，めぼしい基本的な定理を証明した．その後で Burnside や Schur などが線形表現とその指標の理論を簡易化した．ここでは，コンパクト群に枠を拡げて，基本的な定理を思い出しておこう．第 3 節では（主として Frobenius にしたがって）対称群 $\mathfrak{S}_n$ および交代群 $\mathfrak{A}_n$ の線形表現についてまとめておく．

実は，この章を付録に回すことも一応考えたのだが，読者の便宜を考えたほかに，次のような理由によって，この本の本筋の流れの中に取り込んだ．

(1) スピン表現を取り扱うのに「線形表現とは別に特別の理論を作るのではなく，あくまでも線形表現にこだわって，一貫してその理論の枠中でスピン表現も取り扱う」というのが本書の基本方針である．（さらに，第 3 章で見るように，線形表現の枠内に自然にスピン表現が現れる．）

(2) Schur のスピン表現の理論は，Frobenius の線形表現の理論をモデルにして，その間十年をおかずに創始された．本書の主題の 1 つである対称群 $\mathfrak{S}_n$ のスピン表現の理論も，Frobenius の対称群の線形表現の理論との対比で見ると，より興味深く理解できる．

1.1 群の線形表現

1.1.1 表現の行列要素

G を群とし，単位元を e で表す．G に位相 τ_G が入っていて，

(1) 積写像 $G \times G \ni (g,h) \mapsto G$ が $\tau_{G\times G} := \tau_G \times \tau_G$ と τ_G に関して連続，

(2) 逆元を取る写像 $G \ni g \mapsto g^{-1} \in G$ が連続，

となっているとき，位相群という．G にとくに位相が入っていないとき，（必要な場面では）G に離散位相が入っていると考える．

V を位相体 K（たとえば，$\boldsymbol{R}$ や $\boldsymbol{C}$ など）の上の位相ベクトル空間とし，その上の可逆な連続線形作用素の全体を $GL(V)$ と書く．$GL(V)$ は一般線形群と呼ばれる群であり，その単位元は V 上の恒等変換 I_V である．$GL(V)$ には，これを位相群にするある位相 $\tau_{GL(V)}$ が入っているとする．

定義 1.1.1 写像 $\pi\colon G \ni g \mapsto \pi(g) \in GL(V)$ が G の K 上の**線形表現**であるとは，次が成立することである：

$$\pi(e) = I_V, \quad \pi(gh) = \pi(g)\pi(h) \ \ (g,h \in G), \tag{1.1.1}$$

$$\text{写像 } G \ni g \mapsto \pi(g) \in GL(V) \text{ は連続である．} \tag{1.1.2}$$

V は π の表現空間と言われ，$V(\pi)$ とも書かれる．表現 π が**既約**であるとは G-不変な閉部分空間が V および $\{\boldsymbol{0}\}$ 以外に存在しないこととする．

表現 π の次元 d_π とは，$\dim_K V$ のことである．π の**行列要素**とは，次で定義される G 上の関数のことである：V の双対空間を V' とし，$v \in V, v' \in V'$ に対し，

$$f_{v,v'}(g) := \langle \pi(g)v, v' \rangle \quad (g \in G). \tag{1.1.3}$$

$d_\pi = \dim_K V < \infty$ のときには，V に基底をとれば，$GL(V)$ は自然に $d = d_\pi$ 次の正則な行列のなす群 $GL(d,K)$ と同型になるので，その上の位相は行列要素を使って，K^{d^2} の位相から来たものにとれる．そして，上の条件 (1.1.2) は「すべての行列要素は連続である」と同値である．

以後，特に断らない限り，G をコンパクト群とし，体 K を複素数体 $\boldsymbol{C}$ とする．有限群はコンパクト群の 1 種なので，コンパクト群に対する定理はそのまま有限群にも通用する．さらに，コンパクト群に対する理論はより一般性があると同時に取り扱いが易しい．コンパクト群 G 上の Haar 測度とは，G の Borel 集合族（開集合族から生成される σ 加法族）の上に定義された有限値の測度で，空で

ない開集合には正値を与え．かつ，G 上の $\forall h \in G$ による右移動 $G \ni g \mapsto gh \in G$ では不変，なものである．この測度は任意の左移動でも不変であり，定数倍を除いて一意的に存在する（[Wei1] 参照）．G 全体の測度を 1 にしたものを，**正規化された Haar 測度**といい，μ_G と書く，すなわち，$\mu_G(G)=1$.

Hilbert 空間 $L^2(G)=L^2(G,\mu_G)$ での内積は，$f_1, f_2 \in L^2(G)$ に対して，

$$\langle f_1, f_2\rangle_{L^2} := \int_G f_1(g)\,\overline{f_2(g)}\,d\mu_G(g). \tag{1.1.4}$$

定理 1.1.1　コンパクト群 G の任意の（有限次元）表現 π の表現空間 $V(\pi)$ には，G-不変な正定値内積が導入できる．このとき，$\pi(g)$ $(g\in G)$ はユニタリ変換になり，π は**ユニタリ表現**になる．

証明　$V=V(\pi)$ 上の正定値内積を 1 つ取り，それを $(v_1,v_2)_V$ $(v_1,v_2\in V(\pi))$ と書く．Haar 測度 μ_G を使って，新しい内積

$$\langle v_1, v_2\rangle_V := \int_G \left(\pi(g)v_1, \pi(g)v_2\right)_V d\mu_G(g)$$

を導入する．これが G-不変であることは，次から分かる：

$$\begin{aligned}\langle \pi(g_0)v_1, \pi(g_0)v_2\rangle_V &= \int_G \left(\pi(gg_0)v_1, \pi(gg_0)v_2\right)_V d\mu_G(g)\\ &= \int_G \left(\pi(g)v_1, \pi(g)v_2\right)_V d\mu_G(g) = \langle v_1, v_2\rangle_V. \qquad \square\end{aligned}$$

$V(\pi)$ に正規直交基底 $\{v_1, v_2, \cdots, v_{d_\pi}\}$, $d_\pi := \dim \pi$, をとって，$\pi(g)$ をユニタリ行列 $T_\pi(g)$ で表示する: $\boldsymbol{I}_{d_\pi}=\{1,2,\cdots,d_\pi\}$ として，

$$T_\pi(g) := \left(t^\pi_{ij}(g)\right)_{i,j\in \boldsymbol{I}_{d_\pi}}, \quad t^\pi_{ij}(g) := \langle \pi(g)v_j, v_i\rangle_V. \tag{1.1.5}$$

定理 1.1.2　(ｉ) π を G の既約表現とすると，

$$\langle t^\pi_{ij}, t^\pi_{i'j'}\rangle_{L^2} = \int_G t^\pi_{ij}(g)\,\overline{t^\pi_{i'j'}(g)}\,d\mu_G(g) = \frac{1}{d_\pi}\,\delta_{ii'}\delta_{jj'}. \tag{1.1.6}$$

(ii) π, π' を G の既約表現で，互いに同値でないとすると，

$$\langle t^\pi_{ij}, t^{\pi'}_{i'j'}\rangle_{L^2} = \int_G t^\pi_{ij}(g)\,\overline{t^{\pi'}_{i'j'}(g)}\,d\mu_G(g) \;=\; 0. \tag{1.1.7}$$

証明 (i) $T_\pi(g) = \left(t^\pi_{ij}(g)\right)_{i,j\in \boldsymbol{I}_{d_\pi}}$ はユニタリ行列なので，$T_\pi(g^{-1}) = {}^t\overline{T_\pi(g)} = \left(\overline{t^\pi_{ji}(g)}\right)$. d_π 次の正方行列 $B = (b_{pq})_{p,q\in \boldsymbol{I}_{d_\pi}}$ に対し，

$$A := \int_G T_\pi(g) B T_\pi(g^{-1})\, d\mu_G(g) = \Big(\sum_{p,q} \langle t^\pi_{ip}, t^\pi_{jq}\rangle_{L^2}\, b_{pq}\Big)_{i,j\in \boldsymbol{I}_{d_\pi}},$$

とおく．この A は $T_\pi(g_0)$ $(g_0 \in G)$ と可換である．実際，

$$\begin{aligned} T_\pi(g_0) A T_\pi(g_0^{-1}) &= \int_G T_\pi(g_0 g) B T_\pi((g_0 g)^{-1})\, d\mu_G(g) \\ &= \int_G T_\pi(g) B T_\pi(g^{-1})\, d\mu_G(g) = A. \end{aligned}$$

π は既約で，体 $\boldsymbol{C}$ は代数的閉なので，Schur の補題（定理 1.1.11）により，A はスカラー行列 λE_{d_π}（E_d は d 次の単位行列）の形であり，$\mathrm{tr}(A) = \mathrm{tr}(B)$, $\mathrm{tr}(A) = d_\pi \lambda$ から，$\lambda = \mathrm{tr}(B)/d_\pi$.

B として，$b_{p_0 q_0} = 1$, その他すべての $b_{pq} = 0$ となるものをとると，

$$\langle t^\pi_{ip_0}, t^\pi_{jq_0}\rangle_{L^2} = (1/d_\pi)\, \delta_{ij}\delta_{p_0 q_0}.$$

(ii) 任意の $d_\pi \times d_{\pi'}$ 型行列 $B = (b_{pq})_{p\in \boldsymbol{I}_{d_\pi},\, q\in \boldsymbol{I}_{d_{\pi'}}}$ をとり，上の計算を繰り返すと，$T_\pi(g_0) A T_{\pi'}(g_0^{-1}) = A$ を得る．今回は，$\pi \not\cong \pi'$ なので，Schur の補題より，$A = O$（零行列）となる． □

定理 1.1.2 の主張を，Hilbert 空間 $L^2(G)$ の言葉で言い換えると，次になる：

定理 1.1.3 (i) π を G の既約表現とする．行列要素の集合 $\{t^\pi_{ij}\,;\, i,j \in \boldsymbol{I}_{d_\pi}\}$ の元は互いに直交し，それらの長さはすべて $1/\sqrt{d_\pi}$ である．

(ii) π, π' を G の既約表現で互いに同値でないとする．それらの行列要素 $\langle \pi(g)v, w\rangle_{V(\pi)}$ $(v, w \in V(\pi))$, $\langle \pi'(g)v', w'\rangle_{V(\pi')}$ $(v', w' \in V(\pi'))$ は互いに直交する．

1.1.2 正則表現

Haar 測度 μ_G に関する L^2- 関数のなす Hilbert 空間 $\mathcal{H} := L^2(G, \mu_G)$ の上に右移動で（または左移動で）実現した G の表現を**右正則表現**といい，それぞれ $\mathcal{R}$ と $\mathcal{L}$ で表す：

$$\text{(1.1.8)} \qquad \begin{cases} \mathcal{R}(g_0)\varphi(g) := \varphi(g g_0) \\ \mathcal{L}(g_0)\varphi(g) := \varphi(g_0^{-1} g) \end{cases} \qquad (g, g_0 \in G,\ \varphi \in \mathcal{H}).$$

G の既約表現 π の同値類を $[\pi]$ で表し，同値類全体の集合を $\widehat{G}$ と書き，G の双対（dual）と呼ぶ．$[\pi] \in \widehat{G}$ に対し，その行列要素全体で張られた $\mathcal{H}$ の部分空間を $\mathcal{H}([\pi])$ で表すと，それは $\{t_{ij}^{\pi}\,;\,i,j \in \boldsymbol{I}_{d_\pi}\}$ で張られる d_π^2 次元の空間である．$\mathcal{H}([\pi])$ の部分空間で $T_\pi = (t_{ij}^{\pi})$ の第 i 行成分で張られる部分空間を $\mathcal{H}(\pi, i)$ とおくと，$\mathcal{H}([\pi])$ は

$$\mathcal{H}([\pi]) = \sum_{i \in \boldsymbol{I}_{d_\pi}}^{\oplus} \mathcal{H}(\pi, i) \tag{1.1.9}$$

と，直交する直和に分解され，各 $\mathcal{H}(\pi, i)$ は $\mathcal{R}$ の下で，π と同値な表現を実現する．ここに，$\sum^{\oplus}$ は直和を表す．実際，

$$(\mathcal{R}(g_0)t_{ij}^{\pi})(g) = t_{ij}^{\pi}(gg_0) = \sum_{p \in \boldsymbol{I}_{d_\pi}} t_{ip}^{\pi}(g)t_{pj}^{\pi}(g_0),$$

$$(\mathcal{R}(g_0)t_{i1}^{\pi}, \mathcal{R}(g_0)t_{i2}^{\pi}, \cdots, \mathcal{R}(g_0)t_{i\,d_\pi}^{\pi}) = (t_{i1}^{\pi}, t_{i2}^{\pi}, \cdots, t_{i\,d_\pi}^{\pi})\,T_\pi(g_0). \tag{1.1.10}$$

定理 1.1.4 (Peter-Weyl) G の右正則表現 $\mathcal{R}$ は次のように既約分解される：

$$(\mathcal{R}, \mathcal{H}) \;\cong\; \sum_{[\pi] \in \widehat{G}}^{\oplus} \;\sum_{i \in \boldsymbol{I}_{d_\pi}}^{\oplus} (\pi,\, \mathcal{H}(\pi, i)), \quad \mathcal{H} = L^2(G, \mu_G). \tag{1.1.11}$$

したがって，各 π の重複度は $d_\pi = \dim \pi$ である．

この Peter-Weyl の定理は，Haar 測度の存在が一般的に証明される以前に論文 [PeWe, 1927] で発表された．その証明のポイントは「Hilbert 空間上のコンパクトな自己共役作用素のスペクトル定理」の応用である．後者は（Hilbert の積分方程式の研究から発した）当時の最先端の結果であった．T を Hilbert 空間 $\mathcal{H}$ 上の有界作用素とするとき，その共役作用素を T^* で表す．また T が**コンパクト**であるとは $\mathcal{H}$ の有界集合を T で写すと相対コンパクト集合になることである．

定理 1.1.5 (スペクトル定理) T を（$\boldsymbol{R}$ または $\boldsymbol{C}$ 上の）Hilbert 空間 $\mathcal{H}$ の上の自己共役（i.e., $T^* = T$）コンパクト作用素とする．T の零でない固有値 λ_n ($n \geq 1$) は有限個もしくは可算無限個で $\lambda_n \to 0$ ($n \to \infty$), である．その固有空間 $\mathcal{H}(T; \lambda_n) := \{\boldsymbol{v} \in \mathcal{H}\,;\,T\boldsymbol{v} = \lambda_n \boldsymbol{v}\}$ の次元は有限である．これらの固有空間は（もしあれば）固有値 $\lambda_0 = 0$ に対するものを込めて，$\mathcal{H}$ の直交分解を与える：
$\mathcal{H} = \sum_{n \geqslant 0}^{\oplus} \mathcal{H}(T; \lambda_n)$.

定理 1.1.4 の証明 上の「スペクトル定理」の証明はしかるべき別書に任せて，$\mathcal{H} = L^2(G)$ の場合に如何にこの定理を応用するかを，順を追って述べる．

(1°) コンパクトな G の直積 $G \times G$ の上の連続関数 $K(g,h)$ $(g,h \in G)$ を積分核とする積分作用素

$$(T_K\varphi)(g) := \int_G K(g,h)\varphi(h)\,d\mu_G(h) \quad (\varphi \in \mathcal{H},\ g \in G)$$

は，$\mathcal{H}$ 上のコンパクト作用素で，$T_K\varphi \in C(G)$．ここに，$C(G)$ は G 上の連続関数全体を表す．

(2°) $(T_K)^* = T_{K^*}$，$K^*(g,h) := \overline{K(h,g)}\ (g,h \in G)$.

(3°) 作用素 T_K が表現 $(\mathcal{R}, L^2(G))$ の自分自身との相関作用素 (定義は §1.1.4)，すなわち，$\mathcal{R}(g_0)$ $(\forall g_0 \in G)$ と可換である有界作用素，となる必十条件は，$K(gg_0, hg_0) = K(g,h)$ $(g_0, g, h \in G)$ である．従って，$K(g,h) = f(gh^{-1})$, $f(g) := K(g,e)$．このとき $S_f := T_K$ とおく．逆に，任意の $f \in C(G)$ に対して，$S_f := T_K$, $K(g,h) = f(gh^{-1})$, を作るとこれは $\mathcal{R}$ の相関作用素である．

さらに，$f \in C(G)$ に対し，$f^*(g) := \overline{f(g^{-1})}\ (g \in G)$ とおくと，$(S_f)^* = S_{f^*}$．また，

$$f_+(g) := \frac{1}{2}(f(g) + f^*(g)),\ \ f_-(g) := \frac{1}{2i}(f(g) - f^*(g))\ \ (i = \sqrt{-1}),$$

とおくと，$f = f_+ + if_-$, $(f_\varepsilon)^* = f_\varepsilon$ $(\varepsilon = +,-)$ であり，S_f はコンパクト自己共役な相関作用素 S_{f_ε} の一次結合である．

(4°) S を表現 $\mathcal{R}$ の相関作用素とすると，S の固有空間は（存在すれば）$\mathcal{R}$ の不変部分空間である．実際，固有値 λ の固有空間 $\mathcal{H}(S,\lambda)$ の元 φ は，$S\varphi = \lambda\varphi$．この両辺に $\mathcal{R}(g)$ を掛けて，$\mathcal{R}(g)S = S\mathcal{R}(g)$ を使うと，$S(\mathcal{R}(g)\varphi) = \lambda(\mathcal{R}(g)\varphi)$．ゆえに，$\mathcal{R}(g)\varphi \in \mathcal{H}(S,\lambda)$.

(5°) $f \in C(G)$ に対し，S_f の像 $S_f\mathcal{H}$ は，$S_{f_+}\mathcal{H}$ と $S_{f_-}\mathcal{H}$ の張る空間に含まれる．他方，$f^* = f$ の場合には，S_f はコンパクト自己共役であるから，$S_f\mathcal{H}$ は有限次元の固有空間の直交直和に含まれ，各固有空間は有限次元既約表現の空間の直交直和になる．よって，すべての $S_f\mathcal{H}$ $(f \in C(G))$ の生成する閉部分空間を $\mathcal{V}$ とすると，$\mathcal{V}$ も有限次元既約表現の空間の直交直和になる．

(6°) $\mathcal{V} = \mathcal{H}$ を示そう．$\mathcal{V}$ に直交する任意の $\psi \in \mathcal{H}$ をとると，$\psi \perp S_f\varphi$ $(\forall f \in C(G), \forall\varphi \in \mathcal{H})$．これから $\psi = 0$ を出すのはたやすい． □

問題 1.1.1 G をコンパクト群，$f_1, f_2 \in C(G)$ とする．作用素 S_{f_1}, S_{f_2} の積 $S_{f_1}S_{f_2}$ は，**たたみ込み** (convolution) といわれる合成積 $f_1 * f_2$ によって，$S_{f_1}S_{f_2} = S_{f_1 * f_2}$ と表される．これを示せ．ただし，

$$(f_1 * f_2)(g) := \int_G f_1(gh^{-1}) f_2(h)\, d\mu_G(h) \ \ (g \in G).$$

問題 1.1.2　コンパクト群 G のユニタリ行列による既約表現 $T_\pi(g) = (t^\pi_{ij}(g))_{i,j\in \boldsymbol{I}_{d_\pi}}$ に対し，$f^\pi_{ij} := d_\pi t^\pi_{ij}$, $f_\pi := d_\pi \chi_\pi$, $\chi_\pi(g) := \mathrm{tr}\,(T_\pi(g)) = \sum_{i\in \boldsymbol{I}_{d_\pi}} t^\pi_{ii}(g)$ $(g \in G)$ とおく．次を示せ：

$$(S_{f^\pi_{ij}})^* = S_{f^\pi_{ji}}, \ \ S_{f^\pi_{ij}} S_{f^\pi_{pq}} = \delta_{jp} S_{f^\pi_{iq}},$$

$$S_{f^\pi_{ii}}, S_{f_\pi} \ \text{はそれぞれ} \ \mathcal{H}(\pi, i), \mathcal{H}([\pi]) \ \text{への正射影.}$$

ヒント　最終行の主張の証明には（定理 1.1.4 を前提として）次のことも必要である：$[\pi'] \neq [\pi]$ である既約表現 π' に対して，$f^\pi_{ii} * f_{\pi'} = 0$, $f_\pi * f_{\pi'} = 0$.

定理 1.1.6　コンパクト群 G の既約表現 π に対し，ユニタリ行列による実現 $T_\pi = (t^\pi_{ij})_{i,j\in \boldsymbol{I}_{d_\pi}}$ をとると，d_π^2 個の関数の集合 $\{\sqrt{d_\pi}\, t^\pi_{ij}\,;\, i,j \in \boldsymbol{I}_{d_\pi}\}$ は $\mathcal{H}([\pi])$ の正規直交基底をなす．$[\pi]$ が G の双対 $\widehat{G}$ を走るとき，これらの全体のなす集合は，$\mathcal{H} = L^2(G)$ の正規直交基底をなす．とくに G が有限群ならば，

$$\sum_{[\pi]\in\widehat{G}} (\dim \pi)^2 = |G|. \tag{1.1.12}$$

$\mathcal{H}$ 上の $G \times G$ の表現 $\mathcal{L}\cdot\mathcal{R}\colon G \times G \ni (g_1, g_2) \to \mathcal{L}(g_1)\,\mathcal{R}(g_2)$ を**両側正則表現**とよぶ．

定理 1.1.7　コンパクト群 G に対し，$\mathcal{H} = L^2(G)$ 上の $G \times G$ の両側正則表現の既約分解は，

$$(\mathcal{L}\cdot\mathcal{R},\, \mathcal{H}) = \sum_{[\pi]\in\widehat{G}}^{\oplus} (\overline{\pi} \boxtimes \pi,\, \mathcal{H}([\pi])) \tag{1.1.13}$$

であり，重複度はすべて 1 である．ここに，$\overline{\pi}$ は**共役表現** $G \ni g_1 \mapsto \overline{T_\pi(g_1)} = {}^tT_\pi(g_1^{-1})$ を表し，$\mathcal{H}([\pi])$ 上に働く $\overline{\pi} \boxtimes \pi$ は基底 $\{t^\pi_{ij}\,;\, i,j \in \boldsymbol{I}_{d_\pi}\}$ に関して次のように表される：$(g_1, g_2) \in G \times G$ に対し

$$T_\pi := (t^\pi_{ij})_{i,j\in \boldsymbol{I}_{d_\pi}} \longrightarrow {}^t\overline{T_\pi(g_1)}\, T_\pi\, T_\pi(g_2). \tag{1.1.14}$$

1.1.3　表現の指標

表現 π の**指標**とは，G 上の関数 $\chi_\pi(g) := \mathrm{tr}(\pi(g))$ $(g \in G)$ のことである．これは，定義により，表現の同値類に依ってきまる．逆に，指標によって，表現の同

値類が決まることを次の定理は主張している．G 上の関数 f が**不変**または**中心的**（central）であるとは，

$$f(g_0 g g_0^{-1}) = f(g) \quad (g, g_0 \in G) \tag{1.1.15}$$

を満たすことである．$g \in G$ の共役類を $[g]$ とし，共役類の全体を $[G]$ で表せば，f は $[G]$ 上の関数である．$\mathcal{H} = L^2(G)$ の不変関数からなる部分空間を $\mathcal{H}^G$ で表す．

定理 1.1.8 (i) コンパクト群 G に対し，既約表現の指標 $\chi_\pi(g) = \mathrm{tr}(T_\pi(g))$ 全体の集合 $\{\chi_\pi ;\ [\pi] \in \widehat{G}\}$ は不変関数の空間 $\mathcal{H}^G = L^2(G)^G$ の正規直交基底を与える．

(ii) 有限群 G に対して，その双対 $\widehat{G}$ の位数は，G の共役類の個数に等しい．

証明 (i) $\chi_\pi = \sum_{i \in \boldsymbol{I}_{d_\pi}} t_{ii}^\pi$ であり，$[\pi] \neq [\pi']$ ならば，$\chi_\pi \perp \chi_{\pi'}$（直交性）．また，行列要素 t_{ii}^π は互いに直交するので，

$$\|\chi_\pi\|^2 = \sum_{i \in \boldsymbol{I}_{d_\pi}} \|t_{ii}^\pi\|^2 = \frac{1}{d_\pi} \cdot d_\pi = 1 \text{（正規性）}.$$

そこで，正規直交系 $\{\chi_\pi ; [\pi] \in \widehat{G}\}$ が $\mathcal{H}^G$ を張ることを示そう．G 上の関数 f に対し，その中心化（centralization）f^o を次で定義する：

$$f^o(g) := \int_G f(g_0 g g_0^{-1})\, d\mu_G(g_0). \tag{1.1.16}$$

すると，f^o は中心的であり，f がもともと中心的であれば，$f^o = f$ である．f として既約ユニタリ表現 T_π の行列要素 t_{ij}^π をとったときには，次の公式が成り立つ：

$$(t_{ij}^\pi)^o = \begin{cases} d_\pi^{-1} \chi_\pi & (i = j), \\ 0 & (i \neq j). \end{cases} \tag{1.1.17}$$

この公式は，次式の両辺を g_0 に関して積分すれば，定理 1.1.2 (i) から得られる：

$$t_{ij}^\pi(g_0 g g_0^{-1}) = \sum_{p,q \in \boldsymbol{I}_{d_\pi}} t_{ip}^\pi(g_0)\, t_{pq}^\pi(g)\, \overline{t_{jq}^\pi(g_0)}.$$

行列要素の集合 t_{ij}^π $(i, j \in \boldsymbol{I}_{d_\pi},\ [\pi] \in \widehat{G})$ は $\mathcal{H}$ を張るので，その中心化 $(t_{ij}^\pi)^o$ の全体は $\mathcal{H}^G$ を張る．

(ii) $|\widehat{G}| = \dim \mathcal{H}^G$ であり，後者は，G の共役類の個数に等しい． □

定理 1.1.9　(ⅰ) コンパクト群の有限次元表現 π の同値類はその指標 χ_π によって決定される．

(ⅱ) π の既約分解を $\pi \cong [m_1]\cdot\pi^{(1)} \oplus [m_2]\cdot\pi^{(2)} \oplus \cdots \oplus [m_k]\cdot\pi^{(k)}$ とする．ここに，$\pi^{(j)}$ $(j \in \boldsymbol{I}_k)$ は互いに同値ではない既約表現とし，m_j は $\pi^{(j)}$ の π における重複度を表す．$\mathcal{H} = L^2(G)$ において，

$$\|\chi_\pi\|^2 = \sum_{j\in\boldsymbol{I}_k} m_j^{\,2}. \tag{1.1.18}$$

とくに，π が既約であるための必要十分条件は，$\|\chi_\pi\| = 1$ である．

証明　(ⅰ) π の既約分解を (ⅱ) のごとく書く．このとき，

$$\left\langle \chi_\pi, \chi_{\pi^{(p)}} \right\rangle_{L^2} = \sum_{j\in\boldsymbol{I}_k} m_j \left\langle \chi_{\pi^{(j)}}, \chi_{\pi^{(p)}} \right\rangle_{L^2} = \sum_{j\in\boldsymbol{I}_k} m_j\, \delta_{j,p} = m_p.$$

(ⅱ)
$$\begin{aligned}\left\langle \chi_\pi, \chi_\pi \right\rangle_{L^2} &= \sum_{j,p\in\boldsymbol{I}_k} m_j m_p \left\langle \chi_{\pi^{(j)}}, \chi_{\pi^{(p)}} \right\rangle_{L^2} \\ &= \sum_{j\in\boldsymbol{I}_k} m_j\, m_p\, \delta_{j,p} = \sum_{j\in\boldsymbol{I}_k} m_j^{\,2}.\end{aligned}$$
□

$T_\pi(g) = (t_{ij}^\pi(g))$ は $L^2(G)$ の基底の $[\pi]$-部分 $\{t_{ij}^\pi\,;\ i,j \in \boldsymbol{I}_{d_\pi}\}$ を（直線的に並べるのではなくて）平面的に並べて行列にしたものである．この形にしておくと，両側正則表現は (1.1.14) のように分かり易く書ける．　□

◆ 有限群 G の既約表現の次元は G の位数を割る．

以上の定理群とは性格が異なり，数論的な証明が必要であるが，次も Frobenius の結果である（[Fro2, 1896], §12, p.77, 参照）．本書ではとくに利用しないので証明は省略する[1]．

定理 1.1.10　有限群 G の既約表現 π の次元 d_π は G の位数 $|G|$ を割る：

$$\dim\pi \mid |G|.$$

1.1.4　Schur の補題

定理 1.1.3 の証明に使った Schur の補題は基本的でもあり，いろいろなところで使うのでここで証明しておこう．位相群 G の体 K 上の 2 つの表現 $(\pi_i, V(\pi_i))$, $i = 1, 2$, に対し，それらの間の相関作用素とは，連続な線型作用素 $A : V(\pi_1) \to V(\pi_2)$ であって，$A\pi_1(g) = \pi_2(g)A$ $(g \in G)$, を満たすものである．

---

1)　[Fro2, §12] での証明は，難読なので，現代風に書き改めたものが，[平井 3, §2] にある．

定理 1.1.11 (Schur の補題)　群 G の体 K 上の 2 つの有限次元既約表現 $(\pi_i, V(\pi_i))$, $i=1,2$, に対し，その相関作用素 A は零か可逆である．とくに，K が代数的閉体で，$\pi_1=\pi_2$ の場合には A は恒等作用素 I の定数倍である．

証明　零でない相関作用素 A があったとする．A の核 $\mathrm{Ker}(A)\subset V(\pi_1)$ および像 $\mathrm{Im}(A)\subset V(\pi_2)$ はそれぞれ不変部分空間である．π_i は既約なので，$\mathrm{Ker}(A)=\{0\}$, $\mathrm{Im}(A)=V(\pi_2)$ である．よって A は可逆である．

$\pi_1=\pi_2$ とする．K が閉体であれば，A の固有値 λ は K に入る．すると，$A'=A-\lambda I$ は相関作用素であって，かつ，可逆ではない．したがって，$A'=0$, ゆえに $A=\lambda I$.　□

1.1.5　直積群の既約表現

定理 1.1.12　$G=G_1\times G_2$ をコンパクト群 G_1, G_2 の直積群とする．このとき，G の $\boldsymbol{C}$ 上の任意の既約表現 π に対して，G_i $(i=1,2)$ の既約表現 π_1,π_2 が存在して，π はこれらの（外部）テンソル積に同値である：　$\pi\cong\pi_1\boxtimes\pi_2$.

証明　π は有限次元である．定理 1.1.1 により，π をユニタリ表現と仮定してよい．π の G_1 への制限 $\pi|_{G_1}$ に入っている G_1 の既約表現の 1 つを π_1 とし，その重複度を $m=m(\pi_1)$, それと同値な表現が働く最大の $V(\pi)$ の部分空間を $V^{(1)}$ と書く．$\pi|_{G_1}$ にしたがって，

$$V(\pi)=V^{(1)}\oplus V',\ \ V^{(1)}=V_1^{(1)}\oplus V_2^{(1)}\oplus\cdots\oplus V_m^{(1)},\ \ V'\perp V^{(1)},$$

と分解する．ここに，各 $V_j^{(1)}$ には π_1 が働き，V' は不変部分空間である．$g_2\in G_2$ は G_1 の各元と可換なので，$\pi(g_2)$ は $V^{(1)}$ を不変にする．かくて，$V^{(1)}$ は G_2-不変なので，G-不変となる．したがって，π の既約性から，$V'=\{0\}$, $V(\pi)=V^{(1)}$ である．$V(\pi_1):=V_1^{(1)}$ とおけば，$V_j^{(1)}$, $2\le j\le m$, は $V(\pi_1)$ のコピーにとれる．すると，$V^{(1)}\cong V(\pi_1)\otimes\boldsymbol{C}^m$ で，ブロック型の行列形として，$\pi(g_1)=\mathrm{diag}(\pi_1(g_1),\cdots,\pi_1(g_1))$ $(g_1\in G_1)$ と対角行列で表せる．

$\pi(g_2)$ を上の分解にしたがって，ブロック型の行列で $\pi(g_2)=(\pi_{jk}(g_2))$, ここに，$\pi_{jk}(g_2)$ は $V_k\to V_j$ の線形写像，と表示する．このとき，$\pi(g_1)\pi(g_2)=\pi(g_2)\pi(g_1)$ より，任意の j,k に対して，$\pi_1(g_1)\pi_{jk}(g_2)=\pi_{jk}(g_2)\pi_1(g_1)$ $(g_1\in G_1)$.

そこで, Schur の補題(定理 1.1.11) を適用すれば, $\pi_{jk}(g_2)=\lambda_{jk}(g_2)I_{V(\pi_1)}$, ここに, $\lambda_{jk}(g_2)\in\boldsymbol{C}$ で, $I_{V(\pi_1)}$ は $V(\pi_1)$ 上の恒等写像である．$\pi_2(g_2):=\left(\lambda_{jk}(g_2)\right)_{j,k\in\boldsymbol{I}_m}$ とおけば，

$$\pi_2(e) = E_m, \quad \pi_2(g_2)\pi_2(g_2') = \pi_2(g_2g_2') \ (g_2, g_2' \in G_2),$$

であるから，π_2 は $\boldsymbol{C}^m$ 上の G_2 の表現であり，$g = (g_1, g_2) \in G$, $g_i \in G_i$ に対して，$\pi(g) \cong \pi_1(g_1) \otimes \pi_2(g_2)$, すなわち，$\pi \cong \pi_1 \boxtimes \pi_2$. □

1.1.6　完全可約な表現

(π, V) を位相群 G の体 K 上の表現とする．

定義 1.1.2　位相群 G の体 K 上の表現 (π, V) が**完全可約**であるとは，V の任意の G-不変な閉部分空間 V_1 に対して，G-不変な補空間 V_2 が存在することである．

$d = \dim V < \infty$ のときには，(π, V) が完全可約であれば，V に既約な不変部分空間 $V_1, V_2, \cdots, V_p$ が存在して，V が $V = V_1 \dotplus V_2 \dotplus \cdots \dotplus V_p$ と直和になる．逆も真である（若干の議論が必要）．

定理 1.1.13　(i) 群 G の有限次元ユニタリ表現 (π, V) は完全可約である．
(ii) コンパクト群 G の複素数体 $\boldsymbol{C}$ 上の有限次元表現はユニタリ表現に同値であり，完全可約である．

証明　(i) $V_1 \subset V$ を G-不変な閉部分空間とする．V_1 の直交補空間 $V_2 := {V_1}^{\perp}$ は G-不変であり，$V = V_1 \oplus V_2$（直交直和）である．
(ii) 有限次元空間 V に正定値内積 $(v_1, v_2)_V$ $(v_i \in V)$ をとり，

$$\langle v_1, v_2 \rangle_V := \int_G (\pi(g)v_1, \pi(g)v_2)_V \, d\mu_G(g), \tag{1.1.19}$$

とおくと，$\langle v_1, v_2 \rangle_V$ は正定値で，G-不変である，すなわち，$\langle \pi(h)v_1, \pi(h)v_2 \rangle_V = \langle v_1, v_2 \rangle_V$ $(h \in G)$. この内積を V に入れれば，π はユニタリ表現である． □

1.2　誘導表現とその指標

G を群，H をその部分群とする．簡単のためにここでは，G をコンパクト群または無限離散群（離散位相の入った無限群）とし，H を閉部分群とする．ここでは，H の表現 ρ を G に**誘導**（induce up）して作る**誘導表現**について述べる．記号として，μ_G により G 上の Haar 測度で，G が非離散コンパクトのときには $\mu_G(G) = 1$ と正規化されているとし，離散群のときには，$\mu_G(\{g\}) = 1$ $(\forall g \in G)$ とする．

1.2.1　誘導表現の定義

H の表現 ρ に対する誘導表現 $\Pi := \mathrm{Ind}_H^G\rho$ の定義を与える．ρ の表現空間を $V = V(\rho)$, Π のそれを $W = V(\Pi)$ と書く．V には ρ がユニタリ表現になるような内積，したがってノルムが入っているものとする．

定義 1.2.1 (誘導表現 $\Pi = \mathrm{Ind}_H^G\rho$) 表現空間． G 上の V-値連続関数 f であって，次の条件を満たすものをとる：

$$f(hg) = \rho(h)(f(g)) = \rho(h)f(g) \qquad (h \in H,\ g \in G). \tag{1.2.1}$$

右辺では $v = f(g) \in V$ に $\rho(h)$ が $\rho(h)v$ と作用している．このとき，

$$\|f(hg)\|_V = \|\rho(h)f(g)\|_V = \|f(g)\|_V$$

であるから，G 上の関数 $G \ni g \mapsto \|f(g)\|_V$ は左剰余類の空間 $H\backslash G$（均質空間ともいう）上の連続関数と見なせるので，

$$\|f\|_W^2 := \int_{H\backslash G} \|f(g)\|_V^2\, d\mu_{H\backslash G}(\dot{g}), \tag{1.2.2}$$

とおく．ここに，$\dot{g} = Hg\ (g \in G)$ で，$\mu_{H\backslash G}$ は，均質空間上の不変測度で，台がコンパクトな G 上の非負連続関数 ψ に対し，

$$\int_G \psi(g)\, d\mu_G(g) = \int_{H\backslash G} \Big(\int_H \psi(hg)\, d\mu_H(h)\Big) d\mu_{H\backslash G}(\dot{g}),$$

となるものである．G が離散群であれば，$\mu_{H\backslash G}$ は各点 $\dot{g} = Hg \in H\backslash G$ の測度を 1 とするので，上の積分は和 $\displaystyle\sum_{\dot{g}\in H\backslash G} \|f(g)\|_V^2$ に等しい．(1.2.1) を満たし，(1.2.2) の右辺の積分が収束する連続関数 f の全体を，ノルムに関して完備化した空間を $W := L^2(G;\rho,V)$ と書き，これを表現空間としてとる．

表現作用素． $g_0 \in G$ に対する表現作用素 $\Pi(g_0)$ を G 上の右移動によって，次のように定義する：

$$\Pi(g_0)f(g) = f(gg_0) \qquad (g \in G,\ f \in W). \tag{1.2.3}$$

（定義終わり）

このとき，$\Pi(g_0)f \in W$，かつ，$\|\Pi(g_0)f\|_W = \|f\|_W$ である．$\Pi(g_0)\Pi(g_1) = \Pi(g_0g_1)\ (g_0, g_1 \in G)$ もすぐ分かる．（G が非離散コンパクトの場合は，写像 $G \ni g \mapsto \Pi(g)$ の弱連続性の確認が必要だが）Π は G のユニタリ表現を与える．

1.2.2　誘導表現の別の実現

$H\backslash G$ の G 内における 1 つの切断 $S \subset G$ をとる．G が非離散コンパクトの場合は，双可測的な切断，すなわち，写像 $S \ni s \mapsto Hs \in H\backslash G$ が双可測になるもの，をとる．$S \ni s \mapsto Hs \in H\backslash G$ が全単射であるから，$f \in W = V(\Pi)$ が連続ならば，条件 (1.2.1) から見て，S 上への制限 $\varphi := f|_S$ によって一意的に決まる．逆に，S 上の V-値可測関数 φ をとれば，

$$f(hs) := \rho(h)\varphi(s) \qquad (h \in H,\ s \in S), \tag{1.2.4}$$

によって，$f \in W$ が決まる．そこで，S 上の V-値可測関数で，測度 $\mu_S(s) := \mu_{H\backslash G}(Hs)$ に関して自乗可積分な関数のなす Hilbert 空間を $L^2(S; V, \mu_S)$ と書き，線型空間の同型写像 $\Psi : W \ni f \mapsto \varphi = f|_S \in L^2(S; V, \mu_S)$ によって，W 上の表現 Π を $L^2(S; V, \mu_S)$ 上の表現 $\Pi' := \Psi \cdot \Pi \cdot \Psi^{-1}$ に書き直そう．

まず，$H\backslash G$ 上の $g_0 \in G$ による右移動 $Hg \mapsto Hgg_0$ を S 上に書き直したものを，$S \ni s \mapsto s\overline{g_0} \in S$ とする．このとき，ある $h = h(s, g_0) \in H$ があって，

$$sg_0 = h \cdot s\overline{g_0} = h(s, g_0) \cdot s\overline{g_0}. \tag{1.2.5}$$

したがって，(1.2.4) の f に代入してみると，

$$f(sg_0) = \rho(h(s, g_0))f(s\overline{g_0}) = \rho(h(s, g_0))\varphi(s\overline{g_0}).$$

これらを次のように可換図式に書いてみるとより分かり易くなる：

$$\begin{array}{ccc} W \ni f & \xrightarrow{\ \Psi\ } & \varphi \in L^2(S; V, \mu_S) \\ \Pi(g_0) \big\downarrow & \circlearrowleft & \big\downarrow \Pi'(g_0) \\ W \ni \Pi(g_0)f & \xrightarrow[\ \Psi\ ]{} & \Pi'(g_0)\varphi \in L^2(S; V, \mu_S) \end{array} \tag{1.2.6}$$

定理 1.2.1 (誘導表現の別の実現) 誘導表現 $\Pi = \mathrm{Ind}_H^G \rho$ を同型 $\Psi : W \to L^2(S; V, \mu_S)$ によって，表現 $\Pi' = \Psi \cdot \Pi \cdot \Psi^{-1}$ に書き直すと，

$$\Pi'(g_0)\varphi(s) = \rho(h(s, g_0))\varphi(s\overline{g_0}). \tag{1.2.7}$$

1.2.3　誘導表現の性質（段階定理，自己同型との関係）

◆　誘導表現に対する段階定理.

ここで，誘導表現に関する一般的な定理を一つだけあげておこう．部分群 H と

G との間にもう一つの閉部分群 K があるとする．H の表現 ρ を $H \nearrow K$, $K \nearrow G$, と 2 段階で G まで誘導したものとの比較である．すぐ下にあげる「誘導表現の段階定理 (step-by-step theorem)」の証明は，連続関数 f について議論すれば，誘導表現の定義から容易に得られるので，演習問題として読者に残そう（必要ならば定理 1.2.1 を使うこと）．

定理 1.2.2 (段階定理) 2 つの部分群が $H \subset K \subset G$ となっているとする．H の表現 ρ に対して，

$$\mathrm{Ind}_H^G \rho \cong \mathrm{Ind}_K^G(\mathrm{Ind}_H^K \rho).$$

問題 1.2.1 上の定理の証明を書き下せ．

◆ **群 G の自己同型との関係.**

α を群 G の自己同型とする．G の表現 π を α で変換した表現 ${}^{\alpha}\pi$ は

$$({}^{\alpha}\pi)(g) := \pi(\alpha^{-1}(g)) \quad (g \in G), \tag{1.2.8}$$

により，定義される．α が $b \in G$ による内部自己同型，$\alpha(g) = bgb^{-1}$ $(g \in G)$, のときには，$({}^{\alpha}\pi)$ を ${}^{b}\pi$ と書くが，$({}^{b}\pi)(g) = \pi(b)^{-1}\pi(g)\pi(b)$ なので，${}^{b}\pi \cong \pi$（同値）．

H の表現 ρ に α を作用させると，$({}^{\alpha}\rho)(h') := \rho(\alpha^{-1}(h'))$ となるべきなので，h' は群 $H' = \alpha(H)$ の元を動き，${}^{\alpha}\rho$ は $\alpha(H)$ の表現となる．

定理 1.2.3 (i) 誘導表現 $\Pi = \mathrm{Ind}_H^G \rho$ は，G の自己同型 α に対して，

$${}^{\alpha}\Pi \cong \mathrm{Ind}_{\alpha(H)}^G({}^{\alpha}\rho). \tag{1.2.9}$$

(ii) $b \in G$ による自己同型に対して，$\Pi \cong \mathrm{Ind}_{bHb^{-1}}^G({}^{b}\rho)$．とくに，$b \in G$ が H を不変（すなわち，$bHb^{-1} = H$）にするとき，　$\mathrm{Ind}_H^G \rho \cong \mathrm{Ind}_H^G({}^{b}\rho)$．

証明 (i) は，形式的な計算で証明できる．(ii) は，(1.2.9) を使えば，$\Pi \cong {}^{b}\Pi \cong \mathrm{Ind}_{bHb^{-1}}^G({}^{b}\rho)$． □

1.2.4 誘導表現の指標

G の表現 π の指標は，$\chi_\pi(g) := \mathrm{tr}(\pi(g))$ $(g \in G)$ により定義されるべきものであるが，π が無限次元のときには，特別の工夫が必要であり，いろいろの場合に研究されている．ここではそうした難しい話には立ち入らずに，

(♣)　　H の表現 ρ が有限次元，かつ，$H\backslash G$ が有限，

という分かり易い場合に限定して話を進める．このとき，Π の指標 $\chi_\Pi(g)$ ($g \in G$) を表す公式を与えよう．

定理 1.2.4　仮定 (♣) の下で，誘導表現 $\Pi = \mathrm{Ind}_H^G\rho$ の指標は，ρ の指標 χ_ρ によって次のように表される：

$$\chi_\Pi(g_0) = \sum_{\dot{g}\in H\backslash G} \chi_\rho(gg_0g^{-1}) \quad (g_0 \in G), \tag{1.2.10}$$

ここで，χ_ρ は H の外では $\equiv 0$ と置いて G 上の関数に拡張しておく．とくに，G が有限ならば，

$$\chi_\Pi(g_0) = \frac{1}{|H|}\sum_{g\in G} \chi_\rho(gg_0g^{-1}) \ \ (g_0 \in G),\ \ |H| := H \text{ の位数}. \tag{1.2.11}$$

証明　まず，ρ の指標 χ_ρ は H-不変，すなわち，$\chi_\rho(h'hh'^{-1}) = \chi_\rho(h)$ ($h, h' \in H$) であることを注意する．ついで，表現空間 W の特別の基底（完備直交基底）を与えよう．V の基底 $\{v_i\}_{i\in I}$（I は添字集合）をとる．そして，$H\backslash G$ の完全代表元系 $\{g_k\,;\, k \in K\}$ をとり，$\dot{g_k} = Hg_k \in H\backslash G$ ($k \in K$) ごとに V-値関数

$$\delta_{i,k}(g) := \begin{cases} \rho(h)v_i\,, & g = hg_k \in Hg_k \text{ のとき}, \\ \mathbf{0}, & g \notin Hg_k \text{ のとき}, \end{cases}$$

を定義する．$\{\delta_{i,k}\,;\, i \in I,\ k \in K\}$ は空間 W の基底を与える．そして

(1.2.12)

$$\chi_\Pi(g_0) = \sum_{(i,k)\in I\times K} \langle \Pi(g_0)\delta_{i,k}, \delta_{i,k}\rangle_W = \sum_{k\in K}\sum_{i\in I}\sum_{\dot{g}\in H\backslash G} \langle \delta_{i,k}(gg_0), \delta_{i,k}(g)\rangle_V.$$

ここで，$\langle \delta_{i,k}(gg_0), \delta_{i,k}(g)\rangle_V \neq 0$ のためには，$gg_0 = h'g_k \in Hg_k$，$g = h''g_k \in Hg_k$ ($\exists h', h'' \in H$) でなければならない．よって，$gg_0g^{-1} = h'h''^{-1} \in H$ であって，

$$\langle \delta_{i,k}(gg_0), \delta_{i,k}(g)\rangle_V = \langle \rho(h')v_i, \rho(h'')v_i\rangle_V = \langle \rho(h'h''^{-1})\rho(h'')v_i, \rho(h'')v_i\rangle_V.$$

いま h'' を固定したとき，ベクトルの集合 $\{\rho(h'')v_i\,;\, i \in I\}$ はまた V の基底を与える．したがって，$g \in Hg_k$ のとき，

$$\sum_{i\in I}\langle \delta_{i,k}(gg_0), \delta_{i,k}(g)\rangle_V = \chi_\rho(h'h''^{-1}) = \chi_\rho(gg_0g^{-1}), \tag{1.2.13}$$

となる．そして，$g \notin Hg_k$ のときには，左辺 $= 0$ である．

逆に，$gg_0g^{-1} \in H$ と仮定する．g に対して一意的に g_k が決まって，$g \in Hg_k$．したがって，$gg_0 \in Hg_k$ となり，(1.2.13) に到る．

以上をまとめると，(1.2.12) 式の右辺が，定理の (1.2.10) 式の右辺に等しいことが証明された． □

定義 1.2.2 (不変関数の誘導) 公式 (1.2.10) を，もっと一般な形に書いて，後に第 6 章などでも使えるようにしておく．この公式の右辺で χ_ρ の代わりに一般の H 上の（H-）不変関数 f とおいて，G 上の（G-）不変関数 F を得る手続きを定める．$H\backslash G$ に関する和を積分形で書く．$H\backslash G$ 上の測度で各点に測度 1 を与えるものを $\mu_{H\backslash G}$ とする．次の積分を H 上の f の G **への誘導**といい，$\mathrm{Ind}_H^G f$ と書く：

$$(\mathrm{Ind}_H^G f)(g_0) := \int_{H\backslash G} f(gg_0g^{-1})\, d\mu_{H\backslash G}(\dot{g}) = \frac{1}{|H|}\sum_{g\in G} f(gg_0g^{-1}), \tag{1.2.14}$$

ここで，$\dot{g} = Hg$ で，f は H の外側 $G \setminus H$ で 0 とおいて G まで拡張しておく．

例 1.2.1 有限群 G の部分群 H をとる．H の自明表現 $\mathbf{1}_H$ を G に誘導した $\Pi = \mathrm{Ind}_H^G \mathbf{1}_H$ を G の**擬正則表現**（quasi-regular representation）という．とくに $H = \{e\}$ のときには**正則表現**という．定理 1.2.4 の指標公式を用いてその指標を計算する．H の特性関数，すなわち，H 上で 1, H の外で 0 となる G 上の関数を X_H と表すと，

$$\chi_\Pi(g_0) = \frac{1}{|H|}\sum_{g\in G} X_H(gg_0g^{-1}) = \frac{|C_G(g_0)|\cdot|H \cap [g_0]|}{|H|}, \tag{1.2.15}$$

ここに，$C_G(g_0) := \{g \in G;\, gg_0g^{-1} = g_0\}$ は g_0 の G における中心化群，$[g_0] := \{gg_0g^{-1};\, g \in G\}$ は g_0 の共役類，である．

次の補題の証明は易しいので述べないが，**6.1** 節において，ある関数環の 2 項演算が結合律を満たすことを証明するのに用いられる（定理 6.1.4 の証明を参照）．

補題 1.2.5 (不変関数の誘導に関する段階定理) 群 G の 2 つの部分群 $H \subset K$ に対して，$H\backslash G$ 有限，と仮定する．f を H 上の不変関数とすると，

$$\mathrm{Ind}_H^G f \;=\; \mathrm{Ind}_K^G\Big(\mathrm{Ind}_H^K f\Big).$$

とくに，f を H の表現 ρ の指標 χ_ρ にとると，上の等式は，誘導表現の段階定理（定理 1.2.2）に対応する「誘導指標に関する段階定理」になる． □

1.2.5　誘導表現の例（行列表示，指標など）

例 1.2.2　n 次対称群 $\mathfrak{S}_n$ とは，集合 $X=\{1,2,\cdots,n\}$ の上の置換全体のなす群である．$G:=\mathfrak{S}_n$ の部分群 $H:=\{\sigma\in\mathfrak{S}_n\,;\,\sigma(n)=n\}\cong\mathfrak{S}_{n-1}$ をとり，H を $\mathfrak{S}_{n-1}$ と同一視する．H から G への誘導表現を構成し，その指標を求め，それを応用してみよう．H の 1 次元指標 $\rho_\varepsilon=\mathrm{sgn}^\varepsilon$ $(\varepsilon=0,1)$ をとり，$\varPi_\varepsilon=\mathrm{Ind}_H^G\rho_\varepsilon$ とおく．この場合 ρ_ε の表現空間は $V=\boldsymbol{C}$ である．したがって，$W=V(\varPi_\varepsilon)$ は G 上の複素数値の関数 f で，$f(hg)=\mathrm{sgn}^\varepsilon(h)f(g)$ $(h\in H, g\in G)$ となるものである．そして，$\varPi_\varepsilon(g_0)f(g)=f(gg_0)$.

さて，均質空間 $H\backslash G$ と集合 $X=\{1,2,\cdots,n\}$ とを G の作用を込めて同一視しよう．$H\backslash G$ には G が右から作用していて，X には $G\times X\ni(g,x)\to gx\in X$ と左から作用している．そこで，対応として $H\backslash G\ni Hg\mapsto p=g^{-1}(n)\in X$ を取ることにすれば，$n\in X$ を固定する G の部分群がちょうど H となり，両者は G-作用（正確には，G の逆作用）も込めて同型となる．

G 内の切断として部分集合 $S:=\{t_p:=(p\ n)\,;\,1\le p\le n\}$ をとる．ただし，$p<n$ のとき t_p は互換だが，$p=n$ のときは $t_n=\mathbf{1}=$ 恒等置換 である．対応 $S\ni t_p\leftrightarrow p\in X$ によって，S と X とは G の作用する空間として同型である．また，S 上の V-値関数とは，複素数値の関数のことであり，その空間を $\mathcal{F}(S)$ と書くと，自然な同型 $\mathcal{F}(S)\cong\mathcal{F}(X)$ を得る．この同型を通して，$W=\mathcal{F}(S)$ 上の表現 $\varPi'_\varepsilon$ を $\mathcal{F}(X)$ 上で書いたものを $\varPi''_\varepsilon$ とすると，次の公式を得る：

$$\varPi''_\varepsilon(g_0)\psi(p)=\mathrm{sgn}^\varepsilon(g_0)\psi(g_0^{-1}(p))\quad(p\in X,\ \psi\in\mathcal{F}(X)). \tag{1.2.16}$$

公式の証明　$s=t_p\in S$ に対して，$s\to sg_0$ を X 上で見れば，$p=s^{-1}(n)\to(sg_0)^{-1}(n)=g_0^{-1}s^{-1}(n)=g_0^{-1}(p)$. ゆえに，$\overline{sg_0}=(g_0^{-1}(p)\ \ n)=t_{g_0^{-1}(p)}$,

$$sg_0=h(s,g_0)\cdot\overline{sg_0},\qquad h(s,g_0)=sg_0\cdot(t_{g_0^{-1}(p)})^{-1}$$

$$\therefore\ \mathrm{sgn}(h(s,g_0))=\mathrm{sgn}(s)\mathrm{sgn}(g_0)\mathrm{sgn}(t_{g_0^{-1}(p)})=\mathrm{sgn}(g_0).$$ □

指標を求めるために，まず $\mathfrak{S}_n$ の共役類について次の補題を述べる．その証明は問題 1.2.2 として読者に任せる．

補題 1.2.6　$g\in\mathfrak{S}_n$ に対し，g を互いに素な巡回置換（サイクル）の積に書いたとき，長さ 1 の巡回置換の個数を α_1 個，長さ 2 の巡回置換の個数を α_2 個，$\cdots$，としたとき

$$1^{\alpha_1}2^{\alpha_2}\cdots n^{\alpha_n}\qquad(1\cdot\alpha_1+2\cdot\alpha_2+\cdots+n\cdot\alpha_n=n), \tag{1.2.17}$$

と書き，それによって共役類 $[g]$ を表すことができる．ここに，巡回置換 $(p_1\ p_2\ \cdots\ p_\ell)$ の長さは ℓ であり，長さ 1 の巡回置換 (p) とは恒等置換である．(1.2.17) によって，共役類 $[g]$ を表すパラメーターとして $\boldsymbol{\alpha} := [\alpha_1, \alpha_2, \alpha_3, \cdots]$ をとることもできる．

指標の計算　$\varepsilon = 0$ の場合に求めれば，$\varepsilon = 1$ の場合には，それを $\mathrm{sgn}(g_0)$ 倍すればよい．誘導表現の指標の公式 (1.2.10) から求めた結果は，次のようになる．

命題 1.2.7　g_0 の型が (1.2.17) であるとき，

$$\chi_{\Pi_0}(g_0) = \chi_{\Pi_0''}(g_0) = \alpha_1\ (= g_0 \text{ の不動点の個数}). \tag{1.2.18}$$

証明　「g_0 が H の元と共役」$\Leftrightarrow$「$\alpha_1 \geq 1$」，であり，この場合には，$g_0 \in H$ として計算すればよい．「$g_0 \in H$」$\Leftrightarrow$「$g_0(n) = n$」$\Leftrightarrow$「 g_0 に長さ 1 のサイクル (n) が入っている（n が g_0 の不動点である）」．そして，

$$\begin{aligned} gg_0g^{-1} \in H &\iff (gg_0g^{-1})(n) = n \\ &\iff g_0(p) = p,\ p = g^{-1}(n) \iff g_0(p) = p,\ g(p) = n, \end{aligned}$$

で，これは g_0 に長さ 1 のサイクル (p) が入っていて（p が g_0 の不動点であって），$g(p) = n$，を意味する．そして，式 $g(p) = n$ は $H\backslash G$ の 1 点 $\dot{g} = Hg$ を決定する．かくて，g_0 の長さ 1 の α_1 個のサイクル (p) ごとに $H\backslash G$ の 1 点が決まり，その個数が α_1 である．よって，公式 (1.2.10) により，$\chi_\Pi(g_0) = \alpha_1$ (= g_0 の不動点の個数)．

g_0 が H の元と共役でない場合，$\chi_{\Pi_0}(g_0) = 0$ であることはすぐ分かる．□

Π_ε の既約分解．　誘導表現 Π_0 は $G = \mathfrak{S}_n$ の自明な表現 $\mathbf{1}_G$ を含む．Π_0'' でいうと，その表現空間は X 上の定数関数たちのなす 1 次元空間である．X 上の定数 1 の関数を 1_X と書くと，その直交補空間

$$\mathcal{H} := \{1_X\}^\perp = \{\psi \in \mathcal{F}(X)\,;\ \sum_{x \in X} \psi(x) = 0\}$$

の上には，ある表現 $\pi_\perp''$ が働く．これを Π_0 の部分表現 $\pi_\perp$ として実現すると，

$$\Pi_0 \cong \mathbf{1}_G \oplus \pi_\perp, \quad \Pi_1 \cong \mathrm{sgn} \oplus (\mathrm{sgn} \cdot \pi_\perp),$$

である．$\pi_\perp$ が既約であることを示そう．それには，$\pi_\perp$ の指標を利用する．$\chi_{\pi_\perp} = \chi_{\Pi_0} - \chi_{\mathbf{1}_G}$ であるから，g_0 の型が (1.2.17) であるとき，

$$\chi_{\pi_\perp}(g_0) = \chi_{\pi''_\perp}(g_0) = \alpha_1 - 1\,, \tag{1.2.19}$$

である．$n \geq 4$ のときには，$\chi_{\pi_\perp} \neq \mathrm{sgn}\cdot\chi_{\pi_\perp}$ であるから，$\pi_\perp \not\cong \mathrm{sgn}\cdot\pi_\perp$ である．しかし，$n=3$ の場合には，$\chi_{\pi_\perp} = \mathrm{sgn}\cdot\chi_{\pi_\perp}$ となり，$\pi_\perp \cong \mathrm{sgn}\cdot\pi_\perp$．

他方，g_0 を含む G の共役類 $[g_0]$ の位数は，

$$|[g_0]| = \frac{n!}{z_{\boldsymbol{\alpha}}}, \qquad z_{\boldsymbol{\alpha}} := \prod_{k\geqslant 1} k^{\alpha_k}\,\alpha_k! = \alpha_1!\,\prod_{k\geqslant 2} k^{\alpha_k}\,\alpha_k!\,. \tag{1.2.20}$$

これをすべての型について加えて $n!$ で割ると，次の等式を得る．

補題 1.2.8

$$\sum_{\substack{\boldsymbol{\alpha}=[\alpha_1,\cdots,\alpha_\ell] \\ \alpha_1+2\alpha_2+\cdots+\ell\alpha_\ell=n}} \frac{1}{z_{\boldsymbol{\alpha}}} = 1.$$

既約性の証明　上の補題 1.2.8 を応用しよう．$\|\chi_{\pi_\perp}\|^2$ を計算すると，$(\alpha_1 - 1)^2 = 1 - \alpha_1 + \alpha_1(\alpha_1 - 1)$ なので

$$\begin{aligned}
\|\chi_{\pi_\perp}\|^2 &= \sum_{[g_0]} |\chi_{\pi_\perp}(g_0)|^2 \cdot \mu_G([g_0]) = \sum_{\boldsymbol{\alpha}} \frac{(\alpha_1-1)^2}{z_{\boldsymbol{\alpha}}} \\
&= \sum_{\boldsymbol{\alpha}} \frac{1}{\alpha_1!\prod_{k\geqslant 2}k^{\alpha_k}\,\alpha_k!} - \sum_{\boldsymbol{\alpha}:\,\alpha_1\geqslant 1} \frac{1}{(\alpha_1-1)!\prod_{k\geqslant 2}k^{\alpha_k}\,\alpha_k!} + \\
&\quad + \sum_{\boldsymbol{\alpha}:\,\alpha_1\geqslant 2} \frac{1}{(\alpha_1-2)!\prod_{k\geqslant 2}k^{\alpha_k}\,\alpha_k!} \;=\; 1-1+1 \;=\; 1.
\end{aligned}$$

ここに，$-\sum_{\boldsymbol{\alpha}:\,\alpha_1\geqslant 1} 1/z_{\boldsymbol{\alpha}}$ の項においては，$\alpha_1 \geqslant 1$ なので，$\alpha_n = 0$ であり，$\boldsymbol{\alpha}' = [\alpha'_1, \alpha'_2, \cdots, \alpha'_{n-1}]$, $\alpha'_1 = \alpha_1 - 1, \alpha'_j = \alpha_j$ $(2 \leqslant j \leqslant n-1)$, とおけば，$\sum_{k\geqslant 1} k\alpha'_k = n-1$，よって，この項は $-\sum_{\boldsymbol{\alpha}'} 1/z_{\boldsymbol{\alpha}'}$ と同じとなり，補題 1.2.8 で n を $n-1$ とした公式を適用できる．同様に，$\sum_{\boldsymbol{\alpha}:\,\alpha_1\geqslant 2}$ の項では，n を $n-2$ とした公式を適用する．よって，$\|\chi_{\pi_\perp}\| = 1$．ゆえに $\pi_\perp$ および $\mathrm{sgn}\cdot\pi_\perp$ は既約である．□

既約表現 $\pi_\perp$ は n の分割 $\boldsymbol{\lambda} = (n-1, 1)$, したがってそれで決まるヤング図形に対応し，$\mathrm{sgn}\cdot\pi_\perp$ に対応するヤング図形はその転置である（ヤング図形については，**1.3.6** 小節参照）．

問題 1.2.2　補題 1.2.6 の証明を与えよ．

問題 1.2.3　$\pi_\perp$ の指標を使った上の 既約性の証明は，かなり大回りしている．直接的な既約性の証明を与えよ．

例 1.2.3 上の例での誘導表現 Π_0 やその既約成分 $\pi_\perp$ を行列で表示してみよう．切断 S をとってあるのだが，G-作用を込めてそれと等価な $X=\{1,2,\cdots,n\}$ の方が使いやすいので，Π_0'' を取り扱う．空間 $\mathcal{F}(X)$ には自然な基底としてデルタ関数の族がとれる，すなわち，$j\in X$ に対して，

$$\delta_j(k) := \begin{cases} 1, & k=j \text{ のとき}, \\ 0, & k\neq j \text{ のとき}. \end{cases}$$

$\Pi_0''(g)(\delta_j)(k)=\delta_j(g^{-1}(k))=\delta_{g(j)}(k)\ (k\in X)$，であるから，変換 $\Pi_0''(g)$ を基底 $\{\delta_j\,;\,j\in \boldsymbol{I}_n\}$ で表すと，$n\times n$ 型行列で $j\in\boldsymbol{I}_n$ に対して，$(g(j),j)$ 要素が 1 で，この n 個の 1 を除いて他の全ての要素が 0 である行列 $T(g)$ を得る．$T(g)$ は g の**置換行列**といわれるものである．

つぎに，既約表現 $\pi_\perp$ の行列表示を求めるのに，$\mathcal{H}$ の基底 $\{\psi_j:=\delta_j-\delta_{j+1}\,;\,j\in \boldsymbol{I}_{n-1}\}$ を使う．ψ_j はすべて長さが $\sqrt{2}$ で等長だが，直交はしていない．したがって，$\pi_\perp(g)$ を表示する行列 $T_{\pi_\perp}(g)$ はユニタリではない．しかし，基底 $\{\psi_j\}$ から Schmidt（シュミット）の直交化によって正規直交基底を作って，基底を取り替えれば，その基底に関しての行列表示 $T^0_{\pi_\perp}(g)$ はユニタリ行列になる．

$G=\mathfrak{S}_n$ の生成元系 $\{s_p=(p\ p{+}1)\,;\,p\in\boldsymbol{I}_{n-1}\}$ の元に対して，行列表示を与える：$n\geq 4$ とすると，

$$T_{\pi_\perp}(s_p)\psi_j = \begin{cases} \psi_{p-1}+\psi_p\,, & j=p-1 \text{ のとき}, \\ -\psi_p\,, & j=p \text{ のとき}, \\ \psi_p+\psi_{p+1}\,, & j=p+1 \text{ のとき}, \\ \psi_j\,, & |j-p|\geq 2 \text{ のとき}, \end{cases} \tag{1.2.21}$$

とくに，$n=4$ のときの $T_{\pi_\perp}(s_p)\ (p=1,2,3)$ は順番に次の通り：

$$\begin{pmatrix} -1 & 1 & 0 \\ 0 & 1 & 0 \\ 0 & 0 & 1 \end{pmatrix},\quad \begin{pmatrix} 1 & 0 & 0 \\ 1 & -1 & 1 \\ 0 & 0 & 1 \end{pmatrix},\quad \begin{pmatrix} 1 & 0 & 0 \\ 0 & 1 & 0 \\ 0 & 1 & -1 \end{pmatrix}. \tag{1.2.22}$$

例 1.2.4 $G=\mathfrak{S}_n$, $n=3$, のとき，$\pi_\perp$ の行列表示は，

$$T_{\pi_\perp}(s_1)=\begin{pmatrix} -1 & 1 \\ 0 & 1 \end{pmatrix},\quad T_{\pi_\perp}(s_2)=\begin{pmatrix} 1 & 0 \\ 1 & -1 \end{pmatrix}. \tag{1.2.23}$$

(ψ_1,ψ_2) から Schmidt の直交化によって (φ_1,φ_2) を得たとすると，

$$(\varphi_1, \varphi_2) = (\psi_1, \psi_2)B, \quad B = \begin{pmatrix} 1/\sqrt{2} & 1/\sqrt{6} \\ 0 & 2/\sqrt{6} \end{pmatrix}.$$

この座標変換の行列 B によって，$T^0_{\pi_\perp}(s_i) = B^{-1}T_{\pi_\perp}(s_i)\,B$ を計算すると，次を得る：

$$T^0_{\pi_\perp}(s_1) = \begin{pmatrix} -1 & 0 \\ 0 & 1 \end{pmatrix}, \quad T^0_{\pi_\perp}(s_2) = \begin{pmatrix} 1/2 & \sqrt{3}/2 \\ \sqrt{3}/2 & -1/2 \end{pmatrix}. \tag{1.2.24}$$

ここで，定理 1.1.6 (1.1.12) 式を応用してみよう．まず，$|G| = 6 = 1^2 + 1^2 + 2^2$ である．他方，1 次元表現が 2 個，$= \mathbf{1}_G$, sgn, あり，2 $(= n-1)$ 次元既約表現 $\pi_\perp$ を見付けたのでこれで $\widehat{G}$ の完全代表系が得られた．

注 1.2.1　行列表示 $T_{\pi_\perp}(g)$ $(g \in \mathfrak{S}_3)$ においては全ての行列要素が整数である．しかし，それと同値なユニタリ行列による表現 $T^0_{\pi_\perp}(g)$ $(g \in \mathfrak{S}_3)$ においては，1/2 や $\sqrt{3}$ が現れる．

Schur は論文 [Sch3] において，数論的には非常に重要な次の事実を証明した：「$n \geq 3$ のとき，対称群 $\mathfrak{S}_n$ のどの既約表現も，すべての行列要素が整数であるような行列表示を持つ．」ただし，これはユニタリ行列による表示ではない．

例 1.2.5　$G = \mathfrak{S}_n$, $n = 4$, のとき，$|G| = 24 = 1^2+1^2+3^2+3^2+2^2$ である．他方，1 次元表現が 2 個，$\mathbf{1}_G$, sgn, あり，3 $(= n-1)$ 次元既約表現 2 個 $\pi_\perp$, $\mathrm{sgn}\cdot\pi_\perp$ を見付けたので，あとは 2 次元既約表現 1 個を見付ければ，$\widehat{G}$ 全部が分かる．そこで，できるだけ大きな部分群を見付けてそこからの誘導表現を作り，それを既約分解して既約成分を調べたい．

$$Kl := \{e,\ (1\,2)(3\,4),\ (1\,3)(2\,4),\ (1\,4)(2\,3)\} = \{h_0, h_1, h_2, h_3\}, \tag{1.2.25}$$

をとると，Kl は可換であり，Klein（クライン）の 4 元群と呼ばれる．これは正規部分群なので，$N = Kl$ とおくと，$N\backslash G$ の G 内の切断として，次がとれる：

$$S = \{e,\ (1\,2),\ (1\,3),\ (1\,2\,3),\ (1\,3\,2),\ (1\,2\,4\,3)\}. \tag{1.2.26}$$

S の元を上の順番に沿って $t_1, t_2, \cdots, t_6$ とする．(1.2.5) に従って具体的に N-左剰余類を計算して，その元を N の元の順番に沿って並べると，

表 1.2.1 $g \in \{s_1, s_2, s_3\}$, $s = t_k \in S\,(k \in \boldsymbol{I}_6)$ に対するペア $(h(s,g); s\overline{g})$.

$g \setminus\!\setminus s$	t_1	t_2	t_3	t_4	t_5	t_6
s_1	$e\,;t_2$	$e\,;t_1$	$e\,;t_4$	$e\,;t_3$	$h_1\,;t_6$	$h_1\,;t_5$
s_2	$h_1\,;t_6$	$e\,;t_4$	$e\,;t_5$	$e\,;t_2$	$e\,;t_3$	$h_1\,;t_1$
s_3	$h_1\,;t_2$	$h_1\,;t_1$	$h_3\,;t_4$	$h_3\,;t_3$	$h_3\,;t_6$	$h_3\,;t_5$

$$(1.2.27)\qquad \begin{cases} N(1\,2) \;=\; \{(1\,2), (3\,4), (1\,4\,2\,3), (1\,3\,2\,4)\}, \\ N(1\,3) \;=\; \{(1\,3), (1\,4\,3\,2), (2\,4), (1\,2\,3\,4)\}, \\ N(1\,2\,3) = \{(1\,2\,3), (2\,4\,3), (1\,4\,2), (1\,3\,4)\}, \\ N(1\,3\,2) = \{(1\,3\,2), (1\,4\,3), (2\,3\,4), (1\,2\,4)\}, \\ N(1\,2\,4\,3) = \{(1\,2\,4\,3), (2\,3), (1\,4), (1\,3\,4\,2)\}. \end{cases}$$

N の自明表現 $\rho = \mathbf{1}_N$ を G へ誘導した $\Pi := \mathrm{Ind}_N^G \mathbf{1}_N$ に対し，上で選んだ切断 S を使って，その行列表示を求めてみよう．まず，$s \in S$ に対して，$\mathfrak{S}_4$ の生成元系 $\{s_1, s_2, s_3\}$ の元 g による作用 $sg = h(s,g)\, s\overline{g}$ を計算して表を作る．この計算には上の N-剰余類の表を活用する．例えば,

$$t_6 s_3 = (1\,2\,4\,3)(3\,4) = (1\,2\,4) = (1\,4)(2\,3)\cdot(1\,3\,2),$$
$$\therefore\ t_6\overline{s_3} = t_5,\ h(t_6, s_3) = h_3.$$

関数空間 $\mathcal{F}(S)$ の元 δ_{t_k} を，t_k で 1, その他の $t_j \in S$ では 0, として与えると，$\{\delta_{\delta_k}\,;\, k \in \boldsymbol{I}_6\}$ は基底をなす．他方,

$$\Pi(g)\delta_{t_k}(t) = \delta_{t_k}(t\,\overline{g}) = \delta_{\overline{t_k g^{-1}}}(t) \quad (t \in S),$$

であるから，$\Pi(g)$ を基底 $\{\delta_{\delta_k}\}$ に関して行列表示すると，$(t_k\overline{g^{-1}}, t_k)$ $(k \in \boldsymbol{I}_6)$ に対応する行列要素が 1, その他では 0, となる．$g = s_1, s_2, s_3$ に対して求めると，上の表 **1.2.1** を利用して次を得る:

$$T_\Pi(s_1) = \begin{pmatrix} 0&1&0&0&0&0\\ 1&0&0&0&0&0\\ 0&0&0&1&0&0\\ 0&0&1&0&0&0\\ 0&0&0&0&0&1\\ 0&0&0&0&1&0 \end{pmatrix}, \quad T_\Pi(s_2) = \begin{pmatrix} 0&0&0&0&0&1\\ 0&0&0&1&0&0\\ 0&0&0&0&1&0\\ 0&1&0&0&0&0\\ 0&0&1&0&0&0\\ 1&0&0&0&0&0 \end{pmatrix},$$

$$T_\Pi(s_3) = T_\Pi(s_1).$$

定理 1.2.9 (Π の構造) $G = \mathfrak{S}_4$, N を (1.2.25) の Klein の 4 元群とする．誘導表現 $\Pi = \mathrm{Ind}_N^G \mathbf{1}_N$ は，以下の (1.2.29) 式で与えられる指標を持つ 2 次元既約表現 π_2 があって，$\Pi \cong \mathbf{1}_G \oplus \mathrm{sgn} \oplus [2] \cdot \pi_2$.

証明 Π に含まれる 1 次元表現 $\mathbf{1}_G$, sgn を担う 1 次元部分空間はそれぞれ，$f_{\mathbf{1}_G}(s) \equiv 1$, $f_{\mathrm{sgn}}(s) = \mathrm{sgn}(s)$ $(s \in S)$, で張られる．それらの直交補空間 $\mathcal{H} := \langle f_{\mathbf{1}_G}, f_{\mathrm{sgn}} \rangle^{\perp}$ は次式右辺の方程式で与えられる：

$$\mathcal{F}(S) \supset \mathcal{H} \ni f \iff \begin{cases} f(t_1) + f(t_4) + f(t_5) = 0, \\ f(t_2) + f(t_3) + f(t_6) = 0. \end{cases} \tag{1.2.28}$$

$\mathcal{H}$ 上に働く 4 次元の表現を π_4 と書く．π_4 の行列表示を得るには，$\mathcal{H}$ に基底をとり，再び表 **1.2.1** のお世話になる．基底として，

$$\{\varphi_1 := \delta_{t_1} - \delta_{t_4},\ \varphi_2 := \delta_{t_1} - \delta_{t_5},\ \varphi_3 := \delta_{t_2} - \delta_{t_3},\ \varphi_4 := \delta_{t_2} - \delta_{t_6}\}.$$

をとって，上と同様に計算すると次の行列表示が得られる：

$$T_{\pi_4}(s_1) = \begin{pmatrix} 0 & 0 & 1 & 0 \\ 0 & 0 & 0 & 1 \\ 1 & 0 & 0 & 0 \\ 0 & 1 & 0 & 0 \end{pmatrix},\quad T_{\pi_4}(s_2) = \begin{pmatrix} 0 & 0 & -1 & -1 \\ 0 & 0 & 1 & 0 \\ 0 & 1 & 0 & 0 \\ -1 & -1 & 0 & 0 \end{pmatrix},$$
$$T_{\pi_4}(s_3) = T_{\pi_4}(s_1).$$

指標の計算.　他方，指標を計算すると，$T_\Pi(s_1 s_3) = E_6$ なので，

$$\chi_\Pi(g_0) = \begin{cases} 6 & g_0 = e, \\ 0 & g_0 \sim (1\,2), \\ 6 & g_0 \sim (1\,2)(3\,4), \\ 0 & g_0 \sim (1\,2\,3), \\ 0 & g_0 \sim (1\,2\,3\,4), \end{cases} \quad \therefore\ \chi_{\pi_4}(g_0) = \begin{cases} 4 & g_0 = e, \\ 0 & g_0 \sim (1\,2), \\ 4 & g_0 \sim (1\,2)(3\,4), \\ -2 & g_0 \sim (1\,2\,3), \\ 0 & g_0 \sim (1\,2\,3\,4). \end{cases}$$

$$\therefore\ \|\chi_{\pi_4}\|^2 = \frac{1}{4!}(4^2 + 3 \cdot 4^2 + 8 \cdot (-2)^2) = \frac{1}{6}(4 + 12 + 8) = 4 = 2^2.$$

これは，π_4 がある 2 次元既約表現 π_2 の重複度 2 の直和になっていることを示している．したがって，その指標は，

$$\chi_{\pi_2}(g_0) = \begin{cases} 2 & g_0 = e, \\ 0 & g_0 \sim (1\ 2), \\ 2 & g_0 \sim (1\ 2)(3\ 4), \\ -1 & g_0 \sim (1\ 2\ 3), \\ 0 & g_0 \sim (1\ 2\ 3\ 4). \end{cases} \tag{1.2.29}$$
□

π_2 の線形表示. 表現 π_2 の線形表示を，T_{π_4} を分解して得るのは結構難しいが，2 次元の既約表現の同値類が 1 つしかないことが分かっているので，π_2 の 1 つの線形表示は 例 1.2.3 の $T_{\pi_\perp}$ から，$T_{\pi_2}(s_i) := T_{\pi_\perp}(s_i)$ $(i \in \boldsymbol{I}_2)$，$T_{\pi_2}(s_3) := T_{\pi_2}(s_1)$，として簡単に得られる：

$$T_{\pi_2}(s_1) = \begin{pmatrix} -1 & 0 \\ 0 & 1 \end{pmatrix},\quad T_{\pi_2}(s_2) = \begin{pmatrix} 1/2 & \sqrt{3}/2 \\ \sqrt{3}/2 & -1/2 \end{pmatrix},\quad T_{\pi_2}(s_3) = \begin{pmatrix} -1 & 0 \\ 0 & 1 \end{pmatrix}.$$

実際，この $T_{\pi_2}(s_i)$ $(i \in \boldsymbol{I}_3)$ は $\mathfrak{S}_4$ の基本関係式 $s_i^2 = e$, $(s_i s_{i+1})^3 = e$, $s_1 s_3 = s_3 s_1$, を保存している．ついでのことに，$\mathrm{Ker}\,(\pi_2) = Kl$ も見て取れる．

問題 1.2.4 (i) 上の証明における計算を詳しく書け．
(ii) 上の行列表現 T_{π_4} を具体的に 2 つの行列表現に分解せよ（難）.

問題 1.2.5 $G = \mathfrak{S}_4$ の誘導表現 $\varPi = \mathrm{Ind}_N^G \boldsymbol{1}_N$ は商群 $G^0 := G/N$ の表現ととらえると，それは G^0 の正則表現である．これを論証せよ．

例 1.2.6 G として 3 次元ユークリッド空間 E^3 の原点 O の回りの回転の群 $SO(3)$, H として $SO(2)$ をとる．O を原点とする直交座標系をとり，単位座標ベクトルを $\boldsymbol{e}_1, \boldsymbol{e}_2, \boldsymbol{e}_3$ とする．$\boldsymbol{e}_3$ を固定する部分群が H であるように $SO(2)$ を $SO(3)$ に埋め込む．均質空間 $H\backslash G$ から O を中心とする単位球面 S^2 への写像

$$H\backslash G \ni Hg \longmapsto x = g^{-1}\boldsymbol{e}_3 \in S^2 \tag{1.2.30}$$

は全単射を与える．そして，$H\backslash G$ 上の G-右作用と，S^2 上の G-作用：$S^2 \ni x \to g^{-1}x \in S^2$（正確には G の逆作用）とが対応する．

さて，H は可換群なので，その既約ユニタリ表現は，1 次元であり，

$$\rho_m:\ H \ni \begin{pmatrix} \cos\theta & -\sin\theta & 0 \\ \sin\theta & \cos\theta & 0 \\ 0 & 0 & 1 \end{pmatrix} \longmapsto e^{mi\theta} \tag{1.2.31}$$

の形をしている．ここに，$m \in \boldsymbol{Z}$, $i = \sqrt{-1}$, である．そこで誘導表現 $\Pi_m = \mathrm{Ind}_H^G \rho_m$ を考えてみよう．表現空間 $W = V(\Pi_m)$ は G 上の複素数値の可測関数 $f(g)$ で，

$$f(hg) = \rho_m(h)f(g) \quad (h \in H,\ g \in G),$$
$$\|f\|_W^2 := \int_{H\backslash G} |f(g)|^2 \, d\mu_{H\backslash G}(\dot{g}) < \infty,$$

を満たすものである．ここに，$\mu_{H\backslash G} =: \mu_{S^2}$ は $H\backslash G \cong S^2$ 上の不変測度である．そして

$$\Pi_m(g_0)f(g) = f(gg_0) \quad (g,\, g_0 \in G).$$

$m = 0$ **の場合**は，$f(hg) = f(g)$ となるので，ちょうど W は Hilbert 空間 $L^2(S^2, \mu_{S^2})$ となり，$\Pi_0(g_0)f(x) = f(g_0^{-1}x)\ (x \in S^2)$ である．実は，

$$(\Pi_0,\, L^2(S^2, \mu_{S^2})) \cong \sum_{\ell=0,1,2,\cdots}^{\oplus} (\pi_\ell,\, V(\pi_\ell))\,,$$

ここに，ℓ は非負整数をわたり，π_ℓ は $\dim \pi_\ell = 2\ell + 1$ の既約表現である（文献 [GMSh] の前半部「回転群の表現」において，Legendre の多項式・陪多項式を用いて，この既約分解が具体的に与えられている．）

$m \neq 0$ **の場合**では，先の例 1.2.1 のように取り扱いやすい切断 $S \subset G$ が存在しないので，$L^2(S^2, \mu_{S^2})$ または，その変形を使って，Π_m を分かり易く書き直すことは出来ないが，次が知られている：

$$\Pi_m \cong \sum_{\ell \geq |m|}^{\oplus} \pi_\ell \qquad (\ell = |m|,\, |m|+1,\, |m|+2,\, \cdots).$$

また，$\Pi_m\ (m \in \boldsymbol{Z})$ の指標については，表現空間 $W = V(\Pi_m)$ が無限次元であるから（単純な意味では）存在しない．

1.2.6　指数 $[G : H] = 2$ の場合

$G = \mathfrak{S}_n$ (n 次対称群), $H = \mathfrak{A}_n$ (n 次交代群), の場合のように，G とその部分群 H の指数（index）$[G : H]$ が 2 の場合を考える．H に属さない任意の元 g をとると，G の左剰余類分解，ついで右剰余類分解によって，

$$G = H \sqcup Hg = H \sqcup gH$$

であるから，$Hg = gH$, すなわち，$gHg^{-1} = H$ となって，H は必然的に正規部分群になる．$s \notin H$ を 1 つとって固定すると，$H\backslash G$ の切断として $S := \{e, s\}$ がと

れる．$s^2 \in H$ なので，$h_s := s^2$ とおく．剰余群 $H\backslash G = G/H = \{H, Hs\} \cong \boldsymbol{Z}_2$ の非自明な 1 次元指標を $\mathrm{sgn} = \mathrm{sgn}_{G/H}$ と書くと，

$$\mathrm{sgn}(g) = \mathrm{sgn}_{G/H}(g) = \begin{cases} 1 & (g \in H), \\ -1 & (g \notin H). \end{cases}$$

G の表現 π に対して，$\mathrm{sgn} \cdot \pi$ をその**同伴表現**（associate representation）とよぶ．$\mathrm{sgn} \cdot \pi \cong \pi$ のとき，π を**自己同伴**であるという．

H の既約ユニタリ表現 ρ の表現空間を $V = V(\rho)$ とすると，$\Pi = \mathrm{Ind}_H^G \rho$ の表現空間 $W = V(\Pi)$ は，G 上の V-値関数 f であって，条件 (1.2.1) を満たすもの全体のなす関数空間であり，表現作用素 $\Pi(g_0)$ $(g_0 \in G)$ は (1.2.3) で与えられる．

Π を切断 S を用いて書き直そう．関数 f は条件 (1.2.1) を満たすので，次の対応 U により，表現空間 W は，直和空間 $V_1 \oplus V_2$（ただし，$V_i = V$）に同型になる：

(1.2.32)
$$U:\ W \ni f \mapsto (f(e), f(s)) =: (v_1, v_2) \in V \oplus V.$$

この同型対応 U により，表現作用素 $\Pi(g_0)$ は，$\Pi'(g_0) := U \cdot \Pi(g_0) \cdot U^{-1}$ に写されるが，具体的には，$g_0 = h \in H$ の場合と，$g_0 = s$ の場合とに分けて書くと，

$$\Pi'(h)\ :\ V_1 \oplus V_2 \ni (v_1, v_2) \longmapsto (\rho(h)v_1,\ \rho^{s^{-1}}(h)v_2),$$
$$\Pi'(s)\ :\ V_1 \oplus V_2 \ni (v_1, v_2) \longmapsto (v_2,\ \rho(h_s)v_1),$$

ここに，$\rho^{s^{-1}}(h) := \rho(shs^{-1})$ $(h \in H)$．実際，$f(s \cdot s) = f(h_s) = \rho(h_s)v_1$．そこで，$V_j \to V_i$ の線形写像の空間 $\mathcal{L}(V_j, V_i)$ の元を要素とする 2×2 型行列で $\mathcal{L}(V_1 \oplus V_2)$ の元を表したとき，I を $V \to V$ の恒等作用素として，

(1.2.33)
$$\Pi'(h) = \begin{pmatrix} \rho(h) & O \\ O & \rho^{s^{-1}}(h) \end{pmatrix}, \quad \Pi'(s) = \begin{pmatrix} O & I \\ \rho(h_s) & O \end{pmatrix}, \quad h_s = s^2.$$

さらに，$\rho(h_s)$ はユニタリ行列なので，（対角化して考えれば分かるように）

(1.2.34)
$$\rho(h_s) = K^2, \quad K \text{ は } \rho(h_s) \text{ と可換な行列とは可換},$$

を満たすユニタリ行列 K が存在する．そのうちの 1 つをとって，$L \in \mathcal{L}(V_1 \oplus V_2)$ を $L(v_1, v_2) := (v_1, Kv_2)$ $(v_i \in V_i)$ とおくと，$\Pi'' := L^{-1} \cdot \Pi' \cdot L$ は次の形になる:

(1.2.35)
$$\Pi''(h) = \begin{pmatrix} \rho(h) & O \\ O & \rho_s(h) \end{pmatrix}, \quad \Pi''(s) = \begin{pmatrix} O & K \\ K & O \end{pmatrix},$$

ここに，$\rho_s := K^{-1} \cdot \rho^{s^{-1}} \cdot K$.

定理 1.2.10　(ⅰ) $\rho \cong \rho^{s^{-1}}$ **の場合．**　誘導表現 $\Pi = \mathrm{Ind}_H^G \rho$ は可約で，$\Pi \cong \pi \oplus (\mathrm{sgn}\cdot\pi)$, $\pi \ncong \mathrm{sgn}\cdot\pi$（すなわち，$\pi$ は非自己同伴）．制限については，$\pi|_H \cong \rho$, $\Pi|_H \cong [2]\cdot\rho$.

(ⅱ) $\rho \ncong \rho^{s^{-1}}$ **の場合．**　誘導表現 Π は既約表現 π で，$\pi \cong \mathrm{sgn}\cdot\pi$（すなわち，$\pi$ は自己同伴）．制限については，$\Pi|_H = \pi|_H \cong \rho \oplus \rho^{s^{-1}}$.

証明　(ⅰ) $\rho \cong \rho^{s^{-1}}$ と仮定する．この同値を与える相関作用素 $A \in \mathcal{L}(V)$ をとると，$\rho^{s^{-1}}(h) = \rho(shs^{-1}) = A\,\rho(h)A^{-1}$ $(h \in H)$. とくに，$h = h_s$ とおくと，$\rho(h_s) = A^{-1}\rho(h_s)A$. また，

$$\rho(s^2hs^{-2}) = A\,\rho(shs^{-1})A^{-1} = A^2\rho(h)A^{-2},$$

$$\rho(s^2hs^{-2}) = \rho(h_s)\rho(h)\rho(h_s)^{-1}.$$

ここで，ρ は既約なので，Schur の補題により，$\rho(h_s) = cA^2$ $(\exists c \in \boldsymbol{C}^\times)$. A を適当に定数倍すれば，$\rho(h_s) = A^2$ となり，A は方程式 (1.2.34) の解の 1 つである．

そこで，Π'' の自己相関作用素 D をとると，$\Pi''(h)$ $(h \in H)$ と可換であり，かつ，$\rho_s = (A^{-1}K)^{-1}\cdot\rho\cdot(A^{-1}K)$ であるから，次の形をしている：

$$D = \begin{pmatrix} d_{11}I & d_{12}A^{-1}K \\ d_{21}K^{-1}A & d_{22}I \end{pmatrix} \quad (d_{ij} \in \boldsymbol{C}).$$

さらに，$D\,\Pi''(s) = \Pi''(s)D$ から，$d_{11} = d_{22}$, および 次式を得る:

$$d_{12}A^{-1}K^2 = d_{21}A, \;\; d_{21}K^{-1}AK = d_{12}KA^{-1}K.$$

これは，$K^2 = A^2 = \rho(h_s)$ であるから，$d_{12} = d_{21}$ と等価である．

よって，$\Pi = \mathrm{Ind}_H^G \rho$ は可約で，その相関作用素全体の空間 $\mathcal{I}(\Pi)$ は 2 次元である．既約成分をちゃんと見るために $K = A$ ととる．すると，$\rho_s(h) = \rho(h)$ なので，

$$\Pi''(h) = \begin{pmatrix} \rho(h) & 0 \\ 0 & \rho(h) \end{pmatrix}, \quad \Pi''(s) = \begin{pmatrix} 0 & K \\ K & 0 \end{pmatrix}, \tag{1.2.36}$$

ここで，$T := \frac{1}{\sqrt{2}}\left(\begin{smallmatrix} I & I \\ -I & I \end{smallmatrix}\right)$, $\Pi''' := T\cdot\Pi''\cdot T^{-1}$ とおくと，

$$\Pi'''(h) = \begin{pmatrix} \rho(h) & 0 \\ 0 & \rho(h) \end{pmatrix}, \quad \Pi'''(s) = \begin{pmatrix} K & 0 \\ 0 & -K \end{pmatrix}, \tag{1.2.37}$$

$\pi(h) := \rho(h)$, $\pi(s) := K$, とおくと既約成分の 1 つ π をうる．もう一つの既約成分は $\mathrm{sgn}\cdot\pi$ であることは上式から見やすい．よって，$\Pi \cong \pi \oplus (\mathrm{sgn}\cdot\pi)$, $\pi \not\cong \mathrm{sgn}\cdot\pi$, かつ，制限については，$\Pi|_H \cong \rho \oplus \rho = [2]\cdot\rho$, $\pi|_H = \rho$.

(ii) $\rho \not\cong \rho^{s^{-1}}$ と仮定する．Π' の自己相関作用素を D とすると，(1.2.33) の $\Pi'(h)$ の形から D は次の形である：

$$D = \begin{pmatrix} d_{11}I & O \\ O & d_{22}I \end{pmatrix} \quad (d_{ii} \in \boldsymbol{C}).$$

さらに，$D\Pi''(s) = \Pi''(s)D$ から $d_{11} = d_{22}$ を得て，結局 D はスカラー作用素になる．よって Π'' は既約である．

他方，$\Pi^0 := \mathrm{sgn}\cdot\Pi''$ とおくと，(1.2.36) の Π'' をみれば，$T = \frac{1}{\sqrt{2}}\left(\begin{smallmatrix} I & 0 \\ 0 & -I \end{smallmatrix}\right)$ により，$T\cdot\Pi''\cdot T^{-1} = \Pi^0$ であることは見やすい．したがって，既約表現 $\pi = \Pi = \mathrm{Ind}_H^G\rho$ に対し，$\pi \cong \mathrm{sgn}\cdot\pi$ で，制限については，$\pi|_H = \Pi|_H$ は可約で $\pi|_H \cong \rho \oplus \rho^{s^{-1}}$. □

1.2.7 Frobenius の相互律

閉部分群 H の表現 ρ を G へ誘導する操作 $\mathrm{Ind}_H^G\rho$ と，G の表現 π を H に制限する操作 $\mathrm{Res}_H^G\pi := \pi|_H$ に関する次の定理の主張は，**Frobenius の相互律** (reciprocity law) と呼ばれている．

定理 1.2.11 (Frobenius の相互律) G をコンパクト群とする．誘導表現 $\mathrm{Ind}_H^G\rho$ が既約表現 π を含む回数（重複度）を $[\mathrm{Ind}_H^G\rho : \pi]$, H への制限 $\mathrm{Res}_H^G\pi = \pi|_H$ が ρ を含む重複度を $[\pi|_H : \rho]$ と書くと，

$$[\mathrm{Ind}_H^G\rho : \pi] = [\pi|_H : \rho] = [\mathrm{Res}_H^G\pi : \rho]. \tag{1.2.38}$$

証明 G がコンパクトなので，$\dim\pi < \infty$ である．$\pi|_H$ の既約分解 $\pi|_H = \rho_1 \oplus \rho_2 \oplus \cdots \oplus \rho_{N_\pi}$ にしたがって，$V(\pi)$ の基底をとれば，π の行列表示 $T_\pi(h)$ $(h \in H)$ はブロック型の対角行列である：

$$T_\pi(h) = \begin{pmatrix} T_{\rho_1}(h) & O & O & \cdots & O \\ O & T_{\rho_2}(h) & O & \cdots & O \\ O & O & \cdots & \cdots & O \\ \cdots & \cdots & \cdots & \cdots & \cdots \\ O & O & O & \cdots & T_{\rho_{N_\pi}}(h) \end{pmatrix} \tag{1.2.39}$$

$$=: \mathrm{diag}(T_{\rho_1}(h), \cdots, T_{\rho_{N_\pi}}(h)),$$

ここに，T_{ρ_k} は ρ_k の行列表示である．

(1) $\rho_k \cong \rho$ とする．簡単のため（必要ならば基底を取り替えて）$\rho_k = \rho$ となっているとする．ρ_k に対応する $T_\pi(g)$ の行が，第 $M+1, M+2, \cdots, M+d_\rho$ だとする．その部分を切り出した横長の $d_\rho \times d_\pi$ 型行列を $X_k^\pi(g)$ とおくと，

$$X_k^\pi(g) = \begin{pmatrix} t^\pi_{M+1,1}(g) & t^\pi_{M+1,2}(g) & \cdots\cdots & t^\pi_{M+1,d_\pi}(g) \\ t^\pi_{M+2,1}(g) & t^\pi_{M+2,2}(g) & \cdots\cdots & t^\pi_{M+2,d_\pi}(g) \\ \cdots & \cdots & \cdots\cdots & \cdots \\ \cdots & \cdots & \cdots\cdots & \cdots \\ t^\pi_{M+d_\rho,1}(g) & t^\pi_{M+d_\rho,2}(g) & \cdots\cdots & t^\pi_{M+d_\rho,d_\pi}(g) \end{pmatrix}.$$

$X_k^\pi(g)$ の第 j 列を $\boldsymbol{x}_j(g)$ と書くと，それは $\boldsymbol{C}^{d_\rho}$-値の G 上の関数である．この $\boldsymbol{C}^{d_\rho}$ は $V(\rho)$ に基底を取って表した座標空間である．$\boldsymbol{x}_j(hg) = T_\rho(h)\boldsymbol{x}_j(g)$ であるから $\boldsymbol{x}_j(g)$ は表現空間 $V(\Pi)$, $\Pi = \mathrm{Ind}_H^G \rho$, の元である．そして，

$$\begin{aligned}(\Pi(g_0)\boldsymbol{x}_1(g), \cdots, \Pi(g_0)\boldsymbol{x}_{d_\pi}(g)) &= X_k^\pi(gg_0) \\ &= X_k^\pi(g)T_\pi(g_0) = (\boldsymbol{x}_1(g), \cdots, \boldsymbol{x}_{d_\pi}(g))T_\pi(g_0),\end{aligned}$$

なので，部分空間 $\langle \boldsymbol{x}_1, \cdots, \boldsymbol{x}_{d_\pi} \rangle \subset V(\Pi)$ ではこの基底に関して $\Pi(g_0)$ は行列 $T_\pi(g_0)$ で表されている．よって，ここに働いているのは表現 π である．

このようにして $T_\pi(g)$ から切り出される $V(\Pi)$ の部分空間は，$\rho_k \cong \rho$ となる ρ_k の個数，すなわち，$[\pi|_H : \rho]$ 個だけある．X_k^π, $X_{k'}^\pi$ $(k \neq k')$ が別々の部分空間であることをいうには，行列要素 t_{ij}^π たちが互いに直交し，したがって線型独立である（定理 1.1.6）ことを使う．これで，不等式 $[\Pi : \pi] \geq [\pi|_H : \rho]$ が証明された．

(2) これが等式であることを証明しよう．誘導表現 Π の既約成分 π をとり，その表現空間 $V'(\pi) \subset V(\Pi)$ に正規直交基底 $\{\boldsymbol{y}_1, \boldsymbol{y}_2, \cdots, \boldsymbol{y}_{d_\pi}\}$ をとって，それに関する $\Pi(g)|_{V'(\pi)}$ の行列表示がちょうど $T_\pi(g)$ になるようにする，すなわち，

$$(\Pi(g_0)\boldsymbol{y}_1, \Pi(g_0)\boldsymbol{y}_2, \cdots, \Pi(g_0)\boldsymbol{y}_{d_\pi}) = (\boldsymbol{y}_1, \boldsymbol{y}_2, \cdots, \boldsymbol{y}_{d_\pi})T_\pi(g_0).$$

この式で，変数 $g \in G$ を表（おもて）に出して書けば次を得る： 任意の $g_0 \in G$ に対してほとんどすべての $g \in G$ に対して，

$$(\boldsymbol{y}_1(gg_0), \boldsymbol{y}_2(gg_0), \cdots, \boldsymbol{y}_{d_\pi}(gg_0)) = (\boldsymbol{y}_1(g), \boldsymbol{y}_2(g), \cdots, \boldsymbol{y}_{d_\pi}(g))T_\pi(g_0).$$

ここで，うまく議論すれば，Fubini の定理によって，「ある $g \in G$ が有って，ほ

とんどすべての $g_0 \in G$ に対して上式が成立する.」したがって, $V(\rho) \cong \boldsymbol{C}^{d_\rho}$ の値をとる G 上の縦ベクトル値関数である $\boldsymbol{y}_j \in V(\Pi)$, $\Pi = \mathrm{Ind}_H^G \rho$, は, 必要ならば測度零のところで修正すれば, 連続関数 (実際, $\boldsymbol{y}_j$ の成分は T_π の行列要素の一次結合) である.

$d_\rho \times d_\pi$ 型行列の値をとる G 上の関数 $Y := (\boldsymbol{y}_1, \boldsymbol{y}_2, \cdots, \boldsymbol{y}_{d_\pi})$ をつくると,

$$Y(hgg_0) = \rho(h)\, Y(g)\, T_\pi(g_0) \quad (h \in H,\ g, g_0 \in G).$$

ここで, $h = g = e$ とおくと, $Y(g_0) = Y(e)\, T_\pi(g_0)$ である. さらに, $g = e$, $g_0 = h^{-1}$ とおくと, $Y(e) = \rho(h)\, Y(e)\, T_\pi(h)^{-1}$, よって, $A := Y(e)$ は

$$\rho(h)\, A = A\, T_\pi(h)\ (h \in H)$$

を満たす. 行列 $A = Y(e)$ は $V'(\pi) \to V(\rho)$ の線形写像を与えるが, 上式はそれが ρ と $\pi|_H$ の間の相関作用素であることを示す. (1.2.39) 式のように $T_\pi(h) = \mathrm{diag}(T_{\rho_1}(h), \cdots, T_{\rho_{N_\pi}}(h))$ としておき, それに対応して, $d_\rho \times d_{\rho_k}$ 型のブロック $Y_k = Y_k(g)\ (1 \le k \le N_\pi)$ を横に並べて, $Y = Y(g)$ を $Y = (Y_1\ Y_2\ \cdots\ Y_{N_\pi})$ と書き表(あらわ)す.

Schur の補題により, このうちの $\rho_k \cong \rho$ となる Y_k のところでだけ $Y(e) = (Y_1(e), \cdots, Y_{N_k}(e))$ の成分 $Y_k(e)$ は $\neq 0$ となり得る. $\rho_k = \rho$ と標準化しておけば, それは $\lambda_k E_{d_\rho}$ の形である. $Y(g) = Y(e)\, T_\pi(g)$ であるから, 行列のブロック型掛け算を使って, 次を得る:

$$Y = \sum_{k\,:\,\rho_k \cong \rho} \lambda_k X_k^\pi\,.$$

表現空間 $V'(\pi)$ の基底が, $Y = (\boldsymbol{y}_1, \boldsymbol{y}_2, \cdots, \boldsymbol{y}_{d_\pi})$ の $\boldsymbol{y}_j$ たちで与えられているので, これは, Π の既約成分で π と同値なものは, 前半 **(1)** で述べた X_k^π たちの一次結合から来たものだけで済んでいることを示している. したがって, 反対向きの不等式 $[\Pi : \pi] \le [\pi|_H : \rho]$ が示された. □

注 1.2.2 Frobenius の相互律の上の証明では, 表現空間に座標をとって表現を行列表示した. これと違って, いわゆる coordinate-free な証明もあるのだが, 本質的には上の証明と同等である. 我々は, 一群の定理の流れに沿って, 上の形の証明を採用したが, こちらはより図形的な理解が可能である, という特徴がある.

1.2.8　誘導表現の部分群への制限

有限群 G の 2 つの部分群 H, K を考える．H の表現 ρ を G に誘導して，$\Pi = \mathrm{Ind}_H^G \rho$ を得たあと，今度は Π を K に制限するとどのように分解されるかを調べよう．別の言い方をすると，2 重の操作 $\mathrm{Res}_K^G \mathrm{Ind}_H^G \rho$ を ρ に施した結果を見るわけである．ここで述べる定理は，誘導表現 Π を既約分解するときに用いると有効なステップを与えるが，非常に一般的な定理であるから，（特別な場合を除いて）中間的な分解を与えるので，既約分解にまで至るにはさらに個別の議論を追加する必要がある．

G の元 y による共役 $\iota(y)g := ygy^{-1}$ により，群 H は $\iota(y)H = yHy^{-1}$ に写される．これを逆に辿れば，$\iota(y)H \ni h' \mapsto \iota(y)^{-1}h' = y^{-1}h'y \mapsto \rho(y^{-1}h'y)$ により，

$$({}^y\rho)(h') := \rho(y^{-1}h'y) \quad (h' \in \iota(y)H = yHy^{-1}) \tag{1.2.40}$$

が $\iota(y)H$ の表現となる．これを K に制限すると，$K_y := K \cap \iota(y)H$ の表現 $({}^y\rho)|_{K_y}$ が得られる．

定理 1.2.12　有限群 G の 2 つの部分群を H, K とし，H の表現を ρ とする．誘導表現 $\Pi = \mathrm{Ind}_H^G \rho$ を K に制限すると，次のように分解される．両側剰余類の空間 $H\backslash G/K$ の完全代表元系を Y とするとき，

$$\mathrm{Res}_K^G \left(\mathrm{Ind}_H^G \rho\right) = \Pi|_K \cong \bigoplus_{y \in Y} \mathrm{Ind}_{K_{y^{-1}}}^K \left(({}^{y^{-1}}\rho)|_{K_{y^{-1}}}\right). \tag{1.2.41}$$

証明　Π の表現空間 $V(\Pi)$ として，G 上の $V(\rho)$-値関数 f で均質条件

$$f(hg) = \rho(h)f(g) \ (h \in H,\, g \in G) \tag{1.2.42}$$

を満たすもの全体のなす空間をとる．$y \in Y$ に対し，$f_y := f|_{HyK}$ とおきそれを HyK の外側では 0 と解釈すれば，$f = \sum_{y \in Y} f_y$ である．$F_y(y^{-1}hyk) := f_y(hyk)\ (h \in H,\, k \in K)$ とおけば，$y^{-1}HyK$ 上の F_y と HyK 上の f_y とは 1-1，線形に対応する．上の均質条件があるので，f_y はその制限 $f_y|_{yK}$ で決まり，したがって，F_y は $F_y|_K$ で決まる．実際，$F_y(k) = f_y(yk)\ (k \in K)$.

$\Psi_y(f) := F_y|_K$ とおくと，K 上の $V(\rho)$-値関数であり，$\psi = \Psi_y(f)$ は均質条件

$$\psi(h'k) = ({}^{y^{-1}}\rho)(h')\psi(k) \quad (h' \in K_{y^{-1}} = y^{-1}Hy \cap K,\, k \in K) \tag{1.2.43}$$

を満たす．そして ψ の全体は，この均質条件を満たす $V(\rho) = V({}^{y^{-1}}\rho)$ の値をとる関数

全体である．したがって，ベクトル空間としては，$V(\Pi) \cong \bigoplus_{y\in Y} V(\mathrm{Ind}_{K_{y^{-1}}}^{K}({}^{y^{-1}}\rho))$ である．

そこで，表現作用素 $\Pi(k_0)$ $(k_0 \in K)$ の写り方を見よう．$\Pi(k_0)f(g) = f(gk_0)$，すなわち，関数 f の k_0 による右移動であり，これは K 上の関数 $\psi = \Psi_y(f)$ にまで遺伝する．したがって，上の空間分解に即して，$\Pi(k_0) \cong \bigoplus_{y\in Y} \mathrm{Ind}_{K_{y^{-1}}}^{K}({}^{y^{-1}}\rho)(k_0)$ である．　□

問題 1.2.6　両側剰余類の空間 $H\backslash G/K$ の完全代表元系 Y の取り方に依らないで，分解 (1.2.41) が（同値を法として）決まることを直接的に証明せよ（すなわち，代表元 y を h_0yk_0 と置き換えるとどうなるか？）

注 1.2.3　H, K それぞれの既約表現 ρ_H, ρ_K をとり，$\mathrm{Ind}_H^G\rho_H$ と $\mathrm{Ind}_K^G\rho_K$ との間の相関作用素を研究することは，この種の誘導表現の構造を調べるのに有効である．しかし，計算は上の場合よりも複雑である（[Hir1], [Hir2] 参照）．

1.2.9　誘導表現の一性質

次の定理は，第 11 章での既約指標の計算において，重要な働きをする．

定理 1.2.13　G を有限群，H をその部分群とする．$\mathcal{T}$ および ρ をそれぞれ G および H の線形表現とし，$\Pi := \mathrm{Ind}_H^G((\mathcal{T}|_H)\otimes\rho)$ とおくと，

$$\Pi \cong \mathcal{T} \otimes \mathrm{Ind}_H^G\,\rho. \tag{1.2.44}$$

対応する指標の等式 $\chi_\Pi = \chi_\mathcal{T}\cdot\chi_{\mathrm{Ind}_H^G\rho}$ は，さらに次の H 上の等式に同値である：

$$\chi_\Pi(h) = \chi_\mathcal{T}(h) \times \chi_{\mathrm{Ind}_H^G\rho}(h) \quad (h \in H). \tag{1.2.45}$$

証明　誘導表現 $\mathrm{Ind}_H^G\rho$ の指標の $g \in G$ での値は，g が H の元に共役でなければ 0 である．したがって，H 上での等式 (1.2.45) は G 上での等式 $\chi_\Pi = \chi_\mathcal{T}\cdot\chi_{\mathrm{Ind}_H^G\rho}$ を意味するので，(1.2.44) 式に同値である．誘導表現の指標公式（定理 1.2.4）から，$h \in H$ に対しては，

$$\chi_\Pi(h) = \frac{1}{|H|}\sum_{g\in G:\, ghg^{-1}\in H} \chi_\mathcal{T}(ghg^{-1})\,\chi_\rho(ghg^{-1}),$$

である．$\chi_\mathcal{T}$ は G 上の不変関数であるから，

$$\chi_\Pi(h) = \chi_\mathcal{T}(h)\cdot\frac{1}{|H|}\sum_{g\in G:\, ghg^{-1}\in H} \chi_\rho(ghg^{-1}) = \chi_\mathcal{T}(h) \times \chi_{\mathrm{Ind}_H^G\rho}(h).$$

ゆえに，$\chi_{\Pi} = \chi_{\mathcal{T}} \cdot \chi_{\mathrm{Ind}_H^G \rho}$ であり，$\Pi \cong \mathcal{T} \otimes (\mathrm{Ind}_H^G \rho)$ が従う．□

別証　今度は直接，誘導表現自身の同値を示そう．誘導表現 Π の表現空間 $V(\Pi)$ は，G 上の $V(\mathcal{T}) \otimes V(\rho)$-値の関数 $\boldsymbol{f}$ で次の条件を満たすものからなる：

$$\boldsymbol{f}(hg) = (\mathcal{T}(h) \otimes \rho(h))\boldsymbol{f}(g) \quad (h \in H,\, g \in G). \tag{1.2.46}$$

$H\backslash G$ の切断 $S = \{g_j\,;\, j \in J\}$ をとる．ベクトル $\boldsymbol{v}^0 \in V(\mathcal{T})$, $\boldsymbol{v}^1 \in V(\rho)$, $\neq 0$, に対して，

$$\begin{aligned}
\boldsymbol{f}_{\boldsymbol{v}^0}(g) &:= \mathcal{T}(g)\boldsymbol{v}^0 \qquad (g \in G),\\
\boldsymbol{f}_{\boldsymbol{v}^1,\,j}(g) &:= \begin{cases} \rho(h)\boldsymbol{v}^1 & (g = hg_j \in Hg_j,\ j \in J),\\ 0 & (g \notin Hg_j), \end{cases}\\
\boldsymbol{f}_{\boldsymbol{v}^0,\boldsymbol{v}^1,j}(g) &:= \boldsymbol{f}_{\boldsymbol{v}^0}(g) \otimes \boldsymbol{f}_{\boldsymbol{v}^1,\,j}(g) \quad (g \in G).
\end{aligned}$$

とおくと，$\boldsymbol{f}_{\boldsymbol{v}^0,\boldsymbol{v}^1,j}(g_j) = (\mathcal{T}(g_j)\boldsymbol{v}^0) \otimes \boldsymbol{v}^1$ で $\mathrm{supp}(\boldsymbol{f}_{\boldsymbol{v}^0,\boldsymbol{v}^1,j}) = Hg_j$. $\boldsymbol{f}_{\boldsymbol{v}^0,\boldsymbol{v}^1,j}$ の集合は，$V(\Pi)$ を張る．誘導表現の公式から，$g_0 \in G$ に対して，

$$\Pi(g_0)(\boldsymbol{f}_{\boldsymbol{v}^0,\boldsymbol{v}^1,j})(g) = \boldsymbol{f}_{\boldsymbol{v}^0,\boldsymbol{v}^1,j}(gg_0) = \boldsymbol{f}_{\boldsymbol{w}^0,\boldsymbol{w}^1,k}(g),$$

ここに，$\boldsymbol{w}^0 = \mathcal{T}(g_0)\boldsymbol{v}^0$, $\boldsymbol{w}^1 = \rho(h')\boldsymbol{v}^1$, $g_k g_0 = h' g_j$. □

例 1.2.7　定理 1.2.13 で，ρ をとくに，H の自明表現 $\mathbf{1}_H$ にとってみると，

$$\mathrm{Ind}_H^G(\mathcal{T}|_H) = \mathrm{Ind}_H^G \mathrm{Res}_H^G \mathcal{T} \;\cong\; \mathcal{T} \otimes \mathrm{Ind}_H^G \mathbf{1}_H,$$

を得る．ここに，$\mathrm{Ind}_H^G \mathbf{1}_H$ は $\ell^2(H\backslash G)$ 上の準正則表現である．

さらに，H を自明な群 $\{e\}$ にとると，誘導表現 $\mathrm{Ind}_H^G \mathbf{1}_H$ は右正則表現 $\mathcal{R}$ になるので，次の面白い等式が得られる：G の任意の線形表現 $\mathcal{T}$ に対して，

$$\mathcal{T} \otimes \mathcal{R} \cong [\dim \mathcal{T}] \cdot \mathcal{R}, \tag{1.2.47}$$

ここに，$[\dim \mathcal{T}]\cdot$ は重複度を表す．

1.3　$\mathfrak{S}_n$ および $\mathfrak{A}_n$ の既約線形表現

1.3.1　n 次対称群 $\mathfrak{S}_n$ の標準的基本表現

Frobenius は [Fro4, 1900] において，$\mathfrak{S}_n$ の既約指標（既約表現の指標）を分類することにより既約表現の同値類の分類を与えた．さらに既約指標の値を計算する一般的方法も与えている．我々は，のちに，$\mathfrak{S}_n$ のスピン表現について，Schur

[Sch4] の結果を紹介するが，そこで使われている方法は，原則として，Frobenius の上記の方法に準じている．その意味で，ここで $\mathfrak{S}_n$ の線形表現に関する Frobenius の方法をおさらいしておくのもよいだろう．

まず，いろいろの記号を確定しておく．n の**順序付き分割** $\boldsymbol{\mu} = (\mu_j)_{j \in \boldsymbol{I}_m}$ とは，

$$\mu_1 + \mu_2 + \cdots + \mu_m = n, \quad \mu_j > 0\ (\forall j), \tag{1.3.1}$$

となるものである．$l(\boldsymbol{\mu}) := m$ を**分割の長さ**という．その全体を $\mathcal{P}_n$ とし，長さが**高々** m（i.e. $l(\boldsymbol{\mu}) \le m$）の分割全体からなる部分集合を $\mathcal{P}_{n,m}$ とする．2 つの順序付き分割 $\boldsymbol{\mu}, \boldsymbol{\mu}' \in \mathcal{P}_n$ が順序を無視すれば一致するとき，$\boldsymbol{\mu} \sim \boldsymbol{\mu}'$ として同値関係 $\sim$ を定義する．μ_j が全て相異なる $\boldsymbol{\mu}$ を**厳格分割**（strict partition）といい，それらからなる部分集合をそれぞれ $\mathcal{SP}_n, \mathcal{SP}_{n,m}$ と書く．また，n の（順序無し）**分割** $\boldsymbol{\lambda} = (\lambda_j)_{j \in \boldsymbol{I}_m}$ とは，

$$\lambda_1 + \lambda_2 + \cdots + \lambda_m = n, \quad \lambda_1 \ge \lambda_2 \ge \cdots \ge \lambda_m > 0, \tag{1.3.2}$$

となるもので，その全体を P_n とし，**高々** m 個の λ_j への分割の全体を $P_{n,m}$ とする．そのうち厳格分割からなる部分集合をそれぞれ $SP_n, SP_{n,m}$ と書く．P_n は商集合 $\mathcal{P}_n/\sim$ の完全代表系である．

集合 X 上の**有限置換** σ の全体を $\mathfrak{S}_X$ と書く．ここに，σ が有限置換であるとは，σ の台 $\{x \in X\,;\, \sigma(x) \neq x\}$ が有限であることである．

$\boldsymbol{\mu} = (\mu_j)_{j \in \boldsymbol{I}_m} \in \mathcal{P}_n$ に対して，$\kappa_j := \sum_{i \leqslant j} \mu_i\ (j \in \boldsymbol{I}_m)$ とおき，正整数の区間 $\boldsymbol{I}_n = [1, n]$ の部分区間

$$J_1 := [1, \kappa_1] = \{1, 2, \cdots, \kappa_1\}, \ \ J_j := [\kappa_{j-1}+1,\ \kappa_j]\ \ (j \ge 2), \tag{1.3.3}$$

を定義して，$\mathfrak{S}_n = \mathfrak{S}_{\boldsymbol{I}_n}$ の部分群

$$\mathfrak{S}_{\boldsymbol{\mu}} := \mathfrak{S}_{J_1} \times \mathfrak{S}_{J_2} \times \cdots \times \mathfrak{S}_{J_m} \cong \mathfrak{S}_{\mu_1} \times \mathfrak{S}_{\mu_2} \times \cdots \times \mathfrak{S}_{\mu_m}, \tag{1.3.4}$$

を与え，これを **Frobenius-Young 部分群**と呼ぶ．誤解を生じない限り，$\mathfrak{S}_{\boldsymbol{\mu}}$ と上の最右辺とを同一視する．

さて，$\mathfrak{S}_{\boldsymbol{\mu}} = \prod_{j \in \boldsymbol{I}_m} \mathfrak{S}_{\mu_j}$ の自明な表現 $\boldsymbol{1}_{\mathfrak{S}_{\boldsymbol{\mu}}} := \boldsymbol{1}_{\mathfrak{S}_{\mu_1}} \otimes \boldsymbol{1}_{\mathfrak{S}_{\mu_2}} \otimes \cdots \otimes \boldsymbol{1}_{\mathfrak{S}_{\mu_m}}$ を $\mathfrak{S}_n$ まで誘導した表現を $\Pi_{\boldsymbol{\mu}}$ と書き，$\mathfrak{S}_n$ の**基本表現**と呼ぶ：

$$\Pi_{\boldsymbol{\mu}} := \mathrm{Ind}_{\mathfrak{S}_{\boldsymbol{\mu}}}^{\mathfrak{S}_n} \boldsymbol{1}_{\mathfrak{S}_{\boldsymbol{\mu}}}. \tag{1.3.5}$$

順序付き分割 $\boldsymbol{\mu} = (\mu_j)_{j \in \boldsymbol{I}_m}$ への $\tau \in \mathfrak{S}_{\boldsymbol{I}_m} = \mathfrak{S}_m$ の作用を，$\tau(\boldsymbol{\mu}) = (\mu'_j)_{j \in \boldsymbol{I}_m}$，$\mu'_j = \mu_{\tau^{-1}(j)}\ (j \in \boldsymbol{I}_m)$ と定義する．

補題 1.3.1　次のような自然な同値関係がある：

$$\Pi_{\boldsymbol{\mu}} \cong \Pi_{\tau(\boldsymbol{\mu})} \quad (\forall \tau \in \mathfrak{S}_m), \tag{1.3.6}$$

この補題の証明は節末の問題 1.3.1 として読者に任そう．かくて，同値なものを除いて $\Pi_{\boldsymbol{\mu}}$ を集めると，それは集合 $\{\Pi_{\boldsymbol{\lambda}},\ \boldsymbol{\lambda} \in P_n\}$ になる．そこで，これらの表現を $\mathfrak{S}_n$ の**標準的基本表現**と呼ぶ（$\boldsymbol{\lambda}$ と Young 図形との対応については 1.3.6 小節参照）．

$\boldsymbol{\mu} = (\mu_i)_{i \in \boldsymbol{I}_m} \in \mathcal{P}_n$, $l(\boldsymbol{\mu}) = m$ とする．$k \in \boldsymbol{I}_m$ に対し，$\mu'_i = \mu_i\ (i \neq k)$, $\mu'_k = \mu_k - 1$ とおき，$\mu'_i\ (i \in \boldsymbol{I}_m)$ から（$\mu'_k = 0$ ならば）0 を除いたものを $\boldsymbol{\mu}^{(k)} \in \mathcal{P}_{n-1}$ とおく．

命題 1.3.2 (基本表現 $\Pi_{\boldsymbol{\mu}}$ の分岐律)　$\boldsymbol{\mu} = (\mu_i)_{i \in \boldsymbol{I}_m} \in \mathcal{P}_n$, $l(\boldsymbol{\mu}) = m$, とする．$\mathfrak{S}_n$ の表現 $\Pi_{\boldsymbol{\mu}}$ を $\mathfrak{S}_{n-1}$ に制限すると，$\mathfrak{S}_{n-1}$ の表現 $\Pi_{\boldsymbol{\mu}^{(k)}}$ の直和に分解する，すなわち，

$$\Pi_{\boldsymbol{\mu}}\big|_{\mathfrak{S}_{n-1}} \cong \bigoplus_{k \in \boldsymbol{I}_m} \Pi_{\boldsymbol{\mu}^{(k)}}\,. \tag{1.3.7}$$

証明　先の補題の証明をパスしたので，この命題の証明は具体的にやってみよう．定理 1.2.12 を応用する．$G = \mathfrak{S}_n$, $H = \mathfrak{S}_{\boldsymbol{\mu}}$, $K = \mathfrak{S}_{n-1}$ とおく．両側剰余類の空間 $H\backslash G/K$ の完全代表元系 Y を具体的にとろう．$\boldsymbol{\mu}$ に対して上のように $\Pi_{\boldsymbol{\mu}}$ を実現する．$\mathfrak{S}_{n-1} = \mathfrak{S}_{\boldsymbol{I}_{n-1}}$ である．各 $k \in \boldsymbol{I}_m$ に対し，$n_k \in J_k$ を 1 つ固定する（ただし，$n_m = n$ とする）．互換 $\tau_k = (n_k\ n)$, $k \leq m-1$, と $\tau_m = \mathbf{1}$ をとると，$Y := \{\tau_k\,;\, k \in \boldsymbol{I}_m\}$ が $H\backslash G/K$ の完全代表元系を与える．

$y = \tau_k \in Y$ に対して，$K_{y^{-1}} = K \cap y^{-1}Hy$ を求める．対応 $H \ni h \mapsto y^{-1}hy \in y^{-1}Hy$ は，「h を互いに素な互換の積に書いたときに，そこに現れる n_k と n を置き換える」というものである．したがって，$K = \mathfrak{S}_{n-1}$ の部分群 $K_{y^{-1}}$ は次のように与えられる．

$k < m$ **の場合．**　J_k から n_k を取り除いた集合を $J_k^{(k)}$ とし，J_m の n を n_k に置き換えたものを $J_m^{(k)}$ とし，残りの $j \in \boldsymbol{I}_m$, $j \neq k, m$, に対しては $J_j^{(k)} = J_j$ とおく．このとき，$K_{y^{-1}} = \prod_{j \in \boldsymbol{I}_m} \mathfrak{S}_{J_j^{(k)}}$ である．それに対応する $n-1$ の分割はちょうど $\boldsymbol{\mu}^{(k)}$ である．

$k = m$ **の場合．**　この場合は $n_m = n$ なので，$J_j^{(m)} = J_j\ (j \leq m-1)$, $J_m^{(m)} = J_m \setminus \{n\}$ とおけばよい．$K_{y^{-1}} = \prod_{j \in \boldsymbol{I}_m} \mathfrak{S}_{J_j^{(m)}}$ であり，それに対応する $n-1$ の分

割は $\boldsymbol{\mu}^{(m)}$ である. □

上の命題を標準的基本表現に関する命題に書き直すのは易しいが，問題 1.3.2 として節末に掲げる.

注 1.3.1　これはすこし先走った注意だが，ここが適当な場所なので述べておこう．このあとの 第 3 節で与えられる既約表現 $\pi_{\boldsymbol{\lambda}}$ ($\boldsymbol{\lambda} \in P_n$) は，$\Pi_{\boldsymbol{\lambda}}$ の「トップの既約成分」として与えられる．$\pi_{\boldsymbol{\lambda}}$ の $\mathfrak{S}_n \downarrow \mathfrak{S}_{n-1}$ に対する分岐律は，「$\pi_{\boldsymbol{\lambda}}|_{\mathfrak{S}_{n-1}}$ に $\mathfrak{S}_{n-1}$ の既約表現 $\pi_{\boldsymbol{\lambda}'}$ ($\boldsymbol{\lambda}' \in P_{n-1}$) が入っている必要十分条件は，Young 図形 $D_{\boldsymbol{\lambda}}$ から 1 個だけボックスを取り去って $D_{\boldsymbol{\lambda}'}$ を得ること」である．既約成分には重複度は無い.

1.3.2　n 次対称群 $\mathfrak{S}_n$ の共役類

標準的基本表現 $\Pi_{\boldsymbol{\lambda}}$ の指標を記述しようとすると，$\mathfrak{S}_n$ の元の共役類を調べる必要がある．それを述べよう．順序付き分割 $\boldsymbol{\nu} = (\nu_j)_{j\in \boldsymbol{I}_t} \in \mathcal{P}_n$ に対して，$\nu_0 = 0$ とおき，$\boldsymbol{I}_n$ の部分区間への分割

$$\boldsymbol{I}_n = \bigsqcup_{i\in \boldsymbol{I}_t} K_i,\ \ K_i := [\nu_1+\cdots+\nu_{i-1}+1,\ \nu_1+\cdots+\nu_{i-1}+\nu_i]\ \ (i \in \boldsymbol{I}_t), \tag{1.3.8}$$

をとり，$\mathfrak{S}_n$ の元を次のように与える．区間 $K = [p,q] \subset \boldsymbol{I}_n$ に対して巡回置換 $\sigma_K := (p\ p{+}1\ \cdots\ q) = s_p s_{p+1} \cdots s_{q-1}$ をとり，

$$\sigma_{\boldsymbol{\nu}} := \sigma_1\sigma_2\cdots\sigma_t, \quad \sigma_i := \sigma_{K_i}\ \ (i \in \boldsymbol{I}_t), \tag{1.3.9}$$

とおく．ただし，区間 K の幅が 1 (i.e., $q = p$) ならば $\sigma_K = e$ とする．$\boldsymbol{\nu} = (\nu_j) \in \mathcal{P}_n$ に対して，ν_j のうち，1 に等しいものが α_1 個，2 に等しいものが α_2 個，$\cdots$，としたとき，記号 $1^{\alpha_1}2^{\alpha_2}3^{\alpha_3}\cdots$ を，**置換 $\sigma_{\boldsymbol{\nu}}$ の型**という．その型を簡略化して $\boldsymbol{\alpha} := [\alpha_1, \alpha_2, \alpha_3, \cdots]$ とも表す．対応 $\mathcal{P}_n \ni \boldsymbol{\nu} \mapsto \sigma_{\boldsymbol{\nu}} \in \mathfrak{S}_n$ は全射でも単射でもない.

n の（順序無し）分割 $\boldsymbol{\nu} = (\nu_j)_{j\in \boldsymbol{I}_t} \in P_n$ ($\nu_1 \geq \nu_2 \geq \cdots \geq \nu_t > 0$) は，その型 $\boldsymbol{\alpha} = [\alpha_1, \alpha_2, \alpha_3, \cdots]$ によって決まり，

$$\boldsymbol{\nu} = \boldsymbol{\nu}_{\boldsymbol{\alpha}} := (\cdots, \underbrace{3, \cdots, 3}_{\alpha_3 \text{ヶ}}, \underbrace{2, \cdots, 2}_{\alpha_2 \text{ヶ}}, \underbrace{1, \cdots, 1}_{\alpha_1 \text{ヶ}}). \tag{1.3.10}$$

可能な型の全体は，$\mathcal{A}_n := \{\boldsymbol{\alpha} = [\alpha_i]_{i\geqslant 1}\,;\ \sum_{i\geqslant 1} i\,\alpha_i = n\}$ であり，$P_n = \{\boldsymbol{\nu}_{\boldsymbol{\alpha}}\,;\ \boldsymbol{\alpha} \in \mathcal{A}_n\}$.

補題 1.3.3　(i) n 次対称群 $\mathfrak{S}_n$ の共役類の完全代表系として，$\{\sigma_{\boldsymbol{\nu}}\,;\,\boldsymbol{\nu}\in P_n\}$ がとれる．

(ii) 分割 $\boldsymbol{\nu}=\boldsymbol{\nu}_{\boldsymbol{\alpha}}\in P_n$, $\boldsymbol{\alpha}=[\alpha_i]_{i\geqslant 1}\in\mathcal{A}_n$, に対して，$\sigma_{\boldsymbol{\nu}_{\boldsymbol{\alpha}}}$ の共役類 $[\sigma_{\boldsymbol{\nu}_{\boldsymbol{\alpha}}}]$ の位数は，

$$|[\sigma_{\boldsymbol{\nu}_{\boldsymbol{\alpha}}}]|=n!/z_{\boldsymbol{\alpha}}=n!\,z_{\boldsymbol{\alpha}}^{-1},\quad z_{\boldsymbol{\alpha}}:=1^{\alpha_1}\alpha_1!\,2^{\alpha_2}\alpha_2!\,3^{\alpha_3}\alpha_3!\cdots. \tag{1.3.11}$$

証明　(i) 補題 1.2.6 より分かる．(ii) $\kappa\sigma_{\boldsymbol{\nu}}\kappa^{-1}$ $(\kappa\in\mathfrak{S}_n)$ のうちで，相異なるものの個数が位数 $|[\sigma_{\boldsymbol{\nu}}]|$ を与えるが，$\sigma_{\boldsymbol{\nu}}$ の固定化群 $C_{\mathfrak{S}_n}(\sigma_{\boldsymbol{\nu}})=\{\kappa\in\mathfrak{S}_n\,;\,\kappa\sigma_{\boldsymbol{\nu}}\kappa^{-1}=\sigma_{\boldsymbol{\nu}}\}$ の位数が (1.3.11) 式の分母を与える．□

$\mathfrak{S}_n$ の共役類のパラメーター付けに関しては下式のようにまとめられる[2)]：

$$\begin{array}{ccccc}[\mathfrak{S}_n] & \rightleftarrows & P_n & \rightleftarrows & \mathcal{A}_n\\ [\sigma_{\boldsymbol{\nu}_{\boldsymbol{\alpha}}}] & \longleftrightarrow & \boldsymbol{\nu}_{\boldsymbol{\alpha}} & \longleftrightarrow & \boldsymbol{\alpha}\end{array} \tag{1.3.12}$$

注 1.3.2　初めて n の分割を数学的に取り扱ったのは，L. Euler（1707-1783）だとのことである．n の分割の総個数を $p(n)$ と書くと，$p(1)=1$, $p(2)=2$, $p(3)=3$, $p(4)=5$, $p(6)=11,\cdots$．$p(0)=1$ とおいて，数列 $p(n)$ の母関数を $\mathcal{E}(x):=\sum_{n\geqslant 0}p(n)x^n$ とおくと，Euler によって次が示されている：

定理（Euler の公式）
$$\mathcal{E}(x)=\frac{1}{1-x}\cdot\frac{1}{1-x^2}\cdot\frac{1}{1-x^3}\cdots=\prod_{k\geqslant 1}\frac{1}{1-x^k}.$$

この定理の証明は問題 1.3.3 として節末に掲げる．なお，$p(n)$ の偶奇の判定法は未解決の問題だとのこと．n の各種の分割については，第 5 章 **5.2.2** 小節を参照．

1.3.3　標準的基本表現 $\Pi_{\boldsymbol{\lambda}}$ の指標

例 1.2.1 の擬正則表現の指標公式 (1.2.15) を用いて $\Pi_{\boldsymbol{\lambda}}$, $\boldsymbol{\lambda}=(\lambda_j)_{j\in\boldsymbol{I}_m}\in P_n$, の指標 $\chi_{\Pi_{\boldsymbol{\lambda}}}(g)$ $(g\in G:=\mathfrak{S}_n)$ を求めよう．g が $H:=\mathfrak{S}_{\boldsymbol{\lambda}}$ のどれかの元 h に共役なときだけ値が $\neq 0$ となるので，$g=h\in H$ から出発する．

h の G での共役類 $[h]_G$ の代表元を $\sigma_{\boldsymbol{\nu}}$ とし，分割 $\boldsymbol{\nu}$ の型を $\boldsymbol{\alpha}=[\alpha_1,\alpha_2,\alpha_3,\cdots]$ とする．$h=h_1h_2\cdots h_m$ $(h_j\in\mathfrak{S}_{\lambda_j}=\mathfrak{S}_{J_j})$ と分解するが，h_j の $\mathfrak{S}_{\lambda_j}$-共役類の

---

2)　第 **6** 章では，分割 $\boldsymbol{\nu}_{\boldsymbol{\alpha}}$ をパラメーター $\boldsymbol{\alpha}$ で代表させて，演算上の記法を簡略化している．例えば，“$\boldsymbol{\nu}_{\boldsymbol{\alpha}}\in P_n$, $\sigma_{\boldsymbol{\nu}_{\boldsymbol{\alpha}}}$, $\varphi_{\boldsymbol{\nu}_{\boldsymbol{\alpha}}}$” などを単に “$\boldsymbol{\alpha}\in P_n$, $\sigma_{\boldsymbol{\alpha}}$, $\varphi_{\boldsymbol{\alpha}}$” と書いてよいことにしている（**6.1.3** 小節参照）．

型は，λ_j の分割

(1.3.13)

$$\boldsymbol{\nu}'_j = (\nu'_{ji})_{i\in \boldsymbol{I}_{t_j}} \in P_{\lambda_j},\ \sum_{i\in \boldsymbol{I}_{t_j}} \nu'_{ji} = \lambda_j,\ \nu'_{j1} \geq \nu'_{j2} \geq \nu'_{j3} \geq \cdots \geq \nu'_{jt_j} > 0,$$

の型 $1^{\alpha_{j1}}2^{\alpha_{j2}}3^{\alpha_{j3}}\cdots$，すなわち $\boldsymbol{\alpha}_j := [\alpha_{j1}, \alpha_{j2}, \alpha_{j3}, \cdots]$ で決まる．$[h]_G$ を決定する分割 $\boldsymbol{\nu}$ の型 $\boldsymbol{\alpha} = [\alpha_1, \alpha_2, \alpha_3, \cdots]$ との関係，および $\boldsymbol{\alpha}$ と $\boldsymbol{\lambda}$ の関係は，

$$\text{(1.3.14)} \qquad \begin{cases} \alpha_i = \alpha_{1i} + \alpha_{2i} + \alpha_{3i} + \cdots + \alpha_{mi} & (i = 1, 2, 3, \cdots), \\ \lambda_j = \alpha_{j1} + 2\alpha_{j2} + 3\alpha_{j3} + \cdots & (j \in \boldsymbol{I}_m), \end{cases}$$

である．このとき，$|C_G(h)| = 1^{\alpha_1}\alpha_1!\,2^{\alpha_2}\alpha_2!\,3^{\alpha_3}\alpha_3!\cdots = z_{\boldsymbol{\alpha}}$ で，$[h]_H$ の位数は，

$$\text{(1.3.15)} \qquad \frac{\lambda_1!}{1^{\alpha_{11}}\alpha_{11}!\,2^{\alpha_{12}}\alpha_{12}!\,3^{\alpha_{13}}\alpha_{13}!\cdots} \cdot \frac{\lambda_2!}{1^{\alpha_{21}}\alpha_{21}!\,2^{\alpha_{22}}\alpha_{22}!\,3^{\alpha_{23}}\alpha_{23}!\cdots} \cdots\cdot$$
$$= \frac{|H|}{1^{\alpha_1}2^{\alpha_2}3^{\alpha_3}\cdots} \cdot \frac{1}{(\alpha_{11}!\,\alpha_{12}!\,\alpha_{13}!\cdots)\cdot(\alpha_{21}!\,\alpha_{22}!\,\alpha_{23}!\cdots)\cdots}.$$

ゆえに，(1.3.13)–(1.3.14) を満たす $\boldsymbol{\lambda} = (\lambda_j)_{j\in\boldsymbol{I}_m}$ の細分 $\boldsymbol{\nu}' := (\boldsymbol{\nu}'_1, \boldsymbol{\nu}'_2, \cdots, \boldsymbol{\nu}'_m)$，$\boldsymbol{\nu}'_j \in P_{\lambda_j}$，$\boldsymbol{\nu}'_j \leftrightarrow \boldsymbol{\alpha}_j$ $(j \in \boldsymbol{I}_m)$，$\boldsymbol{\nu}' \sim \boldsymbol{\nu}$，の全体にわたって和をとっていけば $|H \cap [h]_G|$ が求まって，公式 (1.2.15) により，$\Pi_{\boldsymbol{\lambda}} = \mathrm{Ind}_H^G \mathbf{1}_H$ の指標値 $\chi_{\Pi_{\boldsymbol{\lambda}}}(h)$ が得られる．

定理 1.3.4 基本表現 $\Pi_{\boldsymbol{\lambda}} = \mathrm{Ind}_{\mathfrak{S}_{\boldsymbol{\lambda}}}^{\mathfrak{S}_n} \mathbf{1}_{\mathfrak{S}_{\boldsymbol{\lambda}}}$ の指標 $\chi_{\Pi_{\boldsymbol{\lambda}}}$ は，次のように与えられる．$g \in \mathfrak{S}_n$ が $\mathfrak{S}_{\boldsymbol{\lambda}}$ の元と共役でなければ，$\chi_{\Pi_{\boldsymbol{\lambda}}}(g) = 0$.

$g = h \in \mathfrak{S}_{\boldsymbol{\lambda}}$, $[h]_{\mathfrak{S}_n} = [\sigma_{\boldsymbol{\nu}}]_{\mathfrak{S}_n}$ の分割 $\boldsymbol{\nu}$ の型 $\boldsymbol{\alpha} = [\alpha_1, \alpha_2, \alpha_3, \cdots]$, に対しては，

$$\text{(1.3.16)} \qquad \chi_{\Pi_{\boldsymbol{\lambda}}}(h) = \frac{|C_G(h)|\cdot|H\cap[h]_G|}{|H|}$$
$$= \sum_{(1.3.14)} \frac{\alpha_1!}{\alpha_{11}!\,\alpha_{21}!\,\alpha_{31}!\cdots} \cdot \frac{\alpha_2!}{\alpha_{12}!\,\alpha_{22}!\,\alpha_{32}!\cdots} \cdots\cdot.$$

この最右辺の和を $X_{\boldsymbol{\lambda}}(\boldsymbol{\alpha})$ とおく：$X_{\boldsymbol{\lambda}}(\boldsymbol{\alpha}) = \chi_{\Pi_{\boldsymbol{\lambda}}}(h)$.

Frobenius は論文 [Fro4] で，

(1) 簡単な誘導表現である，標準的基本表現 $\Pi_{\boldsymbol{\lambda}}$ $(\boldsymbol{\lambda} \in P_n)$ を全部合わせると，その既約成分として，$\mathfrak{S}_n$ の既約表現の完全代表系が得られること，を示し，

(2) 既約指標の公式や次元公式も，$\Pi_{\boldsymbol{\lambda}}$ の指標 $\chi_{\Pi_{\boldsymbol{\lambda}}}$ を利用して与えた．

彼の方法は特別の工夫によるものであり，とても面白いのでここで紹介して，少しだけその時代の高級な数学理論の匂いをかいでみよう．

1.3.4　Frobenius による既約指標の記述

一般に $\mathfrak{S}_n$ 上の類関数（不変関数）f に対して，$g \in \mathfrak{S}_n$ の同値類に対応する n の分割の型が $\boldsymbol{\alpha}$ であるとき，$f(\boldsymbol{\alpha}) := f(g)$ とおいて，これを組み合わせ論的な関数と捉えて取り扱いやすくする．$\boldsymbol{\lambda}$ と同じ型の順序付き分割 $\boldsymbol{\mu} \in \mathcal{P}_n$ に対して（$\Pi_{\boldsymbol{\mu}} \cong \Pi_{\boldsymbol{\lambda}}$ なので），$X_{\boldsymbol{\mu}}(\boldsymbol{\alpha}) := X_{\boldsymbol{\lambda}}(\boldsymbol{\alpha})$ とおく．

既約表現の同値類の個数 $|\widehat{\mathfrak{S}_n}|$ は定理 1.1.8 (ii) により，$\mathfrak{S}_n$ の共役類の個数に等しいので，その代表系に $\pi^{(\kappa)}$ $(\kappa = 1, 2, \cdots, k_n := |P_n|)$ と番号を打って，その指標を $\chi^{(\kappa)}$ $(\kappa = 1, 2, \cdots)$ と書く．$\Pi_{\boldsymbol{\lambda}} \cong \sum_{\kappa} [m(\boldsymbol{\lambda}, \kappa)] \cdot \pi^{(\kappa)}$ にしたがって，

$$X_{\boldsymbol{\lambda}}(\boldsymbol{\alpha}) = \sum_{\kappa} m(\boldsymbol{\lambda}, \kappa)\, \chi^{(\kappa)}(\boldsymbol{\alpha}), \tag{1.3.17}$$

ただし，$m(\boldsymbol{\lambda}, \kappa)$ は重複度 $[\Pi_{\boldsymbol{\lambda}} : \pi^{(\kappa)}]$ を表す．

さて，$x_1, x_2, \cdots, x_m$ を独立変数とする．上で定義した $X_{\boldsymbol{\mu}}(\boldsymbol{\alpha}) = X_{\boldsymbol{\lambda}}(\boldsymbol{\alpha})$（$\boldsymbol{\mu}$ と $\boldsymbol{\lambda}$ は同じ型）を $x^{\boldsymbol{\mu}} := x_1^{\mu_1} x_2^{\mu_2} \cdots x_m^{\mu_m}$ の係数にして加えると，

$$\sum_{\boldsymbol{\mu} \in \mathcal{P}_{n,m}} X_{\boldsymbol{\mu}}(\boldsymbol{\alpha})\, x^{\boldsymbol{\mu}} = (x_1 + x_2 + \cdots + x_m)^{\alpha_1} \times \\ \times (x_1^2 + x_2^2 + \cdots + x_m^2)^{\alpha_2} (x_1^3 + x_2^3 + \cdots + x_m^3)^{\alpha_3} \cdots. \tag{1.3.18}$$

そこで，差積を $\Delta(x_1, x_2, \cdots, x_m) = \prod_{1 \le i < j \le m} (x_i - x_j)$ とおき，非負整数 $k_1, k_2, \cdots, k_m$ に対して，

$$[k_1, k_2, \cdots, k_m] := \mathrm{sgn}(\Delta(k_1, k_2, \cdots, k_m)), \tag{1.3.19}$$

とおく．すると，$[k_1, k_2, \cdots, k_m]$ は交代的である．$k_i = k_j$ $(i \neq j)$ のときには，$[k_1, k_2, \cdots, k_m] = 0$ とおく．下の多項式展開の係数により，類関数 $\boldsymbol{\alpha} \mapsto Y_{\boldsymbol{\mu}}(\boldsymbol{\alpha})$ を $\boldsymbol{\mu} \in \mathcal{SP}_{n+m(m-1)/2,m}$ ごとに定義する：

$$\Delta(x_1, x_2, \cdots, x_m) \times (x_1 + x_2 + \cdots + x_m)^{\alpha_1} \times \\ \times (x_1^2 + x_2^2 + \cdots + x_m^2)^{\alpha_2} (x_1^3 + x_2^3 + \cdots + x_m^3)^{\alpha_3} \cdots \\ = \sum_{\boldsymbol{\mu} \in \mathcal{SP}_{n+m(m-1)/2,m}} [\mu_1, \mu_2, \cdots, \mu_m]\, Y_{\boldsymbol{\mu}}(\boldsymbol{\alpha})\, x^{\boldsymbol{\mu}},$$

ここに，$\boldsymbol{\mu} = (\mu_1, \mu_2, \cdots, \mu_m)$ は厳格分割, $\mu_1 + \mu_2 + \cdots + \mu_m = n + \frac{1}{2} m(m-1)$.

定理 1.3.5 (Frobenius の指標公式 [Fro4])（i）$\boldsymbol{\mu} \in \mathcal{SP}_{n+m(m-1)/2,m}$ に対

して，$\boldsymbol{\alpha} \mapsto Y_{\boldsymbol{\mu}}(\boldsymbol{\alpha})$ は $\mathfrak{S}_n$ の既約指標を与える．$\boldsymbol{\mu}$ と $\boldsymbol{\mu}'$ との型が同一ならば，$Y_{\boldsymbol{\mu}}(\boldsymbol{\alpha}) = Y_{\boldsymbol{\mu}'}(\boldsymbol{\alpha})$．$\boldsymbol{\mu} = (\mu_j)_{j \in \boldsymbol{I}_m}$ における成分 μ_j の順序を無視すると，相異なる型の $\boldsymbol{\mu}$ には異なる指標が対応する．

(ii) $m = n$ の場合には，$\{Y_{\boldsymbol{\lambda}'}\,;\, \boldsymbol{\lambda}' \in SP_{n(n+1)/2,n}\}$ が既約指標の完全代表系をなし，その位数は $k_n = |P_n| =$ 共役類の個数，である．

証明 $\boldsymbol{\alpha}$ の関数 $Y_{\boldsymbol{\lambda}'}(\boldsymbol{\alpha})$ $(\boldsymbol{\lambda}' \in SP_{n+m(m-1)/2,m})$ は，$X_{\boldsymbol{\lambda}}(\boldsymbol{\alpha})$ $(\boldsymbol{\lambda} \in P_n)$ の整数係数一次結合である．そこで，それらが，既約指標であること，かつ，互いに相異なること，を示すには次の補題を用いる．単位元の分割型 1^n を $\boldsymbol{\alpha}_0$ と書き，分割型 $\boldsymbol{\alpha}$ に対応する $g \in \mathfrak{S}_n$ の共役類の位数を $c(\boldsymbol{\alpha}) = n!/z_{\boldsymbol{\alpha}}$, g^{-1} の分割型を $\boldsymbol{\alpha}'$ と書く．指標 χ については，$\chi(g^{-1}) = \overline{\chi(g)}$ である．$G = \mathfrak{S}_n$ においては，g^{-1} と g とは共役なので，$\boldsymbol{\alpha}' = \boldsymbol{\alpha}$ で，したがって χ は実数値である． □

補題 1.3.6 (i) $G = \mathfrak{S}_n$ の指標の整係数一次結合 f が既約指標であるための必要十分条件は（f が実数値なので），

$$f(\boldsymbol{\alpha}_0) > 0, \qquad \sum_{\boldsymbol{\alpha}} c(\boldsymbol{\alpha}) f(\boldsymbol{\alpha}) f(\boldsymbol{\alpha}) = |G|. \tag{1.3.20}$$

(ii) 既約指標 χ_1 と χ_2 とが異なるための必要十分条件は，

$$\sum_{\boldsymbol{\alpha}} c(\boldsymbol{\alpha}) \chi_1(\boldsymbol{\alpha}) \chi_2(\boldsymbol{\alpha}) = 0. \tag{1.3.21}$$ □

さて，m 個の新変数 $y_1, y_2, \cdots, y_m$ を導入して次の和を考える：

$$\begin{aligned}\sum_{\boldsymbol{\alpha}} \frac{c(\boldsymbol{\alpha})}{|G|} & \Big\{(x_1 + \cdots + x_m)^{\alpha_1} ({x_1}^2 + \cdots + {x_m}^2)^{\alpha_2} \cdots \Big\} \cdot \\ & \cdot \Big\{(y_1 + \cdots + y_m)^{\alpha_1} ({y_1}^2 + \cdots + {y_m}^2)^{\alpha_2} \cdots \Big\} \\ = \sum_{\boldsymbol{\alpha}} & \Big\{ \frac{1}{1^{\alpha_1} \alpha_1!} (x_1 + \cdots + x_m)^{\alpha_1} (y_1 + \cdots + y_m)^{\alpha_1} \cdot \\ & \cdot \frac{1}{2^{\alpha_2} \alpha_2!} ({x_1}^2 + \cdots + {x_m}^2)^{\alpha_2} ({y_1}^2 + \cdots + {y_m}^2)^{\alpha_2} \cdot \\ & \cdot \frac{1}{3^{\alpha_3} \alpha_3!} ({x_1}^3 + \cdots + {x_m}^3)^{\alpha_3} ({y_1}^3 + \cdots + {y_m}^3)^{\alpha_3} \cdots\cdots\cdots \Big\}.\end{aligned} \tag{1.3.22}$$

ここで，制限条件

$$\alpha_1 + 2\alpha_2 + 3\alpha_3 + \cdots = n \tag{1.3.23}$$

を廃止して，勝手な $\alpha_1 \geq 0, \alpha_2 \geq 0, \alpha_3 \geq 0, \cdots$，にわたっての和を取ることにすると，和は，

$$e^{(x_1+\cdots+x_m)(y_1+\cdots+y_m)+\frac{1}{2}({x_1}^2+\cdots+x_m^2)({y_1}^2+\cdots+y_m^2)+\frac{1}{3}({x_1}^3+\cdots+x_m^3)({y_1}^3+\cdots+y_m^3)+\cdots}$$

となる．この肩の部分は各項を展開して変数 $x_\mu y_\nu$ ごとにそれぞれ和をとれば，$-\sum_{1\le\mu,\nu\le m}\log(1-x_\mu y_\nu)$ となるので，上の和は結局 $\dfrac{1}{\prod_{\mu,\nu}(1-x_\mu y_\nu)}$ になる．これに $\Delta(x_1,\cdots,x_m)\,\Delta(y_1,\cdots,y_m)$ を乗ずると，下の公式の右辺になる．

補題 1.3.7 (Cauchy の行列式公式) $1\le\mu,\nu\le m$ として，左辺の $m\times m$ 型行列式を展開すると，

$$\det\left(\frac{1}{1-x_\mu y_\nu}\right)=\frac{\Delta(x_1,\cdots,x_m)\,\Delta(y_1,\cdots,y_m)}{\prod_{\mu,\nu}(1-x_\mu y_\nu)}.$$

（この公式の証明は，問題 1.3.4 として節末に挙げる．）

他方，上式左辺の行列式を行によって展開すると，

$$\begin{aligned}&=\sum_{\boldsymbol{\mu}}[\mu_1,\mu_2,\cdots,\mu_m]\,\frac{1}{(1-x_{\mu_1}y_1)(1-x_{\mu_2}y_2)\cdots(1-x_{\mu_m}y_m)}\\&=\sum_{\boldsymbol{\mu}}\sum_{\boldsymbol{\lambda}}[\mu_1,\mu_2,\cdots,\mu_m]\,x_{\mu_1}^{\lambda_1}{y_1}^{\lambda_1}x_{\mu_2}^{\lambda_2}{y_2}^{\lambda_2}\cdots x_{\mu_m}^{\lambda_m}{y_m}^{\lambda_m}\\&=\sum_{\boldsymbol{\kappa}}\sum_{\boldsymbol{\lambda}}[\kappa_1,\kappa_2,\cdots,\kappa_m]\,[\lambda_1,\lambda_2,\cdots,\lambda_m]\,x^{\boldsymbol{\kappa}}y^{\boldsymbol{\lambda}},\end{aligned}$$

ここに，$\boldsymbol{\mu}=(\mu_1,\mu_2,\cdots,\mu_m)$，また，$\boldsymbol{\lambda}=(\lambda_1,\lambda_2,\cdots,\lambda_m)$ は非負整数の列，$\boldsymbol{\kappa}=(\kappa_1,\kappa_2,\cdots,\kappa_m)$ は $\boldsymbol{\lambda}$ の置換である．

そこで，はじめの和 (1.3.22) に $\Delta(x_1,x_2,\cdots,x_m)\,\Delta(y_1,y_2,\cdots,y_m)$ を乗じて，$\boldsymbol{\alpha}$ に関する条件 (1.3.23) を満たす項のみを拾って，上の結果と比較すれば，

$$=\sum_{\boldsymbol{\kappa}',\boldsymbol{\lambda}'}\left(\sum_{\boldsymbol{\alpha}}\frac{c(\boldsymbol{\alpha})}{|G|}\,Y_{\boldsymbol{\kappa}'}(\boldsymbol{\alpha})\,Y_{\boldsymbol{\lambda}'}(\boldsymbol{\alpha})\right)[\kappa'_1,\kappa'_2,\cdots,\kappa'_m]\,[\lambda'_1,\lambda'_2,\cdots,\lambda'_m]\,x^{\boldsymbol{\kappa}'}y^{\boldsymbol{\lambda}'}$$

ここに，$\boldsymbol{\kappa}'=(\kappa'_i),\boldsymbol{\lambda}'=(\lambda'_i)$ は相異なる非負整数の組であって，次を満たす：

$$\begin{aligned}\kappa'_1+\kappa'_2+\cdots+\kappa'_m&=n+\tfrac{1}{2}m(m-1),\\\lambda'_1+\lambda'_2+\cdots+\lambda'_m&=n+\tfrac{1}{2}m(m-1).\end{aligned}$$

両辺を比較することによって次を得る．$(\kappa'_i),(\lambda'_i)$ の成分の順序を無視して一致するとき，$\boldsymbol{\kappa}'\sim\boldsymbol{\lambda}'$ と書けば，

$$\sum_{\boldsymbol{\alpha}}c(\boldsymbol{\alpha})Y_{\boldsymbol{\kappa}'}(\boldsymbol{\alpha})\,Y_{\boldsymbol{\lambda}'}(\boldsymbol{\alpha})=\begin{cases}n!,&\boldsymbol{\kappa}'\sim\boldsymbol{\lambda}'\text{ のとき},\\0,&\boldsymbol{\kappa}'\not\sim\boldsymbol{\lambda}'\text{ のとき}.\end{cases}$$

これは，補題 1.3.6 (i), (ii) の条件の主要部分を検証したことになる（すごい！）．これで $Y_{\boldsymbol{\lambda}'}$ が符号を除いて，既約指標に一致することが分かった．

あとは $Y_{\boldsymbol{\lambda}'}(\boldsymbol{\alpha}_0)$ の表示を求めて次元公式を示せば，この符号が $+$ なのは当然なので，定理の証明には十分過ぎる．次元公式は次小節で与えられる．

1.3.5 既約表現の次元公式

既約表現の次元を与える公式は次の定理 1.3.8 で与えられる．

定理 1.3.8 (Frobenius の次元公式 1) $\boldsymbol{\lambda}' = (\lambda'_j)_{j\in \boldsymbol{I}_m}$ は相異なる非負整数の列で，$\lambda'_1 + \lambda'_2 + \cdots + \lambda'_m = n + m(m-1)/2$ を満たすものとする．このとき，

$$Y_{\boldsymbol{\lambda}'}(\boldsymbol{\alpha}_0) = \frac{n!\,\Delta(\lambda'_1, \lambda'_2, \cdots, \lambda'_m)}{\lambda'_1!\,\lambda'_2!\cdots\lambda'_m!}. \tag{1.3.24}$$

とくに，$\lambda'_1 > \lambda'_2 > \cdots > \lambda'_m \geq 0$ のとき，$Y_{\boldsymbol{\lambda}'}(\boldsymbol{\alpha}_0) > 0$ は既約表現の次元である．

証明 $\varphi_{\boldsymbol{\lambda}'} := Y_{\boldsymbol{\lambda}'}(\boldsymbol{\alpha}_0)$, $\boldsymbol{\alpha}_0 = (n)$, とおくと，

$$(x_1 + x_2 + \cdots + x_m)^n\,\Delta(x_1, x_2, \cdots, x_m) = \sum_{\boldsymbol{\lambda}'} [\lambda'_1, \cdots, \lambda'_m]\,\varphi_{\boldsymbol{\lambda}'}\,x^{\boldsymbol{\lambda}'}$$

$$\begin{aligned}\text{左辺} &= \left(\sum_{\boldsymbol{\mu}} \frac{n!}{\mu_1!\mu_2!\cdots\mu_m!}\,x^{\boldsymbol{\mu}}\right)\left(\sum_{\boldsymbol{\kappa}} [\kappa_1, \cdots, \kappa_m]\,x^{\boldsymbol{\kappa}}\right), \\ &= n! \times \sum_{\boldsymbol{\lambda}'}\sum_{\boldsymbol{\kappa}} [\kappa_1, \cdots, \kappa_m]\,\frac{1}{(\lambda'_1 - \kappa_1)!}\cdots\frac{1}{(\lambda'_m - \kappa_m)!}\,x^{\boldsymbol{\lambda}'},\end{aligned}$$

ここに，$\mu_1 + \cdots + \mu_m = n$ で，$\boldsymbol{\kappa} = (\kappa_1, \cdots, \kappa_m)$ は $(m-1, \cdots, 1, 0)$ の $m!$ 個の置換を動く．上の 2 式より，

$$\frac{\varphi_{\boldsymbol{\lambda}'}}{n!} = \det\left(\frac{1}{(\lambda'_\mu - \nu + 1)!}\right) \qquad (\mu, \nu = 1, 2, \cdots, m).$$

$$A_{\mu,\nu} := \binom{\lambda'_\mu}{\nu - 1} = \frac{\lambda'_\mu!}{(\lambda'_\mu - \nu + 1)!\,(\nu - 1)!} = \frac{1}{(\nu-1)!}\begin{cases} 1, & \nu = 1, \\ \lambda'_\mu \cdots (\lambda'_\mu - \nu + 2), & \nu > 1, \end{cases}$$

とおいて，m 次行列 $(A_{\mu,\nu})$ を考えれば，

$$\frac{\lambda'_1!\,\lambda'_2!\cdots\lambda'_m!}{(m-1)!\cdots 2!\,1!\,0!}\,\frac{\varphi_{\boldsymbol{\lambda}'}}{n!} = \det(A_{\mu,\nu}) = \frac{\Delta(\lambda'_1, \lambda'_2, \cdots, \lambda'_m)}{\Delta(m-1, \cdots, 2, 1, 0)}. \tag{1.3.25}$$

この右側の等式の証明は問題 1.3.5 (**1.3** 節末) とする． □

これで定理 1.3.5 の証明も完結した．

1.3.6　既約表現 $\pi_{\boldsymbol{\lambda}}$ $(\boldsymbol{\lambda}\in P_n)$ と Young 図形，同伴表現

P_n と $SP_{n+n(n-1)/2,n}$ との間には自然な 1 対 1 対応がある．実際，$\boldsymbol{\rho}_n := (n-1, n-2, \cdots, 1, 0)$ とおき，$\boldsymbol{\lambda} = (\lambda_j)_{j\in \boldsymbol{I}_m} \in P_n$ に対し，$m < n$ ならば，$\lambda_{m+1} = \cdots = \lambda_n = 0$ とおいて，$(\lambda_j)_{j\in \boldsymbol{I}_n}$ を同じ記号 $\boldsymbol{\lambda}$ で表わして，対応する $\boldsymbol{\lambda}' \in SP_{n+n(n-1)/2,n}$ を次のように置く：

$$\boldsymbol{\lambda}' := \boldsymbol{\lambda} + \boldsymbol{\rho}_n = (\lambda_1+(n-1),\ \lambda_2+(n-2),\ \cdots,\ \lambda_{n-1}+1,\ \lambda_n). \tag{1.3.26}$$

P_n と $\mathfrak{S}_n$ の双対 $\widehat{\mathfrak{S}_n}$（既約表現の同値類の全体）とは次のように 1 対 1 に対応する．上の定理 1.3.8 の関係部分もまとめて述べておこう．

定義 1.3.1 ($\mathfrak{S}_n$ の既約表現 $\pi_{\boldsymbol{\lambda}}$) $\boldsymbol{\lambda} = (\lambda_j)_{j\in \boldsymbol{I}_n} \in P_n$，$\lambda_1 \geq \lambda_2 \geq \cdots \geq \lambda_n \geq 0$, $\lambda_1 + \cdots + \lambda_n = n$, に対して，$\boldsymbol{\lambda}' = \boldsymbol{\lambda} + \boldsymbol{\rho}_n \in SP_{n+n(n-1)/2,n}$ をとり，指標 $Y_{\boldsymbol{\lambda}'}$ をもつ既約表現（の 1 つ）を $\pi_{\boldsymbol{\lambda}}$ とおく： $\chi_{\pi_{\boldsymbol{\lambda}}} = Y_{\boldsymbol{\lambda}+\boldsymbol{\rho}_n}$.

定理 1.3.9 (忠実性，Frobenius の次元公式 2) 既約表現 $\pi_{\boldsymbol{\lambda}}$ $(\boldsymbol{\lambda} \in P_n)$ は，$\boldsymbol{\lambda} = (n)$ のときは自明表現 $\mathbf{1}_{\mathfrak{S}_n}$，$\boldsymbol{\lambda} = (1, 1, \cdots, 1)$ のときは符号表現 $\mathrm{sgn}_{\mathfrak{S}_n}$，$n = 4$ で $\boldsymbol{\lambda} = (2, 2)$ のときは， $\pi_{\boldsymbol{\lambda}} \cong \pi_2$ （定理 1.2.9 の 2 次元表現)，$\mathrm{Ker}(\pi_{\boldsymbol{\lambda}}) = Kl$ (Klein 群)．その他の場合は忠実な表現，すなわち，$\mathrm{Ker}(\pi_{\boldsymbol{\lambda}}) = \{e\}$ である．

$\pi_{\boldsymbol{\lambda}}$ の次元は

$$\dim \pi_{\boldsymbol{\lambda}} = \varphi_{\boldsymbol{\lambda}'} = \frac{n!\,\Delta(\lambda'_1, \lambda'_2, \cdots, \lambda'_n)}{\lambda'_1!\,\lambda'_2!\cdots\lambda'_n!}, \quad \boldsymbol{\lambda}' = \boldsymbol{\lambda} + \boldsymbol{\rho}_n. \tag{1.3.27}$$

$P_n \ni \boldsymbol{\lambda} \mapsto [\pi_{\boldsymbol{\lambda}}] \in \widehat{\mathfrak{S}_n}$ は自然な 1 対 1 対応である．

証明　第 1 の主張だけ証明すればよい．$\mathfrak{S}_4$ の 2 次元表現 π_2 に関しては，例 1.2.9 から $\mathrm{Ker}(\pi_2) = Kl$ が分かる．

つぎに，$\mathfrak{S}_n$ の自明でない正規部分群は，つぎの補題 1.9.10 により，$n \geq 2, \neq 4$, では $\mathfrak{A}_n$ だけであり，$n = 4$ では Klein の四元群が加わる．他方，既約表現 π に対し，$\mathrm{Ker}(\pi)$ は正規部分群である．$\mathrm{Ker}(\pi) = \mathfrak{S}_n$ のときは $\pi = \mathbf{1}_{\mathfrak{S}_n}$，$\mathrm{Ker}(\pi) = \mathfrak{A}_n$ のときは $\pi = \mathrm{sgn}_{\mathfrak{S}_n}$，$\mathrm{Ker}(\pi) = \{e\}$ のときは π は忠実な表現，である．□

補題 1.3.10　$n \geq 2, \neq 4$, に対しては，$\mathfrak{S}_n$ の正規部分群は，$\{e\}, \mathfrak{A}_n, \mathfrak{S}_n$ である．$n = 4$ に対しては，これに Klein の四元群 Kl が加わる．

証明　正規部分群を N とする．$\sigma \in N$ を互いに素なサイクルに分解して，$\sigma =$

$\sigma_1\sigma_2\cdots\sigma_p$ と書く.

1. $\ell(\sigma_1)=k\geq 3$, の場合. $\sigma_1=(1\ 2\ \cdots\ k)$, $\tau=(1\ 2)$, とする.

$$\sigma\cdot(\tau\sigma\tau^{-1})=(1\ 2\ 3\ \cdots\ k)(2\ 1\ 3\ \cdots\ k)^{-1}=(1\ 3\ 2)\in N.$$

したがって, 相異なる $a,b,c\in \boldsymbol{I}_n$ に対して, $(a\ b\ c)=(a\ b)(b\ c)\in N$. ゆえに, $\mathfrak{A}_n\subset N$.

2. $\ell(\sigma_j)=2\ (\forall j)$, $\exists q\notin \mathrm{supp}(\sigma)$, の場合. $\tau=(1\ q)$ とする.
$\sigma\cdot(\tau\sigma\tau^{-1})=(1\ 2)(q\ 2)=(1\ 2\ q)\in N$, なので, **1.** の場合に帰着する.

3. $\ell(\sigma_j)=2\ (\forall j)$, $\mathrm{supp}(\sigma)=\boldsymbol{I}_n$, の場合.
$n=2p\geq 6$ とする. $\sigma=\sigma_1\sigma_2\sigma_3\cdots\sigma_p$, $\sigma_1=(1\ 2),\sigma_2=(3\ 4),\sigma_3=(5\ 6)$, としてよい. $\tau=(1\ 3\ 5)$ に対して,

$$\sigma\cdot(\tau\sigma\tau^{-1})=(1\ 2)(3\ 4)(5\ 6)\cdot(3\ 2)(5\ 4)(1\ 6)=(1\ 5\ 3)(2\ 4\ 6)\in N.$$

したがって, これは **1.** の場合に帰着する. □

次元 $\varphi_{\boldsymbol{\lambda}'}$ だけでは同値類 $[\pi_{\boldsymbol{\lambda}}]$ は特徴付けられないが, (指標 $Y_{\boldsymbol{\lambda}'}$ による以外の) 別の特徴付けについては, このあとの閑話休題 1.3.1 を見て下さい.

$\boldsymbol{\lambda}=(\lambda_j)_{j\in \boldsymbol{I}_m}\in P_n$ には, 次のようにして, 大きさ n の **ヤング** (**Young**) **図形** $D_{\boldsymbol{\lambda}}$ が対応する. (x,y)-平面で y 軸を下向きにとり, $(i,j)\in \boldsymbol{Z}^2$ で (i,j) を中心とする単位ボックスを表すとき,

$$D_{\boldsymbol{\lambda}}:=\{(i,j)\,;\,1\leq i\leq \lambda_j\}. \tag{1.3.28}$$

すなわち, 図形の第 1 行が λ_1 個のボックス, 第 2 行が λ_2 個のボックス, ..., 第 m 行が λ_m 個のボックス, からなるものが $D_{\boldsymbol{\lambda}}$ である. $D_{\boldsymbol{\lambda}}$ の対角線に沿って転置をとった Young 図形を ${}^tD_{\boldsymbol{\lambda}}$ と書き, ${}^tD_{\boldsymbol{\lambda}}=D_{\boldsymbol{\mu}}$ のとき, ${}^t\boldsymbol{\lambda}:=\boldsymbol{\mu}$ とおく.

$D_{\boldsymbol{\lambda}}$
$\boldsymbol{\lambda}=(4,3,2,2,1)$

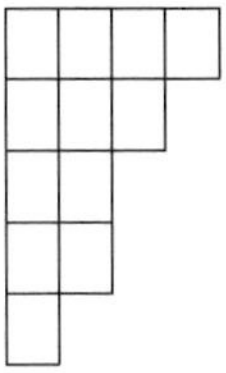

${}^tD_{\boldsymbol{\lambda}}=D_{{}^t\boldsymbol{\lambda}}$
${}^t\boldsymbol{\lambda}=(5,4,2,1)$

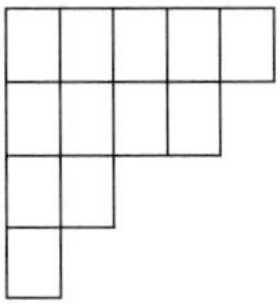

図 1.3.1 ヤング図形 $D_{\boldsymbol{\lambda}}$ と ${}^tD_{\boldsymbol{\lambda}}=D_{{}^t\boldsymbol{\lambda}}$.

定理 1.3.11　(i) 群 $\mathfrak{S}_n$ の，$\boldsymbol{\lambda} \in P_n$ に対応する既約表現 $\pi_{\boldsymbol{\lambda}}$ に対し，その同伴表現 $\mathrm{sgn} \cdot \pi_{\boldsymbol{\lambda}}$ は，転置 ${}^t\boldsymbol{\lambda}$ に対応する $\pi_{{}^t\boldsymbol{\lambda}} = \pi_{({}^t\boldsymbol{\lambda})}$ に同値である： $\mathrm{sgn} \cdot \pi_{\boldsymbol{\lambda}} \cong \pi_{{}^t\boldsymbol{\lambda}}$.

(ii) $\pi_{\boldsymbol{\lambda}}$ は ${}^t\boldsymbol{\lambda} = \boldsymbol{\lambda}$ のとき自己同伴で，${}^t\boldsymbol{\lambda} \neq \boldsymbol{\lambda}$ のとき非自己同伴である．

証明の要点　(i) $\mathrm{sgn} \cdot \pi_{\boldsymbol{\lambda}} \cong \pi_{{}^t\boldsymbol{\lambda}}$ に対する Frobenius による最初の証明 [Fro4] は，やはりとても面白くて，アイディアは定理 1.3.5 の証明に沿っている．それは，分割型 $\boldsymbol{\alpha}$ の元 $g \in \mathfrak{S}_n$ の $\mathrm{sgn}(g)$ を $\mathrm{sgn}(\boldsymbol{\alpha})$ と書いたとき，次の等式を示すことである： $\boldsymbol{\lambda}' = \boldsymbol{\lambda} + \boldsymbol{\rho}_n$, $({}^t\boldsymbol{\lambda})' = {}^t\boldsymbol{\lambda} + \boldsymbol{\rho}_n$ とおいて，

$$\sum_{\boldsymbol{\alpha}} c(\boldsymbol{\alpha})\,\mathrm{sgn}(\boldsymbol{\alpha}) Y_{({}^t\boldsymbol{\lambda})'}(\boldsymbol{\alpha})\, Y_{\boldsymbol{\lambda}'}(\boldsymbol{\alpha}) = n!\,.$$

これを，$\mathrm{sgn}(\boldsymbol{\alpha}) = (-1)^{\alpha_2+\alpha_4+\cdots}$ を用いて計算するのだが，紙数の関係で詳細は原論文に任せて，ここでは割愛する．

例 1.3.1　本元(ほんもと)になっている基本表現 $\Pi_{\boldsymbol{\lambda}} = \mathrm{Ind}_{\mathfrak{S}_{\boldsymbol{\lambda}}}^{\mathfrak{S}_n} \mathbf{1}_{\mathfrak{S}_{\boldsymbol{\lambda}}}$ の既約分解については，Frobenius [Fro4] では特に触れられていない．(1.3.17) 式を書き直すと，

$$\Pi_{\boldsymbol{\lambda}} \cong \sum_{\boldsymbol{\mu} \in P_n} \oplus\, [m(\boldsymbol{\lambda}, \boldsymbol{\mu})] \cdot \pi_{\boldsymbol{\mu}}, \tag{1.3.29}$$

となるが，ここに現れる重複度 $m(\boldsymbol{\lambda}, \boldsymbol{\mu})$ の決定は難しいが重要な問題だった．ここでは，$G = \mathfrak{S}_4$ に対して計算してみよう．

定理 1.2.9 では，既約表現 π_2 が $\Pi = \mathrm{Ind}_H^G \mathbf{1}_H$ には重複度 2 で現れた．その他の既約表現は $\mathbf{1}_G$, sgn, $\pi_\perp$, $\mathrm{sgn} \cdot \pi_\perp$ であり，これらはそれぞれ $n = 4$ の分割

$$(4),\ \ {}^t(4) = (1,1,1,1),\ \ (3,1),\ \ {}^t(3,1) = (2,1,1),$$

に対応することが分かる．そこで分割 $\boldsymbol{\lambda} = (\lambda_1, \lambda_2) = (2,2)$ をとる．$\Pi_{\boldsymbol{\lambda}}$ は自明表現 $\mathbf{1}_G$ を含む．$\Pi_{\boldsymbol{\lambda}} = \mathbf{1}_G \oplus \pi''$ となる表現 π'' の指標を計算してみる．まず，$\chi_{\pi_\perp}(g_0) = \alpha_1 - 1$ に留意して，$g_0 \in \mathfrak{S}_4$ における指標値の表を作る．引き続いて，$\chi_{\pi''} = \chi_{\Pi_{\boldsymbol{\lambda}}} - 1$ を表の最後の列に追加しておく：

	$\chi_{\mathbf{1}_G}$	χ_{sgn}	$\chi_{\pi_\perp}$	$\chi_{\mathrm{sgn}\cdot\pi_\perp}$	χ_{π_2}	$\chi_{\Pi_{\boldsymbol{\lambda}}}$	$\chi_{\pi''}$
$g_0 = e$	1	1	3	3	2	6	5
$g_0 \sim (1\ 2)$	1	-1	1	-1	0	2	1
$g_0 \sim (1\ 2)(3\ 4)$	1	1	-1	-1	2	2	1
$g_0 \sim (1\ 2\ 3)$	1	1	0	0	-1	0	-1
$g_0 \sim (1\ 2\ 3\ 4)$	1	-1	-1	1	0	0	-1

すると，$\|\chi_{\pi''}\|^2 = \dfrac{1}{4!}(5^2 + 6 \cdot 1^2 + 3 \cdot 1^2 + 8 \cdot (-1)^2 + 6 \cdot (-1)^2) = 2 = 1 + 1$，となる．したがって，$\pi''$ は 2 個の非同値な既約表現の和である．実際，$\pi'' \cong \pi_\perp \oplus \pi_2$ かつ $\Pi_{\boldsymbol{\lambda}} \cong \mathbf{1}_G \oplus \pi_\perp \oplus \pi_2$ であることが上の指標の表の対応する列の和を求めれば分かる．よって，既約表現 π_2 は誘導表現 $\Pi_{\boldsymbol{\lambda}}$ の“トップ成分”であり，π_2 の対応する分割は $\boldsymbol{\lambda} = (\lambda_1, \lambda_2) = (2, 2)$，したがって対応するヤング図形は ⊞ である．

閑話休題 1.3.1 Frobenius が 1900 年出版の論文 [Fro4] で既約表現について，指標公式，次元公式などの結果を出してから現在まで，対称群 $\mathfrak{S}_n$ の表現は研究され続けている．Frobenius 自身はその後 A. Young の一連の論文を読み込んで，いわゆる Young の対称化作用素（Young's symmetrizor）に行き着いた．そのあたりが，ヤング部分群とかヤング図形とかの名前の拠り所なのだが，実は，名前に Frobenius の名前が欠けているのは片手落ちである．例えば，ヤング図形は実体として，先行する論文 [Fro4] にすでに使われている（定理 1.3.8 参照）．

n の分割 $\boldsymbol{\lambda} \in P_n$ による既約表現のラベル付けは [Fro4] では上述のごとく，既約指標 $Y_{\boldsymbol{\lambda}'}$, $\boldsymbol{\lambda}' = \boldsymbol{\lambda} + \boldsymbol{\rho}_n$, を通して確立された．他方，例えば [岩堀，第 3 章] に詳述されている，いわゆる Schur - Weyl 相互律（duality）も別の見地からこのラベル付けを説明するものである．そこでは，$\boldsymbol{\rho}_n$ によるパラメーターのシフト（shift）の意味も明らかになる．

もう一つ違う根拠付けをしよう．n の分割全体 P_n に逆辞書式順序 $\preccurlyeq$ を入れる．すなわち，$\boldsymbol{\lambda} = (\lambda_j)$, $\boldsymbol{\mu} = (\mu_j) \in P_n$ に対して，

(1.3.30) $$\boldsymbol{\lambda} \preccurlyeq \boldsymbol{\mu} \ \overset{\text{def}}{\Longleftrightarrow}\ \lambda_1 = \mu_1,\ \cdots,\ \lambda_{j-1} = \mu_{j-1},\ \lambda_j > \mu_j,$$

である．小さい方を少し例示すると（$n \geq 8$ ならば），

(1.3.31) $$(n) \prec (n-1,1) \prec (n-2,2) \prec (n-2,1,1) \prec (n-3,3) \prec (n-3,2,1) \prec (n-3,1,1,1) \prec (n-4,4) \prec (n-4,3,1) \prec (n-4,2,2) \prec \cdots$$

これにしたがって，誘導表現 $\Pi_{\boldsymbol{\lambda}}$ にも順序が付く．そこで次の主張をする：

「$\Pi_{\boldsymbol{\lambda}}$ の既約成分の中に，すでに $\Pi_{\boldsymbol{\mu}}$, $\boldsymbol{\mu} \prec \boldsymbol{\lambda}$, には現れなかったものが唯一つあって，それの重複度は 1 である（これを**トップの既約表現**とよぶ）」

$\Pi_{\boldsymbol{\lambda}}$ のその既約成分に $\pi_{\boldsymbol{\lambda}}$ という名前を与えると，(1.3.29) 類似の重複度 $m(\boldsymbol{\lambda}, \boldsymbol{\mu})$

を $(\boldsymbol{\lambda},\boldsymbol{\mu})$-要素とする $k_n \times k_n$ 型行列を作ると，これは下三角行列で対角成分はすべて 1 となっている（これを**単的下三角行列**（たんてき）という）．この三角行列の逆行列を使えば，$\pi_{\boldsymbol{\mu}}$ の指標が $\chi_{\Pi_{\boldsymbol{\lambda}}}$, $\boldsymbol{\lambda} \preccurlyeq \boldsymbol{\mu}$, の整係数一次結合として表される．なお，上の主張「$\cdots$」は正しいことが，表現の指標を使って証明される（**1.3.4** 小節参照）．

閑話休題 1.3.2　Frobenius の愛弟子である Schur は，お師匠さんの「対称群 $\mathfrak{S}_n$ の線形表現の研究」をモデルとして，「対称群 $\mathfrak{S}_n$ のスピン表現」の研究を進めた．それは本書の重要部分を占める主題である．第 5 章では，$\mathfrak{S}_n$ の「スピン主表現」や「スピン基本表現 $\widetilde{\Pi}_{\boldsymbol{\mu}}$」を取り扱うが，これは本章の「標準的基本表現 $\Pi_{\boldsymbol{\lambda}}$」などに対応している．第 6 章では，スピン既約指標を取り扱う．そこでも P_n に逆辞書式順序に由来する順序を入れるが，それは上の（完全）逆辞書式順序 $\preccurlyeq, \prec$ とは異なり，部分的逆辞書式順序である．**6.1.1** での定義で見るように，$P_n = SP_n \bigsqcup (P_n \setminus SP_n)$ と P_n を 2 つに分解して，SP_n に逆辞書式順序を入れてはじめに置き，そのうしろに $P_n \setminus SP_n$ の元を勝手に並べる．そこで困ったのがこの順序にどんな記号を割当てるか，であった．

実は，普通の順序記号 $\leq$ は辞書式順序そのものを記述するのに使用する（例えば，**6.4.2** で多項式の先頭項を定義するのに使う）．補題 6.4.6 の証明の中の「注意」等を参照のこと．上の 2 種の相似た順序の差異を際だたせるために，後者では $\preccurlyeq, \succcurlyeq$ という見慣れない記号を使ってみたのだが，等号部分を除くと，両者とも $\prec, \succ$ の形になってしまって（記号として）差異が目立たないどころか無くなってしまった（呵々！）．そこで，見場が悪いが，$\preccurlyeq'$, $\prec'$ など，$'$（プライム）を付加して区別することにした．両者の差異については，(1.3.31) 式と (6.1.1) 式とを比較されよ．

1.3.7　n 次交代群 $\mathfrak{A}_n$ の既約表現

$G = \mathfrak{S}_n$, $H = \mathfrak{A}_n$ とおくと，$[G:H] = 2$ なので，**1.2.6** の一般論，とくに定理 1.2.10 が使える．他方，定理 1.3.11 によって，G の既約表現 $\pi_{\boldsymbol{\lambda}}$ が，自己同伴または非自己同伴であるための条件が分かっている．したがって，次の定理が得られる．

定理 1.3.12

(i) $\mathfrak{S}_n$ の既約表現 $\pi_{\boldsymbol{\lambda}}$ $(\boldsymbol{\lambda} \in P_n)$ を正規部分群 $\mathfrak{A}_n$ に制限したとき，

${}^t\boldsymbol{\lambda} = \boldsymbol{\lambda}$ ならば，$\pi_{\boldsymbol{\lambda}}|_{\mathfrak{A}_n}$ は非同値な 2 つの既約表現の直和に分かれる：

$\pi_{\boldsymbol{\lambda}}|_H \cong \rho^{(0)}_{\boldsymbol{\lambda}} \oplus \rho^{(1)}_{\boldsymbol{\lambda}}$．任意の $s \in \mathfrak{S}_n \setminus \mathfrak{A}_n$ に対して，${}^s(\rho^{(0)}_{\boldsymbol{\lambda}}) \cong \rho^{(1)}_{\boldsymbol{\lambda}}$.

${}^t\boldsymbol{\lambda} \neq \boldsymbol{\lambda}$ ならば，$\rho_{\boldsymbol{\lambda}} := \pi_{\boldsymbol{\lambda}}|_{\mathfrak{A}_n} \cong (\pi_{{}^t\boldsymbol{\lambda}})|_{\mathfrak{A}_n}$ は既約表現であり，

任意の $s \in \mathfrak{S}_n \setminus \mathfrak{A}_n$ に対して，${}^s(\rho_{\boldsymbol{\lambda}}) \cong \rho_{\boldsymbol{\lambda}}$.

(ii) 既約表現の集合 $\{\rho_{\boldsymbol{\lambda}}^{(0)}, \rho_{\boldsymbol{\lambda}}^{(1)}\,;\, \boldsymbol{\lambda} \in P_n,\, {}^t\boldsymbol{\lambda} = \boldsymbol{\lambda}\} \bigsqcup \{\rho_{\boldsymbol{\lambda}}\ (\cong \rho_{{}^t\boldsymbol{\lambda}})\,;\, \boldsymbol{\lambda} \in P_n,\, {}^t\boldsymbol{\lambda} \neq \boldsymbol{\lambda}\}$ は $\mathfrak{A}_n$ の既約表現の完全代表系を与える.

記号 1.3.1 ずっと後になってから使う記号だがいまここで導入しておこう. 大きさ n の Young 図形全体を $\boldsymbol{Y}_n$ と書く. $\boldsymbol{Y}_n$ は $\mathfrak{S}_n$ の双対 $\widehat{\mathfrak{S}_n}$ を図形的に表すパラメーター空間であって，例えば，$\mathfrak{S}_n \downarrow \mathfrak{S}_{n-1}$（部分群への制限）の既約表現の分岐律を記述したり，多くの便利な使い道がある. 対応 $D_{\boldsymbol{\lambda}} \leftrightarrow \boldsymbol{\lambda}$ により，$\boldsymbol{Y}_n \cong P_n$ であるが，この対応を下敷きにして，$\mathfrak{A}_n$ の双対 $\widehat{\mathfrak{A}_n}$ を記述するパラメーター空間を定理 1.3.12 を基(もと)にして作っておこう（もっと一般的な記号に関しては第 11 章，**記号 11.7.1** を参照）： $\rho_{\boldsymbol{\lambda}}^{(\kappa)} \leftrightarrow (\boldsymbol{\lambda}, \kappa)$, $\kappa = 0, 1$; $\rho_{\boldsymbol{\lambda}} \leftrightarrow \{\boldsymbol{\lambda}, {}^t\boldsymbol{\lambda}\}$ として，

$$
(1.3.32) \qquad \begin{cases} \boldsymbol{Y}_n^{\mathfrak{A}} := \boldsymbol{Y}_n^{\mathfrak{A},2} \bigsqcup \boldsymbol{Y}_n^{\mathfrak{A},1}, \\ \boldsymbol{Y}_n^{\mathfrak{A},2} := \{\, (\boldsymbol{\lambda}, 0), (\boldsymbol{\lambda}, 1)\,;\, \boldsymbol{\lambda} \in P_n,\, \boldsymbol{\lambda} = {}^t\boldsymbol{\lambda}\}, \\ \boldsymbol{Y}_n^{\mathfrak{A},1} := \{\, \{\boldsymbol{\lambda}, {}^t\boldsymbol{\lambda}\}\,;\, \boldsymbol{\lambda} \in P_n,\, \boldsymbol{\lambda} \neq {}^t\boldsymbol{\lambda}\}. \end{cases}
$$

1.3.8 有限群 G の分裂体（おはなし）

例 1.2.2–1.2.5 で取り扱った表現 π ($= \Pi_\varepsilon$, $\pi_\perp$ など) は適当な行列表示 T_π をとると，行列 $T_\pi(g)$ $(g \in G)$ の全ての行列要素が整数であった. しかし，例 1.2.4 で見たように $T_{\pi_\perp}$ と同値なユニタリ表現 $T^0_{\pi_\perp}$ では，行列要素 $T^0_{\pi_\perp}(g)$ $(g \in \mathfrak{S}_3)$ に，$1/2$ や $\sqrt{3}$ が現れた.

Schur は論文 [Sch3, 1908] で，重要な次の事実を証明した：「$n \geq 3$ のとき，対称群 $\mathfrak{S}_n$ のどの既約表現も，すべての行列要素が整数であるような行列表示を持つ.」(ただし，これはユニタリ行列による表示ではない.) これを証明するのに，Schur は誘導表現 $\Pi_{\boldsymbol{\lambda}} = \mathrm{Ind}_{\mathfrak{S}_{\boldsymbol{\lambda}}}^{\mathfrak{S}_n} \mathbf{1}_{\mathfrak{S}_{\boldsymbol{\lambda}}}$ のトップ既約成分 $\pi_{\boldsymbol{\lambda}}$ に対し，$\Pi_{\boldsymbol{\lambda}}$ の表現空間に良い性質を持つ基底を具体的に構成し，$\pi_{\boldsymbol{\lambda}}$ をその商空間に実現し，そこに導かれた基底に関して，$\mathfrak{S}_n$ の元の作用が整数係数であることを示した.

これに先立ち Frobenius は [Fro2, 1896] の §12 で，有限群 G の既約表現 π に対し，その指標 χ_π の数値 $\chi_\pi(g)$ $(g \in G)$ を基礎体 $\boldsymbol{Q}$ に添加した代数的数体の性質を研究し，**(1)** $G = \mathfrak{S}_n$ のすべての既約指標は，整数値であること，**(2)** 有限群 G の既約表現の次元 d は位数 $|G|$ を割ること，を証明した. [Fro5, 1903] では，

$\mathfrak{S}_n$ の既約表現のすべての行列要素を有理数にできること[3] を示している．また，Schur との共著論文 [FrSc, 1906] では有限群の表現 π が実数体 $\boldsymbol{R}$ 上実現できるための必要十分条件を，π の指標を使って与えている．

それから大分たった後だが，Schur は [Sch5, 1927] で，$\mathfrak{S}_n$ のスピン既約表現 π のうち，実数体上での行列表示 T_π を持つものを特定している．

一般に，有限群 G の体 K 上の既約線形表現 ρ が，K の任意の拡大体においても既約であるとき，**絶対既約**という．G の K 上の任意の既約線形表現が絶対既約であるとき，K を G の**分裂体**（splitting field）という．K を G の分裂体とすれば，K の任意の拡大体 L に対して，L 上の G の任意の既約表現は K 上で実現可能である．

上で述べた $\mathfrak{S}_n$ の表現の実現に関する Frobenius や Schur の研究は，有限群 G に対する，数論的に重要な次の 2 つの問題の発端となった．

問題 A (既約表現の実現に関して)　G の最小の分裂体 $F = F(G)$ を求めよ．（G の分裂体に最小のものがあるかどうかも問題である．）

G の K 上のすべての（有限次元）線形表現が完全可約であるかどうかは，すこし性質の違った問題である．

問題 B (指標環に関して)　次の条件を満たす最小の体 K を求めよ．「指標の $\boldsymbol{Z}$ 線形結合全体を指標環と呼ぶ．体 K 上の（有限次元）線形表現がすべて完全可約であり，体 K 上の表現の指標環が K の任意の拡大体の上の指標環に等しい．」

標数 0 の場合では，体の代わりに，$\boldsymbol{Z}$ の拡大環を問題にすることもできる．

問題 a　$\boldsymbol{C}$ 上の既約表現 π の行列表示 T_π をうまく実現したとき，その全ての行列要素を含む $\boldsymbol{Z}$ の有限次拡大環，または有理数体 $\boldsymbol{Q}$ の有限次拡大体，で最小のものは何か？

問題 b　$\boldsymbol{C}$ 上の各既約表現 π ($[\pi] \in \widehat{G}$) の指標の値 $\chi_\pi(g)$ ($g \in G$) をすべて添加した $\boldsymbol{Z}$ の有限次拡大環，または $\boldsymbol{Q}$ の有限次拡大体 $F' = F'(G)$ は何か？

注. M. Benard は，論文 [Bena, 1976] において，unitary reflection groups（本書では複素鏡映群という）G に対して，次の定理を証明した．

---

[3] Frobenius はこの論文で，この他に，$\mathfrak{S}_n$ の既約指標の第 2 の計算法を与え，また，群環内の不変原始冪等元（charakteristishe Einheit, 現在で言う Young symmetrizer）を与えている

Theorem 1. *Let G be a unitary reflection group and let F be the field generated over $\boldsymbol{Q}$ by the values of the characters of G. Then each representation of G is similar to an F-represenation.*

これを言い換えると，$F'(G) = F(G)$ である．また，$F'(G)$ をすべて具体的に求めている．さらに，G のすべての既約指標 χ に対して，その Schur index[4] $m_{\boldsymbol{Q}}(\chi)$ を求めている．

この論文 [Bena, 1976] の第 1 節の終わりにあるコメントを引用すると，

(1) Young [Youn, 1930] showed that each representation of $\mathfrak{S}_n$ is similar to a rational representation.

（平井注．それ以前の [Fro5, 1903], [Sch4, 1908] の結果を無視．）

(2) Each representation of an irreducible Weyl group is similar to a rational representation.

閑話休題 1.3.3 (お楽しみ)　読者のお楽しみのために [Sch3] の導入部から Schur の原文を引用してみる．

Jede Gruppe linearer homogener Substitutionen, die der symmetrischen Gruppe n^{ten} grades isomorph ist, läßt sich durch eine lineare Transformation der Variabeln in eine Gruppe mit ganzzahligen rationalen Koeffizienten überführen.

インターネットで独和辞書が使えるので，和訳してみるのも気晴らしか頭の体操になるのではないか．しかしながら，数学の専門用語が現代とはずれているので，類推するのに一苦労あるかも？

問題 1.3.1　補題 1.3.1 (p.36) の証明を与えよ．

ヒント．定理 1.2.3 を使えばよい．

問題 1.3.2　命題 1.3.2 (p.36) を標準的基本表現に関する命題に書き直せ．

問題 1.3.3　注 1.3.2 (p.38) の Euler の定理を証明せよ．

問題 1.3.4　補題 1.3.7 (p.42) の Cauchy の行列式公式を証明せよ．

ヒント．(1) 両辺の分母を払う．そのとき左辺は，多項式を要素とする行列式に書

---

4) G を有限群，K をその分裂体，χ を K 上の既約線形表現 π の指標，k を指標値 $\chi(g)$ $(g \in G)$ で生成される K の部分体，とする．χ の **Schur index** $m(\chi)$ は，次の互いに同値なやり方で定義される．**(1)** k の m 次の拡大体 L で π が L 上実現できるような m の最小値，**(2)** k 上の既約表現が π を既約成分に含むときの重複度．(Cf. Schur index of irreducible character - Groupprops)

ける．それは $(x_1, \cdots, x_m)$, $(y_1, \cdots, y_m)$ それぞれについて歪対称である．したがって，$\Delta(x_1, \cdots, x_m)\Delta(y_1, \cdots, y_m)$ で割り切れる．

(2) 両辺の多項式としての次数を比較する．

(3) 両辺に現れる特定の単項式の係数を比較する．

問題 1.3.5　$\Delta(m-1, m-2, \cdots, 1, 0) = (m-1)!\,(m-2)! \cdots 1!$ を示せ．ついで，等式 (1.3.25) を示せ．

ヒント．　(1.3.25) の右半分の等式については，特に難しさはない．

左半分の等式については，その両辺の ${\lambda'_1}^{m-1}{\lambda'_2}^{m-2}\cdots\lambda'_{m-1}$ の係数を比較せよ．

第 2 章

スピン表現（射影表現）の初歩

この章では，まず，射影表現（スピン表現）の定義を与え，その意味を解説するとともに，基礎的な定理などを証明する．ついで，スピン表現が自然に現れるいろいろの局面を概観する．

2.1　射影表現（スピン表現）の定義

定義 2.1.1　位相群 G の**射影表現** (π, V) とは，次の (1), (2) で与えられるものである（これを G の**スピン表現**とも呼ぶ):

(1) G の各元 g に位相ベクトル空間 V 上の可逆な連続線型変換 $\pi(g)$ が対応し，次の条件を満たす:

$$\pi(g)\pi(h) = r_{g,h}\,\pi(gh) \quad (g, h \in G), \tag{2.1.1}$$

ここに，$r_{g,h} \in \boldsymbol{C}^\times := \{a \in \boldsymbol{C}\,;\, a \neq 0\}$ であり，V を $V(\pi)$ とも書く；

(2) 写像 $G \ni g \mapsto \pi(g)$ は，V 上の可逆な連続線型変換全体の群 $GL(V)$ に与えられているある群位相 $\tau(V)$ に関して連続である．

群 G が有限群のときには，上の (1),(2) において，位相的な条件は存在しない．また，位相的な条件を無視して考える場合には，代数的な射影表現と呼ぶ．条件 (2.1.1) からは，$g \mapsto \pi(g)$ が G から射影変換群 $PGL(V) := GL(V)/\boldsymbol{C}^\times I_V$ への準同型であることが導かれる（ただし，I_V は V 上の恒等変換）．歴史的には，A.O. Morris 等は用語として「スピン表現」も「射影表現」も両方使っているが，ここではこの 2 つの用語を同じ意味であると定義する．本書では，より使いやすいという理由で**スピン表現**という名称を優先する．例えば，π の指標を考えたときに，「射影指標」という用語は非常に使い難いが，用語「スピン指標」は状況によくマッチして使いやすい[1]（後の章でも説明する）．

---

[1]　成書 Hoffman-Humphrey [HoHu] では，スピン表現，スピン指標は negative representation, negative character とよばれている

$G\times G$ 上の関数 $r_{g,h}$ は，π の**因子団**（factor set）と呼ばれる．作用素の結合律

$$(\pi(g)\pi(h))\pi(k)=\pi(g)(\pi(h)\pi(k))\ (g,h,k\in G),$$

から次の等式を得る:

$$r_{g,h}\,r_{gh,k}=r_{g,hk}\,r_{h,k}\quad (g,h,k\in G). \tag{2.1.2}$$

各 $\pi(g)$ を定数倍して，$\pi^{(1)}(g):=\lambda_g\pi(g)\ (\lambda_g\in \boldsymbol{C}^\times)$ をつくると，その因子団は $\pi^{(1)}(g)\pi^{(1)}(h)=r^{(1)}_{g,h}\pi^{(1)}(gh)$ から決まるので，

$$r^{(1)}_{g,h}=r_{g,h}\cdot\frac{\lambda_g\lambda_h}{\lambda_{gh}}\quad (g,h\in G), \tag{2.1.3}$$

である．このとき，π と $\pi^{(1)}$ とは**相似**（similar）である，と言い，$\pi\sim\pi^{(1)}$ と書く．もし $r^{(1)}_{g,h}\equiv 1$ とできるならば，$\pi^{(1)}$ は G の線形表現である．そして，**真性のスピン表現**とは，線形表現と相似ではないものをいう．$\pi\sim\pi^{(1)}$（相似）かつ $\pi^{(1)}\cong\pi^{(2)}$（同値）のとき，π と $\pi^{(2)}$ とは**同型**である，という．同型関係とは「相似を法として」同値関係を考える，ということなので，「相似を法とする」ことを大前提とする以下の記述では，とくに誤解を招く場合を除き（記述を線形表現の場合に合わせるために）同型・同型類を同値・同値類ということにする．

他方，一般に（表現とは関係無く）$G\times G$ 上の $\boldsymbol{C}^\times$-値関数 $r=(r_{g,h})_{g,h\in G\times G}$ が条件 (2.1.2) を満たすとき，G 上の（$\boldsymbol{C}^\times$-値）2-コサイクル（2-cocycle）とよぶ．もう一つの 2-コサイクル $r^0=(r^0_{g,h})_{g,h\in G\times G}$ との各点での積を取って，積演算 $rr^0:=(r_{g,h}r^0_{g,h})_{g,h\in G\times G}$ を，2-コサイクルの全体 $Z^2(G,\boldsymbol{C}^\times)$ に導入する．関係式 (2.1.3) により，同値関係 $r\sim r'$ を導入すれば，2-コホモロジー群（2-cohomology group）$H^2(G,\boldsymbol{C}^\times):=Z^2(G,\boldsymbol{C}^\times)/\!\sim$ を得る．これを（群のコホモロジー理論［下の参考 2.1.1 参照］が発展するよりも早く導入した Schur の名をとって）G の **Schur 乗法因子群**（Schur multiplier）と呼び，$\mathfrak{M}(G)$ とも書く．有限群に対する $\mathfrak{M}(G)$ の決定は「有限単純群の分類問題」においても重要な役割を担っていたとのことである（[Gor, **4.14**] 参照）．

例 2.1.1　n-次対称群 $\mathfrak{S}_n$, n-次交代群 $\mathfrak{A}_n$ について，[Sch4, §§3–5] により，

$$\mathfrak{M}(\mathfrak{S}_n)=H^2(\mathfrak{S}_n,\boldsymbol{C}^\times)=\begin{cases}\{e\} & (n=2,3),\\ \boldsymbol{Z}_2 & (n\geq 4);\end{cases}$$

$$\mathfrak{M}(\mathfrak{A}_n)=H^2(\mathfrak{A}_n,\boldsymbol{C}^\times)=\begin{cases}\boldsymbol{Z}_2 & (n\geq 4,\ \neq 6,7),\\ \boldsymbol{Z}_6 & (n=6,7).\end{cases}$$

ここに，e は群の単位元を表し，$\boldsymbol{Z}_m$ は m 次巡回群を表す（ただし，積は掛け算で書くことに規約する）．後の定理 2.3.1 の証明において，$\mathfrak{M}(\mathfrak{S}_n)$ を実際に計算している．

スピン表現の存在証明　任意の 2-コサイクル $r = (r_{g,h})_{g,h \in G \times G}$ を因子団として持つスピン表現の存在は，G が有限群の場合，Schur によって次のように示された．群 G の（r による歪みを入れた）歪群環 $\boldsymbol{C}[G;r]$ として，$\boldsymbol{C}$ 上に基底 x_g $(g \in G)$ を持ち，積として

$$x_g \cdot x_h := r_{g,h}\, x_{gh} \quad (g, h \in G), \tag{2.1.4}$$

を入れたものを考える．コサイクルの条件 (2.1.2) から，導入された積が結合律を満たすことが分かる．また，x_g の逆元は $(x_g)^{-1} = (r_{g,g^{-1}})^{-1} x_{g^{-1}}$ である．空間 $V = \boldsymbol{C}[G;r]$ に左掛け算によって，各 $g \in G$ に対し，線型作用素

$$L(g)x_k := x_g \cdot x_k = r_{g,k}\, x_{gk} \quad (k \in G), \tag{2.1.5}$$

を対応させると ((1.1.8) 式の左正則表現 $\mathcal{L}$ を歪めた形だが),

$$L(g)L(h) = r_{g,h} L(gh) \quad (g, h \in G), \tag{2.1.6}$$

を満たす．したがって，L は r を因子団に持つスピン表現である．

$\mathfrak{M}(G)$ の位数の評価　G の位数を $N := |G|$ とすると，$\dim L = N$．上式の両辺の行列式をとって，$d_g := \det L(g)$ とおけば，

$$\left(r_{g,h}\right)^N = \frac{d_g\, d_h}{d_{gh}} \quad (g, h \in G). \tag{2.1.7}$$

そこで，d_g の N-次の冪根 δ_g を $g \in G$ ごとにとって，r と同値な 2-コサイクルを $s_{g,h} := r_{g,h}(\delta_g \delta_h / \delta_{gh})^{-1}$ とおけば，

$$\left(s_{g,h}\right)^N = 1 \quad (g, h \in G). \tag{2.1.8}$$

1 の N-次の冪根全体のなす群を $C_N := \{e^{2\pi i p/N}\,;\, 0 \le p < N\}$ とおけば，$s_{g,h} \in C_N$ なので，2-コサイクルの同値類の個数 $|H^2(G, \boldsymbol{C}^\times)| = |\mathfrak{M}(G)|$ は，高々 N^{N^2} であることが分かる．

参考 2.1.1 (群コホモロジーの定義)　$\mathfrak{Z}$ を可換群でその上に G が作用しているとする（$\mathfrak{Z}$ の積は乗法的に書く）．G 上の n 変数の $\mathfrak{Z}$-値関数 f を n-cochain とよぶ．その全体 $C^n(G, \mathfrak{Z})$ には各点ごとの値の積によって乗法が与えられる．境界作用素 $\delta =$

$\delta_n: C^n(G,\mathfrak{Z}) \to C^{n+1}(G,\mathfrak{Z})$ の定義は（$z \in \mathfrak{Z}$ への $g \in G$ の作用を ${}^g z$, $\mathfrak{Z}$ の単位元を $e_{\mathfrak{Z}}$, と書いて），$f \in C^n(G,\mathfrak{Z})$ に対して，

$$(\delta f)(g_1, g_2, \cdots, g_{n+1})$$
$$:= {}^{g_1}f(g_2,\cdots,g_{n+1})\Big(\prod_{i=1}^{n} f(g_1,\cdots,g_ig_{i+1},\cdots,g_{n+1})^{(-1)^i}\Big)f(g_1,\cdots,g_n)^{(-1)^{n+1}}.$$

$n=1$ では，$(\delta f)(g_1,g_2) = {}^{g_1}f(g_2)\cdot f(g_1g_2)^{-1}\cdot f(g_1)$.

$n=2$ では，$(\delta f)(g_1,g_2,g_3) = {}^{g_1}f(g_2,g_3)\cdot f(g_1g_2,g_3)^{-1}\cdot f(g_1,g_2g_3)\cdot f(g_1,g_2)^{-1}$.

このとき，$\delta(f_1f_2) = \delta f_1 \cdot \delta f_2$, $\delta(\delta f) = e_{\mathfrak{Z}}$ (定値関数) が示される．そこで，

n-コサイクル　$Z^n(G,\mathfrak{Z}) := \{f \in C^n(G,\mathfrak{Z})\,;\, \delta f = e_{\mathfrak{Z}}\} = \mathrm{Ker}(\delta_n)$,

n-コバウンダリ　$B^n(G,\mathfrak{Z}) := \{\delta f\,;\, f \in C^{n-1}(G,\mathfrak{Z})\} = \mathrm{Im}(\delta_{n-1})$,

とおいて，$\mathfrak{Z}$ を係数とする n-コホモロジーを，

$$H^n(G,\mathfrak{Z}) := \mathrm{Ker}(\delta_n)/\mathrm{Im}(\delta_{n-1}) = Z^n(G,\mathfrak{Z})/B^n(G,\mathfrak{Z})$$

によって定義する．

2.2　群の中心拡大とスピン表現

位相群 G' の中心に入る閉部分群 Z をとり，商群を $G = G'/Z$ とおく．準同型 $G' \to G$ を Φ と書き，群の準同型の完全系列として次のように表すと見やすい：

(2.2.1)　$$1 \longrightarrow Z \longrightarrow G' \xrightarrow{\Phi} G \longrightarrow 1 \quad (\text{完全}).$$

このとき，G' を G の中心的群 Z による**中心拡大**であるという．また，G を底にして G' をその上におき，下のように図示すれば，G' は G の被覆群である，という言い方も（とくに Z が離散群のときには）その感じが出る．そして G を**底**(てい)**の群**もしくは**下**(した)**の群**という[2)]：

(2.2.2)
G'　（被覆群，covering group）
$\downarrow \Phi$
G　（底(てい)の群，base group）

---

2)　初等的に 1 次元複素領域 D とその被覆領域 D' とを上下に重ねて描くことに倣っている．実用的には「上のレベルの話」を「下のレベル」に落とす，とか逆に「下のレベルの話」を上に持ち上げる，とかの言い方ができる．

例 2.2.1 連結リー群の場合として，$G = SO(n)$ $(n \geq 3)$, $Z = \boldsymbol{Z}_2$, として，$G' = \mathrm{Spin}(n)$ は G の普遍被覆群，Φ は被覆写像（詳しくは第 10 節参照）．とくに $n = 3$ のときには，$G' = SU(2)$ としてもよい．

G' の線形表現 (Π, V) に対し，全ての $z \in Z$ に対し，$\Pi(z)$ がスカラー作用素ならば，$\Pi(z) = \chi(z) I_V$ $(z \in Z)$ となる Z の指標 $\chi \in \widehat{Z}$ がある．このとき，Π を**スピン型** χ を持つ，という．χ がたまたま自明，$\chi = \mathbf{1}$, であれば，Π は底の群 $G = G'/Z$ の線形表現から来ている．

G' の既約ユニタリ表現 Π の同値類 $[\Pi]$ 全体の空間を $\widehat{G'}$ と書き，G' の（ユニタリ）双対とよぶ．G' が有限群，もしくはコンパクト群のときには，全ての既約表現はユニタリ表現と同値である．既約ユニタリ表現 Π に対し，$z \in Z$ に対する作用素 $A = \Pi(z)$ は，$A\,\Pi(g') = \Pi(g')A$ $(g' \in G')$ となり，Schur の補題（定理 1.1.11）により，A はスカラー作用素，よって，ある $\chi \in \widehat{Z}$ に対して $\Pi(z) = \chi(z) I_V$, となり，Π はスピン型 χ を持つ．スピン型 χ の既約表現からくる $\widehat{G'}$ の部分集合を $\widehat{G'}^{\chi}$ と書く．真性スピン型の既約表現，すなわち，$\chi \neq \mathbf{1}_Z$ (Z の自明指標) の既約表現の同値類全体 $\widehat{G'}^{\mathrm{spin}} := \bigsqcup_{\chi \in \widehat{Z},\, \neq \mathbf{1}_Z} \widehat{G'}^{\chi}$ を G' の（底の群 G から見ての）**スピン双対**という．

定理 2.2.1 (ｉ) G' を有限群とする．任意の $\chi \in \widehat{Z}$ に対して，

(2.2.3)
$$\sum_{[\Pi] \in \widehat{G'}^{\chi}} (\dim \Pi)^2 = \frac{1}{|Z|}\,|G'| = |G|.$$

(ii) G' を非有限のコンパクト群とする．任意の $\chi \in \widehat{Z}$ に対して，各 $\widehat{G'}^{\chi}$ の位数は無限である：$|\widehat{G'}^{\chi}| = \infty$.

主張 (ｉ) の意味を言葉で述べると，χ 型双対の個数 $|\widehat{G'}^{\chi}|$ は χ ごとに大きな落差が有り得るが，『$(\dim \Pi)^2$ 倍で足してみると皆平等である．』

証明 G' 上の関数 f が**スピン型** χ を持つ，とは，

(2.2.4)
$$f(zg') = \chi(z) f(g') \quad (z \in Z, g' \in G'),$$

を満たすときである．G' 上の $\boldsymbol{C}$-値連続関数のなす空間を $C(G')$，スピン型が χ であるもののなす部分空間を $C(G'; \chi)$, と書く．他方，表現 (Π, V) の行列要素とは，V の双対空間を W とするとき，$v \in V$, $w \in W$ に対し，

(2.2.5)
$$f_{v,w}(g') := \langle \Pi(g') v, w \rangle \quad (g' \in G'),$$

として，得られる G' 上の関数のことであり，その全体で張られる関数空間を Π の行列要素の空間といい，$\mathcal{M}(\Pi)$ と書く．Π がスピン型 χ であれば，$\mathcal{M}(\Pi) \subset C(G';\chi)$ である．

(ｉ) 既約表現 Π に対し，$\dim\mathcal{M}(\Pi) = (\dim\Pi)^2$，かつ，$\mathcal{M}(\Pi)$ $([\Pi] \in \widehat{G'}^{\chi})$ は互いに線形独立で，$C(G';\chi)$ を張る．また，$\dim C(G';\chi) = |G'|/|Z| = |G|$.

(ii) $\mathcal{M}(\Pi)$ $([\Pi] \in \widehat{G'}^{\chi})$ は互いに線形独立で，$C(G';\chi)$ の完備化である $L^2(G';\chi)$ を張る．また，$\dim C(G';\chi) = \infty$.

これらは，第 1 章における，コンパクト群の既約表現の行列要素に関する定理を引用すれば分かる． □

さて，準同型写像 $\Phi : G' \to G$ に対して，切断 $s : G \to G'$ をとる．それは $\Phi(s(g)) = g$ $(g \in G)$ となる写像である．すると，$g, h \in G$ に対して，$z_{g,h} \in Z$ が存在して，$s(g)s(h) = z_{g,h}s(gh)$ $(g, h \in G)$．そこで，

$$\pi(g) := \Pi(s(g)) \quad (g \in G) \tag{2.2.6}$$

とおく．いま，Π がスピン型 χ を持つとすると，

$$\pi(g)\pi(h) = s_{g,h}\pi(gh), \quad s_{g,h} := \chi(z_{g,h}) \quad (g, h \in G), \tag{2.2.7}$$

となるので，π は G のスピン表現であり，その因子団は $s_{g,h} = \chi(z_{g,h})$ である．切断の取り方の違いは，同値な因子団を与える．

逆に，π を G のスピン表現で，その因子団を $r_{g,h}$ とする．これに対して，G の適当な中心拡大 G' とその表現 Π とがあって，π が上述のように（適当な G' の切断によって）Π から導かれることを証明しよう．

定理 2.2.2 (i) Z を因子団 $r_{g,h}$ の値の集合 $\{r_{g,h}\,;\, g, h \in G\}$ から生成される $\boldsymbol{C}^{\times}$ の閉部分群とする．直積集合 $Z \times G$ に，

$$(z, g)(z^0, h) := (zz^0 r_{g,h}, gh) \quad (z, z^0 \in Z,\ g, h \in G), \tag{2.2.8}$$

によって積を入れると，G の中心拡大 G' を得る（G' を因子団 $r_{g,h}$ に**付随した** G の中心拡大という）．

(ii) π_0 を因子団 $r_{g,h}$ をもつ G のスピン表現とする．$\Pi_0((z,g)) := z\,\pi_0(g)$ $((z,g) \in G')$ とおくと，Π_0 は G' の線形表現である．G に対する切断として，$s : G \ni g \to (1, g) \in G'$ をとると，$\Pi_0(s(g)) = \Pi_0((1,g)) = \pi_0(g)$ $(g \in G)$ である．

(iii) π_1 を因子団 ${r_{g,h}}^{-1}$ をもつ G のスピン表現とする．$\Pi_1((z,g)) := z^{-1}\pi_1(g)$ $((z,g) \in G')$ とおくと，Π_1 は G' の線形表現であり，$\Pi_1 \circ s = \pi_1$.

証明 (i) 上の積が結合律を満たすことを示せば，G' は群であることが分かる．それは可換群 Z による G の中心拡大である．(ii), (iii) の証明は省略． □

G のスピン表現 π をユニタリとすると，その因子団は $\boldsymbol{T}^1 := \{w \in \boldsymbol{C}; |w| = 1\}$ の値をとる：$r_{g,h} \in \boldsymbol{T}^1$. 他方，$\pi$ の表現空間 $V(\pi)$ に正規直交基底 $\{\boldsymbol{v}_\beta\ (\beta \in B)\}$ をとり，$V(\pi)$ 上の線形変換 T に対し，

$$\langle \overline{T}\boldsymbol{v}_\beta, \boldsymbol{v}_\gamma\rangle := \overline{\langle T\boldsymbol{v}_\beta, \boldsymbol{v}_\gamma\rangle} \quad (\beta, \gamma \in B), \tag{2.2.9}$$

により，$V(\pi)$ 上の線形変換 $\overline{T}$ を定義すると，$\overline{\pi}(g) := \overline{\pi(g)}\ (g \in G)$ はスピン表現でその因子団は $\overline{r_{g,h}} = {r_{g,h}}^{-1}$ である．

π^1, π^2 を G のスピン表現でその因子団をそれぞれ $r^1_{g,h}$, $r^2_{g,h}$ とする．テンソル積 $\pi^1 \otimes \pi^2$ の因子団は積 $r^1_{g,h} r^2_{g,h}$ である．もし $r^2_{g,h}$ が $r^1_{g,h}$ の逆，すなわち，$r^2_{g,h} = (r^1_{g,h})^{-1}\ (g,h \in G)$ ならば，$\pi^1 \otimes \pi^2$ は非スピンであって，G' から下の群 G の線形表現に落ちる．

定義 2.2.1 G を有限群とする．G の中心拡大 G' で，次の性質 (*) を持つもののうち，最小位数のものを G の**表現群**といい，$R(G)$ と書く：

(*) G の任意のスピン表現 π は G' のある線形表現 Π から (2.2.6) の形で得られるものと相似である．

定理 2.2.3 有限群は少なくとも 1 つ表現群を持つ．

証明（梗概） G の位数を N とすると，因子団の同値類の個数は高々 N^{N^2} であることが分かっている．そこで，その同値類の集合の完全代表系を $\mathcal{R} = \{r = (r_{g,h})_{g,h\in G}\}$ とする．$r_{g,h}$ の値の集合から生成される有限群を Z_r とし，積集合 $\prod_{r\in\mathcal{R}} Z_r \times G$ に群演算として

$$((z_r)_{r\in\mathcal{R}}, g)((z^0_r)_{r\in\mathcal{R}}, h) := ((z_r z^0_r r_{g,h})_{r\in\mathcal{R}}, gh) \tag{2.2.10}$$

を導入した群を G' とすれば，G' は可換群 $Z = \prod_{r\in\mathcal{R}} Z_r$ による G の中心拡大である．また上の説明から，性質 (*) を持つことが分かる．

性質 (*) をもつ中心拡大のうち，位数が最小のものをとればよい． □

問題 2.2.1　上の証明（梗概）を詳しく書き下せ．

さらに，Schur により，次のような基本的な結果が得られている．

定理 2.2.4 [Sch1]　(i) 表現群 $R(G)$ は必ずしも一意的ではないが，それを G の中心拡大として実現するときの中心的部分群 Z は，つねに Schur 乗法因子群 $\mathfrak{M}(G)$ と同型である．

(ii) 有限群 G に対する表現群 $R(G)$ の同型類は有限個である．

[Sch1] で，主張 (i) は Satz III (§3, p.38) そのもの，主張 (ii) は §3 の地の文中にあり，そこでは同型類の個数の計算法が論じられている．

定理 2.2.5 [Sch1]　(i) 有限群 G の可換群 Z による中心拡大 G' が，G の表現群であるための必要十分条件は，

(1) $[G', G'] \supset Z$,

(2) G' は性質 (1) を持つ G の中心拡大のうちで位数最大．

(ii) 上の条件 (2) は次の条件 (2′) で置き換えてよい：

(2′) $|Z| = |\mathfrak{M}(G)|$.

主張 (i) は，[Sch1] の §5 のはじめの地の文章中にある．[Sch2] の導入部でも述べられている．主張 (ii) はそれの一部改良．

G のスピン表現を研究するには，これらの表現群のどれか 1 個をとって $R(G)$ と書き，その線形表現を研究すればよい．

上の，定理 2.2.5 より詳しく次のことも示されている．

定理 2.2.6 [Yam, 1964]　有限群 G の可換群 Z による中心拡大 G' において，$[G', G'] \supset Z$ とする．このとき，G のある表現群 $R(G)$ があって，G' は $R(G)$ の商群である．（[Kar, Th. 2.1.22] 参照）．

注 2.2.1　実数体上の連結なリー群 G に対しては，普遍被覆群が同型を除いて一意的に存在する．これを $\widetilde{G}$ と書く．G の連続な多価表現（射影表現）は，$\widetilde{G}$ まで上れば，そこでの 1 価表現，すなわち，線形表現になる．この意味で，有限群 G に対する表現群 $R(G)$ は普遍被覆群 $\widetilde{G}$ に対応する．一般に一意性はないが，$R(G)$ を G の**普遍被覆群**と呼ぶこともある．

2.3 対称群 $\mathfrak{S}_n$ の表現群（普遍被覆群）

n 次対称群 $\mathfrak{S}_n$ の場合を調べる．スピン表現に慣れて頂くために証明もかなり丁寧に述べよう．$n \geq 4$ に対し，n 次対称群 $G = \mathfrak{S}_n$ を考える．$\mathfrak{M}(G) = \boldsymbol{Z}_2$ である（以下で証明する）．これを踏まえて，上の定理 2.2.5 を用いれば，次で与えられる群が G の表現群（の 1 つ）であることが分かる．まず，$\mathfrak{S}_n$ は抽象群として，生成元系 $\{s_1, s_2, \cdots, s_{n-1}\}$ と，次の基本関係式系で表わされる：

$$(2.3.1) \qquad \begin{cases} {s_i}^2 = e & (i \in \boldsymbol{I}_{n-1}), \\ (s_i s_{i+1})^3 = e & (i \in \boldsymbol{I}_{n-2}), \\ s_i s_j = s_j s_i & (i, j \in \boldsymbol{I}_{n-1},\ |i-j| \geq 2), \end{cases}$$

ここで，$\boldsymbol{I}_k := \{1, 2, \cdots, k\}$. これは，成書 [平井山下] の定理 1.1 として詳しい証明が与えてある．置換群としての n 次対称群との標準的な同型は，$s_i \mapsto (i\ \ i+1)$ 単純互換，である．

いま，位数 2 の可換群 $Z_1 := \{e, z_1\}$, ${z_1}^2 = e$, を用意して，生成元系 $\{z_1, r_i\ (i \in \boldsymbol{I}_{n-1})\}$ をとり，基本関係式系

$$(2.3.2) \qquad \begin{cases} {z_1}^2 = e, \quad r_i z_1 = z_1 r_i & (i \in \boldsymbol{I}_{n-1}), \\ {r_i}^2 = e & (i \in \boldsymbol{I}_{n-1}), \\ (r_i r_{i+1})^3 = e & (i \in \boldsymbol{I}_{n-2}), \\ r_i r_j = z_1 r_j r_i & (i, j \in \boldsymbol{I}_{n-1},\ |i-j| \geq 2), \end{cases}$$

を与えて，得られた群を $\widetilde{\mathfrak{S}}_n$ と書く．

定理 2.3.1 $n \geq 4$ とする．対称群 $\mathfrak{S}_n$ の Schur 乗法因子群 $\mathfrak{M}(\mathfrak{S}_n)$ は $\boldsymbol{Z}_2$ と同型であり，中心拡大群 $\widetilde{\mathfrak{S}}_n$ はその表現群の一つを与える．

証明 $\mathfrak{S}_n$ の 1 つのスピン表現 (π, V) をとる．基本関係式 (2.3.1) を反映して，$\pi(s_i)^2 = \lambda_i I_V$ となる．そこで，$\pi'(s_i) := \lambda_i^{-1/2}\pi(s_i)$ とおくと，$\pi'(s_i)^2 = I_V$ とできる．そのとき，$(\pi'(s_i)\pi'(s_{i+1}))^3 = \mu_i I_V$ を得るが，これから $(\pi'(s_{i+1})\pi'(s_i))^3 = \mu_i I_V$ となり，この両式を辺々相乗（あいじょう）すれば，$\pi'(s_j)^2 = I_V\ (j = i,\, i+1)$ を用いて，$I_V = {\mu_i}^2 I_V$ となり，${\mu_i}^2 = 1$ を得る．そこで，$\pi''(s_{i+1}) := \mu_1 \cdots \mu_i \pi'(s_{i+1})$ とおき，π'' をあらためて，π と書くことにすれば，$\pi(s_i)^2 = I_V$, $(\pi(s_{i+1})\pi(s_i))^3 = I_V$ と整理出来た．このとき，第 3 の基本関係式から，

$$\pi(s_i)\pi(s_j) = \lambda_{ij}\pi(s_j)\pi(s_i) \quad (|i-j| \geq 2)$$

を得る．上と同様にして，$\lambda_{ij}^{\;2} = 1$ を得る．さらに，$i+1 < j$ として，$\pi(s_{j+1}) = \pi(s_j)\pi(s_{j+1})\pi(s_j)\pi(s_{j+1})\pi(s_j)$ を用いて，上式から $\pi(s_i)\pi(s_{j+1}) = \lambda_{ij}\pi(s_{j+1})\pi(s_i)$ を得る．こうして，$\lambda_{ij} = \lambda = \pm 1$ $(|i-j| \geq 2)$ を得る．

場合 1. $\lambda = 1$ の場合．対応 $s_i \mapsto \pi(s_i)$ が基本関係式系 (2.3.1) を保存するので，π は $\mathfrak{S}_n$ の 1 価（非スピン）の表現を与える．

場合 2. $\lambda = -1$ の場合．$\mathfrak{S}_n$ の任意の元 σ に対して，その最短表示 $\sigma = s_{i_1}s_{i_2}\cdots s_{i_\ell}$ をとって，$\pi(\sigma) := \pi(s_{i_1})\pi(s_{i_2})\cdots\pi(s_{i_\ell})$ とおくと，$s_1s_3 = s_3s_1$ 等の最短表示の取り方によって，$\pi(\sigma)$ は符号 $\pm$ の違いが出て，多価になる．したがって，π は真性のスピン表現である．

以上の議論から，$\mathfrak{M}(\mathfrak{S}_n) \cong \boldsymbol{Z}_2$ が分かる．そして，基本関係式系 (2.3.2) で定義された群 $\widetilde{\mathfrak{S}}_n$ が表現群であることが分かった．　□

別証　$\mathfrak{M}(\mathfrak{S}_n) \cong \boldsymbol{Z}_2$ を認めると，定理 2.2.5 を用いて別証が与えられる．実際，基本関係式系 (2.3.1), (2.3.2) を見比べることによって，$\widetilde{\mathfrak{S}}_n/Z_1 \cong \mathfrak{S}_n$ が分かる．そして，$[\widetilde{\mathfrak{S}}_n, \widetilde{\mathfrak{S}}_n] \supset Z_1$，$|Z_1| = |\mathfrak{M}(\mathfrak{S}_n)|$ であるから，定理 2.2.5 により，$\widetilde{\mathfrak{S}}_n$ が $\mathfrak{S}_n$ の表現群である．　□

この中心拡大 $\widetilde{\mathfrak{S}}_n$ は [Sch4, §3] で $\mathfrak{T}'_n$ と書かれている．そして，もうひとつ $\mathfrak{T}_n$ と書かれている表現群は，生成元系 $\{z_1, r'_i\ (i \in \boldsymbol{I}_{n-1})\}$，と次の基本関係式系で与えられる：

$$(2.3.3) \qquad \begin{cases} {z_1}^2 = e, \quad r'_i z_1 = z_1 r'_i & (i \in \boldsymbol{I}_{n-1}), \\ {r'_i}^2 = z_1 & (i \in \boldsymbol{I}_{n-1}), \\ (r'_i r'_{i+1})^3 = z_1 & (i \in \boldsymbol{I}_{n-2}), \\ r'_i r'_j = z_1 r'_j r'_i & (i, j \in \boldsymbol{I}_{n-1},\ |i-j| \geq 2), \end{cases}$$

$n = 6$ の場合だけ，中心拡大 $\mathfrak{T}'_n, \mathfrak{T}_n$ は同型である，すなわち，同型写像 $\varphi : \mathfrak{T}'_6 \to \mathfrak{T}_6$ および $\psi : \mathfrak{S}_6 \to \mathfrak{S}_6$ が存在して，

$$\begin{array}{ccc} \mathfrak{T}'_6 & \longrightarrow & \mathfrak{S}_6 \\ \varphi \downarrow & \circlearrowright & \downarrow \psi \\ \mathfrak{T}_6 & \longrightarrow & \mathfrak{S}_6 \end{array}$$

これらの φ, ψ は [Sch4, §3] から具体的に類推できるが，それが実際に同型写像を

与えることを示すのは簡単ではない（[平井山下], **1.3.1** 項, 参照）.

2 つの表現群の大きな違いは,

(1) $\mathfrak{T}'_n$ では生成元 r_i は位数 2 だが, $\mathfrak{T}_n$ では r'_i は位数 4 であること,

(2) $\mathfrak{T}'_n$ では, いわゆる**組紐関係式**（braid relation）が忠実に現れているのに, $\mathfrak{T}_n$ では中心元 z_1 を法（modulo）として現れている, すなわち,

$$r_i r_{i+1} r_i = r_{i+1} r_i r_{i+1} \quad と \quad r'_i r'_{i+1} r'_i = z_1 r'_{i+1} r'_i r'_{i+1} \quad との違い$$

である.

組紐関係式が直接そのまま使える $\mathfrak{T}'_n = \widetilde{\mathfrak{S}}_n$ の方が, とくに具体的な運算での使い勝手がよいので, 今後 $\widetilde{\mathfrak{S}}_n$ を使用する.

記号を導入しておこう： $Z_1 := \langle z_1 \rangle \cong \boldsymbol{Z}_2$ とおいて,

$$(2.3.4) \qquad \{e\} \longrightarrow Z_1 \longrightarrow \widetilde{\mathfrak{S}}_n \xrightarrow{\Phi_{\mathfrak{S}}} \mathfrak{S}_n \longrightarrow \{e\} \ (完全)$$

を自然な完全系列とする. ここに $\Phi_{\mathfrak{S}}$ は準同型で $\Phi_{\mathfrak{S}}(r_i) = s_i$ である. $\sigma' \in \widetilde{\mathfrak{S}}_n$ に対し, $\sigma := \Phi_{\mathfrak{S}}(\sigma') \in \mathfrak{S}_n$ とし, $L(\sigma)$ を σ の単純互換 $\{s_1, s_2, \cdots, s_{n-1}\}$ に関する長さとすると, $\sigma = s_{i_1} s_{i_2} \cdots s_{i_{L(\sigma)}}$ と書ける訳だから, $\mathrm{sgn}(\sigma) = (-1)^{L(\sigma)}$. 写像 $\Phi_{\mathfrak{S}} : \widetilde{\mathfrak{S}}_n \to \mathfrak{S}_n$ を通して, これを $\widetilde{\mathfrak{S}}_n$ まで拡張する： $L(\sigma') := L(\sigma)$, $\mathrm{sgn}(\sigma') := \mathrm{sgn}(\sigma)$. すると, $\mathrm{sgn}(\sigma') = (-1)^{L(\sigma')}$.

2.4 巡回群の直積 $D_n(\boldsymbol{Z}_m)$ の場合

有限群としては, 巡回群 $\boldsymbol{Z}_{m_j}$ $(j \in \boldsymbol{I}_n)$ の直積 $G = \prod_{j \in \boldsymbol{I}_n} \boldsymbol{Z}_{m_j}$ が一番簡単な場合であるが, この可換群の Schur 乗法因子群は意外に複雑である.

いま, $m_{j+1} | m_j$ $(j \in \boldsymbol{I}_{n-1})$ の場合を考える. $\boldsymbol{Z}_{m_j}$ の生成元 y_j をとり, G の生成元系として $\{y_j \,;\, j \in \boldsymbol{I}_n\}$ をとると, 基本関係式系として次を持つ:

$$(2.4.1) \qquad \begin{cases} y_j^{m_j} = e & (j \in \boldsymbol{I}_n), \\ y_j y_k = y_k y_j & (j, k \in \boldsymbol{I}_n,\ j < k). \end{cases}$$

一つのスピン表現 (π, V) をとると, 上の第 1 式から, $\pi(y_j)^m = c_j I_V$ となる $c_j \in \boldsymbol{C}^\times$ がある. そこで, $\pi'(y_j) := c_j^{-1/m_j} \pi(y_j)$ とおけば, $\pi'(y_j)^{m_j} = I_V$. さらに, $g = y_1^{a_1} \cdots y_n^{a_n}$ に対し, $\pi'(g) = c_g \pi'(y_1)^{a_1} \pi'(y_2)^{a_2} \cdots \pi'(y_n)^{a_n}$ なので, $\pi''(g) := c_g^{-1} \pi'(g)$ とおく. π'' をあらためて π と書くと,

$$(2.4.2)\qquad \begin{cases} \pi(y_j)^{m_j} = I_V & (j \in \boldsymbol{I}_n), \\ \pi(y_1^{a_1}\cdots y_n^{a_n}) = \pi(y_1)^{a_1}\cdots\pi(y_n)^{a_n} & (a_j = 0, 1, \cdots, m_j - 1), \\ \pi(y_j)\pi(y_k) = c_{j,k}\pi(y_k)\pi(y_j) & (j, k \in \boldsymbol{I}_n,\ j < k), \end{cases}$$

ここに，$c_{j,k} \in \boldsymbol{C}^\times$．さらに，この $c_{j,k}$ は π をその相似なスピン表現に置き換えても変わらない．上の第 3 式に左から $\pi(y_j)$ を繰り返し乗ずると，

$$\pi(y_j)^2\pi(y_k) = c_{j,k}^{\ 2}\,\pi(y_k)\pi(y_j)^2,\ \ \cdots,\ \ \pi(y_j)^{m_j}\pi(y_k) = c_{j,k}^{\ m_j}\,\pi(y_k)\pi(y_j)^{m_j}.$$

この最後の式から，$c_{j,k}^{\ m_j} = 1$ を得る．また，右から $\pi(y_k)$ を掛けていけば，$c_{j,k}^{\ m_k} = 1$ を得る．仮定より $m_k|m_j$ なので，後者を採用する．

他方，$z_{j,k}$ を生成元とする $Z_{j,k} \cong \boldsymbol{Z}_{m_k}$ を用意し，その直積 $Z := \prod_{j<k} Z_{j,k} \cong \prod_{2\leqslant k\leqslant n} \boldsymbol{Z}_{m_k}^{\ k-1}$ を考えると，対応 $z_{j,k} \mapsto c_{j,k}\ (j < k)$ は Z の指標 χ を与える．スピン表現 π の因子団は χ により決まるので，それを $r(\chi)$ と書く．$\chi^0 \in \widehat{Z}$ に対し，$r(\chi^0)$ を因子団に持つスピン表現 π^0 をとれば，テンソル積 $\pi \otimes \pi^0$ の因子団は，$r(\chi)r(\chi^0) = r(\chi\chi^0)$ となるので，因子団は積により Z の双対 $\widehat{Z}$ の部分群を与える．

そこで，任意の $\chi \in \widehat{Z}$ をとり，$c_{j,k} = \chi(z_{j,k})$ とおいて，これに対して，実際にこれを因子団に持つ π の存在が示されれば，次の定理が証明できたことになる．ここではこの段階の議論を省略する（第 1 節の「スピン表現の存在証明」参照）．

定理 2.4.1 [Sch2]　(i) 巡回群 $\boldsymbol{Z}_{m_j}\ (j \in \boldsymbol{I}_n)$ の直積 $G = \prod_{j\in\boldsymbol{I}_n} \boldsymbol{Z}_{m_j}$ に対して，$m_{j+1}|m_j\ (j \in \boldsymbol{I}_{n-1})$ を仮定する．このとき，G の Schur 乗法因子群は，$\mathfrak{M}(G) \cong \prod_{2\leqslant k\leqslant n} \boldsymbol{Z}_{m_k}^{\ k-1}$ である．

(ii) G の 1 つの表現群 $R(G)$ は生成元系 $\{z_{j,k}\ (j, k \in \boldsymbol{I}_n, j < k),\ \eta_j\ (j \in \boldsymbol{I}_n)\}$，および基本関係式系

$$(2.4.3)\qquad \begin{cases} z_{j,k}^{\ m_k} = e,\ \ z_{j,k}\ \text{中心元} & (j, k \in \boldsymbol{I}_n,\ j < k), \\ \eta_j^{\ m_j} = e & (j \in \boldsymbol{I}_n), \\ \eta_j\eta_k = z_{j,k}\eta_k\eta_j & (j, k \in \boldsymbol{I}_n,\ j < k), \end{cases}$$

で与えられ，自然準同型 $R(G) \to G$ は，$\eta_j \mapsto y_j\ (j \in \boldsymbol{I}_n)$．

(iii) 群 T の n 個の直積を $D_n(T) := T^n$ とおく．$D_n(\boldsymbol{Z}_m)$ の Schur 乗法因子群は，$\mathfrak{M}(D_n(\boldsymbol{Z}_m)) = \boldsymbol{Z}_m^{\,n(n-1)/2}$ である．　□

例 2.4.1　$T = \boldsymbol{Z}_2$ を乗法群と捉える．$G = T^2 = \langle z_1 \rangle \times \langle z_2 \rangle$, ${z_i}^2 = e$, の乗法因子群は $\mathfrak{M}(G) = \boldsymbol{Z}_2$ である．位数 8 の 2 つの非可換群が，同型でない G の 2 つの表現群を与えることを示そう．

1 つはいわゆる四元数群 $H_1 := \{\pm 1, \pm \boldsymbol{i}, \pm \boldsymbol{j}, \pm \boldsymbol{k}\}$, $\boldsymbol{i}^2 = \boldsymbol{j}^2 = \boldsymbol{k}^2 = -1$, $\boldsymbol{ijk} = -1$, であり，被覆写像 $\Phi_1 : H_1 \to G$ は，$\Phi_1(\boldsymbol{i}) = y_1$, $\Phi_1(\boldsymbol{j}) = y_2$, ととれる．

もう一つの位数 8 の非可換群は，$H_2 = \{e, z, \xi, z\xi, \eta, z\eta, \zeta, z\zeta\}$ で演算は，

$$z \text{ 中心元},\ z^2 = e,\ \xi^2 = e,\ \eta^2 = e,\ \zeta^2 = z,\ \xi\eta = \zeta.$$

被覆写像 $\Phi_2 : H_2 \to G$ は，$\Phi_2(\xi) = y_1$, $\Phi_2(\eta) = y_2$ である．

これらの群のもっとも簡潔な，生成元・基本関係式の与え方は次の通り：

$$H_1 = \langle a, b \rangle, \quad a^4 = e,\ b^2 = a^2,\ bab^{-1} = a^3;$$

$$H_2 = \langle a, c \rangle, \quad a^4 = e,\ c^2 = e,\ cac^{-1} = a^3.$$

問題 2.4.1　次の行列を適当に用いて，群 H_1 および H_2 を表現せよ：

$$A = \begin{pmatrix} 0 & -1 \\ 1 & 0 \end{pmatrix},\ B = \begin{pmatrix} 0 & i \\ i & 0 \end{pmatrix}\ (i = \sqrt{-1}),\ C = \frac{1}{\sqrt{2}} \begin{pmatrix} 1 & 1 \\ 1 & -1 \end{pmatrix}.$$

上の問題で得られた H_1（または H_2）の 2 次の表現を Π^1（または Π^2）と書く．適当な切断 $S \subset H$ をとって Π^1 から得られた G のスピン表現を π^1 とし，同様にして Π^2 から得られたものを π^2 とする．

問題 2.4.2　(i) $\mathfrak{M}(G)$ の非自明な指標を χ とする．$|\widehat{H_j}^{\chi}| = 1\ (j = 1, 2)$ を示せ．

(ii) G のスピン表現 π^1, π^2 は互いに相似であることを具体的に示せ．

例 2.4.2　興味ある例として，m が偶数の場合に $D_n(\boldsymbol{Z}_m)$ の 2 重被覆群 $\widetilde{D}_n(\boldsymbol{Z}_m)$ を与えよう．それは，生成元系として，$\{z_2, \eta_j\ (j \in \boldsymbol{I}_n)\}$ を持ち，基本関係式系として，

$$(2.4.4) \qquad \begin{cases} {z_2}^2 = e, \quad z_2 \ \text{中心元}, \\ {\eta_j}^m = e \qquad (j \in \boldsymbol{I}_n), \\ \eta_j \eta_k = z_2 \eta_k \eta_j \quad (j, k \in \boldsymbol{I}_n,\ j \neq k), \end{cases}$$

を持つものである．すぐ分かるようにこれは表現群 $R(D_n(\boldsymbol{Z}_m))$ の商群である．

$\widetilde{D}_n(\boldsymbol{Z}_m)$ に対して，対称群 $\mathfrak{S}_n$ が作用するが，ここでは I 型と II 型の 2 種の

作用を与える．それらを区別するために上つき添字 I または II を付加する．単純互換 s_i $(i \in \boldsymbol{I}_{n-1})$ に対して

$$\text{I 型の作用：}\quad \begin{cases} s_i^{\mathrm{I}}(\eta_i) = \eta_{i+1},\ \ s_i^{\mathrm{I}}(\eta_{i+1}) = \eta_i, \\ s_i^{\mathrm{I}}(\eta_j) = z_2\eta_j \ \ (j \neq i, i+1); \end{cases}$$

$$\text{II 型の作用：}\quad \begin{cases} s_i^{\mathrm{II}}(\eta_j) = \eta_{s_i(j)} \ \ (j \in \boldsymbol{I}_n), \\ \sigma^{\mathrm{II}}(\eta_j) = \eta_{\sigma(j)} \ \ (j \in \boldsymbol{I}_n,\ \sigma \in \mathfrak{S}_n). \end{cases}$$

これらの作用が実際に，群 $\widetilde{D}_n(\boldsymbol{Z}_m)$ の準同型を与えることは，基本関係式系 (2.4.4) が保存されることを示せば分かる．

例 2.4.3　直積群 $D_n(T) = \prod_{j \in \boldsymbol{I}_n} T_j$, $T_j = T$ $(j \in \boldsymbol{I}_n)$ には，n 次対称群 $\mathfrak{S}_n$ が成分の置換として働く：$d = (t_j)_{j \in \boldsymbol{I}_n}, \sigma \in \mathfrak{S}_n$ に対して，

$$\sigma(d) = d' = (t'_j)_{j \in \boldsymbol{I}_n},\quad t'_j = t_{\sigma^{-1}(j)}. \tag{2.4.5}$$

この作用によって，半直積群 $\mathfrak{S}_n(T) := D_n(T) \rtimes \mathfrak{S}_n$ を定義する，すなわち，$(d_1, \sigma_1)(d_2, \sigma_2) := (d_1\sigma_1(d_2), \sigma_1\sigma_2)$ $(d_i \in D_n(T),\ \sigma_i \in \mathfrak{S}_n)$.

T を可換群とするとき，T の部分群 S に対し，$\mathfrak{S}_n(T)$ の正規部分群として，

$$\mathfrak{S}_n(T)^S := \{(d, \sigma) \in \mathfrak{S}_n(T);\ P(d) \in S\}, \tag{2.4.6}$$

が与えられる．ただし，$d = (t_j)_{j \in \boldsymbol{I}_n}$ に対し，$P(d) := t_1 t_2 \cdots t_n$.

$T = \boldsymbol{Z}_m$ に対する $\mathfrak{S}_n(\boldsymbol{Z}_m)$（と同型な群）は，大島勝氏 [Osi, 1954] により対称群のモデュラー表現の研究のために導入された群で，**一般化された対称群**（**一般化対称群**）と呼ばれ，記号で $G(m, 1, n)$ と書かれる．

$T = \boldsymbol{Z}_m$ のときには，S は $p|m$ なる正整数 p に対し，$S = S(p) := \{t^p\,;\, t \in T\} \cong \boldsymbol{Z}_{m/p}$ となり，$\mathfrak{S}_n(\boldsymbol{Z}_m)^{S(p)}$ は，$G(m, p, n)$ と書かれ，いわゆる原始的（primitive）な**複素鏡映群**のうちの大部分を占める（詳しくは第 9 章参照）．Schur 乗法因子群の計算（それに伴って 1 つの表現群の決定）では，Weyl 群に対しては [IhYo, 1965] により，$G(m, 1, n)$ に対しては [DaMo, 1974] により，一般の $G(m, p, n)$ に対しては [Rea1, 1976] により，与えられているが，ここでは，簡単のために $G(m, 1, n)$ に限定して話をしよう．$n \geq 4$ とする．

場合 1.　m が奇数のときは事情は簡単である．Schur 乗法因子群は，$\mathfrak{M}(G(m, 1, n)) = Z_1 = \{e, z_1\}$, ${z_1}^2 = e$, であり，1 つの表現群は，

$$R(G(m, 1, n)) = D_n(\boldsymbol{Z}_m) \rtimes \widetilde{\mathfrak{S}}_n, \tag{2.4.7}$$

ただし，$\widetilde{\mathfrak{S}}_n$ は自然準同型 $\Phi_{\mathfrak{S}} : \widetilde{\mathfrak{S}}_n \to \mathfrak{S}_n$ を通して $D_n(\boldsymbol{Z}_m)$ に作用する．

場合 2. m を偶数とする．Schur 乗法因子群は，$\mathfrak{M}(G(m,1,n)) = Z_1 \times Z_2 \times Z_3$，$Z_i = \{e, z_i\} \cong \boldsymbol{Z}_2$，${z_i}^2 = e$，であり，1 つの表現群は，

$$R(G(m,1,n)) = (\widetilde{D}_n(\boldsymbol{Z}_m) \times Z_3) \rtimes \widetilde{\mathfrak{S}}_n,$$

$$\text{(2.4.8)} \qquad \begin{cases} r_i(\eta_i) = \eta_{i+1}, \\ r_i(\eta_{i+1}) = \eta_i, \\ r_i(\eta_j) = z_3\eta_j \quad (j \in \boldsymbol{I}_n, \neq i, i+1), \end{cases}$$

で与えられる．この $\widetilde{\mathfrak{S}}_n$ の作用は，実は $\Phi_{\mathfrak{S}} : \widetilde{\mathfrak{S}}_n \to \mathfrak{S}_n$ を通しての作用である．$\widetilde{D}_n(\boldsymbol{Z}_m) \times Z_3$ $(\supset Z_2 \times Z_3)$ に新しい生成元系 $\{z_3, \widehat{\eta}_j := z_3^{\,j-1}\eta_j \ (j \in \boldsymbol{I}_n)\}$ をとると，この作用は，

$$\text{(2.4.9)} \qquad \sigma'(\widehat{\eta}_j) = z_3^{\,\mathrm{ord}(\sigma')}\widehat{\eta}_{\sigma(j)} \quad (j \in \boldsymbol{I}_n,\ \sigma' \in \widetilde{\mathfrak{S}}_n,\ \sigma = \Phi_{\mathfrak{S}}(\sigma')),$$

と書ける．ただし，σ' に対し，$\sigma = \Phi_{\mathfrak{S}}(\sigma') \in \mathfrak{S}_n$ の偶奇にしたがって，$\mathrm{ord}(\sigma') = \mathrm{ord}(\sigma) := 0, 1$ とおく．

2.5 2 重被覆群 $\widetilde{D}_n(\boldsymbol{Z}_m)$ のスピン表現とその指標

Schur [Sch4, 1911] では，n 次対称群 $\mathfrak{S}_n$ の全てのスピン既約表現が与えられ，その指標が計算されている．それは，表現群 $\mathfrak{T}_n$ に対して書かれているが，本書では，表現群として，$\widetilde{\mathfrak{S}}_n = \mathfrak{T}'_n$ をとることにして，その理論のおおよそを解説する．その第 1 歩として，$\widetilde{\mathfrak{S}}_n$ の基本的なスピン表現を具体的に与えるのであるが，順番として，それを次節に回し，本節では 2 重被覆群 $\widetilde{D}_n(\boldsymbol{Z}_m)$, m 偶数，のスピン既約表現を決定する．そのためにまず，2 次のユニタリ行列を [Sch4] にしたがって，

$$\text{(2.5.1)} \qquad \varepsilon = \begin{pmatrix} 1 & 0 \\ 0 & 1 \end{pmatrix},\ a = \begin{pmatrix} 0 & 1 \\ 1 & 0 \end{pmatrix},\ b = \begin{pmatrix} 0 & -i \\ i & 0 \end{pmatrix},\ c = \begin{pmatrix} 1 & 0 \\ 0 & -1 \end{pmatrix},$$

とおく．この行列 a, b, c は後年 Pauli [Pau, 1927] が水素原子などの電子の記述に関して発見した Pauli の 3 行列 $\sigma_x, \sigma_y, \sigma_z$ と同じものであり，**Schur-Pauli の三つ組行列**という．これらはユニタリ行列で，次の関係式をみたす：$[a,b] := ab - ba$，$i = \sqrt{-1}$，とおいて，

$$\text{(2.5.2)} \qquad \begin{cases} a^2 = b^2 = c^2 = \varepsilon, \ \ abc = i\varepsilon. \\ [a,b] = 2ic, \ \ [b,c] = 2ia, \ \ [c,a] = 2ib. \end{cases}$$

さらに，次数 2^k の行列 Y_j $(j \in \boldsymbol{I}_{2k+1})$ を，$p \in \boldsymbol{I}_k$ として，

$$(2.5.3) \qquad \begin{cases} Y_{2p-1} = c^{\otimes(p-1)} \otimes a \otimes \varepsilon^{\otimes(k-p)}, \\ Y_{2p} \quad\; = c^{\otimes(p-1)} \otimes b \otimes \varepsilon^{\otimes(k-p)}, \\ Y_{2k+1} = c^{\otimes(k-1)} \otimes c = c^{\otimes\, k}, \end{cases}$$

とおく．ここに，$x^{\otimes p}$ は x の p 回テンソル積を表すが，$p=0$ のときには無視する．また，行列 A, B のテンソル積 $A \otimes B$ は，$A = (a_{ij})$ としたとき，ブロック型に書いて，$A \otimes B := (a_{ij}B)$ と定義する．

例えば，$k=2$ のときには，Y_1, Y_2, Y_3, Y_4, Y_5 はこの順番で

$$\begin{pmatrix} 0_2 & \varepsilon \\ \varepsilon & 0_2 \end{pmatrix}, \begin{pmatrix} 0_2 & -i\varepsilon \\ i\varepsilon & 0_2 \end{pmatrix}, \begin{pmatrix} a & 0_2 \\ 0_2 & -a \end{pmatrix}, \begin{pmatrix} b & 0_2 \\ 0_2 & -b \end{pmatrix}, \begin{pmatrix} c & 0_2 \\ 0_2 & -c \end{pmatrix},$$

ここに，0_2 は 2×2 の零行列である．

補題 2.5.1　$E = E_{2^k}$ を 2^k 次の単位行列とすれば，次が成り立つ:

$$(2.5.4) \qquad \begin{cases} {Y_j}^2 = E & (j \in \boldsymbol{I}_{2k+1}), \\ Y_j Y_l = -Y_l Y_j & (j, l \in \boldsymbol{I}_{2k+1},\ j \neq l), \end{cases}$$

$$(2.5.5) \qquad Y_1 Y_2 \cdots Y_{2k+1} = i^k\, E.$$

上の関係式 (2.5.4) は，直積群 $D_n(\boldsymbol{Z}_m)$ の 2 重被覆群 $\widetilde{D}_n(\boldsymbol{Z}_m)$ の基本関係式 (2.4.4) と類似しているので，$\widetilde{\mathfrak{S}}_n$ のスピン表現に進む前に $\widetilde{D}_n(\boldsymbol{Z}_m)$ の表現について述べる訳である．パラメーターの空間として，次を準備する：

$$(2.5.6) \quad \begin{cases} \varGamma_n := \{\gamma = (\gamma_1, \gamma_2, \cdots, \gamma_n)\ ;\ 0 \le \gamma_j \le m-1\ \ (j \in \boldsymbol{I}_n)\}, \\ \varGamma_n^0 := \{\gamma = (\gamma_1, \gamma_2, \cdots, \gamma_n)\ ;\ 0 \le \gamma_j < m^0 = m/2\ (j \in \boldsymbol{I}_n)\} \subset \varGamma_n\,. \end{cases}$$

例 2.5.1　可換群 $D_n(\boldsymbol{Z}_m)$ の既約表現は 1 次元指標であり，それらは次のように与えられる．$\gamma \in \varGamma_n$ をとる．$D_n(\boldsymbol{Z}_m)$ の生成元系 $\{y_j\ (j \in \boldsymbol{I}_n)\}$ に対して，1 次元指標 ζ_γ が

$$(2.5.7) \qquad \zeta_\gamma(y_j) := \omega^{\gamma_j} \quad (j \in \boldsymbol{I}_n), \qquad \omega := e^{2\pi i/m},$$

によって決まり，$D_n(\boldsymbol{Z}_m)$ の双対空間は $D_n(\boldsymbol{Z}_m)^\wedge = \{\zeta_\gamma;\ \gamma \in \varGamma_n\}$．とくに，$\gamma^0 := (m^0, m^0 \cdots, m^0)$ とおくと，$\zeta_{\gamma^0}(d) = (-1)^{\mathrm{ord}(d)}$，ここに，$d = {y_1}^{a_1}{y_2}^{a_2}\cdots{y_n}^{a_n}$ に

対して，$\mathrm{ord}(d) := a_1 + a_2 + \cdots + a_n$.

この ζ_γ を典型準同型 $\Phi_D : \widetilde{D}_n(\boldsymbol{Z}_m) \to D_n(\boldsymbol{Z}_m)$ を通して $\widetilde{D}_n(\boldsymbol{Z}_m)$ まで拡張する： $\zeta_\gamma(d') := \zeta_\gamma(d),\ d = \Phi_D(d')\ (d' \in \widetilde{D}_n(\boldsymbol{Z}_m))$. すると，集合 $\{\zeta_\gamma\ (\gamma \in \Gamma_n)\}$ は $\widetilde{D}_n(\boldsymbol{Z}_m)$ の既約非スピン表現の全体である．

◆ **スピン表現.**　次に $D_n(\boldsymbol{Z}_m)$ のスピン既約表現で，2 重被覆 $\widetilde{D}_n(\boldsymbol{Z}_m)$ まで上がれば，1 価になるものを決定しよう．$k = n^0 := [n/2]$ ととる．まず天下り式ではあるが，$\widetilde{D}_n(\boldsymbol{Z}_m)$ の生成元系 $\{z_2,\ \eta_j\ (j \in \boldsymbol{I}_n)\}$ に対して，$\gamma \in \Gamma_n$ を用いて

(2.5.8)
$$P_\gamma(z_2) := -E_{2^{n^0}}, \quad P_\gamma(\eta_j) := \zeta_\gamma(\eta_j)Y_j\ \ (j \in \boldsymbol{I}_n).$$

とおく（Y_j は (2.5.3) より）．すると，$\widetilde{D}_n(\boldsymbol{Z}_m)$ の基本関係式系 (2.4.4) は P_γ によって，写されている，すなわち，$E = E_{2^{n^0}}$ として，

$$P_\gamma(z_2)^2 = E, \quad P_\gamma(\eta_j)^m = E,$$
$$P_\gamma(\eta_j)P_\gamma(\eta_l) = -P_\gamma(\eta_l)P_\gamma(\eta_j)\ \ (j \neq l).$$

よって，P_γ は群 $\widetilde{D}_n(\boldsymbol{Z}_m)$ の表現を与える．$P_\gamma(z_2) = -E$ なので，それは $D_n(\boldsymbol{Z}_m)$ から見ればスピン表現である（言葉の便宜上，$\widetilde{D}_n(\boldsymbol{Z}_m)$ のスピン表現とも言う）．次元は $2^{n^0} = 2^{[n/2]}$ である．$\widetilde{D}_n(\boldsymbol{Z}_m)$ の一般元は，一意的に

(2.5.9)
$$d' = {z_2}^b {\eta_1}^{a_1} {\eta_2}^{a_2} \cdots {\eta_n}^{a_n}, \quad b = 0, 1,\ \ 0 \leq a_j < m\ (j \in \boldsymbol{I}_n),$$

と書けるが，注意すべきはこの表示は η_j の積の順序に依っていることである．実際，$\eta_j\eta_k = z_2\eta_k\eta_j\ (j \neq k)$. 下の群 $D_n(\boldsymbol{Z}_m)$ の 1 次元指標 ζ_γ を自然準同型 $\Phi_D : \widetilde{D}_n(\boldsymbol{Z}_m) \to D_n(\boldsymbol{Z}_m)$ を通して被覆群 $\widetilde{D}_n(\boldsymbol{Z}_m)$ に持ち上げて，同じ記号で書くと，

$$P_\gamma(d') = \zeta_\gamma(d')\,(-1)^b {Y_1}^{a_1} {Y_2}^{a_2} \cdots {Y_n}^{a_n}.$$

スピン表現 P_γ の間の同値・非同値，さらには，全てのスピン既約表現が得られているという「完全性」を調べるには，P_γ の指標 χ_{P_γ} を計算するのがよい．そのために補題を準備する（これは既約性を証明するためにも使える）．

補題 2.5.2　(i)　$n^0 = [n/2] \geq 1$ とする．$\boldsymbol{c} := (c_1, c_2, \cdots, c_n),\ c_j = 0, 1, 2 \cdots\ (j \in \boldsymbol{I}_n)$ に対して，$Y^{\boldsymbol{c}} := {Y_1}^{c_1} {Y_2}^{c_2} \cdots {Y_n}^{c_n}$ とおくとき，

$$\mathrm{tr}(Y^{\boldsymbol{c}}) \neq 0 \iff \begin{cases} c_1 \equiv c_2 \equiv \cdots \equiv c_n \equiv 0 \pmod 2, \text{ または,} \\ c_1 \equiv c_2 \equiv \cdots \equiv c_n \equiv 1 \pmod 2,\ n = 2n^0 + 1. \end{cases}$$

（ii） $N \times N$ 型の複素正方行列の全体のなす $\boldsymbol{C}$ 上の代数（多元環，algebra）を $\mathcal{M}(N, \boldsymbol{C})$ と書く．$n = 2n^0$ とする．行列の集合 $\{Y^{\boldsymbol{c}};\ \boldsymbol{c} = (c_j)_{j \in \boldsymbol{I}_{2n^0}},\ c_j = 0, 1\}$ は，代数 $\mathcal{M}(2^{n^0}, \boldsymbol{C})$ の $\boldsymbol{C}$ 上の基底をなす．

（iii） 代数 $\mathcal{M}(2^{n^0}, \boldsymbol{C})$ は，抽象的な $\boldsymbol{C}$ 上の生成元系 $\{\widetilde{Y}_1, \widetilde{Y}_2, \cdots, \widetilde{Y}_{2n^0}\}$ と次の基本関係式系を持った $\boldsymbol{C}$ 上の代数として与えられる：

$$\text{(2.5.10)} \qquad \begin{cases} \widetilde{Y}_j{}^2 = e & (j \in \boldsymbol{I}_{2n^0}), \\ \widetilde{Y}_j \widetilde{Y}_l = -\widetilde{Y}_l \widetilde{Y}_j & (j, l \in \boldsymbol{I}_{2n^0},\ j \neq l). \end{cases}$$

証明　（i） (2.5.3) により，$Y^{\boldsymbol{c}}$ を行列 a, b, c を用いて具体的に書き下す．そして，$\mathrm{tr}(a) = \mathrm{tr}(b) = \mathrm{tr}(c) = 0$, $\mathrm{tr}(abc) = 2i$, を用いて証明する．

（ii） 1 次関係式 $\sum_{\boldsymbol{c}} d_{\boldsymbol{c}} Y^{\boldsymbol{c}} = O$ の両辺の左から $Y^{\boldsymbol{c}'}$, $\boldsymbol{c}' = (c'_1, c'_2, \cdots, c'_n)$, を乗ずると，$\sum_{\boldsymbol{c}} \varepsilon_{\boldsymbol{c},\boldsymbol{c}'} d_{\boldsymbol{c}} Y^{\boldsymbol{c}+\boldsymbol{c}'} = O$, $\varepsilon_{\boldsymbol{c},\boldsymbol{c}'} = \pm 1$, を得る．ここに，$\boldsymbol{c} + \boldsymbol{c}'$ は各成分を mod 2 で計算する．$n = 2n^0$ に留意すれば，$\mathrm{tr}(Y^{\boldsymbol{c}+\boldsymbol{c}'}) \neq 0 \Leftrightarrow \boldsymbol{c} + \boldsymbol{c}' = (0, 0, \cdots, 0)$ となるので，上式の両辺の跡（trace）をとれば，$\varepsilon_{\boldsymbol{c},\boldsymbol{c}'} d_{\boldsymbol{c}} = 0$, したがって，$d_{\boldsymbol{c}} = 0$ を得る．

（iii） 抽象的な生成元系 $\{\widetilde{Y}_j;\ j \in \boldsymbol{I}_{2n^0}\}$ と基本関係式系 (2.5.10) で生成される $\boldsymbol{C}$ 上の代数を $\mathcal{A}$ とおく．対応 $\mathcal{A} \ni \widetilde{Y}_j \mapsto Y_j \in \mathcal{M}(2^{n^0}, \boldsymbol{C})$ $(j \in \boldsymbol{I}_{2n^0})$ は，$\boldsymbol{C}$ 上の代数としての準同型を与える．よって，$\dim \mathcal{A} \geq 2^{2n^0}$．他方，基本関係式系を用いれば，$\mathcal{A}$ の任意の元は $\widetilde{Y}^{\boldsymbol{c}} := \widetilde{Y}_1{}^{c_1} \widetilde{Y}_2{}^{c_2} \cdots \widetilde{Y}_{2n^0}{}^{c_{2n^0}}$ の 1 次結合で表されるので，$\dim \mathcal{A} \leq \dim \mathcal{M}(2^{n^0}, \boldsymbol{C}) = 2^{2n^0}$．先の不等式と合わせて，$\dim \mathcal{A} = \dim \mathcal{M}(2^{n^0}, \boldsymbol{C})$ となり，2 つの代数の同型が分かる．□

定理 2.5.3　$\widetilde{D}_n(\boldsymbol{Z}_m)$ のスピン表現 P_γ は既約である．その指標は，次の公式で与えられる．$d' \in \widetilde{D}_n(\boldsymbol{Z}_m)$ を (2.5.9) のように表す．

（i） $n \geq 2$ が偶数のとき，

$$\chi_{P_\gamma}(d') = \begin{cases} 2^{[n/2]} \cdot \zeta_\gamma(d')(-1)^b, & a_j \equiv 0 \ (\mathrm{mod}\ 2,\ j \in \boldsymbol{I}_n) \text{ のとき}, \\ 0, & \text{その他}. \end{cases}$$

（ii） $n \geq 3$ が奇数のとき，

$$\chi_{P_\gamma}(d') = \begin{cases} 2^{[n/2]} \cdot \zeta_\gamma(d')(-1)^b, & a_j \equiv 0 \pmod{2,\ j \in \boldsymbol{I}_n} \text{ のとき}, \\ (2i)^{[n/2]} \cdot \zeta_\gamma(d')(-1)^b, & a_j \equiv 1 \pmod{2,\ j \in \boldsymbol{I}_n} \text{ のとき}, \\ 0, & \text{その他}. \end{cases}$$

証明 P_γ の既約性は，補題 2.5.2 (ii) から分かる．指標の計算は，$P_\gamma(d')$ の具体的な表示と，補題 2.5.2 (i) から求められる． □

この定理の系として多くのことが示される．$m^0 := m/2$ とおく．$p \in \boldsymbol{I}_n$ ごとに，$\gamma = (\gamma_j)_{j \in \boldsymbol{I}_n} \in \Gamma_n$ に対する作用 $\tau_p\gamma = \gamma' \in \Gamma_n$ を，次で定義する:

(2.5.11) $(\tau_p\gamma)_p = \gamma'_p := \gamma_p + m^0 \pmod{m}$, $(\tau_p\gamma)_j = \gamma'_j := \gamma_j \ (j \in \boldsymbol{I}_n,\ j \neq p)$.

系 2.5.4 (i) $n \geq 2$ が偶数のとき， $P_\gamma \cong P_{\tau_p\gamma} \ (p \in \boldsymbol{I}_n)$.
(ii) $n \geq 3$ が奇数のとき， $P_\gamma \cong P_{\tau_p\tau_q\gamma} \ (p, q \in \boldsymbol{I}_n)$, $P_\gamma \not\cong P_{\tau_p\gamma} \ (p \in \boldsymbol{I}_n)$.

証明 指標が一致するかどうかを調べればよい．(ii) の後半については，

$$P_\gamma(\eta_1\eta_2\cdots\eta_n) = -P_{\tau_p\gamma}(\eta_1\eta_2\cdots\eta_n),$$
$$\therefore\ \chi_{P_\gamma}(\eta_1\eta_2\cdots\eta_n) = -\chi_{P_{\tau_p\gamma}}(\eta_1\eta_2\cdots\eta_n) \neq 0.$$
□

$\widetilde{D}_n(\boldsymbol{Z}_m)$ への $\sigma \in \mathfrak{S}_n$ の作用が，既約表現 $\rho = P_\gamma$ にどう反映するかを調べる．例 2.4.2 おける I 型，II 型の作用を区別するために，ρ へのその作用を（${}^\sigma\rho$ の代わりに）$\sigma^{\mathrm{I}}(\rho)$, $\sigma^{\mathrm{II}}(\rho)$ と書く．

$\mathbf{0} := (0, 0, \cdots, 0) \in \Gamma_n$ とすると，$\tau_n\mathbf{0} = (0, \cdots, 0, m^0)$ である．そこで，次のように置く:

$$\text{(2.5.12)} \qquad \begin{cases} P^0 := P_{\mathbf{0}}, & n \text{ が偶数のとき}, \\ P^+ := P_{\mathbf{0}},\ P^- := P_{\tau_n\mathbf{0}}, & n \text{ が奇数のとき}. \end{cases}$$

$\gamma \in \Gamma_n^0$ に対して，
　n が偶数のとき，$P_\gamma = \zeta_\gamma \otimes P^0$ であり，
　n が奇数のとき，$P_\gamma^+ := P_\gamma = \zeta_\gamma \otimes P^+$, $P_\gamma^- := P_{\tau_n\gamma} = \zeta_\gamma \otimes P^-$，とおく．

系 2.5.5 スピン既約表現 P^0, P^+, P^- の指標は次で与えられる（$\varepsilon = \pm$）:

$$\chi_{P^0}(d') = \begin{cases} 2^{[n/2]}(-1)^b, & c_j \equiv 0 \pmod{2,\ j \in \boldsymbol{I}_n} \text{ のとき}, \\ 0, & \text{その他}; \end{cases}$$

$$\chi_{P^{\varepsilon}}(d') = \begin{cases} 2^{[n/2]}(-1)^b, & c_j \equiv 0 \ (\mathrm{mod}\ 2,\ j \in \boldsymbol{I}_n) \text{ のとき}, \\ \varepsilon\,(2i)^{[n/2]}(-1)^b, & c_j \equiv 1 \ (\mathrm{mod}\ 2,\ j \in \boldsymbol{I}_n) \text{ のとき}, \\ 0, & \text{その他}. \end{cases}$$

定理 2.5.6　(i) $\widetilde{D}_n(\boldsymbol{Z}_m)$ への $\mathfrak{S}_n$ の I 型の作用の下では，

$n \geq 2$ に対し，　$\sigma^{\mathrm{I}}(P_\gamma) \cong P_{\sigma\gamma}\ \ (\sigma \in \mathfrak{S}_n)$.

(ii) $\widetilde{D}_n(\boldsymbol{Z}_m)$ への $\mathfrak{S}_n$ の II 型の作用の下では，

$n \geq 2$ が偶数のとき，　$\sigma^{\mathrm{II}}(P_\gamma) \cong P_{\sigma\gamma}\ (\sigma \in \mathfrak{S}_n)$.

$n \geq 3$ が奇数のとき，　$\sigma^{\mathrm{II}}(P_\gamma) \cong \begin{cases} P_{\sigma\gamma} & (\sigma \in \mathfrak{A}_n), \\ P_{\tau_n\sigma\gamma} & (\sigma \notin \mathfrak{A}_n), \end{cases}$

証明　定理 2.5.3 による指標を計算すればよいので，(2.5.9) の d' に対し，$a_j \equiv \kappa\ (j \in \boldsymbol{I}_n)$ で，かつ，n 偶のとき $\kappa = 0$；n 奇のとき，$\kappa = 0, 1$；の場合を考えればよい．

(i) I 型作用の場合，　$\tau = \sigma^{-1}$ とおいて，

$$\sigma^{\mathrm{I}}(d') = {z_2}^b {\eta_{\sigma(1)}}^{a_1} {\eta_{\sigma(2)}}^{a_2} \cdots {\eta_{\sigma(n)}}^{a_n} = {z_2}^b {\eta_1}^{a_{\tau(1)}} {\eta_2}^{a_{\tau(2)}} \cdots {\eta_n}^{a_{\tau(n)}},$$

である．これに定理 2.5.3 の指標公式を重ね合わせればよい．

(ii) II 型作用の場合，

$$\sigma^{\mathrm{II}}(d') = {z_2}^b {\eta_{\sigma(1)}}^{a_1} {\eta_{\sigma(2)}}^{a_2} \cdots {\eta_{\sigma(n)}}^{a_n} = {z_2}^b {z_2}^{L(\sigma)\kappa} {\eta_1}^{a_{\tau(1)}} {\eta_2}^{a_{\tau(2)}} \cdots {\eta_n}^{a_{\tau(n)}},$$

である．n 奇，$\kappa = 1$ のとき，σ が奇元ならば，${z_2}^{L(\sigma)\kappa} = z_2$．その他の場合は，${z_2}^{L(\sigma)\kappa} = e$.　□

定理 2.5.7　群 $\widetilde{D}_n(\boldsymbol{Z}_m)$ のスピン双対の完全代表元系 $\Omega^{\mathrm{spin}}(\widetilde{D}_n(\boldsymbol{Z}_m))$ が次のように与えられる．

$n \geq 2$ が偶数のとき，　$\Omega^{\mathrm{spin}}(\widetilde{D}_n(\boldsymbol{Z}_m)) = \{P_\gamma\,;\, \gamma \in \mathit{\Gamma}_n^0\}$,

$n \geq 3$ が奇数のとき，　$\Omega^{\mathrm{spin}}(\widetilde{D}_n(\boldsymbol{Z}_m)) = \{P_\gamma^+,\ P_\gamma^-\,;\, \gamma \in \mathit{\Gamma}_n^0\}$.

証明　既約表現の集合 $\Omega^{\mathrm{spin}}(\widetilde{D}_n(\boldsymbol{Z}_m))$ が非同値な表現からなることは，指標を見れば分かる．その完全性の証明には定理 2.2.1 (i) を用いる．$\dim P_\gamma = 2^{n^0}$，$n^0 =$

$[n/2]$ であるから，n の偶奇にしたがって，それぞれ次の計算が完全性を示す．

$$\sum_{\gamma\in\Gamma_n^0} \left(\dim P_\gamma\right)^2 = (m/2)^n \cdot 2^{2n^0} = m^n = |D_n(\boldsymbol{Z}_m)|\,;$$

$$\sum_{\gamma\in\Gamma_n^0} \left\{\left(\dim P_\gamma^+\right)^2 + \left(\dim P_\gamma^-\right)^2\right\} = (m/2)^n \cdot 2 \cdot 2^{2n^0} = m^n = |D_n(\boldsymbol{Z}_m)|. \quad \square$$

系 2.5.8 群 $\widetilde{D}_n(\boldsymbol{Z}_2)$ は生成元系 $\{z_2,\ \eta_j\ (j\in\boldsymbol{I}_n)\}$ と基本関係式系

$$\eta_j^{\,2} = e\ (j\in\boldsymbol{I}_n), \quad \eta_j\eta_k = z_2\eta_k\eta_j\ (j\neq k)$$

で与えられる．$n\geq 2$ が偶数のとき，この群の任意のスピン既約表現は P^0 に同型である．$n\geq 3$ が奇数のとき，この群の任意のスピン既約表現は P^+ または P^- に同型である．

2.6 Clifford 代数との関係

Clifford 代数 とは，B.O. Rodrigues (1840) や W.R. Hamilton (1843) の四元数 (付録 A 参照) をさらに拡張したものである．それは，体 K 上の代数（多元環）であって，単位元 $\boldsymbol{e}_0$ を持ち，生成元系 $\{\boldsymbol{e}_j\ (j\in\boldsymbol{I}_n)\}$ が次の基本関係式を満たすものとして定義される：$x=(x_1,x_2,\cdots,x_n)\in K^n$ の 2 次形式 $f(x)$ に対して，

$$(x_1\boldsymbol{e}_1 + x_2\boldsymbol{e}_2 + \cdots + x_n\boldsymbol{e}_n)^2 = f(x)\boldsymbol{e}_0\,. \tag{2.6.1}$$

$K=\boldsymbol{C}$ の場合には，基底 $\{\boldsymbol{e}_j\ (j\in\boldsymbol{I}_n)\}$ を取り替えれば，$f(x)=x_1^2+x_2^2+\cdots+x_n^2$ とできる．$K=\boldsymbol{R}$ の場合には，$f(x)=\sum_{p\in\boldsymbol{I}_n}\varepsilon_p x_p^2$, $\varepsilon_p=\pm 1$ の形に標準化できる．ここでは，$f(x)=-\sum_{p\in\boldsymbol{I}_n}x_p^2$ に対応する Clifford 代数 $\mathcal{C}_n$ の場合に論じよう．基本関係式 (2.6.1) は，詳しくは，次のように書ける：

$$\boldsymbol{e}_j^2 = -\boldsymbol{e}_0\ \ (j\in\boldsymbol{I}_n), \quad \boldsymbol{e}_j\boldsymbol{e}_l = -\boldsymbol{e}_l\boldsymbol{e}_j\ \ (j,l\in\boldsymbol{I}_n,\ j\neq l). \tag{2.6.2}$$

この関係式は，$\widetilde{D}_n(\boldsymbol{Z}_m)$, $m=2$, の場合の η_j $(j\in\boldsymbol{I}_n)$ の基本関係式 (2.4.4)，そして，Y_j $(j\in\boldsymbol{I}_n)$ の間の関係式 (2.5.4) によく似ている．

いま，集合 $\{\boldsymbol{e}_j\ (j\in\boldsymbol{I}_n)\}$ から生成される $\mathcal{C}_n$ に含まれる乗法的な群を $\mathcal{E}_n$ とする．その位数は $|\mathcal{E}_n|=2^{n+1}$ である．$\mathcal{E}_n$ と $\widetilde{D}_n(\boldsymbol{Z}_2)$ とが構造的によく似ていることを利用して，前節の結果から，$\mathcal{E}_n$ の表現に関する次の結果が導き出せる．

定理 2.6.1 (i) $n\geq 2$ が偶数のとき，対応 $\boldsymbol{e}_j\mapsto\sqrt{-1}\,Y_j$ $(j\in\boldsymbol{I}_n)$ は，群 $\mathcal{E}_n=\langle\boldsymbol{e}_j\ (j\in\boldsymbol{I}_n)\rangle$ の $2^{[n/2]}$ 次元の既約表現 ρ を与える．その指標は，

$$\chi_\rho(\pm\boldsymbol{e}_0)=\pm2^{[n/2]},\quad \chi_\rho(\boldsymbol{x})=0\ \ (\boldsymbol{x}\in\mathcal{E}_n,\ \neq\pm\boldsymbol{e}_0).$$

(ii) $n\geq 3$ が奇数のとき，対応 $\boldsymbol{e}_j\mapsto\sqrt{-1}\,Y_j\ (j\in\boldsymbol{I}_{n-1})$，$\boldsymbol{e}_n\mapsto\varepsilon\sqrt{-1}\,Y_n\ (\varepsilon=\pm)$ はそれぞれ，群 $\mathcal{E}_n$ の $2^{[n/2]}$ 次元の既約表現 ρ_ε を与える．その指標は，

$$\begin{cases}\chi_{\rho_\varepsilon}(\pm\boldsymbol{e}_0)\ =\ \pm2^{[n/2]},\\ \chi_{\rho_\varepsilon}(\pm\boldsymbol{e}_1\boldsymbol{e}_2\cdots\boldsymbol{e}_n)=\pm\,\varepsilon\,2^{[n/2]},\\ \chi_{\rho_\varepsilon}(\boldsymbol{x})=0\qquad\quad(\boldsymbol{x}\ \text{その他}).\end{cases}$$

(iii) 上の既約表現の集合 $\{\rho\}$ または $\{\rho_+,\rho_-\}$ を $\Omega^{\mathrm{spin}}(\mathcal{E}_n)$ とする．それは $\mathcal{E}_n$ の既約表現 π のうち，$\pi(-\boldsymbol{e}_0)=-I$ ($I=$ 恒等作用素) となるもの（スピン表現という）の同値類の完全代表元系を与える．

証明 必要ならば係数体 K を拡大して $\sqrt{-1}\in K$ とする．$\boldsymbol{e}'_j:=\sqrt{-1}\boldsymbol{e}_j\ (j\in\boldsymbol{I}_n)$ とおき，$\mathcal{E}'_n:=\langle\boldsymbol{e}'_j\ (j\in\boldsymbol{I}_n)\rangle$ とおく．基本関係式 (2.6.2) と (2.5.4) とを比較することによって，$\mathcal{E}'_n$ と $\widetilde{D}_n(\boldsymbol{Z}_2)$ とが，対応 $\boldsymbol{e}'_j\mapsto\eta_j$ によって同型であることが分かる．そこで，系 2.5.8 を適用する． □

2.7 $\mathfrak{S}_n$ の $\mathcal{M}(N,\boldsymbol{C})$ への種々の作用とスピン表現

代数 $\mathcal{M}(N,\boldsymbol{C})$ には「全ての自己同型は内部自己同型である」という特別の性質がある．さらに，$N=2^{n^0}$ の場合には，補題 2.5.2 (ii), (iii) に見るような著しい特徴がある．これを利用して，置換群 $\mathfrak{S}_{2n^0+1}$，$\mathfrak{S}_{2n^0}$ の種々の作用が定義できる．$Y_j\in\mathcal{M}(2^{n^0},\boldsymbol{C})\ (j\in\boldsymbol{I}_{2n^0+1})$ を (2.5.3) 式で与えた行列とし，

(2.7.1) $$\widehat{Y}_j:=(-1)^{j-1}Y_j\quad(j\in\boldsymbol{I}_{2n^0+1})$$

とおく．これは Y_j とは符号だけが違うのだが，後々（のちのち）も使う記号である．

定理 2.7.1 次の 3 つの公式はそれぞれ $\mathfrak{S}_{2n^0+1}$，$\mathfrak{S}_{2n^0+1}$，$\mathfrak{S}_{2n^0}$ の代数 $\mathcal{M}(2^{n^0},\boldsymbol{C})$ への作用を定義する：

(2.7.2) $$\sigma^{(1)}(\widehat{Y}_j):=\mathrm{sgn}(\sigma)\,\widehat{Y}_{\sigma(j)}\qquad(j\in\boldsymbol{I}_{2n^0+1},\ \sigma\in\mathfrak{S}_{2n^0+1});$$

(2.7.3) $$\sigma^{(2)}(Y_j):=\mathrm{sgn}(\sigma)\,Y_{\sigma(j)}\qquad(j\in\boldsymbol{I}_{2n^0+1},\ \sigma\in\mathfrak{S}_{2n^0+1});$$

(2.7.4) $$\sigma^{(3)}(Y_j):=Y_{\sigma(j)}\qquad(j\in\boldsymbol{I}_{2n^0},\ \sigma\in\mathfrak{S}_{2n^0}),$$
$$(\sigma^{(3)}(Y_{2n^0+1})=\mathrm{sgn}(\sigma)Y_{2n^0+1}).$$

ここに，σ の肩付き添字 (1), (2), (3) は異なる作用を区別するために付加した．

証明　(2.7.2) および (2.7.3) については，Y_j $(j \in \boldsymbol{I}_{2n^0+1})$ に関する基本関係式 (2.5.4)–(2.5.5) が保存されていること，すなわち，$\alpha = 1,2$ として，Y_j を $\sigma^{(\alpha)}(Y_j)$ で置き換えてもこれらの式が成立していること，を示せばよい．また，(2.7.4) については，基本関係式 (2.5.10) について同様のこと，すなわち，$\widetilde{Y}_j$ を $\sigma^{(3)}(Y_j)$ で置き換えてもこの式が成立していること，を示せばよい．□

代数 $\mathcal{M}(2^{n^0},\boldsymbol{C})$ の自己同型はつねに内部自己同型であるから，$\alpha = 1,2,3$，それぞれに，各 $\sigma \in \mathfrak{S}_{2n^0+1}$ または $\sigma \in \mathfrak{S}_{2n^0}$ に対して，正則行列 $J^{(\alpha)}(\sigma)$ が存在して，

$$\sigma^{(\alpha)}(X) = J^{(\alpha)}(\sigma) X J^{(\alpha)}(\sigma)^{-1} \qquad (X \in \mathcal{M}(2^{n^0},\boldsymbol{C})), \tag{2.7.5}$$

を満たす．このとき，$J^{(\alpha)}(\sigma)$ は定数倍を除いて決まるので，対応 $\sigma \mapsto J^{(\alpha)}(\sigma)$ は多価表現，すなわち，スピン表現を与えるかも知れない．これは実際に $J^{(\alpha)}(\sigma)$ を具体的に計算すれば分かる．その計算結果をまず与えよう．

定理 2.7.2　r_i $(i \in \boldsymbol{I}_{n-1})$ を (2.3.2) における $\widetilde{\mathfrak{S}}_n$ の生成元とする．$\alpha = 1,2,3$ に対して，$\nabla^{(\alpha)}(r_i)$ を次式で与える（記号 ∇ はナブラと読む）：

$$\nabla^{(1)}(r_i) := \frac{1}{\sqrt{2}}\,(\widehat{Y}_i - \widehat{Y}_{i+1}) \qquad (i \in \boldsymbol{I}_{2n^0})\,; \tag{2.7.6}$$

$$\nabla^{(2)}(r_i) := \frac{1}{\sqrt{2}}\,(Y_i - Y_{i+1}) \qquad (i \in \boldsymbol{I}_{2n^0})\,; \tag{2.7.7}$$

$$\nabla^{(3)}(r_i) := \nabla^{(2)}(r_i)\cdot\sqrt{-1}\,Y_{2n^0+1} \qquad (i \in \boldsymbol{I}_{2n^0-1})\,. \tag{2.7.8}$$

このとき，定数 $c_i^{(\alpha)} \neq 0$ が存在して，$J^{(\alpha)}(s_i) = c_i^{(\alpha)}\nabla^{(\alpha)}(r_i)$ である．

証明　$\alpha = 1$ とする．$j \in \boldsymbol{I}_{2n^0+1}$ に対して，$\nabla^{(1)}(r_i)\widehat{Y}_j\nabla^{(1)}(r_i)^{-1} = -\widehat{Y}_{s_i(j)}$ を計算で示せばよい．そのために，$\nabla^{(1)}(r_i)^{-1} = \nabla^{(1)}(r_i)$ を使えば難しくはない．$\alpha = 2,3$ に対しても同様である．□

$J^{(\alpha)}(s_i) = c_i^{(\alpha)}\nabla^{(\alpha)}(r_i)$ の右辺で記号として（$\mathfrak{S}_n$ の生成元 s_i の代わりに），$\widetilde{\mathfrak{S}}_n$, $n = 2n^0+1$ または $2n^0$, の生成元 r_i を用いているのは，すでに次の結果を見越してのことである．

定理 2.7.3　(i)　$\alpha = 1, 2$ とする．対応 $r_i \mapsto \nabla^{(\alpha)}(r_i)$ $(i \in \boldsymbol{I}_{2n^0})$ は，$\widetilde{\mathfrak{S}}_{2n^0+1}$ のスピン表現を与える．

(ii)　$\alpha = 3$ とする．対応 $r_i \mapsto \nabla^{(\alpha)}(r_i)$ $(i \in \boldsymbol{I}_{2n^0-1})$ は，$\widetilde{\mathfrak{S}}_{2n^0}$ のスピン表現を与える．

証明　$\alpha = 1, 2$ のとき，$n = 2n^0 + 1$; $\alpha = 3$ のとき，$n = 2n^0$ とする．添字 (α) を外して $\nabla(r_i) = \nabla^{(\alpha)}(r_i)$ とおくと，単純な計算によって次式が証明される:

$$
(2.7.9) \qquad \begin{cases} \nabla(r_i)^2 = E & (i \in \boldsymbol{I}_{2n^0-1}), \\ \nabla(r_i)\nabla(r_{i+1}) + \nabla(r_{i+1})\nabla(r_i) + E = O & (i \in \boldsymbol{I}_{2n^0-2}), \\ \nabla(r_i)\nabla(r_j) = -\nabla(r_j)\nabla(r_i) & (|i-j| \geq 2). \end{cases}
$$

第 2 式に左から $\nabla(r_i)\nabla(r_{i+1})(\nabla(r_i)\nabla(r_{i+1}) - E)$ を乗じて第 1 式を用いると，

$$
\begin{aligned} O &= \nabla(r_i)\nabla(r_{i+1})(\nabla(r_i)\nabla(r_{i+1}) - E)(\nabla(r_i)\nabla(r_{i+1}) + \nabla(r_{i+1})\nabla(r_i) + E) \\ &= (\nabla(r_i)\nabla(r_{i+1}))^3 - E, \end{aligned}
$$

となる．$\nabla(z_1) = -E$ とおけば，対応 $r_i \mapsto \nabla(r_i)$ が，$\widetilde{\mathfrak{S}}_n$ の基本関係式 (2.3.2) を保存していることが示された．したがって，∇ は $\widetilde{\mathfrak{S}}_n$ の表現を与えることが分かる．$\nabla(z_1) = -E$ であるから，これはスピン表現（$\mathfrak{S}_n$ の 2 価表現）である．□

代数 $\mathcal{M}(2^{n^0}, \boldsymbol{C})$ に働く $\mathfrak{S}_n$, $n = 2n^0+1, 2n^0$, は，当然その可逆元全体のなす群 $GL(2^{n^0}, \boldsymbol{C}) = \mathcal{M}(2^{n^0}, \boldsymbol{C})^\times$ を不変にする．以下に示すように，そのほかにいろいろの部分群に働く．

定理 2.7.4　$\mathfrak{S}_n$, $n = 2n^0+1, 2n^0$ の作用 $\sigma^{(\alpha)}$, $\alpha = 1, 2, 3$, は，$SL(2^{n^0}, \boldsymbol{C})$, $U(2^{n^0})$, $SU(2^{n^0})$ を不変にする．

証明　$X \in \mathcal{M}(2^{n^0}, \boldsymbol{C})$ に対し，$\sigma^{(\alpha)}(X) = \nabla^{(\alpha)}(\sigma)X\nabla^{(\alpha)}(\sigma)^{-1}$ であるから，$\det(X)$ を普遍にする： $\det(\sigma^{(\alpha)}(X)) = \det X$．さらに，各 r_i に対し，$\nabla^{(\alpha)}(r_i)$ がユニタリであるから，ユニタリ群を不変にする．□

2.8　n の分割と群 $\mathfrak{S}_n$ および $\widetilde{\mathfrak{S}}_n$ の共役類

$\mathfrak{S}_{2n^0+1}$ の 2^{n^0} 次元のスピン表現 $\nabla^{(1)}$, $\nabla^{(2)}$, $\mathfrak{S}_{2n^0}$ の 2^{n^0} 次元のスピン表現 $\nabla^{(3)}$, については，いろいろ知りたいことがあるが，ここでは計算の準備が整って

いるので，これらの指標を求めてみよう．表現の指標は，その既約性や同値・非同値などを調べるにも大いに役立つ．そのためには，$\mathfrak{S}_n$ の 2 重被覆群である $\widetilde{\mathfrak{S}}_n$ の共役類について基礎的なことを調べておく必要がある．

2.8.1 $\mathfrak{S}_n$ の共役類と n の分割

そこでまず，底の群 $\mathfrak{S}_n$ の共役類について述べよう．それは n の分割 $\boldsymbol{\nu} = (\nu_i)_{i\in \boldsymbol{I}_t}$：

$$n = \nu_1 + \nu_2 + \cdots + \nu_t, \quad \nu_1 \geq \nu_2 \geq \cdots \geq \nu_t > 0, \tag{2.8.1}$$

の全体 P_n によって，パラメーター付けられ，共役類の完全代表系 $\{\sigma_{\boldsymbol{\nu}}; \boldsymbol{\nu} \in P_n\}$ は次のように与えられる．正整数の区間 $\boldsymbol{I}_n = \{1, 2, \cdots, n\} = [1, n]$ の部分区間を

$$K_1 := [1,\, \nu_1],\ \ K_i := [\nu_1 + \cdots + \nu_{i-1} + 1,\, \nu_1 + \cdots + \nu_i]\ \ (2 \leq i \leq t), \tag{2.8.2}$$

とおき，区間 $K = [a, b] \subset \boldsymbol{I}_n$ の巡回置換 $\sigma_K := (a\ \ a{+}1\ \ \cdots\ \ b) = s_a s_{a+1} \cdots s_{b-1}$ をとる．ただし，区間の長さ $|K| := b - a$ が 1 のときには $\sigma_K = e$ (単位元) とする．$\sigma_{\boldsymbol{\nu}} := \sigma_1\sigma_2\cdots\sigma_t$, $\sigma_i := \sigma_{K_i}$ $(i \in \boldsymbol{I}_t)$, とおく．集合 $\{\sigma_{\boldsymbol{\nu}}\,;\, \boldsymbol{\nu} \in P_n\}$ の各元を $\mathfrak{S}_n$ の共役類の**標準的代表元**という．$l(\boldsymbol{\nu}) := t$ は分割 $\boldsymbol{\nu}$ の長さである．

2.8.2 $\widetilde{\mathfrak{S}}_n$ の共役類と n の分割

底の $\mathfrak{S}_n$ の話を 2 重被覆群 $\widetilde{\mathfrak{S}}_n$ の方に持ち上げるのであるが，まず，区間 $K = [a, b]$ に対し，$\sigma'_K := r_a r_{a+1} \cdots r_{b-1}$ とおくと，$\Phi_{\mathfrak{S}}(\sigma'_K) = \sigma_K$．そこで

$$\sigma'_{\boldsymbol{\nu}} := \sigma'_1\sigma'_2\cdots\sigma'_t, \quad \sigma'_i = \sigma'_{K_i}\ \ (i \in \boldsymbol{I}_t) \tag{2.8.3}$$

とおく． 集合 $\{\sigma'_{\boldsymbol{\nu}}\,;\, \boldsymbol{\nu} \in P_n\}$ の各元を $\widetilde{\mathfrak{S}}_n$ の**標準的代表元**といい，(2.8.3) を $\sigma'_{\boldsymbol{\nu}}$ の**サイクル分解**という．$\widetilde{\mathfrak{S}}_n$ の任意の共役類は，ある $\boldsymbol{\nu}$ に対して，$\sigma'_{\boldsymbol{\nu}}$ または $z_1\sigma'_{\boldsymbol{\nu}}$ に共役であることは（$\mathfrak{S}_n$ に落としてみれば）分かる．他方，$\sigma'_{\boldsymbol{\nu}}$ と $z_1\sigma'_{\boldsymbol{\nu}}$ とが互いに $\widetilde{\mathfrak{S}}_n$ で共役かどうかは次の判定条件が [Sch4, §§6–7] で与えられている．Schur にしたがって，$\sigma' \in \widetilde{\mathfrak{S}}_n$ を**第 1 種**もしくは**第 2 種**と呼ぶのは，σ' と $z_1\sigma'$ とが $\widetilde{\mathfrak{S}}_n$ で互いに共役であるか，ないか，による．

命題 2.8.1 n の分割 $\boldsymbol{\nu} = (\nu_i)_{i\in \boldsymbol{I}_t} \in P_n$ に対し，

$$s(\boldsymbol{\nu}) := \sharp\{i \in \boldsymbol{I}_t\,;\, \nu_i \text{ 偶数}\}\ \ (\text{個数}) \tag{2.8.4}$$

とおく．$\sigma'_{\boldsymbol{\nu}}$ が第 2 種であるための必要十分条件は次の条件のどちらかが成立することである:

$\sigma'_{\boldsymbol{\nu}}$ 偶元（i.e. $s(\boldsymbol{\nu})$ 偶）の場合：　**(s-0)**　“$s(\boldsymbol{\nu}) = 0$”（i.e. ν_i がすべて奇数），

$\sigma'_{\boldsymbol{\nu}}$ 奇元（i.e. $s(\boldsymbol{\nu})$ 奇）の場合：　**(st-od)**　“ν_i がすべて相異なる”.

$\boldsymbol{\nu} = (\nu_i) \in P_n$ のうち，すべての ν_i が奇数であるもの全体を OP_n, すべての ν_i が相異なるもの（厳格分割）全体を SP_n, と書く．また，$s(\boldsymbol{\nu})$ が偶数のもの全体を P_n^+, 奇数のもの全体を P_n^- と書く．これは，$\sigma_{\boldsymbol{\nu}}$（または $\sigma'_{\boldsymbol{\nu}}$）が偶元であるか奇元であるかによる分類である．

すると，上の 2 つの条件は記号を用いて次のように書かれる：

$$\text{(s-0)} \qquad \boldsymbol{\nu} \in OP_n \ (\Leftrightarrow\ s(\boldsymbol{\nu}) = 0),$$

$$\text{(st-od)} \quad \boldsymbol{\nu} \in SP_n \cap P_n^- =: SP_n^-.$$

この命題の証明は，下のように 3 つに分解して問題として掲げておく．これらの問題の解答では基本として，次の事実を使う：

補題 2.8.2　$\tau'_j \in \widetilde{\mathfrak{S}}_n \ (j = 1, 2)$, $\mathrm{supp}(\tau'_1) \cap \mathrm{supp}(\tau'_2) = \varnothing$ のとき，

$$\tau'_1\tau'_2 = z_1^{\mathrm{ord}(\tau'_1)\mathrm{ord}(\tau'_2)}\, \tau'_2\tau'_1. \tag{2.8.5}$$

問題 2.8.1　$\tau'_1 = r_{s+1}r_{s+2}\cdots r_{s+p}$, $\tau'_2 = r_{t+1}r_{t+2}\cdots r_{t+q}$, $s+p < t$, で p, q がともに，奇数とする．このとき，$\tau' = \tau'_1\tau'_2$ は第 1 種であることを示せ．

ヒント．　τ'_j はいずれも奇元である．$\kappa' = \tau'_1$ による共役により，$\kappa'(\tau'_1\tau'_2)\kappa'^{\,-1} = z_1\tau'_1\tau'_2$.

問題 2.8.2　$\mathrm{sgn}(\sigma'_{\boldsymbol{\nu}}) = 1$ で，どれかの ν_i が偶数とする．このとき，$\sigma'_{\boldsymbol{\nu}}$ は第 1 種であることを示せ．

ヒント．　ν_i に対応する元を τ'_1 とすると，$\sigma'_{\boldsymbol{\nu}} = \tau'_0\tau'_1\tau'_2$ となっている．τ'_1 は奇元であり，したがって残りの $\tau'_0\tau'_2$ も奇元．$\kappa' = \tau'_1$ による共役を考えよ．

問題 2.8.3　$\mathrm{sgn}(\sigma'_{\boldsymbol{\nu}}) = -1$ で，$\nu_i = \nu_{i+1}$ とする．このとき，$\sigma'_{\boldsymbol{\nu}}$ は第 1 種である．

ヒント．　ν_i, ν_{i+1} に対応する元をそれぞれ

$$\tau'_1 = r_{s+1}r_{s+2}\cdots r_{s+p},\ \tau'_2 = r_{t+1}r_{t+2}\cdots r_{t+p},\ p = \nu_i - 1,\ t = s+p+1 = s+\nu_i,$$

とすると，$\sigma'_{\boldsymbol{\nu}} = \tau'_0\tau'_1\tau'_2\tau'_3$．$\tau'_1\tau'_2$ は偶元であり，したがって残りの $\tau'_0\tau'_3$ は奇元．

$p = \nu_i - 1$ 奇のときは，問題 2.8.1 に持ち込む．

$p = \nu_i - 1$ 偶のときには，τ'_1, τ'_2 はともに偶元なので，$\tau'_1\tau'_2 = \tau'_2\tau'_1$．$\nu_i$ 個の互換の積 $\kappa = (s{+}1, t{+}1)(s{+}2, t{+}2)\cdots(s{+}p{+}1, t{+}p{+}1)$（奇元）をとる．原像 $\kappa' \in \widetilde{\mathfrak{S}}_n$, $\Phi_{\mathfrak{S}}(\kappa') =$

κ, による共役によれば，$\kappa'(\tau'_1\tau'_2)\kappa'^{\,-1} = \tau'_2\tau'_1 = \tau'_1\tau'_2$, $\kappa'(\tau'_0\tau'_3)\kappa'^{\,-1} = z_1\tau'_0\tau'_3$.

問題 2.8.4　次を示せ．（i）偶元 $\sigma'_{\boldsymbol{\nu}}, \boldsymbol{\nu} \in OP_n$, は第 2 種である．

（ii）奇元 $\sigma'_{\boldsymbol{\nu}}, \boldsymbol{\nu} \in SP_n \cap P_n^- = SP_n^-$, は第 2 種である．

ヒント． $\kappa' \in \mathfrak{S}_n$ によって，$\kappa'\sigma'_{\boldsymbol{\nu}}\kappa'^{\,-1} = z_1{}^a\sigma'_{\boldsymbol{\nu}}$ となったとする．これを下の $\mathfrak{S}_n$ レベルに落とせば，$\kappa\sigma_{\boldsymbol{\nu}}\kappa^{-1} = \sigma_{\boldsymbol{\nu}}$ で，$\kappa = \Phi_{\mathfrak{S}}(\kappa')$ は $\sigma_{\boldsymbol{\nu}}$ の中心化群 $Z_{\mathfrak{S}_n}(\sigma_{\boldsymbol{\nu}})$ の元である．そこで，$Z_{\mathfrak{S}_n}(\sigma_{\boldsymbol{\nu}})$ がどんな元によって生成されるかを具体的な計算によって調べると，結果は以下の通り．**2.8.1** 小節の記号で，$\sigma_{\boldsymbol{\nu}} = \sigma_1\sigma_2\cdots\sigma_t$, $\sigma_i = \sigma_{K_i}$, とする．$Z_{\mathfrak{S}_n}(\sigma_{\boldsymbol{\nu}})$ を生成する元の集合としては次のものがとれる：

（i）の場合．σ_i $(i \in \boldsymbol{I}_t)$, および（ν_i に重複があるとき）$J_k := \{i \in \boldsymbol{I}_t\,; \nu_i = k\} \geq 2$ に対して，区間 K_i $(i \in J_k)$ をそっくりそのまま置換する元 κ（$k!$ 個ある）．

（ii）の場合．σ_i $(i \in \boldsymbol{I}_t)$, t 個．

系 2.8.3　$\widetilde{\mathfrak{S}}_n$ の共役類の完全代表系として次の集合の合併集合がとれる：

$$\Sigma_n^{\mathrm{OP}} := \{\sigma'_{\boldsymbol{\nu}},\ z_1\sigma'_{\boldsymbol{\nu}}\,; \boldsymbol{\nu} \in OP_n \text{（i.e., } \nu_i \text{ がすべて奇数）}\},$$

$$\Sigma_n^{\mathrm{SP}-} := \{\sigma'_{\boldsymbol{\nu}},\ z_1\sigma'_{\boldsymbol{\nu}}\,; \boldsymbol{\nu} \in SP_n^- \text{（i.e., } \boldsymbol{\nu} \in P_n^-,\ \nu_i \text{ が全て相異なる）}\},$$

$$\Sigma_n^0 := \{\sigma'_{\boldsymbol{\nu}}\ ;\quad \text{その他の } \boldsymbol{\nu} \in P_n\}. \qquad \square$$

2.9　対称群のスピン表現 $\nabla^{(1)}$, $\nabla^{(2)}$, $\nabla^{(3)}$ の指標

$\mathfrak{S}_{2n^0+1}$ のスピン表現 $\nabla^{(1)}, \nabla^{(2)}$, $\mathfrak{S}_{2n^0}$ のスピン表現 $\nabla^{(3)}$, の指標を計算する．

一般に，表現 π の指標 $f = \chi_\pi$ は不変関数（内部自己同型で不変な関数），すなわち，$f(\tau'\sigma'\tau'^{\,-1}) = f(\sigma')$ $(\tau', \sigma' \in \widetilde{\mathfrak{S}}_n)$ となる関数である．さらに，π がスピン表現であれば，$f(z_1\sigma') = -f(\sigma')$ である．σ' が第 1 種であれば，$f(z_1\sigma') = f(\sigma')$ なので，$f(\sigma') = 0$ となる．したがって，$\nabla^{(\alpha)}$ の指標を求めるのは，上の $\Sigma_n^{\mathrm{OP}} \bigsqcup \Sigma_n^{\mathrm{SP}-}$ の元 $\sigma' = \sigma'_{\boldsymbol{\nu}}$ に対してだけ考えればよい．実際には，$\chi_{\nabla^{(\alpha)}}(\sigma') \neq 0$ となる σ' はさらにもっとずっと限られる．

n の分割 $\boldsymbol{\nu} = (\nu_i)_{i \in \boldsymbol{I}_t} \in P_n$, $n = \nu_1 + \nu_2 + \cdots + \nu_t$, $\nu_1 \geq \nu_2 \geq \cdots \geq \nu_t > 0$, に対して，前 **2.8** 節のように，$l(\boldsymbol{\nu}) = t$, $\sigma'_{\boldsymbol{\nu}} = \sigma'_1\sigma'_2\cdots\sigma'_t$, $\sigma'_i = \sigma'_{K_i}$, を定義する．

定理 2.9.1　スピン表現 $\nabla^{(\alpha)}$ の指標 $\chi_{\nabla^{(\alpha)}}$, $\alpha = 1, 2, 3$, を列挙する．

$\boldsymbol{\nu} = (\nu_j)_{j \in \boldsymbol{I}_t} \in P_n$ に対し，

$$n = 2n^0+1: \qquad \chi_{\nabla^{(1)}}(\sigma'_{\boldsymbol{\nu}}) = \begin{cases} (-1)^{(n-t)/2}\, 2^{[t/2]} & \boldsymbol{\nu} \in OP_n, \\ 0 & \text{その他の場合;} \end{cases}$$

$$n = 2n^0+1: \qquad \chi_{\nabla^{(2)}}(\sigma'_{\boldsymbol{\nu}}) = \begin{cases} (-1)^{(n-t)/2}\, 2^{[t/2]} & \boldsymbol{\nu} \in OP_n, \\ 0 & \text{その他の場合;} \end{cases}$$

$$n = 2n^0: \qquad \chi_{\nabla^{(3)}}(\sigma'_{\boldsymbol{\nu}}) = \begin{cases} (-1)^{(n-t)/2}\, 2^{[t/2]} & \boldsymbol{\nu} \in OP_n, \\ 0 & \text{その他の場合.} \end{cases}$$

証明　$\nabla^{(1)}(\sigma'_{\boldsymbol{\nu}}) = \nabla^{(1)}(\sigma'_{K_1})\cdots\nabla^{(1)}(\sigma'_{K_t})$ であり，区間 $K=[a,b]$ に対しては，

$$\begin{aligned}\nabla^{(1)}(\sigma'_K) &= \nabla^{(1)}(r_a)\nabla^{(1)}(r_{a+1})\cdots\nabla^{(1)}(r_{b-1}) \\ &= 2^{-(|K|-1)/2}(\widehat{Y}_a-\widehat{Y}_{a+1})(\widehat{Y}_{a+1}-\widehat{Y}_{a+2})\cdots(\widehat{Y}_{b-1}-\widehat{Y}_b).\end{aligned}$$

$K=K_1,\cdots,K_t$ に対応する項を $\nabla^{(1)}(\sigma'_{\boldsymbol{\nu}})$ の右辺に代入して，これを形式的に展開して，単項 $Y^{\boldsymbol{c}} = {Y_1}^{c_1}{Y_2}^{c_2}\cdots{Y_n}^{c_n}$, $\boldsymbol{c}=(c_1,\cdots,c_n)$, の 1 次結合として表す．補題 2.5.2 により，$\mathrm{tr}(Y^{\boldsymbol{c}}) \neq 0$ の必要十分条件が，$c_j \equiv 0\ (\forall j)$ または $c_j \equiv 1\ (\forall j)$ である．ところが後者では，$Y^{\boldsymbol{c}}$ の（見掛けの）次数が n でなければならないが，現在現れている $Y^{\boldsymbol{c}}$ の次数は高々 $n-1$ であって，この場合には適合しない．

そこで前者に合う場合を探すと，各 $\nabla^{(1)}(\sigma'_K)$ $(K=K_1,\cdots,K_t)$ において，$|K|-1$ が偶数であり，かつ，項としては

$$2^{-(|K|-1)/2}(-\widehat{Y}_{a+1})\widehat{Y}_{a+1}\cdots(-\widehat{Y}_{b-1})\widehat{Y}_{b-1} = (-2)^{-(|K|-1)/2}E_{2^{n^0}}$$

のみが，要求に合う．これにより，$n-t\equiv 0 \pmod 2$ に注意して計算すれば，$\nabla^{(1)}$ の指標は，

$$\begin{aligned}\chi_{\nabla^{(1)}}(\sigma'_{\boldsymbol{\nu}}) &= \Bigl(\prod_{i\in \boldsymbol{I}_t}(-2)^{-(\nu_i-1)/2}\Bigr)\cdot \mathrm{tr}(E_{2^{n^0}}) \\ &= (-1)^{(n-t)/2}\, 2^{-(n-t)/2}\cdot 2^{[n/2]} = (-1)^{(n-t)/2}\, 2^{[t/2]}.\end{aligned}$$

$\nabla^{(2)}$ および $\nabla^{(3)}$ に対する議論も同様である．□

$\alpha=1,2$ に対する $\mathfrak{S}_{2n^0+1}$ の $\mathcal{M}(2^{n^0},\boldsymbol{C})$ に対する作用 $\sigma^{(\alpha)}(X)$ $(\sigma\in\mathfrak{S}_{2n^0+1}, X\in\mathcal{M}(2^{n^0},\boldsymbol{C}))$ の姿形（すがたかたち）は異なっているが，それらの指標は一致した．よって，$\mathcal{M}(2^{n^0},\boldsymbol{C})$ への相異なる作用から，(2.7.5) を通して現れてきた 2 つのスピン表現 $\sigma\mapsto J^{(\alpha)}(\sigma)$ は互いに同値であることが分かった．まとめると，

定理 2.9.2　$\mathfrak{S}_{2n^0+1}$ のスピン表現 $\nabla^{(1)}$, $\nabla^{(2)}$ は互いに同値である．

証明　指標が一致する（定理 2.9.1）ので，定理 1.1.9 により，$\nabla^{(1)}\cong\nabla^{(2)}$．□

2.10 $SO(n)$ の普遍被覆群 Spin(n) と $\mathfrak{S}_n$ の作用

G が連結リー群の場合には，その普遍被覆群が，有限群の場合の表現群の役割をする，すなわち，G のすべての射影表現（多価表現）は普遍被覆群の線形表現に持ち上げられる．古典型の連結単純コンパクト群は，局所同型を除いて，

$$SU(n): \quad A_{n-1}\text{ 型 } (n \geq 2), \qquad SO(2n+1): \quad B_n \text{ 型 } (n \geq 2),$$
$$Sp(2n): \quad C_n \text{ 型 } (n \geq 3), \qquad SO(2n): \quad D_n \text{ 型 } (n \geq 4),$$

と分類されている．これらの群の既約表現は有限次元であり，射影表現（多価表現）まで込めて，最高ウェイトによってパラメトライズされている（Élie Cartan, 1913）．そして，その表現は，H. Weyl [Wey1, 1939] によって，自然表現のテンソル積をとってそれを分解するなどして構成されたが，射影表現の具体的構成までは及んでいなかった．しかし，既約指標はすべての場合に統一的に求められている．群 $SU(n)$ は単連結であり，そのまま普遍被覆群である．本節では，$G = SO(n)$, $n \geq 3$, の 2 重被覆群 Spin(n) とそれに自然に働く $\mathfrak{S}_n$ の作用について述べる．Spin(n) は $n \neq 4$ のとき普遍被覆群である．

2.10.1 2 重被覆群 Spin(n) の実現

n 次元ユークリッド空間を E^n とすると，直交群 $O(n)$ は E^n に自然に働く．$\{\boldsymbol{f}_1, \boldsymbol{f}_2, \cdots, \boldsymbol{f}_n\}$ を E^n の正規直交基底とすると，$u \in O(n)$ の作用は

$$(u(\boldsymbol{f}_1), u(\boldsymbol{f}_2), \cdots, u(\boldsymbol{f}_n)) = (\boldsymbol{f}_1, \boldsymbol{f}_2, \cdots, \boldsymbol{f}_n)u,$$

と表される．他方，$SO(n)$ の 2 重被覆群 Spin(n) は次のように，$\boldsymbol{R}$ 上の Clifford 代数 $\mathcal{C}_n^{\boldsymbol{R}}$ を用いて実現される [Chev, Chap. 2]. $\{\boldsymbol{e}_j\,;\, j \in \boldsymbol{I}_n\}$ を $\mathcal{C}_n^{\boldsymbol{R}}$ の標準的な生成元系で関係式 (2.6.2), すなわち，

$$(*) \qquad \boldsymbol{e}_j^{\,2} = -\boldsymbol{e}_0 \ \ (j \in \boldsymbol{I}_n), \qquad \boldsymbol{e}_j\boldsymbol{e}_l = -\boldsymbol{e}_l\boldsymbol{e}_j \ \ (j, l \in \boldsymbol{I}_n,\ j \neq l),$$

を満たすものとする．被覆群 Spin(n) は 1 径数群

$$\exp(\theta\, \boldsymbol{e}_j\boldsymbol{e}_l) = \cos\theta\, \boldsymbol{e}_0 + \sin\theta\, \boldsymbol{e}_j\boldsymbol{e}_l \qquad (j \neq l)$$

によって生成される $(\mathcal{C}_n^{\boldsymbol{R}})^\times$ の部分群である．被覆写像 $\Phi_{SO}: \mathrm{Spin}(n) \to SO(n)$ は次のように与える．$\mathcal{C}_n^{\boldsymbol{R}}$ の部分空間 $V_n := \boldsymbol{R}\boldsymbol{e}_1 + \boldsymbol{R}\boldsymbol{e}_2 + \cdots + \boldsymbol{R}\boldsymbol{e}_n$ と E^n とを基底の対応 $\boldsymbol{e}_j \leftrightarrow \boldsymbol{f}_j$ $(j \in \boldsymbol{I}_n)$ によって同一視する．$u' \in \mathrm{Spin}(n)$ に対し，$u = \Phi_{SO}(u') \in SO(n)$ とおくと，$V_n \ni \boldsymbol{v} \mapsto u'\boldsymbol{v}u'^{-1} =: u(\boldsymbol{v}) \in V_n$. このとき，

$\mathrm{Spin}(n)/\{\pm\boldsymbol{e}_0\} \cong SO(n)$ で，1 径数部分群 $u_{jl}(\theta) := \Phi_{SO}(\exp(\theta\,\boldsymbol{e}_j\boldsymbol{e}_l))$ は

$$\begin{cases} u_{jl}(\theta)(\boldsymbol{e}_p) = \boldsymbol{e}_p & (p \neq j, l), \\ (u_{jl}(\theta)(\boldsymbol{e}_j), u_{jl}(\theta)(\boldsymbol{e}_l)) = (\boldsymbol{e}_j, \boldsymbol{e}_l)u_2(-2\theta), & \end{cases}$$

$$u_2(\theta) := \begin{pmatrix} \cos(\theta) & -\sin(\theta) \\ \sin(\theta) & \cos(\theta) \end{pmatrix}. \tag{2.10.1}$$

2.10.2　$\mathfrak{S}_n$ の $\mathrm{Spin}(n)$ への作用

$\sigma \in \mathfrak{S}_n$ は E^n の基底の置換 $\sigma(\boldsymbol{f}_j) := \boldsymbol{f}_{\sigma(j)}\ (j \in \boldsymbol{I}_n)$ として，E^n に働くが，それは σ の置換行列

$$T(\sigma) = (t_{ij})_{i,j\in\boldsymbol{I}_n}, \quad t_{ij} = \begin{cases} 1, & i = \sigma(j)\ \text{のとき}, \\ 0, & i \neq \sigma(j)\ \text{のとき}, \end{cases}$$

によって表される．$\sigma \mapsto T(\sigma)$ によって，$\mathfrak{S}_n$ は自然に $O(n)$ に含まれる．そして，$O(n)$ の内部自己同型を通して正規部分群 $G := SO(n)$ に働く：

$$\sigma(u) = T(\sigma)uT(\sigma)^{-1} \quad (u \in G, \sigma \in \mathfrak{S}_n).$$

この $\mathfrak{S}_n$-作用を，被覆群 $G' := \mathrm{Spin}(n)$ にまで持ち上げよう．$\sigma \in \mathfrak{S}_n$ に対して，$\mathcal{C}_n^{\boldsymbol{R}}$ の生成元系内の置換 $\boldsymbol{e}_j \mapsto \boldsymbol{e}_{\sigma(j)}$ を考えると，これは基本関係式系 (∗) を保存するので，代数 $\mathcal{C}_n^{\boldsymbol{R}}$ の同型を導く．したがって，$\mathfrak{S}_n$ は代数 $\mathcal{C}_n^{\boldsymbol{R}}$ に働く．この作用は部分群 $G' = \mathrm{Spin}(n)$ を不変にするので，$\mathfrak{S}_n$ は G' にも働く．その作用を $\sigma(u')\ (u' \in G')$ と書くと，$\Phi_{SO}(\sigma(u')) = \sigma(u)$, $u = \Phi_{SO}(u')$. この等式の証明は問題 2.10.1 として読者にまかせよう．

2.10.3　$\mathrm{Spin}(n)$ の射影表現（$SO(n)$ の 2 価表現）

2.6 節における $\mathcal{C}_n$ の表現を使う．定理 2.6.1 により，n が偶数のとき対応 $\boldsymbol{e}_j \to \sqrt{-1}\,Y_j\ (j \in \boldsymbol{I}_n)$ は $V = \boldsymbol{C}^{2^{[n/2]}}$ 上の既約表現 ρ を与え，n が奇数のときは，対応 $\boldsymbol{e}_j \to \sqrt{-1}\,Y_j\ (j \in \boldsymbol{I}_{n-1})$, $\boldsymbol{e}_n \to \varepsilon\sqrt{-1}\,Y_n\ (\varepsilon = \pm)$ は $V = \boldsymbol{C}^{2^{[n/2]}}$ 上の非同値な 2 つの既約表現 $\rho_\pm$ を与える．

これらの表現を部分群 $G' = \mathrm{Spin}(n)$ に制限したものを ρ^S, ρ^S_ε と書くと，これらは $G = SO(n)$ の射影表現（2 価表現）である．$j, l \in \boldsymbol{I}_n$, $j \neq l$, $\exp(\theta\boldsymbol{e}_j\boldsymbol{e}_l) \in \mathrm{Spin}(n)$ に対して，

$$\rho(\exp(\theta\boldsymbol{e}_j\boldsymbol{e}_l)) = \exp(-\theta Y_jY_l) = \cos\theta\cdot I_V - \sin\theta\cdot Y_jY_l\,.$$

G' の Cartan 部分群として，1 径数部分群 $h_p(\theta_p) := \exp(\theta_p \boldsymbol{e}_{2p-1}\boldsymbol{e}_{2p})$ $(p \in \boldsymbol{I}_{n^0})$, で生成される可換群 H' をとる．そのとき，$H := \Phi_{SO}(H')$ は G の Cartan 部分群である．H' の元 $h' = h'(\theta_1, \theta_2, \cdots, \theta_{n^0}) := h_1(\theta_1)h_2(\theta_2)\cdots h_{n^0}(\theta_{n^0})$, $n^0 = [n/2]$, に対して，$h = \Phi_{SO}(h') \in H$ は，

$$h = \mathrm{diag}(u_2(-2\theta_1), u_2(-2\theta_2), \cdots, u_2(-2\theta_{n^0}), 1) \quad (n = 2n^0 + 1),$$

または，$h = \mathrm{diag}(u_2(-2\theta_1), u_2(-2\theta_2), \cdots, u_2(-2\theta_{n^0}))$ $\quad (n = 2n^0)$.

さらに，$\rho^S(h') = v_2(\theta_1) \otimes v_2(\theta_2) \otimes \cdots \otimes v_2(\theta_{n^0})$, $v_2(\theta_p) := \mathrm{diag}(e^{-i\theta_p}, e^{i\theta_p})$, ただし，$\mathrm{diag}(a, b)$ は 2 次の対角行列を表す．したがって，ρ^S のすべてのウェイトは重複度無しであり，指標は

$$\chi_{\rho^S}(h') = \prod_{p \in \boldsymbol{I}_{n^0}} (e^{-i\theta_p} + e^{i\theta_p}). \tag{2.10.2}$$

「直交行列 $g \in SO(n)$ の対角化」を知っていれば分かるように，G' の任意の元 g' はどれかの $h' \in H'$ に共役であり，そのとき，$\chi_{\rho^S}(g') = \chi_{\rho^S}(h')$.

また，n が奇数のときには，$\chi_{\rho^S_+}(h') = \chi_{\rho^S_-}(h')$ であり，これは上式の右辺で表される．よって，ρ^S_+ と ρ^S_- は同値である．

命題 2.10.1 (i) $n = 2n^0 + 1 \geq 3$ 奇数の場合．$SO(n)$ のスピン表現 ρ^S は既約であり，その最高ウェイトは $\boldsymbol{\lambda} = (1/2, 1/2, \cdots, 1/2)$ で，次元は $2^{[n/2]} = 2^{n^0}$, 指標は (2.10.2), である（この表現を $\pi^{SO}_{\boldsymbol{\lambda}}$ と書く）．

(ii) $n = 2n^0 \geq 4$ 偶数の場合．$SO(n)$ のスピン表現 $\rho^S_+ \cong \rho^S_-$ は 2 つの既約表現の直和に分かれる．それらの最高ウェイトはそれぞれ $\boldsymbol{\lambda}_\varepsilon = (1/2, \cdots, 1/2, \varepsilon\, 1/2)$, $\varepsilon = \pm$, であり，次元は $2^{[n/2]-1} = 2^{n^0-1}$ である（これらの表現を $\pi^{SO}_{\boldsymbol{\lambda}_+}, \pi^{SO}_{\boldsymbol{\lambda}_-}$ と書く）．指標は

$$\chi_{\pi^{SO}_{\lambda_\varepsilon}}(h) = \sum_{\varepsilon_1\varepsilon_2\cdots\varepsilon_{n^0} = \varepsilon} e^{\varepsilon_1 i\theta_1} e^{\varepsilon_2 i\theta_2} \cdots e^{\varepsilon_{n^0} i\theta_{n^0}}. \tag{2.10.3}$$

証明 ρ^S または $\rho^S_\pm$ の像全体 $\mathcal{J}$ は $Y_jY_l = \exp(\pi/2 \cdot Y_jY_l)$ $(j, l \in \boldsymbol{I}_n,\ j \neq l)$ を含む．

(i) $(Y_1Y_2)\cdots(Y_{2n^0-1}Y_{2n^0}) = i^{n^0}Y_{2n^0+1}$, $(Y_jY_{2n^0+1})Y_{2n^0+1} = Y_j$ により，$\mathcal{J}$ は $\{Y_1, Y_2, \cdots, Y_{2n^0+1}\}$ を含む．他方，補題 2.5.2 (ii) により，この集合は代数 $\mathcal{M}(2^{n^0}, \boldsymbol{C})$ を生成するので，ρ^S は既約である．

2 つのウェイト $\boldsymbol{\mu} = (\mu_j)_{j \in \boldsymbol{I}_{n^0}}$, $\boldsymbol{\mu}' = (\mu'_j)_{j \in \boldsymbol{I}_{n^0}}$, に対して，$\boldsymbol{\mu} \succcurlyeq \boldsymbol{\mu}' \overset{\mathrm{def}}{\Longleftrightarrow} \mu_j \geq$

μ'_j $(\forall j \in \boldsymbol{I}_{n^0})$, と半順序を導入すれば，最高ウェイトが，$\boldsymbol{\lambda}$ になる．［この半順序は，単純 Lie 環 $\mathfrak{so}(n, \boldsymbol{C})$ のルート系の構造から来るものだが，詳しくは述べない.］

（ii）この場合は，$\mathcal{J}$ は集合 $\{Y_j Y_l \ (j, l \in \boldsymbol{I}_{2n^0},\ j \neq l)\}$ で生成される $\mathcal{M}(2^{n^0}, \boldsymbol{C})$ の部分代数 $\mathcal{M}_+$ であり，Y_{2n^0+1} は $\mathcal{M}_+$ の各元と可換である．したがって，Y_{2n^0+1} の各固有空間を $\mathcal{M}_+$ は不変にする．

$V = \boldsymbol{C}^{2^{n^0}}$ を ρ^S_+ の働く空間とする．$\boldsymbol{v_\mu} \neq \boldsymbol{0}$ をウェイト $\boldsymbol{\mu} = (\mu_1, \mu_2, \cdots, \mu_{n^0})$, $\mu_j = \pm 1/2$, に対するウェイトベクトルとする，すなわち，

$$(Y_{2p-1} Y_{2p}) \boldsymbol{v_\mu} = \mu_p i \boldsymbol{v_\mu}, \quad \rho^S(h_p(-\theta_p)) \boldsymbol{v_\mu} = e^{\mu_p i \theta_p}\, \boldsymbol{v_\mu}.$$

$\{\boldsymbol{v_\mu}\}$ は V の基底を与える．$Y_{2n^0+1} = i^{-n^0}(Y_1 Y_2) \cdots (Y_{2n^0-1} Y_{2n^0})$ なので，$Y_{2n^0+1} \boldsymbol{v_\mu} = (\mu_1 \mu_2 \cdots \mu_{n^0}) i^{-n^0} \boldsymbol{v_\mu}$. そこで，$\varepsilon = \pm$ に対して，V_ε を基底ベクトル $\boldsymbol{v_\mu}$, $\mu_1 \mu_2 \cdots \mu_{n^0} = \varepsilon (2i)^{-n^0}$, で張られる V の部分空間とすると，$V = V_+ \oplus V_-$ で，$\mathcal{M}_+ V_\varepsilon \subset V_\varepsilon$ である．各 V_ε が既約であることを示す．まず，$\mathcal{M}_+$ は集合 $\{Y_j Y_{j+1}\,;\, j \in \boldsymbol{I}_{2n^0-1}\}$ によって生成される．次に，

$$\begin{aligned}(Y_{2p} Y_{2p+1}) \rho^S_+(h'(\theta_1, \cdots, \theta_p, \theta_{p+1}, \cdots, \theta_{n^0}))(Y_{2p} Y_{2p+1})^{-1} \\ = \rho^S_+(h'(\theta_1, \cdots, \theta_{p-1}, -\theta_p, -\theta_{p+1}, \theta_{p+2}, \cdots, \theta_{n^0})),\end{aligned}$$

なので，$Y_{2p} Y_{2p+1} \in \mathcal{M}_+$ による共役は Cartan 部分群 H' での座標変換 $(\theta_p, \theta_{p+1}) \to (-\theta_{p+1}, -\theta_p)$ を引き起こす．これから，下の注 2.10.1 (ii) により，V_ε のすべてのウェイトが出てくるので，V_ε が既約であることが分かる．そして，V_ε における最高ウェイトは $\boldsymbol{\lambda}_\varepsilon$ であることは見易い．□

注 2.10.1　$h'(\theta_1, \theta_2, \cdots, \theta_{n^0}) \in H'$ に対して，$\mathrm{Spin}(n)$ の Weyl 群 W_n の作用は次のようなものである．

（i）$n = 2n^0 + 1$（奇数）のとき，$\mathrm{Spin}(n)$ は B_{n^0} 型（$n^0 = 1$ のときは A_1 型と同型）で W_n は，(1) $(\theta_p)_{p \in \boldsymbol{I}_{n^0}}$ の任意の置換，(2) 任意個数の θ_p の符号換え，によって生成される．

（ii）$n = 2n^0$（偶数）のとき，$\mathrm{Spin}(n)$ は D_{n^0} 型（$n^0 = 2$ のとき $A_1 + A_1$ 型，$n^0 = 3$ のとき A_3 型と同型）で W_n は，(1) および (2′) 偶数個の θ_p の符号換え，から生成される．

2.10.4　Spin(n) の既約表現への $\mathfrak{S}_n$-作用と相関作用素

$\mathfrak{S}_n$ は群 $G' = \mathrm{Spin}(n)$ に作用しているので，当然その表現 π にも作用する:

(2.10.4) $$({}^{\sigma}\pi)(u') := \pi(\sigma^{-1}(u')) \quad (\sigma \in \mathfrak{S}_n,\ u' \in G')$$

π の同値類を $[\pi]$, その固定化群を $\mathfrak{S}_n([\pi])$ と書く: $\mathfrak{S}_n([\pi]) := \{\sigma \in \mathfrak{S}_n\,;\ {}^{\sigma}\pi \cong \pi\}$. $\sigma \in \mathfrak{S}_n([\pi])$ に対しては, ${}^{\sigma}\pi \cong \pi$ であるから, 2 つの表現の間の同値関係を与える相関作用素 $J_\pi(\sigma)$ がある, すなわち,

(2.10.5) $$\pi(\sigma(u')) = J_\pi(\sigma)\,\pi(u')\,J_\pi(\sigma)^{-1} \quad (u' \in G').$$

このとき, 作用素 $J_\pi(\sigma)$ は定数倍を除いて決まるので, 対応 $\mathfrak{S}_n([\pi]) \ni \sigma \mapsto J_\pi(\sigma)$ は一般には射影表現を与える.

命題 2.10.2 (i) $n \geq 3$ が奇数のとき, $\mathfrak{S}_n([\pi^{SO}_{\boldsymbol{\lambda}}]) = \mathfrak{S}_n$.
(ii) $n \geq 4$ が偶数のとき, $\mathfrak{S}_n([\pi^{SO}_{\boldsymbol{\lambda}_\varepsilon}]) = \mathfrak{A}_n$, $\sigma \notin \mathfrak{A}_n$ ならば, ${}^{\sigma}(\pi^{SO}_{\boldsymbol{\lambda}_+}) \cong \pi^{SO}_{\boldsymbol{\lambda}_-}$.

証明 上で与えた $\pi = \pi^{SO}_{\boldsymbol{\lambda}}, \pi^{SO}_{\boldsymbol{\lambda}_\varepsilon}$ の指標公式を用いて, π と ${}^{\sigma}\pi$ の指標を比較すればよい. □

定理 2.10.3 (i) $n \geq 3$ を奇数とする. $\pi = \pi^{SO}_{\boldsymbol{\lambda}}$ とおく. 相関作用素 $J_\pi(\sigma)$ $(\sigma \in \mathfrak{S}_n([\pi]) = \mathfrak{S}_n)$ は, 生成元系 $\{s_i\ (i \in \boldsymbol{I}_{n-1})\}$ に対して, $J_\pi(s_i) = c_i\,\nabla^{(2)}_n(r_i)$, ここに, $c_i \neq 0$ は定数, $\nabla^{(2)}_n(r_i)$ は定理 2.7.2 にある通り

$$\nabla^{(2)}_n(r_i) = \frac{1}{\sqrt{2}}\,(Y_i - Y_{i+1}) \qquad (i \in \boldsymbol{I}_{n-1})$$

であり, さらに, $\nabla^{(2)}_n(z_1) = -I$ とおけば, $\nabla^{(2)}_n$ は $\mathfrak{S}_n$ のスピン表現 (2 価表現) を与える.

(ii) $n \geq 4$ を偶数とする. $\pi = \pi^{SO}_{\boldsymbol{\lambda}_\varepsilon}$, $\varepsilon = \pm$, とおく. $\sigma \in \mathfrak{S}_n([\pi]) = \mathfrak{A}_n$ に対する相関作用素 $J_\pi(\sigma)$ は, $s_is_j \in \mathfrak{A}_n$ $(i,j \in \boldsymbol{I}_{n-1})$ に対して, $J_\pi(s_is_j) = c_{ij}\,\mho_n(r_ir_j)$, で与えられる. ここに, $c_{ij} \neq 0$ は定数で,

(2.10.6) $$\mho_n(r_ir_j) := \nabla^{(2)}_n(r_i)\nabla^{(2)}_n(r_j) = \frac{1}{2}(Y_i - Y_{i+1})(Y_j - Y_{j+1}),$$

である. さらに, $\mho_n(z_1) = -I$ とおけば, $\mho_n$ は $\mathfrak{A}_n$ のスピン表現 (2 価表現) を与える. これは 2 重被覆 $\widetilde{\mathfrak{A}}_n := \Phi_{\mathfrak{S}}^{-1}(\mathfrak{A}_n)$ まで上がれば線形表現である.

問題 2.10.1 次を証明せよ.
$u' \in \mathrm{Spin}(n)$ に対し, $u = \Phi_{SO}(u')$ とおくと, $\Phi_{SO}(\sigma(u')) = \sigma(u)$.

第 3 章

半直積群の既約表現の構成とスピン表現

A.H. Clifford (1908–1992) は，[Clif, 1937] で，群 G に正規部分群 U があったとき，G の既約表現 π を U に制限した場合の構造を調べている．その結果を，G がコンパクト群 U と有限群 S との半直積になっている場合に適用すると，G の既約表現の完全系を構成する一般的な方法が証明できる ([HHoH2, §3] 参照)．その際には，一般的に言って，S のある部分群の**スピン表現が自然と必要になる**．まずこれについて解説する．

ついで，この方法に対する，できるだけ簡単な別証明を与える（[Hir4] 参照）．本書では第 9 章以降で，一般化対称群 $G(m,1,n) = D_n(\boldsymbol{Z}_m) \rtimes \mathfrak{S}_n$ のスピン表現にまで話題を拡げて論ずる予定なので，この一般的な方法が必要である．

3.1　既約表現 π の構造と生成

論文 [Clif] の内容の関係部分を増補し，**1.2** 節の誘導表現の用語を用いて述べよう．

3.1.1　正規部分群への制限 $\pi|_U$ の構造

群 G には，正規部分群 U が存在するとする．U の表現 ρ に対し，$g \in G$ の作用を $({}^g\rho)(u) := \rho(g^{-1}ug)\ (u \in U)$ とおく．有限次元既約表現 $(\pi, V(\pi))$ に対し，U への制限 $\pi|_U$ が「可約かつ完全可約である」と仮定する．

$\pi|_U$ に含まれる U の既約表現で互いに同値でないものを $\rho^{(1)}, \cdots, \rho^{(m)}$ とする．$V(\pi)$ の部分空間 V_i を，その上の $\pi|_U$ の既約成分が $\rho^{(i)}$ と同値となるような最大のものとすると，$V(\pi) = V_1 \dot{+} \cdots \dot{+} V_m$ (直和) である．$H_i := \{g \in G;\ \pi(g)V_i = V_i\}$ とし，V_i 上に π から導かれる H_i の表現を $\tau^{(i)}$ とする．各 V_i に基底をとり，それらを合わせて $V(\pi)$ の基底とする．これに関して $\pi(g)$ を（ブロック型）行列で表示すると，

(3.1.1) $$\pi(g) = (\pi_{ij}(g))_{i,j\in\boldsymbol{I}_m}, \quad \pi_{ij}(g) : V_j \to V_i,$$

と表される．$u \in U$ に対し，$\pi_{ii}(u)$ は $\rho^{(i)}$ の重複で，$\pi_{ij}(u) = 0$ $(i \neq j)$.

$g \in G$ に対し，$\pi(g)^{-1}\pi(u)\pi(g) = \pi(g^{-1}ug)$ なので，

$$\pi_{ii}(u)\pi_{ij}(g) = \pi_{ij}(g)\,\pi_{jj}(g^{-1}ug) \quad (u \in U).$$

U の表現 $\pi_{jj}(g^{-1}ug)$ $(u \in U)$ は，${}^g(\rho^{(j)})$ の重複である．${}^g(\rho^{(j)}) \cong \rho^{(i)}$ のときのみ，$\pi_{ij}(g) \neq 0$ であり得るが，その行列 $\pi_{ij}(g)$ は正則である．このとき $i = \dot{g}(j)$ とおくと，$\dot{g}$ は添字集合 $\boldsymbol{I}_m$ の置換を与える．ここまでの議論から次が分かった：

定理 3.1.1 (i) $\rho := \rho^{(1)}$ とおくと，$\{\rho^{(i)}\,;\, i \in \boldsymbol{I}_m\}$ は，$\{{}^g\rho\,;\, g \in G\}$ の同値類の完全代表系である．共通の重複度 ℓ で，$\pi|_U \cong \sum^{\oplus}_{i\in\boldsymbol{I}_m} [\ell]\cdot\rho^{(i)}$, となる．そして，$\dim\pi = m\ell n$, $n := \dim\rho$.

(ii) $\pi(g)$ は $\dot{g}$ にしたがって 3 つ組 $(V_j, H_j, \tau^{(j)})$ $(j \in \boldsymbol{I}_m)$ の置換を引き起こす．そして，ブロック型行列 $\pi(g) = (\pi_{ij}(g))$ の各行，各列にはそれぞれ 1 個ずつ $\neq 0$ な要素がある．

注 π が上の形に書けるという性質を Clifford は「π の imprimitivity」と言っている．この用語の和訳としては「**準原始性**」というのがよろしいのではないか (primitive を原始的と訳しているので)．□

$\pi(g_i)V_1 = V_i$ となる $g_i \in G$ をとる ($g_1 = e$ とする)．ここで，

$$\pi(g_i)V_1 = V_i \iff {}^{g_i}(\rho^{(1)}) \cong \rho^{(i)} \iff \dot{g}_i(1) = i,$$

に注意しておこう．$(V_1, H_1, \tau^{(1)})$ を $(V(\tau_H), H, \tau_H)$ と書く．集合 $\{g_i\,;\, i \in \boldsymbol{I}_m\}$ は G/H の G 内における切断である．$\pi_{i1}(g_i) : V_1 \to V_i$ は正則である．そこで，$E = E_{\ell n}$ を単位行列として，

$$L := \mathrm{diag}(E, \pi_{21}(g_2), \cdots, \pi_{m1}(g_m))$$

とおき，表現 $\pi(g)$ を $\pi'(g) := L^{-1}\pi(g)L$ に変換すると，$\pi'_{11}(g) = \pi_{11}(g)$ で，

$$\pi'_{ii}(g) = \pi_{i1}(g_i)^{-1}\pi_{ii}(g)\pi_{i1}(g_i)\ (i > 1),\ \pi'_{i1}(g_i) = E,\ \ \pi'_{1i}(g_i^{-1}) = E.$$

さらに，$\pi'_{ik}(g_i) = 0$ $(k \neq 1)$, $\pi'_{1l}(h) = 0$ $(l \neq 1)$, $\pi'_{lj}(g_j^{-1}) = 0$ $(l \neq 1)$, なので，

(3.1.2) $$\pi'_{ij}(g_i h g_j^{-1}) = \sum_{k,l} \pi'_{ik}(g_i)\pi'_{kl}(h)\pi'_{lj}(g_j^{-1}) = \pi'_{11}(h) = \tau_H(h) \quad (h \in H).$$

$g \in G$ と i に対し，一意的に j が存在して，$g_i^{-1} g g_j \in H$．他方，

$$g_i^{-1} g g_j \in H \Longleftrightarrow g_i^{-1} g \in H g_j^{-1} \Longleftrightarrow \rho^{(j)} \cong {}^{g^{-1}}(\rho^{(i)}) \Longleftrightarrow j = \dot{g}^{-1}(i).$$

(3.1.2) 式に $h = g_i^{-1} g g_j$ を代入すれば，$\pi'_{ij}(g) = \tau_H(g_i^{-1} g g_j)$ を得る．よって

$$\pi'_{ij}(g) = \begin{cases} \tau_H(g_i^{-1} g g_j) & j = \dot{g}^{-1}(i) \text{ のとき}, \\ 0 & j \neq \dot{g}^{-1}(i) \text{ のとき}. \end{cases} \tag{3.1.3}$$

行列表示 (3.1.1) では，任意の $v \in V(\pi)$ は一意的表示 $v = v_1 + v_2 + \cdots + v_m$ $(v_i \in V_i)$ を通して，$(v_i)_{i \in \boldsymbol{I}_m}$ と同一視されている．これに変換 L^{-1} を繋ぐと，

$$L^{-1}(v) = (w_i)_{i \in \boldsymbol{I}_m}, \quad w_i := \pi_{1i}(g_i^{-1}) v_i \in V_1 = V(\tau_H).$$

これにより，$L^{-1} : V(\pi) \to V(\tau_H)^m$ はベクトル空間の同型である．

命題 3.1.2　L^{-1} により $(\pi, V(\pi))$ は次のように書き換えられる：

(i)　$h \in H$ に対し，　$L^{-1}(\pi(h)v) = \left(\tau_H(g_i^{-1} h g_i) w_i\right)_{i \in \boldsymbol{I}_m}$，

(ii)　$g \in G$ に対し，$g_i^{-1} g g_j \in H$ とすると，$j = \dot{g}^{-1}(i)$，$\pi(g) v_j \in V_i$，

$$L^{-1}(\pi(g)v) = \left(\tau_H(g_i^{-1} g g_{\dot{g}^{-1}(i)}) w_{\dot{g}^{-1}(i)}\right)_{i \in \boldsymbol{I}_m}, \quad w_j = \pi_{1j}(g_j^{-1}) v_j.$$

定理 3.1.3　表現 τ_H は既約であり，$\pi \cong \mathrm{Ind}_H^G \tau_H$．

証明　上の命題から，τ_H が既約でなければ，π も既約でない．

(3.1.3) 式で $\pi'(g) = (\pi'_{ij}(g))$ が τ_H を使って書けている．他方 $\mathcal{S} := \{g_i^{-1} \,;\, i \in \boldsymbol{I}_m\}$ は $H \backslash G$ に対する G 内の切断である．そこで，**1.2.2** 小節「誘導表現の別の実現」を使って π' を解釈し直せばよい．$v \in V(\pi)$ に対し，$\mathcal{S}$ 上の $V(\tau_H)$-値関数として，$\varphi_v(g_i^{-1}) := w_i$ $(= \pi(g_i^{-1}) v_i)$ $(i \in \boldsymbol{I}_m)$ とおく．写像 $V(\pi) \ni v \mapsto \varphi_v \in \mathcal{F}(\mathcal{S}; V_1)$ は，ベクトル空間の同型を与える．そこで，$g \in G$ をとり，変換 $v \mapsto \pi(g)v$ に対して，変換 $\varphi_v \mapsto \varphi_{\pi(g)v}$ が (1.2.7) 式のように表されるかを見る．

$g = h \in H$ に対する主張は明らかなので，下の場合を論ずればよい．

$s = g_i^{-1} \in \mathcal{S}$ に対して，

$$sg = h\, s\overline{g}, \quad s\overline{g} = g_j^{-1} \ (j = \dot{g}^{-1}(i)), \quad h = g_i^{-1} g g_j$$

であるから，$\psi_{\pi(g)v}(s) = \tau_H(h) \psi_v(s\overline{g})$ が成り立っていればよい．これは，命題 3.1.2 (ii) の公式そのものである．　□

3.1.2 群 H の既約表現の構成にはスピン表現が出現する

上の議論，とくに定理 3.1.3, により，π を知るには，既約表現 $(H, \tau_H, V(\tau_H)) = (H_1, \tau^{(1)}, V_1)$ を知ればよいことになる．後者については，次の定理がその構成法を与える．その際には，自然にスピン（射影）表現が現れる．

定理 3.1.4 群 H は正規部分群 U を持つとし，体 K は代数的閉とする．H の有限次元既約表現 τ に対して，$\tau|_U \cong [\ell]\cdot\rho$, ここに ρ は U の既約表現，とする．

(i) τ は H の 2 つの**スピン表現** C, Γ のテンソル積 $\Gamma(h)\otimes C(h)$ $(h \in H)$ に同値である．ここに，C, Γ の因子団は互いに逆であり，

$$\dim C = \dim\rho,\ \rho(huh^{-1}) = C(h)^{-1}\rho(u)C(h)\ (h \in H, u \in U),\ \dim\Gamma = \ell.$$

(ii) 次のように正規化できる：$h \in H$, $u \in U$ に対し，

$$C(hu) = C(h)\rho(u),\ C(u) = \rho(u);\quad \Gamma(hu) = \Gamma(h),\ \ \Gamma(u) = I_\ell,$$

ここに，I_ℓ は ℓ-次元の恒等作用素．このとき，$h \mapsto \Gamma(h)$ は，実質上 H/U の射影表現である．C と Γ の因子団は実質上 H/U 上の関数であり，互いに逆である．

証明 表現空間 $V(\tau)$ に基底をとって，表現を行列表示し，$\tau|_U$ が次の形のブロック型対角行列になるようにする：$\tau(u) = \mathrm{diag}(\rho(u), \rho(u), \cdots, \rho(u))$. これに対応して，$\tau(h) = (\tau_{ij}(h))_{i,j\in\boldsymbol{I}_\ell}$ とブロック型行列で表示する．仮定により，${}^h\rho \cong \rho$ $(h \in H)$ であるから，それらの相関作用素を $C(h)$ とすると，

$$\rho(h^{-1}uh) = C(h)^{-1}\rho(u)\,C(h) \quad (u \in U). \tag{3.1.4}$$

ここで，$C(h)$ はスカラー倍を除いて決まるので，一般には，$H \ni h \mapsto C(h)$ は H のスピン表現である．その因子団を $r_{h,k}$ とすれば，

$$C(h)C(k) = r_{h,k}\,C(hk) \quad (h, k \in H). \tag{3.1.5}$$

また，$\tau(h)^{-1}\tau(u)\tau(h) = \tau(h^{-1}uh)$ より，

$$\rho(u)(\tau_{ij}(h)C(h)^{-1}) = (\tau_{ij}(h)C(h)^{-1})\rho(u) \quad (u \in U).$$

U の表現 ρ は既約，体 K は代数的閉，であるから，定理 1.1.11 の Schur の補題によって，$\tau_{ij}(h)C(h)^{-1}$ はスカラー作用素である．したがって，$\tau_{ij}(h) = \gamma_{ij}(h)\,C(h)$ $(\exists\gamma_{ij}(h) \in \boldsymbol{C})$. そこで，$\Gamma(h) := (\gamma_{ij}(h))_{i,j\in\boldsymbol{I}_\ell}$ とおくと，

$$\tau(h) = \Gamma(h)\otimes C(h) \quad (h \in H). \tag{3.1.6}$$

$\tau(h)\tau(k) = \tau(hk)$ であるから

(3.1.7) $$\Gamma(h)\Gamma(k) = r_{h,k}{}^{-1}\Gamma(hk) \quad (h, k \in H),$$

すなわち，Γ は（C とは逆の）因子団 $r_{h,k}{}^{-1}$ を持つ H のスピン表現である．

主張 (ii) の証明は次の補題による．

補題 3.1.5 $C(h)$ $(h \in H)$ を適当にスカラー倍して, $C(hu) = C(h)\rho(u)$, $C(u) = \rho(u)$ $(h \in H, u \in U)$ となるようにできる．そのとき，

$$r_{hu,kv} = r_{h,k}, \quad \Gamma(hu) = \Gamma(h) \quad (h, k \in H,\ u, v \in U).$$

証明 $\tau(u) = \rho(u) \times E_\ell$ $(u \in U)$ と正規化してあったので, $C(u) = \rho(u)$, $\Gamma(u) = E_\ell$ $(u \in U)$ ととれる．また，(3.1.4) 式から $C(hu) = \lambda_{h,u}C(h)\rho(u)$ $(\lambda_{h,u} \in \boldsymbol{C}^\times)$ が分かる．H の 左 U-剰余類の完全代表系 $\mathcal{H}$（U の代表元は e）をとり，$h \in \mathcal{H}$, $h \neq e$, に対し，$C(h)$ を決め，$C(hu) := C(h)\rho(u)$ $(h \in \mathcal{H},\ u \in U)$ とおく．すると，$C(hu) = C(h)\rho(u)$ $(h \in H, u \in U)$ を満たす．$u, v \in U,\ h, k \in H,$ に対し，

$$\begin{aligned} C(hu)C(kv) &= C(h)\rho(u)C(k)\rho(v) = C(h)C(k)\rho(k^{-1}uk)\rho(v) \\ &= r_{h,k}\, C(hk)\rho(k^{-1}ukv) = r_{h,k}\, C(hukv) \qquad \therefore\ r_{h,k} = r_{hu,kv}. \end{aligned}$$

また，(3.1.6) により，$\tau(hu) = \Gamma(hu) \otimes C(hu)$, さらに，

$$\tau(hu) = \tau(h)\tau(u) = (\Gamma(h) \otimes C(h))(\Gamma(u) \otimes C(u)) = \Gamma(h) \otimes (C(h)C(u)).$$

ゆえに，$\Gamma(hu) = \Gamma(h)$ が示された． □

3.2　コンパクト群と有限群の半直積の既約表現

群 U の上に別の群 S が作用しているとする．すなわち，$s \in S$ に対し，U の自己同型 $u \mapsto s(u)$ が対応して，$(st)(u) = s(t(u))$ $(s, t \in S,\ u \in U)$ となっている．このとき，半直積群 $G = U \rtimes S$ とは，直積集合 $U \times S$ に積 $(u, s)(v, t) := (u\, s(v), st)$ を入れたものである．

問題 3.2.1 上記の積によって，群が得られることを示せ．
ヒント．単位元の存在，逆元の存在，結合律の成立，を示せ．

以後，本章では，とくに断らない限り，U をコンパクト群，S を有限群とする．

そして取り扱う表現はユニタリとする．U の表現 ρ に対し，$s \in S$ は $({}^s\rho)(u) := \rho(s^{-1}(u))$ $(u \in U)$ として働く．既約表現 ρ の同値類を $[\rho]$ と書くと，$[\rho] \mapsto [{}^s\rho]$ は U の双対 $\widehat{U}$ 上の S の作用である．その S-軌道の全体を $\widehat{U}/S$ と書く．$[\rho]$ の S における固定化部分群を $S([\rho])$ とする，すなわち，$S([\rho]) := \{s \in S\,;\, {}^s\rho \cong \rho\}$. $S([\rho])$ の元 s に対して，ρ と ${}^{s^{-1}}\rho$ の間の相関作用素 $J_\rho(s)$ は，

$$(3.2.1) \qquad \rho(s(u)) = J_\rho(s)\,\rho(u)\,J_\rho(s)^{-1} \quad (u \in U)$$

によって与えられるが，これは定数倍を除いて決まる．したがって，対応 $S([\rho]) \ni s \mapsto J_\rho(s)$ は一般には射影表現である．$\alpha_{s,t}$ をその因子団とすると，$J_\rho(s)J_\rho(t) = \alpha_{s,t}\,J_\rho(st)$ $(s,t \in S([\rho]))$. そこで，$(u,s) \in H = U \rtimes S([\rho])$ に対して，

$$(3.2.2) \qquad \pi^0((u,s)) := \rho(u) \cdot J_\rho(s),$$

とおくと，$\pi^0 = \rho \cdot J_\rho$ は H の既約なスピン表現で，その因子団は，次の計算

$$\pi^0((u,s))\pi^0((v,t)) = \rho(u) \cdot J_\rho(s)\rho(v) \cdot J_\rho(t) = \alpha_{s,t}\,\rho(u\,s(v))J_\rho(st),$$

により，$A_{(u,s),(v,t)} = \alpha_{s,t}$ である．

他方，$S([\rho])$ のスピン既約表現 π^1 をとり，その因子団を $\beta_{s,t}$ とすれば，テンソル積表現 $J_\rho \otimes \pi^1$ の因子団は，$\alpha_{s,t}\,\beta_{s,t}$ である．したがって，π^1 として，因子団 $\alpha_{s,t}^{-1}$ を持つものをとれば，$J_\rho \otimes \pi^1$ は群 $S([\rho])$ の線形表現である．π^1 を準同型 $H \to H/U \cong S([\rho])$ を通して，H のスピン表現だと見て，（内部）テンソル積表現 $\pi := \pi^0 \boxdot \pi^1$ を考えると，これは H の線形表現である．$G \supset H$ の既約表現を得たいので，π の誘導表現をとる：

$$(3.2.3) \qquad \varPi(\pi^0, \pi^1) := \mathrm{Ind}_H^G\,\pi = \mathrm{Ind}_H^G(\pi^0 \boxdot \pi^1).$$

注 3.2.1 (a) 記号 $\rho \cdot J_\rho$ における中黒（なかぐろ）（\cdot）は無くてもよい，すなわち，ρJ_ρ としてもよい．ここでは ρ と J_ρ との釣り合いを取るために入れてある．のちの第 11 章では，(11.7.8) 式でのように，$\rho = P^0$, $J_\rho = \nabla_n^{\mathrm{II}}$ の場合などでは釣り合いの問題が無いので中黒を省いて $P^0\,\nabla_n^{\mathrm{II}}$ と書いてある．これは指標を計算するときに，無意識的に $P^0 \cdot \nabla_n^{\mathrm{II}}$ とテンソル積 $P^0 \otimes \nabla_n^{\mathrm{II}}$ とを混同するのを防ぐためである．

(b) π^0 と π^1 とのテンソル積は単純なテンソル積ではないので，それを忘れないために特別の記号 $\boxdot$ を用いている．

定理 3.2.1 (既約表現の完全系の構成) 半直積群 $G = U \rtimes S$ において，U をコンパクト群，S を有限群とする．

(i) 誘導表現 $\Pi(\pi^0, \pi^1)$ は既約である．

(ii) 表現 $\Pi(\pi^0, \pi^1)$ の集合から，G の双対 $\widehat{G}$ の完全代表系が選べる，すなわち，G の任意の既約表現はどれかの $\Pi(\pi^0, \pi^1)$ に同値である．

前節の結果（とくに定理 3.1.3, 3.1.4）を用いれば，上の定理の証明が得られる（読者試みられよ）．これを問題 3.2.2 として掲げておく．

我々は次節で，Clifford の結果とは完全に独立で，かつ簡明な定理 3.2.1 の別証明を与える．ここで 2 種の証明を与えるのは，この基本的な結果をいろいろの方向から眺めてみることは，教育的効果もあり，今後にとっても有益だからである．

補題 3.2.2 ρ を U の既約表現，J_ρ を相関関係式 (3.2.1) による $S([\rho])$ のスピン表現とする．$\pi^0 = \rho \cdot J_\rho$ は $H = U \rtimes S([\rho])$ のスピン表現である．π^1 と π^1_o を $S([\rho])$ のスピン既約表現で，互いに非同値，その因子団はともに J_ρ の因子団の逆，とする．このとき，$\pi = \pi^0 \boxdot \pi^1$ と $\pi_o := \pi^0 \boxdot \pi^1_o$ は，$H = U \rtimes S([\rho])$ の表現として，既約で非同値，である．

問題 3.2.2　定理 3.2.1 の証明を与えよ．

問題 3.2.3　補題 3.2.2 の証明を与えよ．

閑話休題 3.2.1　A.H. Clifford は米国人で，Clifford 代数を作った W.K. Clifford (1845–1879)（英国人）とは別人である．Princeton 高等研究所で H. Weyl の助手をしていたころは，群の表現論の研究をしていたが，後には半群論の大家となった．私が数年前に，彼の初期の仕事 [Clif] について知ったのは，成書 P. Hoffman - J. Humphrey [HoHu] にそれが引用されていたからである．後年，G.W. Mackey が半直積群の表現の構成について Chicago 講義録 [Mac1, 1955] や [Mac2, 1958] などで論じているが，それは G が局所コンパクト群の場合が主である．そして，本節における場合はパスされており，とくに言及がない．上述の方法を呼ぶには「Clifford-Mackey の方法」という名称も有り得るが，本書では単に **古典的方法**（classical method）と呼ぶことにする．

3.3　誘導表現 $\Pi(\pi^0, \pi^1)$ の指標と既約性

本節と次節では，定理 3.2.1 の別証明を与えると同時に，$G = U \rtimes S$ の既約表現の完全代表系の与え方を詳しく述べる．そのために重要な働きをするのが表現の指標である．

3.3.1 $\Pi(\pi^0,\pi^1)$ の指標

$\Pi=\Pi(\pi^0,\pi^1)$ とおき，χ_Π でその指標を表す．$\Pi=\mathrm{Ind}_H^G\pi$ であるから，誘導表現の指標に関する定理 1.2.4 により，χ_Π は

$$\chi_\Pi(g)=\int_{H\backslash G}\chi_\pi(kgk^{-1})\,d\nu_{H\backslash G}(\dot{k}), \tag{3.3.1}$$

と積分表示される．ここに，π の指標 χ_π は H の外側で 0 とおいて，G 全体に拡張しておく．$\dot{k}=Hk$ で，$\nu_{H\backslash G}$ は各点に 1 を与える $H\backslash G$ 上の不変測度．$H\backslash G\cong S([\rho])\backslash S$ は有限であるから，(3.3.1) は G 上の Haar 測度 μ_G を用いて次のように書ける：

$$\chi_\Pi(g)=|H\backslash G|\int_G\chi_\pi(kgk^{-1})\,d\mu_G(k). \tag{3.3.2}$$

なお，$(u,s)\in H=U\rtimes S([\pi])$ に対して，$\chi_\pi((u,s))=\chi_{\pi^0}((u,s))\,\chi_{\pi^1}(s)$.

3.3.2 $\Pi(\pi^0,\pi^1)$ の既約性

定理 3.3.1 $G=U\rtimes S$ をコンパクト群 U と有限群 S との半直積とする．(3.2.3) の G の誘導表現 $\Pi(\pi^0,\pi^1)=\mathrm{Ind}_H^G(\pi^0\boxdot\pi^1)$ は既約である．

これを証明するために次の補題を用いる．

補題 3.3.2 U の既約表現 ρ_o に対し，$H_o:=U\rtimes S([\rho_o])$ のスピン既約表現 $\pi_o^0:=\rho_o\cdot J_{\rho_o}$ を $H=U\rtimes S([\rho])$ の既約表現 $\pi^0=\rho\cdot J_\rho$ と同様に定義する．ρ_o と ρ は同値でないとすると，任意の $s\in S([\rho])$, $s_o\in S([\rho_o])$, に対し，

$$\int_U\chi_{\pi^0}((u,s))\,\overline{\chi_{\pi_o^0}((u,s_o))}\,d\mu_U(u)\;=\;0. \tag{3.3.3}$$

証明 指標 $\chi_{\pi^0}((u,s))=\mathrm{tr}(\rho(u)J_\rho(s))$ は $u\in U$ の関数としては，表現 ρ の行列要素の 1 次結合である．同様に，$\chi_{\pi_o^0}((u,s_o))=\mathrm{tr}(\rho_o(u)J_{\rho_o}(s_o))$ は ρ_o の行列要素の 1 次結合である．他方，$\rho\not\cong\rho_o$ だから，定理 1.1.2 (ii) により，ρ と ρ_o の行列要素はつねに $L^2(U)$ で直交している． □

定理 3.3.1 の証明 $\Pi=\Pi(\pi^0,\pi^1)$ とおく．定理 1.1.8 により，Π が既約であることは，$\|\chi_\Pi\|^2=\displaystyle\int_G|\chi_\Pi(g)|^2\,d\mu_G(g)=1$, と同値である．指標 χ_Π の積分表示 (3.3.2) を用いて，$\displaystyle\int_G|\chi_\Pi(g)|^2\,d\mu_G(g)$ を書き換えていくと：

$$
\begin{aligned}
&|H\backslash G|^2 \int_G \iint_{G\times G} \chi_\pi(k_1 g k_1^{-1})\,\overline{\chi_\pi(k_2 g k_2^{-1})}\,d\mu_G(k_1)\,d\mu_G(k_2)\,d\mu_G(g)\\
&\quad = |H\backslash G|^2 \int_G \int_G \chi_\pi(g)\,\overline{\chi_\pi(kgk^{-1})}\,d\mu_G(k)\,d\mu_G(g)\\
&\quad = \int_H \int_{H\backslash G} \chi_\pi(h)\,\overline{\chi_\pi(khk^{-1})}\,d\nu_{H\backslash G}(\dot{k})\,d\mu_H(h) \ =: I_\pi \quad (\text{と置く}).
\end{aligned}
$$

$H\backslash G \cong S([\rho])\backslash S$ の完全代表系を $\{s_q \in S\,;\, q\in Q\}$ $(s_{q_0}=e)$ とすると,

$$
I_\pi = \sum_{q\in Q} \int_H \chi_\pi(h)\,\overline{\chi_\pi(s_q h s_q^{-1})}\,d\mu_H(h), \tag{3.3.4}
$$

ここに, μ_H は H 上の正規化された Haar 測度である. 他方, $h'=(u,s')\in H' = U\rtimes S([\rho])'$ に対し, $h=(u,s)\in H = U\rtimes S([\rho])$, $s=\Phi_S(s')$, とすると, $s_q h s_q^{-1} = (s_q u s_q^{-1}, s_q s s_q^{-1})$. したがって, $s'_q \in S([\rho])', \Phi_s(s'_q)=s_q$, をとると

$$
\begin{cases}
\chi_\pi(h) = \mathrm{tr}(\rho(u)J'_\rho(s'))\cdot \chi_{\pi^1}(s'),\\
\chi_\pi(s_q h s_q^{-1}) = \mathrm{tr}(\rho(s_q u s_q^{-1})J'_\rho(s'_q s' {s'_q}^{-1}))\cdot \chi_{\pi^1}(s'_q s' {s'_q}^{-1}).
\end{cases} \tag{3.3.5}
$$

$q\neq q_0$ なる s_q に対して, $s_q \notin S([\rho])$ だから, 既約表現 ${}^{s_q^{-1}}\rho$ は ρ に同値ではない. ただし, $({}^{s_q^{-1}}\rho)(u) = \rho(s_q u s_q^{-1})$. ゆえに, $d\mu_H(h) = d\mu_U(u)\,d\mu_{S([\rho])}(s)$ $(h=(u,s)\in U\rtimes S([\rho]))$ であるから, 上の (3.3.5) 式の 2 つの関数の右辺を見れば, 補題 3.3.2 により, $\displaystyle\int_H \chi_\pi(h)\,\overline{\chi_\pi(s_q h s_q^{-1})}\,d\mu_H(h) = 0$ を得る. かくて, (3.3.4) では, $q=q_0$, $s_{q_0}=e$, のみが残り,

$$
I_\pi = \int_H \chi_\pi(h)\,\overline{\chi_\pi(h)}\,d\mu_H(h) = 1. \qquad \square
$$

3.3.3　指標 χ_Π の直交関係

$G=U\rtimes S$ に対して, コンパクト群 U の既約表現の集合

$$
\{\rho_i\,;\, i\in I_{U;S}\} \tag{3.3.6}
$$

を U の双対 $\widehat{U}$ の S-軌道の全体 $\widehat{U}/S$ の完全代表系とする. $i\in I_{U;S}$ に対し, $H_i := U\rtimes S([\rho_i])$ とし, J_{ρ_i} の因子団を $r^{(i)}_{s,t}$ $(s,t\in S([\rho_i]))$ とする. $S([\rho_i])$ のスピン既約表現で因子団が $(r^{(i)}_{s,t})^{-1}$ になっているものの同値類全体の完全代表系を $\{\pi^1_{i,j}\,;\, j\in J_i\}$ とする. 定理 2.2.2 を使って詳しく説明すると次のようになる. 因子団 $r_{g,h}$ に対応する定理 2.2.2 (i) における $S([\rho])$ の中心拡大を $S([\rho])'$ とする.

定理 2.2.2 (iii) により，因子団 $r_{g,h}^{-1}$ を持つ $S(\rho])$ のスピン表現の集合は，典型的対応によって，$S([\rho])'$ の線形表現のある集合に単射的に対応する．後者における同値類の完全代表系をとれば（$S([\rho])$ のレベルに戻して）$\{\pi_{i,j}^1\,;\, j \in J_i\}$ が得られる．

$\pi_{i,j} := \pi_i^0 \boxdot \pi_{i,j}^1$, $\Pi_{i,j} := \Pi(\pi_i^0, \pi_{i,j}^1) = \mathrm{Ind}_{H_i}^G \pi_{i,j}$ とし，$\Omega(G)$ を与える：

$$\Omega(G) := \{\Pi_{i,j} = \Pi(\pi_i^0, \pi_{i,j}^1)\,;\, i \in I_{U;S},\, j \in J_i\}. \tag{3.3.7}$$

定理 3.3.3 $\Pi_{i,j} \in \Omega(G)$ の指標 $\chi_{\Pi_{i,j}}$ に対して，$L^2(G)$ における次の直交関係が成り立つ：

$$\langle \chi_{\Pi_{i,j}}, \chi_{\Pi_{i',j'}} \rangle_{L^2} = \begin{cases} 1 & \text{if } (i,j) = (i',j'), \\ 0 & \text{if } (i,j) \neq (i',j'), \end{cases} \tag{3.3.8}$$

証明 $(i,j) = (i',j')$ の場合は定理で証明済みなので，$(i,j) \neq (i',j')$ と仮定し，$I_{i',j'}^{i,j} := \langle \chi_{\Pi_{i,j}}, \chi_{\Pi_{i',j'}} \rangle_{L^2}$ とおく．前定理の証明中と同様に

$$I_{i',j'}^{i,j} = |H_i \backslash G| \cdot |H_{i'} \backslash G| \int_G \int_G \chi_{\pi_{i,j}}(g)\, \overline{\chi_{\pi_{i',j'}}(kgk^{-1})}\, d\mu_G(k)\, d\mu_G(g),$$

である．$H_{i'} \backslash G \cong S([\rho_{i'}]) \backslash S$ の完全代表元系 $\{s_q \in S; q \in Q\}$ $(s_{q_0} = e)$ をとると，

$$I_{i',j'}^{i,j} = \sum_{q \in Q} \int_{H_i} \chi_{\pi_{i,j}}(h)\, \overline{\chi_{\pi_{i',j'}}(s_q h s_q^{-1})}\, d\mu_{H_i}(h). \tag{3.3.9}$$

(1) $i = i'$ の場合．(3.3.4) 式以降の議論と同様にして，補題 3.3.2 を用いれば，右辺には $q = q_0$ の項だけが残る： $I_{i,j'}^{i,j} = \displaystyle\int_{H_i} \chi_{\pi_{i,j}}(h)\, \overline{\chi_{\pi_{i,j'}}(h)}\, d\mu_{H_i}(h)$.

$\pi_{i,j}, \pi_{i,j'}$ は既約で $\pi_{i,j} \not\cong \pi_{i,j'}$. 従って，$I_{i,j'}^{i,j} = \delta_{j,j'}$.

(2) $i \neq i'$ の場合．$[\rho_i]$ と $[\rho_{i'}]$ の S-軌道が異なるので，${}^{s_q^{-1}}\rho_{i'}$ と ρ_i とが同値になる s_q は存在しない．(3.3.9) の $q \in Q$ に渡る和において，$d\mu_{H_i}(h) = d\mu_U(u)\, d\mu_{S[\rho_i]}(s)$ $(h = (u,s),\, u \in U,\, s \in S([\rho_i]))$ に留意して，補題 3.3.2 を適用すれば，どの q の項でも，積分は 0 になる．したがって $I_{i,j'}^{i,j} = 0$. □

系 3.3.4 G の既約表現の集合 $\Omega(G)$ は互いに非同値な既約表現からなる．

3.4　既約表現の集合 $\Omega(G)$ の完全性

既約表現の集合 $\Omega(G)=\{\Pi_{i,j}=\Pi(\pi_i^0,\pi_{i,j}^1)\,;\,i\in I_{U;S},\,j\in J_i\}$ が完全であることを示そう．これは，誘導表現を使った（我々のいう）古典的方法が実質上，G のすべての既約表現を与えることを意味する．

定理 3.4.1　コンパクト群 U, 有限群 S, の 半直積の群 $G=U\rtimes S$ に対して，$\Omega(G)$ は G の双対 $\widehat{G}$ の完全代表系を与える．

証明のために，まず次に注意する：

$$\dim\Pi_{i,j}=\dim\pi_{i,j}\cdot|H_i\backslash G|=\dim\rho_i\cdot\dim\pi_{i,j}^1\cdot|S([\rho_i])\backslash S|.$$

$S([\rho_i])$ のスピン既約表現の集合 $\{\pi_{i,j}^1,\,j\in J_i\}$ は因子団が J_ρ の因子団の逆，であるようなスピン既約表現の同値類の完全代表系である．したがって，定理 2.2.1 (i) によって，$\sum_{j\in J_i}(\dim\pi_{i,j}^1)^2=|S([\rho_i])|$，であるから，

$$\sum_{j\in J_i}\big(\dim\Pi_{i,j}\big)^2=(\dim\rho_i)^2\cdot|S([\rho_i])\backslash S|\times|S|. \tag{3.4.1}$$

3.4.1　完全性の証明：有限群 G の場合

$G=U\rtimes S$ は有限群であるとする． 定理 3.3.3 で示された直交関係の下で，$\Omega(G)$ の完全性を示すには，定理 1.1.6 により，次の等式を証明すればよい．

$$\sum_{\Pi_{i,j}\in\Omega(G)}\big(\dim\Pi_{i,j}\big)^2=|G|. \tag{3.4.2}$$

まず，$(\dim\rho_i)^2\cdot|S([\rho_i])\backslash S|$ は，$[\rho_i]$ の S-軌道上の $[\rho]$ に渡っての $(\dim\rho)^2$ の和である．ついで，$\{\rho_i\,;\,i\in I_{U;S}\}$ は $\widehat{U}/S$ の完全代表系である．したがって，

$$\sum_{i\in I_{U;S}}(\dim\rho_i)^2\cdot|S([\rho_i])\backslash S|=\sum_{[\rho]\in\widehat{U}}(\dim\rho)^2=|U|.$$

これと (3.4.1) とを合わせれば，$|U|\cdot|S|=|G|$ を使って (3.4.2) が得られる．

3.4.2　完全性の証明：コンパクト群 G の場合

この場合，U はコンパクト群，S は有限群，である．まず次の補題を証明する．これは有限群に対する定理 1.1.6 に対応するものである．

補題 3.4.2　ρ を U の既約表現とする．G の既約表現の同値類 $[\Pi]\in\widehat{G}$ で $\Pi|_U$

が ρ を含むもの，すなわち，$\Pi|_U \supset \rho$ となるもの，の個数は有限であり，

$$(3.4.3) \qquad \sum_{[\Pi]\in\widehat{G}:\, \Pi|_U\supset\rho} (\dim \Pi)^2 = (\dim\rho)^2 \cdot |S([\rho])\backslash S| \cdot |S|.$$

証明 誘導表現 $\mathrm{Ind}_U^G\rho$ の行列要素全体の張る関数空間を $\mathcal{M}_\rho(G)$ と書く．これは，$\mathrm{Ind}_U^G\rho$ に現れる既約表現 Π，すなわち，$[\mathrm{Ind}_U^G\rho : \Pi] > 0$ となる Π，の行列要素の張る空間 $\mathcal{M}(\Pi)$ の直和である．Frobenius の相互律（定理 1.2.11）によって，$[\Pi|_U : \rho] = [\mathrm{Ind}_U^G\rho : \Pi]$ であるから，上の条件は $[\Pi|_U : \rho] > 0$, すなわち，$\Pi|_U \supset \rho$ と同値である．したがって，

$$(3.4.4) \qquad \dim \mathcal{M}_\rho(G) = \sum_{[\Pi]\in\widehat{G}:\, \Pi|_U\supset\rho} (\dim \Pi)^2.$$

他方，誘導表現 $\mathrm{Ind}_U^G\rho$ の **1.2.2** 小節での実現 Π_ρ では，表現空間は S 上の $V(\rho)$-値関数 φ のなす空間 $\mathcal{F}(S;V(\rho))$ であり，ノルムは $\|\varphi\|^2 = \displaystyle\int_S \|\varphi(s)\|_{V(\rho)}^2 d\mu_S(s)$, ここに，$\|\cdot\|_{V(\rho)}$ は $V(\rho)$ でのノルム，である．$s \in S$ と $g_0 = (u_0, s_0) \in U \rtimes S$ に対して，$sg_0 = (e,s)g_0 = (su_0s^{-1}, ss_0)$．したがって，

$$(3.4.5) \qquad \Pi_\rho(g_0)\varphi(s) = \rho(su_0s^{-1})(\varphi(ss_0)).$$

空間 $\mathcal{F}(S;V(\rho))$ は次の形の元で張られる：$\varphi_{v,\psi}(s) := v\cdot\psi(s)$ $(s\in S)$, ここに，$v \in V(\rho)$, $\psi \in L^2(S)$. この形の元 $\varphi_1, \varphi_2 \in \mathcal{F}(S;V(\rho))$ を $\varphi_i(s) = v_i\cdot\psi_i(s)$ $(s \in S)$, $v_i \in V(\rho)$, $\psi_i \in L^2(S)$, ととって，Π_ρ の行列要素を計算すると，

$$\begin{aligned}\langle \Pi_\rho(g_0)\varphi_1, \varphi_2\rangle &= \int_S \langle \Pi_\rho(g_0)\varphi_1(s), \varphi_2(s)\rangle_{V(\rho)}\, d\mu_S(s) \\ &= \int_S \langle \rho(su_0s^{-1})v_1, v_2\rangle_{V(\rho)}\, \psi_1(ss_0)\,\overline{\psi_2(s)}\, d\mu_S(s) \ \ (=: F(g_0)\ (\text{とおく})).\end{aligned}$$

$t \in S$ に対し，S 上のデルタ関数 δ_t を，$s = t$ か $s \neq t$ かにしたがって $\delta_t(s) = 1, = 0$ とする．$t_i \in S$ $(i=1,2)$ に対し，$\psi_i = \delta_{t_i}$ とおくと，

$$(3.4.6) \qquad F(g_0) = |S|^{-1}\cdot\langle\rho(t_2u_0t_2^{-1})v_1, v_2\rangle_{V(\rho)}\cdot\delta_{t_2^{-1}t_1}(s_0).$$

ここで，第 1 成分は，$u_0 \in U$ の関数として，U の既約表現 ${}^{t_2^{-1}}\rho$ の行列要素の空間 $\mathcal{M}([{}^{t_2^{-1}}\rho])$ を張る．第 2 成分は $s_0 \in S$ の関数 $\delta_t(s_0)$, $t = t_2^{-1}t_1$, として，S 上の関数全体の空間 $\mathcal{F}(S)$ を張る．したがって，

$$(3.4.7) \qquad \dim\mathcal{M}_\rho(G) = \sum_{\text{different } [{}^s\rho]} \dim\mathcal{M}([{}^s\rho])\cdot\dim\mathcal{F}(S)$$

$$= \sum_{[{}^s\rho]} (\dim {}^s\rho)^2 \cdot |S| = (\dim \rho)^2 \cdot |S([\rho])\backslash S| \cdot |S|.$$

(3.4.4) と (3.4.7), から必要な (3.4.3) を得る． □

完全性の証明　上の補題を適用すれば，$\Pi_{i,j}$ の集合 $\Omega(G)$ の完全性は，次に同値である：各 $i \in I_{U;S}$ に対して，

(3.4.8) $$\sum_{j \in J_i} \bigl(\dim \Pi_{i,j}\bigr)^2 = (\dim \rho_i)^2 \cdot |S([\rho_i])\backslash S| \cdot |S|.$$

ところが，これはすでに (3.4.1) において証明されている． □

3.5　半直積群 $D_n(T) \rtimes \mathfrak{S}_n$ の既約表現の完全系

一般論を応用してみよう．T をコンパクト群とし，$D_n(T) := \prod_{j \in \boldsymbol{I}_n} T_j,\ T_j = T,$ とおく．$\sigma \in \mathfrak{S}_n$ を $d = (t_j)_{j \in \boldsymbol{I}_n}$ に，$\sigma(d) := (t'_j)_{j \in \boldsymbol{I}_n},\ t'_j = t_{\sigma^{-1}(j)}$, にしたがって作用させる．半直積群 $G = D_n(T) \rtimes \mathfrak{S}_n$ を考える．$U = D_n(T)$, $S = \mathfrak{S}_n$ とおく．

定理 1.1.12 により，$U = D_n(T)$ の既約表現 ρ は，各 $T_j = T$ $(j \in \boldsymbol{I}_n)$ の既約表現 ζ_j が存在して，それらの（外部）テンソル積に同型であるから，はじめから $\rho = \boxtimes_{j \in \boldsymbol{I}_n} \zeta_j$ ととる．また，$\zeta_i \cong \zeta_{i'}$ ならば，$\zeta_i = \zeta_{i'}$ となるように正規化しておく．$\sigma \in S$ に対し，$\sigma(\rho) := \boxtimes_{j \in \boldsymbol{I}_n} \zeta_{\sigma^{-1}(j)}$ とおく．$V(\rho) = \bigotimes_{i \in \boldsymbol{I}_n} V(\zeta_i)$ から $V(\sigma(\rho))$ への写像

$$I(\sigma):\ V(\rho) \ni \bigotimes_{i \in \boldsymbol{I}_n} v_i \longrightarrow \bigotimes_{i \in \boldsymbol{I}_n} v_{\sigma^{-1}(i)} \in V(\sigma(\rho))$$

を与えておく．他方, U への作用から導かれる $\sigma \in S$ の ρ への作用は, $d = (t_j)_{j \in \boldsymbol{I}_n} \in D_n(T), t_j \in T_j$, に対して，$({}^\sigma\rho)(d) = \rho(\sigma^{-1}(d)) = \rho((t_{\sigma(j)})) = \boxtimes_{j \in \boldsymbol{I}_n} \zeta_j(t_{\sigma(j)})$, ゆえに，$\sigma(\rho)(d) \cdot I(\sigma) = I(\sigma) \cdot ({}^\sigma\rho)(d)$ $(d \in D_n(T))$, すなわち,

(3.5.1) $${}^\sigma\rho = I(\sigma)^{-1} \cdot \sigma(\rho) \cdot I(\sigma).$$

T の双対 $\widehat{T}$ の完全代表元系 $\Omega(T)$ を固定し，$\zeta \in \Omega(T)$ に対し，

(3.5.2) $$I_{n,\zeta} := \{i \in \boldsymbol{I}_n\,;\, \zeta_i \cong \zeta\},$$

とおけば，$\rho = \boxtimes_{j \in \boldsymbol{I}_n} \zeta_j$ から $\boldsymbol{I}_n$ の分割 $\boldsymbol{I}_n = \bigsqcup_{\zeta \in \Omega(T)} I_{n,\zeta}$ が得られる．$[\rho]$ の

S-軌道の中から適当な代表元をとれば，$I_{n,\zeta}$ がすべて $\boldsymbol{I}_n = [1, n]$ の部分区間になるようにできる．ここまでに述べたことから次の定理が得られる．そして，$G = D_n(T) \rtimes \mathfrak{S}_n$ の場合には，既約表現の完全系を得るのに，スピン（射影）表現は現れてこない（[HHH3, §3] 参照）．

命題 3.5.1 半直積群 $G = U \rtimes S$, $U = D_n(T)$, $S = \mathfrak{S}_n$, とする．

（i）U の既約表現は，どれかの $\rho = \boxtimes_{j \in \boldsymbol{I}_n} \zeta_j$ に一致する．この ρ に対して，

$$S([\rho]) = \prod\nolimits_{\zeta \in \Omega(T)} \mathfrak{S}_{I_{n,\zeta}},$$

ここに，$\mathfrak{S}_{I_{n,\zeta}}$ は集合 $I_{n,\zeta}$ 上の置換の全体を表す．

（ii）$s \in S([\rho])$ に対して，ρ と ${}^{s^{-1}}\rho$ との間の相関作用素 $J_\rho(s)$ は，$J_\rho(s) = I(s)$ で与えられる．そして，対応 $S([\rho]) \ni s \mapsto I(s)$ は（1 価の）線形表現を与える．

（iii）$\pi^0((u, s)) := \rho(u) \cdot I(s)$ $((u, s) \in U \rtimes S([\rho]))$ は既約表現を与える． □

さて，固定化部分群 $S([\rho])$ の各成分 $\mathfrak{S}_{I_{n,\zeta}} \cong \mathfrak{S}_{n_\zeta}$, $n_\zeta := |I_{n,\zeta}|$, の既約表現は，サイズ n_ζ の Young 図形 $\boldsymbol{\lambda}_\zeta \in \boldsymbol{Y}_{n_\zeta}$ で特徴付けられる（$I_{n,\zeta} = \varnothing$, $n_\zeta = 0$, も許す）．$\Lambda^n := (\boldsymbol{\lambda}_\zeta)_{\zeta \in \widehat{T}}$ とおき，（外部）テンソル積表現 $\pi^1_{\Lambda^n} := \boxtimes_{\zeta \in \widehat{T}} \pi_{\boldsymbol{\lambda}_\zeta}$ をとる．$H = U \rtimes S([\rho])$ からの誘導表現 $\Pi(\pi^0, \pi^1) = \mathrm{Ind}_H^G \pi^0 \boxdot \pi^1$ を作る．部分群 $S = \mathfrak{S}_n \subset G$ の元による内部自己同型によって，$\boldsymbol{I}_n$ の分割 $(I_{n,\zeta})_{\zeta \in \widehat{T}}$ は互いに移り合うので，$\Pi(\pi^0, \pi^1)$ の同値類はこの分割には依らないで Λ^n で決まる．そこで，Λ^n に対応する $\Pi(\pi^0, \pi^1)$ を 1 つとって，それを $\Pi(\Lambda^n)$ と書く．

記号を導入しておく．サイズ n の Young 図形 $\boldsymbol{\lambda}$ の全体を $\boldsymbol{Y}_n$, その全体を $\boldsymbol{Y} = \bigsqcup_{n \geqslant 0} \boldsymbol{Y}_n$ とし，T に対して，

$$\boldsymbol{Y}_n(\widehat{T}) := \Big\{ \Lambda^n = (\boldsymbol{\lambda}^\zeta)_{\zeta \in \widehat{T}} \,;\, \boldsymbol{\lambda}^\zeta \in \boldsymbol{Y},\ \sum_{\zeta \in \widehat{T}} |\boldsymbol{\lambda}^\zeta| = n \Big\} \quad (n \geq 0), \tag{3.5.3}$$

とおく．ここで，$\boldsymbol{\lambda}^\zeta = \varnothing$ も許容する（**11.2** 節参照）．

定理 3.5.2 $G = D_n(T) \rtimes \mathfrak{S}_n$, $T = \boldsymbol{Z}_m$, の既約表現の 1 つの完全系は，次で与えられる．

$$\{ \Pi(\Lambda^n) \,;\, \Lambda^n = (\boldsymbol{\lambda}_\zeta)_{\zeta \in \widehat{T}} \in \boldsymbol{Y}_n(\widehat{T}) \}. \tag{3.5.4}$$

3.6　$\widetilde{D}_n(\boldsymbol{Z}_m) \rtimes \mathfrak{S}_n$ のスピン既約表現の完全系

今度はスピン表現の例を見よう．$D_n(\boldsymbol{Z}_m)$, m 偶数，の 2 重被覆群 $\widetilde{D}_n(\boldsymbol{Z}_m)$ をとる．半直積群 $\widetilde{G} = U \rtimes S$, $U = \widetilde{D}_n(\boldsymbol{Z}_m)$, $S = \mathfrak{S}_n$ を考えよう．2 重被覆群 $U = \widetilde{D}_n(\boldsymbol{Z}_m)$ のスピン既約表現については，**2.5** 節で詳しく調べてある．

S の U への作用としては，例 2.4.2 で示したように，I 型と II 型があるが，ここでは事情がより複雑になる（定理 2.5.6 参照）II 型の方を採用して，話をする．

I 型については読者にお任せする（第 11 章参照）．

I 型，II 型を並行して論ずるような場合には，$\sigma \in \mathfrak{S}_n$ の作用には $\sigma^{\mathrm{II}}(d')$ ($d' \in \widetilde{D}_n(\boldsymbol{Z}_m)$), 半直積には $\widetilde{D}_n(\boldsymbol{Z}_m) \overset{\mathrm{II}}{\rtimes} \mathfrak{S}_n$, のように添字 II を付加するが，ここではこの添字が無くても II 型の作用である，とする．$\widetilde{G}$ の中心に入る群 $Z_2 = \{e, z_2\}$, $z_2^2 = e$, をとると，

$$\{e\} \to Z_2 \to \widetilde{G} \to G \to \{e\} \quad \text{（完全）}$$

となり，$\widetilde{G}$ は $G = D_n(\boldsymbol{Z}_m) \rtimes \mathfrak{S}_n$ の 2 重被覆である．$\widetilde{G}$ のスピン型は 2 つあって，自明な $\chi_0 = \mathbf{1} \in \widehat{Z_2}$ をスピン型に持つ既約表現は，基盤の群 G の既約表現として，例 2.5.1 を踏まえて，上の **3.5** 節ですでに論じた．そこで，ここではスピン型 $\chi \in \widehat{Z_2}$, $\chi(z_2) = -1$, の場合を調べよう．

3.6.1　スピン既約表現 ρ に対する固定化群 $S([\rho])$

正規部分群 $U = \widetilde{D}_n(\boldsymbol{Z}_m)$ の既約表現 ρ で，$\rho(z_2) = -I$ (I は恒等作用素) となるもの，すなわち，スピン表現，の同値類の全体をスピン双対と言う．**2.5** 節の記号を思い出すと，Γ_n^0（または Γ_n）は $\gamma = (\gamma_j)_{j \in \boldsymbol{I}_n}$ で，$0 \le \gamma_j < m^0 = m/2$（または，$0 \le \gamma_j < m$）を満たすものの集合である．スピン双対の完全代表元系が定理 2.5.7 で次のように与えられている：

$$(3.6.1) \qquad \begin{cases} \Omega^{\mathrm{spin}}(\widetilde{D}_n(\boldsymbol{Z}_m)) = \{P_\gamma \,;\, \gamma \in \Gamma_n^0\}, & n \ge 2 \text{ が偶数のとき，} \\ \Omega^{\mathrm{spin}}(\widetilde{D}_n(\boldsymbol{Z}_m)) = \{P_\gamma^+,\, P_\gamma^- \,;\, \gamma \in \Gamma_n^0\}, & n \ge 3 \text{ が奇数のとき．} \end{cases}$$

他方，スピン双対には $S = \mathfrak{S}_n$ が（ここでは II 型で）作用しており，それは定理 2.5.6 により次のように与えられる：

$n \ge 2$ が偶数のとき，　　$\sigma^{\mathrm{II}}(P_\gamma) \cong P_{\sigma\gamma} \quad (\sigma \in \mathfrak{S}_n)$.

$$n \geq 3 \text{ が奇数のとき,} \quad \begin{cases} \sigma^{\mathrm{II}}(P_\gamma^+) \cong P_{\sigma\gamma}^+,\ \sigma^{\mathrm{II}}(P_\gamma^-) \cong P_{\sigma\gamma}^- & (\sigma \in \mathfrak{A}_n), \\ \sigma^{\mathrm{II}}(P_\gamma^+) \cong P_{\sigma\gamma}^-,\ \sigma^{\mathrm{II}}(P_\gamma^-) \cong P_{\sigma\gamma}^+ & (\sigma \notin \mathfrak{A}_n). \end{cases}$$

これらの結果から，次の命題が得られる：

命題 3.6.1 スピン既約表現 ρ に対する固定化群 $S([\rho])$ は次である：

$n \geq 2$ が偶数のとき， $\mathfrak{S}_n([\rho]) = \mathfrak{S}_n(\gamma),\ \rho = P_\gamma.$

$n \geq 3$ が奇数のとき， $\mathfrak{S}_n([\rho]) = \mathfrak{A}_n(\gamma),\ \rho = P_\gamma^{\pm}.$

ここに，$\mathfrak{S}_n(\gamma) := \{\sigma \in \mathfrak{S}_n\,;\, \sigma\gamma = \gamma\}$, $\mathfrak{A}_n(\gamma) := \{\sigma \in \mathfrak{A}_n\,;\, \sigma\gamma = \gamma\}$, はそれぞれ，$\mathfrak{S}_n$, $\mathfrak{A}_n$ における $\gamma \in \Gamma_n^0$ の固定化群である．

3.6.2 スピン双対における $\mathfrak{S}_n$-軌道の完全代表元系

$\Omega^{\mathrm{spin}}(\widetilde{D}_n(\boldsymbol{Z}_m))$ における $\mathfrak{S}_n$-作用の下での完全代表元系を求めると，次の結果を得る．n が偶数のときは状況は簡単だが，n が奇数のときは，細かいところで少々ややこしい．n の順序付き分割を，$m^0 = m/2$ として，

$$\boldsymbol{\mu} := (\mu_k)_{0 \leqslant k \leqslant m^0-1},\ \mu_k \geq 0,\ \mu_0 + \mu_1 + \cdots + \mu_{m^0-1} = n, \tag{3.6.2}$$

とする．ここで「順序付き」と断っているのは，μ_k の間に大小関係を付けないで，添数 k の順序が生き残っていることを意味する．n の順序付き分割 (3.6.2) の全体を $\mathcal{P}_{n,m^0}$ と書く．$\boldsymbol{\mu} \in \mathcal{P}_{n,m^0}$ に対して，$\gamma(\boldsymbol{\mu}) := (\gamma_j)_{j \in \boldsymbol{I}_n}$ を

$$\gamma_j = k \quad (\mu_0 + \cdots + \mu_{k-1} < j \leq \mu_0 + \cdots + \mu_k) \quad (\mu_{-1} := 0), \tag{3.6.3}$$

によって定義する（μ_k は $(\gamma_j)_{j \in \boldsymbol{I}_n}$ の中における k の重複度）．すべての γ_j の重複度が 1 以下となるのは，$\mu_k \leq 1\ (\forall k)$ で，必然的に $n \leq m^0$ の場合である．また，$\boldsymbol{\mu}$ に対応して，区間 $\boldsymbol{I}_n = [1, n]$ の標準的な分割として，次を定義しておく：

$$\boldsymbol{I}_n = \bigsqcup_{0 \leqslant k \leqslant m^0-1} J_k, \quad J_k := [\mu_0 + \cdots + \mu_{k-1} + 1,\ \mu_0 + \cdots + \mu_k]. \tag{3.6.4}$$

この分割に対して $\mathfrak{S}_n = \mathfrak{S}_{\boldsymbol{I}_n}$ の Frobenius-Young 部分群を

$$\mathfrak{S}_{\boldsymbol{\mu}} := \prod_{0 \leqslant k \leqslant m^0-1} \mathfrak{S}_{J_k},\ \mathfrak{S}_{J_k} \cong \mathfrak{S}_{\mu_k}, \tag{3.6.5}$$

と定義する．ここに，$\mathfrak{S}_{J_k}$ は区間 J_k 上の対称群である．

定理 3.6.2　$U = \widetilde{D}_n(\boldsymbol{Z}_m)$ のスピン双対の $\mathfrak{S}_n$-作用の下での完全代表元系，およびそれらの表現の同値類の固定化部分群は次で与えられる．

（i）$n \geq 2$ が偶数の場合．$\{P_{\gamma(\boldsymbol{\mu})}\,;\,\boldsymbol{\mu} \in \mathcal{P}_{n,m^0}\}$, が完全代表元系を与える．固定化部分群は，

$$\mathfrak{S}_n([P_{\gamma(\boldsymbol{\mu})}]) = \mathfrak{S}_{\boldsymbol{\mu}}. \tag{3.6.6}$$

（ii）$n \geq 3$ が奇数の場合．次の集合が完全代表元系を与える：

$$\begin{cases} \{P^+_{\gamma(\boldsymbol{\mu})}\,;\,\boldsymbol{\mu} \in \mathcal{P}_{n,m^0}\}, & n > m^0 = m/2 \text{ のとき}, \\ \{P^+_{\gamma(\boldsymbol{\mu})}\,;\,\boldsymbol{\mu} \in \mathcal{P}_{n,m^0}\} \bigsqcup \{P^-_{\gamma(\boldsymbol{\mu})}\,;\,\mu_k \leq 1\ (\forall k)\}, & n \leq m^0 \text{ のとき}. \end{cases} \tag{3.6.7}$$

固定化部分群は

$$\mathfrak{S}_n([P^\pm_{\gamma(\boldsymbol{\mu})}]) = \mathfrak{A}_n \cap \mathfrak{S}_{\boldsymbol{\mu}}. \tag{3.6.8}$$

ただし，$P^-_{\gamma(\boldsymbol{\mu})}$ については，条件 $\mu_k \leq 1\ (\forall k)$ によって，$\mathfrak{S}_{\boldsymbol{\mu}} = \mathfrak{A}_n \cap \mathfrak{S}_{\boldsymbol{\mu}} = \{e\}$.

証明　上に掲げたスピン双対の完全代表元系（定理 2.5.7）をもとにする．n が偶数の場合は，$\gamma \in \Gamma^0_n$ を $\mathfrak{S}_n$ の下で標準形に持って行けば，どれかの $\gamma(\boldsymbol{\mu})$ に行き着く．固定化部分群については，命題 3.6.1 から分かる．

n が奇数の場合も γ_j に重複度のある場合，すなわち，$\mu_k > 1\ (\exists k)$ の場合では，同様である．重複度の無い場合には（γ に働く偶置換と奇置換の差異が残るので），代表元として $P^+_{\gamma(\boldsymbol{\mu})}$, $P^-_{\gamma(\boldsymbol{\mu})}$ を両者とも採用すべきである．固定化部分群については，上と同様．□

3.6.3　$\sigma^{\mathrm{II}}(P_\gamma)$ と $P_{\sigma\gamma}$ との間の相関作用素

我々は，固定化部分群 $S([\rho]) \subset \mathfrak{S}_n$ の元 σ に対する相関作用素 $J_\rho(\sigma)$ を決定しなければならない．しかし，丁度良い機会なので，ここではこの当面の課題を少し拡げて，標記の問題について論じよう．

定理 2.5.6 で，同値関係 $\sigma^{\mathrm{II}} P_\gamma \cong P_{\sigma\gamma}$ もしくは $\sigma^{\mathrm{II}} P_\gamma \cong P_{\tau_n \sigma\gamma}$（$n$ 奇，σ 奇元の場合）が示されているが，その証明は，P_γ の指標公式（定理 2.5.3）を使うものだった．ここでは実際にこの同値を与える相関作用素を与えよう．$(\sigma^{\mathrm{II}} P_\gamma)(d') = P_\gamma(\sigma^{-1}(d'))$ $(d' \in \widetilde{D}_n(\boldsymbol{Z}_m))$ であるから，相関作用素 $J(\sigma) = J(\sigma^{\mathrm{II}} P_\gamma, P_{\sigma\gamma}) : V(\sigma^{\mathrm{II}} P_\gamma) \to V(P_{\sigma\gamma})$ は，$P_\gamma(\sigma^{-1}(d')) = J(\sigma)^{-1} P_{\sigma\gamma}(d') J(\sigma)$ $(d' \in \widetilde{D}_n(\boldsymbol{Z}_m))$ を満たすものとして定義される．

相関作用素 $J_-(\sigma) = J_-(\sigma^{\mathrm{II}} P_\gamma, P_{\tau_n \sigma\gamma}) : V(\sigma^{\mathrm{II}} P_\gamma) \to V(P_{\tau_n \sigma\gamma})$ は，$P_\gamma(\sigma^{-1}(d'))$

$= J_-(\sigma)^{-1}P_{\tau_n\sigma\gamma}(d')J_-(\sigma)$ である．表現 P_γ たちが既約であるから，相関作用素は定数倍を除いて，一意的に決まる．σ を $\mathfrak{S}_n$ の生成元 s_i $(i\in\boldsymbol{I}_{n-1})$ にとる．$\widetilde{D}_n(\boldsymbol{Z}_m)$ の生成元系 η_j $(j\in\boldsymbol{I}_n)$ に対して，$s_i^{-1}(\eta_j)=\eta_{s_i(j)}$ であるから，作用素 $J(s_i)$ の方程式として，次を解けばよい：

$$(3.6.9)\qquad \begin{cases} P_\gamma(\eta_{i+1}) = J(s_i)^{-1}P_{s_i\gamma}(\eta_i)J(s_i) \\ P_\gamma(\eta_i) = J(s_i)^{-1}P_{s_i\gamma}(\eta_{i+1})J(s_i) \\ P_\gamma(\eta_j) = J(s_i)^{-1}P_{s_i\gamma}(\eta_j)J(s_i) \qquad (j\in\boldsymbol{I}_n,\ j\neq i,i+1). \end{cases}$$

ここへ，公式 (2.5.8) の $P_\gamma(\eta_j)$ を代入すると，

$$\zeta_\gamma(\eta_{i+1})=\zeta_{s_i\gamma}(\eta_i),\ \zeta_\gamma(\eta_i)=\zeta_{s_i\gamma}(\eta_{i+1}),\ \zeta_\gamma(\eta_j)=\zeta_{s_i\gamma}(\eta_j)\ (j\neq i,i+1),$$

を使って，次式になる：

$$(3.6.10)\qquad \begin{cases} Y_{i+1} = J(s_i)^{-1}Y_i\,J(s_i), \\ Y_i = J(s_i)^{-1}Y_{i+1}\,J(s_i), \\ Y_j = J(s_i)^{-1}Y_j\,J(s_i) \qquad (j\in\boldsymbol{I}_n,\ j\neq i,i+1). \end{cases}$$

計算によって，この方程式の解 $J(s_i)$ を求めるのであるが，実は，すでに **2.7** 節で現れている $\nabla^{(2)}$ が答を見いだす基礎となる．定理 2.7.2 より，

$$(3.6.11)\qquad \nabla_n^{(2)}(r_i)=\frac{1}{\sqrt{2}}(Y_i-Y_{i+1})\ \ (i\in\boldsymbol{I}_{n-1}),\quad \nabla_n^{(2)}(z_1):=-E,$$

$\nabla_n^{(2)}(r_i)^{-1}=\nabla_n^{(2)}(r_i)$ であるが，簡単な計算によって，$i\in\boldsymbol{I}_{n-1}$ に対して，

$$(3.6.12)\qquad \begin{cases} \nabla_n^{(2)}(r_i)^{-1}Y_i\,\nabla_n^{(2)}(r_i) = -Y_{i+1}, \\ \nabla_n^{(2)}(r_i)^{-1}Y_{i+1}\nabla_n^{(2)}(r_i) = -Y_i, \\ \nabla_n^{(2)}(r_i)^{-1}Y_j\,\nabla_n^{(2)}(r_i) = -Y_j \qquad (j\neq i,\,i+1), \end{cases}$$

が分かる．したがって，適当な正則行列 $\mathcal{X}$ があって，$\mathcal{X}^{-1}Y_j\mathcal{X}=-Y_j$ $(j\in\boldsymbol{I}_n)$ が実現出来れば，$J(s_i)=c_i\,\mathcal{X}\nabla_n^{(2)}(r_i)$ $(c_i\in\boldsymbol{C}^\times)$ が方程式 (3.6.10) の解となる．

$\mathcal{X}$ の存在を論ずるために，行列 Y_j の定義を振り返る．$n^0=[n/2]$ とすると，$n=2n^0$ または $n=2n^0+1$ であり，(2.5.3) 式により，$Y_1,Y_2,\cdots,Y_{2n^0+1}$ までが定義されている．そこで，n の偶奇で場合を分けて論ずる．

● $n=2n^0$ **偶の場合**　$Y_{2n^0+1}=Y_{n+1}$ であるから，$\mathcal{X}:=iY_{2n^0+1}$ $(i=\sqrt{-1})$ とおくと，$\mathcal{X}$ はユニタリで $\mathcal{X}^{-1}=-iY_{2n^0+1}$，$\mathcal{X}Y_j=-Y_j\mathcal{X}$ $(j\in\boldsymbol{I}_n)$ となる．

そこで，

$$(3.6.13)\qquad \nabla_n^{\mathrm{II}}(r_j) := \mathcal{X}\,\nabla_n^{(2)}(r_j) = (iY_{2n^0+1})\cdot\frac{1}{\sqrt{2}}(Y_j - Y_{j+1}) \quad (j \in \boldsymbol{I}_{n-1}),$$

とおくと，$\nabla_n^{\mathrm{II}}(r_j) = -\nabla_n^{(2)}(r_j)\mathcal{X}$ で，$J(s_i) = c_i\nabla_n^{\mathrm{II}}(r_i)$ $(i \in \boldsymbol{I}_{n-1})$ が相関作用素を与える．そして，

$$\begin{aligned}
&(\nabla_n^{\mathrm{II}}(r_i))^2 = E \qquad (i \in \boldsymbol{I}_{n-1}),\\
&(\nabla_n^{\mathrm{II}}(r_i)\nabla_n^{\mathrm{II}}(r_{i+1}))^3 = E \quad (i \in \boldsymbol{I}_{n-2}),\\
&\nabla_n^{\mathrm{II}}(r_i)\nabla_n^{\mathrm{II}}(r_j) = -\nabla_n^{\mathrm{II}}(r_j)\nabla_n^{\mathrm{II}}(r_i) \quad (|i-j| \geq 2),
\end{aligned}$$

であるから，対応 $r_i \mapsto \nabla_n^{\mathrm{II}}(r_i)$ $(i \in \boldsymbol{I}_{n-1})$ は $\widetilde{\mathfrak{S}}_n$ $(n = 2n^0 < 2n^0{+}1$ である！！$)$ のスピン表現を与える．

● $n = 2n^0{+}1$ **奇の場合**　$Y_{2n^0+1} = Y_n$ であるから，$\mathcal{X} := iY_{2n^0+1}$ とおくと，$\mathcal{X}$ はユニタリで $\mathcal{X}Y_j = -Y_j\mathcal{X}$ $(1 \leq j \leq n-1)$ だが，$\mathcal{X}Y_n = Y_n\mathcal{X}$ となってしまって，Y_n のところで符号が変わらない．ここは実は微妙なところであって（著者もはじめは状況が分からずいろいろと誤解したり悩んだりしたが），実は，別種の同値関係 $\sigma^{\mathrm{II}}(P_\gamma) \cong P_{\tau_n\sigma\gamma}$ (σ 奇元) が生ずる原因である．結論から言うと，n 奇の場合には，$\sigma^{\mathrm{II}}(P_\gamma) \cong P_{\sigma\gamma}$ ならば，$\sigma \in \mathfrak{A}_n$ でなければならぬので，方程式 (3.6.12) は $\mathfrak{A}_n$ の生成元系 s_is_{i+1} $(i \in \boldsymbol{I}_{n-2})$ を用いて適当に書き直すべきである．それは読者にお任せして，一挙に結論を言おう．

$$\mho_n(r_pr_q) := \nabla_n^{(2)}(r_p)\nabla_n^{(2)}(r_q)$$

を $\widetilde{\mathfrak{A}}_n$ のスピン表現に拡げて，$J'(\sigma') := \mho_n(\sigma')$ $(\sigma' \in \widetilde{\mathfrak{A}}_n)$ とおけば，これが相関作用素 $J(\sigma)$ $(\sigma \in \mathfrak{A}_n)$ を自然にスピンに持ち上げたものである．

定理 3.6.3　同値関係 $\sigma^{\mathrm{II}}(P_\gamma) \cong P_{\sigma\gamma}$ に対する相関作用素 $J(\sigma)$ は次のように与えられる．

（i） n 偶の場合．$\sigma \in \mathfrak{S}_n$ のとき，$J(\sigma) = c_\sigma\nabla_n^{\mathrm{II}}(\sigma')$ $(\sigma' \in \widetilde{\mathfrak{S}}_n,\ \Phi_{\mathfrak{S}}(\sigma') = \sigma,\ c_\sigma \in \boldsymbol{C}^\times)$ である．$c_\sigma = 1$ $(\forall\sigma)$ とすると，$J(\sigma)$ は $\widetilde{\mathfrak{S}}_n$ のスピン表現 $J'(\sigma') = \nabla_n^{\mathrm{II}}(\sigma')$ に持ち上げられる．

（ii） n 奇の場合．$\sigma \in \mathfrak{A}_n$ のとき，$J(\sigma) = c_\sigma\mho_n(\sigma')$ $(\sigma' \in \widetilde{\mathfrak{A}}_n,\ \Phi_{\mathfrak{S}}(\sigma') = \sigma,\ c_\sigma \in \boldsymbol{C}^\times)$ である．$c_\sigma = 1$ $(\forall\sigma)$ とすると，$J(\sigma)$ は $\widetilde{\mathfrak{A}}_n$ のスピン表現 $J'(\sigma') = \mho_n(\sigma')$ に持ち上げられる．

3.6.4 $\sigma^{\mathrm{II}}(P_\gamma)$ と $P_{\tau_n\sigma\gamma}$ との間の相関作用素

$n=2n^0+1$ 奇, σ 奇元, とする. 相関作用素 $J_-(\sigma): V(\sigma^{\mathrm{II}}(P_\gamma)) \to V(P_{\tau_n\sigma\gamma})$ に対する方程式は,

$$(3.6.14) \qquad P_\gamma(\sigma^{-1}(\eta_j)) = J_-(\sigma)^{-1} P_{\tau_n\sigma\gamma}(\eta_j) J_-(\sigma) \ \ (j \in \boldsymbol{I}_n),$$

すなわち, $\zeta_\gamma(\eta_{\sigma^{-1}(j)}) Y_{\sigma^{-1}(j)} = J_-(\sigma)^{-1} \zeta_{\tau_n\sigma\gamma}(\eta_j) Y_j\, J_-(\sigma)$. ゆえに,

$$(3.6.15) \qquad \begin{cases} Y_{\sigma^{-1}(j)} = J_-(\sigma)^{-1}\, Y_j\, J_-(\sigma), & 1 \le j \le n-1, \\ Y_{\sigma^{-1}(n)} = J_-(\sigma)^{-1}(-Y_n) J_-(\sigma), & j = n. \end{cases}$$

ところで, 我々はすでに (3.6.12) から, $\nabla_n^{(2)}(\sigma')^{-1} Y_j \nabla_n^{(2)}(\sigma') = -Y_{\sigma^{-1}(j)}$ $(j \in \boldsymbol{I}_n)$ を知っている. したがって, あとは符号の変換 $Y_j \to -Y_j$ $(j \in \boldsymbol{I}_{n-1})$, $Y_n \to Y_n$, を実現すればよい. $n-1=2n^0$ 偶, に留意すれば, $\mathcal{X}_0 := Y_n$ により, 実際にこれが実現できる: $\mathcal{X}_0 Y_j \mathcal{X}_0^{-1} = -Y_j$ $(j \in \boldsymbol{I}_{n-1})$, $\mathcal{X}_0 Y_n \mathcal{X}_0^{-1} = Y_n$. ゆえに,

$$(3.6.16) \qquad \begin{cases} \nabla_n^{(2)}(\sigma')^{-1} \mathcal{X}_0^{-1}\, Y_j\, \mathcal{X}_0 \nabla_n^{(2)}(\sigma') = Y_{\sigma^{-1}(j)} & (j \in \boldsymbol{I}_{n-1}), \\ \nabla_n^{(2)}(\sigma')^{-1} \mathcal{X}_0^{-1}(-Y_n) \mathcal{X}_0 \nabla_n^{(2)}(\sigma') = Y_{\sigma^{-1}(n)}\,. \end{cases}$$

定理 3.6.4 $n=2n^0+1$ 奇, $\sigma \in \mathfrak{S}_n \setminus \mathfrak{A}_n$ 奇元, とする. 同値関係 $\sigma^{\mathrm{II}}(P_\gamma) \cong P_{\tau_n\sigma\gamma}$ に対応する相関作用素 $J_-(\sigma)$ は, 次式で与えられる:

$$(3.6.17) \qquad J_-(\sigma) = c_\sigma Y_n \nabla_n^{(2)}(\sigma'),\ c_\sigma \in \boldsymbol{C}^\times\ (\sigma' \in \widetilde{\mathfrak{S}}_n \setminus \widetilde{\mathfrak{A}}_n,\ \sigma = \Phi_{\mathfrak{S}}(\sigma')),$$

ここに, $\sigma' \in \widetilde{\mathfrak{S}}_n$, $\Phi_{\mathfrak{S}}(\sigma') = \sigma$, である. $c_\sigma = 1$ $(\forall\sigma)$ としたとき, $J_-(\sigma)$ は 2 価の (行列を値とする) 関数であり, $\widetilde{\mathfrak{S}}_n \setminus \widetilde{\mathfrak{A}}_n$ 上の 1 価のスピン関数に持ち上げられる.

3.6.5 J_ρ は 2 価表現を与える

あらためて, 本節の課題である「固定化群 $S([\rho]) \subset \mathfrak{S}_n$ の元 σ に対する相関作用素 $J_\rho(\sigma)$ の決定」に戻ろう. ここまでの一般的な結果から次の結論が出る.

定理 3.6.5 $U = \widetilde{D}_n(\boldsymbol{Z}_m)$ 上の $S = \mathfrak{S}_n$ の作用は II 型とする.

(i) **$n \ge 2$ 偶の場合** $\rho = P_{\gamma(\boldsymbol{\mu})}$ $(\boldsymbol{\mu} \in \mathcal{P}_{n,m^0})$ とする. 固定化部分群 $\mathfrak{S}_n([\rho])$ は, (3.6.6) により, $\mathfrak{S}_{\boldsymbol{\mu}} = \prod_{0 \leqslant k \leqslant m^0-1} \mathfrak{S}_{J_k}$ であり, 単純互換 $s_i \in \mathfrak{S}_{J_k}$ で生成される. $\sigma \in \mathfrak{S}_n([\rho])$ に対する相関作用素は, σ の $\widetilde{\mathfrak{S}}_n$ における原像 $\sigma' \in \widetilde{\mathfrak{S}}_n([\rho]) :=$

$\Phi_{\mathfrak{S}}^{-1}(\mathfrak{S}_n([\rho])) \subset \widetilde{\mathfrak{S}}_n$ をとると（定数倍を除いて）

$$J_\rho(\sigma) = \nabla_n^{\mathrm{II}}(\sigma')$$

となる．ここでは，σ' の選び方により，符号の差が出るので，$\sigma \mapsto J_\rho(\sigma)$ は $\mathfrak{S}_n([\rho])$ の 2 価表現であり，2 重被覆 $\widetilde{\mathfrak{S}}_n([\rho])$ の 1 価表現 $J'_\rho(\sigma')$ に持ち上げられる．積表示 $\sigma = s_{i_1}s_{i_2}\cdots s_{i_p}$ に従って，$\sigma' = r_{i_1}r_{i_2}\cdots r_{i_p}$ ととると，$J'_\rho(\sigma') = \nabla_n^{\mathrm{II}}(r_{i_1})\nabla_n^{\mathrm{II}}(r_{i_2})\cdots\nabla_n^{\mathrm{II}}(r_{i_p})$.

（ii）$n \geq 3$ **奇の場合**　$\rho = P^+_{\gamma(\boldsymbol{\mu})}$ $(\boldsymbol{\mu} \in \mathcal{P}_{n,m^0})$ とする．固定化部分群 $\mathfrak{S}_n([\rho])$ は，(3.6.8) により，$\mathfrak{A}_n \cap \mathfrak{S}_{\boldsymbol{\mu}}$ である．$\mathfrak{S}_{\boldsymbol{\mu}}$ では各 $J_k \subset \boldsymbol{I}_n$ が区間なので，$\mathfrak{A}_n \cap \mathfrak{S}_{\boldsymbol{\mu}}$ は単純互換 $s_i, s_{i+1} \in \mathfrak{S}_{J_k}$ の積 $s_is_{i+1} \in \mathfrak{A}_n$ で生成される．$\sigma \in \mathfrak{S}_n([\rho])$ に対する相関作用素は，σ の $\widetilde{\mathfrak{S}}_n$ における原像 $\sigma' \in \widetilde{\mathfrak{S}}_n([\rho]) = \widetilde{\mathfrak{A}}_n \cap \Phi_{\mathfrak{S}}^{-1}(\mathfrak{S}_{\boldsymbol{\mu}})$ をとると（定数倍を除いて）

$$J_\rho(\sigma) = \mho_n(\sigma'), \quad \mho(r_ir_{i+1}) = \nabla_n^{(2)}(r_i)\nabla_n^{(2)}(r_{i+1}),$$

となる．ここに $\mho_n := \nabla_n^{(2)}|_{\widetilde{\mathfrak{A}}_n}$ は $\widetilde{\mathfrak{A}}_n$ のスピン表現である．かくて，$J(\sigma)$ はスピン表現 $J'_\rho(\sigma') = \mho_n(\sigma')$ に持ち上げられる．

$\rho = P^-_{\gamma(\boldsymbol{\mu})}$ $(\forall\mu_k \leq 1)$ とする．固定化部分群 $\mathfrak{S}_n([\rho])$ は，$\mathfrak{A}_n \cap \mathfrak{S}_{\boldsymbol{\mu}} = \{e\}$ である．したがって，相関作用素 $J_\rho(e)$ は（定数倍を除いて）恒等作用素である．□

3.6.6　$\Pi(\pi^0, \pi^1)$ における既約表現 π^1 は 2 価であるべし

記号を一般論のものにもどすと，$G = U \rtimes S$, $U = \widetilde{D}_n(\boldsymbol{Z}_m)$, $S = \mathfrak{S}_n$．上の結果から見ると（$S([\rho]) = \{e\}$ という特別な場合を除いて）一般に J_ρ は $S([\rho])$ の 2 価表現を与え，2 重被覆群 $S([\rho])'$ の線形表現 J'_ρ に持ち上げられる．表現 $\pi^0 = \rho \cdot J'_\rho$ は $H' = U \rtimes S([\rho])'$ の線形表現で，$H = U \rtimes S([\rho])$ の 2 価表現である．

$G = \widetilde{D}_n(\boldsymbol{Z}_m) \rtimes \mathfrak{S}_n$ の既約表現の構成

(3.2.3) の誘導表現 $\Pi(\pi^0, \pi^1) = \mathrm{Ind}_H^G(\pi^0 \boxdot \pi^1)$ を作る際の，π^0 の相手の ($S([\rho])$ の既約表現）π^1 も，テンソル積 $\pi = \pi^0 \boxdot \pi^1$ として H の 1 価表現を得るために，π^0 とは逆の因子団を持つ必要がある．2 価性を消すためなので同じ因子団となり，$S([\rho])$ の 2 価表現でなければならない．

次のような観察ができる．n が偶数の場合を考えてみよう（奇数の場合も同様である）．$\rho = P_{\gamma(\boldsymbol{\mu})}$ に対し，$S([\rho]) = \prod_{0 \leqslant k \leqslant m^0-1} \mathfrak{S}_{J_k}$ である．この群は各成分 $\mathfrak{S}_{J_k}$

の直積なので，相異なる成分の元は互いに可換である．その既約線形表現（1 価の表現）は，各成分 $\mathfrak{S}_{J_k}$ の既約表現 π_k のテンソル積 $\pi_0 \otimes \cdots \otimes \pi_{m^0-1}$ と同値である．ところが，2 重被覆群 $S([\rho])' = \Phi_{\mathfrak{S}}^{-1}(S([\rho]))$ は $\mathfrak{S}_{J_k}$ の 2 重被覆 $\widetilde{\mathfrak{S}}_{J_k} := \Phi_{\mathfrak{S}}^{-1}(\mathfrak{S}_{J_k}) \subset S([\rho])'$ の直積ではない．2 元 $\sigma' \in \widetilde{\mathfrak{S}}_{J_p}, \tau' \in \widetilde{\mathfrak{S}}_{J_q}$ $(p \neq q)$ に対し，

$$\sigma'\tau' = z_2^{\mathrm{ord}(\sigma)\mathrm{ord}(\tau)}\tau'\sigma', \quad \sigma = \Phi_{\mathfrak{S}}(\sigma'),\ \tau = \Phi_{\mathfrak{S}}(\tau'), \tag{3.6.18}$$

なので，σ, τ がともに奇元のときには，σ', τ' は可換ではない．そして，$S([\rho])'$ のスピン既約表現が各 $\widetilde{\mathfrak{S}}_{J_k}$ のスピン既約表現 π'_k からどの様に構成されるかは結構むつかしい．われわれは，群 $\widetilde{\mathfrak{S}}_{J_k}$ $(0 \leq k \leq m^0-1)$ の**歪中心積**（twisted central product）と スピン表現 π'_k $(0 \leq k \leq m^0-1)$ の**歪中心積**を論ずる必要がある．

これらのことは，対称群 $\mathfrak{S}_n$ のスピン既約表現の完全系の構成においても，重要な論点であり，避けては通れない．よって次章で一般的にこれを論じて事態を完全に明らかにする．

注 3.6.1 本 **3.6** 節の主題である「$\widetilde{D}_n(\boldsymbol{Z}_m) \rtimes \mathfrak{S}_n$ のスピン既約表現の完全系」を与えることは，ここで中断するわけだが，第 11 章で完結させる予定である．実はこの問題は結構難しくて簡単ではない．半直積群 $G(m,1,n) := D_n(\boldsymbol{Z}_m) \rtimes \mathfrak{S}_n$ は**一般化**（された）**対称群**と呼ばれ，複素鏡映群 $G(m,p,n)$, $n \geq 2$, $p|m$, という興味ある有限群の族（第 9 章参照）の大部分（34 個の例外群を除いた）である．一般化対称群 $G(m,1,n)$ のスピン表現の理論は，本書後半の重要部分を占めており，第 10〜11 章で述べられる．本節で述べた，当面の $\widetilde{D}_n(\boldsymbol{Z}_m) \rtimes \mathfrak{S}_n = G(m,1,n)$ のスピン表現の理論はそのうちのごく一部で，表 10.2.1 (m 偶), p.321, の，場合 VI, スピン型 $\chi^{\mathrm{VI}} = (1,-1,1)$, に当る．

半直積群 $\widetilde{D}_n(\boldsymbol{Z}_m) \rtimes \mathfrak{S}_n$ の「スピン既約表現の構成」だけを取り扱うならばもっと早く完成できるのだが，一般論や対称群のスピン表現などの話題が終わるまで待っているのが自然なので，とうとう第 11 章まで延びてしまった．（少々新しい記号が入っているが）最終結果のまとめは第 11 章 9 節の表 11.9.1 (p.386) にまとめてあるのでご覧頂けます．序でのことに，$\widetilde{D}_n(\boldsymbol{Z}_m)$ への 2 重被覆群 $\widetilde{\mathfrak{S}}_n$ の II 型の作用は，表 10.2.1 (m 偶) の，場合 II, スピン型 $\chi^{\mathrm{II}} = (-1,-1,1)$, に当る．さらに詳細については第 10〜11 章を参照されたい．

第4章

2重被覆群のスピン表現

$n \geq 4$ のとき，対称群 $\mathfrak{S}_n$ の表現群 $\widetilde{\mathfrak{S}}_n$ は2重被覆群である．今後，これらの群の部分群も取り扱うことになる．そこで，これらを一般化した状況での，初等的だが基本的な理論，すなわち，2重被覆有限群の歪(わい)中心積（＝ねじれ中心積），スピン表現の歪中心積，および，その指標について，ここにまとめておこう．

4.1　ある種の2重被覆有限群の歪中心積

設定 4.1.1　有限群 S' は位数2の中心元 z と，高々位数2の1次元指標（sgn と書く）を持っていて，$\mathrm{sgn}(z) = 1$ である．この条件を満たす有限群の全体のなす圏(けん)を $\mathscr{G}$ と書く．sgn の位数がちょうど2であるもののなす部分圏を $\mathscr{G}'$ と書く．$\mathscr{G}'$ の元 (S', z, sgn) を簡単のため，単に S' と書くこともある．

$(S', z, \mathrm{sgn}) \in \mathscr{G}$ に対し，$Z := \langle z \rangle = \{e, z\}$ とし，商群 $S := S'/Z$ をとると，S' は S の Z による中心拡大であり，また S' は S の2重被覆である．このことを，

$$1 \to Z \to S' \xrightarrow{\Phi} S \to 1 \quad (\text{完全})$$

と完全系列の図式で表すこともある．ここに Φ は $S' \to S$ の自然写像を表す．

例 4.1.1　$n \geq 2$ に対して，$\mathfrak{S}_n$ を n 次対称群，$s_i = (i\ i{+}1)$, $i \in \boldsymbol{I}_{n-1}$, を単純互換，とする．$n \geq 4$ のとき，表現群 $\widetilde{\mathfrak{S}}_n$ の標準生成元系を $\{z_1, r_i\,; i \in \boldsymbol{I}_{n-1}\}$ とし，中心的部分群を $Z_1 := \langle z_1 \rangle$, $z_1^2 = e$ とすると，$\{e\} \to Z_1 \to \widetilde{\mathfrak{S}}_n \xrightarrow{\Phi_{\mathfrak{S}}} \mathfrak{S}_n \to \{e\}$ は完全系列である．ここに，$\Phi_{\mathfrak{S}} : \widetilde{\mathfrak{S}}_n \to \mathfrak{S}_n$ は $z_1 \to e$, $r_i \to s_i$ となる自然準同型である．$n = 2, 3$ に対しても，$\widetilde{\mathfrak{S}}_n$ を同じ生成元系と基本関係式系とで定義される $\mathfrak{S}_n$ の2重被覆群とする（第 **5.1** 節参照）．ただし，これらの場合には，$\widetilde{\mathfrak{S}}_n \cong Z_1 \times \mathfrak{S}_n$ である．

$n \geq 2$ に対して，$(S', z, \mathrm{sgn}) = (\widetilde{\mathfrak{S}}_n, z_1, \mathrm{sgn})$ は圏 $\mathscr{G}'$ の典型的な元である．ま

た，$B' := \Phi_{\mathfrak{S}}^{-1}(\mathfrak{A}_n)$ は，$B = \mathfrak{A}_n$ の 2 重被覆群で，$(B', z, \mathrm{sgn}|_{B'})$（$\mathrm{sgn}|_{B'}$ は自明）は $\mathscr{G} \setminus \mathscr{G}'$ の典型的な元である．$n = 1$ に対して，$\widetilde{\mathfrak{S}}_1 := \{e, z_1\}$ とおくと，$\widetilde{\mathfrak{S}}_1 \in \mathscr{G} \setminus \mathscr{G}'$（この規約は，後述の $\widetilde{\mathfrak{S}}_n$ の Schur-Young 部分群を考えるときに便利である）．

S' の表現 π が $\pi(z) = -I$ (I は恒等作用素）となっているときに，π を S' (または S) の**スピン表現**という．$\pi(z) = I$ となる S' の表現は $S = S'/Z$ の普通の線形表現になる．S' の指標 sgn は S の指標を導くが，それも同じ記号 sgn で表す：$\sigma \in S$ に対し，Φ による原像 $\sigma' \in S'$ をとって，$\mathrm{sgn}(\sigma) := \mathrm{sgn}(\sigma')$ とおく．

S' または S の表現 π に対して，$\mathrm{sgn} \cdot \pi$ のことを，π の**同伴表現**（associated representation）という．$\pi \cong \mathrm{sgn} \cdot \pi$ のときには π を**自己同伴**であるという．

S' または S の指標 χ に対して，$\mathrm{sgn} \cdot \chi$ のことを，χ の**同伴指標**（associated character）という．$\chi = \mathrm{sgn} \cdot \chi$ のときには χ を**自己同伴**であるという．

注 4.1.1 [Sch4, §14] に従えば，自己同伴指標は**両側指標**（zweiseitige Charakter (独語), two-sided character）という呼び名になる．これは π および $\mathrm{sgn} \cdot \pi$ の両方（両側）に対応する指標という意味であろう．Schur は，指標の元(もと)になっている表現については，zweiseitige を使っていない．

S' の元 σ' について，$\mathrm{sgn}(\sigma') = 1$ または $\mathrm{sgn}(\sigma') = -1$ にしたがって，**偶** (even) または **奇** (odd) とよび，偶奇にしたがって $\mathrm{ord}(\sigma') = 0$ または $\mathrm{ord}(\sigma') = 1$ とおく．$\sigma \in S = S'/Z$ についても同様にする．

定義 4.1.1 (歪中心積 = ねじれ中心積) （[HHo, §1] 参照）

第 1 段. $(S'_j, z_j, \mathrm{sgn}_j) \in \mathscr{G}$, $j \in \boldsymbol{I}_m = \{1, 2, \cdots, m\}$, をとる．それらの歪中心積を 2 段階で定義する．まず，位数 2 の中心元 z を新たに用意して，次の形に表される元の全体 $\mathfrak{H}$ を考える：

$$z^a \sigma'_1 \sigma'_2 \cdots \sigma'_m \quad (a = 0, 1,\ \sigma'_j \in S'_j\ (j \in \boldsymbol{I}_m)). \tag{4.1.1}$$

そこで，$\mathfrak{H}$ に次の様に積を定義する：

$$\sigma'_j \sigma'_k := z^{\mathrm{ord}(\sigma'_j)\mathrm{ord}(\sigma'_k)} \sigma'_k \sigma'_j \quad (j \neq k), \tag{4.1.2}$$

したがって，$\sigma''_j \in S'_j$ $(j \in \boldsymbol{I}_m)$ に対して，

$$(z^a \sigma'_1 \sigma'_2 \cdots \sigma'_m)(z^b \sigma''_1 \sigma''_2 \cdots \sigma''_m) \tag{4.1.3}$$

$$:= z^{a+b+\sum_{j>k}\mathrm{ord}(\sigma'_j)\mathrm{ord}(\sigma''_k)} \cdot (\sigma'_1\sigma''_1)(\sigma'_2\sigma''_2)\cdots(\sigma'_m\sigma''_m).$$

ここでは，各 S'_j 内での積はそのまま採用している．すると，$\mathfrak{H}$ は群になることが分かる．

第 2 段.　$\mathfrak{H}$ の中心元 $z_jz^{-1} = z_jz$ $(j \in \boldsymbol{I}_m)$ で生成される部分群 $Z' := \langle z_jz^{-1}\,(j \in \boldsymbol{I}_m)\rangle$ をとり商群 $\overline{\mathfrak{H}} = \mathfrak{H}/Z'$ をとる，すなわち，これは $\mathfrak{H}$ で，すべての z_j を z と同一視したものである．さらに，$\overline{\mathfrak{H}}$ の元に対して，

$$\mathrm{sgn}(z^a\sigma'_1\sigma'_2\cdots\sigma'_m) := \prod_{j\in\boldsymbol{I}_m} \mathrm{sgn}_j(\sigma'_j), \tag{4.1.4}$$

と定義する．$\overline{\mathfrak{H}}$ を $S'_1, S'_2, \cdots, S'_m$ の**歪中心積** (twisted central product) とよび，$S'_1 \hat{*} S'_2 \hat{*} \cdots \hat{*} S'_m$ で表わす．これは圏 $\mathscr{G}$ の元である．　□

各 S'_j は $S'_1 \hat{*} S'_2 \hat{*} \cdots \hat{*} S'_m$ の中に同型に写される．その像を $\varphi(S'_j)$ とすると，$\varphi(S'_j) \cap \varphi(S'_k) = Z$ $(j \neq k)$ である．S'_j とその像 $\varphi(S'_j)$ とを同一視する．S' の任意の元 σ' は，$\sigma' = \sigma'_1\sigma'_2\cdots\sigma'_m$ $(\sigma'_j \in S'_j)$ と書き表される．また次の記号を導入しておこう．

記号 4.1.1　$S' := S'_1 \hat{*} S'_2 \hat{*} \cdots \hat{*} S'_m$, $S_j := S'_j/\langle z_j\rangle$, $S := S_1 \times S_2 \times \cdots \times S_m$,

$$\begin{cases} B'_j := \{\sigma'_j \in S'_j\,;\,\mathrm{sgn}_j(\sigma'_j) = 1\}, & C'_j := \{\sigma'_j \in S'_j\,;\,\mathrm{sgn}_j(\sigma'_j) = -1\}; \\ B_j := \{\sigma_j \in S_j\,;\,\mathrm{sgn}_j(\sigma_j) = 1\}, & C_j := \{\sigma_j \in S_j\,;\,\mathrm{sgn}_j(\sigma_j) = -1\}. \end{cases}$$

この記号のもとで，S' は S の 2 重被覆である：

$$1 \longrightarrow Z \longrightarrow S' \xrightarrow{\Phi} S \longrightarrow 1, \quad ここに\ Z := \langle z\rangle.$$

各 $(B'_j, z_j, \mathrm{sgn}_j|_{B'_j})$ は $\mathscr{G}$ の元で $\mathrm{sgn}_j|_{B'_j}$ は自明である．S' での積 $B'_1B'_2\cdots B'_m = \{b'_1b'_2\cdots b'_m\,;\,b'_j \in B'_j\ (j \in \boldsymbol{I}_m)\}$ は（非歪）中心積群 $B'_1 \hat{*} B'_2 \hat{*} \cdots \hat{*} B'_m$ に同型である．

S' の正規部分群 $B' := \mathrm{Ker}_{S'}(\mathrm{sgn})$ は S の正規部分群 $B := \mathrm{Ker}_S(\mathrm{sgn})$ の 2 重被覆であり，$(B', z, \mathrm{sgn}|_{B'}) \in \mathscr{G} \setminus \mathscr{G}'$. B' のスピン表現は S' のそれを制限することによって，調べられる．例えば，交代群 $\mathfrak{A}_n$ の 2 重被覆群 $\widetilde{\mathfrak{A}}_n := \Phi_{\mathfrak{S}}^{-1}(\mathfrak{A}_n)$ のスピン表現を，対称群 $\mathfrak{S}_n$ の表現群 $\widetilde{\mathfrak{S}}_n$ $(\supset \widetilde{\mathfrak{A}}_n)$ のスピン表現を制限することによって調べるのと同様である．

例 4.1.2 $T = \boldsymbol{Z}_m$ とおき，その n 個の直積 $D_n(T) = T^n$ に $\mathfrak{S}_n$ を成分の置換として作用させたときの，半直積 $\mathfrak{S}_n(T) := D_n(T) \rtimes \mathfrak{S}_n$ は一般化された対称群（**一般化対称群**）と言われ，記号 $G(m,1,n)$ で表される．これは**複素鏡映群** $G(m,p,n)$, $p|m$, の圏の重要な部分圏をなす．$n \geq 4$, m 偶数，の場合には，$G(m,1,n)$ の Schur 乗法因子群 $H^2(G(m,1,n),\boldsymbol{C}^\times)$ は位数 2 の 3 個の生成元 z_i $(i \in \boldsymbol{I}_3)$ を持つ可換群 $Z = \langle z_1, z_2, z_3\rangle \cong \boldsymbol{Z}_2{}^3$ である．そして，$G(m,1,n)$ の表現群 $R(G(m,1,n))$ は $2^3 = 8$ 重の被覆群になり，自然に $\widetilde{\mathfrak{S}}_n$ を含む（第 9 章参照）：

$$1 \longrightarrow Z \longrightarrow R(G(m,1,n)) \xrightarrow{\Phi} G(m,1,n) \longrightarrow 1,$$

ここに Φ は自然写像で，$\Phi_{\mathfrak{S}} := \Phi|_{\widetilde{\mathfrak{S}}_n}$ は $\widetilde{\mathfrak{S}}_n \to \mathfrak{S}_n$ の自然写像となる．$G(m,1,n)$ の既約な射影表現（スピン表現）π は $R(G(m,1,n))$ の線型表現であって，中心群 Z の非自明な指標 χ に対し，$\pi(z) = \chi(z)I$ $(z \in Z)$ となるものである．

ある χ を固定して，それに対応するスピン既約表現の同値類の分類をする場合，n の順序付き分割 $\boldsymbol{\mu} := (\mu_j)_{j \in \boldsymbol{I}_m} \in \mathcal{P}_n$, $\mu_j \geq 0$, $\mu_1 + \mu_2 + \cdots + \mu_m = n$, に対応する $\mathfrak{S}_n$ の Frobenius-Young 部分群

$$\mathfrak{S}_{\boldsymbol{\mu}} := \mathfrak{S}_{\mu_1} \times \mathfrak{S}_{\mu_2} \times \cdots \times \mathfrak{S}_{\mu_m}$$

の $\Phi_{\mathfrak{S}}$ による原像 $\widetilde{\mathfrak{S}}_{\boldsymbol{\mu}} := \Phi_{\mathfrak{S}}^{-1}(\mathfrak{S}_{\mu_1} \times \cdots \times \mathfrak{S}_{\mu_m})$ のスピン既約表現の分類が重要になる．ここに，$\mathfrak{S}_{\mu_j}$ は $\boldsymbol{I}_n = \{1, 2, \cdots, n\}$ の区間 $J_j := [\mu_1 + \cdots + \mu_{j-1} + 1,\ \mu_1 + \cdots + \mu_j]$, ただし $J_1 = [1, \mu_1]$, の上の置換群 $\mathfrak{S}_{J_j}$ と同一視される．このとき，$\widetilde{\mathfrak{S}}_{\boldsymbol{\mu}}$ は $\widetilde{\mathfrak{S}}_{\mu_j} = \Phi_{\mathfrak{S}}^{-1}(\mathfrak{S}_{\mu_j})$ $(j \in \boldsymbol{I}_m)$ の歪中心積 $\widetilde{\mathfrak{S}}_{\mu_1} \widehat{*} \cdots \widehat{*} \widetilde{\mathfrak{S}}_{\mu_m}$ と同型である：

$$\widetilde{\mathfrak{S}}_{\boldsymbol{\mu}} := \Phi_{\mathfrak{S}}^{-1}(\mathfrak{S}_{\boldsymbol{\mu}}) \cong \widetilde{\mathfrak{S}}_{\mu_1} \widehat{*} \cdots \widehat{*} \widetilde{\mathfrak{S}}_{\mu_m}, \tag{4.1.5}$$

ただし，$\mu_j = 1$ のときには，$\widetilde{\mathfrak{S}}_{\mu_j} = \{e, z_1\}$ である．この $\widetilde{\mathfrak{S}}_{\boldsymbol{\mu}}$ を表現群 $\widetilde{\mathfrak{S}}_n$ の **Schur-Young 部分群**という．

歪中心積群 S' の元の表示およびその共役性については次を注意する：

命題 4.1.1 歪中心積群 $S' := S_1' \widehat{*} \cdots \widehat{*} S_m'$ の 2 元 σ', σ'' を $\sigma' = \sigma_1' \cdots \sigma_m'$, $\sigma'' = \sigma_1'' \cdots \sigma_m''$ $(\sigma_j',\ \sigma_j'' \in S_j'\ (j \in \boldsymbol{I}_m))$ と表示する．

（i）σ' と σ'' が一致する必要十分条件は，

$$\sigma_j' = z_1^{a_j} \sigma_j''\ (j \in \boldsymbol{I}_m),\ a_1 + \cdots + a_m \equiv 0 \pmod 2).$$

(ii) σ' と σ'' が互いに共役ならば，各 $j \in \boldsymbol{I}_m$ に対して，σ'_j はある $a_j = 0, 1$ で $z_1^{a_j}\sigma''_j$ と S'_j のもとで共役である．

逆に，σ'_j と $z_1^{a_j}\sigma''_j$ が $\xi_j \in S'_j$ により共役である（すなわち，$\xi_j\sigma'_j\xi_j^{-1} = z_1^{a_j}\sigma''_j$）とするとき，ある $a = 0, 1$ に対して，σ' と $z_1^a\sigma''$ とが S' のもとで共役である．

証明　主張 (i) は歪中心積の定義から直ちに従う．

主張 (ii) について考える．σ' と σ'' とが $\xi = \xi_1 \cdots \xi_m$ ($\xi_j \in S'_j$) により共役であると仮定する，すなわち，$\xi\sigma'\xi^{-1} = \sigma''$．この左辺を計算すると，$\xi\sigma'\xi^{-1} = z_1^x(\xi_1\sigma'_1\xi_1^{-1}) \cdots (\xi_m\sigma'_m\xi_m^{-1})$，であり，さらに等式 $\mathrm{ord}(\xi_j\sigma'_j\xi_j^{-1}) = \mathrm{ord}(\sigma'_j)$ を使うと，その冪指数は mod 2 で，

$$x \equiv \sum_{j \neq k,\, j,k \in \boldsymbol{I}_m} \mathrm{ord}(\sigma'_k)\mathrm{ord}(\xi_j) \equiv \mathrm{ord}(\sigma')\mathrm{ord}(\xi) + \sum_{j \in \boldsymbol{I}_m} \mathrm{ord}(\sigma'_j)\mathrm{ord}(\xi_j).$$

したがって，$\xi_j\sigma'_j\xi_j^{-1} = z_1^{a_j}\sigma''_j$ ($\exists a_j,\ j \in \boldsymbol{I}_m$)，および $x + (a_1 + \cdots + a_m) \equiv 0$, を得る．また，最後の主張も同様の議論で示される．　□

注 4.1.2　圏 $\mathscr{G}$ は，すこし違った形で Hoffman - Humphreys によってはじめて導入された（[HoHu, §3] 参照）．そして，$\mathscr{G}$ の 2 つの群の歪中心積に対するスピン表現の理論は同書 §§4–5 に述べられている（同書でのスピン表現の呼び名は negative representation である）．ここではそれらを拡張し，より分かり易くかつ簡潔に述べる．

4.2　2 重被覆群に対するスピン表現の初等理論

$(S', z, \mathrm{sgn}) \in \mathscr{G}$ に対し，$S = S'/Z$, $Z = \langle z \rangle$, とおき，記号

(4.2.1)　$$B' := \{\sigma' \in S'\,;\, \mathrm{ord}(\sigma') = 0\},\ \ C' := \{\sigma' \in S'\,;\, \mathrm{ord}(\sigma') = 1\},$$

を導入する．sgn が位数 2 のとき，B' は S' の指数 2 の正規部分群である．任意の元 $\kappa' \in C'$ に対して $C' = \kappa' B'$ である．sgn が自明のとき，$B' = S'$, $C' = \varnothing$ である．

S' の真性のスピン既約表現の同値類全体を $\widehat{S'}^{\,\mathrm{spin}}$ と書き，S' の**スピン双対**とよぶ．これは，ある意味で，S' の双対 $\widehat{S'}$ の "ほぼ半分" を占めていることが次の命題によって示される．これは定理 2.2.1 (i) の特殊な場合なのだが，別証を与えておく．

命題 4.2.1 群 S' のスピン双対 $\widehat{S'}^{\,\mathrm{spin}}$ に対して，次の等式が成り立つ：

$$\sum_{[\pi]\in\widehat{S'}^{\,\mathrm{spin}}} (\dim\pi)^2 = \frac{1}{2}\,|S'| = |S|.$$

証明 一般に有限群 G に対して，$\sum_{\pi\in\widehat{G}} (\dim\pi)^2 = |G|$. これを $G = S'$ と $G = S = S'/Z$ とに適用して，

$$\sum_{\pi\in\widehat{S'}} (\dim\pi)^2 = |S'|, \quad \sum_{\pi_0\in\widehat{S}} (\dim\pi_0)^2 = |S| = \frac{1}{2}|S'|. \tag{4.2.2}$$

他方，S の既約表現 π_0 に対して，S' の表現 π を，

$$\pi(\sigma') := \pi_0(\sigma) \ \ (\sigma'\in S',\ \sigma = \Phi(\sigma')),$$

とおくと，π は S' の非スピン表現（すなわち，$\pi(z) = I$ となる表現）である．これは，S' の非スピン表現と S の普通の表現との 1 対 1 の対応を与える．したがって (4.2.2) の第 1 式から第 2 式を辺々相減ずれば，当補題の求める等式となる．□

S' の表現と，正規部分群 B' の表現の間には次のような関係がある．$[S' : B'] = 2$ なので，これは **1.2.6** 小節で論じた指数 $[G : H] = 2$ の場合に含まれるのだが，副指標を導入する必要があるので，別証を与えながらあらためて論ずる．

基本補題 4.2.2 sgn は位数 2 とする．S' の既約表現 π をとる．

(i) B' への π の制限 $\rho := \pi|_{B'}$ が既約であるのは，π が非自己同伴であるとき，かつ，そのときに限る．この場合，B' から S' への既約表現 ρ の誘導に関しては，

$$\mathrm{Ind}_{B'}^{S'} \rho \cong \pi \oplus (\mathrm{sgn}\cdot\pi).$$

(ii) π を自己同伴とする，すなわち，$\pi \cong \mathrm{sgn}\cdot\pi$．このとき，制限 $\pi|_{B'}$ は可約であって，2 つの非同値な表現 $\rho,\ \rho'$ の直和になっている．そして，ρ' は C' の任意の元 $\kappa'\in C'$ をとると，${}^{\kappa'}\!\rho$ と同値である：

$$\pi|_{B'} = \rho\oplus\rho', \quad \rho' \cong {}^{\kappa'}\!\rho. \tag{4.2.3}$$

この場合，$\mathrm{Ind}_{B'}^{S'}\rho \cong \mathrm{Ind}_{B'}^{S'}\rho' \cong \pi$．ここに，$({}^{\kappa'}\!\rho)(\tau') := \rho({\kappa'}^{-1}\tau'\kappa')\ (\tau'\in B')$.

証明 制限 $\pi|_{B'}$ の 1 つの既約成分を ρ とし，その表現空間を $W = V(\rho) \subset V(\pi)$ とする．$\tau'\in B'$ に対して，$\pi(\tau')W = \rho(\tau')W = W$ である．また，$\kappa'\in C' = S'\setminus B'$, すなわち $\mathrm{sgn}(\kappa') = -1$, をとると，$W' := \pi(\kappa')W$ は B'-不変であ

る．実際，

$$\pi(\tau')W' = \pi(\tau')(\pi(\kappa')W) = \pi(\kappa')(\pi(\tau'')W) = \pi(\kappa')W = W' \quad (\tau' \in B'),$$

ここに，$\tau'' = \kappa'^{-1}\tau'\kappa' \in B'$ ($\because$ B' は正規部分群である)．

他方，W の B'-既約性から，W' の B'-既約性が出る．すると，$W \cap W'$ は，W 全体になるか，もしくは $\{0\}$ になる．

(1) $W = W'$ **の場合．** $W = V(\rho)$ は $\pi(\sigma')$ $(\sigma' \in S' = B' \sqcup \kappa' B')$ で不変になり，$W = V(\pi)$, よって $\pi|_{B'} = \rho$ かつ $\rho \cong {}^{\kappa'}\rho$ となり，その同値を与える作用素は $T := \pi(\kappa')$ の定数倍である．実際，

$$T^{-1} \cdot \rho(\tau') \cdot T = \rho(\kappa'^{-1}\tau'\kappa') = ({}^{\kappa'}\rho)(\tau') \; (\tau' \in B').$$

ここで誘導表現 $\Pi := \mathrm{Ind}_{B'}^{S'}\rho$ を考え，その指標 χ_Π を定理 1.2.4 の指標公式 (1.2.11) によって求める．ρ の指標 χ_ρ を B' から S' 全体に $\chi_\rho(\sigma') = 0$ $(\sigma' \notin B')$ として拡張しておくと，$\sigma'_0 \in S'$ に対して，

$$\chi_\Pi(\sigma'_0) = \sum_{\sigma' \in S'} \frac{1}{|B'|}\chi_\rho(\sigma'\sigma'_0\sigma'^{-1}) = 2\chi_\rho(\sigma'_0) = \chi_\pi(\sigma'_0) + \chi_{\mathrm{sgn}\cdot\pi}(\sigma'_0).$$

よって，$\Pi \cong \pi \oplus (\mathrm{sgn} \cdot \pi)$ を得る．

(2) $W \cap W' = \{0\}$ **の場合．** $W + W'$ は直和となり，$V(\pi) = W \oplus W'$ である．そして，$W' = \pi(\kappa')W$ 上に働く B' の表現 ρ' は，$B' \ni \tau' \to \tau'' = \kappa'^{-1}\tau'\kappa' \to \rho(\tau'') = ({}^{\kappa'}\rho)(\tau')$ である．ゆえに $\pi|_{B'} = \rho \oplus {}^{\kappa'}\rho$.

誘導表現 $\Pi := \mathrm{Ind}_{B'}^{S'}\rho$ の指標 χ_Π については，

$$\chi_\Pi(\sigma'_0) = \sum_{\sigma' \in S'} \frac{1}{|B'|}\chi_\rho(\sigma'\sigma'_0\sigma'^{-1}) = \chi_\rho(\sigma'_0) + \chi_{({}^{\kappa'}\rho)}(\sigma'_0) = \chi_\pi(\sigma'_0),$$

なぜならば，$\tau'\kappa' \in C'$ $(\tau' \in B')$ は W と $W' = \pi(\kappa')W$ とを交換するので，$\mathrm{tr}(\pi(\tau'\kappa')) = 0$, すなわち，$\chi_\pi$ は $C' = S' \setminus B'$ 上で零である．よって，$\Pi \cong \pi \cong \mathrm{sgn} \cdot \pi$ が分かる． □

(4.2.3) での 2 つの B' の既約表現 ρ, ρ' の指標の差 $\chi_\rho - \chi_{\rho'}$ を自己同伴表現 π の**副指標**とよび，記号として，

$$\delta_\pi(\tau') := \chi_\rho(\tau') - \chi_{\rho'}(\tau') \quad (\tau' \in B'). \tag{4.2.4}$$

を用いる．これは Schur [Sch4, §16]) における用語（Komplement）とその記号をなぞったものである．なお，ρ と ρ' とを取り替えれば，δ_π の符号は反転するの

で，ρ の取り方を指定する必要がある．指標 χ_π と副指標 δ_π の両方が計算出来たとすれば，χ_ρ と $\chi_{\rho'}$ とは次のように求められる：

$$\chi_\rho = \frac{1}{2}(\chi_\pi + \delta_\pi), \quad \chi_{\rho'} = \frac{1}{2}(\chi_\pi - \delta_\pi). \tag{4.2.5}$$

補題 4.2.3　sgn は位数 2 とする．π を S' のスピン既約表現とし，その表現空間を $V(\pi)$ で表す．π を自己同伴とする．すると，$V(\pi)$ 上の線型作用素 H で次の条件を満たすものが，符号を除いて一意的に存在する：

$$H^2 = I, \ \mathrm{tr}(H) = 0, \tag{4.2.6}$$

$$\begin{cases} H\pi(\tau') = \pi(\tau')H & (\tau' \in B'), \\ H\pi(\kappa') = -\pi(\kappa')H & (\kappa' \in C'), \end{cases} \tag{4.2.7}$$

ここに，$I = I_{V(\pi)}$．さらに，この H について次が成り立つ：

$$\mathrm{tr}(\pi(\tau')H) = \delta_\pi(\tau') \ (\tau' \in B'), \ \mathrm{tr}(\pi(\kappa')H) = 0 \ (\kappa' \in C'). \tag{4.2.8}$$

行列を用いた表示では，これらの作用素は次のように表せる：

$V(\pi) = V(\rho) \oplus V(\rho') \cong \boldsymbol{C}^p \oplus \boldsymbol{C}^p$ として，

$$H = \varepsilon \begin{pmatrix} E_p & 0_p \\ 0_p & -E_p \end{pmatrix}, \ \pi(\tau') = \begin{pmatrix} \rho(\tau') & 0_p \\ 0_p & \rho'(\tau') \end{pmatrix}, \ \pi(\kappa') = \begin{pmatrix} 0_p & q(\kappa') \\ q'(\kappa') & 0_p \end{pmatrix},$$

ここに，$\varepsilon = \pm 1$, $p = \dim \rho = \dim \rho'$，$0_p$ と E_p は p 次の零行列と単位行列，$q(\kappa')$, $q'(\kappa')$ は κ' によって決まる p 次正方行列，を表す．

補題の証明　$\pi \cong \mathrm{sgn} \cdot \pi$ なので，この同値を与える相関作用素を H とする．すると，この H は (4.2.7) を満たす．また H^2 は既約表現 π に対し，$\pi(\sigma')H^2 = H^2\pi(\sigma')$ $(\sigma' \in S')$ を満たすので，恒等写像 I の定数倍である．したがって，H の適当な定数倍は，$H^2 = I$ となる．

$\pi|_{B'} = \rho \oplus \rho'$ を考えると，$V(\pi) = V(\rho) \oplus V(\rho')$, $\dim V(\rho) = \dim V(\rho')$, であり，$H$ は (4.2.7) の第 1 式より，$\pi|_{B'}$ と可換であるので，部分空間 $V(\rho)$, $V(\rho')$ それぞれの上でスカラー作用素である，すなわち，$H = \lambda I_{V(\rho)} \oplus \mu I_{V(\rho')}$．他方，$H^2 = I$ より，$\lambda^2 = \mu^2 = 1$ を得る．さらに，(4.2.7) の第 2 式も勘案すると，(λ, μ) は $(1, -1)$ または $(-1, 1)$ である．そして固有値 λ, μ の重複度はいずれも $p := \dim V(\rho) = \dim V(\rho')$ である．

残りの主張の証明は難しくはない．　□

上の作用素 H を自己同伴なスピン既約表現 π の**同伴作用素**という．

補題 4.2.4　$(S', z, \mathrm{sgn}) \in \mathscr{G}'$ の既約とは限らぬスピン表現 π を自己同伴とする，すなわち，$\mathrm{sgn} \cdot \pi \cong \pi$. このとき，表現空間 $V(\pi)$ 上の線型作用素 H で条件 (4.2.6)–(4.2.7) を満たすものが存在する．

証明　π を既約分解すれば，自己同伴なスピン既約表現 $\pi^{(p)}$ と非自己同伴なスピン既約表現の対 $\pi^{[q]} \oplus (\mathrm{sgn} \cdot \pi^{[q]})$ との直和になる．$\pi^{(p)}$ に対しては，その同伴作用素 $H^{(p)}$ をとる．対 $\pi^{[q]} \oplus (\mathrm{sgn} \cdot \pi^{[q]})$ に対しては，その表現空間を $V_1 \oplus V_2$, V_1, V_2 はいずれも $V(\pi^{[q]})$ のコピーで，V_1, V_2 上にはそれぞれ $\pi^{[q]}$, $\mathrm{sgn} \cdot \pi^{[q]}$ が働くとする．$H^{[q]}(v_1 \oplus v_2) := \lambda v_2 \oplus \lambda^{-1} v_1$ $(v_i \in V_i)$, $\lambda \in \boldsymbol{C}^\times$, とおくと，これは対 $\pi^{[q]} \oplus (\mathrm{sgn} \cdot \pi^{[q]})$ に対して，(4.2.6)–(4.2.7) に対応する条件を満たす．もとの π に対しては，$H^{(p)}$, $H^{[q]}$ たちの直和を H とする．　□

上の作用素 H も自己同伴なスピン表現 π の**同伴作用素**という．π が既約でなければ，この H の取り方にはそれなりの自由度がある．

$S' \in \mathscr{G}$ とする．S' の表現の同値関係 $\cong$ に，さらに同伴関係を付加して，新しい同値関係 $\overset{\mathrm{ass}}{\sim}$（同伴同値）を導入する，すなわち，

$$\pi \overset{\mathrm{ass}}{\sim} \pi' \overset{\mathrm{def}}{\Longleftrightarrow} \pi' \cong \pi \ \text{または}\ \pi' \cong \mathrm{sgn} \cdot \pi. \tag{4.2.9}$$

この同値関係は，$S' \in \mathscr{G}'$ のときには，真に新しい．同値関係 $\overset{\mathrm{ass}}{\sim}$ による既約表現 π の同値類を $[\pi]_{\mathrm{ass}}$ と書き，π の**同伴同値類**と呼ぶ．π が自己同伴か否かにしたがって，$[\pi]_{\mathrm{ass}} = [\pi]$ または $[\pi]_{\mathrm{ass}} = \{[\pi], [\mathrm{sgn} \cdot \pi]\}$ となる．関係 $\overset{\mathrm{ass}}{\sim}$ の下でのスピン既約表現の同値類全体を $\widehat{S'}{}^{\mathrm{spin}}_{\mathrm{ass}}$ と書くが，それは $\widehat{S'}{}^{\mathrm{spin}}$ の商空間である．

ここで $S' \in \mathscr{G}'$ とする．正規部分群 B' のスピン既約表現の中に，同値関係 $\overset{\mathrm{out}}{\sim}$ を導入する：

$$\rho' \overset{\mathrm{out}}{\sim} \rho \overset{\mathrm{def}}{\Longleftrightarrow} \rho' \cong \rho \ \text{または}\ \rho' \cong {}^{\kappa'}\!\rho \ (\exists \kappa' \in C'). \tag{4.2.10}$$

これは，ρ' がある $x \in \mathrm{Ad}(S')|_{B'} = \{\mathrm{Ad}(\sigma')|_{B'}\,;\, \sigma' \in S'\}$ に対して，${}^{x}\rho$ と同値であることを意味する．ここに，$\mathrm{Ad}(\sigma')(s') := \sigma' s' \sigma'^{-1}$ $(s' \in S')$. なお，「C' のある元が B' の各元と互いに可換」という特別の場合を除けば，$\mathrm{Ad}(\kappa')|_{B'}$ $(\kappa' \in C')$ はつねに群 B' の外部自己同型（outer automorphism）である（問題 4.2.2 参照）．

ρ の関係 $\overset{\mathrm{out}}{\sim}$ による同値類を $[\rho]_{\mathrm{out}}$ と書くと，$\rho \cong {}^{\kappa'}\!\rho$ か否かにしたがって，

$$[\rho]_{\mathrm{out}} = [\rho] \quad \text{または} \quad [\rho]_{\mathrm{out}} = [\rho] \sqcup [{}^{\kappa'}\!\rho].$$

この同値類全体を $\widehat{B'}^{\,\mathrm{spin}}_{\mathrm{out}}$ と書く．Frobenius の相互律によれば，S' の既約表現 π_0 と B' の既約表現 ρ_0 に対して，

$$[\mathrm{Ind}_{B'}^{S'}\rho_0 : \pi_0] = [\mathrm{Res}_{B'}^{S'}\pi_0 : \rho_0].$$

これを勘案すれば，主として基本補題 4.2.2 を用いて次の結果が得られる：

定理 4.2.5　$(S', z, \mathrm{sgn}) \in \mathscr{G}'$ とする．

(i) 同値類の集合 $\widehat{S'}^{\,\mathrm{spin}}_{\mathrm{ass}}$ と $\widehat{B'}^{\,\mathrm{spin}}_{\mathrm{out}}$ との間に自然な 1 対 1 対応が，$\mathrm{Res}_{B'}^{S'}$ と $\mathrm{Ind}_{B'}^{S'}$ とによって，次のように与えられる．まず，$[\pi]_{\mathrm{ass}}$ に対して，$\mathrm{Res}_{B'}^{S'}\pi$ の既約成分で代表される $\widehat{B'}^{\,\mathrm{spin}}_{\mathrm{out}}$ の同値類をとる．

逆に，$[\rho]_{\mathrm{out}}$ に対して，$\mathrm{Ind}_{B'}^{S'}\rho$ によって代表される $\widehat{S'}^{\,\mathrm{spin}}_{\mathrm{ass}}$ の同値類をとる．

(ii) スピン既約表現 π が $\widehat{S'}^{\,\mathrm{spin}}_{\mathrm{ass}}$ の完全代表系を走るとき，$\mathrm{Res}_{B'}^{S'}\pi$ の既約成分の集合は，B' のスピン双対 $\widehat{B'}^{\,\mathrm{spin}}$ の完全代表系を与える．

問題 4.2.1　一般に，群 G の位数 2 の部分群 K は必ず正規部分群であるが，位数 3 の部分群 K については必ずしも正規部分群ではないことを示す例を作れ．

ヒント　$\boldsymbol{Z}_3$ に $\boldsymbol{Z}_2$ を適当に作用させて，半直積 $G := \boldsymbol{Z}_3 \rtimes \boldsymbol{Z}_2$ を作り，部分群 $K := \boldsymbol{Z}_2$ をとれ．（この G は $\mathfrak{S}_3$ と同型か？）

問題 4.2.2　$(S', z, \mathrm{sgn}) \in \mathscr{G}'$ とする．すべての $\kappa' \in C'$ に対し，$\mathrm{Ad}(\kappa')|_{B'}$ が群 B' の内部自己同型であるとすると，C' のある元が B' の各元と可換である．これを証明せよ．

4.3　歪中心積群 $S'_1 \widehat{*} S'_2 \widehat{*} \cdots \widehat{*} S'_m$ のスピン表現の構成

各 $(S'_j, z_j, \mathrm{sgn}_j) \in \mathscr{G}$ $(j \in \boldsymbol{I}_m)$ に対して，スピン表現 π_j をとり，それらから $S' = S'_1 \widehat{*} S'_2 \widehat{*} \cdots \widehat{*} S'_m$ のスピン表現を構成するやり方を与えよう．この構成法は Schur [Sch4, §27] をもとにしたものである．与えられた π_j のうち，s 個が非自己同伴で，残りの $r := m - s$ 個は自己同伴，であるとする．なお，sgn_j が自明な S'_j の場合，すなわち，$(S'_j, z_j, \mathrm{sgn}_j) \in \mathscr{G} \setminus \mathscr{G}'$ の場合は，$B'_j = S'_j$, $C'_j = \varnothing$ であり，すべてのスピン既約表現 π_j は自己同伴であり，見かけ上の歪中心積は非歪中心積（non-twisted central product）になり，その取り扱いは簡単で，あとから「群の非歪中心積」と「表現の通常のテンソル積」を用いて付け足すことができるので，ここでは，本質がより良く見えるように，全ての sgn_j が位数 2 の場合，す

なわち，$(S'_j, z_j, \mathrm{sgn}_j) \in \mathscr{G}'$ $(j \in \boldsymbol{I}_m)$ の場合を取り扱う．

与えられた π_j の中で，π_i $(i \in \boldsymbol{I}_m^{\mathrm{sa}})$ が自己同伴，残りの π_j $(j \in \boldsymbol{I}_m^{\mathrm{nsa}})$ が非自己同伴，と仮定する：$\boldsymbol{I}_m = \boldsymbol{I}_m^{\mathrm{sa}} \sqcup \boldsymbol{I}_m^{\mathrm{nsa}}$. これらの添字集合を

$$(4.3.1)\qquad \boldsymbol{I}_m^{\mathrm{sa}} = \{i_1, \cdots, i_r\},\ i_1 < \cdots < i_r,\ \ \boldsymbol{I}_m^{\mathrm{nsa}} = \{j_1, \cdots, j_s\},\ j_1 < \cdots < j_s,$$

と表わし，前者を**自己同伴添字**，後者を**非自己同伴添字**，とよぶ．ここに，$r + s = m$.

$s' = [s/2]$ とおく．$2^{s'}$ 次の正方行列として，$F_0 = E_{2^{s'}}$ と $F_1, \cdots, F_s$ で次の条件を満たすものを用意する：

$$(4.3.2)\qquad \begin{cases} F_j{}^2 = F_0 & (j \in \boldsymbol{I}_s), \\ F_j F_k = -F_k F_j & (j, k \in \boldsymbol{I}_s,\ j \neq k), \end{cases}$$

1 例として，次のようにとればよい：

$$(4.3.3)\qquad \varepsilon = \begin{pmatrix} 1 & 0 \\ 0 & 1 \end{pmatrix},\ a = \begin{pmatrix} 0 & 1 \\ 1 & 0 \end{pmatrix},\ b := \begin{pmatrix} 0 & -i \\ i & 0 \end{pmatrix},\ c := \begin{pmatrix} 1 & 0 \\ 0 & -1 \end{pmatrix},$$

および，記号 $x^{\otimes k} = \underbrace{x \otimes x \otimes \cdots \otimes x}_{k\ \text{回テンソル積}}$（$k = 0$ のときは無視する）を用いて，

$$(4.3.4)\qquad \begin{cases} F_{2k-1} := c^{\otimes(k-1)} \otimes a \otimes \varepsilon^{\otimes(s'-k)} & (1 \leq k \leq s'), \\ F_{2k} := c^{\otimes(k-1)} \otimes b \otimes \varepsilon^{\otimes(s'-k)} & (1 \leq k \leq s'), \\ F_{2s'+1} := c^{\otimes s'}. \end{cases}$$

つぎに，自己同伴な π_j $(j \in \boldsymbol{I}_m^{\mathrm{sa}})$ に対して，$V(\pi_j)$ 上の同伴作用素 H_j，すなわち，次の条件を満たす作用素を 1 つとる：$\tau'_j \in B'_j$, $\kappa'_j \in C'_j = S'_j \setminus B'_j$, として

$$\begin{cases} H_j{}^2 = I_j, \quad \mathrm{tr}(H_j) = 0, \\ H_j \pi_j(\tau'_j) = \pi_j(\tau'_j) H_j,\ \ H_j \pi_j(\kappa'_j) = -\pi_j(\kappa'_j) H_j, \end{cases}$$

ここに，I_j は $V(\pi_j)$ 上の恒等作用素を表す．この H_j は補題 4.2.3, 4.2.4 で存在を保証されており，π_j が既約ならば，符号を除いて一意的に決まる．

ここでいよいよ $\sigma' \in S' = S'_1 \widehat{*} S'_2 \widehat{*} \cdots \widehat{*} S'_m$ に対する表現作用素 $\pi(\sigma')$ を与えよう．$V_0 := \boldsymbol{C}^{2^{s'}}$ を F_j の働く空間として，π の表現空間は $V(\pi) := V_0 \otimes V(\pi_1) \otimes \cdots \otimes V(\pi_m)$ とする．

表現の歪中心積公式 4.3.1 記号として，B'_j の元を τ'_j，C'_j の元を κ'_j と書く．

(1) ある $j \in \boldsymbol{I}_m$ に対して，$\tau'_j \in B'_j$ の場合：

$$\pi(\tau'_j) = F_0 \otimes I_1 \otimes \cdots \otimes I_{j-1} \otimes \pi_j(\tau'_j) \otimes I_{j+1} \otimes \cdots \otimes I_m . \tag{4.3.5}$$

(2) ある $j = i_p \in \boldsymbol{I}_m^{\mathrm{sa}}$ に対して，$\kappa'_j \in C'_j$ の場合：

$$\pi(\kappa'_{i_p}) := F_0 \otimes \Big(\bigotimes_{k \in \boldsymbol{I}_m} X_k \Big), \tag{4.3.6}$$

ここに，
$$X_i = \begin{cases} H_{i_q} & (i = i_q \in \boldsymbol{I}_m^{\mathrm{sa}},\ q < p), \\ \pi_{i_p}(\kappa'_{i_p}) & (i = i_p \in \boldsymbol{I}_m^{\mathrm{sa}}), \\ I_i & (i \in \boldsymbol{I}_m,\ \text{他の場合}). \end{cases}$$

(3) ある $j = j_p \in \boldsymbol{I}_m^{\mathrm{nsa}}$ に対して，$\kappa'_j \in C'_j$ の場合：

$$\pi(\kappa'_{j_p}) := F_p \otimes \Big(\bigotimes_{k \in \boldsymbol{I}_m} X_k \Big), \tag{4.3.7}$$

ここに，
$$X_i = \begin{cases} H_i & (i \in \boldsymbol{I}_m^{\mathrm{sa}}), \\ \pi_{j_p}(\kappa'_{j_p}) & (i = j_p \in \boldsymbol{I}_m^{\mathrm{nsa}}), \\ I_i & (i \in \boldsymbol{I}_m^{\mathrm{nsa}},\ \text{他の場合}). \end{cases}$$

(4) この公式を $\boldsymbol{I}_m^{\mathrm{sa}} = \boldsymbol{I}_r$，$\boldsymbol{I}_m^{\mathrm{nsa}} = \boldsymbol{I}_m \setminus \boldsymbol{I}_r$ の特別の場合に表示すると，上の場合 (2) では，$j \in \boldsymbol{I}_r = \boldsymbol{I}_m^{\mathrm{sa}}$ に対して，

$$\pi(\kappa'_j) = F_0 \otimes H_1 \otimes \cdots \otimes H_{j-1} \otimes \pi_j(\kappa'_j) \otimes I_{j+1} \otimes \cdots \otimes I_m ,$$

上の場合 (3) では，$j = r + p \in \boldsymbol{I}_m \setminus \boldsymbol{I}_r = \boldsymbol{I}_m^{\mathrm{nsa}}$ に対して，

$$\pi(\kappa'_j) = F_p \otimes \underbrace{H_1 \otimes \cdots \otimes H_r}_{\text{自己同伴部分}} \otimes \underbrace{I_{r+1} \otimes \cdots \otimes I_{j-1} \otimes \pi_j(\kappa'_j) \otimes I_{j+1} \otimes \cdots \otimes I_m}_{\text{非自己同伴部分}} .$$

さて，一般的に，上の公式 (1)〜(3) で，対応 π を $S' = S'_1 \hat{*} S'_2 \hat{*} \cdots \hat{*} S'_m$ を生成する $S'_j\ (j \in \boldsymbol{I}_m)$ の各元に与えた．これらの作用素は次の関係式を満たすことが示される：

$$\begin{cases} \pi(\tau'_k)\pi(\tau'_{k'}) = \pi(\tau'_{k'})\pi(\tau'_k) & (k, k' \in \boldsymbol{I}_m^{\mathrm{sa}}), \\ \pi(\tau'_j)\pi(\kappa'_k) = \pi(\kappa'_k)\pi(\tau'_j) & (k \in \boldsymbol{I}_m^{\mathrm{sa}},\ j \in \boldsymbol{I}_m^{\mathrm{nsa}}), \\ \pi(\kappa'_j)\pi(\kappa'_{j'}) = -\pi(\kappa'_{j'})\pi(\kappa'_j) & (j, j' \in \boldsymbol{I}_m^{\mathrm{nsa}},\ j \neq j'). \end{cases} \tag{4.3.8}$$

この対応 π が確かに S' に矛盾無く拡張できてその表現になっていることは，下に見るように証明を要するが，その表現を $\pi_1 \hat{*} \cdots \hat{*} \pi_m$ と書き，$\pi_1, \cdots, \pi_m$ の

歪中心積 (twisted central product) とよぶ.

定理 4.3.1 (表現の歪中心積) すべての S'_j について, sgn_j は位数 2 とする, すなわち, $(S'_j, z_j, \mathrm{sgn}_j) \in \mathscr{G}'$ $(j \in \boldsymbol{I}_m)$. S'_j のスピン表現 π_j $(j \in \boldsymbol{I}_m)$ に対し, 上の公式 4.3.1 は, 歪中心積 $S' = S'_1 \widehat{*} S'_2 \widehat{*} \cdots \widehat{*} S'_m$ のスピン表現 $\pi = \pi_1 \widehat{*} \pi_2 \widehat{*} \cdots \widehat{*} \pi_m$ を与える. ただし, 自己同伴な π_j に対して, その同伴作用素 H_j には自由度がある（補題 4.2.4 参照）が, π_j が既約ならば符号だけの自由度である. 次元は, $\dim \pi = 2^{[s/2]} \prod_{j \in \boldsymbol{I}_m} \dim \pi_j$. 全ての π_j が既約ならば, π も既約である.

証明 **(1)** π **が** S' **の表現になっていること.** π の公式 4.3.1 により, 実際に歪中心積 $S' = S'_1 \widehat{*} S'_2 \widehat{*} \cdots \widehat{*} S'_m$ のスピン表現が定義できていることを見るには, 次の関係式が表現できていることを確かめればよい：

$$\sigma'_j \sigma'_k = z^{\mathrm{ord}(\sigma'_j)\mathrm{ord}(\sigma'_k)} \sigma'_k \sigma'_j \quad (j \neq k,\ \sigma'_j \in S'_j,\ \sigma'_k \in S'_k).$$

これは, 等式 (4.3.8) が保証するところである.

(2) π **の既約性.** π の既約性の証明のためには π の相関作用素 T をとり, それが恒等写像の定数倍になることを示せばよい. $\boldsymbol{I}_m^{\mathrm{sa}} = \boldsymbol{I}_r$, $\boldsymbol{I}_m^{\mathrm{nsa}} = \boldsymbol{I}_m \setminus \boldsymbol{I}_r$ の特別の場合に示せば十分である.

はじめに, 非自己同伴な π_j $(j \in \boldsymbol{I}_m \setminus \boldsymbol{I}_r)$ の部分（第 2 部分とよぶ）を見る. その準備として, 自己同伴な π_j $(j \in \boldsymbol{I}_r)$ の働く空間を $V_1 := V(\pi_1) \otimes \cdots \otimes V(\pi_r)$, 第 2 部分の表現空間を $V_2 := V(\pi_{r+1}) \otimes \cdots \otimes V(\pi_m)$ とおく. V_i $(i = 0, 1)$ 上の線型変換全体の空間 $\mathcal{L}(V_i)$ の基底 $L_p^{(i)}$ $(p \in P_i)$ をとる. すると, T は適当な $T_{p_0 p_1}^{(2)} \in \mathcal{L}(V_2)$ $(p_0 \in P_0,\ p_1 \in P_1)$ が存在して,

$$T = \sum_{p_0 \in P_0,\, p_1 \in P_1} L_{p_0}^{(0)} \otimes L_{p_1}^{(1)} \otimes T_{p_0 p_1}^{(2)}$$

と表せる. そこで, 関係式 $\pi(\sigma')T = T\pi(\sigma')$ $(\sigma' \in S')$ のうち, σ' を部分群 $B'_{r+1} \widehat{*} \cdots \widehat{*} B'_m$ に制限して考えると, $\tau'_j \in B'_j$ $(j \in \boldsymbol{I}_m \setminus \boldsymbol{I}_r)$ に対して,

$$(\pi_{r+1}(\tau'_{r+1}) \otimes \cdots \otimes \pi_m(\tau'_m))\, T_{p_0 p_1}^{(2)} = T_{p_0 p_1}^{(2)}\, (\pi_{r+1}(\tau'_{r+1}) \otimes \cdots \otimes \pi_m(\tau'_m)).$$

他方, 制限 $\pi_j|_{B'_j}$ は $j \in \boldsymbol{I}_m \setminus \boldsymbol{I}_r$ では既約である（基本補題 4.2.2）から, その（非歪）中心積も既約である. したがって, 各 $T_{p_0 p_1}^{(2)}$ は V_2 上の恒等作用素 I_{V_2} のスカラー倍 $T_{p_0 p_1}^{(2)} = \lambda_{p_0 p_1} I_{V_2}$ $(\exists \lambda_{p_0 p_1} \in \boldsymbol{C})$ となり, 次の表示を得る：

$$T = \sum_{p_0 \in P_0} L_{p_0}^{(0)} \otimes T_{p_0}^{(1)} \otimes I_{V_2}, \quad T_{p_0}^{(1)} := \sum_{p_1 \in P_1} \lambda_{p_0 p_1} L_{p_1}^{(1)}.$$

今度は話を自己同伴な成分のなす第 1 部分に移す．そこでの π_j $(j\in\boldsymbol{I}_r)$ では上と違って，制限 $\pi_j|_{B_j'}$ は既約ではない．そして，表現作用素 $\pi(\kappa_j')$ には，$H_1\otimes\cdots\otimes H_{j-1}$ が現れる．これに邪魔されないで，上と同様の議論を実行するには，$\pi_1,\cdots,\pi_r$ と 1 つずつ帰納的に議論することにより，$T_{p_0}^{(1)}=\lambda_{p_0}I_{V_1}$ $(\exists\lambda_{p_0}\in\boldsymbol{C})$ を得て，T の表示 $T=T^{(0)}\otimes I_{V_1}\otimes I_{V_2}$, $T^{(0)}=\sum_{p_0\in P_0}\lambda_{p_0}L_{p_0}^{(0)}$, にいたる．

最後に，F_p $(p\in\boldsymbol{I}_s)$ が既約に働く第 0 部分 V_0 に話が移るが，関係式 $\pi(\kappa_{r+p}')T=T\pi(\kappa_{r+p}')$ $(r+p\in\boldsymbol{I}_m\setminus\boldsymbol{I}_r)$ から次式が出る： $F_pT^{(0)}=T^{(0)}F_p\,;\,(p\in\boldsymbol{I}_s)$. そして，$\{F_p\,;\,p\in\boldsymbol{I}_s\}$ の既約性を使えば，$T^{(0)}=\lambda I_{V_0}$ $(\exists\lambda\in\boldsymbol{C})$ を得て，T がスカラー作用素であることが分かる． □

後に定理 4.6.4 において，π の指標計算を踏まえた，間接的な既約性の別証明を与える．

問題 4.3.1 上の証明の (1) が不十分だと思えばこれを補完せよ．

次の命題は，歪中心積 $\pi_1\,\widehat{*}\,\pi_2\,\widehat{*}\cdots\widehat{*}\,\pi_m$ の特殊な性質を述べている．

命題 4.3.2 スピン既約表現 π_j $(j\in\boldsymbol{I}_m)$ のうち，非自己同伴なものの個数を s とする．s の偶奇にしたがって，歪中心積 $S'=S_1'\,\widehat{*}\,S_2'\,\widehat{*}\cdots\widehat{*}\,S_m'$ の歪中心積表現 $\pi=\pi_1\,\widehat{*}\,\pi_2\,\widehat{*}\cdots\widehat{*}\,\pi_m$ は，自己同伴か非自己同伴になる．

証明 ここでは，$m=2$, $s=2$ の場合に，証明を与える．一般の場合はそれに倣えばよい．なお，一般の場合の別証明は，のちに指標を計算して，その台 (support) を見ることによって与えられる．

まず $B'=B_1'B_2'\sqcup C_1'C_2'$, $C'=B_1'C_2'\sqcup C_1'B_2'$, に注意する．ここに，$C_1'C_2':=\{\kappa_1'\kappa_2'\,;\,\kappa_j'\in C_j'\ (j\in\boldsymbol{I}_2)\}$ など．$s=2$ のとき，$2^{s'}=2^{[s/2]}=2$, そして，$\sigma'=\tau_1'\kappa_2'\in B_1'C_2'$ または $\sigma'=\kappa_1'\tau_2'\in C_1'B_2'$ にしたがって，

$$\pi(\sigma')=\pi(\tau_1'\kappa_2')=F_2\otimes\pi_1(\tau_1')\otimes\pi_2(\kappa_2'),\quad \text{または}$$
$$\pi(\sigma')=\pi(\kappa_1'\tau_2')=F_1\otimes\pi_1(\kappa_1')\otimes\pi_2(\tau_2').$$

よって，π の指標 χ_π に対して，$\sigma'\in C'\Longrightarrow\chi_\pi(\sigma')=0$. これから，$\chi_\pi=\chi_{\mathrm{sgn}\cdot\pi}$ を得る．したがって，$\pi\cong\mathrm{sgn}\cdot\pi$, すなわち，$\pi$ は自己同伴である． □

4.4　歪中心積群と歪中心積表現の構成法に関する注意

4.4.1　群の歪中心積 $S'_1 \widehat{*} S'_2 \widehat{*} \cdots \widehat{*} S'_m$ の結合律・可換律

歪中心積に対する 定義 4.1.1 から直ちに分かるように，$S'_1 \widehat{*} S'_2 \widehat{*} \cdots \widehat{*} S'_m$ を圏 $\mathscr{G}$ における 2 項演算の積み重ねとみるとき，これには**結合律**が成立する，すなわち，$(S'_1 \widehat{*} S'_2) \widehat{*} S'_3 = S'_1 \widehat{*} (S'_2 \widehat{*} S'_3)$ である．

さらに，$S'_1 \widehat{*} S'_2$ と $S'_2 \widehat{*} S'_1$ とは自然に同型であるから，その意味では**可換律**も成立している．

4.4.2　スピン表現の歪中心積 $\pi_1 \widehat{*} \cdots \widehat{*} \pi_m$ の結合律？

上述のように群の歪中心積 $S'_1 \widehat{*} S'_2 \widehat{*} \cdots \widehat{*} S'_m$ の定義は自然なものであるが，公式 4.3.1 におけるスピン表現の歪中心積 $\pi_1 \widehat{*} \cdots \widehat{*} \pi_m$ の構成はいかにも天下り的であるので，すこし反省してみたい．

まず，この歪中心積の構成法を「演算」として見るとき，結合律が成立するか，を問うてみよう，すなわち，$(\pi_1 \widehat{*} \pi_2) \widehat{*} \pi_3 = \pi_1 \widehat{*} (\pi_2 \widehat{*} \pi_3)$ が成立するかどうかである．これは演算記号 $\widehat{*}$ の性質である．その答は（意外にもテンソル積記号 $\otimes$ の場合と異なって）**「結合律は必ずしも成立しない」**である．これを例によって示そう．π_j $(j \in \boldsymbol{I}_3)$ を既約とし，ε, a, b, c を (4.3.3) の通りとする．

例 4.4.1　π_1 を自己同伴，π_2, π_3 を非自己同伴とする．$\pi := (\pi_1 \widehat{*} \pi_2) \widehat{*} \pi_3$，$\pi' := \pi_1 \widehat{*} (\pi_2 \widehat{*} \pi_3)$ とおく．命題 4.3.2 により，$\pi_1 \widehat{*} \pi_2$ は非自己同伴，$\pi_2 \widehat{*} \pi_3$ は自己同伴，である．これに注意して計算していけば，以下の式が得られる．F_j $(j = 0, 1, 2)$ が働く空間を $V_0 = \boldsymbol{C}^2$ とし，$V_j := V(\pi_j)$ $(j \in \boldsymbol{I}_3)$ とすると，表現空間は，

$$V(\pi) = V_0 \otimes (V_1 \otimes V_2) \otimes V_3, \qquad V(\pi') = V_1 \otimes (V_0 \otimes V_2 \otimes V_3),$$

である．$R_{ij} : V_i \otimes V_j \to V_j \otimes V_i$ を $R_{ij}(v_i \otimes v_j) := v_j \otimes v_i$ $(v_p \in V_p)$ となる線形写像とする．$\kappa'_j \in C'_j$ $(j \in \boldsymbol{I}_3)$ に対し，

$$(4.4.1) \qquad \begin{cases} \pi(\kappa'_1) = F_1 \otimes (\pi_1(\kappa'_1) \otimes I_2) \otimes I_3\,, \\ \pi(\kappa'_2) = F_1 \otimes (H_1 \otimes \pi_2(\kappa'_2)) \otimes I_3\,, \\ \pi(\kappa'_3) = F_2 \otimes (I_1 \otimes I_2) \otimes \pi_3(\kappa'_3), \end{cases}$$

であり，π は自己同伴で，その同伴作用素は，$H = F_3 \otimes I_1 \otimes I_2 \otimes I_3$ である．さらに，π' に対しては，

$$(4.4.2)\qquad \begin{cases} \pi'(\kappa_1') = \pi_1(\kappa_1') \otimes (F_0 \otimes I_2 \otimes I_3), \\ \pi'(\kappa_2') = H_1 \otimes (F_1 \otimes \pi_2(\kappa_2') \otimes I_3), \\ \pi'(\kappa_3') = H_1 \otimes (F_2 \otimes I_2 \otimes \pi_3(\kappa_3')), \end{cases}$$

で，π' は自己同伴で，その同伴作用素は，$H' = H_1 \otimes (F_3 \otimes I_2 \otimes I_3)$.

これらの作用素の具体形を見比べると，π と π' とはとても同じものとは解釈し難い．下で見るように，表現としては同値ではあるが，その証明（相関作用素の計算）は，やってみなければ存在するかどうかも分からない程度の難しさである．

したがって，「歪中心積の構成法」を「演算」として見るとき（もしくはスピン表現に対する演算記号 $\widehat{*}$ には）結合律は成立していないというべきであろう．

命題 4.4.1 π_1 を自己同伴，π_2, π_3 を非自己同伴とする．$S' = S_1' \widehat{*} S_2' \widehat{*} S_3'$ の 2 つのスピン既約表現 $\pi = (\pi_1 \widehat{*} \pi_2) \widehat{*} \pi_3$ と $\pi' = \pi_1 \widehat{*} (\pi_2 \widehat{*} \pi_3)$ とは互いに同値であり，それらの間の相関作用素 $T : V(\pi) \to V(\pi')$, $\pi'(\sigma')T = T\pi(\sigma')$ $(\sigma' \in S')$ は

$$\begin{cases} T = (R_{01}X) \otimes I_2 \otimes I_3, \\ X = \frac{1}{2}(F_0 + F_1) \otimes I_1 + \frac{1}{2}(F_0 - F_1) \otimes H_1, \end{cases}$$

で与えられる．さらに，$X^2 = F_0 \otimes I_1$, $T^{-1} = (XR_{10}) \otimes I_2 \otimes I_3$.

証明 T に対する方程式として，$\pi'(\sigma')T = T\pi(\sigma')$ $(\sigma' \in S_1' \widehat{*} S_2' \widehat{*} S_3')$, を解くわけである．答は，定数倍を除いて，

$$T = (R_{01}X) \otimes I_2 \otimes I_3, \quad X = \frac{1}{2}(F_0 + F_1) \otimes I_1 + \frac{1}{2}(F_0 - F_1) \otimes H_1,$$

であり，$X^2 = F_0 \otimes I_1$ から，T^{-1} が求められる． □

別証 π と π' の指標を具体的に計算して，両者が一致することを示す．詳しくは，次節を参照せよ．ここでは，目視によって，$\chi_\pi|_{C'} = 0$, $\chi_{\pi'}|_{C'} = 0$, さらには次も分かることを注意しておく（補題 4.3.2 の証明参照）：$\tau_j' \in B_j'$, $\kappa_j' \in C_j'$, とすると，$\chi_\pi(\kappa_1'\kappa_2'\tau_3') = 0$, $\chi_\pi(\tau_1'\kappa_2'\kappa_3') = 0$, $\chi_\pi(\kappa_1'\tau_2'\kappa_3') = 0$. π' についても同様.

4.4.3 スピン表現の歪中心積 $\pi_1 \widehat{*} \cdots \widehat{*} \pi_m$ の可換律？

可換律について検証してみよう．$\pi := \pi_1 \widehat{*} \pi_2$ と $\pi' := \pi_2 \widehat{*} \pi_1$ とを比較する．

例 4.4.2　π_1, π_2 がともに自己同伴とする．$\tau'_j \in B'_j$, $\kappa'_j \in C'_j$, として

$$\begin{cases} \pi(\kappa'_1) = \pi_1(\kappa'_1) \otimes I_2\,, & \pi\text{: 自己同伴,} \\ \pi(\kappa'_2) = H_1 \otimes \pi_2(\kappa'_2). & \text{同伴作用素 } H = H_1 \otimes H_2. \end{cases}$$

$$\begin{cases} \pi'(\kappa'_2) = \pi_2(\kappa'_2) \otimes I_1\,, & \pi'\text{: 自己同伴,} \\ \pi'(\kappa'_1) = H_2 \otimes \pi_1(\kappa'_1). & \text{同伴作用素 } H' = H_2 \otimes H_1. \end{cases}$$

そこで，$V(\pi) \to V(\pi')$ の線型変換として $R_{12}(v_1 \otimes v_2) := v_2 \otimes v_1$ $(v_j \in V(\pi_j))$ をとって，π' を $\pi'' := R_{12}^{-1} \cdot \pi' \cdot R_{12}$ と変換する．$\pi''(\tau'_1\tau'_2) = \pi(\tau'_1\tau'_2)$ $(\tau_j \in B'_j)$ ではあるが，$\kappa'_j \in C'_j$ において差が出ていて，非自明な作用素

$$T' := \tfrac{1}{2}(I_1 + H_1) \otimes I_2 + \tfrac{1}{2}(I_1 - H_1) \otimes H_2,$$

によって，同値関係 $\pi(\sigma')T' = T'\pi''(\sigma')$ $(\sigma' \in S'_1 \,\widehat{*}\, S'_2)$ が実現できる．

結局，π と π' との同値を与える作用素は，$T = R_{12}T'$ である．これは自明なものではなく，その存在も計算してみなければ分からない．したがって，演算記号 $\widehat{*}$ に対する可換律 "$\pi_1 \,\widehat{*}\, \pi_2 = \pi_2 \,\widehat{*}\, \pi_1$" は成立していないと言うべきであろう．

例 4.4.3　π_1 と π_2 をともに非自己同伴とする．$V_0 = \boldsymbol{C}^2$ として，$V(\pi) = V_0 \otimes V_1 \otimes V_2$，$V(\pi') = V_0 \otimes V_2 \otimes V_1$ である．$\kappa'_j \in C'_j$ に対して，

$$\begin{cases} \pi(\kappa'_1) = F_1 \otimes \pi_1(\kappa'_1) \otimes I_2\,, & \pi\text{: 自己同伴,} \\ \pi(\kappa'_2) = F_2 \otimes I_1 \otimes \pi_2(\kappa'_2), & \text{同伴作用素 } H = F_3 \otimes I_1 \otimes I_2. \end{cases}$$

$$\begin{cases} \pi'(\kappa'_1) = F_2 \otimes I_2 \otimes \pi_1(\kappa'_1), & \pi'\text{: 自己同伴,} \\ \pi'(\kappa'_2) = F_1 \otimes \pi_2(\kappa'_2) \otimes I_1\,, & \text{同伴作用素 } H' = F_3 \otimes I_2 \otimes I_1. \end{cases}$$

$T := \frac{1}{\sqrt{2}}(F_1 + F_2) \otimes R_{12}$ とおくと，これが相関作用素を与える，すなわち，$\pi'(\sigma')T = T\pi(\sigma')$ $(\sigma' \in S')$．今度も，T は自明ではなく，その計算も結構ややこしい．したがって，$\pi_1 \,\widehat{*}\, \pi_2$ と $\pi_2 \,\widehat{*}\, \pi_1$ との間に可換律が成立するとは言い難い．

問題 4.4.1　命題 4.4.1 の証明の計算を詳しく書け．

問題 4.4.2　(i) 例 4.4.2 における「相関作用素 T」を求める計算を詳しく書け．(ii) 例 4.4.3 における「相関作用素 T」を求める計算を詳しく書け．

4.5 歪中心積表現 $\pi_1\widehat{*}\cdots\widehat{*}\pi_m$ の指標

4.5.1 歪中心積表現 $\pi_1\widehat{*}\cdots\widehat{*}\pi_m$ の指標公式

S'_j のスピン既約表現 π_j の歪中心積表現 $\pi=\pi_1\widehat{*}\cdots\widehat{*}\pi_m$ の指標を計算するに際して，公式 4.3.1 から見えるように，一般性を失わずに，

$$\pi_j\ (j\in \boldsymbol{I}_r)\ \text{は自己同伴},\quad \pi_j\ (j\in \boldsymbol{I}_m\backslash \boldsymbol{I}_r)\ \text{は非自己同伴},$$

と仮定することができる．$s:=m-r$ とおくと，これは非自己同伴な π_j の個数である．$S'=S'_1\widehat{*}S'_2\widehat{*}\cdots\widehat{*}S'_m$ の元 σ' は，$\sigma'=\sigma'_1\cdots\sigma'_r\cdot\sigma'_{r+1}\cdots\sigma'_m$, $\sigma'_j\in S'_j\ (j\in\boldsymbol{I}_m)$ と表せる．$\pi=\pi_1\widehat{*}\cdots\widehat{*}\pi_m$ の指標 $\chi_\pi(\sigma')=\mathrm{tr}(\pi(\sigma'))$ を計算するに際して，公式 4.3.1 (4) から分かるように，まず次に述べる 2 つの原則が見て取れる．

● ある $j\in\boldsymbol{I}_r$ に対して，$\sigma'_j\in C'_j=S'_j\setminus B'_j$ と仮定する．$\kappa'_j=\sigma'_j$ とおき，それを公式 4.3.1 (4) に代入すると，作用素

$$\pi(\sigma')=\pi(\sigma'_1)\cdots\pi(\sigma'_j)\cdots\pi(\sigma'_r)\pi(\sigma'_{r+1})\cdots\pi(\sigma'_m)$$

を，$V(\pi)=V_0\otimes V(\pi_1)\otimes\cdots\otimes V(\pi_m)$ にしたがってテンソル積で表すとき，その $V(\pi_j)$ 上の成分は，$\pi_j(\kappa'_j)$ かまたは $\pi_j(\kappa'_j)H_j$ である．いずれの場合も補題 4.2.3 により，その項の跡（trace）は 0 である．したがって，$\mathrm{tr}\,\pi(\sigma')=0$. かくて，

原則 4.5.1 $\mathrm{tr}\,\pi(\sigma')\neq 0 \implies \sigma'_j\in B'_j\ (\forall j\in\boldsymbol{I}_r)$.

● ある $j\in\boldsymbol{I}_m\setminus\boldsymbol{I}_r$ に対して，$\sigma'_j\in C'_j$ と仮定する．このとき，$\pi(\sigma')$ を公式 4.3.1 (4) のようにテンソル積で表すときに，空間 V_0 上の成分は，$\sigma'_j\in C'_j$ となる $j=r+i\in\boldsymbol{I}_m\backslash\boldsymbol{I}_r$, $i\in\boldsymbol{I}_s$, に対応する F_i の積である．そこで，次の補題を適用すると，

原則 4.5.2 $\mathrm{tr}\,\pi(\sigma')\neq 0 \implies \begin{cases}\sigma'_j\in B'_j\ \ (\forall j\in\boldsymbol{I}_m\backslash\boldsymbol{I}_r),\ \text{または},\\ s\ \text{は奇数},\ \sigma'_j\in C'_j\ \ (\forall j\in\boldsymbol{I}_m\backslash\boldsymbol{I}_r).\end{cases}$

補題 4.5.1 F_i の積 $F_1^{c_1}F_2^{c_2}\cdots F_s^{c_s}$, $c_j\geq 0$, に対して，その跡が零でないのは，次の場合に限る：

(1) $c_j\equiv 0\ (\mathrm{mod}\ 2,\ \forall j\in\boldsymbol{I}_s)$, この場合，

$$\mathrm{tr}(F_1^{c_1}F_2^{c_2}\cdots F_s^{c_s})=\mathrm{tr}(E_{2^{[s/2]}})=2^{[s/2]}.$$

(2) $c_j \equiv 1 \pmod{2},\ \forall j \in \boldsymbol{I}_s$) かつ s は奇数．この場合，

$$\mathrm{tr}(F_1^{c_1} F_2^{c_2} \cdots F_s^{c_s}) = \mathrm{tr}(F_1 F_2 \cdots F_s) = \varepsilon\,\mathrm{tr}(abc)^{[s/2]} = \varepsilon(2i)^{[s/2]},$$

ここに，$\varepsilon = \pm$ は，$\{F_i\}_{i \in \boldsymbol{I}_s}$ の与える $\widetilde{D}_s(\boldsymbol{Z}_2)$ のスピン既約表現が P_ε に同値であることにより決まる．

証明　系 2.5.8 により，任意の組 F_i $(i \in \boldsymbol{I}_s)$ の与えるスピン既約表現は，s が奇数の場合には，ε, a, b, c から公式 (4.3.4) により構成したもの P_+，または，そこで F_s を $c^{\otimes s'}$ から $-c^{\otimes s'}$ と置き換えたもの P_-，に同値である．すると，本補題の主張は，補題 2.5.2 (ｉ) から従う．　□

かくて，歪中心積 $\pi = \pi_1 \widehat{*} \cdots \widehat{*} \pi_m$ の指標 χ_π に関して次の結果を得る．

補題 4.5.2　$\sigma' = \sigma'_1 \sigma'_2 \cdots \sigma'_m \in S'_1 \widehat{*} S'_2 \widehat{*} \cdots \widehat{*} S'_m$ $(\sigma'_j \in S'_j)$ に対して，指標値 $\chi_\pi(\sigma') = \mathrm{tr}\,\pi(\sigma')$ が零でないのは次の 2 つの場合に限る：

場合 (1)　$\sigma'_j = \tau'_j \in B'_j$ $(\forall j \in \boldsymbol{I}_m)$：$\pi(\sigma') = E_{2^{[s/2]}} \otimes \pi_1(\tau'_1) \otimes \cdots \otimes \pi_m(\tau'_m)$,

$$\chi_\pi(\sigma') = 2^{[s/2]} \cdot \chi_{\pi_1}(\tau'_1) \cdots \chi_{\pi_m}(\tau'_m). \tag{4.5.1}$$

場合 (2)　s は奇数であり，$\sigma'_j = \tau'_j \in B'_j$ $(\forall j \in \boldsymbol{I}_r)$ かつ $\sigma'_j = \kappa'_j \in C'_j$ $(\forall j \in \boldsymbol{I}_m \setminus \boldsymbol{I}_r)$：$\pi(\sigma') = (F_1 F_2 \cdots F_s) \otimes \big(\bigotimes_{j \in \boldsymbol{I}_r} \pi_j(\tau'_j) H_j\big) \otimes \big(\bigotimes_{j \in \boldsymbol{I}_m \setminus \boldsymbol{I}_r} \pi_j(\kappa'_j)\big)$,

$$\chi_\pi(\sigma') = \varepsilon(2i)^{[s/2]} \cdot \prod_{j \in \boldsymbol{I}_r} \delta_{\pi_j}(\tau'_j) \cdot \prod_{j \in \boldsymbol{I}_m \setminus \boldsymbol{I}_r} \chi_{\pi_j}(\kappa'_j), \tag{4.5.2}$$

ここに，$\varepsilon = \pm$ は補題 4.5.1 (2) により決まる．$\delta_{\pi_j}(\tau'_j)$ が現れるのは (4.2.8) による．　□

上の指標の公式から $\pi = \pi_1 \widehat{*} \cdots \widehat{*} \pi_m$ は $s = m - r$（非自己同伴な π_j の個数）が偶数のときは自己同伴，s が奇数のときは非自己同伴，が分かる．

定理 4.5.3 (指標公式)　歪中心積 $S' = S'_1 \widehat{*} S'_2 \widehat{*} \cdots \widehat{*} S'_m$ の元 σ' を $\sigma' = \sigma'_1 \sigma'_2 \cdots \sigma'_m$ $(\sigma'_j \in S'_j)$ と表示する（S' の sgn 指標は (4.1.4) による）．歪中心積表現 $\pi = \pi_1 \widehat{*} \pi_2 \widehat{*} \cdots \widehat{*} \pi_m$ の指標は次のように与えられる．

(ｉ) $s = m - r$ を奇数とする．このとき，π は非自己同伴である．

(1) $\sigma'_j = \tau'_j \in B'_j$ $(\forall j \in \boldsymbol{I}_m)$ の場合，

$$\chi_\pi(\sigma') = 2^{[s/2]} \cdot \prod_{j \in \boldsymbol{I}_m} \chi_{\pi_j}(\tau'_j). \tag{4.5.3}$$

(2) $\sigma'_j = \tau'_j \in B'_j\ (\forall j \in \boldsymbol{I}_m^{\rm sa})$, $\sigma'_j = \kappa'_j \in C'_j\ (\forall j \in \boldsymbol{I}_m^{\rm nsa})$ の場合,

$$\chi_\pi(\sigma') = \varepsilon(2i)^{[s/2]} \cdot \prod_{j \in \boldsymbol{I}_m^{\rm sa}} \delta_{\pi_j}(\tau'_j) \cdot \prod_{j \in \boldsymbol{I}_m^{\rm nsa}} \chi_{\pi_j}(\kappa'_j), \tag{4.5.4}$$

ここに，$\varepsilon = \pm$ は補題 4.5.1 (2) により決まる.

(3) その他の場合，$\chi_\pi(\sigma') = 0$.

(ii) $s = m - r$ を偶数とする．このとき，π は自己同伴である.

(1) $\sigma'_j = \tau'_j \in B'_j\ (\forall j \in \boldsymbol{I}_m)$ の場合，χ_π は公式 (4.5.3) による.

(2) その他の場合，$\chi_\pi(\sigma') = 0$.

π に対する補題 4.2.3 の同伴作用素 H は,

$$H = F_{s+1} \otimes \prod_{j \in \boldsymbol{I}_m} X_j, \quad X_j = H_j\ (j \in {\boldsymbol{I}_m}^{\rm sa}), \quad X_j = I_j\ (j \in {\boldsymbol{I}_m}^{\rm nsa})$$

である．($s = 0$ の場合には，F_{s+1} の項はない).

π の副指標 δ_π については,

$$\delta_\pi(\sigma') \neq 0 \implies \sigma'_j = \tau'_j \in B'_j\ (\forall j \in \boldsymbol{I}_m^{\rm sa}),\ \sigma'_j = \kappa'_j \in C'_j\ (\forall j \in \boldsymbol{I}_m^{\rm nsa}),$$

$$\pi(\sigma')H = (F_1 \cdots F_s F_{s+1}) \otimes \prod_{j \in \boldsymbol{I}_m} X'_j,$$

$$X'_j = \pi_j(\tau'_j) H_j\ (j \in {\boldsymbol{I}_m}^{\rm sa}), \qquad X'_j = \pi_j(\kappa'_j)\ (j \in {\boldsymbol{I}_m}^{\rm nsa}),$$

$$\delta_\pi(\sigma') = \varepsilon(2i)^{[s/2]} \cdot \prod_{j \in \boldsymbol{I}_m^{\rm sa}} \delta_{\pi_j}(\tau'_j) \cdot \prod_{\boldsymbol{I}_m^{\rm nsa}} \chi_{\pi_j}(\kappa'_j). \tag{4.5.5}$$

□

定義 4.5.1 (指標の歪中心積) $\pi = \pi_1 \widehat{*} \pi_2 \widehat{*} \cdots \widehat{*} \pi_m$ の指標 χ_π を $f_j := \chi_{\pi_j}$ ($j \in \boldsymbol{I}_m$) から求めることを 1 つの演算と考えてこれを**指標の歪中心積**と呼び，記号で $\chi_\pi = f_1 \widehat{*} f_2 \widehat{*} \cdots \widehat{*} f_m$ と書く.

この演算（もしくは定理 4.5.3 で与えた公式）の不思議な性質に付いては以下の **4.5.3** 小節において説明する.

注 4.5.1 歪中心積表現 $\pi = \pi_1 \widehat{*} \pi_2 \widehat{*} \cdots \widehat{*} \pi_m$ の定義公式 4.3.1 において，2 通りの自由度があった.

(A) s が奇数のときに，$(F_i)_{i \in \boldsymbol{I}_m}$ を選ぶときに，それが与える $\widetilde{D}(\boldsymbol{Z}_2)$ の表現を P_+, P_- のどちらにするか.

(B) 自己同伴な π_j ($j \in {\boldsymbol{I}_m}^{\rm sa}$) に対し，それぞれの同伴作用素 H_j を選ぶときに符号の自由度があった（補題 4.2.3).

これらが π の同値類にどう影響するかは指標公式から見て取れる．

自由度 (A) については，上の指標公式に符号 $\varepsilon=\pm$ として現れている．自由度 (B) については，δ_{π_j} の符号が変わる．したがって，s が奇数のときには，(A), (B) により，π がその同伴表現 $\mathrm{sgn}\cdot\pi$ に変わりうる．s が偶数のときには (A), (B) ともに，π の同値類は変えない．ただ，副指標の符号が変わり得る．　□

$\alpha=0,1$ に対し，$\pi_j^{(\alpha)}:=(\mathrm{sgn}_j)^{\alpha}\cdot\pi_j$ とおく．π_j が自己同伴，非自己同伴，にしたがって，$\pi_j^{(1)}\cong\pi_j^{(0)}$ $(j\in\boldsymbol{I}_m^{\mathrm{sa}})$，$\pi_j^{(1)}\ncong\pi_j^{(0)}$ $(j\in\boldsymbol{I}_m^{\mathrm{nsa}})$ である．

命題 4.5.4　$\alpha_j=0,1$ $(j\in\boldsymbol{I}_m)$ に対して，

(i) s 奇数の場合，

$$\pi_1^{(\alpha_1)}\widehat{*}\cdots\widehat{*}\pi_m^{(\alpha_m)}\cong(\mathrm{sgn})^{\alpha_{r+1}+\cdots+\alpha_m}\cdot\pi_1\widehat{*}\cdots\widehat{*}\pi_m. \tag{4.5.6}$$

(ii) s 偶数の場合，

$$\pi_1^{(\alpha_1)}\widehat{*}\cdots\widehat{*}\pi_m^{(\alpha_m)}\cong\pi_1\widehat{*}\cdots\widehat{*}\pi_m. \tag{4.5.7}$$

証明　(i) s が奇数の場合，$\chi_\pi(\sigma')\neq 0$ となるのは補題 4.5.2 の (1) か (2) の場合であり，指標 χ_π を与える公式は (4.5.1) と (4.5.2) である．場合 (2) では，$\pi':=\pi_1^{(\alpha_1)}\widehat{*}\cdots\widehat{*}\pi_m^{(\alpha_m)}$ の指標について，

$$\begin{aligned}\chi_{\pi'}(\sigma')&=(-1)^{\alpha_{r+1}+\cdots+\alpha_m}(2i)^{[s/2]}\cdot\prod_{j\in\boldsymbol{I}_r}\delta_{\pi_j}(\tau_j')\cdot\prod_{j\in\boldsymbol{I}_m\setminus\boldsymbol{I}_r}\chi_{\pi_j}(\kappa_j')\\&=(-1)^{\alpha_{r+1}+\cdots+\alpha_m}\chi_\pi(\sigma').\end{aligned}$$

(ii) s が偶数の場合，補題 4.5.2 により，π の指標 χ_π について，次が分かっている．$\sigma'=\sigma_1'\cdots\sigma_m'$ に対し，$\chi_\pi(\sigma')=\mathrm{tr}(\pi(\sigma'))\neq 0$ ならば，$\sigma_j'\in B_j'$ $(\forall j\in\boldsymbol{I}_m)$，すなわち，$\mathrm{sgn}_j(\sigma_j')=1$ $(\forall j)$．したがって，パラメーター $\alpha_1,\cdots,\alpha_m$ は指標 χ_π の載っている部分集合 $B_1'\widehat{*}B_2'\widehat{*}\cdots\widehat{*}B_m'\subset S_1'\widehat{*}S_2'\widehat{*}\cdots\widehat{*}S_m'$ の上では何の働きもしない．　□

上で見たように，スピン表現の歪中心積 $\pi_1\widehat{*}\pi_2\widehat{*}\cdots\widehat{*}\pi_m$ の構成法には（もしくは，この場合の演算記号 $\widehat{*}$ には，テンソル積記号 $\otimes$ と違って）結合律も可換律も成立しなかった．しかしながら，指標の計算が示すように，スピン表現の同値類 $[\pi_1\widehat{*}\pi_2\widehat{*}\cdots\widehat{*}\pi_m]$ をとり，これを圏 $\mathscr{G}$ に対する（外部）演算と見ると，これには結合律も可換律も成立する．したがって，前 **4.4** 節では，群の歪中心積 $S'=S_1'\widehat{*}S_2'\widehat{*}\cdots\widehat{*}S_m'$ のスピン既約表現の同値ないろいろの異なった実現を論じていた，とも言える．

4.5.2 スピン既約表現 $\pi = \pi_1 \widehat{*} \cdots \widehat{*} \pi_m$ の指標，副指標の台

$(S'_j, z_j, \mathrm{sgn}_j) \in \mathscr{G}'$ とする．スピン既約表現 π_j の歪中心積 $\pi = \pi_1 \widehat{*} \cdots \widehat{*} \pi_m$ は再びスピン表現で既約である．その指標 χ_π の台，および π が自己同伴であるときの副指標 δ_π の台，の評価を与える．これは表現 π に対する非常に重要な情報である． 結果を分かり易く表の形にするが，そのために歪中心積 $S' = S'_1 \widehat{*} \cdots \widehat{*} S'_m$ の部分集合に対して記号を準備する．

$$\begin{cases} B' = \{\sigma' \in S'; \mathrm{sgn}(\sigma') = 1\}, \\ C' = \{\sigma' \in S'; \mathrm{sgn}(\sigma') = -1\}, \end{cases} \qquad \begin{cases} \mathcal{B}(\pi_j) := \{\tau'_j \in B'_j\,;\, \chi_{\pi_j}(\tau'_j) \neq 0\}, \\ \mathcal{C}(\pi_j) := \{\kappa'_j \in C'_j\,;\, \chi_{\pi_j}(\kappa'_j) \neq 0\}, \\ \mathcal{D}(\pi_j) := \{\tau'_j \in B'_j\,;\, \delta_{\pi_j}(\tau'_j) \neq 0\}, \end{cases}$$

$$\begin{cases} \mathcal{B}(\pi_1, \ldots, \pi_m) := \mathcal{B}(\pi_1) \cdots \mathcal{B}(\pi_m) \subset S'_1 \widehat{*} \cdots \widehat{*} S'_m = S', \\ \mathcal{C}(\pi_{r+1}, \ldots, \pi_m) := \mathcal{C}(\pi_{r+1}) \cdots \mathcal{C}(\pi_m) \subset S'_{r+1} \widehat{*} \cdots \widehat{*} S'_m, \\ \mathcal{D}(\pi_1, \ldots, \pi_r) := \mathcal{D}(\pi_1) \cdots \mathcal{D}(\pi_r) \subset S'_1 \widehat{*} \cdots \widehat{*} S'_r. \end{cases}$$

定理 4.5.5 (歪中心積 $\pi_1 \widehat{*} \cdots \widehat{*} \pi_m$ の指標・副指標の台) スピン表現の歪中心積 $\pi = \pi_1 \widehat{*} \cdots \widehat{*} \pi_m$ において，π_i $(i \in \boldsymbol{I}_r)$ 自己同伴， π_j $(j \in \boldsymbol{I}_m \setminus \boldsymbol{I}_r)$ 非自己同伴， $m = r+s$, とする．π の指標 χ_π の台の評価，および，s 偶のときの同伴作用素，副指標 δ_π の台の評価，は次のように与えられる：

(i) **s 奇数の場合** π は非自己同伴で，

$$\mathrm{supp}(\chi_\pi) \cap B' \subset \mathcal{B}(\pi_1, \cdots, \pi_m),$$
$$\mathrm{supp}(\chi_\pi) \cap C' \subset \mathcal{D}(\pi_1, \cdots, \pi_r)\, \mathcal{C}(\pi_{r+1}, \cdots, \pi_m).$$

(ii) **s 偶数の場合** π は自己同伴で，π の同伴作用素は，
$H = F_{s+1} \otimes (H_1 \otimes \cdots \otimes H_r) \otimes (I_{r+1} \otimes \cdots \otimes I_{r+s})$ であり，

$$\mathrm{supp}(\chi_\pi) \subset \mathcal{B}(\pi_1, \cdots, \pi_m) \subset B',$$
$$\mathrm{supp}(\delta_\pi) \subset \mathcal{D}(\pi_1, \ldots, \pi_r)\, \mathcal{C}(\pi_{r+1}, \ldots, \pi_m) \subset B'.$$

4.5.3 指標の歪中心積 $f_1 \widehat{*} f_2 \widehat{*} \cdots \widehat{*} f_m$ の不思議な性質

「指標の歪中心積」の不思議さを説明するのに，まず，次の例 4.5.1, 4.5.2 に示す当たり前の「指標の積の性質」と，例 4.5.3 とを比較することから始めよう．

例 4.5.1 有限群 G_1, G_2 の直積 G の有限次元表現 π が G_j の表現 π_j $(j = 1, 2)$ の（外部）テンソル積であったとする：$\pi = \pi_1 \boxtimes \pi_2$. このとき，$\pi$ の指標 χ_π

は $f_j = \chi_{\pi_j}$ のテンソル積である： $\chi_\pi = f_1 \otimes f_2$，ここに，$g = (g_1, g_2) \in G$, $g_j \in G_j$ $(j = 1, 2)$ に対して，$(f_1 \otimes f_2)(g) := f_1(g_1) f_2(g_2)$.

例 4.5.2　有限群 G の表現 π_1, π_2 の (内部) テンソル積を π とする：$\pi = \pi_1 \otimes \pi_2$. このとき，$\chi_\pi = f_1 f_2$，$f_j = \chi_{\pi_j}$ $(j = 1, 2)$，ここに，$(f_1 f_2)(g) = f_1(g) f_2(g)$ $(g \in G)$.

例 4.5.3　群 $(S'_j, z_j, \mathrm{sgn}_j) \in \mathscr{G}'$ $(j = 1, 2)$ をとり，その歪中心積 $S' = S'_1 \widehat{*} S'_2$ をとる．$S' = B' \sqcup C'$ と偶元集合 B' と奇元集合 C' の和に分解する．各 $j \in \boldsymbol{I}_2$ に対しても，$S'_j = B'_j \sqcup C'_j$ と分解するとき，仮定より $C'_j \neq \varnothing$. そして，

$$B' = B'_1 B'_2 \sqcup C'_1 C'_2, \quad C' = B'_1 C'_2 \sqcup C'_1 B'_2.$$

S'_j のスピン既約表現 π_j をとり，その歪中心積 $\pi = \pi_1 \widehat{*} \pi_2$ をとる．指標を $f := \chi_\pi$, $f_j := \chi_{\pi_j}$ と書くと，指標の歪中心積の定義により $f = f_1 \widehat{*} f_2$ である．$f^+ := f|_{B'}$, $f^- := f|_{C'}$ とおくと，自然な意味で $f = f^+ + f^-$ である．同様に，f_j を $f_j = f_j^+ + f_j^-$ と分解する．

ここで，π_1 を自己同伴，π_2 を非自己同伴と仮定する．このとき，π は非自己同伴であり，その指標は定理 4.5.3 の公式により，次で与えられる：

$$(4.5.8) \qquad f^+ = \begin{cases} f_1^+ \cdot f_2^+, & B'_1 B'_2 \text{ 上}, \\ 0, & C'_1 C'_2 \text{ 上}, \end{cases} \qquad f^- = \begin{cases} \delta_1 \cdot f_2^-, & B'_1 C'_2 \text{ 上}, \\ 0, & C'_1 B'_2 \text{ 上}, \end{cases}$$

ここに，記号 $f_1 \cdot f_2$ は，$(f_1 \cdot f_2)(\tau'_1 \tau'_2) := f_1(\tau'_1) f_2(\tau'_2) = f_1(z\tau'_1) f_2(z\tau'_2)$ $(\tau'_j \in B'_j)$ を表し，$\delta_1 := \delta_{\pi_1}$ は π_1 の副指標を表す．副指標 δ_1 は指標 f_1 によって（符号を除いて）完全に決定される．実際，f_1 は π_1（の同値類）を決定し，π_1 からその副指標は（符号を除いて）一意的に決まる．

注 4.5.2 (例 4.5.3 への) 積公式 (4.5.8) において，f^- の右辺に現れる副指標 δ_1 は f_1 によって決定されるとはいえ，具体的な計算式があるわけではなく，一種のブラックボックスを通じて決定される訳である．したがって，歪中心積 $f = f_1 \widehat{*} f_2$ が f_1, f_2 だけで具体的に書けているとは言い難い．

例 4.5.4　ここで，さらに指標の歪中心積の不思議さを説明するのに，3 項演算の場合を考えてみよう．3 つの群 $(S'_j, z_j, \mathrm{sgn}_j) \in \mathscr{G}'$ $(j \in \boldsymbol{I}_3)$ と，そのスピン既約表現 π_j をとる．歪中心積 $S' = S'_1 \widehat{*} S'_2 \widehat{*} S'_3$ のスピン既約表現 $\pi = \pi_1 \widehat{*} \pi_2 \widehat{*} \pi_3$ を考える．$S' = B' \sqcup C'$ と偶元集合と奇元集合の和に書き，$j \in \boldsymbol{I}_3$ に対しても，$S'_j =$

$B'_j \sqcup C'_j$, $C'_j \neq \varnothing$, と分解する．また，$S'_{12} := S'_1 \widehat{*} S'_2$ とおき，$S'_{12} = B'_{12} \sqcup C'_{12}$ と分解すると，

$$(4.5.9) \qquad B'_{12} = B'_1 B'_2 \sqcup C'_1 C'_2, \quad C'_{12} = B'_1 C'_2 \sqcup C'_1 B'_2,$$

$$(4.5.10) \qquad \begin{cases} B' = B'_1 B'_2 B'_3 \sqcup C'_1 C'_2 B'_3 \sqcup B'_1 C'_2 C'_3 \sqcup C'_1 B'_2 C'_3, \\ C' = B'_1 B'_2 C'_3 \sqcup C'_1 C'_2 C'_3 \sqcup B'_1 C'_2 B'_3 \sqcup C'_1 B'_2 B'_3, \end{cases}$$

$f = \chi_\pi$, $f^+ := f|_{B'}$, $f^- := f|_{C'}$, また，$f_j = \chi_{\pi_j}$, $f_j^+ := f_j|_{B'_j}$, $f_j^- := f_j|_{C'_j}$ とおく．

$S'_{12} = S'_1 \widehat{*} S'_2$ のスピン既約表現 $\pi_{12} := \pi_1 \widehat{*} \pi_2$ に対し，指標 $f_{12} := \chi_{\pi_{12}}$ を $f_{12} = f_{12}^+ + f_{12}^-$, $f_{12}^+ := f_{12}|_{B'_{12}}$, $f_{12}^- := f_{12}|_{C'_{12}}$ と分解する．

(1) ここで π_1, π_2 を非自己同伴と仮定する．このとき，S'_{12} のスピン表現 $\pi_{12} := \pi_1 \widehat{*} \pi_2$ は自己同伴で，定理 4.5.3 の指標公式により，

$$(4.5.11) \qquad f_{12}^+ = \begin{cases} 2\, f_1^+ \cdot f_2^+, & B'_1 B'_2 \text{ 上で}, \\ 0, & C'_1 C'_2 \text{ 上で}, \end{cases} \qquad f_{12}^- = 0, \quad C'_{12} \text{ 上で}.$$

(2) さらに，π_3 を非自己同伴と仮定する．このとき，$\pi = \pi_1 \widehat{*} \pi_2 \widehat{*} \pi_3$ は非自己同伴で，その指標 $f = f^+ + f^-$ は定理 4.5.3 により，

$$(4.5.12) \qquad f^+ = \begin{cases} 2\, f_1^+ \cdot f_2^+ \cdot f_3^+, & B'_1 B'_2 B'_3 \text{ 上で}, \\ 0, & B' \setminus B'_1 B'_2 B'_3 \text{ 上で}, \end{cases}$$

$$(4.5.13) \qquad f^- = \begin{cases} \varepsilon(2i)\, f_1^- \cdot f_2^- \cdot f_3^-, & C'_1 C'_2 C'_3 \text{ 上で}, \\ 0, & C' \setminus C'_1 C'_2 C'_3 \text{ 上で}. \end{cases}$$

(3) 今度は，π_3 を自己同伴と仮定する．このとき，$\pi = \pi_1 \widehat{*} \pi_2 \widehat{*} \pi_3$ は自己同伴で，その指標 $f = f^+ + f^-$ は定理 4.5.3 により，

$$(4.5.14) \qquad f^+ = \begin{cases} 2\, f_1^+ \cdot f_2^+ \cdot f_3^+, & B'_1 B'_2 B'_3 \text{ 上で}, \\ 0, & B' \setminus B'_1 B'_2 B'_3 \text{ 上で}, \end{cases} \qquad f^- = 0, \ C' \text{ 上で}.$$

注 4.5.3 (例 4.5.4 への) S' は自然な同型写像で $S'_{12} \widehat{*} S'_3$ と同一視される．このときスピン表現も，$\pi \cong \pi_{12} \widehat{*} \pi_3$ と同一視される．これを踏まえて，(1) と (2)，(1) と (3)，との組み合わせを比較してみると，次のような観察ができる．

● **観察．** (1) の $\pi_{12} = \pi_1 \widehat{*} \pi_2$ の指標 f_{12} の公式 (4.5.11) においては，指標 f_1, f_2 の成分 f_1^-, f_2^- は消えてしまっている．しかし，さらに π_3 との歪中心積を

作ると，

- π_3 が非自己同伴のときには，(2) の公式 (4.5.13) の f^- に再び現れてくる，
- π_3 が自己同伴のときには，(3) の公式 (4.5.14) の f^- にも現れない．

観察の意味． (1) の指標 f_{12} には f_1^-, f_2^- は現れないが，f_{12} の隠れた能力は，$f_1^- f_2^-$ を記憶していて，チャンスがあれば表に現れる．歪中心積 $(\cdots)\widehat{*}\pi_3$ を施すことで，π_3 が非自己同伴ならば表に現れるチャンス到来である．π_3 が自己同伴ならばそのチャンスはないが，相変わらず（表には出ないが）潜在能力として記憶している．ここで，指標には現れないが潜在能力で記憶していることは，副指標を見れば確認できる．実際，(3) の場合の $\pi = \pi_1\widehat{*}\pi_2\widehat{*}\pi_3$ の副指標 δ_π は次のように与えられる：

$$\delta_\pi = \varepsilon(2i)\, f_1^- \cdot f_2^- \cdot \delta_3, \quad \delta_3 = \delta_{\pi_3}.$$

以上のことは，一般に，スピン既約表現 π が自己同伴であるときには，その指標 χ_π とともに（それに従属しているくせにその存在を主張している）副指標も同時に記録すべき重要なデータであることを意味する．

注 4.5.4　スピン表現 π の指標 χ_π の $\boldsymbol{Z}$-線形結合全体における歪中心積の記述は複雑である．しかし偶元部分よりなる部分群への制限 $\chi_\pi|_{B'}$ は記述は比較的簡単である．それは（歪ではない）可換中心積演算 $B'_1\widehat{*}B'_2$ に対応しているからであり，環論的取り扱いができる（**6.1** 節参照）．

4.5.4　歪中心積表現 $\pi = \pi_1\widehat{*}\cdots\widehat{*}\pi_m$ の代表系

$s = m - r$（非自己同伴な π_j の個数）が奇数の場合の同値関係 (4.5.6)，s が偶数の場合の同値関係 (4.5.7)，を考慮して，歪中心積群 $S' = S'_1\widehat{*}\cdots\widehat{*}S'_m$ の歪中心積スピン既約表現 $\pi = \pi_1\widehat{*}\cdots\widehat{*}\pi_m$ の中から適当な代表元系を選ぼう．それが $\widehat{S'}^{\mathrm{spin}}$ の完全代表系であることは次節で証明する．

一般の $(S', z, \mathrm{sgn}) \in \mathscr{G}$ にたいして，(4.2.9) で導入された「表現の同値関係」$\overset{\mathrm{ass}}{\sim}$ の定義は，

$$\pi \overset{\mathrm{ass}}{\sim} \pi' \overset{\mathrm{def}}{\iff} \pi' \cong \pi \text{ または } \pi' \cong \mathrm{sgn}\cdot\pi,$$

である．スピン既約表現 π の $\overset{\mathrm{ass}}{\sim}$ に関する同値類 $[\pi]_{\mathrm{ass}}$ の全体の集合を $\widehat{S'}^{\mathrm{spin}}_{\mathrm{ass}}$ と書く．$\widehat{S'}^{\mathrm{spin}}_{\mathrm{ass}}$ に対するスピン既約表現の完全代表系を，

$$\text{(4.5.15)} \qquad {}^{\mathrm{ass}}\Omega(S') := \Omega^{\mathrm{sa}}(S') \sqcup \Omega^{\mathrm{nsa}}(S'),$$

ととる．ここに，$\{[\pi]_{\rm ass} = [\pi]\,;\, \pi \in \Omega^{\rm sa}(S')\}$ は，自己同伴なスピン既約表現の同値類を代表し，$\{[\pi]_{\rm ass} = [{\rm sgn} \cdot \pi]_{\rm ass}\,;\, \pi \in \Omega^{\rm nsa}(S')\}$ は，非自己同伴なスピン既約表現の同値類を代表する．したがって，スピン双対 $\widehat{S'}^{\rm spin}$ の完全代表元系として次がとれる：

$$(4.5.16) \qquad \Omega(S') := \Omega^{\rm sa}(S') \bigsqcup \{\pi,\ {\rm sgn} \cdot \pi\,;\, \pi \in \Omega^{\rm nsa}(S')\}.$$

ここで，正規部分群 $B' \subset S'$ のスピン既約表現に導入された同値関係 $\stackrel{\rm out}{\sim}$ とその同値類 $[\rho]_{\rm out}$ の全体 $\widehat{B'}^{\rm spin}_{\rm out}$，および，定理 4.2.5 で確立された $\widehat{S'}^{\rm spin}_{\rm ass}$ と $\widehat{B'}^{\rm spin}_{\rm out}$ との間の 1 対 1 対応を思い出しておこう．

積分記号の導入． G を有限群とし，その位数を $|G|$ と書く．G 上の ℓ^2 数列の空間を $\ell^2(G)$ と書く．さらに，使い易さのために，ここで積分記号を導入して正規化された L^2 空間 $L^2(G)$ を考える．そのために，G の各点 g に対して測度 $1/|G|$ を与えると，G 上の，いわゆる（正規化された）Haar 測度 μ_G を得る：$\mu_G(G) = 1$．測度 μ_G に関する L^2 空間が $L^2(G) := L^2(G;\mu_G)$ である．関数 f のノルム $\|f\|$ は，

$$(4.5.17) \qquad \|f\|^2 := \int_G |f(g)|^2\, d\mu_G(g) := \frac{1}{|G|} \sum_{g \in G} |f(g)|^2.$$

S' または B' 上の関数 f が**スピン**であるとは，$f(z\sigma') = -f(\sigma')$ ($\sigma' \in S'$ または $\sigma' \in B'$)．

補題 4.5.6 (i) 正規部分群 B' 上のスピン関数の集合

$$(4.5.18) \qquad \{\tfrac{1}{\sqrt{2}}\, \chi_\pi|_{B'},\ \tfrac{1}{\sqrt{2}}\, \delta_\pi\,;\, \pi \in \Omega^{\rm sa}(S')\} \bigsqcup \{\chi_\pi|_{B'}\,;\, \pi \in \Omega^{\rm nsa}(S')\}$$

は，B' の不変スピン関数の空間のなす $L^2(B')$ の部分空間の正規直交基底をなす．

(ii) 既約指標のなす，群 S' 上の関数の集合

$$(4.5.19) \qquad \{\chi_\pi\,;\, \pi \in \Omega^{\rm sa}(S')\} \bigsqcup \{\chi_\pi,\ {\rm sgn} \cdot \chi_\pi\,;\, \pi \in \Omega^{\rm nsa}(S')\}$$

は，不変スピン関数のなす $L^2(S')$ の部分空間の正規直交基底をなす．

(iii) 関数の制限 $\chi_\pi|_{B'}$ および $\chi_\pi|_{C'}$ をそれぞれ C' 上または B' 上で 0 と置いて S' 全体に拡張したものを，$\chi_\pi|'_{B'}$ または $\chi_\pi|'_{C'}$ とおく．(4.5.19) において，第 1 の集合の χ_π を $\chi_\pi|'_{B'}$ で置き換え，第 2 の集合の $\{\chi_\pi,\ {\rm sgn} \cdot \chi_\pi\}$ を，$\{\sqrt{2}\, \chi_\pi|'_{B'},\ \sqrt{2}\, \chi_\pi|'_{C'}\}$ で置き換えた次の集合も，やはり正規直交基底である：

$$(4.5.20)\qquad \{\chi_\pi|'_{B'}\,;\,\pi\in\Omega^{\mathrm{sa}}(S')\}\bigsqcup\{\sqrt{2}\,\chi_\pi|'_{B'},\ \sqrt{2}\,\chi_\pi|'_{C'}\,;\,\pi\in\Omega^{\mathrm{nsa}}(S')\}.$$

証明 (i) 基本補題 4.2.2 および定理 4.2.5 (i) から従う.

(ii) $\Omega^{\mathrm{sa}}(S')$ と $\Omega^{\mathrm{nsa}}(S')$ の定義を見よ.

(iii) $\pi\in\Omega^{\mathrm{sa}}(S')$ に対しては, $\chi_\pi|_{C'}=0$, また, $\pi\in\Omega^{\mathrm{nsa}}(S')$ に対しては, $(\mathrm{sgn}\cdot\chi_\pi)|_{C'}=-\chi_\pi|_{C'}$, に留意すればよい. □

さてここで, もとの歪中心積 $S'=S'_1\,\widehat{*}\cdots\widehat{*}\,S'_m$ の話に戻ろう. 各 $S'_j\ (j\in\boldsymbol{I}_m)$ に対し, $\widehat{S'_j}^{\mathrm{spin}}_{\mathrm{ass}}$ の完全代表系 ${}^{\mathrm{ass}}\Omega(S'_j)=\Omega^{\mathrm{sa}}(S'_j)\sqcup\Omega^{\mathrm{nsa}}(S'_j)$ を上のように選ぶ.

$\pi_j\in{}^{\mathrm{ass}}\Omega(S'_j)$ の組 $(\pi_j)_{j\in\boldsymbol{I}_m}$ に対して, $s=m-r$ を非自己同伴な π_j の個数, すなわち, $s:=\sharp\{j\in\boldsymbol{I}_m;\,\pi_j\in\Omega^{\mathrm{nsa}}(S'_j)\}$ とおく. ここに, $\sharp A$ は集合 A の位数を表す. 歪中心積表現 $\pi=\pi_1\,\widehat{*}\cdots\widehat{*}\,\pi_m$ で, s が偶数（したがって π は自己同伴）のものの集合を, $\mho^{\mathrm{even}}(S')$ と書き, s が奇数（したがって π は非自己同伴）のものの集合を, $\mho^{\mathrm{odd}}(S')$ と書く. そして, 次のように置く：

$$(4.5.21)\qquad \begin{cases} {}^{\mathrm{ass}}\mho(S'):=\mho^{\mathrm{even}}(S')\sqcup\mho^{\mathrm{odd}}(S'),\\ \mho(S'):=\mho^{\mathrm{even}}(S')\sqcup\{\pi,\ \mathrm{sgn}\cdot\pi\,;\,\pi\in\mho^{\mathrm{odd}}(S')\}.\end{cases}$$

次の補題は同値関係 (4.5.6), (4.5.7) から従う.

補題 4.5.7 $S'_j\in\mathscr{G}$ の歪中心積 $S'=S'_1\,\widehat{*}\cdots\widehat{*}\,S'_m$ を考える. S'_j のスピン既約表現 π_j の組 $(\pi_j)_{j\in\boldsymbol{I}_m}$ に対して, 歪中心積表現 $\pi=\pi_1\,\widehat{*}\cdots\widehat{*}\,\pi_m$ をとる.

もし, π が自己同伴ならば, それはどれかの $\pi^0\in\mho^{\mathrm{even}}(S')$ に同値である.

もし, π が非自己同伴ならば, それはどれかの $\pi^0\in\mho^{\mathrm{odd}}(S')$ をとれば, π^0 かもしくは $\mathrm{sgn}\cdot\pi^0$ に同値である.

歪中心積（twisted central product）として得られたスピン既約表現の部分集合 $\mho(S')$ が完全完全代表系であることを証明するには, まず次の命題が必要である.

命題 4.5.8 (i) 歪中心積 $S'=S'_1\,\widehat{*}\cdots\widehat{*}\,S'_m$ のスピン既約表現の集合

$$(4.5.22)\qquad \mho(S')=\mho^{\mathrm{even}}(S')\bigsqcup\{\pi,\ \mathrm{sgn}\cdot\pi\,;\ \pi\in\mho^{\mathrm{odd}}(S')\}$$

は互いに非同値な表現よりなる.

(ii) 既約指標の 2 つの集合

$$\{\chi_\pi\,;\,\pi\in\mho^{\mathrm{even}}(S')\}\quad \text{および}\quad \{\chi_\pi,\ \mathrm{sgn}\cdot\chi_\pi\,;\,\pi\in\mho^{\mathrm{odd}}(S')\}$$

はそれぞれ別々に $L^2(S')$ で互いに直交する関数系をなす．

証明の方針． (i) は (ii) から従うので，(ii) を証明すればよい．

(ii) の 2 つの集合にはそれぞれ，指標公式 (4.5.1) と (4.5.2) とを用いるが，詳しい計算は都合によって次節の **4.6.2** 小節まで延期するのが便利である．

4.6 歪中心積スピン既約表現の集合の完全性

$(S'_j, z_j, \mathrm{sgn}_j) \in \mathscr{G}$ の歪中心積群 $S' = S'_1 \widehat{*} \cdots \widehat{*} S'_m$ の歪中心積スピン既約表現 $\pi = \pi_1 \widehat{*} \cdots \widehat{*} \pi_m$ の集合 $\mho(S')$ の完全性を示そう．ここでいう**完全性**とは「S' の任意のスピン既約表現はどれかの $\pi_1 \widehat{*} \cdots \widehat{*} \pi_m \in \mho(S')$ に同値である」という性質である．それとともに，標準的な $\pi_1 \widehat{*} \cdots \widehat{*} \pi_m$ を選ぶことにより $\mho(S')$ の部分集合を作り，S' のスピン双対 $\widehat{S'}^{\mathrm{spin}}$ の完全代表系を得たい．すなわち，$\widehat{S'}^{\mathrm{spin}}$ のパラメーター表示を得たい．このために我々が使うのは歪中心積表現 $\pi = \pi_1 \widehat{*} \cdots \widehat{*} \pi_m$ の指標 χ_π である．

補題 4.6.1 S' 上の任意の関数 f について，次の重積分の公式が成り立つ：

$$\text{(I)} \quad \int_{S'} f(\sigma')\, d\mu_{S'}(\sigma') = \int_{S'_1} \cdots \int_{S'_m} f(\sigma'_1 \sigma'_2 \cdots \sigma'_m)\, d\mu_{S'_1}(\sigma'_1) \cdots d\mu_{S'_m}(\sigma'_m).$$

問題 4.6.1 上の補題 4.6.1 を証明せよ．

証明のヒント． f に対して，$f_\pm(\sigma') := \frac{1}{2}\{f(\sigma') \pm f(z\sigma')\}$ $(\sigma' \in S')$ とおくと，$f = f_+ + f_-$，$f_\pm(z\sigma') = \pm f(\sigma')$．そこで，$f_+$，$f_-$ それぞれに対して上の公式を証明すればよい． □

4.6.1 歪中心積 $\pi = \pi_1 \widehat{*} \cdots \widehat{*} \pi_m$ の指標に関する等式

各 S'_j のスピン既約表現 π_j $(j \in \boldsymbol{I}_m)$ の歪中心積 $\pi_1 \widehat{*} \cdots \widehat{*} \pi_m$ は $S' = S'_1 \widehat{*} \cdots \widehat{*} S'_m$ のスピン既約表現で，その指標は **4.5** 節で求められている．

まず，π_j $(j \in \boldsymbol{I}_r)$ を自己同伴，π_j $(j \in \boldsymbol{I}_m \backslash \boldsymbol{I}_r)$ を非自己同伴，とする．

4.6.1.1. $s = m - r$ **が奇数の場合．** π は非自己同伴であり，

$$\text{(4.6.1)} \quad \chi_\pi(\tau'_1 \tau'_2 \cdots \tau'_m) = 2^{[s/2]} \cdot \prod_{j \in \boldsymbol{I}_m} \chi_{\pi_j}(\tau'_j), \qquad \text{ここに} \quad \tau'_j \in B'_j \ (j \in \boldsymbol{I}_m),$$

$$\text{(4.6.2)} \quad \chi_\pi(\tau'_1 \cdots \tau'_r \kappa'_{r+1} \cdots \kappa'_m) = \varepsilon\,(2i)^{[s/2]} \cdot \prod_{i \in \boldsymbol{I}_r} \delta_{\pi_i}(\tau'_i) \cdot \prod_{j \in \boldsymbol{I}_m \backslash \boldsymbol{I}_r} \chi_{\pi_j}(\kappa'_j),$$

ここに $\tau'_i \in B'_i \ (i \in \boldsymbol{I}_r)$，$\kappa'_j \in C'_j \ (j \in \boldsymbol{I}_m \setminus \boldsymbol{I}_r)$，

その他の元 $\sigma' \in S'$ では $\chi_\pi(\sigma') = 0$.

補題 4.6.2　$s = m - r$ が奇数の場合，

$$\int_{B'} |\chi_\pi(\sigma')|^2 d\mu_{S'}(\sigma') = 2^{s-1} \prod_{j \in \boldsymbol{I}_m \setminus \boldsymbol{I}_r} \int_{B'_j} |\chi_{\pi_j}(\tau'_j)|^2 d\mu_{S'_j}(\tau'_j) = \frac{1}{2},$$

$$\int_{C'} |\chi_\pi(\sigma')|^2 d\mu_{S'}(\sigma') = 2^{s-1} \prod_{j \in \boldsymbol{I}_m \setminus \boldsymbol{I}_r} \int_{C'_j} |\chi_{\pi_j}(\kappa'_j)|^2 d\mu_{S'_j}(\kappa'_j) = \frac{1}{2},$$

$$\int_{S'} |\chi_\pi(\sigma')|^2 d\mu_{S'}(\sigma') = 1. \tag{4.6.3}$$

証明　$i \in \boldsymbol{I}_r$ のとき，S'_i の表現 π_i は自己同伴なので，

$$\int_{S'_i} |\chi_{\pi_i}(\sigma'_i)|^2 d\mu_{S'_i}(\sigma'_i) = \int_{B'_i} |\chi_{\pi_i}(\tau'_i)|^2 d\mu_{S'_i}(\tau'_i) = 1,$$

$$\int_{S'_i} |\delta_{\pi_i}(\sigma'_i)|^2 d\mu_{S'_i}(\sigma'_i) = \int_{B'_i} |\delta_{\pi_i}(\tau'_i)|^2 d\mu_{S'_i}(\tau'_i) = 1.$$

□

4.6.1.2. $s = m - r$ が偶数の場合.　π は自己同伴であり，

$$\chi_\pi(\tau'_1\tau'_2\cdots\tau'_m) = 2^{[s/2]} \cdot \prod_{j \in \boldsymbol{I}_m} \chi_{\pi_j}(\tau'_j) \qquad \text{for } \tau'_j \in B'_j \ (j \in \boldsymbol{I}_m), \tag{4.6.4}$$

その他の $\sigma' \in S'$ に対して，$\chi_\pi(\sigma') = 0$.

補題 4.6.3　s が偶数の場合，

$$\int_{S'} |\chi_\pi(\sigma')|^2 d\mu_{S'}(\sigma') = \int_{B'} |\chi_\pi(\sigma')|^2 d\mu_{S'}(\sigma')$$
$$= 2^s \prod_{j \in \boldsymbol{I}_m \setminus \boldsymbol{I}_r} \int_{B'_j} |\chi_{\pi_j}(\tau'_j)|^2 d\mu_{S'_j}(\tau'_j) = 1.$$

証明　$S'_j \ (j \in \boldsymbol{I}_m \setminus \boldsymbol{I}_r)$ の非自己同伴なスピン既約表現 π_j に対して，

$$\int_{B'_j} |\chi_{\pi_j}(\tau'_j)|^2 d\mu_{S'}(\tau'_j) = \int_{C'_j} |\chi_{\pi_j}(\kappa'_j)|^2 d\mu_{S'}(\kappa'_j) = \frac{1}{2}.$$

□

補題 4.6.2, 4.6.3 により，$\|\chi_\pi\|_{L^2(S')} = 1$ である．これは π の既約性と同値であり，歪中心積表現 $\pi = \pi_1 \widehat{*} \cdots \widehat{*} \pi_m$ の既約性の別証を与える．

定理 4.6.4　π_j を S'_j のスピン表現とするとき，歪中心積 $S' = S'_1 \widehat{*} \cdots \widehat{*} S'_m$ の歪中心積表現 $\pi = \pi_1 \widehat{*} \cdots \widehat{*} \pi_m$ は，各 π_j が既約のとき既約である．　□

4.6.2 直交性（命題 4.5.8）の証明

一般的な状況を考えて，π_j $(j \in \boldsymbol{I}_m)$ のうち，自己同伴なものが π_i $(i \in \boldsymbol{I}_m^{\mathrm{sa}})$, 非自己同伴なものが π_j $(j \in \boldsymbol{I}_m^{\mathrm{nsa}})$, とする．それらを，

$$(4.6.5) \quad \boldsymbol{I}_m^{\mathrm{sa}} = \{i_1, \cdots, i_r\},\ i_1 < \cdots < i_r,\ \ \boldsymbol{I}_m^{\mathrm{nsa}} = \{j_1, \cdots, j_s\},\ j_1 < \cdots < j_s,$$

と表示する．ここに，$r + s = m$. この一般的な状況での $\pi = \pi_1 \widehat{*} \pi_2 \widehat{*} \cdots \widehat{*} \pi_m$ の指標公式は，先の **4.6.1.1** 項および **4.6.1.2** 項にまとめられている．

● $\mho^{\mathrm{odd}}(S')$ における直交性．

集合 $\{\chi_\pi,\ \mathrm{sgn}\cdot\chi_\pi\,;\ \pi \in \mho^{\mathrm{odd}}(S')\}$, における直交性を証明するのに，**4.6.1.1** 項の指標公式を用いる．$\pi = \pi_1 \widehat{*} \cdots \widehat{*} \pi_m$ と異なる $\pi^0 = \pi_1^0 \widehat{*} \pi_2^0 \widehat{*} \cdots \widehat{*} \pi_m^0$, $\pi_j^0 \in {}^{\mathrm{ass}}\Omega(S_j')$, を $\mho^{\mathrm{odd}}(S')$ から取ると，$\exists j \in \boldsymbol{I}_m$, $\pi_j^0 \neq \pi_j$. $s^0 := \sharp\{\pi_j^0\,;\ \pi_j^0 \in \Omega^{\mathrm{nsa}}(S_j')\}$, $\pi_i^0 \in \Omega^{\mathrm{sa}}(S_i')$ $(i \in \boldsymbol{I}_m^{0,\mathrm{sa}})$, $\pi_j^0 \in \Omega^{\mathrm{nsa}}(S_j')$ $(j \in \boldsymbol{I}_m^{0,\mathrm{nsa}})$ とおく．

(1) $\boldsymbol{I}_m^{\mathrm{sa}} \neq \boldsymbol{I}_m^{0,\mathrm{sa}}$ とすると，$\chi_{\pi^0} \perp (\mathrm{sgn})^\alpha \chi_\pi$ $(\forall\alpha = 0, 1)$.

実際，$\chi_{\pi^0}(\sigma')\overline{\chi_\pi(\sigma')}$ の積分では，公式 (4.6.1), (4.6.2) に対応する部分の積分がそれぞれ 0 になることを言えばよい．前者については，

$$(*) \qquad \begin{aligned} &2^{[s/2]+[s^0/2]} \prod_{j \in \boldsymbol{I}_m} \int_{B_j'} \chi_{\pi_j^0}(\tau_j')\overline{\chi_{\pi_j}(\tau_j')}\, d\mu_{S_j'}(\tau_j') \\ &= 2^{[s/2]+[s^0/2]-m} \prod_{j \in \boldsymbol{I}_m} \langle \chi_{\pi_j^0}, \chi_{\pi_j} \rangle_{L^2(B_j')}. \end{aligned}$$

この右辺で，補題 4.5.6 (i) を，$\pi_j^0 \neq \pi_j$ となっている S_j' に適用すればよい．

後者については，仮定により，関数 χ_{π^0} と χ_π との台が互いに素になっている（定理 4.5.5）ので，積分は当然 0 になる．

(2) $\boldsymbol{I}_m^{\mathrm{sa}} = \boldsymbol{I}_m^{0,\mathrm{sa}}$ とする．この場合，公式 (4.6.1) に対応する部分については，積分はやはり上の $(*)$ で表される．そして，同様の理由によって積分値は 0.

公式 (4.6.2) に対応する部分は，次のように表される：

$$(**) \quad 4^{[s/2]} \prod_{i \in \boldsymbol{I}_m^{\mathrm{sa}}} \int_{B_i'} \delta_{\pi_i^0}(\tau_i')\overline{\delta_{\pi_i}(\tau_i')}\, d\mu_{S_i'}(\tau_i') \times \prod_{j \in \boldsymbol{I}_m^{\mathrm{nsa}}} \int_{C_j'} \chi_{\pi_j^0}(\kappa_j')\overline{\chi_{\pi_j}(\kappa_j')}\, d\mu_{S_j'}(\kappa_j').$$

もし，上式の第 1 部分で $\pi_i^0 \neq \pi_i$ となっているなら，その S_i' に対して，補題 4.5.6 (i) を適用する．もし，第 2 部分で，$\pi_j^0 \neq \pi_j$ となっているなら，その S_j' に対して，補題 4.5.6 (iii) を適用する．いずれにせよ，積分 $(**)$ は 0 になる．

● $\mho^{\mathrm{even}}(S')$ における直交性.

指標の集合 $\{\chi_\pi\,;\,\pi\in\mho^{\mathrm{even}}(S')\}$ における直交性は，指標公式 (4.6.4) を用いて，そこで補題 4.5.6 (i) を各 $S'_j\ (j\in\boldsymbol{I}_m)$ を適用すれば証明できる.

これにより，命題 4.5.8 の証明は完結した. □

4.6.3　$\mho(S')=\mho^{\mathrm{even}}(S')\bigsqcup\{\pi,\mathrm{sgn}\cdot\pi\,;\,\pi\in\mho^{\mathrm{odd}}(S')\}$ の完全性

歪中心積表現 $\pi_1\widehat{*}\cdots\widehat{*}\pi_m$ で得られるスピン既約表現の部分集合

$$\mho(S')=\mho^{\mathrm{even}}(S')\bigsqcup\{\pi,\ \mathrm{sgn}\cdot\pi\,;\ \pi\in\mho^{\mathrm{odd}}(S')\}$$

の完全性を示す手順の最終段階に来た．上では，このスピン既約表現の指標たちが，互いに直交することを示した．ここでは命題 4.2.1 の次の等式を利用する：

$$\sum_{[\pi]\in\widehat{S'}^{\mathrm{spin}}}(\dim\pi)^2=\frac{|S'|}{2}=|S|. \tag{4.6.6}$$

$\dim(\pi_1\widehat{*}\cdots\widehat{*}\pi_m)=2^{[s/2]}\prod_{j\in\boldsymbol{I}_m}\dim\pi_j$ であるから，次式を得る：

$$\left(\dim\left(\pi_1\widehat{*}\cdots\widehat{*}\pi_m\right)\right)^2=\begin{cases}2^{s-1}\displaystyle\prod_{j\in\boldsymbol{I}_m}(\dim\pi_j)^2, & s\text{ が奇数のとき},\\ 2^{s}\displaystyle\prod_{j\in\boldsymbol{I}_m}(\dim\pi_j)^2, & s\text{ が偶数のとき}.\end{cases} \tag{4.6.7}$$

(1) 一般的な場合の基本とするために，まず，$\pi_i\ (i\in\boldsymbol{I}_r)$ が自己同伴で，$\pi_j\ (j\in\boldsymbol{I}_m\backslash\boldsymbol{I}_r)$ が非自己同伴，の場合を考える．しかし，ここでの計算は一般の場合にも通用する．$s=m-r$ を奇数とする．まず，

$$\begin{aligned}&\left(\dim\left(\pi_1\widehat{*}\cdots\widehat{*}\pi_m\right)\right)^2=\\&=\frac{1}{2}\prod_{i\in\boldsymbol{I}_r}(\dim\pi_i)^2\cdot\sum_{\substack{\alpha_j=0,1\\(j\in\boldsymbol{I}_m\backslash\boldsymbol{I}_r)}}\ \prod_{j\in\boldsymbol{I}_m\backslash\boldsymbol{I}_r}\left(\dim\left(\mathrm{sgn}_j\right)^{\alpha_j}\pi_j\right)^2.\end{aligned} \tag{4.6.8}$$

ここで，命題 4.5.4 (i) を引用すると，

$$\begin{aligned}&\pi_1\widehat{*}\cdots\widehat{*}\pi_r\widehat{*}\left((\mathrm{sgn}_{r+1})^{\alpha_{r+1}}\pi_{r+1}\right)\widehat{*}\cdots\widehat{*}\left((\mathrm{sgn}_m)^{\alpha_m}\pi_m\right)\\&\qquad\cong\mathrm{sgn}^{\alpha_{r+1}+\cdots+\alpha_m}\cdot\pi_1\widehat{*}\cdots\widehat{*}\pi_m,\end{aligned}$$

であり，和 $\displaystyle\sum_{j=r+1}^{j=m}\alpha_j=0,1\ (\mathrm{mod}\ 2)$ の偶奇が表現の同値類を決定する．したがって，（s が奇数のとき）どれかの $\pi_i\in\Omega^{\mathrm{nsa}}(S'_i)$ に対し，

$$\mathrm{sgn}\cdot(\pi_1\widehat{*}\pi_2\widehat{*}\cdots\widehat{*}\pi_m)\cong\pi_1\widehat{*}\cdots\widehat{*}\pi_{i-1}\widehat{*}(\mathrm{sgn}_i\cdot\pi_i)\widehat{*}\pi_{i+1}\widehat{*}\cdots\widehat{*}\pi_m.$$

これを踏まえて，(4.6.8) 式の左辺を非同値な 2 つの表現 $\pi = \pi_1 \widehat{*} \pi_2 \widehat{*} \cdots \widehat{*} \pi_m$ と $\mathrm{sgn} \cdot \pi$ との和にすると，次式を得る：

(4.6.9)
$$\sum_{\alpha_m = 0,1} \left(\dim\left(\pi_1 \widehat{*} \cdots \widehat{*} \pi_r \widehat{*} \pi_{r+1} \widehat{*} \cdots \widehat{*} \pi_{m-1} \widehat{*} \left((\mathrm{sgn}_m)^{\alpha_m} \pi_m\right)\right)\right)^2$$
$$= \sum_{\substack{\alpha_j = 0,1 \\ (j \in \boldsymbol{I}_m \setminus \boldsymbol{I}_r)}} \prod_{i \in \boldsymbol{I}_r} (\dim \pi_i)^2 \prod_{j \in \boldsymbol{I}_m \setminus \boldsymbol{I}_r} \left(\dim\,(\mathrm{sgn}_j)^{\alpha_j} \pi_j\right)^2.$$

(2) $s = m - r$ を偶数とする．命題 4.5.4 (ii) により，上と同様に次を得る：

(4.6.10)
$$\left(\dim\left(\pi_1 \widehat{*} \cdots \widehat{*} \pi_m\right)\right)^2 =$$
$$= \prod_{i \in \boldsymbol{I}_r} (\dim \pi_i)^2 \cdot \sum_{\substack{\alpha_j = 0,1 \\ (j \in \boldsymbol{I}_m \setminus \boldsymbol{I}_r)}} \prod_{j \in \boldsymbol{I}_m \setminus \boldsymbol{I}_r} \left(\dim\,(\mathrm{sgn}_j)^{\alpha_j} \pi_j\right)^2.$$

(3) ここまで，スピン既約表現 π_j のうち，$j \in \boldsymbol{I}_r$ に対するものが自己同伴で，$j \in \boldsymbol{I}_m \setminus \boldsymbol{I}_r$ に対応するものが非自己同伴，としてきた．いま一般的な場合に戻って，π_j が自己同伴な添字 j の集合を $A = \boldsymbol{I}_m^{\mathrm{sa}}$，非自己同伴な添字 j の集合を $B = \boldsymbol{I}_m^{\mathrm{nsa}}$ とする．このとき，$s = |B|$ の奇偶にしたがって，(4.6.9) または (4.6.10) において，$(\boldsymbol{I}_r, \boldsymbol{I}_m \setminus \boldsymbol{I}_r)$ を (A, B) で置き換えた等式が成立する．これらの式を異なる (A, B) に渡って（r も動かす）加えると，

$$\sum_{\pi \in \mho(S')} (\dim \pi)^2 = \prod_{j \in \boldsymbol{I}_m} \sum_{[\pi_j] \in \widehat{S'_j}^{\,\mathrm{spin}}} (\dim \pi_j)^2 = \prod_{j \in \boldsymbol{I}_m} \frac{1}{2}|S'_j| = \frac{1}{2}|S'|.$$

他方，上述のように，$\{[\pi]\,;\, \pi \in \mho(S')\} \subset \widehat{S'}^{\,\mathrm{spin}}$ であるから，等式 (4.6.6) と見比べると，$\{[\pi]\,;\, \pi \in \mho(S')\} = \widehat{S'}^{\,\mathrm{spin}}$ が分かる．これが完全性である．

定理 4.6.5 (i) $(S'_j, z_j, \mathrm{sgn}_j) \in \mathscr{G}'$ $(j \in \boldsymbol{I}_m)$ に対し，歪中心積 $S' = S'_1 \widehat{*} S'_2 \widehat{*} \cdots \widehat{*} S'_m$ をとる．S'_j のスピン既約表現 π_j $(j \in \boldsymbol{I}_m)$ の歪中心積 $\pi = \pi_1 \widehat{*} \pi_2 \widehat{*} \cdots \widehat{*} \pi_m$ として得られる S' の歪中心積スピン既約表現の全体は完全である，すなわち，S' の任意のスピン既約表現はどれかの歪中心積表現と同値である．さらに，(4.5.21) の

$$\mho(S') = \mho^{\mathrm{even}}(S') \bigsqcup \{\pi',\, \mathrm{sgn} \cdot \pi'\,;\, \pi' \in \mho^{\mathrm{odd}}(S')\}$$

はスピン双対 $\widehat{S'}^{\,\mathrm{spin}}$ の完全代表系を与える．

(ii) ${}^{\mathrm{ass}}\mho(S') = \mho^{\mathrm{even}}(S') \sqcup \mho^{\mathrm{odd}}(S')$ は，同伴同値類全体 $\widehat{S'}^{\,\mathrm{spin}}_{\mathrm{ass}} = \widehat{S'}^{\,\mathrm{spin}} / \overset{\mathrm{ass}}{\sim}$ の完全代表系を与える．そこでは，$\mho^{\mathrm{even}}(S')$ は，自己同伴なスピン既約表現の同伴同値類のなす $\widehat{S'}^{\,\mathrm{spin}}_{\mathrm{ass}}$ の部分集合の完全代表系を与え，$\mho^{\mathrm{odd}}(S')$ は，非自己同伴

なスピン既約表現の同伴同値類のなす $\widehat{S'}^{\,\mathrm{spin}}_{\mathrm{ass}}$ の部分集合の完全代表系を与える．□

注 4.6.1　上の定理は $\mathscr{G}'$ より大きな圏 $\mathscr{G}$ に対しても成り立つ．すなわち，定理で，$(S'_j, z_j, \mathrm{sgn}_j) \in \mathscr{G}$ $(j \in \boldsymbol{I}_m)$ と仮定しても良い．

4.7　S' の正規部分群 $B' = \mathrm{Ker}(\mathrm{sgn})$ のスピン既約表現

歪中心積群 $S' = S'_1 \,\widehat{*}\, S'_2 \,\widehat{*} \cdots \widehat{*}\, S'_m$ の位数 2 の指標 sgn の核 $B' = \mathrm{Ker}(\mathrm{sgn})$ は当然位数 2 の正規部分群である：$[S' : B'] = 2$．したがって，基本補題 4.2.2 が対(つい) (S', B') に適用できる．それにより，B' のスピン双対 $\widehat{B'}^{\,\mathrm{spin}}$ のパラメーター表示が次のように得られる．

定理 4.7.1　$(S'_j, z_j, \mathrm{sgn}_j) \in \mathscr{G}$ $(j \in \boldsymbol{I}_m)$ の歪中心積 $S' = S'_1 \,\widehat{*}\, S'_2 \,\widehat{*} \cdots \widehat{*}\, S'_m$ の正規部分群 $B' = \mathrm{Ker}(\mathrm{sgn})$ をとる．スピン双対 $\widehat{B'}^{\,\mathrm{spin}}$ の完全代表系が，定理 4.6.5 の完全代表系から次のように得られる．

$\mho^{\mathrm{even}}(S')$ の各元 $\pi = \pi_1 \,\widehat{*} \cdots \widehat{*}\, \pi_m$ の B' への制限 $\pi|_{B'}$ は，同値でない 2 つのスピン既約表現 $\rho' = \rho'(\pi_1 \,\widehat{*} \cdots \widehat{*}\, \pi_m)$, $\rho'' = \rho''(\pi_1 \,\widehat{*} \cdots \widehat{*}\, \pi_m)$ の直和であり，任意の $C' = S' \setminus B'$ の元 κ' をとると，$\rho'' \cong {}^{\kappa'}\rho'$ である．これらの全体を $\mho^{\mathrm{even}}(B')$ と書く．$\mho^{\mathrm{odd}}(S')$ の各元 $\pi = \pi_1 \,\widehat{*} \cdots \widehat{*}\, \pi_m$ の B' への制限 $\pi|_{B'}$ は，既約なスピン表現 $\rho(\pi_1 \,\widehat{*} \cdots \widehat{*}\, \pi_m)$ である．それらの全体を $\mho^{\mathrm{odd}}(B')$ と書く．それらの合併

$$\mho^{\mathrm{spin}}(B') := \mho^{\mathrm{even}}(B') \sqcup \mho^{\mathrm{odd}}(B')$$

は B' のスピン双対 $\widehat{B'}^{\,\mathrm{spin}}$ の完全代表系である．

また，$\{\rho'(\pi)\,;\, \pi \in \mho^{\mathrm{even}}(S')\} \sqcup \mho^{\mathrm{odd}}(B')$ は，同値関係 $\overset{\mathrm{out}}{\sim}$ の同値類の集合 $\widehat{B'}^{\,\mathrm{spin}} / \overset{\mathrm{out}}{\sim}$ の完全代表系である．□

注 4.7.1　例 4.1.2 でのように，対称群 $\mathfrak{S}_n$ の表現群 $\widetilde{\mathfrak{S}}_n$ の Schur-Young 部分群を考え，そのスピン既約表現の完全代表系を得たいときには，$S'_j = \widetilde{\mathfrak{S}}_{\mu_j}$ $(j \in \boldsymbol{I}_m)$ とし，歪中心積 $S' = S'_1 \,\widehat{*}\, S'_2 \,\widehat{*} \cdots \widehat{*}\, S'_m$ を $\widetilde{\mathfrak{S}}_n$ の Schur-Young 部分群 $\widetilde{\mathfrak{S}}_{\boldsymbol{\mu}}$ と同一視できる．そのとき，S' の正規部分群 B' は $\widetilde{\mathfrak{A}}_n \cap \widetilde{\mathfrak{S}}_{\boldsymbol{\mu}}$ である，ここに $\widetilde{\mathfrak{A}}_n = \Phi_{\mathfrak{S}}^{-1}(\mathfrak{A}_n)$．とくに，$\mu_j = 1$ ならば，$\widetilde{\mathfrak{A}}_{\mu_j} = \widetilde{\mathfrak{S}}_{\mu_j} = \{e, z_1\}$．

閑話休題 4.7.1 Schur の，対称群 $\mathfrak{S}_n$ および交代群 $\mathfrak{A}_n$ のスピン表現を論じた基本的な仕事 [Sch4] では $\mathfrak{S}_n$ の表現群として，我々の $\widetilde{\mathfrak{S}}_n = \mathfrak{T}'_n$ とは違うもう一つの表現群 $\mathfrak{T}_n$ を取り扱っている．私がはじめて その §27 で，$\mathfrak{T}_n$ の部分群 $\mathfrak{T}_{\nu_1,\nu_2,\cdots,\nu_m}$，$\nu_1 + \nu_2 + \cdots + \nu_m = n$, のスピン既約表現の構成を見たときには「いかにも技巧的である」という感想を持った．さらには，その既約表現を $\mathfrak{T}_n$ に誘導した表現は基本的材料であるが，n の分割 $\boldsymbol{\nu} = (\nu_j)_{j\in \boldsymbol{I}_m}$ が厳格分割，$\nu_1 > \nu_2 > \cdots > \nu_m > 0$, の場合以外の解析がなされていなかったので，その辺もモヤモヤしていた．[Sch4] での指標を用いた $\mathfrak{T}_n$ のこれらのスピン表現の解析は特別な工夫が必要で，結構複雑である．

このような感想から抜け出して，この構成法が「むしろ必然的で自然なものである」という実感に至り，身近に感じられるようになるまでには長い時間があった．Schur-Young 部分群と呼ぶべき $\mathfrak{T}_{\nu_1,\nu_2,\cdots,\nu_m}$ は歪中心積 $\mathfrak{T}_{\nu_1} \widehat{*} \mathfrak{T}_{\nu_2} \widehat{*} \cdots \widehat{*} \mathfrak{T}_{\nu_m}$ として実現されることを認識し，また $\pi_1 \widehat{*} \pi_2 \widehat{*} \cdots \widehat{*} \pi_m$ について本書 **4.4** 節のような試行錯誤を重ねたり，さらに，Schur の構成法を一般化して公式 4.3.1 に至り，**4.6** 節における「スピン既約表現 $\pi_1 \widehat{*} \pi_2 \widehat{*} \cdots \widehat{*} \pi_m$ の族の完全性」を示すことに成功したり，した末（すえ）のことである．

4.8 有限群の射影表現の理論の中での位置付け

本章の 2 重被覆群のスピン表現の理論は，直近の目的としては，例 4.1.2 の一般化対称群 $G(m,1,n)$, ひいては，複素鏡映群 $G(m,p,n)$, のスピン表現の研究に用いることであった．しかしながら，さらに，有限群一般のスピン表現（射影表現）の理論にとっても重要であることが分かった．これを説明しよう．

4.8.1 射影表現の一般理論の中における立ち位置

Schur の射影表現三部作（1904, 1907, 1911）で有限群の射影表現の基礎は築かれた．有限群 G に対し，その表現群 $R(G)$ は有限個存在し，それは G の Schur 乗法因子群 $\mathfrak{M}(G) = H^2(G, \boldsymbol{C}^\times)$ による中心拡大である：$Z \doteq \mathfrak{M}(G)$ とおくと，

$$\{e\} \longrightarrow Z \longrightarrow R(G) \longrightarrow G \longrightarrow \{e\} \quad (\text{完全}).$$

われわれはいま，複素数体 $\boldsymbol{C}$ 上の表現を考えているが，G の射影表現（多価表現）は，$R(G)$ まで上れば線形表現になる．他方，$R(G)$ の既約線形表現 π をとると，Schur の補題（定理 1.1.11）により，全ての $\pi(g')$ $(g' \in R(G))$ と可換な線形変換はスカラー倍に限るので，$z \in Z$ に対して，スカラー $\chi_Z^\pi(z)$ があって，

$$\pi(z) = \chi_Z^\pi(z) I_{V(\pi)} \quad (z \in Z), \tag{4.8.1}$$

となる．$Z \ni z \to \chi_Z^\pi(z)$ は Z の 1 次元指標であり，これを π のスピン型と呼ぶ．χ_Z^π が自明な指標 $\mathbf{1}_Z$ であれば，π は実質的には底の群 G の線形表現である．$R(G)$ の既約表現は，$\chi \in \widehat{Z}$ をスピン型に持つもののなす部分集合

$$\mathrm{Irr}(R(G);\chi) := \{\pi\,;\, \chi_Z^\pi = \chi\}, \qquad \chi \in \widehat{Z}.$$

に分割される．

$\chi \in \widehat{Z}$ を 1 つとり，その値の集合 $\{\chi(z)\,;\, z \in Z\} \subset \boldsymbol{T}^1 := \{z \in \boldsymbol{C}\,;\, |z| = 1\}$ を考えると，それは有限部分群なので巡回群であり，その位数 q_χ は $Z = \mathfrak{M}(G)$ の位数 $|\mathfrak{M}(G)|$ の約数である．$Z_\chi := \mathrm{Ker}(\chi)$ とおくと，$Z/Z_\chi \cong \boldsymbol{Z}_{q_\chi}$ であり，$\widetilde{G}^\chi := R(G)/Z_\chi$ は G の巡回群 $\boldsymbol{Z}_{q_\chi} \cong Z/Z_\chi$ による中心拡大である．既約表現 π のスピン型が χ ならば，π は巡回群 $\boldsymbol{Z}_{q_\chi}$ による G の中心拡大 $\widetilde{G}^\chi$ の線形表現である．かくて，われわれは，G の全てのスピン既約表現を構成しようとするとき，自然と次の基本的問題に遭遇する．

研究課題 4.8.1　有限群 G に対して，巡回群 $\boldsymbol{Z}_q$ による中心拡大 $\widetilde{G}$ をとる．$\widetilde{G}$ のスピン型 $\chi \in \widehat{\boldsymbol{Z}_q}$（$\chi$ は非退化指標）のスピン表現を構成する一般的方法を与えよ．

この大きな問題を攻略するとき，必然的に次の重要な問題に遭遇する：

研究課題 4.8.2　G'_j, $j \in \boldsymbol{I}_m$, をそれぞれ有限群 G_j の巡回群 $\boldsymbol{Z}_q$ による中心拡大とする．次の (1), (2) を満たす $\boldsymbol{Z}_q$-歪中心積 $G'_1 \,\widehat{*}_q\, G'_2 \,\widehat{*}_q \cdots \widehat{*}_q\, G'_m$ を定義せよ：

(1)　直積 $G_1 \times G_2 \times \cdots \times G_m$ の $\boldsymbol{Z}_q$ による中心拡大である；

(2)　各 $j \in \boldsymbol{I}_m$ に対し，G'_j を自然に含む．

$j \in \boldsymbol{I}_m$ に対し，π_j を G'_j の同じスピン型 $\chi \in \widehat{\boldsymbol{Z}_q}$ の線形表現とするとき，$\boldsymbol{Z}_q$-歪中心積 $G'_1 \,\widehat{*}_q\, G'_2 \,\widehat{*}_q \cdots \widehat{*}_q\, G'_m$ のスピン型 χ のスピン表現で，各 π_j の拡張になっている $\boldsymbol{Z}_q$-歪中心積 $\pi_1 \,\widehat{*}_q\, \pi_2 \,\widehat{*}_q \cdots \widehat{*}_q\, \pi_m$ を構成する方法を与えよ．

また，その方法で，スピン型 χ の既約表現の完全系が得られることを示せ．

Karpilovsky の本 [Kar] や Gorenstein の本 [Gor] を見ると，多くの Schur 乗法因子群 $Z = \mathfrak{M}(G)$ の具体例では，その位数に含まれる因子としては 2 の冪が圧倒的に多い．さらに，単純有限群 G すべてについての $Z = \mathfrak{M}(G)$ の一覧表を見ても同様である．したがって，上の問題では，$q = 2$（すなわち，$\boldsymbol{Z}_q = \boldsymbol{Z}_2$）の場合が最も重要である．この章ではそれを取り扱った．

4.8.2 複素鏡映群などのスピン表現の研究

位相群 T の n 個の直積 $D_n(T) = \prod_{j\in \boldsymbol{I}_n} T_j$, $T_j = T$, に対称群 $\mathfrak{S}_n$ を成分の置換として働かせる，すなわち，$d = (t_j)_{j\in \boldsymbol{I}_n} \in D_n(T)$, $t_j \in T_j$, $\sigma \in \mathfrak{S}_n$ に対して，

$$\sigma(d) := (t'_j)_{j\in \boldsymbol{I}_n}, \quad t'_j = t_{\sigma^{-1}(j)} \ (j \in \boldsymbol{I}_n).$$

この作用にしたがって半直積群 $\mathfrak{S}_n(T) := D_n(T) \rtimes \mathfrak{S}_n$ を考える．さらに，T が可換群の場合には，T の閉部分群 S に対して，正規部分群

(4.8.2)
$$\mathfrak{S}_n(T)^S := \{(d, \sigma) \in \mathfrak{S}_n(T)\,;\, P(d) \in S\},$$

が考えられる．ここに，$P(d) := t_1t_2\cdots t_n$, $d = (t_j)_{j\in \boldsymbol{I}_n}$. $\mathfrak{S}_n(T)$ は T が局所コンパクトならば局所コンパクトである．T がコンパクト群のときには，コンパクト群 $D_n(T)$ と対称群 $\mathfrak{S}_n$ との半直積であり，その既約表現の構成には，第 3 章の理論がそのまま使える．T が可換で $S \subsetneqq T$ となる $\mathfrak{S}_n(T)^S$ たちは母なる群 $\mathfrak{S}_n(T)$ の子供の群とも言えて，多くの結果が，母から子に遺伝する．この話題はスピン表現に重点を置きながら，第 9 章以降で取り上げる．

いまここでは，巡回群 $T = \boldsymbol{Z}_m$（乗法群と見る）の場合を取り上げる．このとき，$\mathfrak{S}_n(\boldsymbol{Z}_m) = D_n(\boldsymbol{Z}_m) \rtimes \mathfrak{S}_n$ は一般化対称群と呼ばれ，複素鏡映群 $G(m,1,n)$ の 1 つの実現である．$T = \boldsymbol{Z}_m$ の部分群は m の因数 p にたいして，$S(p) := \{t^p; t \in T\} \cong \boldsymbol{Z}_{m/p}$ の形をしている．そして，$p|m$ に対して，$\mathfrak{S}_n(\boldsymbol{Z}_m)^{S(p)}$ は複素鏡映群 $G(m,p,n)$ の 1 つの実現である：

$$G(m,p,n) = \mathfrak{S}_n(\boldsymbol{Z}_m)^{S(p)}$$

$G(1,1,n) = \mathfrak{S}_n$ であり，$G(2,1,n)$ と $G(2,2,n)$ はそれぞれ BC_n 型および D_n 型のワイル群である．

ワイル群，ついで一般化対称群，の射影表現は多くの数学者によって研究されてきた．われわれはいま，それらの指標（スピン指標という）を全く違った方法で求め，さらに $n \to \infty$ の極限や極限操作の際の挙動も調べている（[HHH2], [HHH4], [HHoH2] 参照）．これらの研究において，Schur 乗法因子群 は出発点における基本的な素材である．例 2.4.3 でも触れたように，これらの群 G に対して，Schur 乗法因子群 $\mathfrak{M}(G)$ は早くに求められており，$\boldsymbol{Z}_2{}^k$ の形である．この形の意味するところは，G の 2 重被覆とそのスピン表現の研究が決定的に重要だということである．

一般化対称群に対するこうした研究で，重要かつもっとも面白い部分は m が偶数の場合である．$n \geq 4$ に対して，Schur 乗法因子群 $\mathfrak{M}(G(m,1,n))$ は位数 2 の 3

つの生成元 z_i $(i \in \boldsymbol{I}_3)$ を持つ可換群 $Z' := \langle z_1, z_2, z_3 \rangle \cong \boldsymbol{Z}_2{}^3$ である．$G(m,1,n)$ の表現群 $R(G(m,1,n))$ は 8 重 $(8 = 2^3)$ の被覆群であり，自然に $\mathfrak{S}_n$ の表現群 $\widetilde{\mathfrak{S}}_n$ (2 重被覆) を含んでおり，

$$\{e\} \longrightarrow Z' \longrightarrow R(G(m,1,n)) \xrightarrow{\ \Phi\ } G(m,1,n) \longrightarrow \{e\} \ \ (\text{完全}),$$

である．ここに，Φ は自然準同型．制限 $\Phi_{\mathfrak{S}} := \Phi|_{\widetilde{\mathfrak{S}}_n}$ は自然準同型 $\widetilde{\mathfrak{S}}_n \to \mathfrak{S}_n$ である（[HHH4, §3] 参照）．$G(m,1,n)$ のスピン既約表現 π は表現群 $R(G(m,1,n))$ の線形表現であり，Z' の 1 つの指標 $\chi \in \widehat{Z'}$ をそのスピン型として持っている：$\pi(z) = \chi(z)I$ $(z \in Z')$．

一般化対称群 $G(m,1,n)$ の特定のスピン型 χ を持つスピン既約表現 π（すなわち，$\chi^{\pi}_{Z'} = \chi$ となるもの）を構成しようとするとき，$\boldsymbol{\mu} = (\mu_j)_{j \in \boldsymbol{I}_m} \in \mathcal{P}_n$ に対する $\widetilde{\mathfrak{S}}_n$ の Schur-Young 部分群

$$\widetilde{\mathfrak{S}}_{\boldsymbol{\mu}} := \Phi_{\mathfrak{S}}^{-1}(\mathfrak{S}_{\boldsymbol{\mu}}),\ \mathfrak{S}_{\boldsymbol{\mu}} = \prod_{j \in \boldsymbol{I}_m} \mathfrak{S}_{J_j} \cong \prod_{j \in \boldsymbol{I}_m} \mathfrak{S}_{\mu_j}$$
$$\widetilde{\mathfrak{S}}_{\boldsymbol{\mu}} \cong \widetilde{\mathfrak{S}}_{\mu_1} \widehat{*} \widetilde{\mathfrak{S}}_{\mu_2} \widehat{*} \cdots \widehat{*} \widetilde{\mathfrak{S}}_{\mu_m}, \quad \widetilde{\mathfrak{S}}_{\mu_j} \cong \widetilde{\mathfrak{S}}_{J_j},$$

のスピン既約表現の研究が不可欠である．ここに，$\boldsymbol{\mu} = (\mu_j)_{j \in \boldsymbol{I}_m} \in \mathcal{P}_n$ は，n の順序付き分割 $\mu_1 + \mu_2 + \cdots + \mu_m = n$, であり，$\mathfrak{S}_{\boldsymbol{\mu}}$ の直積成分 $\mathfrak{S}_{\mu_j}$ は $\boldsymbol{I}_n$ の部分区間 $J_j = [\mu_1 + \cdots + \mu_{j-1} + 1,\ \mu_1 + \cdots + \mu_j]$ 上に働く対称群 $\mathfrak{S}_{J_j}$ と同一視されている（**1.3.1** 小節および **3.5** 節参照）．

群 $\widetilde{\mathfrak{S}}_{\boldsymbol{\mu}}$ は，$\mathfrak{S}_{\mu_j}$ の 2 重被覆群 $\widetilde{\mathfrak{S}}_{\mu_j} = \Phi_{\mathfrak{S}}^{-1}(\mathfrak{S}_{\mu_j})$ $(j \in \boldsymbol{I}_m)$ の歪中心積 $\widetilde{\mathfrak{S}}_{\mu_1} \widehat{*} \cdots \widehat{*} \widetilde{\mathfrak{S}}_{\mu_m}$ に同型である．かくてわれわれは，$\widetilde{\mathfrak{S}}_{\mu_j}$ のスピン既約表現 π_j の歪中心積

$$\pi_1 \widehat{*} \pi_2 \widehat{*} \cdots \widehat{*} \pi_m$$

と，それからの誘導表現の研究，に導かれる（第 5 章参照）．

4.8.3　$n \to \infty$ の極限操作と無限鏡映群のスピン指標の研究

本書の第 12, 13, 14 章では，群の増大列 $H_1 \subset H_2 \subset \cdots H_n \subset \cdots$ の帰納極限 $H_\infty = \lim\limits_{n \to \infty} H_n$, の場合を研究する．$H_\infty$ の指標を定義し，H_n の既約指標の極限との関係を調べる．最終第 14 章では，T をコンパクト群として，環積群 $\mathfrak{S}_n(T)$ の $n \to \infty$ の極限の群

$$\mathfrak{S}_\infty(T) := \lim_{n \to \infty} \mathfrak{S}_n(T) = D_\infty(T) \rtimes \mathfrak{S}_\infty,$$

ただし，$D_\infty(T) := \lim_{n\to\infty} D_n(T)$，$\mathfrak{S}_\infty := \lim_{n\to\infty} \mathfrak{S}_n$，を取り扱う．この群は T が有限群でなければもはや局所コンパクトではない（[HSTH] 参照）が，その表現論を指標の理論から攻めることができる．

指標の一般論については第 12 章で取り扱う．

それを有限群 T に対して，指標の極限と確率論とを融合させた方法で，初めて実行したのが [VK1] であり，それを発展させたものが，いわゆる Vershik - Kerov 理論である．

その最も進んだ理論を第 13 章で述べる（これには洞彰人氏の貢献が大きい）．

$T = \boldsymbol{Z}_m$（m 次巡回群）としたときの

$$\mathfrak{S}_\infty(\boldsymbol{Z}_m) = D_\infty(\boldsymbol{Z}_m) \rtimes \mathfrak{S}_\infty$$

を，**無限一般化対称群**と呼び，記号で $G(m,1,\infty)$ と書く．無限鏡映群

$$G(m,p,\infty) := \lim_{n\to\infty} \mathfrak{S}_n(\boldsymbol{Z}_m)^{S(p)}, \quad p|m,$$

は，$G(m,1,\infty)$ の特別の正規部分群である．これらを局所有限（定義は第 **13.1** 節参照）の可算離散群の典型例として，群上のスピン指標と因子表現，$n \to \infty$ の極限操作の確率論的取り扱い，等について論考する．極限の無限鏡映群 $G(m,1,\infty)$ について，その表現論を指標の理論から攻めたのが [HHH3] であり，Vershik - Kerov 理論を拡張して応用したのが [HoHH], [HoH] である．これらは第 12, 13, 14 章で論ぜられる．

第5章

置換群の被覆群とスピン表現

5.1 $\mathfrak{S}_n$ の表現群と Schur の '主表現'

Schur は $\mathfrak{S}_n$ の表現群 $\mathfrak{T}_n$ (第2章3節参照) に対して, 主表現 (Hauptdarstellung) Δ を定義した [Sch4, §22]. Schur が名付けた「主表現」という名前は「全てのスピン既約表現を与えるための主たるタネになるもの」との意である. 本書では, $\mathfrak{T}_n$ の代わりに $\widetilde{\mathfrak{S}}_n = \mathfrak{T}'_n$ を用いているので, この主表現をこちらに書き直したものを Δ'_n と書き, Schur の '主表現' という. Δ'_n を具体的に与えよう.

これからの議論の出発点として, すべての基礎となるので, $\mathfrak{S}_n$ とその表現群 $\widetilde{\mathfrak{S}}_n = \mathfrak{T}'_n$ について簡単に復習する. 対称群 $\mathfrak{S}_n$ は $\boldsymbol{I}_n = \{1, 2, \cdots, n\}$ 上の置換全体の群である. その標準的生成元系として, 単純互換 $s_i = (i\ i{+}1)$, $i \in \boldsymbol{I}_{n-1}$, をとると, 抽象群として, 基本関係式系は次のように与えられる (詳しい証明は [平井山下, 定理 1.1] 参照):

(5.1.1)
$$\begin{cases} {s_i}^2 = e & (i \in \boldsymbol{I}_{n-1}), \\ (s_i s_{i+1})^3 = e & (i \in \boldsymbol{I}_{n-2}), \\ s_i s_j = s_j s_i & (|i-j| \geq 2,\ i, j \in \boldsymbol{I}_{n-1}). \end{cases}$$

$\mathfrak{S}_n$ の表現群は, $n = 2, 3$ のときは, $\mathfrak{S}_n$ 自身である. $n \geq 4$ においては, 2重の被覆群として, $\mathfrak{T}_n$, $\mathfrak{T}'_n$ の2種類の群が与えられたが [Sch4, §3], 我々は後者を使うことにしてそれを $\widetilde{\mathfrak{S}}_n$ と書く. $n = 2, 3$ も込めて, $n \geq 2$ に対して, n 次対称群 $\mathfrak{S}_n$ の2重被覆群 $\widetilde{\mathfrak{S}}_n$ を次のように与える:

生成元系 $\{z_1, r_1, r_2, \cdots, r_{n-1}\}$ をとり, 基本関係式系として,

(5.1.2)
$$\begin{cases} {z_1}^2 = e, \quad z_1 r_i = r_i z_1 & (i \in \boldsymbol{I}_{n-1}), \\ {r_i}^2 = e & (i \in \boldsymbol{I}_{n-1}), \\ (r_i r_{i+1})^3 = e & (i \in \boldsymbol{I}_{n-2}), \\ r_i r_j = z_1 r_j r_i & (|i-j| \geq 2,\ i, j \in \boldsymbol{I}_{n-1}), \end{cases}$$

をとる．z_1 は中心元であり，$Z_1 := \langle z_1 \rangle = \{e, z_1\}$ とおくと，$\widetilde{\mathfrak{S}}_n/Z_1 \cong \mathfrak{S}_n$ であり，被覆写像 $\Phi_{\mathfrak{S}} : \widetilde{\mathfrak{S}}_n \to \mathfrak{S}_n$ は $r_i \to s_i$ $(i \in \boldsymbol{I}_{n-1})$ である．$n = 2, 3$ では，$\widetilde{\mathfrak{S}}_n \cong \mathfrak{S}_n \times Z_1$, である．$n = 1$ のときには，$\mathfrak{S}_1 = \{e\}$ だが便宜上 $\widetilde{\mathfrak{S}}_n := Z_1$ とおく．

注 5.1.1 ここに，中心元を記号で（単に z ではなく）z_1 と添数 1 を付けて表しているのは，本書後半で複素鏡映群の表現群を取り扱う際に，$\widetilde{D}(\boldsymbol{Z}_m)$ の中心元 z_2（例 2.4.2, p.65），$\widetilde{\mathfrak{S}}_n$ が $\widetilde{D}(\boldsymbol{Z}_m)$ に作用するときに現れる中心元 z_3（例 2.4.3）を込めて，同時に 3 種の中心元 z_1, z_2, z_3 を取り扱う必要がある（例 4.1.2, p.111, 参照）ので，前以て，それに備えておくということである．

元 $\sigma \in \mathfrak{S}_n$ に対し，単純互換の積による表示の長さの最短を $L(\sigma)$ と書き，σ の**長さ**という．また，$\mathrm{sgn}(\sigma) := (-1)^{L(\sigma)}$ は σ の**符号**である．巡回置換（サイクル）$\xi = (i_1\ i_2\ \cdots\ i_\ell)$ に対して，$\ell(\xi) := \ell$ を ξ の**サイクル長**または単に**長さ**という．このとき，$L(\xi) \equiv \ell(\xi) - 1 \pmod 2$ である．被覆群 $\widetilde{\mathfrak{S}}_n$ の元 σ' に対しては，$\sigma = \Phi_{\mathfrak{S}}(\sigma') \in \mathfrak{S}_n$ をとり，

$$L(\sigma') := L(\sigma), \quad \ell(\sigma') := \ell(\sigma), \quad \mathrm{sgn}(\sigma') := \mathrm{sgn}(\sigma), \tag{5.1.3}$$

と定義する．これにより，$(\widetilde{\mathfrak{S}}_n, z_1, \mathrm{sgn})$, $n \geq 2$, は第 4 章の圏 $\mathscr{G}'$ の元である．$\mathrm{sgn}(\sigma') = 1, -1$ にしたがって，（σ とともに）σ' を**偶元**，**奇元**という．

問題 5.1.1 巡回置換 $\sigma = (1\ 4)$, $(1\ 4\ 2)$, $(1\ 3\ 4\ 2)$, $(1\ 3\ 2\ 4)$ に対して，$\ell(\sigma) = 2, 3, 4, 4$ であるが，単純互換に関する長さ $L(\sigma)$ をそれぞれ計算せよ．

ヒント．σ の最短表示を各 1 個ずつ示す：$s_3s_2s_1s_2s_3$，$s_3s_2s_1s_3$，$s_2s_1s_3$，$s_2s_1s_2s_3s_2$．

いま M 次の正方行列 $X_1, X_2, \cdots, X_{n-1}$ で，関係式

$$\begin{cases} {X_j}^2 = E & (j \in \boldsymbol{I}_{n-1}), \\ X_jX_l = -X_lX_j & (j, l \in \boldsymbol{I}_{n-1},\ j \neq l), \end{cases} \tag{5.1.4}$$

を満たすものがあったとする．$X_0 = O$ として，$j \in \boldsymbol{I}_{n-1}$ に対し，

$$T_j := a_{j-1}X_{j-1} + b_jX_j \quad (j \in \boldsymbol{I}_{n-1}). \tag{5.1.5}$$

とおいて，対応 $z_1 \mapsto -E$ (E＝単位行列), $r_j \mapsto T_j$ $(j \in \boldsymbol{I}_{n-1})$ が，$\widetilde{\mathfrak{S}}_n = \langle z_1, r_1, r_2, \cdots, r_{n-1} \rangle$ の基本関係式 (5.1.2) を保存するように，すなわち，次式が成立するようにしたい：

(5.1.6)
$$\begin{cases} {T_j}^2 = E & (j \in \boldsymbol{I}_{n-1}), \\ (T_jT_{j+1})^3 = E & (j \in \boldsymbol{I}_{n-2}), \\ T_jT_k = -T_kT_j & (|j-k| \geq 2,\ j,k \in \boldsymbol{I}_{n-1}). \end{cases}$$

第 1 式が成立するという仮定の下で，第 2 式のためには，$T_jT_{j+1} + T_{j+1}T_j + E = O\ (j \in \boldsymbol{I}_{n-2})$ が成立すれば十分である．実際，${T_j}^2 = E$, ${T_{j+1}}^2 = E$, を用いれば，

$$O = T_jT_{j+1}(T_jT_{j+1} - E)(T_jT_{j+1} + T_{j+1}T_j + E) = (T_jT_{j+1})^3 - E.$$

したがって，係数 a_j, b_j に対する方程式として次を得る：

(5.1.7)
$$\begin{cases} a_0 = 0, \quad {b_1}^2 = 1, \\ {a_{j-1}}^2 + {b_j}^2 = 1 \quad (j \in \boldsymbol{I}_{n-1}). \\ 2a_jb_j = -1 \qquad (j \in \boldsymbol{I}_{n-2}). \end{cases}$$

[Sch4, Absch. VI] を参考にすれば 1 組の解がすぐ得られる．

補題 5.1.1　次は，方程式 (5.1.7) の 1 組の解を与える：

$$a_j = -\sqrt{\frac{j}{2(j+1)}}\ \ (0 \leq j \leq n-2), \quad b_j = \sqrt{\frac{j+1}{2j}}\ \ (1 \leq j \leq n-1).$$

定理 5.1.2　(i) (5.1.7) 式の任意の 1 組の解 (a_j, b_j) を用いて，

$$T(z_1) = -E, \quad T(r_j) := T_j = a_{j-1}X_{j-1} + b_jX_j\ \ (j \in \boldsymbol{I}_{n-1})$$

とおくと，これは群 $\widetilde{\mathfrak{S}}_n$ の M 次元のスピン表現 T を与える．

(ii) (5.1.4) 式を満たす解 $(X_j)_{j\in\boldsymbol{I}_{n-1}}$ が存在する最小の次元は $M_0 = 2^{[(n-1)/2]}$ であり，そのときには表現 T は既約である．

証明　(i) はすでに分かっているので，(ii) を証明すればよい．行列の組 $(X_j)_{j\in\boldsymbol{I}_{n-1}}$ は，**2.6** 節で見るように，Clifford 代数 $\mathcal{C}_{n-1}$ に含まれる群 $\mathcal{E}_{n-1} = \langle \pm\boldsymbol{e}_0, \pm\boldsymbol{e}_j\ (j \in \boldsymbol{I}_{n-1})\rangle$ の表現 π を $\pi(\boldsymbol{e}_j) := \sqrt{-1}\,X_j\ (j \in \boldsymbol{I}_{n-1})$ として与える．他方，$\mathcal{E}_{n-1}$ の既約表現は，定理 2.6.1 により，$2^{[(n-1)/2]}$ 次元であり，n が奇数のとき，$\pi \cong \rho$ であり，n が偶数のとき，$\pi \cong \rho_\varepsilon\ (\varepsilon = +, -)$ である．

このとき表現 T の既約性は，$\{T_j\ ;\ j \in \boldsymbol{I}_{n-1}\}$ の生成する行列多元環が，$\{X_j; j \in \boldsymbol{I}_{n-1}\}$ の生成するそれと一致することに注意すれば，上の ρ または ρ_ε の既約性から従う．　□

ここで，具体的に表現行列を与える．そのために（n の代わりに）$n-1$ を用いたときの (2.5.3) の $\{Y_j\ (j \in \boldsymbol{I}_{n-1})\}$ を $\{X_j\ (j \in \boldsymbol{I}_{n-1})\}$ にとることにする．まず 2 次のユニタリ行列を

$$\varepsilon = \begin{pmatrix} 1 & 0 \\ 0 & 1 \end{pmatrix},\ a = \begin{pmatrix} 0 & 1 \\ 1 & 0 \end{pmatrix},\ b = \begin{pmatrix} 0 & -i \\ i & 0 \end{pmatrix},\ c = \begin{pmatrix} 1 & 0 \\ 0 & -1 \end{pmatrix}, \tag{5.1.8}$$

とおく．$k' = [(n-1)/2]$ として，次数 $2^{k'}$ の行列 $X_j\ (j \in \boldsymbol{I}_{2k'+1})$ を，$i \in \boldsymbol{I}_{k'}$ として，次のようにとる：

$$\begin{cases} X_{2i-1} = c^{\otimes(i-1)} \otimes a \otimes \varepsilon^{\otimes(k'-i)}, \\ X_{2i} = c^{\otimes(i-1)} \otimes b \otimes \varepsilon^{\otimes(k'-i)}, \\ X_{2k'+1} = c^{\otimes k'}. \end{cases} \tag{5.1.9}$$

上の補題 5.1.1 における (5.1.7) の解 (a_j, b_j) を用いて，

$$\Delta'_n(r_j) := a_{j-1}X_{j-1} + b_jX_j \quad (j \in \boldsymbol{I}_{n-1}) \tag{5.1.10}$$

とおけば，**Schur の '主表現'** Δ'_n を得る． $n = 1, 2, 3$ については，便宜上 Δ'_n を下の例 5.1.2 において定義する（これは定理等を述べるときに必要である）．

$\widetilde{\mathfrak{S}}_n$ の表現 π を自己同伴，すなわち，$\pi \cong \mathrm{sgn}\cdot\pi$ とすると，これは指標の等式 $\chi_\pi = \mathrm{sgn}\cdot\chi_\pi$ と同値，したがって，$\chi_\pi|_{\widetilde{\mathfrak{C}}_n} = 0$, ここに，$\widetilde{\mathfrak{C}}_n := \widetilde{\mathfrak{S}}_n \setminus \widetilde{\mathfrak{A}}_n$．これは，$\mathrm{supp}(\chi_\pi) \cap \widetilde{\mathfrak{C}}_n = \varnothing$, とも同値である．そこで，'主表現' Δ'_n の指標を求めれば，Δ'_n について，いつ自己同伴になるかが分かる．

区間 $K = [a, b] \subset \boldsymbol{I}_n$ に対し，$\sigma'_K := r_a r_{a+1} \cdots r_{b-1}$ とおく．n の分割 $\boldsymbol{\nu} = (\nu_j)_{j \in \boldsymbol{I}_t} \in P_n$ をとり，(2.8.3) の

$$\sigma'_{\boldsymbol{\nu}} = \sigma'_1\sigma'_2\cdots\sigma'_t,\ \ \sigma'_j = \sigma'_{K_j},\ K_j = [\nu_1+\cdots+\nu_{j-1}, \nu_1+\cdots+\nu_j] \tag{5.1.11}$$

を共役類の代表元とし，これらを**標準的代表元**と呼ぶ．$l(\boldsymbol{\nu}) := t$ は分割 $\boldsymbol{\nu}$ の長さである．

$$d(\boldsymbol{\nu}) := \sum_{p \in \boldsymbol{I}_t} (\nu_p - 1) = n - l(\boldsymbol{\nu})$$

とおくと，$\mathrm{sgn}(\sigma'_{\boldsymbol{\nu}}) = (-1)^{d(\boldsymbol{\nu})} = (-1)^{n-t}$ である． 記号として，$\sigma_{\boldsymbol{\nu}} = \Phi_{\mathfrak{S}}(\sigma'_{\boldsymbol{\nu}}) = \sigma_1\sigma_2\cdots\sigma_t$, $\sigma_i = \sigma_{K_i} = \Phi_{\mathfrak{S}}(\sigma'_i) \in \mathfrak{S}_{K_i}$.

定理 5.1.3 (Δ'_n の指標) $n \geq 4$ とする．

(i) $\sigma'_{\boldsymbol{\nu}}$ を偶元とする．$\chi_{\Delta'_n}(\sigma'_{\boldsymbol{\nu}}) \neq 0$ となるのは，$\nu_p \equiv 1 \pmod{2, \forall p \in \boldsymbol{I}_t}$，すなわち，すべての σ'_{K_p} が偶元，のときに限る．そして，そのとき，

$$\chi_{\Delta'_n}(\sigma'_{\boldsymbol{\nu}}) = (-1)^{(n-t)/2}\, 2^{[(t-1)/2]} = (-1)^{d(\boldsymbol{\nu})/2}\, 2^{[(\ell(\boldsymbol{\nu})-1)/2]}. \tag{5.1.12}$$

(ii) n が偶数の場合．Δ'_n は非自己同伴である．奇元 κ' に対して，$\chi_{\Delta'_n}(\kappa') \neq 0$ となるのは，$\kappa = \Phi_{\mathfrak{S}}(\kappa')$ が最長の長さ n の巡回置換のときに限る．そして自明な分割 $\boldsymbol{\nu} = (n)$ に対応する $\sigma'_{(n)} = r_1 r_2 \cdots r_{n-1}$, $\sigma_{(n)} = (1\ 2\ 3\ \cdots\ n)$, に対しては，

$$\chi_{\Delta'_n}(\sigma'_{(n)}) = i^{n/2-1}\sqrt{n/2}. \tag{5.1.13}$$

(iii) n が奇数の場合．Δ'_n は自己同伴である．その同伴作用素としては $H = X_n$ がとれる．Δ'_n の副指標 $\delta_{\Delta'_n}(\tau') \neq 0$ となるのは，$\tau = \Phi_{\mathfrak{S}}(\tau')$ が最長の長さ n の巡回置換のときに限る．そして，$\sigma'_{(n)} = r_1 r_2 \cdots r_{n-1}$ に対しては，

$$\delta_{\Delta'_n}(\sigma'_{(n)}) = \mathrm{tr}(\Delta'_n(\sigma'_{(n)})H) = i^{(n-1)/2}\sqrt{n}. \tag{5.1.14}$$

証明 まず，行列 X_j の次数は，$2^{[(n-1)/2]}$ である．そして，

$$\Delta'_n(\sigma'_{K_1}) = b_1X_1(a_1X_1 + b_2X_2)\cdots(a_{\nu_1-2}X_{\nu_1-2} + b_{\nu_1-1}X_{\nu_1-1}),$$

$p > 1$ に対しては，

$$\Delta'_n(\sigma'_{K_p}) = (a_{\nu_{p-1}}X_{\nu_{p-1}} + b_{\nu_{p-1}+1}X_{\nu_{p-1}+1})\cdots(a_{\nu_p-2}X_{\nu_p-2} + b_{\nu_p-1}X_{\nu_p-1}).$$

そこで，$\Delta'_n(\sigma'_{\boldsymbol{\nu}}) = \Delta'_n(\sigma'_{K_1})\cdots\Delta'_n(\sigma'_{K_t})$ の右辺を展開して，単項式

$$X^{\boldsymbol{c}} := X_1^{c_1}X_2^{c_2}\cdots X_{n-1}^{c_{n-1}}, \quad \boldsymbol{c} = (c_1, c_2, \cdots, c_{n-1}), \tag{5.1.15}$$

の 1 次結合として書く．現れた単項式のうち，$\mathrm{tr}(X^{\boldsymbol{c}}) \neq 0$ となるものは，補題 2.5.2 により，$c_j \equiv 0\ (\forall j)$ または $c_j \equiv 1\ (\forall j)$ となるものである．

(i) $\sigma'_{\boldsymbol{\nu}}$ が偶元のときには，定理 2.9.1 の証明中と同様の議論によって，

$\Delta'_n(\sigma'_{K_1})$ からは，$b_1a_1X_1^2\, b_3a_3X_3^2\cdots b_{\nu_1-2}a_{\nu_1-2}X_{\nu_1-2}^{\ 2}$ を拾いとり，

$\Delta'_n(\sigma'_{K_p})$，$p > 1$，からは，$b_{\nu_{p-1}+1}a_{\nu_{p-1}+1}X_{\nu_{p-1}+1}^2\cdots b_{\nu_p-2}a_{\nu_p-2}X_{\nu_p-2}^{\ 2}$ をとって，その積の跡（trace）を求めると，$\nu_j \equiv 1 \pmod{2, \forall j \in \boldsymbol{I}_t}$ であるから，

$$\begin{aligned}\chi_{\Delta'_n}(\sigma'_{\boldsymbol{\nu}}) &= 2^{[(n-1)/2]}\prod_{j\in\boldsymbol{I}_t}(-2)^{-(\nu_j-1)/2}\\ &= (-1)^{(n-t)/2}\,2^{[(n-1)/2]}\cdot 2^{-(n-t)/2} = (-1)^{(n-t)/2}\,2^{[(t-1)/2]}.\end{aligned}$$

(ii), (iii) $\sigma'_{\boldsymbol{\nu}}$ を奇元とする．$X^{\mathbf{c}}$, $c_j \equiv 1$ ($\forall j \in \boldsymbol{I}_{n-1}$) が現れるためには，$n-1$ が奇数，したがって，n が偶数であって，分割は $\boldsymbol{\nu}=(n)$ でなければならない．

そのとき，$\Delta'_n(\sigma'_{(n)}) = b_1X_1(a_1X_1+b_2X_2)\cdots(a_{n-2}X_{n-2}+b_{n-1}X_{n-1})$ を単項の一次結合に展開したとき，$(b_1X_1)(b_2X_2)\cdots(b_{n-1}X_{n-1})$ だけが $\mathrm{tr}(\cdot) \neq 0$ となる．よって，$n=2k'+2$ として，

$$\begin{aligned}\mathrm{tr}(\Delta'_n(\sigma'_{(n)})) &= b_1b_2\cdots b_{n-1}\,\mathrm{tr}(X_1X_2\cdots X_{n-1})\\ &= 2^{-k'}\sqrt{k'+1}\cdot(2i)^{k'} = i^{n/2-1}\sqrt{n/2}.\end{aligned}$$

(iii) n 奇数で，自己同伴表現 Δ'_n の同伴作用素としては $H=X_n$ がとれる．(4.2.8) 式により，$\delta_{\Delta'_n}(\sigma'_{\boldsymbol{\nu}}) = \mathrm{tr}(\Delta'_n(\sigma'_{\boldsymbol{\nu}})H)$ で，$\mathrm{tr}(\Delta'_n(\sigma'_{\boldsymbol{\nu}})H) \neq 0$ に寄与する $\Delta'_n(\sigma'_{\boldsymbol{\nu}})$ の単項式 $X^{\mathbf{c}}$ は，$\mathrm{tr}(X^{\mathbf{c}}X_n) \neq 0$ となるものである．したがって，$c_j \equiv 1$ (mod 2, $\forall j \in \boldsymbol{I}_{n-1}$) でなければならない．よって，$\boldsymbol{\nu}=(n)$ である．上の $\Delta'_n(\sigma'_{(n)})$ の式から，$n=2k'+1$ とおいて，

$$\begin{aligned}\mathrm{tr}(\Delta'_n(\sigma'_{(n)})H) &= b_1b_2\cdots b_{n-1}\,\mathrm{tr}(X_1X_2\cdots X_{n-1}\cdot X_n)\\ &= 2^{-k'}\sqrt{n}\cdot(2i)^{k'} = i^{(n-1)/2}\sqrt{n}.\end{aligned}$$

□

注 5.1.2 (a) 自然な埋め込み $\varphi_n : \widetilde{\mathfrak{S}}_n \hookrightarrow \widetilde{\mathfrak{S}}_{n+1}$ にしたがって $\sigma'_{\boldsymbol{\nu}} \in \widetilde{\mathfrak{S}}_n$ を群 $\widetilde{\mathfrak{S}}_{n+1}$ に入れたときには，それに対応する $n_+ := n+1$ の分割は，$\boldsymbol{\nu}$ の尻に n_+ を 1 個 付加した $\nu_+ := (\boldsymbol{\nu}, n_+) \in P_{n_+}$ である． したがって，$\varphi_n(\sigma'_{\boldsymbol{\nu}})$ は $\widetilde{\mathfrak{S}}_{n_+}$ では $\sigma'_{\boldsymbol{\nu}_+}$ と書かれる筈であるが，$d(\boldsymbol{\nu}_+) = n_+ - \ell(\boldsymbol{\nu}_+) = n - \ell(\boldsymbol{\nu}) = n-t = d(\boldsymbol{\nu})$ となる．$d(\sigma'_{\boldsymbol{\nu}}) := d(\boldsymbol{\nu})$ とおいて群 $\widetilde{\mathfrak{S}}_n$ の上の関数にすれば，$d(\sigma'_{\boldsymbol{\nu}_+}) = d(\varphi_n(\sigma'_{\boldsymbol{\nu}})) = d(\sigma'_{\boldsymbol{\nu}})$ となり，これは埋め込み φ_n に関して不変である．

この事実は，後の第 13 章，第 14 章において，群の増大列 $\cdots \hookrightarrow \widetilde{\mathfrak{S}}_n \overset{\varphi_n}{\hookrightarrow} \widetilde{\mathfrak{S}}_{n+1} \hookrightarrow \cdots$ の帰納極限 $\lim\limits_{n\to\infty} \widetilde{\mathfrak{S}}_n = \widetilde{\mathfrak{S}}_\infty$ を考えて，$\widetilde{\mathfrak{S}}_n$ の指標の $n \to \infty$ における（$\widetilde{\mathfrak{S}}_\infty$ 上の）極限関数を調べるときに，重要となる（**14.3** 節参照）．

(b) $\boldsymbol{\nu} = (\nu_p)_{p\in \boldsymbol{I}_t} \in P_n^+$ に対しては，$d(\boldsymbol{\nu}) = n - l(\boldsymbol{\nu}) = n-t$ は偶数である．後の **6.1** 節で，スピン既約指標の具体形を求めるときに，その符号部分から来る複雑さを横に除けておいて議論するために，そこでは代表元 $\sigma'_{\boldsymbol{\nu}}$ の代わりに

$$\widetilde{\sigma}_{\boldsymbol{\nu}} := z_1^{(n-l(\boldsymbol{\nu}))/2}\sigma'_{\boldsymbol{\nu}} = z_1^{d(\boldsymbol{\nu})/2}\,\sigma'_{\boldsymbol{\nu}} \qquad (5.1.16)$$

を用いることにする．$\boldsymbol{\nu} \in OP_n$ のときには，$\widetilde{\sigma}_{\boldsymbol{\nu}} = \widetilde{\sigma}_{\nu_1}\widetilde{\sigma}_{\nu_2}\cdots\widetilde{\sigma}_{\nu_t}$ である．これを代表元とする $\widetilde{\mathfrak{S}}_n$ の共役類を $\widetilde{D}^+_{\boldsymbol{\nu}}$ と書き，$\widetilde{D}^-_{\boldsymbol{\nu}} := z_1\widetilde{D}^+_{\boldsymbol{\nu}}$ とおく．すると，指標の

表示式から符号部分が隠れて，$\chi_{\Delta'_{\boldsymbol{\nu}}}(\widetilde{\sigma}_{\boldsymbol{\nu}}) = 2^{[(l(\boldsymbol{\nu})-1)/2]}$ と簡単になる．

例 5.1.1　主表現の表現作用素 $\Delta'_n(r_j)$ $(j=1,2,3,4)$ は次で与えられる：

$$\Delta'_n(r_1) = a\otimes\varepsilon\otimes\cdots\otimes\varepsilon = a\otimes\varepsilon\otimes\varepsilon^{\otimes(k'-2)}, \quad k'=[(n-1)/2],$$
$$\Delta'_n(r_2) = -\tfrac{1}{2}\,a\otimes\varepsilon\otimes\varepsilon^{\otimes(k'-2)} + \tfrac{\sqrt{3}}{2}\,b\otimes\varepsilon\otimes\varepsilon^{\otimes(k'-2)},$$
$$\Delta'_n(r_3) = -\tfrac{1}{\sqrt{3}}\,b\otimes\varepsilon\otimes\varepsilon^{\otimes(k'-2)} + \tfrac{\sqrt{2}}{\sqrt{3}}\,c\otimes a\otimes\varepsilon^{\otimes(k'-2)},$$
$$\Delta'_n(r_4) = -\tfrac{\sqrt{3}}{2\sqrt{2}}\,c\otimes a\otimes\varepsilon^{\otimes(k'-2)} + \tfrac{\sqrt{5}}{2\sqrt{2}}\,c\otimes b\otimes\varepsilon^{\otimes(k'-2)}.$$

例 5.1.2　$n=3$ の場合には，r_1, r_2 で生成される群は $\mathfrak{S}_3$ と同型であり，われわれは便宜上 $\widetilde{\mathfrak{S}}_3 := \langle z_1\rangle\times\langle r_1, r_2\rangle$ $(\cong Z_1\times\mathfrak{S}_3)$ とおく．$\widetilde{\mathfrak{S}}_3$ では，$\Delta'_3(z_1) = -\varepsilon$,

$$\Delta'_3(r_1) = a = \begin{pmatrix}0 & 1\\ 1 & 0\end{pmatrix}, \quad \Delta'_3(r_2) = -\tfrac{1}{2}a + \tfrac{\sqrt{3}}{2}b = \begin{pmatrix}0 & \frac{-1-\sqrt{3}\,i}{2}\\ \frac{-1+\sqrt{3}\,i}{2} & 0\end{pmatrix}$$

であり，自己同伴である．これを $\mathfrak{S}_3\subset\widetilde{\mathfrak{S}}_3$ に制限すると，**1.3.6** 小節の（Young 図形を用いた）記号で $\pi_{\boldsymbol{\lambda}}$, $\boldsymbol{\lambda}=(2,1)$, と同値である（${}^t\boldsymbol{\lambda}=\boldsymbol{\lambda}$ に注意）．したがって，上のスピン表現は，$Z_1\times\mathfrak{S}_3$ から見れば，$\mathrm{sgn}_{Z_1}\otimes\pi_{\boldsymbol{\lambda}}$ と同値である．さらに，$\mathfrak{S}_3$ の自明表現 $\mathbf{1}_{\mathfrak{S}_3}$ は $\pi_{\boldsymbol{\lambda}_1}$, $\boldsymbol{\lambda}_1=(3)\in\boldsymbol{Y}_3$ であり，符号表現 $\mathrm{sgn}_{\mathfrak{S}_3}$ は $\pi_{\boldsymbol{\lambda}_2}$, $\boldsymbol{\lambda}_2=(1,1,1)$ である．したがって，それらから来るスピン表現は，$\mathrm{sgn}_{Z_1}\otimes\pi_{\boldsymbol{\lambda}_1}$, $\mathrm{sgn}_{Z_1}\otimes\pi_{\boldsymbol{\lambda}_2}$, と同値である．

注 5.1.3 (第 6 章 1 節をみたあとで参照有り度し) Young 図形を用いたこれらの表示を（先取りではあるが注意を兼ねて），**6.1.1** 小節の $\widetilde{\mathfrak{S}}_n$ のスピン既約表現をパラメーターとしてシフトヤング図形（SP_n の元と同一視）を使って表すやり方と比較してみよう．大きさ 3 のシフトヤング図形は，$\boldsymbol{Y}_3^{\mathrm{sh}} = \{(3),(2,1)\}$ である（記号の定義はそちらを参照）．Δ'_3 は，$\tau_{\boldsymbol{\mu}}$, $\boldsymbol{\mu}=(3)\in\boldsymbol{Y}_3^{\mathrm{sh}}$ で表され，残りの 2 つは，

$$\mathrm{sgn}_{Z_1}\otimes\pi_{\boldsymbol{\lambda}_1} \quad\longleftrightarrow\quad \tau_{\boldsymbol{\mu}_1}, \quad \boldsymbol{\mu}_1=(2,1)\in\boldsymbol{Y}_3^{\mathrm{sh}},$$
$$\mathrm{sgn}_{Z_1}\otimes\pi_{\boldsymbol{\lambda}_2} \quad\longleftrightarrow\quad \mathrm{sgn}\cdot\tau_{\boldsymbol{\mu}_1},$$

で非自己同伴である．

$n=2$ の場合には，$\widetilde{\mathfrak{S}}_2 = \langle z_1\rangle\times\langle r_1\rangle\cong(Z_1\times\mathfrak{S}_2)$ とおき，$\Delta'_2(z_1)=-1$, $\Delta'_2(r_1) = -1$ とする，すなわち，$\Delta'_2\cong\mathrm{sgn}_{Z_1}\otimes\mathrm{sgn}_{\mathfrak{S}_2}$．$\mathfrak{S}_2$ 部分の既約表現としては $\pi_{\boldsymbol{\lambda}}$, $\boldsymbol{\lambda}=(1,1)\in\boldsymbol{Y}_2$, であり，シフトヤング図形での表示では，$\tau_{\boldsymbol{\mu}}$, $\boldsymbol{\mu}=(2)\in\boldsymbol{Y}_2^{\mathrm{sh}}$ である．

$n=1$ の場合は，$\widetilde{\mathfrak{S}}_1 = Z_1$ で，$\Delta'_1(z_1) = -1$.

これで，任意の n について，Δ'_n は $\widetilde{\mathfrak{S}}_n$ の忠実（faithful）なスピン既約表現になる．なお，($n=2,3$ も込めて) n 奇では Δ'_n は自己同伴，n 偶では Δ'_n は非自己同伴，である．$n=1$ では $\widetilde{\mathfrak{S}}_1 = Z_1$ には奇元が無いので，Δ'_1 も自己同伴である，と解釈する．これは全体の整合性を保つためである．

注 5.1.4 (第 6 章 1 節をみたあとで参照有り度し**)** $n=2,3$ の場合，上に述べた Young 図形とシフトヤング図形の特別の対応 に留意されたい（誤解を防ぐために重要）．すこし，前のめりではあるが，**6.1.1** 小節を前借りして，この対応を図示しておく．左欄は P_3 の元と Young 図形，右欄はそれに対応する SP_3 の元とシフトヤング図形，である．

$n=3$ の場合，$\boldsymbol{\lambda}=(2,1)$: $D_{\boldsymbol{\lambda}} =$ 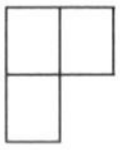 $\longleftrightarrow$ $F_{\boldsymbol{\mu}} =$ 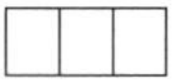 : $\boldsymbol{\mu} = (3)$;

$\boldsymbol{\lambda}_1=(3)$: $D_{\boldsymbol{\lambda}_1} =$ 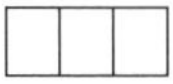 $\longleftrightarrow$ $F_{\boldsymbol{\mu}_1} =$ 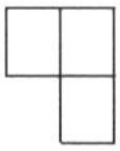 : $\boldsymbol{\mu}_1 = (2,1)$.

$n=2$ の場合，$\boldsymbol{\lambda}=(1,1)$: $D_{\boldsymbol{\lambda}} =$  $\longleftrightarrow$ $F_{\boldsymbol{\mu}} =$ 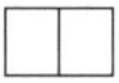 : $\boldsymbol{\mu} = (2)$.

$\sigma' \in \widetilde{\mathfrak{S}}_n$ が**第 1 種**または**第 2 種**であるとは，σ' が $z_1\sigma'$ と $\widetilde{\mathfrak{S}}_n$ で共役か否かによる（第 2 章 8 節）．スピン表現 π の指標 χ_π が σ' で，$\neq 0$ となるのは，σ' が第 2 種のときに限る．標準的代表元 $\sigma'_{\boldsymbol{\nu}}$ が第 2 種になるための必要十分条件は，命題 2.8.1 にある．後々使用するために，主表現 Δ'_n の指標を表に纏めておく．

記号 5.1.1 $\widetilde{\Xi}_n := \{\sigma' \in \widetilde{\mathfrak{S}}_n\,;\, \sigma = \Phi_{\mathfrak{S}}(\sigma')$ が長さ n のサイクル $\}$.
このとき, n 偶数のとき $\widetilde{\Xi}_n \subset \widetilde{\mathfrak{C}}_n = \widetilde{\mathfrak{S}}_n \setminus \widetilde{\mathfrak{A}}_n$ (奇元集合),
n 奇数のとき $\widetilde{\Xi}_n \subset \widetilde{\mathfrak{A}}_n$ (偶元集合).

定理 5.1.4 (i) $n \geq 4$ を偶数とする．

$$\chi_{\nabla^{(3)}} = \chi_{\Delta'_n} + \mathrm{sgn}\cdot\chi_{\Delta'_n}, \quad \nabla^{(3)} \cong \Delta'_n \oplus \mathrm{sgn}\cdot\Delta'_n.$$

(ii) $n \geq 5$ を奇数とする．$\alpha = 1,2$ に対して，

$$\chi_{\nabla^{(\alpha)}} = \chi_{\Delta'_n}, \quad \nabla^{(\alpha)} \cong \Delta'_n.$$

表 5.1.1　'主表現' Δ'_n の指標 $\chi_{\Delta'_n}$, 副指標 $\delta_{\Delta'_n}$.

<table>
<tr><td colspan="2"></td><td colspan="2">σ'　第 2 種: $\sigma' \not\sim z_1\sigma'$ in $\widetilde{\mathfrak{S}}_n$,
$\sigma'_{\boldsymbol{\nu}} = \sigma'_{K_1}\sigma'_{K_2}\cdots\sigma'_{K_t}$, $\sigma_{J_j} = \Phi_{\mathfrak{S}}(\sigma'_{K_j})$ 巡回置換,
$\nu_j = \ell(\sigma'_{K_j}) \geqslant 1$ 全て奇数,　または $\sigma'_{\boldsymbol{\nu}}$ 奇元で ν_j 全て相異なる</td></tr>
<tr><td colspan="2"></td><td>$\sigma'_{\boldsymbol{\nu}}$　偶元
ν_j すべて奇数</td><td>$\sigma'_{\boldsymbol{\nu}}$　奇元
ν_j すべて相異なる</td></tr>
<tr><td>n 偶数
$(n \geq 2)$</td><td>Δ'_n
非自己
同伴</td><td>$\chi_{\Delta'_n}(\sigma'_{\boldsymbol{\nu}}) = 2^{[(n-1)/2]} \prod_{j \in \boldsymbol{I}_t} (-2)^{-(\nu_j-1)/2}$
$= (-1)^{(n-t)/2}\, 2^{t/2-1}$
$\Delta'_n|_{\widetilde{\mathfrak{A}}_n}$ は既約</td><td>$\chi_{\Delta'_n}(\kappa') = \pm i^{n/2-1}\sqrt{n/2}$
$(\kappa' \in \widetilde{\Xi}_n)$;
$\chi_{\Delta'_n}(\kappa') = 0$
$(\kappa' \in \widetilde{\mathfrak{C}}_n \setminus \widetilde{\Xi}_n)$</td></tr>
<tr><td rowspan="2">n 奇数
$(n \geq 3)$</td><td rowspan="2">Δ'_n
自己
同伴</td><td>$\chi_{\Delta'_n}(\sigma'_{\boldsymbol{\nu}}) = (-1)^{(n-t)/2}\, 2^{(t-1)/2}$
$\Delta'_n|_{\widetilde{\mathfrak{A}}_n}$ は 2 つの
非同値既約表現に分解</td><td>$\chi_{\Delta'_n}(\kappa') \equiv 0$</td></tr>
<tr><td>$\delta_{\Delta'_n}(\tau') = \begin{cases} \pm i^{(n-1)/2}\sqrt{n} & (\tau' \in \widetilde{\Xi}_n); \\ 0 & (\tau' \in \widetilde{\mathfrak{A}}_n \setminus \widetilde{\Xi}_n) \end{cases}$</td><td>$\varnothing$ (存在せず)</td></tr>
<tr><td colspan="2"></td><td>$\widetilde{\mathfrak{A}}_n$ からの寄与</td><td>$\widetilde{\mathfrak{C}}_n$ からの寄与</td></tr>
</table>

証明　定理 2.9.1 の $\nabla^{(\alpha)}$ の指標公式と, 定理 5.1.3 の Δ'_n の指標公式とを比較すればよい. □

注 5.1.5　$n \geq 5$ が奇数のとき, $\nabla^{(1)}, \nabla^{(2)}$ それぞれは, '主表現' Δ'_n の別の実現を与えている.

5.2　分割・共役類・既約表現の同値類

これから $n \geq 4$ の $\widetilde{\mathfrak{S}}_n$ や $\widetilde{\mathfrak{A}}_n$ のスピン表現やその指標について論じていくのだが, その際に必要になることをまとめて調べておこう.

5.2.1　共役類の標準的代表元

群 $\widetilde{\mathfrak{S}}_n$ の共役類の完全代表系について復習し, 群 $\widetilde{\mathfrak{A}}_n$ の共役類についても学習しよう. 命題 2.8.1 により, 次が示されている :

(5.2.1)　　$\sigma'_{\boldsymbol{\nu}}, \boldsymbol{\nu} \in P_n$, が第 2 種 $\overset{\text{def}}{\Longleftrightarrow}$ $\sigma'_{\boldsymbol{\nu}} \not\sim z_1\sigma'_{\boldsymbol{\nu}}$ ($\widetilde{\mathfrak{S}}_n$ で) $\Longleftrightarrow$

(s-0) $\boldsymbol{\nu} \in OP_n$ ($\Leftrightarrow s(\boldsymbol{\nu}) = 0$), または

(st-od) $\boldsymbol{\nu} \in SP_n^- := SP_n \cap P_n^-$ ($\Leftrightarrow \boldsymbol{\nu}$ 厳格分割で $s(\boldsymbol{\nu})$ 奇),

ここに, OP_n は奇数ばかりによる n の分割の全体, SP_n は n の厳格分割全体, であり, $\sigma'_{\boldsymbol{\nu}}$ は (2.8.2)–(2.8.3) で定義されている. さらに, 記号として次を用いる:

$$(5.2.2) \qquad \begin{cases} P_n^+ := \{\boldsymbol{\nu} \in P_n\,;\, \sigma'_{\boldsymbol{\nu}} \text{ 偶元 } (\Leftrightarrow s(\boldsymbol{\nu}) \text{ 偶})\}, \\ P_n^- := \{\boldsymbol{\nu} \in P_n\,;\, \sigma'_{\boldsymbol{\nu}} \text{ 奇元 } (\Leftrightarrow s(\boldsymbol{\nu}) \text{ 奇})\}. \end{cases}$$

当然 $OP_n \subset P_n^+$ である. 系 2.8.3 により, $\widetilde{\mathfrak{S}}_n$ の共役類の完全代表系として次の集合の合併集合が与えられている:

$$(5.2.3) \qquad \begin{cases} \Sigma_n^{\mathrm{OP}} := \{\sigma'_{\boldsymbol{\nu}},\ z_1\sigma'_{\boldsymbol{\nu}}\,;\, \boldsymbol{\nu} \in OP_n\}, \\ \Sigma_n^{\mathrm{SP}-} := \{\sigma'_{\boldsymbol{\nu}},\ z_1\sigma'_{\boldsymbol{\nu}}\,;\, \boldsymbol{\nu} \in SP_n^-\}, \\ \Sigma_n^0 := \{\sigma'_{\boldsymbol{\nu}}\,;\, \boldsymbol{\nu} \in P_n \text{ その他}\}. \end{cases}$$

なお, 底の群 $\mathfrak{S}_n$ の共役類の標準的な完全代表系は $\{\sigma_{\boldsymbol{\nu}}\,;\, \boldsymbol{\nu} \in P_n\}$ によって与えられる (補題 1.3.3).

$\sigma \in \mathfrak{A}_n$ (およびその原像 $\sigma' \in \Phi_{\mathfrak{S}}^{-1}(\{\sigma\})$) を**第 1 種**または**第 2 種**というのは, そのサイクル分解において, サイクル長が偶数を含むか, 奇数ばかりか, による. この定義は上の $\sigma' \in \widetilde{\mathfrak{S}}_n$ に対する定義と調和している. また, $\sigma \in \mathfrak{A}_n$ (およびその原像 σ') を**第 3 種**というのは, そのサイクル分解におけるサイクル長がすべて相異なるときである. 共役性を記号 $\sim$ で表す.

命題 5.2.1 $\sigma \in \mathfrak{A}_n, n \geq 4$, とする.
σ が第 2 種かつ第 3 種 (i.e., $\boldsymbol{\nu} \in OP_n \cap SP_n = OP_n \cap SP_n^+$)
$\Longleftrightarrow \sigma$ の $\mathfrak{S}_n$-共役類 $[\sigma]_{\mathfrak{S}_n}$ が 2 つの $\mathfrak{A}_n$-共役類に分裂.

証明 一般に, $\sigma \in \mathfrak{A}_n$ のサイクル分解 $\sigma = \sigma_1\sigma_2\cdots\sigma_t$ において, サイクル長 $\nu_i := \ell(\sigma_i)$ に偶数 ν_i があれば, $\mathrm{sgn}(\sigma_i) = -1$ なので, σ の $\mathfrak{S}_n$ における固定化群 $\mathfrak{S}_n^\sigma$ を求めると, $\mathfrak{S}_n^\sigma$ は奇元 σ_i を含むので, $[\sigma]_{\mathfrak{S}_n} = [\sigma]_{\mathfrak{A}_n}$. また, ν_i が奇数ばかりだが, 重複がある場合には, $\nu_1 = \nu_2$ ($= \ell$ とおく) で $\sigma_1 = (1\ 2\ \cdots\ \ell)$, $\sigma_2 = (\ell{+}1\ \ell{+}2\ \cdots\ 2\ell)$ としたとき, $\tau = (1\ \ell{+}1)(2\ \ell{+}2)\cdots$ は奇元で, $\mathfrak{S}_n^\sigma$ に入る.

さて, σ が命題左辺の条件を満たしている場合, ν_i は相異なる奇数である. σ の $\mathfrak{S}_n$ における固定化群 $\mathfrak{S}_n^\sigma$ を求めると, $\mathfrak{S}_n^\sigma = \langle\sigma_1\rangle \times \cdots \times \langle\sigma_t\rangle \subset \mathfrak{A}_n$. したがって,

$$|[\sigma]_{\mathfrak{S}_n}| = \frac{n!}{\nu_1\nu_2\cdots\nu_t}, \quad |[\sigma]_{\mathfrak{A}_n}| = \frac{n!/2}{\nu_1\nu_2\cdots\nu_t}. \qquad \square$$

定理 5.2.2　底の群 $\mathfrak{A}_n$ の共役類の完全代表系として次の集合の合併がとれる：

$$\Sigma^{(1)}_{\mathfrak{A}_n} := \{\sigma_{\boldsymbol{\nu}},\ s_1\sigma_{\boldsymbol{\nu}}s_1^{-1}\,;\, \boldsymbol{\nu} \in OP_n \cap SP_n\} \quad ただし\ s_1 = (1\ 2),$$

$$\Sigma^{(2)}_{\mathfrak{A}_n} := \{\sigma_{\boldsymbol{\nu}}\,;\, \boldsymbol{\nu} \in P_n^+ \setminus (OP_n \cap SP_n)\}.$$

定理 5.2.3　$\sigma' \in \widetilde{\mathfrak{A}}_n$, $\sigma = \Phi_{\mathfrak{S}}(\sigma')$ とする．

(i)　σ が第 2 種 $\iff \sigma' \not\sim z_1\sigma'$ ($\widetilde{\mathfrak{S}}_n$ で) $\implies \sigma' \not\sim z_1\sigma'$ ($\widetilde{\mathfrak{A}}_n$ で).

(ii)　$\sigma_{\boldsymbol{\nu}}$ が第 2 種かつ第 3 種 (i.e., $\boldsymbol{\nu} \in OP_n \cap SP_n$) $\iff$

共役類 $[\sigma'_{\boldsymbol{\nu}}]_{\widetilde{\mathfrak{A}}_n}$, $[z_1\sigma'_{\boldsymbol{\nu}}]_{\widetilde{\mathfrak{A}}_n}$, $[r_1\sigma'_{\boldsymbol{\nu}}r_1^{-1}]_{\widetilde{\mathfrak{A}}_n}$, $[z_1r_1\sigma'_{\boldsymbol{\nu}}r_1^{-1}]_{\widetilde{\mathfrak{A}}_n}$, はすべて相異なる．このとき,

$$[\sigma'_{\boldsymbol{\nu}}]_{\widetilde{\mathfrak{S}}_n} = [\sigma'_{\boldsymbol{\nu}}]_{\widetilde{\mathfrak{A}}_n} \sqcup [r_1\sigma'_{\boldsymbol{\nu}}r_1^{-1}]_{\widetilde{\mathfrak{A}}_n},\ [z_1\sigma'_{\boldsymbol{\nu}}]_{\widetilde{\mathfrak{S}}_n} = [z_1\sigma'_{\boldsymbol{\nu}}]_{\widetilde{\mathfrak{A}}_n} \sqcup [z_1r_1\sigma'_{\boldsymbol{\nu}}r_1^{-1}]_{\widetilde{\mathfrak{A}}_n}.$$

(iii)　$\sigma_{\boldsymbol{\nu}}$ が第 2 種かつ非第 3 種 (i.e., $\boldsymbol{\nu} \in OP_n \setminus SP_n$) $\iff$

$[\sigma'_{\boldsymbol{\nu}}]_{\widetilde{\mathfrak{A}}_n} \neq [z_1\sigma'_{\boldsymbol{\nu}}]_{\widetilde{\mathfrak{A}}_n}$ で, $[r_1\sigma'_{\boldsymbol{\nu}}r_1^{-1}]_{\widetilde{\mathfrak{A}}_n}$ は $[\sigma'_{\boldsymbol{\nu}}]_{\widetilde{\mathfrak{A}}_n}$ または $[z_1\sigma'_{\boldsymbol{\nu}}]_{\widetilde{\mathfrak{A}}_n}$ と $\widetilde{\mathfrak{A}}_n$-共役．このとき,　　$[\sigma'_{\boldsymbol{\nu}}]_{\widetilde{\mathfrak{S}}_n} \neq [z_1\sigma'_{\boldsymbol{\nu}}]_{\widetilde{\mathfrak{S}}_n}$, $[\sigma'_{\boldsymbol{\nu}}]_{\widetilde{\mathfrak{S}}_n} = [\sigma'_{\boldsymbol{\nu}}]_{\widetilde{\mathfrak{A}}_n}$.

(iv)　$\sigma_{\boldsymbol{\nu}}$ が第 1 種かつ第 3 種 (i.e., $\boldsymbol{\nu} \in SP_n^+ \setminus OP_n$) $\iff$

$$\sigma'_{\boldsymbol{\nu}} \sim z_1\sigma'_{\boldsymbol{\nu}}\ (\widetilde{\mathfrak{S}}_n\ で),\ \sigma'_{\boldsymbol{\nu}} \not\sim z_1\sigma'_{\boldsymbol{\nu}}\ (\widetilde{\mathfrak{A}}_n\ で).$$

(v)　$\sigma_{\boldsymbol{\nu}}$ が第 1 種かつ非第 3 種 (i.e., $\boldsymbol{\nu} \in P_n^+ \setminus (OP_n \cup SP_n^+)$) $\iff$

$$\sigma'_{\boldsymbol{\nu}} \sim z_1\sigma'_{\boldsymbol{\nu}}\ (\widetilde{\mathfrak{S}}_n\ で),\ \sigma'_{\boldsymbol{\nu}} \sim z_1\sigma'_{\boldsymbol{\nu}}\ (\widetilde{\mathfrak{A}}_n\ で).$$

証明　(i) は既出である（命題 2.8.1）.

主張の組 {(ii), (iii)} および {(iv), (v)} それぞれにおいて，両側向き矢印 $\iff$ を示すためには，それぞれの右向き矢印 $\implies$（2 個）を示せば十分である．

(ii) $\sigma'_{\boldsymbol{\nu}}$, $r_1\sigma'_{\boldsymbol{\nu}}r_1^{-1}$ はともに第 2 種であり，$\widetilde{\mathfrak{S}}_n$ の下で（したがって，$\widetilde{\mathfrak{A}}_n$ の下で），$\sigma'_{\boldsymbol{\nu}} \not\sim z_1\sigma'_{\boldsymbol{\nu}}$, $r_1\sigma'_{\boldsymbol{\nu}}r_1^{-1} \not\sim z_1r_1\sigma'_{\boldsymbol{\nu}}r_1^{-1}$. ここに，命題 5.2.1 を使えばよい．

(iii) $\mathfrak{A}_n$ の共役類の 1 つの完全代表系を $X \subset \mathfrak{A}_n$ とすると，$\widetilde{\mathfrak{A}}_n$ のそれは，$\Phi_{\mathfrak{S}}^{-1}(X) \subset \widetilde{\mathfrak{A}}_n$ の中から選べる．他方，$\sigma'_{\boldsymbol{\nu}}$ が第 2 種かつ非第 3 種ならば，$\sigma'_{\boldsymbol{\nu}} \not\sim z_1\sigma'_{\boldsymbol{\nu}}$ ($\widetilde{\mathfrak{S}}_n$ で), よって $\sigma'_{\boldsymbol{\nu}} \not\sim z_1\sigma'_{\boldsymbol{\nu}}$ ($\widetilde{\mathfrak{A}}_n$ で). また，$\sigma_{\boldsymbol{\nu}} \sim s_1\sigma_{\boldsymbol{\nu}}s_1^{-1}$ ($\mathfrak{A}_n$ で) なので，$\sigma'_{\boldsymbol{\nu}}$ または $z_1\sigma'_{\boldsymbol{\nu}}$ が，$r_1\sigma'_{\boldsymbol{\nu}}r_1^{-1}$ と $\widetilde{\mathfrak{A}}_n$ で共役である．もし前者ならば，$[\sigma'_{\boldsymbol{\nu}}]_{\widetilde{\mathfrak{S}}_n} = [z_1\sigma'_{\boldsymbol{\nu}}]_{\widetilde{\mathfrak{S}}_n}$ となってしまうので，後者である．

(iv) $\sigma = \sigma_{\boldsymbol{\nu}}$ のサイクル分解 $\sigma = \sigma_1\cdots\sigma_t$ において，長さが偶数のもの（偶

数個）があるが，長さはすべて異なっている．したがって，下の群 $\mathfrak{S}_n$ において，$\mathfrak{S}_n^{\sigma} = \langle\sigma_1\rangle \times \cdots \times \langle\sigma_t\rangle$, そこで $\sigma'_i \in \Phi_{\mathfrak{S}}^{-1}(\mathfrak{S}_n^{\sigma})$ をとると，$\nu_i = \ell(\sigma_i)$ の偶奇によって，$\varepsilon_i = 1, 0$ とおけば，$\sigma' = \sigma'_{\boldsymbol{\nu}}$ に対して，$\sigma'_i\sigma'\sigma_i'^{\,-1} = z_1^{\varepsilon_i}\sigma'$. よって，$\widetilde{\mathfrak{S}}_n^{\sigma'} \subset \widetilde{\mathfrak{A}}_n$. 上の命題 5.2.1 の証明後半と同様の理由によって，$[\sigma']_{\widetilde{\mathfrak{S}}_n} \neq [\sigma']_{\widetilde{\mathfrak{A}}_n}$.

（v）$\sigma = \sigma_{\boldsymbol{\nu}}$ のサイクル分解において，長さが偶数のもの（偶数個 > 0）があり，長さが同じものがある．それを $\nu_1 = \nu_2 = \ell$ とする．$\sigma' = \sigma'_{\boldsymbol{\nu}}$ とおく．

● ℓ が偶数の場合　まず，σ'_1, σ'_2 は奇元なので，$\sigma'_1\sigma'_2 = z_1\sigma'_2\sigma'_1$, $\sigma'_1\sigma'\sigma_1'^{\,-1} = z_1\sigma'$.

つぎに，$\sigma'_1 = r_1r_2\cdots r_{\ell-1}$, $\sigma'_2 = r_{\ell+1}r_{\ell+2}\cdots r_{2\ell-1}$, とするとき，$\tau := (1\ \ell+1)(2\ \ell+2)\cdots(\ell\ 2\ell)$ とおけば，τ は偶元で，$\tau^2 = e, \tau\sigma_1\tau^{-1} = \sigma_2$. τ の原像の 1 つを $\tau' \in \Phi_{\mathfrak{S}}^{-1}(\{\tau\})$ とすれば，${\tau'}^2 = z_1^a$ なので，${\tau'}^{-1} = z_1^a\tau'$. したがって，$\tau'\sigma'_1{\tau'}^{-1} = z_1^b\sigma'_2$ であれば，$\tau'\sigma'_2{\tau'}^{-1} = z_1^b\sigma'_1$. これより，$\tau'\sigma'{\tau'}^{-1} = z_1\sigma'$.

以上により，$\widetilde{\mathfrak{S}}_n^{\sigma'}$ は奇元 $\tau'\sigma'_1$ を含むことが分かる．よって，$[\sigma']_{\widetilde{\mathfrak{S}}_n} = [\sigma']_{\widetilde{\mathfrak{A}}_n}$.

● ℓ が奇数の場合．　$\sigma'_1, \sigma'_2, \tau, \tau'$ を上の通りとすれば，σ'_1, σ'_2 は偶元，τ' は奇元で，$\tau' \in \widetilde{\mathfrak{C}}_n$. $\tau'\sigma'_1{\tau'}^{-1} = z_1^b\sigma'_2$ ならば，$\tau'\sigma'_2{\tau'}^{-1} = z_1^b\sigma'_1$. σ'_1, σ'_2 は偶元なので，$\sigma'_2\sigma'_1 = \sigma'_1\sigma'_2$. したがって，$\tau'(\sigma'_1\sigma'_2){\tau'}^{-1} = \sigma'_2\sigma'_1 = \sigma'_1\sigma'_2$. これにより，奇元 τ' が $\widetilde{\mathfrak{S}}_n^{\sigma'}$ に入ることが分かった． □

上の定理の直接の帰結として，$\widetilde{\mathfrak{A}}_n$ の指標理論にとって重要な次の結果を得る．

定理 5.2.4 $\mathfrak{A}_n, n \geq 4$, の 2 重被覆群 $\widetilde{\mathfrak{A}}_n$ の共役類の完全代表系として次の集合の合併集合がとれる（この集合の元を**標準的代表元**という）：$SP_n^+ = P_n^+ \cap SP_n$ とおくと，

$$\Sigma_{\widetilde{\mathfrak{A}}_n}^{(1)} := \{\sigma'_{\boldsymbol{\nu}},\ z_1\sigma'_{\boldsymbol{\nu}}, r_1\sigma'_{\boldsymbol{\nu}}r_1^{-1},\ z_1r_1\sigma'_{\boldsymbol{\nu}}r_1^{-1};\ \boldsymbol{\nu} \in OP_n \cap SP_n^+\},$$

$$\Sigma_{\widetilde{\mathfrak{A}}_n}^{(2)} := \{\sigma'_{\boldsymbol{\nu}},\ z_1\sigma'_{\boldsymbol{\nu}};\ \boldsymbol{\nu} \in SP_n^+ \setminus OP_n,\ \text{または},\ \boldsymbol{\nu} \in OP_n \setminus SP_n^+\},$$

$$\Sigma_{\widetilde{\mathfrak{A}}_n}^{(3)} := \{\sigma'_{\boldsymbol{\nu}}\ ;\ \boldsymbol{\nu} \in P_n^+ \setminus (OP_n \cup SP_n^+)\}.$$ □

5.2.2 Glaisher 対応，分割の個数，共役類の種別

定理 1.1.8 (ii) に示した如く，「有限群 G の既約表現の同値類の個数は，G の共役類の個数に等しい」．この定理をここで応用するには，実際に共役類の個数や n の各種の分割の個数を計算する必要がある．その際に標題にいう **Glaisher**（グレイシャー）**対応**が重要な役割をする．それは，n の厳格分割の全体 SP_n と奇数への分割の全体 OP_n との間に自然な対応をつけるものである．

定理 5.2.5　n の厳格分割の全体 SP_n と奇数への分割の全体 OP_n とは 1 対 1 対応する： $|SP_n| = |OP_n|$.

証明　$\boldsymbol{\lambda} = (\lambda_j)_{j\in \boldsymbol{I}_m} \in SP_n$, $\lambda_1 > \lambda_2 > \cdots > \lambda_m > 0$, をとる．$\lambda_j$ が奇数でなければ，それを 2 の冪で割れるだけ割って，$\lambda_j = 2^{p_j} k_j$, k_j 奇数，の形に書く．この λ_j を 2^{p_j} 個の k_j で置き換える： $\lambda_j \mapsto (k_j, k_j, \cdots, k_j)$. すべての λ_j にこの操作を施すと $\boldsymbol{\mu} = (\mu_i)_{i\in \boldsymbol{I}_t} \in OP_n$ を得る．この対応を φ と書く．

逆に，$\boldsymbol{\mu} = (\mu_i)_{i\in \boldsymbol{I}_t} \in OP_n$ をとる．1 つの奇数 k が (μ_i) の中に現れる重複度を $m_k > 1$ とする．m_k を 2 進法で展開する： $m_k = 2^{a_1} + 2^{a_2} + \cdots + 2^{a_s}$, $a_1 > a_2 > \cdots > a_s \geq 0$. このとき，$(2^{a_1}k, 2^{a_2}k, \cdots, 2^{a_s}k)$ を用意する．現れるすべての奇数 k についてこの操作をして，得られた数の組を全部合わせると，$\boldsymbol{\lambda} = (\lambda_j)_{j\in \boldsymbol{I}_m} \in SP_n$ をうる．$\psi(\boldsymbol{\mu}) := \boldsymbol{\lambda}$ とおくと，$\psi\cdot\varphi = I_{SP_n}$ (恒等写像), $\varphi\cdot\psi = I_{OP_n}$ が示される．よって，$\psi = \varphi^{-1}$. □

上の証明は Euler によるとのことだが，Glaisher [Glai] では，この結果をさらに一般化した定理[1] を与えている．その場合に表れる対応を（さらには上の φ, ψ をも込めて）**Glaisher 対応**とよぶ.

別証　$\alpha_n := |SP_n|$, $\beta_n := |OP_n|$ とおく．これらの数列の母関数は，

$$\sum_{n\geqslant 0} \alpha_n t^n = \prod_{k\geqslant 1} (1+t^k), \quad \sum_{n\geqslant 0} \beta_n t^n = \prod_{k\geqslant 1} \frac{1}{1-t^{2k-1}}. \tag{5.2.4}$$

そうすると，$\displaystyle \prod_{k\geqslant 1} (1+t^k) = \prod_{k\geqslant 1} \frac{1-t^{2k}}{1-t^k} = \prod_{k\geqslant 1} \frac{1}{1-t^{2k-1}}.$ □

注 5.2.1　別証は，簡潔ではあるが，SP_n と OP_n の各元の具体的な対応を与えてはいない．他方，Glaisher 対応は，後に，誘導表現 $\widetilde{\Pi}_{\boldsymbol{\lambda}} := \mathrm{Ind}_{\widetilde{\mathfrak{S}}_{\boldsymbol{\lambda}}}^{\widetilde{\mathfrak{S}}_n} \Delta'_{\boldsymbol{\lambda}}, \boldsymbol{\lambda} \in SP_n$, の指標の独立性の証明に応用されるなど興味深い（定理 5.5.1 の証明参照).

すでに **1.3.4** 小節で，記号 $k_n = |P_n|$ を導入したのだが，これを込めてあらためていくつかの個数に対する記号を導入する：

---

1)　n の分割 $\lambda = (\lambda_1 \geq \lambda_2 \geq \cdots)$ が r-**正則**であるとは，重複度が $r-1$ 以下，ということ．r-**類正則**であるとは，r の倍数が現れない，ということである．n の r-正則な分割の個数を $p^{(r)}(n)$, r-類正則な分割の個数を $q^{(r)}(n)$ とおく．$r=2$ の場合が定理 5.2.5 に当たる．
定理 (Glaisher [Glai]).　$r \geq 2$ に対して，$p^{(r)}(n) = q^{(r)}(n)$. ([山田, 第 4 講] 参照)

記号 5.2.1

$$\begin{cases} k_n := \mathfrak{S}_n \text{ の全共役類の総数} = |P_n|, \\ \widetilde{k}_n := \widetilde{\mathfrak{S}}_n \text{ の全共役類の総数}, \end{cases}$$

$$\begin{cases} l_n := \mathfrak{A}_n \text{ の全共役類の総数}, \\ \widetilde{l}_n := \widetilde{\mathfrak{A}}_n \text{ の全共役類の総数}, \end{cases}$$

$$\begin{aligned} u_n &:= |SP_n^-| &&= \text{第 2 種奇分割の総数}, \\ v_n &:= |OP_n| = |SP_n| &&= \text{第 2 種偶分割の総数} = \text{厳格分割の総数}, \\ v'_n &:= |OP_n \cap SP_n| &&= \text{第 2 種かつ第 3 種偶分割の総数}, \\ g_n &:= |SP_n^+| &&= \text{第 3 種偶分割の総数}, \\ g'_n &:= |SP_n^+ \setminus OP_n| &&= \text{第 1 種かつ第 3 種偶分割の総数}. \end{aligned}$$

命題 5.2.6 次の等式が成立する：

(1) $\widetilde{k}_n = k_n + (v_n + u_n) = k_n + (g_n + 2u_n)$,

(2) $\widetilde{l}_n = l_n + g'_n + v_n + v'_n = l_n + (2g_n + u_n)$,

(3) $v_n = g_n + u_n = (g'_n + u_n) + v'_n$,

(4) $g_n = g'_n + v'_n$.

証明 系 2.8.3 から来た (5.2.3) 式から (1) 左側 $\widetilde{k}_n = k_n + (v_n + u_n)$ が出る．定理 5.2.4 から (2) 左側 $\widetilde{l}_n = l_n + g'_n + v_n + v'_n$ を得る．定理 5.2.5 の Glaisher の結果を用いて，(3) 左側を得る．(4) は記号の定義から従う．残りはこれらから従う．（なお，西山享氏に依れば，上の $u_n, v_n, v'_n, g_n, g'_n$ の左側の定義を用いると証明が分かり易くなる．） □

5.2.3 $\widetilde{\mathfrak{S}}_n, \widetilde{\mathfrak{A}}_n$ の共役類の種別のまとめ

$\widetilde{\mathfrak{S}}_n$，$\widetilde{\mathfrak{A}}_n$ それぞれに対する共役類の種別に関する結果をそれぞれ表にまとめる．$\widetilde{\mathfrak{A}}_n$ の共役類に関するこの表を参照すれば，次の結果が得られる．

定理 5.2.7 $\widetilde{\mathfrak{A}}_n$, $n \geq 4$, のスピン表現 ρ の指標 $\chi_\rho(\sigma') \neq 0$ ならば，σ' は第 2 種か，もしくは第 1 種かつ第 3 種，である．

$\widetilde{\mathfrak{S}}_n$ の自己同伴なスピン表現 π の副指標 δ_π についても同様である． □

表 5.2.1　$\widetilde{\mathfrak{S}}_n,\ n \geq 4,$ の標準的代表元の種別.

<table>
<tr><td colspan="6">$\sigma' = \sigma'_{\boldsymbol{\nu}} \in \widetilde{\mathfrak{S}}_n,\ \boldsymbol{\nu} = (\nu_i)_{i \in \boldsymbol{I}_t} \in P_n$
$\sigma'_{\boldsymbol{\nu}} = \sigma'_1\sigma'_2\cdots\sigma'_t,\ \sigma'_i = \sigma'_{K_i},\ \sigma_i = \Phi_{\mathfrak{S}}(\sigma'_i)$ サイクル, $l(\sigma'_{\boldsymbol{\nu}}) = t, \nu_i := \ell(\sigma_i)$</td></tr>
<tr><td colspan="4">$\sigma' = \sigma'_{\boldsymbol{\nu}}$ 偶元 $(\sigma'_{\boldsymbol{\nu}} \in \widetilde{\mathfrak{A}}_n)$
$\boldsymbol{\nu} \in P_n^+$ $(\Leftrightarrow s(\boldsymbol{\nu})$ 偶)</td><td colspan="2">$\sigma' = \sigma'_{\boldsymbol{\nu}}$ 奇元 $(\sigma'_{\boldsymbol{\nu}} \in \widetilde{\mathfrak{C}}_n)$
$\boldsymbol{\nu} \in P_n^-$ $(\Leftrightarrow s(\boldsymbol{\nu})$ 奇)</td></tr>
<tr><td colspan="2">第 1 種
$\boldsymbol{\nu} \in P_n^+ \setminus OP_n$
(i.e., $s(\boldsymbol{\nu}) > 0$ 偶)</td><td colspan="2">第 2 種
$\boldsymbol{\nu} \in OP_n$
(i.e., $s(\boldsymbol{\nu}) = 0$)
$\sharp = v_n$</td><td>第 1 種
$\boldsymbol{\nu} \in P_n^- \setminus SP_n^-$
(i.e., $s(\boldsymbol{\nu})$ 奇,
$\boldsymbol{\nu}$ 非厳格)</td><td>第 2 種
$\boldsymbol{\nu} \in SP_n^-$
$\sharp = u_n$</td></tr>
<tr><td colspan="2">$[\sigma']_{\widetilde{\mathfrak{S}}_n} = [z_1\sigma']_{\widetilde{\mathfrak{S}}_n}$</td><td colspan="2">$[\sigma']_{\widetilde{\mathfrak{S}}_n} \neq [z_1\sigma']_{\widetilde{\mathfrak{S}}_n}$</td><td>$[\sigma']_{\widetilde{\mathfrak{S}}_n} = [z_1\sigma']_{\widetilde{\mathfrak{S}}_n}$</td><td>$[\sigma']_{\widetilde{\mathfrak{S}}_n} \neq [z_1\sigma']_{\widetilde{\mathfrak{S}}_n}$</td></tr>
<tr><td>非第 3 種
$\boldsymbol{\nu} \notin SP_n^+$</td><td>第 3 種
$\boldsymbol{\nu} \in SP_n^+$
$\sharp = g'_n$</td><td>非第 3 種
$\boldsymbol{\nu} \notin SP_n^+$</td><td>第 3 種
$\boldsymbol{\nu} \in SP_n^+$
$\sharp = v'_n$</td><td></td><td></td></tr>
<tr><td>$[\sigma']_{\widetilde{\mathfrak{A}}_n} = [z_1\sigma']_{\widetilde{\mathfrak{A}}_n}$
$= [\sigma']_{\widetilde{\mathfrak{S}}_n}$</td><td>$[\sigma']_{\widetilde{\mathfrak{A}}_n} \neq [z_1\sigma']_{\widetilde{\mathfrak{A}}_n}$</td><td colspan="2">$[\sigma']_{\widetilde{\mathfrak{A}}_n} \neq [z_1\sigma']_{\widetilde{\mathfrak{A}}_n}$</td><td></td><td></td></tr>
</table>

5.2.4　$\widetilde{\mathfrak{S}}_n, \widetilde{\mathfrak{A}}_n$ のスピン既約表現の個数

群 $\widetilde{\mathfrak{S}}_n$ および $\widetilde{\mathfrak{A}}_n$ $(n \geq 4)$ の共役類に関する以上の結果を総合して，これらの群のスピン既約表現の同値類に関する次の基本的な情報を得る.

記号 5.2.2　$\widetilde{\mathfrak{S}}_n$, $\widetilde{\mathfrak{A}}_n$ のスピン既約表現の同値類全体をそれぞれ $(\widetilde{\mathfrak{S}}_n)^{\wedge\,\mathrm{spin}}$, $(\widetilde{\mathfrak{A}}_n)^{\wedge\,\mathrm{spin}}$ と書く．それらの部分集合として，

$$(5.2.5)\quad \begin{cases} (\widetilde{\mathfrak{S}}_n)^{\wedge\,\mathrm{spin}}_{\mathrm{sa}} := \{[\pi] \in (\widetilde{\mathfrak{S}}_n)^{\wedge\,\mathrm{spin}};\ \pi \text{ 自己同伴}\}, \\ (\widetilde{\mathfrak{S}}_n)^{\wedge\,\mathrm{spin}}_{\mathrm{nsa}} := \{[\pi] \in (\widetilde{\mathfrak{S}}_n)^{\wedge\,\mathrm{spin}};\ \pi \text{ 非自己同伴}\}, \end{cases}$$

$$(5.2.6)\quad \begin{cases} (\widetilde{\mathfrak{A}}_n)^{\wedge\,\mathrm{spin}}_{\mathrm{sa}} := \{[\rho] \in (\widetilde{\mathfrak{A}}_n)^{\wedge\,\mathrm{spin}};\ \rho \text{ は } \pi|_{\widetilde{\mathfrak{A}}_n},\ [\pi] \in (\widetilde{\mathfrak{S}}_n)^{\wedge\,\mathrm{spin}}_{\mathrm{sa}}, \text{ の成分}\}, \\ (\widetilde{\mathfrak{A}}_n)^{\wedge\,\mathrm{spin}}_{\mathrm{nsa}} := \{[\rho] \in (\widetilde{\mathfrak{A}}_n)^{\wedge\,\mathrm{spin}};\ \rho \text{ は } \pi|_{\widetilde{\mathfrak{A}}_n},\ [\pi] \in (\widetilde{\mathfrak{S}}_n)^{\wedge\,\mathrm{spin}}_{\mathrm{nsa}}, \text{ の成分}\}. \end{cases}$$

(4.2.9) で導入した同値関係 $\pi \overset{\mathrm{ass}}{\sim} \pi'$ $(\overset{\mathrm{def}}{\Leftrightarrow}\ \pi' \cong \pi$ または $\pi' \cong \mathrm{sgn}\cdot\pi)$ による同値類の空間 $(\widetilde{\mathfrak{S}}_n)^{\wedge\,\mathrm{spin}}/\overset{\mathrm{ass}}{\sim}$ は $(\widetilde{\mathfrak{S}}_n)^{\wedge\,\mathrm{spin}}_{\mathrm{sa}} \bigsqcup (\widetilde{\mathfrak{S}}_n)^{\wedge\,\mathrm{spin}}_{\mathrm{nsa}}/\overset{\mathrm{ass}}{\sim}$ と同一視できる.

ここに，$(\widetilde{\mathfrak{S}}_n)^{\wedge\,\mathrm{spin}}_{\mathrm{nsa}}/\overset{\mathrm{ass}}{\sim} = \{[\pi]_{\mathrm{ass}} = \{[\pi], [\mathrm{sgn}\cdot\pi]\};\ [\pi] \in (\widetilde{\mathfrak{S}}_n)^{\wedge\,\mathrm{spin}}_{\mathrm{nsa}}\}$.

また (4.2.10) で導入した同値関係は，$\rho \overset{\mathrm{out}}{\sim} \rho'$ $\overset{\mathrm{def}}{\Leftrightarrow}$ ${}^{\kappa'}\!\rho \cong \rho'$ $(\exists\kappa' \in \widetilde{\mathfrak{C}}_n)$ である.

表 **5.2.2** $\widetilde{\mathfrak{A}}_n,\ n \geq 4,$ の共役類の種別.

<table>
<tr><td>$\sigma' = \sigma'_{\boldsymbol{\nu}} \in \widetilde{\mathfrak{A}}_n,\ \boldsymbol{\nu} = (\nu_i)_{i \in \boldsymbol{I}_t} \in P_n^+$ ($\Leftrightarrow s(\boldsymbol{\nu})$ 偶)
$\sigma'_{\boldsymbol{\nu}} = \sigma'_1\sigma'_2\cdots\sigma'_t,\ \sigma'_i = \sigma'_{K_i},\ \sigma_i = \Phi_{\mathfrak{S}}(\sigma'_i)$ サイクル, $l(\sigma'_{\boldsymbol{\nu}}) = t, \nu_i := \ell(\sigma_i)$</td></tr>
</table>

<table>
<tr><td colspan="2">第 1 種: $\boldsymbol{\nu} \in P_n^+ \setminus OP_n$
(i.e., $s(\boldsymbol{\nu}) > 0$ 偶)</td><td colspan="2">第 2 種: $\boldsymbol{\nu} \in OP_n$
(i.e., $s(\boldsymbol{\nu}) = 0$)　$\sharp = v_n$</td></tr>
<tr><td>非第 3 種
$\boldsymbol{\nu} \notin SP_n^+ \cup OP_n$</td><td>第 3 種
$\boldsymbol{\nu} \in SP^+ \setminus OP_n$
$\sharp = g'_n$</td><td>非第 3 種
$\boldsymbol{\nu} \in OP_n \setminus SP_n^+$</td><td>第 3 種
$\boldsymbol{\nu} \in OP_n \cap SP_n^+$
$\sharp = v'_n$</td></tr>
<tr><td colspan="2">$[\sigma']_{\widetilde{\mathfrak{S}}_n} = [z_1\sigma']_{\widetilde{\mathfrak{S}}_n}$</td><td colspan="2">$[\sigma']_{\widetilde{\mathfrak{S}}_n} \neq [z_1\sigma']_{\widetilde{\mathfrak{S}}_n}$</td></tr>
<tr><td>(1 個)
$[\sigma']_{\widetilde{\mathfrak{S}}_n} = [\sigma']_{\widetilde{\mathfrak{A}}_n}$
$= [z_1\sigma']_{\widetilde{\mathfrak{A}}_n}$
$= [r_1\sigma' r_1]_{\widetilde{\mathfrak{A}}_n}$
$= [z_1 r_1\sigma' r_1]_{\widetilde{\mathfrak{A}}_n}$</td><td>(2 個) $[\sigma']_{\widetilde{\mathfrak{A}}_n},\ [z_1\sigma']_{\widetilde{\mathfrak{A}}_n}$
$\begin{cases} [\sigma']_{\widetilde{\mathfrak{A}}_n} = [z_1 r_1\sigma' r_1]_{\widetilde{\mathfrak{A}}_n} \\ [z_1\sigma']_{\widetilde{\mathfrak{A}}_n} = [r_1\sigma' r_1]_{\widetilde{\mathfrak{A}}_n} \end{cases}$
$[\sigma']_{\widetilde{\mathfrak{S}}_n} = [\sigma']_{\widetilde{\mathfrak{A}}_n} \sqcup [z_1\sigma']_{\widetilde{\mathfrak{A}}_n}$
$= [r_1\sigma' r_1]_{\widetilde{\mathfrak{A}}_n} \sqcup$
$[z_1 r_1\sigma' r_1]_{\widetilde{\mathfrak{A}}_n}$</td><td>(2 個) $[\sigma']_{\widetilde{\mathfrak{A}}_n},\ [z_1\sigma']_{\widetilde{\mathfrak{A}}_n}$
$\begin{cases} [\sigma']_{\widetilde{\mathfrak{A}}_n} = [r_1\sigma' r_1]_{\widetilde{\mathfrak{A}}_n} \\ [z_1\sigma']_{\widetilde{\mathfrak{A}}_n} = [z_1 r_1\sigma' r_1]_{\widetilde{\mathfrak{A}}_n} \end{cases}$
$[\sigma']_{\widetilde{\mathfrak{S}}_n} = [\sigma']_{\widetilde{\mathfrak{A}}_n}$
$= [r_1\sigma' r_1]_{\widetilde{\mathfrak{A}}_n}$
$[z_1\sigma']_{\widetilde{\mathfrak{S}}_n} = [z_1\sigma']_{\widetilde{\mathfrak{A}}_n}$
$= [z_1 r_1\sigma' r_1]_{\widetilde{\mathfrak{A}}_n}$</td><td>(4 個) $[\sigma']_{\widetilde{\mathfrak{A}}_n},\ [z_1\sigma']_{\widetilde{\mathfrak{A}}_n},$
$[r_1\sigma' r_1]_{\widetilde{\mathfrak{A}}_n},\ [z_1 r_1\sigma' r_1]_{\widetilde{\mathfrak{A}}_n}$
$[\sigma']_{\widetilde{\mathfrak{S}}_n} =$
$[\sigma']_{\widetilde{\mathfrak{A}}_n} \sqcup [r_1\sigma' r_1]_{\widetilde{\mathfrak{A}}_n}$
$[z_1\sigma']_{\widetilde{\mathfrak{S}}_n} =$
$[z_1\sigma']_{\widetilde{\mathfrak{A}}_n} \sqcup [z_1 r_1\sigma' r_1]_{\widetilde{\mathfrak{A}}_n}$</td></tr>
</table>

注. 最下段の個数は, $[\sigma']_{\widetilde{\mathfrak{A}}_n},\ [z_1\sigma']_{\widetilde{\mathfrak{A}}_n},\ [r_1\sigma' r_1]_{\widetilde{\mathfrak{A}}_n},\ [z_1 r_1\sigma' r_1]_{\widetilde{\mathfrak{A}}_n}$ のうち相異なるものの数.

定理 5.2.8 (i) $\widetilde{\mathfrak{S}}_n$ のスピン既約表現の同値類の個数 $|(\widetilde{\mathfrak{S}}_n)^{\wedge\,\mathrm{spin}}|$ は $\widetilde{k}_n - k_n = g_n + 2u_n = v_n + u_n$ である. ここで, 自己同伴なものの個数 $|(\widetilde{\mathfrak{S}}_n)^{\wedge\,\mathrm{spin}}_{\mathrm{sa}}|$ は g_n で, 非自己同伴な対の個数 $|(\widetilde{\mathfrak{S}}_n)^{\wedge\,\mathrm{spin}}_{\mathrm{nsa}}|/2$ は u_n である. そして,

$$|(\widetilde{\mathfrak{S}}_n)^{\wedge\,\mathrm{spin}}/\overset{\mathrm{ass}}{\sim}| = g_n + u_n = |SP_n| = v_n\,.$$

(ii) $\widetilde{\mathfrak{A}}_n$ のスピン既約表現の同値類の個数 $|(\widetilde{\mathfrak{A}}_n)^{\wedge\,\mathrm{spin}}|$ は $\widetilde{l}_n - l_n = 2g_n + u_n = v_n + g_n$ である. ここで, $\widetilde{\mathfrak{S}}_n$ の自己同伴なスピン既約表現の制限からくる対の個数 $|(\widetilde{\mathfrak{A}}_n)^{\wedge\,\mathrm{spin}}_{\mathrm{sa}}|/2$ は g_n で, 非自己同伴なものの制限からくる個数 $|(\widetilde{\mathfrak{A}}_n)^{\wedge\,\mathrm{spin}}_{\mathrm{nsa}}|$ は u_n である. そして,

$$|(\widetilde{\mathfrak{A}}_n)^{\wedge\,\mathrm{spin}}/\overset{\mathrm{out}}{\sim}| = g_n + u_n = |OP_n| = v_n\,.$$

証明 (i) $G' := \widetilde{\mathfrak{S}}_n$ の既約表現の同値類の個数は, $\widetilde{k}_n$ であり, そのうち非スピンのものは $G := \mathfrak{S}_n$ の既約表現と思えるのでその個数は k_n である. したがっ

て，スピン既約表現の同値類の個数は，$\widetilde{k}_n - k_n$ である．

他方，G' 上の中心的関数（不変関数）の空間 $\mathfrak{V} := L^2(G', \mu_{G'})^{G'}$ のスピン関数よりなる部分空間 $\mathfrak{V}^{\rm spin}$ の 1 つの基底が次のようにしてとれる．$B' := \widetilde{\mathfrak{A}}_n$, $C' := \widetilde{\mathfrak{C}}_n = \widetilde{\mathfrak{S}}_n \setminus \widetilde{\mathfrak{A}}_n$, $[\pi']_{\rm ass} := \{[\pi'], [{\rm sgn}\cdot\pi']\}$ とおいて，

$$\{\chi_{\pi'}|_{B'}\,;\,[\pi'] \in \widehat{G'}^{\rm spin},\ \pi' \text{ 自己同伴 }\} \bigsqcup \tag{5.2.7}$$
$$\{\chi_{\pi'}|_{B'},\ \chi_{\pi'}|_{C'}\,;\,[\pi']_{\rm ass} \in \widehat{G'}^{\rm spin}_{\rm ass},\ \pi' \text{ 非自己同伴 }\}.$$

ここに入っている $\chi_{\pi'}|_{C'}$ の個数は，$u_n = |SP_n^-|$ に等しい（表 5.2.1 参照）．そして，$\chi_{\pi'}|_{B'}$ の総個数は，$v_n = |OP_n|$ に等しい（表 5.2.1 参照）ので，$\widehat{G'}^{\rm spin}_{\rm sa}$ の位数は $v_n - u_n = g_n$ である．

(ii) は (i) から従う．または，表 5.2.2 の右半分から計算できる共役類の個数を数えればよい．また，$g_n + u_n = |OP_n| = v_n$ については，命題 5.2.6 または表 5.2.2 を参照すればよい．　□

5.3　Schur-Young 部分群の主表現

n の順序付き分割 $\boldsymbol{\mu} = (\mu_j)_{j\in \boldsymbol{I}_m} \in \mathcal{P}_n$, $\mu_1 + \mu_2 + \cdots + \mu_m = n$, $\mu_j > 0\ (\forall j)$, をとる．添字集合 $\boldsymbol{I}_m$ を $\boldsymbol{\mu}$ にしたがって 2 つに分解する：

$$\boldsymbol{I}_m = \boldsymbol{I}_m^{{\rm ev},\boldsymbol{\mu}} \bigsqcup \boldsymbol{I}_m^{{\rm od},\boldsymbol{\mu}}, \tag{5.3.1}$$
$$\boldsymbol{I}_m^{{\rm ev},\boldsymbol{\mu}} := \{j \in \boldsymbol{I}_m\,;\,\mu_j \text{ 偶 }\},\quad \boldsymbol{I}_m^{{\rm od},\boldsymbol{\mu}} := \{j \in \boldsymbol{I}_m\,;\,\mu_j \text{ 奇 }\}.$$

2.8 節 (2.8.4) 式と同じく

$$s(\boldsymbol{\mu}) := \sharp\{j \in \boldsymbol{I}_m\,;\,\mu_j \text{ 偶数 }\} = |\boldsymbol{I}_m^{{\rm ev},\boldsymbol{\mu}}|, \tag{5.3.2}$$

とし，$l(\boldsymbol{\mu}) := m$ とおく．$\boldsymbol{\mu}$ の成分 μ_j $(j \in \boldsymbol{I}_m)$ を大小順に並べたものを $\boldsymbol{\lambda} = (\lambda_j)_{j\in\boldsymbol{I}_m}$: $\lambda_1 \geq \lambda_2 \geq \cdots \geq \lambda_m > 0$ とすると，$\boldsymbol{\lambda}$ は n の（順序無し）分割である．$\boldsymbol{\lambda}$ を $\widehat{\boldsymbol{\mu}}$ と書くこともある．このとき，$s(\boldsymbol{\mu})$ の偶奇にしたがって，$\boldsymbol{\lambda} = \widehat{\boldsymbol{\mu}} \in P_n^+$ または $\boldsymbol{\lambda} = \widehat{\boldsymbol{\mu}} \in P_n^-$ である．

1.3 節 (1.3.3)–(1.3.4) と同じく，区間 $\boldsymbol{I}_n = [1, n]$ の部分区間を $J_1 = [1, \mu_1]$, $J_j = [\mu_1 + \cdots + \mu_{j-1} + 1,\ \mu_1 + \cdots + \mu_j]$ とおき，$\mathfrak{S}_n$ の Frobenius-Young 部分群を

$$\mathfrak{S}_{\boldsymbol{\mu}} = \mathfrak{S}_{J_1} \times \mathfrak{S}_{J_2} \times \cdots \times \mathfrak{S}_{J_m} \cong \mathfrak{S}_{\mu_1} \times \mathfrak{S}_{\mu_2} \times \cdots \times \mathfrak{S}_{\mu_m} \tag{5.3.3}$$

と定義する．さらに，例 4.1.2 におけるごとく，$\widetilde{\mathfrak{S}}_n$ における原像 $\widetilde{\mathfrak{S}}_{\boldsymbol{\mu}} = \Phi_{\mathfrak{S}}^{-1}(\mathfrak{S}_{\boldsymbol{\mu}})$ を $\widetilde{\mathfrak{S}}_n$ の $\boldsymbol{\mu}$ に対応する **Schur-Young 部分群**という．この群は，$\widetilde{\mathfrak{S}}_{J_j} := \Phi_{\mathfrak{S}}^{-1}(\mathfrak{S}_{J_j}) \cong$

$\widetilde{\mathfrak{S}}_{\mu_j}$ の（定義 4.1.1 による）歪中心積

$$\widetilde{\mathfrak{S}}_{J_1} \widehat{*} \widetilde{\mathfrak{S}}_{J_2} \widehat{*} \cdots \widehat{*} \widetilde{\mathfrak{S}}_{J_m} \cong \widetilde{\mathfrak{S}}_{\mu_1} \widehat{*} \widetilde{\mathfrak{S}}_{\mu_2} \widehat{*} \cdots \widehat{*} \widetilde{\mathfrak{S}}_{\mu_m}, \tag{5.3.4}$$

に自然に同型なので，これらを同一視する： $\widetilde{\mathfrak{S}}_{\boldsymbol{\mu}} = \widetilde{\mathfrak{S}}_{\mu_1} \widehat{*} \widetilde{\mathfrak{S}}_{\mu_2} \widehat{*} \cdots \widehat{*} \widetilde{\mathfrak{S}}_{\mu_m}$.

前第 4 章の「2 重被覆群のスピン表現の理論」を適用すれば，この歪中心積のスピン既約表現は，各成分 $\widetilde{\mathfrak{S}}_{\mu_j}$ のすべてのスピン既約表現が分かれば，それらの歪中心積として得られる．各々の $\widetilde{\mathfrak{S}}_{\mu_j}$ に対しその主表現 Δ'_{μ_j} をとり，公式 4.3.1 によりそれらの歪中心積

$$\Delta'_{\boldsymbol{\mu}} := \Delta'_{\mu_1} \widehat{*} \Delta'_{\mu_2} \widehat{*} \cdots \widehat{*} \Delta'_{\mu_m} \tag{5.3.5}$$

を作り，それを Schur-Young 部分群 $\widetilde{\mathfrak{S}}_{\boldsymbol{\mu}}$ **の主表現**と呼ぶ．これを $\widetilde{\mathfrak{S}}_n$ まで誘導した表現を

$$\widetilde{\Pi}_{\boldsymbol{\mu}} := \mathrm{Ind}_{\widetilde{\mathfrak{S}}_{\boldsymbol{\mu}}}^{\widetilde{\mathfrak{S}}_n} \Delta'_{\boldsymbol{\mu}} \tag{5.3.6}$$

とおき，$\widetilde{\mathfrak{S}}_n$ の**スピン基本表現**とよぶ．

命題 5.3.1 (i) μ_j の偶奇にしたがって，Δ'_{μ_j} は非自己同伴または自己同伴である．

(ii) $s(\boldsymbol{\mu})$ の偶奇にしたがって，$\widetilde{\Pi}_{\boldsymbol{\mu}} = \mathrm{Ind}_{\widetilde{\mathfrak{S}}_{\boldsymbol{\mu}}}^{\widetilde{\mathfrak{S}}_n} \Delta'_{\boldsymbol{\mu}}$ が自己同伴または非自己同伴である．

証明 (i) は定理 5.1.3 に示されている．(ii) は (i) と定理 4.5.3 より従う．□

表 5.3.1 自己同伴，非自己同伴 と $s(\boldsymbol{\mu})$ の偶奇．

μ_j の偶奇	Δ'_{μ_j}
μ_j 偶	非自己同伴
μ_j 奇	自己同伴

$s(\boldsymbol{\mu})$ の偶奇	$\Delta'_{\boldsymbol{\mu}}$
$s(\boldsymbol{\mu})$ 奇 $(\boldsymbol{\lambda}=\widehat{\boldsymbol{\mu}}\in P_n^-)$	非自己同伴
$s(\boldsymbol{\mu})$ 偶 $(\boldsymbol{\lambda}=\widehat{\boldsymbol{\mu}}\in P_n^+)$	自己同伴

我々は，$\Delta'_{\boldsymbol{\mu}}$ ついで $\widetilde{\Pi}_{\boldsymbol{\mu}} = \mathrm{Ind}_{\widetilde{\mathfrak{S}}_{\boldsymbol{\mu}}}^{\widetilde{\mathfrak{S}}_n} \Delta'_{\boldsymbol{\mu}}$ の指標を求めよう．そのために少し記号を用意する．

記号 5.3.1 $\boldsymbol{I}_n$ の部分集合 J, $|J| = k$, に対し，$\mathfrak{S}_J \cong \mathfrak{S}_k$ における最長の長さ k の巡回置換全体の集合を $\varXi_J$，被覆群 $\widetilde{\mathfrak{S}}_J$ におけるその原像 $\Phi_{\mathfrak{S}}^{-1}(\varXi_J)$ を $\widetilde{\varXi}_J$ と

書く．$\mathfrak{S}_n$ の Frobenius-Young 部分群 $\mathfrak{S}_{\boldsymbol{\mu}} = \mathfrak{S}_{J_1} \times \mathfrak{S}_{J_2} \times \cdots \times \mathfrak{S}_{J_m}$ においては $\varXi_{\boldsymbol{\mu}} := \varXi_{J_1} \times \varXi_{J_2} \times \cdots \times \varXi_{J_m}$ とおき，Schur-Young 部分群 $\widetilde{\mathfrak{S}}_{\boldsymbol{\mu}}$ の部分集合として $\widetilde{\varXi}_{\boldsymbol{\mu}} := \Phi_{\mathfrak{S}}^{-1}(\varXi_{\boldsymbol{\mu}})$ とおく．また，サイクル分解が，長さが奇（符号が偶）のサイクルばかりからなるような $\sigma \in \mathfrak{S}_{\boldsymbol{\mu}}$ の全体を $\varSigma_{\boldsymbol{\mu}}$ と書き，$\widetilde{\varSigma}_{\boldsymbol{\mu}} := \Phi_{\mathfrak{S}}^{-1}(\varSigma_{\boldsymbol{\mu}})$ とおく：$\varSigma_{\boldsymbol{\mu}} \subset \mathfrak{A}_n$, $\widetilde{\varSigma}_{\boldsymbol{\mu}} \subset \widetilde{\mathfrak{A}}_n$.

補題 5.3.2　(i)　$k = |J|$ の偶奇によって，$\varXi_J \subset \mathfrak{C}_J := \mathfrak{S}_J \setminus \mathfrak{A}_J$ または $\varXi_J \subset \mathfrak{A}_J$ である．

(ii)　$s(\boldsymbol{\mu})$ の偶奇にしたがって，$\widetilde{\varXi}_{\boldsymbol{\mu}} \subset \widetilde{\mathfrak{A}}_n$ または $\widetilde{\varXi}_{\boldsymbol{\mu}} \subset \widetilde{\mathfrak{C}}_n := \widetilde{\mathfrak{S}}_n \setminus \widetilde{\mathfrak{A}}_n$ である．

証明　(i) 長さ k のサイクル σ では，$\sigma = (i_1\ i_2\ \cdots\ i_k) = (i_1\ i_2) \cdots (i_{k-1}\ i_k)$. よって，$\mathrm{sgn}(\sigma) = (-1)^{k-1}$．(ii) は (i) より従う．□

$\widetilde{\mathfrak{S}}_{\boldsymbol{\mu}} = \widetilde{\mathfrak{S}}_{\mu_1} \widehat{*} \cdots \widehat{*} \widetilde{\mathfrak{S}}_{\mu_m}$ の主表現 $\Delta'_{\boldsymbol{\mu}}$ の指標を求めるには，$\widetilde{\mathfrak{S}}_{\mu_j}$ の主表現 Δ'_{μ_j} $(j \in \boldsymbol{I}_m)$ に関して定理 5.1.3 を用いて，それらの歪中心積 $\Delta'_{\boldsymbol{\mu}} = \Delta'_{\mu_1} \widehat{*} \cdots \widehat{*} \Delta'_{\mu_m}$ に定理 4.5.3 を適用する．

$\tau' \in \widetilde{\mathfrak{S}}_n$ に対し，$\tau = \Phi_{\mathfrak{S}}(\tau')$ のサイクル分割 $\tau = \tau_1 \tau_2 \cdots \tau_t$ に対応する n の分割の長さ t を，τ（かつ τ'）の**サイクル分割の長さ**といい，$l(\tau) := t, l(\tau') := t$, とおく．$\sigma' = \sigma'_1 \sigma'_2 \cdots \sigma'_m$ $(\sigma'_j \in \widetilde{\mathfrak{S}}_{\mu_j})$ に対しては，$l(\sigma') := \sum_{j \in \boldsymbol{I}_m} l(\sigma'_j)$ である．

定理 5.3.3　$s(\boldsymbol{\mu})$ を偶数とする．このとき，$\Delta'_{\boldsymbol{\mu}}$ は自己同伴である．

(i)　$\chi_{\Delta'_{\boldsymbol{\mu}}}(\sigma') \neq 0$ となり得るのは，$\sigma' \in \widetilde{\mathfrak{S}}_{\boldsymbol{\mu}}$ が偶元で $\sigma' = \tau'_1 \tau'_2 \cdots \tau'_m$, $\tau'_j \in \widetilde{\mathfrak{A}}_{\mu_j}$ で，各 $\tau_j = \Phi_{\mathfrak{S}}(\tau'_j)$ が長さ奇数の巡回置換の積になっているもの，すなわち，$\sigma' \in \widetilde{\varSigma}_{\boldsymbol{\mu}}$, に限る．そのとき，

(5.3.7)
$$\begin{aligned}\chi_{\Delta'_{\boldsymbol{\mu}}}(\sigma') &= 2^{[s(\boldsymbol{\mu})/2]} \prod_{j \in \boldsymbol{I}_m} \chi_{\Delta'_{\mu_j}}(\tau'_j) \\ &= \pm(-1)^{(n-l(\sigma'))/2}\, 2^{(l(\sigma')-l(\boldsymbol{\mu}))/2}.\end{aligned}$$

とくに，$\sigma' = \sigma'_{\boldsymbol{\nu}}$, $s(\boldsymbol{\nu}) = 0$, $\boldsymbol{\nu} \in \mathcal{P}_n$, に対しては，

(5.3.8)
$$\chi_{\Delta'_{\boldsymbol{\mu}}}(\sigma'_{\boldsymbol{\nu}}) = (-1)^{(n-l(\boldsymbol{\nu}))/2}\, 2^{(l(\boldsymbol{\nu})-l(\boldsymbol{\mu}))/2}.$$

(ii)　$\Delta'_{\boldsymbol{\mu}}$ の副指標 $\delta_{\Delta'_{\boldsymbol{\mu}}}(\sigma')$ が $\neq 0$ となるのは，$\sigma' = \sigma'_1 \cdots \sigma'_m$ と書いたとき，σ' 偶元で，$\sigma' = \sigma'_1 \sigma'_2 \cdots \sigma'_m$，$\sigma'_j = \tau'_j \in \widetilde{\varXi}_{\mu_j} \subset \widetilde{\mathfrak{A}}_{\mu_j}$ $(j \in \boldsymbol{I}_m^{\mathrm{od}, \boldsymbol{\mu}})$，$\sigma'_j = \kappa'_j \in \widetilde{\varXi}_{\mu_j} \subset \widetilde{\mathfrak{C}}_{\mu_j}$ $(j \in \boldsymbol{I}_m^{\mathrm{ev}, \boldsymbol{\mu}})$, すなわち，$\sigma' \in \widetilde{\varXi}_{\boldsymbol{\mu}}$，に限る．そのとき，

$$\delta_{\Delta'_{\boldsymbol{\mu}}}(\sigma') = (2i)^{[s(\boldsymbol{\mu})/2]} \prod_{j \in \boldsymbol{I}_m^{\mathrm{od},\,\boldsymbol{\mu}}} \delta_{\Delta'_{\mu_j}}(\tau'_j) \prod_{j \in \boldsymbol{I}_m^{\mathrm{ev},\,\boldsymbol{\mu}}} \chi_{\Delta'_j}(\kappa'_j)$$
$$= \pm\, i^{(n-l(\boldsymbol{\mu}))/2} \sqrt{\mu_1\mu_2\cdots\mu_m}\,. \tag{5.3.9}$$

とくに，すべての σ'_j が $\widetilde{\mathfrak{S}}_{\mu_j}$ の標準的代表元であれば，上の符号は + である．

証明 (i) (5.3.7) の指標の表示式までの主張は定理 4.5.3 から分かる．そこで，具体的な計算をする．$t_j = l(\tau'_j)$ とおくと，表 5.1.1 により，(5.3.7) の右辺は

$$= \pm 2^{[s(\boldsymbol{\mu})/2]} \prod_{j \in \boldsymbol{I}_m^{\mathrm{ev},\boldsymbol{\mu}}} (-1)^{(\mu_j - t_j)/2}\, 2^{t_j/2-1} \prod_{j \in \boldsymbol{I}_m^{\mathrm{od},\boldsymbol{\mu}}} (-1)^{(\mu_j - t_j)/2}\, 2^{t_j/2-1/2}$$
$$= \pm \prod_{j \in \boldsymbol{I}_m} (-1)^{(\mu_j - t_j)/2}\, 2^{t_j/2-1/2} = \pm(-1)^{(n-l(\sigma'))/2}\, 2^{(l(\sigma')-l(\boldsymbol{\mu}))/2}.$$

(ii) (5.3.9) の指標の表示式までの主張は定理 4.5.3 から分かる．表 5.1.1 により，(5.3.9) の右辺は

$$= \pm(2i)^{s(\boldsymbol{\mu})/2} \prod_{j \in \boldsymbol{I}_m^{\mathrm{od},\,\boldsymbol{\mu}}} i^{(\mu_j-1)/2}\sqrt{\mu_j} \prod_{j \in \boldsymbol{I}_m^{\mathrm{ev},\,\boldsymbol{\mu}}} i^{\mu_j/2-1}\sqrt{\mu_j/2}$$
$$= \pm i^{s(\boldsymbol{\mu})/2}\, i^{(n-(l(\boldsymbol{\mu})-s(\boldsymbol{\mu}))/2-s(\boldsymbol{\mu})}\sqrt{\mu_1\cdots\mu_m}$$
$$= \pm i^{(n-l(\boldsymbol{\mu}))/2}\sqrt{\mu_1\mu_2\cdots\mu_m}.$$
□

定理 5.3.4 $s(\boldsymbol{\mu})$ を奇数とする．このとき，$\Delta'_{\boldsymbol{\mu}}$ は非自己同伴である．
指標 $\chi_{\Delta'_{\boldsymbol{\mu}}}(\sigma') \neq 0$ となり得るのは，次の 2 つの場合に限る：

(1) σ' 偶元のとき，$\sigma' \in \widetilde{\Sigma}_{\boldsymbol{\mu}}$ に限る．そのとき，

$$\chi_{\Delta'_{\boldsymbol{\mu}}}(\sigma') = 2^{[s(\boldsymbol{\mu})/2]} \prod_{j \in \boldsymbol{I}_m} \chi_{\Delta'_{\mu_j}}(\tau'_j)$$
$$= \pm(-1)^{(n-l(\sigma'))/2}\, 2^{(l(\sigma')-l(\boldsymbol{\mu})-1)/2}. \tag{5.3.10}$$

とくに，$\sigma' = \sigma'_{\boldsymbol{\nu}}$, $s(\boldsymbol{\nu}) = 0$, $\boldsymbol{\nu} \in \mathcal{P}_n$, に対しては，

$$\chi_{\Delta'_{\boldsymbol{\mu}}}(\sigma'_{\boldsymbol{\nu}}) = (-1)^{(n-l(\boldsymbol{\nu}))/2}\, 2^{(l(\boldsymbol{\nu})-l(\boldsymbol{\mu})-1)/2}. \tag{5.3.11}$$

(2) σ' 奇元のとき，$\sigma' \in \widetilde{\Xi}_{\boldsymbol{\mu}}$ に限る．そのとき，

$$\chi_{\Delta'_{\boldsymbol{\mu}}}(\sigma') = (2i)^{[s(\boldsymbol{\mu})/2]} \prod_{j \in \boldsymbol{I}_m^{\mathrm{od},\,\boldsymbol{\mu}}} \delta_{\Delta'_{\mu_j}}(\tau'_j) \prod_{j \in \boldsymbol{I}_m^{\mathrm{ev},\,\boldsymbol{\mu}}} \chi_{\Delta'_j}(\kappa'_j)$$
$$= \pm i^{(n-l(\boldsymbol{\mu})-1)/2}\sqrt{\mu_1\mu_2\cdots\mu_m/2}\,. \tag{5.3.12}$$

とくに，すべての σ'_j が $\widetilde{\mathfrak{S}}_{\mu_j}$ の標準的代表元であれば，上の符号は + である．

証明　(1) 前定理の証明との差異は，$2^{[s(\boldsymbol{\mu})/2]} = 2^{s(\boldsymbol{\mu})/2}\,2^{-1/2}$ だけである．
(2) 表 5.1.1 を用いて計算する．(5.3.12) 式の右辺は

$$
\begin{aligned}
&= \pm(2i)^{(s(\boldsymbol{\mu})-1)/2} \prod_{j\in \boldsymbol{I}_m^{\mathrm{od},\,\boldsymbol{\mu}}} i^{(\mu_j-1)/2}\sqrt{\mu_j} \prod_{j\in \boldsymbol{I}_m^{\mathrm{ev},\,\boldsymbol{\mu}}} i^{\mu_j/2-1}\sqrt{\mu_j/2} \\
&= \pm i^{s(\boldsymbol{\mu})/2-1/2}\,2^{-1/2}\,i^{(n-(l(\boldsymbol{\mu})-s(\boldsymbol{\mu}))/2-s(\boldsymbol{\mu})}\sqrt{\mu_1\cdots\mu_m} \\
&= \pm i^{(n-l(\boldsymbol{\mu})-1)/2}\sqrt{\mu_1\mu_2\cdots\mu_m/2}.
\end{aligned}
$$
□

重要な役割をする記号として，$\boldsymbol{\mu}\in\mathcal{P}_n$ に対して，$\varepsilon(\boldsymbol{\mu})$ を次のように定義する：

(5.3.13)
$$
\varepsilon(\boldsymbol{\mu}) := \begin{cases} 0 & s(\boldsymbol{\mu}) \equiv n-l(\boldsymbol{\mu}) \text{ 偶 } (\Leftrightarrow \Delta'_{\boldsymbol{\mu}} \text{ 自己同伴}), \\ 1 & s(\boldsymbol{\mu}) \equiv n-l(\boldsymbol{\mu}) \text{ 奇 } (\Leftrightarrow \Delta'_{\boldsymbol{\mu}} \text{ 非自己同伴}). \end{cases}
$$
□

表 5.3.2　$\widetilde{\mathfrak{S}}_{\boldsymbol{\mu}}$ の主表現 $\Delta'_{\boldsymbol{\mu}} = \Delta'_{\mu_1}\widehat{*}\cdots\widehat{*}\Delta'_{\mu_m}$ の性質.

$s(\boldsymbol{\mu})$ の偶奇 $=n-l(\boldsymbol{\mu})$ の偶奇	$\Delta'_{\boldsymbol{\mu}}$ $\boldsymbol{\mu}=(\mu_j)_{j\in\boldsymbol{I}_m}$	指標 $\chi_{\Delta'_{\boldsymbol{\mu}}}$ の台 $\widetilde{\mathfrak{A}}_n$ で	指標 $\chi_{\Delta'_{\boldsymbol{\mu}}}$ の台 $\widetilde{\mathfrak{C}}_n$ で	副指標 $\delta_{\Delta'_{\boldsymbol{\mu}}}$ の台
$s(\boldsymbol{\mu})$ 奇 ($\boldsymbol{\lambda}=\widehat{\boldsymbol{\mu}}\in P_n^-$) $\varepsilon(\boldsymbol{\mu})=1$	非自己同伴	$\widetilde{\Sigma}_{\boldsymbol{\mu}}$	$\widetilde{\Xi}_{\boldsymbol{\mu}}$	×
$s(\boldsymbol{\mu})$ 偶 ($\boldsymbol{\lambda}=\widehat{\boldsymbol{\mu}}\in P_n^+$) $\varepsilon(\boldsymbol{\mu})=0$	自己同伴	$\widetilde{\Sigma}_{\boldsymbol{\mu}}$	∅	$\widetilde{\Xi}_{\boldsymbol{\mu}}$

注 5.3.1　$s(\boldsymbol{\mu})=0$, i.e., $\boldsymbol{\mu}\in OP_n$, のときは，集合 $\widetilde{\Xi}_{\boldsymbol{\mu}}\subset\widetilde{\mathfrak{A}}_n$ は，第 2 種の元からなる．しかし，$s(\boldsymbol{\mu})>0$ 偶数のとき，集合 $\widetilde{\Xi}_{\boldsymbol{\mu}}\subset\widetilde{\mathfrak{A}}_n$ の元は，第 1 種である．$\boldsymbol{\mu}$ が厳格分割であるときは第 3 種（**5.4** 節参照）であり，そうでなければ非第 3 種である．非第 3 種は $\widetilde{\Pi}_{\boldsymbol{\mu}}$ の指標の台には入らない．したがって，$s(\boldsymbol{\mu})>0$ なる $\boldsymbol{\mu}$ が非厳格分割ならば $\chi_{\widetilde{\Pi}_{\boldsymbol{\mu}}}$ の台には入らない．

今後のために，定理 5.3.3, 5.3.4 における指標公式を一覧表にまとめておこう．（表 5.3.3 は次ページトップにあり．）

$\boldsymbol{\mu},\boldsymbol{\nu}\in\mathcal{P}_n$ において，$\boldsymbol{\nu}$ が $\boldsymbol{\mu}$ の細分とする．このとき，$\widetilde{\mathfrak{S}}_n$ の底の群 $\mathfrak{S}_n$ のレベルで，$\mathfrak{S}_{\boldsymbol{\mu}}\supset\mathfrak{S}_{\boldsymbol{\nu}}$ であり，したがって，$\Phi_{\mathfrak{S}}$ による全原像をとることにより，$\widetilde{\mathfrak{S}}_{\boldsymbol{\mu}}=\Phi_{\mathfrak{S}}^{-1}(\mathfrak{S}_{\boldsymbol{\mu}})\supset\Phi_{\mathfrak{S}}^{-1}(\mathfrak{S}_{\boldsymbol{\nu}})=\widetilde{\mathfrak{S}}_{\boldsymbol{\nu}}$.

表 5.3.3 $\widetilde{\mathfrak{S}}_{\boldsymbol{\mu}}$ の主表現 $\Delta'_{\boldsymbol{\mu}} = \Delta'_{\mu_1} \widehat{*} \cdots \widehat{*} \Delta'_{\mu_m}$ の指標，副指標.

<table>
<tr><td rowspan="2"></td><td colspan="2">$\sigma' \in \widetilde{\mathfrak{S}}_{\boldsymbol{\mu}}$， $\sigma' = \sigma'_1\sigma'_2\cdots\sigma'_m$, $\sigma'_j \in \widetilde{\mathfrak{S}}_{\mu_j}$</td></tr>
<tr><td>σ' 偶元</td><td>σ' 奇元</td></tr>
<tr><td>$s(\boldsymbol{\mu})$ 奇, $\varepsilon(\boldsymbol{\mu})=1$
$\Delta'_{\boldsymbol{\mu}}$ 非自己同伴</td><td rowspan="2">$\sigma' \in \widetilde{\Sigma}_{\boldsymbol{\mu}}$:
$(\forall j)$ $\sigma'_j \in \widetilde{\Sigma}_{\mu_j} \subset \widetilde{\mathfrak{A}}_{\mu_j}$ 第 2 種
$\chi_{\Delta'_{\boldsymbol{\mu}}}(\sigma') =$
$(-1)^{\frac{1}{2}(n-l(\sigma'))}\, 2^{\frac{1}{2}(l(\sigma')-l(\boldsymbol{\mu})-\varepsilon(\boldsymbol{\mu}))}$</td><td>$\sigma' \in \widetilde{\Xi}_{\boldsymbol{\mu}}$： $(\forall j)\, \sigma'_j \in \widetilde{\Xi}_{\mu_j}$
$\chi_{\Delta'_{\boldsymbol{\mu}}}(\sigma') = \pm\, i^{\frac{1}{2}(n-l(\boldsymbol{\mu})-1)} \times$
$\sqrt{\mu_1\mu_2\cdots\mu_m/2}$</td></tr>
<tr><td>$s(\boldsymbol{\mu})$ 偶, $\varepsilon(\boldsymbol{\mu})=0$
$\Delta'_{\boldsymbol{\mu}}$ 自己同伴</td><td>$\chi_{\Delta'_{\boldsymbol{\mu}}}(\sigma') = 0$</td></tr>
<tr><td>副指標
$\delta_{\Delta'_{\boldsymbol{\mu}}}$</td><td>$\sigma' \in \widetilde{\Xi}_{\boldsymbol{\mu}}$： $(\forall j)\, \sigma'_j \in \widetilde{\Xi}_{\mu_j}$
$\delta_{\Delta'_{\boldsymbol{\mu}}}(\sigma') = \pm\, i^{\frac{1}{2}(n-l(\boldsymbol{\mu}))} \times$
$\sqrt{\mu_1\mu_2\cdots\mu_m}$</td><td></td></tr>
</table>

定理 5.3.5 相異なる $\boldsymbol{\mu}, \boldsymbol{\nu} \in \mathcal{P}_n$ に対して，$\boldsymbol{\nu}$ が $\boldsymbol{\mu}$ の細分とする.

(1) $\Delta'_{\boldsymbol{\nu}}$ が非自己同伴（よって $s(\boldsymbol{\nu})$ が奇）のとき，$\mathrm{Ind}_{\widetilde{\mathfrak{S}}_{\boldsymbol{\nu}}}^{\widetilde{\mathfrak{S}}_{\boldsymbol{\mu}}} \Delta'_{\boldsymbol{\nu}}$ は既約表現 $\Delta'_{\boldsymbol{\mu}}$ を含まない.

(2) $\Delta'_{\boldsymbol{\nu}}$ が自己同伴（よって $s(\boldsymbol{\nu})$ が偶）のとき，$s(\boldsymbol{\mu})$ の偶奇にしたがって，

$$\mathrm{Ind}_{\widetilde{\mathfrak{S}}_{\boldsymbol{\nu}}}^{\widetilde{\mathfrak{S}}_{\boldsymbol{\mu}}} \Delta'_{\boldsymbol{\nu}} \hookleftarrow [2^k]\cdot\Delta'_{\boldsymbol{\mu}}, \quad \exists k \geq 0,$$

または
$$\mathrm{Ind}_{\widetilde{\mathfrak{S}}_{\boldsymbol{\nu}}}^{\widetilde{\mathfrak{S}}_{\boldsymbol{\mu}}} \Delta'_{\boldsymbol{\nu}} \hookleftarrow [2^k]\cdot(\Delta'_{\boldsymbol{\mu}} \oplus (\mathrm{sgn}\cdot\Delta'_{\boldsymbol{\mu}})), \quad \exists k \geq 0.$$

証明 誘導表現に対する Frobenius の相互律（定理 1.2.11) を用いる.

等式 $[\mathrm{Ind}_H^G\rho : \pi] = [\pi|_H : \rho]$ に対して，$H = \widetilde{\mathfrak{S}}_{\boldsymbol{\nu}}, G = \widetilde{\mathfrak{S}}_{\boldsymbol{\mu}}$ で，$\rho = \Delta'_{\boldsymbol{\nu}}$, $\pi = \Delta'_{\boldsymbol{\mu}}$ または $\pi = \mathrm{sgn}\cdot\Delta'_{\boldsymbol{\mu}}$ ととる．$s(\boldsymbol{\mu})$ の偶奇にしたがって，

$$\Delta'_{\boldsymbol{\mu}}|_{\widetilde{\mathfrak{S}}_{\boldsymbol{\nu}}} \hookleftarrow \Delta'_{\boldsymbol{\nu}}, \quad (\mathrm{sgn}\cdot\Delta'_{\boldsymbol{\mu}})|_{\widetilde{\mathfrak{S}}_{\boldsymbol{\nu}}} \hookleftarrow \Delta'_{\boldsymbol{\nu}}, \tag{5.3.14}$$

の重複度を計算する．それにはこれらの表現の指標を比較すればよい.

そこで，$\widetilde{\mathfrak{S}}_{\boldsymbol{\mu}}$ の表現 $\Delta'_{\boldsymbol{\mu}}$ の指標をその部分群 $\widetilde{\mathfrak{S}}_{\boldsymbol{\nu}}$ に制限したものと，$\widetilde{\mathfrak{S}}_{\boldsymbol{\nu}}$ の表現 $\Delta'_{\boldsymbol{\nu}}$ の指標とを，表 5.3.3 を用いて比較する．$\boldsymbol{\nu}$ が $\boldsymbol{\mu}$ の真の細分ならば，$\Delta'_{\boldsymbol{\mu}}$ と $\mathrm{sgn}\cdot\Delta'_{\boldsymbol{\mu}}$ の指標の制限は一致して奇元集合上では 0 になる（実際，$\Delta'_{\boldsymbol{\mu}}$ の指標の台を見れば十分).

(1) $\rho = \Delta'_{\boldsymbol{\nu}}$ が非自己同伴であるとき，(5.3.14) の両者に対する指標値を H の

奇元集合上で見れば，$\chi_{\Delta'_{\boldsymbol{\mu}}}|_H = 0$, $\chi_{\Delta'_{\boldsymbol{\nu}}} \neq 0$ なので，$[\pi|_H : \rho] = 0$ である．

(2) $\rho = \Delta'_{\boldsymbol{\nu}}$ が自己同伴であるとき，(5.3.14) の両者に対する指標値を偶元集合上で見れば，$\sigma' \in \widetilde{\Sigma}_{\boldsymbol{\nu}}$ に対して，それぞれ，

$$\chi_{\Delta'_{\boldsymbol{\mu}}}(\sigma') = (-1)^{\frac{1}{2}(n-l(\sigma'))}\, 2^{\frac{1}{2}(l(\sigma')-l(\boldsymbol{\mu})-\varepsilon(\boldsymbol{\mu}))},$$
$$\chi_{\Delta'_{\boldsymbol{\nu}}}(\sigma') = (-1)^{\frac{1}{2}(n-l(\sigma'))}\, 2^{\frac{1}{2}(l(\sigma')-l(\boldsymbol{\nu})-\varepsilon(\boldsymbol{\nu}))},$$

である．そこで，差 $y(\boldsymbol{\nu},\boldsymbol{\mu}) := l(\boldsymbol{\nu}) + \varepsilon(\boldsymbol{\nu}) - (l(\boldsymbol{\mu}) + \varepsilon(\boldsymbol{\mu})) \geq 0$ を考えると，(5.3.13) による $\varepsilon(\boldsymbol{\mu})$ の定義により，これが偶数 $2k \geq 0$ であることが分かる．そしてそのとき，$[\pi|_H : \rho] = 2^k$ である．□

例 5.3.1　$\boldsymbol{\nu}$ を $\boldsymbol{\mu}$ の 1 段階細分，すなわち，$l(\boldsymbol{\nu}) = l(\boldsymbol{\mu}) + 1$ なるものとする．$\boldsymbol{\mu}$ の成分 μ_i を $\boldsymbol{\nu}$ では 2 つに分割したとして，可能な状況を表にすると，下表のようになる（記号： nsa=非自己同伴，sa=自己同伴）．

表 5.3.4　$\boldsymbol{\mu}$ の 1 段階細分 $\boldsymbol{\nu}$（$l(\boldsymbol{\nu}) = l(\boldsymbol{\mu}) + 1$）の場合．

場合	$\varepsilon(\boldsymbol{\mu})$	$\pi = \Delta'_{\boldsymbol{\mu}}$	μ_i の偶奇	μ_i の分割	$\varepsilon(\boldsymbol{\nu})$	$\rho = \Delta'_{\boldsymbol{\nu}}$	$y(\boldsymbol{\nu},\boldsymbol{\mu})$	$[\pi\|_H : \rho]$
（イ）	1	nsa	偶	偶＋偶	0	sa	0	1
（ロ）	1	nsa	偶	奇＋奇	0	sa	0	1
（ハ）	0	sa	偶	偶＋偶	1	nsa	/	0
（ニ）	0	sa	偶	奇＋奇	1	nsa	/	0
（ホ）	1	nsa	奇	偶＋奇	0	sa	0	1
（ヘ）	0	sa	奇	偶＋奇	1	nsa	/	0

5.4　$\widetilde{\mathfrak{S}}_n$ のスピン基本表現とその指標

5.4.1　$\widetilde{\mathfrak{S}}_n$ のスピン基本表現

n の順序付き分割 $\boldsymbol{\mu} \in \mathcal{P}_n$ に対応する $\boldsymbol{I}_n$ の区間分割 $\boldsymbol{I}_n = \bigsqcup_{j \in \boldsymbol{I}_m} J_j$ を適当な $\sigma \in \mathfrak{S}_n$ で動かせば，n の（順序無し）分割 $\boldsymbol{\lambda} = \widehat{\boldsymbol{\mu}} = (\lambda_j)_{j \in \boldsymbol{I}_m} \in P_n$，$\lambda_1 \geq \lambda_2 \geq \cdots \geq \lambda_m > 0$, に対応する区間 $\boldsymbol{I}_n$ の分割になる．このとき，$\sigma \mathfrak{S}_{\boldsymbol{\mu}} \sigma^{-1} = \mathfrak{S}_{\boldsymbol{\lambda}}$, $\sigma' \widetilde{\mathfrak{S}}_{\boldsymbol{\mu}} \sigma'^{-1} = \widetilde{\mathfrak{S}}_{\boldsymbol{\lambda}}$ ($\sigma' \in \Phi_{\mathfrak{S}}^{-1}(\{\sigma\})$)，である．$\Delta'_{\boldsymbol{\mu}}$ を σ' で変換すると，$\Delta'_{\boldsymbol{\lambda}}$ またはその同伴表現 $\mathrm{sgn} \cdot \Delta'_{\boldsymbol{\lambda}}$ に同値になる．ゆえに，スピン基本表現

(5.4.1)
$$\widetilde{\Pi}_{\boldsymbol{\mu}} = \mathrm{Ind}_{\widetilde{\mathfrak{S}}_{\boldsymbol{\mu}}}^{\widetilde{\mathfrak{S}}_n} \Delta'_{\boldsymbol{\mu}}$$

は，$\widetilde{\Pi}_{\boldsymbol{\lambda}}$ またはその同伴表現 $\mathrm{sgn}\cdot\widetilde{\Pi}_{\boldsymbol{\lambda}}$ に同値である．

したがって，まず，同伴関係を度外視して考察するときには，（順序無し）分割 $\boldsymbol{\lambda}\in P_n$ に対する Schur-Young 部分群に対する基本表現を考えることにしても問題ない．これらを**標準的スピン基本表現**と呼ぶ．**4.2** 節で導入した同値関係 $\stackrel{\rm ass}{\sim}$ を思い出してみると，

$$\pi_1 \stackrel{\rm ass}{\sim} \pi_2 \stackrel{\rm def}{\Longleftrightarrow} \pi_1\cong\pi_2 \ \text{または}\ \pi_1\cong \mathrm{sgn}\cdot\pi_2, \tag{5.4.2}$$

である．我々はこの同値関係 $\stackrel{\rm ass}{\sim}$ に関する代表元系として $\{\widetilde{\Pi}_{\boldsymbol{\lambda}}=\mathrm{Ind}_{\widetilde{\mathfrak{S}}_{\boldsymbol{\lambda}}}^{\widetilde{\mathfrak{S}}_n}\Delta'_{\boldsymbol{\lambda}}\,;\,\boldsymbol{\lambda}\in P_n\}$ を調べようということである．

命題 5.4.1 $\boldsymbol{\lambda}\in P_n^+$ または $\boldsymbol{\lambda}\in P_n\setminus SP_n$ のとき，$\widetilde{\Pi}_{\boldsymbol{\lambda}}$ は自己同伴，すなわち，$\widetilde{\Pi}_{\boldsymbol{\lambda}}\cong\mathrm{sgn}\cdot\widetilde{\Pi}_{\boldsymbol{\lambda}}$, である．

証明 $\boldsymbol{\lambda}\in P_n^+$ は，$s(\boldsymbol{\lambda})$ 偶，と同値であり，命題 5.3.1 により，$\Delta'_{\boldsymbol{\lambda}}$ は自己同伴である．したがって，その誘導表現 $\widetilde{\Pi}_{\boldsymbol{\lambda}}=\mathrm{Ind}_{\widetilde{\mathfrak{S}}_{\boldsymbol{\lambda}}}^{\widetilde{\mathfrak{S}}_n}\Delta'_{\boldsymbol{\lambda}}$ も自己同伴である．

$\boldsymbol{\lambda}\in P_n\setminus SP_n$ とする．$\Delta'_{\boldsymbol{\lambda}}$ の $\widetilde{\mathfrak{C}}_n$ 上での指標の台は $\varnothing$ かもしくは部分集合 $\widetilde{\Xi}_{\boldsymbol{\lambda}}$ である（定理 5.3.4）．ところが，$\widetilde{\mathfrak{S}}_n$ の奇元で第 2 種のものは，$\sigma'_{\boldsymbol{\nu}}, \boldsymbol{\nu}\in P_n^-\cap SP$, に共役な元である．$\boldsymbol{\lambda}\notin SP_n$ により，$\widetilde{\Xi}_{\boldsymbol{\lambda}}$ の各元 σ' は第 1 種であり，$\widetilde{\mathfrak{S}}_n$ の内部自己同型で $z_1\sigma'$ と共役であり，表現 $\widetilde{\Pi}_{\boldsymbol{\lambda}}$ がスピン表現であるから，$\chi_{\widetilde{\Pi}_{\boldsymbol{\lambda}}}(\sigma')=\chi_{\widetilde{\Pi}_{\boldsymbol{\lambda}}}(z_1\sigma')=-\chi_{\widetilde{\Pi}_{\boldsymbol{\lambda}}}(\sigma')$. ゆえに，$\chi_{\widetilde{\Pi}_{\boldsymbol{\lambda}}}(\sigma')=0$, かくて，$\widetilde{\mathfrak{C}}_n$ 上で $\chi_{\widetilde{\Pi}_{\boldsymbol{\lambda}}}=0$. □

定理 5.4.2 (i) $\boldsymbol{\lambda}\in P_n$ が自明な分割 $\boldsymbol{\lambda}=(n)$ のときには，$\widetilde{\Pi}_{\boldsymbol{\lambda}}=\Delta'_n$ 既約．

$\boldsymbol{\lambda}\neq(n), \varepsilon(\boldsymbol{\lambda})=0$ ならば，n の偶奇にしたがって，$\widetilde{\Pi}_{\boldsymbol{\lambda}}\supsetneqq\Delta'_n\oplus(\mathrm{sgn}\cdot\Delta'_n)$ または $\widetilde{\Pi}_{\boldsymbol{\lambda}}\supsetneqq\Delta'_n$ である．

$\boldsymbol{\lambda}\neq(n), \varepsilon(\boldsymbol{\lambda})=1$ ならば，$\widetilde{\Pi}_{\boldsymbol{\lambda}}\not\supset\Delta'_n$. $\boldsymbol{\lambda}$ を細分に持つ，$\boldsymbol{\lambda}^0\in P_n$ で $\varepsilon(\boldsymbol{\lambda}^0)=0$ となるものがあり，そのとき $\widetilde{\Pi}_{\boldsymbol{\lambda}}\supsetneqq\widetilde{\Pi}_{\boldsymbol{\lambda}^0}$.

(ii) $\boldsymbol{\mu},\boldsymbol{\nu}\in\mathcal{P}_n$ において，$\boldsymbol{\nu}$ が $\boldsymbol{\mu}$ の細分でかつ $\varepsilon(\boldsymbol{\nu})=0$ ならば，$s(\boldsymbol{\mu})$ の偶奇にしたがって，$\widetilde{\Pi}_{\boldsymbol{\nu}}\supsetneqq\widetilde{\Pi}_{\boldsymbol{\mu}}$ または $\widetilde{\Pi}_{\boldsymbol{\nu}}\supsetneqq\widetilde{\Pi}_{\boldsymbol{\mu}}\oplus(\mathrm{sgn}\cdot\widetilde{\Pi}_{\boldsymbol{\mu}})$ である．

証明 (i) の後半は，(ii) からの帰結であるから，(ii) を示せばよい．

(ii) 誘導表現 $\widetilde{\Pi}_{\boldsymbol{\mu}},\widetilde{\Pi}_{\boldsymbol{\nu}}$ に対する主張であるが，誘導表現に対する段階定理（定理 1.2.2）を使えば，$\widetilde{\mathfrak{S}}_n$ まで誘導する途中の段階で，すでに適当な‘包含関係’が $\Delta'_{\boldsymbol{\mu}}$ と $\Delta'_{\boldsymbol{\nu}}$ の間に成り立っていればよい．その途中とは $\widetilde{\mathfrak{S}}_{\boldsymbol{\mu}}\subset\widetilde{\mathfrak{S}}_n$ のことであり，

$$\widetilde{\Pi}_{\boldsymbol{\nu}} = \mathrm{Ind}_{\widetilde{\mathfrak{S}}_{\boldsymbol{\nu}}}^{\widetilde{\mathfrak{S}}_n} \Delta'_{\boldsymbol{\nu}} \cong \mathrm{Ind}_{\widetilde{\mathfrak{S}}_{\boldsymbol{\mu}}}^{\widetilde{\mathfrak{S}}_n} \left(\mathrm{Ind}_{\widetilde{\mathfrak{S}}_{\boldsymbol{\nu}}}^{\widetilde{\mathfrak{S}}_{\boldsymbol{\mu}}} \Delta'_{\boldsymbol{\nu}} \right)$$

であるから，この中間段階で $\mathrm{Ind}_{\widetilde{\mathfrak{S}}_{\boldsymbol{\nu}}}^{\widetilde{\mathfrak{S}}_{\boldsymbol{\mu}}} \Delta'_{\boldsymbol{\nu}} \supsetneqq \Delta'_{\boldsymbol{\mu}}$ 等が成立していればよい．

ところがこれらの主張はすでに定理 5.3.5 により示されている．□

命題 5.4.1 に見るように，$\boldsymbol{\lambda} \in P_n^+ \bigsqcup (P_n^- \setminus SP_n^-)$ に対しては，$\widetilde{\Pi}_{\boldsymbol{\lambda}}$ は自己同伴である．一方，それに対する同伴作用素 H は一意的とは限らない．しかしながら，$\boldsymbol{\lambda} \in P_n^+, \neq (1,1,\cdots,1)$, に対しては，もっとも標準的な同伴作用素を決めて，その副指標が計算できる．まず，誘導される既約表現 $\pi := \Delta'_{\boldsymbol{\lambda}}$ がすでに自己同伴であるから，表現空間 $V(\pi)$ とその上の同伴作用素 H_π がある： 分解 $V(\pi) = V_+ \oplus V_-$ にしたがって，

$$\rho := \pi|_{\widetilde{\mathfrak{A}}_{\boldsymbol{\lambda}}} = \rho_+ \oplus \rho_-,\ {}^{r_1}(\rho_+) \cong \rho_-,\ H_\pi = I_{V_+} - I_{V_-}.$$

$\Pi := \widetilde{\Pi}_{\boldsymbol{\lambda}} = \mathrm{Ind}_K^G \pi,\ G := \widetilde{\mathfrak{S}}_n,\ K := \widetilde{\mathfrak{S}}_{\boldsymbol{\lambda}}$, の表現空間は，$G$ 上の $V(\pi)$-値関数 f で $f(kg) = \pi(k)(f(g))\ (g \in G, k \in K)$ を満たすものである．$K = \widetilde{\mathfrak{S}}_{\boldsymbol{\lambda}}$ が r_1 を含んでいるので，$\Theta : f \mapsto \varphi = f|_{G_0},\ G_0 = \widetilde{\mathfrak{A}}_n$, は忠実な写像であり，その像は $\mathrm{Ind}_{K_0}^{G_0} \rho,\ K_0 := K \cap G_0 = \widetilde{\mathfrak{A}}_{\boldsymbol{\lambda}}$, の表現空間である．そして，

(5.4.3) $$\Pi|_{G_0} \cong \mathrm{Ind}_{K_0}^{G_0} \rho \cong P_+ \oplus P_-,\ \ P_+ := \mathrm{Ind}_{K_0}^{G_0} \rho_+,\ P_- := \mathrm{Ind}_{K_0}^{G_0} \rho_-.$$

そこで，Π の表現空間 $V(\Pi)$ の $P_\pm$ の表現空間 $V(P_\pm)$ による分解 $V(\Pi) = V(P_+) \oplus V(P_-)$ を用いて，Π の標準的同伴作用素を $H := I_{V(P_+)} - I_{V(P_-)}$ とおく．

すると，$\Pi = \widetilde{\Pi}_{\boldsymbol{\lambda}}$ の副指標は

(5.4.4) $$\begin{aligned} \delta_\Pi(\sigma') &:= \mathrm{tr}(\Pi(\sigma')H) = \mathrm{tr}(P_+(\sigma')) - \mathrm{tr}(P_-(\sigma')) \\ &= \chi_{P_+}(\sigma') - \chi_{P_-}(\sigma') \qquad (\sigma' \in \widetilde{\mathfrak{A}}_n). \end{aligned}$$

5.4.2 標準的スピン基本表現の指標

いよいよ，$\widetilde{\mathfrak{S}}_n$ の標準的スピン基本表現 $\widetilde{\Pi}_{\boldsymbol{\lambda}},\ \boldsymbol{\lambda} = (\lambda_j)_{j \in \boldsymbol{I}_m} \in P_n$ の指標・副指標の公式を与えよう．まず，誘導表現の指標公式（定理 1.2.4）により，

補題 5.4.3 $\sigma' \in \widetilde{\mathfrak{S}}_n$ が $\widetilde{\mathfrak{S}}_{\boldsymbol{\lambda}}$ の元に共役でなければ，$\chi_{\widetilde{\Pi}_{\boldsymbol{\lambda}}}(\sigma') = 0$. □

そこで，$\sigma' \in \widetilde{\mathfrak{A}}_{\boldsymbol{\lambda}} = \widetilde{\mathfrak{S}}_{\boldsymbol{\lambda}} \cap \widetilde{\mathfrak{A}}_n$, の場合を考える．すると，$\chi_{\Delta'_{\boldsymbol{\lambda}}}(\sigma') \neq 0$ の為に

は，$\sigma' \in \widetilde{\Sigma}_{\boldsymbol{\lambda}}$ でなければならない（表 5.3.3 参照）．$[\sigma']_{\widetilde{\mathfrak{S}}_n}$ はある $\boldsymbol{\nu} \in P_n$ があって，$[\sigma'_{\boldsymbol{\nu}}]_{\widetilde{\mathfrak{S}}_n}$ または $[z_1\sigma'_{\boldsymbol{\nu}}]_{\widetilde{\mathfrak{S}}_n}$ であるが，前者 $[\sigma'_{\boldsymbol{\nu}}]_{\widetilde{\mathfrak{S}}_n}$ だとして話を進める．分割 $\boldsymbol{\nu}$ の型を $\boldsymbol{\alpha} = [\alpha_1, 0, \alpha_3, 0, \alpha_5, \cdots]$ とする．

条件 $\sigma' \in \widetilde{\Sigma}_{\boldsymbol{\lambda}}$ を書き表す．**1.3** 節における Frobeniuns による $\mathfrak{S}_n$ の基本表現 $\Pi_{\boldsymbol{\lambda}} = \mathrm{Ind}_{\mathfrak{S}_{\boldsymbol{\lambda}}}^{\mathfrak{S}_n} \mathbf{1}_{\mathfrak{S}_{\boldsymbol{\lambda}}}$ の指標値 $\chi_{\Pi_{\boldsymbol{\lambda}}}(\sigma_{\boldsymbol{\nu}})$ の計算を思い出して真似しよう．ここでは，標準的スピン基本表現 $\widetilde{\Pi}_{\boldsymbol{\lambda}} = \mathrm{Ind}_K^G \Delta'_{\boldsymbol{\lambda}}$, $G = \widetilde{\mathfrak{S}}_n$, $K = \widetilde{\mathfrak{S}}_{\boldsymbol{\lambda}}$, を取り扱う．

$\sigma' = \sigma'_1\sigma'_2\cdots\sigma'_m$, $\sigma'_j \in \widetilde{\Sigma}_{\lambda_j} \subset \widetilde{\mathfrak{A}}_{\lambda_j}$ であるから，各 $j \in \boldsymbol{I}_m$ に対し，λ_j の分割 $\boldsymbol{\nu}'_j = (\nu'_{ji})_{i\in\boldsymbol{I}_{t_j}} \in OP_{\lambda_j}$ があって，$\sigma'_j = \sigma'_{\boldsymbol{\nu}_j}$ は第 2 種の偶元である．$\boldsymbol{\nu}' := (\boldsymbol{\nu}'_j)_{j\in\boldsymbol{I}_m} \in \mathcal{P}_n$ とおけば $\boldsymbol{\nu}' \sim \boldsymbol{\nu}$:

$$\boldsymbol{\nu}'_j = (\nu'_{ji})_{i\in\boldsymbol{I}_{t_j}} \in OP_{\lambda_j},\ \nu'_{ji}\ \text{奇},\quad \sum_{i\in\boldsymbol{I}_{t_j}} \nu'_{ji} = \lambda_j,\ \nu'_{j1} \geq \nu'_{j2} \geq \cdots, \tag{5.4.5}$$

の型を $\boldsymbol{\alpha}_j = [\alpha_{j1}, 0, \alpha_{j3}, 0, \alpha_{j5}, \cdots]$ とすると，$G = \widetilde{\mathfrak{S}}_n$ の共役類 $[\sigma']_G = [\sigma'_{\boldsymbol{\nu}}]_G$ を与える n の分割 $\boldsymbol{\nu}$ の型 $\boldsymbol{\alpha} = [\alpha_1, 0, \alpha_3, 0, \alpha_5, \cdots]$ との関係は，

$$\alpha_i = \alpha_{1i} + \alpha_{2i} + \alpha_{3i} + \cdots + \alpha_{mi}\ \ (i = 1, 3, 5, \cdots), \tag{5.4.6}$$

である．このとき，$K = \widetilde{\mathfrak{S}}_{\boldsymbol{\lambda}}$ の共役類 $[\sigma'_{\boldsymbol{\nu}}]_K$ の位数は，

$$\begin{aligned}&\frac{\lambda_1!}{1^{\alpha_{11}}\alpha_{11}!\,3^{\alpha_{13}}\alpha_{13}!\,5^{\alpha_{15}}\alpha_{15}!\,\cdots}\cdot\frac{\lambda_2!}{1^{\alpha_{21}}\alpha_{21}!\,3^{\alpha_{23}}\alpha_{23}!\,5^{\alpha_{25}}\alpha_{25}!\,\cdots}\cdot\cdots\\ &\quad= \frac{|K|/2}{1^{\alpha_1}3^{\alpha_3}5^{\alpha_5}\cdots}\cdot\frac{1}{\alpha_{11}!\,\alpha_{13}!\,\alpha_{15}!\,\cdots}\cdot\frac{1}{\alpha_{21}!\,\alpha_{23}!\,\alpha_{25}!\cdots}\cdot\cdots\end{aligned} \tag{5.4.7}$$

なお，ここでの 2 重被覆群 $\widetilde{\mathfrak{S}}_n$ での計算では，共役をとる相手が第 2 種の偶元であるから，下の群 $\mathfrak{S}_n$ での計算と形式的には同じになっていることに留意する．

したがって, (5.4.5)–(5.4.6) を満たす $\boldsymbol{\lambda} = (\lambda_j)_{j\in\boldsymbol{I}_m}$ の細分 $\boldsymbol{\nu}' := (\boldsymbol{\nu}'_1, \boldsymbol{\nu}'_2, \cdots, \boldsymbol{\nu}'_m) \sim \boldsymbol{\nu}$ 全体にわたって和をとって $|K \cap [\sigma']_G|$ を求めれば次を得る：

$$\chi_{\widetilde{\Pi}_{\boldsymbol{\lambda}}}(\sigma') = (|C_G(\sigma')| \cdot |K \cap [\sigma']_G|/|K|) \times (-1)^{\frac{1}{2}(n - l(\boldsymbol{\nu}))}\, 2^{\frac{1}{2}(l(\boldsymbol{\nu}) - l(\boldsymbol{\lambda}) - \varepsilon(\boldsymbol{\lambda}))}.$$

定理 5.4.4 標準的スピン基本表現 $\widetilde{\Pi}_{\boldsymbol{\lambda}} = \mathrm{Ind}_{\widetilde{\mathfrak{S}}_{\boldsymbol{\lambda}}}^{\widetilde{\mathfrak{S}}_n} \Delta'_{\boldsymbol{\lambda}}$, $\boldsymbol{\lambda} \in P_n$, の指標 $\chi_{\widetilde{\Pi}_{\boldsymbol{\lambda}}}$ は，次のように与えられる．

(i) $\sigma' \in \widetilde{\mathfrak{S}}_n$ が $\widetilde{\mathfrak{S}}_{\boldsymbol{\lambda}}$ の元と共役でなければ，$\chi_{\widetilde{\Pi}_{\boldsymbol{\lambda}}}(\sigma') = 0$.

(ii) $\sigma' \in \widetilde{\mathfrak{S}}_{\boldsymbol{\lambda}}$ を偶元とする．σ' が第 1 種であれば，つねに $\chi_{\widetilde{\Pi}_{\boldsymbol{\lambda}}}(\sigma') = 0$ である．σ' が第 2 種ならば，$\sigma'_{\boldsymbol{\nu}}$, $z_1\sigma'_{\boldsymbol{\nu}}$ $(\boldsymbol{\nu} \in OP_n)$ のどれかと共役である．$\boldsymbol{\nu}$ の分割型を $\boldsymbol{\alpha} = [\alpha_1, 0, \alpha_3, 0, \cdots]$ とすると，

$$(5.4.8)\qquad \chi_{\widetilde{\Pi}_{\boldsymbol{\lambda}}}(\sigma'_{\boldsymbol{\nu}}) = \widetilde{X}_{\boldsymbol{\lambda}}(\boldsymbol{\alpha})\cdot(-1)^{\frac{1}{2}(n-l(\boldsymbol{\nu}))}\,2^{\frac{1}{2}(l(\boldsymbol{\nu})-l(\boldsymbol{\lambda})-\varepsilon(\boldsymbol{\lambda}))},$$

$$\widetilde{X}_{\boldsymbol{\lambda}}(\boldsymbol{\alpha}) := \frac{|C_G(\sigma')|\cdot|K\cap[\sigma']_G|}{|K|} = \sum_{(5.4.5)-(5.4.6)} \frac{\alpha_1!}{\alpha_{11}!\,\alpha_{21}!\,\alpha_{31}!\cdots}\cdot\frac{\alpha_3!}{\alpha_{13}!\,\alpha_{23}!\,\alpha_{33}!\cdots}\cdots\cdot.$$

(iii) $\sigma'\in\widetilde{\mathfrak{S}}_{\boldsymbol{\lambda}}$ を奇元とする．$\chi_{\widetilde{\Pi}_{\boldsymbol{\lambda}}}(\sigma')\neq 0$ ならば，σ' は第 2 種で，かつ $\sigma'\in\widetilde{\Xi}_{\boldsymbol{\lambda}}$ である．そのときには $\boldsymbol{\lambda}\in SP_n^-$ であり，σ' は $\sigma'_{\boldsymbol{\lambda}}, z_1\sigma'_{\boldsymbol{\lambda}}\in\widetilde{\Xi}_{\boldsymbol{\lambda}}$, のどちらかと共役である．$\boldsymbol{\lambda}=(\lambda_1,\lambda_2,\cdots,\lambda_m)$ とすると，

$$(5.4.9)\qquad \chi_{\widetilde{\Pi}_{\boldsymbol{\lambda}}}(\sigma'_{\boldsymbol{\lambda}}) = i^{\frac{1}{2}(n-l(\boldsymbol{\lambda})-1)}\sqrt{\lambda_1\lambda_2\cdots\lambda_m/2}$$

(iv) $\sigma'\in\widetilde{\mathfrak{S}}_{\boldsymbol{\lambda}}$ を偶元とする．副指標につき，$\delta_{\Pi_{\boldsymbol{\lambda}}}(\sigma')\neq 0$ ならば，σ' は第 3 種で，かつ $\sigma'\in\widetilde{\Xi}_{\boldsymbol{\lambda}}$ である．そのときには $\boldsymbol{\lambda}\in SP_n^+$ であり，$\sigma'_{\boldsymbol{\lambda}}, z_1\sigma'_{\boldsymbol{\lambda}}\in\widetilde{\Xi}_{\boldsymbol{\lambda}}$, のどちらかと共役である．$\boldsymbol{\lambda}=(\lambda_1,\lambda_2,\cdots,\lambda_m)$ とすると，

$$(5.4.10)\qquad \delta_{\widetilde{\Pi}_{\boldsymbol{\lambda}}}(\sigma'_{\boldsymbol{\lambda}}) = i^{\frac{1}{2}(n-l(\boldsymbol{\lambda}))}\sqrt{\lambda_1\lambda_2\cdots\lambda_m}$$

証明　(i) 誘導表現の指標公式（定理 1.2.4) から分かる（定理 1.3.4 参照).
(ii) 上で証明済み.
(iii) $G=\widetilde{\mathfrak{S}}_n$, $K=\widetilde{\mathfrak{S}}_{\boldsymbol{\lambda}}$, として定理 1.2.4 後半の指標公式を書いてみると，

$$\chi_{\widetilde{\Pi}_{\boldsymbol{\lambda}}}(\sigma'_{\boldsymbol{\lambda}}) = \frac{1}{|K|}\sum_{\sigma'\in G}\chi_{\Delta'_{\boldsymbol{\lambda}}}(\sigma'\sigma'_{\boldsymbol{\lambda}}\sigma'^{-1}).$$

ここで $\sigma'\sigma'_{\boldsymbol{\lambda}}\sigma'^{-1}\in K$ とすると，$\lambda_j\ (j\in\boldsymbol{I}_m)$ がすべて相異なるので，必然的に $\sigma'\in K$ となる．よって，$\chi_{\widetilde{\Pi}_{\boldsymbol{\lambda}}}(\sigma'_{\boldsymbol{\lambda}})=\chi_{\Delta'_{\boldsymbol{\lambda}}}(\sigma'_{\boldsymbol{\lambda}})$ である.
(iv) の証明は問題 5.4.1 とする.　□

問題 5.4.1　定理 5.4.4 (iv) の証明を与えよ.

見易さのために，得られた情報を表にまとめておこう．まず，表 5.4.1 では，指標と副指標の関数形を与える．必要な部分集合の記号は**記号 5.3.1** 参照：

$\widetilde{\Sigma}_{\boldsymbol{\lambda}}=\{\sigma'\in\widetilde{\mathfrak{S}}_{\boldsymbol{\lambda}}$; サイクル分解でサイクル長が奇ばかりからなる $\}$,

$\widetilde{\Xi}_{\boldsymbol{\lambda}}=\{\sigma'=\sigma'_1\sigma'_2\cdots\sigma'_m\in\widetilde{\mathfrak{S}}_{\boldsymbol{\lambda}};\ \sigma'_j\in\widetilde{\mathfrak{S}}_{\lambda_j}$ は長さが最長 λ_j のサイクル $(\forall j)\}$.

以下の $\widetilde{\Pi}_{\boldsymbol{\lambda}}$ $(\boldsymbol{\lambda}\in SP_n)$ の指標の台の表 5.4.2，および，副指標 $\delta_{\widetilde{\Pi}_{\boldsymbol{\lambda}}}$ の台の表 5.4.3 は，結構重要な情報を与えてくれる興味ある表である（表 5.2.1 参照).

表 5.4.1 $\widetilde{\mathfrak{S}}_n$ のスピン基本表現 $\widetilde{\Pi}_{\boldsymbol{\lambda}} = \mathrm{Ind}_{\widetilde{\mathfrak{S}}_{\boldsymbol{\lambda}}}^{\widetilde{\mathfrak{S}}_n} \Delta'_{\boldsymbol{\lambda}}$ の指標，副指標.

<table>
<tr><td></td><td colspan="2">$\sigma' \in \widetilde{\mathfrak{S}}_{\boldsymbol{\lambda}}$, $\sigma' = \sigma'_1\sigma'_2\cdots\sigma'_m$, $\sigma'_j \in \widetilde{\mathfrak{S}}_{\lambda_j}$</td></tr>
<tr><td></td><td>σ' 偶元</td><td>σ' 奇元</td></tr>
<tr><td>$s(\boldsymbol{\lambda})$ 奇
$(\Leftrightarrow \boldsymbol{\lambda} \in P_n^-)$
$\widetilde{\Pi}_{\boldsymbol{\lambda}}$
非自己同伴$^{(*)}$</td><td rowspan="2">$\sigma' = \sigma'_{\boldsymbol{\nu}} \in \widetilde{\Sigma}_{\boldsymbol{\lambda}}$ $(\boldsymbol{\nu} \in \mathcal{P}_n)$:
$(\forall j)$ $\sigma'_j \in \widetilde{\Sigma}_{\lambda_j}$ (第 2 種)
$\chi_{\widetilde{\Pi}_{\boldsymbol{\lambda}}}(\sigma'_{\boldsymbol{\nu}}) = \widetilde{X}_{\boldsymbol{\lambda}}(\boldsymbol{\alpha})\times$
$(-1)^{\frac{1}{2}(n-l(\boldsymbol{\nu}))}\,2^{\frac{1}{2}(l(\boldsymbol{\nu})-l(\boldsymbol{\lambda})-\varepsilon(\boldsymbol{\lambda}))}$</td><td>$\sigma' \in \widetilde{\Xi}_{\boldsymbol{\lambda}}$: $(\forall j)$ $\sigma'_j \in \widetilde{\Xi}_{\lambda_j}$
$\chi_{\widetilde{\Pi}_{\boldsymbol{\lambda}}}(\sigma') = \pm\, i^{\frac{1}{2}(n-l(\boldsymbol{\lambda})-1)}\times$
$\sqrt{\lambda_1\lambda_2\cdots\lambda_m/2}$ $(\boldsymbol{\lambda} \in SP_n^-)$
$\chi_{\widetilde{\Pi}_{\boldsymbol{\lambda}}}(\sigma') = 0$ $(\boldsymbol{\lambda} \in P_n^- \setminus SP_n^-)$</td></tr>
<tr><td rowspan="2">$s(\boldsymbol{\lambda})$ 偶
$(\Leftrightarrow \boldsymbol{\lambda} \in P_n^+)$
$\widetilde{\Pi}_{\boldsymbol{\lambda}}$ 自己同伴
副指標
$\delta_{\widetilde{\Pi}_{\boldsymbol{\lambda}}}$</td><td>$\chi_{\widetilde{\Pi}_{\boldsymbol{\lambda}}}(\sigma') = 0$</td></tr>
<tr><td>$\sigma' \in \widetilde{\Xi}_{\boldsymbol{\lambda}}$: $(\forall j)$ $\sigma'_j \in \widetilde{\Xi}_{\lambda_j}$
$\delta_{\widetilde{\Pi}_{\boldsymbol{\lambda}}}(\sigma') = \pm\, i^{\frac{1}{2}(n-l(\boldsymbol{\lambda}))}\times$
$\sqrt{\lambda_1\lambda_2\cdots\lambda_m}$ $(\boldsymbol{\lambda} \in SP_n^+)$
$\delta_{\widetilde{\Pi}_{\boldsymbol{\lambda}}}(\sigma') = 0$ $(\boldsymbol{\lambda} \in P_n^+ \setminus SP_n^+)$</td><td>(*) $\boldsymbol{\lambda} \notin SP_n$ のときには
$\widetilde{\Pi}_{\boldsymbol{\lambda}}$ は自己同伴
(i.e., $\mathrm{sgn}\cdot\widetilde{\Pi}_{\boldsymbol{\lambda}} \cong \widetilde{\Pi}_{\boldsymbol{\lambda}}$)</td></tr>
</table>

注. $s(\boldsymbol{\lambda})$ 奇 $\Leftrightarrow$ $\varepsilon(\boldsymbol{\lambda}) = 1$; $s(\boldsymbol{\lambda})$ 偶 $\Leftrightarrow$ $\varepsilon(\boldsymbol{\lambda}) = 0$.

$\boldsymbol{\lambda} \in SP_n^+$ $\Leftrightarrow$ $\sigma'_{\boldsymbol{\lambda}}$ 第 3 種， $\boldsymbol{\lambda} \in SP_n^-$ $\Leftrightarrow$ $\sigma'_{\boldsymbol{\lambda}}$ 奇元で第 2 種.

表 5.4.2 $\widetilde{\mathfrak{S}}_n$ のスピン基本表現 $\widetilde{\Pi}_{\boldsymbol{\lambda}}$ の指標の台 $(\chi_{\widetilde{\Pi}_{\boldsymbol{\lambda}}}(\sigma'_{\boldsymbol{\nu}}) \neq 0$ の場所 $)$.

	$\sigma'_{\boldsymbol{\nu}}$ 偶元, $\nu \in P_n^+$ 第 2 種 $(\Leftrightarrow \boldsymbol{\nu} \in OP_n)$	$\sigma'_{\boldsymbol{\nu}}$ 奇元, $\boldsymbol{\nu} \in P_n^-$ 第 2 種 $(\Leftrightarrow \boldsymbol{\nu} \in SP_n^-)$
$\boldsymbol{\lambda} \in SP_n^-$ $\widetilde{\Pi}_{\boldsymbol{\lambda}}$ 非自己同伴	$\widetilde{\Sigma}_{\boldsymbol{\lambda}}^{\widetilde{\mathfrak{S}}_n} := \bigcup_{\sigma' \in \widetilde{\mathfrak{S}}_n} \sigma'\,\widetilde{\Sigma}_{\boldsymbol{\lambda}}\sigma'^{\,-1}$	$\widetilde{\Xi}_{\boldsymbol{\lambda}}^{\widetilde{\mathfrak{S}}_n} := \bigcup_{\sigma' \in \widetilde{\mathfrak{S}}_n} \sigma'\,\widetilde{\Xi}_{\boldsymbol{\lambda}}\sigma'^{\,-1}$
$\boldsymbol{\lambda} \in SP_n^+$ $\widetilde{\Pi}_{\boldsymbol{\lambda}}$ 自己同伴	$\widetilde{\Sigma}_{\boldsymbol{\lambda}}^{\widetilde{\mathfrak{S}}_n}$	$\varnothing$

パラメーター $\boldsymbol{\lambda} \in P_n$ の性質によって，標準的スピン基本表現 $\widetilde{\Pi}_{\boldsymbol{\lambda}}$ の性質に違いがでる．

(1) $\boldsymbol{\lambda} \in SP_n^+$（$\boldsymbol{\lambda}$ は偶分割で厳格分割）の場合，$\widetilde{\Pi}_{\boldsymbol{\lambda}}$ は自己同伴であるが，このときの副指標 $\delta_{\widetilde{\Pi}_{\boldsymbol{\lambda}}}$ の台については下の表 5.4.3 を見よ．とくに，$\boldsymbol{\lambda} \in SP_n^+ \setminus OP_n$ の場合には，$\delta_{\widetilde{\Pi}_{\boldsymbol{\lambda}}}$ の台は第 1 種かつ第 3 種の偶元の集合に含まれることに注意.

(2) $\boldsymbol{\lambda} \in P_n \setminus SP_n$（$\boldsymbol{\lambda}$ 非厳格分割）の場合，$\widetilde{\Pi}_{\boldsymbol{\lambda}}$ は，$\widetilde{\Pi}_{\boldsymbol{\lambda}} \cong \mathrm{sgn} \cdot \widetilde{\Pi}_{\boldsymbol{\lambda}}$, という意味に於いて自己同伴であり，可約である．その既約成分は，自己同伴な π と，非自己同伴な π に対する同伴対 $\pi \oplus (\mathrm{sgn} \cdot \pi)$ との直和である（下の定理 5.5.1 (ii) 参照)．このときの副指標 $\delta_{\widetilde{\Pi}_{\boldsymbol{\lambda}}}$ は（存在すると解釈しても）完全に 0 である．

(3) $\widetilde{\mathfrak{A}}_n$ のスピン既約指標を求めるには，$\boldsymbol{\lambda} \in SP_n^+$ に対する副指標 $\delta_{\widetilde{\Pi}_{\boldsymbol{\lambda}}}$ も求める必要がある．その参考のために，副指標の台についても下の表 5.4.3 にまとめておく（表 5.2.2 参照).

表 5.4.3　副指標 $\delta_{\widetilde{\Pi}_{\boldsymbol{\lambda}}}$ が存在する $\boldsymbol{\lambda} \in P_n$ と $\delta_{\widetilde{\Pi}_{\boldsymbol{\lambda}}}$ の台 ほか.

	$\sigma' = \sigma'_{\boldsymbol{\nu}}$ 第 1 種偶元 $(\Leftrightarrow \boldsymbol{\nu} \in P_n^+ \setminus OP_n)$	$\sigma' = \sigma'_{\boldsymbol{\nu}}$ 第 2 種偶元 $(\Leftrightarrow \boldsymbol{\nu} \in OP_n)$
注. $\boldsymbol{\lambda} \in SP_n^+$ では $\widetilde{\Pi}_{\boldsymbol{\lambda}}$ 自己同伴	第 3 種 $(\Leftrightarrow \boldsymbol{\nu} \in SP_n^+ \setminus OP_n)$ $\Rightarrow\ [\sigma']_{\widetilde{\mathfrak{S}}_n} = [z_1\sigma']_{\widetilde{\mathfrak{S}}_n}$; $[\sigma']_{\widetilde{\mathfrak{A}}_n} = [z_1 r_1 \sigma' r_1^{-1}]_{\widetilde{\mathfrak{A}}_n} \neq [z_1\sigma']_{\widetilde{\mathfrak{A}}_n}$	第 3 種 $(\Leftrightarrow \boldsymbol{\nu} \in SP_n^+ \cap OP_n)$ $\Rightarrow\ [\sigma']_{\widetilde{\mathfrak{S}}_n} \neq [z_1\sigma']_{\widetilde{\mathfrak{S}}_n}$; $[\sigma']_{\widetilde{\mathfrak{A}}_n}, [z_1\sigma']_{\widetilde{\mathfrak{A}}_n}, [r_1\sigma' r_1]_{\widetilde{\mathfrak{A}}_n}$, $[z_1 r_1 \sigma' r_1]_{\widetilde{\mathfrak{A}}_n}$ (4 個全て違う)
$\boldsymbol{\lambda} \in SP_n^+ \setminus OP_n$ $\delta_{\widetilde{\Pi}_{\boldsymbol{\lambda}}}$ の台 ほか	台：$\widetilde{\Xi}_{\boldsymbol{\lambda}}^{\widetilde{\mathfrak{S}}_n} = \bigcup_{\sigma' \in \widetilde{\mathfrak{S}}_n} \sigma' \, \widetilde{\Xi}_{\boldsymbol{\lambda}} \sigma'^{-1}$ $\delta_{\widetilde{\Pi}_{\boldsymbol{\lambda}}}(\sigma') = -\delta_{\widetilde{\Pi}_{\boldsymbol{\lambda}}}(r_1 \sigma' r_1^{-1})$	$\varnothing$
$\boldsymbol{\lambda} \in SP_n^+ \cap OP_n$ $\delta_{\widetilde{\Pi}_{\boldsymbol{\lambda}}}$ の台	$\varnothing$	台：$\widetilde{\Xi}_{\boldsymbol{\lambda}}^{\widetilde{\mathfrak{S}}_n}$

5.5 スピン基本表現の性質と今後の見通し

5.5.1 非自己同伴スピン既約表現 $\tau_{\boldsymbol{\lambda}}$ ($\boldsymbol{\lambda} \in SP_n^-$)

標準的スピン基本表現 $\widetilde{\Pi}_{\boldsymbol{\lambda}} = \mathrm{Ind}_{\widetilde{\mathfrak{S}}_{\boldsymbol{\lambda}}}^{\widetilde{\mathfrak{S}}_n} \Delta'_{\boldsymbol{\lambda}}$ の既約成分としてスピン既約表現の完全代表系を得て，スピン既約指標は $\chi_{\widetilde{\Pi}_{\boldsymbol{\lambda}}}$ の $\boldsymbol{Z}$ 一次結合として得る，というのがSchur の戦略である．その際には，スピン基本表現すべてが必要とされるのではなくて，$\boldsymbol{\lambda} \in SP_n$，すなわち，厳格分割に対応する $\widetilde{\Pi}_{\boldsymbol{\lambda}}$ を用いることが必要かつ十分である．このことは，スピン基本表現の次のような性質から分かるのだが，Schur 自身はとくに何の説明も与えていない．

定理 5.5.1 (i) $\boldsymbol{\lambda} \in SP_n^-$ では $\widetilde{\Pi}_{\boldsymbol{\lambda}}$ は非自己同伴で，$\chi_{\widetilde{\Pi}_{\boldsymbol{\lambda}}}|_{\widetilde{\mathfrak{C}}_n}$ は ($L^2(\widetilde{\mathfrak{S}}_n)$ で) 互いに直交し，$\|\chi_{\widetilde{\Pi}_{\boldsymbol{\lambda}}}|_{\widetilde{\mathfrak{C}}_n}\|^2 = \frac{1}{2}$ である．したがって，非自己同伴なスピン既約表現 ($\tau_{\boldsymbol{\lambda}}$ と呼ぶ) で，$\tau_{\boldsymbol{\lambda}}|_{\widetilde{\mathfrak{C}}_n} = \chi_{\widetilde{\Pi}_{\boldsymbol{\lambda}}}|_{\widetilde{\mathfrak{C}}_n}$ となるものを 1 回は含む．

(ii) $\{\tau_{\boldsymbol{\lambda}}\,;\, \boldsymbol{\lambda} \in SP_n^-\}$ が非自己同伴なスピン既約表現の完全代表系を与える．

証明 (i) 定理 5.2.8 (i) により，非自己同伴なスピン既約表現 π とその同伴表現 $\mathrm{sgn}\cdot\pi$ の同値類の組 $[\pi]_{\mathrm{ass}} = \{[\pi], [\mathrm{sgn}\cdot\pi]\}$ の個数 $|(\widetilde{\mathfrak{S}}_n)^{\wedge\,\mathrm{spin}}_{\mathrm{nsa}}|/2$ は $u_n = |SP_n^-|$ である．

$\boldsymbol{\lambda} = (\lambda_1, \lambda_2, \cdots, \lambda_m) \in SP_n^-$ に対し，$f_{\boldsymbol{\lambda}} := \chi_{\widetilde{\Pi}_{\boldsymbol{\lambda}}}|_{\widetilde{\mathfrak{C}}_n}$ とおくと，$\sigma' \in \widetilde{\Xi}_{\boldsymbol{\lambda}}$ に対し，表 5.4.1 より，

$$f_{\boldsymbol{\lambda}}(\sigma') = \pm i^{(n-l(\boldsymbol{\lambda})-1)/2}\sqrt{\lambda_1\lambda_2\cdots\lambda_m/2},$$
$$\therefore\ |f_{\boldsymbol{\lambda}}(\sigma')|^2 = \lambda_1\lambda_2\cdots\lambda_m/2.$$

そして，表 5.4.2 より，関数 $f_{\boldsymbol{\lambda}}$ の台は $\widetilde{\Xi}_{\boldsymbol{\lambda}}^{\widetilde{\mathfrak{S}}_n}$ である．

他方，$\sigma'_{\boldsymbol{\lambda}} \in \widetilde{\Xi}_{\boldsymbol{\lambda}}$ をとれば，$\widetilde{\mathfrak{S}}_n$ の下で，$\sigma'_{\boldsymbol{\lambda}} \not\sim z_1\sigma'_{\boldsymbol{\lambda}}$ (表 5.2.1 参照)．よって，$\widetilde{\Xi}_{\boldsymbol{\lambda}} = [\sigma'_{\boldsymbol{\lambda}}]_{\widetilde{\mathfrak{S}}_n} \sqcup [z_1\sigma'_{\boldsymbol{\lambda}}]_{\widetilde{\mathfrak{S}}_n}$．さらに，$\sigma'_{\boldsymbol{\lambda}}$ の $\widetilde{\mathfrak{S}}_n$ での中心化群の位数は，$\sigma_{\boldsymbol{\lambda}}$ の $\mathfrak{S}_n$ での中心化群の位数 $\lambda_1\lambda_2\cdots\lambda_m$ に等しく，

$$|[\sigma'_{\boldsymbol{\lambda}}]_{\widetilde{\mathfrak{S}}_n}| = |[z_1\sigma'_{\boldsymbol{\lambda}}]_{\widetilde{\mathfrak{S}}_n}| = n!/(\lambda_1\lambda_2\cdots\lambda_m) \qquad (\boldsymbol{\lambda} \in SP_n^-). \tag{5.5.1}$$

ゆえに $\|\chi_{\widetilde{\Pi}_{\boldsymbol{\lambda}}}|_{\widetilde{\mathfrak{C}}_n}\|^2 = \dfrac{1}{2n!}\cdot|f_{\boldsymbol{\lambda}}(\sigma')|^2\cdot\dfrac{2n!}{\lambda_1\lambda_2\cdots\lambda_m} = \dfrac{1}{2}$.

(ii) $f_{\boldsymbol{\lambda}}$ の台 $\widetilde{\Xi}_{\boldsymbol{\lambda}}^{\widetilde{\mathfrak{S}}_n}$ は $\boldsymbol{\lambda} \in SP_n^-$ に渡って互いに素，なので，$\chi_{\widetilde{\Pi}_{\boldsymbol{\lambda}}}|_{\widetilde{\mathfrak{C}}_n}$ たちは互いに直交している．これにより，定理の後半が示される． □

注 5.5.1　第 8 章における記号では，非自己同伴スピン既約表現 $\tau_{\boldsymbol{\lambda}}$, $\mathrm{sgn}\cdot\tau_{\boldsymbol{\lambda}}$ は，都合によりそれぞれ，$\tau_{\boldsymbol{\lambda},1}$，$\tau_{\boldsymbol{\lambda},-1}$ と書かれる．

5.5.2　今後の見通し

$\boldsymbol{\lambda}\in SP_n^-$ に対して，$\widetilde{\Pi}_{\boldsymbol{\lambda}}^0 := \widetilde{\Pi}_{\boldsymbol{\lambda}}\ominus\tau_{\boldsymbol{\lambda}}$ を $\widetilde{\Pi}_{\boldsymbol{\lambda}}$ から $\tau_{\boldsymbol{\lambda}}$ 1 個を引いたものとすると，その指標は $\widetilde{\mathfrak{C}}_n$ 上では 0 になる．したがって，$\widetilde{\Pi}_{\boldsymbol{\lambda}}^0$ は自己同伴既約表現 π および非自己同伴既約表現の対 $\pi\oplus(\mathrm{sgn}\cdot\pi)$ の有限個の直和である．$\widetilde{\Pi}_{\boldsymbol{\lambda}}$ の指標は具体的に求められているので，スピン既約表現 $\tau_{\boldsymbol{\lambda}}$ の指標を求めるには，それから $\widetilde{\Pi}_{\boldsymbol{\lambda}}^0$ の指標を引き去ればればよい．$\boldsymbol{\lambda}$ に適当な順序を付けて，逐次的にやっていけばできるだろうか？

$\boldsymbol{\lambda}\in SP_n^+$ に対して，$\widetilde{\Pi}_{\boldsymbol{\lambda}}$ は自己同伴なので，その指標は $\widetilde{\mathfrak{C}}_n$ 上では 0 であり，その既約分解は，上の $\widetilde{\Pi}_{\boldsymbol{\lambda}}^0$ $(\boldsymbol{\lambda}\in SP_n^-)$ と同様の性質を持つ．したがって，$\boldsymbol{\lambda}\in SP_n^-$ の場合と異なって，$\widetilde{\mathfrak{C}}_n$ 上の指標値によって，$\widetilde{\Pi}_{\boldsymbol{\lambda}}$ の特定の既約成分を取り出すことは出来ない．しかしながら，定理 5.2.8 (i) により，自己同伴なスピン既約表現の同値類の個数は $g_n=|SP_n^+|$ に等しい．それは丁度 $\widetilde{\Pi}_{\boldsymbol{\lambda}}$ $(\boldsymbol{\lambda}\in SP_n^+)$ の個数に等しい．

そこで，何とかして，$\widetilde{\Pi}_{\boldsymbol{\lambda}}$ のある特定の既約成分 $\tau_{\boldsymbol{\lambda}}$ を取り出して，$\{\tau_{\boldsymbol{\lambda}}\,;\,\boldsymbol{\lambda}\in SP_n^+\}$ により，同値類 $(\widetilde{\mathfrak{S}}_n)^{\wedge\,\mathrm{spin}}_{\mathrm{sa}}$ の完全代表系が作れるのではないかとの希望的観測が出てくる．

この希望的観測を実際に実現してしまったのが Schur [Sch4] である．彼は，スピン既約表現 $\tau_{\boldsymbol{\lambda}}$ $(\boldsymbol{\lambda}\in SP_n)$ 全体の記述およびその指標の具体的表示も完全に求めたのだが，そこに出てくる発想や洞察力，それらを現実化させる計算力には感嘆のほかなく全く頭が下がる．これらについては次章で詳しく述べる．

閑話休題 5.5.1　Schur の射影表現三部作の最初の論文 [Sch1] のタイトルは，“Über die Darstellung der endlichen Gruppen durch gebrochene lineare Substitutionen”（一次分数変換による有限群の表現について）である．それは何ものかというと，有限群 $\mathfrak{H}$ の元 A に対して，射影空間 $\boldsymbol{P}^{d-1}(\boldsymbol{C})$ 上の分数変換，すなわち，$d-1$ 個の変数の一次分数変換 $(y_1,y_2,\cdots,y_{d-1})\to(x_1,x_2,\cdots,x_{d-1})$

$$x_i=\frac{a_{i1}y_1+\cdots+a_{i,d-1}y_{d-1}+a_{id}}{a_{d1}y_1+\cdots+a_{d,d-1}y_{d-1}+a_{dd}}\quad(1\le i\le d-1), \tag{5.5.2}$$

が対応していて，これを $\{A\}$ と書くと，条件 $\{A\}\{B\}=\{AB\}$ $(A,B\in\mathfrak{H})$ を要求し

たものである．これは，現在の言い方では "$\mathfrak{H} \ni A \mapsto \{A\} \in PGL(d, \boldsymbol{C})$ の準同型" である．この論文の序の頭（あたま）で，「射影表現」の研究を（世界で初めて）開始した動機について（意訳すると）次のように書いている．

> 一般線形群 $GL(n, \boldsymbol{C})$ $(n > 1)$ に含まれる有限群をすべて決定する問題は代数学の最も難しい問題に属する．そして，現在，完全な結果が得られているのは，ただ $n = 2, 3$ の場合だけである．一般的な場合には，単に，かかる有限群の同型類が有限である，ということが知られているだけで，かかる群を特徴づける性質に付いては何の見通しもついていない．
>
> この問題を裏返してみると，ある意味で，次の課題に行き着く：
> "ある与えられた，位数 h の群 $\mathfrak{H}$ に対し，それと同型もしくは準同型になる h 個の線形変換（または一次分数変換）からなる群を見付けよ，あるいは，人の言う如く，群 $\mathfrak{H}$ の線形変換による表現を決定せよ．"

この意味においては，表現 π よりもむしろその像 $\pi(\mathfrak{H})$ の方に重点がある．すると，$\mathfrak{H} = \mathfrak{S}_n$ に対して，表現 π を一次分数変換による（射影）表現として捉えるかぎり，π とその同伴表現 $\mathrm{sgn}\cdot\pi$ とは同じ像を持つので，Schur が彼の論文 [Sch4] において，同値関係 $\overset{\mathrm{ass}}{\sim}$ を（単なる同値関係 $\sim$ よりも）優先しているのは，当然の成り行きである．

射影表現 π, $\dim\pi = d$, に対し，行列 $\pi(\sigma')$ に分数変換 $\pi(\sigma')^{\sim}$ を対応させる：

$$
\begin{aligned}
&\widetilde{\mathfrak{S}}_n \ni \sigma' \ \mapsto\ \pi(\sigma') = (a_{\lambda\mu})_{1\le\lambda,\mu\le d} \ \to \\
&\pi(\sigma')^{\sim}:\ \ x_i = \frac{a_{i1}y_1 + \cdots + a_{i,d-1}y_{d-1} + a_{id}}{a_{d1}y_1 + \cdots + a_{d,d-1}y_{d-1} + a_{dd}} \quad (1 \le i \le d-1).
\end{aligned}
$$

そしてその像 $\{\pi(\sigma')^{\sim}\,;\,\sigma' \in \widetilde{\mathfrak{S}}_n\}$ に注目せよ，という Schur の力点の置き方からすれば **"同じ分数変換の像を与えるもののうち 1 つだけを記載する"** というのは，当然である．

我々は，本章と次章（第 5~6 章）で Schur の流れに沿って，議論を進めているので，スピン既約表現の記号を $\tau_{\boldsymbol{\lambda}}$ $(\boldsymbol{\lambda} \in SP_n)$ としている．これは上の注 5.5.1 に述べたように，第 7 章での記号 $\tau_{\boldsymbol{\lambda},\gamma}$ $(\boldsymbol{\lambda} \in SP_n,\ \gamma = \pm 1)$ で言えば，$\tau_{\boldsymbol{\lambda},1}$ であり，これらは丁度同値関係 $\overset{\mathrm{ass}}{\sim}$ の下でのスピン双対 $(\widetilde{\mathfrak{S}}_n)^{\wedge\,\mathrm{spin}}/\overset{\mathrm{ass}}{\sim}$ の完全代表系になっている（記号 5.2.2 および定理 6.1.12 参照）．

第 6 章

$\widetilde{\mathfrak{S}}_n$ のスピン既約表現とその指標

Schur はスピン表現三部作の第 3 論文 [Sch4, 1911] の VIII 章（§§31–34）で，$\mathfrak{S}_n$ の表現群 $\mathfrak{T}_n$ のスピン既約表現の分類を完成させた．ついで，IX–X 章（§§35–41）において，$\mathfrak{T}_n$ のスピン既約表現の指標（の $\widetilde{\mathfrak{A}}_n$ 上の）値および副指標の値の具体的な表示を与えている．1907 年に三部作 [Sch1], [Sch2], [Sch4] の第 2 論文を出してから 4 年の歳月が経っているが，ともかく長年かかっての 101 頁にもおよぶ長大な労作であり，しかもコンパクトに書かれているので，細部を補うなどしながら読み砕ていくのは大変である．

そこで，多くの数学者が（Schur の後，半世紀以上の空白を経て），新しい概念を導入したりしながら，このスピン指標の理論を再構築しようと努力して，何通りかのやり方を論文にまとめた．しかし基本的な方針は相変わらず原論文 [Sch4] から離れられていないのではないか，と思われる．ここでは，原論文のやり方に，より忠実で，使う原理も基本的な，「既約指標の直交性」とよばれる下の 2 つ

(1) 既約指標はノルム 1 である；

(2) 同値でない 2 つの既約指標は互いに直交する；

にほぼ限られている，Józefiak [Józ] の取り扱いが気に入ったので，それを元にしてできるだけ分かり易く詳しく解説しよう．

6.1 $\widetilde{\mathfrak{S}}_n$ のスピン基本表現とスピン指標のなす環

$\widetilde{\mathfrak{S}}_n$ のスピン基本表現 $\widetilde{\Pi}_{\boldsymbol{\lambda}} = \mathrm{Ind}_{\widetilde{\mathfrak{S}}_{\boldsymbol{\lambda}}}^{\widetilde{\mathfrak{S}}_n} \Delta'_{\boldsymbol{\lambda}}$ $(\boldsymbol{\lambda} \in P_n)$ のうちから，とくに $\boldsymbol{\lambda}$ が厳格分割のものばかりを拾ってきて，それを用いる．勿論それだけで十分かどうかはやってみなければ分からないが，一応の（希望的）観測は前章末の「今後の見通し」の項で述べたとおりである．

6.1.1 P_n での部分的逆辞書式順序と $\widetilde{\Pi}_{\boldsymbol{\lambda}}$ ($\boldsymbol{\lambda} \in P_n$) の順序

◆ **SP_n での逆辞書式順序**. n の分割全体 P_n の中にはいわゆる辞書式順序が入れられる．それを $\le, <$ で表す．他方，今後の議論で「逐次的手続き」が頻繁に出てくるが，そのときに用いる順序は SP_n における**逆辞書式順序**である．さらに，$P_n \setminus SP_n$ の元をすべて SP_n のうしろに勝手な順序でくっつけて P_n までこの順序を拡大し，それを $\preccurlyeq', \prec'$ で表す．ここで，順序記号に $'$（プライム）を付加したのは，**1.3.6** 小節で (1.3.30) により，P_n に導入した（完全）逆辞書式順序 $\preccurlyeq$, $\prec$ と区別するためである（閑話休題 1.3.2 参照).

SP_n のはじめの何項かを $n \ge 9$ のときに書いてみると次の様になる：

(6.1.1) $(n) \prec' (n{-}1,1) \prec' (n{-}2,2) \prec' (n{-}3,3) \prec' (n{-}3,2,1) \prec' (n{-}4,4) \prec' \cdots$

P_n の完全逆辞書式順序 $\preccurlyeq$ による図 (1.3.31) と比較してその違いに留意されたし．

SP_n の元を順序 $\preccurlyeq'$ に関して一列に並べて，それに番号 $1, 2, \cdots, v_n$ を付ける：

$$\boldsymbol{\lambda}^1 \prec' \boldsymbol{\lambda}^2 \prec' \cdots \prec' \boldsymbol{\lambda}^{v_n} \qquad (v_n = |SP_n| = |OP_n|).$$

$\boldsymbol{\lambda}^k$ とその番号 k とを同一視し，それらの最初に数字 0 を加えたものを J とおき，これを添字集合として使う：$J = \{0\} \sqcup \boldsymbol{I}_{v_n}$.

問題 6.1.1 SP_n の順序 $\preccurlyeq'$ に関する最後の元（v_n 番目の元）$\boldsymbol{\lambda}^{v_n}$ の具体形を与えよ．

ヒント． $\boldsymbol{\lambda}^{v_n}$ は $(l, l{-}1, \cdots, p\,, p{-}2, \cdots, 2, 1)$ の形である．l と p を算出する式は

$$n = \frac{l+p}{2}\,(l-p+1) + \frac{p-1}{2}\,(p-2) = \frac{l(l+1)}{2} - (p-1).$$

◆ **SP_n とシフトヤング図形**. 厳格分割 $\boldsymbol{\lambda} = (\lambda_j)_{j \in \boldsymbol{I}_m} \in SP_n$ には次のようにして，大きさ n の **シフトヤング（shifted Young）図形** $F_{\boldsymbol{\lambda}}$ が対応する．(x, y)-平面で y 軸を下向きにとり，$(i, j) \in \boldsymbol{Z}^2$ で (i, j) を中心とする単位ボックスを表すとき，

(6.1.2) $$F_{\boldsymbol{\lambda}} := \{(i, j)\,;\ j \le i \le \lambda_j + (j-1)\}.$$

これは第 8 章で，$\widetilde{\mathfrak{S}}_n$ のスピン既約表現を行列の形で実現するときに用いられる．また $\widetilde{\mathfrak{S}}_n \downarrow \widetilde{\mathfrak{S}}_{n-1}$ の既約表現の分岐律を記述するのにも用いられる．

$F_{\boldsymbol{\lambda}}$

$\boldsymbol{\lambda} = (4,3,2)$

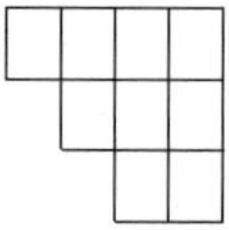

$F_{\boldsymbol{\lambda}_1}$

$\boldsymbol{\lambda}_1 = (6,4,2)$

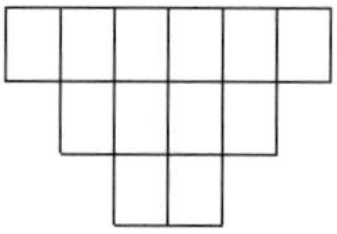

図 6.1.1　シフトヤング図形.

記号 6.1.1　$\boldsymbol{\lambda} \in SP_n$ はシフトヤング図形 $F_{\boldsymbol{\lambda}}$ で表される．$\boldsymbol{Y}^{\mathrm{sh}}$ をシフトヤング図形全体の集合とする．サイズ n の $F_{\boldsymbol{\lambda}}$ の全体を $\boldsymbol{Y}_n^{\mathrm{sh}}$ とすると，

$$\boldsymbol{Y}^{\mathrm{sh}} = \bigsqcup_{n \geqslant 1} \boldsymbol{Y}_n^{\mathrm{sh}}. \tag{6.1.3}$$

$\boldsymbol{Y}^{\mathrm{sh}}$ はとりあえずは，標準的スピン基本表現 $\widetilde{\Pi}_{\boldsymbol{\lambda}} = \mathrm{Ind}_{\widetilde{\mathfrak{S}}_{\boldsymbol{\lambda}}}^{\widetilde{\mathfrak{S}}_n} \Delta'_{\boldsymbol{\lambda}}$ に対応するパラメーター空間（の一部）であるが，これからあとで見るように，各 $\widetilde{\Pi}_{\boldsymbol{\lambda}}$ の（トップの）既約成分 $\pi_{\boldsymbol{\lambda}}$ を取ることによって，$\boldsymbol{Y}_n^{\mathrm{sh}}$ は $\widetilde{\mathfrak{S}}_n$ のスピン既約表現の $\overset{\mathrm{ass}}{\sim}$ 同値類に対応するパラメーター空間であることが分かる．すなわち，$\{\pi_{\boldsymbol{\lambda}},\ \mathrm{sgn}\cdot\pi_{\boldsymbol{\lambda}}\}$, $\boldsymbol{\lambda} \in \boldsymbol{Y}_n^{\mathrm{sh}}$, が（$\pi_{\boldsymbol{\lambda}} \overset{\mathrm{ass}}{\sim} \mathrm{sgn}\cdot\pi_{\boldsymbol{\lambda}}$ の関係を法として）スピン既約表現の完全代表系となる．$\pi_{\boldsymbol{\lambda}}$, $\mathrm{sgn}\cdot\pi_{\boldsymbol{\lambda}}$ の間の同値，非同値，なども $\boldsymbol{\lambda}$ によって記述される．$n = 1,2,3$ に対しては，$\widetilde{\mathfrak{S}}_n = Z_1 \times \mathfrak{S}_n$, $Z_1 = \{e, z_1\}$, であるが，そのスピン既約表現については，例 5.1.2 と注 5.1.3，5.1.4 (p.153) を参照せよ．

◆ 標準的スピン基本表現 $\widetilde{\Pi}_{\boldsymbol{\lambda}}$ の間の順序.

スピン基本表現の集合 $\{\widetilde{\Pi}_{\boldsymbol{\lambda}}\,;\, \boldsymbol{\lambda} \in P_n\}$ に $\boldsymbol{\lambda}$ の順序 $\preccurlyeq'$ をそのまま導入する．一番最初の元は $\widetilde{\Pi}_{(n)} = \Delta'_n$ である．$\widetilde{\Pi}_{\boldsymbol{\lambda}}$ の定義を (5.3.5)–(5.3.6) から引用すると，

$$\widetilde{\Pi}_{\boldsymbol{\lambda}} = \mathrm{Ind}_{\widetilde{\mathfrak{S}}_{\boldsymbol{\lambda}}}^{\widetilde{\mathfrak{S}}_n} \Delta'_{\boldsymbol{\lambda}}, \quad \Delta'_{\boldsymbol{\lambda}} = \Delta'_{\lambda_1} \widehat{*}\, \Delta'_{\lambda_2} \widehat{*} \cdots \widehat{*}\, \Delta'_{\lambda_m}. \tag{6.1.4}$$

ところで，**4.4** 節で述べたように，$(\Delta'_{\lambda_j})_{j \in \boldsymbol{I}_m}$ に対する演算記号 $\widehat{*}$ には（テンソル積記号 $\otimes$ の場合と違って）結合律が成立しない．しかしながら，歪中心積表現の同値類 $[\Delta'_{\lambda_1} \widehat{*}\, \Delta'_{\lambda_2} \widehat{*} \cdots \widehat{*}\, \Delta'_{\lambda_m}]$ をとれば，結合律が成立する（命題 4.4.1）．表現の同値類とその指標とが 1-1 に対応しているので，以下では指標を使って話を展開しよう．

P_n の順序 $\preccurlyeq'$ の定義から分かるように，今後大事なのははじめの方の $\{\widetilde{\Pi}_{\boldsymbol{\lambda}}\,;\, \boldsymbol{\lambda} \in SP_n\}$ の部分だけであって，その後ろにくっつけてある $\boldsymbol{\lambda} \in P_n \setminus SP_n$ の部分は実はどうでもよいことが結果として分かる（Schur [Sch4] では，これらはコメント無しに無視されている）．したがって，一般項は $\boldsymbol{\lambda} = (\lambda_j)_{j \in \boldsymbol{I}_m} \in SP_n$: $\lambda_1 > \lambda_2 > \cdots > \lambda_m > 0$, に対する $\widetilde{\Pi}_{\boldsymbol{\lambda}}$, として話を進めてよい．

6.1.2 スピン指標を部分群 $\widetilde{\mathfrak{A}}_n$ 上に制限したものが生成する環

$\widetilde{R}_n^-$ を $\widetilde{\mathfrak{S}}_n$ のスピン既約表現の指標の全体とし，$\widetilde{R}^- := \bigsqcup_{n\geqslant 1}\widetilde{R}_n^-$ とおく．$K = \boldsymbol{Z}, \boldsymbol{Q}, \boldsymbol{C}$ に対して，$\widetilde{R}_{n,K}^-$, $\widetilde{R}_K^-$ をそれぞれ $\widetilde{R}_n^-$, $\widetilde{R}^-$ の K-線形結合の全体とする．$\widetilde{R}_{n,\boldsymbol{C}}^-$ を $\widetilde{\mathfrak{S}}_n$ 上の関数空間としてみれば，次の性質を持つ $\boldsymbol{C}$ 値関数 f の全体である．

($\widetilde{\mathrm{R}}$1) f はスピン関数である，すなわち，$f(z_1\sigma') = -f(\sigma')$ $(\sigma' \in \widetilde{\mathfrak{S}}_n)$,

($\widetilde{\mathrm{R}}$2) f は不変関数（中心的関数，類関数ともいう）である：

$$\iota(\tau')f = f\ (\tau' \in \widetilde{\mathfrak{S}}_n), \quad (\iota(\tau')f)(\sigma') = f(\tau'\sigma'{\tau'}^{-1})\ (\sigma' \in \widetilde{\mathfrak{S}}_n).$$

4.5.3 小節の指標公式で見たように，指標の歪中心積 $f = f_1 \widehat{*} f_2 \widehat{*} \cdots \widehat{*} f_m$, $f_j = \chi_{\pi_j}$, においては奇元集合 $\widetilde{\mathfrak{C}}_n$ 上の値 $f|_{\widetilde{\mathfrak{C}}_n}$ に関しては，その記述は複雑で一筋縄ではいかないが，自己同伴な π_j の副指標 δ_{π_j} までを用いた具体的表示はよく解っている．しかし，それは非常に使いにくい．そこで，我々は，次の方針をとる．

方針　偶元集合上の値 $f|_{\widetilde{\mathfrak{A}}_n}$ のみに注目する．その際に，$\widetilde{R}_{n,K}^-$, $\widetilde{R}_K^-$ における積構造 $\widehat{*}$ は自然なので，そのまま移行させる．

この方針を採用すると，複雑さを避けられるという有利さがあるが，さらに次の様な積極的な理由もある．

積極的理由　すでにスピン既約指標の奇元集合上の値は前章において決定済みなので，我々の本章での目的は偶元集合 $\widetilde{\mathfrak{A}}_n$ 上の値を決定することである．そのためには，指数 2 の正規部分群 $\widetilde{\mathfrak{A}}_n$ $(n \geq 1)$ 上の「スピン不変関数の空間に良い積構造を入れて代数を作り」それを取り扱う理論を作ればよい．

◆ **制限写像 $\widetilde{R}_{n,K}^- \ni f \mapsto f|_{\widetilde{\mathfrak{A}}_n}$ について．**

$\widetilde{\mathfrak{S}}_n$ のスピン既約表現 π に対して，$\psi_\pi := \chi_\pi|_{\widetilde{\mathfrak{A}}_n}$ とおく．π が自己同伴（したがって $\pi|_{\widetilde{\mathfrak{A}}_n} \cong \rho \oplus \rho'$, $\rho' = {}^{\kappa'}\rho$, $\kappa' \notin \widetilde{\mathfrak{A}}_n$, ρ, ρ' は $\widetilde{\mathfrak{A}}_n$ の既約表現）のとき，$\pi_{\mathrm{ass}} := \pi$,

$$\psi_\pi := \chi_\pi|_{\widetilde{\mathfrak{A}}_n} = \chi_{\pi_{\mathrm{ass}}}|_{\widetilde{\mathfrak{A}}_n} = \chi_\rho + \chi_{({}^{\kappa'}\rho)}, \tag{6.1.5}$$

とおくと，$\|\psi_\pi\|^2_{L^2(\widetilde{\mathfrak{A}}_n)} = 2$, $L^2(\widetilde{\mathfrak{A}}_n) = L^2(\widetilde{\mathfrak{A}}_n, \mu_{\widetilde{\mathfrak{A}}_n})$, である．$\pi$ が非自己同伴（したがって $\pi|_{\widetilde{\mathfrak{A}}_n} = \rho$ が既約）であるとき，$\pi_{\mathrm{ass}} := \pi \oplus (\mathrm{sgn}\cdot\pi)$ とおけば，これは自

己同伴になる： $\chi_{\pi_{\mathrm{ass}}}|_{\widetilde{\mathfrak{C}}_n} = 0$. 偶元集合 $\widetilde{\mathfrak{A}}_n$ 上だけの情報を取って，

$$\psi_\pi := \chi_\pi|_{\widetilde{\mathfrak{A}}_n} = 2^{-1}\chi_{\pi_{\mathrm{ass}}}|_{\widetilde{\mathfrak{A}}_n} = \chi_\rho \tag{6.1.6}$$

とおくと，$\|\psi_\pi\|^2_{L^2(\widetilde{\mathfrak{A}}_n)} = 1$, である．

ψ_π は $\widetilde{\mathfrak{A}}_n$ 上で定義されたのであるが，$\widetilde{\mathfrak{C}}_n = \widetilde{\mathfrak{S}}_n \setminus \widetilde{\mathfrak{A}}_n$ 上で 0 とおいて，$\widetilde{\mathfrak{S}}_n$ 上に拡張したものを $\widetilde{\psi_\pi}$ で表す．$\widetilde{\mathfrak{A}}_n$ 上の一般のスピン関数 ψ についても，同様に $\widetilde{\mathfrak{S}}_n$ に拡張したものを $\widetilde{\psi}$ で表す．

補題 4.5.6 から次の補題を得る．

命題 6.1.1　$\widetilde{\mathfrak{S}}_n$ のスピン既約表現 π に対し，$\psi_\pi = \chi_\pi|_{\widetilde{\mathfrak{A}}_n}$ とし，π が自己同伴，非自己同伴にしたがって，$\varepsilon(\pi) := 0, 1$ とおく ((6.1.16) 式での $\varepsilon(\boldsymbol{\mu})$ の定義を参照)．$\widetilde{\mathfrak{A}}_n$ 上のスピン不変関数の集合

$$\{2^{(-1+\varepsilon(\pi))/2} \cdot \psi_\pi \,;\, [\pi]_{\mathrm{ass}} \in (\widetilde{\mathfrak{S}}_n)^{\wedge\,\mathrm{spin}}_{\mathrm{ass}}\}$$

は，$\widetilde{\mathfrak{S}}_n$-不変スピン関数のなす $L^2(\widetilde{\mathfrak{A}}_n) = L^2(\widetilde{\mathfrak{A}}_n, \mu_{\widetilde{\mathfrak{A}}_n})$ の部分空間の正規直交基底をなす．また，$\{\frac{1}{\sqrt{2}}\delta_\pi \,;\, \pi \in \Omega^{\mathrm{sa}}(\widetilde{\mathfrak{S}}_n)\}$ を付加すれば，$\widetilde{\mathfrak{A}}_n$-不変スピン関数のなす $L^2(\widetilde{\mathfrak{A}}_n)$ の部分空間の正規直交基底となる．　□

$\boldsymbol{\lambda} = (\lambda_j)_{j\in \boldsymbol{I}_m}$ に対する Schur-Young 部分群 $\widetilde{\mathfrak{S}}_{\boldsymbol{\lambda}} = \widetilde{\mathfrak{S}}_{\lambda_1} \widehat{*} \widetilde{\mathfrak{S}}_{\lambda_2} \widehat{*} \cdots \widehat{*} \widetilde{\mathfrak{S}}_{\lambda_m}$ とそのスピン既約表現 $\pi_{\boldsymbol{\lambda}} = \pi_1 \widehat{*} \pi_2 \widehat{*} \cdots \widehat{*} \pi_m$ (π_j は $\widetilde{\mathfrak{S}}_{\lambda_j}$ のスピン既約表現) について，偶元集合上で指標について調べよう．なおこの際に，次のような記号を導入する．φ_j を $\widetilde{\mathfrak{S}}_{\lambda_j}$ 上のスピン関数とすると，$\varphi := \varphi_1 \circ \varphi_2 \circ \cdots \circ \varphi_m$ により，$\widetilde{\mathfrak{S}}_{\boldsymbol{\lambda}}$ 上のスピン関数

$$\varphi(\sigma'_1\sigma'_2\cdots\sigma'_m) := \varphi_1(\sigma'_1)\varphi_2(\sigma'_2)\cdots\varphi_m(\sigma'_m) \quad (\sigma'_j \in \widetilde{\mathfrak{S}}_{\lambda_j}), \tag{6.1.7}$$

を表す．この場合，各 $\widetilde{\mathfrak{S}}_{\lambda_j} \subset \widetilde{\mathfrak{S}}_{\boldsymbol{\lambda}}$ は共通の中心元 z_1 を持っているので，

$$\varphi_1(\sigma'_1)\varphi_2(\sigma'_2) = \varphi_1(z_1\sigma'_1)\varphi_2(z_1\sigma'_2)$$

等々となっているので，これを気にしての積記号 $\circ$ である．

$m = 2$ とし，$S' := S'_1 \widehat{*} S'_2$, $S'_j := \widetilde{\mathfrak{S}}_{\lambda_j}$, の歪中心積表現 $\pi = \pi_1 \widehat{*} \pi_2$ をとる．S', S'_j の偶元集合，奇元集合をそれぞれ B', B'_j, C', C'_j と書くと，$B' = B'_1B'_2 \cup C'_1C'_2$. 指標 χ_π の B' 上への制限 ψ_π は，定理 4.5.3 の指標公式 (4.5.3) で次のように与えられる．$s = s(\pi_1, \pi_2)$ を π_1, π_2 のうちで非自己同伴なものの個

数とする．

指標公式 (*) $\sigma' = \sigma'_1\sigma'_2 \in \widetilde{\mathfrak{A}}_{\boldsymbol{\lambda}}$, $\sigma'_j \in \widetilde{\mathfrak{S}}_{\lambda_j}$, として，

$$(6.1.8) \qquad \chi_\pi(\sigma'_1\sigma'_2) := \begin{cases} 2^{[s/2]} \cdot \chi_{\pi_1}(\sigma'_1)\,\chi_{\pi_2}(\sigma'_2), & \sigma'_j \in B'_j \ (j=1,2) \text{ のとき}, \\ 0, & \sigma'_j \in C'_j \ (j=1,2) \text{ のとき}. \end{cases}$$

命題 6.1.2 $\pi = \pi_1 \widehat{*} \pi_2$ に対して，$\widetilde{\psi}_\pi = 2^{[s(\pi_1,\pi_2)/2]} \cdot \widetilde{\psi}_{\pi_1} \circ \widetilde{\psi}_{\pi_2}$, すなわち，

$$\widetilde{\psi}_\pi(\sigma'_1\sigma'_2) := \begin{cases} 2^{[s/2]}\,\psi_{\pi_1}(\sigma'_1)\psi_{\pi_2}(\sigma'_2), & \sigma'_j \in B'_j \ (j=1,2) \text{ の場合}, \\ 0, & \text{その他の場合}. \end{cases}$$

◆ **代数 $\widetilde{R}^-_K = \bigsqcup_{n\geqslant 1} \widetilde{R}^-_{n,K}$ の制限写像による像.**

$$(6.1.9) \qquad R^{\rm ass}_n := \{\psi_\pi\ ;\ [\pi]_{\rm ass} \in (\widetilde{\mathfrak{S}}_n)^{\wedge\,\rm spin}_{\rm ass}\}, \quad R^{\rm ass} := \bigsqcup_{n\geqslant 1} R^{\rm ass}_n,$$

とおく．$R^{\rm ass}_n$ は $\widetilde{\mathfrak{S}}_n$ の既約指標の偶元集合 $\widetilde{\mathfrak{A}}_n$ 上の値を取り扱っている．$K = \boldsymbol{Z}, \boldsymbol{Q}, \boldsymbol{C}$ に対して，$R^{\rm ass}_{n,K}$, $R^{\rm ass}_K$ は K 上の一次結合全体とする．

$R^{\rm ass}_{n,\boldsymbol{C}}$ は $\widetilde{\mathfrak{A}}_n$ 上の関数空間としてみれば，次の性質 (R1), (R2) を持つ $\boldsymbol{C}$ 値関数 φ の全体である．$\widetilde{\mathfrak{A}}_n$ の自己同型の群として，$I(\widetilde{\mathfrak{A}}_n;\widetilde{\mathfrak{S}}_n) := \{\iota(\tau')|_{\widetilde{\mathfrak{A}}_n} ; \tau \in \widetilde{\mathfrak{S}}_n\}$ をとる．記号の節約のために，$\iota(\tau')|_{\widetilde{\mathfrak{A}}_n}$ をまた $\iota(\tau')$ とも書く．

(R1) φ はスピン関数である： $\varphi(z_1\sigma') = -\varphi(\sigma')$ $(\sigma' \in \widetilde{\mathfrak{A}}_n)$,

(R2) φ は $I(\widetilde{\mathfrak{A}}_n;\widetilde{\mathfrak{S}}_n)$-不変である： $\iota(\tau')\varphi = \varphi$ $\quad (\tau' \in \widetilde{\mathfrak{S}}_n)$.

補題 6.1.3 $I(\widetilde{\mathfrak{A}}_n;\widetilde{\mathfrak{S}}_n) = {\rm Int}(\widetilde{\mathfrak{A}}_n) \bigsqcup \iota(r_1){\rm Int}(\widetilde{\mathfrak{A}}_n) \quad (n \geq 3)$.

ここに，${\rm Int}(\widetilde{\mathfrak{A}}_n)$ は $\widetilde{\mathfrak{A}}_n$ の内部自己同型全体のなす群を表す．

証明 $\iota(r_1) \in {\rm Int}(\widetilde{\mathfrak{A}}_n)$ と仮定する．$\tau' \in \widetilde{\mathfrak{A}}_n$ が存在して，$\iota(r_1)\sigma' = \iota(\tau')\sigma'$ $(\forall\sigma' \in \widetilde{\mathfrak{A}}_n)$ となるので，$\kappa' = r_1^{-1}\tau'$ は $\widetilde{\mathfrak{A}}_n$ の各元と可換である．底の群 $\mathfrak{A}_n \subset \mathfrak{S}_n$ に落として考えると，（自然準同型 $\Phi_{\mathfrak{S}} : \widetilde{\mathfrak{S}}_n \to \mathfrak{S}_n$ による像は肩付きプライム "$\,'\,$" を外すことにして）$\kappa\sigma = \sigma\kappa$ $(\forall\sigma \in \mathfrak{A}_n)$. 偶元 σ として最長の巡回置換をとってみる．n が奇のときは，$\sigma = (1\,2\,\cdots\,n)$ をとると，$\kappa\sigma = \sigma\kappa$ から $\kappa \in \langle\sigma\rangle$ を得る．κ は奇元なので，これは不可能．n が偶のときは，$\sigma = (1\,2\,\cdots\,n{-}1)$, $(2\,3\,\cdots\,n), \cdots,$ をとる．上とほぼ同様に議論して奇元 κ の存在不可能が分かる． □

$\widetilde{\Pi}_{(n)} = \Delta'_n$ の指標を $\widetilde{\mathfrak{A}}_n$ に制限したものを記号を簡単化して $\zeta^{(n)}$ と書く：

(6.1.10)
$$\zeta^{(n)} := \chi_{\Delta'_n}|_{\widetilde{\mathfrak{A}}_n}.$$

さらに，$\widetilde{\Pi}_{\boldsymbol{\lambda}} = \mathrm{Ind}_{\widetilde{\mathfrak{S}}_{\boldsymbol{\lambda}}}^{\widetilde{\mathfrak{S}}_n} \Delta'_{\boldsymbol{\lambda}}$ $(\boldsymbol{\lambda} \in P_n)$ の指標を $\widetilde{\mathfrak{A}}_n$ に制限したものを

(6.1.11)
$$\zeta^{\boldsymbol{\lambda}} := \chi_{\widetilde{\Pi}_{\boldsymbol{\lambda}}}|_{\widetilde{\mathfrak{A}}_n} \quad (\boldsymbol{\lambda} \in P_n),$$

とおく．これらは環 $R^{\mathrm{ass}}_{n,\boldsymbol{Z}}$ の元である．

定理 5.3.3, 5.3.4 により，$s(\boldsymbol{\lambda}) = \sharp\{j\,;\,\lambda_j$ 偶 $\}$ の偶奇にしたがって，$\widetilde{\Pi}_{\boldsymbol{\lambda}}$ は自己同伴または非自己同伴である．後に見るように，任意のスピン既約指標は $\widetilde{\Pi}_{\boldsymbol{\lambda}}$ $(\boldsymbol{\lambda} \in SP_n)$ の $\boldsymbol{Z}$ 係数の一次結合で表されるので，$R^{\mathrm{ass}}_{n,\boldsymbol{Z}}$ は $\zeta^{\boldsymbol{\lambda}}$ $(\boldsymbol{\lambda} \in P_n)$ によって張られる．$\bigcup_{n\geqslant 1} R^{\mathrm{ass}}_{n,\boldsymbol{Z}}$ に，対応

$$(\Delta'_{\lambda_j})_{j\in \boldsymbol{I}_m} \longmapsto \widetilde{\Pi}_{\boldsymbol{\lambda}} = \mathrm{Ind}_{\widetilde{\mathfrak{S}}_{\boldsymbol{\lambda}}}^{\widetilde{\mathfrak{S}}_n} \Delta'_{\boldsymbol{\lambda}}, \quad \Delta'_{\boldsymbol{\lambda}} = \Delta'_{\lambda_1} \widehat{*} \Delta'_{\lambda_2} \widehat{*} \cdots \widehat{*} \Delta'_{\lambda_m},$$

をモデルにした演算を導入する．指標の対応 $(\zeta^{\lambda_1}, \zeta^{\lambda_2}, \cdots, \zeta^{\lambda_m}) \mapsto \zeta^{\boldsymbol{\lambda}}$ を演算として見れば，結合律が成立している（命題 4.4.1）ので，われわれの定義も「2 項演算」として与える．

$i = 1, 2$ に対し，π_i を $\widetilde{\mathfrak{S}}_{\lambda_i}$ のスピン既約表現とする．$\varphi_i = \chi_{\pi_i}|_{\widetilde{\mathfrak{A}}_{\lambda_i}}$ とおき，奇元集合 $\widetilde{\mathfrak{S}}_{\lambda_i} \setminus \widetilde{\mathfrak{A}}_{\lambda_i}$ の上で 0 とおいて，$\widetilde{\mathfrak{S}}_{\lambda_i}$ 上に拡張しておく．$\widetilde{\mathfrak{S}}_{\lambda_1} \widehat{*} \widetilde{\mathfrak{S}}_{\lambda_2} \hookrightarrow \widetilde{\mathfrak{S}}_{\lambda_1+\lambda_2}$ を第 **4.1** 節 (4.1.5) 式に示した典型的な埋め込みとする．

定義 6.1.1 ($R^{\mathrm{ass}}_{\boldsymbol{Z}}$ における積) $\widetilde{\mathfrak{S}}_{\lambda_i}$ $(i = 1, 2)$ のスピン既約表現 π_i をとり，$\psi_{\pi_i} = \chi_{\pi_i}|_{\widetilde{\mathfrak{A}}_{\lambda_i}}$ とおく．ψ_{π_i} は $\overset{\mathrm{ass}}{\sim}$ による同値類を決定するので，π_i と $\mathrm{sgn}\cdot\pi_i$ とは ψ_{π_i} からは判別できないが，以下の定義には差し支えがない（指標公式 (*) 参照）．ψ_{π_1} と ψ_{π_2} との積を

(6.1.12)
$$\psi_{\pi_1} * \psi_{\pi_2} := \chi_{\Pi}|_{\widetilde{\mathfrak{A}}_{\lambda_1+\lambda_2}}, \quad \Pi := \mathrm{Ind}_{\widetilde{\mathfrak{S}}_{\lambda_1} \widehat{*} \widetilde{\mathfrak{S}}_{\lambda_2}}^{\widetilde{\mathfrak{S}}_{\lambda_1+\lambda_2}} (\pi_1 \widehat{*} \pi_2),$$

とし，この積を線形に $R^{\mathrm{ass}}_{\boldsymbol{Z}}$ まで拡張する．上式を奇元集合 $\widetilde{\mathfrak{C}}_{\lambda_1+\lambda_2}$ の上で 0 として $\widetilde{\mathfrak{S}}_{\lambda_1+\lambda_2}$ まで拡張した形で書けば（$\psi = \psi_{\pi_1} * \psi_{\pi_2}$ として）

(6.1.13)
$$\widetilde{\psi} = \mathrm{Ind}_{\widetilde{\mathfrak{S}}_{\lambda_1} \widehat{*} \widetilde{\mathfrak{S}}_{\lambda_2}}^{\widetilde{\mathfrak{S}}_{\lambda_1+\lambda_2}} 2^{[s(\pi_1,\pi_2)/2]} (\widetilde{\psi}_{\pi_1} \circ \widetilde{\psi}_{\pi_2})$$

となる．ここに，記号 $\mathrm{Ind}_H^G f$ は，群 G の部分群 H 上の不変関数 f の誘導（定

義 1.2.2）を表す.

（注. 指標公式 (*) により, $\chi_\Pi|_{\widetilde{\mathfrak{A}}_{\lambda_1+\lambda_2}}$ は, $\psi_{\pi_1}, \psi_{\pi_2}$ だけから決まる.）

定理 6.1.4 $R^{\mathrm{ass}}_{\boldsymbol{Z}}$ 上の演算 $*$ には, 可換律, 結合律が成立する.

証明 (1) 可換律について. $\widetilde{\mathfrak{S}}_{\lambda_1+\lambda_2}$ のある自己同型によって, $\widetilde{\mathfrak{S}}_{\lambda_1}\widehat{*}\widetilde{\mathfrak{S}}_{\lambda_2} \to \widetilde{\mathfrak{S}}_{\lambda_2}\widehat{*}\widetilde{\mathfrak{S}}_{\lambda_1}$（同型）かつ $\pi_1\widehat{*}\pi_2 \xrightarrow{\cong} \pi_2\widehat{*}\pi_1$（同値）と変換できる.

(2) 結合律について. $i=1,2,3$ に対して, π_i を $\widetilde{\mathfrak{S}}_{\lambda_i}$ のスピン表現とする. $\varphi_i := \chi_{\pi_i}|_{\widetilde{\mathfrak{A}}_{\lambda_i}}$ とおく. すると, $\mathrm{Ind}_{\widetilde{\mathfrak{S}}_{\lambda_i}\widehat{*}\widetilde{\mathfrak{S}}_{\lambda_j}}^{\widetilde{\mathfrak{S}}_{\lambda_i+\lambda_j}}(\pi_i\widehat{*}\pi_j)$ の指標の $\widetilde{\mathfrak{A}}_{\lambda_i+\lambda_j}$ 上への制限が, $\varphi_i * \varphi_j$ である. さらに,

$$\mathrm{Ind}_{\widetilde{\mathfrak{S}}_{\lambda_1+\lambda_2}\widehat{*}\widetilde{\mathfrak{S}}_{\lambda_3}}^{\widetilde{\mathfrak{S}}_{\lambda_1+\lambda_2+\lambda_3}}\left[\left(\mathrm{Ind}_{\widetilde{\mathfrak{S}}_{\lambda_1}\widehat{*}\widetilde{\mathfrak{S}}_{\lambda_2}}^{\widetilde{\mathfrak{S}}_{\lambda_1+\lambda_2}}(\pi_1\widehat{*}\pi_2)\right)\widehat{*}\pi_3\right]$$

の指標の $\widetilde{\mathfrak{A}}_{\lambda_1+\lambda_2+\lambda_3}$ 上への制限が $(\varphi_1 * \varphi_2) * \varphi_3$ である. 積 $\varphi_1 * (\varphi_2 * \varphi_3)$ に付いても同様である. 誘導表現の段階定理（定理 1.2.2）により

$$\mathrm{Ind}_{\widetilde{\mathfrak{S}}_{\lambda_1+\lambda_2}\widehat{*}\widetilde{\mathfrak{S}}_{\lambda_3}}^{\widetilde{\mathfrak{S}}_{\lambda_1+\lambda_2+\lambda_3}}\left[\left(\mathrm{Ind}_{\widetilde{\mathfrak{S}}_{\lambda_1}\widehat{*}\widetilde{\mathfrak{S}}_{\lambda_2}}^{\widetilde{\mathfrak{S}}_{\lambda_1+\lambda_2}}(\pi_1\widehat{*}\pi_2)\right)\widehat{*}\pi_3\right] \cong \mathrm{Ind}_{\widetilde{\mathfrak{S}}_{\lambda_1}\widehat{*}\widetilde{\mathfrak{S}}_{\lambda_2}\widehat{*}\widetilde{\mathfrak{S}}_{\lambda_3}}^{\widetilde{\mathfrak{S}}_{\lambda_1+\lambda_2+\lambda_3}}(\pi_1\widehat{*}\pi_2\widehat{*}\pi_3),$$

であるから, $(\varphi_1 * \varphi_2) * \varphi_3$ と $\varphi_1 * (\varphi_2 * \varphi_3)$ の双方が, ともに次の表現の指標の $\widetilde{\mathfrak{A}}_{\lambda_1+\lambda_2+\lambda_3}$ 上への制限に等しいことが分かる：

$$\mathrm{Ind}_{\widetilde{\mathfrak{S}}_{\lambda_1}\widehat{*}\widetilde{\mathfrak{S}}_{\lambda_2}\widehat{*}\widetilde{\mathfrak{S}}_{\lambda_3}}^{\widetilde{\mathfrak{S}}_{\lambda_1+\lambda_2+\lambda_3}}(\pi_1\widehat{*}\pi_2\widehat{*}\pi_3).$$

したがって, 結合律の成立が分かった. □

6.1.3 $R^{\mathrm{ass}}_{\boldsymbol{Z}}$ における積の具体的表示

表 5.2.1 の「$\widetilde{\mathfrak{S}}_n$ の共役類の種別」をみると, 偶元 σ' の共役類で $[\sigma']_{\widetilde{\mathfrak{S}}_n} \neq [z_1\sigma']_{\widetilde{\mathfrak{S}}_n}$ となるのは, 代表元として, $\sigma' = \sigma'_{\boldsymbol{\nu}}, z_1\sigma'_{\boldsymbol{\nu}}$ ($\boldsymbol{\nu} \in OP_n$) ととれるものに限る. さらに, 表 5.2.2 の「$\widetilde{\mathfrak{A}}_n, n \geq 4$, の共役類の種別」も参照すれば,

$$\boldsymbol{\nu} \in OP_n \setminus SP_n^+ \text{ では, } [\sigma'_{\boldsymbol{\nu}}]_{\widetilde{\mathfrak{S}}_n} = [\sigma'_{\boldsymbol{\nu}}]_{\widetilde{\mathfrak{A}}_n} = [r_1\sigma'_{\boldsymbol{\nu}}r_1^{-1}]_{\widetilde{\mathfrak{A}}_n}, \ [z_1\sigma'_{\boldsymbol{\nu}}]_{\widetilde{\mathfrak{S}}_n} = [z_1\sigma'_{\boldsymbol{\nu}}]_{\widetilde{\mathfrak{A}}_n},$$

$$\boldsymbol{\nu} \in OP_n \cap SP_n^+ \text{ では, } [\sigma'_{\boldsymbol{\nu}}]_{\widetilde{\mathfrak{S}}_n} = [\sigma'_{\boldsymbol{\nu}}]_{\widetilde{\mathfrak{A}}_n} \sqcup [r_1\sigma'_{\boldsymbol{\nu}}r_1^{-1}]_{\widetilde{\mathfrak{A}}_n},$$

$$[z_1\sigma'_{\boldsymbol{\nu}}]_{\widetilde{\mathfrak{S}}_n} = [z_1\sigma'_{\boldsymbol{\nu}}]_{\widetilde{\mathfrak{A}}_n} \sqcup [z_1r_1\sigma'_{\boldsymbol{\nu}}r_1^{-1}]_{\widetilde{\mathfrak{A}}_n}.$$

かくて, 任意の $\varphi \in R^{\mathrm{ass}}_{n,\boldsymbol{C}}$ は, $\varphi(\sigma'_{\boldsymbol{\nu}})$ ($\boldsymbol{\nu} \in OP_n$) が与えられれば決まる. とこ

ろで，注 5.1.2 (p.151) に述べたように，定理 5.1.3 (5.1.12) 式の主スピン表現の指標値 $\chi_{\Delta'_n}(\sigma'_{\boldsymbol{\nu}})$ の符号部分 $(-1)^{(n-t)/2}$ を横に除けて，議論を簡単にするために，これから使用する「共役類の代表元」として

$$\widetilde{\sigma}_{\boldsymbol{\nu}} := z_1^{(n-l(\boldsymbol{\nu}))/2}\sigma'_{\boldsymbol{\nu}} = z_1^{d(\boldsymbol{\nu})/2}\sigma'_{\boldsymbol{\nu}} \quad (\boldsymbol{\nu} = (\nu_j)_{j\in \boldsymbol{I}_t} \in OP_n) \tag{6.1.14}$$

を用いることにする．ここに，$l(\boldsymbol{\nu}) := t$, $d(\boldsymbol{\nu}) := \sum_{j\in \boldsymbol{I}_t}(\nu_j - 1) = n - l(\boldsymbol{\nu})$．このとき，$d(\boldsymbol{\nu})$ は偶数である．$\widetilde{\sigma}_{\boldsymbol{\nu}}$ を代表元とする $\widetilde{\mathfrak{S}}_n$ の共役類を $\widetilde{D}^+_{\boldsymbol{\nu}}$ と書き，$\widetilde{D}^-_{\boldsymbol{\nu}} := z_1\widetilde{D}^+_{\boldsymbol{\nu}}$ とおく．ここで今後の計算の便宜上 $\boldsymbol{\nu} \in OP_n$ に対して **1.3.2** 小節での記法をやや変更して採用する．分割 $\boldsymbol{\nu} \in OP_n$ は $1^{\alpha_1}3^{\alpha_3}5^{\alpha_5}\cdots$ とも表され，$\boldsymbol{\nu} = \boldsymbol{\nu}_{\boldsymbol{\alpha}}$ は (1.3.10) 式で与えられる．分割 $\boldsymbol{\nu}_{\boldsymbol{\alpha}}$ を（Schur 以来の慣例にしたがって）$\boldsymbol{\alpha} = [\alpha_1, \alpha_3, \alpha_5, \cdots]$ と名付ける ((1.3.12) 式参照)[1]．例えば，“$\boldsymbol{\nu}_{\boldsymbol{\alpha}} \in OP_n$” は “$\boldsymbol{\alpha} \in OP_n$” とも書き表される（簡便記法）．$\boldsymbol{\beta} = [\beta_1, \beta_3, \beta_5, \cdots]$ に対して，$\boldsymbol{\alpha} \sqcup \boldsymbol{\beta} := [\alpha_1+\beta_1, \alpha_3+\beta_3, \alpha_5+\beta_5, \cdots]$ とし，$\widetilde{D}^\pm_{\boldsymbol{\alpha}} := \widetilde{D}^\pm_{\boldsymbol{\nu}_{\boldsymbol{\alpha}}}$,

$$\begin{cases} l(\boldsymbol{\alpha}) := l(\boldsymbol{\nu}_{\boldsymbol{\alpha}}) = \alpha_1 + \alpha_3 + \alpha_5 + \cdots, \\ d(\boldsymbol{\alpha}) := d(\boldsymbol{\nu}_{\boldsymbol{\alpha}}) = n - l(\boldsymbol{\alpha}), \end{cases} \tag{6.1.15}$$

とおく．$\boldsymbol{\nu}_{\boldsymbol{\alpha}} \in OP_n$ なので，$n - l(\boldsymbol{\alpha}) = d(\boldsymbol{\alpha})$ はつねに偶である．さらに，今後必要な記号として，(5.3.13) の $\boldsymbol{\mu} \in \mathcal{P}_n$ に対する $\varepsilon(\boldsymbol{\mu}) = 0, 1$ を思い出しておく：

$$\varepsilon(\boldsymbol{\mu}) := \begin{cases} 0, & s(\boldsymbol{\mu}) \equiv n - l(\boldsymbol{\mu}) \text{ 偶 } (\Leftrightarrow \widetilde{\Pi}_{\boldsymbol{\mu}} \text{ 自己同伴}) \text{ のとき}, \\ 1, & s(\boldsymbol{\mu}) \equiv n - l(\boldsymbol{\mu}) \text{ 奇 } (\Leftrightarrow \widetilde{\Pi}_{\boldsymbol{\mu}} \text{ 非自己同伴}) \text{ のとき}. \end{cases} \tag{6.1.16}$$

$\varphi \in R^{\mathrm{ass}}_{n,\boldsymbol{C}}$ に対し，$\varphi_{\boldsymbol{\alpha}} := \varphi(\widetilde{\sigma}_{\boldsymbol{\nu}_{\boldsymbol{\alpha}}})$ とおく．すると，指標 $\zeta^{(n)} = \chi_{\Delta'_n}|_{\widetilde{\mathfrak{A}}_n}$ に対し，

(6.1.17)

$$\zeta^{(n)}_{\boldsymbol{\alpha}} = 2^{[(l(\boldsymbol{\alpha})-1)/2]} = 2^{(l(\boldsymbol{\alpha})-1-\varepsilon(n))/2}, \quad \varepsilon(n) := \varepsilon((n)) = \begin{cases} 0, & n \text{ 奇}, \\ 1, & n \text{ 偶}. \end{cases}$$

補題 6.1.5　$\widetilde{\sigma}_{\boldsymbol{\nu}_{\boldsymbol{\alpha}}}$ の $\widetilde{\mathfrak{S}}_n$-共役類 $\widetilde{D}^\pm_{\boldsymbol{\alpha}}$ の位数は，

$$|\widetilde{D}^+_{\boldsymbol{\alpha}}| = |\widetilde{D}^-_{\boldsymbol{\alpha}}| = n!\, z_{\boldsymbol{\alpha}}^{-1}, \quad z_{\boldsymbol{\alpha}} = \alpha_1!\, 1^{\alpha_1}\alpha_3!\, 3^{\alpha_3}\alpha_5!\, 5^{\alpha_5} \cdots. \tag{6.1.18}$$

---

[1] **1.3.2** 小節 (1.3.12) 式での記法に忠実に従えば，$\boldsymbol{\alpha} = [\alpha_1, 0, \alpha_3, 0, \alpha_5, 0, \cdots]$ となるのであるが，$\alpha_2 = \alpha_4 = \alpha_6 = \cdots = 0$ を省略する．

証明 $\Phi_{\mathfrak{S}}:\widetilde{\mathfrak{S}}_n\to\mathfrak{S}_n$ による逆像は今の場合 $\Phi_{\mathfrak{S}}^{-1}([\sigma_{\boldsymbol{\nu_\alpha}}]_{\mathfrak{S}_n})=[\widetilde{\sigma}_{\boldsymbol{\nu_\alpha}}]_{\widetilde{\mathfrak{S}}_n}\sqcup[z_1\widetilde{\sigma}_{\boldsymbol{\nu_\alpha}}]_{\widetilde{\mathfrak{S}}_n}$. したがって，$|[\widetilde{\sigma}_{\boldsymbol{\nu_\alpha}}]_{\widetilde{\mathfrak{S}}_n}|=|[\sigma_{\boldsymbol{\nu_\alpha}}]_{\mathfrak{S}_n}|$ で，後者については，(1.2.20) を見よ． □

定理 6.1.6 $\varphi,\psi\in R^{\mathrm{ass}}_{\lambda_i,\boldsymbol{C}}$ とする．$\boldsymbol{\alpha}\in OP_{\lambda_1+\lambda_2}$ に対して，

$$(\varphi*\psi)_{\boldsymbol{\alpha}}=\sum_{\substack{\boldsymbol{\beta}\in OP_{\lambda_1},\,\boldsymbol{\gamma}\in OP_{\lambda_2}\\ \boldsymbol{\beta}\sqcup\boldsymbol{\gamma}=\boldsymbol{\alpha}}}\frac{z_{\boldsymbol{\alpha}}}{z_{\boldsymbol{\beta}}\,z_{\boldsymbol{\gamma}}}\,\varphi_{\boldsymbol{\beta}}\psi_{\boldsymbol{\gamma}}\,. \tag{6.1.19}$$

証明 $n:=\lambda_1+\lambda_2$ とし，$G=\widetilde{\mathfrak{S}}_n,\,H=\widetilde{\mathfrak{S}}_{\lambda_1}\widehat{*}\widetilde{\mathfrak{S}}_{\lambda_2}\subset G$ とおき，H 上の不変関数 $f=\varphi_1\cdot\varphi_2$ をとる．f を H から G に誘導する公式 (1.2.14) を利用する：

$$(\mathrm{Ind}_H^G f)(g_0):=\int_{H\backslash G}f(gg_0g^{-1})\,d\mu_{H\backslash G}(\dot g)=\frac{1}{|H|}\sum_{g\in G}f(gg_0g^{-1}),$$

ここで，$\dot g=Hg$ で，f は H の外側 $G\setminus H$ で 0 とおいて G まで拡張しておく．

まず，$|H|=2\,\lambda_1!\,\lambda_2!$ である．$g_0=\widetilde{\sigma}_{\boldsymbol{\nu_\alpha}},\,g=\tau'$ とおく．τ' と $z_1\tau'$ とは同じ内部自己同型を与えるので，$\tau:=\Phi_{\mathfrak{S}}(\tau')$ とし，$\tau'\widetilde{\sigma}_{\boldsymbol{\nu_\alpha}}\tau'^{-1}$ を $\tau\widetilde{\sigma}_{\boldsymbol{\nu_\alpha}}\tau^{-1}$ とおけば，上の公式より，

$$(\varphi*\psi)_{\boldsymbol{\alpha}}=\frac{1}{\lambda_1!\,\lambda_2!}\sum_{\tau\in\mathfrak{S}_n}(\varphi_1\varphi_2)(\tau\,\widetilde{\sigma}_{\boldsymbol{\nu_\alpha}}\tau^{-1}). \tag{6.1.20}$$

ここで，$[\widetilde{\sigma}_{\boldsymbol{\nu_\alpha}}]_{\widetilde{\mathfrak{S}}_n}\neq[z_1\widetilde{\sigma}_{\boldsymbol{\nu_\alpha}}]_{\widetilde{\mathfrak{S}}_n}$ なので，$\tau\,\widetilde{\sigma}_{\boldsymbol{\nu_\alpha}}\tau^{-1}\in\widetilde{\mathfrak{S}}_n$ は下の群 $\mathfrak{S}_n$ に落とした像 $\tau\,\sigma_{\boldsymbol{\nu_\alpha}}\tau^{-1}$ と 1-1 対応する．そこでの $\sigma_{\boldsymbol{\nu_\alpha}}$ の中心化群の位数は $z_{\boldsymbol{\alpha}}$ である．

同様の議論で，$\boldsymbol{\beta}\in OP_{\lambda_1}$ に対して，$\widetilde{\sigma}_{\boldsymbol{\nu_\beta}}\in\widetilde{\mathfrak{S}}_{\lambda_1}$ の中心化群の位数は $z_{\boldsymbol{\beta}}$ であり，$|[\widetilde{\sigma}_{\boldsymbol{\nu_\beta}}]_{\widetilde{\mathfrak{S}}_{\lambda_1}}|=\lambda_1!/z_{\boldsymbol{\beta}}$ となる．$\boldsymbol{\gamma}\in OP_{\lambda_2}$ についても，$|[\widetilde{\sigma}_{\boldsymbol{\nu_\gamma}}]_{\widetilde{\mathfrak{S}}_{\lambda_2}}|=\lambda_2!/z_{\boldsymbol{\gamma}}$.

これらの情報を (6.1.20) に適用すると，

$$(\varphi*\psi)_{\boldsymbol{\alpha}}=\frac{1}{\lambda_1!\,\lambda_2!}\sum_{\substack{\boldsymbol{\beta}\in OP_{\lambda_1},\,\boldsymbol{\gamma}\in OP_{\lambda_2}\\ \boldsymbol{\beta}\sqcup\boldsymbol{\gamma}=\boldsymbol{\alpha}}}z_{\boldsymbol{\alpha}}\cdot\frac{\lambda_1!}{z_{\boldsymbol{\beta}}}\,\frac{\lambda_2!}{z_{\boldsymbol{\gamma}}}\cdot\varphi_{\boldsymbol{\beta}}\psi_{\boldsymbol{\gamma}}=\sum_{\substack{\boldsymbol{\beta}\in OP_{\lambda_1},\,\boldsymbol{\gamma}\in OP_{\lambda_2}\\ \boldsymbol{\beta}\sqcup\boldsymbol{\gamma}=\boldsymbol{\alpha}}}\frac{z_{\boldsymbol{\alpha}}}{z_{\boldsymbol{\beta}}\,z_{\boldsymbol{\gamma}}}\,\varphi_{\boldsymbol{\beta}}\psi_{\boldsymbol{\gamma}}\,.$$

問題 6.1.2 積の公式 (6.1.19) から出発すると，その積演算は必然的に結合律を満たすことを証明せよ．

6.1.4 環 $R^{\mathrm{ass}}_{\boldsymbol{C}}$ におけるノルム

$\widetilde{R}^-_{n,\boldsymbol{C}}\supset R^{\mathrm{ass}}_{n,\boldsymbol{C}}$ を $L^2(\widetilde{\mathfrak{S}}_n,\mu_{\widetilde{\mathfrak{S}}_n})$ の部分空間と思って，そのノルムを入れる：

$$\|\varphi\|^2 := \|\varphi\|^2_{L^2(\widetilde{\mathfrak{S}}_n)} = \int_{\widetilde{\mathfrak{S}}_n} |\varphi(\sigma')|^2 d\mu_{\widetilde{\mathfrak{S}}_n}(\sigma') = \frac{1}{|\widetilde{\mathfrak{S}}_n|} \sum_{\sigma' \in \widetilde{\mathfrak{S}}_n} |\varphi(\sigma')|^2.$$

いま，$\varphi \in R^{\mathrm{ass}}_{n,\boldsymbol{C}}$ とすると，$\varphi(\sigma') \neq 0$ のとき，σ' はどれかの $\widetilde{\sigma}_{\boldsymbol{\nu_\alpha}}$, $z_1\widetilde{\sigma}_{\boldsymbol{\nu_\alpha}}$ ($\boldsymbol{\alpha} \in OP_n$) と共役であり，$|\widetilde{D}^{\pm}_{\boldsymbol{\alpha}}| = n!/z_{\boldsymbol{\alpha}}$ なので，

$$\|\varphi\|^2 = \frac{1}{2\cdot n!} \sum_{\boldsymbol{\alpha}\in OP_n} 2\cdot \frac{n!}{z_{\boldsymbol{\alpha}}} |\varphi_{\boldsymbol{\alpha}}|^2 = \sum_{\boldsymbol{\alpha}\in OP_n} z_{\boldsymbol{\alpha}}^{-1} |\varphi_{\boldsymbol{\alpha}}|^2. \tag{6.1.21}$$

補題 6.1.7 (i) $\widetilde{R}^{-}_{n,\boldsymbol{C}}$ の元 φ で，指標 $\chi_{\widetilde{\Pi}_{\boldsymbol{\lambda}}}$ ($\boldsymbol{\lambda} \in SP_n$) の整係数 1 次結合で，ノルムが 1 のものは，符号を除いて，スピン既約指標に一致する．

(ii) $R^{\mathrm{ass}}_{n,\boldsymbol{C}}$ の元 φ で，$\zeta^{\boldsymbol{\lambda}} = \chi_{\widetilde{\Pi}_{\boldsymbol{\lambda}}}|_{\widetilde{\mathfrak{A}}_n}$ ($\boldsymbol{\lambda} \in SP_n$) の整係数 1 次結合で，ノルムの自乗が 1/2 のものは，符号を除いて，非自己同伴スピン既約指標の偶部分 $\widetilde{\mathfrak{A}}_n$ への制限に一致する．

(iii) $R^{\mathrm{ass}}_{n,\boldsymbol{C}}$ の元 φ で，$\zeta^{\boldsymbol{\lambda}}$ ($\boldsymbol{\lambda} \in SP_n$) の整係数 1 次結合で，ノルムが 1 のものは，次の 2 つの場合がある：

(iii.1) 符号を除いて，自己同伴スピン既約指標に一致する，

(iii.2) 非自己同伴スピン既約表現 π^1, π^2 で $\overset{\mathrm{ass}}{\sim}$ で同値でないものがあって，$\pm\chi_{\pi^1} \pm \chi_{\pi^2}$ の偶部分 $\widetilde{\mathfrak{A}}_n$ への制限に等しい．

証明 (i) 既約指標の直交関係から導かれる．

(ii)–(iii) π を $\widetilde{\mathfrak{S}}_n$ のスピン既約表現として，$\psi_\pi = \chi_\pi|_{\widetilde{\mathfrak{A}}_n}$ とおく．π が自己同伴，非自己同伴にしたがって，$\|\psi_\pi\|_{L^2(\widetilde{\mathfrak{S}}_n)} = 1$, または，$\|\psi_\pi\|^2_{L^2(\widetilde{\mathfrak{S}}_n)} = 1/2$, である．さらに定理 4.2.5 および命題 6.1.1 を用いる． □

上の補題は，我々の「スピン基本表現の指標 $\chi_{\widetilde{\Pi}_{\boldsymbol{\lambda}}}$, $\widetilde{\Pi}_{\boldsymbol{\lambda}} = \mathrm{Ind}^{\widetilde{\mathfrak{S}}_n}_{\widetilde{\mathfrak{S}}_{\boldsymbol{\lambda}}} \Delta'_{\boldsymbol{\lambda}}$ ($\boldsymbol{\lambda} \in SP_n$) の一次結合としてスピン既約指標を求める」という目的のために，既約指標の判定法を与えるものだが，(iii) の場合には，場合 (iii.2) があるので，この判定法は万能ではなく，まだすこし足りない．

6.1.5 希望的観測とそれを実現するための道具

これから問題にするのは「指標の $\widetilde{\mathfrak{A}}_n$ 上での値」だからという理由で，(誤解の無い限り) 一般に，$\widetilde{\mathfrak{A}}_n$ 上の関数 φ と，φ を $\widetilde{\mathfrak{C}}_n$ 上で 0 とおいて $\widetilde{\mathfrak{S}}_n$ 上に拡張した $\widetilde{\varphi}$ とを同一視して同じ記号 φ で表すこともある．

まず，スピン基本表現の指標の集合 $\mathscr{SP}_n := \{\chi_{\widetilde{\Pi}_{\boldsymbol{\lambda}}} ; \boldsymbol{\lambda} \in SP_n\}$ や $\zeta^{\boldsymbol{\lambda}} = \chi_{\widetilde{\Pi}_{\boldsymbol{\lambda}}}|_{\widetilde{\mathfrak{A}}_n}$

について既に分かっていることを命題として挙げておこう．

命題 6.1.8 $\mathscr{SP}_n$ の指標は，$\boldsymbol{C}$ 上互いに 1 次独立である．さらに偶元集合 $\widetilde{\mathfrak{A}}_n$ 上への制限 $\{\zeta^{\boldsymbol{\lambda}}\,;\,\boldsymbol{\lambda}\in SP_n\}$ も $\boldsymbol{C}$ 上互いに 1 次独立である．

証明 後半の主張については，定理 5.3.3 の指標の具体形を見れば分かる． □

命題 6.1.9 $\boldsymbol{\lambda}\in SP_n^-$ ($\Leftrightarrow s(\boldsymbol{\lambda})$ 奇) とすると，$\widetilde{\Pi}_{\boldsymbol{\lambda}}$ は非自己同伴なスピン既約表現 $\tau_{\boldsymbol{\lambda}}$ を少なくとも 1 個は含む．$\{\tau_{\boldsymbol{\lambda}}\,;\,\boldsymbol{\lambda}\in SP_n^-\}$ は，同値類集合

$$(\widetilde{\mathfrak{S}}_n)^{\wedge\,\mathrm{spin}}_{\mathrm{nsa}}/\overset{\mathrm{ass}}{\sim} := \{[\pi]_{\mathrm{ass}}\,;\,\pi\ \text{非自己同伴スピン既約表現}\,\}$$

の完全代表系を与える．このとき，表現 $\widetilde{\Pi}_{\boldsymbol{\lambda}}\ominus\tau_{\boldsymbol{\lambda}}$ は自己同伴である．

$$\xi^{\boldsymbol{\lambda}} := \chi_{\tau_{\boldsymbol{\lambda}}}|_{\widetilde{\mathfrak{A}}_n}\in R_n^{\mathrm{ass}} \tag{6.1.22}$$

とおくと，$\zeta^{\boldsymbol{\lambda}}-\xi^{\boldsymbol{\lambda}}=(\chi_{\widetilde{\Pi}_{\boldsymbol{\lambda}}}-\chi_{\tau_{\boldsymbol{\lambda}}})|_{\widetilde{\mathfrak{A}}_n}\in R_{n,\boldsymbol{Z}}^{\mathrm{ass}}$ である．

証明 定理 5.5.1 を使えばよい． □

$v_n=|SP_n|=|OP_n|$ とおく．SP_n の順序 $\preccurlyeq'$ に関して $\boldsymbol{\lambda}$ を一列に並べたものを，$\boldsymbol{\lambda}^1=(n)\preccurlyeq'\boldsymbol{\lambda}^2=(n-1,1)\preccurlyeq'\boldsymbol{\lambda}^3\preccurlyeq'\cdots\preccurlyeq'\boldsymbol{\lambda}^{v_n}$ とする．これにしたがって，指標 $\zeta^{\boldsymbol{\lambda}}$ もこの順序で並べて，これに関して帰納的に述べられる次の「希望的観測」を持ち出してみる：

- **出発点での事実．** $\boldsymbol{\lambda}^1=(n)$ において，$\widetilde{\Pi}_{\boldsymbol{\lambda}^1}=\Delta_n'$ は既約で，$\chi_{\widetilde{\Pi}_{\boldsymbol{\lambda}^1}}|_{\widetilde{\mathfrak{A}}_n}=\zeta^{(n)}$ である．

- **希望的観測．** $1<i\le v_n$ とする．$1\le j<i$ に対して，整数 c_{ij} が存在して，

$$\xi'^{\boldsymbol{\lambda}^j} := \zeta^{\boldsymbol{\lambda}^j}+\sum_{1\leqslant i<j}c_{ij}\zeta^{\boldsymbol{\lambda}^i} \tag{6.1.23}$$

が次のノルム条件を満たす：

条件 6.1.10$^-$ $\boldsymbol{\lambda}^j\in SP_n^-$ のとき，$\|\xi'^{\boldsymbol{\lambda}^j}\|^2_{L^2(\widetilde{\mathfrak{S}}_n)}=1/2$.

条件 6.1.10$^+$ $\boldsymbol{\lambda}^j\in SP_n^+$ のとき，$\|\xi'^{\boldsymbol{\lambda}^j}\|_{L^2(\widetilde{\mathfrak{S}}_n)}=1$.

● 条件 6.1.10⁻, 条件 6.1.10⁺ からの直接的帰結.

補題 6.1.11 すべての $1 < j \le v_n$ に対して，条件 $6.1.10^-$, 条件 $6.1.10^+$ のどちらかが成立するとする.

(i) 条件 $6.1.10^-$ が成立するとき，$\xi'^{\boldsymbol{\lambda}^j} = \xi^{\boldsymbol{\lambda}^j} = \chi_{\tau_{\boldsymbol{\lambda}^j}}|_{\widetilde{\mathfrak{A}}_n}$, $\tau_{\boldsymbol{\lambda}^j}$ は非自己同伴.

(ii) 条件 $6.1.10^+$ が成立するとき，$\widetilde{\Pi}_i$, $1 \le i < j$, には含まれない自己同伴スピン既約表現が $\widetilde{\Pi}_{\boldsymbol{\lambda}^j}$ に 1 個含まれる．それを $\tau_{\boldsymbol{\lambda}^j}$ と名付け，$\xi^{\boldsymbol{\lambda}^j} := \chi_{\tau_{\boldsymbol{\lambda}^j}}|_{\widetilde{\mathfrak{A}}_n}$ とおくと，$\xi'^{\boldsymbol{\lambda}^j} = \xi^{\boldsymbol{\lambda}^j} = \chi_{\tau_{\boldsymbol{\lambda}^j}}|_{\widetilde{\mathfrak{A}}_n}$.

証明 (i) 補題 6.1.7 (ii) により，$\xi'^{\boldsymbol{\lambda}^j}$ は符号を除いて，非自己同伴なスピン既約表現の指標に等しい．他方，これは既約指標の整係数 1 次結合であるが，命題 6.1.8 により，その整係数中には必ず正のものがある．よって，上の符号は + である.

(ii) 補題 6.1.7 の (iii.1) と (iii.2) との可能性があるが，$\widetilde{\mathfrak{C}}_n$ 上の指標値のことを考えると，(iii.2) の可能性は排除される（ここに，順序 $\preccurlyeq$ の帰納法も使う）. (iii.1) により，$\xi'^{\boldsymbol{\lambda}^j}$ は符号を除いて，自己同伴なスピン既約表現の指標に等しい．その符号が + なのは，上と同様にして，分かる. □

• **説明** $c_{ii} = 1$, $c_{ij} = 0\ (i > j)$ とおいて，$v_n \times v_n$ の行列 $C_n := (c_{ij})_{1 \le i,j \le v_n}$ を作ると，これは対角線上には 1 が並び，対角線以下はすべて 0 であるような上三角行列である（これをここでは**単的上三角行列**（たんてき）という）. C_n^{-1} も単的上三角行列である. $(\xi^{\boldsymbol{\lambda}^j})_{1 \leqslant j \leqslant v_n}$ をスピン既約指標（の偶部分 $\widetilde{\mathfrak{A}}_n$ への制限）を横に並べたベクトルとし，$(\zeta^{\boldsymbol{\lambda}^j})_{1 \leqslant j \leqslant v_n}$ を $\zeta^{\boldsymbol{\lambda}^j}$ を横に並べたベクトルとすると,

$$(6.1.24) \qquad (\xi^{\boldsymbol{\lambda}^j}) = (\zeta^{\boldsymbol{\lambda}^i})C_n, \quad (\zeta^{\boldsymbol{\lambda}^j}) = (\xi^{\boldsymbol{\lambda}^i})C_n^{-1}.$$

● Schur による証明のための道具.

Schur はスピン表現三部作の三作目 [Sch4] において，上の希望的観測として述べたことを，それ以上の精度で完全に証明してしまった．そこに使われたアイディアはわれわれの言葉で言えば,

(1) 環 $R_{\boldsymbol{C}}^{\mathrm{ass}} = \bigsqcup_{n \geqslant 1} R_{n,\boldsymbol{C}}^{\mathrm{ass}}$ をある種の対称多項式の環（Schur の Q 関数の環）に同型に写して，$R_{\boldsymbol{C}}^{\mathrm{ass}}$ での複雑な積構造 $\varphi^1 * \varphi^2$ を「多項式の積」という簡明なものに移し替えて計算可能にした．その同型写像を**特性写像**と言い，Ch と書く（定義 6.2.2 参照）. Ch をまた**母関数写像**とも呼ぶ.

(2) Schur の Q 関数の環における関数 $q_n, Q_{\boldsymbol{\lambda}}$ などに関連して，使われた道具は，

（イ）交代行列に対するパフィアン

（これは $Q_{\boldsymbol{\lambda}}$ の定義に使われるが，公式 (6.1.24) の拠り所でもある）

（ロ）（Gauss の消去法を用いた）2 次形式の対角化に関する Jacobi の公式

（ハ）交代行列 $\left(\dfrac{u_i - u_j}{u_i + u_j}\right)_{i,j \in \boldsymbol{I}_m}$ のパフィアンの公式（補題 6.4.5）

（（ロ），（ハ）は，基本的な定理 6.4.1［$Q_{\boldsymbol{\lambda}}$ の直交関係］の証明に必要）

Schur のこうしたアイディアは（多分に）Frobenius の対称群の線形表現の理論に啓発されたのだろうが，いずれにせよ，Schur の物凄いとも言える深い洞察力，すさまじいまでの実行力に敬服せざるを得ない．このあと，（イ），（ロ），（ハ）を込めて，これらについてできるだけ丁寧に解説していく．

6.1.6　スピン既約表現 $\tau_{\boldsymbol{\lambda}}$, $\mathrm{sgn}\cdot\tau_{\boldsymbol{\lambda}}$

$\widetilde{\mathfrak{S}}_n$ の 1 次元指標 $\mathrm{sgn}_{\widetilde{\mathfrak{S}}_n} = \mathrm{sgn}_{\mathfrak{S}_n} \cdot \Phi_{\mathfrak{S}}$ を単に sgn と書く．我々は $\widetilde{\mathfrak{S}}_n$ のスピン既約表現の（相似関係を法とした）同値類を考察中である．

定理 6.1.12 ($\widetilde{\mathfrak{S}}_n$ のスピン既約表現の分類)

(i) 非自己同伴スピン既約表現の集合 $\{\tau_{\boldsymbol{\lambda}}, \mathrm{sgn}\cdot\tau_{\boldsymbol{\lambda}}\,;\, \boldsymbol{\lambda} \in SP_n^-\}$ は非自己同伴スピン既約表現の同値類の集合 $(\widetilde{\mathfrak{S}}_n)^{\wedge\,\mathrm{spin}}_{\mathrm{nsa}}$ の完全代表系を与える．

(ii) 自己同伴スピン既約表現の集合 $\{\tau_{\boldsymbol{\lambda}}\,;\, \boldsymbol{\lambda} \in SP_n^+\}$ は，自己同伴スピン既約表現の同値類 $(\widetilde{\mathfrak{S}}_n)^{\wedge\,\mathrm{spin}}_{\mathrm{sa}}$ の完全代表系を与える．

証明　(i) 命題 6.1.9 の言い換えである．

(ii) 集合 $\{\xi^{\boldsymbol{\lambda}}\,;\, \boldsymbol{\lambda} \in SP_n^+\}$ は，互いに同値でない自己同伴なスピン既約表現の指標の集合である．その位数が定理 5.2.8 (i) で示された個数 $g_n = |SP_n^+|$ に等しいから，完全代表系であることが分かる．

実は，(ii) の証明は条件 6.1.10$^+$ の成立を待ってから，完結する．　□

系 6.1.13　集合 $\{\sqrt{2}\,\xi^{\boldsymbol{\lambda}}\,;\, \boldsymbol{\lambda} \in SP_n^-\} \bigsqcup \{\xi^{\boldsymbol{\lambda}}\,;\, \boldsymbol{\lambda} \in SP_n^+\}$ は $R^{\mathrm{ass}}_{n,\boldsymbol{C}}$ の正規直交基底を与える．

証明　定理 1.2.10, 命題 6.1.1 を応用すれば，上の定理から直ちに従う．　□

6.2　特性写像 Ch と指標の母関数

6.2.1　既約指標 $\chi_{\Delta'_n}$ の母関数 q_n

Schur が [Sch4, §32] で，スピン表現の指標 χ に付属する**特性関数**[2)]と呼んだ関数を既約指標 $\chi_{\Delta'_n}$ の場合に与えよう．

$n \geq 1$ に共通の性質を統一的に論ずる現代的な枠組みとして，無限個の変数 $x_1, x_2, \cdots, x_n, x_{n+1}, \cdots$ の "多項式" を考えたいのだが，積演算も自由にしたいので，次のような設定にする（[HoHu, I, §2] 参照）．$\sigma \in \mathfrak{S}_n$ の $\boldsymbol{Z}$ 係数の多項式環 $\boldsymbol{Z}[x_1, x_2, \cdots, x_n]$ への作用を $x = (x_1, x_2, \cdots, x_n) \to \sigma(x) = (x_{\sigma^{-1}(i)})_{i \in \boldsymbol{I}_n}$ を通して定義し，不変多項式のなす部分環を $\Lambda_n = \boldsymbol{Z}[x_1, x_2, \cdots, x_n]^{\mathfrak{S}_n}$ とおく．その k 次同時部分を Λ_n^k とおくと，Λ_n は階数付き環として，

$$\Lambda_n = \bigoplus_{k \geqslant 0} \Lambda_n^k \tag{6.2.1}$$

と書ける．$m \geq n$ とする．準同型

$$\rho_{m,n} : \Lambda_m \to \Lambda_n, \ \ x_j \to 0 \, (n+1 \leq j \leq m) \tag{6.2.2}$$

をとり，階数 k のところでの写像を $\rho_{m,n}^k : \Lambda_m^k \to \Lambda_n^k$ とする．この写像の列に沿った射影極限を

$$\Lambda^k := \varprojlim_n \Lambda_n^k \,,$$

$$f = (f_n)_{n \geqslant 1} \in \Lambda^k, \ \ f_m(x_1, \cdots, x_n, 0, \cdots, 0) = f_n(x_1, \cdots, x_n) \quad (m \geq n),$$

とする．射影 $\rho_n^k : \Lambda^k \to \Lambda_n^k$ は $f \mapsto f_n$ である．そこで，

$$\Lambda = \bigoplus_{k \geqslant 0} \Lambda^k, \quad \rho_n := \bigoplus_{k \geqslant 0} \rho_n^k : \Lambda \to \Lambda_n \ \ (n \geq 0), \tag{6.2.3}$$

とおくと，ρ_n は $k \leq n$ のところで同型である．Λ には，ρ_n が環準同型になるような，階数付き環の構造が入る．この Λ を**対称関数の環**と呼ぶ．係数を $\boldsymbol{Z}$ から $\boldsymbol{Q}$ に拡大したものが $\Lambda_{\boldsymbol{Q}} := \Lambda \underset{\boldsymbol{Z}}{\otimes} \boldsymbol{Q}$ である．具体的な計算は実質上任意の $n < \infty$ のところでやればよい．

$$Q(t) := \prod_{i \geqslant 1} \frac{1 + x_i t}{1 - x_i t} = \prod_{i \geqslant 1} (1 + 2x_i t + 2x_i^2 t^2 + \cdots) = q_0(x) + \sum_{k \geqslant 1} q_k(x) t^k, \tag{6.2.4}$$

2)　die zu den Charakter χ geörende Charakteristik (独語)

とおく．t^k の係数 $q_k(x)$ は $x=(x_1,x_2,\cdots)$ の無限変数多項式であるが，これを Λ_k の元と捉える．なお，Schur は有限変数 $(x_1,x_2,\cdots,x_n)$ の場合に取り扱ったのだが，実質上の違いはない．

これから x の対称式を相手にするので，基本的な対称式を定義しておく．

$p_0(x)=1$ とおき，$k>0$ 次の x の冪和対称式 $p_k(x)$，および，n の分割 $\boldsymbol{\alpha}=[\alpha_1,\alpha_3,\alpha_5,\cdots]\in OP_n$ に対する対称式を次のようにおく：

$$(6.2.5)\qquad \begin{cases} p_k(x) := {x_1}^k + {x_2}^k + \cdots = \sum_{i\geqslant 1} {x_i}^k, \\ p_{\boldsymbol{\alpha}} := {p_1}^{\alpha_1}{p_3}^{\alpha_3}{p_5}^{\alpha_5}\cdots \qquad (\text{積は } \Lambda \text{ で}). \end{cases}$$

$p_1,p_3,p_5,\cdots$ は代数的に独立であるから，当然 $p_{\boldsymbol{\alpha}}$ は互いに線形独立である．

補題 6.2.1 $q_0(x)=1$, かつ，$n>0$ に対して，

$$(6.2.6)\qquad q_n(x) = \sum_{\boldsymbol{\alpha}\in OP_n} 2^{l(\boldsymbol{\alpha})} {z_{\boldsymbol{\alpha}}}^{-1} p_{\boldsymbol{\alpha}}, \quad z_{\boldsymbol{\alpha}} = \alpha_1!\,1^{\alpha_1}\alpha_3!\,3^{\alpha_3}\alpha_5!\,5^{\alpha_5}\ \cdots,$$

ここに，$l(\boldsymbol{\alpha})=\alpha_1+\alpha_3+\alpha_5+\cdots$，は $\boldsymbol{\alpha}$ で表される n の分割 $\boldsymbol{\nu}_{\boldsymbol{\alpha}}=(1^{\alpha_1}3^{\alpha_3}5^{\alpha_5}\cdots)$ の分割数である．

証明 $\log Q(t) = \sum_{i\geqslant 1}\log\dfrac{1+x_it}{1-x_it} = \sum_{i\geqslant 1}\sum_{k\geqslant 1}\dfrac{{x_i}^k-(-x_i)^k}{k}\,t^k = \sum_{k\geqslant 0}\dfrac{2p_{2k+1}}{2k+1}\,t^{2k+1}$

$$\therefore\quad Q(t) = \exp\,\log Q(t) = \sum_{m\geqslant 0}\frac{1}{m!}\Big(\sum_{k\geqslant 0}\frac{2p_{2k+1}}{2k+1}\,t^{2k+1}\Big)^m$$

(6.2.7)

$$Q(t) = \sum_{m\geqslant 0}\frac{1}{m!}\sum_{\alpha_1+\alpha_3+\cdots=m}\frac{m!}{\alpha_1!\,\alpha_3!\cdots}\left(\frac{2p_1}{1}\right)^{\alpha_1}\left(\frac{2p_3}{3}\right)^{\alpha_3}\cdots\ t^{\alpha_1+3\alpha_3+\cdots}.$$

ここで，t^n の係数を比較せよ．□

論文 [Sch4] において，q_n は，はじめは §25 において $\widetilde{\mathfrak{S}}_n$ の共役類 $\widetilde{D}^{\pm}_{\boldsymbol{\alpha}}$ の位数 $n!{z_{\boldsymbol{\alpha}}}^{-1}$ の母関数として現れている（補題 6.1.5, 補題 6.2.2 参照）．Schur はそこでは，群 $\mathfrak{T}_n\cong\widetilde{\mathfrak{S}}_n$ の主表現 Δ_n の既約性の別証として $\|\chi_{\Delta_n}\|^2_{L^2(\mathfrak{T}_n)}=1$ を示すのに使っている．

しかし，[Sch4, §32] では，q_n は，指標 χ_{Δ_n} の**特性関数**（Charakteristik）という別の顔をもって現れている．それをわれわれの主表現 $\chi_{\Delta'_n}$ を使って書き直すと，次のようになる．(6.1.17) の指標値 $\zeta^{(n)}_{\boldsymbol{\alpha}}=\chi_{\Delta'_n}(\widetilde{\sigma}_{\boldsymbol{\nu}_{\boldsymbol{\alpha}}})=2^{[(l(\boldsymbol{\alpha})-1)/2]}=$

$2^{(l(\boldsymbol{\alpha})-1-\varepsilon(n))/2}$ を思い出すと，

$$q_n = \sum_{\boldsymbol{\alpha}\in OP_n} (2^{l(\boldsymbol{\alpha})/2} z_{\boldsymbol{\alpha}}^{-1})(2^{(1+\varepsilon(n))/2} \zeta_{\boldsymbol{\alpha}}^{(n)}) p_{\boldsymbol{\alpha}}. \tag{6.2.8}$$

ここで，$2^{l(\boldsymbol{\alpha})/2} z_{\boldsymbol{\alpha}}^{-1}$ を既知のスカラーである，として横に除(の)ければ，特性関数 q_n は指標 $\chi_{\Delta'_n}$【の偶部分 $\widetilde{\mathfrak{A}}_n$ 上への制限】の値を与える**母関数**である（$\widetilde{\mathfrak{A}}_n$ 上の指標値は，共役類 $\widetilde{D}^{\pm}_{\boldsymbol{\alpha}}$ $(\boldsymbol{\alpha} \in OP(n))$ の集合上にしか載っていない）．一々面倒なので，今後は上の括弧【$\cdots$】内のコメントは誤解の怖れの無い限り省略する．

補題 6.2.2
$$\sum_{\boldsymbol{\alpha}\in OP_n} 2^{l(\boldsymbol{\alpha})} z_{\boldsymbol{\alpha}}^{-1} = 2.$$

証明　$x_1 = 1,\ x_2 = \cdots = x_n = 0$ とおくと，(6.2.4) 式では，$Q(t) = 1 + 2t + 2t^2 + \cdots$．よって，$q_n(x) = 2$．他方，(6.2.6) 式では，$p_{\boldsymbol{\alpha}}(x) = 1$ $(\forall \boldsymbol{\alpha} \in OP_n)$ であり，$q_n(x),\ n > 0$, は上式の左辺に等しい．□

6.2.2　q_n の性質

補題 6.2.3　q_k は k 次の対称関数で，次の関係式をみたす：

$$q_k^2 = (-1)^{k-1} 2 q_{2k} q_0 + (-1)^{k-2} 2 q_{2k-1} q_1 + \cdots + 2 q_{k+1} q_{k-1}\,; \tag{6.2.9}$$

$$\begin{cases} (2k+1) q_{2k+1} = 2p_{2k+1} + 2q_2 p_{2k-1} + \cdots + 2\, q_{2k}\, p_1 & (k \geq 0), \\ 2k\, q_{2k} = 2q_1 p_{2k-1} + \cdots + 2q_{2k-1} p_1 & (k \geq 1). \end{cases} \tag{6.2.10}$$

証明　(6.2.9) の証明．$Q(t)Q(-t) = 1$ から $\displaystyle\sum_{a+b=m} (-1)^b q_a q_b = 0$ を得る．そこで $m = 2k$ とせよ．

(6.2.10) の証明．$\log Q(t) = \displaystyle\sum_i \big(\log(1 + x_i t) - \log(1 - x_i t)\big)$ の両辺を t で微分して，

$$\frac{Q'(t)}{Q(t)} = \sum_{i\geqslant 1} \left(\frac{x_i}{1 + x_i t} + \frac{x_i}{1 - x_i t} \right) = \sum_{a\geqslant 0} 2\, p_{2a+1}(x)\, t^{2a}$$
$$\therefore\ \sum_{n\geqslant 1} n\, q_n\, t^{n-1} = Q(t) \sum_{a\geqslant 0} 2\, p_{2a+1}(x)\, t^{2a}.$$

ここで t^{2k} および t^{2k-1} の両辺の係数を比較せよ．（$n = 1$ の場合には，$q_1 = 2p_1$ を得る．）□

補題 6.2.4　(i)　n の分割 $\boldsymbol{\mu} = (\mu_1, \mu_2, \cdots) \in P_n$ に対して，$q_{\boldsymbol{\mu}} := q_{\mu_1} q_{\mu_2} \cdots$

と定義すると，$q_{\boldsymbol{\mu}}$ は $q_{\boldsymbol{\lambda}}$ $(\boldsymbol{\lambda} \in SP_n,\ \boldsymbol{\lambda} \preccurlyeq' \boldsymbol{\mu})$ の整係数線形結合である．

(ii) p_{2k+1} は $q_{\boldsymbol{\lambda}}$ $(\boldsymbol{\lambda} \in SP_{2k+1})$ の $\boldsymbol{Q}$-線形結合である．

q_n は $p_{\boldsymbol{\alpha}}$ $(\boldsymbol{\alpha} \in OP_n)$ の $\boldsymbol{Q}$-線形結合である．

(iii) $\{q_{\boldsymbol{\lambda}}\,;\,\boldsymbol{\lambda} \in SP_n\}$ と $\{p_{\boldsymbol{\alpha}}\,;\,\boldsymbol{\alpha} \in OP_n\}$ とは，$\boldsymbol{Q}$ 上に同じ空間を張る．

証明 (i) $n = 2k$ の分割 $\boldsymbol{\mu} = (k,k)$ に対応するのは q_k^2 である．(6.2.9) により，これは $\boldsymbol{\nu} \in \{(2k,0) = (2k),\ (2k-1,1),\ \cdots,\ (k+1,k-1)\ (\prec' \boldsymbol{\mu})\}$ に対応する $q_{\boldsymbol{\nu}}$ の整係数 1 次結合である．

(ii) (6.2.10) 式により，k に関する帰納法で証明される．(iii) は (ii) から従う． □

定義 6.2.1 $\mathscr{Q}_n := \{q_{\boldsymbol{\mu}}\,;\,\boldsymbol{\mu} \in P_n\}$ とおき，これが $K = \boldsymbol{Z}, \boldsymbol{Q}, \boldsymbol{C}$ 上に張る空間を $\mathscr{Q}_{n,K}$ と書く．そして直和空間 $\mathscr{Q}_K := \sum_{n \geqslant 0} \mathscr{Q}_{n,K}$ をとる．そこには自然な積構造が入る．

系 6.2.5 $\mathscr{Q}_{n,\boldsymbol{Q}}$ の基底として，$\{q_{\boldsymbol{\lambda}}\,;\,\boldsymbol{\lambda} \in SP_n\}$ および $\{p_{\boldsymbol{\alpha}}\,;\,\boldsymbol{\alpha} \in OP_n\}$ が取れる．前者は $\mathscr{Q}_{n,\boldsymbol{Z}}$ の（$\boldsymbol{Z}$ 上の）基底でもある．

6.2.3 特性写像 Ch は同型写像である

指標 $\chi_{\Delta'_n}$ の母関数である q_n をモデルにして，Schur の定義に倣って，**特性写像**

$$\mathrm{Ch} : R^{\mathrm{ass}}_{n,\boldsymbol{C}} \ni \varphi \longmapsto \mathrm{Ch}(\varphi) \in \mathscr{Q}_{n,\boldsymbol{C}}$$

を定義しよう．（Ch を**母関数写像**とも呼ぶ．こちらの名前の方がよりよく写像の役割を表している．）

定義 6.2.2 $\varphi \in R^{\mathrm{ass}}_{n,\boldsymbol{C}}$ に対して，$\varphi_{\boldsymbol{\alpha}} := \varphi(\widetilde{\sigma}_{\boldsymbol{\nu_\alpha}})$,

$$\mathrm{Ch}(\varphi) := \sum_{\boldsymbol{\alpha} \in OP_n} (2^{l(\boldsymbol{\alpha})/2} z_{\boldsymbol{\alpha}}^{-1}) \varphi_{\boldsymbol{\alpha}}\, p_{\boldsymbol{\alpha}}. \tag{6.2.11}$$

定理 6.2.6 (i) Ch: $R^{\mathrm{ass}}_{\boldsymbol{R}} \to \mathscr{Q}_{\boldsymbol{R}}$ は，上への同型写像である．

(ii) $\mathrm{Ch}(\Delta'_n|_{\widetilde{\mathfrak{A}}_n}) = c_n q_n,\ \ c_n = 2^{-(1+\varepsilon(n))/2} = \begin{cases} \sqrt{2}^{\,-1},\ n \text{ 奇}\,(\Delta'_n \text{ 自己同伴}), \\ 2^{-1},\ \ n \text{ 偶}\,(\Delta'_n \text{ 非自己同伴}). \end{cases}$

(iii) $\boldsymbol{\mu} \in P_n$ に対して，$\mathrm{Ch}(\chi_{\widetilde{\Pi}_{\boldsymbol{\mu}}}|_{\widetilde{\mathfrak{A}}_n}) = c_{\boldsymbol{\mu}} q_{\boldsymbol{\mu}}$ $(\exists c_{\boldsymbol{\mu}} \in \boldsymbol{Z}[\sqrt{2}^{\,-1}], > 0,$ 定数$)$.

(iv) $\mathrm{Ch}(R^{\mathrm{ass}}_{n,\boldsymbol{Z}}) \subset \mathscr{Q}_{n,\boldsymbol{Z}[\sqrt{2}^{\,-1}]}$, $\mathrm{Ch}(R^{\mathrm{ass}}_{\boldsymbol{Z}}) \subset \mathscr{Q}_{\boldsymbol{Z}[\sqrt{2}^{\,-1}]}$.

証明　(i)　$\varphi \in R^{\mathrm{ass}}_{n,\boldsymbol{Q}}$, $\psi \in R^{\mathrm{ass}}_{m,\boldsymbol{Q}}$, とすると，積 $\varphi * \psi$ は (6.1.19) で与えられる．したがって，

$$\begin{aligned}\mathrm{Ch}(\varphi * \psi) &= \sum_{\boldsymbol{\alpha} \in OP_{n+m}} 2^{l(\boldsymbol{\alpha})/2} z_{\boldsymbol{\alpha}}^{-1} (\varphi * \psi)_{\boldsymbol{\alpha}} p_{\boldsymbol{\alpha}} \\ &= \sum_{\boldsymbol{\alpha} \in OP_{n+m}} 2^{l(\boldsymbol{\alpha})/2} z_{\boldsymbol{\alpha}}^{-1} \sum_{\substack{\boldsymbol{\beta} \in OP_n, \boldsymbol{\gamma} \in OP_m \\ \boldsymbol{\beta} \sqcup \boldsymbol{\gamma} = \boldsymbol{\alpha}}} \frac{z_{\boldsymbol{\alpha}}}{z_{\boldsymbol{\beta}}\, z_{\boldsymbol{\gamma}}} \varphi_{\boldsymbol{\beta}} \psi_{\boldsymbol{\gamma}}\, p_{\boldsymbol{\alpha}} \\ &= \sum_{\boldsymbol{\beta} \in OP_n} 2^{l(\boldsymbol{\beta})/2} z_{\boldsymbol{\beta}}^{-1} \varphi_{\boldsymbol{\beta}}\, p_{\boldsymbol{\beta}} \sum_{\boldsymbol{\gamma} \in OP_m} 2^{l(\boldsymbol{\gamma})/2} z_{\boldsymbol{\gamma}}^{-1} \psi_{\boldsymbol{\gamma}}\, p_{\boldsymbol{\gamma}} \\ &= \mathrm{Ch}(\varphi)\, \mathrm{Ch}(\psi).\end{aligned}$$

(ii)　これは，(6.2.8) からの直接の帰結である．

(iii)　$\mathrm{Ch}(\chi_{\Delta'_n}) = c_n q_n$, $c_n := 2^{-(1+\varepsilon(n))/2}$, である．$\boldsymbol{\mu} = (\mu_1, \mu_2, \cdots, \mu_m) \in P_n$ に対して，$\varphi := \chi_{\widetilde{\Pi}_{\boldsymbol{\mu}}}|_{\widetilde{\mathfrak{A}}_n}$, $\varphi_i = \chi_{\Delta'_{\mu_i}}|_{\widetilde{\mathfrak{A}}_{\lambda_i}}$ とおくと，積の定義 6.1.1 により，$\varphi = \varphi_1 * \varphi_2 * \cdots * \varphi_m$ である．よって，(i) により，

$$\begin{aligned}\mathrm{Ch}(\chi_{\widetilde{\Pi}_{\boldsymbol{\mu}}}) &= \mathrm{Ch}(\varphi_1 * \varphi_2 * \cdots * \varphi_m) = \mathrm{Ch}(\varphi_1) \cdots \mathrm{Ch}(\varphi_m) \\ &= (c_{\mu_1} q_{\mu_1})(c_{\mu_2} q_{\mu_2}) \cdots (c_{\mu_m} q_{\mu_m}) = c_{\boldsymbol{\mu}}\, q_{\boldsymbol{\mu}}\,,\end{aligned}$$

$$c_{\boldsymbol{\mu}} := \textstyle\prod_{1 \leqslant i \leqslant m} c_{\mu_i} \ \in\ \boldsymbol{Z}[\sqrt{2}^{\,-1}]. \tag{6.2.12}$$

(iv)　$\mathrm{Ch}(R^{\mathrm{ass}}_{n,\boldsymbol{Z}})$ は $\boldsymbol{Z}$ 上 $c_{\boldsymbol{\mu}} q_{\boldsymbol{\mu}}$ $(\boldsymbol{\mu} \in P_n)$ で張られる．　□

◆　写像 Ch: $R^{\mathrm{ass}}_{\boldsymbol{C}} \to \mathscr{Q}_{\boldsymbol{C}}$ が等長写像になるように，後者に内積を入れよう．$\varphi, \psi \in R^{\mathrm{ass}}_{n,\boldsymbol{C}}$ とすると，その内積は，$L^2(\widetilde{\mathfrak{S}}_n)$ から誘導したので，(6.1.21) により，

$$\langle \varphi, \psi \rangle = \int_{\widetilde{\mathfrak{S}}_n} \varphi(\sigma') \overline{\psi(\sigma')}\, d\mu_{\widetilde{\mathfrak{S}}_n}(\sigma') = \sum_{\boldsymbol{\alpha} \in OP_n} z_{\boldsymbol{\alpha}}^{-1} \varphi_{\boldsymbol{\alpha}} \overline{\psi_{\boldsymbol{\alpha}}}. \tag{6.2.13}$$

右辺が $\mathrm{Ch}(\varphi)$, $\mathrm{Ch}(\psi)$ の内積になるように定義する．

定義 6.2.3　$\mathscr{Q}_{\boldsymbol{C}}$ の基底である $\{p_{\boldsymbol{\alpha}}\,;\, \boldsymbol{\alpha} \in \bigsqcup_{n \geqslant 0} OP_n\}$ の元同志の内積は，

$$\langle p_{\boldsymbol{\alpha}}, p_{\boldsymbol{\beta}} \rangle := 2^{-l(\boldsymbol{\alpha})} z_{\boldsymbol{\alpha}} \delta_{\boldsymbol{\alpha}\boldsymbol{\beta}}. \tag{6.2.14}$$

定理 6.2.7　(i)　特性写像 Ch: $R^{\mathrm{ass}}_{\boldsymbol{C}} \to \mathscr{Q}_{\boldsymbol{C}}$ は等長写像である．

(ii)　$\widetilde{p}_{\boldsymbol{\alpha}} := 2^{l(\boldsymbol{\alpha})} z_{\boldsymbol{\alpha}}^{-1} p_{\boldsymbol{\alpha}}$ $(\boldsymbol{\alpha} \in OP_n)$ とおくと，$\mathscr{Q}_{n,\boldsymbol{C}}$ の基底として，$\{p_{\boldsymbol{\alpha}}\,;\, \boldsymbol{\alpha} \in OP_n\}$ と $\{\widetilde{p}_{\boldsymbol{\alpha}}\,;\, \boldsymbol{\alpha} \in OP_n\}$ とは双対である．ここに，2 つの基底 $\{u_k\,;\, k \in K\}$ と $\{v_k\,;\, k \in K\}$ とが双対（そうつい）であるとは，$\langle u_k, v_l \rangle = \delta_{kl}$ $(k, l \in K)$ が成り立つことで

ある.

(iii) $\|q_0\| = 1, \quad \|q_n\|^2 = 2 \ (n \geq 1)$.

証明 (i), (ii) はそれぞれ定義 6.2.3 と定義式 (6.2.14) から直ちに従う.

(iii) $q_n, n \geq 1$, の表示 (6.2.6) に定義 6.2.3 を適用すると,

$$\|q_n\|^2 = \langle q_n, q_n \rangle = \sum_{\boldsymbol{\alpha} \in OP_n} 2^{-l(\boldsymbol{\alpha})} z_\alpha (2^{l(\boldsymbol{\alpha})} z_{\boldsymbol{\alpha}}{}^{-1})^2$$

$$= \sum_{\boldsymbol{\alpha} \in OP_n} 2^{l(\boldsymbol{\alpha})} z_{\boldsymbol{\alpha}}{}^{-1} = 2 \quad \text{（補題 6.2.2 による）}. \qquad \square$$

6.2.4 $\mathscr{Q}_{n,\boldsymbol{C}}$ における双対基底

変数 $x = (x_i)_{i \in \boldsymbol{N}} = (x_1, x_2, \cdots)$, $y = (y_j)_{j \geqslant 1}$ に対して, $xy := (x_i y_j)_{(i,j);\, i,j \geqslant 1}$ とおく. すると, $p_{\boldsymbol{\alpha}}(xy) = p_{\boldsymbol{\alpha}}(x) p_{\boldsymbol{\alpha}}(y)$ $(\boldsymbol{\alpha} \in OP_n)$ である.

補題 6.2.8
$$\sum_{\boldsymbol{\alpha} \in OP_n} p_{\boldsymbol{\alpha}}(x) \widetilde{p}_{\boldsymbol{\alpha}}(y) = q_n(xy) \qquad (n \geq 0),$$

$$\sum_{n \geqslant 0} \sum_{\boldsymbol{\alpha} \in OP_n} p_{\boldsymbol{\alpha}}(x) \widetilde{p}_{\boldsymbol{\alpha}}(y) = \prod_{i,j \geqslant 1} \frac{1 + x_i y_j}{1 - x_i y_j}.$$

証明 (6.2.4) 式において, 変数 x の代わりに xy を入れると,

$$\prod_{i,j} \frac{1 + x_i y_j t}{1 - x_i y_j t} = \sum_{n \geqslant 0} q_n(xy) t^n$$

$$= \sum_{n \geqslant 0} \sum_{\boldsymbol{\alpha} \in OP_n} 2^{l(\boldsymbol{\alpha})} z_{\boldsymbol{\alpha}}^{-1} p_{\boldsymbol{\alpha}}(xy)\, t^n$$

$$= \sum_{n \geqslant 0} \sum_{\boldsymbol{\alpha} \in OP_n} p_{\boldsymbol{\alpha}}(x) \widetilde{p}_{\boldsymbol{\alpha}}(y)\, t^n. \qquad \square$$

補題 6.2.9 各 $n \geq 0$ に対し, $\{u_{\boldsymbol{\alpha}} \ (\boldsymbol{\alpha} \in OP_n)\}$ と $\{v_{\boldsymbol{\beta}} \ (\boldsymbol{\beta} \in OP_n)\}$ とを $\mathscr{Q}_{n,\boldsymbol{C}}$ の基底とする. $\{u_{\boldsymbol{\alpha}} \ (\boldsymbol{\alpha} \in OP_n)\}$ と $\{v_{\boldsymbol{\alpha}} \ (\boldsymbol{\alpha} \in OP_n)\}$ との変換行列がすべて実行列である場合に限り[3] 次の 3 つは同値である：

(a) $\langle u_{\boldsymbol{\alpha}}, v_{\boldsymbol{\beta}} \rangle = \delta_{\boldsymbol{\alpha}\boldsymbol{\beta}} \quad (\boldsymbol{\alpha}, \boldsymbol{\beta} \in OP_n, \ \forall n \geq 0)$ [双対基底],

(b) $\displaystyle\sum_{\boldsymbol{\alpha} \in OP_n} u_{\boldsymbol{\alpha}}(x) v_{\boldsymbol{\alpha}}(y) = q_n(xy) \qquad (\forall n \geq 0)$.

(c) $\displaystyle\sum_{n \geqslant 0} \sum_{\boldsymbol{\alpha} \in OP_n} u_{\boldsymbol{\alpha}}(x) v_{\boldsymbol{\alpha}}(y) = \prod_{i,j \geqslant 1} \frac{1 + x_i y_j}{1 - x_i y_j}$.

---

3) [Józ, (4.7) Lemma] においては, この「係数行列の実数性の条件」が落ちている.

証明　特別の双対基底の組 $\{p_{\boldsymbol{\alpha}}\}$, $\{\widetilde{p}_{\boldsymbol{\beta}}\}$ については，補題 6.2.8 により，(b), (c) がそれぞれ証明されている．

一般の双対基底については下の解説 6.2.1 と，定理 6.2.10 が必要である．　□

解説 6.2.1　任意の $n \geq 1$ に対して，有限次元の部分空間 $V_n := \mathscr{Q}_{n,\boldsymbol{C}}$ ごとに考えられる．$K = OP_n$ を基底の添字集合とする．Hilbert 空間 V_n の 2 次のテンソル積空間 $V_n \otimes V_n$ をとるが，2 番目の V_n を $\widetilde{V}_n$ と書いて区別する．（一般の有限次元ベクトル空間 V の場合には，V の双対空間 V^* とのテンソル積 $V \otimes V^*$ を考えることになる．）V_n の基底 $(u_i)_{i \in K}$ に対して，その双対を $\widetilde{V}_n$ の基底 $(v_j)_{j \in K}$ としてとる：$\langle u_i, v_j \rangle = \delta_{ij}$. そして，テンソル積の和 $\sum_{i \in K} u_i \otimes v_i \in V_n \otimes \widetilde{V}_n$ を考える．上の補題では，V_n の元には変数 x を用い，$\widetilde{V}_n$ の元には変数 y を用いて区別している．

V_n の別の基底 $(u'_i)_{i \in K}$ と $\widetilde{V}_n$ の別の基底 $(v'_j)_{j \in K}$ をとって，$\sum_{i \in K} u'_i \otimes v'_i \in V_n \otimes \widetilde{V}_n$ を作り，比較しよう．そのために，$t_{ij} := \langle u'_i, v'_j \rangle$ $(i, j \in K)$ を要素とする行列 $T = (t_{ij})_{i,j \in K}$ を考える．$\dim V_n = v_n$ とすると，$v_n \times v_n$ 型の正則複素行列 $A = (a_{ki})_{k,i \in K}$, $B = (b_{lj})_{l,j \in K}$ があって，横ベクトル $(u_i)_{i \in K}, (u'_i)_{i \in K}$ などに対して，

$$
(6.2.15) \qquad \begin{cases} (u'_i) = (u_i)A, \quad \text{i.e.,} \quad u'_i = \sum_{k \in K} a_{ki} u_k \quad (i \in K), \\ (v'_j) = (v_j)B, \quad \text{i.e.,} \quad v'_j = \sum_{l \in K} b_{lj} v_l \quad (j \in K). \end{cases}
$$

このとき，$\sum_{i \in K} u'_i \otimes v'_i = \sum_{k,l \in K} \Big(\sum_{i \in K} a_{ki} b_{li} \Big) u_k \otimes v_l$ なので，$u_k \otimes v_l$ の係数を c_{kl} とすると，$C := (c_{kl})_{k,l \in K} = A\,{}^tB$. さらに，$t_{ij} = \langle u'_i, v'_j \rangle = \sum_{k \in K} a_{ki} \overline{b_{kj}}$. ゆえに，$T = {}^tA\,\overline{B}$, ここに，$\overline{B} = (\overline{b_{lj}})$ は複素共役を表す．(v'_j) が (u'_i) の双対基底であるための必要条件は $T = E_{v_n}$（単位行列）であり，したがって，${}^tA\overline{B} = E_{v_n}$.

定理 6.2.10　V_n の基底 $(u_i)_{i \in K}$ と $(v_j)_{j \in K}$ とが双対であるとする．別の基底 $(u'_i)_{i \in K}$, $(v'_j)_{j \in K}$ が，行列 A, B によって，(6.2.15) により与えられているとする．

(i)　$\sum_{i \in K} u'_i \otimes v'_i = \sum_{k,l \in K} c_{kl}\, u_k \otimes v_l$ とおくと，$C = (c_{kl}) = A\,{}^tB$.

(ii)　$T = \big(\langle u'_i, v'_j \rangle\big)_{i,j \in K}$ とおくと，$T = {}^tA\,\overline{B}$.

(iii)　次の 2 つの主張が同値になるのは，A が実行列のときに限る：

(a1) 基底 $(u'_i)_{i\in K}$ と $(v'_j)_{j\in K}$ とが双対である.

(b1) $\sum_{i\in K} u'_i \otimes v'_i = \sum_{i\in K} u_i \otimes v_i$.

6.3 スピン既約指標の母関数としての $Q_{\boldsymbol{\lambda}}$

q-関数の 2 次式 $q_j q_l$ $(j+l=2k)$ の間の関係式 (6.2.9) を，写像 Ch^{-1} で戻してみると，スピン基本表現 $\widetilde{\Pi}_{\boldsymbol{\mu}}$, $\boldsymbol{\mu}=(k,k)$, の "指標" $\mathrm{Ch}^{-1}(q_k^2)=\mathrm{Ch}^{-1}(q_k)^2$ が，$\boldsymbol{\lambda}=(2k),(2k-1,1),(2k-2,2),\cdots,(k+1,k-1)$ $[l(\boldsymbol{\lambda})\le 2]$ に対応する "指標" $\mathrm{Ch}^{-1}(q_j q_l)=\mathrm{Ch}(q_j)^{-1}\mathrm{Ch}^{-1}(q_l)$ $(j+l=2k)$ の 1 次結合で書かれている．その詳しい情報を指標の母関数（特性関数）$q_{\boldsymbol{\lambda}}$ を用いて表しているのである．われわれのこの節での目的はスピン既約表現の指標の母関数を，基本スピン表現の指標の母関数 $q_{\boldsymbol{\lambda}}$ $(\boldsymbol{\lambda}\in\bigsqcup_{n\geqslant 1}SP_n)$ の 1 次結合として表すことである．そのときに，既約指標たちに成立すべき「直交関係」を調べる判定法が上の補題 6.2.9 である．

6.3.1 $Q_{\boldsymbol{\mu}}$ $(\boldsymbol{\mu}\in\mathcal{P}_n)$ の定義

われわれは無限変数の多項式 $Q_{\boldsymbol{\lambda}}$ $(\boldsymbol{\lambda}\in SP_n)$ をスピン既約指標 $\chi_{\pi_{\boldsymbol{\lambda}}}$ の「母関数」として求めたい．その 1 つの特徴は，$\mathscr{Q}_{n,\boldsymbol{C}}$ の新しい基底，ということである．$Q_{\boldsymbol{\lambda}}$ $(\boldsymbol{\lambda}\in SP_n)$ を定義するには，どうしてもパラメーターの範囲を，n の厳格分割の集合 SP_n から，順序付き分割の集合 $\mathcal{P}_n$ まで拡げて議論する必要がある．なぜそうなのか，については全面的に Schur の深い洞察に負っている．

順序付き分割 $\boldsymbol{\nu}=(\nu_1,\nu_2,\cdots,\nu_m)\in\mathcal{P}_n$, $\sum_{j\in\boldsymbol{I}_m}\nu_j=n$, $\nu_j\ge 0$ に対して，$Q_{\boldsymbol{\nu}}$ を定義するが，そこに次の「歪対称性」を要求する：

$\sigma\boldsymbol{\nu}:=(\nu_{\sigma^{-1}(1)},\nu_{\sigma^{-1}(2)},\cdots,\nu_{\sigma^{-1}(m)})$ として，

$$Q_{\sigma\boldsymbol{\nu}}=\mathrm{sgn}(\sigma)\,Q_{\boldsymbol{\nu}}\quad(\forall\sigma\in\mathfrak{S}_m). \tag{6.3.1}$$

すると，ν_j のうちに同じ数字があれば，$Q_{\boldsymbol{\nu}}=0$ である（したがって，$\nu_j=0$ は高々 1 個の場合のみ意味がある）．ν_j がすべて相異なるときには，ある $\sigma\in\mathfrak{S}_m$ によって，$\sigma\boldsymbol{\nu}=\boldsymbol{\lambda}\in SP_n$ となるので，実際上は $Q_{\boldsymbol{\nu}}$ たちには無駄な余分は無い．

● **場合 1:** $\boldsymbol{\nu}\in\mathcal{P}_n$, 分割数 $l(\boldsymbol{\nu})=1$ の場合.

分割数 $l(\boldsymbol{\nu})=m$ が 1 の場合は，$\boldsymbol{\nu}=(n)$ であり，$Q_{(n)}=Q_n:=q_n$ とおく，

● **場合 2:** 分割数 $l(\boldsymbol{\nu})=2$ の場合.

この場合は本質的に重要である．$\boldsymbol{\nu}=(\nu_1,\nu_2)\in\mathcal{P}_n$ とする．$q_{\nu_1}q_{\nu_2}=$

$\mathrm{Ch}(\chi_{\widetilde{\Pi}_{\nu_1,\nu_2}}|_{\widetilde{\mathfrak{A}}_n})$ の「指標の母関数」としての関係式 (6.2.9) を参考にして（の筈だが[4)]）天下り式ではあるが，

定義 6.3.1　$Q_{\nu_1,\nu_2} := q_{\nu_1}q_{\nu_2} + 2\sum_{1\leqslant i\leqslant \nu_2}(-1)^i q_{\nu_1+i}q_{\nu_2-i} \quad (\nu_1,\nu_2>0),$

とおく．このとき，(6.2.9) より，$Q_{\nu_2,\nu_1} = -Q_{\nu_1,\nu_2}$ が分かる．当然，$Q_{k,k}=0$ である．さらに，$Q_{n,0} = -Q_{0,n} := q_n \ (n>0)$，$Q_{0,0} := 0$ とおく．これらは $\mathscr{Q}_{n,\boldsymbol{Z}}$ の元である．

命題 6.3.1 ([Józ, §4])　不定元 t_1, t_2 に対して，

$$
\begin{aligned}
Q(t_1,t_2) &:= (Q(t_1)Q(t_2)-1)\,\frac{t_1-t_2}{t_1+t_2} \\
&= Q(t_1)\,\frac{Q(t_2)-Q(-t_1)}{t_1+t_2}\,(t_1-t_2)
\end{aligned}
\tag{6.3.2}
$$

とおく．これを t_1, t_2 の冪級数に展開すると，上の定義による Q_{ν_1,ν_2} を得る：

$$
Q(t_1,t_2) = \sum_{\nu_1,\,\nu_2\geqslant 0} Q_{\nu_1,\nu_2}\, t_1^{\nu_1} t_2^{\nu_2}
\tag{6.3.3}
$$

問題 6.3.1　上の命題の証明を与えよ．

上の命題は計算によって証明できる．しかしながら，脚注 4) に述べた不思議さはまったく解消されない．

● **場合 3:**　分割数 $l(\boldsymbol{\nu}) = m \geq 3$ 偶，の一般の場合．

上の Q_{ν_1,ν_2} を元にして，パラメーターの成分の個数を増やして一般の $\boldsymbol{\nu}\in\mathcal{P}_n$ に対する $Q_{\boldsymbol{\nu}}\in\mathscr{Q}_{n,\boldsymbol{Z}}$ を定義する．m を偶数として，$m\times m$ 型の交代行列 $(Q_{\nu_i,\nu_j})_{i,j\in\boldsymbol{I}_m}$ をとり，そのパフィアン（Pfaffian）を $Q_{\nu_1,\nu_2,\cdots,\nu_m}$ と定義する：

定義 6.3.2　$Q_{\nu_1,\nu_2,\cdots,\nu_m}$, $\nu_1,\nu_2,\cdots,\nu_m\geq 0$, とは $m\times m$ 型交代行列 $(Q_{\nu_i,\nu_j})_{i,j\in\boldsymbol{I}_m}$ のパフィアンである．

● **場合 4:**　分割数 $l(\boldsymbol{\nu}) = m \geq 3$ 奇，の一般の場合．

$\boldsymbol{\nu}\in\mathcal{P}_n$ の分割数 $l(\boldsymbol{\nu}) = m$（偶数）のときには，$Q_{\boldsymbol{\nu}}$ が上で定義出来た訳だが，

---

4)　私自身には，Schur がどのように参考にして思いついたのか，が分からない．何故ならば，この Q_{ν_1,ν_2} はすでに既約指標の母関数の定数倍なので，基本スピン表現の指標の整係数 1 次結合で既約指標を書き下したことになっている！！！　[Sch4] には特に説明はない．Schur は，スピン既約指標の具体的な計算を重ねて，この着想を得たのだろうか？　彼に脱帽するしかない．

$l(\boldsymbol{\nu})=m-1$（奇数）のときには，$\boldsymbol{\nu}=(\nu_1,\nu_2,\cdots,\nu_{m-1})$ に 0 を付加して，$Q_{\boldsymbol{\nu}}:=Q_{\nu_1,\nu_2,\cdots,\nu_{m-1},0}$ とおく．$Q_{\boldsymbol{\nu}}$ は次数が $|\boldsymbol{\nu}|=\nu_1+\cdots+\nu_m$ の x の対称式である．

上で定義された $Q_{\boldsymbol{\nu}}$ $(\boldsymbol{\nu}\in\mathcal{P}_n)$ はパラメーター $\boldsymbol{\nu}$ に関する歪対称性 (6.3.1) を持つ（下の定理 6.3.2 (i) による）．

● **解説 6.3.1** (証明付き解説は次節)：

$m=2k$ 次の交代行列 $A=(a_{ij})_{i,j\in\boldsymbol{I}_{2k}}$ に対して，そのパフィアン Pf(A) は次のように定義される．$2k$ 次対称群 $\mathfrak{S}_{2k}$ の部分集合 F_{2k} を

(6.3.4)
$$F_{2k}:=\{\sigma\in\mathfrak{S}_{2k}\,;\,\sigma(2i-1)<\sigma(2i)\ (i\in\boldsymbol{I}_k),\quad \sigma(1)<\sigma(3)<\cdots<\sigma(2k-1)\},$$

と置く．$|F_{2k}|=$ “$\boldsymbol{I}_{2k}$ を 2 ヶずつのペアに分ける場合の数”$=\dfrac{(2k)!}{2^k\cdot k!}$

定義 6.3.3 $\mathrm{Pf}(A):=\sum_{\sigma\in F_{2n}}\mathrm{sgn}(\sigma)a_{\sigma(1)\sigma(2)}a_{\sigma(3)\sigma(4)}\cdots a_{\sigma(2k-1)\sigma(2k)}$.

定理 6.3.2 (i) $\tau\in\mathfrak{S}_{2k}$ に対して，$A^\tau:=\big(a_{\tau(i)\tau(j)}\big)_{i,j\in\boldsymbol{I}_{2k}}$ とおくと，

$$\mathrm{Pf}(A^\tau)=\mathrm{sgn}(\tau)\,\mathrm{Pf}(A).$$

(ii) $\det A=\mathrm{Pf}(A)^2$.

例 6.3.1 $m=2\ (k=1)$ の場合．　$\mathrm{Pf}((Q_{\nu_i,\nu_j})_{i,j\in\boldsymbol{I}_2})=Q_{\nu_1,\nu_2}$．

$m=4\ (k=2)$ の場合．$F_4=\{(1,2,3,4),(1,3,2,4),(1,4,2,3)\}\subset\mathfrak{S}_4$,

$$\mathrm{Pf}((Q_{\nu_i,\nu_j}))=Q_{\nu_1,\nu_2}Q_{\nu_3,\nu_4}-Q_{\nu_1,\nu_3}Q_{\nu_2,\nu_4}+Q_{\nu_1,\nu_4}Q_{\nu_2,\nu_3}\,.$$

定理 6.3.3 (Laplace 型の展開公式) $m=2k$ 次の交代行列 A から i 行と j 行，i 列と j 列を取り除いた $2(k-1)\times2(k-1)$ の交代行列を A^{ij} と書くと，

(6.3.5)
$$\mathrm{Pf}(A)=\sum_{2\leqslant j\leqslant 2k}(-1)^j a_{1j}\,\mathrm{Pf}(A^{1j})\quad(\text{第 1 行による展開}).$$

[解説終]

命題 6.3.4 $Q_{\boldsymbol{\nu}}$, $\boldsymbol{\nu}=(\nu_1,\nu_2,\cdots,\nu_m)\in\mathcal{P}_n$, に対して，次の漸化式がある：

(6.3.6)
$$Q_{\boldsymbol{\nu}}=\sum_{2\leqslant j\leqslant m}(-1)^jQ_{\nu_1,\nu_j}Q_{\nu_2,\cdots,\widehat{\nu}_j,\cdots,\nu_m}\,,\quad m\ \text{偶のとき},$$

(6.3.7)
$$Q_{\boldsymbol{\nu}}=\sum_{1\leqslant j\leqslant m}(-1)^{j-1}Q_{\nu_j}Q_{\nu_1,\cdots,\widehat{\nu}_j,\cdots,\nu_m}\,,\quad m\ \text{奇のとき}.$$

証明 (6.3.6) は，(6.3.5) から直ちに出る．(6.3.7) は，ν_m の後ろに 0 を補えば次と同じである：　$Q_{\boldsymbol{\nu},0} = \sum_{1\leqslant j\leqslant m} (-1)^{j-1} Q_{\nu_j,0} Q_{\nu_1,\cdots,\widehat{\nu}_j,\cdots,\nu_m}$. □

命題 6.3.5　$\{Q_{\boldsymbol{\lambda}}\,;\, \boldsymbol{\lambda} \in SP_n\}$ は $\mathscr{Q}_{n,\boldsymbol{Z}}$ の $\boldsymbol{Z}$ 上の基底である．基底 $\{q_{\boldsymbol{\lambda}}\,;\, \boldsymbol{\lambda} \in SP_n\}$ との変換行列は単的上三角行列である．

証明 定義 6.3.1 および (6.3.6), (6.3.7) から，$\boldsymbol{\lambda} \in SP_n$ に対して，帰納的に

(6.3.8)
$$Q_{\boldsymbol{\lambda}} = q_{\boldsymbol{\lambda}} + \sum_{\boldsymbol{\nu}\in SP_n,\, \boldsymbol{\nu}\prec'\boldsymbol{\lambda}} b_{\boldsymbol{\nu}}\, q_{\boldsymbol{\nu}} \qquad (b_{\boldsymbol{\nu}} \in \boldsymbol{Z})$$

が示される．ここでは，系 6.2.5 に注意するべし． □

6.3.2　解説：パフィアンについて

$2k$ 次の交代行列 $A = (a_{ij})_{i,j\in\boldsymbol{I}_{2k}}$ に対して，そのパフィアン $\mathrm{Pf}(A)$ は次のように定義される（日本語の文献としては例えば [岡田] を参照）．$2k$ 次対称群 $\mathfrak{S}_{2k}$ の部分集合 F_{2k} を (6.3.4) で定義し，さらに，$F_{2k}^0 \supset F_{2k}$ を次のようにおく：

(6.3.9)
$$F_{2k}^0 := \{\sigma \in \mathfrak{S}_{2k}\,;\, \sigma(2i-1) < \sigma(2i)\ (i \in \boldsymbol{I}_k)\}.$$

上の定義 6.3.3 で A のパフィアン $\mathrm{Pf}(A)$ を定義する．

定理 6.3.6　$\mathrm{Pf}(A) = \dfrac{1}{k!} \sum_{\sigma\in F_{2k}^0} \mathrm{sgn}(\sigma) a_{\sigma(1)\sigma(2)} a_{\sigma(3)\sigma(4)} \cdots a_{\sigma(2k-1)\sigma(2k)}$.

証明 $\sigma^0 \in F_{2k}^0$ をとる．k 個のペア $(\sigma^0(2i-1), \sigma^0(2i))$, $i \in \boldsymbol{I}_k$, を並べ替えて F_{2k} の元にする．$\kappa \in \mathfrak{S}_k$ をとり，$(\sigma(2i-1), \sigma(2i)) := (\sigma^0(2\kappa(i)-1), \sigma^0(2\kappa(i)))$ とおいて，$\sigma \in F_{2k}$ にできる．この σ を $\sigma^0\widehat{\kappa}$ とおくと，$\sigma^0 = \sigma\widehat{\kappa}^{-1}$ となり，$\sigma^0 \mapsto (\sigma, \widehat{\kappa}^{-1})$ により，F_{2k}^0 は集合として $F_{2k} \times \mathfrak{S}_k$ と 1-1 に対応する．$\mathrm{sgn}(\sigma) = \mathrm{sgn}(\sigma^0)$ で，かつ，

$$a_{\sigma(1)\sigma(2)} a_{\sigma(3)\sigma(4)} \cdots a_{\sigma(2k-1)\sigma(2k)} = a_{\sigma^0(1)\sigma^0(2)} a_{\sigma^0(3)\sigma^0(4)} \cdots a_{\sigma^0(2k-1)\sigma^0(2k)}.$$ □

定理 6.3.7　$A = (a_{ij})_{i,j\in\boldsymbol{I}_{2k}}$ を $2k$ 次の交代行列とし，$\boldsymbol{C}$ 上の $2k$ 次元ベクトル空間 V の基底を e_i $(i \in \boldsymbol{I}_{2k})$ とする．V から生成される外積代数における 2 次形式 $\omega_A = \sum_{1\leqslant i<j\leqslant 2k} a_{ij}\, e_i \wedge e_j$ の k 乗の外積は，

$$\overset{k}{\wedge}\, \omega_A = \omega_A \wedge \omega_A \wedge \cdots \wedge \omega_A = k! \cdot \mathrm{Pf}(A)\, e_1 \wedge e_2 \wedge \cdots \wedge e_{2k}.$$

証明 $\overset{k}{\wedge}\omega_A = \sum_{i_1<j_1,\, i_2<j_2,\, \cdots,\, i_k<j_k} a_{i_1j_1}\cdots a_{i_kj_k}\,(e_{i_1}\wedge e_{j_1})\wedge\cdots\wedge(e_{i_k}\wedge e_{j_k})$

$$= \sum_{\sigma\in F_{2k}^0} a_{\sigma(1)\sigma(2)}\cdots a_{\sigma(2k-1)\sigma(2k)}\,(e_{\sigma(1)}\wedge e_{\sigma(2)})\wedge\cdots\wedge(e_{\sigma(2k-1)}\wedge e_{\sigma(2k)})$$

$$= \sum_{\sigma\in F_{2k}^0} \mathrm{sgn}(\sigma) a_{\sigma(1)\sigma(2)}\cdots a_{\sigma(2k-1)\sigma(2k)}\, e_1\wedge\cdots\wedge e_{2k}. \qquad \square$$

定理 6.3.8 (基本的性質)

(i) 任意の $2k\times 2k$ 行列 B に対して， $\mathrm{Pf}({}^tBAB) = \det(B)\,\mathrm{Pf}(A)$.

(ii) $\tau\in\mathfrak{S}_{2k}$ に対して，A^τ を A の行および列に対して，同じ置換 τ を施したものとすると， $\mathrm{Pf}(A^\tau) = \mathrm{sgn}(\tau)\,\mathrm{Pf}(A)$.

(iii) $\mathrm{Pf}(A) = \dfrac{1}{2^k\,k!}\displaystyle\sum_{\sigma\in\mathfrak{S}_{2k}} \mathrm{sgn}(\sigma) a_{\sigma(1)\sigma(2)}a_{\sigma(3)\sigma(4)}\cdots a_{\sigma(2k-1)\sigma(2k)}$.

(iv) $\det(A) = \big(\mathrm{Pf}(A)\big)^2$.

証明 (i) V を $\boldsymbol{C}$ 上の $2k$ 次元ベクトル空間，e_j ($j\in\boldsymbol{I}_{2k}$) をその基底とし，$w_j = \sum_{i\in\boldsymbol{I}_{2k}} b_{ji}e_i$ ($j\in\boldsymbol{I}_{2k}$) とおく．$P = {}^tBAB = (p_{ij})$ に対して，${}^tP = -P$ なので，

$$\sum_{1\leqslant i<j\leqslant 2k} p_{ij}\,e_i\wedge e_j = \frac{1}{2}\sum_{i,j\in\boldsymbol{I}_{2k}}\sum_{l\in\boldsymbol{I}_{2k}}\sum_{p\in\boldsymbol{I}_{2k}} b_{li}a_{lp}b_{pj}\,e_i\wedge e_j = \sum_{1\leqslant l<p\leqslant 2k} a_{lp}\,w_l\wedge w_p\,,$$

ただし，$w_l := \sum_{i\in\boldsymbol{I}_{2k}} b_{li}e_i$ となるから，両端の元の k 階の外積を取れば，

$$\begin{aligned}\mathrm{Pf}(P)\,e_1\wedge e_2\wedge\cdots\wedge e_{2k} &= \mathrm{Pf}(A)\,w_1\wedge w_2\wedge\cdots\wedge w_{2k}\\ &= \mathrm{Pf}(A)\det(B)\,e_1\wedge e_2\wedge\cdots\wedge e_{2k}.\end{aligned}$$

(ii) とくに，B が $\tau\in\mathfrak{S}_{2k}$ の置換行列 T_τ の場合である．

(iii) (ii) から直ちに従う．

(iv) $J_{2k}^- := \begin{pmatrix} 0_k & J_k \\ -J_k & 0_k\end{pmatrix}, \qquad J_k := \begin{pmatrix} 0 & \cdots & 0 & 1\\ 0 & \cdots & 1 & 0\\ \vdots & & \vdots & \vdots\\ 1 & \cdots & 0 & 0\end{pmatrix},$

とおく．A を正則とすると，適当な $2k\times 2k$ 行列 B があって，${}^tBAB = J_{2k}^-$ とできる．両辺のパフィアンをとれば，$\det(B)\,\mathrm{Pf}(A) = 1$. また，両辺の行列式をとれ

ば，$\det(B)^2\det(A)=1$ となる．したがって，$\det(A)\neq 0$ のときには，$\det(A)=\mathrm{Pf}(A)^2$ を得る．ところがこの等式は a_{ij} に関する多項式の間の等式なので，任意の $2k$ 次交代行列 A に対して成立することが分かる．　□

定理 6.3.9 (展開公式) $2k$ 次の交代行列 A から i 行と j 行，i 列と j 列を取り除いた $2(k-1)$ 次の交代行列を A^{ij} と書くと，

$$\mathrm{Pf}(A)=\sum_{2\leqslant j\leqslant 2k}(-1)^j a_{1j}\,\mathrm{Pf}(A^{1j}), \tag{6.3.10}$$

$1\leq i\leq 2k$ に対し，“i 行に関する展開” として，

$$\mathrm{Pf}(A)=\sum_{1\leqslant j<i}(-1)^{i+j}a_{ij}\,\mathrm{Pf}(A^{ij})+\sum_{i<j\leqslant 2k}(-1)^{i+j-1}a_{ij}\,\mathrm{Pf}(A^{ij}). \tag{6.3.11}$$

証明　(6.3.10) の証明.　$2\leq j\leq 2k$ に対し，$F_{2k}(j):=\{\sigma\in F_{2k}\,;\,\sigma(2)=j\}$ とおく．$\tau\in F_{2(k-1)}$ に対して，$\sigma\in\mathfrak{S}_{2k}$ を

$$\sigma(1)=1,\ \sigma(2)=j,\quad \sigma(p)=\begin{cases}\tau(p-2)+1 & (\tau(p-2)\leq j-2\text{ のとき }),\\ \tau(p-2)+2 & (\tau(p-2)\geq j-1\text{ のとき }),\end{cases}$$

とおくと，$F_{2(k-1)}\ni\tau\mapsto\sigma\in F_{2k}(j)$ は全単射である．さらに，$\mathrm{sgn}(\sigma)=(-1)^j\mathrm{sgn}(\tau)$. 何故ならば，$\tau$ での j は $j-2$ 個を飛び越えて σ での 2 番目に上がって来ている．

(6.3.11) の証明.　まず，定理 6.3.8 (ii) を用いる．$i>1$ に対して，巡回置換 $\tau=(1\ 2\ \cdots\ i-1\ i)$, とおき，$B=(b_{i'j'}):=A^\tau$ をとると，$\mathrm{Pf}(B)=\mathrm{sgn}(\tau)\mathrm{Pf}(A)=(-1)^{i-1}\mathrm{Pf}(A)$ である．

つぎに，B の第 1 列は A の第 i 列であり，$2\leq j<i$ に対しては B の第 j 列は A の第 $j-1$ 列であり，$j>i$ に対しては B の第 j 列は A の第 j 列である．交代行列 B に展開公式 (6.3.10) を適用すると，

$$\begin{aligned}\mathrm{Pf}(B)&=\sum_{2\leqslant j\leqslant 2k}(-1)^j b_{1j}\,\mathrm{Pf}(B^{1j})\\&=\sum_{1\leqslant j<i}(-1)^{j-1}a_{ij}\,\mathrm{Pf}(A^{ij})+\sum_{j>i}(-1)^j a_{ij}\,\mathrm{Pf}(A^{ij})\end{aligned}$$

ここに，$\mathrm{Pf}(B)=(-1)^{i-1}\mathrm{Pf}(A)$ を代入すれば，等式 (6.3.11) を得る．　□

閑話休題 6.3.1　パフィアン $\mathrm{Pf}(A)$ の（一般の）第 i 行に関する展開公式 (6.3.11) は，次章の **7.2.2** 小節で，「スピン既約表現の次元公式」に関する漸化式を証明する際に，補題 7.2.2 の証明のために使われる．

この第 i 行に関する展開公式は，第 1 行に関する展開公式 (6.3.10) に比べて，符号の切り替えが右辺の途中にあって，複雑に見える．実は，パフィアンに関する日本語の website の資料の中には，この点について誤りも見受けられる．それは，一般展開公式として，(6.3.11) の代わりに，(6.3.10) 式を形式的に拡張して，符号がすっきりした公式

$$\text{(6.3.12)} \qquad \textbf{(誤)} \qquad \mathrm{Pf}(A) = \sum_{1 \leqslant j \leqslant 2k,\ j \neq i} (-1)^{i+j-1} a_{ij} \, \mathrm{Pf}(A^{ij}),$$

を提示するようなものである．私自身もこの公式を（証明までして）信じていたのであるが，補題 7.2.2 の証明の際に，ある矛盾に行き当たって，その矛盾がどこから来たのかを探っていくと，最後には上の **(誤)** とマークした公式に原因があることを発見したのである．この公式が間違いであることは気が付けばすぐ証明できる．それは結構面白いのでここに紹介する．

上式が間違いであることの証明. この式を $1 \leq i \leq 2k$ に渡って辺々加えると，

$$2k \cdot \mathrm{Pf}(A) = \sum_{i \neq j} (-1)^{i+j-1} a_{ij} \, \mathrm{Pf}(A^{ij}).$$

ところが，この右辺においては，a_{ij} は歪対称．また，定義より，$A^{ij} = A^{ji}$ なので，$\mathrm{Pf}(A^{ij})$ は対称，となり，右辺の総和は 0 となる．矛盾．　□

6.4 $Q_{\boldsymbol{\lambda}}$ の直交関係から指標定理（主定理）へ

ここでは，$\widetilde{\mathfrak{S}}_n$ のスピン既約指標の（偶部分 $\widetilde{\mathfrak{A}}_n$ 上の値の）表示式を求めていく手順のうちの肝心要の肝である（$Q_{\boldsymbol{\lambda}}$ の）直交関係定理を述べる．Schur の原論文 [Sch4] でとても簡潔に述べられている証明は独創に満ちていて，なかなか完全には理解できない．これが「有限群のスピン表現の研究」が（Schur に引き続いて）すぐには行われなかった（実際には半世紀以上行われなかった）1 つの原因であろうと思われる．ここでは丁寧に述べるので，少々長くなるが，辛抱して読んで頂くだけの価値は十二分にある．

一旦この定理が証明されると，指標表示を与える指標定理（主定理）までの距離は近い．

6.4.1 直交関係定理とその証明の手順

スピン既約指標の表示式を求めるのに基本となるのが，$Q_{\boldsymbol{\lambda}}$ ($\boldsymbol{\lambda} \in SP_n$) の直交関係を明らかにする次の定理である．

定理 6.4.1 (直交関係定理) $n \geq 1$ とする．$Q_{\boldsymbol{\lambda}}$ $(\boldsymbol{\lambda} \in SP_n)$ には次の直交関係が成り立つ：

$$(6.4.1) \qquad \langle Q_{\boldsymbol{\lambda}}, Q_{\boldsymbol{\mu}} \rangle = 2^{l(\boldsymbol{\lambda})}\, \delta_{\boldsymbol{\lambda}\boldsymbol{\mu}} \ \ (\boldsymbol{\lambda}, \boldsymbol{\mu} \in SP_n).$$

この定理の証明には何個かの補題や命題が必要である．

補題 6.4.2　直交関係式 (6.4.1) は次の等式のそれぞれと同値である：

$$(6.4.2) \qquad \sum_{\boldsymbol{\lambda} \in SP_n} 2^{-l(\boldsymbol{\lambda})} Q_{\boldsymbol{\lambda}}(x) Q_{\boldsymbol{\lambda}}(y) = q_n(xy) \quad (\forall n \geq 0),$$

$$(6.4.3) \qquad \sum_{n \geqslant 0} \sum_{\boldsymbol{\lambda} \in SP_n} 2^{-l(\boldsymbol{\lambda})} Q_{\boldsymbol{\lambda}}(x) Q_{\boldsymbol{\lambda}}(y) = \prod_{i,j \in \boldsymbol{N}} \frac{1 + x_i y_j}{1 - x_i y_j}.$$

証明　補題 6.2.1 と命題 6.3.5 により，$Q_{\boldsymbol{\lambda}}$ は $p_{\boldsymbol{\alpha}}$ $(\boldsymbol{\alpha} \in OP_n)$ の $\boldsymbol{Q}$-係数 1 次結合で表される．したがって，補題 6.2.9 適用の前提条件が満たされている．ただし，補題 6.2.9 における添数集合 OP_n がここでは SP_n に置き換わっているが，単なる添字集合の違いに過ぎないので問題ない．（実際には，OP_n と SP_n との間には Glaisher 対応があるが，いまはそこまでは必要無い．）よって本補題の主張は補題 6.2.9 からの帰結である．□

上の等式 (6.4.2) を証明するための出発点となる等式を与える．まず，$\boldsymbol{\nu} = (\nu_1, \nu_2, \cdots, \nu_m) \in P_n$ に対して，不定元 $x_1, x_2, \cdots$ の対称式を次で定める：

$$(6.4.4) \qquad m_{\boldsymbol{\nu}}(x) := \sum_{\substack{i_1, i_2, \cdots, i_m \geqslant 1, \\ \text{全て相異なる}}} x_{i_1}^{\ \nu_1} x_{i_2}^{\ \nu_2} \cdots x_{i_m}^{\ \nu_m}$$

$\{m_{\boldsymbol{\nu}}\,;\, \boldsymbol{\nu} \in P_n\}$ は線形独立である．他方，$\{q_{\boldsymbol{\nu}}\,;\, \boldsymbol{\nu} \in P_n\}$ は線形従属であって，$\{q_{\boldsymbol{\lambda}}\,;\, \boldsymbol{\lambda} \in SP_n\}$ は線形独立な極大部分集合である．さて，

$$\sum_{n \geqslant 0} q_n(xy) t^n = \prod_{i,j \geqslant 1} \frac{1 + x_i y_j t}{1 - x_i y_j t} = \prod_{j \geqslant 1} \Bigl(\sum_{n \geqslant 0} q_n(x) y_j^{\ n} t^n \Bigr),$$

から次の等式を得る：

$$(6.4.5) \qquad q_n(xy) = \sum_{\boldsymbol{\mu} \in P_n} q_{\boldsymbol{\mu}}(x) m_{\boldsymbol{\mu}}(y),$$

これがわれわれの**出発点**である．この右辺を何とかして書き換えて，(6.4.2) の左辺にしようというのである．

6.4.2 鍵となる先頭項命題 6.4.3

この書き換えのための鍵となる命題を与えよう．n の順序付き分割の全体の集合 $\mathcal{P}_n$ に辞書式順序 $\leq$ を入れておく．さらに，以下の便宜のために，$p > n$ を 1 つ固定して，$\boldsymbol{Z}_{\geqslant 0} := \{q \in \boldsymbol{Z}\,;\, q \geq 0\}$ とおいて，$(\boldsymbol{Z}_{\geqslant 0})^p$ にも辞書式順序 $\leq$ をいれておく．$\boldsymbol{\nu} = (\nu_1, \nu_2, \cdots, \nu_m) \in \mathcal{P}_n$ に対し，

$$\boldsymbol{\nu}^{[p]} := (\nu_1, \nu_2, \cdots, \nu_m, \underbrace{0, 0, \cdots, 0}_{(p-m)\text{ ケ}}), \tag{6.4.6}$$

とおくと，$\mathcal{P}_n$ から $(\boldsymbol{Z}_{\geqslant 0})^p$ への写像として，$\boldsymbol{\nu} \mapsto \boldsymbol{\nu}^{[p]}$ は埋め込みであり，順序 $\leq$ を保つ．

さて，$x = (x_i)_{i \geqslant 1}$ (x_i 不定元) の単項式 $x^{\boldsymbol{\beta}} = x_1^{\beta_1} x_2^{\beta_2} \cdots$ ($\boldsymbol{\beta} = (\beta_1, \beta_2, \cdots) \in \mathcal{P}_n$) の**ウェイト**とは $\boldsymbol{\beta}$ のことであり，斉次多項式 f の**先頭項** (leading term) とは，f に現れる最高ウェイトの単項式の項である．例えば，$m_{\boldsymbol{\mu}}$, $\boldsymbol{\mu} \in P_n$, の先頭項は $x^{\boldsymbol{\mu}}$ である．なぜ「ウェイト」と呼ぶかという理由であるが，$c = (c_i)_{i \geqslant 1} \in (\boldsymbol{C}^{\times})^{\boldsymbol{N}}$ の x への作用を，$c \cdot x := (c_i x_i)_{i \geqslant 1}$ と定めると，$(c \cdot x)^{\boldsymbol{\beta}} = c^{\boldsymbol{\beta}} \cdot x^{\boldsymbol{\beta}}$ と因子 $c^{\boldsymbol{\beta}}$ が現れ，その冪乗因子が β だからである．

$p > n$ を固定し，無限変数 $(x_1, x_2, \cdots)$ の斉次多項式 f において，$x_{p+1} = x_{p+2} = \cdots = 0$ とおいて，f を有限変数 $x_1, x_2, \cdots, x_p$ の多項式と捉えたとき，それを $f^{[p]}$ と書く（誤解が無いときには f とも書く）．

命題 6.4.3 (先頭項命題) $\boldsymbol{\lambda} \in S\!P_n$ とする．多項式 $Q_{\boldsymbol{\lambda}}$ の先頭項は，$2^{l(\boldsymbol{\lambda})} x^{\boldsymbol{\lambda}}$ である．

さらに，この命題を用いて後(のち)に証明される補題 6.4.6 と，（Gauss の消去法を用いた）Jacobi による 2 次形式の対角化（補題 6.4.7）とが，直交関係定理の証明に必要な道具立てである．まず上の先頭項命題を証明しよう．

補題 6.4.4 $p > n$ とする．$\boldsymbol{\lambda} = (\lambda_1, \lambda_2, \cdots, \lambda_m) \in S\!P_n$ の分割数 $m = l(\boldsymbol{\lambda})$ は高々 n である．$Q_{\boldsymbol{\lambda}}$ を（定義 6.3.1, 6.3.2 において，$x_{p+1} = x_{p+2} = \cdots = 0$ とおいて）$x_1, x_2, \cdots, x_p$ の関数と捉える．そのとき，

$$Q_{\boldsymbol{\lambda}} = 2^m \sum_{1 \leqslant \alpha_1, \cdots, \alpha_m \leqslant p} \frac{x_{\alpha_1}^{\lambda_1} x_{\alpha_2}^{\lambda_2} \cdots x_{\alpha_m}^{\lambda_m}}{k_{\alpha_1} k_{\alpha_2} \cdots k_{\alpha_m}} \times P(x_{\alpha_m}, x_{\alpha_{m-1}}, \cdots x_{\alpha_2}, x_{\alpha_1}), \tag{6.4.7}$$

ここに，$k_i = \displaystyle\prod_{j \neq i,\, 1 \leqslant j \leqslant m} \frac{x_i - x_j}{x_i + x_j}$,　$P(u_1, \cdots, u_m) = \displaystyle\prod_{1 \leqslant i < j \leqslant m} \frac{u_i - u_j}{u_i + u_j}$.

証明　$m=1$ **の場合**．$Q(t)=\prod_{i\in \boldsymbol{I}_p}\dfrac{1+x_it}{1-x_it}$ とおく．

$Q(t)=\prod_{i\in \boldsymbol{I}_p}\Bigl(1-\dfrac{2x_it}{1-x_it}\Bigr)$ なので，$\dfrac{Q(t)-1}{t}$ は $\dfrac{P_s(t)}{\prod_{i\in K_s}(1-x_it)}$，$\deg_t P_s(t)<|K_s|$，

の形の項の一次結合である．この各項に部分分数展開をおこなうと，

$$\frac{Q(t)-1}{t}=\sum_{i\in \boldsymbol{I}_p}\frac{a_i}{1-x_it}\quad (a_i \text{ は } x \text{ の有理式 })$$

$$\therefore Q(t)=1+\sum_{i\in \boldsymbol{I}_p}\frac{a_it}{1-x_it}.$$

この両辺に $1-x_jt$ を乗じて，$t=\dfrac{1}{x_j}$ とおくと，$\dfrac{2}{k_j}=a_j/x_j$，　$\therefore\ a_j=2x_j/k_j$，

$$\therefore Q(t)=1+2\sum_{j\in \boldsymbol{I}_p}\frac{x_jt}{k_j(1-x_jt)}=\sum_{r\geqslant 0}q_r(x)t^r \tag{6.4.8}$$

$$\therefore q_r=2\sum_{j\in \boldsymbol{I}_p}\frac{{x_j}^r}{k_j},\quad Q_r=q_r, \tag{6.4.9}$$

となって，$m=1$ のときには，等式 (6.4.7) は正しい．

$m=2$ **の場合**．(6.4.8) の左半分で，$t=-1/x_i$ とおけば，$Q(-1/x_i)=0$ なので，次式を得るが，これを計算に用いる：

$$\sum_{j\in \boldsymbol{I}_p}\frac{2x_j}{k_j(x_i+x_j)}=1. \tag{6.4.10}$$

第一歩として，$\nu=(r,1)$, $r>1$, の場合を調べる．定義 6.3.1 の Q_{μ_1,μ_2} の式と，(6.4.9) 式を用いて，

$$\begin{aligned}Q_{r,1}(x)=q_rq_1-2q_{r+1}&=4\sum_{i,j\in \boldsymbol{I}_p}\frac{{x_i}^rx_j}{k_ik_j}-4\sum_{i\in \boldsymbol{I}_p}\frac{{x_i}^{r+1}}{k_i}\\&=4\sum_{i,j\in \boldsymbol{I}_p}\frac{{x_i}^rx_j}{k_ik_j}-4\sum_{i,j\in \boldsymbol{I}_p}\frac{{x_i}^{r+1}}{k_ik_j}\,\frac{2x_j}{x_i+x_j}\qquad (\because (6.4.10))\\&=4\sum_{i,j\in \boldsymbol{I}_p}\frac{{x_i}^rx_j}{k_ik_j}\,\frac{x_j-x_i}{x_i+x_j}=2^2\sum_{i,j\in \boldsymbol{I}_p}\frac{{x_i}^rx_j}{k_ik_j}P(x_j,x_i),\qquad \text{ゆえに OK.}\end{aligned}$$

一般の (r,s), $r>s$, では，等式 $Q_{r,s}=q_rq_s-q_{r+1}q_{s-1}-Q_{r+1,s-1}$ を用いて，s に関する帰納法で

$$\begin{aligned}&Q_{r,s}=q_rq_s-q_{r+1}q_{s-1}-Q_{r+1,s-1}\\&=4\sum_{i,j\in \boldsymbol{I}_p}\frac{{x_i}^r{x_j}^s-{x_i}^{r+1}{x_j}^{s-1}}{k_ik_j}-4\sum_{i,j\in \boldsymbol{I}_p}\frac{{x_i}^{r+1}{x_j}^{s-1}}{k_ik_j}\,\frac{x_j-x_i}{x_j+x_i}\end{aligned}$$

$$= 4 \sum_{i,j\in \boldsymbol{I}_p} \frac{x_i^{\ r} x_j^{\ s}(x_i + x_j) - 2x_i^{\ r+1} x_j^{\ s}}{k_i k_j (x_j + x_i)} = 4 \sum_{i,j\in \boldsymbol{I}_p} \frac{x_i^{\ r} x_j^{\ s}}{k_i k_j} \frac{x_j - x_i}{x_j + x_i}, \quad \text{ゆえに OK.}$$

$m > 2$ **の場合.** 定義 6.3.2 により，一般の $Q_{\boldsymbol{\nu}}$, $\boldsymbol{\nu} = (\nu_1, \nu_2, \cdots, \nu_m) \in \mathcal{P}_n$, $m > 2$, は交代行列 (Q_{ν_1,ν_2}) のパフィアンとして定義された．ここでは，それに倣って，次の補題を証明すればよい．実際，そこに示された $P(u_1, u_2, \cdots, u_m)$ の性質を用いて，m 偶奇それぞれの場合に帰納的に (6.4.7) 式が示される．

補題 6.4.5 $P(u_1, u_2, \cdots, u_m)$ は，交代行列 $\left(\dfrac{u_i - u_j}{u_i + u_j}\right)_{i,j\in \boldsymbol{I}_m}$ のパフィアンであり，したがって次の性質を持つ：

$$P(u_1, \cdots, u_m) = \sum_{2\leqslant j\leqslant m} (-1)^j P(u_1, u_j) P(u_2, \cdots, \widehat{u}_j, \cdots, u_m), \quad m \text{ 偶のとき},$$

$$P(u_1, \cdots, u_m) = \sum_{1\leqslant j\leqslant m} (-1)^{j-1} P(u_1, \cdots, \widehat{u}_j, \cdots, u_m), \qquad m \text{ 奇のとき}.$$

証明 問題のパフィアンを $\overline{P}(u_1, u_2, \cdots, u_m)$ とし，$\overline{P} = P$ を証明する．

まず，m 偶の場合を考える．$m = 2$ では OK.

ここで，パフィアンの性質，定理 6.3.8 (iv) と定理 6.3.9 により，

$$\overline{P}(u_1, u_2, \cdots, u_m)^2 = \det\left(\frac{u_i - u_j}{u_i + u_j}\right) \tag{6.4.11}$$

$$\overline{P}(u_1, u_2, \cdots, u_m) = \sum_{2\leqslant j\leqslant m} (-1)^j \overline{P}(u_1, u_j) \overline{P}(u_2, \cdots, \widehat{u}_j, \cdots, u_m), \tag{6.4.12}$$

ここに，$\widehat{u}_j$ は u_j がカットされていることを示す．

(6.4.11) の右辺において，$u_{i_1} = u_{i_2}$ のときは行列の第 i_1 行と第 i_2 行とが一致するので，$\det(\cdot) = 0$ になる．したがって，多項式 $\overline{P}(u_1, u_2, \cdots, u_m) \prod_{i<j} (u_i + u_j)$ は $\prod_{i<j} (u_i - u_j)$ で割り切れる．次数を比較して

$$\overline{P}(u_1, u_2, \cdots, u_m) \prod_{i<j} (u_i + u_j) = c_m \prod_{i<j} (u_i - u_j).$$

(6.4.12) から $c_m = c_{m-2}$, また $c_2 = 1$（例 6.3.1），ゆえに $c_m = 1$ ($\forall m$ 偶) で，$\overline{P}(u_1, u_2, \cdots, u_m) = P(u_1, u_2, \cdots, u_m)$. これで，$m$ 偶のとき，主張が示された．

m 奇の場合には，上で $u_1 = 0$ とおき，

$$P(0, u_2, \cdots, u_m) = P(u_2, \cdots, u_m), \quad P(0, u_j) = -1,$$

に注意すれば主張が得られる． □

これで補題 6.4.4 の証明も完結した. □

先頭項命題 6.4.3（鍵命題）の証明　先に述べた「斉次多項式の先頭項」の概念を 2 つの斉次式 f, g の商 f/g にまで拡張する. f/g の先頭項とは, f の先頭項と g の先頭項の商である.

上の補題 6.4.4 での $Q_{\boldsymbol{\lambda}}$ の表示式 (6.4.7) を見れば（$(x_1, x_2, \cdots, x_p)$ の斉次多項式の商としての）$Q_{\boldsymbol{\lambda}}$ の先頭項は

$$2^m \frac{x_1^{\lambda_1} x_2^{\lambda_2} \cdots x_m^{\lambda_m}}{k_1 k_2 \cdots k_m} \times P(x_m, x_{m-1}, \cdots x_2, x_1)$$

から現れる. 他方, $\dfrac{P(x_m, x_{m-1}, \cdots x_2, x_1)}{k_1 k_2 \cdots k_m}$ の先頭項は 1 であるから, $Q_{\boldsymbol{\lambda}}$ の先頭項は $2^m x^{\boldsymbol{\lambda}} = 2^{l(\boldsymbol{\lambda})} x^{\boldsymbol{\lambda}}$ である. 不定元の個数 p を $p \to \infty$ とすると, 先頭項命題 6.4.3 の主張を得る. □

6.4.3　直交関係定理の証明のための補題 2 個

◆ **対称多項式 $q_{\boldsymbol{\mu}}$ と $m_{\boldsymbol{\nu}}$.** P_n には, はじめに SP_n の元を逆辞書順序で並べ, そのあとに $P_n \setminus SP_n$ の元を勝手に並べた順序を入れて, それを（**1.3.6** 小節の P_n の完全逆辞書順序 $\preccurlyeq$ と区別するために $'$ を付加して）$\preccurlyeq'$ で表している. われわれの目標は, implication: (6.4.5) $\Longrightarrow$ (6.4.2), すなわち, 次を示すことである：

$$(6.4.13) \quad q_n(xy) = \sum_{\boldsymbol{\mu} \in P_n} q_{\boldsymbol{\mu}}(x) m_{\boldsymbol{\mu}}(y) \quad \Longrightarrow \quad q_n(xy) = \sum_{\boldsymbol{\lambda} \in SP_n} 2^{-l(\boldsymbol{\lambda})} Q_{\boldsymbol{\lambda}}(x) Q_{\boldsymbol{\lambda}}(y).$$

補題 6.4.6　$\boldsymbol{\lambda} \in SP_n$ とする. $f \in \mathscr{Q}_{n,\boldsymbol{Q}}$ が次のように表されるとする：

$$(6.4.14) \qquad f = \sum_{\boldsymbol{\mu} \preccurlyeq' \boldsymbol{\lambda}} e_{\boldsymbol{\mu}} q_{\boldsymbol{\mu}} = \sum_{\boldsymbol{\nu} \succcurlyeq' \boldsymbol{\lambda}} d_{\boldsymbol{\nu}} m_{\boldsymbol{\nu}} \quad (e_{\boldsymbol{\mu}}, d_{\boldsymbol{\nu}} \in \boldsymbol{Q}).$$

すると, $f = e_{\boldsymbol{\lambda}} Q_{\boldsymbol{\lambda}}$, $d_{\boldsymbol{\lambda}} = 2^{l(\boldsymbol{\lambda})} e_{\boldsymbol{\lambda}}$ である.

証明　f の先頭項は（命題 6.3.5 および先頭項命題 6.4.3 を使って）仮定 (6.4.14) の左半分を見れば $e_{\boldsymbol{\lambda}} 2^{l(\boldsymbol{\lambda})} x^{\boldsymbol{\lambda}}$ であることが分かる. 他方, 命題 6.3.5 により, f は次のような一次結合に書ける：

$$(6.4.15) \qquad f = \sum_{\boldsymbol{\kappa} \in SP_n,\, \boldsymbol{\kappa} \preccurlyeq' \boldsymbol{\lambda}} c_{\boldsymbol{\kappa}} Q_{\boldsymbol{\kappa}} \quad (c_{\boldsymbol{\kappa}} \in \boldsymbol{Q},\ c_{\boldsymbol{\lambda}} = e_{\boldsymbol{\lambda}}).$$

（注意.　パラメーターの集合 SP_n における順序 $\preccurlyeq'$ は逆辞書式順序であるから, 先頭項を決めるときのウェイトの間の辞書式順序 $\leq$ とは逆であることに注意.）

$m_{\boldsymbol{\nu}}, \boldsymbol{\nu} \in P_n$, の先頭項は $x^{\boldsymbol{\nu}}$ であり，そのウェイト全体は，$\mathcal{W}_{\boldsymbol{\nu}} := \{\sigma\boldsymbol{\nu}\,;\, \sigma$ は $\boldsymbol{N}$ の有限置換 $\}$ である．ここに，$\boldsymbol{\nu} = (\nu_1, \nu_2, \cdots, \nu_m)$ は ν_m の右側に 0 を置いて拡張しておく．(6.4.14) の最右辺から見ると，f のウェイト全体は，

(6.4.16) $$\bigsqcup_{\boldsymbol{\nu} \succcurlyeq' \boldsymbol{\lambda}, d_{\boldsymbol{\nu}} \neq 0} \mathcal{W}_{\boldsymbol{\nu}} = \bigsqcup_{\substack{\boldsymbol{\nu} \leq \boldsymbol{\lambda}, d_{\boldsymbol{\nu}} \neq 0 \\ \boldsymbol{\nu} \in SP_n}} \mathcal{W}_{\boldsymbol{\nu}} \bigsqcup \bigsqcup_{\boldsymbol{\nu} \notin SP_n, d_{\boldsymbol{\nu}} \neq 0} \mathcal{W}_{\boldsymbol{\nu}}$$

である（**6.1.1** 小節参照）．$e_{\boldsymbol{\lambda}} Q_{\boldsymbol{\lambda}}$ の先頭項と $d_{\boldsymbol{\lambda}} m_{\boldsymbol{\lambda}}$ のそれとは一致するはずなので，$e_{\boldsymbol{\lambda}} 2^{l(\boldsymbol{\lambda})} = d_{\boldsymbol{\lambda}}$.

そこで，(6.4.15) において，$\boldsymbol{\kappa} \prec' \boldsymbol{\lambda}$ で $c_{\boldsymbol{\kappa}} \neq 0$ となるものがあったと仮定する．そうした $\boldsymbol{\kappa}$ の最小を $\boldsymbol{\kappa}^0 \in SP_n$ とすると，$\boldsymbol{\kappa}^0 \prec' \boldsymbol{\lambda}$. したがって，上の注意により，$\boldsymbol{\kappa}^0 > \boldsymbol{\lambda}$. $c_{\boldsymbol{\kappa}^0} Q_{\boldsymbol{\kappa}^0}$ の先頭項は $c_{\boldsymbol{\kappa}^0} 2^{l(\boldsymbol{\kappa}^0)} x^{\boldsymbol{\kappa}^0}$ であり，そのウェイト $\boldsymbol{\kappa}^0$ は (6.4.14) 最右辺のウェイト全体の集合 (6.4.16) に入らないので，これは矛盾である．よって，$f = e_{\boldsymbol{\lambda}} Q_{\boldsymbol{\lambda}}$ を得る． □

研究課題 6.4.1 上の証明の最終部分において，“$c_{\boldsymbol{\kappa}^0} Q_{\boldsymbol{\kappa}^0}$ の先頭項 $c_{\boldsymbol{\kappa}^0} 2^{l(\boldsymbol{\kappa}^0)} x^{\boldsymbol{\kappa}^0}$ は (6.4.15) 右辺の他の項とキャンセルし合って消えてしまうことはないか？ ”

［これは上の証明への補完である］

上の問題をより詳しくすれば，次の問題が提起される．

研究課題 6.4.2 多項式 $Q_{\boldsymbol{\lambda}}$ のウェイトの全体は，どんな集合なのか？

研究課題 6.4.3 (6.4.14) 式において，$m_{\boldsymbol{\nu}}$ のウェイトと，$Q_{\boldsymbol{\lambda}}$ のウェイトの情報とを比較して，どの $\boldsymbol{\nu} \succcurlyeq' \boldsymbol{\lambda}$ で，$d_{\boldsymbol{\nu}} \neq 0$ となるかを決定せよ．より詳しく，次の $Q_{\boldsymbol{\lambda}}$ の表示式の係数を具体的に決定せよ：

$$Q_{\boldsymbol{\lambda}} = 2^{l(\boldsymbol{\lambda})} m_{\boldsymbol{\lambda}} + \sum_{\boldsymbol{\nu} \succ' \boldsymbol{\lambda}} (e_{\boldsymbol{\lambda}}^{-1} d_{\boldsymbol{\nu}})\, m_{\boldsymbol{\nu}}\,.$$

◆ 2 次形式の対角化. 次の補題は，Gauss の消去法を用いた Jacobi の「2 次形式の対角化」である．

(6.4.17) $$\Psi(u, v) := \sum_{i,j \in \boldsymbol{I}_n} a_{ij} u_i v_j, \quad u = (u_1, u_2, \cdots, u_n), \ v = (v_1, v_2, \cdots, v_n),$$

をある整域上の対称 2 次形式とする（$a_{ij} = a_{ji}$）．$w_j := \sum_{i \in \boldsymbol{I}_n} a_{ij} u_i$ とおくと，$\Psi(u, v) = \sum_{j \in \boldsymbol{I}_n} w_j v_j$. さらに，行列 $A := (a_{ij})_{i,j \in \boldsymbol{I}_n}$ に対して，

$$A^{i_1,i_2,\cdots,i_p}_{j_1,j_2,\cdots,j_p},\qquad i_1<i_2<\cdots<i_p,\ j_1<j_2<\cdots<j_p,$$

を，A の第 $i_1,\cdots,i_p$ 行，第 $j_1,\cdots,j_p$ 列をとった p 次の小行列式とし，$D_0:=1$，$D_p:=A^{1,2,\cdots,p}_{1,2,\cdots,p}$，$p\ge 1$，とおく．

補題 6.4.7 (2 次形式の対角化) 対称行列 A の階数を r とし，$D_p\neq 0$ $(1\le p\le r)$ と仮定する．このとき，u の 1 次形式 $F_p(u)$，$1\le p\le r$，を

(6.4.18)
$$F_p(u):=\sum_{p\leqslant k\leqslant n} A^{1,\cdots,p-1,p}_{1,\cdots,p-1,k}\,u_k$$
$$=\sum_{1\leqslant k\leqslant p}(-1)^{p+k}A^{1,2,\,\cdots\,,\,p-1}_{1,\cdots,\widehat{k},\cdots,p}\,w_k$$

(6.4.19)
$$=\begin{vmatrix} a_{11} & a_{12} & \cdots & a_{1,p-1} & w_1\\ a_{21} & a_{22} & \cdots & a_{2,p-1} & w_2\\ \vdots & \vdots & & \vdots & \vdots\\ a_{p1} & a_{p2} & \cdots & a_{p,p-1} & w_p \end{vmatrix},$$

（ここに，$\widehat{k}$ は k を取り除くことを意味する）とおくと，

(6.4.20)
$$\Psi(u,v)=\sum_{1\leqslant p\leqslant r}\frac{1}{D_{p-1}D_p}\,F_p(u)\,F_p(v).$$

この補題は「Gauss の消去法」の一つの表現である次の定理の系として得られる．

定理 6.4.8　n 次正方行列 $A=(a_{ij})$ が，階数 r で，$D_1\neq 0,\cdots,D_r\neq 0$ と仮定すると，次の形の下三角行列 S と上三角行列 T で $A=ST$ と表される：

$$S=\begin{pmatrix} s_{11} & 0 & 0 & \cdots & 0 & 0 & \cdots & 0\\ s_{21} & s_{22} & 0 & \cdots & 0 & 0 & \cdots & 0\\ s_{31} & s_{32} & s_{33} & \cdots & 0 & 0 & \cdots & 0\\ \vdots & \vdots & \vdots & \ddots & \vdots & \vdots & & \vdots\\ s_{r1} & s_{r2} & s_{r3} & \cdots & s_{rr} & 0 & \cdots & 0\\ s_{r+1,1} & s_{r+1,2} & s_{r+1,3} & \cdots & s_{r+1,r} & 0 & \cdots & 0\\ \vdots & \vdots & \vdots & & \vdots & \vdots & & \vdots \end{pmatrix},\qquad \text{i.e., } s_{ij}=0\ (i<j \text{ または } j>r),$$

$$T = \begin{pmatrix} t_{11} & t_{12} & t_{13} & \cdots & t_{1r} & t_{1,r+1} & \cdots & t_{1n} \\ 0 & t_{22} & t_{23} & \cdots & t_{2,r} & t_{2,r+1} & \cdots & t_{2n} \\ 0 & 0 & t_{33} & \cdots & t_{3,r} & t_{3,r+1} & \cdots & t_{2n} \\ \vdots & \vdots & & \ddots & \vdots & \vdots & & \vdots \\ 0 & 0 & 0 & \cdots & t_{rr} & t_{r,r+1} & \cdots & t_{r,n} \\ 0 & 0 & 0 & \cdots & 0 & 0 & \cdots & 0 \\ \vdots & \vdots & \vdots & & \vdots & \vdots & & \vdots \end{pmatrix}, \quad \begin{array}{l} \text{i.e., } t_{ij} = 0 \\ (i > j \text{ または } i > r). \end{array}$$

ここで，s_{ii}, t_{ii} $(1 \leq i \leq r)$ は関係式

$$s_{11}t_{11} = D_1, \quad s_{22}t_{22} = \frac{D_2}{D_1}, \quad \cdots, \quad s_{rr}t_{rr} = \frac{D_r}{D_{r-1}}, \tag{6.4.21}$$

を満たし，それに伴って，$1 \leq k \leq r$, $k \leq g \leq n$ に対し，

$$s_{gk} = s_{kk}D_k^{-1}A^{1,2,\cdots,k-1,g}_{1,2,\cdots,k-1,k}, \quad t_{kg} = t_{kk}D_k^{-1}A^{1,2,\cdots,k-1,k}_{1,2,\cdots,k-1,g}. \tag{6.4.22}$$

証明[5]．定理の後半の s_{ij} および t_{ij} に関する主張を証明しよう．$A = ST$ の小行列の展開公式により，

$$A^{1,2,\cdots,k-1,g}_{1,2,\cdots,k-1,k} = \sum_{\beta_1<\beta_2<\cdots<\beta_k} S^{1,2,\cdots,k-1,g}_{\beta_1,\beta_2,\cdots,\beta_k} \cdot T^{\beta_1,\beta_2,\cdots,\beta_k}_{1,2,\cdots,k-1,k} = S^{1,2,\cdots,k-1,g}_{1,2,\cdots,k-1,k} \cdot T^{1,2,\cdots,k}_{1,2,\cdots,k}$$
$$= s_{11}s_{22}\cdots s_{k-1,k-1}s_{gk}\,t_{11}t_{22}\cdots t_{kk}\,.$$

これより，等式 (6.4.21) を得る．さらに，$g = k$ とおくと，

$$D_k = s_{11}s_{22}\cdots s_{kk}\,t_{11}t_{22}\cdots t_{kk}$$

を得る．これと上式と辺々割ると，

$$\frac{A^{1,2,\cdots,k-1,g}_{1,2,\cdots,k-1,k}}{D_k} = \frac{s_{gk}}{s_{kk}}.$$

これが，(6.4.22) 式の前半を与える．その後半は同様にして示される．□

補題 6.4.7 の証明　A が対称なので，$A^{1,2,\cdots,k-1,g}_{1,2,\cdots,k-1,k} = A^{1,2,\cdots,k-1,k}_{1,2,\cdots,k-1,g}$．(6.4.21)〜(6.4.22) 式で，$t_{kk} = D_k$ $(1 \leq k \leq r)$ ととると，

$$s_{gk} = \frac{1}{D_{k-1}D_k} \cdot A^{1,2,\cdots,k-1,g}_{1,2,\cdots,k-1,k} = \frac{1}{D_{k-1}D_k} \cdot t_{kg}, \tag{6.4.23}$$

---

5) 必要ならば，[Gan, Chap.II, §4, Theorem 1] を参照せよ．

よって，対角行列 $\widehat{D} := \mathrm{diag}(1, 1/D_1, 1/D_1D_2, \cdots, 1/D_{r-1}D_r, 0, \cdots, 0)$ を用いると，$A = {}^tT\widehat{D}T$ となり，$F_p(u) = \sum_{p \leqslant k \leqslant n} A^{1,\cdots,p-1,p}_{1,\cdots,p-1,k} u_k$ によって，A の 2 次形式 $\Psi(u,v)$ が (6.4.20) の形に表される．

1 次形式 $F_p(u)$ が $w_1, w_2, \cdots, w_p$ を用いて，(6.4.19) のように表されることは小行列式の計算によって示される．□

6.4.4　直交関係定理 6.4.1 の証明

図式 (6.4.13) の左側の等式　$q_n(xy) = \sum_{\boldsymbol{\mu} \in P_n} q_{\boldsymbol{\mu}}(x) m_{\boldsymbol{\mu}}(y)$ は既知である．

他方，$\boldsymbol{\mu} = (\mu_1, \mu_2, \cdots, \mu_m) \in P_n$ に対して，

$$q_{\boldsymbol{\mu}} = q_{\mu_1} q_{\mu_2} \cdots q_{\mu_m} = \sum_{\boldsymbol{\nu} \in P_n} a_{\boldsymbol{\mu\nu}} m_{\boldsymbol{\nu}} \quad (a_{\boldsymbol{\mu\nu}} \in \boldsymbol{Q}).$$

$$\therefore \quad q_n(xy) = \sum_{\boldsymbol{\mu},\boldsymbol{\nu} \in P_n} a_{\boldsymbol{\mu\nu}} m_{\boldsymbol{\nu}}(x) m_{\boldsymbol{\mu}}(y). \tag{6.4.24}$$

ここで，$q_n(xy) = q_n(yx)$ であるから，$a_{\boldsymbol{\mu\nu}} = a_{\boldsymbol{\nu\mu}}$, すなわち，$A := (a_{\boldsymbol{\mu\nu}})_{\boldsymbol{\mu},\boldsymbol{\nu} \in P_n}$ は次数 $k_n = |P_n|$ の対称行列である．われわれはこれを前 **6.4.3** 小節の状況に当てはめていく．$q_n(xy)$ を 2 次形式 Ψ に対応させる．$\{m_{\boldsymbol{\mu}}(x)\}$ を (u_i) に，そして，$\{m_{\boldsymbol{\nu}}(y)\}$ を (v_j) に対応させる．すなわち，$q_n(xy)$ は，$\{m_{\boldsymbol{\mu}}(x)\}$ と $\{m_{\boldsymbol{\nu}}(y)\}$ との間の対称 2 次形式である．系 6.2.5 により，$\{q_{\boldsymbol{\mu}}\,;\, \boldsymbol{\mu} \in SP_n\}$ は $\mathscr{Q}_{n,\boldsymbol{Z}}$ の $\boldsymbol{Z}$ 上の基底である．また，$\{m_{\boldsymbol{\nu}}\,;\, \boldsymbol{\nu} \in P_n\}$ は $\boldsymbol{Q}$ 上 1 次独立である．したがって，(6.4.24) より，$\mathrm{rank}\, A = |SP_n| = v_n$　である．

行列 A に対する 2 次形式 $\Psi(u,v)$ ($\overset{\text{対応}}{\longleftrightarrow} q_n(xy)$) に補題 6.4.7 を適用する．添字集合としての P_n に順序 $\preccurlyeq'$ を入れて，k 番目の元を $\boldsymbol{\lambda}^k$ と書く．上記の対応の下での補題適用の前提条件は次である．P_n の部分集合 SP_n に対して，

補題 6.4.9　$D_{\boldsymbol{\lambda}} \neq 0 \quad (\boldsymbol{\lambda}^1 \preccurlyeq' \forall \boldsymbol{\lambda} \preccurlyeq' \boldsymbol{\lambda}^{v_n}$, i.e., $\forall \boldsymbol{\lambda} \in SP_n)$.

証明　1 次形式 $F_{\boldsymbol{\lambda}}$ に注目する．(6.4.18) 式において，変数として，$(u_i) \overset{\text{対応}}{\longleftrightarrow} (m_{\boldsymbol{\mu}})$ とすると，(6.4.19) 式では $(w_i) \overset{\text{対応}}{\longleftrightarrow} (q_{\boldsymbol{\mu}})$ となり，(6.4.24) 式が (6.4.17) 式に対応する．任意の $\boldsymbol{\lambda} \in SP_n$ に対して，$F_{\boldsymbol{\lambda}}(u)$ に対応するものを $F_{\boldsymbol{\lambda}}(x)$ と書けば，

$$\begin{aligned} F_{\boldsymbol{\lambda}}(x) &= \sum_{\boldsymbol{\mu} \succcurlyeq' \boldsymbol{\lambda}} D^{\boldsymbol{\mu}}_{\boldsymbol{\lambda}} m_{\boldsymbol{\mu}}(x) & (\overset{\text{対応}}{\longleftrightarrow} (6.4.18)) \\ &= D_{\boldsymbol{\lambda}-1} q_{\boldsymbol{\lambda}}(x) + \sum_{\boldsymbol{\nu} \prec' \boldsymbol{\lambda}} \pm D^{\boldsymbol{\nu}}_{\boldsymbol{\lambda}-1} q_{\boldsymbol{\nu}}(x) & (\overset{\text{対応}}{\longleftrightarrow} (6.4.19)), \end{aligned}$$

ここに，$\boldsymbol{\lambda}-1$ は $\boldsymbol{\lambda}$ の直前の元，$D^{\boldsymbol{\mu}}_{\boldsymbol{\lambda}}$ と $D^{\boldsymbol{\nu}}_{\boldsymbol{\lambda}-1}$ は A のある小行列式を表す，そして，$D^{\boldsymbol{\lambda}}_{\boldsymbol{\lambda}} = D_{\boldsymbol{\lambda}}$．ここで，補題 6.4.6 を $F_{\boldsymbol{\lambda}} \in \mathscr{Q}_{n,\boldsymbol{Q}}$ に適用すると，$F_{\boldsymbol{\lambda}}(x) = D_{\boldsymbol{\lambda}-1}Q_{\boldsymbol{\lambda}}(x)$, $D_{\boldsymbol{\lambda}} = 2^{l(\boldsymbol{\lambda})}D_{\boldsymbol{\lambda}-1}$．さらに，$D_{\boldsymbol{\lambda}^1} = D_{(n)} = 2$, ゆえに

$$D_{\boldsymbol{\lambda}} = 2^{l_{\boldsymbol{\lambda}}} \neq 0, \quad l_{\boldsymbol{\lambda}} = \sum_{\boldsymbol{\mu}\preccurlyeq'\boldsymbol{\lambda}} l(\boldsymbol{\mu}). \qquad \square$$

上で，補題 6.4.7 適用可能，が示されたので，この補題を適用すると，

$$q_n(xy) = \sum_{\boldsymbol{\lambda}\in SP_n} D_{\boldsymbol{\lambda}-1}^{\;-1}\, D_{\boldsymbol{\lambda}}^{\;-1}\, F_{\boldsymbol{\lambda}}(x)\, F_{\boldsymbol{\lambda}}(y) = \sum_{\boldsymbol{\lambda}\in SP_n} 2^{-l(\boldsymbol{\lambda})} Q_{\boldsymbol{\lambda}}(x)\, Q_{\boldsymbol{\lambda}}(y).$$

これは，直交関係定理 6.4.1 の (6.4.1) 式：$\langle Q_{\boldsymbol{\lambda}}, Q_{\boldsymbol{\mu}}\rangle = 2^{l(\boldsymbol{\lambda})}\,\delta_{\boldsymbol{\lambda}\boldsymbol{\mu}}$ $(\boldsymbol{\lambda},\boldsymbol{\mu}\in SP_n)$, と同値な補題 6.4.2 の (6.4.2) 式そのものである．　［定理 6.4.1 証了］

6.4.5　直交関係定理から指標定理（主定理）へ

上で証明が完了した直交関係定理 6.4.1 は，**6.1.5** 小節で，そこからの議論の流れを見通すために述べた「希望的観測」を越えていて，すでに $\widetilde{\mathfrak{S}}_n$ のスピン既約指標までも与えている．勿論，条件 $6.1.10^-$, $6.1.10^+$ の成立も保証されたので，それからの帰結である補題 6.1.11 も成立している．

スピン既約指標について具体的に述べる前に，これらのことをまとめておこう．

$\widetilde{\mathfrak{S}}_n$ の非自己同伴スピン既約表現 $\tau_{\boldsymbol{\lambda}}$ $(\boldsymbol{\lambda}\in SP_n^-)$ は定理 5.5.1 で特定された．そして，自己同伴スピン既約表現 $\tau_{\boldsymbol{\lambda}}$ $(\boldsymbol{\lambda}\in SP_n^+)$ は補題 6.1.11, 定理 6.1.12 で特定される．**6.1.1** 小節で，SP_n の元を大小順に $\boldsymbol{\lambda}^1 \prec' \boldsymbol{\lambda}^2 \prec' \cdots \prec' \boldsymbol{\lambda}^{v_n}$ $(v_n = |SP_n| = |OP_n|)$ と番号付けておいたのでそれを使う．

スピン基本表現 $\widetilde{\Pi}_{\boldsymbol{\lambda}} = \mathrm{Ind}^{\widetilde{\mathfrak{S}}_n}_{\widetilde{\mathfrak{S}}_{\boldsymbol{\lambda}}}\Delta'_{\boldsymbol{\lambda}}$ $(\boldsymbol{\lambda}\in SP_n)$（定義 (6.1.4) 式）とこれら既約表現との関係につき，**6.1.4**〜**6.1.5** 小節で述べたことから次のことが分かる：

命題 6.4.10　(i) $\boldsymbol{\lambda}^1 = (n)$ に対しては，$\tau_{\boldsymbol{\lambda}^1} = \Delta'_n$ は既約である．

(ii) $\widetilde{\Pi}_{\boldsymbol{\lambda}}$ は（少なくとも 1 個以上の）$\tau_{\boldsymbol{\lambda}}$ と $\widetilde{\tau}_{\boldsymbol{\mu}} := \tau_{\boldsymbol{\mu}}$ $(\boldsymbol{\mu}\in SP_n^+)$, $\widetilde{\tau}_{\boldsymbol{\mu}} := \tau_{\boldsymbol{\mu}} \oplus (\mathrm{sgn}\cdot\tau_{\boldsymbol{\mu}})$ $(\boldsymbol{\mu}\in SP_n^-)$, $\boldsymbol{\mu}\prec'\boldsymbol{\lambda}$, の何個かの直和である：表現の重複度を $m_{\boldsymbol{\mu}\boldsymbol{\lambda}}$ で表して，

$$\widetilde{\Pi}_{\boldsymbol{\lambda}} = [m_{\boldsymbol{\lambda}\boldsymbol{\lambda}}]\,\tau_{\boldsymbol{\lambda}} \oplus \Big(\bigoplus_{\boldsymbol{\mu}\prec'\boldsymbol{\lambda}} [m_{\boldsymbol{\mu}\boldsymbol{\lambda}}]\,\widetilde{\tau}_{\boldsymbol{\mu}}\Big). \tag{6.4.25}$$

証明　(ii) を証明する．**5.5.1** 小節で見たように，$\widetilde{\Pi}_{\boldsymbol{\lambda}}$ $(\boldsymbol{\lambda}\in SP_n^-)$ に対しては，

$\widetilde{\Pi}^0_{\boldsymbol{\lambda}} = \widetilde{\Pi}_{\boldsymbol{\lambda}} \ominus \tau_{\boldsymbol{\lambda}}$ は自己同伴である．したがって，$m_{\boldsymbol{\lambda}\boldsymbol{\lambda}} = 1$ で (6.4.25) の形の既約分解が得られる．$\widetilde{\Pi}_{\boldsymbol{\lambda}}$ $(\boldsymbol{\lambda} \in SP_n^+)$ に対しては，補題 6.1.11, 定理 6.1.12, 命題 6.3.5 を用いればよい． □

この事実と直交関係定理 6.4.1 から次の指標定理（主定理）が得られる．

指標定理 6.4.11　$\boldsymbol{\lambda} \in SP_n$ に対して，$Q_{\boldsymbol{\lambda}}$ はスピン既約表現 $\tau_{\boldsymbol{\lambda}}$ の指標の（偶部分 $\widetilde{\mathfrak{A}}_n$ 上への制限の）母関数の定数倍である（定義 6.2.2 参照）：

$$\mathrm{Ch}(\chi_{\tau_{\boldsymbol{\lambda}}}|_{\widetilde{\mathfrak{A}}_n}) = 2^{-(l(\boldsymbol{\lambda})+\varepsilon(\boldsymbol{\lambda}))/2} \cdot Q_{\boldsymbol{\lambda}}. \tag{6.4.26}$$

すなわち，共役類 $\widetilde{D}^+_{\boldsymbol{\alpha}}$, $\boldsymbol{\alpha} = [\alpha_1, \alpha_3, \alpha_5, \cdots] \in OP_n$, の代表元として第 **1.3** 節の

$$\widetilde{\sigma}_{\boldsymbol{\nu}_{\boldsymbol{\alpha}}} = z_1^{(n-l(\boldsymbol{\alpha}))/2} \sigma'_{\boldsymbol{\nu}_{\boldsymbol{\alpha}}}, \quad l(\boldsymbol{\alpha}) = \alpha_1 + \alpha_3 + \alpha_5 + \cdots, \tag{6.4.27}$$

をとり，$\zeta^{\boldsymbol{\lambda}}_{\boldsymbol{\alpha}} := \chi_{\tau_{\boldsymbol{\lambda}}}(\widetilde{\sigma}_{\boldsymbol{\nu}_{\boldsymbol{\alpha}}})$ とおくと，

$$\begin{aligned} Q_{\boldsymbol{\lambda}} &= 2^{(l(\boldsymbol{\lambda})+\varepsilon(\boldsymbol{\lambda}))/2} \cdot \mathrm{Ch}(\chi_{\tau_{\boldsymbol{\lambda}}}|_{\widetilde{\mathfrak{A}}_n}) \\ &= \sum_{\boldsymbol{\alpha} \in OP_n} (2^{(l(\boldsymbol{\lambda})+\varepsilon(\boldsymbol{\lambda})+l(\boldsymbol{\alpha}))/2} z_{\boldsymbol{\alpha}}^{-1}) \zeta^{\boldsymbol{\lambda}}_{\boldsymbol{\alpha}} p_{\boldsymbol{\alpha}}. \end{aligned} \tag{6.4.28}$$

証明　$q_{\boldsymbol{\mu}} = c_{\boldsymbol{\mu}}^{-1} \mathrm{Ch}(\chi_{\widetilde{\Pi}_{\boldsymbol{\mu}}})$ $(\boldsymbol{\mu} \in SP_n)$ であるから，(6.3.8) により，$Q_{\boldsymbol{\lambda}}$ は次の形の $\boldsymbol{Q}$-係数 1 次結合である： $\mathrm{Ch}_{\boldsymbol{\lambda}} := \mathrm{Ch}(\chi_{\tau_{\boldsymbol{\lambda}}}|_{\widetilde{\mathfrak{A}}_n}) = \mathrm{Ch}(\xi^{\boldsymbol{\lambda}})$ と略記すると，

$$Q_{\boldsymbol{\lambda}} = a_{\boldsymbol{\lambda}} \mathrm{Ch}_{\boldsymbol{\lambda}} + \sum_{\boldsymbol{\mu} \prec' \boldsymbol{\lambda}} a_{\boldsymbol{\mu}\boldsymbol{\lambda}} \mathrm{Ch}_{\boldsymbol{\mu}} \quad (a_{\boldsymbol{\lambda}} > 0,\ a_{\boldsymbol{\mu}\boldsymbol{\lambda}} \in \boldsymbol{Q}). \tag{6.4.29}$$

順序 $\preccurlyeq'$ に関する帰納法で $a_{\boldsymbol{\mu}\boldsymbol{\lambda}} = 0$ $(\boldsymbol{\mu} \prec' \boldsymbol{\lambda})$ が示される．

それには，関係式 $\langle \mathrm{Ch}_{\boldsymbol{\lambda}}, \mathrm{Ch}_{\boldsymbol{\mu}} \rangle = 2^{-\varepsilon(\boldsymbol{\lambda})} \delta_{\boldsymbol{\lambda}\boldsymbol{\mu}}$（系 6.1.13 参照）を用いる．

まず，最小の元 $\boldsymbol{\lambda}^1 = (n)$ に対しては，$Q_{\boldsymbol{\lambda}^1} = a_{\boldsymbol{\lambda}^1} \mathrm{Ch}_{\boldsymbol{\lambda}^1}$ である．そして，$Q_{\boldsymbol{\lambda}} \perp Q_{\boldsymbol{\lambda}^1}$ $(\boldsymbol{\lambda}^1 \prec' \forall \boldsymbol{\lambda})$ であるから，$a_{\boldsymbol{\lambda}^1 \boldsymbol{\lambda}} = 0$ を得る．したがって，$Q_{\boldsymbol{\lambda}^2} = a_{\boldsymbol{\lambda}^2} \mathrm{Ch}_{\boldsymbol{\lambda}^2}$.

次に，$Q_{\boldsymbol{\lambda}} \perp Q_{\boldsymbol{\lambda}^2}$ より，$a_{\boldsymbol{\lambda}^2 \boldsymbol{\lambda}} = 0$ $(\boldsymbol{\lambda}^2 \prec' \forall \boldsymbol{\lambda})$ を得る．よって，$Q_{\boldsymbol{\lambda}^3} = a_{\boldsymbol{\lambda}^3} \mathrm{Ch}_{\boldsymbol{\lambda}^3}$ を得る．以下帰納的に $Q_{\boldsymbol{\lambda}} = a_{\boldsymbol{\lambda}} \mathrm{Ch}_{\boldsymbol{\lambda}}$ $(\boldsymbol{\lambda} \in SP_n)$ を得る．

さて今度は，直交関係定理 6.4.1 から $\langle Q_{\boldsymbol{\lambda}}, Q_{\boldsymbol{\lambda}} \rangle = 2^{l(\boldsymbol{\lambda})}$．他方，

$$\langle Q_{\boldsymbol{\lambda}}, Q_{\boldsymbol{\lambda}} \rangle = a_{\boldsymbol{\lambda}}^2 \langle \mathrm{Ch}_{\boldsymbol{\lambda}}, \mathrm{Ch}_{\boldsymbol{\lambda}} \rangle = a_{\boldsymbol{\lambda}}^2 2^{-\varepsilon(\boldsymbol{\lambda})},$$

であるから，$a_{\boldsymbol{\lambda}} = 2^{(l(\boldsymbol{\lambda})+\varepsilon(\boldsymbol{\lambda}))/2}$. □

第 7 章

スピン既約表現の次元公式および分岐律

7.1 スピン既約表現の次元公式

スピン既約表現 $\tau_{\boldsymbol{\lambda}}$ ($\boldsymbol{\lambda} \in SP_n$) の次元公式を与えて，それを証明する．この公式は第 8 章において，全く別の方法で証明されるが，ここでは今までの議論の流れで証明する．指標定理 6.4.11 によれば，$Q_{\boldsymbol{\lambda}}$ はスピン既約表現 $\tau_{\boldsymbol{\lambda}}$ の指標の（偶部分 $\widetilde{\mathfrak{A}}_n$ 上への制限の）母関数であり，

$$Q_{\boldsymbol{\lambda}} = 2^{(l(\boldsymbol{\lambda})+\varepsilon(\boldsymbol{\lambda}))/2} \cdot \mathrm{Ch}(\chi_{\tau_{\boldsymbol{\lambda}}}|_{\widetilde{\mathfrak{A}}_n}),$$

$$\mathrm{Ch}(\varphi) = \sum_{\boldsymbol{\alpha} \in OP_n} (2^{l(\boldsymbol{\alpha})/2} z_{\boldsymbol{\alpha}}{}^{-1}) \varphi_{\boldsymbol{\alpha}} p_{\boldsymbol{\alpha}} \quad (\varphi \in R^{\mathrm{ass}}_{n,\boldsymbol{C}}).$$

したがって，$\dim \tau_{\boldsymbol{\lambda}} = \chi_{\tau_{\boldsymbol{\lambda}}}(e)$ (e は $\widetilde{\mathfrak{S}}_n$ の単位元）を求めるには，共役類 $\{e\}$ を表すパラメーター $1^n 3^0 5^0 \cdots = [n, 0, 0, \cdots] = \boldsymbol{\alpha}_0$ に対応して，$Q_{\boldsymbol{\lambda}(x)}$ の $p_{\boldsymbol{\alpha}_0} = p_1^n$ の係数を求めればよい．実際，$\boldsymbol{\alpha}_0 = [n]$ に対しては，$l(\boldsymbol{\alpha}_0) = n$, $z_{\boldsymbol{\alpha}_0} = n!$ であるから，$2^{l(\boldsymbol{\alpha}_0)/2} z_{\boldsymbol{\alpha}_0}^{-1} = 2^{n/2}(n!)^{-1}$ となり，次の次元公式を証明することができる．

定理 7.1.1 (次元公式) $\widetilde{\mathfrak{S}}_n$ のスピン既約表現 $\tau_{\boldsymbol{\lambda}}$, $\boldsymbol{\lambda} = (\lambda_1, \lambda_2, \cdots, \lambda_m) \in SP_n$, $\lambda_1 > \lambda_2 > \cdots > \lambda_m > 0$, の次元は，次の公式で表される：

(7.1.1) $$\dim \tau_{\boldsymbol{\lambda}} = 2^{(n-l(\boldsymbol{\lambda})-\varepsilon(\boldsymbol{\lambda}))/2} g_{\boldsymbol{\lambda}} = 2^{[(n-l(\boldsymbol{\lambda}))/2]} g_{\boldsymbol{\lambda}},$$

(7.1.2) $$g_{\boldsymbol{\lambda}} = \frac{n!}{\lambda_1! \, \lambda_2! \cdots \lambda_m!} P(\lambda_1, \lambda_2, \cdots, \lambda_m),$$

(7.1.3) $$P(\lambda_1, \lambda_2, \cdots, \lambda_m) = \prod_{1 \leqslant i < j \leqslant m} \frac{\lambda_i - \lambda_j}{\lambda_i + \lambda_j},$$

ここに，　$l(\boldsymbol{\lambda}) = m$, $\varepsilon(\boldsymbol{\lambda}) = 0, 1 \equiv n - m \pmod 2$.

証明 $Q_{\boldsymbol{\lambda}}$ の $p_{\boldsymbol{\alpha}_0}$ の係数は，$2^n(n!)^{-1} g_{\boldsymbol{\lambda}}$ であることを示せばよい．

- **$m = l(\boldsymbol{\lambda}) = 1$ の場合．** $Q_n = q_n$ だから，補題 6.2.1 で

$$q_n(x) = \sum_{\boldsymbol{\alpha} \in OP_n} 2^{l(\boldsymbol{\alpha})} z_{\boldsymbol{\alpha}}{}^{-1} p_{\boldsymbol{\alpha}}, \quad z_{\boldsymbol{\alpha}} = \alpha_1! \, 1^{\alpha_1} \alpha_3! \, 3^{\alpha_3} \alpha_5! \, 5^{\alpha_5} \cdots,$$

の $p_{\boldsymbol{\alpha}_0} = p_1{}^n$ の係数を見ると，$2^n\,(n!)^{-1}$ であるから，$g_n = 1$. OK

- $m = l(\boldsymbol{\lambda}) = 2$ **の場合．**　$\boldsymbol{\lambda} = (r, s)$, $r > s > 0$, とする．定義 6.3.1 の

$$Q_{\nu_1,\,\nu_2} := q_{\nu_1} q_{\nu_2} + 2 \sum_{1 \leqslant i \leqslant \nu_2} (-1)^i q_{\nu_1 + i} q_{\nu_2 - i} \quad (\nu_1, \nu_2 > 0),$$

により，

$$\frac{g_{r,s}}{(r+s)!} = \frac{1}{r!\,s!} + \sum_{1 \leqslant i \leqslant s} (-1)^i \frac{2}{(r+i)!\,(s-i)!} \ \ (=: I_{r,s} \text{ とおく}),$$

であるから，次の命題を証明すればよい：

命題 7.1.2　$s > 0$ とする．任意の $r > s$ について次の公式 $\mathbf{G}(s)$ は正しい：

$\mathbf{G}(s)$ **:**
$$I_{r,s} = \frac{1}{r!\,s!}\,\frac{r-s}{r+s}.$$

この命題の証明は後回しにして，$m > 2$ の場合に進む．

m **偶の場合，**　補題 6.4.5 のパフィアンの展開公式第 1 式により，

$$\begin{aligned}
\frac{g_{\boldsymbol{\nu}}}{n!} &= \sum_{2 \leqslant j \leqslant m} (-1)^j \frac{g_{\nu_1,\nu_j}}{(\nu_1 + \nu_j)!} \cdot \frac{g_{\nu_2,\cdots,\widehat{\nu}_j,\cdots,\nu_m}}{(\nu_2 + \cdots + \widehat{\nu}_j + \cdots + \nu_m)!} \\
&= \sum_{2 \leqslant j \leqslant m} (-1)^j \frac{P(\nu_1,\nu_j)}{\nu_1!\,\nu_j!}\,\frac{P(\nu_2,\cdots,\widehat{\nu}_j,\cdots,\nu_m)}{\nu_2!\cdots\widehat{\nu}_j!\cdots\nu_m!} \\
&= \frac{P(\nu_1,\nu_2,\cdots,\nu_m)}{\nu_1!\,\nu_2!\cdots\nu_m!}
\end{aligned}$$

m **奇の場合，**　補題 6.4.5 のパフィアンの展開公式第 2 式を用いれば同様に示される．

これにより上の命題の証明を残して，次元公式の証明が終わった．　□

命題 7.1.2 の証明　$s = 1$ の場合．

$$\frac{1}{r!} - \frac{2}{(r+1)!} = \frac{r+1-2}{(r+1)!} = \frac{1}{r!\,1!}\,\frac{r-1}{r+1}.$$

s 一般の場合．直接計算によって，$r > s$ に対して，関係式

$$I_{r,s+1} = -I_{r+1,s} + \frac{1}{r!s!}\left(\frac{1}{s+1} - \frac{1}{r+1}\right) \tag{7.1.4}$$

を得る．これを用いて，s に関する帰納法で証明する．

帰納法の出発点である $s = 1$ では命題 $\mathbf{G}(s)$ は真であった．

次に，$\mathbf{G}(s)$ は真である，と仮定する．(7.1.4) の右辺の $I_{r+1,s}$ に代入すると，

$$右辺 = -\frac{1}{(r+1)!s!}\,\frac{r+1-s}{r+1+s} + \frac{1}{r!s!}\left(\frac{1}{s+1} - \frac{1}{r+1}\right) = \frac{1}{r!(s+1)!}\,\frac{r-s-1}{r+s+1},$$

すなわち，命題 $\mathbf{G}(s{+}1)$ が真であることが示された． ［命題 7.1.2 証了］

注 7.1.1 $g_{\boldsymbol{\lambda}}$ は $\boldsymbol{\lambda}$ を型とする標準的シフト盤の個数を表す（**8.1.2** 小節参照）．

$m=2$ の場合の命題 7.1.2 の公式は，$g_{\boldsymbol{\lambda}}$ の公式 (7.1.2) の証明中で一番本質的な役割をしていると思える．というのは，これをもとにして，$m>2$ の場合はパフィアンの一般的な性質を使って「機械的に導かれる」とも言えるからである．したがって，有限級数の和 $I_{r,s}$ の公式の異なる証明はそれなりの意味があると思われるので，それらを問題として提出しておく．なお，本文中の証明も込めて，ここでは，山下博，西山享，小林孝の諸氏のお知恵を拝借した．$r>s$ を正整数とする．

問題 7.1.1 下の等式 (7.1.5)，ついで (7.1.6) を証明せよ：

$$\frac{(r-1)!\,i!}{(r+i)!} = \int_0^1 x^i(1-x)^{r-1}\,dx \qquad (i \geq 0), \tag{7.1.5}$$

$$\sum_{1\leqslant i\leqslant s}(-1)^i\frac{1}{(r+i)!\,(s-i)!} = \frac{1}{(r-1)!\,s!}\int_0^1 (1-x)^{s+r-1}\,dx. \tag{7.1.6}$$

この結果を用いて，公式 $\mathbf{G}(s)$ を証明せよ．

問題 7.1.2 公式 $\mathbf{G}(s)$ は次の和公式と同値であることを示せ：$n>s>0$ に対し，

$$\sum_{0\leqslant j\leqslant s}(-1)^j\binom{n}{j} = (-1)^s\binom{n-1}{s}. \tag{7.1.7}$$

ついでこの和公式を証明せよ．

ヒント 前半．$\mathbf{G}(s)$ 式の両辺に $(r+s)!$ を掛けて，次に $\binom{r+s}{s}$ を加えよ．
後半．$\binom{n}{j} = \binom{n-1}{j} + \binom{n-1}{j-1}$ を用いて，左辺の各項を次のように書き直す：

$$(-1)^j\tbinom{n}{j} = a_j - a_{j-1}, \quad a_0 = 0,\ a_j = (-1)^j\tbinom{n-1}{j}\ \ (j \geq 1).$$

問題 7.1.3 $1 \leq i \leq s$ に対して，a_i を適当に選び，$a_{s+1}=0$ とおいて，

$$(-1)^i\,\frac{2}{(r+i)!\,(s-i)!} = a_i - a_{i+1} \quad (1 \leq i \leq s),$$

となるようにせよ．次に，これを用いて $\mathbf{G}(s)$ を証明せよ．

7.2　$\widetilde{\mathfrak{S}}_n$ および $\mathfrak{S}_n$ の既約表現の次元

7.2.1　n が小さいときの次元の表

n の分割全体の集合を P_n，厳格分割全体の集合を SP_n とする．$\boldsymbol{\lambda} \in SP_n$ に対し，$n - l(\boldsymbol{\lambda})$ の偶奇によって，$\boldsymbol{\lambda} \in SP_n^+$ または $\boldsymbol{\lambda} \in SP_n^-$ とする．

7.2.1.1　定理 6.1.12 により：

(1) スピン既約表現の集合 $\{\tau_{\boldsymbol{\lambda}},\ \mathrm{sgn}\cdot\tau_{\boldsymbol{\lambda}}\,;\ \boldsymbol{\lambda} \in SP_n^-\}$ は非自己同伴なスピン既約表現の同値類の完全代表系を与える．

(2) スピン既約表現の集合 $\{\tau_{\boldsymbol{\lambda}}\,;\ \boldsymbol{\lambda} \in SP_n^+\}$ は，自己同伴なスピン既約表現の同値類の完全代表系を与える．

(1) の場合，非自己同伴スピン既約表現 $\tau_{\boldsymbol{\lambda}}$, $\mathrm{sgn}\cdot\tau_{\boldsymbol{\lambda}}$ の共通の次元を $f_{\boldsymbol{\lambda}}$ と書く．

(2) の場合，自己同伴スピン既約表現 $\tau_{\boldsymbol{\lambda}}$ の次元を上にバーを付けて，$\overline{f}_{\boldsymbol{\lambda}}$ と書く．

これらで代表される $(\widetilde{\mathfrak{S}}_n)^{\wedge\,\mathrm{spin}}_{\mathrm{ass}} = (\widetilde{\mathfrak{S}}_n)^{\wedge\,\mathrm{spin}} / \overset{\mathrm{ass}}{\sim}$ の同値類には，大きさ n のシフトヤング図形 $F_{\boldsymbol{\lambda}}$ が対応する（**6.1.1** 小節，注 7.3.1 (p.228), **7.3.3** 小節を参照せよ）．

なお，$\widetilde{\mathfrak{S}}_n$ のスピン既約表現はすべて忠実（faithful）である．実際，その表現を τ とすると，$N' := \mathrm{Ker}(\tau) \subset \widetilde{\mathfrak{S}}_n$ は正規部分群で，$N' \cap z_1 N' = \varnothing$, かつ，$N = \Phi_{\mathfrak{S}}(N') \subset \mathfrak{S}_n$ は正規なので $\{e\}$ または $\mathfrak{A}_n$ に等しい．これから，$N = \{e\}$, したがって，N' は自明であることが分かる．

7.2.1.2　（非スピン）線形既約表現については，$P_n \ni \boldsymbol{\mu} \mapsto \pi_{\boldsymbol{\mu}}$ (定理 1.3.9) が自然なパラメーター付けである．

第 **1.3** 節における「対称群 $\mathfrak{S}_n$ の既約表現の次元公式」を引用する．

$\boldsymbol{\rho}_n := (n-1, n-2, \cdots, 1, 0)$ とおき，$\boldsymbol{\mu} = (\mu_j)_{j\in \boldsymbol{I}_m} \in P_n$ に対し，$m < n$ ならば，$\mu_{m+1} = \cdots = \mu_n = 0$ とおいて，$(\mu_j)_{j\in \boldsymbol{I}_n}$ を同じ記号 $\boldsymbol{\mu}$ で表わす．

(7.2.1)　$$\boldsymbol{\mu}' := \boldsymbol{\mu} + \boldsymbol{\rho}_n = (\mu_1 + (n-1),\ \mu_2 + (n-2),\ \cdots,\ \mu_{n-1} + 1,\ \mu_n),$$

とおくとき，既約表現 $\pi_{\boldsymbol{\mu}}$ の次元は，定理 1.3.9 により，

(7.2.2)　$$\dim \pi_{\boldsymbol{\mu}} = \varphi_{\boldsymbol{\mu}'} = \frac{n!\,\Delta(\mu_1', \mu_2', \cdots, \mu_m')}{\mu_1'!\,\mu_2'! \cdots \mu_m'!}\,.$$

$\boldsymbol{\mu} \in P_n$ には大きさ n のヤング（Young）図形 $D_{\boldsymbol{\mu}}$ が対応する．$D_{\boldsymbol{\mu}}$ の対角線に沿って転置をとった Young 図形が ${}^t(D_{\boldsymbol{\mu}}) = D_{{}^t\boldsymbol{\mu}}$ である．

定理 1.3.11 により：

(3) 群 $\mathfrak{S}_n$ の，$\boldsymbol{\mu} \in P_n$ に対応する既約表現 $\pi_{\boldsymbol{\mu}}$ に対し，その同伴表現 $\mathrm{sgn}\cdot\pi_{\boldsymbol{\mu}}$

は，転置 ${}^t\boldsymbol{\mu}$ に対応する $\pi_{{}^t\boldsymbol{\mu}}$ に同値である．

(4) $\pi_{\boldsymbol{\mu}}$ は ${}^t\boldsymbol{\mu}=\boldsymbol{\mu}$ のとき自己同伴で，${}^t\boldsymbol{\mu}\neq\boldsymbol{\mu}$ のとき非自己同伴である．

${}^t\boldsymbol{\mu}\neq\boldsymbol{\mu}$ のときには，$\pi_{\boldsymbol{\mu}}$，$\mathrm{sgn}\cdot\pi_{\boldsymbol{\mu}}$ の共通の次元を $\varphi_{\boldsymbol{\mu}}$ と書く．
${}^t\boldsymbol{\mu}=\boldsymbol{\mu}$ のときには，$\pi_{\boldsymbol{\mu}}$ の次元を $\overline{\varphi}_{\boldsymbol{\mu}}$ と書く．

下に，$4\leq n\leq 9$ の場合の $\widetilde{\mathfrak{S}}_n$ のスピン既約表現，$\mathfrak{S}_n$ の（線形）既約表現の次元を Schur の論文 [Sch4, §43, §44] から引用して，すこし補って表として掲げる（組み版の都合で次ページ頭に置く）．前者には Schur の次元公式 (7.1.1)，後者には Frobenius の次元公式 (7.2.2) を使う訳だが，手計算かパソコンで検算されたし．（Schur 自身は当然手計算でやった筈なので，$n=9$ の場合などでは，Schur の苦労がいささかでも追体験できるでしょう．）

7.2.2　$\widetilde{\mathfrak{S}}_n$ のスピン表現，$\mathfrak{S}_n$ の線形表現，の最低次元

上の既約表現の次元の表および [Sch4, §44] を元にすると，次の結果を得る．

定理 7.2.1　(i) $\widetilde{\mathfrak{S}}_n$ のスピン主表現 Δ'_n の次元は $f_n=2^{[(n-1)/2]}$ で，スピン既約表現の最低次元を与える．$n>6$ のとき，Δ'_n の同伴表現を除いて，他のスピン既約表現（すなわち，$m=l(\boldsymbol{\lambda})>1$）に対して

$$\dim\tau_{\boldsymbol{\lambda}}>2f_n=2\cdot 2^{[(n-1)/2]}. \tag{7.2.3}$$

(ii) $\mathfrak{S}_n$ の（非スピン）既約線形表現の次元として $\varphi_{n-1,1}=\varphi_{2,1,\cdots,1}=n-1$ である．$n>6$ のとき，上の 2 つ以外の既約表現 $\pi_{\boldsymbol{\mu}}$ ($\boldsymbol{\mu}\in P_n$) に対して

$$\dim\pi_{\boldsymbol{\mu}}>2\varphi_{n-1,1}=2(n-1). \tag{7.2.4}$$

証明　(i) $n=4,5,6$ に対しては，下の表 7.2.1 を見よ．

$n>6$ とする．$\boldsymbol{\lambda}=(\lambda_1,\lambda_2,\cdots,\lambda_m)\in SP_n$ に対して，$\dim\tau_{\boldsymbol{\lambda}}=2^{\left[\frac{n-m}{2}\right]}g_{\boldsymbol{\lambda}}$，であるから，$\lambda_1+\lambda_2+\cdots+\lambda_m=n>6$, $\lambda_1>\lambda_2>\cdots>\lambda_m>0$, $m>1$，のときに，

$$g_{\boldsymbol{\lambda}}=\frac{n!}{\lambda_1!\,\lambda_2!\,\cdots\,\lambda_m!}\cdot P(\lambda_1,\lambda_2,\cdots,\lambda_m)\ >\ 2^{[\frac{m}{2}]+1}, \tag{7.2.5}$$

を示せばよい．実際，$n-m$, m のどちらかが偶数のときには，$2^{[\frac{n-m}{2}]}\cdot 2^{[\frac{m}{2}]+1}\geq 2\cdot 2^{(n-1)/2}\geq 2\cdot 2^{[(n-1)/2]}$．また，$n-m$, m が共に奇数のときは，n が偶数であり，$2^{[\frac{n-m}{2}]}\cdot 2^{[\frac{m}{2}]+1}=2\cdot 2^{n/2-1}=2\cdot 2^{[(n-1)/2]}$．

表 7.2.1　$\widetilde{\mathfrak{S}}_n$ と $\mathfrak{S}_n$ の既約表現の次元の表.

n	$\widetilde{\mathfrak{S}}_n$ のスピン既約表現の次元　$f_{\boldsymbol{\lambda}}$ (非自己同伴), $\overline{f}_{\boldsymbol{\lambda}}$ (自己同伴) $\mathfrak{S}_n$ の既約表現の次元　$\varphi_{\boldsymbol{\mu}}$ (非自己同伴), $\overline{\varphi}_{\boldsymbol{\mu}}$ (自己同伴)
4	$f_4=2\,,\ \overline{f}_{31}=4\ ;$
	$\varphi_4=1,\ \varphi_{31}=3,\ \overline{\varphi}_{22}=2\ ;$
5	$\overline{f}_5=4\,,\ f_{41}=6\,,\ f_{32}=4\ ;$
	$\varphi_5=1,\ \varphi_{41}=4,\ \varphi_{32}=5,\ \overline{\varphi}_{311}=6\ ;$
6	$f_6=4\,,\overline{f}_{51}=16\,,\ \overline{f}_{42}=20\,,\ f_{321}=4\ ;$
	$\varphi_6=1,\ \varphi_{51}=5,\ \varphi_{42}=9,\ \varphi_{411}=10,\ \varphi_{33}=5,\ \overline{\varphi}_{321}=16\ ;$
7	$\overline{f}_7=8\,,\ f_{61}=20\,,\ f_{52}=36\,,\ f_{43}=20\,,\ \overline{f}_{421}=28\,,$
	$\varphi_7=1,\ \varphi_{61}=6,\ \varphi_{52}=14,\ \varphi_{511}=15,\ \varphi_{43}=14,\ \varphi_{421}=35,\ \overline{\varphi}_{4111}=20,$ $\varphi_{331}=21;$
8	$f_8=8,\ \overline{f}_{71}=48,\ \overline{f}_{62}=112,\ \overline{f}_{53}=112,\ f_{521}=64,\ f_{431}=48\,;$
	$\varphi_8=1,\ \varphi_{71}=7,\ \varphi_{62}=20,\ \varphi_{611}=21,\ \varphi_{53}=28,\ \varphi_{521}=64,\ \varphi_{5111}=35,$ $\varphi_{44}=14,\ \varphi_{431}=70,\ \varphi_{422}=56,\ \overline{\varphi}_{4211}=90,\ \overline{\varphi}_{332}=42;$
9	$\overline{f}_9=16, f_{81}=56, f_{72}=160, f_{63}=224, \overline{f}_{621}=240, f_{54}=112, \overline{f}_{531}=336,$ $\overline{f}_{432}=96\,;$
	$\varphi_9=1,\ \varphi_{81}=8,\ \varphi_{72}=27,\ \varphi_{711}=28,\ \varphi_{63}=48,\ \varphi_{621}=105,\ \varphi_{6111}=56,$ $\varphi_{54}=42,\ \varphi_{531}=162,\ \varphi_{522}=120,\ \varphi_{5211}=189,\ \overline{\varphi}_{51111}=70,\ \varphi_{441}=84,$ $\varphi_{432}=168,\ \varphi_{4311}=216,\ \overline{\varphi}_{333}=42.$

$P(u_1,u_2,\cdots,u_m)=\displaystyle\prod_{1\leqslant i<j\leqslant m}\frac{u_j-u_j}{u_i+u_j}$ は，m が偶数のとき，交代行列

$$A=(a_{ij})_{i,j\text{ß}\boldsymbol{I}_m},\qquad a_{ij}=\frac{u_i-u_j}{u_i+u_j}$$

のパフィアンであり,m 奇数のときは,$P(u_1,\cdots,u_m)=P(u_1,\cdots,u_m,u_{m+1})|_{u_{m+1}=0}$ である．パフィアンの展開公式（定理 6.3.9）と $P(u_1,u_2,\cdots,u_m)$ に関する展開公式（補題 6.4.5）とを用いて次の公式（7.2.6）が示される． □

補題 7.2.2　任意の u に対して，

(7.2.6) $$(u_1+u_2+\cdots+u_m)P(u_1,u_2,\cdots,u_m) = \sum_{1\leqslant\kappa\leqslant m} u_\kappa P(u_1,\cdots,u_{\kappa-1},u_\kappa-u,u_{\kappa+1},\cdots,u_m).$$

この公式は，m が偶数のときには，すぐあとで証明するが，m が奇数のときの証明は問題 7.2.1 として下に掲げておく．とりあえずは，この補題が証明されたものとして使う．(7.2.6) 式において，$\boldsymbol{\nu}=(\nu_1,\nu_2,\cdots,\nu_m)\in SP_n$ に対し，$u=1$, $u_j=\nu_j$ $(j\in \boldsymbol{I}_m)$, $u_1+u_2+\cdots+u_m=n$, とおいて，

(7.2.7) $$g_{\boldsymbol{\nu}} = g_{\nu_1-1,\nu_2,\cdots,\nu_m} + g_{\nu_1,\nu_2-1,\cdots,\nu_m} + \cdots + g_{\nu_1,\nu_2,\cdots,\nu_m-1},$$

を得る．ここで，$\nu_m=1$ の場合には，右辺で $g_{\nu_1,\nu_2,\cdots,\nu_{m-1},0}=g_{\nu_1,\nu_2,\cdots,\nu_{m-1}}$. また，$\nu_a=\nu_{a+1}+1$ の場合には，a 番目の項 $=0$ である．

不等式 (7.2.5) は，$n=7,8,9$ では，具体的計算によって上に与えた次元表 7.2.1 から見て正しい．そこで，$n\geq 10$ とする．いま，厳格分割

$$\boldsymbol{\nu}'=(\nu'_1,\nu'_2,\cdots,\nu'_m),\quad \nu'_1+\nu'_2+\cdots+\nu'_m=n-1,$$

に対しては，$g_{\boldsymbol{\nu}'}>2^{[\frac{m}{2}]+1}$，と仮定する．

(i-1) $\boldsymbol{\nu}\neq(m,\,m-1,\,\cdots,1)$ の場合．(7.2.7) の右辺で少なくとも 1 つの項があって，

$$g_{\kappa_1,\kappa_2,\cdots,\kappa_m},\quad \kappa_1>\kappa_2>\cdots>\kappa_m>0,\quad \kappa_1+\kappa_2+\cdots+\kappa_m=n-1,$$

ここで，仮定を使うと，$g_{\boldsymbol{\nu}}\geq g_{\kappa_1,\kappa_2,\cdots,\kappa_m}>2^{[\frac{m}{2}]+1}$.

(i-2) $\boldsymbol{\nu}=(m,\,m-1,\,\cdots,\,1)$ の場合．$m+(m-1)+\cdots+2+1=n>9$ なので，$m(m+1)>18$ $\therefore\ m\geq 4$ であり，

$$\begin{aligned} g_{m,m-1,\cdots,2,1} &\geq g_{m,m-1,\cdots,4,2,1}+g_{m,m-1,\cdots,4,3} \\ &> 2^{[\frac{m-1}{2}]+1}+2^{[\frac{m-2}{2}]+1}\geq 2^{[\frac{m}{2}]+1}. \end{aligned}$$

(ii) $\varphi_{\boldsymbol{\mu}}$, $\boldsymbol{\mu}=(\mu_1,\mu_2,\cdots,\mu_m)$, に関する下の漸化式を使って同様に証明できる：

(7.2.8) $$\varphi_{\boldsymbol{\mu}} = \varphi_{\mu_1-1,\mu_2,\cdots,\mu_m} + \varphi_{\mu_1,\mu_2-1,\cdots,\mu_m} + \cdots + \varphi_{\mu_1,\mu_2,\cdots,\mu_{m-1},\mu_m-1}.$$

ここで，$\mu_m=1$ の場合には，右辺最終項で $\varphi_{\mu_1,\mu_2,\cdots,\mu_{m-1},0}=\varphi_{\mu_1,\mu_2,\cdots,\mu_{m-1}}$. そして，$\mu_a=\mu_{a+1}$ の場合には，a 番目の項 $=0$.（以下省略）［定理 7.2.1 証了］

注 7.2.1 既約表現の次元の表 7.2.1 を見れば，$n=4,5,6$ に対しては，定理 7.2.1 の次元の「不等式評価」は成立しないことが分かる．

補題 7.2.2 の証明　m 偶の場合に証明する（m 奇の場合は問題 7.2.1 とする）．定理 6.3.9 の展開公式を応用する．交代行列 $A=(a_{ij})_{i,j\in \boldsymbol{I}_m}$ から i 行と j 行，i 列と j 列を取り除いた $2(k-1)\times 2(k-1)$ の交代行列を A^{ij} と書くと，

$$\mathrm{Pf}(A)=\sum_{1\leqslant j<\kappa}(-1)^{\kappa+j}a_{\kappa j}\,\mathrm{Pf}(A^{\kappa j})+\sum_{\kappa<j\leqslant m}(-1)^{\kappa+j-1}a_{\kappa j}\,\mathrm{Pf}(A^{\kappa j})\quad(\kappa\text{ 固定 }).$$

この公式を，次の交代行列 A' に適用する：

$$A'=(a'_{ij})_{i,j\in\boldsymbol{I}_m},\ \ a'_{ij}=\frac{u'_i-u'_j}{u'_i+u'_j},\ \ u'_i=\begin{cases}u_i, & i\neq\kappa,\\ u_\kappa-u, & i=\kappa.\end{cases}$$

そこで，$\mathrm{Pf}(A')=P(u'_1,u'_2,\cdots,u'_m)$, $a'_{ij}=P(u'_i,u'_j)$ を用いると，(7.2.6) 式右辺の κ 番目の項から，下式の κ 番目の項を得る：

(7.2.9)
$$\sum_{1\leqslant\kappa\leqslant m}u_\kappa\Bigl\{\sum_{j<\kappa}(-1)^{\kappa+j}P(u'_\kappa,u'_j)P(u'_1,\cdots,\widehat{u'_j},\cdots,\widehat{u'_\kappa},\cdots,u'_m)+$$
$$\sum_{j>\kappa}(-1)^{\kappa-1+j}P(u'_\kappa,u'_j)P(u'_1,\cdots,\widehat{u'_\kappa},\cdots,\widehat{u'_j},\cdots,u'_m)\Bigr\}.$$

ここで，$P(u'_1,\cdots,\widehat{u'_j},\cdots,\widehat{u'_\kappa},\cdots,u'_m)=P(u_1,\cdots,\widehat{u}_j,\cdots,\widehat{u}_\kappa,\cdots,u_m)$ であり，

(7.2.10)
$$u_\kappa\,P(u'_\kappa,u'_j)=u_\kappa\,\frac{(u_\kappa-u)-u_j}{(u_\kappa-u)+u_j}=u_\kappa P(u_\kappa,u_j)+b_{\kappa j},$$
$$b_{\kappa j}:=\frac{-2uu_\kappa u_j}{(u_\kappa+u_j-u)(u_\kappa+u_j)},$$

(7.2.10) 式の最右辺を (7.2.9) 式に代入すると，$u_\kappa\,P(u_\kappa,u_j)$ の項からは，

$$\sum_{1\leqslant\kappa\leqslant m}u_\kappa P(u_1,\cdots,u_m)=(u_1+u_2+\cdots+u_m)P(u_1,\cdots,u_m)$$

を得る．$b_{\kappa j}$ の項からは，$b_{\kappa j}$ が (κ,j) に関して対称であるから，次を得る：

$$\sum_{j<\kappa}(-1)^{\kappa+j}b_{\kappa j}P(u_1,\cdots,\widehat{u}_j,\cdots,\widehat{u}_\kappa,\cdots,u_m)+$$
$$\sum_{j>\kappa}(-1)^{\kappa+j-1}b_{\kappa j}P(u_1,\cdots,\widehat{u}_\kappa,\cdots,\widehat{u}_j,\cdots,u_m)\ =\ 0.\qquad\square$$

問題 7.2.1　補題 7.2.2 を，m 奇の場合に，証明せよ．

ヒント．　m 奇として，(7.2.6) 式の右辺に，定理 6.4.5 の $P(u_1,\cdots,u_m)$ の展開式を適用する．そこに（m の代わりとして）$m-1$ 偶を使った (7.2.6) 式を用いればよい．

問題 7.2.2　$g_{\boldsymbol{\nu}}$ に関する漸化式 (7.2.7) を証明せよ．

問題 7.2.3　$\varphi_{\boldsymbol{\mu}}$ に関する漸化式 (7.2.8) を証明せよ．

閑話休題 7.2.1 Schur (1875-1941) の論文を私が読み始めたのは，彼のスピン表現三部作 [Sch1, 1904], [Sch2, 1907], [Sch4, 1911] からである．それらに関する考察を津田塾大学での「数学史シンポジュウム」で発表し，その報告を同大学の数学・計算機科学研究所報[1)] に載せた．そうこうしているうちに，Crelle's Journal[2)] やその他の雑誌の本体から撮ったコピーと，Schur 没後に編纂された全集から撮ったコピーには著者名に関して微妙な違いがあることに気が付いた．後者では著者名欄は書誌情報に置き換えられているが，よく気を付けて見てみると，J. Schur と I. Schur (= Issai Schur) の 2 種類があることを発見した．上記三部作はすべて J. Schur であった．その後，私自身の論文の引用文献リストに挙げるときにどちらを採用するかを決めなければならなかったので，ドイツの（Schur の流れを汲む系列の）数学者（現在は名誉教授）に手紙で "$\mathscr{J}$ と $\mathscr{I}$ の取り違えなのかどうか" などと質問した．その返事には，"Issai は旧約聖書に現れる人名に因（ちな）むものではないか"，"同じ人物の名前がロシヤ正教会の旧約聖書では，ローマ・カトリック教会の旧約聖書とは I が J に置き換わっていたりする" という返事を貰った．

いま，事実関係を拾ってみる．ここでの論文番号は全集の論文番号に Schur の頭文字 S を付加して，[S1], [S2], ⋯ などとする．論文 [S1,1901] は学位論文で少部数を（石版刷り？ で）出したものなので，正式に印刷されたものは [S2] 以降である．[S2,1902], [S3,1902] は Frobenius の紹介により，王立プロシャ科学アカデミー (Berlin) 年次報告[3)] 第 1 分冊，第 2 分冊に出ていて，その紹介文は，[S2] では，

Hr. Frobenius legte eine Mitteilung des Hrn. Dr. J. Schur in Berlin vor: Über einen Satz aus der Theorie der vertauschbaren Matrizen (論文名)； であり，[S3] に対しても全く同じ形式のものである．著者名欄はそれぞれ次のようである：

Von J. Schur.	Von Dr. J. Schur in Berlin.
(Vorgelegt von Hrn. Frobenius.)	(Vorgelegt von Hrn. Frobenius.)

[S4,1904], [S5,1905] は，Crelle's J., **127** 巻，**130** 巻掲載であり，著者名欄には，いずれも Von Herrn *J. Schur* in Berlin. とある．

[S6,1905], [S7,1905] は前掲の科学アカデミー年次報告, **1905**, 第 1 分冊，第 2 分

1) 津田塾大学 数学・計算機科学研究所報, **30**(2009), pp.104 - 132; **31**(2010), pp.74 - 82,

2) Journal für die reine und angewandte Mathematik.

3) Sitzungsberichte der könichrich preussischen Akademie der Wissenschaften zu Berlin, Jahrgang 1902.

冊，に掲載で，それらの紹介文は次のようである．第 1 分冊では，

Frobenius legte eine Mitteilung des Hrn. Dr. J. Schur in Berlin vor: ··· (論文名)，第 2 分冊では（前文を受けて），

Derselbe (すなわち Frobenius) legt ferner eine Abhandlung der Privatdocenten an der hiesigen Universität Dr. Issai Schur vor: ··· (論文名).

著者名欄にあるのは，第 1 分冊, 第 2 分冊で，それぞれ

Von Dr. J. Schur in Berlin. ——— (Vorgelegt von Hrn. Frobenius.)	Von Dr. Issai Schur, Privatdozent an der Universität in Berlin. ——— (Vorgelegt von Hrn. Frobenius am 23. März 1905 [s. oben S.359].)

となっている．いくつかの文献によると，Schur は 1903 年にすでに Berlin 大学の Privatdozent（大学の私講師）になっているので，何故この時期に改めて，Schur の身分 Privatdozent を公式に掲げたのか不明だが，このとき署名の first name を J. から Issai に変えたことが分かる．

その後，多くの雑誌では Issai を名乗るが，Crelle's J. では省略形 J. のままである．1931 年の **165** 巻の [S70] までに（[S4] から数えて）12 編の論文が著者名欄 Von Herrn *J. Schur* in Berlin. または Von *J. Schur* in Berlin. で載っている．1932 年の **166** 巻で，論文 [S71] が著者名欄を初めて Von *I. Schur* in Berlin. として掲載されたが，それ以降には掲載論文は無い．（1933 年にはナチスが権力を完全に掌握した．）

ここに不思議なことがある．（Schur の没後である第二次世界大戦後に編集された）全集の編者の一人である Alfred Brauer（Schur の弟子）が全集の初頭に “Gedenkrede（追悼演説）auf Issai Schur”, pp.V–XIV, を載せているのだが，その pp.VIII–IX の 6 行強に渡って，

> “J. Schur の J. は初めて Crelle's J. に掲載された論文 [Sch1, 1904] でそのように間違われたが，単にその間違いの継続である．それにも拘わらず今日（こんにち）でも誤（あやま）った first name の頭文字 J. が使われている” (要約 平井)

などと書いている．これは上に詳しく述べた事実関係を故意に無視しており，さらに，Crelle's J. の当時の（校正を扱う）事務方もしくは（活字を拾う）文選工に “間違い” の冤罪を押しつけ，論文 [S2], [S3] 関連だけでも掲載誌「王立プロシャ科学アカデミー (Berlin) 年次報告 1902 年」で，分冊の目次，総目次，論文の柱（ヘッダー）も込めると総計 11 ヶ所にも印刷されている first name J. を隠蔽している．全集編集の際，コ

ピーして移すときにすべての論文の柱から J. を消去している（改竄？）.

例えば，[S2, 1902] の柱では J. Schur: ⋯ (論文名）から J だけを消去してドットが残っていて . Schur: ⋯ (論文名）となっていて見苦しい． [S6, 1905] の柱では J. Schur: ⋯ (論文名）の J. が消え残っている箇所もある．時代が下（くだ）って Crelle's J. 所載の [S26, 1914] では柱 *Pólya und J. Schur*, ⋯ (論文名) から *J.* を消したので，*Pólya und Schur*, ⋯ (論文名）とスペースが不釣り合いになっている．

「真善美」を追求しているはずの数学者が，ここまでして隠蔽し，あまつさえ，それを元にしてお説教[4] まで垂れている，その真意は何か？

7.3 スピン基本表現およびスピン既約表現の分岐律

7.3.1 スピン基本表現 $\widetilde{\Pi}_{\boldsymbol{\lambda}}$ の分岐律

スピン基本表現 $\widetilde{\Pi}_{\boldsymbol{\lambda}}$ $(\boldsymbol{\lambda} \in SP_n)$ に対する $\widetilde{\mathfrak{S}}_n \downarrow \widetilde{\mathfrak{S}}_{n-1}$ の分岐律を考えてみよう．これはスピン既約表現 $\tau_{\boldsymbol{\lambda}}$ $(\boldsymbol{\lambda} \in SP_n)$ に対する分岐律とは「斜交（はすか）い」にある分岐律であるが，これはこれで興味がある．しかも簡単に証明できる．

（非スピン）線形表現の場合の「$\mathfrak{S}_n$ の標準的基本表現」$\Pi_{\boldsymbol{\lambda}}$ $(\boldsymbol{\lambda} \in P_n)$ に対する $\mathfrak{S}_n \downarrow \mathfrak{S}_{n-1}$ の分岐律は命題 1.3.2 で証明されているが，目下のスピン基本表現に対する場合も同じ手法で証明できる．

命題 7.3.1 (スピン基本表現 $\widetilde{\Pi}_{\boldsymbol{\lambda}}$ $(\boldsymbol{\lambda} \in SP_n)$ の分岐律) $\boldsymbol{\lambda} = (\lambda_i)_{i \in \boldsymbol{I}_m} \in SP_n$ とする．$k \in \boldsymbol{I}_m$ に対し，$\boldsymbol{\lambda}^{(k)} = (\lambda'_i)_{i \in \boldsymbol{I}_m} \in P_{n-1}$ を $\lambda'_i = \lambda_i$ $(i \neq k)$, $\lambda'_k = \lambda_k - 1$, によって定義する．$\widetilde{\mathfrak{S}}_n$ のスピン基本表現 $\widetilde{\Pi}_{\boldsymbol{\lambda}}$ を $\widetilde{\mathfrak{S}}_{n-1}$ に制限すると，（符号表現 sgn の掛け算を法として）$\widetilde{\mathfrak{S}}_{n-1}$ のスピン基本表現 $\widetilde{\Pi}_{\boldsymbol{\lambda}^{(k)}}$ $(\boldsymbol{\lambda}^{(k)} \in SP_{n-1}$ のとき）と，同種のスピン表現 $\widetilde{\Pi}_{\boldsymbol{\lambda}^{(k)}}$ $(\boldsymbol{\lambda}^{(k)} \notin SP_{n-1}$ のとき）の直和に分解する，すなわち，$b_k = 0, 1$ $(k \in \boldsymbol{I}_m)$ が決まって，

$$\widetilde{\Pi}_{\boldsymbol{\lambda}}|_{\widetilde{\mathfrak{S}}_{n-1}} \cong \bigoplus_{k \in \boldsymbol{I}_m} (\mathrm{sgn}^{b_k}) \cdot \widetilde{\Pi}_{\boldsymbol{\lambda}^{(k)}} \,. \tag{7.3.1}$$

証明 定理 1.2.12 を応用する．$G = \widetilde{\mathfrak{S}}_n$, $H = \widetilde{\mathfrak{S}}_{\boldsymbol{\lambda}}$, $K = \widetilde{\mathfrak{S}}_{n-1}$ とおく．両側剰余類の空間 $H \backslash G / K$ の完全代表元系 Y を具体的にとる．$\boldsymbol{\lambda}$ に対して (1.3.3) と同様に，$\boldsymbol{I}_n$ の部分区間を

---

4) (原文引用) Trotzdem wird auch heute noch gelegentlich sein Vorname falsch abgekürzt.

$$J_1 := [1, \lambda_1],\ \ J_j := [\lambda_1 + \cdots + \lambda_{j-1} + 1, \lambda_1 + \cdots + \lambda_j]\ \ (2 \le j \le m),$$

と定義して $\widetilde{\mathfrak{S}}_{\boldsymbol{\lambda}} = \widetilde{\mathfrak{S}}_{J_1} \widehat{*} \cdots \widehat{*} \widetilde{\mathfrak{S}}_{J_m}$ とおく．また，$\widetilde{\mathfrak{S}}_{n-1} = \widetilde{\mathfrak{S}}_{\boldsymbol{I}_{n-1}}$ とする．各 $k \in \boldsymbol{I}_m$ に対し，$n_k \in J_k$ を 1 つ固定する（ただし，$n_m = n$ とする）．互換 $\tau_k = (n_k\ n)$, $k \le m-1$, と $\tau_m = \mathbf{1}$ の（$\Phi_{\mathfrak{S}}$ による）原像 τ'_k をとると，$Y := \{\tau'_k\,;\, k \in \boldsymbol{I}_m\}$ が $H\backslash G/K$ の完全代表元系を与える．

$y = \tau'_k \in Y$ に対して，$K_{y^{-1}} := K \cap y^{-1}Hy$ を求める．対応

$$H \ni h \mapsto y^{-1}hy \in y^{-1}Hy$$

を準同型 $\Phi_{\mathfrak{S}}$ により基盤の $\mathfrak{S}_n$-レベルまで落としてみると，「$\underline{h} := \Phi_{\mathfrak{S}}(h)$ を互いに素な互換の積に書いたときに，そこに現れる n_k と n を置き換える」というものである．したがって，$K = \widetilde{\mathfrak{S}}_{n-1}$ の部分群 $K_{y^{-1}}$ は次のように与えられる．

- $k < m-1$ **の場合.**

J_k から n_k を取り除いた集合を $J_k^{(k)}$ とし，J_m の n を n_k に置き換えたものを $J_m^{(k)}$ とし，残りの $j \in \boldsymbol{I}_m$, $j \ne k, m$, に対しては $J_j^{(k)} = J_j$ とおく．このとき，$K_{y^{-1}} = \Phi_{\mathfrak{S}}^{-1}(\prod_{j \in \boldsymbol{I}_m} \mathfrak{S}_{J_j^{(k)}})$ である．それに対応する $n-1$ の分割はちょうど $\boldsymbol{\lambda}^{(k)}$ である．

- $k = m$ **の場合.**

この場合は $n_m = n$ なので，$J_j^{(m)} = J_j\ (j \le m-1)$, $J_m^{(m)} = J_m \setminus \{n\}$ とおけばよい．$K_{y^{-1}} = \Phi_{\mathfrak{S}}^{-1}(\prod_{j \in \boldsymbol{I}_m} \mathfrak{S}_{J_j^{(m)}})$ であり，それに対応する $n-1$ の分割は $\boldsymbol{\lambda}^{(m)}$ である．

そこで，H の表現 $\rho := \Delta'_{\boldsymbol{\lambda}}$ に対して，$K_{y^{-1}}$ の表現 $({}^{y^{-1}}\rho)|_{K_{y^{-1}}}$ を求めると，$b_k = 0, 1$ が決まって，$\Delta'_{\boldsymbol{\lambda}^{(k)}}$ と同値な表現を得る．□

注 7.3.1　$\boldsymbol{\lambda} \in SP_n$ はシフトヤング図形 $F_{\boldsymbol{\lambda}}$ で表される．$\boldsymbol{\lambda}^{(k)}$ が厳格分割（i.e., $\boldsymbol{\lambda}^{(k)} \in SP_{n-1}$）ならば，$F_{\boldsymbol{\lambda}}$ の（上から）k 番目の行の右端から 1 個ボックスを外したものがシフトヤング図形 $F_{\boldsymbol{\lambda}^{(k)}}$ である．$\boldsymbol{\lambda}^{(k)}$ が厳格分割でなければ，それにはシフトヤング図形が対応しない．そして，誘導表現 $\widetilde{\Pi}_{\boldsymbol{\lambda}^{(k)}}$ はスピン基本表現とは呼ばれず，（スピン既約表現の分類の際には，とりあえずは不要として）これまで横に除(の)けてあったものであるが，ここに来て，上の分岐律では現実に現れて来ている．下に図形的に表示した例を与える：

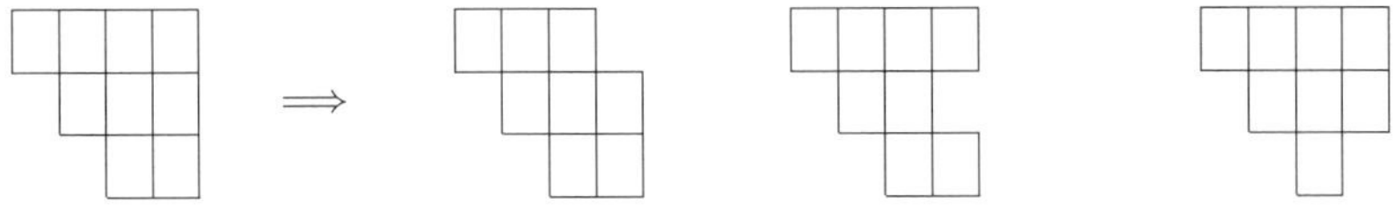

$F_{\boldsymbol{\lambda}}, \boldsymbol{\lambda}=(4,3,2)$　　$\boldsymbol{\lambda}^{(1)}=(3,3,2)$　$\boldsymbol{\lambda}^{(2)}=(4,2,2)$　$F_{\boldsymbol{\lambda}^{(3)}}, \boldsymbol{\lambda}^{(3)}=(4,3,1)$

図 **7.3.1**　$\boldsymbol{\lambda}^{(k)}$ の図形的表示.

研究課題 7.3.1　定理 6.2.6 (iii) により，$\boldsymbol{\lambda} \in P_n$ に対して，$\mathrm{Ch}(\chi_{\widetilde{\Pi}_{\boldsymbol{\lambda}}}|_{\widetilde{\mathfrak{A}}_n}) = c_{\boldsymbol{\lambda}} q_{\boldsymbol{\lambda}}$ である．上の分岐律 (7.3.1) を母関数写像 Ch で写して，$q_{\boldsymbol{\lambda}}$ と $q_{\boldsymbol{\lambda}^{(k)}}$ ($\boldsymbol{\lambda}^{(k)} \in P_{n-1}$) の間の関係式を導け．その関係式を表現の分解公式 (7.3.1) を経ずに直接証明せよ．

7.3.2　スピン既約表現の特定，そして既約分解

定理 6.1.12 で，$\widetilde{\mathfrak{S}}_n$ のスピン双対の完全代表系が与えられている．

● それでは，$\widetilde{\mathfrak{S}}_n$ のスピン表現 π が既約であることが分かっているとき，これが $\tau_{\boldsymbol{\lambda}}$ ($\boldsymbol{\lambda} \in SP_n^+$), $\tau_{\boldsymbol{\lambda}}$, $\mathrm{sgn}\cdot\tau_{\boldsymbol{\lambda}}$ ($\boldsymbol{\lambda} \in SP_n^-$) のうちのどれであるか（どれと同値であるか）を特定するのに簡便な方法はあるだろうか？　もし π の指標（の一部）が計算できるならば，どこまで答に迫れるだろうか？

(1)　π の指標が奇元集合 $\widetilde{\mathfrak{C}}_n$ 上に値があった場合．このとき，**5.5.1** 小節で見たように π は非自己同伴で，どれかの $\tau_{\boldsymbol{\lambda}}$, $\mathrm{sgn}\cdot\tau_{\boldsymbol{\lambda}}$ ($\boldsymbol{\lambda} \in SP_n^-$)（に同値）である．そして指標については奇元集合上で，$\chi_{\tau_{\boldsymbol{\lambda}}}|_{\widetilde{\mathfrak{C}}_n} = -\chi_{\mathrm{sgn}\cdot\tau_{\boldsymbol{\lambda}}}|_{\widetilde{\mathfrak{C}}_n}$ は $\chi_{\widetilde{\Pi}_{\boldsymbol{\lambda}}}|_{\widetilde{\mathfrak{C}}_n}$ と一致し，後者は表 5.4.1 で具体的に与えられている．

まず $\boldsymbol{\lambda} \in SP_n^-$ ごとに $\tau_{\boldsymbol{\lambda}}|_{\widetilde{\mathfrak{C}}_n}$ の台が互いに素（表 5.4.2 参照）なので，指標値が $\neq 0$ となる $\sigma' \in \widetilde{\mathfrak{C}}_n$ が 1 つ分かれば $\boldsymbol{\lambda}$ が特定できる．その後で，$\tau_{\boldsymbol{\lambda}}$ と $\mathrm{sgn}\cdot\tau_{\boldsymbol{\lambda}}$ のどちらであるかを決定するには，特別な元 σ'（例えば $\sigma'_{\boldsymbol{\lambda}}$）での値が必要になる．

(2)　π の指標が奇元集合 $\widetilde{\mathfrak{C}}_n$ 上に値が無かった場合．このときは，指標の台は偶元集合 $\widetilde{\mathfrak{A}}_n$ に含まれている．そして，使えそうなのは先頭項命題 6.4.3 および指標定理 6.4.11 で，それぞれは次の主張である：

▼　多項式 $Q_{\boldsymbol{\lambda}}$ の先頭項は，$2^{l(\boldsymbol{\lambda})} x^{\boldsymbol{\lambda}}$ である；

▼　$\boldsymbol{\lambda} \in SP_n$ に対して，$Q_{\boldsymbol{\lambda}}$ はスピン既約表現 $\tau_{\boldsymbol{\lambda}}$ の指標の（偶部分 $\widetilde{\mathfrak{A}}_n$ 上への制限の）母関数である：　$\mathrm{Ch}(\chi_{\tau_{\boldsymbol{\lambda}}}|_{\widetilde{\mathfrak{A}}_n}) = 2^{-(l(\boldsymbol{\lambda})+\varepsilon(\boldsymbol{\lambda}))/2} \cdot Q_{\boldsymbol{\lambda}}$.

かくして，多項式 $Q_{\boldsymbol{\lambda}}(x)$ の先頭項のウェイト $\boldsymbol{\lambda}$ を，（母関数写像 Ch を通して

ではあるが）指標 $\chi_{\tau_{\boldsymbol{\lambda}}}$ の（もしくは表現 $\tau_{\boldsymbol{\lambda}}$ の）**最高ウェイト**と呼んでもよいことになる．この希望的な呼び名は，複素半単純リー環の表現論において縦横の働きをする既約表現の最高ウェイトを真似したものである．しかし実際にここでの「最高ウェイト」がどこまで役に立つかは未知数である．したがって次のような研究課題を述べるに止めよう．

研究課題 7.3.2　$\widetilde{\mathfrak{S}}_n$ のスピン既約表現 $\tau_{\boldsymbol{\lambda}}$ の最高ウェイトという概念は，どこまで複素半単純リー環の表現論の場合と同じように役立つか？　指標を母関数写像 Ch で写した世界 $\mathscr{Q}_{\boldsymbol{C}} = \bigsqcup_{n\geqslant 0} \mathscr{Q}_{n,\boldsymbol{C}}$ でのこの話を，指標の世界 $R_{\boldsymbol{C}}^{\mathrm{ass}} = \bigsqcup_{n\geqslant 0} R_{n,\boldsymbol{C}}^{\mathrm{ass}}$ での使いやすい話に翻訳できるか？

● いま，問題の設定を拡げて，$\widetilde{\mathfrak{S}}_n$ のスピン表現 π が既約でないときに，π の既約成分を特定する，言い換えると，π の既約分解を求めるにはどうすればよいか？　この問題は表現論の基本問題の一つであり，一般的に難しいものだが，対称群のスピン表現に限っても完全に解明された訳ではない．例えば，次のような研究課題が有る．

研究課題 7.3.3　スピン基本表現 $\widetilde{\Pi}_{\boldsymbol{\lambda}}$ $(\boldsymbol{\lambda} \in SP_n)$ の既約分解を与えよ．さらに一般の $\boldsymbol{\lambda}$ に対する誘導表現 $\widetilde{\Pi}_{\boldsymbol{\lambda}}$ $(\boldsymbol{\lambda} \in P_n \setminus SP_n)$ の既約分解も求めよ．スピン既約表現の分類問題では前者だけを用いて事が済んだのだが，一般には後者も同等の重さで重要である．この問題は基礎体が $\boldsymbol{C}$（標数 0）の場合が済んでも，標数 $p > 0$ の場合があり，こちらはまだ研究途上である．さらに詳しく，既約分解の仕方の研究，すなわち，第 **6.4.5** 小節の (6.4.25) 式の重複度行列 $(m_{\boldsymbol{\mu\lambda}})$ の決定，その逆行列の決定，表現行列の具体的な分解など，がある．

研究課題 7.3.4　$\widetilde{\mathfrak{S}}_n$ の既約表現 $\tau_{\boldsymbol{\lambda}}$ の制限 $\widetilde{\mathfrak{S}}_n \downarrow \widetilde{\mathfrak{S}}_{n-1}$ に対する分岐律，すなわち，既約分解，は後述するように $\boldsymbol{C}$ 上では解明できて，シフトヤング図形を用いて分かり易く書き下せるが，やはりこれも標数 p では研究途上である．

7.3.3　スピン既約表現 $\tau_{\boldsymbol{\lambda}}$ の分岐律

$\widetilde{\mathfrak{S}}_n$ のスピン既約表現 $\tau_{\boldsymbol{\lambda}}$，$\boldsymbol{\lambda} = (\lambda_j)_{j\in \boldsymbol{I}_m} \in SP_n, \lambda_1 > \lambda_2 > \cdots > \lambda_m \geq 1$，の制限 $\widetilde{\mathfrak{S}}_n \downarrow \widetilde{\mathfrak{S}}_{n-1}$ に対する分岐律を具体的に与える．$l(\boldsymbol{\lambda}) := m$ とおく．$k \in \boldsymbol{I}_m$ に対し，$\boldsymbol{\lambda}^{(k)} := (\lambda'_i)_{i\in \boldsymbol{I}_m} \in P_{n-1}$ を $\lambda'_i = \lambda_i \ (i \neq k), \lambda'_k = \lambda_k - 1$, と定義する．$\boldsymbol{\lambda}$ に対応するシフトヤング図形を $F_{\boldsymbol{\lambda}}$ とすれば，$\boldsymbol{\lambda}^{(k)}$ には，$F_{\boldsymbol{\lambda}}$ の（上から）k 番目の行の最右端のブロックを 1 個取り去った図形を対応させる（図 7.3.1 参照）．

記号について次を思い出しておこう.

- $\tau_{\boldsymbol{\lambda}}$ が自己同伴 $\Leftrightarrow$ $\boldsymbol{\lambda} \in SP_n^+$ $\Leftrightarrow$ $\varepsilon(\boldsymbol{\lambda}) = 0$ $\Leftrightarrow$ $n - l(\boldsymbol{\lambda})$ 偶.
- $\tau_{\boldsymbol{\lambda}}$ が非自己同伴 $\Leftrightarrow$ $\boldsymbol{\lambda} \in SP_n^-$ $\Leftrightarrow$ $\varepsilon(\boldsymbol{\lambda}) = 1$ $\Leftrightarrow$ $n - l(\boldsymbol{\lambda})$ 奇.

さらに，まず次の事実を確認しておく.

補題 7.3.2 (i) $\widetilde{\mathfrak{S}}_n$ のスピン既約表現 $\tau_{\boldsymbol{\lambda}}$ を $\widetilde{\mathfrak{S}}_{n-1}$ に制限すると,「$\tau_{\boldsymbol{\lambda}}$ 非自己同伴，かつ，$\lambda_m = 1$」の場合を除いて，自己同伴なスピン表現が得られる．すなわち，$\pi := \tau_{\boldsymbol{\lambda}}|_{\widetilde{\mathfrak{S}}_{n-1}}$ とおくと，$\pi \cong \mathrm{sgn} \cdot \pi$.

(ii) $\pi = \tau_{\boldsymbol{\lambda}}|_{\widetilde{\mathfrak{S}}_{n-1}}$ は，上で除外された場合を除いて，

$$\tau_{\boldsymbol{\lambda}_1} \ \ (\boldsymbol{\lambda}_1 \in SP_{n-1}^+), \qquad \tau_{\boldsymbol{\lambda}_1} \oplus (\mathrm{sgn} \cdot \tau_{\boldsymbol{\lambda}_1}) \ \ (\boldsymbol{\lambda}_1 \in SP_{n-1}^-),$$

のどれかを成分とする直和に分解する.

(iii) 「$\tau_{\boldsymbol{\lambda}}$ 非自己同伴，かつ，$\lambda_m = 1$」の場合には，$\pi = \tau_{\boldsymbol{\lambda}}|_{\widetilde{\mathfrak{S}}_{n-1}}$ は，既約成分として $\tau_{\boldsymbol{\lambda}^{(m)}}$（非自己同伴表現）を含むが，$\pi \ominus \tau_{\boldsymbol{\lambda}^{(m)}}$ は自己同伴である.

証明 (i) $\widetilde{\mathfrak{S}}_{n-1}$ のスピン表現 π が自己同伴であることは，π の指標 χ_π の台が偶元集合 $\widetilde{\mathfrak{A}}_{n-1}$ に含まれることと同等である： $\mathrm{supp}(\chi_\pi) \subset \widetilde{\mathfrak{A}}_{n-1}$.

- $\tau_{\boldsymbol{\lambda}}$ が自己同伴 ($\boldsymbol{\lambda} \in SP_n^+$) の場合. $\mathrm{supp}(\chi_{\tau_{\boldsymbol{\lambda}}}) \subset \widetilde{\mathfrak{A}}_n$ であるから，$\mathrm{supp}(\chi_\pi) = \mathrm{supp}(\chi_{\tau_{\boldsymbol{\lambda}}}) \cap \widetilde{\mathfrak{S}}_{n-1}$ なので，当然 $\mathrm{supp}(\chi_\pi) \subset \widetilde{\mathfrak{A}}_{n-1}$ である.
- $\tau_{\boldsymbol{\lambda}}$ が非自己同伴（$\boldsymbol{\lambda} \in SP_n^-$）の場合. $\chi_{\tau_{\boldsymbol{\lambda}}}|_{\widetilde{\mathfrak{C}}_n} = \chi_{\widetilde{\Pi}_{\boldsymbol{\lambda}}}|_{\widetilde{\mathfrak{C}}_n}$ である（定理 5.5.1）. $\sigma' \in \mathrm{supp}(\chi_{\tau_{\boldsymbol{\lambda}}}) \cap \widetilde{\mathfrak{C}}_n$ とする．除外された場合以外では，表 5.4.2 から見るように，$|\mathrm{supp}(\sigma')| = n$ である．ゆえに，$\mathrm{supp}(\chi_\pi) \subset \widetilde{\mathfrak{A}}_{n-1}$.

(ii) $\widetilde{\mathfrak{S}}_{n-1}$ のスピン既約指標の，偶元集合 $\widetilde{\mathfrak{A}}_{n-1}$ の上，または，奇元集合 $\widetilde{\mathfrak{C}}_{n-1}$ の上，での線形独立性を使えば，(i) から (ii) が従う..

(iii) この場合には，$\sigma' \in \mathrm{supp}(\chi_{\tau_{\boldsymbol{\lambda}}}) \cap \widetilde{\mathfrak{C}}_n$ とすると，$|\mathrm{supp}(\sigma')| = n-1$ である．あとは，$\widetilde{\Pi}_{\boldsymbol{\lambda}}$ の指標の $\widetilde{\mathfrak{C}}_{n-1}$ 上の形と $\tau_{\boldsymbol{\lambda}^{(m)}}$ のそれとを比較すればよい □

さらに詳しく議論するために記号を導入する．$\boldsymbol{\lambda} \in SP_n$, $\boldsymbol{\omega} \in SP_{n-1}$ に対して，シフトヤング図形 $F_{\boldsymbol{\lambda}}$ のある行の右端のボックスを 1 個取り外して $F_{\boldsymbol{\omega}}$ を得るとき，すなわち，$\boldsymbol{\omega} = \boldsymbol{\lambda}^{(k)} \in SP_{n-1}$ ($\exists k \in \boldsymbol{I}_m$) のとき，$\boldsymbol{\lambda} \downarrow \boldsymbol{\omega}$ と書く．そして，

$$\mathrm{Res}_{n-1}^n(\boldsymbol{\lambda}) = \{\boldsymbol{\omega} \in SP_{n-1} \,;\, \boldsymbol{\lambda} \downarrow \boldsymbol{\omega}\} \tag{7.3.2}$$

とおく．$\widetilde{\mathfrak{S}}_n$ のスピン既約表現 $\tau_{\boldsymbol{\lambda}}$ ($\boldsymbol{\lambda} \in SP_n$) を $\widetilde{\mathfrak{S}}_{n-1}$ に制限したとき，$\widetilde{\mathfrak{S}}_{n-1}$ の

スピン既約表現にどのように分岐するか，という分岐律定理はこの記号を用いて書き表される．

$\tau_{\boldsymbol{\lambda}}$ が自己同伴か非自己同伴か（$\tau_{\boldsymbol{\lambda}}$ **の性格**という）に対応して，$\tau_{\boldsymbol{\omega}}$ $(\boldsymbol{\lambda}\downarrow\boldsymbol{\omega})$ の性格がどうなるかを見てみよう．$\boldsymbol{\omega}$ に対して，ある $j\in\boldsymbol{I}_m$ があって，$\boldsymbol{\omega}=\boldsymbol{\lambda}^{(j)}$ である．このとき，シフトヤング図形 $F_{\boldsymbol{\lambda}}$, $F_{\boldsymbol{\lambda}^{(j)}}$ を比べて見れば分かるように，

▼「$j=m$ かつ $\lambda_m=1$」の場合だけが例外で（**例外的場合**という），そのときは $\boldsymbol{\omega}=\boldsymbol{\lambda}^{(m)}$, $\varepsilon(\boldsymbol{\omega})=\varepsilon(\boldsymbol{\lambda})$, であるから，$\tau_{\boldsymbol{\lambda}}$ と $\tau_{\boldsymbol{\omega}}$ の性格は変わらない．

▼ その他の場合（**一般的場合**という）には $\varepsilon(\boldsymbol{\omega})=\varepsilon(\boldsymbol{\lambda})+1 \pmod 2$ であるから，$\tau_{\boldsymbol{\lambda}}$ と $\tau_{\boldsymbol{\omega}}$ の性格は変わる．

定理 7.3.3 ($\tau_{\boldsymbol{\lambda}}$ の分岐律) $\widetilde{\mathfrak{S}}_n$ のスピン既約表現 $\tau_{\boldsymbol{\lambda}}$ の制限 $\widetilde{\mathfrak{S}}_n\downarrow\widetilde{\mathfrak{S}}_{n-1}$ に対する分岐律は次のように与えられる．各既約成分の重複度は 1 である．

(i) $\tau_{\boldsymbol{\lambda}}$ が自己同伴 ($\Leftrightarrow \boldsymbol{\lambda}\in SP_n^+$) とする．

一般的場合　$$\tau_{\boldsymbol{\lambda}}|_{\widetilde{\mathfrak{S}}_{n-1}} \cong \bigoplus_{\boldsymbol{\omega}\in\mathrm{Res}^n_{n-1}(\boldsymbol{\lambda})}\Big(\tau_{\boldsymbol{\omega}}\oplus(\mathrm{sgn}\cdot\tau_{\boldsymbol{\omega}})\Big),$$

例外的場合　$$\tau_{\boldsymbol{\lambda}}|_{\widetilde{\mathfrak{S}}_{n-1}} \cong \bigoplus_{\boldsymbol{\omega}\in\mathrm{Res}^n_{n-1}(\boldsymbol{\lambda}),\,\neq\boldsymbol{\lambda}^{(m)}}\Big(\tau_{\boldsymbol{\omega}}\bigoplus(\mathrm{sgn}\cdot\tau_{\boldsymbol{\omega}})\Big)\ \bigoplus\ \tau_{\boldsymbol{\lambda}^{(m)}}.$$

(ii) $\tau_{\boldsymbol{\lambda}}$ が非自己同伴 ($\Leftrightarrow \boldsymbol{\lambda}\in SP_n^-$) とする．一般的場合も例外的場合も形は同一で，

$$\tau_{\boldsymbol{\lambda}}|_{\widetilde{\mathfrak{S}}_{n-1}} \cong \bigoplus_{\boldsymbol{\omega}\in\mathrm{Res}^n_{n-1}(\boldsymbol{\lambda})}\tau_{\boldsymbol{\omega}}\,.$$

証明と研究課題　この興味ある重要な定理の，指標を用いた直接的証明は，上の 3 つの同値関係に対応してそれぞれ次の等式を示すことである：

$$\chi_{\tau_{\boldsymbol{\lambda}}}|_{\widetilde{\mathfrak{S}}_{n-1}} = \sum_{\boldsymbol{\omega}\in\mathrm{Res}^n_{n-1}(\boldsymbol{\lambda})} 2\,\chi_{\tau_{\boldsymbol{\omega}}}|_{\widetilde{\mathfrak{A}}_{n-1}}\,, \tag{7.3.3}$$

$$\chi_{\tau_{\boldsymbol{\lambda}}}|_{\widetilde{\mathfrak{S}}_{n-1}} = \sum_{\boldsymbol{\omega}\in\mathrm{Res}^n_{n-1}(\boldsymbol{\lambda}),\,\neq\boldsymbol{\lambda}^{(m)}} 2\,\chi_{\tau_{\boldsymbol{\omega}}}|_{\widetilde{\mathfrak{A}}_{n-1}} + \chi_{\tau_{\boldsymbol{\lambda}^{(m)}}}\,, \tag{7.3.4}$$

$$\chi_{\tau_{\boldsymbol{\lambda}}}|_{\widetilde{\mathfrak{S}}_{n-1}} = \sum_{\boldsymbol{\omega}\in\mathrm{Res}^n_{n-1}(\boldsymbol{\lambda})} \chi_{\tau_{\boldsymbol{\omega}}}\,, \tag{7.3.5}$$

ただし，第 1 式，第 2 式の右辺で $*|_{\widetilde{\mathfrak{A}}_{n-1}}$ と書いているところは，$\widetilde{\mathfrak{S}}_{n-1}\setminus\widetilde{\mathfrak{A}}_{n-1}$ 上では 0 となる関数を表す．これらの指標等式の証明を与えるのが，いまはちょっと難しい．そこで，とりあえずはその分を下のように Schur の Q 関数の等式の問

題に言い直して（補題 7.3.4），下の研究課題 7.3.5 として残しておく．

別証 1 スピン既約表現の行列による実現する Nazarov [Naz1] の結果を取り扱う次章でも，$\widetilde{\mathfrak{S}}_n \downarrow \widetilde{\mathfrak{S}}_{n-1}$ の分岐律が定理 8.8.2 で証明されている．これは直接的証明とは言い難い，結構大回りのものであるが，それを引用して本定理の別証とすることもできる．【ところが，Schur の表現 $\tau_{\boldsymbol{\lambda}}$, $\mathrm{sgn}\cdot\tau_{\boldsymbol{\lambda}}$ と第 8 章での Nazarov の実現 $\tau_{\boldsymbol{\lambda},\gamma}$ $(\gamma = \pm 1)$ が同値であることは，ほぼ当然なのだが，数学的に厳密に同定するには，指標かもしくは分岐律かどちらかを使う必要がある．一方，$\tau_{\boldsymbol{\lambda},\gamma}$ の正元集合 $\widetilde{\mathfrak{A}}_n$ 上の指標の直接計算は困難であり，同定問題にケリを付けるには $\tau_{\boldsymbol{\lambda}}$ の分岐律を使う必要がある．したがって，またもや下の研究課題 7.3.5 に行き当たる．】

別証 2 成書 [HoHu] の Theorem 10.2 にこの分岐律が証明されている．その方法は $\tau_{\boldsymbol{\lambda}}$, $\boldsymbol{\lambda} \in SP_n$, の指標の具体的な値を使うものであるが，われわれがすでに第 6 章で得た結果で十分である．まず，制限 $\tau_{\boldsymbol{\lambda}}|_{\widetilde{\mathfrak{S}}_{n-1}}$ に現れる既約成分の候補を十分狭めておく（補題 7.3.2 以降参照）．つぎに，埋め込み $\widetilde{\mathfrak{S}}_{n-1} \hookrightarrow \widetilde{\mathfrak{S}}_n$ を形式的に $\sigma' \mapsto (\sigma', 1)$ と書くと，指標値 $\chi_{\tau_{\boldsymbol{\lambda}}}((\sigma', 1))$ と $\chi_{\tau_{\boldsymbol{\mu}}}(\sigma')$ $(\boldsymbol{\mu} \in SP_{n-1})$ とを比較する．【これは，第 6 節の結果を用いた直接的な証明ではあるが，成書の方法を真似ることになるので，ここでは避ける．】

別証 3 スピン既約表現の $\widetilde{\mathfrak{S}}_n \downarrow \widetilde{\mathfrak{S}}_{n-1}$ の分岐律を初めて証明したのは 1981 年まで遡って，[DeWy] である．[Mor1, 1962], [Mor3, 1976] 等々で与えられた結果を踏まえて，Q 関数のある種の等式を導き，それから $\widetilde{\mathfrak{S}}_n \downarrow \widetilde{\mathfrak{S}}_{n-1}$ の分岐律を与えた．【しかしながら，当該論文での証明が簡略に過ぎ詳細でないので解説し得ない．】

研究課題 7.3.5 $\widetilde{\mathfrak{S}}_n \downarrow \widetilde{\mathfrak{S}}_{n-1}$ の分岐律に対応する，指標の空間 $R^{\mathrm{ass}}_{\boldsymbol{C}} = \bigsqcup_{n\geqslant 0} R^{\mathrm{ass}}_{n,\boldsymbol{C}}$ での等式 (7.3.3) ∼ (7.3.5) を母関数写像 Ch で写した Schur の Q 関数の空間 $\mathscr{Q}_{\boldsymbol{C}} = \bigsqcup_{n\geqslant 0} \mathscr{Q}_{n,\boldsymbol{C}}$ での（以下の）関数等式 (7.3.7) ∼ (7.3.9), を証明せよ．

このために指標の世界での制限写像 $\mathrm{Res}^{\widetilde{\mathfrak{S}}_n}_{\widetilde{\mathfrak{S}}_{n-1}} : R^{\mathrm{ass}}_{n,\boldsymbol{C}} \to R^{\mathrm{ass}}_{n-1,\boldsymbol{C}}$ を母関数写像 $\mathrm{Ch} : R^{\mathrm{ass}}_{n,\boldsymbol{C}} \to \mathscr{Q}_{n,\boldsymbol{C}}$ を通して，Q 関数での世界 $\mathscr{Q}_{\boldsymbol{C}}$ に移した写像を $\mathrm{Cut}^n_{n-1} : \mathscr{Q}_{n,\boldsymbol{C}} \to \mathscr{Q}_{n-1,\boldsymbol{C}}$ とすると，$\mathrm{Ch} \circ \mathrm{Res}^{\widetilde{\mathfrak{S}}_n}_{\widetilde{\mathfrak{S}}_{n-1}} = \mathrm{Cut}^n_{n-1} \circ \mathrm{Ch}$．写像 Cut^n_{n-1} の公式は，

$$(7.3.6) \quad \mathscr{Q}_{n,\boldsymbol{C}} \ni f = \sum_{\boldsymbol{\alpha} \in OP_n} a_{\boldsymbol{\alpha}} p_{\boldsymbol{\alpha}} \longmapsto \mathrm{Cut}^n_{n-1}(f) := \sum_{\boldsymbol{\beta} \in OP_{n-1}} a_{\boldsymbol{\beta}} p_{\boldsymbol{\beta}} \in \mathscr{Q}_{n-1,\boldsymbol{C}},$$

ここに，$OP_{n-1} \ni \boldsymbol{\beta} = (\beta_1, \beta_3, \beta_5, \cdots, \beta_\ell) \mapsto \boldsymbol{\alpha} := (\beta_1+1, \beta_3, \beta_5, \cdots, \beta_\ell) \in OP_n$ により，OP_{n-1} を OP_n に埋め込んでおく： $OP_{n-1} \hookrightarrow OP_n$.

この事実は，写像 Ch の定義 6.2.2, および，$\widetilde{\mathfrak{A}}_n$ の $\widetilde{\mathfrak{S}}_n$ 共役類に関する **5.2** 節の結果，から示される.

$\mathrm{Ch}(\chi_{\tau_{\boldsymbol{\lambda}}}|_{\widetilde{\mathfrak{A}}_n}) = 2^{-(l(\boldsymbol{\lambda})+\varepsilon(\boldsymbol{\lambda}))/2} \cdot Q_{\boldsymbol{\lambda}}$ $(\boldsymbol{\lambda} \in SP_n)$ であるから，定理 7.3.3 の 3 つの指標等式を $\widetilde{\mathfrak{A}}_{n-1}$ 上に制限して，Ch で写すと，Q 関数についての次の等式が得られる.

補題 7.3.4　指標の等式 (7.3.3), (7.3.4) はそれぞれ次の等式と同値である：

(7.3.7)　[一般的場合] $\mathrm{Cut}^n_{n-1} Q_{\boldsymbol{\lambda}} = \sum_{\boldsymbol{\omega} \in \mathrm{Res}^n_{n-1}(\boldsymbol{\lambda})} 2^{-1/2} Q_{\boldsymbol{\omega}}$,

(7.3.8)　[例外的場合] $\mathrm{Cut}^n_{n-1} Q_{\boldsymbol{\lambda}} = \sum_{\boldsymbol{\omega} \in \mathrm{Res}^n_{n-1}(\boldsymbol{\lambda}),\, \neq \boldsymbol{\lambda}^{(m)}} 2^{-1/2} Q_{\boldsymbol{\omega}} + 2^{1/2} Q_{\boldsymbol{\lambda}^{(m)}}$.

$\boldsymbol{\lambda} \in SP^-_n$ に対する指標の等式 (7.3.5) は，次式に同値である：

(7.3.9)
$$\mathrm{Cut}^n_{n-1} Q_{\boldsymbol{\lambda}} = \sum_{\boldsymbol{\omega} \in \mathrm{Res}^n_{n-1}(\boldsymbol{\lambda})} 2^{1/2} Q_{\boldsymbol{\omega}},$$

証明　係数 $2^{-(l(\boldsymbol{\lambda})+\varepsilon(\boldsymbol{\lambda}))/2}$ と $2^{-(l(\boldsymbol{\omega})+\varepsilon(\boldsymbol{\omega}))/2}$ との比例を求めればよい.

(7.3.3) では，まず，$\varepsilon(\boldsymbol{\lambda}) \equiv n - l(\boldsymbol{\lambda}) \equiv 0 \pmod 2$. 次いで，$l(\boldsymbol{\omega}) = l(\boldsymbol{\lambda}), \varepsilon(\boldsymbol{\omega}) \equiv (n-1) - l(\boldsymbol{\omega}) \equiv 1$. ゆえに，$2^{(l(\boldsymbol{\lambda})+\varepsilon(\boldsymbol{\lambda}))/2} 2^{-(l(\boldsymbol{\omega})+\varepsilon(\boldsymbol{\omega}))/2} = 2^{-1/2}$.

(7.3.4) では，例外的場合，$\boldsymbol{\omega} = \boldsymbol{\lambda}^{(m)}$ のとき，$\varepsilon(\boldsymbol{\lambda}) = 0, \varepsilon(\boldsymbol{\omega}) = 0, l(\boldsymbol{\omega}) = l(\boldsymbol{\lambda}) - 1$,　$2^{(l(\boldsymbol{\lambda})+\varepsilon(\boldsymbol{\lambda}))/2} 2^{-(l(\boldsymbol{\omega})+\varepsilon(\boldsymbol{\omega}))/2} = 2^{1/2}$.

(7.3.5) では，$\varepsilon(\boldsymbol{\lambda}) = 1$.　一般的場合には，$l(\boldsymbol{\lambda}) = l(\boldsymbol{\omega}), \varepsilon(\boldsymbol{\omega}) = 0$. ゆえに，$2^{(l(\boldsymbol{\lambda})+\varepsilon(\boldsymbol{\lambda}))/2} 2^{-(l(\boldsymbol{\omega})+\varepsilon(\boldsymbol{\omega}))/2} = 2^{1/2}$.　例外的場合には，$\boldsymbol{\omega} = \boldsymbol{\lambda}^{(m)}$ なので，$l(\boldsymbol{\lambda}) = l(\boldsymbol{\omega}) + 1, \varepsilon(\boldsymbol{\omega}) = 1$. ゆえに，$2^{(l(\boldsymbol{\lambda})+\varepsilon(\boldsymbol{\lambda}))/2} 2^{-(l(\boldsymbol{\omega})+\varepsilon(\boldsymbol{\omega}))/2} = 2^{1/2}$.　□

注 7.3.2　第 8 章においては，$\widetilde{\mathfrak{S}}_n$ のスピン既約表現 $\tau_{\boldsymbol{\lambda}}$ を，自然な部分群の列に関する逐次の制限 $\widetilde{\mathfrak{S}}_n \downarrow \widetilde{\mathfrak{S}}_{n-1} \downarrow \cdots \downarrow \widetilde{\mathfrak{S}}_3 \downarrow \widetilde{\mathfrak{S}}_2$ に対する Gelfand-Zetlin 型基底に関する具体的な行列で与えている．そこでは各段階での既約表現の制限（$\tau_{\boldsymbol{\lambda}} \downarrow \tau_{\boldsymbol{\omega}}$ など）が重複度無しで分岐していくことが重要な基礎である[5].

---

[5]　注 1.2.1 (p.22) で述べたが，Schur は論文 [Sch3, 1908] において命題「$n \geq 3$ のとき，対称群 $\mathfrak{S}_n$ のどの既約線形表現も，すべての行列要素が整数であるような行列表示を持つ」を証明したが，その際には，$\mathfrak{S}_n$ の既約表現 $\pi_{\boldsymbol{\lambda}}$ をある多項式環の商空間上に実現し，$\mathfrak{S}_n \downarrow \mathfrak{S}_{n-1}$ が重複度無しで分岐することを使って，良い性質を持つ多項式からなる基底を具体的に構成し，その基底に関して単純互換 s_i $(i \in \boldsymbol{I}_{n-1})$ の作用が整数係数で表せることを示した．([平井 3] での解説参照)

上の定理 7.3.3 で与えた分岐律はやや抽象的で，具体的な表現行列による制限の表(あらわ)し方ではない．他方，上でその証明を借用した定理 8.8.2 では，制限 $\widetilde{\mathfrak{S}}_n \downarrow \widetilde{\mathfrak{S}}_{n-1}$ は具体的な表現行列で与えられているのがめざましい結果であり，強調すべき点である．

例 7.3.1 ($n=8$ の場合) $\widetilde{\mathfrak{S}}_8$ の（同値関係 $\overset{\mathrm{ass}}{\sim}$ を法とする）すべてのスピン既約表現に対する分岐律を表 7.3.1 にまとめる．その際，スピン既約表現 $\tau_{\boldsymbol{\omega}}$ が自己同伴 ($\Leftrightarrow \boldsymbol{\omega} \in SP^+_{n-1}$) または 非自己同伴 ($\Leftrightarrow \boldsymbol{\omega} \in SP^-_{n-1}$) のときには，必要と思われる個所にラベルとして [自] または [非] を付加しておく．

表 7.3.1　$\widetilde{\mathfrak{S}}_n$ ($n=8$) のスピン既約表現 $\tau_{\boldsymbol{\lambda}}$ の分岐律．

$\tau_{\boldsymbol{\lambda}}$ $\boldsymbol{\lambda} \in SP_n$	$\tau_{\boldsymbol{\lambda}}$ の性質	$\mathrm{Res}^{\widetilde{\mathfrak{S}}_n}_{\widetilde{\mathfrak{S}}_{n-1}} \tau_{\boldsymbol{\lambda}} =$　　　　$(n=8)$
τ_8	非自己同伴	τ_7 [自]
$\tau_{7,1}$	自己同伴	$\tau_{6,1} \oplus (\mathrm{sgn}\cdot\tau_{6,1}) \oplus \tau_7$ [自]
$\tau_{6,2}$	自己同伴	$\tau_{5,2} \oplus (\mathrm{sgn}\cdot\tau_{5,2}) \oplus \tau_{6,1} \oplus (\mathrm{sgn}\cdot\tau_{6,1})$
$\tau_{5,3}$	自己同伴	$\tau_{4,3} \oplus (\mathrm{sgn}\cdot\tau_{4,3}) \oplus \tau_{5,2} \oplus (\mathrm{sgn}\cdot\tau_{5,2})$
$\tau_{5,2,1}$	非自己同伴	$\tau_{4,2,1}$ [自] $\oplus\ \tau_{5,2}$ [非]
$\tau_{4,3,1}$	非自己同伴	$\tau_{4,2,1}$ [自] $\oplus\ \tau_{4,3}$ [非]

例 7.3.2 ($n=9$ の場合) $\widetilde{\mathfrak{S}}_9$ の（同値関係 $\overset{\mathrm{ass}}{\sim}$ を法とする）すべてのスピン既約表現に対する分岐律を表 7.3.2 にまとめる．なお，この表の最下行の $\boldsymbol{\lambda} = (4,3,2)$ の場合は注 7.3.1 (p.228) で図示したものである．

閑話休題 7.3.1　研究課題 7.3.5 に関して，平成 27 年 11 月に内藤聡氏に（本書第 1 章〜第 8 章の原稿を添えて）メールで質問した．それに対して，手間を惜しまず詳しい返答をまとめて，翌年 1 月にメールして下さった．その文章を許可を得て（句読点など僅かの変更を加えて）そのまま転載させて頂きます．

【前文省略】 Q 関数に関する等式 (7.3.7), (7.3.8), (7.3.9) の証明に関してですが，これらの等式そのものが (表現の分岐則とは独立に) 対称関数の枠組みで証明されている文献は，見当たりませんでした．Q 関数についての論文がある数人に聞いてもみましたが，この等式そのものの対称関数の枠組みでの証明の書かれてある文献は知らないと

表 7.3.2　$\widetilde{\mathfrak{S}}_n$ $(n=9)$ のスピン既約表現 $\tau_{\boldsymbol{\lambda}}$ の分岐律.

$\tau_{\boldsymbol{\lambda}}$ $\boldsymbol{\lambda} \in SP_n$	$\tau_{\boldsymbol{\lambda}}$ の性質	$\mathrm{Res}^{\widetilde{\mathfrak{S}}_n}_{\widetilde{\mathfrak{S}}_{n-1}} \tau_{\boldsymbol{\lambda}} =$ $(n=9)$
τ_9	自己同伴	$\tau_8 \oplus (\mathrm{sgn} \cdot \tau_8)$
$\tau_{8,1}$	非自己同伴	$\tau_{7,1}$ [自] $\oplus\, \tau_8$ [非]
$\tau_{7,2}$	非自己同伴	$\tau_{6,2}$ [自] $\oplus\, \tau_{7,1}$ [自]
$\tau_{6,3}$	非自己同伴	$\tau_{5,3}$ [自] $\oplus\, \tau_{6,2}$ [自]
$\tau_{6,2,1}$	自己同伴	$\tau_{5,2,1} \oplus (\mathrm{sgn} \cdot \tau_{5,2,1}) \oplus \tau_{6,2}$ [自]
$\tau_{5,4}$	非自己同伴	$\tau_{5,3}$ [自]
$\tau_{5,3,1}$	自己同伴	$\tau_{4,3,1} \oplus (\mathrm{sgn} \cdot \tau_{4,3,1}) \oplus \tau_{5,2,1} \oplus (\mathrm{sgn} \cdot \tau_{5,2,1}) \oplus \tau_{5,3}$ [自]
$\tau_{4,3,2}$	自己同伴	$\tau_{4,3,1} \oplus (\mathrm{sgn} \cdot \tau_{4,3,1})$

の事でした.

その代わりに，Frobenius reciprocity によって，上記の分岐則を決定する事は，Q 関数と q_1 の対称関数環における積の Q 関数による展開を計算する事と同値であると考えれば，Macdonald の本 [Macd] の p.255 にある (8.15) 式から上記の等式を導く事は容易です．但し，P と Q の違い（同書 p.210 の (2.11) 式参照）に注意する必要があります.

あるいは，Hoffman-Humphreys の本 [HoHu] の p.216 にある Theorem 12.4 の 2 番目の等式と，"marked shifted tableaux" の個数の計算から導く方法もあります. この本の 7, 9, 12 章は，branching rule が証明されている 10 章とは独立して書かれていますから，循環論法にはなりません.

対称関数の研究における問題意識では，分岐則は積の展開係数の計算の特殊な場合である，という意識が強い様で，ぴったりの文献がなかなか見つかりませんでした．より一般の root 系に付随する Hall-Littlewood 多項式の立場からなら，分岐則を書いたものがあるのですが，これから A 型の場合の explicit な分岐則を導くのはそれ程簡単ではありません．例えば，次の論文を御覧下さい：

A. Ram, Alcove walks, Hecke algebras, spherical functions, crystals and column strict tableaux, arXiv:math/0601343, Theorem 4.10.

第8章

対称群のスピン既約表現の行列表示

対称群 $\mathfrak{S}_n$ のスピン表現 τ とは，表現群（2 重被覆群）$\widetilde{\mathfrak{S}}_n$ の表現であって，$\tau(z_1) = -I$（I は恒等作用素）となるものである．スピンでない表現，すなわち，$\mathfrak{S}_n$ の線形表現はいろいろの方面で基本的に重要である．スピン表現も同様に重要であるが，既約表現の分類，既約指標の取り扱い，などは近年一般的になってきた一方で，具体的な表現の応用までは，なかなか手が回らない．その理由の大きなものは，取り扱いが複雑で一筋縄でいかないことにある．応用面では（とくに数理物理などでは）スピン既約表現の行列による実現が望ましい．ここでは Nazarov による実現を丁寧に解説して，それが普通に使いこなせるようにしたい．

Nazarov による実現は，別途証明されている事実：「$\widetilde{\mathfrak{S}}_n$ のスピン既約表現を $\widetilde{\mathfrak{S}}_{n-1}$ に制限すると，重複度無しで分岐する」を踏まえて，表現空間にいわゆる Gelfand-Zetlin 型基底を選んで，その基底に関する行列表示がユニタリ行列として与えられている．これは実にすごい結果であり，公式は万能である．必ずやすばらしい応用があるに違いない．役立てて欲しいものである．

8.1　行列表示のための準備

8.1.1　被覆群 $\widetilde{\mathfrak{S}}_n$ の新しい生成元系

$\widetilde{\mathfrak{S}}_n$ のスピン既約表現のユニタリ行列による実現に対して，公式を書き下すのに便利なように，ここで新しい生成元系を与える．$\widetilde{\mathfrak{S}}_n$ は第 **2.3** 節で，生成元系 $\{z_1, r_j\ (j \in \boldsymbol{I}_{n-1})\}$ と次の基本関係式により与えられている：

$$(8.1.1)\qquad \begin{cases} {z_1}^2 = e, \quad r_i z_1 = z_1 r_i & (i \in \boldsymbol{I}_{n-1}), \\ {r_i}^2 = e & (i \in \boldsymbol{I}_{n-1}), \\ (r_i r_{i+1})^3 = e & (i \in \boldsymbol{I}_{n-2}), \\ r_i r_j = z_1 r_j r_i & (i, j \in \boldsymbol{I}_{n-1},\ |i-j| \geq 2), \end{cases}$$

$$(8.1.2)\qquad \{e\} \longrightarrow Z_1 = \langle z_1 \rangle \longrightarrow \widetilde{\mathfrak{S}}_n \xrightarrow{\Phi_{\mathfrak{S}}} \mathfrak{S}_n \longrightarrow \{e\}.$$

ここでは，新たな生成元系 $\{z_1,\ t_k\ (k \in \boldsymbol{I}_{n-1})\}$ を

$$t_k := z_1^{\,k-1} r_k \quad (k \in \boldsymbol{I}_{n-1}), \tag{8.1.3}$$

とおくと，それに対する基本関係式系は，

$$\begin{cases} z_1^{\,2} = e,\ z_1 t_k = t_k z_1 & (k \in \boldsymbol{I}_{n-1}), \\ t_k^2 = e & (k \in \boldsymbol{I}_{n-1}), \\ (t_k t_l)^2 = z_1 & (|k-l| \geq 2), \\ (t_k t_{k+1})^3 = z_1 & (k \in \boldsymbol{I}_{n-2}), \end{cases} \tag{8.1.4}$$

である．自然準同型 $\Phi_{\mathfrak{S}} : \widetilde{\mathfrak{S}}_n \to \mathfrak{S}_n$ は，$\Phi(t_k) = s_k = (k\ \ k{+}1)\ (k \in \boldsymbol{I}_{n-1})$ である．

スピン表現 τ に対しては，$\tau(z_1) = -I$（I は恒等作用素）だから，$\tau(r_k) = (-1)^{k-1}\tau(t_k)$ となる．Nazarov [Naz1] にしたがって，我々はスピン既約表現 τ に対しては，新生成元 t_k に対しての作用素 $\tau(t_k)\ (k \in \boldsymbol{I}_{n-1})$ の公式を与えるのだが，すぐあとで見るように，$\tau(r_k)$ の公式を与えるよりも符号 $(-1)^{k-1}$ が表に出ないので，その分簡単な式になる．

8.1.2　n の厳格分割とシフト盤

n の分割 $\boldsymbol{\lambda} = (\lambda_j)_{1\leqslant j\leqslant l} \in P_n,\ \lambda_1 \geq \lambda_2 \geq \cdots \geq \lambda_l > 0$, に対して，

$$l(\boldsymbol{\lambda}) := l,\ \ d(\boldsymbol{\lambda}) := n - l(\boldsymbol{\lambda}) = \sum_{j\in \boldsymbol{I}_l} (\lambda_j - 1), \tag{8.1.5}$$

$$\varepsilon(\boldsymbol{\lambda}) \equiv d(\boldsymbol{\lambda}) = n - l(\boldsymbol{\lambda}) \pmod 2, \tag{8.1.6}$$

$$\begin{cases} m(\boldsymbol{\lambda}) := \frac{1}{2}(n - l(\boldsymbol{\lambda}) - \varepsilon(\boldsymbol{\lambda})) = [d(\boldsymbol{\lambda})/2], \\ n(\boldsymbol{\lambda}) := 2m(\boldsymbol{\lambda}) + 1, \end{cases} \tag{8.1.7}$$

とおく．なお，$s(\boldsymbol{\lambda}) := \sharp\{j \in \boldsymbol{I}_l\,;\ \lambda_j \text{ 偶数 }\}$ の偶奇にしたがって，$\varepsilon(\boldsymbol{\lambda}) = 0, 1$ である．

$\boldsymbol{\lambda}$ が厳格分割（i.e., $\boldsymbol{\lambda} \in SP_n$），すなわち，すべての λ_j が相異なる分割，のとき，**シフトヤング図形**（shifted Young diagram）を，第 **1.3.6** 小節での Young 図形 $D_{\boldsymbol{\lambda}}$ の定義式 (1.3.26) と同じ方式で，

$$F_{\boldsymbol{\lambda}} := \{(i,j) \in \boldsymbol{Z}^2\,;\ j \leq i \leq \lambda_j + (j-1),\ 1 \leq j \leq l(\boldsymbol{\lambda})\} \tag{8.1.8}$$

とおく．ただし，i は右向き，j は下向きに増加させる．例を挙げておこう：

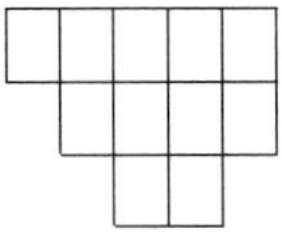

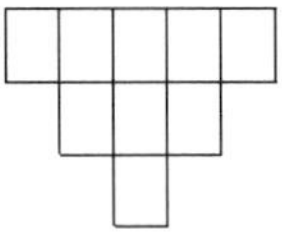

図 **8.1.1** シフトヤング図形.

シフト型（または単に**型**）λ の**シフト盤**とは全単射 $\Lambda : F_\lambda \to \{1, 2, \cdots, n\} = I_n$ である．これは，F_λ の升目 (i, j) に対応する数字 $\Lambda(i, j)$ を入れて表される．例えば，型 $(5, 3, 2)$ のシフト盤の1つとして，

$$\text{型 } \lambda = (5, 3, 2) \quad \Lambda = \begin{array}{|c|c|c|c|c|} \hline 1 & 2 & 4 & 5 & 9 \\ \hline & 3 & 6 & 8 & \\ \cline{2-4} & & 7 & 10 & \\ \cline{3-4} \end{array}$$

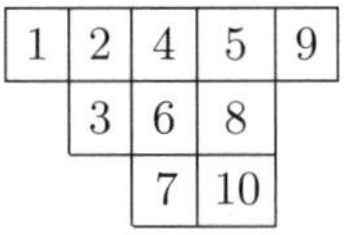

図 **8.1.2** 標準的シフト盤の例.

シフト盤 Λ が**標準的**（standard）であるとは，右向きにも下向きにも増加，

(8.1.9) $\qquad \Lambda(i, j) < \Lambda(i+1, j), \qquad \Lambda(i, j) < \Lambda(i, j+1),$

が成り立っているときである．型 λ の標準的シフト盤の全体を $\mathscr{S}_\lambda$ と書く．

$\Lambda \in \mathscr{S}_\lambda$ とする．$a \in I_n$ に対し，$g(\Lambda, a)$ を $I_{a+1} = \{1, \cdots, a+1\}$ のうち Λ の主対角線に載っていないものの個数とする：

(8.1.10) $\qquad g(\Lambda, a) := |I_{a+1} \setminus \{\Lambda(i, i); i = 1, 2, \cdots, l(\lambda)\}|.$

また，$a = \Lambda(i, j)$ に対し，

(8.1.11) $\qquad h(\Lambda, a) := j - i \, (\geq 0)$

とおく．$h(\Lambda, a) = 0$ は a が Λ の主対角線上にあることを意味し，一般に $p = h(\Lambda, a)$ は a の載っている対角線を示す．図 8.1.2 の Λ に対しては，

$g(\Lambda, 2) = 1, \, h(\Lambda, 2) = 1, \, g(\Lambda, 3) = 2, \, h(\Lambda, 3) = 0, \, g(\Lambda, 8) = 6, \, h(\Lambda, 8) = 2.$

命題 8.1.1 $a^0 \in I_{n-1}$ とする．

(ⅰ) $a^0 > a$ ならば，

$$g(\Lambda, a^0) - g(\Lambda, a) \geq \begin{cases} 0 & h(\Lambda, a^0 + 1) = 0 \text{ のとき,} \\ 1 & h(\Lambda, a^0 + 1) \neq 0 \text{ のとき;} \end{cases}$$

(ⅱ) $a^0 > a+1$ ならば，

$$g(\Lambda,a^0)-g(\Lambda,a)\geq\begin{cases}1 & h(\Lambda,a^0)h(\Lambda,a^0{+}1)=0\text{ のとき},\\ 2 & h(\Lambda,a^0)h(\Lambda,a^0{+}1)\neq 0\text{ のとき}.\end{cases}$$

証明　(i) は $g(\Lambda,a)$ の定義から従う．

(ii) は，$a^0=a+2$ のときに示せばよい．「a^0 と a^0+1 が同時に対角線上に載ることはない」に注意すれば，$g(\Lambda,a)$ の定義から従う．　□

8.1.3　スピン既約表現の表現空間

以下では，線形空間は固定された基底と共に考えられ，線型作用素は行列で表される．線形空間 X,Y がそれぞれ基底 $(x_1,\cdots,x_M)$, $(y_1,\cdots,y_N)$ をもつとき，直和 $X\oplus Y$ とテンソル積 $X\otimes Y$ にはそれぞれ次の基底を持たせる（基底の元の順番付けが重要である）：

$$(x_1,\cdots,x_M,y_1,\cdots,y_N)$$
$$(x_1\otimes y_1,\cdots,x_1\otimes y_N,\cdots,\cdots,\cdots,x_M\otimes y_1,\cdots,x_M\otimes y_N).$$

X および Y それぞれの上の線形変換をとり，上の基底に関してそれらを表す行列を $A=(a_{ij})_{i,j\in\boldsymbol{I}_M}$ および $B=(b_{kl})_{k,l\in\boldsymbol{I}_N}$ とする．それらのテンソル積として $X\otimes Y$ 上の線形変換が得られるが，それを表す行列を $A\otimes B$ と書く．上の基底の取り方からすると，この行列は

(8.1.12)　$$A\otimes B=(a_{ij}B)_{i,j\in\boldsymbol{I}_M},\quad a_{ij}B=(a_{ij}b_{kl})_{k,l\in\boldsymbol{I}_N}$$

で与えられる $MN\times MN$ 型行列である．

$(\boldsymbol{\lambda},\gamma)$, $\boldsymbol{\lambda}\in SP_n$, $\gamma=\pm1$, を固定する．基底集合 $\{u_\Lambda\,;\,\Lambda\in\mathscr{S}_{\boldsymbol{\lambda}}\}$ を用意して，$U_{\boldsymbol{\lambda}}$ をそれから張られる $\boldsymbol{C}$ 上のベクトル空間とする：

(8.1.13)　$$U_{\boldsymbol{\lambda}}:=\sum_{\Lambda\in\mathscr{S}_{\boldsymbol{\lambda}}}\boldsymbol{C}u_\Lambda=:\langle u_\Lambda\,;\,\Lambda\in\mathscr{S}_{\boldsymbol{\lambda}}\rangle_{\boldsymbol{C}}.$$

さて，2×2 型行列 ε,a,b,c を第 **2.5** 節と同様に

(8.1.14)　$$\varepsilon=\begin{pmatrix}1&0\\0&1\end{pmatrix},\ a=\begin{pmatrix}0&1\\1&0\end{pmatrix},\ b=\begin{pmatrix}0&-i\\i&0\end{pmatrix},\ c=\begin{pmatrix}1&0\\0&-1\end{pmatrix},$$

とし，これらが働く，標準基底 $\{w_1,\,w_{-1}\}$ を持った空間 $\boldsymbol{C}^2$ を W_2 と書く．$\gamma=\pm1$ に対して，

$$
(8.1.15)\qquad \begin{cases}
Y_1^\gamma &= \gamma \cdot c \otimes c^{\otimes(m(\boldsymbol{\lambda})-1)} \\
Y_2^\gamma &= \gamma \cdot a \otimes c^{\otimes(m(\boldsymbol{\lambda})-1)} \\
Y_3^\gamma &= \gamma \cdot b \otimes c^{\otimes(m(\boldsymbol{\lambda})-1)} \\
Y_{2p}^\gamma &= \gamma \cdot \varepsilon^{\otimes p} \otimes a \otimes c^{\otimes(m(\boldsymbol{\lambda})-p-1)} \quad (0 \le p \le m(\boldsymbol{\lambda})-1), \\
Y_{2p+1}^\gamma &= \gamma \cdot \varepsilon^{\otimes p} \otimes b \otimes c^{\otimes(m(\boldsymbol{\lambda})-p-1)} \quad (0 \le p \le m(\boldsymbol{\lambda})-1), \\
Y_{2m(\boldsymbol{\lambda})}^\gamma &= \gamma \cdot \varepsilon^{\otimes(m(\boldsymbol{\lambda})-1)} \otimes a, \\
Y_{2m(\boldsymbol{\lambda})+1}^\gamma &= \gamma \cdot \varepsilon^{\otimes(m(\boldsymbol{\lambda})-1)} \otimes b,
\end{cases}
$$

と置く．他方，第 **2.6** 節で Clifford 代数 $\mathcal{C}_n$ を導入したが，$\mathcal{C}_{n(\boldsymbol{\lambda})} = \langle \boldsymbol{e}_i \ (i \in \boldsymbol{I}_{n(\boldsymbol{\lambda})}) \rangle$ は 次の基本関係式で与えられる：

$$
(8.1.16)\qquad {\boldsymbol{e}_i}^2 = \boldsymbol{e}_0, \quad \boldsymbol{e}_i\boldsymbol{e}_j + \boldsymbol{e}_j\boldsymbol{e}_i = 0 \ (i \neq j) \quad (\boldsymbol{e}_0 \text{ は単位元}).
$$

対応 $\boldsymbol{e}_i \mapsto Y_i^\gamma$ は $\mathcal{C}_{n(\boldsymbol{\lambda})}$ の既約表現である．その表現空間 ${W_2}^{\otimes m(\boldsymbol{\lambda})} \cong \boldsymbol{C}^{2^{m(\boldsymbol{\lambda})}}$ を，$\mathcal{C}_{n(\boldsymbol{\lambda})}$-モジュールとして，$Y_i^\gamma \ (i \in \boldsymbol{I}_{n(\boldsymbol{\lambda})})$ の作用付きで，

$$
(8.1.17)\qquad W_{\boldsymbol{\lambda},\gamma} := {W_2}^{\otimes m(\boldsymbol{\lambda})} \cong \boldsymbol{C}^{2^{m(\boldsymbol{\lambda})}}
$$

とおく．これと $U_{\boldsymbol{\lambda}}$ とのテンソル積

$$
(8.1.18)\qquad V_{\boldsymbol{\lambda},\gamma} := W_{\boldsymbol{\lambda},\gamma} \otimes U_{\boldsymbol{\lambda}}
$$

をとると，これがこれから与えるスピン表現の表現空間である．

注 8.1.1 ここで定義した行列 Y_i^γ たちは符号 $\gamma = \pm 1$ を除けば，本質的には，第 **2.5** 節 (2.5.3) 式で定義した Y_j たちと同じであるが，行列 ε, a, b, c のテンソル積の順序および添字の付け方の順序が逆転している．この順序の付け方は何でもないようでいて，実はそれぞれの目的に適合するように選ばれていて重要である．

すなわち，(2.5.3) 式での Y_j の順序付けは，$\widetilde{\mathfrak{S}}_n \nearrow \widetilde{\mathfrak{S}}_{n+1}$ の拡大（とくに $\widetilde{\mathfrak{S}}_n \nearrow \widetilde{\mathfrak{S}}_\infty := \lim_{n\to\infty} \widetilde{\mathfrak{S}}_n$ の漸近的近似）を論ずるのに重要である．一方ここでの Y_i^γ の順序付けは $\widetilde{\mathfrak{S}}_n \searrow \widetilde{\mathfrak{S}}_{n-1} \searrow \cdots \searrow \widetilde{\mathfrak{S}}_1$ の制限（とくに既約表現の分岐）を調べるのに重要である（本章第 5 節，第 6 節を参照）．実際，$n \to n-1$ の分岐を考える際に，$W_{\boldsymbol{\lambda},\gamma}$ 上での $Y_{n-2}^\gamma, Y_{n-1}^\gamma, Y_n^\gamma$ の作用が（以下では）簡単な形で与えられているので，それを用いれば複雑な計算がいささかでも容易になる．

8.2　スピン既約表現 $\tau_{\boldsymbol{\lambda},\gamma}$ の構成（一般公式）

$(\boldsymbol{\lambda},\gamma)$ に対して，行列 $\tau_{\boldsymbol{\lambda},\gamma}(t_k)$ $(k \in \boldsymbol{I}_{n-1})$ を定義しよう．そのあとで，これが $\widetilde{\mathfrak{S}}_n$ の表現であること，ついで既約であることを証明する．

$k \in \boldsymbol{I}_{n-1}$ を固定する．空間 $U_{\boldsymbol{\lambda}}$ を 1 次元または 2 次元の部分空間に分ける．そのために，基底 u_Λ $(\Lambda \in \mathscr{S}_{\boldsymbol{\lambda}})$ を（t_k の作用にしたがって）分ける．標準的シフト盤 $\Lambda \in \mathscr{S}_{\boldsymbol{\lambda}}$ に対し，$s_k\Lambda$ は Λ 内の k と $k+1$ と置換したものを表す．

場合 $(\boldsymbol{\alpha})$　もし $s_k\Lambda$ が標準的，すなわち，$s_k\Lambda \in \mathscr{S}_{\boldsymbol{\lambda}}$ ならば，

$$U_{\boldsymbol{\lambda},k} := \langle u_\Lambda, u_{s_k\Lambda}\rangle_{\boldsymbol{C}} \text{ とし，} \Lambda \overset{s_k}{\sim} s_k\Lambda,\ [\Lambda]_k := \{\Lambda, s_k\Lambda\} \text{ とする．}$$

場合 $(\boldsymbol{\beta})$　もし $s_k\Lambda \notin \mathscr{S}_{\boldsymbol{\lambda}}$ ならば，$U_{\boldsymbol{\lambda},k} := \langle u_\Lambda\rangle = \boldsymbol{C}u_\Lambda$，$[\Lambda]_k := \{\Lambda\}$ とする．

$[\Lambda]_k$ 全体の集合を $\mathscr{S}_{\boldsymbol{\lambda}}/s_k$ で表し，$\mathscr{S}_{\boldsymbol{\lambda}}/s_k$ の完全代表元系を Λ が動くことを，$[\Lambda]_k \in \mathscr{S}_{\boldsymbol{\lambda}}/s_k$ と書くが，記号を簡略化して，$\Lambda \in \mathscr{S}_{\boldsymbol{\lambda}}/s_k$ とも書く．$U_{\boldsymbol{\lambda}}$ の分解

$$U_{\boldsymbol{\lambda}} = \bigoplus_{[\Lambda]_k \in \mathscr{S}_{\boldsymbol{\lambda}}/s_k} U_{\Lambda,k}. \tag{8.2.1}$$

が得られる．群の生成元 $t_k \in \widetilde{\mathfrak{S}}_n$ は各部分空間 $W_{\boldsymbol{\lambda},\gamma} \otimes U_{\Lambda,k}$ $(\subset V_{\boldsymbol{\lambda},\gamma})$ の上で働く．

記号 8.2.1　$p, q \geq 0$, $p \neq q$ に対し，

$$\begin{aligned}\phi(p,q) &:= \frac{\sqrt{2q(q+1)}}{(p-q)(p+q+1)} = \frac{\sqrt{2q(q+1)}}{p(p+1)-q(q+1)},\\ \rho(p,q) &:= \{\tfrac{1}{2}[1-(p-q)^{-2}]\cdot[1-(p+q+1)^{-2}]\}^{1/2}\\ &= \frac{\sqrt{\frac{1}{2}[(p-q)^2-1]\cdot[(p+q+1)^2-1]}}{|p-q|(p+q+1)}.\end{aligned}$$

補題 8.2.1

$$2\rho(p,q)^2 = 1-\phi(p,q)^2-\phi(q,p)^2, \tag{8.2.2}$$

$$pq = 0 \implies \phi(p,q)\phi(q,p) = 0, \tag{8.2.3}$$

$$\rho(p,q) = 0 \iff |p-q| = 1. \tag{8.2.4}$$

証明　計算による．　□

◆ 行列 $\tau_{\boldsymbol{\lambda},\gamma}(t_k)$ $(k \in \boldsymbol{I}_{n-1})$ の一般公式.

この公式を与えるために，$g(\Lambda,k), h(\Lambda,k)$ を使う．まず，$p = h(\Lambda,k)$, $q = h(\Lambda,k+1)$ とおく．k, $k+1$ は同一対角線上には無いので，$p \neq q$.

場合 $(\boldsymbol{\alpha})$ では， $\dim U_{\Lambda,k} = 2$ であり，2×2 型行列を次のようにおく：

$$(8.2.5) \qquad A_{\Lambda,k} := \begin{pmatrix} \phi(p,q) & \rho(p,q) \\ \rho(p,q) & \phi(q,p) \end{pmatrix}, \quad B_{\Lambda,k} := \begin{pmatrix} -\phi(q,p) & \rho(p,q) \\ \rho(p,q) & -\phi(p,q) \end{pmatrix},$$

$$pq = 0 \text{ のとき，} C_{\Lambda,k} := \begin{pmatrix} \phi(p,q) - \phi(q,p) & \sqrt{2}\,\rho(p,q) \\ \sqrt{2}\,\rho(p,q) & \phi(q,p) - \phi(p,q) \end{pmatrix}.$$

場合 $(\boldsymbol{\beta})$ では， $\dim U_{\Lambda,k} = 1$ であり，上の行列の $(1,1)$ 要素をとって次のようにおく：

$$(8.2.6) \qquad A_{\Lambda,k} := \phi(p,q), \quad B_{\Lambda,k} := -\phi(q,p), \quad C_{\Lambda,k} := \phi(p,q) - \phi(q,p).$$

補題 8.2.2 場合 $(\boldsymbol{\alpha})$ とする．

$$(8.2.7) \qquad J_2 A_{\Lambda,k} J_2^{-1} = -B_{\Lambda,k},\ J_2 C_{\Lambda,k} J_2^{-1} = -C_{\Lambda,k},\ J_2 := \begin{pmatrix} 0 & -1 \\ 1 & 0 \end{pmatrix}.$$

$C_{\Lambda,k}$（$pq = 0$ のとき）は，$p = 0$ または $q = 0$ にしたがって，それぞれ

$$C_{\Lambda,k} = \begin{pmatrix} \phi(0,q) & \sqrt{2}\rho(0,q) \\ \sqrt{2}\rho(0,q) & -\phi(0,q) \end{pmatrix} = \begin{pmatrix} -\sqrt{\dfrac{2}{q(q+1)}} & \sqrt{\dfrac{(q-1)(q+2)}{q(q+1)}} \\ \sqrt{\dfrac{(q-1)(q+2)}{q(q+1)}} & \sqrt{\dfrac{2}{q(q+1)}} \end{pmatrix} \quad (p=0),$$

$$C_{\Lambda,k} = \begin{pmatrix} -\phi(0,p) & \sqrt{2}\rho(p,0) \\ \sqrt{2}\rho(p,0) & \phi(0,p) \end{pmatrix} = \begin{pmatrix} \sqrt{\dfrac{2}{p(p+1)}} & \sqrt{\dfrac{(p-1)(p+2)}{p(p+1)}} \\ \sqrt{\dfrac{(p-1)(p+2)}{p(p+1)}} & -\sqrt{\dfrac{2}{p(p+1)}} \end{pmatrix} \quad (q=0).$$

□

一般公式 8.2.1 表現空間 $V_{\boldsymbol{\lambda},\gamma} = W_{\boldsymbol{\lambda},\gamma} \otimes U_{\boldsymbol{\lambda}}$ 上で，$\tau_{\boldsymbol{\lambda},\gamma}(z_1) = -I$ ($I =$ 恒等写像)．さらに，その部分空間 $W_{\boldsymbol{\lambda},\gamma} \otimes U_{\Lambda,k}$ の上で，$\tau_{\Lambda,\gamma}(t_k)$ を表す行列として，

$$\tau_{\Lambda,\gamma}(t_k)|_{W_{\boldsymbol{\lambda},\gamma}\otimes U_{\Lambda,k}} := \begin{cases} Y^{\gamma}_{g(\Lambda,k)} \otimes A_{\Lambda,k} + Y^{\gamma}_{g(\Lambda,k)-1} \otimes B_{\Lambda,k}, & pq \neq 0 \text{ のとき}, \\ Y^{\gamma}_{g(\Lambda,k)} \otimes C_{\Lambda,k}, & pq = 0 \text{ のとき}. \end{cases}$$

ここで，$pq \neq 0$ の場合の右辺を AB 型（がた），$pq = 0$ の場合のそれを C 型とよぶ．k, $k+1$ のどちらかが主対角線上にあるときには C 型，そうでないときには AB 型である．

また，行列 $A_{\Lambda,k}$ 等は，部分空間 $U_{\Lambda,k}$ 上の線形変換を表しているので，これを空間

$$U_{\boldsymbol{\lambda}} = \bigoplus\nolimits_{[\Lambda]_k \in \mathscr{S}_{\boldsymbol{\lambda}}/s_k} U_{\Lambda,k}$$

全体から見ると次のようになる．$U_{\boldsymbol{\lambda}}$ の与えられた基底は，型 $\boldsymbol{\lambda}$ の標準的シフト盤の全体を $\mathscr{S}_{\boldsymbol{\lambda}}$ とすると，$\{u_\Lambda \,;\, \Lambda \in \mathscr{S}_{\boldsymbol{\lambda}}\}$ である．$E_{\Lambda',\Lambda''}$ を $U_{\boldsymbol{\lambda}}$ 上の線形変換で，

$$E_{\Lambda',\Lambda''} u_\Lambda := \delta_{\Lambda'\Lambda} u_{\Lambda''} \quad (\forall\, \Lambda \in \mathscr{S}_{\boldsymbol{\lambda}}) \tag{8.2.8}$$

となるものとする．ただし $\delta_{\Lambda'\Lambda}$ は，$\Lambda' = \Lambda$ のとき 1 で，他の場合には 0 とする．言い換えると，$E_{\Lambda',\Lambda''}$ は上の基底に関する行列で書けば，位置 (Λ', Λ'') の行列要素が 1 で，他のすべての行列要素が 0 である．このとき，例えば，

$$A_{\Lambda,k} = \begin{pmatrix} \phi(p,q) & \rho(p,q) \\ \rho(p,q) & \phi(q,p) \end{pmatrix} \quad \longleftrightarrow \quad \begin{array}{l} \phi(p,q)E_{\Lambda,\Lambda} \ + \ \rho(p,q)E_{\Lambda,s_k\Lambda} \ + \\ \rho(p,q)E_{s_k\Lambda,\Lambda} + \phi(q,p)E_{s_k\Lambda,s_k\Lambda} \end{array}$$

と対応する．以下では，見易さのためにこの右辺を（左辺の $A_{\Lambda,k}$ に倣って）$E_{\Lambda\Lambda'}$ を込めた行列形に書いておくこととする（**8.3** 節参照）．

命題 8.2.3　行列 $\tau_{\boldsymbol{\lambda},\gamma}(t_k)$ $(k \in \boldsymbol{I}_{n-1})$ はエルミート行列，かつ，ユニタリ行列であり，$\tau_{\boldsymbol{\lambda},\gamma}(t_k)^2 = E$ (単位行列) を満たす．

証明　各部分空間 $W_{\boldsymbol{\lambda},\gamma} \otimes U_{\Lambda,k}$ の上で示せばよい．$X_j := Y_j^\gamma$ $(j \in \boldsymbol{I}_{n(\boldsymbol{\lambda})})$ とおくと，$X_j^* = X_j$，$X_j^2 = E_0$ ($W_{\boldsymbol{\lambda},\gamma}$ 上の単位行列)，$X_j X_k = -X_k X_j$ $(j \neq k)$，である．$g = g(\Lambda, k)$, $A = A_{\Lambda,k}$，$B = B_{\Lambda,k}$，$C = C_{\Lambda,k}$ とおく．

- $\dim U_{\Lambda,k} = 2$ の場合，$pq \neq 0$ とすると，

$$(X_g \otimes A + X_{g-1} \otimes B)^* = X_g^* \otimes A^* + X_{g-1}^* \otimes B^* = X_g \otimes A + X_{g-1} \otimes B,$$
$$(X_g \otimes A + X_{g-1} \otimes B)^2 = E_0 \otimes (A^2 + B^2) + X_g X_{g-1}(AB - BA).$$

他方，すぐ下の補題 8.2.4 によって，$A^2 + B^2 = E_2$ (2 次の単位行列) かつ $AB = BA$, なので，第 2 式の右辺は，$E_0 \otimes E_2$ となる．

$pq = 0$ とすると，$X_g \otimes C$ について，(8.2.3) により，$\phi(p,q)\phi(q,p) = 0$ となる．すると，(8.2.2) により，

$$\big(\phi(p,q)-\phi(q,p)\big)^2+\big(\sqrt{2}\rho(p,q)\big)^2=1,$$

となるので，$C^2=E_2$. よって，$(X_g\otimes C)^2=E_0\otimes E_2$.

• $\dim U_{\Lambda,k}=1$ の場合は，シフト盤 Λ において，$s_k\Lambda\notin\mathscr{S}_{\boldsymbol{\lambda}}$（すなわち，$s_k\Lambda$ 非標準的）であるから，Λ における $k,k{+}1$ の位置関係は，k, $k{+}1$ は横並びか縦並びの配列である．すなわち，それは次の 2 つの場合に限られる：

(8.2.9) 場合 (1) $\boxed{k}\boxed{k{+}1}$, 場合 (2) $\begin{array}{|c|}\hline k\\\hline k{+}1\\\hline\end{array}$.

いずれの場合でも，$q=p\pm1$. このとき，(8.2.4) により，$\rho(p,q)=0$. そして，(8.2.2) により，$\phi(p,q)^2+\phi(q,p)^2=1$. ここで，$pq\neq0$ とすると，

$$(X_g\otimes A+X_{g-1}\otimes B)^2=E_0\cdot\big(\phi(p,q)^2+\phi(q,p)^2\big)=E_0\cdot1.$$

また，$pq=0$ とすると，$(p,q)=(0,1),(1,0)$. このとき， $\phi(p,q)-\phi(q,p)=\mp1$ $\therefore\ C=\mp1$. よって，$X_g\otimes C=X_g\cdot(\mp1)$. ゆえに，$(X_g\otimes C)^2=E_0\cdot1$. □

補題 8.2.4 場合 (α) とする．$pq\neq0$ のとき， ${A_{\Lambda,k}}^2+{B_{\Lambda,k}}^2=E_2$，かつ，

$$A_{\Lambda,k}B_{\Lambda,k}=B_{\Lambda,k}A_{\Lambda,k}=\big[\rho(p,q)^2-\phi(p,q)\phi(q,p)\big]\cdot E_2.$$

$pq=0$ のとき， ${C_{\Lambda,k}}^2=E_2$.

証明 第 1 式は計算による．第 2 式は (8.2.2) から出る．第 3 式は計算による．第 3 式に対しては（上の命題 8.2.3 の証明でも述べたが），$pq=0$ から (8.2.3) によって得られる $\phi(p,q)\phi(q,p)=0$ を使う． □

注 8.2.1 $pq=0$ のときに，2 次の行列 $C=C_{\Lambda,k}$ が表す変換は何か，を見てみよう．$p=0$ とすると，

(8.2.10)

$$C=\begin{pmatrix}-\sqrt{\dfrac{2}{q(q+1)}} & \sqrt{\dfrac{(q-1)(q+2)}{q(q+1)}}\\[2ex] \sqrt{\dfrac{(q-1)(q+2)}{q(q+1)}} & \sqrt{\dfrac{2}{q(q+1)}}\end{pmatrix}=\begin{pmatrix}-1&0\\0&1\end{pmatrix}\begin{pmatrix}\cos\theta&-\sin\theta\\ \sin\theta&\cos\theta\end{pmatrix},$$

となるように $0\le\theta\le\pi/4$ を選ぶことができる．したがって，行列 C の表す変換は，角 θ の回転に引き続いて y 軸に関する鏡映を行ったものである．これから，$C^2=E_2$ となることは見易い．$q=0$ の場合にも，上の (8.2.10) 式において，q を p に置き換えれば，同様の議論が成り立つ．

例 8.2.1　型 $\boldsymbol{\lambda} = (n) \in SP_n$ の標準的シフト盤は次に限る：

$\Lambda = \boxed{1\,|\,2\,|\,\cdot\,|\,\cdot\,|\,\cdots\,|\,n}$ ．したがって，

$$V_{(n),\gamma} = W_{(n),\gamma},\ m(\boldsymbol{\lambda}) = [(n-1)/2],\ n(\boldsymbol{\lambda}) = \begin{cases} n-1 & (n \text{ 偶のとき}), \\ n & (n \text{ 奇のとき}). \end{cases}$$

$k \in \boldsymbol{I}_{n-1}$ に対して，$p = h(\Lambda, k) = k-1$, $q = h(\Lambda, k+1) = k$, $g(\Lambda, k) = k$,

$$\phi(p,q) = -\sqrt{\frac{k+1}{2k}}, \quad \phi(q,p) = \sqrt{\frac{k-1}{2k}},$$

であるから，一般公式 8.2.1 により，

$$\tau_{(n),\gamma}(t_1) = -Y_1^{\gamma},$$

$$\tau_{(n),\gamma}(t_k) = -\sqrt{\frac{k+1}{2k}}\, Y_k^{\gamma} - \sqrt{\frac{k-1}{2k}}\, Y_{k-1}^{\gamma} \quad (1 < k \leq n-1).$$

この公式は，第 **5.1** 節の Schur の '主表現' Δ'_n によく似ている．

● n が奇数のときは，$r_1 r_2 \cdots r_{n-1} = z_1^{(n-1)(n-2)/2} t_1 t_2 \cdots t_{n-1}$ ($\mathfrak{S}_n$ の最長の巡回置換に対応) は偶元で，その指標値を計算すると，

$$a'_k := \sqrt{(k-1)/2k},\ b'_k := \sqrt{(k+1)/2k}$$

とおいて，補題 2.5.2 を使って，

$$\begin{aligned} &\mathrm{tr}(\tau_{(n),\gamma}(r_1 r_2 \cdots r_{n-1})) = (-1)^{(n-1)(n-2)/2} \times \\ &\times (-1)^{n-1} (b'_1 a'_2)(b'_3 a'_4) \cdots (b'_{n-2} a'_{n-1}) \cdot \mathrm{tr}((Y_1^{\gamma})^2 (Y_3^{\gamma})^2 \cdots (Y_{n-2}^{\gamma})^2) \\ &= (-1)^{(n-1)/2} 2^{-(n-1)/2} \cdot 2^{(n-1)/2} = (-1)^{(n-1)/2}. \end{aligned}$$

● n が偶数のとき，$\tau_{(n),\gamma}(r_1 r_2 \cdots r_{n-1})$ の跡（トレース）を計算すると，

$$\begin{aligned} &\mathrm{tr}(\tau_{(n),\gamma}(r_1 r_2 \cdots r_{n-1})) = \prod_{1 \leqslant k \leqslant n-1} (-1)^k b'_k \times \mathrm{tr}(Y_1^{\gamma} Y_2^{\gamma} \cdots Y_{n-1}^{\gamma}) \\ &= \gamma\,(-1)^{n/2} \sqrt{n/2^{n-1}} \cdot (2i)^{m(\boldsymbol{\lambda})} = \gamma\,(-1)^{n/2} i^{n/2-1} \sqrt{n/2}. \end{aligned}$$

したがって，定理 5.1.3 の Δ'_n の指標公式と比較すれば，次の命題を得る：

命題 8.2.5　(i)　n 奇数のとき，$\tau_{(n),\gamma}$ は自己同伴で，$\tau_{(n),\gamma} \cong \Delta'_n$.

(ii)　n 偶数のとき，$\tau_{(n),\gamma}$ は非自己同伴で，

$$\tau_{(n),\gamma} \cong \begin{cases} \Delta'_n, & \gamma(-1)^{n/2} = 1 \text{ のとき}, \\ \mathrm{sgn} \cdot \Delta'_n, & \gamma(-1)^{n/2} = -1 \text{ のとき}. \end{cases}$$

［例 8.2.1 終わり］

定理 8.2.6 作用素 $\tau_{\boldsymbol{\lambda},\gamma}(r_k)$ $(k \in \boldsymbol{I}_{n-1})$ は空間 $V_{\boldsymbol{\lambda},\gamma}$ 上の $\widetilde{\mathfrak{S}}_n$ のスピン表現を与える．そして $\tau_{\boldsymbol{\lambda},-1} = \mathrm{sgn} \otimes \tau_{\boldsymbol{\lambda},1}$ である．

証明の方針 $\pi = \tau_{\boldsymbol{\lambda},\gamma}$ とおく．基本関係式 (8.1.4) に対応して，次を示せばよい：

(8.2.11) $$\pi(t_k)^2 = E \quad (\text{単位行列}),$$

(8.2.12) $$\pi(t_k)\pi(t_{k'}) + \pi(t_{k'})\pi(t_k) = 0 \quad (|k-k'| \geq 2),$$

(8.2.13) $$\pi(t_k)\pi(t_{k+1})\pi(t_k) + \pi(t_{k+1})\pi(t_k)\pi(t_{k+1}) = 0.$$

上の第 1 式については，すでに命題 8.2.3 で示されている．したがって，残るのは第 2，第 3 式である．

証明の前に これらの証明に進む前に，一般公式 8.2.1 に慣れる必要がある．この公式は万能ではあるが何かと計算ミスが出やすいので，具体例を計算することや，応用を示すことで，この公式の運用に慣れることにしたい．「習熟運転」としての **8.3**〜**8.6** 節を挿入する所以である．定理の証明は 8.7 節で行う．

8.3 一般公式の検証. $\widetilde{\mathfrak{S}}_n$ $(n=2,3,4)$ のスピン既約表現

8.3.1 $n=2,3$ の場合（シフトヤング図形とスピン既約表現）

$n=2,3$ の場合には，$\mathfrak{S}_n$ はそれ自身が自分の表現群である．

他方，その 2 重被覆群 $\widetilde{\mathfrak{S}}_n$ は，生成元系 $\{z_1,\, r_i\ (i \in \boldsymbol{I}_{n-1})\}$ と基本関係式 (8.1.1)，もしくは，生成元系 $\{z_1,\, t_k\ (k \in \boldsymbol{I}_{n-1})\}$ と基本関係式 (8.1.4)，で定義される．ただし，これら 2 つの生成元系の間の関係は (8.1.3) 式の $t_k = z_1^{k-1} r_k$ $(k \in \boldsymbol{I}_{n-1})$ である．このとき，$n=2,3$ に対しては，

(8.3.1) $$\begin{aligned}\widetilde{\mathfrak{S}}_n &= \langle z_1, r_i\ (i \in \boldsymbol{I}_{n-1})\rangle = \langle z_1 \rangle \times \langle r_i\ (i \in \boldsymbol{I}_{n-1})\rangle \\ &= Z_1 \times \mathfrak{S}_n, \quad Z_1 = \langle z_1 \rangle,\ \mathfrak{S}_n = \langle r_i\ (i \in \boldsymbol{I}_{n-1})\rangle.\end{aligned}$$

この特殊な場合にも，一般公式 8.2.1 が有効であることを確認するのは，それなりに意味がある．例えば，一般の n に対して，その分割 $\boldsymbol{\mu} = (\mu_j)_{j \in \boldsymbol{I}_m}$, $\mu_1 + \mu_2 + \cdots + \mu_m = n$, をとり，対応する Schur-Young 部分群 $\widetilde{\mathfrak{S}}_{\boldsymbol{\mu}} = \Phi_{\mathfrak{S}}^{-1}(\mathfrak{S}_{\boldsymbol{\mu}}) \cong \widetilde{\mathfrak{S}}_{\mu_1} \widehat{*} \widetilde{\mathfrak{S}}_{\mu_2} \widehat{*} \cdots \widehat{*} \widetilde{\mathfrak{S}}_{\mu_m}$ のスピン基本表現 $\Delta'_{\boldsymbol{\mu}} = \Delta'_{\mu_1} \widehat{*} \Delta'_{\mu_2} \widehat{*} \cdots \widehat{*} \Delta'_{\mu_m}$ を考えるときには，つねに，$\mu_j = 2,3$ の場合の状況を踏まえていなければならない（第 **5.3** 節参照）．

● $n=2$ の場合（$\widetilde{\mathfrak{S}}_2$ のスピン既約表現）

大きさ $n=2$ のシフトヤング図形は $\boldsymbol{\lambda}=(2)\in SP_2$ であり，それをシフト型とする標準的シフト盤の集合 $\mathscr{S}_{\boldsymbol{\lambda}}$ はただ一つの元 $\Lambda=\begin{array}{|c|c|}\hline 1&2\\\hline\end{array}$ よりなる．

$m(\boldsymbol{\lambda})=[(n-l(\boldsymbol{\lambda}))/2]=0,\ 2^{m(\boldsymbol{\lambda})}=1=\dim W_{\boldsymbol{\lambda},\gamma}$，このとき行列 Y_j^γ は不要である．

また，$\dim U_{\boldsymbol{\lambda}}=1$ なので，表現空間 $V_{\boldsymbol{\lambda},\gamma}=W_{\boldsymbol{\lambda},\gamma}\otimes U_{\boldsymbol{\lambda}}$ は 1 次元である．

$$p=h(\Lambda,1)=0,\ q=h(\Lambda,2)=1,\ \phi(p,q)=-\sqrt{2\cdot 2}/2=-1,\ g(\Lambda,1)=1,$$

$t_1=r_1$ に対して，$\tau_{\boldsymbol{\lambda},\gamma}(t_1)=(-\gamma)\cdot 1$ と解釈するのが順当である．依って，$\gamma=-1,1$ にしたがって，$\widetilde{\mathfrak{S}}_2\cong Z_1\times\mathfrak{S}_2$ の表現 $\tau_{\boldsymbol{\lambda},\gamma}$ は次と同値である：

$$\mathrm{spin}_{Z_1}\boxtimes\mathbf{1}_{\mathfrak{S}_2},\ \ \mathrm{spin}_{Z_1}\boxtimes\mathrm{sgn}_{\mathfrak{S}_2}.$$

注 8.3.1　上のスピン既約表現の $\mathfrak{S}_2$ 部分を見ると，それに対応する Young 図形（第 **1.3.6** 小節参照）は，それぞれ $D_{\boldsymbol{\nu}}=\begin{array}{|c|c|}\hline \ &\ \\\hline\end{array}$，$D_{{}^t\boldsymbol{\nu}}=\begin{array}{|c|}\hline \ \\\hline \ \\\hline\end{array}$ である．（$n=2,3$ の場合の Young 図形とシフトヤング図形との，この種の対応については，例 5.1.2 と注 5.1.3, 5.1.4 (p.153) を参照.）

● $n=3$ の場合（$\widetilde{\mathfrak{S}}_3$ のスピン既約表現）

大きさ $n=3$ のシフトヤング図形は 2 種類ある．それらは，$\boldsymbol{\lambda}=(3),\ (2,1)$ である．

●● $\boldsymbol{\lambda}=(3)\in SP_3$ の場合.

このとき，標準的シフト盤は単一で，$\mathscr{S}_{\boldsymbol{\lambda}}$ は次の元からなる：$\Lambda=\begin{array}{|c|c|c|}\hline 1&2&3\\\hline\end{array}$.

$$d(\boldsymbol{\lambda})=n-l(\boldsymbol{\lambda})=3-1,\ m(\boldsymbol{\lambda})=[d(\boldsymbol{\lambda})/2]=[(3-1)/2]=1,$$
$$2^{m(\boldsymbol{\lambda})}=2=\dim W_{\boldsymbol{\lambda},\gamma},\ Y_1^\gamma=\gamma c,\ Y_2^\gamma=\gamma a,$$
$\dim U_{\boldsymbol{\lambda}}=1$, 表現空間 $V_{\boldsymbol{\lambda},\gamma}=W_{\boldsymbol{\lambda},\gamma}\otimes U_{\boldsymbol{\lambda}}$ の次元は 2.

$\tau_{\boldsymbol{\lambda},\gamma}(t_1)$ を求めると，$g(\Lambda,1)=1,\ p=h(\Lambda,1)=0,\ q=h(\Lambda,2)=1,\ \phi(p,q)-\phi(q,p)=-1,$

$$\therefore\quad \tau_{\boldsymbol{\lambda},\gamma}(t_1)=-Y_1^\gamma=\gamma(-c)=-\gamma\begin{pmatrix}1&0\\0&-1\end{pmatrix}=\gamma\begin{pmatrix}-1&0\\0&1\end{pmatrix}.$$

$\tau_{\boldsymbol{\lambda},\gamma}(t_2)$ を求めると，$g(\Lambda,2)=2,\ p=h(\Lambda,2)=1,\ q=h(\Lambda,3)=2,$

$$A_{\Lambda,2} = \phi(p,q) = -\sqrt{3}/2,\ B_{\Lambda,2} = -\phi(q,p) = -1/2,$$

$$\therefore \quad \tau_{\boldsymbol{\lambda},\gamma}(t_2) = -\sqrt{3}/2\, Y_2^\gamma - 1/2\, Y_1^\gamma = \gamma \begin{pmatrix} -1/2 & -\sqrt{3}/2 \\ -\sqrt{3}/2 & 1/2 \end{pmatrix}.$$

ゆえに，
$$\tau_{\boldsymbol{\lambda},\gamma}(t_1) = \gamma \begin{pmatrix} -1 & 0 \\ 0 & 1 \end{pmatrix}, \quad \tau_{\boldsymbol{\lambda},\gamma}(t_2) = \gamma \begin{pmatrix} -1/2 & -\sqrt{3}/2 \\ -\sqrt{3}/2 & 1/2 \end{pmatrix}.$$

他方，$\widetilde{\mathfrak{S}}_3 \cong Z_1 \times \mathfrak{S}_3$ における $\mathfrak{S}_3$ 部分に対する表現は

$$\text{Young 図形} \qquad D_{\boldsymbol{\nu}} = \begin{array}{|c|c|} \hline & \\ \hline & \multicolumn{1}{c}{} \\ \cline{1-1} \end{array} \qquad ({}^t\boldsymbol{\nu} = \boldsymbol{\nu}),$$

に対応する．これを $\pi_{\boldsymbol{\nu}}$ と書くと，${}^t\boldsymbol{\nu} = \boldsymbol{\nu}$ が示す通り $\mathrm{sgn} \cdot \pi_{\boldsymbol{\nu}} \cong \pi_{\boldsymbol{\nu}}$（$\pi_{\boldsymbol{\nu}}$ は自己同伴）である．したがって， $\tau_{\boldsymbol{\lambda},\gamma} \cong \mathrm{sgn}_{Z_1} \boxtimes \pi_{\boldsymbol{\nu}}$.

●● $\boldsymbol{\lambda} = (2,1) \in SP_3$ **の場合.**

このとき，標準的シフト盤は単一で，$\mathscr{S}_{\boldsymbol{\lambda}}$ は，$\Lambda = \begin{array}{|c|c|} \hline 1 & 2 \\ \hline \multicolumn{1}{c|}{} & 3 \\ \cline{2-2} \end{array}$ からなる．

$m(\boldsymbol{\lambda}) = [(3-2)/2] = 0,\ 2^0 = 1 = \dim W_{\boldsymbol{\lambda},\gamma},$

$\dim U_{\boldsymbol{\lambda}} = 1$ なので，表現空間 $V_{\boldsymbol{\lambda},\gamma} = W_{\boldsymbol{\lambda},\gamma} \otimes U_{\boldsymbol{\lambda}}$ の次元は 1.

$\tau_{\boldsymbol{\lambda},\gamma}(t_1)$ に対する計算では，

$g(\Lambda,1) = 1,\ p = h(\Lambda,1) = 0,\ q = h(\Lambda,2) = 1,\ C_{\Lambda,1} = \phi(p,q) - \phi(q,p) = -1.$

したがって，$\tau_{\boldsymbol{\lambda},\gamma}(r_1) = \tau_{\boldsymbol{\lambda},\gamma}(t_1) = -\gamma$, と解すべきである．

$\tau_{\boldsymbol{\lambda},\gamma}(t_2)$ に対する計算では，

$g(\Lambda,2) = 1,\ p = h(\Lambda,2) = 1,\ q = h(\Lambda,3) = 0,\ C_{\Lambda,2} = \phi(p,q) - \phi(q,p) = 1.$

したがって，$\tau_{\boldsymbol{\lambda},\gamma}(t_2) = \gamma$ であり，$\tau_{\boldsymbol{\lambda},\gamma}(r_2) = \tau_{\boldsymbol{\lambda},\gamma}(z_1 t_2) = -\gamma$ を得る．

以上の計算により，$\tau_{\boldsymbol{\lambda},\gamma}$ はスピン表現として，$\gamma = -1, 1$ にしたがって，次になる：

$$\mathrm{sgn}_{Z_1} \boxtimes \mathbf{1}_{\mathfrak{S}_3},\ \mathrm{sgn}_{Z_1} \boxtimes \mathrm{sgn}_{\mathfrak{S}_3}.$$

注 8.3.2 上の $\tau_{\boldsymbol{\lambda},\gamma}$ の公式の $\mathfrak{S}_3$ 部分の表現 $\mathbf{1}_{\mathfrak{S}_3}$, $\mathrm{sgn}_{\mathfrak{S}_3}$ に対する（第 **1.3.6** 小節での）Young 図形を用いたパラメーター付けではそれぞれ $\pi_{\boldsymbol{\nu}}$, $\pi_{{}^t\boldsymbol{\nu}}$, ただし，$D_{\boldsymbol{\nu}} = \begin{array}{|c|c|c|} \hline & & \\ \hline \end{array}$, ${}^t\boldsymbol{\nu}$ は $\boldsymbol{\nu}$ の転置，である．

8.3.2 $n = 4$ の場合（$\widetilde{\mathfrak{S}}_4$ のスピン既約表現）

$n = 4$ は Schur 乗法因子群 $\mathfrak{M}(\mathfrak{S}_n)$ が非自明になる最小の n である．

● **$\boldsymbol{\lambda}=(4)\in SP_4$ の場合.**　この場合, 標準的シフト盤は単一で, $\Lambda=\boxed{1}\boxed{2}\boxed{3}\boxed{4}$.
$m(\boldsymbol{\lambda})=[(4-1)/2]=1,\ 2^{m(\boldsymbol{\lambda})}=2=\dim W_{\boldsymbol{\lambda},\gamma},\ \dim U_{\boldsymbol{\lambda}}=1.$

表現 $\tau_{\boldsymbol{\lambda},\gamma}$ は $\gamma=1,-1$ にしたがって, Δ_4', $\mathrm{sgn}\cdot\Delta_4'$ と同値である（例 5.1.1, 例 8.2.1 を参照）. ここに, 行列 $\Delta_4'(z_1)$, $\Delta_4'(r_1)$, $\Delta_4'(r_2)$, $\Delta_4'(r_3)$ はこの順番で,

$$-\begin{pmatrix}1&0\\0&1\end{pmatrix},\quad \begin{pmatrix}0&1\\1&0\end{pmatrix},\quad \begin{pmatrix}0&\frac{-1-\sqrt{3}\,i}{2}\\ \frac{-1+\sqrt{3}\,i}{2}&0\end{pmatrix},\quad \frac{1}{\sqrt{3}}\begin{pmatrix}\sqrt{2}&i\\-i&-\sqrt{2}\end{pmatrix}.$$

● **$\boldsymbol{\lambda}=(3,1)\in SP_4$ の場合.**
この場合, 標準的シフト盤は, $\Lambda_1=\begin{array}{|c|c|c|}\hline 1&2&4\\\hline \multicolumn{1}{c|}{}&3&\multicolumn{1}{c}{}\\\cline{2-2}\end{array}$, $\Lambda_2=\begin{array}{|c|c|c|}\hline 1&2&3\\\hline \multicolumn{1}{c|}{}&4&\multicolumn{1}{c}{}\\\cline{2-2}\end{array}$, の 2 個.
$m(\boldsymbol{\lambda})=[(n-l(\boldsymbol{\lambda}))/2]=[(4-2)/2]=1,\ 2^{m(\boldsymbol{\lambda})}=2=\dim W_{\boldsymbol{\lambda},\gamma}.$
$Y_1^\gamma=\gamma c,\ Y_2^\gamma=\gamma a,\ Y_3^\gamma=\gamma b,$ である.
$\dim U_{\boldsymbol{\lambda}}=2$ で, 表現空間 $V_{\boldsymbol{\lambda},\gamma}=W_{\boldsymbol{\lambda},\gamma}\otimes U_{\boldsymbol{\lambda}}$ の次元は $2\times 2=4$.
$U_{\boldsymbol{\lambda}}=\langle u_\Lambda\,;\,\Lambda\in\mathscr{S}_{\boldsymbol{\lambda}}\rangle_{\boldsymbol{C}}$ の t_k $(k\in\boldsymbol{I}_{n-1})$ に対応する分解 $U_{\boldsymbol{\lambda}}=\bigoplus_{\Lambda\in\mathscr{S}_{\boldsymbol{\lambda}}/s_k}U_{\Lambda,k}$ につき,

場合 $k=1,2$:　$\mathscr{S}_{\boldsymbol{\lambda}}/s_k=\mathscr{S}_{\boldsymbol{\lambda}}$ の 2 個;　場合 $k=3$:　ペア $\{\Lambda_1,\Lambda_2\}$ の 1 個.

- $\pi(t_1),\ k=1$:

Λ_i の番号 i	$\dim U_{\Lambda_i,k}$	$p=h(\Lambda_i,k)$	$q=h(\Lambda_i,k{+}1)$	$p-q$	$\phi(p,q)$	$\phi(q,p)$	$\phi(p,q)-\phi(q,p)$	$\rho(p,q)$	$g(\Lambda_i,k)$
1	1	0	1	-1	-1	0	-1		1
2	1	0	1	-1	-1	0	-1		1

$$\pi(t_1)=\mathrm{diag}(-Y_1^\gamma\otimes 1,-Y_1^\gamma\otimes 1)=\mathrm{diag}(-Y_1^\gamma\otimes E_{\Lambda_1\Lambda_1},-Y_1^\gamma\otimes E_{\Lambda_2\Lambda_2}).$$

- $\pi(t_2),\ k=2$:

Λ_i の番号 i	$\dim U_{\Lambda_i,k}$	$p=h(\Lambda_i,k)$	$q=h(\Lambda_i,k{+}1)$	$p-q$	$\phi(p,q)$	$\phi(q,p)$	$\phi(p,q)-\phi(q,p)$	$\rho(p,q)$	$g(\Lambda_i,k)$
1	1	1	0	1	0	-1	1		1
2	1	1	2	-1	$-\sqrt{3}/2$	$1/2$			2

$$\pi(t_2)=\mathrm{diag}\Big(Y_1^\gamma\otimes E_{\Lambda_1\Lambda_1},\,(-\sqrt{3}/2\,Y_2^\gamma-1/2\,Y_1^\gamma)\otimes E_{\Lambda_2\Lambda_2}\Big).$$

• $\pi(t_3)$, $k=3$: $\mathscr{S}_{\boldsymbol{\lambda}}/s_3$ は $\{\Lambda_1,\Lambda_2\}$.

Λ_i の番号 i	dim $U_{\Lambda_i,k}$	$p=h(\Lambda_i,k)$	$q=h(\Lambda_i,k+1)$	$p-q$	$\phi(p,q)$	$\phi(q,p)$	$\phi(p,q)-\phi(q,p)$	$\rho(p,q)$	$g(\Lambda_i,k)$
1	2	0	2	-2	$-\sqrt{3}/3$	0	$-\sqrt{3}/3$	$\sqrt{3}/3$	2
2	2	2	0	2	0	$-\sqrt{3}/3$	$\sqrt{3}/3$	$\sqrt{3}/3$	2

$$C_{\Lambda_1,3}=\begin{pmatrix}-\sqrt{3}/3 & \sqrt{6}/3\\ \sqrt{6}/3 & \sqrt{3}/3\end{pmatrix}=\begin{pmatrix}-\sqrt{3}/3\,E_{\Lambda_1\Lambda_1} & \sqrt{6}/3\,E_{\Lambda_1\Lambda_2}\\ \sqrt{6}/3\,E_{\Lambda_2\Lambda_1} & \sqrt{3}/3\,E_{\Lambda_2\Lambda_2}\end{pmatrix},$$

$$\pi(t_3)=Y_2^{\gamma}\otimes C_{\Lambda_1,3}.$$

したがって，この 4 次元スピン既約表現の t_1,t_2,t_3 に対する行列表示はこの順番で

$$\gamma c\otimes\begin{pmatrix}-1 & 0\\ 0 & -1\end{pmatrix},\ \gamma a\otimes\begin{pmatrix}0 & 0\\ 0 & -\sqrt{3}/2\end{pmatrix}+\gamma c\otimes\begin{pmatrix}1 & 0\\ 0 & -1/2\end{pmatrix},\ \gamma a\otimes\begin{pmatrix}-\sqrt{3}/3 & \sqrt{6}/3\\ \sqrt{6}/3 & \sqrt{3}/3\end{pmatrix},$$

で与えられているのだが，(8.1.12) 式にしたがって，これを 4×4 型行列に書き直すと次のようになる： $\pi:=\tau_{\boldsymbol{\lambda},\gamma}$ とおくと， $\pi(t_1)=\gamma\,\mathrm{diag}(-1,-1,1,1)$,

$$\pi(t_2)=\gamma\begin{pmatrix}1 & 0 & 0 & 0\\ 0 & -1/2 & 0 & -\sqrt{3}/2\\ 0 & 0 & -1 & 0\\ 0 & -\sqrt{3}/2 & 0 & 1/2\end{pmatrix},\ \pi(t_3)=\gamma\begin{pmatrix}0 & 0 & -\sqrt{3}/3 & \sqrt{6}/3\\ 0 & 0 & \sqrt{6}/3 & \sqrt{3}/3\\ -\sqrt{3}/3 & \sqrt{6}/3 & 0 & 0\\ \sqrt{6}/3 & \sqrt{3}/3 & 0 & 0\end{pmatrix}.$$

なお，第 **8.10** 節の結果に依れば，$\tau_{\boldsymbol{\lambda},1}$ は自己同伴であり，$\tau_{\boldsymbol{\lambda},-1}\cong\tau_{\boldsymbol{\lambda},1}$.

問題 8.3.1 (i) $n=4$, $\boldsymbol{\lambda}=(4)$, に対する上の主張を証明せよ.
(ii) $n=4$, $\boldsymbol{\lambda}=(3,1)$, に対する上の結果を導いた計算が正しいことを示せ.

問題 8.3.2 $n=4$, $\boldsymbol{\lambda}=(3,1)$, に対する上の 4×4 型行列 $\pi(t_k)$ $(k\in\boldsymbol{I}_3)$ に対して，基本関係式 (8.2.11)～(8.2.13) を，直接計算によって示せ.

8.4 一般公式の応用 1. $\boldsymbol{\lambda}=(n-1,1)$ の場合（$\widetilde{\mathfrak{S}}_n$ のスピン表現）

n 次対称群 $\mathfrak{S}_n$ $(n\geq 4)$ の表現群 $\widetilde{\mathfrak{S}}_n$ のスピン既約表現のうちで，シフトヤング型 $\boldsymbol{\lambda}$ が最も簡単な $\boldsymbol{\lambda}=(n)\in SP_n$ の場合は，例 8.2.1 で説明した．そこで，ここでは，$\boldsymbol{\lambda}$ が 2 番目に簡単な $\boldsymbol{\lambda}=(n-1,1)\in SP_n$ に対するスピン既約表現の行

列表示を，一般公式 8.2.1 から計算してみよう．

シフトヤング型 $\boldsymbol{\lambda}=(n-1,1)$, $n\geq 4$, に対する標準的シフト盤の集合 $\mathscr{S}_{\boldsymbol{\lambda}}$ は $n-2$ 個の元からなり，それらを図示すると，

$$\Lambda_1=\begin{array}{|c|c|c|c|c|c|}\hline 1&2&4&5&\cdots\cdots&n\\\hline \multicolumn{1}{c|}{}&3&\multicolumn{4}{c}{}\\\cline{2-2}\end{array}\qquad \Lambda_2=\begin{array}{|c|c|c|c|c|c|}\hline 1&2&3&5&\cdots\cdots&n\\\hline \multicolumn{1}{c|}{}&4&\multicolumn{4}{c}{}\\\cline{2-2}\end{array}$$

$$\Lambda_i=\begin{array}{|c|c|c|c|c|c|c|c|}\hline 1&2&3&\cdots&i+1&i+3&\cdots&n\\\hline \multicolumn{1}{c|}{}&i+2&\multicolumn{6}{c}{}\\\cline{2-2}\end{array}\qquad (3\leq i\leq n-4)$$

$$\Lambda_{n-3}=\begin{array}{|c|c|c|c|c|c|c|}\hline 1&2&3&4&\cdots\cdots&n-2&n\\\hline \multicolumn{1}{c|}{}&n-1&\multicolumn{5}{c}{}\\\cline{2-2}\end{array}\qquad (i=n-3)$$

$$\Lambda_{n-2}=\begin{array}{|c|c|c|c|c|c|}\hline 1&2&3&4&\cdots\cdots&n-1\\\hline \multicolumn{1}{c|}{}&n&\multicolumn{4}{c}{}\\\cline{2-2}\end{array}\qquad (i=n-2)$$

$$l(\boldsymbol{\lambda})=2,\ \ m(\boldsymbol{\lambda})=[(n-2)/2],$$

$$n(\boldsymbol{\lambda})=2m(\boldsymbol{\lambda})+1=\begin{cases} n-1, & n\ \text{偶数},\\ n-2, & n\ \text{奇数}.\end{cases}$$

$W_{\boldsymbol{\lambda},\gamma}:=\boldsymbol{C}^{2^{m(\boldsymbol{\lambda})}}$ には，$Y_1^\gamma,Y_2^\gamma,\cdots,Y_{n(\boldsymbol{\lambda})}^\gamma$ が働く．

$V_{\boldsymbol{\lambda},\gamma}=W_{\boldsymbol{\lambda},\gamma}\otimes U_{\boldsymbol{\lambda}}$ で，$\dim V_{\boldsymbol{\lambda},\gamma}=2^{m(\boldsymbol{\lambda})}\times(n-2)$.

$U_{\boldsymbol{\lambda}}=\langle u_\Lambda\,;\,\Lambda\in\mathscr{S}_{\boldsymbol{\lambda}}\rangle$ の s_k $(k\in\boldsymbol{I}_{n-1})$ に対応する分解 $U_{\boldsymbol{\lambda}}=\bigoplus_{\Lambda\in\mathscr{S}_{\boldsymbol{\lambda}}/s_k}U_{\Lambda,k}$ に現れる $\mathscr{S}_{\boldsymbol{\lambda}}/s_k$ は次の通り：

場合　$k=1,2$:　　　$\mathscr{S}_{\boldsymbol{\lambda}}/s_k=\mathscr{S}_{\boldsymbol{\lambda}}$ なので Λ_j の $(n-2)$ 個;

場合　$k=3,\cdots,n-1$:　$\{\Lambda_{k-2},\Lambda_{k-1}\},\Lambda_j$ $(j\neq k-2,k-1)$ の $(n-3)$ 個.

以下で，$\pi=\tau_{\boldsymbol{\lambda},\gamma}$ に必要な $\pi(t_k)$ $(k\in\boldsymbol{I}_{n-1})$ を求める計算を表にしてまとめておく．

- $\pi(t_1)$, $k=1$:

Λ_i の番号 i	dim $U_{\Lambda_i,k}$	$p=h(\Lambda_i,k)$	$q=h(\Lambda_i,k{+}1)$	$p-q$	$\phi(p,q)$	$\phi(q,p)$	$\phi(p,q)-\phi(q,p)$	$g(\Lambda_i,k)$
i	1	0	1	-1	-1	0	-1	1

（表第 1 欄の i は $1\leq i\leq n-2$）

$$\begin{aligned}\pi(t_1)&=\mathrm{diag}(-Y_1^\gamma\otimes 1,-Y_1^\gamma\otimes 1,\cdots\cdots,-Y_1^\gamma\otimes 1)\\&=\mathrm{diag}(-Y_1^\gamma\otimes E_{\Lambda_1\Lambda_1},-Y_1^\gamma\otimes E_{\Lambda_2\Lambda_2},\cdots\cdots,-Y_1^\gamma\otimes E_{\Lambda_{n-2}\Lambda_{n-2}}).\end{aligned}$$

• $\pi(t_2),\ k=2$:

Λ_i の番号 i	dim $U_{\Lambda_i,k}$	$p=h(\Lambda_i,k)$	$q=h(\Lambda_i,k{+}1)$	$p-q$	$\phi(p,q)$	$\phi(q,p)$	$\phi(p,q)-\phi(q,p)$	$g(\Lambda_i,k)$
1	1	1	0	1	0	-1	1	1
i	1	1	2	-1	$-\sqrt{3}/2$	$1/2$		2

（表第 1 欄の i は $2\le i\le n-2$）

$$\pi(t_2)=\mathrm{diag}(Y_1^\gamma\otimes E_{\Lambda_1\Lambda_1},\ (-\sqrt{3}/2\,Y_2^\gamma-1/2\,Y_1^\gamma)\otimes E_{\Lambda_2\Lambda_2},\cdots\cdots,\ (-\sqrt{3}/2\,Y_2^\gamma-1/2\,Y_1^\gamma)\otimes E_{\Lambda_{n-2}\Lambda_{n-2}}).$$

• $\pi(t_3),\ k=3$:

Λ_i の番号 i	dim $U_{\Lambda_i,k}$	$p=h(\Lambda_i,k)$	$q=h(\Lambda_i,k{+}1)$	$p-q$	$\phi(p,q)$	$\phi(q,p)$	$\phi(p,q)-\phi(q,p)$	$\rho(p,q)$	$g(\Lambda_i,k)$
1	2	0	2	-2	$-\sqrt{3}/3$	0	$-\sqrt{3}/3$	$\sqrt{3}/3$	2
2	2	2	0	2	0	$-\sqrt{3}/3$	$\sqrt{3}/3$	$\sqrt{3}/3$	2
i	1	2	3	-1	$-\sqrt{6}/3$	$\sqrt{3}/3$			3

（表第 1 欄の i は $3\le i\le n-2$ で通用する）

$$C_{\Lambda_1,3}=\begin{pmatrix}-\sqrt{3}/3 & \sqrt{2\cdot 3}/3\\ \sqrt{2\cdot 3}/3 & \sqrt{3}/3\end{pmatrix}=\begin{pmatrix}-\sqrt{3}/3\,E_{\Lambda_1\Lambda_1} & \sqrt{6}/3\,E_{\Lambda_1\Lambda_2}\\ \sqrt{6}/3\,E_{\Lambda_2\Lambda_1} & \sqrt{3}/3\,E_{\Lambda_2\Lambda_2}\end{pmatrix},$$

$$\pi(t_3)=\mathrm{diag}(Y_2^\gamma\otimes C_{\Lambda_1,3},\ (-\sqrt{6}/3\,Y_3^\gamma-\sqrt{3}/3\,Y_2^\gamma)\otimes E_{\Lambda_3\Lambda_3},\cdots\cdots,\ (-\sqrt{6}/3\,Y_3^\gamma-\sqrt{3}/3\,Y_2^\gamma)\otimes E_{\Lambda_{n-2}\Lambda_{n-2}}).$$

• $\pi(t_4),\ k=4$:

Λ_i の番号 i	dim $U_{\Lambda_i,k}$	$p=h(\Lambda_i,k)$	$q=h(\Lambda_i,k{+}1)$	$p-q$	$\phi(p,q)$	$\phi(q,p)$	$\phi(p,q)-\phi(q,p)$	$\rho(p,q)$	$g(\Lambda_i,k)$
1	1	2	3	-1	$-\sqrt{6}/3$	$\sqrt{3}/3$			3
2	2	0	3	-3	$-\sqrt{6}/6$	0	$-\sqrt{6}/6$	$\sqrt{15}/6$	3
3	2	3	0	3	0	$-\sqrt{6}/6$	$\sqrt{6}/6$	$\sqrt{15}/6$	3
i	1	3	4	-1	$-\sqrt{10}/4$	$\sqrt{6}/4$			4

（表第 1 欄の i は $4\le i\le n-2$）

$$C_{\Lambda_2,4}=\begin{pmatrix}-\sqrt{6}/6 & \sqrt{2\cdot 15}/6\\ \sqrt{2\cdot 15}/6 & \sqrt{6}/6\end{pmatrix}=\begin{pmatrix}-\sqrt{6}/6\,E_{\Lambda_2\Lambda_2} & \sqrt{30}/6\,E_{\Lambda_2\Lambda_3}\\ \sqrt{30}/6\,E_{\Lambda_3\Lambda_2} & \sqrt{6}/6\,E_{\Lambda_3\Lambda_3}\end{pmatrix},$$

$$\pi(t_4) = \mathrm{diag}((-\sqrt{6}/3\,Y_3^\gamma - \sqrt{3}/3\,Y_2^\gamma)\otimes E_{\Lambda_1\Lambda_1},\ Y_3^\gamma\otimes C_{\Lambda_2,4},$$
$$(-\sqrt{10}/4\,Y_4^\gamma - \sqrt{6}/4\,Y_3^\gamma)\otimes E_{\Lambda_4\Lambda_4},\cdots\cdots,$$
$$(-\sqrt{10}/4\,Y_4^\gamma - \sqrt{6}/4\,Y_3^\gamma)\otimes E_{\Lambda_{n-2}\Lambda_{n-2}}).$$

- $\pi(t_k)$, $5\le k\le n-3$:

$i:$ Λ_i	dim $U_{\Lambda_i,k}$	$p=$ $h(\Lambda_i,k)$	$q=$ $h(\Lambda_i,k{+}1)$	$p-q$	$\phi(p,q)$	$\phi(q,p)$	$\phi(p,q)$ $-\phi(q,p)$	$\rho(p,q)$	$g(\Lambda_i,k)$
i	1	$k-2$	$k-1$	-1	$-\sqrt{\frac{k}{2(k-1)}}$	$\sqrt{\frac{k-2}{2(k-1)}}$			$k-1$
$k-2$	2	0	$k-1$	$-k+1$	$-\sqrt{\frac{2}{k(k-1)}}$	0	$-\sqrt{\frac{2}{k(k-1)}}$	$\sqrt{\frac{(k-2)(k+1)}{2k(k-1)}}$	$k-1$
$k-1$	2	$k-1$	0	$k-1$	0	$-\sqrt{\frac{2}{k(k-1)}}$	$\sqrt{\frac{2}{k(k-1)}}$	$\sqrt{\frac{(k-2)(k+1)}{2k(k-1)}}$	$k-1$
i'	1	$k-1$	k	-1	$-\sqrt{\frac{k+1}{2k}}$	$\sqrt{\frac{k-1}{2k}}$			k

（表第 1 行の i と i' は，$1\le i<k-2$, $k\le i'\le n-2$）

$$C_{\Lambda_{k-2},k} = \begin{pmatrix} -\sqrt{\frac{2}{k(k-1)}}\,E_{\Lambda_{k-2}\Lambda_{k-2}} & \sqrt{\frac{(k-2)(k+1)}{k(k-1)}}\,E_{\Lambda_{k-2}\Lambda_{k-1}} \\ \sqrt{\frac{(k-2)(k+1)}{k(k-1)}}\,E_{\Lambda_{k-1}\Lambda_{k-2}} & \sqrt{\frac{2}{k(k-1)}}\,E_{\Lambda_{k-1}\Lambda_{k-1}} \end{pmatrix},$$

$$\pi(t_k) = \mathrm{diag}\Bigg(\Big(-\sqrt{\tfrac{k}{2(k-1)}}\,Y_{k-1}^\gamma - \sqrt{\tfrac{k-2}{2(k-1)}}\,Y_{k-2}^\gamma\Big)\otimes E_{\Lambda_1\Lambda_1},\ \cdots\cdots,$$
$$\Big(-\sqrt{\tfrac{k}{2(k-1)}}\,Y_{k-1}^\gamma - \sqrt{\tfrac{k-2}{2(k-1)}}\,Y_{k-2}^\gamma\Big)\otimes E_{\Lambda_{k-3}\Lambda_{k-3}},\ Y_{k-1}^\gamma\otimes C_{\Lambda_{k-2},k},$$
$$\Big(-\sqrt{\tfrac{k+1}{2k}}Y_k^\gamma - \sqrt{\tfrac{k-1}{2k}}Y_{k-1}^\gamma\Big)\otimes E_{\Lambda_k\Lambda_k},\ \cdots\cdots,$$
$$\Big(-\sqrt{\tfrac{k+1}{2k}}Y_k^\gamma - \sqrt{\tfrac{k-1}{2k}}Y_{k-1}^\gamma\Big)\otimes E_{\Lambda_{n-2}\Lambda_{n-2}}\Bigg).$$

- $\pi(t_k)$, $k=n-2$:　$g(\Lambda_i,k)=n-3$ $(1\le i\le n-3)$, $g(\Lambda_{n-2},k)=n-2$,

$i:$ Λ_i	dim $U_{\Lambda_i,k}$	p	q	$p-q$	$\phi(p,q)$	$\phi(q,p)$	$\phi(p,q)$ $-\phi(q,p)$	$\rho(p,q)$
i	1	$n-4$	$n-3$	-1	$-\sqrt{\frac{n-2}{2(n-3)}}$	$\sqrt{\frac{n-4}{2(n-3)}}$		
$n-4$	2	0	$n-3$	$-n+3$	$-\sqrt{\frac{2}{(n-3)(n-2)}}$	0	$-\sqrt{\frac{2}{(n-3)(n-2)}}$	$\sqrt{\frac{(n-4)(n-1)}{2(n-3)(n-2)}}$
$n-3$	2	$n-3$	0	$n-3$	0	$-\sqrt{\frac{2}{(n-3)(n-2)}}$	$\sqrt{\frac{2}{(n-3)(n-2)}}$	$\sqrt{\frac{(n-4)(n-1)}{2(n-3)(n-2)}}$
$n-2$	1	$n-3$	$n-2$	-1	$-\sqrt{\frac{n-1}{2(n-2)}}$	$\sqrt{\frac{n-3}{2(n-2)}}$		

$(p=h(\Lambda_i,k),\ q=h(\Lambda_i,k+1)$, 表第 1 欄の i は $1\le i\le n-5)$

$$C_{\Lambda_{n-4},n-2}=\begin{pmatrix} -\sqrt{\frac{2}{(n-3)(n-2)}}\,E_{\Lambda_{n-4}\Lambda_{n-4}} & \sqrt{\frac{(n-4)(n-1)}{(n-3)(n-2)}}\,E_{\Lambda_{n-4}\Lambda_{n-3}} \\ \sqrt{\frac{(n-4)(n-1)}{(n-3)(n-2)}}\,E_{\Lambda_{n-3}\Lambda_{n-4}} & \sqrt{\frac{2}{(n-3)(n-2)}}\,E_{\Lambda_{n-3}\Lambda_{n-3}} \end{pmatrix},$$

$$\pi(t_{n-2})=\mathrm{diag}\Bigg(\Big(-\sqrt{\tfrac{n-2}{2(n-3)}}Y^{\gamma}_{n-3}-\sqrt{\tfrac{n-4}{2(n-3)}}Y^{\gamma}_{n-4}\Big)\otimes E_{\Lambda_1\Lambda_1},\ \cdots\cdots,$$
$$\Big(-\sqrt{\tfrac{n-2}{2(n-3)}}Y^{\gamma}_{n-3}-\sqrt{\tfrac{n-4}{2(n-3)}}Y^{\gamma}_{n-4}\Big)\otimes E_{\Lambda_{n-5}\Lambda_{n-5}},$$
$$Y^{\gamma}_{n-3}\otimes C_{\Lambda_{n-4},n-2},\ \Big(-\sqrt{\tfrac{n-1}{2(n-2)}}\,Y^{\gamma}_{n-2}-\sqrt{\tfrac{n-3}{2(n-2)}}\,Y^{\gamma}_{n-3}\Big)$$
$$\otimes E_{\Lambda_{n-2}\Lambda_{n-2}}\Bigg).$$

- $\pi(t_k),\ k=n-1$: $\quad g(\Lambda_i,k)=n-2\ (\forall i)$,

$i:$ Λ_i	dim $U_{\Lambda_i,k}$	p	q	$p-q$	$\phi(p,q)$	$\phi(q,p)$	$\phi(p,q)$ $-\phi(q,p)$	$\rho(p,q)$
i	1	$n-3$	$n-2$	-1	$-\sqrt{\frac{n-1}{2(n-2)}}$	$\sqrt{\frac{n-3}{2(n-2)}}$		
$n-3$	2	0	$n-2$	$-n+2$	$-\sqrt{\frac{2}{(n-2)(n-1)}}$	0	$-\sqrt{\frac{2}{(n-2)(n-1)}}$	$\sqrt{\frac{(n-3)n}{2(n-2)(n-1)}}$
$n-2$	2	$n-2$	0	$n-2$	0	$-\sqrt{\frac{2}{(n-2)(n-1)}}$	$\sqrt{\frac{2}{(n-2)(n-1)}}$	$\sqrt{\frac{(n-3)n}{2(n-2)(n-1)}}$

($p=h(\Lambda_i,k),\ q=h(\Lambda_i,k+1)$, 表第 1 欄の i は $1\le i\le n-4$)

$$C_{\Lambda_{n-3},n-1}=\begin{pmatrix} -\sqrt{\frac{2}{(n-2)(n-1)}}\,E_{\Lambda_{n-3}\Lambda_{n-3}} & \sqrt{\frac{(n-3)n}{(n-2)(n-1)}}\,E_{\Lambda_{n-3}\Lambda_{n-2}} \\ \sqrt{\frac{(n-3)n}{(n-2)(n-1)}}\,E_{\Lambda_{n-2}\Lambda_{n-3}} & \sqrt{\frac{2}{(n-2)(n-1)}}\,E_{\Lambda_{n-2}\Lambda_{n-2}} \end{pmatrix},$$

$$\pi(t_{n-1})=\mathrm{diag}\Bigg(\Big(-\sqrt{\tfrac{n-1}{2(n-2)}}Y^{\gamma}_{n-2}-\sqrt{\tfrac{n-3}{2(n-2)}}Y^{\gamma}_{n-3}\Big)\otimes E_{\Lambda_1\Lambda_1},\ \cdots\cdots,$$
$$\Big(-\sqrt{\tfrac{n-1}{2(n-2)}}Y^{\gamma}_{n-2}-\sqrt{\tfrac{n-3}{2(n-2)}}Y^{\gamma}_{n-3}\Big)\otimes E_{\Lambda_{n-4}\Lambda_{n-4}},\ Y^{\gamma}_{n-2}\otimes C_{\Lambda_{n-3},n-1}\Bigg).$$

8.5 一般公式の応用 2. $\boldsymbol{\lambda}=(4,2)$ の場合 ($\widetilde{\mathfrak{S}}_6$ のスピン表現)

$\widetilde{\mathfrak{S}}_6$ $(n=6)$ のスピン既約表現で, $\boldsymbol{\lambda}=(4,2)$, $\gamma=\pm1$, の場合を具体的に計算してみよう. $\pi=\tau_{\boldsymbol{\lambda},\gamma}$ とおく. まず, $\mathscr{S}_{\boldsymbol{\lambda}}$ はつぎの 5 個の標準的シフト盤よりなる :

$$\Lambda_1 = \begin{array}{|c|c|c|c|}\hline 1&2&3&4\\ \hline \multicolumn{1}{c|}{}&5&6&\multicolumn{1}{c}{}\\ \cline{2-3}\end{array},\quad \Lambda_2 = \begin{array}{|c|c|c|c|}\hline 1&2&3&5\\ \hline \multicolumn{1}{c|}{}&4&6&\multicolumn{1}{c}{}\\ \cline{2-3}\end{array},\quad \Lambda_3 = \begin{array}{|c|c|c|c|}\hline 1&2&3&6\\ \hline \multicolumn{1}{c|}{}&4&5&\multicolumn{1}{c}{}\\ \cline{2-3}\end{array},$$

$$\Lambda_4 = \begin{array}{|c|c|c|c|}\hline 1&2&4&5\\ \hline \multicolumn{1}{c|}{}&3&6&\multicolumn{1}{c}{}\\ \cline{2-3}\end{array},\quad \Lambda_5 = \begin{array}{|c|c|c|c|}\hline 1&2&4&6\\ \hline \multicolumn{1}{c|}{}&3&5&\multicolumn{1}{c}{}\\ \cline{2-3}\end{array}.$$

$l(\boldsymbol{\lambda}) = 2,\ m(\boldsymbol{\lambda}) = [(6-2)/2] = 2,\ n(\boldsymbol{\lambda}) = 2m(\boldsymbol{\lambda}) + 1 = 5.$

$W_{\boldsymbol{\lambda},\gamma} = \boldsymbol{C}^4$ で，$Y_1^\gamma, Y_2^\gamma, \cdots, Y_5^\gamma$ が働く．

$V_{\boldsymbol{\lambda},\gamma} = W_{\boldsymbol{\lambda},\gamma} \otimes U_{\boldsymbol{\lambda}},\ \dim U_{\boldsymbol{\lambda}} = 5,\ \dim V_{\boldsymbol{\lambda},\gamma} = 4 \cdot 5 = 20.$

$U_{\boldsymbol{\lambda}} = \langle u_\Lambda\,;\, \Lambda \in \mathscr{S}_{\boldsymbol{\lambda}} \rangle_{\boldsymbol{C}}$ の $t_k \in \widetilde{\mathfrak{S}}_6$ $(k \in \boldsymbol{I}_5)$ に対応する分解 $U_{\boldsymbol{\lambda}} = \bigoplus_{\Lambda \in \mathscr{S}_{\boldsymbol{\lambda}}/s_k} U_{\Lambda,k}$

を求めよう．$\mathscr{S}_{\boldsymbol{\lambda}}/s_k$ は，　場合 $k = 1, 2$:　$\mathscr{S}_{\boldsymbol{\lambda}}$ の 5 個；

場合 $k = 3$:　$\Lambda_1,\ \{\Lambda_2, \Lambda_4\},\ \{\Lambda_3, \Lambda_5\}$ の 3 個；
場合 $k = 4$:　$\{\Lambda_1, \Lambda_2\},\ \Lambda_3,\ \Lambda_4,\ \Lambda_5$ の 4 個；
場合 $k = 5$:　$\Lambda_1,\ \{\Lambda_2, \Lambda_3\},\ \{\Lambda_4, \Lambda_5\}$ の 3 個．

8.4 節と同じように，計算結果を表にまとめておくので，読者各自で検証して貰いたい．それが一般公式を使いこなすのに，最もよい練習となるだろう．

- $\pi(t_1),\ k = 1$:　$\mathscr{S}_{\boldsymbol{\lambda}}/s_1 = \mathscr{S}_{\boldsymbol{\lambda}},$

Λ_i の番号 i	dim $U_{\Lambda_i,k}$	$p =$ $h(\Lambda_i, k)$	$q =$ $h(\Lambda_i, k{+}1)$	$p-q$	$\phi(p,q)$	$\phi(q,p)$	$\phi(p,q)$ $-\phi(q,p)$	$\rho(p,q)$	$g(\Lambda_i, k)$
i	1	0	1	-1	-1	0	-1		1

（表第 1 欄の i は $1 \le i \le 5$）

$$\pi(t_1) = \mathrm{diag}(-Y_1^\gamma \otimes 1, -Y_1^\gamma \otimes 1, \cdots, \cdots, -Y_1^\gamma \otimes 1)$$
$$= \mathrm{diag}(-Y_1^\gamma \otimes E_{\Lambda_1\Lambda_1}, -Y_1^\gamma \otimes E_{\Lambda_2\Lambda_2}, \cdots, \cdots, -Y_1^\gamma \otimes E_{\Lambda_5\Lambda_5}).$$

- $\pi(t_2)$, $k=2$: $\mathscr{S}_{\boldsymbol{\lambda}}/s_1=\mathscr{S}_{\boldsymbol{\lambda}}$,

Λ_i の 番号 i	dim $U_{\Lambda_i,k}$	$p=$ $h(\Lambda_i,k)$	$q=$ $h(\Lambda_i,k+1)$	$p-q$	$\phi(p,q)$	$\phi(q,p)$	$\phi(p,q)$ $-\phi(q,p)$	$\rho(p,q)$	$g(\Lambda_i,k)$
1	1	1	2	-1	$-\sqrt{3}/2$	$1/2$			2
2	1	1	2	-1	$-\sqrt{3}/2$	$1/2$			2
3	1	1	2	-1	$-\sqrt{3}/2$	$1/2$			2
4	1	1	0	1	0	-1	1		1
5	1	1	0	1	0	-1	1		1

$$\pi(t_2)=\mathrm{diag}\Big((-\sqrt{3}/2\,Y_2^\gamma-1/2\,Y_1^\gamma)\otimes E_{\Lambda_1\Lambda_1},\ (-\sqrt{3}/2\,Y_2^\gamma-1/2\,Y_1^\gamma)\otimes E_{\Lambda_2\Lambda_2},\ (-\sqrt{3}/2\,Y_2^\gamma-1/2\,Y_1^\gamma)\otimes E_{\Lambda_3\Lambda_3},\ Y_1^\gamma\otimes E_{\Lambda_4\Lambda_4},\ Y_1^\gamma\otimes E_{\Lambda_5\Lambda_5}\Big).$$

- $\pi(t_3)$, $k=3$: $\mathscr{S}_{\boldsymbol{\lambda}}/s_3$ は Λ_1, $\{\Lambda_2,\Lambda_4\}$, $\{\Lambda_3,\Lambda_5\}$.

Λ_i の 番号 i	dim $U_{\Lambda_i,k}$	$p=$ $h(\Lambda_i,k)$	$q=$ $h(\Lambda_i,k+1)$	$p-q$	$\phi(p,q)$	$\phi(q,p)$	$\phi(p,q)$ $-\phi(q,p)$	$\rho(p,q)$	$g(\Lambda_i,k)$
1	1	2	3	-1	$-\sqrt{6}/3$	$\sqrt{3}/3$			3
2	2	2	0	2	0	$-\sqrt{3}/3$	$\sqrt{3}/3$	$\sqrt{3}/3$	2
3	2	2	0	2	0	$-\sqrt{3}/3$	$\sqrt{3}/3$	$\sqrt{3}/3$	2
4	2	0	2	-2	$-\sqrt{3}/3$	0	$-\sqrt{3}/3$	$\sqrt{3}/3$	2
5	2	0	2	-2	$-\sqrt{3}/3$	0	$-\sqrt{3}/3$	$\sqrt{3}/3$	2

$$C_{\Lambda_2,3}=\begin{pmatrix}\sqrt{3}/3\,E_{\Lambda_2\Lambda_2} & \sqrt{6}/3\,E_{\Lambda_2\Lambda_4}\\ \sqrt{6}/3\,E_{\Lambda_4\Lambda_2} & -\sqrt{3}/3\,E_{\Lambda_4\Lambda_4}\end{pmatrix},\quad C_{\Lambda_3,3}=\begin{pmatrix}\sqrt{3}/3\,E_{\Lambda_3\Lambda_3} & \sqrt{6}/3\,E_{\Lambda_3\Lambda_5}\\ \sqrt{6}/3\,E_{\Lambda_5\Lambda_3} & -\sqrt{3}/3\,E_{\Lambda_5\Lambda_5}\end{pmatrix}.$$

$$\pi(t_3)=\mathrm{diag}'\Big((-\sqrt{6}/3\,Y_3^\gamma-\sqrt{3}/3\,Y_2^\gamma)\otimes E_{\Lambda_1\Lambda_1},\ Y_2^\gamma\otimes C_{\Lambda_2,3},\ Y_2^\gamma\otimes C_{\Lambda_3,3}\Big).$$

ここに，$\mathrm{diag}'(\cdots)$ はジグザグ対角行列を表す，(2,4), (3,5), が 2 組のペア．

- $\pi(t_4)$, $k=4$: $\mathscr{S}_{\boldsymbol{\lambda}}/s_4$ は $\{\Lambda_1, \Lambda_2\}$, Λ_3, Λ_4, Λ_5.

Λ_i の番号 i	dim $U_{\Lambda_i,k}$	$p=h(\Lambda_i,k)$	$q=h(\Lambda_i,k{+}1)$	$p-q$	$\phi(p,q)$	$\phi(q,p)$	$\phi(p,q)-\phi(q,p)$	$\rho(p,q)$	$g(\Lambda_i,k)$
1	2	3	0	3	0	$-\sqrt{6}/6$	$\sqrt{6}/6$	$\sqrt{15}/6$	3
2	2	0	3	-3	$-\sqrt{6}/6$	0	$-\sqrt{6}/6$	$\sqrt{15}/6$	3
3	1	0	1	-1	-1	0	-1		3
4	1	2	3	-1	$-\sqrt{6}/3$	$\sqrt{3}/3$			3
5	1	2	1	1	$1/2$	$-\sqrt{3}/2$			3

$$C_{\Lambda_1,4} = \begin{pmatrix} \sqrt{6}/6 & \sqrt{30}/6 \\ \sqrt{30}/6 & -\sqrt{6}/6 \end{pmatrix} = \begin{pmatrix} \sqrt{6}/6\, E_{\Lambda_1\Lambda_1} & \sqrt{30}/6\, E_{\Lambda_1\Lambda_2} \\ \sqrt{30}/6\, E_{\Lambda_2\Lambda_1} & -\sqrt{6}/6\, E_{\Lambda_2\Lambda_2} \end{pmatrix}.$$

$$\pi(t_4) = \mathrm{diag}\Big(Y_3^\gamma \otimes C_{\Lambda_1,4},\ -Y_3^\gamma \otimes E_{\Lambda_3,\Lambda_3},\ (-\sqrt{6}/3\, Y_3^\gamma - \sqrt{3}/3\, Y_2^\gamma)\otimes E_{\Lambda_4\Lambda_4},\ (1/2\, Y_3^\gamma + \sqrt{3}/2\, Y_2^\gamma)\otimes E_{\Lambda_5\Lambda_5}\Big).$$

- $\pi(t_5)$, $k=5$: $\mathscr{S}_{\boldsymbol{\lambda}}/s_5$ は Λ_1, $\{\Lambda_2, \Lambda_3\}$, $\{\Lambda_4, \Lambda_5\}$.

Λ_i の番号 i	dim $U_{\Lambda_i,k}$	$p=h(\Lambda_i,k)$	$q=h(\Lambda_i,k{+}1)$	$p-q$	$\phi(p,q)$	$\phi(q,p)$	$\phi(p,q)-\phi(q,p)$	$\rho(p,q)$	$g(\Lambda_i,k)$
1	1	0	1	-1	-1	0	-1		4
2	2	3	1	2	$1/5$	$-\sqrt{6}/5$		$3/5$	4
3	2	1	3	-2	$-\sqrt{6}/5$	$1/5$		$3/5$	4
4	2	3	1	2	$1/5$	$-\sqrt{6}/5$		$3/5$	4
5	2	1	3	-2	$-\sqrt{6}/5$	$1/5$		$3/5$	4

$$A_{\Lambda_2,5} = A_{\Lambda_4,5} = \begin{pmatrix} 1/5\, E_{\Lambda_i\Lambda_i} & 3/5\, E_{\Lambda_i\Lambda_{i+1}} \\ 3/5\, E_{\Lambda_{i+1}\Lambda_i} & -\sqrt{6}/5\, E_{\Lambda_{i+1}\Lambda_{i+1}} \end{pmatrix},$$

$$B_{\Lambda_2,5} = B_{\Lambda_4,5} = \begin{pmatrix} \sqrt{6}/5\, E_{\Lambda_i\Lambda_i} & 3/5\, E_{\Lambda_i\Lambda_{i+1}} \\ 3/5\, E_{\Lambda_{i+1}\Lambda_i} & -1/5\, E_{\Lambda_{i+1}\Lambda_{i+1}} \end{pmatrix}.$$

$$\pi(t_5) = \mathrm{diag}(-Y_4^\gamma \otimes E_{\Lambda_1\Lambda_1},\ Y_4^\gamma \otimes A_{\Lambda_2,5} + Y_3^\gamma \otimes B_{\Lambda_2,5},\ Y_4^\gamma \otimes A_{\Lambda_4,5} + Y_3^\gamma \otimes B_{\Lambda_4,5}).$$

◆ $\boldsymbol{\lambda}=(4,2)$ に対するまとめ：

$\pi=\tau_{\boldsymbol{\lambda},\gamma}$ とおいて，$\pi(t_k)$ を見易いように行列で書いてみよう．$\pi(t_1), \pi(t_2)$, $\pi(t_3), \pi(t_4), \pi(t_5)$ をこの順番で書くと，

$$Y_1^\gamma \otimes \begin{pmatrix} -1 & 0 & 0 & 0 & 0 \\ 0 & -1 & 0 & 0 & 0 \\ 0 & 0 & -1 & 0 & 0 \\ 0 & 0 & 0 & -1 & 0 \\ 0 & 0 & 0 & 0 & -1 \end{pmatrix},$$

$$Y_2^\gamma \otimes \begin{pmatrix} -\sqrt{3}/2 & 0 & 0 & 0 & 0 \\ 0 & -\sqrt{3}/2 & 0 & 0 & 0 \\ 0 & 0 & -\sqrt{3}/2 & 0 & 0 \\ 0 & 0 & 0 & 0 & 0 \\ 0 & 0 & 0 & 0 & 0 \end{pmatrix} + Y_1^\gamma \otimes \begin{pmatrix} -1/2 & 0 & 0 & 0 & 0 \\ 0 & -1/2 & 0 & 0 & 0 \\ 0 & 0 & -1/2 & 0 & 0 \\ 0 & 0 & 0 & 1 & 0 \\ 0 & 0 & 0 & 0 & 1 \end{pmatrix},$$

$$Y_3^\gamma \otimes \begin{pmatrix} -\sqrt{6}/3 & 0 & 0 & 0 & 0 \\ 0 & 0 & 0 & 0 & 0 \\ 0 & 0 & 0 & 0 & 0 \\ 0 & 0 & 0 & 0 & 0 \\ 0 & 0 & 0 & 0 & 0 \end{pmatrix} + Y_2^\gamma \otimes \begin{pmatrix} -\sqrt{3}/3 & 0 & 0 & 0 & 0 \\ 0 & \sqrt{3}/3 & 0 & \sqrt{6}/3 & 0 \\ 0 & 0 & \sqrt{3}/3 & 0 & \sqrt{6}/3 \\ 0 & \sqrt{6}/3 & 0 & -\sqrt{3}/3 & 0 \\ 0 & 0 & \sqrt{6}/3 & 0 & -\sqrt{3}/3 \end{pmatrix},$$

$$Y_3^\gamma \otimes \begin{pmatrix} \sqrt{6}/6 & \sqrt{30}/6 & 0 & 0 & 0 \\ \sqrt{30}/6 & -\sqrt{6}/6 & 0 & 0 & 0 \\ 0 & 0 & -1 & 0 & 0 \\ 0 & 0 & 0 & -\sqrt{6}/3 & 0 \\ 0 & 0 & 0 & 0 & 1/2 \end{pmatrix} + Y_2^\gamma \otimes \begin{pmatrix} 0 & 0 & 0 & 0 & 0 \\ 0 & 0 & 0 & 0 & 0 \\ 0 & 0 & 0 & 0 & 0 \\ 0 & 0 & 0 & -\sqrt{3}/3 & 0 \\ 0 & 0 & 0 & 0 & \sqrt{3}/2 \end{pmatrix},$$

$$Y_4^\gamma \otimes \begin{pmatrix} -1 & 0 & 0 & 0 & 0 \\ 0 & 1/5 & 3/5 & 0 & 0 \\ 0 & 3/5 & -\sqrt{6}/5 & 0 & 0 \\ 0 & 0 & 0 & 1/5 & 3/5 \\ 0 & 0 & 0 & 3/5 & -\sqrt{6}/5 \end{pmatrix} + Y_3^\gamma \otimes \begin{pmatrix} 0 & 0 & 0 & 0 & 0 \\ 0 & \sqrt{6}/5 & 3/5 & 0 & 0 \\ 0 & 3/5 & -1/5 & 0 & 0 \\ 0 & 0 & 0 & \sqrt{6}/5 & 3/5 \\ 0 & 0 & 0 & 3/5 & -1/5 \end{pmatrix}.$$

8.6　一般公式の応用 3. 表現作用素の積 $\tau_{\boldsymbol{\lambda},\gamma}(t_1)\tau_{\boldsymbol{\lambda},\gamma}(t_2)$ の固有値

$\pi = \tau_{\boldsymbol{\lambda},\gamma}$ とおく．$\pi(t_k)$ は命題 8.2.3 で示されたように，$\pi(t_k)^2 = E$ であるから，その固有値は ± 1 である．そこで，$X = \pi(t_1)\pi(t_2)$ とおいて，これの固有値の分布を問題にする．（π が表現だということが証明されれば $X = \pi(t_1 t_2)$ である．）まず，$X^3 + E = 0$ なので，

$$X^3 + E = (X + E)(X^2 - X + E) = 0, \tag{8.6.1}$$

で固有値（の可能性）は，$-1, -\omega, -\omega^2$ である．ここに $\omega := e^{\pi i/3} = (1 + \sqrt{3}\, i)/2$.

また，$X^2 - X + E$ に，左または右から $X^{-1} = \pi(t_2)\pi(t_1)$ を乗ずると，$\pi(t_1)\pi(t_2) + \pi(t_2)\pi(t_1) - E$ になる．

記号として，$[A, B] := AB - BA$, $[A, B]_+ := AB + BA$ とおくと，計算により，

補題 8.6.1　$\pi(t_k) = \sum_g Y_g^\gamma \otimes A_k^{(g)}$ と書くと，E_0 を $W_{\boldsymbol{\lambda},\gamma}$ 上の単位行列として，

$$[\pi(t_k), \pi(t_{k+1})]_+ = \sum_g E_0 \otimes [A_k^{(g)}, A_{k+1}^{(g)}]_+ + \sum_{g \neq g'} Y_g^\gamma Y_{g'}^\gamma \otimes [A_k^{(g)}, A_{k+1}^{(g')}]. \qquad \square$$

一般に，型 $\boldsymbol{\lambda}$ のシフト盤 Λ での数字 $1, 2, 3$ の配置は，次のどれかである：

$$\text{直型（ちょくがた）}\quad \Lambda = \begin{array}{|c|c|c|c|l} \hline 1 & 2 & 3 & \cdot & \cdots \\ \hline \multicolumn{1}{c|}{} & \cdot & \cdot & \multicolumn{1}{|c}{} & \\ \cline{2-3} \multicolumn{1}{c}{} & \multicolumn{1}{c|}{} & \cdot & \multicolumn{1}{|c}{} & \\ \cline{3-3} \end{array} \qquad \text{曲型（きょくがた）}\quad \Lambda' = \begin{array}{|c|c|c|c|l} \hline 1 & 2 & \cdot & \cdot & \cdots \\ \hline \multicolumn{1}{c|}{} & 3 & \cdot & \multicolumn{1}{|c}{} & \\ \cline{2-3} \multicolumn{1}{c}{} & \multicolumn{1}{c|}{} & \cdot & \multicolumn{1}{|c}{} & \\ \cline{3-3} \end{array} \tag{8.6.2}$$

- **$\pi(t_1)$ について．**　Λ の直型，曲型に関係無く，$U_{\Lambda,1} = \boldsymbol{C}\, u_\Lambda$,
$p = h(\Lambda, 1) = 0$, $q = h(\Lambda, 2) = 1$, $g(\Lambda, 1) = 1$, なので，
$C_{\Lambda,1} = \phi(p, q) - \phi(q, p) = -1$. ゆえに，

$$\pi(t_1) = -Y_1^\gamma \otimes E_{U_{\boldsymbol{\lambda}}} \quad (E_{U_{\boldsymbol{\lambda}}} = U_{\boldsymbol{\lambda}} \text{ 上の単位行列}).$$

- **$\pi(t_2)$ について．**　Λ 直型，曲型に関係無く，$s_2\Lambda \notin \mathscr{S}_{\boldsymbol{\lambda}}$ ゆえ $U_{\Lambda,2} = \boldsymbol{C}\, u_\Lambda$.

Λ 直型の場合：　$p = h(\Lambda, 2) = 1$, $q = h(\Lambda, 3) = 2$, $g(\Lambda, 2) = 2$, なので，

$$A_{\Lambda,2} = \phi(p, q) = -\sqrt{3}/2, \qquad B_{\Lambda,2} = -\phi(q, p) = -1/2.$$

Λ' 曲型の場合：　$p = h(\Lambda', 2) = 1$, $q = h(\Lambda', 3) = 0$, $g(\Lambda', 2) = 1$, なので，

$$C_{\Lambda',2} = \phi(p, q) - \phi(q, p) = 1.$$

$P_{直} := \sum_{\Lambda:直型} E_{\Lambda\Lambda}$, $P_{曲} := \sum_{\Lambda':曲型} E_{\Lambda'\Lambda'}$ とおけば，これらは $U_{\boldsymbol{\lambda}}$ 上の射影を表し，

$E_{U_{\boldsymbol{\lambda}}} = P_{直} + P_{曲}$ で,

$$\pi(t_2) = (\,-\sqrt{3}/2\,Y_2^\gamma - 1/2\,Y_1^\gamma) \otimes P_{直} \,+\, Y_1^\gamma \otimes P_{曲}.$$

上の $\pi(t_1)$, $\pi(t_2)$ の表示式を使って次式を得る：

$$\begin{cases} [\pi(t_1), \pi(t_2)]_+ = E_0 \otimes P_{直} \,-\, 2\,E_0 \otimes P_{曲}, \\ [\pi(t_1), \pi(t_2)] = \sqrt{3}\,(Y_1^\gamma Y_2^\gamma) \otimes P_{直}. \end{cases}$$

これにより，空間 $U_{\boldsymbol{\lambda}}$ の直和分解 $U_{\boldsymbol{\lambda}} = P_{直}(U_{\boldsymbol{\lambda}}) + P_{曲}(U_{\boldsymbol{\lambda}})$ は，$[\pi(t_1), \pi(t_2)]_+$ の固有値 1, -2 に対する固有空間分解を与えることが分かる．さらにこの分解は $X = \pi(t_1)\pi(t_2)$ の作用についても，因数分解 (8.6.1): $X^3 + E = (X + E)(X^2 - X + E) = 0$ に対応して，次のようなきれいな分解を与える．

定理 8.6.2 $\pi = \tau_{\boldsymbol{\lambda},\gamma}$ の表現空間 $V_{\boldsymbol{\lambda},\gamma} = W_{\boldsymbol{\lambda},\gamma} \otimes U_{\boldsymbol{\lambda}}$ の直和分解

$$V_{\boldsymbol{\lambda},\gamma} = W_{\boldsymbol{\lambda},\gamma} \otimes P_{直}(U_{\boldsymbol{\lambda}}) \,+\, W_{\boldsymbol{\lambda},\gamma} \otimes P_{曲}(U_{\boldsymbol{\lambda}})$$

にしたがって，$X = \pi(t_1)\pi(t_2)$ は次のように働く：

$$(X + E)v = 0, \qquad \forall v \in W_{\boldsymbol{\lambda},\gamma} \otimes P_{曲}(U_{\boldsymbol{\lambda}}),$$
$$(X^2 - X + E)v = 0, \qquad \forall v \in W_{\boldsymbol{\lambda},\gamma} \otimes P_{直}(U_{\boldsymbol{\lambda}}).$$

証明 $X + E = (\sqrt{3}/2\,Y_1^\gamma Y_2^\gamma + 3/2\,E_0) \otimes P_{直}$ であるから第 1 式を得る．

$v \in W_{\boldsymbol{\lambda},\gamma} \otimes P_{直}(U_{\boldsymbol{\lambda}})$ に対して，$(\pi(t_1)\pi(t_2) + \pi(t_2)\pi(t_1) - E)v = 0$ である．この式の左から $X = \pi(t_1)\pi(t_2)$ を乗ずると，第 2 式を得る． □

第 **5.1** 節において，$\widetilde{\mathfrak{S}}_n$ の Schur の主表現 Δ'_n を導出するのに，$X' := T_j T_{j+1}$ に対する関係式 ${X'}^2 + X' + E = 0$ を用いたが，それはここでは（生成元を取り替えたので） $X^2 - X + E = 0$ に対応する．いつこの関係式が成立するのかについて，最終的な答が次である．

系 8.6.3 (i) $\pi = \tau_{\boldsymbol{\lambda},\gamma}$ に対し，$X = \pi(t_1)\pi(t_2)$ とおく．全空間 $V_{\boldsymbol{\lambda},\gamma} = W_{\boldsymbol{\lambda},\gamma} \otimes U_{\boldsymbol{\lambda}}$ 上において，$X^2 - X + E = 0$ となるものは，$\boldsymbol{\lambda} = (n) \in SP_n$ に限る．

そのとき，標準的シフト盤は単一で $\Lambda =$ | 1 | 2 | 3 | · | · | n | に限る．したがって，$\dim U_{\boldsymbol{\lambda},\gamma} = 1$ で，$V_{\boldsymbol{\lambda},\gamma} \cong W_{\boldsymbol{\lambda},\gamma}$ である．

(ii) $\pi = \tau_{(n),\gamma}$, $\gamma = \pm 1$ に対して，n が奇数のとき，$\tau_{(n),\gamma} \cong \Delta'_n$；$n$ が偶数のとき，$\gamma(-1)^{n/2} = 1, -1$ にしたがって，$\tau_{(n),\gamma} \cong \Delta'_n$ または，$\cong \mathrm{sgn} \cdot \Delta'_n$.

このとき，$k \in \boldsymbol{I}_{n-2}$ に対し，$X = \pi(t_k)\pi(t_{k+1})$, $\pi = \tau_{(n),\gamma}$, とおけば，$X^2 - X + E = 0$ を満たす．

証明 (ii) については，第 **5.1** 節および例 8.2.1（命題 8.2.5）を参照せよ．□

8.7　一般公式 (定理 8.2.6) の証明

記号として，2 つの単純互換 s_k, $s_{k'}$ に対し，それらが生成する群を $\langle s_k, s_{k'}\rangle$ とし，$\Lambda \in \mathscr{S}_{\boldsymbol{\lambda}}$ に対して，$U_{\boldsymbol{\lambda}}$ の部分空間を次のように決める：

(8.7.1)
$$U_{\Lambda,k,k'} := \langle u_{s\Lambda}\ ;\ s\Lambda \in \mathscr{S}_{\boldsymbol{\lambda}},\ s \in \langle s_k, s_{k'}\rangle\rangle.$$

(I) 等式 (8.2.11) はすでに，命題 8.2.3 により証明されている．

(II) 等式 (8.2.12) を証明する．$\Lambda \in \mathscr{S}_{\boldsymbol{\lambda}}$, $k' > k+1$ とする．

$t_k t_{k'} = z_1 t_{k'} t_k$, $s_k s_{k'} = s_{k'} s_k$, $\langle s_k, s_{k'}\rangle = \{e, s_k, s_{k'}, s_k s_{k'}\}$ である．

$$U_{\Lambda,k,k'} = \begin{cases} U_{\Lambda,k'} \oplus U_{s_k\Lambda,k'}, & s_k\Lambda \in \mathscr{S}_{\boldsymbol{\lambda}} \text{ の場合}, \\ U_{\Lambda,k'}, & s_k\Lambda \notin \mathscr{S}_{\boldsymbol{\lambda}} \text{ の場合}, \end{cases}$$

$p = h(\Lambda, k)$, $q = h(\Lambda, k+1)$, $p' = h(\Lambda, k')$, $q' = h(\Lambda, k'+1)$ とおく．この場合，$U_{\Lambda,k,k'}$ の基底と $U_{\Lambda,k} \otimes U_{\Lambda,k'}$ の基底を同一視することができる．$U_{\Lambda,k}$ 上の（恒等作用素に対応する）単位行列を $E_{\Lambda,k}$ と書く．

（イ）$pq = p'q' = 0$ の場合． $W_{\boldsymbol{\lambda},\gamma} \otimes U_{\Lambda,k,k'}$ 上で，$\pi(t_k)$ と $\pi(t_{k'})$ とはそれぞれ

$$Y^{\gamma}_{g(\Lambda,k)} \otimes [C_{\Lambda,k} \oplus E_{\Lambda,k'}] \quad \text{と} \quad Y^{\gamma}_{g(\Lambda,k')} \otimes [E_{\Lambda,k} \oplus C_{\Lambda,k'}]$$

とで働く．$g(\Lambda, k) < g(\Lambda, k')$（命題 8.1.1 (ii)）なので，$Y^{\gamma}_{g(\Lambda,k)}$, $Y^{\gamma}_{g(\Lambda,k')}$ は歪可換，よって上の 2 つの行列は歪可換である．

（ロ）$pq \neq 0, p'q' = 0$ の場合． $pq \neq 0$ なので，$k, k+1$ 両方とも対角線上にはない．ゆえに，$g(\Lambda, k) = g(\Lambda, k-1) + 1 = g(\Lambda, k-2) + 2$. 他方，$p'q' = 0$ なので，$k', k'+1$ のうち，どちらか一方だけは対角線上にある．したがって $g(\Lambda, k') = g(\Lambda, k'-2) + 1$. $k' - 2 \geq k$ なので，$g(\Lambda, k') \geq g(\Lambda, k) + 1$, ゆえに $g(\Lambda, k') > g(\Lambda, k)$. $\pi(t_k)$ と $\pi(t_{k'})$ とはそれぞれ

$$Y^{\gamma}_{g(\Lambda,k)} \otimes [A_{\Lambda,k} \oplus E_{\Lambda,k'}] + Y^{\gamma}_{g(\Lambda,k)-1} \otimes [B_{\Lambda,k} \oplus E_{\Lambda,k'}], \quad Y^{\gamma}_{g(\Lambda,k')} \otimes [E_{\Lambda,k} \oplus C_{\Lambda,k'}]$$

で働く．これらの行列は歪可換である．

（ハ） $pq = 0,\ p'q' \neq 0$ **の場合．** $k,\ k+1$ の一方だけは対角線上にあるので，$g(\Lambda, k) = g(\Lambda, k-2) + 1$．$k',\ k'+1$ の両方は対角線上にないので，$g(\Lambda, k') = g(\Lambda, k'-2) + 2$. $k' - 2 \geq k$ なので，$g(\Lambda, k') - 2 = g(\Lambda, k'-2) \geq g(\Lambda, k)$. $\therefore\ g(\Lambda, k') - 1 > g(\Lambda, k)$. $W_{\boldsymbol{\lambda},\gamma} \otimes U_{\Lambda,k,k'}$ 上で，$\pi(t_k)$ と $\pi(t_{k'})$ とはそれぞれ

$$Y^{\gamma}_{g(\Lambda,k)} \otimes [C_{\Lambda,k} \oplus E_{\Lambda,k'}], \qquad Y^{\gamma}_{g(\Lambda,k')} \otimes [E_{\Lambda,k} \otimes A_{\Lambda,k'}] + Y^{\gamma}_{g(\Lambda,k')-1} \otimes [E_{\Lambda,k} \otimes B_{\Lambda,k'}]$$

で働く．$g(\Lambda, k) < g(\Lambda, k') - 1$ なので，これらの行列は歪可換である．

（ニ） $pq \neq 0,\ p'q' \neq 0$ **の場合．** $k,\ k+1$ の両方とも対角線上にないので，$g(\Lambda, k) = g(\Lambda, k-2) + 2$．$k',\ k'+1$ の両方とも対角線上にないので，$g(\Lambda, k') = g(\Lambda, k' - 2) + 2$．さらに，$k' - 2 \geq k$ なので，$g(\Lambda, k') - 2 = g(\Lambda, k'-2) \geq g(\Lambda, k)$. $\therefore\ g(\Lambda, k') - 1 > g(\Lambda, k)$. $W_{\boldsymbol{\lambda},\gamma} \otimes U_{\Lambda,k,k'}$ 上で，$\pi(t_k)$ と $\pi(t_{k'})$ とはそれぞれ

$$Y^{\gamma}_{g(\Lambda,k)} \otimes [A_{\Lambda,k} \oplus E_{\Lambda,k'}] + Y^{\gamma}_{g(\Lambda,k)-1} \otimes [B_{\Lambda,k} \oplus E_{\Lambda,k'}] \ \text{と}$$
$$Y^{\gamma}_{g(\Lambda,k')} \otimes [E_{\Lambda,k} \oplus A_{\Lambda,k'}] + Y^{\gamma}_{g(\Lambda,k')-1} \otimes [E_{\Lambda,k} \oplus B_{\Lambda,k'}]$$

とで働く．$g(\Lambda, k) < g(\Lambda, k') - 1$ なので，これらの行列は歪可換である．

(III) 関係式 (8.2.13): $\pi(t_k)\pi(t_{k+1})\pi(t_k) + \pi(t_{k+1})\pi(t_k)\pi(t_{k+1}) = 0$（歪組紐関係式という）の証明の方針を説明する．$\Lambda \in \mathscr{S}_{\boldsymbol{\lambda}}$ に対し，(8.7.1) 式で定義された，$U_{\boldsymbol{\lambda}}$ の部分空間 $U_{\Lambda,k,k+1}$ をとって，この関係式を部分空間 $W_{\boldsymbol{\lambda},\gamma} \otimes U_{\Lambda,k,k+1} (\subset W_{\boldsymbol{\lambda},\gamma} \otimes U_{\boldsymbol{\lambda}} = V_{\boldsymbol{\lambda},\gamma})$ の上で証明すればよい．$k, k{+}1, k{+}2$ の位置関係について調べてみる．それから $U_{\Lambda,k,k+1}$ の基底が得られる．$p = h(\Lambda, k),\ q = h(\Lambda, k{+}1),\ r = h(\lambda, k{+}2)$ と置くと，$|p - q| \geq 1,\ |q - r| \geq 1$.

補題 8.7.1 （i） $|p - q| = 1,\ |q - r| = 1$ とする．Λ における $k,\ k+1,\ k+2$ の配列は

$$\begin{array}{|c|}\hline k \\ \hline k{+}1 \\ \hline k{+}2 \\ \hline \end{array}\,, \quad \begin{array}{|c|c|}\hline k & \cdot \\ \hline k{+}1 & k{+}2 \\ \hline \end{array}\,, \quad \begin{array}{|c|c|c|}\hline k & k{+}1 & k{+}2 \\ \hline \end{array}\,, \quad \begin{array}{cc}\hline \multicolumn{1}{|c|}{k} & \multicolumn{1}{c|}{k{+}1} \\ \hline ? & \multicolumn{1}{|c|}{k{+}2} \\ \cline{2-2} \end{array}\,,$$

のいずれかになる．ただし，疑問符記号 ? の個所は 空白 かもしくは $\boxed{\cdot}$ であることを意味する．したがって，$\dim U_{\Lambda,k,k+1} = 1,\ |p - r| = 2$ または 0.

（ii） $|p - q| = 1,\ |p - r| \leq 1$ とする．$k, k{+}1, k{+}2$ の配列は以下のいずれか：

$$\begin{array}{cc}\hline \multicolumn{1}{|c|}{k} & \multicolumn{1}{c|}{k{+}2} \\ \hline \multicolumn{1}{|c|}{k{+}1} & ? \\ \cline{1-1} \end{array}\,, \quad \begin{array}{cc}\hline \multicolumn{1}{|c|}{k} & \multicolumn{1}{c|}{k{+}1} \\ \hline \multicolumn{1}{|c|}{k{+}2} & ? \\ \cline{1-1} \end{array}\,, \quad \begin{array}{|c|c|}\hline k & \cdot \\ \hline k{+}1 & k{+}2 \\ \hline \end{array}\,, \quad \begin{array}{cc}\hline \multicolumn{1}{|c|}{k} & \multicolumn{1}{c|}{k{+}2} \\ \hline ? & \multicolumn{1}{|c|}{k{+}2} \\ \cline{2-2} \end{array}\,,$$

前方の 2 個については，$s_{k+1}\Lambda \in \mathscr{S}_{\boldsymbol{\lambda}}$ であり，$\dim U_{\Lambda,k,k+1} = 2$, $|q-r| = 2$. 後方の 2 個は (i) で既出.

(iii) $|p-r| \le 1$, $|q-r| = 1$ とする．$k, k+1, k+2$ の配列は以下のいずれか：

$$\begin{array}{|c|c|}\hline \cdot & k \\ \hline k+1 & k+2 \\ \hline\end{array}\,,\quad \begin{array}{|c|c|}\hline \cdot & k+1 \\ \hline k & k+2 \\ \hline\end{array}\,,\quad \begin{array}{|c|c|}\hline k & \cdot \\ \hline k+1 & k+2 \\ \hline\end{array}\,,\quad \begin{array}{c|c|}\cline{1-2} \multicolumn{1}{|c|}{k} & k+2 \\ \hline ? & k+2 \\ \cline{2-2}\end{array}$$

前方の 2 個については，$s_k\Lambda \in \mathscr{S}_{\boldsymbol{\lambda}}$ であり，$\dim U_{\Lambda,k,k+1} = 2$, $|p-q| = 2$. 後方の 2 個は (i) で既出.

(iv) $|p-q| = 1$, かつ $|q-r|, |p-r| \ge 2$ とすると，$\begin{array}{|c|}\hline k \\ \hline k+1 \\ \hline\end{array}$, $\begin{array}{|c|c|}\hline k & k+1 \\ \hline\end{array}$.

$$s_k\Lambda \notin \mathscr{S}_{\boldsymbol{\lambda}},\ s_{k+1}\Lambda,\ s_k s_{k+1}\Lambda \in \mathscr{S}_{\boldsymbol{\lambda}} \text{ であり，} \dim U_{\Lambda,k,k+1} = 3.$$

(v) $|p-r| \le 1$, かつ $|p-q|, |q-r| \ge 2$ とすると，$\begin{array}{|c|}\hline k \\ \hline k+2 \\ \hline\end{array}$, $\begin{array}{|c|c|}\hline k & k+2 \\ \hline\end{array}$, $\begin{array}{c|c|}\cline{1-2} \multicolumn{1}{|c|}{k} & \cdot \\ \hline ? & k+2 \\ \cline{2-2}\end{array}$.

$$s_k\Lambda,\ s_{k+1}\Lambda \in \mathscr{S}_{\boldsymbol{\lambda}} \text{ であり，} \dim U_{\Lambda,k,k+1} = 3.$$

(vi) $|q-r| = 1$, かつ $|p-q|, |p-r| \ge 2$ とすると，$\begin{array}{|c|}\hline k+1 \\ \hline k+2 \\ \hline\end{array}$, $\begin{array}{|c|c|}\hline k+1 & k+2 \\ \hline\end{array}$.

$$s_k\Lambda,\ s_{k+1}s_k\Lambda \in \mathscr{S}_{\boldsymbol{\lambda}} \text{ であり，} \dim U_{\Lambda,k,k+1} = 3.$$

(vii) $|p-q|, |q-r|, |p-r| \ge 2$ とする．このとき，

$$s\Lambda \in \mathscr{S}_{\boldsymbol{\lambda}}\ (\forall s \in \langle s_k, s_{k+1}\rangle) \text{ であり，} \dim U_{\Lambda,k,k+1} = 6.$$

証明 (i) 条件 $|p-q| = 1$ は，k の直下または直右に $k+1$ が接していることを意味する．$|q-r| = 1$ に付いても同様である．(ii) $|p-r| \le 1$ は，k と $k+2$ とが接するか，もしくは同一対角線上にあることを意味する．(iii) 同前.

(iv) $|q-r|, |p-r| \ge 2$ は，k, $k+1$ が $k+2$ に接していないことを意味する. $|p-q| = 1$ と合わせて，$s_{k+1}\Lambda \in \mathscr{S}_{\boldsymbol{\lambda}}$. さらに，$s_k s_{k+1}\Lambda \in \mathscr{S}_{\boldsymbol{\lambda}}$.

(v) $|p-r| \le 1$ は，k, $k+2$ が接しているか，k の直右下に $k+2$ があることを意味する．さらに，残りの条件により，$k+1$ はこれらに接していない．(vi) 略.

(vii) Λ において，k, $k+1$, $k+2$ は互いに接してはいない．その任意の一つを k' とすると，k' の（比較すべき）直上，直左の元は $< k$ であり，直下，直右の元は $> k+2$ である．したがって，Λ で k, $k+1$, $k+2$ を任意に置換した Λ' は相変わらず標準的である，すなわち，$\Lambda' \in \mathscr{S}_{\boldsymbol{\lambda}}$. □

上の補題から見ると，一番一般的な状況は (vii) の場合である．この場合，

$$W_{\boldsymbol{\lambda},\gamma} \otimes U_{\Lambda,k,k+1} = W_{\boldsymbol{\lambda},\gamma} \otimes [U_{\Lambda,k} \oplus U_{s_{k+1}\Lambda,k} \oplus U_{s_{k+1}s_k\Lambda,k}]$$

の上で，$\pi(t_k)$, $\pi(t_{k+1})$ を 6×6 型の行列 $\mathcal{A}$, $\mathcal{B}$, $\mathcal{C}$, $\mathcal{D}$（$U_{\Lambda,k,k+1}$ 上の作用素）を用いて，

$$\pi(t_k) = Y_g \otimes \mathcal{A} + Y_{g-1} \otimes \mathcal{B}, \quad \pi(t_{k+1}) = Y_{g+1} \otimes \mathcal{C} + Y_g \otimes \mathcal{D},$$

と書くと，証明すべき式は，次の 4 式となる：

(8.7.2) $$\mathcal{ACA} + \mathcal{BCB} - \mathcal{CAD} - \mathcal{DAC} = 0,$$

(8.7.3) $$\mathcal{DBD} + \mathcal{CBC} - \mathcal{BDA} - \mathcal{ADB} = 0,$$

(8.7.4) $$\mathcal{ADA} - \mathcal{BDB} + \mathcal{DAD} - \mathcal{CAC} = 0,$$

(8.7.5) $$\mathcal{ACB} - \mathcal{BCA} + \mathcal{CBD} - \mathcal{DBC} = 0.$$

まず，関係式 (8.2.7) 等を用いて，(8.7.2) と (8.7.3) とが同値であることが示される（[Naz, pp.442–443] 参照）．つぎに，関係式 (8.7.2), (8.7.4), (8.7.5) を計算によって示すのだが，その際には，補題 8.2.1 のほかに，ϕ に関する次の等式も用いる：

補題 8.7.2
$$\phi(r,p)\phi(p,q) - \phi(r,p)\phi(r,q) + \phi(q,p)\phi(r,q) = 0,$$
$$\phi(p,r)\phi(q,r) + \phi(r,q)\phi(p,q) + \phi(q,p)\phi(r,p) = 0.$$

補題 8.7.1 の場合分けで，(ｉ)〜(vi) は，ひとなみに「一般の場合 (vii) が退化した場合に過ぎない」として片づける訳にはいかなくて，それぞれに手当が必要である．総じてこれらの計算は初等的で煩雑な上に計算量が多すぎて，完全に述べることは出来ないので，詳しくは原典 [Naz, pp.442–445] に任せよう．最も退化した (ｉ) の場合を下に問題として提出する．

問題 8.7.1 補題 8.7.1 (ｉ) のうち $\boxed{k \,|\, k+1 \,|\, k+2}$. の場合に，歪組紐関係式 (8.2.13) を証明せよ．

ヒント． $p = h(\Lambda, k)$, $q = h(\Lambda, k+1)$, $r = h(\Lambda, k+2)$ とおくと，$q = p+1$, $r = p+2$. $p = 0$ のときだけ，C 型の公式を使い，その他では AB 型の公式を使って，計算する．

問題 8.7.2 補題 8.7.1 (ｉ) のうち，残りの場合に， 歪組紐関係式 (8.2.13) を証明せよ．

問題 8.7.3 補題 8.7.2 の 2 つの等式を証明せよ．

8.8　スピン表現 $\tau_{\boldsymbol{\lambda},\gamma}$ の $\widetilde{\mathfrak{S}}_{n-1}$ への分岐律

8.8.1　記号の準備

前節までの議論で $\widetilde{\mathfrak{S}}_n$ のスピン表現 $\tau_{\boldsymbol{\lambda},\gamma}$ を構成できた訳だが，まだ次のことを示さねばならない：　**(1)** 既約であること，**(2)** 互いの同値・非同値関係，**(3)** すべての既約表現が得られていること．

我々は (3) の事実を，既約表現の集合 $\mathscr{O}_n := \{\tau_{\boldsymbol{\lambda},\gamma}\,;\, \boldsymbol{\lambda} \in SP_n, \gamma = \pm 1\}$ の**完全性**という．(2) の同値関係としては "$\varepsilon(\boldsymbol{\lambda}) = 0$ のとき $\tau_{\boldsymbol{\lambda},-1} \cong \tau_{\boldsymbol{\lambda},1}$". これらのことを示すのに役立てる意味もあって，ここでは $\tau_{\boldsymbol{\lambda},\gamma}$ の部分群 $\widetilde{\mathfrak{S}}_{n-1}$ への制限における分岐律を具体的に決定する．

注 8.8.1　このあと **9.2** 節で導入される記号との連絡を付けておこう．厳格分割 $\boldsymbol{\lambda} \in SP_n$ はシフトヤング図形 $F_{\boldsymbol{\lambda}}$ で表わされる．この表示を使うといろいろの結果が分かり易く記述できる．シフトヤング図形 $F_{\boldsymbol{\lambda}}$ 全体の集合を $\boldsymbol{Y}^{\mathrm{sh}}$，サイズ n の $F_{\boldsymbol{\lambda}}$ の全体を $\boldsymbol{Y}_n^{\mathrm{sh}}$,

$$\mathscr{Y}_n := \boldsymbol{Y}_n^{\mathrm{sh}} \times \{\pm 1\}\ (n \geq 2), \quad \mathscr{Y}_1 := \boldsymbol{Y}_1^{\mathrm{sh}}, \quad \mathscr{Y} := \bigsqcup_{n \geqslant 1} \mathscr{Y}_n \tag{8.8.1}$$

とおく．$\mathscr{Y}_n$ に $\widetilde{\mathfrak{S}}_n$ のスピン双対に相当する次の同値関係 $\sim$ を入れる．$\boldsymbol{\lambda} \in \boldsymbol{Y}_n^{\mathrm{sh}}$ $(n \geq 2)$ に対し，$\tau_{\boldsymbol{\lambda},-1} \cong \tau_{\boldsymbol{\lambda},1}$ のとき，$(\boldsymbol{\lambda},-1) \sim (\boldsymbol{\lambda},1)$ とする．上のスピン既約表現の集合 $\mathscr{O}_n$ に対応するパラメーター空間が $\mathscr{Y}_n$ であるが，以下では叙述の都合上，同値関係 $\sim$ を法としながら（了解事項としながら）議論が進められていく．

$\widetilde{\mathfrak{S}}_{n-1}$ のスピン表現の集合 $\mathscr{O}_{n-1} = \{\tau_{\boldsymbol{\omega},\delta}\,;\,(\boldsymbol{\omega},\delta) \in SP_{n-1} \times \{\pm 1\}\}$ をとり，制限 $\widetilde{\mathfrak{S}}_n \downarrow \widetilde{\mathfrak{S}}_{n-1}$ を $\mathscr{O}_{n-1}$ の元 $\tau_{\boldsymbol{\omega},\delta}$ の直和で書き下す，すなわち，分岐律を具体的に与える．そのために記号をいくつか導入する．$\boldsymbol{\lambda} = (\lambda_1, \lambda_2, \cdots, \lambda_{l(\boldsymbol{\lambda})}) \in SP_n$ のどれかの成分 λ_j を $\lambda_j - 1$ と 1 減じて，$n-1$ の厳格分割 $\boldsymbol{\omega} \in SP_{n-1}$ が得られたときに $\boldsymbol{\lambda} \downarrow \boldsymbol{\omega}$ と書く．これは，シフトヤング図形 $F_{\boldsymbol{\lambda}}$ の第 j 行の右端のボックスを外したときに相変わらずシフトヤング図形 $F_{\boldsymbol{\omega}}$ を得ることを意味する（注 7.3.1, p.228, 参照）．

$(\boldsymbol{\lambda},\gamma)$ から出発して，$\boldsymbol{\lambda} \downarrow \boldsymbol{\omega}$ で，かつ $\delta = \pm 1$ を次のように決める手続きによって得られた $(\boldsymbol{\omega},\delta)$ の集合を $\Gamma_{\boldsymbol{\lambda},\gamma}$ とおく：

(8.8.2) $$\Gamma_{\boldsymbol{\lambda},\gamma} := \{(\boldsymbol{\omega},\delta) \in SP_{n-1} \times \{\pm 1\}\ ;\ \boldsymbol{\lambda} \downarrow \boldsymbol{\omega},\ \delta = \gamma \cdot (\pm 1)^{(\varepsilon(\boldsymbol{\lambda})-1)\varepsilon(\boldsymbol{\omega})}\}.$$

ここで，$(\varepsilon(\boldsymbol{\lambda}) - 1)\varepsilon(\boldsymbol{\omega}) = 1$, すなわち，

$$\begin{cases} n - l(\boldsymbol{\lambda}) \text{ が偶数（このとき，} \tau_{\boldsymbol{\lambda},1} \text{ は自己同伴で } \tau_{\boldsymbol{\lambda},1} \cong \tau_{\boldsymbol{\lambda},-1}\text{），かつ，} \\ (n-1) - l(\boldsymbol{\omega}) \text{ が奇数（このとき，} \tau_{\boldsymbol{\omega},\delta} \text{ は非自己同伴で } \tau_{\boldsymbol{\omega},1} \ncong \tau_{\boldsymbol{\omega},-1}\text{），} \end{cases}$$

のときのみ，$\delta = \pm\gamma$（2 個選択可）となり，直和 $\tau_{\boldsymbol{\omega},1} \oplus \tau_{\boldsymbol{\omega},-1}$ が含まれる．その他のときには，$\delta = \gamma$（一意的に確定）となる．もっとも，$\varepsilon(\boldsymbol{\omega}) = 0$ の場合には，$\tau_{\boldsymbol{\omega},-1} \cong \tau_{\boldsymbol{\omega},1}$ なので，δ にはさほどの意味は無い．この $\Gamma_{\boldsymbol{\lambda},\gamma}$ が $\tau_{\boldsymbol{\lambda},\gamma}$ が分岐した行き先の $\mathscr{O}_{n-1}$ の元を与え，そしてその重複度は 1 である．

注 8.8.1 非スピンの表現の場合の $\mathfrak{S}_n \downarrow \mathfrak{S}_{n-1}$ の分岐律の場合．$\mathfrak{S}_n$ の既約表現 $\pi_{\boldsymbol{\lambda}}$ $(\boldsymbol{\lambda} \in P_n)$ の制限に（$\mathfrak{S}_{n-1}$ の）既約表現 $\pi_{\boldsymbol{\omega}}$ $(\boldsymbol{\omega} \in P_{n-1})$ が現れる必要十分条件は「Young 図形 $D_{\boldsymbol{\lambda}}$ から 1 個のボックスを取り去って Young 図形 $D_{\boldsymbol{\omega}}$ を得る」であった．ここでは，「シフトヤング図形 $F_{\boldsymbol{\lambda}}$ $(\boldsymbol{\lambda} \in SP_n)$ からボックス 1 個を取り去ってシフトヤング図形 $F_{\boldsymbol{\omega}}$ $(\boldsymbol{\omega} \in SP_{n-1})$ を得る」というのは，$\tau_{\boldsymbol{\lambda},\gamma}|_{\widetilde{\mathfrak{S}}_{n-1}} \supset \tau_{\boldsymbol{\omega},\delta}$ の必要条件である（実際，$\varepsilon(\boldsymbol{\lambda})\varepsilon(\boldsymbol{\omega}) = 1$ の場合には，さらに付加条件 $\delta = \gamma$ が必要である．なお，その他の場合には十分条件でもある）．

8.8.2 空間 $V_{\boldsymbol{\lambda},\gamma}$ の直和分解

各 $(\boldsymbol{\omega},\delta) \in \Gamma_{\boldsymbol{\lambda},\gamma}$ に対して，包含写像 $\iota_{\boldsymbol{\omega},\delta} : V_{\boldsymbol{\omega},\delta} = W_{\boldsymbol{\omega},\delta} \otimes U_{\boldsymbol{\omega}} \hookrightarrow V_{\boldsymbol{\lambda},\gamma}$ を定義しよう．$V_{\boldsymbol{\omega},\delta}$ には基底として

(8.8.3) $$\{w_{\boldsymbol{e}} \otimes u_{\Omega}\ ;\ \boldsymbol{e} \in \{1,-1\}^{m(\boldsymbol{\omega})},\ \Omega \in \mathscr{S}_{\boldsymbol{\omega}}\}$$

がある．ここで，$m(\boldsymbol{\omega}) = [\frac{1}{2}(n-1-l(\boldsymbol{\omega})]$ で，$\boldsymbol{e} = (e_1, e_2, \cdots, e_{m(\boldsymbol{\omega})})$ に対し，$w_{\boldsymbol{e}} := w_{e_1} \otimes w_{e_2} \otimes \cdots \otimes w_{e_{m(\boldsymbol{\omega})}}$.

他方，$\boldsymbol{\lambda} \downarrow \boldsymbol{\omega}$ で $\boldsymbol{\omega}$ が $\boldsymbol{\lambda} = (\lambda_i)$ の成分のうち λ_j だけを 1 減じて得られたとする．すなわち，$\omega_i := \lambda_i$ $(\forall i \neq j)$, $\omega_j := \lambda_j - 1$（ただし，$\lambda_j = 1$ のときは，ω_j は存在せず）．標準的シフト盤 $\Lambda \in \mathscr{S}_{\boldsymbol{\lambda}}$ に対し，$h(\Lambda, n) = q \geq 0$, とすると，ボックス $\boxed{n}$ は Λ の長さ $\lambda_j = q+1$ の行（第 j 行）の右端に位置している．この箱を取り去ったものを Ω とすると，$\Omega \in \mathscr{S}_{\boldsymbol{\omega}}$ である．これを $\Lambda \downarrow \Omega$ で表す．このとき，

(8.8.4) $$\mathscr{S}^q_{\boldsymbol{\lambda}} := \{\Lambda \in \mathscr{S}_{\boldsymbol{\lambda}}\ ;\ h(\Lambda, n) = q\},$$

(8.8.5) $$U^q_{\boldsymbol{\lambda}} := \langle u_{\Lambda}\ ;\ \Lambda \in \mathscr{S}^q_{\boldsymbol{\lambda}} \rangle_{\boldsymbol{C}},$$

とおくと，対応 $\mathscr{S}_{\boldsymbol{\lambda}}^q \ni \Lambda \to \Omega \in \mathscr{S}_{\boldsymbol{\omega}}$ は全単射である（下の **8.8.3** 小節の例 8.8.1 では，$q=0,\, n-2$；例 8.8.2 では，$q=1,3$；例 8.8.3 では，$q=0,2,4.$）

定義 8.8.1 ($\iota_{\boldsymbol{\omega},\delta}: V_{\boldsymbol{\omega},\delta} = W_{\boldsymbol{\omega},\delta} \otimes U_{\boldsymbol{\omega}} \hookrightarrow V_{\boldsymbol{\lambda},\gamma}$)

(a) $\varepsilon(\boldsymbol{\lambda})=0,\ \varepsilon(\boldsymbol{\omega})=1$ の場合．　$m(\boldsymbol{\lambda}) = \frac{1}{2}(n-l(\boldsymbol{\lambda})) > m(\boldsymbol{\omega}) = [\frac{1}{2}(n-1-l(\boldsymbol{\omega}))]$. ゆえに $m(\boldsymbol{\omega}) = m(\boldsymbol{\lambda})-1$. そこで，

$$\iota_{\boldsymbol{\omega},\delta}(w_{\boldsymbol{e}} \otimes u_\Omega) := (w_{\boldsymbol{e}} \otimes w_{\gamma\delta}) \otimes u_\Lambda \in W_{\boldsymbol{\lambda},\gamma} \otimes U_{\boldsymbol{\lambda}}^q \tag{8.8.6}$$

とおくと，$\iota_{\boldsymbol{\omega},\delta}$ は $V_{\boldsymbol{\omega},\delta} \to (W_2^{\otimes(m(\boldsymbol{\lambda})-1)} \otimes \boldsymbol{C}\, w_{\gamma\delta}) \otimes U_{\boldsymbol{\lambda}}^q$ の同型写像を与える．したがって，$\iota_{\boldsymbol{\omega},1} \oplus \iota_{\boldsymbol{\omega},-1}: V_{\boldsymbol{\omega},1} \oplus V_{\boldsymbol{\omega},-1} \to W_{\boldsymbol{\lambda},\gamma} \otimes U_{\boldsymbol{\lambda}}^q$ は同型写像である．

(b) $\varepsilon(\boldsymbol{\lambda})=1$ または $\varepsilon(\boldsymbol{\omega})=0$ の場合．　$m(\boldsymbol{\omega}) = m(\boldsymbol{\lambda})$ で，

$$\iota_{\boldsymbol{\omega},\delta}(w_{\boldsymbol{e}} \otimes u_\Omega) := w_{\boldsymbol{e}} \otimes u_\Lambda \in W_{\boldsymbol{\lambda},\gamma} \otimes U_{\boldsymbol{\lambda}}^q \tag{8.8.7}$$

とおくと，$\iota_{\boldsymbol{\omega},\delta}$ は $V_{\boldsymbol{\omega},\delta} \to W_{\boldsymbol{\lambda},\gamma} \otimes U_{\boldsymbol{\lambda}}^q$ の同型写像を与える．

命題 8.8.1　表現空間 $V_{\boldsymbol{\lambda},\gamma}$ は次のように直和分解される：

$$V_{\boldsymbol{\lambda},\gamma} = \bigoplus\nolimits_{(\boldsymbol{\omega},\delta)\in\Gamma_{\boldsymbol{\lambda},\gamma}} \iota_{\boldsymbol{\omega},\delta}(V_{\boldsymbol{\omega},\delta}). \tag{8.8.8}$$

8.8.3　$\tau_{\boldsymbol{\lambda},\gamma}$ の $\widetilde{\mathfrak{S}}_{n-1}$ への分岐律

スピン表現 $\tau_{\boldsymbol{\lambda},\gamma}$ に制限 $\widetilde{\mathfrak{S}}_n \downarrow \widetilde{\mathfrak{S}}_{n-1}$ に対する分岐律は次の定理で与えられる．これは Nazarov の仕事 [Naz] の一つのハイライト[1]であり，表現の分解が具体的かつ自然に表されているところに特色がある．

定理 8.8.2 **($\widetilde{\mathfrak{S}}_n \downarrow \widetilde{\mathfrak{S}}_{n-1}$ の分岐律)**　表現空間 $V_{\boldsymbol{\lambda},\gamma}$ の直和分解 (8.8.8) に沿って表現作用素 $\tau_{\boldsymbol{\lambda},\gamma}(t_k)$ $(k \in \boldsymbol{I}_{n-2})$ は各 $\boldsymbol{\iota}_{\boldsymbol{\omega},\delta}(V_{\boldsymbol{\omega},\delta})$ を不変にし，その上では $\tau_{\boldsymbol{\omega},\delta}(t_k)$ として働く：

$$\tau_{\boldsymbol{\lambda},\gamma}|_{\widetilde{\mathfrak{S}}_{n-1}} \cong \bigoplus\nolimits_{(\boldsymbol{\omega},\delta)\in\Gamma_{\boldsymbol{\lambda},\gamma}} \tau_{\boldsymbol{\omega},\delta}\,.$$

証明　$(\boldsymbol{\omega},\delta) \in \Gamma_{\boldsymbol{\lambda},\gamma},\ \Lambda \in \mathscr{S}_{\boldsymbol{\lambda}},\ \Omega \in \mathscr{S}_{\boldsymbol{\omega}},\ \Lambda \downarrow \Omega$ とする．$k \in \boldsymbol{I}_{n-2}$ に対し，

$$h(\Lambda,k) = h(\Omega,k),\ h(\Lambda,k+1) = h(\Omega,k+1),\ g(\Lambda,k) = g(\Omega,k).$$

---

[1]　$\widetilde{\mathfrak{S}}_n \downarrow \widetilde{\mathfrak{S}}_{n-1}$ の分岐は重複度無しであり，表現空間に $\widetilde{\mathfrak{S}}_n \downarrow \widetilde{\mathfrak{S}}_{n-1} \downarrow \cdots \downarrow \widetilde{\mathfrak{S}}_3 \downarrow \widetilde{\mathfrak{S}}_2$ の分岐に沿う基底をとってユニタリな表現行列を具現化している．この種の基底を論文 [GeZe] に因んで Gelfand-Zetlin 型基底と呼ぶ．

◆ $m(\boldsymbol{\omega}) = m(\boldsymbol{\lambda})$ の場合．このとき，空間は基底の対応 (8.8.7) により，

$$\boldsymbol{\iota}_{\boldsymbol{\omega},\delta}(W_{\boldsymbol{\omega},\delta} \otimes U_{\Omega,k}) = W_{\boldsymbol{\lambda},\gamma} \otimes U_{\Lambda,k},$$

であり，作用 $\tau_{\boldsymbol{\omega},\delta}(t_k)$ と $\tau_{\boldsymbol{\lambda},\gamma}(t_k)$ とは同じ形である．

◆ $m(\boldsymbol{\omega}) = m(\boldsymbol{\lambda}) - 1$ の場合．このとき，空間は基底の対応 (8.8.6) により，

$$\boldsymbol{\iota}_{\boldsymbol{\omega},\delta}(W_{\boldsymbol{\omega},\delta} \otimes U_{\Omega,k}) = (W_2^{\otimes(m(\boldsymbol{\lambda})-1)} \otimes \boldsymbol{C}w_{\delta\gamma}) \otimes U_{\Lambda,k}.$$

他方，下に掲げる表 8.8.1 から見るように，$q = h(\Lambda, n) \neq 0$ で，n は主対角線上にはなく，$g(\Lambda, n-1) = n - l(\boldsymbol{\lambda}) = 2m(\boldsymbol{\lambda})$ 偶である．$k < n-1$ に対しては，$g(\lambda, n-1) > g(\Lambda, k)$. よって，$g(\Lambda, k) \leq 2m(\boldsymbol{\lambda}) - 1 = n(\boldsymbol{\lambda}) - 2$，ただし $n(\boldsymbol{\lambda}) := 2m(\boldsymbol{\lambda}) + 1$. ゆえに，$Y_k^\gamma$ の形は，

$$Y_k^\gamma = \gamma(x_1 \otimes x_2 \otimes \cdots \otimes x_{m(\boldsymbol{\lambda})-1}) \otimes c,$$

ただし $x_j \in \{\varepsilon, a, b, c\}$. したがって，$w = w' \otimes w_\eta \in W_2^{\otimes(m(\boldsymbol{\lambda})-1)} \otimes \boldsymbol{C}w_\eta$ ($\eta = \pm 1$) に対する作用は

$$\begin{aligned} Y_k^\gamma w &= \gamma \cdot (x_1 \otimes x_2 \otimes \cdots \otimes x_{m(\boldsymbol{\lambda})-1})w' \otimes cw_\eta \\ &= \eta\gamma \cdot (x_1 \otimes x_2 \otimes \cdots \otimes x_{m(\boldsymbol{\lambda})-1})w' \otimes w_\eta. \end{aligned}$$

作用 $\tau_{\boldsymbol{\omega},\delta}(t_k)$ と $\tau_{\boldsymbol{\lambda},\gamma}(t_k)$ においては，符号部分 $\eta\gamma$ を除いた $(x_1 \otimes x_2 \otimes \cdots \otimes x_{m(\boldsymbol{\lambda})-1})w'$ は共通なので，トップの符号部分さえ合わせればよい．

ゆえに，$\delta = \eta\gamma$. □

8.8.4 $\boldsymbol{\lambda} \downarrow \boldsymbol{\omega}$, $\Lambda \downarrow \Omega$ ($\Lambda \in \mathscr{S}_{\boldsymbol{\lambda}}$, $\Omega \in \mathscr{S}_{\boldsymbol{\omega}}$) などの相関関係

補題 8.8.3 $\boldsymbol{\lambda} \downarrow \boldsymbol{\omega}$ とする．

(i) $l(\boldsymbol{\omega}) = l(\boldsymbol{\lambda}) - 1$ の場合． $\boldsymbol{\lambda} = (\lambda_1, \cdots, \lambda_{l(\boldsymbol{\lambda})})$ において $\lambda_{l(\boldsymbol{\lambda})} = 1$ で，それを取り去ったのが $\boldsymbol{\omega} = (\lambda_1, \lambda_2, \cdots, \lambda_{l(\boldsymbol{\lambda})-1})$ である．対応 $\Lambda \in \mathscr{S}_{\boldsymbol{\lambda}}^0 \downarrow \Omega \in \mathscr{S}_{\boldsymbol{\omega}}$ は全単射である．$\Lambda \in \mathscr{S}_{\boldsymbol{\lambda}}^0$ は Λ の最下行が $\boxed{n}$ だけよりなることを意味する．このとき，

$$n - l(\boldsymbol{\lambda}) = (n-1) - l(\boldsymbol{\omega}),\ \varepsilon(\boldsymbol{\lambda}) = \varepsilon(\boldsymbol{\omega}),\ m(\boldsymbol{\lambda}) = m(\boldsymbol{\omega}).$$

(ii) $l(\boldsymbol{\omega}) = l(\boldsymbol{\lambda})$ の場合． $\boldsymbol{\lambda} = (\lambda_1, \cdots, \lambda_{l(\boldsymbol{\lambda})})$ において $\lambda_j = q + 1 \geq 2$ を q で置き換えたのが $\boldsymbol{\omega}$ である．$j < l(\boldsymbol{\lambda})$ ならば，$\lambda_j - 1 > \lambda_{j+1}$ でなければならない．対応 $\Lambda \in \mathscr{S}_{\boldsymbol{\lambda}}^q \downarrow \Omega \in \mathscr{S}_{\boldsymbol{\omega}}$ は全単射である．このとき，

$$n - l(\boldsymbol{\lambda}) = ((n-1) - l(\boldsymbol{\omega})) + 1,$$

$$\varepsilon(\boldsymbol{\lambda}) \neq \varepsilon(\boldsymbol{\omega}),\ m(\boldsymbol{\omega}) = \begin{cases} m(\boldsymbol{\lambda}), & \varepsilon(\boldsymbol{\lambda}) = 1 \text{ のとき}, \\ m(\boldsymbol{\lambda}) - 1, & \varepsilon(\boldsymbol{\lambda}) = 0 \text{ のとき}. \end{cases}$$

(iii) $\varepsilon(\boldsymbol{\lambda}) = 0$ かつ $\varepsilon(\boldsymbol{\omega}) = 1 \iff m(\boldsymbol{\omega}) = m(\boldsymbol{\lambda}) - 1$.

証明　(ii) $l(\boldsymbol{\lambda}) = l(\boldsymbol{\omega})$ とすると，$(n-1) - l(\boldsymbol{\omega}) = (n - l(\boldsymbol{\lambda})) - 1$. これは $\varepsilon(\boldsymbol{\lambda}) \neq \varepsilon(\boldsymbol{\omega})$ と同値である．また，

$$m(\boldsymbol{\lambda}) = [\tfrac{1}{2}(n - l(\boldsymbol{\lambda}))],\ m(\boldsymbol{\omega}) = [\tfrac{1}{2}((n-1) - l(\boldsymbol{\omega}))] = [\tfrac{1}{2}(n - l(\boldsymbol{\lambda}) - 1)].$$

ゆえに，　$m(\boldsymbol{\lambda}) \neq m(\boldsymbol{\omega}) \iff n - l(\boldsymbol{\lambda}) \equiv 0 \pmod 2 \iff \varepsilon(\boldsymbol{\lambda}) = 0.$ □

表 8.8.1　$\boldsymbol{\lambda} \downarrow \boldsymbol{\omega}$ の場合分け（付．$\Lambda \in \mathscr{S}^q_{\boldsymbol{\lambda}}$）.

<table>
<tr><th>場合</th><th>$l(\boldsymbol{\omega}), l(\boldsymbol{\lambda})$</th><th colspan="2">$\varepsilon(\boldsymbol{\omega}),\ \varepsilon(\boldsymbol{\lambda})$</th><th>$\delta,\ \gamma$</th><th>$m(\boldsymbol{\omega}), m(\boldsymbol{\lambda})$</th><th>$h(\Lambda, n)$</th><th>コメント ($\Lambda \in \mathscr{S}^q_{\boldsymbol{\lambda}}$)</th></tr>
<tr><td>I</td><td>$l(\boldsymbol{\omega})=$ $l(\boldsymbol{\lambda})-1$</td><td colspan="2">$\varepsilon(\boldsymbol{\omega})=\varepsilon(\boldsymbol{\lambda})=0,1$</td><td>$\delta=\gamma$</td><td rowspan="2">$m(\boldsymbol{\omega})=$ $m(\boldsymbol{\lambda})$</td><td>$q=0$</td><td>Λの最下行は $\boxed{n}$ だけ
$g(\Lambda, n-1)$ 偶奇あり</td></tr>
<tr><td>II</td><td rowspan="2">$l(\boldsymbol{\omega})=$ $l(\boldsymbol{\lambda})$</td><td rowspan="2">$\varepsilon(\boldsymbol{\omega}) \neq$ $\varepsilon(\boldsymbol{\lambda})$</td><td>$\varepsilon(\boldsymbol{\omega})=0$
$\varepsilon(\boldsymbol{\lambda})=1$</td><td>$\delta=\gamma$</td><td rowspan="2">$q \geqslant 1$</td><td>$g(\Lambda, n-1)=n-l(\boldsymbol{\lambda})$
$=2m(\boldsymbol{\lambda})+1$</td></tr>
<tr><td>III</td><td>$\varepsilon(\boldsymbol{\omega})=1$
$\varepsilon(\boldsymbol{\lambda})=0$</td><td>$\delta=\pm\gamma$</td><td>$m(\boldsymbol{\omega})=$ $m(\boldsymbol{\lambda})-1$</td><td>$g(\Lambda, n-1)=2m(\boldsymbol{\lambda})$
$\tau_{\boldsymbol{\lambda},\gamma} \supset \tau_{\boldsymbol{\omega},1} \oplus \tau_{\boldsymbol{\omega},-1}$</td></tr>
</table>

2 つの $\boldsymbol{\lambda} \downarrow \boldsymbol{\omega}, \boldsymbol{\lambda} \downarrow \boldsymbol{\omega}'$ $(\boldsymbol{\omega} \neq \boldsymbol{\omega}')$ に関して，直上の表 8.8.1 の場合分け I, II, III, の組み合わせには，存在できるものとそうでないものがある．これらの「組み合わせ」の存在証明は次の小節の例 8.8.1～8.8.4 による．

表 8.8.2　$\boldsymbol{\lambda} \downarrow \boldsymbol{\omega}, \boldsymbol{\lambda} \downarrow \boldsymbol{\omega}'$ $(\boldsymbol{\omega} \neq \boldsymbol{\omega}')$ の場合の組み合わせ．

存在する	{I, II}, {I, III}, {II, II}, {III, III}
存在せず	{I, I}, {II, III}

8.8.5　具体例の計算

例 8.8.1　$\boldsymbol{\lambda} = (n-1, 1),\ n \geq 4,\ \varepsilon(\boldsymbol{\lambda}) = \begin{cases} 0, & n \text{ 偶のとき}, \\ 1, & n \text{ 奇のとき}, \end{cases}$

$m(\boldsymbol{\lambda}) = [(n-2)/2],\ n' := n-1.$

(1) $\boldsymbol{\omega}=(n-2,1),\ \varepsilon(\boldsymbol{\omega})\neq\varepsilon(\boldsymbol{\lambda}),\ m(\boldsymbol{\omega})=[(n-3)/2]=\begin{cases} m(\boldsymbol{\lambda})-1, & n \text{ 偶数}, \\ m(\boldsymbol{\lambda}), & n \text{ 奇数}, \end{cases}$

$q=n-2,$

$$\Lambda=\begin{array}{|c|c|c|c|c|c|c|}\hline 1&2&4&5&\cdots&n'&n\\\hline \multicolumn{1}{c|}{}&3&\multicolumn{5}{c}{}\\\cline{2-2}\end{array}\in\mathscr{S}_{\boldsymbol{\lambda}}^{q}\ \downarrow\ \Omega=\begin{array}{|c|c|c|c|c|c|}\hline 1&2&4&5&\cdots&n'\\\hline \multicolumn{1}{c|}{}&3&\multicolumn{4}{c}{}\\\cline{2-2}\end{array}\in\mathscr{S}_{\boldsymbol{\omega}}.$$

(2) $\boldsymbol{\omega}'=(n-1),\ \varepsilon(\boldsymbol{\omega}')=\varepsilon(\boldsymbol{\lambda}),\ m(\boldsymbol{\omega}')=[(n-2)/2],\ q=0,$

$$\Lambda=\begin{array}{|c|c|c|c|c|c|}\hline 1&2&3&4&\cdots&n'\\\hline \multicolumn{1}{c|}{}&n&\multicolumn{4}{c}{}\\\cline{2-2}\end{array}\in\mathscr{S}_{\boldsymbol{\lambda}}^{q}\ \downarrow\ \Omega=\begin{array}{|c|c|c|c|c|c|}\hline 1&2&3&4&\cdots&n'\\\hline\end{array}\in\mathscr{S}_{\boldsymbol{\omega}'}.$$

命題 8.8.4　$\boldsymbol{\lambda}=(n-1,1),\ \gamma=\pm1,$ に対して，$\varGamma_{\boldsymbol{\lambda},\gamma}$ は次で与えられる：

n が偶数の場合．　$\varGamma_{\boldsymbol{\lambda},\gamma}=\{(\boldsymbol{\omega},\pm\gamma),\ (\boldsymbol{\omega}',\gamma)\},$

n が奇数の場合．　$\varGamma_{\boldsymbol{\lambda},\gamma}=\{(\boldsymbol{\omega},\gamma),\ (\boldsymbol{\omega}',\gamma)\}.$

例 8.8.2　$\boldsymbol{\lambda}=(4,2)$: $l(\boldsymbol{\lambda})=2,\ \varepsilon(\boldsymbol{\lambda})=0,\ m(\boldsymbol{\lambda})=[(6-2)/2]=2.$

(1) $\boldsymbol{\omega}=(4,1),\ \varepsilon(\boldsymbol{\omega})=1,\ m(\boldsymbol{\omega})=1,\ q=1.$ $\mathscr{S}_{\boldsymbol{\lambda}}^{1}$ の元は次の 3 個：

$$\Lambda_1=\begin{array}{|c|c|c|c|}\hline 1&2&3&4\\\hline \multicolumn{1}{c|}{}&5&6&\multicolumn{1}{c}{}\\\cline{2-3}\end{array},\quad \Lambda_2=\begin{array}{|c|c|c|c|}\hline 1&2&3&5\\\hline \multicolumn{1}{c|}{}&4&6&\multicolumn{1}{c}{}\\\cline{2-3}\end{array},\quad \Lambda_3=\begin{array}{|c|c|c|c|}\hline 1&2&4&5\\\hline \multicolumn{1}{c|}{}&3&6&\multicolumn{1}{c}{}\\\cline{2-3}\end{array}$$

(2) $\boldsymbol{\omega}'=(3,2),\ \varepsilon(\boldsymbol{\omega}')=1,\ m(\boldsymbol{\omega}')=1,\ q=3.$ $\mathscr{S}_{\boldsymbol{\lambda}}^{3}$ の元は次の 2 個：

$$\Lambda_4=\begin{array}{|c|c|c|c|}\hline 1&2&3&6\\\hline \multicolumn{1}{c|}{}&4&5&\multicolumn{1}{c}{}\\\cline{2-3}\end{array},\quad \Lambda_5=\begin{array}{|c|c|c|c|}\hline 1&2&4&6\\\hline \multicolumn{1}{c|}{}&3&5&\multicolumn{1}{c}{}\\\cline{2-3}\end{array}\quad \delta'=\gamma(\pm1)^{(\varepsilon(\boldsymbol{\lambda})-1)\varepsilon(\boldsymbol{\omega}')}=\pm\gamma.$$

命題 8.8.5　$\boldsymbol{\lambda}=(4,2),\ \gamma=\pm1,$ に対して，$\varGamma_{\boldsymbol{\lambda},\gamma}$ は次で与えられる：

$$\varGamma_{\boldsymbol{\lambda},\gamma}=\{(\boldsymbol{\omega},\pm\gamma),\ (\boldsymbol{\omega}',\pm\gamma)\}.$$

例 8.8.3　$n=9,\ \boldsymbol{\lambda}=(5,3,1),\ \varepsilon(\boldsymbol{\lambda})=0,\ m(\boldsymbol{\lambda})=3.$

(1) $\boldsymbol{\omega}=(4,3,1),\ \varepsilon(\boldsymbol{\omega})=1,\ m(\boldsymbol{\omega})=2,\ q=4,$

$$\Lambda=\begin{array}{|c|c|c|c|c|}\hline \cdot&\cdot&\cdot&\cdot&n\\\hline \multicolumn{1}{c|}{}&\cdot&\cdot&\cdot&\multicolumn{1}{c}{}\\\cline{2-4} \multicolumn{2}{c|}{}&\cdot&\multicolumn{2}{c}{}\\\cline{3-3}\end{array}\ \downarrow\ \Omega=\begin{array}{|c|c|c|c|}\hline \cdot&\cdot&\cdot&\cdot\\\hline \multicolumn{1}{c|}{}&\cdot&\cdot&\cdot\\\cline{2-4} \multicolumn{2}{c|}{}&\cdot&\multicolumn{1}{c}{}\\\cline{3-3}\end{array},\ \delta=\gamma(\pm1)^{(\varepsilon(\boldsymbol{\lambda})-1)\varepsilon(\boldsymbol{\omega})}=\pm\gamma,$$

(2) $\boldsymbol{\omega}'=(5,2,1),\ \varepsilon(\boldsymbol{\omega}')=1,\ m(\boldsymbol{\omega}')=2,\ q=2,$

$$\Lambda=\begin{array}{|c|c|c|c|c|}\hline \cdot&\cdot&\cdot&\cdot&\cdot\\\hline \multicolumn{1}{c|}{}&\cdot&\cdot&n&\multicolumn{1}{c}{}\\\cline{2-4} \multicolumn{2}{c|}{}&\cdot&\multicolumn{2}{c}{}\\\cline{3-3}\end{array}\ \downarrow\ \Omega=\begin{array}{|c|c|c|c|c|}\hline \cdot&\cdot&\cdot&\cdot&\cdot\\\hline \multicolumn{1}{c|}{}&\cdot&\cdot&\multicolumn{2}{c}{}\\\cline{2-3} \multicolumn{2}{c|}{}&\cdot&\multicolumn{2}{c}{}\\\cline{3-3}\end{array},\ \delta'=\gamma(\pm1)^{(m(\boldsymbol{\lambda})-1)m(\boldsymbol{\omega}')}=\pm\gamma,$$

(3) $\boldsymbol{\omega}'' = (5,3),\ \varepsilon(\boldsymbol{\omega}'') = 0,\ m(\boldsymbol{\omega}'') = 3,\ q = 0,$

$\Lambda =$ 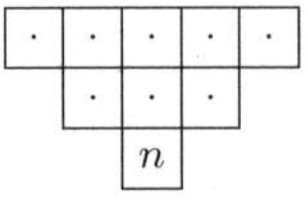 $\downarrow\ \Omega =$  $,\quad \delta'' = \gamma(\pm 1)^{(\varepsilon(\boldsymbol{\lambda})-1)\varepsilon(\boldsymbol{\omega}'')} = \gamma,$

命題 8.8.6　$\boldsymbol{\lambda} = (5,3,1),\ \gamma = \pm 1,$ に対して，

$$\varGamma_{\boldsymbol{\lambda},\gamma} = \{(\boldsymbol{\omega}, \pm\gamma),\ (\boldsymbol{\omega}', \pm\gamma),\ (\boldsymbol{\omega}'', \gamma)\}.$$

例 8.8.4　$\boldsymbol{\lambda} = (5,2,1),\ \varepsilon(\boldsymbol{\lambda}) = 1,\ m(\boldsymbol{\lambda}) = 2.$

(1)　$\boldsymbol{\omega} = (4,2,1),\ \varepsilon(\boldsymbol{\omega}) = 0,\ m(\boldsymbol{\omega}) = 2,\ q = 4,\ \delta = \gamma.$

(2)　$\boldsymbol{\omega}' = (5,2),\ \varepsilon(\boldsymbol{\omega}') = 1,\ m(\boldsymbol{\omega}') = 2,\ q = 0,\ \delta' = \gamma.$

$\therefore\ \ \varGamma_{\boldsymbol{\lambda},\gamma} = \{(\boldsymbol{\omega}, \gamma),\ (\boldsymbol{\omega}', \gamma)\}.$

8.9　スピン表現 $\tau_{\boldsymbol{\lambda},\gamma}$ の既約性について

ここでは，$\tau_{\boldsymbol{\lambda},\gamma}(t_{n-1})$ $(t_{n-1} \notin \widetilde{\mathfrak{S}}_{n-1})$ の作用と $V_{\boldsymbol{\lambda},\gamma}$ の直和分解 (8.8.8), p.268, との関係を調べる．それは表現 $\tau_{\boldsymbol{\lambda},\gamma}$ の既約性を示すために重要なものであり，定理 8.11.1 の証明に使う．

命題 8.9.1　$\widetilde{\mathfrak{S}}_n$ のスピン表現 $\tau_{\boldsymbol{\lambda},\gamma}$ の $\widetilde{\mathfrak{S}}_{n-1}$ への制限に対する直和分解 (8.8.8) に対して，$t_{n-1} \notin \widetilde{\mathfrak{S}}_{n-1}$ に対する 作用素 $\tau_{\boldsymbol{\lambda},\gamma}(t_{n-1})$ は次の部分空間のどれをも不変にしない：

$$\bigoplus_{(\boldsymbol{\omega},\delta)\in\varGamma} \boldsymbol{\iota}_{\boldsymbol{\omega},\delta}(V_{\boldsymbol{\omega},\delta}), \quad \varnothing \neq \varGamma \subsetneq \varGamma_{\boldsymbol{\lambda},\gamma}.$$

証明　$(\boldsymbol{\omega}, \delta) \in \varGamma_{\boldsymbol{\lambda},\gamma} \setminus \varGamma,\ (\boldsymbol{\omega}', \delta') \in \varGamma,$ をとる．これに対して，

(*)　$v \in \boldsymbol{\iota}_{\boldsymbol{\omega},\delta}(V_{\boldsymbol{\omega},\delta})$ で，$\boldsymbol{\iota}_{\boldsymbol{\omega}',\delta'}(V_{\boldsymbol{\omega}',\delta'})$ への射影 $v' = \mathrm{Proj}(\tau_{\boldsymbol{\lambda},\gamma}(t_{n-1})v) \neq 0$,

となる v を与えよう．　$w = w_1^{\otimes(m(\boldsymbol{\lambda})-1)}$ とし，$n-1$ の厳格分割 $\boldsymbol{\omega}, \boldsymbol{\omega}'$ はそれぞれ $\boldsymbol{\lambda} = (\lambda_1, \lambda_2, \cdots, \lambda_{l(\boldsymbol{\lambda})})$ から長さ $s+1, s'+1$ のところから 1 を減じて得られたとする．

場合 1.　$(\boldsymbol{\omega}', \delta') = (\boldsymbol{\omega}, -\delta)$ とする．$m(\boldsymbol{\omega}) = m(\boldsymbol{\lambda}) - 1,\ s = s' \neq 0.$ $u_\Lambda \in U_{\boldsymbol{\lambda}}^q,\ q = h(\Lambda, n),$ をとり，$v = (w \otimes w_{\delta\gamma}) \otimes u_\Lambda \in \iota_{\boldsymbol{\omega},\delta}(V_{\boldsymbol{\omega},\delta})$ とおく．n は主対角線上に無いので $q \neq 0$，しかし $p = h(\Lambda, n-1)$ は 0 も有り得る．$\dim U_{\Lambda,n-1} =$

1, 2 にしたがって，公式 (8.2.5) か (8.2.6) の $A_{\Lambda,n-1}, B_{\Lambda,n-1}, C_{\Lambda,n-1}$ 等を使う．

$g(\Lambda, n-1) = n - l(\boldsymbol{\lambda}) = 2m(\boldsymbol{\lambda})$ なので，$W_{\boldsymbol{\lambda},\gamma} \otimes U_{\Lambda,n-1}$ 上での $\tau_{\boldsymbol{\lambda},\gamma}(t_{n-1})$ は

$$\begin{aligned} &Y^{\gamma}_{g(\Lambda,n-1)} \otimes A_{\Lambda,n-1} + Y^{\gamma}_{g(\Lambda,n-1)-1} \otimes B_{\Lambda,n-1} \\ &\quad = Y^{\gamma}_{2m(\boldsymbol{\lambda})} \otimes A_{\Lambda,n-1} + Y^{\gamma}_{2m(\boldsymbol{\lambda})-1} \otimes B_{\Lambda,n-1} =: T_{(1)} \end{aligned}$$

または，　$Y^{\gamma}_{g(\Lambda,n-1)} \otimes C_{\Lambda,n-1} = Y^{\gamma}_{2m(\boldsymbol{\lambda})} \otimes C_{\Lambda,n-1} =: T_{(2)}$

として現れる．$Y^{\gamma}_{\bullet}$ の具体形を見ると，

$Y^{\gamma}_{2m(\boldsymbol{\lambda})-1} = \gamma \cdot \varepsilon^{\otimes(m(\boldsymbol{\lambda})-2)} \otimes b \otimes c$

(c は $w_{\delta\gamma}$ を固有ベクトルにするので，Proj では 0 に落ちて，効かない)

$Y^{\gamma}_{2m(\boldsymbol{\lambda})} = \gamma \cdot \varepsilon^{\otimes(m(\boldsymbol{\lambda})-2)} \otimes \varepsilon \otimes a$

($a = \left(\begin{smallmatrix} 0 & 1 \\ 1 & 0 \end{smallmatrix}\right)$ は $w_{\pm 1}$ を交換するので，$w_{\delta\gamma} \to w_{-\delta\gamma}$. こちらが Proj に対して効く)

$$A_{\Lambda,n-1} = \begin{pmatrix} \phi(p,q)E_{\Lambda,\Lambda} & \rho(p,q)E_{\Lambda,s_{n-1}\Lambda} \\ \rho(p,q)E_{s_{n-1}\Lambda,\Lambda} & \phi(q,p)E_{s_{n-1}\Lambda,s_{n-1}\Lambda} \end{pmatrix} \text{ で } \phi(p,q) \neq 0;$$

$$C_{\Lambda,n-1} = \begin{pmatrix} (\phi(p,q)-\phi(q,p))E_{\Lambda,\Lambda} & \sqrt{2}\rho(p,q)E_{\Lambda,s_{n-1}\Lambda} \\ \sqrt{2}\rho(p,q)E_{s_{n-1}\Lambda,\Lambda} & (\phi(q,p)-\phi(p,q))E_{s_{n-1}\Lambda,s_{n-1}\Lambda} \end{pmatrix}$$

$T_{(1)}v$ から来るのは，

$$v' = \gamma(w \otimes w_{-\delta\gamma}) \otimes (\phi(p,q)u_{\Lambda} + \rho(p,q)u_{s_{n-1}\Lambda}) \neq 0.$$

$T_{(2)}v$ から来るのは，

$$v' = \gamma(w \otimes w_{-\delta\gamma}) \otimes ((\phi(p,q)-\phi(q,p))u_{\Lambda} + \sqrt{2}\rho(p,q)u_{s_{n-1}\Lambda}).$$

であるが，これが $\neq 0$ であることは，次の補題から分かる．

補題 8.9.2　上の場合，$\phi(p,q) - \phi(q,p) \neq 0$.　　　[証明は背理法による]

場合 2. $\boldsymbol{\omega} \neq \boldsymbol{\omega}'$ とする．シフト盤 $\boldsymbol{\lambda}$ の長さ $s+1$ の行のとんがった右下角のボックス y を取り外したのが $\boldsymbol{\omega}$, 長さ $s'+1$ の行のとんがった右下角のボックス y' を取り外したのが $\boldsymbol{\omega}'$. ゆえに $|s-s'| \geq 2$.

y と y' はともに，とんがった右下角なので，y に数字 n を入れ，y' に $n-1$ を入れて，残りのボックスに適当に $1, 2, \cdots, n-2$ を入れて標準的シフト盤 $\Lambda \in \mathscr{S}_{\boldsymbol{\lambda}}$ が作れる．そこで，$\Lambda' := s_{n-1}\Lambda$ と置けば，$\Lambda' \in \mathscr{S}_{\boldsymbol{\lambda}}$ である．このとき，

$h(\Lambda, n) = s =: q,\ h(\Lambda, n-1) = s' =: p,\ h(\Lambda', n) = p,\ h(\Lambda', n-1) = q,$

$\Lambda \in \mathscr{S}^q_{\boldsymbol{\lambda}} \downarrow \Omega \in \mathscr{S}_{\boldsymbol{\omega}}$, $\Lambda' \in \mathscr{S}^p_{\boldsymbol{\lambda}} \downarrow \Omega' \in \mathscr{S}_{\boldsymbol{\omega}'}$, $U_{\Lambda,n-1} = U_{\Lambda',n-1} = \boldsymbol{C}\,u_\Lambda \oplus \boldsymbol{C}\,u_{\Lambda'}$, $|p-q| \geq 2$ なので，$\rho(p,q) \neq 0$.

以下，**(2-1)**〜**(2-4)** の 4 つの場合に分けるが，表 8.8.1 を参照のこと．$n' := n-1$ とおく．読者の理解を助けるために，4 つの場合の実例を証明終了後に付加しておくので，状況を把握するために証明の途中でも参照有り度し．

(2-1) $m(\boldsymbol{\omega}) = m(\boldsymbol{\omega}') = m(\boldsymbol{\lambda})$:　このとき，$\varepsilon(\boldsymbol{\lambda}) = 1$．実際，表 8.8.1, 8.8.2 において，もし $\boldsymbol{\omega}$ が場合 I であれば，$\boldsymbol{\omega}'$ は場合 II でなければならず，したがって $\varepsilon(\boldsymbol{\lambda}) = 1$. もし両者とも場合 II であれば，これも $\varepsilon(\boldsymbol{\lambda}) = 1$ を与える．そこで，$g(\Lambda, n-1) = n - l(\boldsymbol{\lambda}) = 2m(\boldsymbol{\lambda}) + 1$ 奇，が分かる． $v = (w \otimes w_1) \otimes u_\Lambda \in \boldsymbol{\iota}_{\boldsymbol{\omega},\delta}(V_{\boldsymbol{\omega},\delta})$ をとる．

- $pq = 0$ の場合．$\tau_{\boldsymbol{\lambda},\gamma}$ は $U_{\Lambda,n-1} = \langle u_\Lambda, u_{\Lambda'} \rangle_{\boldsymbol{C}}$ には $C_{\Lambda,n-1}$ で働くので，

$$Y^\gamma_{g(\Lambda,n-1)} \otimes C_{\Lambda,n-1} = Y^\gamma_{2m(\boldsymbol{\lambda})+1} \otimes \begin{pmatrix} \phi(p,q) - \phi(q,p) & \sqrt{2}\,\rho(p,q) \\ \sqrt{2}\,\rho(p,q) & \phi(q,p) - \phi(p,q) \end{pmatrix},$$

$$Y^\gamma_{2m(\boldsymbol{\lambda})+1} = \gamma\varepsilon^{\otimes(m(\boldsymbol{\lambda})-1)} \otimes b, \quad b = \begin{pmatrix} 0 & -i \\ i & 0 \end{pmatrix},$$

$$\therefore v' = \gamma \cdot w \otimes (iw_{-1}) \otimes (\sqrt{2}\rho(p,q) u_{\Lambda'}) \neq 0.$$

- $pq \neq 0$ の場合．　$Y^\gamma_{2m(\boldsymbol{\lambda})+1} \otimes A_{\Lambda,n-1} + Y^\gamma_{2m(\boldsymbol{\lambda})} \otimes B_{\Lambda,n-1}$ が働く．ここで，

$$A_{\Lambda,n-1} = \begin{pmatrix} \phi(p,q) & \rho(p,q) \\ \rho(p,q) & \phi(q,p) \end{pmatrix}, \quad B_{\Lambda,n-1} = \begin{pmatrix} -\phi(q,p) & \rho(p,q) \\ \rho(p,q) & -\phi(p,q) \end{pmatrix},$$

$$Y^\gamma_{2m(\boldsymbol{\lambda})+1} = \gamma\varepsilon^{\otimes(m(\boldsymbol{\lambda})-1)} \otimes b,\ Y^\gamma_{2m(\boldsymbol{\lambda})} = \gamma\varepsilon^{\otimes(m(\boldsymbol{\lambda})-1)} \otimes a,\ \ a = \begin{pmatrix} 0 & 1 \\ 1 & 0 \end{pmatrix},$$

$$\therefore v' = \gamma \cdot (w \otimes w_{-1}) \otimes (\rho(p,q)(i+1) u_{\Lambda'}) \neq 0.$$

(2-2) $m(\boldsymbol{\omega}) = m(\boldsymbol{\lambda}) - 1$, $m(\boldsymbol{\omega}') = m(\boldsymbol{\lambda})$: 表 8.8.1, 8.8.2 より，$\boldsymbol{\lambda} \downarrow \boldsymbol{\omega}$ は場合 III, $\boldsymbol{\lambda} \downarrow \boldsymbol{\omega}'$ は場合 I, である，よって $\varepsilon(\boldsymbol{\lambda}) = 0$, $\varepsilon(\boldsymbol{\omega}) = 1$, $\varepsilon(\boldsymbol{\omega}') = \varepsilon(\boldsymbol{\lambda}) = 0$. したがって，$\Lambda \in \mathscr{S}_{\boldsymbol{\lambda}}$ で，$p = h(\Lambda, n-1) = 0$, $q = h(\Lambda, n) \geq 2$ となるものがある．このとき，

$$\rho(p,q) = \rho(0,q) \neq 0,\ g(\Lambda, n-1) = 2m(\boldsymbol{\lambda}) \text{ 偶}.$$

$$\Lambda \downarrow \Omega \in \mathscr{S}_{\boldsymbol{\omega}} \text{で}, \Lambda' := s_{n-1}\Lambda \in \mathscr{S}_{\boldsymbol{\lambda}} \downarrow \Omega' \in \mathscr{S}_{\boldsymbol{\omega}'}.$$

したがって，$\tau_{\boldsymbol{\lambda},\gamma}(t_{n-1})$ は，次の形で $v = (w \otimes w_{\delta\gamma}) \otimes u_\Lambda \in \boldsymbol{\iota}_{\boldsymbol{\omega},\delta}(V_{\boldsymbol{\omega},\delta})$ に働く：

$(\boldsymbol{\omega},\delta)\to(\boldsymbol{\omega}',\delta')$, $\delta=\pm\gamma$, $\delta'=\gamma$, $pq=0$ だから，$Y^{\gamma}_{2m(\boldsymbol{\lambda})}\otimes C_{\Lambda,n-1}$ が v に働く．ここに，

$$Y^{\gamma}_{2m(\boldsymbol{\lambda})}=\gamma\varepsilon^{\otimes(m(\boldsymbol{\lambda})-1)}\otimes a,\quad a=\begin{pmatrix}0&1\\1&0\end{pmatrix},$$

$$C_{\Lambda,n-1}=\begin{pmatrix}\phi(0,q)E_{\Lambda\Lambda}&\sqrt{2}\,\rho(0,q)E_{\Lambda\Lambda'}\\\sqrt{2}\,\rho(0,q)E_{\Lambda'\Lambda}&-\phi(0,q)E_{\Lambda'\Lambda'}\end{pmatrix}.$$

$$\therefore\quad v'=\gamma\cdot(w\otimes w_{-\gamma\delta})\otimes(\sqrt{2}\,\rho(0,q)u_{\Lambda'})\neq 0.$$

(2-3) $m(\boldsymbol{\omega})=m(\boldsymbol{\lambda})$, $m(\boldsymbol{\omega}')=m(\boldsymbol{\lambda})-1$: 場合 **(2-2)** と類似なので省略する．

(2-4) $m(\boldsymbol{\omega})=m(\boldsymbol{\omega}')=m(\boldsymbol{\lambda})-1$: この場合，$\boldsymbol{\lambda}\downarrow\boldsymbol{\omega}$, $\boldsymbol{\lambda}\downarrow\boldsymbol{\omega}'$ ともに場合 III である．$\varepsilon(\boldsymbol{\lambda})=0$, $\delta=\pm\gamma$, $\delta'=\pm\gamma$. $\Lambda\in\mathscr{S}_{\boldsymbol{\lambda}}$ が存在して，$\Lambda':=s_{n-1}\Lambda$ とおくと，$\Lambda\downarrow\Omega\in\mathscr{S}_{\boldsymbol{\omega}}$, $\Lambda'\downarrow\Omega'\in\mathscr{S}_{\boldsymbol{\omega}'}$ となる． $p=h(\Lambda,n-1)$, $q=h(\Lambda,n)$, $|p-q|\geq 2$, $g(\Lambda,n-1)=n-l(\boldsymbol{\lambda})=2m(\boldsymbol{\lambda})$ 偶． $v=(w\otimes w_{\gamma\delta})\otimes u_{\Lambda}$, $w=w_1^{\otimes(m(\boldsymbol{\lambda})-1)}$ ととる．v に作用するのは，$Y^{\gamma}_{g(\Lambda,n-1)}\otimes A_{\Lambda,n-1}+Y^{\gamma}_{g(\Lambda,n-1)-1}\otimes B_{\Lambda,n-1}$ であり，そこからの成分抽出で v' を求めると，$v'\neq 0$ が分かる（節末の問題 8.9.1）．

以上で，条件 **(*)** を満たす元 v の存在が分かった．　□

例 8.9.1　場合 (2-1)〜(2-4) の実例は次のように与えられる．$n':=n-1$.

- 場合 (2-1): $\boldsymbol{\lambda}=(5,2)$, $\varepsilon(\boldsymbol{\lambda})=1$:

  $\boldsymbol{\omega}=(4,2)$, $\varepsilon(\boldsymbol{\omega})=0$, $\delta=\gamma$,

  $$\Lambda=\begin{array}{|c|c|c|c|c|}\hline \cdot&\cdot&\cdot&\cdot&n\\\hline \end{array}\!\!\begin{array}{c}\\ \end{array}\quad\text{(row 2: }\ \begin{array}{c|c|c|}&\cdot&n'\end{array}\text{)}\ \downarrow\ \Omega=\begin{array}{|c|c|c|c|}\hline \cdot&\cdot&\cdot&\cdot\\\hline \end{array}\quad\text{(row 2: }\ \begin{array}{c|c|c|}&\cdot&n'\end{array}\text{)}$$

  $\boldsymbol{\omega}'=(5,1)$, $\varepsilon(\boldsymbol{\omega}')=0$, $\delta=\gamma$,

  $$\Lambda'=\begin{array}{|c|c|c|c|c|}\hline \cdot&\cdot&\cdot&\cdot&n'\\\hline \end{array}\quad\text{(row 2: }\ \begin{array}{c|c|c|}&\cdot&n\end{array}\text{)}\ \downarrow\ \Omega'=\begin{array}{|c|c|c|c|c|}\hline \cdot&\cdot&\cdot&\cdot&n'\\\hline \end{array}\quad\text{(row 2: }\ \begin{array}{c|c|}&\cdot\end{array}\text{)}$$

- 場合 (2-2): $\boldsymbol{\lambda}=(n-1,1)$: $n=2k+2$ 偶，$\varepsilon(\boldsymbol{\lambda})=0$, $m(\boldsymbol{\lambda})=k$.

  $\boldsymbol{\omega}=(n-2,1)$, $\varepsilon(\boldsymbol{\omega})=1$, $\delta=\gamma(\pm1)^{(\varepsilon(\boldsymbol{\lambda})-1)\varepsilon(\boldsymbol{\omega})}=\pm\gamma$,

  $$\Lambda=\begin{array}{|c|c|c|c|c|}\hline \cdot&\cdot&\cdot&\cdot&n\\\hline \end{array}\quad\text{(row 2: }\ \begin{array}{c|c|c|}&\cdot&n'\end{array}\text{)}\ \downarrow\ \Omega=\begin{array}{|c|c|c|c|}\hline \cdot&\cdot&\cdot&\cdot\\\hline \end{array}\quad\text{(row 2: }\ \begin{array}{c|c|}&n'\end{array}\text{)}$$

  $\boldsymbol{\omega}'=(n-1)$, $\varepsilon(\boldsymbol{\omega}')=0$, $\delta'=\gamma$,

  $$\Lambda'=\begin{array}{|c|c|c|c|c|}\hline \cdot&\cdot&\cdot&\cdot&n\\\hline \end{array}\quad\text{(row 2: }\ \begin{array}{c|c|c|}&\cdot&n'\end{array}\text{)}\ \downarrow\ \Omega'=\begin{array}{|c|c|c|c|}\hline \cdot&\cdot&\cdot&\cdot\\\hline \end{array}\quad\text{(row 2: }\ \begin{array}{c|c|}&n'\end{array}\text{)}.$$

- 場合 (2-3):　$\boldsymbol{\lambda} = (n-1, 1)$:　$n = 2k+2$ 偶,　$\varepsilon(\boldsymbol{\lambda}) = 0$,　$m(\boldsymbol{\lambda}) = k$.

  $\boldsymbol{\omega} = (n-1)$, $\varepsilon(\boldsymbol{\omega}) = 0$, $\delta = \gamma$,

  $$\Lambda = \begin{array}{|c|c|c|c|c|}\hline \cdot & \cdot & \cdot & \cdot & n' \\ \hline & \cdot & n & \multicolumn{2}{c}{} \\ \cline{2-3}\end{array} \downarrow \ \Omega = \begin{array}{|c|c|c|c|c|}\hline \cdot & \cdot & \cdot & \cdot & n' \\ \hline\end{array}\,,$$

  $\boldsymbol{\omega}' = (n-2, 1)$, $\varepsilon(\boldsymbol{\omega}') = 1$, $\delta' = \pm\gamma$,

  $$\Lambda' = \begin{array}{|c|c|c|c|c|}\hline \cdot & \cdot & \cdot & \cdot & n' \\ \hline & \cdot & n & \multicolumn{2}{c}{} \\ \cline{2-3}\end{array} \downarrow \ \Omega' = \begin{array}{|c|c|c|c|c|}\hline \cdot & \cdot & \cdot & \cdot & n' \\ \hline\end{array}\,,$$

- 場合 (2-4):　$\boldsymbol{\lambda} = (5, 3)$, $\varepsilon(\boldsymbol{\lambda}) = 0$:

  $$\boldsymbol{\omega} = (4, 3),\ \varepsilon(\boldsymbol{\omega}) = 1,\ \delta = \pm\gamma, \quad \Lambda = \begin{array}{|c|c|c|c|c|}\hline \cdot & \cdot & \cdot & \cdot & n \\ \hline & \cdot & n' & \multicolumn{2}{c}{} \\ \cline{2-3}\end{array} \downarrow \ \Omega = \begin{array}{|c|c|c|c|}\hline \cdot & \cdot & \cdot & \cdot \\ \hline & n' & \multicolumn{2}{c}{} \\ \cline{2-2}\end{array}\,,$$

  $$\boldsymbol{\omega}' = (5, 2),\ \varepsilon(\boldsymbol{\omega}') = 1,\ \delta = \pm\gamma, \quad \Lambda' = \begin{array}{|c|c|c|c|c|}\hline \cdot & \cdot & \cdot & \cdot & n \\ \hline & \cdot & \cdot & n' & \multicolumn{1}{c}{} \\ \cline{2-4}\end{array} \downarrow \ \Omega' = \begin{array}{|c|c|c|c|}\hline \cdot & \cdot & \cdot & \cdot \\ \hline & \cdot & \cdot & n' \\ \cline{2-4}\end{array}$$

問題 8.9.1　定理 8.9.1 の証明の最終部分 **(2-4)** において，与えられた v に対し，$v' = \mathrm{Proj}(\tau_{\boldsymbol{\lambda},\gamma}(t_{n-1})v) \neq 0$ を示せ.

8.10　2 つの表現 $\tau_{\boldsymbol{\lambda},1}$, $\tau_{\boldsymbol{\lambda},-1}$ の同値・非同値

n の厳格分割 $\boldsymbol{\lambda} = (\lambda_1 > \lambda_2 > \cdots > \lambda_{l(\boldsymbol{\lambda})} > 0) \in SP_n$ をとる.

$$\begin{cases} K_{\boldsymbol{\lambda}} := \boldsymbol{I}_n \setminus \{\lambda_1, \lambda_1+\lambda_2, \cdots, \lambda_1+\cdots+\lambda_{l(\boldsymbol{\lambda})}\}, \\ t_{\boldsymbol{\lambda}} := \prod_{j \in K_{\boldsymbol{\lambda}}} t_j \quad (\text{積は } j \text{ の大小順}), \end{cases} \tag{8.10.1}$$

とおく．$\Phi_{\mathfrak{S}}(t_{\boldsymbol{\lambda}})$ は $\mathfrak{S}_{\boldsymbol{\lambda}}$ の元で丁度長さが，$\lambda_1, \lambda_2, \cdots, \lambda_{l(\boldsymbol{\lambda})}$, の巡回置換の積である.

命題 8.10.1　$n - l(\boldsymbol{\lambda})$ 奇，すなわち，$\varepsilon(\boldsymbol{\lambda}) = 1$, とするとき，

$$\mathrm{tr}(\tau_{\boldsymbol{\lambda},\gamma}(t_{\boldsymbol{\lambda}})) = -\gamma \cdot i^{m(\boldsymbol{\lambda})} \sqrt{\lambda_1\lambda_2\cdots\lambda_{l(\boldsymbol{\lambda})}/2}\,. \tag{8.10.2}$$

証明　表現空間 $V_{\boldsymbol{\lambda},\gamma}$ を以下のように直和分解する：

$$V_{\boldsymbol{\lambda},\gamma} = \bigoplus\nolimits_{\Lambda \in \mathscr{S}_{\boldsymbol{\lambda}}} V_\Lambda, \quad V_\Lambda := W_{\boldsymbol{\lambda},\gamma} \otimes u_\Lambda.$$

そして，V_Λ 上における $\tau_{\boldsymbol{\lambda},\gamma}(t_{\boldsymbol{\lambda}})$ のブロック成分を D_Λ とおくと，

$$\mathrm{tr}(\tau_{\boldsymbol{\lambda},\gamma}(t_{\boldsymbol{\lambda}})) = \sum_{\Lambda\in\mathscr{S}_{\boldsymbol{\lambda}}} \mathrm{tr}(D_\Lambda).$$

自明な標準的シフト盤 $\Lambda_0 \in \mathscr{S}_{\boldsymbol{\lambda}}$ を，$\Lambda_0(i,j) := \lambda_1 + \cdots + \lambda_{i-1} + (j-i+1)$ とし，これを**行**(ぎょう)**シフト盤**という．例えば，

$$n = 10,\ \ \boldsymbol{\lambda} = (5,3,2):\qquad \Lambda_0 = \begin{array}{|c|c|c|c|c|}\hline 1&2&3&4&5\\ \hline \multicolumn{1}{c|}{}&6&7&8&\multicolumn{1}{|c}{}\\ \cline{2-4} \multicolumn{1}{c}{}&\multicolumn{1}{c|}{}&9&10&\multicolumn{1}{|c}{}\\ \cline{3-4}\end{array}$$

以下では，$\mathrm{tr}(D_\Lambda) = 0\ (\Lambda \neq \Lambda_0)$，　$\mathrm{tr}(D_{\Lambda_0}) = (8.10.2)$ の右辺，　を示す．

$k \in K_{\boldsymbol{\lambda}}$ に対し，$D_{\Lambda,k}$ を V_Λ 上における $\tau_{\boldsymbol{\lambda},\gamma}(t_k)$ のブロック成分とおく．$p = h(\Lambda,k)$，$q = h(\Lambda,k{+}1)$，$g := g(\Lambda,k)$ とおくと，$D_{\Lambda,k}$ は，$W_{\boldsymbol{\lambda},\gamma}\otimes u_\Lambda \to W_{\boldsymbol{\lambda},\gamma}\otimes u_\Lambda$ の部分なので，

$pq \neq 0$ のときは，$Y_g^\gamma \otimes A_{\Lambda,k} + Y_{g-1}^\gamma \otimes B_{\Lambda,k}$ の（u_Λ に対する）(1,1)-成分，

$pq = 0$ のときは，$Y_g^\gamma \otimes C_{\Lambda,k}$ の（u_Λ に対する）(1,1)-成分，

$$\therefore\ \ D_{\Lambda,k} = \begin{cases} Y_g^\gamma \otimes \phi(p,q)\ -\ Y_{g-1}^\gamma \otimes \phi(q,p), & pq \neq 0 \text{ のとき}, \\ Y_g^\gamma \otimes (\phi(p,q) - \phi(q,p)), & pq = 0 \text{ のとき}. \end{cases} \tag{8.10.3}$$

他方，$K_{\boldsymbol{\lambda}}$ の部分集合 $\mathscr{K}$ 全体を $\mathscr{K}(\boldsymbol{\lambda})$ とおくと，$\tau_{\boldsymbol{\lambda},\gamma}(t_{\boldsymbol{\lambda}})(W_{\boldsymbol{\lambda},\gamma}\otimes u_\Lambda)$ は次のベクトル空間に含まれる：

$$W_{\boldsymbol{\lambda},\gamma} \otimes \Big\langle u_{\Lambda'}\ ;\ \Lambda' = (\prod_{i\in\mathscr{K}} s_i)\Lambda \in \mathscr{S}_{\boldsymbol{\lambda}},\ \mathscr{K} \in \mathscr{K}(\boldsymbol{\lambda}) \Big\rangle_{\boldsymbol{C}}.$$

任意の $\mathscr{K} \neq \varnothing$ に対し，$\Lambda' \neq \Lambda$，よって，$D_\Lambda = \prod_{k\in K_{\boldsymbol{\lambda}}} D_{\Lambda,k}$．この右辺に (8.10.3) 式を代入して，積を展開すると，

$$D_\Lambda = \sum_{f\in\mathscr{F}_\Lambda} a_f \prod_{k\in K_{\boldsymbol{\lambda}}} Y_{f(k)}^\gamma,$$

ここに，$\mathscr{F}_\Lambda := \{f : K_{\boldsymbol{\lambda}} \to \boldsymbol{I}_{n(\boldsymbol{\lambda})}\,;\, f(k) \le f(k')\ (k < k')$，下の (8.10.4) を満たす$\}$，

(8.10.4)

$$f(k) = \begin{cases} g(\Lambda,k) \text{ または } g(\Lambda,k)-1, & h(\Lambda,k)h(\Lambda,k+1) \neq 0 \text{ のとき}, \\ g(\Lambda,k), & h(\Lambda,k)h(\Lambda,k+1) = 0 \text{ のとき}. \end{cases}$$

他方，$n - l(\boldsymbol{\lambda})$ 奇なので，$|K_{\boldsymbol{\lambda}}| = n - l(\boldsymbol{\lambda}) = 2m(\boldsymbol{\lambda}) + 1 = n(\boldsymbol{\lambda})$．したがって，補題 2.5.2 により，

$$\mathrm{tr}(\prod_{k\in K_{\boldsymbol{\lambda}}} Y_{f(k)}^\gamma) \neq 0 \implies f(K_{\boldsymbol{\lambda}}) = \boldsymbol{I}_{n(\boldsymbol{\lambda})}.$$

これにより，f は唯一つの単調増大写像 f_0 に一致しなければならない．

補題 8.10.2　$f_0 \in \mathscr{F}_\Lambda \iff \Lambda = \Lambda_0$.

補題の証明　Λ_0 に対して，$g(\Lambda_0, 1) = 1, \cdots, g(\Lambda_0, \lambda_1{-}1) = \lambda_1{-}1$, $g(\Lambda_0, \lambda_1) = \lambda_1{-}1, \cdots$, のように，$g(\Lambda_0, k)$ が k とともに増大せず停滞するのは，$k \in \{\lambda_1, \lambda_1{+}\lambda_2, \cdots, \lambda_1{+}\cdots{+}\lambda_{l(\boldsymbol{\lambda})-1}\}$ であり，$k \in K_{\boldsymbol{\lambda}} = \boldsymbol{I}_n \setminus \{\lambda_1, \lambda_1{+}\lambda_2, \cdots, \lambda_1{+}\cdots{+}\lambda_{l(\boldsymbol{\lambda})-1}\}$ では確実に増大している．したがって，$f_0(k) = g(\Lambda_0, k)$ $(k \in K_{\boldsymbol{\lambda}})$．ゆえに $f_0 \in \mathscr{F}_{\Lambda_0}$．

そこで，$\Lambda \neq \Lambda_0$ とする．$k{+}1$ を $\Lambda(i,j) \neq \Lambda_0(i,j)$ となる最小値とする．$k{+}1 = \Lambda_0(i,j)$ ならば，$i < j$ で，$k{+}1 = \Lambda(i{+}1, i{+}1)$（対角要素）でなければならぬ．したがって，$g(\Lambda, k) = g(\Lambda_0, k) - 1$ かつ $k = \Lambda_0(i, j-1) \in K_{\boldsymbol{\lambda}}$．$h(\Lambda, k{+}1) = 0$ なので，任意の $f \in \mathscr{F}_\Lambda$ に対し，$f(k) = g(\Lambda, k) = g(\Lambda_0, k) - 1 = f_0(k) - 1 \neq f_0(k)$　$\therefore\ f_0 \notin \mathscr{F}_\Lambda$.　　[補題証了]

命題の証明続き　補題により，$\mathrm{tr}(D_\Lambda) = 0$ $(\Lambda \neq \Lambda_0)$ で，

$$\mathrm{tr}(D_{\Lambda_0}) = \mathrm{tr}(Y_1^\gamma Y_2^\gamma \cdots Y_{2m(\boldsymbol{\lambda})+1}^\gamma) \cdot \prod_{i=1}^{l(\boldsymbol{\lambda})} \prod_{j=i}^{\lambda_i+i-2} \phi(j-i, j-i+1),$$

ここに，$c = \begin{pmatrix} 1 & 0 \\ 0 & -1 \end{pmatrix}$，$a = \begin{pmatrix} 0 & 1 \\ 1 & 0 \end{pmatrix}$，$b = \begin{pmatrix} 0 & -i \\ i & 0 \end{pmatrix}$，$\mathrm{tr}(cab) = 2i$,

$$\therefore\ \mathrm{tr}(Y_1^\gamma Y_2^\gamma \cdots Y_{2m(\boldsymbol{\lambda})+1}^\gamma) = \gamma \cdot \mathrm{tr}(cab)^{m(\boldsymbol{\lambda})} = \gamma(2i)^{m(\boldsymbol{\lambda})},$$

また，
$$\prod_{i=1}^{l(\boldsymbol{\lambda})} \prod_{j=i}^{\lambda_i+i-2} \phi(j{-}i, j{-}i{+}1) = \prod_{i=1}^{l(\boldsymbol{\lambda})} \prod_{j=i}^{\lambda_i+i-2} \left(-\frac{\sqrt{2(j-i+1)(j-i+2)}}{2(j-i+1)} \right)$$
$$= (-1)^{2m(\boldsymbol{\lambda})+1} \prod_{i=1}^{l(\boldsymbol{\lambda})} \prod_{j=0}^{\lambda_i-2} \frac{\sqrt{2(j+1)(j+2)}}{2(j+1)} = -2^{-(2m(\boldsymbol{\lambda})+1)/2} \sqrt{\lambda_1 \lambda_2 \cdots \lambda_{\ell(\boldsymbol{\lambda})}},$$

$$\therefore\ \mathrm{tr}(D_{\Lambda_0}) = -\gamma \cdot i^{m(\boldsymbol{\lambda})} \sqrt{\lambda_1 \lambda_2 \cdots \lambda_{l(\boldsymbol{\lambda})}/2}. \qquad \square$$

系 8.10.3　$\varepsilon(\boldsymbol{\lambda}) = 1$ のとき，$\tau_{\boldsymbol{\lambda},1}$，$\tau_{\boldsymbol{\lambda},-1}$ は非自己同伴であって，互いに同値でない．　□

注 8.10.1　$\tau_{\boldsymbol{\lambda},\gamma}$ が既約であることが分かったとすると，$\widetilde{\mathfrak{C}}_n = \widetilde{\mathfrak{S}}_n \setminus \widetilde{\mathfrak{A}}_n$ 上の指標値だけにより，$\tau_{\boldsymbol{\lambda},\gamma}$ が同定できる．実際，

(1) $t_{\boldsymbol{\mu}} \in \widetilde{\mathfrak{C}}_n$ のとき，$\mathrm{tr}(\tau_{\boldsymbol{\lambda},\gamma}(t_{\boldsymbol{\mu}})) \neq 0$ となる必要十分条件は，$\boldsymbol{\mu} = \boldsymbol{\lambda}$ である．

(2) $\mathrm{tr}(\tau_{\boldsymbol{\lambda},\gamma}(t_{\boldsymbol{\lambda}})) = -\gamma \cdot i^{m(\boldsymbol{\lambda})} \sqrt{\lambda_1\lambda_2\cdots\lambda_{l(\boldsymbol{\lambda})}/2}$ により，符号 γ が同定される．

定理 8.10.4 $\varepsilon(\boldsymbol{\lambda}) = 0$ のとき，$\tau_{\boldsymbol{\lambda},1}$，$\tau_{\boldsymbol{\lambda},-1}$ は自己同伴であって，互いに同値である．

証明 この場合には，$n - l(\boldsymbol{\lambda}) = 2m(\boldsymbol{\lambda})$ は偶である．$V_{\boldsymbol{\lambda},\gamma} = W_{\boldsymbol{\lambda},\gamma} \otimes U_{\boldsymbol{\lambda}} \cong \boldsymbol{C}^{2^{m(\boldsymbol{\lambda})}} \otimes U_{\boldsymbol{\lambda}}$ 上の相関作用素が，$H_{\boldsymbol{\lambda}} := Y^{\gamma}_{2m(\boldsymbol{\lambda})+1} \otimes \mathrm{id}$ によって与えられることを示そう．そのために，交換関係・反交換関係を調べる．まず，

$$Y^{\gamma}_j Y^{\gamma}_{2m(\boldsymbol{\lambda})+1} = -Y^{\gamma}_{2m(\boldsymbol{\lambda})+1} Y^{\gamma}_j \quad (j \leq 2m(\boldsymbol{\lambda})) \tag{8.10.5}$$

に注意する．他方，$\tau_{\boldsymbol{\lambda},\gamma}(t_k)$ $(k \in \boldsymbol{I}_{n-1})$ に現れる $Y^{\gamma}_{g(\Lambda,k)}$，$Y^{\gamma}_{g(\Lambda,k)-1}$ ($h(\Lambda,k)h(\Lambda,k+1) \neq 0$ の場合) は，$g(\Lambda,k) \leq g(\Lambda,n-1) = n - l(\boldsymbol{\lambda}) = 2m(\boldsymbol{\lambda})$ であるから，$H_{\boldsymbol{\lambda}}$ との上の反交換関係 (8.10.5) を満たす．したがって，

$$H_{\boldsymbol{\lambda}}\tau_{\boldsymbol{\lambda},1}(t_k) = -\tau_{\boldsymbol{\lambda},1}(t_k)H_{\boldsymbol{\lambda}} = \tau_{\boldsymbol{\lambda},-1}(t_k)H_{\boldsymbol{\lambda}}.$$

□

注 8.10.2 第 **5.4** 節の $\widetilde{\mathfrak{S}}_n$ のスピン基本表現 $\widetilde{\Pi}_{\boldsymbol{\lambda}} = \mathrm{Ind}^{\mathfrak{S}_n}_{\mathfrak{S}_{\boldsymbol{\lambda}}} \Delta'_{\boldsymbol{\lambda}}$，$\boldsymbol{\lambda} \in P_n$，が $\varepsilon(\boldsymbol{\lambda}) = 1$ のときには，定理 5.4.4 に見る如く，非自己同伴であり，$\boldsymbol{\lambda}$ が厳格分割（すなわち，$\boldsymbol{\lambda} \in P^-_n \cap SP_n$）のとき，指標の $\widetilde{\mathfrak{C}}_n$ 上の値で既約成分が 1 個同定できる．その既約表現は $\tau_{\boldsymbol{\lambda},-1}$ $(\gamma = -1)$ と同値である（命題 8.10.1 および定理 5.4.4 (iii) 参照)．

8.11 スピン表現 $\tau_{\boldsymbol{\lambda},\gamma}$ の既約性とその集合の完全性

スピン既約表現のパラメーターとして次を準備する (注 8.8.1, p.266, 参照)．サイズ $n \geq 1$ のシフトヤング図形全体の集合を $\mathbf{Y}^{\mathrm{sh}}_n$ とする．

$$\mathscr{Y}_n := \mathbf{Y}^{\mathrm{sh}}_n \times \{\pm 1\} \ (n \geq 2), \quad \mathscr{Y}_1 := \mathbf{Y}^{\mathrm{sh}}_1, \tag{8.11.1}$$

とおく．$\mathscr{Y}_n$ に $\widetilde{\mathfrak{S}}_n$ のスピン表現の同伴関係に相当する同値関係 $\sim$ を入れる．$\boldsymbol{\lambda} \in \mathbf{Y}^{\mathrm{sh}}_n$ に対し，$\tau_{\boldsymbol{\lambda},-1} \cong \tau_{\boldsymbol{\lambda},1}$ のとき，$(\boldsymbol{\lambda},-1) \sim (\boldsymbol{\lambda},1)$ とする．商集合 $\mathscr{Y}_n/\sim$ がスピン既約表現の集合 $\mathscr{O}_n$ に対応するパラメーター空間である．これは，その切断

$$\widetilde{\mathscr{Y}}_n := \{(\boldsymbol{\lambda},\gamma) \,;\, \boldsymbol{\lambda} \in SP_n,\ \gamma = (\pm 1)^{n-l(\boldsymbol{\lambda})}\} \tag{8.11.2}$$

と同一視できる（前節参照）ので，以下ではこちらの記号を使うことにする．

定理 8.11.1　表現 $\tau_{\boldsymbol{\lambda},\gamma}$, $(\boldsymbol{\lambda},\gamma)\in\widetilde{\mathscr{Y}}_n$, は既約で，互いに非同値.

証明　次の主張 (A.k) を k に関する帰納法で証明する：

$$\text{主張 (A.}k\text{)}\ \begin{cases} (\boldsymbol{\lambda},\gamma),\ (\boldsymbol{\lambda}',\gamma')\in\widetilde{\mathscr{Y}}_k\ \text{に対し,}\ \tau_{\boldsymbol{\lambda},\gamma}\cong\tau_{\boldsymbol{\lambda}',\gamma'}\Longrightarrow(\boldsymbol{\lambda},\gamma)=(\boldsymbol{\lambda}',\gamma'). \\ \text{任意の}\ (\boldsymbol{\lambda},\gamma)\in\widetilde{\mathscr{Y}}_k\ \text{に対し,}\ \tau_{\boldsymbol{\lambda},\gamma}\ \text{は既約.} \end{cases}$$

- 帰納法の第 1 段 $k=3$ では，(A.3) は第 **8.3.1** 小節の結果により正しい.
- 第 2 段は，$k=n-1$ で (A.k) が正しいと仮定して，(A.k+1)=(A.n) が正しいことを示す．厳格分割の集合を

$$\mathrm{Res}^n_{n-1}(\boldsymbol{\lambda}):=\{\boldsymbol{\omega}\in SP_{n-1}\,;\,\boldsymbol{\lambda}\downarrow\boldsymbol{\omega}\}\quad((7.3.2)\ \text{参照})$$

とおくと，$\mathrm{Res}^n_{n-1}(\boldsymbol{\lambda})=\{\boldsymbol{\omega}\in SP_{n-1}\,;\,\boldsymbol{\omega}$ は $\boldsymbol{\lambda}$ のどれかの成分から 1 減じたもの $\}$ である.

補題 8.11.2　$n\geq 3$ とする．$\mathrm{Res}^n_{n-1}(\boldsymbol{\lambda})\neq\{(2)\}$ の場合，$\boldsymbol{\lambda}$ は集合 $\mathrm{Res}^n_{n-1}(\boldsymbol{\lambda})$ により一意的に定まる.

補題の証明　**(a)** $\mathrm{Res}^n_{n-1}(\boldsymbol{\lambda})=\{\boldsymbol{\omega}\}$（1 元），$l(\boldsymbol{\omega})=1$ の場合．$\boldsymbol{\omega}\neq(2)$ なので，$\boldsymbol{\lambda}=(n)$.

(b) $\mathrm{Res}^n_{n-1}(\boldsymbol{\lambda})=\{\boldsymbol{\omega}\}$（1 元），$l(\boldsymbol{\omega})>1$, の場合．$\boldsymbol{\lambda}=(p,p-1,\cdots,p-l(\boldsymbol{\omega}))$, すなわち，シフトヤング図形 $F_{\boldsymbol{\lambda}}$ の右端が絶壁である．$\omega_{l(\boldsymbol{\omega})-1}=\omega_{l(\boldsymbol{\omega})}+2$ ならば，$\boldsymbol{\lambda}=(\omega_1,\cdots,\omega_{l(\boldsymbol{\omega})-1},\omega_{l(\boldsymbol{\omega})}+1)$．そうでないとき，$\boldsymbol{\omega}_i=l(\boldsymbol{\omega})-i+1$ $(i\in\boldsymbol{I}_{l(\boldsymbol{\omega})})$ となり，$\boldsymbol{\lambda}=(p,p-1,p-2,\cdots,2,1)$, $p=l(\boldsymbol{\omega})$.

(c) $|\mathrm{Res}^n_{n-1}(\boldsymbol{\lambda})|\geq 2$ の場合．$l(\boldsymbol{\omega})=l(\boldsymbol{\omega}')$ $(\forall\boldsymbol{\omega}'\in\mathrm{Res}^n_{n-1}(\boldsymbol{\lambda}))$ とすると，$l(\boldsymbol{\lambda})=l(\boldsymbol{\omega})$ で $\lambda_i=\max\{\omega_i,\omega'_i\}$ $(\forall i)$．$l(\boldsymbol{\omega})+1=l(\boldsymbol{\omega}')$ $(\exists\,\boldsymbol{\omega}'\in\mathrm{Res}^n_{n-1}(\boldsymbol{\lambda}))$ とすると，$l(\boldsymbol{\lambda})=l(\boldsymbol{\omega})+1$, $\boldsymbol{\lambda}=(\omega_1,\cdots,\omega_{l(\boldsymbol{\omega})},1)$.　[補題証了]

上の補題から漏れている $\mathrm{Res}^n_{n-1}(\boldsymbol{\lambda})=\{(2)\}$ の場合．$\boldsymbol{\lambda}=(3)$ または $\boldsymbol{\lambda}=(2,1)$ の 2 つの可能性がある．$\tau_{(3),\gamma}$ と $\tau_{(2,1),\gamma'}$ とは同値でない．実際，$\widetilde{\mathfrak{S}}_2$ への制限が違う：

$$\tau_{(3),\gamma}|_{\widetilde{\mathfrak{S}}_2}\cong\tau_{(2),1}\oplus\tau_{(2),-1},\qquad\tau_{(2,1),\gamma'}|_{\widetilde{\mathfrak{S}}_2}\cong\tau_{(2),\gamma'}.$$

以上で，$\tau_{\boldsymbol{\lambda},\gamma}\cong\tau_{\boldsymbol{\lambda}',\gamma'}$ から，$\widetilde{\mathfrak{S}}_{n-1}$ への制限（分岐律定理 8.8.2）を比較することによって，$\boldsymbol{\lambda}=\boldsymbol{\lambda}'$ が得られる .

そこであらためて，$\tau_{\boldsymbol{\lambda},\gamma} \cong \tau_{\boldsymbol{\lambda},\gamma'}$ の場合を調べる．

$\varepsilon(\boldsymbol{\lambda}) \equiv n - l(\boldsymbol{\lambda}) \pmod 2$ であり，$\varepsilon(\boldsymbol{\lambda}) = 1$ ならば，系 8.10.3 により，$\gamma = \gamma'$ を得る．$\varepsilon(\boldsymbol{\lambda}) = 0$ ならば，$\widetilde{\mathscr{Y}}_n$ の定義によって，$\gamma = \gamma' = 1$. これにより，主張 (A.n) の前半が示された．

後半の主張「$\tau_{\boldsymbol{\lambda},\gamma}$ の既約性」は，分岐律定理 8.8.2 に仮定 (A.$n-1$) を適用し，命題 8.9.1 を使えば証明される． ［定理 8.11.1 証了］

定理 8.11.3 (完全性) スピン既約表現の集合 $\{\tau_{\boldsymbol{\lambda},\gamma}\,;\,(\boldsymbol{\lambda},\gamma) \in \widetilde{\mathscr{Y}}_n\}$ は，群 $\widetilde{\mathfrak{S}}_n$ のスピン既約表現の完全代表元系である．

証明 Schur [Sch4] のスピン既約指標を使った分類（定理 6.1.12）とパラメーターが 1-1 に符合するので，$\widetilde{\mathfrak{S}}_n$ のスピン既約表現の同値類の個数の分だけ，互いに非同値な $\tau_{\boldsymbol{\lambda},\gamma}$ $((\boldsymbol{\lambda},\gamma) \in \widetilde{\mathscr{Y}}_n)$ が存在している． □

8.12 Schur パラメーターと Nazarov パラメーター

上述の Nazarov による $\widetilde{\mathfrak{S}}_n$ の（行列型の）スピン既約表現の記号は

$$\text{(8.12.1)} \qquad \begin{cases} \tau_{\boldsymbol{\lambda},1} \cong \tau_{\boldsymbol{\lambda},-1}, & (\boldsymbol{\lambda},1) \sim (\boldsymbol{\lambda},-1) \in \mathscr{Y}_n/\!\sim, \\ \tau_{\boldsymbol{\lambda},1},\ \ \tau_{\boldsymbol{\lambda},-1}, & (\boldsymbol{\lambda},1),\ (\boldsymbol{\lambda},-1) \in \mathscr{Y}_n/\!\sim, \end{cases}$$

である．ここに現れる $(\boldsymbol{\lambda},\gamma)$ を Nazarov パラメーターといい，$\tau_{\boldsymbol{\lambda},\gamma}$ を Nazarov の頭文字を付けて $\tau^{[N]}_{\boldsymbol{\lambda},\gamma}$ とも書く．これらは $\widetilde{\mathfrak{S}}_n$ の（相似関係を法とする）スピン双対の完全代表元系を与える（定理 8.11.3）．他方，定理 6.1.12 により，スピン既約表現の（相似関係を法とする）ユニタリ同値類の完全代表元系が次のように与えられている：

$$\text{(8.12.2)} \qquad \begin{cases} \tau_{\boldsymbol{\lambda}}, & \boldsymbol{\lambda} \in (\mathbf{Y}^{\mathrm{sh}}_n)^{\mathrm{ev}}, \\ \tau_{\boldsymbol{\lambda}},\ \mathrm{sgn}\cdot\tau_{\boldsymbol{\lambda}}, & \boldsymbol{\lambda} \in (\mathbf{Y}^{\mathrm{sh}}_n)^{\mathrm{odd}}. \end{cases}$$

これをスピン既約表現の Schur パラメーターによる表示といい，$\tau_{\boldsymbol{\lambda}}$ を $\tau^{[S]}_{\boldsymbol{\lambda}}$ とも書く．ここに，$\boldsymbol{\lambda} = (\lambda_j)_{1 \leqslant j \leqslant l} \in SP_n$ に対して，$s(\boldsymbol{\lambda}) := \sharp\{\,j\,;\,\lambda_j \text{ 偶 }\}$,

$$\text{(8.12.3)} \qquad \begin{cases} (\mathbf{Y}^{\mathrm{sh}}_n)^{\mathrm{ev}} := \{\boldsymbol{\lambda} \in \mathbf{Y}^{\mathrm{sh}}_n\ ;\ s(\boldsymbol{\lambda}) \text{ 偶}\}, \\ (\mathbf{Y}^{\mathrm{sh}}_n)^{\mathrm{odd}} := \{\boldsymbol{\lambda} \in \mathbf{Y}^{\mathrm{sh}}_n\ ;\ s(\boldsymbol{\lambda}) \text{ 奇}\}, \end{cases}$$

とする．$s(\boldsymbol{\lambda})$ の偶奇にしたがって，$\varepsilon(\boldsymbol{\lambda}) = 0, 1$ であるが，$SP_n^+ = \{\boldsymbol{\lambda}\,;\, \varepsilon(\boldsymbol{\lambda}) = 0\}$, $SP_n^- = \{\boldsymbol{\lambda}\,;\, \varepsilon(\boldsymbol{\lambda}) = 1\}$ とおけば，$(\mathbf{Y}_n^{\rm sh})^{\rm ev}$, $(\mathbf{Y}_n^{\rm sh})^{\rm odd}$ はそれぞれ，SP_n^+, SP_n^- に対応する．

定理 8.12.1　Schur のスピン既約表現と Nazarov のスピン既約表現の同値関係は，

$$\varepsilon(\boldsymbol{\lambda}) = 0 \text{ のとき}, \quad \tau_{\boldsymbol{\lambda}}^{[S]} \cong \tau_{\boldsymbol{\lambda},\gamma}^{[N]} \quad (\gamma = \pm 1),$$
$$\varepsilon(\boldsymbol{\lambda}) = 1 \text{ のとき}, \quad \tau_{\boldsymbol{\lambda}}^{[S]} \cong \tau_{\boldsymbol{\lambda},(-1)^{[n/2]}}^{[N]}, \ \mathrm{sgn}\cdot\tau_{\boldsymbol{\lambda}}^{[S]} \cong \tau_{\boldsymbol{\lambda},-(-1)^{[n/2]}}^{[N]}.$$

定理の証明のために，補題を 1 つ準備する．区間 $K = [a, b]$ に対し，$\sigma'_K := r_a r_{a+1} \cdots r_{b-1}$ とし，n の分割 $\boldsymbol{\nu} = (\nu_i)_{i \in \boldsymbol{I}_t} \in P_n$ に対して，次のようにおく：

$$\sigma'_{\boldsymbol{\nu}} := \sigma'_1 \sigma'_2 \cdots \sigma'_t, \quad \sigma'_i = \sigma'_{K_i} \ \ (i \in \boldsymbol{I}_t).$$

補題 8.12.2　$\tau_{\boldsymbol{\lambda}} = \tau_{\boldsymbol{\lambda}}^{[S]}$, $\boldsymbol{\lambda} = (\lambda_j)_{j \in \boldsymbol{I}_{l(\boldsymbol{\lambda})}} \in SP_n^-$, に対して，

$$\begin{cases} \chi_{\tau_{\boldsymbol{\lambda}}}(\sigma'_{\boldsymbol{\lambda}}) = i^{\frac{1}{2}(n-l(\boldsymbol{\lambda})-1)} \sqrt{\lambda_1 \lambda_2 \cdots \lambda_{l(\boldsymbol{\lambda})}/2}, \\ \chi_{\tau_{\boldsymbol{\lambda}}}(t_{\boldsymbol{\lambda}}) = -(-1)^{[n/2]}\, i^{m(\boldsymbol{\lambda})} \sqrt{\lambda_1 \lambda_2 \cdots \lambda_{l(\boldsymbol{\lambda})}/2}, \end{cases} \tag{8.12.4}$$

証明　定理 5.4.4 (iii) により，$\chi_{\widetilde{\Pi}_{\boldsymbol{\lambda}}}(\sigma'_{\boldsymbol{\lambda}}) = i^{\frac{1}{2}(n-l(\boldsymbol{\lambda})-1)} \sqrt{\lambda_1 \lambda_2 \cdots \lambda_{l(\boldsymbol{\lambda})}/2}$．他方，$\tau_{\boldsymbol{\lambda}}$ は $\widetilde{\Pi}_{\boldsymbol{\lambda}}$ のトップ既約成分で，負元集合 $\widetilde{\mathfrak{C}}_n = \widetilde{\mathfrak{S}}_n \setminus \widetilde{\mathfrak{A}}_n$ の上で，指標を共有しているので第 1 式を得る．ついで，$\boldsymbol{\lambda} \in SP_n^-$ なので，$n - l(\boldsymbol{\lambda})$ は奇，$m(\boldsymbol{\lambda}) = [(n - l(\boldsymbol{\lambda}))/2]$．よって第 2 式は次の関係式から得られる：

$$t_{\boldsymbol{\lambda}} = z_1^{\,n(n-1)/2-(n-l(\boldsymbol{\lambda}))} \sigma'_{\boldsymbol{\lambda}} = z_1^{\,[n/2]+1} \sigma'_{\boldsymbol{\lambda}}. \tag{8.12.5}$$

□

定理の証明　$n = 3$ の場合には，$\widetilde{\mathfrak{S}}_3 \cong \mathfrak{S}_3 \times \boldsymbol{Z}_1$ であるが，例 5.1.2, 注 5.1.3, 5.1.4 (p.153) および 例 8.2.1 を参照して，具体的に両者を比較すればよい．

そこで，$n \geq 4$, $\tau_{\boldsymbol{\lambda}}^{[S]} \cong \tau_{\boldsymbol{\lambda}',\gamma}^{[N]}$ $(\boldsymbol{\lambda}, \boldsymbol{\lambda}' \in SP_n, \gamma = \pm 1)$ とする．$\boldsymbol{\lambda} = \boldsymbol{\lambda}'$ を示そう．そのために，$\widetilde{\mathfrak{S}}_n \downarrow \widetilde{\mathfrak{S}}_{n-1}$ の分岐律を比較する．

定理 7.3.3 によれば，制限 $\tau_{\boldsymbol{\lambda}}^{[S]}|_{\widetilde{\mathfrak{S}}_{n-1}}$ の中の $\widetilde{\mathfrak{S}}_{n-1}$ のスピン既約表現 $\tau_{\boldsymbol{\omega}}^{[S]}$, $\mathrm{sgn}\cdot\tau_{\boldsymbol{\omega}}^{[S]}$ $(\boldsymbol{\omega} \in SP_{n-1})$ の $\boldsymbol{\omega}$ の集合は，$\mathrm{Res}_{n-1}^n(\boldsymbol{\lambda}) = \{\boldsymbol{\omega} \in SP_{n-1}\,;\, \boldsymbol{\lambda} \downarrow \boldsymbol{\omega}\}$ である．

他方，定理 8.9.1 (iii) により，$\tau_{\boldsymbol{\lambda}',\gamma}^{[N]}|_{\widetilde{\mathfrak{S}}_{n-1}}$ に含まれる $\widetilde{\mathfrak{S}}_{n-1}$ のスピン既約表現 $\tau_{\boldsymbol{\omega}',\delta}^{[N]}$ $(\boldsymbol{\omega}' \in SP_{n-1}, \delta = \pm 1)$ の $\boldsymbol{\omega}'$（シフトヤング図形部分という）の集合は，$\Gamma_{\boldsymbol{\lambda}',\gamma}$

の定義 ((8.8.2) 式) から分かるように，$\mathrm{Res}^n_{n-1}(\boldsymbol{\lambda}')$ である．

よって，$\mathrm{Res}^n_{n-1}(\boldsymbol{\lambda}) = \mathrm{Res}^n_{n-1}(\boldsymbol{\lambda}')$ であるから，補題 8.11.2 により $\boldsymbol{\lambda} = \boldsymbol{\lambda}'$.

これで，$\varepsilon(\boldsymbol{\lambda}) = 0$ の場合には，定理の同値関係が示された．

$\varepsilon(\boldsymbol{\lambda}) = 1$ の場合には，符号部分 γ の同定が必要である．そのために，$\tau^{[S]}_{\boldsymbol{\lambda}}, \tau^{[N]}_{\boldsymbol{\lambda},\gamma}$ の負元集合上の指標値を比較する．$\tau^{[S]}_{\boldsymbol{\lambda}}(t_{\boldsymbol{\lambda}})$ の指標値は補題 8.12.2 第 2 式にあり，他方のは命題 8.10.1 により，$\mathrm{tr}(\tau^{[N]}_{\boldsymbol{\lambda},\gamma}(t_{\boldsymbol{\lambda}}) = -\gamma \cdot i^{m(\boldsymbol{\lambda})}\sqrt{\lambda_1\lambda_2\cdots\lambda_{l(\boldsymbol{\lambda})}/2}$．この両者を比較すれば符号部分の同定が出来て，定理の同値関係が得られる．

［定理 8.12.1 証了］

第II部

有限および無限複素鏡映群のスピン表現・スピン指標，群指標の一般理論と指標の極限

第 9 章

複素鏡映群およびその表現群

9.1 有限群のスピン表現（射影表現）と表現群

これから新たな話題を展開するのだが，ここで少しスピン表現について，基礎的事実を復習して，必要な準備をしよう．

9.1.1 スピン表現と表現群

ρ を有限群 G のスピン表現（射影表現）とすると，

(9.1.1) $$\rho(g)\rho(h) = r_{g,h}\,\rho(gh) \quad (g, h \in G),$$

となる $G \times G$ 上の $\boldsymbol{C}^\times$-値関数 $r_{g,h}$ がある．これを ρ の因子団という．別のスピン表現 ρ^0 が，$\rho^0(g) = \lambda_g\rho(g)$ $(\exists\lambda_g \in \boldsymbol{C}^\times, \forall g \in G)$ となっているとき，ρ^0 と ρ とは**相似**であるという．このとき，ρ^0 の因子団は $r^0_{g,h} = (\lambda_g\lambda_h/\lambda_{gh})r_{g,h}$ である．因子団全体は積によって 2-コサイクル群 $Z^2(G, \boldsymbol{C}^\times)$ をなす．$r^0_{g,h}$ と $r_{g,h}$ を同値であると定義する．その同値類のなす 2-コホモロジー群 $H^2(G, \boldsymbol{C}^\times)$ は Schur 乗法因子群と呼ばれ $\mathfrak{M}(G)$ と書かれる．

いま，G の可換群 Z による中心拡大

(9.1.2) $$1 \longrightarrow Z \longrightarrow G' \xrightarrow{\Phi} G \longrightarrow 1 \quad (\text{完全}),$$

をとる．ここに，Φ は典型準同型である．π を G の被覆群 G' の既約線形表現とすると，Schur の補題（定理 1.1.11）により，中心元 $z \in Z$ に対しては，$\pi(z)$ はスカラー作用素（π の表現空間の恒等作用素 I の定数倍）になる．その（z に依る）定数に対しては，Z の 1 次元指標 $\chi^\pi_Z \in \widehat{Z}$ が存在して，$\pi(z) = \chi^\pi_Z(z)I$ となる．準同型 Φ に対する切断 $s : G \to G'$ を 1 つ固定すれば，$\Phi(s(g)s(h)) = \Phi(s(g))\Phi(s(h)) = gh$ であるから，

$$s(g)s(h) = z_{g,h}s(gh) \quad (\exists z_{g,h} \in Z,\ g, h \in G),$$

を得る．したがって，

(9.1.3) $$\rho(g) := \pi(s(g))\ (g \in G),$$

とおけば，ρ は下（した）の群[1)]（もしくは底（てい）の群）G のスピン表現であり，その因子団は次式で与えられる：

(9.1.4) $$r_{g,h} := \chi_Z^\pi(z_{g,h}) \quad (g, h \in G).$$

切断 s を取り替えれば，因子団は同値なものに移る．

G の表現群は G の $\mathfrak{M}(G)$ による特別な中心拡大である（定義 2.1.1）．(9.1.2) 式の G の中心拡大 G' が，G の表現群であるための必要十分条件が次の補題で与えられる．

補題 9.1.1 (定理 2.2.5) 有限群 G の可換群 Z による中心拡大 G' が，G の表現群であるための必要十分条件は，$[G', G'] \supset Z$ かつ $|Z| = |\mathfrak{M}(G)|$.

G の表現群の同型類は有限個である（定理 2.2.4 (ii)）．表現群の 1 つをとり，それを $R(G)$ と書き，その中心的部分群を $Z = \mathfrak{M}(G) = H^2(G, \boldsymbol{C}^\times)$ とすると，

(9.1.5) $$1 \longrightarrow Z = \mathfrak{M}(G) \longrightarrow R(G) \xrightarrow{\Phi} G \longrightarrow 1 \quad (\text{完全}).$$

一般の中心拡大 (9.1.2) における π と ρ との対応を，特別の中心拡大 (9.1.5) に当てはめれば「G のスピン表現を調べることは，$R(G)$ の線形表現を調べることと同値である」といえる．このような汎用性を持っているので，$R(G)$ を G の普遍被覆群と呼ぶことも許容される．

定義 9.1.1 (9.1.2) の中心拡大 G' の線形表現 π で，ある $\chi \in \widehat{Z}$ に対して，$\pi(z) = \chi(z)I\ (z \in Z)$ となるものを，G のスピン表現と捉えたとき，$\chi \in \widehat{Z}$ をその**スピン型**または単に**型**という．また，G' 上の関数 f が χ **型**であるとは，

(9.1.6) $$f(zg') = \chi(z)\, f(g') \quad (z \in Z,\ g' \in G'),$$

を満たすことである．関数 f が **不変**（もしくは**中心的**）であるとは，$f(g_0' g' {g_0'}^{-1}) = f(g')\ (g', g_0' \in G')$ となっていることである．

以下では，我々は複素鏡映群 $G(m, p, n)$ を定義し，それの 1 つの表現群

[1)] 1 次元複素領域 D とその被覆領域 D' とを上下に並べてイメージすることに倣っている．G を下に被覆群 G' を上に（Φ を下向きに $\downarrow$ で）表した図式からの命名である（**2.2** 節 (2.2.2) 参照）．実用的には「上のレベルの話」を「下のレベル」に落とす，とか逆に「下の話」を上に持ち上げる，とかの言い方ができる．

$R(G(m,p,n))$ を与え，その構造を調べる．そして，$n \to \infty$ のときの，帰納極限 (9.1.7)

$$G(m,p,\infty) := \lim_{n\to\infty} G(m,p,n), \quad R(G(m,p,\infty)) := \lim_{n\to\infty} R(G(m,p,n)),$$

についても調べる．既約指標の $n \to \infty$ に沿っての極限過程も研究する．

9.1.2　対称群の生成元と基本関係式による表示

第 **2** 章 **3** 節をすこし復習しておく．集合 J の上の有限置換の全体を $\mathfrak{S}_J$ とおき，$J = \boldsymbol{I}_n := \{1, 2, \cdots, n\}$, $J = \boldsymbol{I}_\infty := \boldsymbol{N}$, に対して，$\mathfrak{S}_J$ を $\mathfrak{S}_n$, $\mathfrak{S}_\infty$ と書く．$\mathfrak{S}_\infty$ は $\mathfrak{S}_n$ の $n \to \infty$ における帰納極限である，すなわち，$\mathfrak{S}_\infty = \lim_{n\to\infty} \mathfrak{S}_n$．$\mathfrak{S}_n$ の Schur 乗法因子群は,

$$H^2(\mathfrak{S}_n, \boldsymbol{C}^\times) = \boldsymbol{Z}_2 \ (4 \le n < \infty), \quad H^2(\mathfrak{S}_n, \boldsymbol{C}^\times) = \{1\} \ (n = 2, 3),$$

である．$\mathfrak{S}_n$ $(n \ge 2)$ は抽象群として，典型生成元集合 $\{s_i = (i\ i{+}1)\,;\, i \in \boldsymbol{I}_{n-1}\}$ と，基本関係式系 (2.3.1)，すなわち，

$$\text{(Sym-}n\text{)} \qquad \begin{cases} {s_i}^2 = e & (i \in \boldsymbol{I}_{n-1}), \\ (s_i s_{i+1})^3 = e & (i \in \boldsymbol{I}_{n-2}), \\ s_i s_j = s_j s_i & (i, j \in \boldsymbol{I}_{n-1},\ |i-j| \ge 2), \end{cases}$$

で表される ([平井山下, 定理 1.1])．位数 2 の可換群 $Z_1 := \{e, z_1\}$, ${z_1}^2 = e$, を用意して，生成元系 $\{z_1, r_i\ (i \in \boldsymbol{I}_{n-1})\}$ をとり，基本関係式系

$$\text{(9.1.8)} \qquad \begin{cases} {z_1}^2 = e, \quad r_i z_1 = z_1 r_i & (i \in \boldsymbol{I}_{n-1}), \\ {r_i}^2 = e & (i \in \boldsymbol{I}_{n-1}), \\ (r_i r_{i+1})^3 = e & (i \in \boldsymbol{I}_{n-2}), \\ r_i r_j = z_1 r_j r_i & (i, j \in \boldsymbol{I}_{n-1},\ |i-j| \ge 2), \end{cases}$$

を与えて，得られた群が $\widetilde{\mathfrak{S}}_n$ である．$n \ge 4$ に対しては，これが $\mathfrak{S}_n$ の表現群の 1 つ $\mathfrak{T}'_n$ であり，これを $R(\mathfrak{S}_n)$ とも書く．$n = 2, 3$ に対しては，$\widetilde{\mathfrak{S}}_n \cong \mathfrak{S}_n \times Z_1$ となる．$n = 1$ に対しては，$\mathfrak{S}_n = \{e\}$, $\widetilde{\mathfrak{S}}_n := Z_1$ とおく．

$n = \infty$ に対しては，上の記述で，$\boldsymbol{I}_{n-1}$, $\boldsymbol{I}_{n-2}$ を $\boldsymbol{I}_\infty$ と解釈すればよい．

このとき，$1 \le n \le \infty$ に対して

$$\text{(9.1.9)} \qquad 1 \longrightarrow Z_1 \longrightarrow \widetilde{\mathfrak{S}}_n \xrightarrow{\Phi_{\mathfrak{S}}} \mathfrak{S}_n \longrightarrow 1 \quad (\text{完全}).$$

$\widetilde{\mathfrak{S}}_\infty$ のスピン (射影) 指標，すなわち，$\widetilde{\mathfrak{S}}_\infty$ の指標 χ で，$\chi(z_1\sigma') = -\chi(\sigma')$ $(\sigma' \in$

$\widetilde{\mathfrak{S}}_\infty$) を満たすもの，は Nazarov [Naz2] によって研究されているが，実際には彼は，$\mathfrak{T}'_\infty = \widetilde{\mathfrak{S}}_\infty$ ではなくて，もう一つの表現群 $\mathfrak{T}_n$ の帰納極限 $\mathfrak{T}_\infty := \lim_{n\to\infty} \mathfrak{T}_n$ について調べている（これらは等価なことである）．

$2 \le n \le \infty$ とする．n 次の交代群 $\mathfrak{A}_n$ に対して，$\widetilde{\mathfrak{A}}_n := \Phi_{\mathfrak{S}}^{-1}(\mathfrak{A}_n) \subset \widetilde{\mathfrak{S}}_n$ とおくと，$\widetilde{\mathfrak{A}}_n$ は $\mathfrak{A}_n$ の Z_1 による中心拡大であり，$n = 2, 3$ では，$\widetilde{\mathfrak{A}}_n \cong Z_1 \times \mathfrak{A}_n$, $n \ge 4$ のとき，$[\widetilde{\mathfrak{A}}_n, \widetilde{\mathfrak{A}}_n] = \widetilde{\mathfrak{A}}_n$. $4 \le n < \infty$, $n \ne 6, 7$, に対しては，$\widetilde{\mathfrak{A}}_n$ は $\mathfrak{A}_n$ の表現群であるから $R(\mathfrak{A}_n)$ とも書く．$n = 6, 7$ に対しては，$\mathfrak{M}(\mathfrak{A}_n) \cong \boldsymbol{Z}_6$ で表現群は 6 重被覆で一意的である（[Sch4], pp.170, 242, 246）．$n = 1$ に対しては，$\widetilde{\mathfrak{A}}_n = Z_1$ とおく．$\widetilde{\mathfrak{A}}_\infty = \lim_{n\to\infty} \widetilde{\mathfrak{A}}_n$ である．

9.2 環積群と複素鏡映群

9.2.1 対称群 $\mathfrak{S}_n$ と巡回群 $T = \boldsymbol{Z}_m$ との環積

T を有限群とする．$1 \le n < \infty$ に対し，直積群 $D_n(T) = \prod_{j \in \boldsymbol{I}_n} T_j$, $T_j = T$ ($j \in \boldsymbol{I}_n$) には，n 次対称群 $\mathfrak{S}_n$ が成分の置換として自然に働く： $d = (t_j)_{j \in \boldsymbol{I}_n} \in D_n(T)$, $\sigma \in \mathfrak{S}_n$ に対して，

$$\sigma(d) - (t_{\sigma^{-1}(j)})_{j \in \boldsymbol{I}_n}.$$

そこで，半直積群 $\mathfrak{S}_n(T) := D_n(T) \rtimes \mathfrak{S}_n$ を定義する：

$$(d_1, \sigma_1)(d_2, \sigma_2) := (d_1\sigma_1(d_2), \sigma_1\sigma_2) \quad (d_i \in D_n(T),\ \sigma_i \in \mathfrak{S}_n).$$

この群を T と $\mathfrak{S}_n$ との**環積**（wreath product）とよぶ（記号としては，$T \wr \mathfrak{S}_n$ と書く流儀もあるがここでは採用しない）．部分群 $\mathfrak{G} \subset \mathfrak{S}_n$ に対して，$\mathfrak{G}(T) := D_n(T) \rtimes \mathfrak{G}$ とおく．T を可換群とするとき，

$$D_n(T) \ni d = (t_j)_{j \in \boldsymbol{I}_n} \longmapsto P(d) := t_1 t_2 \cdots t_n \in T$$

は（$\mathfrak{S}_n$-不変な）準同型である．T の部分群 S に対し，$\mathfrak{S}_n(T)$ の正規部分群として，

$$\text{(9.2.1)} \qquad \mathfrak{S}_n(T)^S := D_n(T)^S \rtimes \mathfrak{S}_n,\ \ D_n(T)^S := \{d \in D_n(T)\ ;\ P(d) \in S\},$$

が与えられる．巡回群 $T = \boldsymbol{Z}_m$ に対する $\mathfrak{S}_n(\boldsymbol{Z}_m)$ は，定義により**一般化対称群** $G(m, 1, n)$ である（**4.8.2** 小節）．$T = \boldsymbol{Z}_m$ の任意の部分群 S はある正整数 $p|m$ に対し，

$$S = S(p) := \{t^p \,;\, t \in T\} \cong \boldsymbol{Z}_{m/p}$$

となり，正規部分群

$$G(m,p,n) := \mathfrak{S}_n(\boldsymbol{Z}_m)^{S(p)}, \quad n \geq 1,\ m \geq 1,\ p|m, \tag{9.2.2}$$

が与えられる．$q := m/p$ とおく．$n = \infty$ に対しては，帰納極限

$$G(m,p,\infty) := \lim_{n\to\infty} G(m,p,n), \tag{9.2.3}$$

を取る．$D_\infty(T)^S := \lim_{n\to\infty} D_n(T)^S$，$\mathfrak{S}_\infty(T)^S := \lim_{n\to\infty} \mathfrak{S}_n(T)^S$ とおくと，

$$\mathfrak{S}_\infty(T)^S = D_\infty(T)^S \rtimes \mathfrak{S}_\infty, \quad G(m,p,\infty) = \mathfrak{S}_\infty(\boldsymbol{Z}_m)^{S(p)}.$$

注 9.2.1　論文 [HH1] で，我々は，任意の可換有限群 T と対称群との半直積 $\mathfrak{S}_n(T) = D_n(T) \rtimes \mathfrak{S}_n$ およびその正規部分群 $\mathfrak{S}_n(T)^S$ に対して，既約表現，既約指標を求め，$n \to \infty$ の漸近挙動を研究して，$\mathfrak{S}_\infty(T), \mathfrak{S}_\infty(T)^S$ に対する指標を求めた．次いで，[HH2]–[HH3] では，任意の有限群 T について，同様の研究を行った．これらは以下のスピン表現およびスピン指標の研究における基本となるものである．

9.2.2　複素鏡映群の分類

有限次元複素ベクトル空間 V 上の線形変換 T が有限位数で，かつ V のある超平面の各点を不変にするとき，**複素鏡映**であるという．これは，T が対角化可能で，その固有値 λ_j $(1 \leq j \leq n = \dim V)$ が，$\lambda_1 = e^{2\pi ik/m}$ $(k, m$ 整数$)$, $\lambda_j = 1$ $(j > 1)$, となっていることと同値である．複素鏡映の集合から生成される群を**複素鏡映群**という．実鏡映 r_i $(i \in I)$ で生成され，基本関係式 として，

$${r_i}^2 = e\ (i \in I), \quad (r_i r_j)^{a_{ij}} = e\ (a_{ij} \geq 2,\ i \neq j),$$

の形のものを持つ群を **Coxeter 群**というが，有限 Coxeter 群はすべて複素鏡映群である．G が有限ならば，V には G 不変な内積が存在する（定理 1.1.1 参照）ので，G の各元は（この内積に関して）すべてユニタリである．したがって，(G,V) の既約分解として，$V = \bigoplus_{j\in J} V_j$ が存在し，$T \in G$ は $T = \bigoplus_{j\in J} T_j$, $T_j := T|_{V_j}$, と表される．これにより，有限複素鏡映群の分類は既約なものを分類すればよい．

Shephard-Todd [ShTo, 1954] での分類によれば，既約鏡映群の大部分を占めるのは無限族 $G(m,p,n)$ であり，ここに入らないのは，34 個の例外群と呼ばれるものだけである．[ShTo] での分類番号（ST 番号）を付けて表す．

● 無限族 $G(m,p,n)$ は 3 つの部分族に分けられる：

1. 対称群 $\mathfrak{S}_n = G(1,1,n)$, $n \geq 2$;

2. $G(m,p,n) = \mathfrak{S}(\boldsymbol{Z}_m)^{S(p)}$, $m > 1$, $n > 1$, $p|m$,
（ここには一般化対称群 $G(m,1,n) = \mathfrak{S}_n(\boldsymbol{Z}_m)$, $m \geq 2$ が含まれる）；

3. 巡回群 $G(m,1,1) = \boldsymbol{Z}_m$, $m \geq 1$; $G(m,p,1) = \boldsymbol{Z}_{m/p}$.

● 例外群には，例外型の Weyl 群および Coxeter 群が次の ST 番号で現れている：

23 $W(H_3)$, **28** $W(F_4)$, **30** $W(H_4)$, **35** $W(E_6)$, **36** $W(E_7)$, **37** $W(E_8)$.

表 9.2.1 有限既約鏡映群 (G,V), 階数 $= \dim V$.

ST 番号	階数	記号	名前ほか	構　造
1	$n-1$	$G(1,1,n)$	$W(A_{n-1})$, $n \geq 2$	$\mathfrak{S}_n$
2	n	$G(m,p,n)$	$m>1, n>1, p\|m$	$\mathfrak{S}_n(\boldsymbol{Z}_m)^{S(p)}$
		$G(m,1,n)$	$m>1, n>1, p=1$	$\mathfrak{S}_n(\boldsymbol{Z}_m)$
		$G(m,m,n)$	$m>1, n>1, p=m$	$\mathfrak{S}_n(\boldsymbol{Z}_m)^e, S(m)=\{e\}$
		$G(2,1,n)$	$W(BC_n)$, $n \geq 2$	$\mathfrak{S}_n(\boldsymbol{Z}_2)$
		$G(2,2,n)$	$W(D_n)$, $n \geq 3$	$\mathfrak{S}_n(\boldsymbol{Z}_2)^e, S(2)=\{e\}$
		$G(m,m,2)$	$W(I_2(m))$, $m \geq 3$	2 面体群, Coxeter 群
3	1	$G(m,1,1)$	巡回群, $m \geq 1$	$\boldsymbol{Z}_m$

ここに，$I_2(m)$ は 2 面体 Coxeter グラフ，$G(6,6,2) = W(G_2)$, $G(2,2,2)$ は可約.

● 既約な有限 Coxter 群は，古典型 Weyl 群 $W(A_n)$ $(n \geq 1)$, $W(BC_n)$ $(n \geq 2)$, $W(D_n)$ $(n \geq 4)$, 例外型 Weyl 群 $W(E_6)$, $W(E_7)$, $W(E_8)$, $W(F_4)$, $W(G_2) = W(I_2(6))$, および，$W(H_4)$, $W(H_3)$, $W(I_2(m))$ $(m \geq 5)$, である（[Hum, §2.4] 参照).

9.2.3　$n \to \infty$ の帰納極限

$n = \infty$ に対して，$n \to \infty$ の帰納極限

$$G(m,p,\infty) := \lim_{n\to\infty} G(m,p,n), \quad p|m, \tag{9.2.4}$$

をとる．$G(m,1,\infty) = \mathfrak{S}_\infty(\boldsymbol{Z}_m)$ を**一般化無限対称群**とよぶ．$G(m,p,\infty)$, $p|m$, はこれの正規部分群である．$D_\infty(T)^S := \lim_{n\to\infty} D_n(T)^S$, $\mathfrak{S}_\infty(T)^S := \lim_{n\to\infty} \mathfrak{S}_n(T)^S$, とおくと，

$$G(m,p,\infty) = D_\infty(\boldsymbol{Z}_m)^{S(p)} \rtimes \mathfrak{S}_\infty = \mathfrak{S}_\infty(\boldsymbol{Z}_m)^{S(p)}$$

である．これらの群は「局所有限の群」すなわち「有限群の帰納極限」という範疇の無限離散群（第 **13** 章初頭参照）の重要な例である．これらに関する多くの興味ある問題のうち，ここで我々が取り扱うのは，以下の 2 つである：

（1）　この群自身の因子表現・スピン因子表現，およびそれらの指標，

（2）　$n \to \infty$ のときの（スピン）表現，および (スピン）指標の漸近挙動．

9.3　一般化対称群，複素鏡映群の表現群

9.3.1　一般化対称群 $G(m,1,n)$ の表現群

Weyl 群を含む有限 Coxeter 群 G に対しては [IhYo] により，また，一般化対称群 $G = G(m,1,n) = \mathfrak{S}_n(\boldsymbol{Z}_m)$ に対しては Davies-Morris [DaMo] により，その Schur 乗法因子群 $H^2(G, \boldsymbol{C}^\times)$ が与えられている．その計算過程をみると，同時に G の 1 つの表現群をも与えていることが分かる．この群を $R(G)$ と書く．これらを記述するために，まず，$G(m,1,n)$ を抽象群として，生成元と基本関係式で表示する．

命題 9.3.1　一般化対称群 $G(m,1,n) = \mathfrak{S}_n(\boldsymbol{Z}_m)$ は生成元系

$$\{s_1, s_2, \cdots, s_{n-1},\ y_1, y_2, \cdots, y_n\},$$

と次の基本関係式系により表示される：(Sym-n) および

$$y_j^{\,m} = e \ \ (j \in \boldsymbol{I}_n), \quad y_jy_k = y_ky_j \ \ (j \neq k), \tag{9.3.1}$$

$$\begin{cases} s_iy_is_i^{\,-1} = y_{i+1}, & (i \in \boldsymbol{I}_{n-1}), \\ s_iy_{i+1}s_i^{\,-1} = y_i & (i \in \boldsymbol{I}_{n-1}), \\ s_iy_js_i^{\,-1} = y_j & (j \neq i, i+1). \end{cases} \tag{9.3.2}$$

説明 生成元 s_i は単純互換 $(i\ i{+}1) \in \mathfrak{S}_n$ に対応する．(9.3.1) 式は群 $D_n(T) = \prod_{j\in \boldsymbol{I}_n} T_j$, $T_j = T := \boldsymbol{Z}_m$, を与える．$y_j$ は T_j の生成元で同じ $y \in T = \boldsymbol{Z}_m$ に対応する．(9.3.2) 式は，$\mathfrak{S}_n$ の $D_n(T)$ への作用を記述している．

定理 9.3.2 ([DaMo] 参照) 一般化対称群 $G(m,1,n)$ の Schur 乗法因子群は次のように与えられる．$m > 1$, $n \geq 4$ とする．

場合 1 (m 奇数). $H^2(G(m,1,n), \boldsymbol{C}^\times) = Z_1 \cong \boldsymbol{Z}_2$, $Z_1 = \langle z_1 \rangle$, ${z_1}^2 = e$.
場合 2 (m 偶数). $H^2(G(m,1,n), \boldsymbol{C}^\times) = Z_1 \times Z_2 \times Z_3 \cong {\boldsymbol{Z}_2}^3$, $Z_i = \langle z_i \rangle$, ${z_i}^2 = e$.

定理 9.3.3 ([DaMo] 参照) $m > 1$ 奇数，$n \geq 4$ とし，$Z := Z_1$ とおく．

(i) 一般化対称群 $G(m,1,n) = \mathfrak{S}_n(\boldsymbol{Z}_m)$ に対して，1 つの表現群 $R(G(m,1,n))$ が（Z による中心拡大として）生成元と基本関係式を用いて次のように与えられる：

$$\{e\} \longrightarrow Z \longrightarrow R(G(m,1,n)) \xrightarrow{\Phi} G(m,1,n) \longrightarrow \{e\} \quad (\text{完全}), \tag{9.3.3}$$

- 生成元系： $\{z_1,\ r_i\,(i \in \boldsymbol{I}_{n-1}),\ \eta_j\,(j \in \boldsymbol{I}_n)\}$；
- 典型準同型： $\Phi(r_i) = s_i\ (i \in \boldsymbol{I}_{n-1})$, $\Phi(\eta_j) = y_j\ (j \in \boldsymbol{I}_n)$；
- 基本関係式：(i) ${z_1}^2 = e$, z_1 中心元；

(ii) $\begin{cases} {r_i}^2 = e\ \ (i \in \boldsymbol{I}_{n-1}), & (r_i r_{i+1})^3 = e\ \ (i \in \boldsymbol{I}_{n-2}), \\ r_i r_j = z_1 r_j r_i & (|i-j| \geq 2)\,; \end{cases}$

(iii) ${\eta_j}^m = e\ \ (j \in \boldsymbol{I}_n)$, $\eta_j \eta_k = \eta_k \eta_j\ \ (j \neq k)$；

(iv) $\begin{cases} r_i \eta_i {r_i}^{-1} = \eta_{i+1},\ r_i \eta_{i+1} {r_i}^{-1} = \eta_i & (i \in \boldsymbol{I}_{n-1}), \\ r_i \eta_j {r_i}^{-1} = \eta_j & (j \neq i, i+1). \end{cases}$

(ii) $\langle z_1,\ r_i\,(i \in \boldsymbol{I}_{n-1})\rangle$ は $\mathfrak{S}_n$ の表現群 $R(\mathfrak{S}_n) = \widetilde{\mathfrak{S}}_n$ を与え，$\langle \eta_j\ (j \in \boldsymbol{I}_n)\rangle$ は直積群 $D_n(\boldsymbol{Z}_m)$ を与えて，$R(G(m,1,n)) \cong D_n(\boldsymbol{Z}_m) \rtimes R(\mathfrak{S}_n)$ となる．ここで，$R(\mathfrak{S}_n)$ の $D_n(\boldsymbol{Z}_m)$ への作用は商写像 $\Phi_{\mathfrak{S}} : R(\mathfrak{S}_n) \to R(\mathfrak{S}_n)/\langle z_1 \rangle \cong \mathfrak{S}_n$ を通して行われる．

上述のように，この定理は，[DaMo] の Schur 因子群を与える定理 9.3.2 のための議論の副産物である．ここでは，ちょっとした別証を与えておこう．そのついでに，$\widetilde{\mathfrak{S}}_n$ の $D_n(\boldsymbol{Z}_m) = \langle \eta_j\ (j \in \boldsymbol{I}_n)\rangle$ への作用について一言する．$\sigma' \in \widetilde{\mathfrak{S}}_n$ に対し，$\sigma = \Phi_{\mathfrak{S}}(\sigma') \in \mathfrak{S}_n$ をとると，(iv) は次のように書ける：

(9.3.4) $$\sigma' d\sigma'^{-1} = \jmath(\sigma)(d)\ (d \in D_n(\boldsymbol{Z}_m)),\quad \jmath(\sigma)(\eta_j) := \eta_{\sigma(j)}\ (j \in \boldsymbol{I}_n).$$

別証　まず定理 9.3.2（m 奇の場合）を認める．すると，定理 9.3.3 の証明は，補題 9.1.1 を用いればたやすい．実際，定理の生成元系と基本関係式 (i)〜(iv) とによって定義される群を G' とおくと，これは $G = G(m,1,n)$ の中心的群 $Z = \langle z_1 \rangle$ による中心拡大である．そして，基本関係式から直ちに分かるように，$Z \subset [G', G']$ である．さらに，[DaMo] の結果（定理 9.3.2）により，$|Z| = 2 = |H^2(G(m,1,n), \boldsymbol{C}^\times)|$ である．よって，補題 9.1.1 を適用すれば，G' が G の表現群（の 1 つ）であることが分かる．□

上と同様に，論文 [DaMo] における $H^2(G(m,p,n), \boldsymbol{C}^\times))$ の計算過程から次が分かる．

定理 9.3.4 ([DaMo] 参照)　m 偶数，$n \geq 4$，$Z := Z_1 \times Z_2 \times Z_3$, $Z_i = \langle z_i \rangle$, とする．

(i) 一般化対称群 $G(m,1,n) = \mathfrak{S}_n(\boldsymbol{Z}_m)$ の 1 つの表現群 $R(G(m,1,n))$ は Z による中心拡大 (9.3.3) として与えられる．ここに，

- 生成元系：　$\{z_1, z_2, z_3,\ r_i\ (i \in \boldsymbol{I}_{n-1}),\ \eta_j\ (j \in \boldsymbol{I}_n)\}$;
- 典型準同型：　$\Phi(r_i) = s_i\ (i \in \boldsymbol{I}_{n-1}),\ \Phi(\eta_j) = y_j\ (j \in \boldsymbol{I}_n)$;
- 基本関係式：　(i)　$z_i{}^2 = e\ (1 \leq i \leq 3)$,　z_i 中心元；

(ii)　前定理 (ii) と同じ；

(iii)　$\eta_j{}^m = e\ (j \in \boldsymbol{I}_n)$,　$\eta_j\eta_k = z_2\eta_k\eta_j\ (j \neq k)$;

(iv)　$$\begin{cases} r_i\eta_i r_i{}^{-1} = \eta_{i+1},\ r_i\eta_{i+1}r_i{}^{-1} = \eta_i & (i \in \boldsymbol{I}_{n-1}), \\ r_i\eta_j r_i{}^{-1} = z_3\eta_j & (j \neq i, i+1); \end{cases}$$

(ii) $\widetilde{D}_n(\boldsymbol{Z}_m) := \langle z_2, \eta_j\ (j \in \boldsymbol{I}_n) \rangle$ は $D_n(\boldsymbol{Z}_m)$ の 2 重被覆で，

(9.3.5) $$R(G(m,1,n)) \cong (\widetilde{D}_n(\boldsymbol{Z}_m) \times Z_3) \rtimes \widetilde{\mathfrak{S}}_n.$$

別証　Schur の乗法因子群 $H^2(G(m,p,n), \boldsymbol{C}^\times)$ の位数が分かれば（定理 9.3.2），定理の証明には，前定理の別証と同様に補題 9.1.1 を用いればよい．□

なお，(iv) で与えられた $\widetilde{\mathfrak{S}}_n$ の $\widetilde{D}_n(\boldsymbol{Z}_m) \times Z_3 = \langle z_2, z_3, \eta_j\ (j \in \boldsymbol{I}_n) \rangle$ への作用は次のように書ける．新たな生成元として，z_2, z_3 および

(9.3.6) $$\widehat{\eta}_j := z_3^{\,j-1}\eta_j \quad (j \in \boldsymbol{I}_n),$$

をとり，$D_n^{\wedge}(\boldsymbol{Z}_m) := \langle z_2, \widehat{\eta}_j\ (j \in \boldsymbol{I}_n)\rangle$，$\widetilde{D}_n^{\vee}(\boldsymbol{Z}_m) := \langle\, z_2, z_3, \widehat{\eta}_j\ (j \in \boldsymbol{I}_n)\rangle$ とおくと，

(9.3.7) $$\begin{cases} \widehat{\eta}_j\,\widehat{\eta}_k = z_2\,\widehat{\eta}_k\,\widehat{\eta}_j & (j \neq k), \\ r_i\widehat{\eta}_j r_i^{\,-1} = z_3\,\widehat{\eta}_{s_i(j)} & (i \in \boldsymbol{I}_{n-1},\ j \in \boldsymbol{I}_n), \end{cases}$$

(9.3.8) $$\begin{cases} \widetilde{D}(\boldsymbol{Z}_m) \times Z_3 \cong D_n^{\wedge}(\boldsymbol{Z}_m) \times Z_3 \cong \widetilde{D}_n^{\vee}(\boldsymbol{Z}_m), \\ R(G(m,1,n)) \cong (D_n^{\wedge}(\boldsymbol{Z}_m) \times Z_3) \rtimes \widetilde{\mathfrak{S}}_n. \end{cases}$$

$\sigma' \in \widetilde{\mathfrak{S}}_n$ に対し，$\sigma = \Phi_{\mathfrak{S}}(\sigma') \in \mathfrak{S}_n$ とし，σ の単純互換に関する長さを $L(\sigma)$，$L(\sigma') := L(\sigma)$，$\widetilde{\jmath}(\sigma)(\widehat{\eta}_j) := \widehat{\eta}_{\sigma(j)}\ (j \in \boldsymbol{I}_n)$ とすると，

(9.3.9) $$\sigma' d' \sigma'^{\,-1} = z_3^{\,L(\sigma')}\widetilde{\jmath}(\sigma)(d') \quad (d' \in \widetilde{D}_n(\boldsymbol{Z}_m) \times Z_3).$$

9.3.2 複素鏡映群 $G(m,p,n)$ の表現群

一般の複素鏡映群 $G(m,p,n)$, $p|m$, $p>1$, に対しては，Read [Rea] が Schur 乗法因子群 $H^2(G(m,p,n), \boldsymbol{C}^{\times})$ を計算した．その計算では，その過程で一つの表現群 $R(G(m,p,n))$ を与えたことになっている．そこでまず $G(m,p,n)$ を生成元と基本関係式で表示する．命題 9.3.1 の記号を使って，新たな記号 $x_1, \cdots, x_n$ を導入する（この新記号の選び方は，$n \to \infty$ の帰納極限を考える際に都合が良い）：

(9.3.10) $$\begin{cases} x_1 := y_1^{\,p} & (p = m \text{ の場合には } x_1 = e), \\ x_j := y_1^{-1} y_j & (j \in \boldsymbol{I}_n, >1). \end{cases}$$

命題 9.3.5 $4 \leq n < \infty$, $p|m$, $p>1$, とし，$q := m/p$ とおく．複素鏡映群 $G(m,p,n) = \mathfrak{S}_n(\boldsymbol{Z}_m)^{S(p)}$ は次のように表示できる：

- 生成元系： $\{s_1, s_2, \cdots, s_{n-1};\, x_1, x_2, \cdots, x_n\}$;
- 基本関係式：(ii) (Sym-n),

(iii) $$\begin{cases} x_1^{\,q} = e,\ x_j^{\,m} = e & (j \in \boldsymbol{I}_n, >1), \\ x_j x_k = x_k x_j & (j \neq k); \end{cases}$$

(iv-1) $$\begin{cases} s_i x_i s_i^{\,-1} = x_{i+1},\ s_i x_{i+1} s_i^{\,-1} = x_i & (i \in \boldsymbol{I}_{n-1}, >1), \\ s_i x_j s_i^{\,-1} = x_j & (j \neq i, i+1,\ i \in \boldsymbol{I}_{n-1}, >1,\ j \in \boldsymbol{I}_n), \end{cases}$$

(iv-2) $$\begin{cases} s_1 x_1 s_1^{\,-1} = x_1 x_2^{\,p},\ s_1 x_2 s_1^{\,-1} = x_2^{\,-1}, \\ s_1 x_j s_1^{\,-1} = x_2^{\,-1} x_j & (j \in \boldsymbol{I}_n, >2). \end{cases}$$

証明　まず，計算によって関係式 (iii)〜(iv) を出す．例えば，

$$s_1x_1s_1^{-1} = s_1y_1^{\,p}s_1^{-1} = y_2^{\,p} = y_1^{\,p}(y_1^{-1}y_2)^p = x_1\cdot x_2^p,$$

$$s_1x_2s_1^{-1} = s_1(y_1^{-1}y_2)s_1^{-1} = y_2^{-1}y_1 = x_2^{-1};$$

$$(s_1s_2)x_1(s_1s_2)^{-1} = s_1x_1s_1^{-1} = x_1x_2^p,$$

$$(s_1s_2)x_2(s_1s_2)^{-1} = (s_1s_2)(y_1^{-1}y_2)(s_1s_2)^{-1} = s_1(y_1^{-1}y_3)s_1^{-1} = y_2^{-1}y_3 = x_2^{-1}x_3,$$

$$(s_1s_2)^2x_1(s_1s_2)^{-2} = (s_1s_2)(x_1x_2^p)(s_1s_2)^{-1} = x_1x_2^p(x_2^{-1}x_3)^p = x_1x_3^p.$$

次に，基本関係式 (ii)〜(iv) によって定義される抽象的群の位数が，$|\mathfrak{S}_n(\boldsymbol{Z}_m)|/p$ であることを言えばよい．□

Schur 乗法因子群は，$\boldsymbol{Z}_2^{\,\ell}$, $\ell=\ell(m,p,n)$, の形をしている．この冪指数 $\ell(m,p,n)$ は，$n=2,3,4$ のときにはぶれているが，$n\geq 5$ に対しては一定である．

定理 9.3.6 ([Rea] 参照)　$n\geq 4$, $m>1$, $p|m$, $p>1$, $q=m/p$, とする．Schur 乗法因子群 $H^2(G(m,p,n),\boldsymbol{C}^\times)$ は $\boldsymbol{Z}_2^{\,\ell}$, $\ell=\ell(m,p,n)$, の形をしており，冪指数 $\ell(m,p,n)$ は下表で与えられる：

表 9.3.1　冪指数　$\ell(m,p,n)$．

n	場合	p	$q=m/p$	$\ell(m,p,n)$
4	OO	奇	奇	1
	OE	奇	偶	3
	EO	偶	奇	3
	EE	偶	偶	4
≥ 5	OO	奇	奇	1
	OE	奇	偶	3
	EO	偶	奇	2
	EE	偶	偶	3

$G(m,p,n)$, $p>1$, は一般化対称群 $G(m,1,n)$ の正規部分群であるが，それらの表現群の間の相互関係は一筋縄ではいかない．表現群 $R(G(m,p,n))$, $p>1$, の構造を具体的に書き下してみないと，表現群 $R(G(m,1,n))$ との関係が分からない．その関係が分かると，後者のスピン表現が如何に前者のスピン表現を支配しているかが理解できる．第 **2.1** 節で，有限群 G の Schur 乗法因子群 $\mathfrak{M}(G)$ の決

定問題に関して述べたが，表現群 $R(G)$ の決定問題も簡単ではない．もっとも手近にある実例として $G = G(m,p,n)$, $p|m$, >1, の場合を見てみよう．これは将来の研究対象としても興味が持たれる．

$5 \le n < \infty$ とし，上の表の 4 つの場合にできるだけまとめて書き下す．表現群 $R(G(m,p,n))$ は次のように表示される：

- 生成元系： $\{z_i\,(1 \le i \le \ell(m,p,n)), r_1, r_2, \cdots, r_{n-1}; w_1, w_2, \cdots, w_{n-1}, w_n\}$,
- 典型準同型： $\Phi(r_i) = s_i \ (i \in \boldsymbol{I}_{n-1}), \quad \Phi(w_j) = x_j \ (j \in \boldsymbol{I}_n)$;
- 基本関係式： (i), (ii), (iii), (iv-1), (iv-2)（必要な解説と共に）.

(i) $z_i{}^2 = e \ (1 \le i \le \ell(m,p,n)), \quad z_i$ 中心元.

(ii) $r_i{}^2 = e\,(i \in \boldsymbol{I}_{n-1}),\ (r_i r_{i+1})^3 = e\,(i \in \boldsymbol{I}_{n-2})$,
$r_i r_j = z_1 r_j r_i \ (|i-j| \ge 2)$. $\qquad (\langle z_1, r_i\,(i \in \boldsymbol{I}_{n-1})\rangle = \widetilde{\mathfrak{S}}_n$ である.)

定理 9.3.7 (m 奇) 場合 OO では，基本関係式は上記の (i), (ii) に加えて，下の (iii), (iv-1), (iv-2) から構成される：

(iii) $\begin{cases} w_1{}^q = e,\ w_j{}^m = e \ (j \in \boldsymbol{I}_n, >1), \\ w_j w_k = w_k w_j \qquad (j \ne k); \end{cases}$

(iv-1) $i > 1$ に対して，$\begin{cases} r_i w_i r_i{}^{-1} = w_{i+1},\ r_i w_{i+1} r_i{}^{-1} = w_i, \\ r_i w_j r_i{}^{-1} = w_j \quad (j \in \boldsymbol{I}_n,\ j \ne i, i+1); \end{cases}$

(iv-2) $\begin{cases} r_1 w_1 r_1{}^{-1} = w_1\, w_2{}^p,\ r_1\, w_2\, r_1{}^{-1} = w_2{}^{-1}, \\ r_1 w_j r_1{}^{-1} = w_2{}^{-1} w_j \qquad (j \in \boldsymbol{I}_n,\ j > 2). \end{cases}$

基本関係式 (iii) により，$\langle w_j\ (j \in \boldsymbol{I}_n)\rangle \cong \langle x_j\ (j \in \boldsymbol{I}_n)\rangle \cong D_n(\boldsymbol{Z}_m)^{S(p)} := \{d \in D_n(\boldsymbol{Z}_m);\, P(d) \in S(p)\}$ であり，(iv-1), (iv-2) による $\widetilde{\mathfrak{S}}_n$ の $D_n(\boldsymbol{Z}_m)^{S(p)}$ への作用は $\Phi_{\mathfrak{S}} : \widetilde{\mathfrak{S}}_n \to \mathfrak{S}_n$ を通してである．$R(G(m,p,n))$ は半直積に書ける：

$$R(G(m,p,n)) \cong D_n(\boldsymbol{Z}_m)^{S(p)} \rtimes \widetilde{\mathfrak{S}}_n.$$

定理 9.3.8 (m 偶) $5 \le n < \infty$, $p|m$, $p > 1$ 偶数，$q = m/p$ とする．表現群 $R(G(m,p,n))$ を表示するための基本関係式は，前述の (i), (ii) に加えて，下の (iii), (iv-1), (iv-2) から構成される[2)]：

---

2) 3 つの場合 OE, EO, EE で共通に書き表すためにやや無理をして便法を使った．場合 EO では，実際には z_3 は存在しない．何となれば，$q = m/p$ が奇数なので，$z_3{}^{q-1} = e$ となり，(iv-1), (iv-2) から z_3 は消え去る．

$$\text{(iii)}\quad \begin{cases} {w_1}^q = e,\ {w_j}^m = {z_2}^{m/2}\ (j \in \boldsymbol{I}_n, >1), \\ w_j w_k = z_2 w_k w_j\ (j \neq k). \end{cases}$$

$(\langle z_2, w_j\ (j \in \boldsymbol{I}_n)\rangle = \widetilde{D}_n(\boldsymbol{Z}_m)^{S(p)} := \{d' \in \widetilde{D}_n(\boldsymbol{Z}_m);\ P(d') \in S(p)\}$ は 2 重被覆.)

$$\text{(iv-1)}\quad i > 1 \text{ に対して，} \begin{cases} r_i w_i {r_i}^{-1} = w_{i+1},\ r_i w_{i+1} {r_i}^{-1} = w_i, \\ r_i w_1 {r_i}^{-1} = {z_3}^{q-1} w_1, \\ r_i w_j {r_i}^{-1} = w_j \quad (j \neq i, i{+}1,\ j \in \boldsymbol{I}_n, >1), \end{cases}$$

$$\text{(iv-2)}\quad \begin{cases} r_1 w_1 {r_1}^{-1} = {z_2}^{[p/2]} {z_3}^{q-1} w_1\, {w_2}^p,\ r_1\, w_2\, {r_1}^{-1} = {w_2}^{-1}, \\ r_1 w_j {r_1}^{-1} = {w_2}^{-1} w_j \qquad\qquad (j \in \boldsymbol{I}_n, >2). \end{cases}$$

表現群 $R(G(m,p,n))$ は半直積に書ける： 場合 OE, EE, および場合 EO ではそれぞれ,

$$R(G(m,p,n)) \cong (\widetilde{D}_n(\boldsymbol{Z}_m)^{S(p)} \times Z_3) \rtimes \widetilde{\mathfrak{S}}_n\,,$$
$$R(G(m,p,n)) \cong \widetilde{D}_n(\boldsymbol{Z}_m)^{S(p)} \rtimes \widetilde{\mathfrak{S}}_n\,.$$

定理 9.3.7, 9.3.8 は，[Rea] における上掲の定理 9.3.6 の証明のための計算の副産物である．そして，定理 9.3.3～9.3.4 の別証と同じように，定理 9.3.6 と補題 9.1.1 を使った以下の別証がある．

別証　定理の生成元系と基本関係式 (i)～(iv-2) により定義される群を G' とすると，これは中心的群 $Z = \langle z_i\ (1 \le i \le \ell(m,p,n)\rangle$ による $G = G(m,p,n)$ の中心拡大である．さらに，基本関係式から $Z \subset [G', G']$ が分かる．また，定理 9.3.6 により，$|Z| = 2^{\ell(m,p,n)} = |H^2(G, \boldsymbol{C}^\times)|$ である．これにより，補題 9.1.1 が適用可能となり，G' が G の表現群であることが分かる．しかし，そのために事前に確認すべきは，$\widetilde{\mathfrak{S}}_n = \langle r_i\ (i \in \boldsymbol{I}_{n-1})\rangle$ が正規部分群 $D' := \langle z_i\ (2 \le i \le \ell(m,p,n)), w_j\ (j \in \boldsymbol{I}_n)\rangle$ に関係式 (iv-1)～(iv-2) によって，確かにうまく作用していることである．$i \in \boldsymbol{I}_{n-1}$, $j \in \boldsymbol{I}_n$ に対して，$\jmath(r_i)(w_j) := r_i w_j {r_i}^{-1}$ とおくと，$\mathfrak{S}_n$ の基本関係式 (Sym-n) に対応して，組紐関係式

$$\text{(9.3.11)}\qquad (\jmath(r_i)\jmath(r_{i+1}))^3 = \mathrm{id},\ \ \jmath(r_k)\jmath(r_l) = \jmath(r_l)\jmath(r_k)\ (|k-l| \ge 2).$$

が満たされていることを計算により示せばよい（何故なら，z_1 の作用は自明だから）．　□

9.3.3 $n \to \infty$ の帰納極限を込めて

一般化無限対称群 $G(m,1,\infty) = \mathfrak{S}_\infty(\boldsymbol{Z}_m)$, およびその正規部分群 $G(m,p,\infty) = \mathfrak{S}_\infty(\boldsymbol{Z}_m)^{S(p)}$, に対しては，次の帰納極限をとる：

$$
(9.3.12) \qquad \begin{cases} R(G(m,1,\infty)) := \lim_{n\to\infty} R((G(m,1,n)), \\ R(G(m,p,\infty)) := \lim_{n\to\infty} R((G(m,p,n)), \end{cases}
$$

$R(G(m,1,\infty))$ を与える生成元系，基本関係式系は，**9.3.1** 小節の定理 9.3.3, 9.3.4 において，$n=\infty$ とおけばよい，すなわち，$\boldsymbol{I}_n$, $\boldsymbol{I}_{n-1}$, $\boldsymbol{I}_{n-2}$ をいずれも $\boldsymbol{I}_\infty = \boldsymbol{N}$ で置き換える．$R(G(m,p,\infty))$, $p|m$, $p>1$, を与える生成元系，基本関係式系は，**9.3.2** 小節の定理 9.3.7, 9.3.8 において，$n=\infty$ とおけばよい．

われわれは，この帰納極限を局所有限群の範疇に入る興味ある離散無限群の例と捉（とら）えて，それらのスピン指標（定義は **12.2** 節参照）を研究し，さらに $n\to\infty$ の漸近挙動も調べる．単に収束発散の問題，極限関数の計算，だけではなく，確率論的な取り扱いにも言及する（第 **13** 章参照）．後者は A.Vershik - S. Kerov [VK1,1978] によって開始されて，非常に興味を持たれている研究分野である．

問題 9.3.1 等式 (9.3.11) が成立していることを示せ．

9.4 表現群 $R(G(m,1,n))$ の $G(m,p,n)$ に対する部分群

有限群 G の 1 つの表現群 $R(G)$ をとる．G の部分群 H に対して，H の（1 つの）表現群が $R(G)$ の中に入っているだろうか？ 答は一般的には NO である．われわれは，一般化対称群 $G(m,1,n) = \mathfrak{S}_n(\boldsymbol{Z}_m)$ とその正規部分群 $G(m,p,n)$ の場合に調べてみる．$G(m,1,n)$ に対する完全系列

$$
(9.4.1) \qquad \{e\} \longrightarrow Z \longrightarrow R(G(m,1,n)) \xrightarrow{\Phi} G(m,1,n) \longrightarrow \{e\},
$$

において，$G(m,p,n)$ の完全逆像 $\Phi^{-1}(G(m,p,n))$ をとり，$G(m,p,n)$ の表現群 $R(G(m,p,n))$ と比較する．定理 9.3.3, 9.3.4 の記号 η_j $(j \in \boldsymbol{I}_n)$ を用いて，

$$
(9.4.2) \qquad \widehat{w}_1 = \eta_1{}^p, \ \widehat{w}_j = \eta_1{}^{-1}\eta_j \quad (j \in \boldsymbol{I}_n, >1),
$$

とおく．$5 \le n < \infty$ とする．

定理 9.4.1 (場合 OO, m 奇)　表現群 $R(G(m,1,n))$ において，$\{z_1,\ r_1, r_2, \cdots, r_{n-1}\ ;\ \widehat{w}_1, \widehat{w}_2, \cdots, \widehat{w}_n\}$ は完全逆像 $\Phi^{-1}(G(m,p,n))$ の生成元系である．対応 $r_i \to r_i\ (i \in \boldsymbol{I}_{n-1}),\ \widehat{w}_j \to w_j\ (j \in \boldsymbol{I}_n)$ によって，正規部分群 $\Phi^{-1}(G(m,p,n))$ は，$G(m,p,n)$ の表現群 $R(G(m,p,n))$（定理 9.3.7）に同型である．

証明　証明には，生成元系と基本関係式の組による群の定義を利用する．$\Phi^{-1}(G(m,p,n))$ が，$\{z_1,\ r_1, r_2, \cdots, r_{n-1}\ ;\ \widehat{w}_1, \widehat{w}_2, \cdots, \widehat{w}_n\}$ によって生成されることは，$G(m,p,n)$ の生成元系を与える (9.3.10) と命題 9.3.5 から分かる．上記の代入によって，定理 9.3.7 の基本関係式が満たされることは見易い．よって，$\Phi^{-1}(G(m,p,n))$ は $R(G(m,p,n))$ の準同型像である．$\Phi^{-1}(G(m,p,n)) \cong \langle z_2, \widehat{w}_j\ (j \in \boldsymbol{I}_n)\rangle \rtimes \widetilde{\mathfrak{S}}_n$ の位数と $R(G(m,p,n))$ の位数とを比較すれば，等しいことが分り，したがって，これらは互いに同型である．　□

補題 9.4.2　表現群 $R(G(m,1,n))$，m 偶，における $\widehat{w}_j\ (j \in \boldsymbol{I}_n)$ に対する $r_i\ (i \in \boldsymbol{I}_{n-1})$ の作用は，次の関係式を満たす：

$$(\mathrm{iv}^0\text{-}1)\quad i>1 \text{ に対し，}\ \begin{cases} r_i\widehat{w}_i{r_i}^{-1} = \widehat{w}_{i+1},\ r_i\widehat{w}_{i+1}{r_i}^{-1} = \widehat{w}_i, \\ r_i\widehat{w}_j{r_i}^{-1} = \widehat{w}_j \qquad (j>1,\ \neq i, i+1), \end{cases}$$

$$(\mathrm{iv}^0\text{-}2)\qquad \begin{cases} r_1\widehat{w}_1{r_1}^{-1} = z_2^{\,p(p-1)/2}{z_3}^p\widehat{w}_1{\widehat{w}_2}^{\,p},\ \ r_1\widehat{w}_2{r_1}^{-1} = {\widehat{w}_2}^{\,-1}, \\ r_1\widehat{w}_j{r_1}^{-1} = {\widehat{w}_2}^{\,-1}\widehat{w}_j \qquad (j>2). \end{cases}$$

定理 9.4.3 (場合 OE)　p 奇数，q 偶数のとき，完全逆像 $\Phi^{-1}(G(m,p,n)) \subset R(G(m,1,n))$ は，抽象群として，生成元系 $\{z_1, z_2, z_3,\ r_1, r_2, \cdots, r_{n-1}\ ;\ \widehat{w}_1, \widehat{w}_2, \cdots, \widehat{w}_n\}$，と定理 9.3.8 の基本関係式で w_j を $\widehat{w}_j$ でおきかえたもの，の組によって表示される．正規部分群 $\Phi^{-1}(G(m,p,n)) \subset R(G(m,1,n))$ は対応 $r_i \to r_i\ (i \in \boldsymbol{I}_{n-1}),\ \widehat{w}_j \to w_j\ (j \in \boldsymbol{I}_n)$ によって，表現群 $R(G(m,p,n))$ と同型である．

定理 9.4.4 (場合 EO, EE)　p 偶数，とする．表現群 $R(G(m,1,n))$ において，$\{z_1, z_2,\ r_i\ (i \in \boldsymbol{I}_{n-1}),\ \widehat{w}_j\ (j \in \boldsymbol{I}_n)\}$ が生成する部分群を $H'(m,p,n) \subset \Phi^{-1}(G(m,p,n))$ とする．このとき，$H'(m,p,n)$ は正規部分群ではないが，

$$\Phi^{-1}(G(m,p,n)) = Z_3 \cdot H'(m,p,n) \cong Z_3 \times H'(m,p,n).$$

(i) 場合 EO: $q = m/p$ 奇数，では，対応 $r_i \to r_i\ (i \in \boldsymbol{I}_{n-1}),\ \widehat{w}_j \to w_j\ (j \in \boldsymbol{I}_n)$ によって，$H'(m,p,n)$ は表現群 $R(G(m,p,n))$ と同型である．

(ii) 場合 EE: $q = m/p$ 偶数，では，定理 9.3.8 の基本関係式を Z_3 を法とし

て（mod. Z_3 で）考えたもの，すなわち，$z_3 \to e$ と退化させたものに，$r_i \to r_i\ (i \in \boldsymbol{I}_{n-1})$，$\widehat{w}_j \to w_j\ (j \in \boldsymbol{I}_n)$ と代入すれば，それらは成立する．この対応で，$H'(m,p,n) \cong R(G(m,p,n))/Z_3$.

定理 9.4.3, 9.4.4 の証明　証明には，生成元系と基本関係式の組による群の定義を利用する．そのとき補題 9.4.2 が要る．詳しくは，定理 9.4.1 の証明をなぞればよい．

注 9.4.1　$n=\infty$ の場合には，帰納極限によって，定理 9.4.1, 9.4.3～9.4.4 を自然に読み替えた主張が成立する．

表 9.4.1　一般化対称群の表現群 $R(G(m,1,n))$ への包含関係.

場合	$R(G(m,1,n))$ への包含関係 $(5 \leqslant n \leqslant \infty)$
OO, OE	$R(G(m,p,n)) \cong \Phi^{-1}(G(m,p,n)) \lhd R(G(m,1,n))$
EO	$R(G(m,p,n)) \cong H'(m,p,n) \subset R(G(m,1,n))$
EE	$R(G(m,p,n))/Z_3 \cong H'(m,p,n) \subset R(G(m,1,n))$

問題 9.4.1　補題 9.4.2 の等式 (iv^0-1), (iv^0-2) を計算によって示せ．
（注意．p 偶ならば z_3 は姿を消す．定理 9.3.8 の脚注参照）．

9.5　指標の正規部分群への制限の一般論と $R(G(m,p,n))$ の場合

9.5.1　母群と子群

上の表 9.4.1 で見るように，場合 OO, OE では，複素鏡映群 $G(m,p,n), p|m, p>1$ の表現群 $R(G(m,p,n))$ は，一般化対称群の表現群 $R(G(m,1,n))$ に正規部分群として入っている．場合 EO では，$G(m,p,n), p|m, p>1$ の表現群 $R(G(m,p,n))$ は，$R(G(m,1,n))$ に部分群として入っていて，それに中心的部分群 Z_3 を掛ければ正規部分群になる．また，場合 EE では Z_3 で潰されてるとはいえ，$Z_3 \times R(G(m,p,n))/Z_3$ が $R(G(m,1,n))$ の正規部分群として入っている．

$5 \leq n \leq \infty$ に対して，我々は，一般化対称群 $G(m,1,n) = \mathfrak{S}_n(\boldsymbol{Z}_m)$ またはその表現群 $R(G(m,1,n))$ を $G(m,p,n)$, $p|m$, $p>1$, または $R(G(m,p,n))$ の**母群**（ぼぐん）と呼び，後者をその**子群**（こぐん）と呼ぶ．その意味は，母群に対して，その指標に関する

結果（例えばスピン既約指標の決定）を得れば，それは制限写像を通して，子群に対する結果として遺伝していき，それがかなり重要な役割を果たす，ということである．とくに帰納極限 $n = \infty$ の場合には，かなり決定的な役割を果たす（第 **9.5.3** 小節参照）．

この見通しの根拠を，ここでは，第 11 章，第 12 章からの引用を交えながら，できるだけ手短に説明する．そして，母群に関する結果から如何にして子群に関する結果を引き出すかを説明する．

さて，母群と子群と呼べるような範疇が存在する場合に使える非常に有効な道具が，次の状況での一般的な結果である．一般に，G を位相群，N を G の正規部分群とする．G の位相は Hausdorff であるとする．G 上の正定値関数に関する基礎的事実は，必要ならば第 **12.1**～**12.2** 節を参照されたい．$g \in G$ による内部自己同型 $\iota(g)$ を N に制限したものを $\iota(g)|_N$ と書き，

$$\mathrm{Aut}_G(N) := \{\iota(g)|_N \,;\, g \in G\} \tag{9.5.1}$$

とおく．G 上の関数 F が（G の内部自己同型で）不変とすると，制限 $f = F|_N$ は $\mathrm{Aut}_G(N) \supset \mathrm{Int}(N)$ の下で不変である．G 上の正定値な連続関数の全体を $\mathcal{P}(G)$ とし，次のようにおく：

$$\begin{cases} K(G) := \{F \in \mathcal{P}(G) \,;\, F \text{ は不変である}\} \\ K_1(G) := \{F \in K(G) \,;\, F(e) = 1\}, \\ E(G) := \text{凸集合 } K_1(G) \text{ の端点全体}, \end{cases} \tag{9.5.2}$$

$$\begin{cases} K(N, G) := \{f \in K(N) \,;\, f \text{ は } G \text{ 不変}\}, \\ K_1(N, G) := \{f \in K(N, G) \,;\, f(e) = 1\}, \\ E(N, G) := \text{凸集合 } K_1(N, G) \text{ の端点全体}. \end{cases} \tag{9.5.3}$$

G の有限次元（連続）線形表現 π には指標 $\chi_\pi(g) := \mathrm{tr}(\pi(g))$ $(g \in G)$ が対応するが，$\widetilde{\chi}_\pi(g) := \chi_\pi(g)/\dim \pi$ を**正規化された指標**という．以上の概念の重要性を示唆するものとして，まず次の点を指摘しておこう．

(9.5.a)　G をコンパクト群，とくに有限群，とする．$E(G)$ は G の既約表現の正規化された指標の集合と一致する：$E(G) = \{\widetilde{\chi}_\pi \,;\, [\pi] \in \widehat{G}\}$（定理 12.2.3）．正規化された既約指標 F を正規部分群 N に制限した $F|_N$ については，第 **12.3** 節を参照されたし．

(9.5.b)　G が一般のときには，$E(G)$ の元を G の**指標**と呼ぶ（定義 12.2.3 参照）．$E(G)$ の元は，G の有限因子表現の正規化された指標を，群上の関数で表し

たものである（[HH5]，第 **12.4.2** 小節参照）．

E. Thoma は [Tho1, Lemma 14] で次の主張を証明した：

(∗) G を可算な離散群，N をその正規部分群，とする．このとき，

$$F \in E(G) \implies f := F|_N \in E(N, G).$$

われわれは，G の加算性の仮定を外した次の定理を第 12 章で得ている（さらに一般的な結果について，定理 12.3.1 を参照のこと）：

定理 9.5.1 G を離散群，N をその正規部分群，とする．このとき，任意の $F \in E(G)$ に対して，$f := F|_N \in E(N, G)$ である．

さらに，これを補完する次の定理が（大分先の話だが）定理 12.3.2 として得られている：

定理 9.5.2 G を離散群，N をその正規部分群，とする．このとき，制限写像 $\mathrm{Res}^G_N : E(G) \ni F \mapsto f := F|_N \in E(N, G)$ は全射である．

これらの結果は，われわれの議論の基礎であり，母から子への遺伝を保証する．

9.5.2 一般化対称群 $G(m,1,n)$ と複素鏡映群 $G(m,p,n)$

上の一般的な状況に当てはめるに当たって，一般化対称群 $G(m,1,n)$ とその正規部分群である複素鏡映群 $G(m,p,n)$ それぞれの表現群の場合には事情はそれほど簡単ではない．

● $n < \infty$ に対しては次の補題を挙げるに留める．

補題 9.5.3 $5 \le n < \infty$, $p|m$, $p > 1$, とする．

(i) $G' := R(G(m,1,n))$ の正規部分群 $N' := \Phi^{-1}(G(m,p,n))$ をとる．指数 $[G' : N'] = p$ であり，G'/N' の 1 つの代表元系は $\{e, \eta_1, {\eta_1}^2, \cdots, {\eta_1}^{p-1}\}$ で与えられる．

(ii) **m 奇の場合．** $[\mathrm{Aut}_{G'}(N') : \mathrm{Int}(N')] = (n,p)$（$n$ と p の最大公約数）である．$\mathrm{Aut}_{G'}(N')/\mathrm{Int}(N')$ の完全代表元系は $\{\iota({\eta_1}^k)|_{N'}\,;\, 0 \le k < (n,p)\}$ で与えられる．ただし，$\iota(h')g' := h'g'h'^{-1}$.

(iii) **m 偶の場合．** n 偶のとき，(ii) と同様の主張が成り立つ．

証明の方針． $\mathrm{Int}(N') \cong N'/Z_{N'}$, $\mathrm{Aut}_{G'}(N') \cong G'/Z_{G'}(N')$, ここに $Z_{N'}$ は N' の中心，$Z_{G'}(N')$ は G' における N' の中心化群．したがって，

$$|\mathrm{Aut}_{G'}(N')/\mathrm{Int}(N')| = |G'/Z_{G'}(N')|/|N'/Z_{N'}| = |G'/N'|/|Z_{G'}(N')/Z_{N'}|.$$

他方，$|G'/N'|=p$ で，$Z_{G'}(N')$ と $Z_{N'}$ はいずれも（Z を法として）$(\eta_1\eta_2\cdots\eta_n)^a$ の形の元からなる．そこで，冪指数 a に対する条件を詳しく調べればよい．（必要ならば [HHo2, Lemma 15.11] の証明を参照）　□

● **帰納極限群 $G(m,1,\infty)$ と $G(m,p,\infty)$ の場合.**

$n=\infty$, $p|m$, $p>1$, に対応する，帰納極限の群 $G(m,1,\infty)$ と正規部分群 $G(m,p,\infty)$ を考える．$G'=R(G(m,1,\infty))$, $N'=\Phi^{-1}(G(m,p,\infty))$, とおく．

場合 OO, OE では，$N'\cong R(G(m,p,\infty))$,

場合 EO, EE では，$N'=Z_3\cdot H'(m,p,\infty)\cong Z_3\times H'(m,p,\infty)$,　ここに，

$$H'(m,p,\infty):=\langle z_1,\,z_2,\,r_i\ (i\in\boldsymbol{I}_\infty=\boldsymbol{N}),\,\widehat{w}_j\ (j\in\boldsymbol{I}_\infty)\rangle,$$

$$\widehat{w}_1={\eta_1}^p,\ \widehat{w}_j={\eta_1}^{-1}\eta_j\ (j>1),$$

場合 EO では，$H'(m,p,\infty)\cong R(G(m,p,\infty))$,

場合 EE では，$H'(m,p,\infty)\cong R(G(m,p,\infty))/Z_3$.

補題 9.5.4　(i) $[\mathrm{Aut}_{G'}(N'):\mathrm{Int}(N')]=p$ であり，$\mathrm{Aut}_{G'}(N')/\mathrm{Int}(N')$ の完全代表元系として，$\{\iota({\eta_1}^k)|_{N'}\,;\,0\le k<p\}$ がとれる．

(ii) $g'=\eta_1$, $h'\in N'$, に対し，$n'_{g',h'}\in N'$ が存在して，

$$\iota(g')h'=n'_{g',h'}h'{n'_{g',h'}}^{-1}\qquad (m\ \text{奇の場合}),$$

$$\iota(g')h'=({z_2}^{\mathrm{ord}(h')}{z_3}^{L(h')})n'_{g',h'}h'{n'_{g',h'}}^{-1}\qquad (m\ \text{偶の場合}).$$

(iii) m 奇の場合．N' 上の関数 f に対し，　G' 不変 $\iff$ N' 不変.

(iv) m 偶の場合．N' 上の関数 f に対し，

$$G'\ \text{不変}\iff N'\ \text{不変 かつ}\ f(h')=f({z_2}^{\mathrm{ord}(h')}{z_3}^{L(h')}h')\ (\forall h'\in N').$$

証明　(i) 補題 9.5.3 の証明をなぞれば主張を得る．

(ii) m 偶数，のときに示す．$h'={z_3}^a d'\sigma'\in N'$, $d'\in\widetilde{D}_\infty(\boldsymbol{Z}_m)^{S(p)}:=\{d''\in\widetilde{D}_\infty(\boldsymbol{Z}_m)\,;\,\mathrm{ord}(d'')\equiv 0\ (\mathrm{mod}\ p)\}$, $\sigma'\in\widetilde{\mathfrak{S}}_\infty$, とし，$g'=\eta_1$ とおく．

$j\gg 1$ をとり，$j\notin\mathrm{supp}(\sigma')$ とする．$n'_{g',h'}=\eta_1{\eta_j}^{-1}$ とおけば，$n'_{g',h'}\in N'$,

$$n'_{g',h'}h'(n'_{g',h'})^{-1}=g'(\iota(\eta_j)h'){g'}^{-1}=({z_2}^{\mathrm{ord}(h')}z_3^{L(h')})\,\iota(g')h'.$$

(iii), (iv) は (ii) から従う．　□

中心的部分群 $Z=Z_1\times Z_2\times Z_3$ の指標 χ は，$\beta_i:=\chi(z_i)=\pm1\ (i\in\boldsymbol{I}_3)$ とおけば，$\beta:=(\beta_1,\beta_2,\beta_3)$ で表されるので，$\chi=\beta$ とも略記する．$G'=R(G(m,1,\infty))$

上の関数 F が**スピン型** $\chi \in \widehat{Z}$ を持つ，とは，$F(zg') = \chi(z)F(g')$ $(z \in Z,\ g' \in G')$ である（第 **2.2** 節参照）．任意の F を有限可換群 Z でフーリエ展開すれば，

$$F = \sum_{\chi \in \widehat{Z}} F_\chi, \quad F_\chi(g') := \frac{1}{|Z|} \sum_{z \in Z} F(zg')\,\overline{\chi(z)} \ \ (g' \in G'),$$

となり，F_χ はスピン型 χ である．また，F が正定値ならば，任意の $\chi \in \widehat{Z}$ に対して，F_χ も正定値である（補題 12.1.3 参照）．したがって，$K_1(G')$ の元 F でスピン型 χ を持つものの全体を $K_1(G';\chi)$, その端点全体を $E(G';\chi)$ と書けば，分解

(9.5.4) $$K_1(G') = \bigsqcup\nolimits_{\chi \in \widehat{Z}} K_1(G';\chi), \quad E(G') = \bigsqcup\nolimits_{\chi \in \widehat{Z}} E(G';\chi),$$

が成り立つ．また，N' 上の関数 f についても同様である．

補題 9.5.5 m 偶とする．$N' = \Phi^{-1}(G(m,p,n))$ 上の関数 f' に対して，

G' 不変，かつ，スピン型 χ を持つ

$\iff N'$ 不変，スピン型 χ, かつ，$f'(h') = \chi({z_2}^{\mathrm{ord}(h')}{z_3}^{L(h')})f'(h')$ $(h' \in N')$

$\iff N'$ 不変，スピン型 χ, かつ，$\mathrm{supp}(f') \subset \{h' \in N';\chi({z_2}^{\mathrm{ord}(h')}{z_3}^{L(h')}) = 1\}$.

証明 補題 9.5.4 (iv) による． □

補題 9.5.6 m 偶，$H' = H'(m,p,n)$, $Z = Z_1 \times Z_2 \times Z_3$, とする．

(i) 制限写像 $\mathrm{Res}^{G'}_{N'}: E(G') \ni F \mapsto f' := F|_{N'} \in E(N';G')$ は，$\chi \in \widehat{Z}$ に対し，

$$E(G';\chi) \to \{f' \in E(N';\chi)\,;\, \mathrm{supp}(f') \subset \{h' \in N'\,;\, \chi({z_2}^{\mathrm{ord}(h')}{z_3}^{L(h')}) = 1\}\}$$

の全射を与える．

(ii) 制限写像 $\mathrm{Res}^{G'}_{H'}: E(G') \ni F \mapsto f := F|_{H'}$ は，$\chi' := \chi|_{(Z_1 \times Z_2)}$ としたとき，

(9.5.5)
$$E(G';\chi) \to \{f \in E(H';\chi')\,;\, \mathrm{supp}(f) \subset \{h' \in H'\,;\, \chi({z_2}^{\mathrm{ord}(h')}{z_3}^{L(h')}) = 1\}\}$$

の全射を与える．ここに，$E(H';\chi')$ は，$E(H')$ の元 f でスピン型 χ' を持つもののなす部分集合である．

(iii) $p|m$, $p > 1$ 偶，$\chi = (\beta_1, \beta_2, \beta_3)$, $\beta_3 = 1$, の場合，制限写像 $\mathrm{Res}^{G'}_{H'}$ は，$E(G';\chi) \to E(H';\chi')$ の全射を与える．

証明（i） $f' = F|_{N'}$ とする．写像 $F \mapsto f'$ は定理 9.5.2 により $E(G') \to E(N', G')$ の全射である．補題 9.5.4 (iv) により，$E(N', G')$ を書き換えて，スピン型の条件を付けると，主張を得る．

（ii） $H' \subset N'$ へのさらなる制限 $f = F|_{H'} = f'|_{H'}$ においては，補題 9.5.5 の $\mathrm{supp}(f')$ への条件が付加される．

(iii) $h' \in N'$ に対しては，$\mathrm{ord}(h')$ は p の倍数であり，したがって偶数，ゆえに $\chi({z_2}^{\mathrm{ord}(h')}) = 1$. さらに仮定により，$\beta_3 = 1$ なので，$\chi({z_3}^{L(h')}) = {\beta_3}^{L(h')} = 1$. ゆえに，(9.5.5) 式の最右辺の $\mathrm{supp}(f)$ への条件は，自明な条件となる． □

9.5.3　母群 $R(G(m,1,\infty))$ から子群 $R(G(m,p,\infty))$, $p|m$, への遺伝

● **制限写像 $F \mapsto f$ のまとめ.**

母群に対する結果を子群に対して応用するのに重要な制限写像 $F \mapsto f$ についてまとめる．記号．$G' = R(G(m,1,\infty))$, $N' = \Phi^{-1}(G(m,p,\infty))$, $H' = H'(m,p,\infty) \subset N'$, $q = m/p$.

場合 OO（m 奇）．　$N' \cong R(G(m,p,\infty))$.

制限写像 $\mathrm{Res}^{G'}_{N'} : E(G') \ni F \mapsto f = F|_{N'} \in E(N')$ は全射である．

場合 OE（p 奇，q 偶）．　$N' \cong R(G(m,p,\infty))$.

スピン型 $\chi \in \widehat{Z}$, $Z = Z_1 \times Z_2 \times Z_3$, $\beta_i = \chi(z_i)$ $(i \in \boldsymbol{I}_3)$ を決めると，制限写像 $\mathrm{Res}^{G'}_{N'} : E(G';\chi) \ni F \mapsto f = F|_{N'} \in E(N';\chi)$ は次の集合への全射である：

$$(9.5.6) \qquad \begin{cases} \{f \in E(N';\chi)\ ;\ \mathrm{supp}(f) \subset N''(\chi)\}, \\ N''(\chi) := \{{z_3}^a d'\sigma';\ a = 0,1,\ {\beta_2}^{\mathrm{ord}(d')}{\beta_3}^{L(\sigma')} = 1\}. \end{cases}$$

場合 EO（p 偶，q 奇）．　$H' \cong R(G(m,p,\infty))$.

スピン型 $\chi \in \widehat{Z}$, $\beta = (\beta_1, \beta_2, \beta_3)$, $\beta_3 = 1$, をとり，$\chi' = (\beta_1, \beta_2) \in \widehat{Z'}$, $Z' = Z_1 \times Z_2$，とおくと，制限写像 $\mathrm{Res}^{G'}_{H'} : E(G';\chi) \ni F \mapsto f = F|_{H'} \in E(H';\chi')$ は全射である．

場合 EE（p 偶，q 偶）．　$H' \cong R(G(m,p,\infty))/Z_3$.

スピン型 $\chi \in \widehat{Z}$, $\beta = (\beta_1, \beta_2, \beta_3)$, $\beta_3 = 1$, をとり，$\chi' = (\beta_1, \beta_2) \in \widehat{Z'}$, $Z' = Z_1 \times Z_2$，とおくと，制限写像 $\mathrm{Res}^{G'}_{H'} : E(G';\chi) \ni F \mapsto f = F|_{H'} \in E(H';\chi')$ は全射である．また，$E(H';\chi')$ と $E(R(G(m,p,\infty));\chi)$ とは自然に同一視できる．

● **場合 EE における指標の積.**

上のまとめで分かるように，場合 EE を除けば，母群 $G' := R(G(m,1,\infty))$ の指標に対する結果から子群 $G'_{m,p} := R(G(m,p,\infty))$ に対する結果がほぼ得られる．残された場合 EE については，次のように「表現のテンソル積」を用いる手段がある．それを指標からみれば「関数としての積」として翻訳される．

「$G'_{m,p}$ 上の関数 f_1, f_2 がそれぞれスピン型 $\chi_1, \chi_2 \in \widehat{Z}$ を持つとする．このとき，積 $f_1 f_2$ はスピン型 $\chi_1\chi_2$ を持つ」

他方，第 **14.8** 節で，スピン型 $\chi_3 = (1,\,1-1)$ の 2 次元既約表現 $\pi_{2,\zeta^{(k)}}$ ($\zeta^{(k)} \in \widehat{T}, T = \boldsymbol{Z}_m$, を構成し，その指標が計算されている．とくに，$\zeta^{(0)} = \mathbf{1}_T$（自明指標）のときには，$f_0 := \chi_{\pi_{2,\mathbf{1}_T}}$ は簡明な関数である（定理 14.8.3 参照）．f_0 の正規化を $\widetilde{f_0}$ とすると，$f \in E(G'_{m,p};\chi_{12})$, $\chi_{12} = (\beta_1, \beta_2, 1)$ に対し，$f\widetilde{f_0}$ はスピン型 $\chi_{12}\chi_3 = (\beta_1, \beta_2, -1)$, となる．このとき，$f$ を指標として持つ $G'_{m,p}$ の因子表現を π とすると，$\pi \otimes \pi_{2,\mathbf{1}_T}$ は因子表現とは限らないが，何個かの因子表現の和に分解するだろう．それに対応して，$f\widetilde{f_0} \in K_1(G'_{m,p})$ の端点分解としての「正係数有限一次結合」が存在する（定理 14.9.5 参照）．そこに現れる端点を拾っていけば，$E(G'_{m,p};\chi_{12}\chi_3)$ の元がすべて得られるのではないか？

この予想を補強する事実として，上の対応 $f \mapsto f\widetilde{f_0}$ とは逆に，$E(G'_{m,p};\chi_{12}\chi_3) \ni \varphi \mapsto \varphi f_0$ がある（**14.9.1** 小節参照）．実際，スピン型が $(\chi_{12}\chi_3)\chi_3 = \chi_{12}$ になるので，$\varphi\widetilde{f_0}$ の端点分解の成分から $E(G'_{m,p};\chi_{12})$ の元が得られる．（これと似通った状況については，[HHH4, §16.1], [HHoH2, §24.3] を見よ．）[3)]

なお，本書のこれからの基本方針は，母群についての結果を与えることである．本書での母群に関する結果を，実際に子群に対して応用していくことは，細かい議論が必要になるので，本書を越えるより専門的な部分となる．

閑話休題 9.5.1 現在では数学論文の原稿は大部分 TeX を使って書かれているが，そこに至るまでの過程ではいろいろ試行錯誤があった．まだ TeX が無かったごく初期には，日本では basic で書かれた「数学論文原稿作成用のソフト」を込めて，数学者が自ら（みずか）作ったその種のソフトが 3 種類ほどもあった．それらはまだ組版機能はほとんど無く，添字の付き方も 1 段だけでみっともないくらいのソフトだったが，IBM 電動タイ

3) 本書の最初の粗原稿では本原稿よりも 100 頁ほどオーバーして，母群および母群と子群の関係に関する結果を詳述してあった．そこまで来ると，予想が現実化され得ることはほぼ目に見えている [HHo2].

プライターよりは使い易く，機械音痴の数学者でもなんとかなったので，ある時期かなりはやっていた．

私自身は若林功さん作成の「若林ソフト」を無料で使わせて貰っていた．その後いろいろの進化版のソフトが出てきて，乗り換えざるを得ないときが来ると苦痛だった．1 つには旧ソフトで作成した自分の財産とも言える原稿類を新ソフトに合わせて改版していくことは手間と時間がかかるので大体後回しになり，気が付いたときには旧くなりすぎてもう殆ど自分の手には負えなくなっていて，宝の死蔵状態になってしまっている，ということでとても残念だった．今でも古い 3.5 インチの Disk に入れた自分の原稿類を大事そうに持っているが，もうそれを読み取って活用するソフトは古いパソコンを処分すると共に無くなって手許にない．

それより何より（まるで夢の中にいるような不思議な感覚で受け止めざるを得なかった）大きな「カルチャーショック」は「学習したことを忘れる必要がある」「忘れることは良いことだ」という経験だった．これは使用タイプライターが英文式から仏文式に変わったとき，フランス滞在中に味わった「体(からだ)で覚えていることを一旦忘れさせて新たに別のやり方を体に覚え込ませる」という経験とは違うさらに異質のものだった．

自分のそこまでの数学者人生では「学習することは良いことだ」という鉄則を信じてきた．専門書を読むときには「いま当面役立たなくてもいずれいつかは役に立つはずだ」と信じていたわけである．ところがその頃のソフトや電子機器は人間とのインターフェイスの整備が遅れていて「手引きをよく読んでから使って下さい」とか「ユーザーズマニュアルをまず読んで下さい」とか書いてあり不親切だった．それを私は馬鹿正直に文字通りに実行し，さらに自分で「原理を理解してから使おう」とか「徹底的に理解してみよう」とか細かいところまで読み込んだりしていた．

しかし，大型計算機を使ってみたり，パソコンを買い換えて OS が変わったり，プリンターなどの機器を更新したりすると，以前の学習がかえって仇(あだ)となって，新しい環境に馴染みにくくなり「古くなった知識を早く忘れるように努力」せねばならなくなった．これはそれまでの私にとっては全く馴染みのない予想もしていない状況だった．

あるとき，数学教室の予算で新しいパソコンを購入して貰い，業者が私の研究室に搬入して据え付けていたときに，何かの話のついでに「もう新しいことを勉強するのはしんどい」と言ったのだが，それを「大学の先生が勉強はイヤだ」と言っている風にまともに受け取られて笑われてしまった．詳しく説明するのも野暮なのでそのまま放置した．「勉強の嫌いな先生」になったまま．

第 10 章

一般化対称群の表現群の構造とスピン指標の性質

10.1　表現群 $R(G(m,1,n))$ における共役類

10.1.1　基盤の群 $G(m,1,n)$ における共役類

表現群 $R(G(m,1,n))$ に対して，その共役類を調べるときに，その基礎として，被覆写像の下（した）の群 $G(m,1,n)$ における共役類の話が必要である．そのとき，定理 9.3.4 にしたがって $4 \le n \le \infty$ ととる．まず，群の構造，群の一般元，に対する記号は次のようである：

$$\begin{cases} G(m,1,n) = \mathfrak{S}_n(T) = D_n(T) \rtimes \mathfrak{S}_n,\ T = \boldsymbol{Z}_m, \\ g = (d,\sigma) \in G(m,1,n),\ d = (t_i)_{i \in \boldsymbol{I}_n} \in D_n(T),\ t_i \in T_i = T,\ \sigma \in \mathfrak{S}_n\,, \\ \mathrm{supp}(g) := \mathrm{supp}(d) \cup \mathrm{supp}(\sigma),\ \mathrm{supp}(d) := \{i \in \boldsymbol{I}_n\ ;\ t_i \ne e_T\}, \end{cases}$$

ここに，e_T は T の単位元，$\mathrm{supp}(\sigma) := \{i \in \boldsymbol{I}_n\,;\, \sigma(i) \ne i\}$, である．

$G(m,1,n)$ の元 $g = (d,\sigma)$ が次の形のとき，**基本元**と呼ぶ：

場合 1. $\sigma \ne \boldsymbol{1}$ は巡回置換で，$\mathrm{supp}(d) \subset \mathrm{supp}(\sigma)$,

場合 2. $\sigma = \boldsymbol{1}$（$\mathfrak{S}_n$ の単位元）で，$d = (t_i)_{i \in \boldsymbol{I}_n}$ は，唯一つの $q \in \boldsymbol{I}_n$ に対してだけ，$t_q \ne e_T$．この元 $(d,\boldsymbol{1})$ を $\xi_q = \xi_q(t_q) = (t_q,(q))$, で表す．ここに，$(q)$ は集合 $\{q\}$ 上の'自明な巡回置換'を表す記号である．

$G(m,1,n)$ の任意の元 $g = (d,\sigma)$ は，次ように「基本元の積」として表される：

$$g = \xi_{q_1}\xi_{q_2}\cdots\xi_{q_r}g_1g_2\cdots g_s\,, \tag{10.1.1}$$

ここに，$g_j = (d_j,\sigma_j)$ は場合 1 で，q_k $(k \in \boldsymbol{I}_r)$, $\mathrm{supp}(g_j)$ $(j \in \boldsymbol{I}_s)$ は, 正整数の区間 $\boldsymbol{I}_n$ で互いに素である．上の分解を g の**標準分解**，ξ_{q_k}, g_j を g の**基本成分**という．ここでは q_k $(k \in \boldsymbol{I}_r)$, g_j $(j \in \boldsymbol{I}_s)$ それぞれにおける順序付けには一意性がない．基本元 $g_j = (d_j,\sigma_j)$ に対し，次のデータをとる：

(10.1.2)
$$\begin{cases} \ell_j := \ell(\sigma_j) = |\mathrm{supp}(\sigma_j)| \ (\text{巡回置換 } \sigma_j \text{ の長さ}), \\ K_j := \mathrm{supp}(\sigma_j),\ d_j := (t_i)_{i \in K_j},\ P(d_j) := \prod_{i \in K_j} t_i. \end{cases}$$

定理 10.1.1 (i) $g \in G(m,1,n) = \mathfrak{S}_n(T),\ T = \boldsymbol{Z}_m,$ の共役類は，データ

(10.1.3)
$$\{\, (t_{q_k}, 1)\ (1 \le k \le r),\ \ (P(d_j), \ell(\sigma_j)\,)\ (1 \le j \le s)\},$$

で特徴づけられる．ただし，$\xi_{q_k} = (t_{q_k}, (q_k))$ に対しては，$\ell((q_k)) = 1$ としておく．

(ii) $4 \le n < \infty$ とする．$G(m,1,n)$ の共役類の集合は上の対応により，集合

$$\{(t_i, \ell_i)_{1 \leqslant i \leqslant u}\ ;\ t_i \in T,\ \ell_i \ge 1,\ \sum_{1 \leqslant i \leqslant u} \ell_i = n\}$$

によりパラメーター付けられる．ここでは，特別に，$(t_i, 1),\ t_i = e_T$（したがって対応する $\xi_q = (e_T, (q))$ は単位元 e）も参加させておく．

(iii) $n = \infty$ の場合，$G(m,1,\infty)$ の単位元 $\{e\}$ 以外の共役類の集合は上の対応により，次の集合 によりパラメーター付けられる：

$$\{(t_i, \ell_i)_{1 \leqslant i \leqslant u}\ ;\ t_i \in T,\ \ell_i \ge 1,\ \sum_{1 \leqslant i \leqslant u} \ell_i < \infty,\ \ell_i = 1 \text{ のときは } t_i \ne e_T\}.$$

証明 (i)〜(ii) をまとめて議論する． $g = (d, \sigma)$ の標準分解 (10.1.1) をとる．第 **1** 章 **3.2** 小節により，$\mathfrak{S}_n$ の共役類は，$\sigma \in \mathfrak{S}_n$ を互いに素な巡回置換積に分解したとき，その巡回置換の長さの集合により決定される．そこで，$\mathfrak{S}_n$ の元による内部自己同型により，σ を $\mathfrak{S}_n$ の共役類のある完全代表元系の元にもって行き，それをあらためて $g = (d, \sigma)$ とする．g の標準分解 (10.1.1) において，$g_j = (d_j, \sigma_j)$ は

$$\sigma_j = (1\ 2\ \cdots\ \ell),\ \ d_j = (t_1, t_2, \cdots, t_\ell),\ \ \ell := \ell_j,$$

とすると（T の群環の元）$T \sqcup \{0\}$ を要素とする $\ell \times \ell$ 型の行列により，次のように表される： $g_j = d_j \sigma_j,$

$$d_j = \begin{pmatrix} t_1 & 0 & 0 & \cdots & 0 & 0 \\ 0 & t_2 & 0 & \cdots & 0 & 0 \\ 0 & 0 & t_3 & \ddots & 0 & 0 \\ \vdots & \vdots & \ddots & \ddots & \ddots & \vdots \\ 0 & 0 & 0 & \cdots & t_{\ell-1} & 0 \\ 0 & 0 & 0 & \cdots & 0 & t_\ell \end{pmatrix},\quad g_j = \begin{pmatrix} 0 & 0 & \cdots & 0 & 0 & t_1 \\ t_2 & 0 & \cdots & 0 & 0 & 0 \\ 0 & t_3 & \ddots & 0 & 0 & 0 \\ \vdots & \ddots & \ddots & \ddots & \vdots & \vdots \\ 0 & 0 & \cdots & t_{\ell-1} & 0 & 0 \\ 0 & 0 & \cdots & 0 & t_\ell & 0 \end{pmatrix}.$$

この行列表示から分かるように，g_j を $D_n(T)$ の適当な元で共役を取れば，特定の 1 ヶ所にだけ $P(d_j)=t_1t_2\cdots t_\ell$ が現れ，そこ以外では e_T が現れる様にできる．

こうして得られた共役類の代表元の間にもはや共役関係が無いことは簡単に分かる． □

10.1.2 $R(G(m,1,n))$ の Z を法とする共役類とスピン指標

$G_n := G(m,1,n), G'_n = R(G_n)$ とおく．G'_n の中心的部分群 $Z = H^2(G_n, \boldsymbol{C}^\times)$ は，m の奇偶によって，$Z = Z_1$ または $Z = Z_1 \times Z_2 \times Z_3$ であって，

(10.1.4) $$\{e\} \longrightarrow Z \longrightarrow G'_n = R(G_n) \xrightarrow{\Phi} G_n = G(m,1,n) \longrightarrow \{e\} \quad (\text{完全}).$$

G'_n の Z を**法とする共役類**とは，$g', h' \in G'_n$ に対する同値関係

(10.1.5) $$g' \sim_Z h' \overset{\text{def}}{\Longleftrightarrow} zg'_0g'g'^{-1}_0 = h' \ (\exists z \in Z, \exists g'_0 \in G'_n),$$

による同値類である．g' を含む「Z を法とする共役類」を $[g']_Z$ と書く．

$\chi \in \widehat{Z}$ に対し，G'_n 上の関数 f が，χ 型の**中心的関数**または**不変関数**であるとは，

(10.1.6) $$f(z\,h'g'h'^{-1}) = \chi(z)f(g') \quad (z \in Z,\ g', h' \in G'_n),$$

を満たすことである．このとき f が，G'_n の Z を法とする共役類の完全代表元系の上で決まれば，G'_n 全体の上で決まる．

正規化された G'_n-不変な正定値関数の集合 $K_1(G'_n)$ の端点集合 $E(G'_n)$ の元 f をとれば，ある $\chi \in \widehat{Z}$ に対して，(10.1.6) を満たす．その全体を $E(G'_n;\chi)$ と書けば，

(10.1.7) $$E(G'_n) = \bigsqcup_{\chi \in \widehat{Z}} E(G'_n;\chi).$$

$K_1(G'_n;\chi) := \{f \in K_1(G'_n); f$ はスピン型 χ を持つ $\}$ とおく．$E(G'_n;\chi)$ は $K_1(G'_n;\chi)$ の端点全体である．これは，$n<\infty$ のときは，χ 型のスピン既約表現の正規化された指標全体であり，$n=\infty$ のときは，χ 型のスピン因子表現（有限型）の正規化された指標全体である（第 **12** 章参照）．

本書の今後の構成　本書で今後示そうとしているのは，粗筋(あらすじ)次のようなことである．

(1) $n<\infty$ のとき，$G_n = G(m,1,n)$ のスピン既約表現，すなわち $G'_n = R(G(m,1,n))$ のスピン型 χ の既約表現，を具体的に構成し，その指標の具体形

を求める．これは $E(G'_n;\chi)$ の元の具体的表示式を与えるものである．

(2) $n\to\infty$ にしたがって，上の χ 型指標の列 $f_n\in E(G'_n;\chi)$ が $G'_\infty=\lim_{n\to\infty} G'_n$ 上で極限を持つかどうかを調べ，極限関数を求める．

(3) χ 型の '良い' 極限関数を集めると，$E(G'_\infty;\chi)$ の元が全て得られていることを示す．

この (1)～(3) は，G'_∞ のスピン指標を求める 1 つのプロセスである．これは一見，回り道であるが，スピン指標の詳しい具体形を求められる，という有利性がある．このプロセスの一般論は確率論的な取り扱いが自然であって，それは第 **13** 章で解説する．

そのために，とりあえずここで，Z を法とする共役類に関して，準備することは，次のようなことである：

[10.1.1] G' の「Z を法とする共役類」の完全代表元系を与える；

[10.1.2] Z を法とする共役類の構造を調べる；

[10.1.3] 完全系列 $\{e\}\to Z\to G'\overset{\Phi}{\to} G\to\{e\}$ に対して，切断 $s:\ G\to G'=R(G)$ を確定する．

これらの副産物として，（思いがけずも）中心的スピン正定値関数 f の台に関する著しい制限条件が得られる．これは補題 9.5.6 でも現れた現象であり，重要な情報を与える．

10.1.3　$R(G(m,1,n))$ の Z を法とする共役類の完全代表元系

$G'_n=R(G(m,1,n))$, $4\le n\le\infty$, の Z を法とする共役類の完全代表元系を与えよう．$g',h'\in G'_n$ に対し，$g=\Phi(g'),h=\Phi(h')\in G_n$ とおく．いま，$g'\sim_Z h'$ とする．定義により，$zg'_0g'g'_0{}^{-1}=h'$ $(\exists z\in Z, \exists g'_0\in G'_n)$, であるから，典型準同型 $\Phi: G'_n\to G_n$ により，下の群 G_n に落とせば，$h=g_0gg_0{}^{-1}$, $g_0=\Phi(g'_0)\in G_n$, である．したがって，g,h は G_n で共役である．

補題 10.1.2　$g,\ h\in G_n$ が共役であるとする．$g',h'\in G'_n$, $\Phi(g')=g$, $\Phi(h')=h$, をとると，$[g']_Z=[h']_Z$．G_n の共役類と，G'_n の Z を法とする共役類との次の対応は，全単射である：

$$[g]\ \leftrightarrow\ [g']_Z\quad (g\in G_n,\ g'\in G'_n,\ g=\Phi(g')). \tag{10.1.8}$$

証明　$g_0\in G_n$ により，$h=g_0gg_0{}^{-1}$ とする．この関係を上の群 G'_n に移すと，

$h'Z \ni g'_0 g' {g'_0}^{-1}$, $\Phi(g'_0) = g_0$, である．これは，$h' = z g'_0 g' {g'_0}^{-1}$ $(\exists z \in Z)$ と同値である．よって，$[g] = [h] \Leftrightarrow [g']_Z = [h']_Z$． □

この補題を踏まえて，前節の定理 10.1.1 (ii), (iii) を使って，G'_n の Z を法とする共役類の完全代表元系を与えよう．$T = \boldsymbol{Z}_m$ の生成元 t_0 を固定し，T の元を $\{t_0{}^b\,;\, 0 \le b < m\}$ と表す．次に，$\widetilde{\mathfrak{S}}_n$ の（巡回置換に対応する元として）$\ell \ge 1$ に対して，

(10.1.9)
$$\begin{cases} \sigma^{(\ell)} := \mathbf{1}' \ (\widetilde{\mathfrak{S}}_n \text{ の単位元}) & (\ell = 1), \\ \sigma^{(\ell)} := r_1 r_2 \cdots r_{\ell-1} & (\ell \ge 2), \end{cases}$$

とおく．$g'_{b,\ell} := (t_0{}^b, \sigma^{(\ell)}) = t_0{}^b \sigma^{(\ell)}$ を（“$b = 0, \ell = 1$” の場合を除いて）**基本元**という．

$$\Omega_n := \{\omega = (b,\ell)\,;\, \text{“}1 \le b < m,\ \ell = 1\text{” または “}2 \le \ell \le n\text{”}\}, \quad 4 \le n < \infty,$$
$$\Omega_\infty := \{\omega = (b,\ell)\,;\, \text{“}1 \le b < m,\ \ell = 1\text{” または “}2 \le \ell < \infty\text{”}\}, \quad n = \infty,$$

とおくと，$\{g'_\omega\,;\, \omega \in \Omega_n\}$ は G'_n 内の基本元全体の集合である．Ω_n 内の 2 元 $g'_\omega, g'_{\omega'}$ は可換とは限らず，交換すると，$g'_\omega g'_{\omega'} = z\, g'_{\omega'} g'_\omega$ $(\exists z \in Z)$ となる．そこで，Ω_n には，(b,ℓ) に関する逆辞書式順序を入れて置く．$\omega = (b,\ell)$ に対して，$\ell_\omega := \ell$ とおくと，$\ell_\omega = |\mathrm{supp}(g'_\omega)|$.

さて，G'_n の Z を法とする共役類の完全代表元系を与えるパラメーターの空間を用意する：$\boldsymbol{Z}_{\ge 0} := \{n \in \boldsymbol{Z}\,;\, n \ge 0\}$ として，$n < \infty, n = \infty$ にしたがって，

(10.1.10)
$$(\boldsymbol{Z}_{\ge 0})^{(\Omega_n)} := \{\boldsymbol{n} = (n_\omega)_{\omega \in \Omega_n}\,;\, n_\omega \in \boldsymbol{Z}_{\ge 0},\ \sum_{\omega \in \Omega_n} n_\omega \ell_\omega \le n\},$$

(10.1.11)
$$(\boldsymbol{Z}_{\ge 0})^{(\Omega_\infty)} := \{\boldsymbol{n} = (n_\omega)_{\omega \in \Omega_\infty}\,;\, n_\omega \in \boldsymbol{Z}_{\ge 0},\ \sum_{\omega \in \Omega_\infty} n_\omega \ell_\omega < \infty\},$$

そこで，$\boldsymbol{n} = (n_\omega)_{\omega \in \Omega_n} \in (\boldsymbol{Z}_{\ge 0})^{(\Omega_n)}$ に対する G'_n の元 $g'_{\boldsymbol{n}}$ を次のように作る．まず，n_ω は g'_ω が出現する重複度なので，g'_ω と（G'_n で）共役な $g_\omega^{(1)}, g_\omega^{(2)}, \cdots, g_\omega^{(n_\omega)} \in G'_n$ を用意して，それらの台 $\mathrm{supp}(g_\omega^{(j)})$ が互いに素になるようにする．その積を記号で

(10.1.12)
$$g'_\omega{}^{[n_\omega]} := g_\omega^{(1)} g_\omega^{(2)} \cdots g_\omega^{(n_\omega)},$$

とおく．$n_\omega > 0$ となっているすべての ω について，$g'_\omega{}^{[n_\omega]}$ の台が互いに素になるように（必要ならば共役を取って）調整し，$\omega \in \Omega_n$ の順序にしたがって積を

とって，

$$g'_{\boldsymbol{n}} := \prod_{\omega\in\Omega_n}{}' \, {g'_\omega}^{[n_\omega]} \tag{10.1.13}$$

とおく．記号 $\prod$ に $'$ を付加したのは積を取る順序が Ω_n 内の順序に従うことを示す．$n_\omega = 0$ $(\forall\omega\in\Omega_n)$ の場合には，$g'_{\boldsymbol{n}} = e$（単位元）と解釈する．

定理 10.1.3　$4 \le n \le \infty$ とする．$G'_n = R(G(m,1,n))$ の Z を法とする共役類全体の完全代表元系は次の集合によって与えられる：

$$\mathcal{G}_{\Omega_n} := \{g'_{\boldsymbol{n}} \,;\, \boldsymbol{n} = (n_\omega)_{\omega\in\Omega_n} \in (\boldsymbol{Z}_{\ge 0})^{(\Omega_n)}\}. \tag{10.1.14}$$

証明　$g' \in G'_n$ をとり，その標準的分解を $g' = {z_1}^a{z_2}^b{z_3}^c\xi'_{q_1}\xi'_{q_2}\cdots\xi'_{q_r}g'_1g'_2\cdots g'_s$，ただし，$\xi'_q = (t'_q,(q)')$, $g'_j = d'_j\sigma'_j$, $\Phi_D(d'_j) = d_j$, $\Phi_{\mathfrak{S}}(\sigma'_j) = \sigma_j$, $a,b,c = 0,1$; q_i $(i \in \boldsymbol{I}_r)$, $\mathrm{supp}(g'_j)$ $(j \in \boldsymbol{I}_s)$, 互いに素，とする．これを典型準同型 $\Phi: G'_n \to G_n = G(m,1,n)$ で写すと，$\Phi(\xi'_q) = \xi_q = (t_q,(q))$, $\Phi(g'_j) = g_j = (d_j,\sigma_j)$, として，

$$g = (d,\sigma) = \xi_{q_1}\xi_{q_2}\cdots\xi_{q_r}\,g_1g_2\cdots g_s,$$

となる．そこで，$\xi'_q \to (b,\ell) = (\mathrm{ord}(\xi'_q),1) = (\mathrm{ord}(\xi_q),1)$, $g'_j \to (b,\ell) = (\mathrm{ord}(d'_j),\ell(\sigma'_j)) = (\mathrm{ord}(d_j),\ell(\sigma_j))$, と対応させて，$\omega = (b,\ell)$ の重複度を n_ω, $\boldsymbol{n} := (n_\omega)_{\omega\in\Omega_n}$ とおく．

定理 10.1.1 (ii) を別の言い方で述べると，「$g = \Phi(g') \in G_n$ の共役類は $\boldsymbol{n}$ により特徴付けられる．そして，G_n の共役類全体は，$(\boldsymbol{Z}_{\ge 0})^{(\Omega_n)}$ によりパラメーター付けられる．」これはそのまま，G'_n の Z を法とする共役類の分類に翻訳できるので，(10.1.14) で与えられた $\mathcal{G}_{\Omega_n}$ がその共役類の完全代表元系を与えることが分かる．　□

注 10.1.1　ここまでで，前 **10.1.2** 小節で挙げた準備事項のうち，[10.1.1] が済んだ．さらに，事項 [10.1.3] については，共役類の代表元系に関してではあるが，$\Phi: G'_n \to G_n$ の切断の取り方が指定された．そこでは，代表元 $g'_{\boldsymbol{n}}$ の取り方が工夫してあるので，次のような便利な事情になっている：$f \in K_1(G'_n)$ が因子分解可能（定義 10.4.1 参照）ならば，$\boldsymbol{n} = (n_\omega)_{\omega\in\Omega_n}$ に対して，

$$f(g'_{\boldsymbol{n}}) = \prod_{\omega\in\Omega_n} f(g'_\omega)^{n_\omega}. \tag{10.1.15}$$

10.1.4 $g' \in R(G(m,1,n))$ の回りの Z を法とする共役（初歩）

$g' \in G'_n = R(G(m,1,n))$ に対して，$g = \Phi(g') \in G_n$ とし，(10.1.1) をその標準分解とする．ξ_{q_k} $(k \in \boldsymbol{I}_r)$, g_j $(j \in \boldsymbol{I}_s)$ の原像 ξ'_{q_k}, g'_j を適当に取ると，g' は

$$g' = {z_1}^a {z_2}^b {z_3}^c \xi'_{q_1}\xi'_{q_2}\cdots\xi'_{q_r} g'_1 g'_2 \cdots g'_s\,. \tag{10.1.16}$$

と表される．これを g' の**標準分解**という．ここに，$a, b, c = 0, 1 \pmod 2$ は，ξ'_q, g'_j の取り方によって変わり得る．以下の結果は主として計算によって示されるのであるが，その基礎となる公式を与えておこう．$j, k \in \boldsymbol{I}_{n-1}$ に対して，$r_{jk} \in \widetilde{\mathfrak{S}}_n$ を次のように決める：

$$\begin{cases} r_{jk} := (r_j r_{j+1} \cdots r_{k-2}) r_{k-1} (r_{k-2} \cdots r_{j+1} r_j) & (j < k), \\ r_{kj} := r_{jk} \ \ (j < k), \quad r_{jj} := \mathbf{1}' \ (\widetilde{\mathfrak{S}}_n \text{ の単位元}) & (j \in \boldsymbol{I}_n). \end{cases} \tag{10.1.17}$$

すると，$\Phi_{\mathfrak{S}}(r_{jk}) = \Phi_{\mathfrak{S}}(r_{kj}) = s_{jk} = (j\ \ k)$ $[j, k$ の互換$]$.

補題 10.1.4 $\widetilde{\mathfrak{S}}_n$ および $G'_n = R(G(m,1,n))$ における関係式：

(i) $$\begin{cases} r_i r_{jk} {r_i}^{-1} = z_1 r_{jk} & (j, k \neq i, i+1), \\ r_i r_{ji} {r_i}^{-1} = r_{j,i+1}, \quad r_i r_{j,i+1} {r_i}^{-1} = r_{ji} & (j \neq i, i+1). \end{cases}$$

(ii) m 偶の場合，$$\begin{cases} r_{jk} \eta_j {r_{jk}}^{-1} = {z_3}^{k-j-1} \eta_k, & (j, k \in \boldsymbol{I}_n,\ j \neq k), \\ r_{jk} \eta_i {r_{jk}}^{-1} = z_3\, \eta_i & (i, j, k \in \boldsymbol{I}_n,\ i \neq j \neq k \neq i). \end{cases}$$

新しい生成元として，$\widehat{\eta}_j := {z_3}^{j-1} \eta_j$ $(j \in \boldsymbol{I}_n)$ とおけば，

$$\sigma' \widehat{\eta}_i {\sigma'}^{-1} = {z_3}^{L(\sigma')} \widehat{\eta}_{\sigma(i)} \ \ (\sigma' \in \widetilde{\mathfrak{S}}_n,\ \sigma = \Phi_{\mathfrak{S}}(\sigma') \in \mathfrak{S}_n).$$

証明 定理 9.3.3 および定理 9.3.4 の基本関係式を用いて計算する．例えば，(i) の第 2 式では，それぞれ，$r_i r_{i-1} r_i = r_{i-1} r_i r_{i-1}$ および $r_i (r_{i-1} r_i r_{i-1}) r_i = r_{i-1}$ を用いればよい．(ii) の証明は省略する． □

$g' \in G'_n = R(G(m,1,n))$ に対して，$g = \Phi(g') \in G_n = G(m,1,n)$ とし，

$$\begin{cases} \mathcal{Z}(g') := \{h' \in R(G(m,1,n))\ ;\ \Phi(h' g' {h'}^{-1}) = \Phi(g')\}, \\ Z(g) := \{h \in G(m,1,n); hgh^{-1} = g\}, \end{cases} \tag{10.1.18}$$

とおく．$\mathcal{Z}(g')$ は部分群 Z を法として g' と可換な元の集合である．われわれは，関係式 $h'g'{h'}^{-1} = zg'$ に現れる $z \in Z$ の集合に注目する．$h = \Phi(h')$ とおくと，

$h \in Z(g)$ である．g の標準分解を用いれば，$Z(g)$ の生成元系を与えることは難しくはない．それを踏まえれば，次の補題が得られる．

補題 10.1.5　$4 \le n \le \infty$. 一般元 $g \in G_n$ とその原像 $g' \in G'_n$ の標準分解を次とする：

(10.1.19)

$$\begin{cases} g = (d,\sigma) = \xi_{q_1}\xi_{q_2}\cdots\xi_{q_r}\, g_1 g_2 \cdots g_s, \quad \xi_q = (t_q, (q)),\ g_j = (d_j, \sigma_j), \\ g' = z\,\xi'_{q_1}\xi'_{q_2}\cdots\xi'_{q_r} g'_1 g'_2 \cdots g'_s, \\ \qquad z \in Z,\ \xi'_q = (t'_q, (q)'),\ g'_j = d'_j\sigma'_j,\ \Phi_D(d'_j) = d_j,\ \Phi_{\mathfrak{S}}(\sigma'_j) = \sigma_j, \end{cases}$$

ここに，$(q)'$ は $\widetilde{\mathfrak{S}}_n$ の単位元（ただし，位置情報 $q \in \boldsymbol{I}_n$ を含む），$\Phi_D : \widetilde{D}_n(T) \to D_n(T)$ は典型準同型で，$\Phi_D(t'_q) = t_q$．このとき，ξ'_{q_i} $(i \in \boldsymbol{I}_r)$, g'_j $(j \in \boldsymbol{I}_s)$ を g' の**基本成分**という．$d' := \xi'_{q_1}\xi'_{q_2}\cdots\xi'_{q_r} d'_1 d'_2 \cdots d'_s$, $\sigma' := \sigma'_1\sigma'_2\cdots\sigma'_s$, とおくと，$m$ 奇のとき，$g' = zd'\sigma'$, m 偶のとき，$g' = z_3^{\,c} z d'\sigma'$ $(\exists c = 0,1)$．Z を法として g' と可換な元の集合 $\mathcal{Z}(g')$ は次の元を含む：

(i)	r_k	$k, k+1 \notin \mathrm{supp}(g')$,
(ii)	η_k	$k \notin \mathrm{supp}(g')$,
(iii)	η_{q_i}	$(i \in \boldsymbol{I}_r)$,
(iv)	g'_j	$(j \in \boldsymbol{I}_s)$,
(v)	$\widetilde{\eta}_j := \prod_{p \in K_j} \eta_p,\ K_j := \mathrm{supp}(\sigma_j)$	$(j \in \boldsymbol{I}_s)$.

ここに，積 $\widetilde{\eta}_j$ は（η_p の積の順序によって）z_2 の冪の分だけ違いが有り得る．ただし，

$$\mathrm{supp}(g') := \mathrm{supp}(d') \bigcup \mathrm{supp}(\sigma'), \quad \mathrm{supp}(d') := \mathrm{supp}(d),\ \mathrm{supp}(\sigma') := \mathrm{supp}(\sigma).$$

証明　定理 9.3.3, 9.3.4 の基本関係式による．□

記号 10.1.1　巡回置換 $\sigma \in \mathfrak{S}_n$ に対して，$\ell(\sigma)$ をその長さとし，一般元 $\sigma \in \mathfrak{S}_n$ に対して，$L(\sigma)$ を単純互換に関する長さとする．σ を互いに素な巡回置換の積 $\sigma = \sigma_1 \cdots \sigma_k$, に分解したとき，$L(\sigma) = \sum_{i \in \boldsymbol{I}_k} L(\sigma_i) \equiv \sum_{i \in \boldsymbol{I}_k} (\ell(\sigma_i) - 1) \pmod 2$ である．$\sigma' \in \widetilde{\mathfrak{S}}_n$, $\Phi_{\mathfrak{S}}(\sigma') = \sigma$, に対して次のようにおく：

$$\ell(\sigma') := \ell(\sigma),\ L(\sigma') := L(\sigma),\ \mathrm{sgn}(\sigma') := \mathrm{sgn}(\sigma).$$

10.1.5 $g' \in R(G(m,1,n))$ の Z を法とする共役（m 奇の場合）

定理 10.1.6 $4 \le n < \infty$, m 奇. $g' \in R(G(m,1,n))$, $g = \Phi(g') \in G(m,1,n)$ を (10.1.19) の通りとする．このとき，補題 10.1.5 の (i), (iv) の元による共役は次の共役関係を与える：

(i) $r_k g' r_k^{-1} = z_1^{L(\sigma')} g'$, $\quad |\mathrm{supp}(g')| \le n-2$, $\mathrm{supp}(g') \not\ni k, k+1$ のとき，

(iv) $g'_j g' {g'_j}^{-1} = z_1^{(L(\sigma')-L(\sigma'_j))L(\sigma'_j)} g' \qquad (j \in \boldsymbol{I}_s)$.

また，(ii), (iii), (v) の元による共役は自明な変換を与える．

証明 (i) k に関する仮定により，$k \notin \mathrm{supp}(\sigma')$ なので，定理 9.3.3 により，$r_k \sigma' r_k^{-1} = z_1^{L(\sigma')} \sigma'$．さらに，$r_k d' r_k^{-1} = d'$．(iv) $j \neq k$ ならば，$\mathrm{supp}(\sigma'_j) \cap \mathrm{supp}(\sigma'_k) = \varnothing$ なので，$\sigma'_j \sigma'_k {\sigma'_j}^{-1} = z_1^{L(\sigma'_j)L(\sigma'_k)} \sigma'_k$．また，$\sigma'_j d' {\sigma'_j}^{-1} = d'$． □

定理 10.1.7 $n = \infty$, m 奇. $g' \in R(G(m,1,\infty))$, $g = \Phi(g') \in G(m,1,\infty)$ を (10.1.19) の通りとする．補題 10.1.5 の (i), (iv) の元による共役は次の共役関係を与える：

(i) $r_k g' r_k^{-1} = z_1^{L(\sigma')} g'$, $\quad \mathrm{supp}(g') \not\ni k, k+1$ のとき，

(iv) $g'_j g' {g'_j}^{-1} = z_1^{(L(\sigma')-L(\sigma'_j))L(\sigma'_j)} g' \ (j \in \boldsymbol{I}_s)$.

また，(ii), (iii), (v) の元による共役は自明な変換を与える．

証明 前定理と同様に証明される． □

10.1.6 $g' \in R(G(m,1,n))$ の Z を法とする共役（m 偶の場合）

記号 10.1.2 $d' \in \widetilde{D}_n(\boldsymbol{Z}_m) = \langle z_2, \eta_1, \cdots, \eta_n \rangle$ に対して，$d = \Phi(d') \in D_n(\boldsymbol{Z}_m)$ とするとき，$\mathrm{ord}(d') := \mathrm{ord}(d)$ とおく．

定理 10.1.8 $4 \le n < \infty$, m 偶. $g' \in R(G(m,1,n))$, $g = \Phi(g') \in G(m,1,n)$ を (10.1.19) の通りとする．補題 10.1.5 の (i)〜(v) の元は，次の共役関係を与える：

(i) $r_k g' r_k^{-1} = z_1^{L(\sigma')} z_3^{\mathrm{ord}(d')} g'$, $\quad |\mathrm{supp}(g')| \le n-2$, $\mathrm{supp}(g') \not\ni k, k+1$;

(ii) $\eta_k g' \eta_k^{-1} = z_2^{\mathrm{ord}(d')} z_3^{L(\sigma')} g'$, $\quad |\mathrm{supp}(g')| \le n-1$, $\mathrm{supp}(g') \not\ni k$;

(iii) $\eta_{q_i} g' \eta_{q_i}^{-1} = z_2^{\mathrm{ord}(d')-\mathrm{ord}(\xi'_{q_i})} z_3^{L(\sigma')} g' \quad (i \in \boldsymbol{I}_r)$,

(iv)　$g'_j g' {g'_j}^{-1} = z_1^{(L(\sigma')-L(\sigma'_j))L(\sigma'_j)} z_2^{(\mathrm{ord}(d')-\mathrm{ord}(d'_j))\mathrm{ord}(d'_j)} \times$
$\times z_3^{L(\sigma')\,\mathrm{ord}(d'_j)+\mathrm{ord}(d')\,L(\sigma'_j)} g' \qquad (j \in \boldsymbol{I}_s),$

(v)　$\widetilde{\eta}_j g' \widetilde{\eta}_j^{\,-1} = z_2^{\mathrm{ord}(d')(L(\sigma'_j)+1)+L(\sigma'_j)-\mathrm{ord}(d'_j)} z_3^{L(\sigma')(L(\sigma'_j)+1)} g' \qquad (j \in \boldsymbol{I}_s).$

証明　(i)〜(iii) の計算は易しい．(iv)　$j,k \in \boldsymbol{I}_s$, $j \neq k$ に対して，

$$g'_j g'_k {g'_j}^{-1} = z_1^{L(\sigma'_k)L(\sigma'_j)} z_2^{\mathrm{ord}(d'_k)\mathrm{ord}(d'_j)} z_3^{L(\sigma'_k)\mathrm{ord}(d'_j)+\mathrm{ord}(d'_k)L(\sigma'_j)} g'_k. \tag{10.1.20}$$

(v) のためには次の補題を準備する．これらを使って証明するのだが，その詳細は，表現群 $R(G(m,1,n))$ の構造に慣れるために，読者に問題として残そう．□

補題 10.1.9　$g'_k = d'_k\sigma'_k$，$\sigma'_k \in \widetilde{\mathfrak{S}}_{K_k}$，$K_k = \mathrm{supp}(\sigma'_k)$ $(k \in \boldsymbol{I}_s)$，$d'_j = \prod_{p\in K_j} {\eta_p}^{a_p}$，$\widetilde{\eta}_j = \prod_{p\in K_j} \eta_p$，とおくと，

$$\begin{cases} \widetilde{\eta}_j g'_j \widetilde{\eta}_j^{-1} = z_2^{\mathrm{ord}(d'_j)L(\sigma'_j)+L(\sigma'_j)} z_3^{L(\sigma'_j)(L(\sigma'_j)+1)} g'_j, \\ \widetilde{\eta}_j g'_k \widetilde{\eta}_j^{-1} = z_2^{\mathrm{ord}(d'_k)(L(\sigma'_j)+1)} z_3^{L(\sigma'_k)(L(\sigma'_j)+1)} g'_k \quad (k \neq j), \\ \widetilde{\eta}_j \xi'_{q_i} \widetilde{\eta}_j^{\,-1} = z_2^{\mathrm{ord}(\xi'_{q_i})(L(\sigma'_j)+1)} \xi'_{q_i} \quad (i \in \boldsymbol{I}_r). \end{cases} \tag{10.1.21}$$

$n \to \infty$ の帰納極限の群については，定理 10.1.7, 定理 10.1.8 から直ちに結果が出る．m 偶の場合を挙げておく．

定理 10.1.10　$n = \infty$, m 偶とする．$g' \in R(G(m,1,\infty))$，$g = \Phi(g') \in G(m,1,\infty) = \mathfrak{S}_\infty(\boldsymbol{Z}_m)$ を (10.1.19) の通りとする．補題 10.1.5 の (i)〜(v) の元は，それぞれ次の共役関係を与える： 定理 10.1.8 の (i), (ii) において $|\mathrm{supp}(g')|$ の制限を外したもの，および (iii), (iv), (v)．

問題 10.1.1　補題 10.1.5 を詳しく証明せよ．
ヒント．　(v) に対しては，$\widetilde{\eta}_j d'_j \widetilde{\eta}_j^{\,-1} = {z_2}^x d'_j$, $\widetilde{\eta}_j \sigma'_j \widetilde{\eta}_j^{\,-1} = {z_2}^y {z_3}^{y'} \sigma'_j$, を示せ．

問題 10.1.2　補題 10.1.9 を証明せよ．そして定理 10.1.8 の証明を完成させよ．

10.2　一般化対称群 $G(m,1,n)$ のスピン指標の台

$G_n = G(m,1,n)$, $G'_n = R(G_n)$, $4 \le n \le \infty$，とし，m の偶奇にしたがって，中心的部分群を $Z = Z_1 \times Z_2 \times Z_3$ または $Z = Z_1$ とおく．一般元 $g' \in G'_n$，$g =$

$\Phi(g') \in G_n$ の標準分解を (10.1.19) の通りとする．f を G'_n 上のスピン中心的関数，とくにスピン指標，とする．f の不変性とスピン型から，f の台に関する重要な情報が得られる．

$G(m,1,n)$, $4 \le n \le \infty$, m 奇，のスピン指標の台の評価

定理 10.1.6, 10.1.7 の結果として次のような評価を得る．

補題 10.2.1 $4 \le n < \infty$, m 奇，の場合．

(a) 定理 10.1.6 の共役関係 (i) および (iv) は次の関係式を与える：

$$\text{(i)} \quad f(g') = (-1)^{L(\sigma')} f(g'), \qquad |\mathrm{supp}(g')| \le n-2 \text{ のとき；}$$

$$\text{(iv)} \quad f(g') = (-1)^{(L(\sigma')-L(\sigma'_j))L(\sigma'_j)} f(g') \qquad (j \in \boldsymbol{I}_s).$$

$$\text{(b)} \qquad f(g') \neq 0 \implies \begin{cases} L(\sigma'_j) \equiv 0 \ (\forall j \in \boldsymbol{I}_s), & \text{または，} \\ L(\sigma') \equiv 1 \quad \text{かつ} \quad |\mathrm{supp}(g')| \ge n-1. \end{cases}$$

補題 10.2.2 $n = \infty$, m 奇，の場合．

(a) 定理 10.1.7 の共役関係 (i) および (iv) は次の関係式を与える：前補題 (i) で $|\mathrm{supp}(g')|$ の制限を外したもの，および (iv)．

(b) $\quad f(g') \neq 0 \implies L(\sigma'_j) \equiv 0 \quad (\forall j \in \boldsymbol{I}_s)$.

$G(m,1,n)$, $4 \le n < \infty$, m 偶，のスピン指標の台の評価

$Z = Z_1 \times Z_2 \times Z_3$ の指標 χ は $\beta_i := \chi(z_i) = \pm 1$ により，$\chi \leftrightarrow (\beta_1, \beta_2, \beta_3)$ と対応するので互いに記号を流用する．スピン指標 f のスピン型 χ は都合 8 個あり，以下の表 10.2.1 に見るように場合 I から場合 VIII までに分ける．場合 VIII, スピン型 $(\beta_1, \beta_2, \beta_3) = (1,1,1)$, は実は非スピンである．

f を G'_n 上のスピン型 $\chi = (\beta_1, \beta_2, \beta_3)$ の中心的スピン関数，とくにスピン指標，とする．定理 10.1.8 の結果として次のような評価を得る．

補題 10.2.3 (場合 I, スピン型 $\chi = \chi^{\mathrm{I}} = (-1,-1,-1)$)

(a) f は，定理 10.1.8 の (i)〜(v) から従う次のような条件を満たす：

$$\text{(i)} \ f(g') = (-1)^{L(\sigma')+\mathrm{ord}(d')} f(g'), \qquad |\mathrm{supp}(g')| \le n-2 \text{ のとき；}$$

$$\text{(ii)} \ f(g') = (-1)^{\mathrm{ord}(d')+L(\sigma')} f(g'), \qquad |\mathrm{supp}(g')| \le n-1 \text{ のとき；}$$

$$\text{(iii)} \ f(g') = (-1)^{\mathrm{ord}(d')-\mathrm{ord}(\xi'_{q_i})+L(\sigma')} f(g') \qquad (i \in \boldsymbol{I}_r);$$

$$\text{(iv)} \ f(g') = (-1)^{(L(\sigma')+1)L(\sigma'_j)+(\mathrm{ord}(d')+1)\mathrm{ord}(d'_j)+L(\sigma')\mathrm{ord}(d'_j)+\mathrm{ord}(d')L(\sigma'_j)} f(g');$$

(v) $f(g') = (-1)^{\mathrm{ord}(d')(L(\sigma'_j)+1)+L(\sigma'_j)-\mathrm{ord}(d'_j)+L(\sigma')(L(\sigma'_j)+1)} f(g') \quad (j \in \boldsymbol{I}_s)$.

(b)　$f(g') \neq 0 \implies$　(mod 2 で)

$$\begin{cases} \mathrm{ord}(d') + L(\sigma') \equiv 0,\ \mathrm{ord}(\xi'_{q_i}) \equiv 0\ (\forall i),\ \mathrm{ord}(d'_j) + L(\sigma'_j) \equiv 0\ (\forall j)\ ;\ \text{または}, \\ \mathrm{ord}(d') + L(\sigma') \equiv 1,\ |\mathrm{supp}(g')| = n,\ \mathrm{ord}(\xi'_{q_i}) \equiv 1\ (\forall i),\ \mathrm{ord}(d'_j) \equiv 1\ (\forall j). \end{cases}$$

証明　(a) 定理 10.1.8 からの直接的な帰結. (b) は (a) からの計算による.　□

スピン型 $\chi^{\mathrm{II}} = (-1, -1, 1)$ からスピン型 $\chi^{\mathrm{VII}} = (1, 1, -1)$ まで, 上と同様にして, スピン指標 f の台に関する必要条件が得られる. それらの証明は, 上の補題 10.2.1 のものと並行するものであり, 難しくはないがやや長たらしい計算による. その計算は割愛して, 最終結果を一覧表にしておく.

表 10.2.1 の説明　スピン指標 f に対してその台 $\mathrm{supp}(f) := \{g' \in G'_n = R(G(m,1,n))\,;\, f(g') \neq 0\}$ に対する必要条件を, $g = \Phi(g') \in G_n = G(m,1,n) = \mathfrak{S}_n(\boldsymbol{Z}_m)$ に対する条件として書き下す. ここでは, $4 \leq n < \infty$, m 偶,

$$\{e\} \to Z = \langle z_1, z_2, z_3 \rangle \to G'_n \xrightarrow{\Phi} G_n \to \{e\} \quad (\text{完全}), \quad T = \boldsymbol{Z}_m,$$
$$S(2) = \{t^2\,;\, t \in T\} \cong \boldsymbol{Z}_{m/2},\ \mathfrak{A}_n(T)^{S(2)} := \{(d,\sigma) \in \mathfrak{S}_n(T)\,;\, \sigma \in \mathfrak{A}_n,\ P(d) \in S(2)\},$$

記号 "$\varnothing$" は必要条件を満たす元が存在しないことを表す.

問題 10.2.1　場合 II～VII に対する表 10.2.1 の結果を証明せよ.

閑話休題 10.2.1　TEX の創始者の D. Knuth 先生は, 1997 年から刊行している著書シリーズ "The Art of Computer Programming" の組版が気に入らなかったのがきっかけで, 版組みの自動化に取り組んだのが TEX 創始の動機だったそうである.

TEX はとても有り難い. しかしただひとつ困ることがある. それは, 半角 1 文字 (というか, 3/18 文字分のスペース `\,`) を入れたりカットしたりするだけで, ページ組みが大きく変わったり頁数が増減したりすることである. そうかというと, 全角数文字を挿入してもそれほどページ組みに変化が無かったりする. この意味で, 大きめの表を文中に入れるのは苦労のもとである. その表の前後の頁に大きな隙間が生じ易く, それを避けるには文章の前後を入れ替えたり改変したり, 試行錯誤を余儀なくされるからである. それもその表からかなり前の頁での変更が影響を及ぼしてくるのがうまく予想できず厄介である. それにも拘(かか)わらず, 本書で (表 10.2.1, 表 10.3.1 など) で手間を掛けて表を作って入れたのは, その効果として

表 10.2.1 $R(G(m,1,n))$, m 偶, 上のスピン中心的関数の台に対する必要条件.

<table>
<tr><td rowspan="3">場合 Y

関数の
スピン型
χ^{Y}</td><td colspan="4">$f(g') \neq 0$ $(g' \in G'_n)$ の必要条件を $g = \Phi(g') \in G_n$ で書く：
$g = (d,\sigma) = \xi_{q_1} \cdots \xi_{q_r} g_1 \cdots g_s$, $\xi_q = (t_q,(q))$, $g_j = (d_j,\sigma_j)$</td></tr>
<tr><td colspan="2">$\mathrm{ord}(d) + L(\sigma) \equiv 0 \pmod 2$</td><td colspan="2">$\mathrm{ord}(d) + L(\sigma) \equiv 1 \pmod 2$</td></tr>
<tr><td>$\mathrm{ord}(d) \equiv 0$
$L(\sigma) \equiv 0$</td><td>$\mathrm{ord}(d) \equiv 1$
$L(\sigma) \equiv 1$</td><td>$\mathrm{ord}(d) \equiv 0$
$L(\sigma) \equiv 1$</td><td>$\mathrm{ord}(d) \equiv 1$
$L(\sigma) \equiv 0$</td></tr>
<tr><td>I
(−1,−1,−1)</td><td colspan="2">$\mathrm{ord}(\xi_{q_i}) \equiv 0$ $(i \in \boldsymbol{I}_r)$
$\mathrm{ord}(d_j) + L(\sigma_j) \equiv 0$ $(j \in \boldsymbol{I}_s)$</td><td colspan="2">$\lvert\mathrm{supp}(g')\rvert = n$
$\mathrm{ord}(\xi_{q_i}) \equiv 1$ $(i \in \boldsymbol{I}_r)$
$\mathrm{ord}(d_j) \equiv 1$ $(j \in \boldsymbol{I}_s)$</td></tr>
<tr><td>II
$(-1,-1,1)$</td><td>$L(\sigma) \equiv 0$
$\mathrm{ord}(\xi_{q_i}) \equiv 0$ $(\forall i)$
$\mathrm{ord}(d_j) + L(\sigma_j)$
$\equiv 0$ $(\forall j)$</td><td>$\lvert\mathrm{supp}(g')\rvert = n$
$r+s$ 奇
$\mathrm{ord}(\xi_{q_i}) \equiv 1$ $(\forall i)$
$\mathrm{ord}(d_j) \equiv 1$ $(\forall j)$
$L(\sigma) \equiv 1$</td><td>$\varnothing$</td><td>$\lvert\mathrm{supp}(g')\rvert = n$
$r+s$ 奇
$\mathrm{ord}(\xi_{q_i}) \equiv 1$ $(\forall i)$
$\mathrm{ord}(d_j) \equiv 1$ $(\forall j)$
$L(\sigma_j) \equiv 0$ $(\forall j)$</td></tr>
<tr><td>III
$(-1,1,-1)$</td><td>$\subset \mathfrak{A}_n(T)^{S(2)}$
$L(\sigma_j) \equiv 0$ $(\forall j)$</td><td colspan="2">n 偶, $\lvert\mathrm{supp}(g')\rvert = n$
$r = 0$, s 奇
$\mathrm{ord}(d_j) \equiv \mathrm{ord}(d)$ $(\forall j)$
$L(\sigma_j) \equiv 1$ $(\forall j)$, $g = g_1 g_2 \cdots g_s$</td><td>$\lvert\mathrm{supp}(g')\rvert \geqslant n-1$</td></tr>
<tr><td>IV
$(-1,\ 1,\ 1)$</td><td>$\subset \mathfrak{A}_n(T)^{S(2)}$
$L(\sigma_j) \equiv 0$ $(\forall j)$
$\sigma = \sigma_1 \cdots \sigma_s$</td><td colspan="2">$\lvert\mathrm{supp}(g')\rvert \geqslant n-1$</td><td>$\subset \mathfrak{A}_n(T)^{S(2)}$
$L(\sigma_j) \equiv 0$ $(\forall j)$
$\sigma = \sigma_1 \cdots \sigma_s$</td></tr>
<tr><td>V
$(1,-1,-1)$</td><td>$\subset \mathfrak{A}_n(T)^{S(2)}$
$\mathrm{ord}(\xi_{q_i}) \equiv 0$ $(\forall i)$
$\mathrm{ord}(d_j) \equiv 0$ $(\forall j)$
$L(\sigma_j) \equiv 0$ $(\forall j)$</td><td>$\lvert\mathrm{supp}(g')\rvert \geqslant n-1$
$\mathrm{ord}(\xi_{q_i}) \equiv 0$ $(\forall i)$
$\mathrm{ord}(d_j) + L(\sigma_j)$
$\equiv 0$ $(\forall j)$
$L(\sigma) \equiv 1$</td><td>$\lvert\mathrm{supp}(g')\rvert = n$
$r+s$ 偶
$\mathrm{ord}(\xi_{q_i}) \equiv 1$ $(\forall i)$
$\mathrm{ord}(d_j) \equiv 1$ $(\forall j)$
$L(\sigma) \equiv 1$</td><td>$\lvert\mathrm{supp}(g')\rvert = n$
$r+s$ 奇
$\mathrm{ord}(\xi_{q_i}) \equiv 1$ $(\forall i)$
$\mathrm{ord}(d_j) \equiv 1$ $(\forall j)$
$L(\sigma_j) \equiv 0$ $(\forall j)$</td></tr>
<tr><td>VI
$(1,-1,\ 1)$</td><td>$\subset \mathfrak{A}_n(T)^{S(2)}$
$\mathrm{ord}(\xi_{q_i}) \equiv 0$ $(\forall i)$
$\mathrm{ord}(d_j) \equiv 0$ $(\forall j)$
$L(\sigma_j) \equiv 0$ $(\forall j)$</td><td>$\lvert\mathrm{supp}(g')\rvert = n$
$r+s$ 奇
$\mathrm{ord}(\xi_{q_i}) \equiv 1$ $(\forall i)$
$\mathrm{ord}(d_j) \equiv 1$ $(\forall j)$</td><td>$\varnothing$</td><td>$\lvert\mathrm{supp}(g')\rvert = n$
$r+s$ 奇
$\mathrm{ord}(\xi_{q_i}) \equiv 1$ $(\forall i)$
$\mathrm{ord}(d_j) \equiv 1$ $(\forall j)$</td></tr>
<tr><td>VII
$(1,\ 1,-1)$</td><td>$\mathrm{ord}(d) \equiv 0$
$L(\sigma) \equiv 0$</td><td colspan="2">n 偶, $\lvert\mathrm{supp}(g')\rvert = n$, $r = 0$, s 奇
$\mathrm{ord}(d_j) \equiv \mathrm{ord}(d)$ $(\forall j)$
$L(\sigma_j) \equiv 1$ $(\forall j)$, $g = g_1 g_2 \cdots g_s$</td><td>$\lvert\mathrm{supp}(g')\rvert \geqslant n-1$
$L(\sigma_j) \equiv 0$ $(\forall j)$</td></tr>
<tr><td>VIII
(1, 1, 1)</td><td colspan="4">[$G(m,1,n) = \mathfrak{S}_n(\boldsymbol{Z}_m)$ の（非スピン）線形表現の指標の場合]
条 件 無 し</td></tr>
</table>

記号 $\varnothing$ は，そこに $\mathrm{supp}(f)$ の元は無いことを示す．

(1)　全体が概観できる，

(2)　表を構成する要素の間の相互の関係が見えやすくなり，

(3)　整理された形で記憶しやすい，

ということがあるからである．そのほか，著者にとっては自分の間違いが発見しやすくなるという側面もある．こうした意味で，本書では表を使っての「まとめ」に拘(こだわ)ってみた．

10.3　帰納極限群 $R(G(m,1,\infty))$, m 偶，のスピン指標の台

10.3.1　$G(m,1,\infty)$, m 偶，のスピン指標の台の評価

$G_\infty = G(m,1,\infty)$, $G'_\infty = R(G_\infty)$ とする．自然な包含関係 $G'_4 \subset G'_5 \subset \cdots \subset G'_n \subset G'_{n+1} \subset \cdots$ があるので，$G'_\infty = \lim_{n\to\infty} G'_n = \bigcup_{4\leqslant n<\infty} G'_n$ である．

$g' \in G'_\infty$, $g = \Phi(g') \in G_\infty$ の標準分解を (10.1.19) の通りとする．いま，$g' \in G'_{n_0}$, $n_0 < \infty$, とする．任意の $n > n_0$, に対して，g' を G'_n の元だと見て，補題 10.2.3, 表 10.2.1 の結果を適用すると，条件 $|\mathrm{supp}(g')| = n$ および $|\mathrm{supp}(g')| \geq n-1$ は成立しえない．これを勘案すると，G'_∞ に対して，補題 10.2.3, 表 10.2.1 の結果を書き換えるには，これらの条件をカットして，記号 $\varnothing$ で置き換えれば，それで G'_∞ に対する結果が得られる．それらを下の表 10.3.1 にまとめておく．この表は有限群 G'_n $(4 \leq n < \infty)$ に対する表 10.2.1 よりもかなり簡単化されている．表 10.3.1 にまとめられた「$\mathrm{supp}(f)$ の必要条件」は「f の不変性とスピン型」だけから出てきたものであることを強調しておく．

注 10.3.1　G'_n, $4 \leq n < \infty$, に対して，具体的に既約指標 f を計算し，また G'_∞ に対しても指標 f，すなわち，$E(G'_\infty)$ の元，を求めると，上の表 10.2.1, 10.3.1 における $\mathrm{supp}(f)$ の評価は，一般的条件としては最良であることが分かる．こうした評価が，f の不変性とスピン性（総称して，Z **を法とする共役性**と言える）だけから導かれるのは興味深い．この現象は，すでに，M. Nazarov [Naz2, 1992] での，無限対称群の 2 重被覆群 $\widetilde{\mathfrak{S}}_\infty = \lim_{n\to\infty} \widetilde{\mathfrak{S}}_n$ の指標の計算にも現れており，その論文を読んだときから「指標の台がどういう理由でかくも局限された部分集合上に載るのか？」と疑問に思っていたのである．さらに，表 10.3.1 に現れる $G'_\infty = R(G(m,1,\infty))$ の部分集合は，興味ある性質を持っていて，次の小節で述べるように G'_∞ 上の中心的正定値関数 $f \in K_1(G'_\infty)$ がいつ指標になるか，すなわち，いつ端点になるのか（$f \in E(G'_\infty)$?），という判定条件にも重要な鍵を与える．これは予想外とも言える興味ある点であり，補題 10.1.4 以降の「（Z を法とする）共役性」の研究が有効であることを示している．

表 10.3.1 $R(G(m,1,\infty))$ 上のスピン中心的関数の台に対する必要条件.

場合 Y / 関数のスピン型 χ^{Y}	$f(g') \neq 0$ $(g' \in G'_\infty)$ の必要条件： $g = \Phi(g') \in G_\infty$, $g = (d,\sigma) = \xi_{q_1}\cdots\xi_{q_r} g_1 \cdots g_s$, $\xi_q = (t_q,(q))$, $g_j = (d_j,\sigma_j)$			
	$\mathrm{ord}(d) \equiv 0$ $L(\sigma) \equiv 0$	$\mathrm{ord}(d) \equiv 1$ $L(\sigma) \equiv 1$	$\mathrm{ord}(d) \equiv 0$ $L(\sigma) \equiv 1$	$\mathrm{ord}(d) \equiv 1$ $L(\sigma) \equiv 0$
I (–1,–1,–1)	$\mathrm{ord}(\xi_{q_i}) \equiv 0$ $(i \in \boldsymbol{I}_r)$ $\mathrm{ord}(d_j) + L(\sigma_j) \equiv 0$ $(j \in \boldsymbol{I}_s)$		$\varnothing$	$\varnothing$
II $(-1,-1,1)$	$\mathrm{ord}(d) \equiv 0$, $L(\sigma) \equiv 0$ $\mathrm{ord}(\xi_{q_i}) \equiv 0$ $(\forall i)$ $\mathrm{ord}(d_j) + L(\sigma_j) \equiv 0$ $(\forall j)$	$\varnothing$	$\varnothing$	$\varnothing$
III $(-1,1,-1)$	$\mathrm{ord}(d) \equiv 0$ $L(\sigma_j) \equiv 0$ $(\forall j)$	$\varnothing$	$\varnothing$	$\varnothing$
IV $(-1, 1, 1)$	$L(\sigma_j) \equiv 0$ $(\forall j)$ $\sigma = \sigma_1 \cdots \sigma_s$	$\varnothing$	$\varnothing$	$L(\sigma_j) \equiv 0$ $(\forall j)$ $\sigma = \sigma_1 \cdots \sigma_s$
V $(1,-1,-1)$	$\mathrm{ord}(\xi_{q_i}) \equiv 0$ $(\forall i)$ $\mathrm{ord}(d_j) \equiv 0$ $(\forall j)$ $L(\sigma_j) \equiv 0$ $(\forall j)$	$\varnothing$	$\varnothing$	$\varnothing$
VI $(1,-1, 1)$	同　上	$\varnothing$	$\varnothing$	$\varnothing$
VII $(1, 1,-1)$	$\mathrm{ord}(d) \equiv 0$ $L(\sigma) \equiv 0$	$\varnothing$	$\varnothing$	$\varnothing$

10.3.2 $R(G(m,1,\infty))$ の部分集合 $\mathcal{O}(\mathrm{Y})$ の性質

無限一般化対称群 $G_\infty = G(m,1,\infty) = \mathfrak{S}_\infty(\boldsymbol{Z}_m)$ の被覆群 $G'_\infty = R(G_\infty)$ をとり, m の偶奇にしたがって, $Z = Z_1 \times Z_2 \times Z_3$ または $Z = Z_1$ とする. G'_∞ の一般元 g' およびその像 $g = \Phi(g') \in G_\infty$ の標準分解を (10.1.19) とする.

補題 10.3.1 $g' \in G'_\infty$ の標準分解の基本成分同志の交換関係は次の通り.

$$(m\ 奇) : \begin{cases} \xi'_q \xi'_{q_0} = \xi'_{q_0} \xi'_q, \quad \xi'_q g'_j = g'_j \xi'_q, \\ g'_j g'_k = z_1^{L(\sigma'_j)L(\sigma'_k)} g'_k g'_j \quad (j \neq k). \end{cases}$$

$$(m\text{ 偶}):\begin{cases}\xi'_q\xi'_{q_0}=z_2^{\,\mathrm{ord}(\xi'_q)\mathrm{ord}(\xi'_{q_0})}\,\xi'_{q_0}\xi'_q,\\ \xi'_qg'_j\;=z_2^{\,\mathrm{ord}(\xi'_q)\mathrm{ord}(d'_j)}\,z_3^{\,\mathrm{ord}(\xi'_q)L(\sigma'_j)}\,g'_j\xi'_q,\\ g'_jg'_k\;=z_1^{\,L(\sigma'_j)L(\sigma'_k)}\,z_2^{\,\mathrm{ord}(d'_j)\mathrm{ord}(d'_k)}\\ \qquad\quad\times z_3^{\,\mathrm{ord}(d'_j)L(\sigma'_k)+\mathrm{ord}(d'_k)L(\sigma'_j)}\,g'_kg'_j\quad(j\neq k).\end{cases}$$

証明　各成分 ξ'_q, g'_j の台（supp）が互いに素なので，定理 9.3.3, 9.3.4 の基本関係式系から直ちに従う．□

G'_∞ 上の正規化された中心的正定値関数の集合 $K_1(G'_\infty)$ の元 f が，いつ指標になるか（いつ端点になるか）という問に関して，f の台 $\mathrm{supp}(f)\subset G'_\infty$ に関する情報の果たす役割は極めて重要である．m 奇の場合，補題 10.2.2 (b) で与えられた g' への条件を

(条件 odd)　　$L(\sigma'_j)\equiv 0\ (\forall j\in \boldsymbol{I}_s)\ (\mathrm{mod}\ 2),$

と名付ける．その条件で定義される部分集合を $\mathcal{O}(\mathrm{odd})$ と書く．m 偶の場合，表 10.3.1 において，場合 Y (Y=I, II, $\cdots$, VIII) の行で与えられた条件を **(条件 Y)** といい，それで定義される部分集合を $\mathcal{O}(\mathrm{Y})$ と書く．場合 Y のスピン型 $\chi\in\widehat{Z}$ を χ^{Y} と書く．群 G'_∞ 上の中心的関数 f がスピン型 $\chi^{\mathrm{Y}}\in\widehat{Z}$ を持つときには，$\mathrm{supp}(f)\subset\mathcal{O}(\mathrm{Y})$ である．

$\chi\in\widehat{Z}$ に対し，$\mathrm{Ker}(\chi):=\{z\in Z\,;\,\chi(z)=1\}$ とおく．G'_∞ の部分集合 $\mathcal{O}$ が G_∞ のある部分集合 O の完全逆像 $\mathcal{O}=\Phi^{-1}(O)$ になっているとする．

定義 10.3.1　$G'_\infty=R(G_\infty)$ の逆像部分集合 $\mathcal{O}$ が**成分分解可能**（factorizable）であるとは，任意の $g'\in\mathcal{O}$ に対し，g' の基本成分がすべて $\mathcal{O}$ の元であること．

Y= odd, I, $\cdots$, VII, VIII, を 2 つのグループに分ける：Y= odd, I, IV, V, VI, VIII, を**第 1 グループ**，Y=II, III, VII, を**第 2 グループ**と呼ぶ．

補題 10.3.2　Y が第 1 グループのとき，$\mathcal{O}(\mathrm{Y})$ は成分分解可能である．Y が第 2 グループのとき，$\mathcal{O}(\mathrm{Y})$ は成分分解可能ではない．

定義 10.3.2　$\mathcal{O}$ が，$\chi\in\widehat{Z}$ **を法として成分可換**であるとは，任意の $g'\in\mathcal{O}$ に対し，その基本成分の任意の 2 つ h', k' に対して，$h'k'\mathrm{Ker}(\chi)=k'h'\mathrm{Ker}(\chi)$．

f をスピン型 χ^{Y} のスピン不変函数，$\mathcal{O}(\mathrm{Y})$ を χ^{Y} を法として成分可換，とすれ

ば，$g' \in \mathcal{O}(\mathrm{Y})$ の基本成分を任意に置換したものを g'' とすれば，$f(g') = f(g'')$.

補題 10.3.3　Y=odd, I, $\cdots$, VIII, のうち，Y=VII を除いて，$\mathcal{O}(\mathrm{Y})$ は χ^{Y} を法として成分可換である．Y=VII に対しては，$\mathcal{O}(\mathrm{Y})$ はそうではない．

定義 10.3.3　部分集合 $\mathcal{O} \subset G'_\infty$ が**積閉**(せきへい)であるとは，次が成り立っていることである： $h', k' \in \mathcal{O}$, 台が互いに素 $\Longrightarrow h'k' \in \mathcal{O}$.

補題 10.3.4　(i)　どの Y に対しても，$\mathcal{O}(\mathrm{Y})$ は積閉(せきへい)である．さらに，

$$h' \in \mathcal{O}(\mathrm{Y}),\ k' \notin \mathcal{O}(\mathrm{Y}),\ \text{台が互いに素} \quad \Longrightarrow \quad h'k' \notin \mathcal{O}(\mathrm{Y}).$$

(ii)　Y が第 1 グループなら，$\mathcal{O}(\mathrm{Y})$ の外側 $G'_\infty \setminus \mathcal{O}(\mathrm{Y})$ は積閉である：

$$h', k' \notin \mathcal{O}(\mathrm{Y}),\ \text{台が互いに素} \quad \Longrightarrow \quad h'k' \notin \mathcal{O}(\mathrm{Y}).$$

(iii)　Y が第 2 グループなら，$\mathcal{O}(\mathrm{Y})$ の外側は積閉ではない．

補題 10.3.2 ～ 10.3.4 の証明．　下の表 10.3.2 と先の補題 10.3.1 を用いて丁寧に計算すればよい．

以上の結果を一覧表にまとめたものが下の表 10.3.2 である．

第 2 グループの Y（Y = II, III, VII）に対し，g' に対する条件 Y を強く (strengthen) した条件 (str-Y) を考える： $g' \in G'_\infty$ の標準分解を (10.1.19) とするとき，

(str-Y)　　g' のみならず，その各基本成分 ξ'_{q_i}, g'_j も条件 Y を満たす．

補題 10.3.5　$g' \in G'_\infty$ に対する条件 (str-Y) は次で与えられる：

(str)　　$\mathrm{ord}(\xi_{q_i}) \equiv 0 \ \ (i \in \boldsymbol{I}_r),\ \ L(\sigma_j) \equiv 0,\ \ \mathrm{ord}(d_j) \equiv 0 \ \ (j \in \boldsymbol{I}_s).$

この条件が決める部分集合 $\mathcal{O}(\mathrm{str})$ はすべて $\mathcal{O}(\mathrm{V}) = \mathcal{O}(\mathrm{VI})$ に等しい．

証明　表 10.3.2 の $\mathcal{O}(\mathrm{II}), \mathcal{O}(\mathrm{III}), \mathcal{O}(\mathrm{VII})$ 等の項を見れば，容易に分かる．　□

$\mathcal{O}(\mathrm{Y})$ の部分集合 $\mathcal{O}(\mathrm{str})$ およびその差 $\mathcal{O}(\mathrm{Y}) \setminus \mathcal{O}(\mathrm{str})$ はスピン型 χ^{Y} の不変正定値函数 $f \in K(G'_\infty; \chi^{\mathrm{Y}})$ の性質に直接的に反映する．

表 10.3.2　$G'_\infty = R(G_\infty)$ の部分集合 $\mathcal{O}(\mathrm{Y})$ の性質.

部分集合 $\mathcal{O}(Y)$	$(\beta_1, \beta_2, \beta_3)$ スピン部	部分集合の定義条件 条件 Y	成分分解可能	χ^{Y} を法として成分可換	外部が積閉（せきへい）
m 奇					
$\mathcal{O}(\mathrm{odd})$	$\chi(z_1) = -1$	$L(\sigma'_j) \equiv 0 \pmod 2$ $(j \in \boldsymbol{I}_s)$	YES	YES	YES
m 偶					
$\mathcal{O}(\mathrm{I})$	$(-1, -1, -1)$	$\mathrm{ord}(\xi'_{q_i}) \equiv 0 \pmod 2$ $(i \in \boldsymbol{I}_r)$ $\mathrm{ord}(d'_j) + L(\sigma'_j) \equiv 0$ $(j \in \boldsymbol{I}_s)$	YES	YES	YES
$\mathcal{O}(\mathrm{II})$	$(-1, -1, 1)$	$\mathrm{ord}(d') \equiv 0,\quad L(\sigma') \equiv 0,$ $\mathrm{ord}(\xi'_{q_i}) \equiv 0$ $(i \in \boldsymbol{I}_r),$ $\mathrm{ord}(d'_j) + L(\sigma'_j) \equiv 0$ $(j \in \boldsymbol{I}_s)$	NO	YES	NO
$\mathcal{O}(\mathrm{III})$	$(-1, 1, -1)$	$\mathrm{ord}(d') \equiv 0,$ $L(\sigma'_j) \equiv 0$ $(j \in \boldsymbol{I}_s)$	NO	YES	NO
$\mathcal{O}(\mathrm{IV})$	$(-1, 1, 1)$	$L(\sigma'_j) \equiv 0$ $(j \in \boldsymbol{I}_s),$	YES	YES	YES
$\mathcal{O}(\mathrm{V})$	$(1, -1, -1)$	$\mathrm{ord}(\xi'_{q_i}) \equiv 0$ $(i \in \boldsymbol{I}_r),$ $\mathrm{ord}(d'_j) \equiv 0$ $(j \in \boldsymbol{I}_s),$ $L(\sigma'_j) \equiv 0$ $(j \in \boldsymbol{I}_s)$	YES	YES	YES
$\mathcal{O}(\mathrm{VI})$	$(1, -1, 1)$	同上	YES	YES	YES
$\mathcal{O}(\mathrm{VII})$	$(1, 1, -1)$	$\mathrm{ord}(d') \equiv 0,$ $L(\sigma') \equiv 0$	NO	NO	NO
$\mathcal{O}(\mathrm{VIII})$	$(1, 1, 1)$ 非スピン	$\mathcal{O}(\mathrm{VIII}) = G_\infty$　(条件無し)	YES	YES	YES

$g' \in \mathcal{O}(\mathrm{Y})$ の標準分解を (10.1.19) とする．g' の基本成分で，$\mathcal{O}(\mathrm{Y})$ に入るもの，もしくは $\mathcal{O}(\mathrm{Y})$ に入らないもの 2 個または 3 個の積で $\mathcal{O}(\mathrm{Y})$ に入るものを，g' の χ^{Y} **型基本成分**という．第 2 グループの Y (Y= II, III, VII) に対して，$g' \in \mathcal{O}(\mathrm{Y})$ の（単独基本成分以外の）χ^{Y} 型基本成分の選び方を一覧表にしておく．

表 10.3.3　$G'_\infty = R(G(m,1,\infty))$ の $g' \in \mathcal{O}(\mathrm{Y})$ の χ^{Y} 型基本成分.

場合 Y スピン型 χ^{Y}	g' の χ^{Y} 成分	その条件　(mod 2)
II $(-1,-1,\ 1)$	$g'_j g'_k\ \ (j \neq k)$	$\mathrm{ord}(d'_j) \equiv L(\sigma'_j) \equiv \mathrm{ord}(d'_k) \equiv L(\sigma'_k) \equiv 1$
III $(-1,\ 1,-1)$	$\xi'_{q_i}\xi'_{q_{i'}}\ (i \neq i')$ $g'_j g'_k\ \ (j \neq k)$ $\xi'_{q_i} g'_j$	$\mathrm{ord}(\xi'_{q_i}) \equiv \mathrm{ord}(\xi'_{q_{i'}}) \equiv 1$ $\mathrm{ord}(d'_j) \equiv \mathrm{ord}(d'_k) \equiv 1$ $\mathrm{ord}(\xi'_{q_i}) \equiv \mathrm{ord}(d'_j) \equiv 1$
VII $(1,\ 1,-1)$	$\xi'_{q_i}\xi'_{q_{i'}}\ (i \neq i')$ $g'_j g'_k\ \ (j \neq k)$ $\xi'_{q_i} g'_j$ $g'_j g'_k g'_l$ (相異なる)	$\mathrm{ord}(\xi'_{q_i}) \equiv \mathrm{ord}(\xi'_{q_{i'}}) \equiv 1$ $\begin{cases} \mathrm{ord}(d'_j) \equiv \mathrm{ord}(d'_k),\ L(\sigma'_j) \equiv L(\sigma'_k) \\ \text{少なくとも一方が}\ \equiv 1 \end{cases}$ $\mathrm{ord}(\xi'_{q_i}) \equiv \mathrm{ord}(d'_j) \equiv 1,\ L(\sigma'_j) \equiv 0$ $\begin{cases} \mathrm{ord}(d'_j) \equiv \mathrm{ord}(d'_k) \equiv 1,\ \mathrm{ord}(d'_l) \equiv 0 \\ L(\sigma'_j) \equiv 0,\ L(\sigma'_k) \equiv L(\sigma'_l) \equiv 1 \end{cases}$

問題 10.3.1　補題 10.3.2, 10.3.3, 10.3.4 の証明を詳しく書き下せ.

10.4　$R(G(m,1,\infty))$ の不変正定値関数の因子分解可能性

定義 10.4.1　群 $G'_\infty = R(G(m,1,n))$ 上の正規化された不変（＝中心的）正定値関数 $f \in K_1(G'_\infty)$ が**因子分解可能** (factorizable) とは,

(10.4.1)　$\mathrm{supp}(g') \bigcap \mathrm{supp}(g'') = \varnothing\ (g', g'' \in G'_\infty) \implies f(g'g'') = f(g')f(g'')$,

という性質を持つことである.

$F(G'_\infty) := \{f \in K_1(G'_\infty);\ f$ 因子分解可能$\}$ とおく. ここに, $z \in Z$ に対しては, $\mathrm{supp}(z) := \varnothing$ とおく. このとき, (10.4.1) により, $\chi := f|_Z$ は Z の指標となり, f はあるスピン型 $\chi \in \widehat{Z}$ を持つ. スピン型 χ ごとに,

$$F(G'_\infty;\chi) := \{f \in K_1(G'_\infty;\chi)\ ;\ f\ \text{因子分解可能}\}$$

とおく. 次の必要十分条件が成立するかどうかを調べる：

$f \in K_1(G'_\infty;\chi)$ に対して,

(EF)　　　f は端点である $\Longleftrightarrow$ f は因子分解可能である.

もし, この判定法が成立するならば, $F(G'_\infty;\chi)=E(G'_\infty;\chi)$ となる. そして, f は ξ'_q 型および g'_j 型の因子に対して決定すれば十分なので, 指標の集合 $E(G'_\infty;\chi)$ を決定する問題がおおいに簡単になる.

定理 10.4.1　$G'_\infty=R(G(m,1,\infty))$, $\mathrm{Y}=$odd, I, $\cdots$, VIII, とする. スピン型 χ^{Y} の任意の $f\in E(G'_\infty;\chi^{\mathrm{Y}})$ に対し,

$$(10.4.2)\qquad g'\in\mathcal{O}(\mathrm{Y}),\ h'\in G'_\infty,\ \ \mathrm{supp}(g')\cap\mathrm{supp}(h')=\varnothing,$$
$$\Longrightarrow\ f(g'h')=f(g')f(h').$$

定義 10.4.2　$f\in K_1(G'_\infty;\chi^{\mathrm{Y}})$ が (10.4.2) の性質を持つとき, f は「**χ^{Y} 型因子分解可能**」であるという. そうした f の全体を $F^{\chi^{\mathrm{Y}}}(G'_\infty;\chi^{\mathrm{Y}})$ と書く.

この記号を使うと, 定理 10.4.1 の内容は次のように書ける：

$$E(G'_\infty;\chi^{\mathrm{Y}})\subset F^{\chi^{\mathrm{Y}}}(G'_\infty;\chi^{\mathrm{Y}})\quad(\forall\,\mathrm{Y}).$$

定理 10.4.1 の証明　**(1°)** $J=\mathrm{supp}(g')$ とおき, $G'_J=\{h'\in G'_\infty\,;\,\mathrm{supp}(h')\cap J=\varnothing\}$ とおく. 補題 10.3.1 と表 10.3.1 を使った計算により, g' と $h'\in G'_J$ に対して, $g'h'=z'h'g'$ $(\exists z'\in\mathrm{Ker}(\chi^{\mathrm{Y}}))$ である. 他方, $f\in K_1(G'_\infty;\chi^{\mathrm{Y}})$ に対し, $f(zg'')=\chi^{\mathrm{Y}}(z)f(g'')$ $(z\in Z, g''\in G'_\infty)$ であるから, f は $\mathrm{Ker}(\chi^{\mathrm{Y}})\subset Z$ による商群 $\widetilde{G}^{\mathrm{Y}}_\infty:=G'_\infty/\mathrm{Ker}(\chi^{\mathrm{Y}})$ 上の関数と考えられる. そこで, 商群 $\widetilde{G}^{\mathrm{Y}}_\infty$ 上で話をすることとし, 下の群 $\widetilde{G}^{\mathrm{Y}}_\infty$ でも上の群 G'_∞ の記号を（煩雑さを避けるために）そのまま援用する. すると, $g'\in\mathcal{O}(\mathrm{Y})$ と任意の $h'\in G'_J$ とは可換である.

N を g' の位数とし, $Z_{g'}:=\langle g'\rangle\cong\boldsymbol{Z}_N$ を g' で生成された位数 N の巡回群とする. このとき, $Z^{\mathrm{Y}}=Z/\mathrm{Ker}(\chi^{\mathrm{Y}})\cong\boldsymbol{Z}_2$ なので, $Z_{g'}\cap G'_J=\{e\}$ または $Z_{g'}\cap G'_J=Z^{\mathrm{Y}}$.

はじめの場合には, 直積群 $Z_{g'}\times G'_J$ が $\widetilde{G}^{\mathrm{Y}}_\infty$ の部分群である. $f':=f|_{(Z_{g'}\times G'_J)}$ とおく.

2 番目の場合には, 直積群の商 $(Z_{g'}\times G'_J)/Z^{\mathrm{Y}}$ が $\widetilde{G}^{\mathrm{Y}}_\infty$ の部分群 G''_J $(\supset G'_J)$ として埋め込まれている. 制限 $f|_{G''_J}$ を $Z_{g'}\times G'_J$ 上に自然に引き上げたものを f' とおくと,

$$f'(zg'^{\,k},zh')=f'(g'^{\,k},h')\ \ (z\in Z^{\mathrm{Y}},\ 0\le k<N,\ h'\in G'_J).$$

(2°) まず, (1) 部分群 G'_J の共役類は $\widetilde{G}^{\mathrm{Y}}_\infty$ の共役類と 1-1 に交わる. (2) G'_J は

自然に $\widetilde{G}^{\mathrm{Y}}_{\infty}$ と同型である．よって，制限 $f_J = f|_{G'_J}$ はもとの f を決定する．そして，f を端点だとすれば，f_J は $K_1(G'_J)$ の端点，すなわち，$f_J \in E(G'_J)$，である．

ここで，可算な離散群 $Z_{g'} \times G'_J$ 上の f' に次の一般的な命題，Choquet - Bishop - de Leeuw の積分表示定理 ([BiLe,1959], Theorem 5.6) を適用する．

定理 10.4.2 (積分表示定理) X を実局所凸位相ベクトル空間のコンパクト凸部分集合とする．$\mathscr{S}$ を端点集合 $X_e = \mathrm{Extr}(X)$ と X の Baire 集合族から生成される σ-加法族とする．このとき，任意の $x \in X$ に対して，$\mathscr{S}$ 上の測度 μ_x で，$\mu_x(X_e) = \mu_x(X) = 1$, となるものが存在して，$x$ は次のように表示される：

$$x = \int_X y \, d\mu_x(y). \tag{10.4.3}$$

注 10.4.1 上の積分表示は X 上の積分として表されているが，実質上は X_e 上の積分である．定理の主張は，「X の任意の点 x は“境界” X_e 上に台を持つ，ある確率測度の重心である.」Baire 集合族とは compact G_δ 集合族から生成される σ-加法族であり，端点集合 X_e は Baire 集合とは限らない．上の定理は，G. Choquet が距離付け可能な凸集合 X に対して示した結果 [Cho, 1956] の一般化である．

定理 10.4.1 の証明続き 定理 10.4.2 を，離散群 G' 上の関数の凸集合 $X = K_1(G')$ に適用できる．実際，X は各点収束の位相に関してコンパクトであり，$X_e = E(G')$．したがって，任意の $f \in X$ に対して，X_e 上の確率測度 μ_f が存在して，$f = \int_{E(G')} \varphi \, d\mu_f(\varphi)$.

さて，巡回群 $Z_{g'}$ に対して，$E(Z_{g'} \times G'_J) = E(Z_{g'}) \times E(G'_J)$ であるから，f' は $E(Z_{g'}) \times E(G'_J)$ 上の確率測度によって積分表示される．$Z_{g'} \cong \boldsymbol{Z}_N$ の指標群を $\widehat{Z_{g'}} = \{\chi_\nu \,;\, 0 \le \nu < N\}$ とすると，この積分表示は，

$$f'({g'}^k, h') = \sum_{0 \leqslant \nu < N} \chi_\nu({g'}^k) \int_{E(G'_J)} \varphi(h') \, d\mu_\nu(\varphi),$$

と書かれる，ここに，$\sum_{0 \leqslant \nu < N} \mu_\nu(E(G'_J)) = 1$. そこで $\mu := \sum_{0 \leqslant \nu < N} \mu_\nu$ とおくと，

$$f'(e, h') = \int_{E(G'_J)} \varphi(h') \, d\mu(\varphi) \quad (h' \in G'_J).$$

$f'(e,h') = f_J(h') = f(h')$ であり，f を端点とすれば，f_J も端点なので，測度 μ は 1 点 f_J に載る．したがって，

$$f'({g'}^k, h') = \sum_{0 \leqslant \nu < N} \rho_\nu \chi_\nu({g'}^k) \cdot f(h') \quad (h' \in G'_J).$$

ここで，$h' = e$（単位元），$k = 1$ とおけば，$f(e) = 1$ なので，

$$f'(g', e) = f(g') = \sum_{0 \leqslant \nu < N} \rho_\nu \chi_\nu({g'}^k)$$

$$\therefore\ f(g'h') = f'(g', h') = f(g')f(h') \quad (h' \in G'_J).$$

よって，$g' \in \mathcal{O}(\mathrm{Y})$, $\mathrm{supp}(g') \cap \mathrm{supp}(h') \implies f(g'h') = f(g')f(h')$.

［定理 10.4.1 証了］

命題 10.4.3　Y を第 1 グループ（Y=odd, I, IV, V, VI, VIII）とする．

（i）$g' \in \mathcal{O}(\mathrm{Y})$ の各基本成分はまた $\mathcal{O}(\mathrm{Y})$ の元である．また，

$$g' \notin \mathcal{O}(\mathrm{Y}),\ \mathrm{supp}(g') \cap \mathrm{supp}(g'') = \varnothing \implies g'g'' \notin \mathcal{O}(\mathrm{Y}).$$

（ii）$f \in K_1(G'_\infty; \chi^{\mathrm{Y}})$ に対し「端点 $\implies$ 因子分解可能」．$E(G'_\infty; \chi^{\mathrm{Y}}) \subset F(G'_\infty; \chi^{\mathrm{Y}})$.

証明（i）前半は表 10.3.2 の「成分分解可能」の欄を見よ．後半は表 10.3.2 の「g' が $\mathcal{O}(\mathrm{Y})$ に属するための条件 Y」を Y ごとに検討すればよい．

（ii）（i）での $\mathcal{O}(\mathrm{Y})$ の性質を使えば，定理 10.4.1 から $f \in E(G'_\infty; \chi^{\mathrm{Y}})$ の因子分解可能性が出る．□

命題 10.4.4　Y を第 2 グループ（Y=II, III, VII）とする．

（i）$g', h', k' \in G'_\infty$, $g' = h'k'$, $h' \in \mathcal{O}(\mathrm{Y})$, $\mathrm{supp}(h') \cap \mathrm{supp}(k') = \varnothing$, とするとき，

$$g' \in \mathcal{O}(\mathrm{Y}) \iff k' \in \mathcal{O}(\mathrm{Y}).$$

（ii）$f \in K_1(G'_\infty; \chi^{\mathrm{Y}})$ に対し，「端点 $\implies$ χ^{Y} 型因子分解可能」．したがって，$E(G'_\infty; \chi^{\mathrm{Y}}) \subset F^{\chi^{\mathrm{Y}}}(G'_\infty; \chi^{\mathrm{Y}})$.

さらに，任意の $f \in F^{\chi^{\mathrm{Y}}}(G'_\infty; \chi^{\mathrm{Y}})$ に対し，$g^{(1)}, g^{(2)}, \cdots, g^{(k)} \in G'_\infty$, 台が互いに素，高々 1 個を除いて $\mathcal{O}(\mathrm{Y})$ の元，となっていれば，

$$f(g^{(1)}g^{(2)}\cdots g^{(k)}) = f(g^{(1)})f(g^{(2)})\cdots f(g^{(k)}). \tag{10.4.4}$$

もし，$g^{(j)}$ のうちのどれかが $\notin \mathcal{O}(\mathrm{Y})$ であれば，上の等式の両辺は $= 0$.

証明（i）これは，表 10.3.2 に掲げられている条件 Y の性質から従う．

（ii）定理 10.4.1 を，この状況に合わせて拡張すればよい．□

10.5 因子分解可能ならば指標か？

$G'_\infty = R(G(m,1,n))$ の指標に関して，次の結果を証明したい．

定理 10.5.1 Y を第 1 グループ（Y= odd, I, IV, V, VI, VIII）とするとき，$F(G'_\infty;\chi^{\mathrm{Y}}) = E(G'_\infty;\chi^{\mathrm{Y}})$．不変正定値関数 $f \in K_1(G'_\infty;\chi^{\mathrm{Y}})$ に対し，次の判定条件が成立する：

(EF) f は端点 (すなわち指標) $\Longleftrightarrow$ f は因子分解可能.

定理 10.5.2 Y を第 2 グループ（Y= II, III, VII）とすると，$F^{\chi^{\mathrm{Y}}}(G'_\infty;\chi^{\mathrm{Y}}) = E(G'_\infty;\chi^{\mathrm{Y}})$．$f \in K_1(G'_\infty;\chi^{\mathrm{Y}})$ に対し，次の判定条件が成立する：

(EFχ^{Y}) f は端点 (すなわち指標) $\Longleftrightarrow$ f は χ^{Y} 型因子分解可能.

系 10.5.3 Y を第 2 グループ（Y= II, III, VII）とする．

$$F(G'_\infty;\chi^{\mathrm{Y}}) = E(G'_\infty;\chi^{\mathrm{Y}};\ \mathcal{O}(\mathrm{str})),$$

ここに，$E(G'_\infty;\chi^{\mathrm{Y}};\mathcal{O}(\mathrm{str})) := \{f \in E(G'_\infty;\chi^{\mathrm{Y}})\,;\, \mathrm{supp}(f) \subset \mathcal{O}(\mathrm{str})\}$．

$f \in K_1(G'_\infty;\chi^{\mathrm{Y}})$ に対し，次の判定条件が成立する：

(EYF) f は端点かつ $\mathrm{supp}(f) \subset \mathcal{O}(\mathrm{str})$ $\Longleftrightarrow$ f は因子分解可能.

系 10.5.3 の証明 定理 10.5.2 の等式により，$F^{\chi^{\mathrm{Y}}}(G'_\infty;\chi^{\mathrm{Y}};\mathcal{O}(\mathrm{Y})) = E(G'_\infty;\chi^{\mathrm{Y}})$．他方，$F^{\chi^{\mathrm{Y}}}(G'_\infty;\chi^{\mathrm{Y}};\mathcal{O}(\mathrm{str})) = F(G'_\infty;\chi^{\mathrm{Y}})$ が示される． □

上の 2 定理における判定法は G'_∞ の指標を求めるときに重要な働きをする．定理の証明であるが，前節ではいずれも包含関係 ⊃ が示されているのでここでは逆の包含関係 ⊂ を示す．定理 10.5.2 の証明（[HHo2, §12] 参照）は割愛するが，下の注 10.5.1 も参照されたし．

定理 10.5.1 の証明 $\mathfrak{S}_\infty$ の指標に対する Thoma [Tho2] の Satz 1 の証明（pp.42–44）の "dann (= if)"-部分と同じ方針をとる（[HH3, §15] 参照）．

(1°) $X := K_1(G'_\infty;\chi^{\mathrm{Y}})$ とおく．G'_∞ が可算離散群であるから，凸集合 X は各点収束の位相で距離付け可能でコンパクトである．したがって，Choquet の表現定理，あるいはもっと一般に，Choquet - Bishop - de Leeuw の積分表示定理（定理 10.4.2）によって，任意の $f \in X$ は確率測度 μ_f で端点集合 $X_e = E(G'_\infty;\chi^{\mathrm{Y}})$ 上に載っているものによる積分で表される．命題 10.4.3 により，$E(G'_\infty;\chi^{\mathrm{Y}}) = F(G'_\infty;\chi^{\mathrm{Y}})$ であり，

後者は Baire 集合であることが分かるので，積分をその上に制限してもよいので，

$$(10.5.1)\qquad f(g') = \int_{F(G'_\infty;\chi^{\mathrm{Y}})} \varphi(g')\, d\mu_f(\varphi) \quad (g' \in G'_\infty).$$

(2°) $f \in K_1(G'_\infty;\chi)$ は G'_∞ の Z を法とする共役類の代表元（第 **10.1** 節参照）の上で決まれば全体で決まる．第 **10.1.3** 小節の記号を思い出すと，

$$\Omega_\infty = \{\omega = (b,\ell)\ ;\ \text{“}b \in \boldsymbol{I}_{m-1},\ \ell = 1\text{” または} \quad \text{“}b \in \{0\} \sqcup \boldsymbol{I}_{m-1},\ 2 \le \ell < \infty\text{”}\},$$

$$(\boldsymbol{Z}_{\ge 0})^{(\Omega_\infty)} = \{\boldsymbol{n} = (n_\omega)_{\omega\in\Omega_\infty}\ ;\ n_\omega \in \boldsymbol{Z}_{\ge 0},\ \sum_{\omega\in\Omega_\infty} n_\omega < \infty\},$$

$$\mathcal{G}_{\Omega_\infty} = \{g'_{\boldsymbol{n}}\ ;\ \boldsymbol{n} = (n_\omega)_{\omega\in\Omega_\infty} \in (\boldsymbol{Z}_{\ge 0})^{(\Omega_\infty)}\},\ \ g'_{\boldsymbol{n}} := \prod_{\omega\in\Omega_\infty} {g'_\omega}^{[n_\omega]}.$$

(3°) f が因子分解可能とすると，

$$(10.5.2)\qquad f(g'_{\boldsymbol{n}}) = \prod_{\omega\in\Omega_\infty} s_\omega^{\ n_\omega}, \quad s_\omega := f(g'_\omega),$$

と表される．$D_\omega := \{w \in \boldsymbol{C}\ ;\ |w| \le 1\}$, $S := \prod_{\omega\in\Omega_\infty} D_\omega$, とおくと，写像

$$(10.5.3)\qquad \Psi_\chi :\ F(G'_\infty;\chi) \ni f\ \mapsto\ s = s(f) := (s_\omega)_{\omega\in\Omega_\infty} \in S,$$

は単射である．s に対応する f を f_s と書く．

$f \in K_1(G'_\infty,\chi)$ に対し，$\overline{f}(g') := \overline{f(g')} = f({g'}^{-1})$ とおくと，f の複素共役 $\overline{f}$ もまた正定値な不変関数である．さらに，$\overline{\chi(z)} = \chi(z)\ (z \in Z)$ であるから，スピン型はやはり χ である．$f \in F(G'_\infty;\chi)$ に対して，

$$\overline{f} \in F(G'_\infty,\chi), \quad \overline{f_s} = f_{\overline{s}},\ \ \overline{s} := (\overline{s_\omega})_{\omega\in\Omega_\infty}.$$

$M_\chi := \Psi_\chi(F(G'_\infty;\chi)) \subset S$ とおくと，M_χ は複素共役 $s \to \overline{s}$ に関して不変である．

表示式 (10.5.1) を $g' = g'_{\boldsymbol{n}},\ {g'_{\boldsymbol{n}}}^{-1}$, $\boldsymbol{n} = (n_\omega)_{\omega\in\Omega_\infty}$, に対して書いてみる．$F(G'_\infty;\chi)$ 上の測度 μ_f を M_χ 上に移したものを μ'_f とし，$\varphi \in F(G'_\infty;\chi)$ を f_s, $s \in M_\chi$, と書き換えると，任意の $\boldsymbol{n} \in (\boldsymbol{Z}_{\ge 0})^{(\Omega_\infty)}$ に対して，

$$(*)\qquad f(g'_{\boldsymbol{n}}) = \int_{M_\chi} f_s(g'_{\boldsymbol{n}})\, d\mu'_f(s), \qquad \overline{f(g'_{\boldsymbol{n}})} = \int_{M_\chi} \overline{f_s(g'_{\boldsymbol{n}})}\, d\mu'_f(s),$$

$$f_s(g'_{\boldsymbol{n}}) = \prod_{\omega\in\Omega_\infty} s_\omega^{\ n_\omega} =: P_{\boldsymbol{n}}(s), \quad f_s({g'_{\boldsymbol{n}}}^{-1}) = \overline{f_s(g'_{\boldsymbol{n}})} = \overline{P_{\boldsymbol{n}}(s)}.$$

(4°) われわれは，コンパクト部分集合 $M_\chi \subset S$ 上の連続関数について，一様収束

に関する Stone-Weierstrass の定理を応用すると，次の補題を得る：

補題 10.5.4 単項式 $P_{\boldsymbol{n}}(s) = \prod_{\omega\in\Omega_\infty} s_\omega^{\,n_\omega}$ の集合 $\mathcal{F} := \{P_{\boldsymbol{n}}\ ;\ \boldsymbol{n} \in (\boldsymbol{Z}_{\geq 0})^{(\Omega_\infty)}\}$ をコンパクト集合 M_χ 上で考えると，これは M_χ の各点を分離する．したがって，定数関数 1 と，$\mathcal{F}$ と $\overline{\mathcal{F}} = \{\,\overline{P_{\boldsymbol{n}}}\,\}$ との 1 次結合で M_χ 上の任意の連続関数が一様近似できる．

(5°) $f \in K_1(G'_\infty;\chi)$ を χ 型因子分解可能，すなわち，$f = f_{s^0}$ $(\exists s^0 \in M_\chi)$，とする．これを $(*)$ に代入して，

$$f(g'_{\boldsymbol{n}}) = f_{s^0}(g'_{\boldsymbol{n}}) = P_{\boldsymbol{n}}(s^0), \quad f({g'_{\boldsymbol{n}}}^{-1}) = \overline{f_{s^0}(g'_{\boldsymbol{n}})} = \overline{P_{\boldsymbol{n}}(s^0)},$$

を用いると，次式を得る： $\boldsymbol{n} \in (\boldsymbol{Z}_{\geq 0})^{(\Omega_\infty)}$ に対して，

$$P_{\boldsymbol{n}}(s^0) = \int_{M_\chi} P_{\boldsymbol{n}}(s)\, d\mu'_f(s), \quad \overline{P_{\boldsymbol{n}}(s^0)} = \int_{M_\chi} \overline{P_{\boldsymbol{n}}(s)}\, d\mu'_f(s).$$

ここに，補題 10.5.4 を用いると，M_χ 上の任意の連続関数 F に対して，

$$F(s^0) = \int_{M_\chi} F(s)\, d\mu'_f(s), \qquad f = f_{s^0}.$$

この等式から，測度 μ'_f は 1 点 $\{s^0\}$ に載っている確率測度であることが分かる．よって，$f = f_{s^0}$ は端点である． ［定理 10.5.1 証了］

注 10.5.1 先の 2 論文 [I] および [II] においてそれぞれ Y = VII, II に対して，指標の全体 $E(G'_\infty;\chi^{\mathrm{Y}})$ が求められている（[I, Theorems 18.3, 19.1] および [II, Theorems 23.7, 24.9]）．それによると，これらの Y について，判定法 (EF$^{\chi^{\mathrm{Y}}}$) の成立が見て取れる．（Theorem 23.7 (ii) では，指標 f が χ^{Y} 型因子分解可能なことを "f is weakly factorizable" といっている．）これらは各 Y に対する定理 10.5.2 の大回りの別証であるが，同義語反復（tautology）でないことを言うには上の定理たちの証明法を検討する必要がある．[I] では Y = VIII, VII を対にして，また，[II] では Y = I, II を対にして考えている．対の片方である Y = VIII, I それぞれには判定法 (EF) が証明され，それを使って $E(G'_\infty;\chi^{\mathrm{Y}})$ が求まっている（[I, Theorem 15.1] および [II, Theorem 23.6]）．その事実および $f \in K_1(G'_\infty;\chi^{\mathrm{Y}})$ の台 supp(f) に関する結果（表 10.3.3）を踏まえて，掛け算作用素 $\mathcal{M}$ および（G から正規部分群 N への）制限作用素 Res^G_N を道具に使用する．[I, §16] および [II, §§23–24] を見れば同義語反復ではないことが分かる．

第 11 章

一般化対称群のスピン表現とスピン指標

本書でここまでに述べてきたスピン表現の一般論や具体論を総動員して，一般化対称群 $G_n := G(m,1,n)$ のスピン表現とその指標を研究する．G_n のスピン既約表現はその表現群 $G'_n := R(G_n)$ の線形既約表現から来ているので，前者の（相似および同値を法とする）完全代表元系を構成するには，双対 $\widehat{G'_n}$ の完全代表元系を構成すればよい．実際，G_n の G'_n 内での切断 s を決めておけば，G'_n の線形既約表現 Π と G_n のスピン表現 π が (2.2.6) 式：$\pi(g) := \Pi(s(g))$, により対応する．他方，G'_n は半直積群なので，その既約表現の分類と構成の手続きは **3.2** 節に簡潔に述べられているものに準拠する．

$4 \leq n < \infty$ とすると，G'_n は G_n の Schur 乗法因子団 $Z^G := \mathfrak{M}(G(m,1,n))$ による中心拡大である．ここに，$m \geq 1$ の偶奇によって，$Z^G \cong Z_1 \times Z_2 \times Z_3$ または $Z^G \cong Z_1$, $Z_i = \langle z_i \rangle, {z_i}^2 = e$, である．$G'_n$ の線形既約表現 Π のスピン型 $\chi^G \in \widehat{Z^G}$ と G_n のスピン表現 π の因子団との対応が (2.2.7) 式で与えられる．上の群 G'_n について述べられる手続きが下の群 G_n からどう見えるかも込めて表現の分類と構成の手続きを **11.1** 節で与える．実際の計算では，各スピン型に応じて種々の半直積群が出て来ていろいろの面白い現象が見られる．本章での記号は，$T := \boldsymbol{Z}_m$, $D_n := D_n(T)$, $\widetilde{D}_n := \widetilde{D}_n(T)$, であり，$G_n$ のスピン双対を記述するために必要な記号は順次導入されるが，11.9 節にもまとめてある．

11.1　半直積群の既約表現構成の一般的手順の適用

3.2 節で簡潔に述べた手続きを今後の便宜のために，手順 1 から手順 4 までに分けて，列挙しておこう．$G_n = D_n(\boldsymbol{Z}_m) \rtimes \mathfrak{S}_n =: U \rtimes S$, とし，$G'_n = U' \rtimes S'$, $U' := \widetilde{D}_n \times Z_3$ (m 偶のとき), $U' = U$ (m 奇のとき), $S' := \widetilde{\mathfrak{S}}_n$, とおく．以下では，$m$ 偶の場合とする．$Z_2 \subset \widetilde{D}_n$ であり，$Z^S := Z_1 \subset S'$ とおく．(m 奇の場合はより簡単なので類推できる.)

(手順 1) U' の既約表現 ρ の同値類を $[\rho]$ と書き，そのスピン型を $\chi^U \in \widehat{Z^U}$ とする．S' は S への典型準同型 $\Phi_{\mathfrak{S}}$ を通じて U' に働くので，$[\rho]$ には $s \in S = S'/Z^S$ が $[{}^s\rho] =: s[\rho]$ として働く．U' のスピン型 $\chi^U = \chi^{Z_2}\chi^{Z_3}$ $(\chi^{Z_i} \in \widehat{Z}_i)$ の双対 $\widehat{U'}^{\chi^U}$ の S-軌道全体 $\widehat{U'}^{\chi^U}/S$ の 1 つの完全代表元系 $\{\rho\}$ を与える．

(手順 2) 上の各代表元 ρ に対し，その同値類 $[\rho]$ の S における固定化部分群 $S([\rho]) := \{s \in S\,;\, s[\rho] = [\rho]\} = \{s \in S\,;\, {}^s\rho \cong \rho\}$ を決定する．

(手順 3) $S([\rho])$ の元 s に対して，ρ と ${}^{s^{-1}}\rho$ の間の相関作用素 $J_\rho(s)$ を具体的に決定する：

$$\rho(s(u')) = J_\rho(s)\,\rho(u')\,J_\rho(s)^{-1} \quad (u \in U'). \tag{11.1.1}$$

$J_\rho(s)$ は定数倍を除いて決まる．したがって，対応 $S([\rho]) \ni s \mapsto J_\rho(s)$ は一般には射影表現である．J_ρ は $S([\rho])$ の完全逆像 $S([\rho])' := \Phi_{\mathfrak{S}}^{-1}(S([\rho]))$ の線形表現 J'_ρ に持ち上がる（個別の計算により確認できる！）．$Z^S \subset S([\rho])'$ なので J'_ρ の Z^S に関するスピン型を χ^S_ρ とする．$H' := U' \rtimes S([\rho])'$ の既約表現 $\pi^0 := \rho \cdot J'_\rho$ を次のようにおく：

$$\pi^0((u',s')) := \rho(u') \cdot J'_\rho(s') \ \ ((u',s') \in H' := U' \rtimes S([\rho])'). \tag{11.1.2}$$

(手順 4) あるスピン型 $\chi^S \in \widehat{Z^S}$ を持つ $S([\rho])'$ の既約表現の完全代表元系 $\{\pi^1\}$ を決定する．π^1 を商写像 $H' \to H'/U' = S([\rho])'$ を通して，H' の表現と捉えて，$\pi^0 = \rho \cdot J'_\rho$ とのテンソル積をつくり，それを $\pi^0 \boxdot \pi^1$ と表す．G'_n への誘導表現

$$\Pi(\pi^0,\pi^1) := \mathrm{Ind}_{H'}^{G'_n}(\pi^0 \boxdot \pi^1), \tag{11.1.3}$$

をとると，その Z^G に関するスピン型は $\chi^G = \chi^S_\rho\chi^S \cdot \chi^{Z_2} \cdot \chi^{Z_3} \in \widehat{Z^G}$ である．

定理 11.1.1 ($G'_n = R(G(m,1,n))$ の既約表現の完全代表元系の構成)
G'_n に対して，上の (手順 1)～(手順 4) によって構成された表現 $\Pi(\pi^0,\pi^1)$ の集合は，G'_n の双対 $\widehat{G'_n}$ の 1 つの完全代表元系を与える．

証明 定理 3.2.1 および定理 3.4.1 を $G = G'_n$ に適用すればよい． □

本章では，スピン型ごとに論ずる必要があるので，上の定理を少し書き直しておこう．$G'_n = R(G_n)$ は中心的部分群 $Z^G = Z_1 \times Z_2 \times Z_3$ による G_n の中心拡大であるから，G'_n の既約表現のスピン型は $\chi^G = \chi^{Z_1}\chi^{Z_2}\chi^{Z_3} \in \widehat{Z^G}$ である．与

えられたスピン型 χ^G の既約表現 Π（下の群 G_n からみると与えられた因子団を持つスピン既約表現 π）を分類・構成するには，上の手続きにおいて，次のようにスピン型を制限しておく必要がある．

スピン型制限　(手順 1) において，スピン型 $\chi^{Z_2}\chi^{Z_3}$ を持つ ρ をとる．(手順 3) において，J'_ρ のスピン型 χ^S_ρ を特定する．(手順 4) において，π^1 としてスピン型 $(\chi^S_\rho)^{-1}\chi^{Z_1}$ を持つものをとる．このとき，$\Pi(\pi^0,\pi^1)$ のスピン型は与えられた χ^G となる．

定理 11.1.1′　定理 11.1.1 の G'_n の既約表現の構成法において，上の「スピン型制限」を適用すると，与えられたスピン型 χ^G を持つ既約表現の完全代表元系が得られる．

11.2　一般化対称群の既約線形表現とその指標

$m>1,\ n\geq 4$ に対し，$G_n=G(m,1,n),\ Z=\mathfrak{M}(G_n)$ とおく（Z^G の肩付き添数 G を省略する）．m 奇の場合には，$Z=Z_1=\langle z_1\rangle\cong \boldsymbol{Z}_2$ なので，G_n のスピン既約表現のスピン型 $\chi\in\widehat{Z}$ は，$\chi=\mathbf{1}_Z,\ \mathrm{sgn}_Z$ の 2 種で，これを記号的に $\chi=1,-1$ と表す．m 偶の場合には，$Z=Z_1\times Z_2\times Z_3,\ Z_i=\langle z_i\rangle\cong\boldsymbol{Z}_2$，スピン型 $\chi\in\widehat{Z}$ を記号的に $\chi=(\beta_1,\beta_2,\beta_3),\beta_i=\chi(z_i)=\pm1$，と表す（表 10.2.1 参照）．

自明なスピン型 $\chi=1$ (m 奇) または $\chi^{\mathrm{VIII}}=(1,1,1)$ (m 偶) の場合は，$G(m,1,n)$ の線形表現とその指標の場合に他ならないが，これは非自明なスピン型の場合の基礎としても重要であるから，まずこれから述べよう．

11.2.1　$G(m,1,n),\ 4\leq n<\infty$, の既約表現の構成

$D_n=D_n(T)=\prod_{i\in\boldsymbol{I}_n}T_i,\ T_i=T=\boldsymbol{Z}_m$，$T$ の基本生成元を y とし，1 次元指標 $\zeta^{(a)}$ を

$$\zeta^{(a)}(y):=\omega^a,\quad \omega=e^{2\pi i/m}, \tag{11.2.1}$$

とおけば，T の双対は $\widehat{T}=\{\zeta^{(a)};\,0\leq a<m\}$ となるので，a によって $\widehat{T}$ に全順序を入れる．後に必要になる記号として，$m=2m^0$（偶）のとき

$$\widehat{T}^0:=\{\zeta^{(a)};\,0\leq a<m^0=m/2\}\subset\widehat{T} \tag{11.2.2}$$

を導入しておく．半直積構造 $G_n = D_n \rtimes \mathfrak{S}_n$ の既約表現の完全代表元系を作るのに，**3.2** 節の記号に合わせて，$U = D_n$, $S = \mathfrak{S}_n$ とおく．

(手順 1) $U = D_n$ は可換であるから，その既約表現は 1 次元指標 ρ であり，その同値類は $[\rho] = \{\rho\}$ である．ρ には $S = \mathfrak{S}_n$ が作用するが，$\widehat{U}/S$ の完全代表元系を選ぼう．まず添数集合 $\boldsymbol{I}_n = \{1, 2, \cdots, n\}$ を $\zeta \in \widehat{T}$ で番号付けられた部分集合 $I_{n,\zeta}$ に分割する：

$$\boldsymbol{I}_n = \bigsqcup\nolimits_{\zeta \in \widehat{T}} I_{n,\zeta}, \quad \mathcal{I}_n := (I_{n,\zeta})_{\zeta \in \widehat{T}}, \tag{11.2.3}$$

ここで，$I_{n,\zeta} = \varnothing$ というダミーも許す．$d = (t_i)_{i \in \boldsymbol{I}_n} \in D_n$, $t_i \in T_i = T$, に対して，

$$\rho(d) = \rho_{\mathcal{I}_n}(d) := \prod_{\zeta \in \widehat{T}} \prod_{i \in I_{n,\zeta}} \zeta(t_i) \tag{11.2.4}$$

とおく．これで $\widehat{U}$ 全体が記述された．$\sigma \in S$ に対して，$\sigma(d) = (t'_i)_{i \in \boldsymbol{I}_n}$, $t'_i = t_{\sigma^{-1}(i)}$, であるから，$\rho(\sigma(d))\ (d \in D_n)$ には $\boldsymbol{I}_n$ の分割 $\boldsymbol{I}_n = \bigsqcup_{\zeta \in \widehat{T}} \sigma(I_{n,\zeta})$ が対応する．

$\widehat{U}/S$ の完全代表元系を選ぶには，“$\zeta \in \widehat{T}$ の順序にしたがって，$I_{n,\zeta}$ を区間として逐次選んでいく” という規則に従えばよい．この**標準的分割**を $\mathcal{I}_n := (I_{n,\zeta})_{\zeta \in \widehat{T}}$ とおく．

(手順 2) (11.2.4) の ρ に対して，同値類 $[\rho]$ の S における固定化部分群を求める．記号として，n の分割 $\boldsymbol{\nu}$ の添字を $\mathcal{K} = \widehat{T}$ または $\mathcal{K} = \widehat{T}^0$ として，

$$P_n(\mathcal{K}) := \{\boldsymbol{\nu} = (n_\zeta)_{\zeta \in \mathcal{K}}\ ;\ \sum_{\zeta \in \mathcal{K}} n_\zeta = n\ (n_\zeta = 0 \text{ も許容})\} \tag{11.2.5}$$

とおく．$\boldsymbol{\nu} \in P_n(\widehat{T})$ と標準的分割 $\mathcal{I}_n = (I_{n,\zeta})_{\zeta \in \widehat{T}}$ とは，$|I_{n,\zeta}| = n_\zeta$ によって，1-1 に対応する．このとき，$\prod_{\zeta \in \widehat{T}} \mathfrak{S}_{I_{n,\zeta}}$ を分割 $\boldsymbol{\nu}$ に対応する $\mathfrak{S}_n$ の **Frobenius-Young 部分群**といい，$\mathfrak{S}_{\boldsymbol{\nu}} := \prod_{\zeta \in \widehat{T}} \mathfrak{S}_{n_\zeta}$ と同一視する．

補題 11.2.1 固定化部分群 $S([\rho])$ は，

$$S([\rho]) = \prod_{\zeta \in \widehat{T}} \mathfrak{S}_{I_{n,\zeta}} \cong \mathfrak{S}_{\boldsymbol{\nu}}, \quad n_\zeta := |I_{n,\zeta}|\ \ (\zeta \in \widehat{T}). \tag{11.2.6}$$

証明 $\sigma \in S$ の ρ への作用が上で分かっているので，それから分かる． □

(手順 3) $\sigma \in S([\rho])$ に対して，$\rho(\sigma(d)) = J_\rho(\sigma)\rho(d)J_\rho(\sigma)^{-1}$ を満たす相関作用素 $J_\rho(\sigma)$ は $J_\rho(\sigma) = \mathbf{1}$ (1 次元の恒等作用素) でよい．よって，$J'_\rho = J_\rho$ で，

$$\pi^0 : U \rtimes S([\rho]) \ni (d,\sigma) \mapsto \rho(d) \cdot J'_\rho(\sigma) = \rho(d). \tag{11.2.7}$$

記号 11.2.1 $\boldsymbol{Y}_n$ を大きさ n の Young 図形の全体とし，$\boldsymbol{Y} = \bigsqcup_{n\geqslant 0} \boldsymbol{Y}_n$ を Young 図形全体の集合とする．便宜上，$\boldsymbol{Y}_0 = \{\varnothing\}$ も含めておく．Young 図形 $D_{\boldsymbol{\lambda}}$ と分割 $\boldsymbol{\lambda} = (\lambda_1, \lambda_2, \cdots)$, $\lambda_1 \geq \lambda_2 \geq \cdots$, を同一視して，$T = \boldsymbol{Z}_m$, $\mathcal{K} = \widehat{T}$ または $\mathcal{K} = \widehat{T}^0$ として，

$$\boldsymbol{Y}_n(\mathcal{K}) := \Big\{\Lambda^n = (\boldsymbol{\lambda}^\zeta)_{\zeta\in\mathcal{K}}\ ;\ \boldsymbol{\lambda}^\zeta \in \boldsymbol{Y},\ \sum_{\zeta\in\mathcal{K}} |\boldsymbol{\lambda}^\zeta| = n\Big\} \quad (n \geq 0), \tag{11.2.8}$$

とおく．分割 $\boldsymbol{\lambda}$ と $\boldsymbol{\mu} = (\mu_1, \mu_2, \cdots)$ において，

$$|\boldsymbol{\lambda}| + 1 = |\boldsymbol{\mu}|,\ \ \lambda_{i_0} + 1 = \mu_{i_0}\ (\exists i_0),\ \ \lambda_i = \mu_i\ (\forall i \neq i_0), \tag{11.2.9}$$

となっているときに，$\boldsymbol{\lambda} \nearrow \boldsymbol{\mu}$ と書く．$\Lambda^n \nearrow M^{n+1} = (\boldsymbol{\mu}^\zeta)_{\zeta\in\widehat{T}} \in \boldsymbol{Y}_{n+1}(\widehat{T})$ とは，定義により，どれか 1 つだけの $\zeta_0 \in \widehat{T}$ に対して $\boldsymbol{\lambda}^{\zeta_0} \nearrow \boldsymbol{\mu}^{\zeta_0}$ で，他の $\zeta \neq \zeta_0$ に対しては $\boldsymbol{\lambda}^\zeta = \boldsymbol{\mu}^\zeta$ となっていることである．

これにより，$\boldsymbol{Y}(\widehat{T}) := \bigsqcup_{n\geqslant 0} \boldsymbol{Y}_n(\widehat{T})$ は後(のち)の **13.1** 節の定義による分岐グラフとなる．

(手順 4) $S([\rho])$ の既約表現の同値類の完全代表元系を選ぶ．(11.2.6) を見れば，次のようにすればよい．$\zeta \in \widehat{T}$ に対して，$\mathfrak{S}_{I_{n,\zeta}} \cong \mathfrak{S}_{n_\zeta}$, $n_\zeta = |I_{n,\zeta}|$, の既約表現をとる．そのとき，この同型を通して，対称群の既約表現に関する定義 1.3.1 と定理 1.3.9（**1.3.6** 小節）に従う．大きさが $n_\zeta = |I_{n,\zeta}|$ の Young 図形（実質的には n_ζ の分割）$\boldsymbol{\lambda}^\zeta$ に対応する既約表現 $\pi_{\boldsymbol{\lambda}^\zeta}$ をとる．これらの直積 $\pi^1 = \pi_{\Lambda^n} := \boxtimes_{\zeta\in\widehat{T}} \pi_{\boldsymbol{\lambda}^\zeta}$, $\Lambda^n := (\boldsymbol{\lambda}^\zeta)_{\zeta\in\widehat{T}} \in \boldsymbol{Y}_n(\widehat{T})$, が求めるものである．部分群 $H = U \rtimes S([\rho])$ の表現 $\pi^0 \boxdot \pi^1$ を G_n に誘導する：$\Pi(\pi^0, \pi^1) = \mathrm{Ind}_H^{G_n} \pi$. これは（同値類を見ると）パラメーター $\Lambda^n \in \boldsymbol{Y}_n(\widehat{T})$ により特徴付けられるので $\breve{\Pi}_{\Lambda^n}$ と書く（$n_\zeta = |\boldsymbol{\lambda}^\zeta|$）：

$$\breve{\Pi}_{\Lambda^n} := \mathrm{Ind}_H^{G_n}(\pi^0 \boxdot \pi^1). \tag{11.2.10}$$

定理 11.2.2　一般化対称群 $G_n = G(m,1,n)$, $4 \leq n < \infty$, に対し，$T = \boldsymbol{Z}_m$ とおき，(11.2.8) の $\boldsymbol{Y}_n(\widehat{T})$ をとる．$\Lambda^n = (\boldsymbol{\lambda}^\zeta)_{\zeta\in\widehat{T}} \in \boldsymbol{Y}_n(\widehat{T})$ に対し，区間 $\boldsymbol{I}_n$ を

長さ $|\boldsymbol{\lambda}^\zeta|$ の区間 $I_{n,\zeta}$ に分割して標準的分割 $\mathcal{I}_n=(I_{n,\zeta})_{\zeta\in\widehat{T}}$ を作る．上の (手順 1)～(手順 4) により表現 $\breve{\Pi}_{\Lambda^n}$ を作れば，その全体は，G_n の既約表現の完全代表元系を与える．

証明　完全代表元系を与えることは定理 3.2.1 による．　□

11.2.2　$G(m,1,n)$, $4\le n<\infty$, の既約指標

$\Pi:=\breve{\Pi}_{\Lambda^n}$ とおくと，$\Pi=\mathrm{Ind}_H^G\pi$, $\pi=\pi^0\boxdot\pi^1$, なので，指標 χ_Π の計算には定理 1.2.4 の誘導表現の指標公式 (1.2.10) を用いる．Π,π の正規化された指標を $\widetilde{\chi}_\Pi$, $\widetilde{\chi}_\pi$ と書くと，$g\in G$ に対して，

$$\widetilde{\chi}_\Pi(g)=\frac{1}{|H\backslash G|}\sum_{g_0\in H\backslash G}\widetilde{\chi}_\pi(g_0 g {g_0}^{-1}), \tag{11.2.11}$$

ここに，記号 "$g_0\in H\backslash G$" は g_0 が $H\backslash G$ の完全代表元系を動くことを意味し，$\widetilde{\chi}_\pi$ は H の外に 0 として拡張しておく．$g=(d,\sigma)\in H=D_n\rtimes S([\rho])$ の標準分解を (10.1.19) に倣って，

$$g=(d,\sigma)=\xi_{q_1}\xi_{q_2}\cdots\xi_{q_r}g_1g_2\cdots g_s,\quad \xi_q=(t_q,(q)),\quad g_j=(d_j,\sigma_j), \tag{11.2.12}$$

とし，$Q:=\{q_1,q_2,\cdots,q_r\}$, $J:=\{1,2,\cdots,s\}$, $K_j:=\mathrm{supp}(\sigma_j)$, $\ell_j:=\ell(\sigma_j)$ $(j\in J)$ とおくと，$K_j\subset I_{n,\zeta}$ $(\exists\zeta\in\widehat{T})$. $H\backslash G\cong(H\cap\mathfrak{S}_n)\backslash\mathfrak{S}_n$, $H\cap\mathfrak{S}_n=\prod_{\zeta\in\widehat{T}}\mathfrak{S}_{I_{n,\zeta}}$ であり，各共役類の代表元として $g_0=\sigma_0\in\mathfrak{S}_n$ が取れる．σ_0 に対する条件 $\sigma_0 g{\sigma_0}^{-1}\in H$ を書き直すと，(11.2.6) により次になる：

$$\sigma_0(K_j)\subset I_{n,\zeta}\ \ (\forall j\in J,\exists\zeta\in\widehat{T}). \tag{11.2.13}$$

そこで，$Q_\zeta:=\{q\in Q\,;\,\sigma_0(q)\in I_{n,\zeta}\}$, $J_\zeta:=\{j\in J\,;\,\sigma_0(K_j)\subset I_{n,\zeta}\}$, とおくと，

$$\mathcal{Q}:=(Q_\zeta)_{\zeta\in\widehat{T}},\quad \mathcal{J}:=(J_\zeta)_{\zeta\in\widehat{T}}, \tag{11.2.14}$$

はそれぞれ Q および J の分割である．

群 $\prod_{\zeta\in\widehat{T}}\mathfrak{S}_{I_{n,\zeta}}$ の表現 $\pi^1=\boxtimes_{\zeta\in\widehat{T}}\pi_{\boldsymbol{\lambda}^\zeta}$ の指標の記号を簡略化する．その基本として，対称群 $\mathfrak{S}_k$ の Young 図形 $\boldsymbol{\lambda}$ に対する線形既約表現 $\pi_{\boldsymbol{\lambda}}$ の指標を $\breve{\chi}(\pi_{\boldsymbol{\lambda}}|\cdot)$ と書く．$\sigma\in\mathfrak{S}_k$ での値は，σ を互いに素な巡回置換 σ_i に分解したときの巡回置換の長さの組 (ℓ_i), $\ell_i=\ell(\sigma_i)$, $\sum_i\ell_i=k$（$\ell_i=1$ も許容）により決まるので，それを $\breve{\chi}(\pi_{\boldsymbol{\lambda}}|(\ell_i))$ と書く．$n_\zeta=|I_{n,\zeta}|=|\boldsymbol{\lambda}^\zeta|$ を用いると，$|H\backslash G|=n!/\prod_{\zeta\in\widehat{T}}n_\zeta$ なの

で，次の指標公式を得る．

定理 11.2.3 (指標公式) ([HHoH2, Theorem 19.7, p.233])

$G(m,1,n) = D_n(T) \rtimes \mathfrak{S}_n$, $T = \boldsymbol{Z}_m$, の既約線形表現 $\breve{\Pi}_{\Lambda^n}$, $\Lambda^n = (\boldsymbol{\lambda}^\zeta)_{\zeta\in\widehat{T}} \in \boldsymbol{Y}_n(\widehat{T})$, の指標を $\breve{\chi}(\breve{\Pi}_{\Lambda^n}|\cdot)$, $n_\zeta = |\boldsymbol{\lambda}^\zeta|$ $(\zeta \in \widehat{T})$, とおく．$g = (d,\sigma) \in D_n(T) \rtimes \prod_{\zeta\in\widehat{T}} \mathfrak{S}_{I_{n,\zeta}}$ の標準分解を (11.2.12) とすると，

$$\breve{\chi}(\breve{\Pi}_{\Lambda^n}|g) = \sum_{\mathcal{Q},\mathcal{J}} b(\Lambda^n;\mathcal{Q},\mathcal{J};g) X(\Lambda^n;\mathcal{Q},\mathcal{J};g), \tag{11.2.15}$$

$$b(\Lambda^n;\mathcal{Q},\mathcal{J};g) = \frac{(n-|\mathrm{supp}(g)|)!}{\prod_{\zeta\in\widehat{T}}\Big(n_\zeta - |Q_\zeta| - \sum_{j\in J_\zeta}\ell_j\Big)!}.$$

$$X(\Lambda^n;\mathcal{Q},\mathcal{J};g) = \prod_{\zeta\in\widehat{T}}\Big(\prod_{q\in Q_\zeta}\zeta(t_q)\cdot\prod_{j\in J_\zeta}\zeta(P(d_j))\cdot\breve{\chi}(\pi_{\boldsymbol{\lambda}^\zeta}|(\ell_j)_{j\in J_\zeta})\Big),$$

ここに，$\ell_j := \ell(\sigma_j)$, $\mathcal{Q} := (Q_\zeta)_{\zeta\in\widehat{T}}$, $\mathcal{J} := (J_\zeta)_{\zeta\in\widehat{T}}$, はそれぞれ Q および J の分割であり，和は次の条件を満たす組 $(\mathcal{Q},\mathcal{J})$ を走る：

(条件 QJ) $\qquad |Q_\zeta| + \sum_{j\in J_\zeta}\ell_j \le n_\zeta \quad (\zeta\in\widehat{T}).$

11.3　対称群の歪対称積の歪対称積表現

これから実際にスピン表現を取り扱っていくわけだが，そこでは $\widetilde{\mathfrak{S}}_n$ の Schur-Young 部分群のスピン表現（すなわち，$\pi(z_1) = -I$ となる表現）が当然現れる．対称群のスピン既約表現を表すパラメーターとして，第 6 章の Schur によるもの $\tau_{\boldsymbol{\lambda}}$, $\mathrm{sgn}\cdot\tau_{\boldsymbol{\lambda}}$, と，第 8 章の Nazarov によるもの $\tau_{\boldsymbol{\lambda},\gamma}$, $\gamma = \pm 1$, とがあり，それぞれに存在理由がある．上のように Schur-Young 部分群を扱うとき，何個かの「対称群の 2 重被覆」の歪対称積や，それに対応する交代群の 2 重被覆の場合など，より複雑になってくる．そこで，われわれは，第 6，第 7 章の Schur の結果と第 8 章の Nazarov の結果を踏まえて，彼らの相異なるパラメーター付けの間の連絡を取っておこう．

記号 11.3.1　**6.1**, **8.1** 節で見るように厳格分割 $\boldsymbol{\lambda} = (\lambda_j)_{1\leqslant j\leqslant l} \in SP_n$, $\lambda_1 > \lambda_2 > \cdots \lambda_l > 0$, $\sum_{1\leqslant j\leqslant l}\lambda_j = n$, はシフトヤング図形 $F_{\boldsymbol{\lambda}}$ で表される．$\boldsymbol{Y}^{\mathrm{sh}}$ をシフトヤング図形全体の集合とする．サイズ n の $F_{\boldsymbol{\lambda}}$ の全体を $\boldsymbol{Y}_n^{\mathrm{sh}}$ $(n\ge 0)$, $\boldsymbol{Y}_0^{\mathrm{sh}} = \{\varnothing\}$, とし，

$$(11.3.1)\qquad \begin{cases} \mathscr{Y}_n^{[N]} := \mathbf{Y}_n^{\mathrm{sh}} \times \{\pm 1\}\ (n \geq 2),\ \ \mathscr{Y}_n^{[N]} := \mathbf{Y}_n^{\mathrm{sh}}\ (n = 0, 1), \\ \mathscr{Y}^{[N]} := \bigsqcup_{n \geqslant 0} \mathscr{Y}_n^{[N]}, \end{cases}$$

とおく[1]．$\boldsymbol{\mu} = (\boldsymbol{\lambda}, \beta) \in \mathscr{Y}_n^{[N]}$, $\beta = \pm 1$, に対し，$|\boldsymbol{\mu}| := |\boldsymbol{\lambda}|$ とし，$\tau_{\boldsymbol{\mu}} = \tau_{\boldsymbol{\lambda},\beta}$ を Nazarov 型記法による $\widetilde{\mathfrak{S}}_n$ のスピン既約表現とする（必要があるときには $\tau_{\boldsymbol{\mu}}^{[N]}$ とも書く）．

$\boldsymbol{\lambda} = (\lambda_j)_{1 \leqslant j \leqslant l} \in \mathbf{Y}_n^{\mathrm{sh}}\ (n \geq 2)$ に対し，

$$(11.3.2)\qquad \begin{cases} l(\boldsymbol{\lambda}) := l\ (\boldsymbol{\lambda}\ \text{の長さ}),\ d(\boldsymbol{\lambda}) := n - l(\boldsymbol{\lambda}), \\ d(\boldsymbol{\lambda})\ \text{の偶奇にしたがって，}\ \varepsilon(\boldsymbol{\lambda}) := 0, 1, \end{cases}$$

とおく．$\mathscr{Y}_n^{[N]}$ に $\widetilde{\mathfrak{S}}_n$ のスピン双対に相当する次の同値関係 $\sim$ を入れて，

$$\varepsilon(\boldsymbol{\lambda}) = 0\ \text{のとき，}\ (\boldsymbol{\lambda}, -1) \sim (\boldsymbol{\lambda}, 1),$$

とする．これは，$\tau_{\boldsymbol{\lambda},-1}^{[N]} \cong \tau_{\boldsymbol{\lambda},1}^{[N]}$（自己同伴）を反映している．$n$ の順序付き分割

$$(11.3.3)\qquad \boldsymbol{\nu} = (\nu_j)_{j \in \boldsymbol{I}_t} \in \mathcal{P}_n,\ \nu_1 + \nu_2 + \cdots + \nu_t = n,\ \nu_j > 0,$$

を固定して，次のようにおく：

$$(11.3.4)\qquad \begin{cases} \mathbf{Y}_n^{\mathrm{sh}}(\boldsymbol{\nu}) := \Big\{ \Lambda^n = (\boldsymbol{\lambda}^j)_{j \in \boldsymbol{I}_t}\ ;\ \boldsymbol{\lambda}^j \in \mathbf{Y}_{\nu_j}^{\mathrm{sh}} \Big\}, \\ \mathscr{Y}_n^{[N]}(\boldsymbol{\nu}) := \Big\{ M^n = (\boldsymbol{\mu}^j)_{j \in \boldsymbol{I}_t}\ ;\ \boldsymbol{\mu}^j = (\boldsymbol{\lambda}^j, \beta^j) \in \mathscr{Y}_{\nu_j} \Big\}. \end{cases}$$

そこで，**5.3** 節における Schur-Young 部分群を考える．$\boldsymbol{\nu}$ に対応する $\mathfrak{S}_n$ の Frobenius-Young 部分群 $\mathfrak{S}_{\boldsymbol{\nu}}$ の完全逆像を $\widetilde{\mathfrak{S}}_{\boldsymbol{\nu}} := \Phi_{\mathfrak{S}}^{-1}(\mathfrak{S}_{\boldsymbol{\nu}})$ とおくと，自然な同型

$$(11.3.5)\qquad \widetilde{\mathfrak{S}}_{\boldsymbol{\nu}} \cong \widetilde{\mathfrak{S}}_{\nu_1} \mathbin{\widehat{*}} \widetilde{\mathfrak{S}}_{\nu_2} \mathbin{\widehat{*}} \cdots \mathbin{\widehat{*}} \widetilde{\mathfrak{S}}_{\nu_t} = \mathop{\widehat{*}}_{j \in \boldsymbol{I}_t} \widetilde{\mathfrak{S}}_{\nu_j},$$

が成り立つ．このとき，2 重被覆群の歪対称積とスピン表現の歪対称積に関する定理 4.6.5 にしたがって，歪対称積 $\widetilde{\mathfrak{S}}_{\boldsymbol{\nu}}$ のスピン既約表現の同値類の完全代表元系を選ぶには，次のようにすればよい．

Nazarov 型　$M^n = (\boldsymbol{\mu}^j)_{j \in \boldsymbol{I}_t} \in \mathscr{Y}_n(\boldsymbol{\nu})$ をとる．$\boldsymbol{\mu}^j = (\boldsymbol{\lambda}^j, \beta^j)$ または $\boldsymbol{\mu}^j = \boldsymbol{\lambda}^j$（$|\boldsymbol{\mu}^j| = |\boldsymbol{\lambda}^j| = 1$ のとき）に対して，$\widetilde{\mathfrak{S}}_{\nu_j}$ のスピン既約表現 $\tau_{\boldsymbol{\mu}_j} = \tau_{\boldsymbol{\lambda}^j,\beta^j}$ または $\tau_{\boldsymbol{\mu}_j} = \mathrm{sgn}_{Z_1}$（$\nu_j = 1$, $\widetilde{\mathfrak{S}}_{\nu^j} = Z_1$ のとき）をとり，歪中心積表現

---

1) 肩付きの添字 $[N]$ は Nazarov の頭文字である．

(11.3.6) $$\tau_{M^n} := \tau_{\boldsymbol{\mu}^1} \widehat{*} \tau_{\boldsymbol{\mu}^2} \widehat{*} \cdots \widehat{*} \tau_{\boldsymbol{\mu}^t},$$

をとれば，それらは歪中心積群 $\widehat{*}_{j \in \boldsymbol{I}_t} \widetilde{\mathfrak{S}}_{\nu_j} \cong \widetilde{\mathfrak{S}}_{\boldsymbol{\nu}}$ のスピン双対を覆っている．M^n を Nazarov 型パラメーターという．これらのスピン表現の中には同値関係がある（命題 4.5.4 参照）が，それの依って来るところは，歪中心積表現の指標公式（定理 4.5.3）である．

今後の話題の進展を考慮すると，むしろ Schur 型記法が重要になる．それはスピン双対に対する，より端的で適正なパラメーターを与え，スピン既約指標を表示するにも便利であり，第 14 節で $n \to \infty$ のときの極限を計算するときにも都合が良い．そこでそれに対応する準備をしよう．定理 6.1.12 に沿って，$\boldsymbol{\lambda} \in \boldsymbol{Y}_n^{\mathrm{sh}}$ に対し，

$\varepsilon(\boldsymbol{\lambda}) = 0$ のとき，（Schur の）$\tau_{\boldsymbol{\lambda}}$；　$\varepsilon(\boldsymbol{\lambda}) = 1$ のとき，$\tau_{\boldsymbol{\lambda}}$, $\mathrm{sgn}_{Z_1} \cdot \tau_{\boldsymbol{\lambda}}$

（$\boldsymbol{\mu} = (\boldsymbol{\lambda}, \beta) \in \mathscr{Y}_n^{[N]}$ に対しては，$\tau_{\boldsymbol{\mu}}^{[S]} := \mathrm{sgn}^{(1-\beta)/2} \cdot \tau_{\boldsymbol{\lambda}}$ と定義する．）

をとれば，$\widetilde{\mathfrak{S}}_n$ のスピン双対の完全代表元系を得る．Schur-Young 部分群 $\widetilde{\mathfrak{S}}_{\boldsymbol{\nu}}$ のスピン既約表現については，次のようになっている．

Schur 型　$\Lambda^n = (\boldsymbol{\lambda}^i)_{j \in \boldsymbol{I}_t} \in \boldsymbol{Y}_n^{\mathrm{sh}}(\boldsymbol{\nu})$ に対して，

(11.3.7) $$\tau_{\Lambda^n} := \tau_{\boldsymbol{\lambda}^1} \widehat{*} \tau_{\boldsymbol{\lambda}^2} \widehat{*} \cdots \widehat{*} \tau_{\boldsymbol{\lambda}^t},$$

(11.3.8) $$s(\Lambda^n) := \sharp\{j \in \boldsymbol{I}_t \,;\, \varepsilon(\boldsymbol{\lambda}^j) = 1\},\ d(\Lambda^n) := n - \sum_{j \in \boldsymbol{I}_t} l(\boldsymbol{\lambda}^j),$$

とおく．τ_{Λ^n} の自己同伴，非自己同伴は，$s(\Lambda^n)$ の偶奇による．ここに，$s(\Lambda^n)$ は，$\tau_{\boldsymbol{\lambda}^j}$ が非自己同伴となる個数である．なお，$s(\Lambda^n)$ の偶奇は $d(\Lambda^n)$ の偶奇と一致する．

記号 11.3.2　$\boldsymbol{Y}_n^{\mathrm{sh}}(\boldsymbol{\nu})$ を 2 つの部分集合に分割して細かい記号を作る：

$$\begin{cases} \boldsymbol{Y}_n^{\mathrm{sh}}(\boldsymbol{\nu})^{\mathrm{ev}} := \{\Lambda^n = (\boldsymbol{\lambda}^j)_{j \in \boldsymbol{I}_t} \in \boldsymbol{Y}_n(\boldsymbol{\nu}) \,;\, s(\Lambda^n) \equiv d(\Lambda^n) \text{ が偶 }\}, \\ \boldsymbol{Y}_n^{\mathrm{sh}}(\boldsymbol{\nu})^{\mathrm{odd}} := \{\Lambda^n = (\boldsymbol{\lambda}^j)_{j \in \boldsymbol{I}_t} \in \boldsymbol{Y}_n(\boldsymbol{\nu}) \,;\, s(\Lambda^n) \equiv d(\Lambda^n) \text{ が奇 }\}, \end{cases}$$

$$\mathscr{Y}_n(\boldsymbol{\nu}) := \mathscr{Y}_n(\boldsymbol{\nu})^{\mathrm{ev}} \bigsqcup \mathscr{Y}_n(\boldsymbol{\nu})^{\mathrm{odd}},$$

$$\mathscr{Y}_n(\boldsymbol{\nu})^{\mathrm{ev}} := \boldsymbol{Y}_n^{\mathrm{sh}}(\boldsymbol{\nu})^{\mathrm{ev}},\ \mathscr{Y}_n(\boldsymbol{\nu})^{\mathrm{odd}} := \boldsymbol{Y}_n^{\mathrm{sh}}(\boldsymbol{\nu})^{\mathrm{odd}} \times \{\pm 1\}.$$

命題 11.3.1　歪中心積 $\widetilde{\mathfrak{S}}_{\boldsymbol{\nu}} \cong \widehat{*}_{j \in \boldsymbol{I}_t} \widetilde{\mathfrak{S}}_{\nu_j}$ のスピン既約表現の完全代表元系として次の集合が取れる（これを Schur 型パラメーター付けという）：

$$\{\tau_{\Lambda^n}\ ;\ \Lambda^n \in \boldsymbol{Y}_n^{\mathrm{sh}}(\boldsymbol{\nu})^{\mathrm{ev}}\} \bigsqcup \{\tau_{\Lambda^n},\ \mathrm{sgn}\cdot\tau_{\Lambda^n}\ ;\ \Lambda^n \in \boldsymbol{Y}_n^{\mathrm{sh}}(\boldsymbol{\nu})^{\mathrm{odd}}\},$$

したがって，$\widetilde{\mathfrak{S}}_{\boldsymbol{\nu}}$ のスピン双対に対するパラメーター空間として，$\mathscr{Y}_n(\boldsymbol{\nu})$ が取れる．

証明 2 重被覆群の歪対称積とスピン表現の歪対称積についての基本は，**4.5**～**4.6** 節を参照して，完全代表元系を与える定理 4.6.5 を見ればよい．2 重被覆群 $\widetilde{\mathfrak{S}}_{\nu_j}$ のスピン既約表現の「ユニタリ同値と同伴関係を合わせた」同値関係 $\overset{\mathrm{ass}}{\sim}$ ((4.2.9) 参照）に関する完全代表元系として，$\tau_{\boldsymbol{\lambda}^j}$ $(\boldsymbol{\lambda}^j \in SP_{\nu_j})$ が取れる．定理 6.1.12 によれば，そのうち

$$\begin{aligned} &\text{自己同伴なものは,} \quad \boldsymbol{\lambda}^j \in SP^+_{\nu_j} = \{\boldsymbol{\lambda}^j \in SP_{\nu_j}\ ;\ \varepsilon(\boldsymbol{\lambda}^j) = 0\}, \\ &\text{非自己同伴なものは,} \quad \boldsymbol{\lambda}^j \in SP^-_{\nu_j} = \{\boldsymbol{\lambda}^j \in SP_{\nu_j}\ ;\ \varepsilon(\boldsymbol{\lambda}^j) = 1\}, \end{aligned}$$

である．また，τ_{Λ^n} が自己同伴または非自己同伴であるのは，

$$s(\Lambda^n) \equiv \sum_{j\in \boldsymbol{I}_t} \varepsilon(\boldsymbol{\lambda}^j) \equiv \sum_{j\in \boldsymbol{I}_t} d(\boldsymbol{\lambda}^j) = d(\Lambda^n) \pmod 2$$

の偶奇，すなわち，$\Lambda^n \in \boldsymbol{Y}_n^{\mathrm{sh}}(\boldsymbol{\nu})^{\mathrm{ev}}$ または $\Lambda^n \in \boldsymbol{Y}_n^{\mathrm{sh}}(\boldsymbol{\nu})^{\mathrm{odd}}$ に依る． □

2 つのパラメーター付けの相互関係． $M^n = (\boldsymbol{\mu}^j)_{j\in\boldsymbol{\nu}} \in \mathscr{Y}_n^{[N]}(\boldsymbol{\nu})$，$\boldsymbol{\mu}^j = (\boldsymbol{\lambda}^j, \beta^j)$，$\beta^j = \pm 1$，において，符号部分 β^j が実際に意味を持つ $j \in \boldsymbol{I}_t$ とは，$\tau_{\boldsymbol{\mu}_j}$ が非自己同伴の場合であって，$\tau_{\boldsymbol{\lambda}^j,-1} = \mathrm{sgn}\cdot\tau_{\boldsymbol{\lambda}^j,1}$ である．全体として τ_{M^n} の同値関係に効いてくるのは，これらの符号の積 $\beta(M^n) := \prod_j \beta^j$ (積は $j \in \boldsymbol{I}_t$，$\varepsilon(\boldsymbol{\lambda}^j) = 1$，を走る) である．$\Lambda^n := (\boldsymbol{\lambda}^j)_{j\in\boldsymbol{I}_t}$，$s(M^n) := s(\Lambda^n)$，とおいて，パラメーター空間 $\mathscr{Y}_n^{[N]}(\boldsymbol{\nu})$ の分解を定義する：

$$\text{(11.3.9)} \qquad \begin{cases} \mathscr{Y}_n^{[N]}(\boldsymbol{\nu})^{\mathrm{ev}} := \{M^n \in \mathscr{Y}_n^{[N]}(\boldsymbol{\nu})\ ;\ s(M^n) \equiv d(\Lambda^n)\ \text{が偶}\ \}, \\ \mathscr{Y}_n^{[N]}(\boldsymbol{\nu})^{\mathrm{odd}} := \{M^n \in \mathscr{Y}_n^{[N]}(\boldsymbol{\nu})\ ;\ s(M^n) \equiv d(\Lambda^n)\ \text{が奇}\ \}. \end{cases}$$

補題 11.3.2 $\boldsymbol{\nu} = (\nu_j)_{j\in\boldsymbol{I}_t}$ を n の順序付き分割とする．Nazarov 型パラメーターの空間 $\mathscr{Y}_n^{[N]}(\boldsymbol{\nu})$ から Schur 型パラメーターの空間 $\mathscr{Y}_n(\boldsymbol{\nu}) = \boldsymbol{Y}_n^{\mathrm{sh}}(\boldsymbol{\nu})^{\mathrm{ev}} \bigsqcup (\boldsymbol{Y}_n^{\mathrm{sh}}(\boldsymbol{\nu})^{\mathrm{odd}} \times\{\pm 1\})$ への写像 Ψ_n を次のように決める：

$$\text{(11.3.10)} \qquad \Psi_n(M^n) := \begin{cases} \Lambda^n, & M^n \in \mathscr{Y}_n^{[N]}(\boldsymbol{\nu})^{\mathrm{ev}}, \\ (\Lambda^n, \beta(M^n)), & M^n \in \mathscr{Y}_n^{[N]}(\boldsymbol{\nu})^{\mathrm{odd}}. \end{cases}$$

このとき，$\tau^{[N]}_{M^n} \cong \tau^{[S]}_{\Psi_n(M^n)}$．ただし，$\tau^{[S]}_{\Lambda^n,1} := \tau_{\Lambda^n}$，$\tau^{[S]}_{\Lambda^n,-1} := \mathrm{sgn}\cdot\tau_{\Lambda^n}$．

証明　スピン表現の歪中心積に関する定理 4.6.5 による．　□

11.4　m 奇またはスピン型 $\chi^{\mathrm{IV}} = (-1,1,1)$ のスピン既約表現と指標

一般化対称群 $G_n = G(m,1,n) = \mathfrak{S}_n(T)$, $T = \boldsymbol{Z}_m$, $4 \le n < \infty$, のスピン既約表現とその指標について，基本的なのは被覆群 $\widetilde{G}_n := D_n \rtimes \widetilde{\mathfrak{S}}_n$ に帰着できる場合である．それは Y=odd (m 奇), Y=IV (m 偶) に当たる．前者は定理 9.3.3 により，後者は定理 9.3.4 により，$G'_n = R(G_n)$ が分かる．後者のスピン型は $\chi^{\mathrm{IV}} = (-1,1,1)$ なので，$\mathrm{Ker}(\chi^{\mathrm{IV}}) = Z_{23} := Z_2 \times Z_3$ による商群 $\widetilde{G}_n^{\mathrm{IV}} := G'_n/Z_{23} \equiv \widetilde{G}_n$ で話ができる．

本節での記号として，$\widetilde{G}_n = U \rtimes S'$, $U = D_n = D_n(T)$, $S' = \widetilde{\mathfrak{S}}_n$, とおく．$\sigma' \in \widetilde{\mathfrak{S}}_n$ の $d = (t_j)_{j \in \boldsymbol{I}_n} \in D_n$, $t_j \in T$, への作用は，$\sigma = \Phi_{\mathfrak{S}}(\sigma') \in S := \mathfrak{S}_n$, を通してである．ここに，$\Phi_{\mathfrak{S}} : S' \to S$ は自然準同型である．

11.4.1　スピン型 χ^{odd}, χ^{IV} の $R(G(m,1,n))$ のスピン既約表現

既約表現の構成は **3.2** 節の手順をほぼその通りに辿ればよい．

(手順 1)　$\boldsymbol{I}_n$ を自然数の区間 $[1,n]$ と同一視して，それの部分区間 $I_{n,\zeta}$ への標準的分割を $\mathcal{I}_n = (I_{n,\zeta})_{\zeta \in \widehat{T}}$ とし，(11.2.4) 式と同じく

$$\rho(d) = \zeta_{\mathcal{I}_n}(d) := \prod_{\zeta \in \widehat{T}} \Big(\prod_{i \in I_{n,\zeta}} \zeta(t_i) \Big) \tag{11.4.1}$$

とおく．可換群 U のこの種の 1 次元指標の全体は $\widehat{U}/S'$ の完全代表元系を与える．標準的分割 $\mathcal{I}_n$ と n の分割 $\boldsymbol{\nu} = (n_\zeta)_{\zeta \in \widehat{T}} \in P_n(\widehat{T})$, $n_\zeta := |I_{n,\zeta}|$, とは 1-1 に対応する．

(手順 2)　同値類 $[\rho] = \{\rho\}$ の S' における固定化部分群は，S の固定化部分群 $S([\rho])$ の標準的準同型 $\Phi_{\mathfrak{S}} : S' \to S$ による完全逆像であるから，

$$S'([\rho]) = \Phi_{\mathfrak{S}}^{-1}\Big(\prod_{\zeta \in \widehat{T}} \mathfrak{S}_{I_{n,\zeta}} \Big) = \widetilde{\mathfrak{S}}_{\boldsymbol{\nu}} \cong \mathop{\widehat{*}}_{\zeta \in \widehat{T}} \widetilde{\mathfrak{S}}_{I_{n,\zeta}} \cong \mathop{\widehat{*}}_{\zeta \in \widehat{T}} \widetilde{\mathfrak{S}}_{n_\zeta}. \tag{11.4.2}$$

ここに $\widetilde{\mathfrak{S}}_{I_{n,\zeta}} := \Phi_{\mathfrak{S}}^{-1}(\mathfrak{S}_{I_{n,\zeta}})$. 以下，$\boldsymbol{\nu} = (n_\zeta)_{\zeta \in \widehat{T}}$ に対し，誤解のない限りしばしば $\widetilde{\mathfrak{S}}_{\boldsymbol{\nu}} = \Phi_{\mathfrak{S}}^{-1}(\mathfrak{S}_{\boldsymbol{\nu}})$ と $\widehat{*}_{\zeta \in \widehat{T}} \widetilde{\mathfrak{S}}_{n_\zeta}$ とを同一視する．

(手順 3)　$\sigma' \in S'([\rho])$ に対して，$J_\rho(\sigma') = \mathbf{1}$ ととれる．よって，$\pi^0 : U \rtimes$

$S'([\rho]) \ni (d,\sigma') \mapsto \rho(d)J_\rho(\sigma') = \rho(d)$ は 1 次元表現である.

(手順 4) $S'([\rho])$ のスピン既約表現のために記号を導入する：

記号 11.4.1 $\mathcal{K} = \widehat{T}$ または $\mathcal{K} = \widehat{T}^0$ とする．前節で，一般の n の分割 $\boldsymbol{\nu} = (\nu_j)_{j\in \boldsymbol{I}_t} \in \mathcal{P}_n$ に対して定義された**記号 11.3.2** は，添数 $\zeta \in \mathcal{K}$ をもつ n の分割 $\boldsymbol{\nu} = (n_\zeta)_{\zeta\in\mathcal{K}} \in P_n(\mathcal{K})$ に対してもそのまま通用させる．さらに次の記号を導入する：

$$\mathbf{Y}_n^{\mathrm{sh}}(\mathcal{K})^{\triangledown} := \bigsqcup\nolimits_{\boldsymbol{\nu}\in P_n(\mathcal{K})} \mathbf{Y}_n^{\mathrm{sh}}(\boldsymbol{\nu})^{\triangledown}, \quad \triangledown = \mathrm{ev},\ \mathrm{odd},$$
$$\mathscr{Y}_n(\mathcal{K}) := \mathscr{Y}_n(\mathcal{K})^{\mathrm{ev}} \bigsqcup \mathscr{Y}_n(\mathcal{K})^{\mathrm{odd}},$$
$$\mathscr{Y}_n(\mathcal{K})^{\mathrm{ev}} := \mathbf{Y}_n^{\mathrm{sh}}(\mathcal{K})^{\mathrm{ev}},\ \ \mathscr{Y}_n(\mathcal{K})^{\mathrm{odd}} := \mathbf{Y}_n^{\mathrm{sh}}(\mathcal{K})^{\mathrm{odd}} \times \{\pm 1\}.$$

$\mathscr{Y}_n(\boldsymbol{\nu})$ の元を M^n と書けば，$M^n = \Lambda^n$ または $M^n = (\Lambda^n, \beta)$, $\beta = 1, -1$, である．$s(M^n) := s(\Lambda^n)$ とおく．$M^n \in \mathscr{Y}_n(\boldsymbol{\nu})$ に対して，$\widetilde{\mathfrak{S}}_{\boldsymbol{\nu}}$ のスピン既約表現 τ_{M^n} を次の様におく．$\tau_{\Lambda^n} := \mathop{\widehat{*}}_{\zeta\in\mathcal{K}} \tau_{\boldsymbol{\lambda}^\zeta}$ として，

$$\tau_{M^n} := \begin{cases} \tau_{\Lambda^n}, & M^n = \Lambda^n \in \mathbf{Y}_n^{\mathrm{sh}}(\boldsymbol{\nu})^{\mathrm{ev}}, \\ \mathrm{sgn}^{(1-\beta)/2}\cdot\tau_{\Lambda^n}, & M^n = (\Lambda^n,\beta) \in \mathbf{Y}_n^{\mathrm{sh}}(\boldsymbol{\nu})^{\mathrm{odd}} \times \{\pm 1\}. \end{cases} \tag{11.4.3}$$

命題 11.4.1 (命題 11.3.1 参照) 固定化部分群 $S'([\rho]) = \widetilde{\mathfrak{S}}_{\boldsymbol{\nu}}$ は，群 $\widetilde{\mathfrak{S}}_{n_\zeta}$ の歪中心積 $\widehat{*}_{\zeta\in\widehat{T}}\, \widetilde{\mathfrak{S}}_{n_\zeta}$ と同型である．$S'([\rho])$ のスピン既約表現の同値類の完全代表元系として集合 $\{\tau_{M^n}\ ;\ M^n \in \mathscr{Y}_n(\boldsymbol{\nu})\}$ がとれる．したがって，$S'([\rho])$ のスピン双対のパラメーター空間として，$\mathscr{Y}_n(\boldsymbol{\nu})$ がとれる． □

上の命題を踏まえて，$\pi^1 = \tau_{M^n}$ とおき，部分群 $\widetilde{H}_n = U \rtimes S'([\rho])$ の表現 $\pi = \pi^0 \boxdot \pi^1$ を群 $\widetilde{G}_n = U \rtimes S'$ に誘導する．M^n に含まれている Λ^n から，分割 $\boldsymbol{\nu} = (n_\zeta)_{\zeta\in\widehat{T}}$, $n_\zeta = |\boldsymbol{\lambda}^\zeta|$, が決まり，したがって $\boldsymbol{I}_n$ の標準的分割 $\mathcal{I}_n$, $U = D_n(T)$ の指標 $\rho = \zeta_{\mathcal{I}_n}$ が確定する．かくて，パラメーター $M^n \in \mathscr{Y}_n(\widehat{T})$ を持つ $\widetilde{G}_n$ のスピン既約表現を得る： Y= odd, IV として，

$$\Pi_{M^n}^{\mathrm{Y}} := \Pi(\pi^0, \pi^1) = \mathrm{Ind}_{\widetilde{H}_n}^{\widetilde{G}_n}(\rho \boxdot \tau_{M^n}). \tag{11.4.4}$$

定理 11.4.2 一般化対称群 $G_n = G(m,1,n)$, $4 \le n < \infty$ の，m 奇，または m 偶，スピン型 $\chi^{\mathrm{IV}} = (1,1,-1)$, のときのスピン既約表現は，2 重被覆 $\widetilde{G}_n = D_n \rtimes$

$\widetilde{\mathfrak{S}}_n$ の既約線形表現と同一視できる．その完全代表元系は Y＝odd または IV として，次の集合で与えられる： $\mathrm{spinIR}^{\mathrm{Y}}(G(m,1,n)) := \{\mathit{\Pi}^{\mathrm{Y}}_{M^n}\ ;\ M^n \in \mathscr{Y}_n(\widehat{T})\}$.

これを別の記号で書くと，$\mathit{\Pi}^{\mathrm{Y}}_{\Lambda^n} := \mathrm{Ind}^{\widetilde{G}_n}_{\widetilde{H}_n}(\rho \boxdot \tau_{\Lambda^n})$ として，

$$\{\mathit{\Pi}^{\mathrm{Y}}_{\Lambda^n}\ ;\ \Lambda^n \in \boldsymbol{Y}^{\mathrm{sh}}_n(\widehat{T})^{\mathrm{ev}}\} \bigsqcup \{\mathit{\Pi}^{\mathrm{Y}}_{\Lambda^n},\ \mathrm{sgn}\cdot\mathit{\Pi}^{\mathrm{Y}}_{\Lambda^n}\ ;\ \Lambda^n \in \boldsymbol{Y}^{\mathrm{sh}}_n(\widehat{T})^{\mathrm{odd}}\}.$$

証明　$\widetilde{G}_n$ のスピン双対を覆うことは定理 3.2.1 による．さらに，(手順 4) において，定理 4.6.5 に与えられている「歪中心積の双対の完全代表元系」を，(11.4.2) 式の $S'([\rho])$ の表示の右端に適用して，具体的に決定する．それにより，$\widetilde{G}_n$ のスピン双対の完全代表元系を得る．□

11.4.2　スピン型 $\chi^{\mathrm{odd}}, \chi^{\mathrm{IV}}$ の $R(G(m,1,n))$ の既約指標

誘導表現 $\mathit{\Pi}^{\mathrm{Y}}_{\Lambda^n} = \mathrm{Ind}^{\widetilde{G}_n}_{\widetilde{H}_n}(\rho \boxdot \tau_{\Lambda^n})$ の指標の計算は，前節と同様に進む．公式 (11.2.11) の $H\backslash G$ は $\widetilde{H}_n\backslash\widetilde{G}_n \cong S'([\rho])\backslash S'$ に置き換わる．$\mathit{\Pi}^{\mathrm{Y}}_{\Lambda^n}$ の指標を $\chi(\mathit{\Pi}^{\mathrm{Y}}_{\Lambda^n}|\cdot)$, 正規化した指標を $\widetilde{\chi}(\mathit{\Pi}^{\mathrm{Y}}_{\Lambda^n}|\cdot)$ と書く．$n_\zeta := |\boldsymbol{\lambda}^\zeta|$ とする．$S'([\rho])\backslash S'$ 上にわたる和の計算ではつぎのことに注意する．非スピンの前節の計算と違ってスピンの場合には，$\sigma'_j \in \widetilde{\mathfrak{S}}_n$ $(j \in J_\zeta)$ の積では，$\prod_{j\in J_\zeta} \sigma'_j$ は積を取る順番によって z_1 の冪 $z_1{}^a$ の差が出てくる．例えば，$\widetilde{\mathfrak{S}}_{n_\zeta}$ のスピン表現 $\tau_{\boldsymbol{\lambda}^\zeta}$ の指標を χ と書くと，$\chi(\sigma'_1\sigma'_2) = (-1)^a\chi(\sigma'_2\sigma'_1)$, $a \equiv L(\sigma'_1)L(\sigma'_2) \pmod 2$, である．他方，指標 χ の不変性から，$\chi(\sigma'_1\sigma'_2) = \chi(\sigma'_2\sigma'_1)$ であり，a 奇のときは，$\chi(\sigma'_1\sigma'_2) = 0$ でなければならない．

$\widetilde{G}_n = D_n \rtimes \widetilde{\mathfrak{S}}_n$ の一般元 $g' = (d,\sigma')$, $d \in D_n$, $\sigma' \in \widetilde{\mathfrak{S}}_n$, の標準的分解を

$$g' = (d,\sigma') = \xi_{q_1}\xi_{q_2}\cdots\xi_{q_r}g'_1g'_2\cdots g'_s,\quad \xi_q = (t_q,(q)),\quad g'_j = (d_j,\sigma'_j), \tag{11.4.5}$$

とし，$Q := \{q_1,q_2,\cdots,q_r\}$, $J := \boldsymbol{I}_s$, $K_j := \mathrm{supp}(\sigma'_j)$, $\ell_j := \ell(\sigma'_j)$ $(j \in J)$, とおく．

定理 11.4.3 (スピン指標公式, Y＝odd, IV)

$\widetilde{G}_n = D_n(T) \rtimes \widetilde{\mathfrak{S}}_n$, $T = \boldsymbol{Z}_m$, $4 \le n < \infty$, とする．$\widetilde{G}_n$ のスピン既約表現 $\mathit{\Pi}^{\mathrm{Y}}_{\Lambda^n}$, $\Lambda^n \in \boldsymbol{Y}^{\mathrm{sh}}_n(\widehat{T})$, の指標 $\chi(\mathit{\Pi}^{\mathrm{Y}}_{\Lambda^n}|\cdot)$ は次の公式で与えられる．$n_\zeta = |\boldsymbol{\lambda}^\zeta|$ $(\zeta \in \widehat{T})$ とし，**11.2.1** 小節 (手順 1) で決められた $\boldsymbol{I}_n$ の標準的分割を $\mathcal{I}_n = (I_{n,\zeta})_{\zeta\in\widehat{T}}$ とし，$\widetilde{H}_n := D_n(T) \rtimes (\widehat{*}_{\zeta\in\widehat{T}}\widetilde{\mathfrak{S}}_{I_{n,\zeta}})$ とおく．

- $g' \in \widetilde{G}_n$ が $\widetilde{H}_n$ の元と共役でなければ，$\chi(\Pi^{\mathrm{Y}}_{\Lambda^n}|g')=0$.
- $g'=(d,\sigma') \in \widetilde{H}_n$ の標準分解を (11.4.5) とすると，

(11.4.6)
$$\begin{aligned}
\chi(\Pi^{\mathrm{Y}}_{\Lambda^n}|g') &= \sum_{\mathcal{Q},\mathcal{J}} b(\Lambda^n;\mathcal{Q},\mathcal{J};g)X(\Lambda^n;\mathcal{Q},\mathcal{J};g'),\\
b(\Lambda^n;\mathcal{Q},\mathcal{J};g) &= \frac{(n-|\mathrm{supp}(g)|)!}{\prod_{\zeta\in\widehat{T}}\Big(n_\zeta-|Q_\zeta|-\sum_{j\in J_\zeta}\ell_j\Big)!},\\
X(\Lambda^n;\mathcal{Q},\mathcal{J};g') &= X_D(\Lambda^n;\mathcal{Q},\mathcal{J};d)\,X_{\mathfrak{S}}(\Lambda^n;\mathcal{Q},\mathcal{J};\sigma'),\\
X_D(\Lambda^n;\mathcal{Q},\mathcal{J};d) &= \prod_{\zeta\in\widehat{T}}\Big(\prod_{q\in Q_\zeta}\zeta(t_q)\cdot\prod_{j\in J_\zeta}\zeta(P(d_j))\Big),\\
X_{\mathfrak{S}}(\Lambda^n;\mathcal{Q},\mathcal{J};\sigma') &= \chi(\tau_{\Lambda^n}\,|\,\sigma'_{\mathcal{Q}\mathcal{J}}\sigma'(\sigma'_{\mathcal{Q}\mathcal{J}})^{-1}),
\end{aligned}$$

ここに，$\mathcal{Q}=(Q_\zeta)_{\zeta\in\widehat{T}}$, $\mathcal{J}=(J_\zeta)_{\zeta\in\widehat{T}}$, はそれぞれ Q および J の分割であり，

(条件 QJ) $$|Q_\zeta|+\sum_{j\in J_\zeta}\ell_j \le n_\zeta \quad (\zeta\in\widehat{T}),$$

を満たす組 $(\mathcal{Q},\mathcal{J})$ を走る．$\chi(\tau_{\Lambda^n}|\cdot)$ は $\widetilde{\mathfrak{S}}_{\boldsymbol{\nu}}$ のスピン既約表現 τ_{Λ^n} の指標 $\chi_{\tau_{\Lambda^n}}(\cdot)$ を表す．$\sigma'_{\mathcal{Q}\mathcal{J}} \in \widetilde{\mathfrak{S}}_n$ は $\sigma_{\mathcal{Q}\mathcal{J}}=\Phi_{\mathfrak{S}}(\sigma'_{\mathcal{Q}\mathcal{J}}) \in \mathfrak{S}_n$ が次の条件を満たす元である：$\forall\zeta\in\widehat{T}$ に対し，

(11.4.7) $$\sigma_{\mathcal{Q}\mathcal{J}}Q_\zeta \subset I_{n,\zeta}, \quad \sigma_{\mathcal{Q}\mathcal{J}}K_j \subset I_{n,\zeta}\ \ (j\in J_\zeta).$$

指標公式 (11.4.6) の応用などでは有効に活用できる次の結果がある：

命題 11.4.4 $\widetilde{\mathfrak{S}}_n, 4\le n<\infty$, のスピン既約表現 $\tau_{\boldsymbol{\lambda}}$ ($\boldsymbol{\lambda}=(\lambda_j)_{1\leqslant j\leqslant l} \in \mathbf{Y}^{\mathrm{sh}}_n$) をとる．

(i) 偶元集合 $\widetilde{\mathfrak{A}}_n$ の上では，指標 $\chi_{\tau_{\boldsymbol{\lambda}}}$ の台は部分集合 $\widetilde{\Sigma}^{\widetilde{\mathfrak{S}}_n}_{\boldsymbol{\lambda}}$ に入る．ここに，

(11.4.8)
$$\begin{cases}
\widetilde{\Sigma}_k := \{\sigma'\in\widetilde{\mathfrak{S}}_k\,;\,\sigma=\Phi_{\mathfrak{S}}(\sigma') \text{ のサイクル分解が偶元ばかり}\} \subset \widetilde{\mathfrak{S}}_k,\\
\widetilde{\Sigma}_{\boldsymbol{\lambda}} := \widetilde{\Sigma}_{\lambda_1}\widetilde{\Sigma}_{\lambda_2}\cdots\widetilde{\Sigma}_{\lambda_l} \subset \widetilde{\mathfrak{S}}_{\lambda_1}\widehat{*}\widetilde{\mathfrak{S}}_{\lambda_2}\widehat{*}\cdots\widehat{*}\widetilde{\mathfrak{S}}_{\lambda_l} = \underset{1\leqslant j\leqslant l}{\widehat{*}}\widetilde{\mathfrak{S}}_{\lambda_j} \hookrightarrow \widetilde{\mathfrak{S}}_n,\\
\widetilde{\Sigma}^{\widetilde{\mathfrak{S}}_n}_{\boldsymbol{\lambda}} := \bigcup_{\sigma'_0\in\widetilde{\mathfrak{S}}_n}\sigma'_0\,\widetilde{\Sigma}_{\boldsymbol{\lambda}}\sigma_0'^{-1}.
\end{cases}$$

したがって，$\chi_{\tau_{\boldsymbol{\lambda}}}$ は次の性質 (a), (b) を持つ．

(a) $\sigma'\in\widetilde{\mathfrak{A}}_n$ に対し，$\sigma=\Phi_{\mathfrak{S}}(\sigma')$ の巡回置換への分解 $\sigma=\prod_{j\in P}\sigma_j$ において，どれかの σ_j が奇元であれば，$\chi_{\tau_{\boldsymbol{\lambda}}}(\sigma')=0$.

(b)　$\sigma' = \prod_{j\in P} \sigma'_j$, $\Phi_{\mathfrak{S}}(\sigma'_j) = \sigma_j$, と分解したとき，指標値 $\chi_{\tau_{\boldsymbol{\lambda}}}(\prod_{j\in P} \sigma'_j)$ は σ'_j の積の順序に依存しない．

(ii)　$\tau_{\boldsymbol{\lambda}}$ を自己同伴 ($\Leftrightarrow \boldsymbol{\lambda} \in SP_n^+$) とする．そのとき，指標 $\chi_{\tau_{\boldsymbol{\lambda}}}$ は奇元集合 $\widetilde{\mathfrak{C}}_n = \widetilde{\mathfrak{S}}_n \setminus \widetilde{\mathfrak{A}}_n$ の上では恒等的に 0 である．

(iii)　$\tau_{\boldsymbol{\lambda}}$ を非自己同伴 ($\Leftrightarrow \boldsymbol{\lambda} \in SP_n^-$) とする．そのとき，指標 $\chi_{\tau_{\boldsymbol{\lambda}}}$ は奇元集合 $\widetilde{\mathfrak{C}}_n$ 上では，台は特別の部分集合 $\widetilde{\Xi}_{\boldsymbol{\lambda}}^{\widetilde{\mathfrak{S}}_n}$ に一致する．ここに，

$$(11.4.9)\quad \begin{cases} \widetilde{\Xi}_k := \{\sigma' \in \widetilde{\mathfrak{S}}_k \,;\, \sigma = \Phi_{\mathfrak{S}}(\sigma') \text{ が長さ } k \text{ のサイクル}\} \subset \widetilde{\mathfrak{S}}_k, \\ \widetilde{\Xi}_{\boldsymbol{\lambda}} := \widetilde{\Xi}_{\lambda_1}\widetilde{\Xi}_{\lambda_2}\cdots\widetilde{\Xi}_{\lambda_l} \subset \widetilde{\mathfrak{S}}_{\lambda_1}\widehat{*}\widetilde{\mathfrak{S}}_{\lambda_2}\widehat{*}\cdots\widehat{*}\widetilde{\mathfrak{S}}_{\lambda_l} = \widehat{*}_{1\leqslant j\leqslant l}\widetilde{\mathfrak{S}}_{\lambda_j} \hookrightarrow \widetilde{\mathfrak{S}}_n, \\ \widetilde{\Xi}_{\boldsymbol{\lambda}}^{\widetilde{\mathfrak{S}}_n} := \bigcup_{\sigma'_0\in\widetilde{\mathfrak{S}}_n} \sigma'_0\,\widetilde{\Xi}_{\boldsymbol{\lambda}}\sigma_0'^{-1}. \end{cases}$$

証明　表 5.4.2 で $\widetilde{\mathfrak{S}}_n$ のスピン基本表現 $\widetilde{\Pi}_{\boldsymbol{\lambda}}$ の指標の台が特徴付けられている．$\tau_{\boldsymbol{\lambda}}$ が非自己同伴な場合には，表 5.4.1 と定理 5.5.1 により，主張 (iii) の奇元集合 $\widetilde{\mathfrak{C}}_n$ の上の指標値に関する部分が分かる．$\tau_{\boldsymbol{\lambda}}$ が自己同伴な場合には，その指標が奇元集合 $\widetilde{\mathfrak{C}}_n$ 上で 0 になることは，自己同伴の定義から従う．その他の主張は，次の補題で与えられる「群 $\widetilde{\mathfrak{S}}_n$ 上の中心的（すなわち，不変）スピン関数の一般的性質」から従う．□

補題 11.4.5　$\sigma'_j \in \widetilde{\mathfrak{S}}_n$ $(j \in \boldsymbol{I}_p)$ の台が互いに素，とする．

(i)　σ'_i, σ'_j $(i \neq j)$ がともに奇元，とする．積 $\sigma' = \sigma'_1\sigma'_2\cdots\sigma'_p$ において，σ'_i と σ'_j とを交換した積を σ'' とすれば，$\sigma'' = z_1\sigma'$．さらに，σ' が偶元ならば，σ' と $z_1\sigma'$ とは，互いに共役である．

(ii)　f を $\widetilde{\mathfrak{S}}_n$ 上の中心的スピン関数とする．積 $\sigma' = \sigma'_1\sigma'_2\cdots\sigma'_p$ が偶元のとき，値 $f(\prod_{j\in\boldsymbol{I}_p} \sigma'_j)$ は積の順序に依らない．このとき，σ'_j の中に奇元があれば，f の値は 0.

証明　(i)　$i<j$ とし，σ'_i と σ'_j の間にある元を κ' とすると，

$$\sigma'_i\kappa'\sigma'_j = z_1^{\,L(\kappa')}\kappa'\sigma'_i\sigma'_j = z_1^{\,L(\kappa')+1}\kappa'\sigma'_j\sigma'_i = z_1^{\,L(\kappa')+1+L(\kappa')}\sigma'_j\kappa'\sigma'_i,$$

により，前半が分かる．

つぎに，同様な計算により，$\sigma_i'^{-1}\sigma'\sigma'_i = z_1^{\,(L(\sigma')-2)}\sigma''$ を得る．ゆえに，σ' 偶のときは，$L(\sigma') \equiv 0 \pmod 2$ なので，σ' と σ'' は共役である．

(ii) 積 σ' が偶元で，σ'_j の中に奇元があれば少なくとも 2 個はあるので，σ' と $z_1\sigma'$ とが共役である．ゆえに，$f(\sigma')=f(z_1\sigma')=-f(\sigma')$ $\therefore f(\sigma')=0$. □

命題 11.4.6 $\widetilde{G}_n=D_n\rtimes\widetilde{\mathfrak{S}}_n$ のスピン既約表現 $\Pi^{\mathrm{Y}}_{\Lambda^n},\Lambda^n=(\boldsymbol{\lambda}^\zeta)_{\zeta\in\widehat{T}}\in\boldsymbol{Y}^{\mathrm{sh}}_n(\widehat{T})^{\mathrm{ev}}$, をとる．$g'=(d,\sigma')\in\widetilde{H}_n\cong D_n\rtimes(\widehat{*}_{\zeta\in\widehat{T}}\widetilde{\mathfrak{S}}_{I_{n,\zeta}})$ の成分 σ' を偶元とする．指標公式 (11.4.6) における $X(\Lambda^n;\mathcal{Q},\mathcal{J};g')$ を指標公式 (11.2.15) と同様に次のように書くことができる：

$$X(\Lambda^n;\mathcal{Q},\mathcal{J};g')=\prod_{\zeta\in\widehat{T}}\Big\{\prod_{q\in Q_\zeta}\zeta(t_q)\cdot\prod_{j\in J_\zeta}\zeta(P(d_j))\times \times\chi\Big(\tau_{\boldsymbol{\lambda}^\zeta}\,|\,\sigma'_{\mathcal{Q}\mathcal{J}}\big(\prod_{j\in J_\zeta}\sigma'_j\big)(\sigma'_{\mathcal{Q}\mathcal{J}})^{-1}\Big)\Big\}. \tag{11.4.10}$$

証明 命題 11.4.4 による． □

スピン表現の歪対称積のスピン指標公式は定理 4.5.3 から分かるように結構複雑である．とくに歪対称積が非自己同伴なとき，その指標の奇元集合における公式 (4.5.4) には，自己同伴な成分表現 (たとえば，$\tau_{\boldsymbol{\lambda}^\zeta},\boldsymbol{\lambda}^\zeta\in SP^+_{n_\zeta}$) の副指標まで現れる．しかしながら，(制限された g' に対してではあるが) スピン指標の直上の形の表示は，第 14 章で，スピン既約指標の $n\to\infty$ の極限を考えるときに (命題 11.4.4 とともに) 非常に有効である．

11.5 スピン型 $\chi^{\mathrm{I}}=(-1,-1,-1)$ の $R(G(m,1,n))$ のスピン既約表現

本節での基本は，第 2 章における「巡回群の直積 $D_n(T)$, $T=\boldsymbol{Z}_m$, のスピン表現」の理論，および，第 5～第 6 章の「対称群 $\mathfrak{S}_n$ のスピン表現」の理論，である．

11.5.1 半直積群の既約表現の構成法 (第 3 章) の応用

表現群 $G'_n:=R(G(m,1,n))$, $4\le n<\infty$, m 偶，の構造を復習する (定理 9.3.4)．$i=1,2,3$ に対して，$Z_i:=\langle z_i\rangle\cong\boldsymbol{Z}_2$, ${z_i}^2=e$, を用意し，$Z=Z_1\times Z_2\times Z_3$ とおくと，G'_n は $G_n:=G(m,1,n)$ の Z による中心拡大である．場合 I のスピン型は $\chi^{\mathrm{I}}=(-1,-1,-1)\in\widehat{Z}$, すなわち，$\chi^{\mathrm{I}}(z_i)=-1$ $(i=1,2,3)$ である．

$D_n:=D_n(T)=\prod_{i\in\boldsymbol{I}_n}T_i$, $T_i=T=\boldsymbol{Z}_m$, の 2 重被覆 $\widetilde{D}_n:=\widetilde{D}_n(T)$ は生成元系 $\{z_2,\ \eta_j\ (j\in\boldsymbol{I}_n)\}$ と次の基本関係式系で与えられる：

(11.5.1)　$z_2{}^2 = e,\ z_2\eta_j = \eta_j z_2\ \ (j \in \boldsymbol{I}_n),\ \eta_j{}^m = e,\ \eta_j\eta_k = z_2\eta_k\eta_j\ (j \neq k).$

そこで，$\widetilde{D}_n^\vee := \widetilde{D}_n \times Z_3$ とおき，その上への $\widetilde{\mathfrak{S}}_n = \langle z_1, r_i\ (i \in \boldsymbol{I}_{n-1})\rangle$ の作用を

(11.5.2)　$$\begin{cases} r_i\eta_i r_i{}^{-1} = \eta_{i+1},\ r_i\eta_{i+1}r_i{}^{-1} = \eta_i & (i \in \boldsymbol{I}_{n-1}), \\ r_i\eta_j r_i{}^{-1} = z_3\eta_j & (j \neq i, i+1), \end{cases}$$

とすると，これは例 2.4.2 の I 型の作用であり，

(11.5.3)　$$G'_n = R(G(m,1,n)) = \widetilde{D}_n^\vee \rtimes \widetilde{\mathfrak{S}}_n,$$

と半直積群として表される．スピン型 χ^{I} では，$\chi^{\mathrm{I}}(z_3z_2{}^{-1}) = \chi^{\mathrm{I}}(z_3z_2) = 1$ だから，商群

(11.5.4)　$$\widetilde{G}_n^{\mathrm{I}} := G'_n/\langle z_3z_2{}^{-1}\rangle$$

をとれば，z_3 と z_2 とを同一視することになる．$Z_{12} := Z_1 \times Z_2 \cong Z/\langle z_3z_2{}^{-1}\rangle$ とおくと，

$$\{e\} \longrightarrow Z_{12} \longrightarrow \widetilde{G}_n^{\mathrm{I}} \longrightarrow G_n \longrightarrow \{e\}\quad \text{（完全）}$$

となる．ここで，$\widetilde{D}_n$ と $\widetilde{D}_n^\vee/\langle z_3z_2{}^{-1}\rangle$ とを同一視する．そして新しい生成元として，

(11.5.5)　$$\widehat{\eta}_j := z_2^{\,j-1}\eta_j\ (\equiv z_3^{\,j-1}\eta_j)\quad (j \in \boldsymbol{I}_n),$$

ととると，$\sigma' \in \widetilde{\mathfrak{S}}_n$ の作用は，$\sigma = \Phi_{\mathfrak{S}}(\sigma') \in \mathfrak{S}_n$ を通して，

(11.5.6)　$$\sigma'\widehat{\eta}_j\sigma'^{\,-1} = z_2^{\,L(\sigma)}\widehat{\eta}_{\sigma(j)}\ \ (j \in \boldsymbol{I}_n),\ \ L(\sigma) = \sigma \text{ の長さ}.$$

そこで，半直積群 $\widetilde{G}_n^{\mathrm{I}} = \widetilde{D}_n \overset{\mathrm{I}}{\rtimes} \widetilde{\mathfrak{S}}_n$ のように（II 型等の作用と区別するために）記号として添字 I を必要なところに付加する．この I 型半直積群はもとの $\widetilde{D}_n^\vee \rtimes \widetilde{\mathfrak{S}}_n$ よりは簡単化されていて取り扱い易い．スピン型はここでは $\chi_{Z_{12}}(z_i) = -1\ (i = 1,2)$ となる．$\widetilde{G}_n^{\mathrm{I}} = \widetilde{D}_n \overset{\mathrm{I}}{\rtimes} \widetilde{\mathfrak{S}}_n$ を簡単のために一般的記号で $G' = U' \rtimes S'$ と書く（$G_n = D_n \rtimes \mathfrak{S}_n$ は，$G = U \rtimes S$ と書く）．

(手順 1)　**2.5** 節に，$U' = \widetilde{D}_n(\boldsymbol{Z}_m),\ m = 2m^0$ 偶，に対するスピン既約表現が構成されている．2×2 型行列 ε, a, b, c を

(11.5.7)　$$\varepsilon = \begin{pmatrix} 1 & 0 \\ 0 & 1 \end{pmatrix},\ a = \begin{pmatrix} 0 & 1 \\ 1 & 0 \end{pmatrix},\ b = \begin{pmatrix} 0 & -i \\ i & 0 \end{pmatrix},\ c = \begin{pmatrix} 1 & 0 \\ 0 & -1 \end{pmatrix},$$

とおく．$n^0:=[n/2]$ として，次数 2^{n^0} の行列 $Y_j\ (j\in \boldsymbol{I}_{2n^0+1})$ を，

$$(11.5.8)\qquad \begin{cases} Y_{2i-1}=c^{\otimes(i-1)}\otimes a\otimes \varepsilon^{\otimes(n^0-i)}, & i\in \boldsymbol{I}_{n^0},\\ Y_{2i}\quad = c^{\otimes(i-1)}\otimes b\otimes \varepsilon^{\otimes(n^0-i)}, & i\in \boldsymbol{I}_{n^0},\\ Y_{2n^0+1}=c^{\otimes n^0}, \end{cases}$$

とおく．パラメーターの空間として，

$$(11.5.9)\qquad \begin{cases} \mathit{\Gamma}_n:=\{\gamma=(\gamma_1,\gamma_2,\cdots,\gamma_n)\,;\,0\le\gamma_j\le m-1\ \ (j\in \boldsymbol{I}_n)\},\\ \mathit{\Gamma}_n^0:=\{\gamma=(\gamma_j)_{j\in \boldsymbol{I}_n}\in \mathit{\Gamma}_n\,;\,0\le\gamma_j<m^0=m/2\,(j\in \boldsymbol{I}_n)\},\\ \mathit{\Gamma}_n^1:=\{\gamma=(\gamma_j)_{j\in \boldsymbol{I}_n}\in \mathit{\Gamma}_n\,;\,0\le\gamma_1\le\gamma_2\le\cdots\le\gamma_n\}, \end{cases}$$

をとる．$\gamma\in \mathit{\Gamma}_n$ 上への 2 種の作用として，$p\in \boldsymbol{I}_n$, $\sigma\in\mathfrak{S}_n$, に対して，

$$(11.5.10)\qquad \begin{cases} \tau_p\gamma:=(\gamma'_j)_{j\in \boldsymbol{I}_n},\ \gamma'_p\equiv\gamma_p+m^0\ (\mathrm{mod}\ m),\ \gamma'_j=\gamma_j\ (j\neq p);\\ \sigma\gamma:=\big(\gamma_{\sigma^{-1}(j)}\big)_{j\in \boldsymbol{I}_n}, \end{cases}$$

とおく．$\gamma\in \mathit{\Gamma}_n$ に対して，D_n の 1 次元指標 ζ_γ を次式で定める：

$$(11.5.11)\qquad \zeta_\gamma(y_j):=\omega^{\gamma_j}\ \ (j\in \boldsymbol{I}_n),\ \ \omega:=e^{2\pi i/m}\ \ (y_j\ \text{は生成元}).$$

それを 2 重被覆 $U'=\widetilde{D}_n$ まで準同型 $\Phi_D:\widetilde{D}_n\to D_n$ を通して持ち上げておく．2 重被覆 $\widetilde{D}_n$ の生成元系 $\{z_2,\ \eta_j\ (j\in \boldsymbol{I}_n)\}$ に対して，

$$(11.5.12)\quad P_\gamma(z_2):=-E,\quad P_\gamma(\widehat{\eta}_j):=\zeta_\gamma(\widehat{\eta}_j)\,\widehat{Y}_j\ \ (j\in \boldsymbol{I}_n),\quad \widehat{Y}_j:=(-1)^{j-1}Y_j\,,$$

とおく．これが 2^{n^0} 次元のスピン既約表現を与える．その指標は定理 2.5.3 で与えられるている．この指標公式を用いて次の結果が得られた：

補題 11.5.1 (系 2.5.4 参照)　(i) $\sigma'\in\widetilde{\mathfrak{S}}_n$ に対して, $\sigma'(\zeta_\gamma)(d'):=\zeta_\gamma({\sigma'}^{-1}(d'))$ $(d'\in\widetilde{D}_n(T))$ とおくと，$\sigma'(\zeta_\gamma)=\zeta_{\sigma\gamma}\ (\sigma=\Phi_{\mathfrak{S}}(\sigma')\in\mathfrak{S}_n)$.

(ii) $n\ge 2$ 偶のとき，$P_\gamma\cong P_{\tau_p\gamma}\ (p\in \boldsymbol{I}_n)$.

(iii) $n\ge 3$ 奇のとき，$P_\gamma\cong P_{\tau_p\tau_q\gamma}\ (p,q\in \boldsymbol{I}_n)$,　$P_\gamma\ncong P_{\tau_p\gamma}\ (p\in \boldsymbol{I}_n)$.

補題 11.5.2 (定理 2.5.7 参照)　群 $U'=\widetilde{D}_n$ のスピン双対の完全代表元系 $\Omega^{\mathrm{spin}}(\widetilde{D}_n)$ が次のように与えられる：

$n\ge 2$ 偶のとき，$\Omega^{\mathrm{spin}}(\widetilde{D}_n)=\{P_\gamma=\zeta_\gamma P^0\,;\,\gamma\in \mathit{\Gamma}_n^0\}$.

$n\ge 3$ 奇のとき，$\Omega^{\mathrm{spin}}(\widetilde{D}_n)=\{P_\gamma^+=P_\gamma,\ P_\gamma^-=P_{\tau_n\gamma}\,;\,\gamma\in \mathit{\Gamma}_n^0\}$.

ただし，$P^0 := P_{\mathbf{0}}$, $P^+ := P_{\mathbf{0}}$, $P^- := P_{\tau_n \mathbf{0}}$ は (2.5.12) と同じ記号であって，

$$P_\gamma = \zeta_\gamma P^0, \quad P_\gamma^+ = \zeta_\gamma P^+, \quad P_\gamma^- = \zeta_\gamma P^-. \tag{11.5.13}$$

(手順 2)　$\sigma' \in S' = \widetilde{\mathfrak{S}}_n$ の U' への作用 (11.5.6) の下で P_γ の指標（定理 2.5.3）がどう変わるかを見ると次が分かる．

補題 11.5.3 (系 2.5.4, 定理 2.5.6 (i) 参照)　$\sigma' \in S'$ の $\rho = P_\gamma$ $(\gamma \in \Gamma_n)$ への作用は，$({\sigma'}^{\mathrm{I}}\rho)(d') := \rho({\sigma'}^{-1}(d'))$ $(d' \in U')$, $\sigma = \Phi_{\mathfrak{S}}(\sigma')$, として

$$\begin{cases} {\sigma'}^{\mathrm{I}}(P_\gamma) \cong P_{\sigma\gamma}, \\ {\sigma'}^{\mathrm{I}}(P_\gamma^-) \cong P_{\sigma\gamma}^-, \quad n\,\text{奇のとき}. \end{cases} \tag{11.5.14}$$

証明　第 1 式の証明は計算による．$\sigma' = r_i$, $d' = \widehat{\eta}_j$ の場合に計算すればよい．第 2 式は第 1 式と補題 11.5.1 (iii) により，$k = \sigma(n)$ として，

$${\sigma'}^{\mathrm{I}}(P_\gamma^-) = {\sigma'}^{\mathrm{I}}(P_{\tau_n\gamma}) \cong P_{\sigma(\tau_n\gamma)} = P_{\tau_k(\sigma\gamma)} \cong P_{\tau_n(\sigma\gamma)} = P_{\sigma\gamma}^-. \qquad \square$$

この補題により，$\widetilde{\mathfrak{S}}_n$ の作用の下での，P_γ (n 偶のとき)，P_γ^+, P_γ^- (n 奇のとき)，の完全代表元系を求めると次のようになる．$\gamma = (\gamma_j)_{j\in \boldsymbol{I}_n} \in \Gamma_n^0$ に対して，$\gamma_1 \le \gamma_2 \le \cdots \le \gamma_n$，を要求することができる．これは，$\gamma \in \Gamma_n^0 \cap \Gamma_n^1$ を意味する．一般に，$\gamma = (\gamma_j)_{j\in \boldsymbol{I}_n} \in \Gamma_n$ に対して，T の指標の組 $(\zeta_j)_{j\in\boldsymbol{I}_n}$, $\zeta_j = \zeta^{(\gamma_j)}$, (11.2.1) 参照，を対応させる．これは (11.5.11) の $D_n(T)$ の指標 ζ_γ と同一視できるので，今後 $\zeta_\gamma = (\zeta_j)_{j\in\boldsymbol{I}_n}$ と書く．$\zeta \in \widehat{T}$ に対し，

$$I_{n,\zeta} := \{ j \in \boldsymbol{I}_n\ ;\ \zeta_j = \zeta \}, \tag{11.5.15}$$

とおくと，整数の区間 $\boldsymbol{I}_n = [1,n]$ の分割 $\boldsymbol{I}_n = \bigsqcup_{\zeta\in\widehat{T}} I_{n,\zeta}$ を得る．とくに，$\gamma \in \Gamma_n^1$ ならば，$I_{n,\zeta}$ は部分区間になり，$\mathcal{I}_n = (I_{n,\zeta})_{\zeta\in\widehat{T}}$ は，**11.2**，**11.4** 節における「$\boldsymbol{I}_n$ の標準的分割」である．これには，n の分割 $\boldsymbol{\nu} = (n_\zeta)_{\zeta\in\widehat{T}} \in P_n(\widehat{T})$, $n_\zeta = |I_{n,\zeta}|$, が 1-1 に対応する．$\gamma \in \Gamma_n^0$ ならば，$\widehat{T}^0 = \{\zeta^{(a)}\,;\, 0 \le a < m^0 = m/2\}$ しか現れてこないので，$\boldsymbol{\nu} \in P_n(\widehat{T}^0)$.

定理 11.5.4　(i)　$U' = \widetilde{D}_n(\boldsymbol{Z}_m), m$ 偶，のスピン双対 $\widehat{U'}^{\,\mathrm{spin}}$ の $S' = \widetilde{\mathfrak{S}}_n$ の I 型作用による完全代表元系として，次が取れる：

$$\begin{cases} n\,\text{偶のとき}, & P_\gamma, & \gamma \in \Gamma_n^0 \cap \Gamma_n^1, \\ n\,\text{奇のとき}, & P_\gamma^+,\ P_\gamma^-, & \gamma \in \Gamma_n^0 \cap \Gamma_n^1. \end{cases} \tag{11.5.16}$$

(ii) 上掲の既約表現の 1 つを ρ とする．同値類 $[\rho]$ の $S'=\widetilde{\mathfrak{S}}_n$ における固定化部分群は次のように歪中心積によって表される：

$$S'([\rho])=\Phi_{\mathfrak{S}}^{-1}\Big(\prod_{\zeta\in\widehat{T}^0}\mathfrak{S}_{I_{n,\zeta}}\Big)=:\widetilde{\mathfrak{S}}_{\boldsymbol{\nu}}\ \cong\ \widehat{\ast}_{\zeta\in\widehat{T}^0}\widetilde{\mathfrak{S}}_{n_\zeta}. \tag{11.5.17}$$

証明 補題 11.5.3 による． □

(手順 3) ρ を $U'=\widetilde{D}_n$ の定理 11.5.4 (i) の既約表現の 1 つ，例えば，$\rho=P_\gamma$ とする．$\sigma'\in S'([\rho])$ に対して，同値 ${\sigma'}^{\mathrm{I}}(P_\gamma)\cong P_\gamma$ ($\because\sigma\gamma=\gamma$) を実現する相関作用素を具体的な計算によって求める．${\sigma'}^{\mathrm{I}}(P_\gamma)(d')=P_\gamma({\sigma'}^{-1}(d'))$ $(d'\in\widetilde{D}_n)$ であるから，相関作用素 $J_\rho(\sigma')$ は，

$$P_\gamma({\sigma'}^{-1}(d'))=J_\rho(\sigma')^{-1}P_\gamma(d')J_\rho(\sigma')\quad(d'\in\widetilde{D}_n)$$

を満たす．σ' を (11.5.17) の $S'([\rho])$ の生成元 r_i にとる．$\widetilde{D}_n$ の生成元系 $\widehat{\eta}_j$ $(j\in\boldsymbol{I}_n)$ に対して，$r_i^{-1}(\widehat{\eta}_j)=z_2\widehat{\eta}_{s_i(j)}$，であるから，$J(r_i)$ の方程式として，次を得る：

$$\begin{cases}-P_\gamma(\widehat{\eta}_{i+1})=J(r_i)^{-1}P_\gamma(\widehat{\eta}_i)J(r_i),\\ \ -P_\gamma(\widehat{\eta}_i)=J(r_i)^{-1}P_\gamma(\widehat{\eta}_{i+1})J(r_i),\\ \ -P_\gamma(\widehat{\eta}_j)=J(r_i)^{-1}P_\gamma(\widehat{\eta}_j)J(r_i)\qquad(j\in\boldsymbol{I}_n,\ j\neq i,i+1).\end{cases} \tag{11.5.18}$$

ここへ，(11.5.12) から（または，公式 (2.5.8) から）$P_\gamma(\widehat{\eta}_j)=\zeta_\gamma(\widehat{\eta}_j)\widehat{Y}_j$ $(j\in\boldsymbol{I}_n)$ を代入すると，$\zeta_\gamma(\widehat{\eta}_{i+1})=\zeta_\gamma(\widehat{\eta}_i)$ なので，$J(r_i)$ に対する連立方程式を得る：

$$\begin{cases}-\widehat{Y}_{i+1}=J(r_i)^{-1}\widehat{Y}_iJ(r_i),\\ -\widehat{Y}_i\ =\ J(r_i)^{-1}\widehat{Y}_{i+1}J(r_i),\\ -Y_j\ =\ J(r_i)^{-1}\widehat{Y}_jJ(r_i)\qquad(j\in\boldsymbol{I}_n,\ j\neq i,i+1).\end{cases} \tag{11.5.19}$$

（試行錯誤を込めて）計算によってこの方程式の解 $J(r_i)$ を求める．実は答となるものがすでに **2.7** 節に持ち出してある．それは定理 2.7.2 の $\nabla_n^{(1)}$ であるが，以下では ∇_n と書く：

$$\nabla_n(r_i):=\nabla_n^{(1)}(r_i)=\frac{1}{\sqrt{2}}(\widehat{Y}_i-\widehat{Y}_{i+1})\quad(i\in\boldsymbol{I}_{n-1}). \tag{11.5.20}$$

定理 2.7.3 (i) によれば，$\nabla_n=\nabla_n^{(1)}$ は $\mathfrak{S}_n$ のスピン表現を与える．計算により，

$$\nabla_n(r_i)^{-1}\widehat{Y}_i\nabla_n(r_i)=-\widehat{Y}_{i+1},\quad \nabla_n(r_i)^{-1}\widehat{Y}_{i+1}\nabla_n(r_i)=-\widehat{Y}_i,$$
$$\nabla_n(r_i)^{-1}\widehat{Y}_j\nabla_n(r_i)=-\widehat{Y}_j\quad(j\neq i,i+1),$$

となるので，(11.5.19) の 1 つの解が得られている．さらに，表現 P_γ が既約であるから，他の解はこれの定数倍である．

定理 11.5.5　(i)　ρ を $U' = \widetilde{D}_n(\boldsymbol{Z}_m)$, m 偶，の定理 11.5.4 (i) の既約表現 P_γ, $P_\gamma^+ (= P_\gamma)$ の 1 つとする．このとき，相関作用素 $J_\rho(\sigma')$ ($\sigma' \in S'([\rho])$ は，$J_\rho(\sigma') = c_{\sigma'}\nabla_n(\sigma')$ ($c_{\sigma'} \in \boldsymbol{C}^\times$) である．$c_{\sigma'} = 1$ ($\forall\sigma'$) とすると，$J'_\rho(\sigma') := \nabla_n(\sigma')$ は，固定化部分群 $S'([\rho])$ のスピン既約表現を与える．

(ii)　n 奇のとき，次式によって，$\widetilde{\mathfrak{S}}_n$ のスピン既約表現を定義できる：

$$\nabla_n^-(r_j) := -(i\widehat{Y}_n)\,\nabla_n(r_j)\,(i\widehat{Y}_n)^{-1} \quad (j \in \boldsymbol{I}_{n-1},\ i = \sqrt{-1}). \tag{11.5.21}$$

さらに，ρ を U' の定理 11.5.4 (i) の既約表現 $P_\gamma^- (= P_{\tau_n\gamma})$ とすると，P_γ^- と ${\sigma'}^{\mathrm{I}}(P_\gamma^-) = P_{\sigma\gamma}^-$ との間の相関作用素 $J_\rho(\sigma')$ ($\sigma' \in S'([\rho])$ は，$J_\rho(\sigma') = c_{\sigma'}^-\nabla_n^-(\sigma')$ ($c_{\sigma'}^- \in \boldsymbol{C}^\times$), である．$c_{\sigma'}^- = 1$ ($\forall\sigma'$) とすると，$J'_\rho(\sigma') := \nabla_n^-(\sigma')$ は，$S'([\rho])$ のスピン既約表現を与える．

証明　(i)　$\rho = P_\gamma$ の場合の証明は上で与えた．(ii)　スピン表現 ∇_n^- が定義されることは ∇_n の場合と同様である（定理 2.7.3 (ii) 参照）．それから後は，(手順 1)～(手順 3) により (i) と同様に証明される．　□

以上により，$H' = U' \rtimes S'([\rho]) = \widetilde{D}_n \overset{\mathrm{I}}{\rtimes} \widetilde{\mathfrak{S}}_n$ の既約表現 $\pi^0 = \rho\cdot J'_\rho$ が得られた：

$$\pi^0 = \begin{cases} \rho\cdot(\nabla_n|_{S'([\rho])}), & \rho = P_\gamma,\ P_\gamma^+, \\ \rho\cdot(\nabla_n^-|_{S'([\rho])}), & \rho = P_\gamma^-. \end{cases} \tag{11.5.22}$$

注 11.5.1　正方行列 X を同じサイズの正則行列 Y で共役をとって，$\iota(Y)X := Y^{-1}XY$ とおく．補題 11.5.3 の同値関係 (11.5.14) を実現する相関作用素は具体的にはそれぞれ次の関係式から得られる：$\sigma' \in \widetilde{\mathfrak{S}}_n$, $d' \in U' = \widetilde{D}_n$, に対して，

$$\begin{cases} \iota(\nabla_n(\sigma'))P_\gamma(d') = P_{\sigma\gamma}({\sigma'}^{\mathrm{I}}(d')), \\ \iota(\nabla_n^-(\sigma'))P_\gamma^-(d') = P_{\sigma\gamma}^-({\sigma'}^{\mathrm{I}}(d')). \end{cases} \tag{11.5.23}$$

(手順 4)　固定化部分群 $S'([\rho]) = \Phi_{\mathfrak{S}}^{-1}\Big(\prod_{\zeta\in\widehat{T}^0}\mathfrak{S}_{I_{n,\zeta}}\Big) \cong \widehat{*}_{\zeta\in\widehat{T}^0}\,\widetilde{\mathfrak{S}}_{n_\zeta}$, $n_\zeta = |I_{n,\zeta}|$, の既約表現 π^1 をとる．その際に，$\pi^0 \boxdot \pi^1$ が H' の表現として，z_1 に関してスピン（すなわち，$z_1 \to -E$）である必要がある．π^0 の成分 ∇_n（の $S'([\rho])$ への制

限）がすでにスピンなので，その相手 π^1 は非スピン（すなわち，$z_1 \to E$），したがって

$$(11.5.24)\qquad S'([\rho])/Z_1 = (\widehat{*}_{\zeta\in\widehat{T}^0}\widetilde{\mathfrak{S}}_{n_\zeta})/Z_1 \cong \prod_{\zeta\in\widehat{T}^0}\mathfrak{S}_{n_\zeta} = \mathfrak{S}_{\boldsymbol{\nu}},\ \boldsymbol{\nu}=(n_\zeta)_{\zeta\in\widehat{T}^0},$$

の線形表現である．$\mathfrak{S}_{\boldsymbol{\nu}}$ の既約線形表現の完全代表元系は定理 11.2.2 で与えられている．

サイズ n の Young 図形 $D_{\boldsymbol{\lambda}}$（$\boldsymbol{\lambda}$ と同一視する）の全体を $\boldsymbol{Y}_n$，$\boldsymbol{Y}=\bigsqcup_{n\geqslant 0}\boldsymbol{Y}_n$ とし，

$$\boldsymbol{Y}_n(\widehat{T}^0) := \left\{\Lambda^n = (\boldsymbol{\lambda}^\zeta)_{\zeta\in\widehat{T}^0}\ ;\ \boldsymbol{\lambda}^\zeta\in\boldsymbol{Y},\, \boldsymbol{\nu}=(n_\zeta)_{\zeta\in\widehat{T}^0}\in P_n(\widehat{T}^0),\, n_\zeta = |\boldsymbol{\lambda}^\zeta|\right\},$$

とおく（添字 ζ の動く範囲が $\widehat{T}$ ではなく，$\widehat{T}^0$ に半減していることに注意）．いま $\Lambda^n=(\boldsymbol{\lambda}^\zeta)_{\zeta\in\widehat{T}^0}\in\boldsymbol{Y}_n(\widehat{T}^0)$ をとると，これから $\boldsymbol{\nu}=(n_\zeta)_{\zeta\in\widehat{T}^0}\in P_n(\widehat{T}^0), n_\zeta = |\boldsymbol{\lambda}^\zeta|$, が決まり，これに対応する $\gamma\in\varGamma_n^0$ が特定できる．そして直積群 $\mathfrak{S}_{\boldsymbol{\nu}}$ の既約線形表現として次のテンソル積表現をとる：

$$(11.5.25)\qquad \pi^1 = \pi_{\Lambda^n} := \boxtimes_{\zeta\in\widehat{T}^0}\pi_{\boldsymbol{\lambda}^\zeta}.$$

$G' = \widetilde{G}_n^{\mathrm{I}} = U'\rtimes S'$ とその中心的部分群 $Z_{12}=Z_1\times Z_2$ をとる．誘導表現 $\varPi(\pi^0,\pi^1)=\mathrm{Ind}_{H'}^{G'}(\pi^0\boxdot\pi^1)$ は（Z_{12} に対する）スピン型が希望通りに $(-1,-1)$ となっている．すぐ上の説明によって，これは $\Lambda^n\in\boldsymbol{Y}_n(\widehat{T}^0)$ によって決まるので，$\varPi^{\mathrm{I}}_{\Lambda^n}$ と書く．

ここまで，第 3 章「コンパクト群と有限群の半直積の既約表現」における「既約表現の完全系の構成」に関する一般的定理，定理 3.2.1，をもとにして，(手順 1)～(手順 4) を順番を踏んで進んできたので，そのまま次の定理に到達する．

定理 11.5.6 (既約表現の構成) $n\geq 4$, m 偶，とする．$R(G(m,1,n))$ のスピン型 $\chi^{\mathrm{I}}=(-1,-1,-1)$ のスピン既約表現は商群

$$(11.5.26)\qquad \widetilde{G}_n^{\mathrm{I}} := R(G(m,1,n))/\langle z_2{z_3}^{-1}\rangle \cong \widetilde{D}_n(T)\overset{\mathrm{I}}{\rtimes}\widetilde{\mathfrak{S}}_n$$

の（中心的部分群 Z_{12} の）スピン型 $(-1,-1)$ のスピン既約表現と同一視できる．この 2 つの群でスピン既約表現の記号を同一にして節約すると，$R(G(m,1,n))$ のスピン型 $\chi^{\mathrm{I}}=(-1,-1,-1)$ の 1 つの完全代表元系 $\mathrm{spinIR}^{\mathrm{I}}(G(m,1,n))$ が次のように与えられる．

（i）**n 偶の場合**　$\mathrm{spinIR}^{\mathrm{I}}(G(m,1,n)) = \{\Pi^{\mathrm{I}}_{\Lambda^n}\ ;\ \Lambda^n \in \boldsymbol{Y}_n(\widehat{T}^0)\}$.

（ii）**n 奇の場合**　$\Lambda^n \in \boldsymbol{Y}_n(\widehat{T}^0)$ をとり，それから $\gamma \in \Gamma^0_n \cap \Gamma^1_n$ を決める．(手順 1) の $\rho = P^+_\gamma, P^-_\gamma$ から出発して，上と同様の手順で $\Lambda^n = (\boldsymbol{\lambda}^\zeta)_{\zeta\in\widehat{T}^0}$ を使って誘導表現として構成した表現を（$\varepsilon = +,-$, $\nabla^+_n := \nabla_n$, ∇^-_n は (11.5.21) として）

$$\Pi^{\mathrm{I}\varepsilon}_{\Lambda^n} = \mathrm{Ind}^{G'}_{H'}(\pi^0 \boxdot \pi^1), \quad \pi^0 = P^\varepsilon_\gamma \cdot \nabla^\varepsilon_n,\ \pi^1 = \pi_{\Lambda^n} = \boxtimes_{\zeta\in\widehat{T}^0}\pi_{\boldsymbol{\lambda}^\zeta},$$

とすると，　$\mathrm{spinIR}^{\mathrm{I}}(G(m,1,n)) = \{\Pi^{\mathrm{I}+}_{\Lambda^n},\ \Pi^{\mathrm{I}-}_{\Lambda^n}\ ;\ \Lambda^n \in \boldsymbol{Y}_n(\widehat{T}^0)\}$.

11.5.2　特別のスピン既約表現とそのテンソル積

上の定理に現れたスピン既約表現 $\Pi^{\mathrm{I}}_{\Lambda^n}, \Pi^{\mathrm{I}+}_{\Lambda^n}, \Pi^{\mathrm{I}-}_{\Lambda^n}$ に，**1.2.9** 小節の定理 1.2.13 を応用する．それにより，スピン既約指標の構造も分かり，その指標の計算が簡単化される．

定理 11.5.6 における如く，$\Lambda^n \in \boldsymbol{Y}_n(\widehat{T}^0)$ をとり，それから $\gamma \in \Gamma^0_n \cap \Gamma^1_n$ を決めて，

$$\rho = \begin{cases} P_\gamma = \zeta_\gamma \cdot P^0 & (n\ \text{偶のとき}), \\ P^\varepsilon_\gamma = \zeta_\gamma \cdot P^\varepsilon,\ \varepsilon = +,- & (n\ \text{奇のとき}), \end{cases}$$

とおく．ここに，P^0, P^ε は $\widetilde{D}_n$ の特別のスピン既約表現で，$\gamma = \mathbf{0} \in \Gamma^n$ に対応する

$$\begin{cases} P^0 := P_{\mathbf{0}} & (n\ \text{偶のとき}), \\ P^+ := P_{\mathbf{0}}\ P^- := P_{\tau_n\mathbf{0}}, & (n\ \text{奇のとき}), \end{cases} \tag{11.5.27}$$

で，ζ_γ は $D_n = \widetilde{D}_n/Z_2$ の（非スピン）指標である．

定義 11.5.1　$\widetilde{G}^{\mathrm{I}}_n = \widetilde{D}_n \overset{\mathrm{I}}{\rtimes} \widetilde{\mathfrak{S}}_n$ **の特別のスピン既約表現**とは，

$$\begin{cases} \Pi^{\mathrm{I}0}_n := P^0 \cdot \nabla_n\,, & n\ \text{偶のとき}, \\ \Pi^{\mathrm{I}\varepsilon}_n := P^\varepsilon \cdot \nabla^\varepsilon_n\ \ (\varepsilon = +,-), & n\ \text{奇のとき}. \end{cases} \tag{11.5.28}$$

これらは定理 11.5.6 では，$\Lambda^n_0 := (\boldsymbol{\lambda}^\zeta)_{\zeta\in\widehat{T}^0} \in \boldsymbol{Y}_n(\widehat{T}^0)$: $\boldsymbol{\lambda}^{\zeta^{(0)}} = (n)$, $\boldsymbol{\lambda}^\zeta = \varnothing$ ($\zeta \neq \zeta^{(0)} = \mathbf{1}_T$ 自明指標), に対応する $\Pi^{\mathrm{I}}_{\Lambda^n_0}, \Pi^{\mathrm{I}\varepsilon}_{\Lambda^n_0}$ である．

$H' = U' \rtimes S'([\rho])$ のスピン既約表現として，(11.5.22) により，H' のスピン既約表現 $\pi^0 = \rho\cdot J'_\rho$ を与える．このとき，$S'([\rho]) = S'([\zeta_\gamma])$ であることに注意する．

補題 11.5.7　$S'([\rho])$ の非スピン既約表現 $\pi^1 = \pi_{\Lambda^n} = \boxtimes_{\zeta\in\widehat{T}^0}\pi_{\boldsymbol{\lambda}^\zeta}$ をとると，

$$\pi^0 \boxdot \pi^1 \cong \begin{cases} (\Pi_n^{\mathrm{I}0}|_{H'}) \otimes (\zeta_\gamma \boxdot \pi_{\Lambda^n}), & n \text{ 偶のとき}, \\ (\Pi_n^{\mathrm{I}\varepsilon}|_{H'}) \otimes (\zeta_\gamma \boxdot \pi_{\Lambda^n}), & n \text{ 奇のとき}. \end{cases}$$

証明 (11.5.22) 式と (11.5.25) 式とによる. □

定理 11.5.8 一般化対称群 $G(m,1,n)$, $n \geq 4$, m 偶, のスピン型 $\chi^{\mathrm{I}} = (-1,-1,-1)$ のスピン既約表現 $\Pi^{\mathrm{I}}_{\Lambda^n}, \Pi^{\mathrm{I}\varepsilon}_{\Lambda^n}$ に対して, 線形既約表現 $\breve{\Pi}_{\Lambda^n}$（スピン型は $\chi^{\mathrm{VIII}} = (1,1,1)$）とのテンソル積による次の同値関係がある： n の偶奇にしたがって, それぞれ,

$$\Pi^{\mathrm{I}}_{\Lambda^n} \cong \Pi_n^{\mathrm{I}0} \otimes \breve{\Pi}_{\Lambda^n}, \qquad \Lambda^n \in \boldsymbol{Y}_n(\widehat{T}^0),$$

$$\Pi^{\mathrm{I}\varepsilon}_{\Lambda^n} \cong \Pi_n^{\mathrm{I}\varepsilon} \otimes \breve{\Pi}_{\Lambda^n}, \ \varepsilon = +,-, \quad \Lambda^n \in \boldsymbol{Y}_n(\widehat{T}^0).$$

これらの同値関係は, スピン型の積公式 $\chi^{\mathrm{I}} = \chi^{\mathrm{I}} \cdot \chi^{\mathrm{VIII}}$ ($\chi^{\mathrm{VIII}} = \mathbf{1}_Z$) に沿っている.

証明 $G' = \widetilde{G}^{\mathrm{I}}_n = U' \rtimes S'$ と $H' = U' \rtimes S'([\rho])$ に対して, 定理 1.2.13 を適用する. その前提条件を補題 11.5.7 が保証している. なお, 非スピン表現 $\mathrm{Ind}_{H'}^{G'}(\zeta_\gamma \boxdot \pi_{\Lambda^n})$ を（G' の）底の群 $G(m,1,n)$ の線形表現と見て, 記号 $\breve{\Pi}_{\Lambda^n}$（**11.2** 節）で表している. □

定理 11.5.9 一般化対称群 $G(m,1,n)$, $n \geq 4$, m 偶, のスピン型 $\chi^{\mathrm{I}} = (-1,-1,-1)$ のスピン既約表現は, $\widetilde{G}^{\mathrm{I}}_n$ のスピン型 $(-1,-1)$ の既約表現と同一視できる. その指標に対して, 次の積公式が成り立つ： $g' \in \widetilde{G}^{\mathrm{I}}_n$ に対して, n の偶奇にしたがって, それぞれ,

$$\chi(\Pi^{\mathrm{I}}_{\Lambda^n}|g') = \chi(\Pi_n^{\mathrm{I}0}|g') \times \breve{\chi}(\breve{\Pi}_{\Lambda^n}|g), \qquad \Lambda^n \in \boldsymbol{Y}_n(\widehat{T}^0),$$

$$\chi(\Pi^{\mathrm{I}\varepsilon}_{\Lambda^n}|g') = \chi(\Pi_n^{\mathrm{I}\varepsilon}|g') \times \breve{\chi}(\breve{\Pi}_{\Lambda^n}|g), \ \varepsilon = +,-, \quad \Lambda^n \in \boldsymbol{Y}_n(\widehat{T}^0).$$

ここに, $g = \Phi(g') \in G_n = G(m,1,n)$ は典型準同型 Φ : $\widetilde{G}^{\mathrm{I}}_n \to G_n$ による像である.

証明 定理 11.5.8 の主張を指標で言い表したものである. □

問題 11.5.1 関係式 (11.5.23) を証明せよ.

ヒント. $\widetilde{\mathfrak{S}}_n, U'$ それぞれの標準的生成元に対して計算で確かめよ ([HHoH2, Theorem 9.2] 参照).

11.6　$R(G(m,1,n))$ のスピン型 χ^{I} の既約指標

一般化対称群 $G(m,1,n)$ のスピン型 $\chi^{\mathrm{I}}=(-1,-1,-1)$ のスピン既約表現の指標を具体的に求めるには定理 11.5.9 における積公式を利用する．その際，非スピン既約指標 $\breve{\chi}(\breve{\Pi}_{\Lambda^n}|g)$ は定理 11.2.3 において公式が得られているので，あと必要なのは，特別なスピン既約表現 $\Pi_n^{\mathrm{I}0}$, $\Pi_n^{\mathrm{I}\varepsilon}$ の指標の計算である．前節の「スピン型 χ^{I} の既約表現の構成」では，第 2 章での結果を使うのにも便利なので，商群 $\widetilde{G}_n^{\,\mathrm{I}}=R(G(m,1,n))/\langle z_3{z_2}^{-1}\rangle=\widetilde{D}_n\overset{\mathrm{I}}{\rtimes}\widetilde{\mathfrak{S}}_n$ を利用したが，一転して，指標は全てのスピン型に共通の地盤である表現群 $R(G(m,1,n))$ 上の（端的な）不変正定値関数と捉えた方が，一般性を持っていて適当である．そこで $R(G(m,1,n))$ での共役類の標準的代表元の話から始めよう．

11.6.1　$R(G(m,1,n))$ の共役類の標準的代表元

11.5.1 小節初頭の記号を使う．一般化対称群 $G_n=G(m,1,n)=D_n(T)\rtimes\mathfrak{S}_n$, $T=\boldsymbol{Z}_m$, m 偶，に対し，表現群 $G'_n=R(G(m,1,n))$ の構造は，

(11.6.1)
$$G'_n=(\widetilde{D}_n(T)\times Z_3)\rtimes\widetilde{\mathfrak{S}}_n,\ \ \widetilde{D}_n(T):=\langle z_2,\,\eta_j\ (j\in\boldsymbol{I}_n)\rangle.$$

ここで，新しい生成元と部分群として，

(11.6.2)
$$\widehat{\eta}_j:={z_3}^{j-1}\eta_j\ (j\in\boldsymbol{I}_n),\ \ D_n^{\wedge}(T):=\langle z_2,\,\widehat{\eta}_j\ (j\in\boldsymbol{I}_n)\rangle,$$

とおくと，$\widetilde{D}_n(T)\times Z_3\cong Z_3\times D_n^{\wedge}(T)$ であり，

(11.6.3)
$$\begin{aligned}&G'_n\cong(\widetilde{D}_n(T)\times Z_3)\rtimes\widetilde{\mathfrak{S}}_\infty\cong(Z_3\times D_n^{\wedge}(T))\rtimes\widetilde{\mathfrak{S}}_\infty,\\&\widehat{\eta}_j\widehat{\eta}_k=z_2\widehat{\eta}_k\widehat{\eta}_j\ (j\neq k),\\&\sigma'(\widehat{\eta}_j)=\sigma'\widehat{\eta}_j{\sigma'}^{-1}={z_3}^{L(\sigma')}\widehat{\eta}_{\sigma(j)}\ (\sigma'\in\widetilde{\mathfrak{S}}_\infty,\,\sigma=\Phi_{\mathfrak{S}}(\sigma')).\end{aligned}$$

典型準同型を $\Phi:G'_n\to G_n$, $\Phi_{\mathfrak{S}}:\widetilde{\mathfrak{S}}_n\to\mathfrak{S}_n$ とし，$Z:=Z_1\times Z_2\times Z_3$ とおく．

G'_n の一般元 g' とその像 $g=\Phi(g')\in G_n$ の標準分解を次のように与える：

(11.6.4)
$$\begin{cases}g'=z\,\xi'_{q_1}\xi'_{q_2}\cdots\xi'_{q_r}g'_1g'_2\cdots g'_s\,,\ \xi'_q=(t'_q,(q)),\ \Phi(\xi'_q)=\xi_q=(t_q,(q)),\\ \qquad z\in Z,\ g'_j=(d'_j,\sigma'_j),\ \Phi(d'_j)=d_j,\ \Phi_{\mathfrak{S}}(\sigma'_j)=\sigma_j\ \text{サイクル},\\ g=(d,\sigma)=\xi_{q_1}\xi_{q_2}\cdots\xi_{q_r}\,g_1g_2\cdots g_s,\ \ \xi_q=(t_q,(q)),\ \ g_j=(d_j,\sigma_j),\\ \qquad\qquad \sigma_j\ \text{サイクル, 互いに素},\ \ \mathrm{supp}(d)\subset\mathrm{supp}(\sigma_j),\end{cases}$$

(11.6.5)

$$Q := \{q_1, q_2, \cdots, q_r\},\ J := \boldsymbol{I}_s,\ K_j := \mathrm{supp}(\sigma'_j),\ \ell_j := \ell(\sigma'_j)\,(j \in J).$$

$\boldsymbol{I}_n$ の中の区間 $K = [a,b] = \{a, a+1, \cdots, b\}$ に対して，$\sigma'_K := r_a r_{a+1} \cdots r_{b-1}$ とおく．このとき，$\sigma_K := \Phi_{\mathfrak{S}}(\sigma'_K) = s_a s_{a+1} \cdots s_{b-1} = (a\ a{+}1\ \cdots\ b)$.

補題 11.6.1 (i) $\widetilde{\mathfrak{S}}_n$ の元による共役変換による像を改めて g' と書くと，σ'_j の台 K_j は $\boldsymbol{I}_n$ の部分区間であり，かつ，$\sigma'_j = \sigma'_{K_j}$ の形に持って行ける.

(ii) $\sigma'_j = \sigma'_{K_j}$ とする．このとき，ある $\widetilde{d} \in \widetilde{D}_{K_j}$ があって，

$$\tilde{d}\, g'_j\, \tilde{d}^{-1} = (d''_j, \sigma'_{K_j}),\ \ d''_j = z_2{}^{Y}\, \widehat{\eta}_p{}^{ord(d'_j)}\ \ (Y \text{ は計算可能}). \tag{11.6.6}$$

(iii) $g'_j = (d'_j, \sigma'_j) = (\widehat{\eta}_p^{\,b}, \sigma'_{K_j})$ とする．任意の $q \in K_j$ に対して，$\sigma''_j \in \widetilde{\mathfrak{S}}_{K_j}$ があって，$\sigma''^{-1}_j g'_j \sigma''_j = (z_2{}^{Y'}\, \widehat{\eta}_q{}^{\mathrm{ord}(d'_j)}, \sigma'_{K_j})$ (Y' は計算可能).

(vi) 一般元 $g' \in \widetilde{G}^{\mathrm{I}}_n$ の共役類の代表元として，次の標準形のものがとれる：$g' = z\xi'_{q_1} \cdots \xi'_{q_s} g'_1 \cdots g'_s$ において，$j \in \boldsymbol{I}_s$ に対し，

$$\sigma'_j = \sigma'_{K_j},\ K_j = [n_j, n_j{+}\ell_j{-}1]\ (\text{区間}),\ \ g'_j = (\widehat{\eta}_{n_j}{}^{\mathrm{ord}(d'_j)}, \sigma'_j). \tag{11.6.7}$$

証明 (i), (ii), (iii) $\Longrightarrow$ (iv). □

条件 (11.6.7) を満たす $G'_n = R(G(m,1,n))$ の共役類の代表元を**標準的代表元**という.

11.6.2 特別なスピン既約表現 $\Pi^{\mathrm{I}0}_n$, $\Pi^{\mathrm{I}\varepsilon}_n$ の指標について

スピン表現 $\Pi^{\mathrm{I}0}_n$, $\Pi^{\mathrm{I}\varepsilon}_n$ の表現作用素の具体形は

$$\begin{cases} \Pi^{\mathrm{I}0}_n = P^0 \cdot \nabla_n = P^0\, \nabla_n\,, & n \text{ 偶のとき}, \\ \Pi^{\mathrm{I}\varepsilon}_n = P^\varepsilon \cdot \nabla^\varepsilon_n = P^\varepsilon\, \nabla^\varepsilon_n\ \ (\varepsilon = +, -), & n \text{ 奇のとき}, \end{cases} \tag{11.6.8}$$

において，$\widetilde{D}_n$ の表現 $P^0 = P_\gamma, \gamma = \mathbf{0}$ (n 偶), $P^+ = P^0$, $P^- = P_{\tau_n \mathbf{0}}$ (n 奇) については，$\widetilde{D}_n$ の一般元 $d' = z\,\widehat{\eta}_1^{\,a_1}\widehat{\eta}_2^{\,a_2} \cdots \widehat{\eta}_n^{\,a_n}$ に対して，

$$\begin{cases} P^0(d') = \chi^{\mathrm{I}}(z)\widehat{Y}_1{}^{a_1}\widehat{Y}_2{}^{a_2} \cdots \widehat{Y}_n{}^{a_n}, \\ P^-(d') = \chi^{\mathrm{I}}(z)\widehat{Y}_1{}^{a_1}\widehat{Y}_2{}^{a_2} \cdots \widehat{Y}_{n-1}{}^{a_{n-1}}(-1)^{a_n}\widehat{Y}_n{}^{a_n}, \end{cases} \tag{11.6.9}$$

ここに，$\widehat{Y}_j = (-1)^{j-1} Y_j \ (j \in \boldsymbol{I}_n)$，$Y_j \ (j \in \boldsymbol{I}_{2n^0+1})$, $n^0 := [n/2]$, は (11.5.8) 式の次数 2^{n^0} の正方行列．さらに，$\widetilde{\mathfrak{S}}_n$ の表現 ∇_n (n 偶の場合)，$\nabla_n^+ := \nabla_n$, ∇_n^- (n 奇の場合) は，

$$
\text{(11.6.10)} \qquad \begin{cases} \nabla_n(r_i) = \dfrac{1}{\sqrt{2}}(\widehat{Y}_i - \widehat{Y}_{i+1}) & (i \in \boldsymbol{I}_{n-1}); \\ \nabla_n^-(r_i) = -\widehat{Y}_n \, \nabla_n(r_i) \, \widehat{Y}_n^{\,-1} & (i \in \boldsymbol{I}_{n-1}). \end{cases}
$$

P_γ の指標は定理 2.5.3 により，$\nabla_n = \nabla_n^{(1)}$ の指標は定理 2.9.1 によりそれぞれ与えられている．しかし，$P^0 \nabla_n$, $P^\varepsilon \nabla_n^\varepsilon$ はテンソル積ではなくて，P_γ の表現空間に実現されており，その指標は新たに計算する必要がある．そこで次の補題を用いる．

基本補題 11.6.2 (補題 2.5.2 (i) 参照)　$\widehat{Y}_p$ の単項式 $\mathcal{X} = \widehat{Y}_1^{\,c_1} \widehat{Y}_2^{\,c_2} \cdots \widehat{Y}_n^{\,c_n}$ に対して，$\mathrm{tr}(\mathcal{X}) \neq 0$ となるのは，次の場合に限る．

(a)　$c_1 \equiv c_2 \equiv \cdots \equiv c_n \equiv 0 \pmod 2$ の場合：

$\mathcal{X} = E_{2^{n^0}}$，$\mathrm{tr}(\mathcal{X}) = 2^{n^0} = 2^{[n/2]}$.

(b)　$c_1 \equiv c_2 \equiv \cdots \equiv c_n \equiv 1 \pmod 2$ かつ $n = 2n^0+1$ 奇 の場合：

$\mathcal{X} = \widehat{Y}_1 \widehat{Y}_2 \cdots \widehat{Y}_n = \otimes^{n^0}(-abc) = (-i)^{n^0} E_{2^{n^0}}$，となり，

$$
\mathrm{tr}(\mathcal{X}) = (-2i)^{n^0} = (-2i)^{[n/2]}. \qquad \square
$$

まず定理 11.5.9 を踏まえる．(11.6.4), (11.6.7) の（Z を法とする）標準的代表元 $g' = (d', \sigma')$ に対して，作用素 $\mathit{\Pi}_n^{\mathrm{I}0}(g')$, $\mathit{\Pi}_n^{\mathrm{I}\,\varepsilon}(g')$ を $\widehat{Y}_j$ の単項式の一次結合に書き下したときに，上の基本補題の (a) または (b) を満たす単項式がどこに現れるか，そしてその係数は何か，を具体的に詳しく検討することにより，次の一般的な結果をうる．

補題 11.6.3　$g' = (d', \sigma') \in R(G(m,1,n))$ を (11.6.4) のように標準分解し，$\Lambda^n \in \boldsymbol{Y}_n(\widehat{T}^0)$ とする．

(i) n 偶の場合：　$\chi(\mathit{\Pi}_{\Lambda^n}^{\mathrm{I}0} | g') \neq 0 \implies$ (条件 I-00)：

$$
\textbf{(条件 I-00)} \quad \begin{cases} \mathrm{ord}(d') + L(\sigma') \equiv 0 \pmod 2\,; \\ \mathrm{ord}(\xi'_{q_i}) \equiv 0 \ (\forall i),\ \mathrm{ord}(d'_j) + L(\sigma'_j) \equiv 0 \pmod 2 \ \ (\forall j). \end{cases}
$$

(ii) n 奇の場合：　$|\mathrm{supp}(g')| < n$ のとき，　$\chi(\mathit{\Pi}_{\Lambda^n}^{\mathrm{I}\varepsilon} | g') \neq 0 \implies$ (条件 I-00)；
$|\mathrm{supp}(g')| = n$ のとき，　$\chi(\mathit{\Pi}_{\Lambda^n}^{\mathrm{I}\varepsilon} | g') \neq 0 \implies$ (条件 I-00) または (条件 I-11)：

(条件 I-11) $$\begin{cases} |\mathrm{supp}(g')| = n \text{ 奇}, & \mathrm{ord}(d') + L(\sigma') \equiv 1 \pmod 2\ ; \\ \mathrm{ord}(\xi'_{q_i}) \equiv 1\ (\forall i), & \mathrm{ord}(d'_j) \equiv 1 \pmod 2\ \ (\forall j). \end{cases}$$

(iii) 特別のスピン表現 $\Pi_n^{\mathrm{I}0}$, $\Pi_n^{\mathrm{I}\varepsilon}$ に対しては，それぞれ主張 (i) および主張 (ii) における "$\Longrightarrow$" (必要条件)）は，"$\Longleftrightarrow$" (必要十分条件）に置き換えられる．

証明 定理 11.5.9 の指標に関する積公式を踏まえると，本定理の主張 (i), (ii) は，主張 (iii) から従う．主張 (iii) に対する証明では，g' として**標準的代表元**をとって，公式 (11.6.9), (11.6.10) を用いて証明すればよい．細かい計算は手を抜かずに慎重にやればできる． □

ここで，条件 (I-00), (I-11) は表 10.2.1 の「場合 I」に現れた「スピン既約指標の台の必要条件」そのものである．これは同じ結果を全く違った方法で証明したことになる．

11.6.3 $\Pi_n^{\mathrm{I}0}$, $\Pi_n^{\mathrm{I}\varepsilon}$ および一般のスピン型 χ^{I} の既約指標

特別のスピン既約表現 $\Pi_n^{\mathrm{I}0}$, $\Pi_n^{\mathrm{I}\varepsilon}$ の指標を求めよう．補題 11.6.3 の，g' に対する（条件 I-00）の下で，基本成分項 $g'_j = (d'_j, \sigma'_j)$ への条件は，$\mathrm{ord}(d'_j) + L(\sigma'_j) \equiv 0 \pmod 2$ である．$L(\sigma'_j) \equiv \ell_j - 1 \pmod 2$ なので，次の補題を用意する：

補題 11.6.4 $a \geq 0, \ell \geq 2, a+(\ell-1) \equiv 0 \pmod 2$ とする．$\widehat{Y}_1{}^a \nabla_n(r_1)\nabla_n(r_2)\cdots\nabla_n(r_{\ell-1})$ に公式 (11.6.10) を代入して，$\widehat{Y}_j$ の単項式の一次結合として表したとき，$\mathrm{tr}(\cdot) \neq 0$ となる単項式は一意的である．その係数付きの項のトレースは，次である：

(11.6.11) $$\begin{cases} 2^{n^0}(-1)^{(\ell-1)/2}\,2^{-(\ell-1)/2}, & a \equiv \ell-1 \equiv 0 \pmod 2 \text{ のとき}, \\ 2^{n^0}(-1)^{\ell/2-1}\,2^{-(\ell-1)/2}, & a \equiv \ell-1 \equiv 1 \pmod 2 \text{ のとき}, \end{cases}$$
$$= 2^{n^0}\cdot(-1)^{[(\ell-1)/2]}\,2^{-(\ell-1)/2}.$$

証明 問題の $\widehat{Y}_j$ の多項式は，下式を展開したものである：

$$\widehat{Y}_1{}^a \cdot 2^{(\ell-1)/2}(\widehat{Y}_1 - \widehat{Y}_2)(\widehat{Y}_2 - \widehat{Y}_3)\cdots(\widehat{Y}_{\ell-1} - \widehat{Y}_\ell).$$

そこで，$\mathrm{tr}(\cdot) \neq 0$ の係数付き単項式は，

$a \equiv 0$ のとき，$2^{(\ell-1)/2}(-\widehat{Y}_2{}^2)(-\widehat{Y}_4{}^2)\cdots(-\widehat{Y}_{\ell-1}^{\,2})$,

$a \equiv 1$ のとき，$2^{(\ell-1)/2}(\widehat{Y}_1{}^2)(-\widehat{Y}_3{}^2)\cdots(-\widehat{Y}_{\ell-1}^{\,2})$. □

さらに，(11.6.4), (11.6.7) の標準的代表元 g' に対して，(条件 I-11) に対応する補題を用意しよう．そのために，$K_j = \mathrm{supp}(\sigma'_j) = [n_j, n_j+\ell_j-1]$ に対して，次のようにおく：

$$\widehat{Y}_{K_j} := \widehat{Y}_{n_j}\widehat{Y}_{n_j+1}\cdots\widehat{Y}_{n_j+\ell_j-1}\,. \tag{11.6.12}$$

補題 11.6.5 (Z を法とする) 標準的代表元 $g' = \xi'_{q_1}\cdots\xi'_{q_r}g'_1\cdots g'_s$ が (条件 I-11) を満たすとする．このとき，表現作用素 $\Pi_n^{\mathrm{I}+}(g')$ は，

$$\prod_{q\in Q}\widehat{Y}_q^{\,\mathrm{ord}(\xi'_q)} \times \prod_{j\in J} 2^{(\ell_j-1)/2}\,\widehat{Y}_{n_j}^{\,\mathrm{ord}(d'_j)}\Bigg(\prod_{k\in K_j\,:\,k+1\in K_j}(\widehat{Y}_k-\widehat{Y}_{k+1})\Bigg)$$

と表される．ただし，積の順序は自然な順序とする．右辺の表示式を $\widehat{Y}_j$ の単項式の一次結合に展開するとき（係数付きで）単項式 $\widehat{Y}_1\widehat{Y}_2\cdots\widehat{Y}_n$ になるのは，一意的であり，

$$\prod_{q\in Q}\widehat{Y}_q\cdot\prod_{j\in J}2^{-(\ell_j-1)/2}(-1)^{\ell_j-1}\,\widehat{Y}_{K_j} = \varepsilon^{\mathrm{I}}(g')\Bigg(\prod_{j\in J}2^{-(\ell_j-1)/2}(-1)^{\ell_j-1}\Bigg)\widehat{Y}_1\widehat{Y}_2\cdots\widehat{Y}_n,$$

ただし，$\varepsilon^{\mathrm{I}}(g') = \pm 1$ は符号である．

証明　補題 2.5.2 および補題 11.6.2 を用いた計算による．　□

特別のスピン既約表現 $\Pi_n^{\mathrm{I}0}$, $\Pi_n^{\mathrm{I}\varepsilon}$ は (11.6.8) で定義されている．以上の準備のもとで，これらの指標を求めることができる．

定理 11.6.6　(i) $n = 2n^0$ **偶の場合．**

$g' = (d',\sigma') \in R(G(m,1,n))$ が**場合 1**：$\mathrm{ord}(d') + L(\sigma') \equiv 0 \pmod 2$ のとき，

$$\chi(\Pi_n^{\mathrm{I}0}|g') = \mathrm{tr}(\Pi_n^{\mathrm{I}0}(g')) \neq 0 \iff g' \text{ が条件 (I-00) を満たす．}$$

さらに，g' が (11.6.4), (11.6.7) の標準的代表元のとき，

$$\chi(\Pi_n^{\mathrm{I}0}|g') = 2^{n^0}\cdot\prod_{j\in J}(-1)^{[(\ell_j-1)/2]}\,2^{-(\ell_j-1)/2},\quad \ell_j = \ell(\sigma'_j). \tag{11.6.13}$$

g' が**場合 2**：$\mathrm{ord}(d') + L(\sigma') \equiv 1 \pmod 2$ のとき，　$\chi(\Pi_n^{\mathrm{I}0}|g') = 0$.

(ii) $n = 2n^0+1$ **奇の場合．**

$g' = (d',\sigma')$ が**場合 1**：$\mathrm{ord}(d') + L(\sigma') \equiv 0 \pmod 2$ のとき，

$\chi(\Pi_n^{\mathrm{I}+}|g')=\chi(\Pi_n^{\mathrm{I}-}|g')=\chi(\Pi_n^{\mathrm{I}0}|g')$ であり，上の公式 (11.6.13) で与えられる．

g' が**場合 2**：$\mathrm{ord}(d')+L(\sigma')\equiv 1 \pmod 2$ のとき，$\chi(\Pi_n^{\mathrm{I}-}|g')=-\chi(\Pi_n^{\mathrm{I}+}|g')$,

$$\chi(\Pi_n^{\mathrm{I}+}|g')\neq 0 \iff g' \text{ は条件 (I-11) を満たす．}$$

g' が (11.6.4), (11.6.7) の標準的代表元のとき，

$$\chi(\Pi_n^{\mathrm{I}+}|g')=\varepsilon^{\mathrm{I}}(g')\,(-2i)^{n^0}\cdot\prod_{j\in J}(-1)^{[(\ell_j-1)/2]}\,2^{-(\ell_j-1)/2},$$

ここに，$\varepsilon^{\mathrm{I}}(g')=\pm 1$ は符号で，補題 11.6.5 により決まる．

証明 補題 11.6.4, 11.6.5 によりほとんど示されている．残りの細部は計算による． □

定理 11.6.7 一般化対称群 $G(m,1,n)$, $n\geq 4$, m 偶，のスピン型 $\chi^{\mathrm{I}}=(-1,-1,-1)$ のスピン既約表現 $\Pi^{\mathrm{I}}_{\Lambda^n}$ (n 偶の場合), $\Pi^{\mathrm{I}\varepsilon}_{\Lambda^n}$ (n 奇の場合)，に対して，$g'\in R(G(m,1,n))$ においてそれぞれ，

$$\chi(\Pi^{\mathrm{I}}_{\Lambda^n}|g')=\chi(\Pi_n^{\mathrm{I}0}|g')\times\breve{\chi}(\breve{\Pi}_{\Lambda^n}|g),\qquad \Lambda^n\in\boldsymbol{Y}_n(\widehat{T}^0),$$
$$\chi(\Pi^{\mathrm{I}\varepsilon}_{\Lambda^n}|g')=\chi(\Pi_n^{\mathrm{I}\varepsilon}|g')\times\breve{\chi}(\breve{\Pi}_{\Lambda^n}|g),\ \varepsilon=+,-,\qquad \Lambda^n\in\boldsymbol{Y}_n(\widehat{T}^0),$$

ここに，$g=\Phi(g')\in G(m,1,n)$. 特別なスピン表現 $\Pi_n^{\mathrm{I}0}$, $\Pi_n^{\mathrm{I}\varepsilon}$ の指標は定理 11.6.6 で，非スピン既約指標 $\breve{\chi}(\breve{\Pi}_{\Lambda^n}|\cdot)$ は定理 11.2.3 で，与えられている． □

11.7 $R(G(m,1,n))$ のスピン型 $\chi^{\mathrm{II}}=(-1,-1,\,1)$ のスピン既約表現

m 偶，表 10.2.1, 場合 II は，スピン型 $\chi^{\mathrm{II}}=(-1,-1,\,1)$ である．例 2.4.2 の「$\mathfrak{S}_n$ の $\widetilde{D}_n(\boldsymbol{Z}_m)$ への II 型の作用」とは，$\sigma^{\mathrm{II}}\eta_j=\eta_{\sigma(j)}$ $(j\in\boldsymbol{I}_n,\,\sigma\in\mathfrak{S}_n)$ であった．これを $\Phi_{\mathfrak{S}}:\widetilde{\mathfrak{S}}_n\to\mathfrak{S}_n$ を通じて $\widetilde{\mathfrak{S}}_n$ に引き上げてたものが，$\widetilde{\mathfrak{S}}_n$ の II 型の作用である：

$$\text{(11.7.1)}\qquad {\sigma'}^{\mathrm{II}}\eta_j=\eta_{\sigma(j)}\quad (\sigma'\in\widetilde{\mathfrak{S}}_n,\ \sigma=\Phi_{\mathfrak{S}}(\sigma')\in\mathfrak{S}_n).$$

表現群 $R(G(m,1,n))$ のスピン型 $\chi^{\mathrm{II}}=(-1,-1,1)$ の表現を考えることは，表現群を中心的部分群 $Z_3=\langle z_3\rangle$ で割って，商群

$$\text{(11.7.2)}\qquad \widetilde{G}_n^{\mathrm{II}}:=R(G(m,1,n))/Z_3=\widetilde{D}_n\overset{\mathrm{II}}{\rtimes}\widetilde{\mathfrak{S}}_n\,,\ \widetilde{D}_n=\widetilde{D}_n(T),$$

のスピン型 $(-1,-1)$ の表現を考えればよい．場合 II は前節・前々節の場合 I と兄弟ケースと言っても良いくらい似ているので，論文 [HHoH2] では両者を並行しながら論じた．

また，本書 **3.6** 節では，$\widetilde{D}_n$ の，$\mathfrak{S}_n$ の II 型の作用の下での，スピン既約表現の完全代表元系などが論じられているので，これはそのまま利用できる．

なお，ここで与えるスピン既約表現の構成は，その指標を計算するのにうまく使える形にしてある．そして，具体的な指標計算は前節のスピン型 $\chi^{\mathrm{I}} = (-1,-1,-1)$ のときに述べたやり方と同様の方法で実行できる．

11.7.1　スピン型 $\chi^{\mathrm{II}} = (-1,-1,1)$ のスピン既約表現の構成

(手順 1) U' **の表現** ρ**.**　一般的な記号を $G' = U' \rtimes S' = \widetilde{D}_n \overset{\mathrm{II}}{\rtimes} \widetilde{\mathfrak{S}}_n$ としておく．$U' = \widetilde{D}_n$ のスピン既約表現の完全代表元系は補題 11.5.2 によって与えられている．

(手順 2) 固定化部分群 $S'([\rho])$**.**　$S := \mathfrak{S}_n$ の II 型の作用 (11.7.1) の下における U' のスピン既約表現に対する変換については，**3.6.1** 小節での結果を引用する．

補題 11.7.1　$S = \mathfrak{S}_n$ の $\widehat{U'}^{\,\mathrm{spin}}$ への作用は，

$n \geq 2$ が偶数のとき，　$\sigma^{\mathrm{II}}(P_\gamma) \cong P_{\sigma\gamma} \quad (\sigma \in \mathfrak{S}_n)$.

$n \geq 3$ が奇数のとき，
$$\begin{cases} \sigma^{\mathrm{II}}(P_\gamma^+) \cong P_{\sigma\gamma}^+,\ \ \sigma^{\mathrm{II}}(P_\gamma^-) \cong P_{\sigma\gamma}^- & (\sigma \in \mathfrak{A}_n), \\ \sigma^{\mathrm{II}}(P_\gamma^+) \cong P_{\sigma\gamma}^-,\ \ \sigma^{\mathrm{II}}(P_\gamma^-) \cong P_{\sigma\gamma}^+ & (\sigma \notin \mathfrak{A}_n). \end{cases}$$
□

さらに，定理 3.6.2 では，U' のスピン双対 $\widehat{U'}^{\,\mathrm{spin}}$ の $S = \mathfrak{S}_n$ の II 型作用の下での完全代表元系，および，それらの同値類の固定化部分群が与えられている．これはそのまま $S' = \widetilde{\mathfrak{S}}_n$ の作用に関して読み換えられる．この結果を，記号を（**3.6.2** 小節のものから）場合 I のものに変えて，以下で補題としてまとめておく．

規則 11.7.1　$\gamma = (\gamma_j)_{j \in \boldsymbol{I}_n} \in \Gamma_n^0 \cap \Gamma_n^1$ に対し，$\zeta_\gamma = (\zeta_j)_{j \in \boldsymbol{I}_n}$, $\zeta_j = \zeta^{(\gamma_j)}$，とおき，$\boldsymbol{I}_n$ の区間 $I_{n,\zeta}$ への分割を $I_{n,\zeta} := \{j \in \boldsymbol{I}_n\,;\, \zeta_j = \zeta\}$ $(\zeta \in \widehat{T}^0)$ により定める．$\boldsymbol{\nu} = (n_\zeta)_{\zeta \in \widehat{T}^0} \in P_n(\widehat{T}^0)$, $n_\zeta = |I_{n,\zeta}|$, とおくと，γ と $\boldsymbol{\nu}$ とは 1-1 対応する．

補題 11.7.2 (固定化部分群) $U' = \widetilde{D}_n$ のスピン既約表現 P_γ, P_γ^+, P_γ^- $(\gamma \in \Gamma_n^0 \cap \Gamma_n^1)$ の $S' = \widetilde{\mathfrak{S}}_n$ の II 型作用の下での同値類の固定化部分群は次で与えられる．

(i) $n\geq 2$ **偶の場合.** $S'([P_\gamma])=\Phi_{\mathfrak{S}}^{-1}\Big(\prod_{\zeta\in\widehat{T}^0}\mathfrak{S}_{I_{n,\zeta}}\Big)=\widetilde{\mathfrak{S}}_{\boldsymbol{\nu}}.$

(ii) $n\geq 3$ **奇の場合.** $S'([P_\gamma^\pm])=\widetilde{\mathfrak{A}}_n\bigcap\Phi_{\mathfrak{S}}^{-1}\Big(\prod_{\zeta\in\widehat{T}^0}\mathfrak{S}_{I_{n,\zeta}}\Big)=\widetilde{\mathfrak{A}}_n\cap\widetilde{\mathfrak{S}}_{\boldsymbol{\nu}}.$

補題 11.7.3 (完全代表元系) $U'=\widetilde{D}_n$ のスピン双対の $S'=\widetilde{\mathfrak{S}}_n$ の II 型作用の下での完全代表元系は次で与えられる.

(i) $n\geq 2$ **偶の場合.** $\{P_\gamma\,;\,\gamma\in\varGamma_n^0\cap\varGamma_n^1\}$.

(ii) $n\geq 3$ **奇の場合.** $\{P_\gamma^+\,;\,\gamma\in\varGamma_n^0\cap\varGamma_n^1\}\bigsqcup\{P_\gamma^-\,;\,\gamma\in\varGamma_n^0\cap\varGamma_n^1,\,n_\zeta\leq 1\,(\forall\zeta)\}$.

右辺第 2 の集合は, $\{P_\gamma^+\,;\,\gamma\in s_1(\varGamma_n^0\cap\varGamma_n^1),\ n_\zeta\leq 1\ (\forall\zeta)\}$ で置き換えてもよい.

証明 (i) は, 補題 3.6.2 および補題 11.7.1 より従う. (ii) 上の 2 補題により, まず, 任意の $P_{\gamma'}^\pm$ は $\{P_\gamma^+\,;\,\gamma\in\varGamma_n^0\cap\varGamma_n^1\}$ か, または $\{P_\gamma^-\,;\,\gamma\in\varGamma_n^0\cap\varGamma_n^1,\ n_\zeta\leq 1\ (\forall\zeta)\}$ か, の元に S' の下で共役になる. 第 2 の集合の元 P_γ^- は s_1 によって, $P_{s_1\gamma}^+$ に移される. □

注 11.7.1 $\gamma=(\gamma_j)_{j\in\boldsymbol{I}_n}$ に対し, $n_\zeta\leq 1\ (\forall\zeta)$ とは, $\gamma_j\ (j\in\boldsymbol{I}_n)$ がすべて相異なることを意味する. このとき, 固定化部分群は, $S'([P_\gamma^\varepsilon])=Z_1=\langle z_1\rangle\ (\varepsilon=+,-)$ で, そのスピン既約表現は, Z_1 の非自明の指標 ${\rm sgn}_{Z_1}$ である.

(手順 3) 相関作用素 J_ρ. 上の代表元系のスピン既約表現の 1 つを ρ として, $\sigma'\in S'([\rho])$ に対して, ρ と ${\sigma'}^{\rm II}\rho$ の間の相関作用素 $J_\rho(\sigma')$ を求める. それには **3.6.5** 小節の定理 3.6.5 を言い換えればよい. **3.6.3** 小節での相関作用素に関する結果を使うのに必要なのは,

$n=2n^0$ 偶の場合には, $\widetilde{\mathfrak{S}}_n=\widetilde{\mathfrak{S}}_{2n^0}$ のスピン表現

$$\nabla_n^{\rm II}(r_j):=(iY_{2n^0+1})\nabla_n^{(2)}(r_j)=(iY_{2n^0+1})\cdot\frac{1}{\sqrt{2}}(Y_j-Y_{j+1})\ \ (j\in\boldsymbol{I}_{n-1}),\tag{11.7.3}$$

$n=2n^0+1$ 奇の場合には, $\widetilde{\mathfrak{A}}_n=\widetilde{\mathfrak{A}}_{2n^0+1}$ のスピン表現

$$\begin{cases}\mho_n^+(\sigma'):=\nabla_n^{(2)}(\sigma')\\ \mho_n^-(\sigma'):=Y_{2n^0+1}\nabla_n^{(2)}(\sigma')\,Y_{2n^0+1}\end{cases}\qquad(\sigma'\in\widetilde{\mathfrak{A}}_n),\tag{11.7.4}$$

である. ここに, $\nabla_n^{(2)}$ は $\widetilde{\mathfrak{S}}_n\ (n\geq 3)$ のスピン既約表現 (定理 2.7.2 参照)[2] で,

---

[2] [HHoH2] では, $\nabla_n^{(2)}$ は ∇'_n と書かれている.

(11.7.5)
$$\nabla_n^{(2)}(r_i) = \frac{1}{\sqrt{2}}(Y_i - Y_{i+1}) \ \ (i \in \boldsymbol{I}_{n-1}), \quad \nabla_n^{(2)}(z_1) := -E.$$

補題 11.7.4 (相関作用素)

(i) $n \geq 2$ **偶の場合.**　$\rho = P_\gamma$ $(\gamma \in \Gamma_n^0)$ とする．$\sigma' \in S'([\rho])$ に対する相関作用素は（定数倍を除いて）$J_\rho(\sigma') = \nabla_n^{\mathrm{II}}(\sigma')$ であり，これは $S' = \widetilde{\mathfrak{S}}_n$ のスピン既約表現 ∇_n^{II} を固定化部分群 $S'([\rho])$ に制限したものである．

(ii) $n \geq 3$ **奇の場合.**　$\rho = P_\gamma^{\pm}$ $(\gamma \in \Gamma_n^0)$ とする．$\sigma' \in S'([\rho]) \subset \widetilde{\mathfrak{A}}_n$ に対する相関作用素は，定数倍を除いて，$\widetilde{\mathfrak{A}}_n$ $(\subsetneq S' = \widetilde{\mathfrak{S}}_n)$ のスピン既約表現 $\mho_n^{\pm}$ を $S'([\rho])$ に制限した $J_\rho(\sigma') = \mho_n^{\pm}(\sigma')$（複合同順）である．ただし，$S'([\rho]) = Z_1$ という特別の場合には便宜上 $J_\rho = \mho_n^{\pm}|_{Z_1} = \mathrm{sgn}_{Z_1} \cdot I$ ($I =$ 恒等作用素) と解釈する．　□

(手順 4) $S'([\rho])$ **の既約表現** π^1 **と** $G' = \widetilde{G}_n^{\mathrm{II}}$ **のスピン既約表現.**

G' の部分群 $H' = U' \rtimes S'([\rho])$ の表現 $\pi^0 = \rho \cdot J_\rho$ のスピン型が（$Z_{12} = Z_1 \times Z_2$ に関して）$(-1, -1)$ なので，$S'([\rho])$ の表現 π^1 は非スピン，よって，$S'([\rho])/Z_1$ の線形既約表現でなければならない．

● n **偶の場合**　$\Lambda^n = (\boldsymbol{\lambda}^\zeta)_{\zeta \in \widehat{T}^0} \in \boldsymbol{Y}_n(\widehat{T}^0)$ をとる．ここに，

(11.7.6)
$$\boldsymbol{Y}_n(\widehat{T}^0) = \{\Lambda^n = (\boldsymbol{\lambda}^\zeta)_{\zeta \in \widehat{T}^0} \,;\, \boldsymbol{\lambda}^\zeta \in \boldsymbol{Y}, \boldsymbol{\nu} = (n_\zeta)_{\zeta \in \widehat{T}^0} \in P_n(\widehat{T}^0), n_\zeta = |\boldsymbol{\lambda}^\zeta|\}.$$

Λ^n に対応して，標準的分割 $\boldsymbol{I}_n = \bigsqcup_{\zeta \in \widehat{T}^0} I_{n,\zeta}$, $|I_{n,\zeta}| = n_\zeta$, をとる．すると，$\gamma \in \Gamma_n^0 \cap \Gamma_n^1$ が決まる．$\rho = P_\gamma$ に対し，

$$S'([\rho]) = \Phi_{\mathfrak{S}}^{-1}\Big(\prod_{\zeta \in \widehat{T}^0} \mathfrak{S}_{I_{n,\zeta}}\Big) = \widetilde{\mathfrak{S}}_{\boldsymbol{\nu}}, \quad \pi^0 = P_\gamma \cdot (\nabla_n^{\mathrm{II}}|_{S'([\rho])}),$$

である．$S'([\rho])/Z_1 \cong \prod_{\zeta \in \widehat{T}^0} \mathfrak{S}_{n_\zeta} = \mathfrak{S}_{\boldsymbol{\nu}}$ の線形既約表現 $\pi_{\Lambda^n} = \boxtimes_{\zeta \in \widehat{T}^0} \pi_{\boldsymbol{\lambda}^\zeta}$ をとり，これを $S'([\rho])$ の表現 π^1 にする．これで，$H' = U' \rtimes S'([\rho])$ の表現 $\pi^0 \boxdot \pi^1$ は Λ^n で決まり，$G' = U' \rtimes S'$ の既約表現 $\Pi_{\Lambda^n}^{\mathrm{II}} := \mathrm{Ind}_{H'}^{G'}(\pi^0 \boxdot \pi^1)$ を得る．

● n **奇の場合**

場合-奇 1「$\gamma = (\gamma_j)_{j \in \boldsymbol{I}_n}$ で γ_j の間に重複が無い場合」．これは，$n \leq m^0 = m/2$ のときにだけ存在する．$\rho = P_\gamma^\varepsilon$ に対して，$\prod_{\zeta \in \widehat{T}^0} \mathfrak{S}_{I_{n,\zeta}} = \{e\}$ なので，$S'([\rho]) = Z_1$ である．（そのスピン表現だが）$J_\rho = \mho_n^\varepsilon|_{S'([\rho])} = \mathrm{sgn}_{Z_1} \cdot I$ ととる．このとき，

$S'([\rho])/Z_1 \cong \{e\}$ の表現は，$\pi^1 = \mathbf{1}$ (自明表現) である．このとき，G' のスピン既約表現として，$\Pi^{\mho^\varepsilon}_{\Lambda^n} := \mathrm{Ind}^{G'}_{H'}(\pi^0 \boxdot \pi^1)$ が得られる．

場合-奇 2「$\gamma = (\gamma_j)_{\zeta\in\widehat{T}^0}$ で γ_j に重複が有る場合」．（S' の共役の下で）$\rho = P^+_\gamma$ に持っていける．その固定化部分群を Z_1 で割れば，$S'([\rho])/Z_1 \cong \mathfrak{A}_n \bigcap \mathfrak{S}_{\boldsymbol{\nu}}$．したがって，この群の既約線形表現は $G^0 := \mathfrak{S}_{\boldsymbol{\nu}}$ のそれを位数 2 の部分群 $H^0 := \mathfrak{A}_n \cap G^0$ に制限して，必要ならばそれを 2 つに分解して得られる（定理 1.2.10 参照）．直積群 $\mathfrak{S}_{\boldsymbol{\nu}} = \prod_{\zeta\in\widehat{T}^0} \mathfrak{S}_{n_\zeta}$ の既約表現は $\Lambda^n = (\boldsymbol{\lambda}^\zeta)_{\zeta\in\widehat{T}^0} \in \boldsymbol{Y}_n(\widehat{T}^0)$ に対応する $\pi_{\Lambda^n} = \boxdot_{\zeta\in\widehat{T}^0}\pi_{\boldsymbol{\lambda}^\zeta}$ である．ここでは条件 $n_\zeta = |\boldsymbol{\lambda}^\zeta| > 1\ (\exists\zeta)$ が付いているので $[G^0 : H^0] = 2$ である．

一般に，$\mathfrak{S}_q$ の既約表現は $\pi_{\boldsymbol{\lambda}}\ (\boldsymbol{\lambda} \in \boldsymbol{Y}_q)$ が完全代表元系をなすが，$\mathrm{sgn}\cdot\pi_{\boldsymbol{\lambda}} \cong \pi_{({}^t\boldsymbol{\lambda})}$ である（定理 1.3.11）．定理 1.3.12 から次の補題を得る．

補題 11.7.5 (交代群 $\mathfrak{A}_q$ の既約表現)

（イ） $\mathrm{sgn}\cdot\pi_{\boldsymbol{\lambda}} \cong \pi_{\boldsymbol{\lambda}} (\Leftrightarrow {}^t\boldsymbol{\lambda} = \boldsymbol{\lambda})$，すなわち，$\pi_{\boldsymbol{\lambda}}$ 自己同伴，のとき，

$\pi_{\boldsymbol{\lambda}}|_{\mathfrak{A}_n}$ は非同値な 2 つの既約表現の直和 $\rho^{(0)}_{\boldsymbol{\lambda}} \oplus \rho^{(1)}_{\boldsymbol{\lambda}}$ になる．

（ロ） $\mathrm{sgn}\cdot\pi_{\boldsymbol{\lambda}} \not\cong \pi_{\boldsymbol{\lambda}}\ (\Leftrightarrow {}^t\boldsymbol{\lambda} \neq \boldsymbol{\lambda})$，すなわち，$\pi_{\boldsymbol{\lambda}}$ 非自己同伴，のとき，

$\rho_{\boldsymbol{\lambda}} := \pi_{\boldsymbol{\lambda}}|_{\mathfrak{A}_n} \cong (\pi_{{}^t\boldsymbol{\lambda}})|_{\mathfrak{A}_n}$ は既約表現である．　□

記号 11.7.1　$H^0 = \mathfrak{A}_n \bigcap \mathfrak{S}_{\boldsymbol{\nu}},\ \boldsymbol{\nu} \in P_n(\widehat{T}^0)$，の双対 $\widehat{H^0}$ を記述するための記号として，

$$\boldsymbol{Y}^{\mathfrak{A}}_n(\widehat{T}^0) := \boldsymbol{Y}^{\mathfrak{A}}_n(\widehat{T}^0)^1 \bigsqcup \boldsymbol{Y}^{\mathfrak{A}}_n(\widehat{T}^0)^2 \bigsqcup \boldsymbol{Y}^{\mathfrak{A}}_n(\widehat{T}^0)^3,$$

$$\boldsymbol{Y}^{\mathfrak{A}}_n(\widehat{T}^0)^1 := \{\{\Lambda^n, {}^t\Lambda^n\}\ ;\ \Lambda^n = (\boldsymbol{\lambda}^\zeta)_{\zeta\in\widehat{T}^0} \in \boldsymbol{Y}_n(\widehat{T}^0),\ {}^t\Lambda^n \neq \Lambda^n\},$$

$$\boldsymbol{Y}^{\mathfrak{A}}_n(\widehat{T}^0)^2 := \{(\Lambda^n, \kappa)\ ;\ \Lambda^n \in \boldsymbol{Y}_n(\widehat{T}^0),\ {}^t\Lambda^n = \Lambda^n,\ |\boldsymbol{\lambda}^\zeta| \geq 2\ (\exists\zeta),\ \kappa = 0, 1\},$$

$$\boldsymbol{Y}^{\mathfrak{A}}_n(\widehat{T}^0)^3 := \{(+,\Lambda^n), (-,\Lambda^n)\ ;\ \Lambda^n = (\boldsymbol{\lambda}^\zeta)_{\zeta\in\widehat{T}^0}, |\boldsymbol{\lambda}^\zeta| \leq 1\ (\forall\zeta)\}.$$

ここで，$\boldsymbol{Y}^{\mathfrak{A}}_n(\widehat{T}^0)^3 \neq \varnothing$ となるのは $n \leq m^0 = m/2$ のときである．n 奇のとき，$\boldsymbol{Y}^{\mathfrak{A}}_n(\widehat{T}^0)^3$ は上の **場合-奇 1** に当たる．

補題 11.7.6 ($H^0 = \mathfrak{A}_n \cap G^0 = \mathfrak{A}_n \cap \mathfrak{S}_{\boldsymbol{\nu}}$ の線形既約表現)

(i) $\Lambda^n = (\boldsymbol{\lambda}^\zeta)_{\zeta\in\widehat{T}^0} \in \boldsymbol{Y}_n(\widehat{T}^0)$ に対し，$n_\zeta = |\boldsymbol{\lambda}^\zeta| > 1\ (\exists\zeta\in\widehat{T}^0)$ とする．このとき，$G^0 = \prod_{\zeta\in\widehat{T}^0}\mathfrak{S}_{n_\zeta}$ の既約表現 π_{Λ^n} をとると，$\mathrm{sgn}\cdot\pi_{\Lambda^n} \cong \pi_{({}^t\Lambda^n)}$．

ここに, sgn は $G^0/H^0 \cong \boldsymbol{Z}_2$ の非自明の指標であり, ${}^t(\Lambda^n) = {}^t\Lambda^n := ({}^t\boldsymbol{\lambda}^\zeta)_{\zeta\in\widehat{T}^0}$.

(ii) π_{Λ^n} を位数 2 の正規部分群 $H^0 = \mathfrak{A}_n \cap G^0$ に制限すると,

(a)　${}^t\Lambda^n = \Lambda^n$, i.e., ${}^t\boldsymbol{\lambda}^\zeta = \boldsymbol{\lambda}^\zeta\,(\forall\zeta\in\widehat{T}^0)$ のとき, $\pi_{\Lambda^n}|_{H^0} \cong \rho^{(0)}_{\Lambda^n} \oplus \rho^{(1)}_{\Lambda^n}$, $\rho^{(0)}_{\Lambda^n} \not\cong \rho^{(1)}_{\Lambda^n}$,

(b)　${}^t\Lambda^n \neq \Lambda^n$, i.e., ${}^t\boldsymbol{\lambda}^\zeta \neq \boldsymbol{\lambda}^\zeta\,(\exists\zeta\in\widehat{T}^0)$ のとき, $\rho_{\Lambda^n} := \pi_{\Lambda^n}|_{H^0} \cong (\pi_{{}^t\Lambda^n})|_{H^0}$ は既約.

(iii) n の分割 $(n_\zeta)_{\zeta\in\widehat{T}^0}$ $(\exists n_\zeta > 1)$, を固定したとき, (i), (ii) で挙げられた H^0 の既約表現を集めると, 完全代表元系を得る.

証明　$G^0 = \prod_{\zeta\in\widehat{T}^0} \mathfrak{S}_{n_\zeta}$ の既約表現について, $\mathrm{sgn}\cdot\pi_{\Lambda^n} \cong \pi_{{}^t\Lambda^n}$ を証明する. $\mathrm{sgn}\cdot\pi_{\Lambda^n}$ を G^0 の直積成分 $\mathfrak{S}_{n_\zeta}$ に制限すると, $\mathrm{sgn}_\zeta\cdot\pi_{\boldsymbol{\lambda}^\zeta}$ となる. ここで, sgn_ζ は $\mathfrak{S}_{n_\zeta}$ の符号表現である. すると, $\mathrm{sgn}_\zeta\cdot\pi_{\boldsymbol{\lambda}^\zeta} \cong \pi_{{}^t\boldsymbol{\lambda}^\zeta}$ であるから, 目的の同値関係を得る. その他のことは, **1.3.6** 小節にあるので参照されよ. □

■ $R(G(m,1,n))$ **のスピン型** χ^{II} **のスピン既約表現（まとめ）.**

誘導表現 $\Pi(\pi^0,\pi^1) = \mathrm{Ind}_{H'}^{G'}(\pi^0 \boxdot \pi^1)$ により $G' = \widetilde{G}_n^{\mathrm{II}} = R(G(m,1,n))/Z_3$ のスピン既約表現を作った結果をまとめる.

記号 11.7.2　$n \geq 4$ **偶のとき,**　$\pi^0 = \rho\cdot J'_\rho$, $\rho = P_\gamma$, $J'_\rho = \nabla_n^{\mathrm{II}}|_{S'([\rho])}$,

$$\pi^0 \boxdot \pi^1 = (P_\gamma \cdot \nabla_n^{\mathrm{II}}|_{S'([\rho])}) \boxdot \pi_{\Lambda^n}, \quad \Pi_{\Lambda^n}^{\mathrm{II}} = \mathrm{Ind}_{H'}^{G'}(\pi^0 \boxdot \pi^1).$$

$n \geq 5$ **奇のとき,**　$\pi^0 = \rho\cdot J'_\rho$, $\rho = P_\gamma^\varepsilon$, $J'_\rho = \mho_n^\varepsilon|_{S'([\rho])}$, $\varepsilon = +,-$,

$$\pi^0 \boxdot \pi^1 = \begin{cases} (P_\gamma^+ \cdot \mho_n^+|_{S'([\rho])}) \boxdot \rho_{\Lambda^n}, & \{\Lambda^n, {}^t\Lambda^n\} \in \boldsymbol{Y}_n^{\mathfrak{A}}(\widehat{T}^0)^1, \\ (P_\gamma^+ \cdot \mho_n^+|_{S'([\rho])}) \boxdot \rho_{\Lambda^n}^{(\kappa)}, & (\Lambda^n, \kappa) \in \boldsymbol{Y}_n^{\mathfrak{A}}(\widehat{T}^0)^2, \\ (P_\gamma^\varepsilon \cdot \mho_n^\varepsilon|_{S'([\rho])}) \boxdot \rho_{\Lambda^n}, & (\varepsilon, \Lambda^n) \in \boldsymbol{Y}_n^{\mathfrak{A}}(\widehat{T}^0)^3, \end{cases} \tag{11.7.7}$$

これを $H' = U' \overset{\mathrm{II}}{\rtimes} S'([\rho])$ から $G' = \widetilde{G}_n^{\mathrm{II}}$ に誘導した表現をそれぞれ次で表す：

$$\Pi_{\Lambda^n}^{\mho^+}, \quad \Pi_{\Lambda^n,\kappa}^{\mho^+}, \quad \Pi_{\Lambda^n}^{\mho^\varepsilon} \ (\varepsilon = +,-).$$ □

定理 11.7.7　$n \geq 4$, m 偶, とする. $G'_n = R(G(m,1,n))$ のスピン型 $\chi^{\mathrm{II}} = (-1,-1,1)$ のスピン既約表現は $\widetilde{G}_n^{\mathrm{II}} = R(G(m,1,n))/Z_3 \cong \widetilde{D}_n(T) \overset{\mathrm{II}}{\rtimes} \widetilde{\mathfrak{S}}_n$ のスピン型 $(-1,-1)$ のスピン既約表現と同一視できる. 上の記号を使えば, このスピン型の表現の完全代表元系 $\mathrm{spinIR}^{\mathrm{II}}(G(m,1,n))$ が次のように与えられる.

n 偶の場合. $\quad \mathrm{spinIR}^{\mathrm{II}}(G(m,1,n))=\{\Pi^{\mathrm{II}}_{\Lambda^n}\,;\,\Lambda^n\in\boldsymbol{Y}_n(\widehat{T}^0)\}.$

n 奇，$n>m^0=m/2$ の場合.

$$\mathrm{spinIR}^{\mathrm{II}}(G(m,1,n))=\{\Pi^{\mho+}_{\Lambda^n}\,;\,\{\Lambda^n,{}^t\Lambda^n\}\in\boldsymbol{Y}^{\mathfrak{A}}_n(\widehat{T}^0)^1\}\bigsqcup\{\Pi^{\mho+}_{\Lambda^n,\kappa}\,;\,(\Lambda^n,\kappa)\in\boldsymbol{Y}^{\mathfrak{A}}_n(\widehat{T}^0)^2\}.$$

n 奇，$n\le m^0=m/2$ の場合.

$$\mathrm{spinIR}^{\mathrm{II}}(G(m,1,n))=\{\Pi^{\mho+}_{\Lambda^n}\,;\,\{\Lambda^n,{}^t\Lambda^n\}\in\boldsymbol{Y}^{\mathfrak{A}}_n(\widehat{T}^0)^1\}\bigsqcup\{\Pi^{\mho+}_{\Lambda^n,\kappa}\,;\,(\Lambda^n,\kappa)\in\boldsymbol{Y}^{\mathfrak{A}}_n(\widehat{T}^0)^2\}\bigsqcup\{\Pi^{\mho^\varepsilon}_{\Lambda^n}\,;\,(\varepsilon,\Lambda^n)\in\boldsymbol{Y}^{\mathfrak{A}}_n(\widehat{T}^0)^3\}.$$

11.7.2 特別なスピン既約表現と線形既約表現とのテンソル積

● n 偶の場合. $G'=\widetilde{G}^{\mathrm{II}}_n$ の特別のスピン既約表現として，

$$\Pi^{\mathrm{II}0}_n:=P^0\cdot\nabla^{\mathrm{II}}_n=P^0\,\nabla^{\mathrm{II}}_n \tag{11.7.8}$$

をとると，$\pi^0\boxdot\pi^1\cong(\Pi^{\mathrm{II}0}_n|_{H'})\otimes(\zeta_\gamma\boxdot\pi_{\Lambda^n})$ となる．ここに，定理 1.2.13 を適用すると，**11.5.2** 小節と同様に次の定理を得る：

定理 11.7.8 m 偶, $n\ge 4$ 偶とする. $R(G(m,1,n))$ のスピン型 $\chi^{\mathrm{II}}=(-1,-1,1)$ のスピン既約表現を $\widetilde{G}^{\mathrm{II}}_n$ のスピン型 $(-1,-1)$ のスピン既約表現と同一視するとき，

$$\Pi^{\mathrm{II}}_{\Lambda^n}\cong\Pi^{\mathrm{II}0}_n\otimes\breve{\Pi}_{\Lambda^n}\qquad(\Lambda^n\in\boldsymbol{Y}_n(\widehat{T}^0)).$$

証明 定理 1.2.13 により，$\Pi^{\mathrm{II}}_{\Lambda^n}\cong\Pi^{\mathrm{II}0}_n\otimes(\mathrm{Ind}^{G'}_{H'}(\zeta_\gamma\boxdot\pi_{\Lambda^n}))$ であるが，右辺第 2 項は非スピン，すなわち，線形であるから，典型準同型 $\Phi:G'\to G=G(m,1,n)=U\rtimes S$ により下の群のレベルに落とせば，$H=\Phi(H')=U\rtimes S([\zeta_\gamma])$ を使って，$\mathrm{Ind}^G_H(\zeta_\gamma\boxdot\pi_{\Lambda^n})=\breve{\Pi}_{\Lambda^n}$ となる． □

● n 奇の場合. $G'^{\mathfrak{A}}:=\widetilde{D}_n\overset{\mathrm{II}}{\rtimes}\widetilde{\mathfrak{A}}_n\subset\widetilde{G}^{\mathrm{II}}_n$ の特別のスピン既約表現として，

$$\Pi^{\mho^\varepsilon,\mathfrak{A}}_n:=P^\varepsilon\cdot\mho^\varepsilon_n=P^\varepsilon\,\mho^\varepsilon_n\qquad(\varepsilon=+,-) \tag{11.7.9}$$

をとる．このとき，$\rho=P^\varepsilon$ に対して，$S'([\rho])\subset\widetilde{\mathfrak{A}}_n$, $H'=U'\overset{\mathrm{II}}{\rtimes}S'([\rho])\subset G'^{\mathfrak{A}}$ であり，$\pi^0\boxdot\pi^1\cong(\Pi^{\mho^\varepsilon,\mathfrak{A}}_n|_{H'})\otimes(\zeta_\gamma\boxdot\pi_{\Lambda^n})$ となる．(11.7.7) 式の右辺に対応して，群 $G'^{\mathfrak{A}}$ と H' との間で定理 1.2.13 を適用すると，$\mathrm{Ind}^{G'^{\mathfrak{A}}}_{H'}(\pi^0\boxtimes\pi^1)\cong\Pi^{\mho^\varepsilon,\mathfrak{A}}_n\otimes\mathrm{Ind}^{G^{\mathfrak{A}}}_H(\zeta_\gamma\boxdot\rho_{\Lambda^n})$ を得る．さらに誘導表現の段階定理（定理 1.2.2）を

$H' \nearrow G'^{\mathfrak{A}} \nearrow G'$ に用いる．この際に前定理の証明における如く，非スピン表現の誘導に関しては，下の群のレベルに落とせるので，$G = G(m,1,n) = U \rtimes \mathfrak{S}_n$, $G^{\mathfrak{A}} := \Phi(G'^{\mathfrak{A}}) = U \overset{\mathrm{II}}{\rtimes} \mathfrak{A}_n$, $H = \Phi(H') = U \rtimes S([\zeta_\gamma])$ が使える．かくて次の定理を得る．

定理 11.7.9　$m > 1$ 偶，$n \geq 4$ 奇とする．$R(G(m,1,n))$ のスピン型 $\chi^{\mathrm{II}} = (-1,-1,1)$ のスピン既約表現を $\widetilde{G}_n^{\mathrm{II}}$ のスピン型 $(-1,-1)$ のスピン既約表現と同一視するとき，

$\{\Lambda^n, {}^t\Lambda^n\} \in \boldsymbol{Y}_n^{\mathfrak{A}}(\widehat{T}^0)^1$ に対し，$\quad \Pi_{\Lambda^n}^{\mho^+} \cong \mathrm{Ind}_{G'^{\mathfrak{A}}}^{G'}\Big(\Pi_n^{\mho^+,\mathfrak{A}} \otimes \mathrm{Ind}_H^{G^{\mathfrak{A}}}(\zeta_\gamma \boxdot \rho_{\Lambda^n})\Big)$,

$(\Lambda^n, \kappa) \in \boldsymbol{Y}_n^{\mathfrak{A}}(\widehat{T}^0)^2$, $\kappa = 0, 1$, に対し，$\Pi_{\Lambda^n,\kappa}^{\mho^+} \cong \mathrm{Ind}_{G'^{\mathfrak{A}}}^{G'}\Big(\Pi_n^{\mho^+,\mathfrak{A}} \otimes \mathrm{Ind}_H^{G^{\mathfrak{A}}}(\zeta_\gamma \boxdot \rho_{\Lambda^n}^{(\kappa)})\Big)$,

$(\varepsilon, \Lambda^n) \in \boldsymbol{Y}_n^{\mathfrak{A}}(\widehat{T}^0)^3$, $\varepsilon = +, -$, に対し，$\Pi_{\Lambda^n}^{\mho^\varepsilon} \cong \mathrm{Ind}_{G'^{\mathfrak{A}}}^{G'}\Big(\Pi_n^{\mho^\varepsilon,\mathfrak{A}} \otimes \mathrm{Ind}_H^{G^{\mathfrak{A}}}(\zeta_\gamma \boxdot \rho_{\Lambda^n})\Big)$.

注 11.7.2　定理 11.7.8, 11.7.9 から見るように，場合 II では（場合 I と違って），n の偶奇によって「スピン既約表現のテンソル積分解」の程度に明らかな差がある．

◆ n 偶のときには，全体の群 $G' = \widetilde{G}_n^{\mathrm{II}}$ のレベルでのテンソル積分解である．

◆ n 奇のときには，指数 2 の正規部分群 $G'^{\mathfrak{A}}$ のレベルでのテンソル積分解である．G' レベルではあとから誘導操作 $\mathrm{Ind}_{G'^{\mathfrak{A}}}^{G'}(\cdot)$ を咬ませている．

11.8　$R(G(m,1,n))$ のスピン型 χ^{II} の既約指標

スピン型 $\chi^{\mathrm{II}} = (-1,-1,1)$ のスピン既約指標は（**11.6** 節と同様に）表現群 $R(G(m,1,n))$ の上の関数として与える．n 偶の場合には，**11.6** 節のスピン型 χ^{I} とほとんど同様にできる．n 奇の場合には，かなり様子が複雑になる．準備として必要なことを列挙しよう．

(1)　パラメーター $\Lambda^n = (\boldsymbol{\lambda}^\zeta)_{\zeta \in \widehat{T}^0} \in \boldsymbol{Y}_n(\widehat{T}^0)$ から出発して，$\boldsymbol{\nu} = (n_\zeta)_{\zeta \in \widehat{T}^0} \in P_n(\widehat{T}^0)$, $n_\zeta = |\boldsymbol{\lambda}^\zeta|$, そして $\gamma = (\gamma_j)_{j \in \boldsymbol{I}_n} \in \Gamma_n^0 \cap \Gamma_n^1$ が決まる法則は**規則 11.7.1** の通りである．$\boldsymbol{I}_n = \bigsqcup_{\zeta \in \widehat{T}^0} I_{n,\zeta}$ は $\boldsymbol{\nu}$ に対応する標準的分割とする．

(2)　任意の $g' \in G'_n := R(G(m,1,n))$ は (11.6.4)∼(11.6.5) の標準分解 $g' = z\,\xi'_{q_1} \cdots \xi'_{q_r} g'_1 \cdots g'_s$, $g'_j = (d'_j, \sigma'_j)$, を持つ．$Q = \{q_1, q_2, \cdots, q_r\}$, $J = \boldsymbol{I}_s = \{1, 2, \cdots, s\}$, とおく．

Z を法とする共役類の**標準的代表元** $g' = (d', \sigma') = \xi'_{q_1} \cdots \xi'_{q_r} g'_1 \cdots g'_s$ とは

次の条件，すなわち，条件 (11.6.7), を満たすものである：

(11.8.1)

$$g'_j = (\widehat{\eta}_{n_j}{}^{\mathrm{ord}(d'_j)}, \sigma'_j),\ K_j = \mathrm{supp}(\sigma'_j) = [n_j, n_j + \ell_j - 1]\ (\text{区間}),\ \sigma'_j = \sigma'_{K_j}.$$

(3) 表 10.2.1, スピン型 $\chi^{\mathrm{II}} = (-1,-1,\ 1)$ の項における「スピン中心的関数の台に関する必要条件」を，スピン既約指標に適用すると，次の補題を得る．

補題 11.8.1 $n \geq 4$ に対して，f を $G'_n = R(G(m,1,n))$ 上のスピン型 $\chi^{\mathrm{II}} = (-1,-1,1)$ の不変函数とする．$g' = (d', \sigma') \in G'_n$ を (11.6.4) のように標準分解する．$f(g') \neq 0$ とすると，g' は次の条件 (イ), (ロ), (ハ) のどれかを満たす．

場合 1sig. $L(\sigma') \equiv \sum_{j \in J} L(\sigma'_j) \equiv 0 \pmod 2$ の場合：

（イ） $\mathrm{ord}(\xi'_{q_i}) \equiv 0\ (\forall i),\ \mathrm{ord}(d'_j) + L(\sigma'_j) \equiv 0\ (\forall j);$

（ロ） $|\mathrm{supp}(g')| = n,\ r+s$ 奇, $\mathrm{ord}(\xi'_{q_i}) \equiv 1\,(\forall i),\ \mathrm{ord}(d'_j) \equiv 1,\ L(\sigma'_j) \equiv 0\ (\forall j), \mathrm{ord}(d') \equiv 1$. このとき，$n$ は奇数である．

場合 2sig. $L(\sigma') \equiv \sum_{j \in J} L(\sigma'_j) \equiv 1 \pmod 2$ の場合：

（ハ） $|\mathrm{supp}(g')| = n,\ r+s$ 奇, $\mathrm{ord}(\xi'_{q_i}) \equiv 1\ (\forall i),\ \mathrm{ord}(d'_j) \equiv 1\,(\forall j),\ \mathrm{ord}(d') \equiv 1$. このとき，$n$ は偶数である．

証明 （ロ），（ハ）において，条件 $\mathrm{ord}(\xi'_{q_i}) \equiv 1\ (\forall i)$ から，$\mathrm{supp}(g') = \boldsymbol{I}_n$ である．したがって，n の偶奇は次式から出る：

$$n = |\mathrm{supp}(g')| = |Q| + \sum_{j \in J} \ell(\sigma'_j) = r + \sum_{j \in J} (L(\sigma'_j) + 1) \equiv r + s + L(\sigma'). \qquad \square$$

(4) $g' = (d', \sigma') = \xi'_{q_1} \cdots \xi'_{q_r} g'_1 \cdots g'_s \in G'_n$ に対して，$J = \boldsymbol{I}_s$ を分解して

(11.8.2) $$J = J_+ \bigsqcup J_-,\ \ J_\varepsilon := \{j \in J\,;\, \mathrm{sgn}_{\mathfrak{S}}(\sigma'_j) = \varepsilon 1\},\ \ \varepsilon = +, -,$$

とおき，J_- を最大個数のペア $\{j_1, j_2\}$（と，$|J_-|$ 奇のときは，残りの 1 個）に分ける．それを記号 $\{j_1, j_2\} \sqsubset J_-$ で表す．

$$g'_j g'_k = z_1{}^{L(\sigma'_j)L(\sigma'_k)} z_2{}^{\mathrm{ord}(d'_j)\mathrm{ord}(d'_k)} z_3{}^{\mathrm{ord}(d'_j)L(\sigma'_k) + \mathrm{ord}(d'_k)L(\sigma'_j)} g'_k g'_j$$

であるから，スピン型 χ^{II} のスピン表現 Π に対しては，

$$\Pi(g'_j g'_k) = (-1)^{L(\sigma'_j)L(\sigma'_k) + \mathrm{ord}(d'_j)\mathrm{ord}(d'_k)} \Pi(g'_k g'_j).$$

$j \in J_+$ のときは，$\Pi(g'_j g'_k) = (-1)^{\mathrm{ord}(d'_j)\mathrm{ord}(d'_k)} \Pi(g'_k g'_j)$ なので，$\mathrm{ord}(d'_j)\mathrm{ord}(d'_k) \equiv 0, 1$ にしたがって，$\Pi(g'_j g'_k) = \pm \Pi(g'_k g'_j)$（複合同順）．$\{j,k\} \subset J_-$ のときは，$\mathrm{ord}(d'_j)\mathrm{ord}(d'_k) \equiv 0, 1$ にしたがって，$\Pi(g'_j g'_k) = \mp \Pi(g'_k g'_j)$（複合同順）．これは基本成分 g'_j たちの並べ方によって指標の符号が決まることを意味する．そこで (11.8.1) の共役類の標準的代表元にさらに次の条件を付加する：

(11.8.3) g'_j $(j \in J)$ の並べ方：はじめに $j \in J_+$ をおき，つぎに $j \in J_-$ をおく．

11.8.1　$n = 2n^0$ 偶の場合

定理 11.7.8 のテンソル積表示 $\Pi^{\mathrm{II}}_{\Lambda^n} \cong \Pi^{\mathrm{II}0}_n \otimes \breve{\Pi}_{\Lambda^n}$ を利用する．G'_n のスピン型 χ^{II} のスピン既約表現 $\Pi^{\mathrm{II}0}_n = P^0\, \nabla^{\mathrm{II}}_n$ に対し，$P^0(\eta_j) = Y_j$ $(j \in \boldsymbol{I}_n = \boldsymbol{I}_{2n^0})$,

$$\nabla^{\mathrm{II}}_n(r_p) = (iY_{2n^0+1})\nabla^{(2)}_n(r_p),\ \ \nabla^{(2)}_n(r_p) = \tfrac{1}{\sqrt{2}}(Y_p - Y_{p+1}) \quad (p \in \boldsymbol{I}_{n-1}).$$

$g' = (d', \sigma') = \xi'_{q_1} \cdots \xi'_{q_r}\, g'_1 \cdots g'_s$ を (11.8.1), (11.8.3) の標準的代表元とすると，

$$\Pi^{\mathrm{II}0}_n(g'_j) = P^0(d'_j) \cdot \nabla^{\mathrm{II}}_n(\sigma') = {Y_{n_j}}^{b_j} \prod_{0 \le p \le \ell_j - 2} (iY_{2n^0+1})\nabla^{(2)}_n(r_{n_j+p}),$$

最右辺の積の順序は p の増大順に従う．以下の指標の計算では次のことに留意する：

$$\begin{aligned}(11.8.4) \qquad \nabla^{\mathrm{II}}_n(r_p)\nabla^{\mathrm{II}}_n(r_q) &= (iY_{2n^0+1})(-iY_{2n^0+1})\nabla^{(2)}_n(r_p)\nabla^{(2)}_n(r_q) \\ &= \tfrac{1}{\sqrt{2}}(Y_p - Y_{p+1}) \cdot \tfrac{1}{\sqrt{2}}(Y_q - Y_{q+1});\end{aligned}$$

$\{j,k\} \sqsubset J_-$ $(\because \ell_j$ 偶) に対して，$\Pi^{\mathrm{II}0}_n(g'_j)\Pi^{\mathrm{II}0}_n(g'_k)$ は，

$$\begin{aligned}&{Y_{n_j}}^{b_j} 2^{(\ell_j-1)/2}(iY_{2n^0+1})(Y_{n_j} - Y_{n_j+1}) \cdots (Y_{n_j+\ell_j-2} - Y_{n_j+\ell_j-1}) \times \\ &\quad {Y_{n_k}}^{b_k} 2^{(\ell_k-1)/2}(iY_{2n^0+1})(Y_{n_k} - Y_{n_k+1}) \cdots (Y_{n_k+\ell_k-2} - Y_{n_k+\ell_k-1})\end{aligned}$$

であるが，2 番目の (iY_{2n^0+1}) を 1 番目の (iY_{2n^0+1}) の位置まで移動させると，

$$(11.8.5) \qquad (iY_{2n^0+1}) \cdot (-1)^{b_k+\ell_j-1}(iY_{2n^0+1}) = (-1)^{b_k-1}E = (-1)^{\mathrm{ord}(d'_k)-1}E.$$

われわれは基本補題 11.6.2 を適用する予定なので，まず $\Pi^{\mathrm{II}0}_n$ の指標を計算する．

定理 11.8.2 **($n = 2n^0$ 偶，特別のスピン既約表現 $\Pi^{\mathrm{II}0}_n$ の指標)**
$g' = (d', \sigma') = \xi'_{q_1} \cdots \xi'_{q_r}\, g'_1 \cdots g'_s$ を (11.8.1), (11.8.3) の標準的代表元とする．
(i)　**場合 1sig**: $L(\sigma') \equiv 0 \pmod 2$，とする．

$\chi(\Pi_n^{\mathrm{II}0}|g') \neq 0 \implies g'$ は次の（条件 II-00）を満たす：

$$\textbf{(条件 II-00)}\quad \begin{cases} \mathrm{ord}(d') \equiv 0, \quad L(\sigma') \equiv 0 \pmod 2 \\ \mathrm{ord}(\xi'_{q_i}) \equiv 0\ (\forall i),\ \mathrm{ord}(d'_j) + L(\sigma'_j) \equiv 0 \pmod 2\ \ (\forall j). \end{cases}$$

そのとき，$|J_-|$ は偶で，

$$\chi(\Pi_n^{\mathrm{II}0}|g') = 2^{n^0} \prod_{j\in J_+} 2^{-(\ell_j-1)/2}(-1)^{(\ell_j-1)/2} \cdot \prod_{j\in J_-} 2^{-(\ell_j-1)/2}(-1)^{\ell_j/2-1}.$$

(ii) **場合 2sig**: $L(\sigma') \equiv 1 \pmod 2$, とする.

$\chi(\Pi_n^{\mathrm{II}0}|g') \neq 0 \implies g'$ は次の（条件 II-11）を満たす：

$$\textbf{(条件 II-11)}\quad \begin{cases} |\mathrm{supp}(g')| = n = 2n^0,\ \mathrm{ord}(d') \equiv L(\sigma') \equiv 1,\ r+s \equiv 1, \\ \mathrm{ord}(\xi'_{q_i}) \equiv 1\ (i \in \boldsymbol{I}_r),\ \ \mathrm{ord}(d'_j) \equiv 1\ (j \in \boldsymbol{I}_s)\ \ (\mathrm{mod}\ 2). \end{cases}$$

そのとき，$|J_-|$ 奇で，

$$\begin{aligned} \chi(\Pi_n^{\mathrm{II}0}|g') &= \varepsilon^{\mathrm{II}}(g')\, i(2i)^{n^0} \prod_{j\in J} 2^{-(\ell_j-1)/2}(-1)^{\ell_j-1} \\ &= -\,\varepsilon^{\mathrm{II}}(g')\, i(2i)^{n^0} \prod_{j\in J} 2^{-(\ell_j-1)/2}, \end{aligned}$$

ここに，$\varepsilon^{\mathrm{II}}(g') = \pm 1$ は符号であって，次式によって決定される：

$$\prod_{q\in Q} Y_q \times \prod_{j\in J,\, \neq s} Y_{K_j} \times Y_{2n^0+1} Y_{K_s} = \varepsilon^{\mathrm{II}}(g') \cdot Y_1 Y_2 \cdots Y_{2n^0+1}.$$

証明 (i) $J = \varnothing$ のときには主張は明らかなので，$J \neq \varnothing$ とする．$L(\sigma') = \sum_{j\in J} L(\sigma'_j)$ 偶のとき，各 $\nabla^{\mathrm{II}}(r_i)$ の最初の項 iY_{2n^0+1} は全体として $L(\sigma')$ 個現れるので，互いにキャンセルして消えてしまう．したがって，$\Pi^{\mathrm{II}0}(g')$ を Y_j の多項式に展開したときには，補題 11.6.2 (b) の項 $Y_1Y_2\cdots Y_{2n^0+1}$ が現れる可能性は無い．

$$\Pi_n^{\mathrm{II}0}(g'_j) = Y_{n_j}{}^{b_j}\, \tfrac{1}{\sqrt{2}}(Y_{n_j} - Y_{n_j+1})\, \tfrac{1}{\sqrt{2}}(Y_{n_j+1} - Y_{n_j+2}) \cdots \tfrac{1}{\sqrt{2}}(Y_{n_j+\ell_j-2} - Y_{n_j+\ell_j-1})$$

から，補題 11.6.2 (a) の項が得られるのは，2 通りある．

▼ $a_j \equiv 0,\ L(\sigma'_j) \equiv \ell_j - 1 \equiv 0$ のときには，$2^{-(\ell_j-1)/2}(-(Y_{n_j+1})^2)\cdots(-(Y_{n_j+\ell_j-2})^2)$ が現れて，そのトレースは，$2^{n^0}\, 2^{-(\ell_j-1)/2}(-1)^{(\ell_j-1)/2}$．このとき，$j \in J_+$ で，(11.8.4) 式によって，各 $\Pi_n^{\mathrm{II}0}(g'_j)$ の中で (iY_{n^0+1}) は偶数個であり，2 個ずつキャンセルさせていけば，それからの影響は無い．

▼ $a_j \equiv 1,\ L(\sigma'_j) \equiv \ell_j - 1 \equiv 1$ のときには，$2^{-(\ell_j-1)/2}\, Y_{n_j}{}^2(-(Y_{n_j+2})^2)\cdots$

$(-(Y_{n_j+\ell_j-2})^2)$ が現れて，そのトレースは，$2^{n^0}\,2^{-(\ell_j-1)/2}(-1)^{\ell_j/2-1}$．このとき，$j\in J_-$ である．$|J_-|$ は偶で，ペア $\{j,k\}\sqsubset J_-$ ごとに，(11.8.5) により，(iY_{2n^0+1}) の項を処理する．

(ii) $J\neq\varnothing$ のときに論ずる．$L(\sigma')$ 奇とすると，$\Pi_n^{\mathrm{II}0}(g_1'g_2'\cdots g_s')$ の Y_j の多項式への展開式では（符号を除いて）$(iY_{2n^0+1})^{L(\sigma')}$ が現れて，結局 (iY_{2n^0+1}) が残る．したがって，$\Pi_n^{\mathrm{II}0}(g')$ の展開式から，$(Y_1^{\,2c_1'}Y_2^{\,2c_2'}\cdots Y_{2n^0+1}^{\,2c'_{2n^0+1}})\cdot Y_1Y_2\cdots Y_{2n^0+1}$ の項を拾うには，$\Pi_n^{\mathrm{II}0}(g_j')$ から $Y_{K_j}:=\prod_{p\in K_j}Y_p$ の項を拾うべし，である．そして，$\mathrm{tr}(Y_1Y_2\cdots Y_{2n^0+1})=(2i)^{n^0}$，$\prod_{j\in J}(-1)^{\ell_j-1}=\mathrm{sgn}_{\mathfrak{S}}(\sigma')=-1$, を用いる．

（より詳しい証明は符号の決定法を込めて，問題 11.8.2 として読者に残す）．□

注 11.8.1　この補題の指標の台に関する（条件 II-00），（条件 II-11）の部分は，補題 11.8.1 を（n 偶のときに）全く別の方法で証明したことになる．

定理 11.8.3 (n 偶の場合の指標のまとめ)　m 偶，$n=2n^0\geq 4$ 偶，とする．

(i) $G(m,1,n)$ のスピン型 $\chi^{\mathrm{II}}=(-1,-1,1)$ のスピン既約表現 $\Pi^{\mathrm{II}}_{\Lambda^n}$, $\Lambda^n\in\boldsymbol{Y}_n(\widehat{T}^0)$, の指標には次の積公式が成り立つ：$g'\in R(G(m,1,n))$, $g=\Phi(g')\in G(m,1,n)$ に対して，

$$\chi(\Pi^{\mathrm{II}}_{\Lambda^n}|g')=\chi(\Pi^{\mathrm{II}0}_n|g')\cdot\breve{\chi}(\breve{\Pi}_{\Lambda^n}|g). \tag{11.8.6}$$

(ii) 特別なスピン既約表現 $\Pi_n^{\mathrm{II}0}$ の指標の具体形は定理 11.8.2 で与えられていて，

$$\chi(\Pi^{\mathrm{II}0}_{\Lambda^n}|g')\neq 0 \iff g'\ \text{は（条件 II-00）または（条件 II-11）を満たす．}$$ □

例 11.8.1　(d_j',σ_j'), $d_j'=\eta_1{}^b$, $\sigma_j'=r_1r_2\cdots r_{N-1}$, $N\leq n=2n^0$, とする．このとき，$L(\sigma_j)=N-1$, $\mathrm{ord}(d_j)=b$, $\therefore\ \mathrm{ord}(d_j)+L(\sigma_j)=b+(N-1)$,

$$\Pi_n^{\mathrm{II}0}(g_j')=2^{-(N-1)/2}\,Y_1{}^b\times$$
$$\times\begin{cases}(iY_{2n^0+1})(Y_1-Y_2)(Y_2-Y_3)\cdots(Y_{N-1}-Y_N), & N\ \text{偶};\\ (Y_1-Y_2)(Y_2-Y_3)\cdots(Y_{N-1}-Y_N), & N\ \text{奇}.\end{cases}$$

- b 奇, N 奇, の場合．このとき右辺を展開したときの単項式で $\mathrm{tr}(\cdot)\neq 0$ となるのは，

  $(-Y_2{}^2)\cdots(-Y_{N-1}{}^2)$ だけであり，$\mathrm{tr}(\Pi^{\mathrm{II}}_n(g_j'))=(-1)^{(N-1)/2}\,2^{n^0-(N-1)/2}$．

- b 奇, $N=2n^0$ 偶, の場合．右辺の単項式で $\mathrm{tr}(\cdot)\neq 0$ となるのは一意的で，

$$Y_1\cdot(iY_{2n^0+1})(-Y_2)\cdots(-Y_{2n^0})=i\,Y_1Y_2\cdots Y_{2n^0+1},$$
$$\therefore\quad \mathrm{tr}(\Pi_n^{\mathrm{II}0}(g'_j))=2^{-(N-1)/2}\cdot i(2i)^{n^0}=i^{n^0+1}\,2^{1/2}.$$

- その他の場合． $\mathrm{tr}(\Pi_n^{\mathrm{II}0}(g'_j))=0.$

問題 11.8.1 定理 11.8.2 (i) の証明の最終部分（符号の決定）の証明を与えよ．

問題 11.8.2 定理 11.8.2 (ii) の証明を詳しく書き上げよ．

問題 11.8.3 (条件 II-00) の下では，行列 $\Pi^{\mathrm{II}}_{\Lambda^n}(\xi'_q)$ $(q\in Q)$, $\Pi^{\mathrm{II}}_{\Lambda^n}(g'_j)$ $(j\in J)$ たちは互いに可換である．これを証明せよ．

ヒント． 例えば，$g'_jg'_k=g'_kg'_j$（可換）とは限らない．実際，$\mathrm{ord}(d'_j)\equiv L(\sigma'_j)\equiv 1$, $\mathrm{ord}(d'_k)\equiv L(\sigma'_k)\equiv 1$, と仮定すると，$g'_jg'_k=z_1z_2\,g'_kg'_j$.

11.8.2 $n=2n^0+1$ 奇の場合

11.8.2.1 既約指標の間の関係式． 定理 11.7.9 での既約表現の構造を利用する．$G'_n=R(G(m,1,n))=(\widetilde{D}_n\times Z_3)\rtimes\widetilde{\mathfrak{S}}_n$ の位数 2 の部分群 $G'^{\mathfrak{A}}_n:=(\widetilde{D}_n\times Z_3)\rtimes\widetilde{\mathfrak{A}}_n$ の（スピン型 χ^{II} の）**特別のスピン既約表現**として，

$$\Pi_n^{\mho^{\varepsilon},\mathfrak{A}}:=P^{\varepsilon}\cdot\mho_n^{\varepsilon}=P^{\varepsilon}\,\mho_n^{\varepsilon}\qquad(\varepsilon=+,-1) \tag{11.8.7}$$

をとる．定理 11.7.9 でテンソル積の相手になっているのは，下の群 $G_n=G(m,1,n)=D_n\rtimes\mathfrak{S}_n$ のレベルへ落とすと，$G_n^{\mathfrak{A}}=\Phi(G'^{\mathfrak{A}}_n)=D_n\rtimes\mathfrak{A}_n$, $H_n=D_n\rtimes\mathfrak{A}_n([\zeta_\gamma])$ を使う誘導表現であり，定理 11.7.9 の直接の帰結として，次の指標の関係式を得る．

補題 11.8.4 $R(G(m,1,n))$ のスピン型 χ^{II} のスピン既約表現 Π の指標 $\chi(\Pi)$ に対して，

$$\chi(\Pi^{\mho^+}_{\Lambda^n})=\mathrm{Ind}^{G'_n}_{G'^{\mathfrak{A}}_n}\Big(\chi(\Pi_n^{\mho^+,\mathfrak{A}})\cdot\chi(\mathrm{Ind}^{G^{\mathfrak{A}}_n}_{H_n}(\zeta_\gamma\boxdot\rho_{\Lambda^n}))\Big),\quad \{\Lambda^n,{}^t\Lambda^n\}\in\boldsymbol{Y}^{\mathfrak{A}}_n(\widehat{T}^0)^1,$$
$$\chi(\Pi^{\mho^+}_{\Lambda^n,\kappa})=\mathrm{Ind}^{G'_n}_{G'^{\mathfrak{A}}_n}\Big(\chi(\Pi_n^{\mho^+,\mathfrak{A}})\cdot\chi(\mathrm{Ind}^{G^{\mathfrak{A}}_n}_{H_n}(\zeta_\gamma\boxdot\rho^{(\kappa)}_{\Lambda^n}))\Big),\ (\Lambda^n,\kappa)\in\boldsymbol{Y}^{\mathfrak{A}}_n(\widehat{T}^0)^2,\ \kappa=0,1,$$
$$\chi(\Pi^{\mho^{\varepsilon}}_{\Lambda^n})=\mathrm{Ind}^{G'_n}_{G'^{\mathfrak{A}}_n}\Big(\chi(\Pi_n^{\mho^{\varepsilon},\mathfrak{A}})\cdot\chi(\mathrm{Ind}^{G^{\mathfrak{A}}_n}_{H_n}(\zeta_\gamma\boxdot\rho_{\Lambda^n}))\Big),\quad (\varepsilon,\Lambda^n)\in\boldsymbol{Y}^{\mathfrak{A}}_n(\widehat{T}^0)^3,\ \varepsilon=+,-.$$

11.8.2.2 $G'^{\mathfrak{A}}_n$ の特別のスピン既約表現 $\Pi_n^{\mho^{\varepsilon},\mathfrak{A}}$, $n=2n^0+1$, の指標.

$\widetilde{D}_n$ のスピン既約表現として，$d'={z_2}^a{\eta_1}^{a_1}{\eta_2}^{a_2}\cdots{\eta_n}^{a_n}\in\widetilde{D}_n$ に対し，

$$(11.8.8)\qquad \begin{cases} P^+(d') = (-1)^a {Y_1}^{a_1} {Y_2}^{a_2} \cdots {Y_{2n^0}}^{a_{2n^0}} {Y_{2n^0+1}}^{a_{2n^0+1}} \\ P^-(d') = (-1)^a {Y_1}^{a_1} {Y_2}^{a_2} \cdots {Y_{2n^0}}^{a_{2n^0}} (-Y_{2n^0+1})^{a_{2n^0+1}}. \end{cases}$$

$\widetilde{\mathfrak{A}}_n$, $n = 2n^0+1$, のスピン表現として，$\sigma' \in \widetilde{\mathfrak{A}}_n$ に対し，

$$(11.8.9)\qquad \begin{cases} \mho_n^+(\sigma') = \nabla_n^{(2)}(\sigma'), \quad \mho_n^-(\sigma') = Y_{2n^0+1} \nabla_n^{(2)}(\sigma')\, Y_{2n^0+1}, \\ \nabla_n^{(2)}(r_i) = \frac{1}{\sqrt{2}}(Y_i - Y_{i+1})\ (i \in \boldsymbol{I}_{n-1}),\ \nabla_n^{(2)}(z_1) := -E. \end{cases}$$

補題 11.8.5　$G_n'^{\mathfrak{A}}$ のスピン既約表現 $\Pi_n^{\mho^\varepsilon, \mathfrak{A}} = P^\varepsilon \mho_n^\varepsilon$, $\varepsilon = +, -$, において，$P^-(d') = (-1)^{\mathrm{ord}(d')} Y_n P^+(d') Y_n = Y_n P_{\tau_1\tau_2\cdots\tau_n \mathbf{0}}(d') Y_n$ $(d' \in \widetilde{D}_n)$.　$g' = (d', \sigma') \in G_n'^{\mathfrak{A}}$ に対して，$\Pi_n^{\mho^-, \mathfrak{A}}(g') = Y_n((-1)^{\mathrm{ord}(d')} P^+(d')\, \nabla_n^+(\sigma')) Y_n$. $\Pi_n^{\mho^-, \mathfrak{A}}(g')$ $(g' \in G_n')$ の表現行列は，$\Pi_n^{\mho^+, \mathfrak{A}}(g')$ の表現行列において，$Y_{2n^0+1} \to -Y_{2n^0+1}$ の置き換えをすればよい．

証明　前半の主張の証明は，系 2.5.4 (ii) と定理 2.5.6 (ii) を踏まえた計算による．後半は前半より従う．□

補題 11.8.6　負元 $s_0' \in \widetilde{\mathfrak{S}}_n \setminus \widetilde{\mathfrak{A}}_n$ をとると，$s_0'(\Pi_n^{\mho^+, \mathfrak{A}}) \cong \Pi_n^{\mho^-, \mathfrak{A}}$. また，

$$(11.8.10)\qquad \Pi_n^{\mathrm{IIodd}} := \mathrm{Ind}_{G_n'^{\mathfrak{A}}}^{G_n'} \Pi_n^{\mho^+, \mathfrak{A}}$$

とおくと，$\mathrm{Ind}_{G_n'^{\mathfrak{A}}}^{G_n'} \Pi_n^{\mho^-, \mathfrak{A}} \cong \Pi_n^{\mathrm{IIodd}}$ であり，$\Pi_n^{\mathrm{IIodd}}|_{G_n'^{\mathfrak{A}}} \cong \Pi_n^{\mho^+, \mathfrak{A}} \oplus \Pi_n^{\mho^-, \mathfrak{A}}$.

証明　前半は $P^\pm$ に関する **2.5** 節の結果と $\mho_n^\pm$ の定義 (11.8.9) から従う．後半は，$[G_n' : G_n'^{\mathfrak{A}}] = 2$ で $\Pi_n^{\mho^+, \mathfrak{A}} \not\cong \Pi_n^{\mho^-, \mathfrak{A}}$ が分かっているので，一般論の補題 1.2.10 から従う．□

別証.　下の定理 11.8.7 の $\Pi_n^{\mho^\varepsilon, \mathfrak{A}}$, Π_n^{IIodd} の指標の具体形からみれば，指標の間の関係式として証明される．□

$g' = (d', \sigma') \in G_n'^{\mathfrak{A}}$ を基本成分に分解して，$g' = \xi_{q_1}' \cdots \xi_{q_r}'\, g_1' \cdots g_s'$, $g_j' = (d_j', \sigma_j')$, と表示したとき，$\sigma_j' \in \widetilde{\mathfrak{A}}_n$ すなわち ℓ_j 奇，とは限らない．$\sigma_j' \notin \widetilde{\mathfrak{A}}_n$ ならば単独成分 g_j' だけでは，表現 $\Pi_n^{\mho^\varepsilon, \mathfrak{A}}$ の定義域には入らない．必ず相手方 g_k', $\ell_k \equiv 1 \pmod 2$ があって，ペア $g_j' g_k'$ を組まなくてはならない．このとき，$\Pi_n^{\mho^\varepsilon, \mathfrak{A}}(g_j' g_k') = \Pi_n^{\mho^\varepsilon, \mathfrak{A}}(g_j') \Pi_n^{\mho^\varepsilon, \mathfrak{A}}(g_k')$ とは分解して書けない．$g_j' g_k' = ({z_2}^{\mathrm{ord}(d_k') L(\sigma_j')} d_j' d_k', \sigma_j' \sigma_k')$ と

書き直して，表示

$$\Pi_n^{\mho^{\varepsilon},\mathfrak{A}}(g_j' g_k') = (-1)^{\mathrm{ord}(d_k')L(\sigma_j')} P^{\varepsilon}(d_j' d_k') \cdot \mho_n^{\varepsilon}(\sigma_j' \sigma_k') \tag{11.8.11}$$

を得る．そこで，$g' = (d', \sigma') = \xi_{q_1}' \cdots \xi_{q_r}' g_1' \cdots g_s' \in G_n'^{\mathfrak{A}}$ に対して，(11.8.2) にしたがって，$J = \boldsymbol{I}_s$ を分解して，$J = J_+ \bigsqcup J_-$, $J_\varepsilon := \{j \in J\,;\, \mathrm{sgn}_{\mathfrak{S}}(\sigma_j') = \varepsilon 1\}$, $\varepsilon = +, -$, とし，J_- を $J_- = \bigsqcup \{j_1, j_2\}$ と対の集合に分ける．それを記号 $\{j_1, j_2\} \sqsubset J_-$ で表す．

定理 11.8.7 ($G_n'^{\mathfrak{A}} = (\widetilde{D}_n \times Z_3) \rtimes \widetilde{\mathfrak{A}}_n$ の特別のスピン既約表現 $\Pi_n^{\mho^{\varepsilon},\mathfrak{A}}$ の指標)

$g' = (d', \sigma') = \xi_{q_1}' \cdots \xi_{q_r}' g_1' \cdots g_s'$ を (11.8.1), (11.8.3) の標準的代表元とする．

(i) $\mathrm{ord}(d') \equiv 0 \pmod 2$ **の場合：**

$$\chi(\Pi_n^{\mho^{\varepsilon},\mathfrak{A}} | g') \neq 0 \iff g' \text{ は次の (条件 II-00) を満たす：}$$

$$\textbf{(条件 II-00)} \quad \begin{cases} \mathrm{ord}(d') \equiv 0,\ L(\sigma') \equiv 0 \pmod 2, \\ \mathrm{ord}(\xi_q') \equiv 0\ (q \in Q),\ \mathrm{ord}(d_j') + L(\sigma_j') \equiv 0\ \ (j \in J)\,. \end{cases}$$

このとき，$|J_-|$ は偶で，

$$\begin{aligned} \chi(\Pi_n^{\mho^{\varepsilon},\mathfrak{A}} | g') &= 2^{n^0} \prod_{j \in J_+} 2^{-(\ell_j - 1)/2} (-1)^{(\ell_j - 1)/2} \cdot \prod_{j \in J_-} 2^{-(\ell_j - 1)/2} (-1)^{\ell_j/2 - 1} \\ &= 2^{n^0} \prod_{j \in J} (-1)^{[(\ell_j - 1)/2]}\, 2^{-(\ell_j - 1)/2}. \end{aligned} \tag{11.8.12}$$

(ii) $\mathrm{ord}(d') \equiv 1 \pmod 2$ **の場合：**

$$\chi(\Pi_n^{\mho^{\pm},\mathfrak{A}} | g') \neq 0 \iff g' \text{ は次の (条件 } \mho\text{-10) を満たす：}$$

$$\textbf{(条件 }\mho\textbf{-10)} \quad \begin{cases} |\mathrm{supp}(g')| = n = 2n^0 + 1,\ \mathrm{ord}(d') \equiv 1,\ L(\sigma') \equiv 0 \pmod 2, \\ \mathrm{ord}(\xi_q') \equiv 1\ (q \in Q),\ \mathrm{ord}(d_j') \equiv 1\ (j \in J) \quad (\therefore\ r + s \equiv 1). \end{cases}$$

このとき，$|J_-|$ 偶で，

$$\begin{cases} \chi(\Pi_n^{\mho^{-},\mathfrak{A}} | g') = -\chi(\Pi_n^{\mho^{+},\mathfrak{A}} | g'), \\ \chi(\Pi_n^{\mho^{+},\mathfrak{A}} | g') = \varepsilon^{\mho}(g') \cdot (2i)^{n^0} \cdot \prod_{j \in J} 2^{-(\ell_j - 1)/2}\,, \end{cases}$$

ここで，符号 $\varepsilon^{\mho}(g') = \pm 1$ は，$Y_{K_j} := \prod_{p \in K_j} Y_p$ (積の順序は p に従う) と置くとき，

$$\prod_{q \in Q} Y_q \times \prod_{j \in J} Y_{K_j} = \varepsilon^{\mho}(g') \cdot Y_1 Y_2 \cdots Y_n\,. \tag{11.8.13}$$

証明（i）もともと，$\sigma' \in \widetilde{\mathfrak{A}}_n$, すなわち，$L(\sigma') \equiv 0 \pmod 2$ なので，$\Pi_n^{\mho^\varepsilon,\mathfrak{A}}(g')$ の表現行列は Y_p の偶数次単項式の一次結合である．したがって，$\mathrm{tr}(\cdot) \neq 0$ となる単項式は，補題 11.6.2 (a) の形，すなわち，${Y_1}^{c_1}{Y_2}^{c_2}\cdots{Y_n}^{c_n}$，$c_1 \equiv c_2 \equiv \cdots \equiv c_n \equiv 0 \pmod 2$, である．議論は定理 11.8.2 (i) の場合と同様に進む．この場合，$\{j,k\} \sqsubset J_-$ ならば，$\mathrm{ord}(d'_j) \equiv \mathrm{ord}(d'_k) \equiv L(\sigma'_j) \equiv L(\sigma'_k) \equiv 1$, ℓ_j 偶，$\Pi_n^{\mho^\pm,\mathfrak{A}}(g'_jg'_k) = \Pi_n^{\mho^\pm,\mathfrak{A}}(g'_kg'_j)$ で，$\Pi_n^{\mho^+,\mathfrak{A}}(g'_kg'_j)$ の具体形は（$n=2n^0$ 偶の場合と違って，(iY_{2n^0+1}) の項が無いので），(11.8.9) により，

$$(*)\qquad Y_{n_j}\,(-1)^{\ell_j-1}Y_{n_k}\cdot 2^{-(\ell_j-1)/2-(\ell_k-1)/2}\,(Y_{n_j}-Y_{n_j+1})\cdots$$
$$(Y_{n_j+\ell_j-2}-Y_{n_j+\ell_j-1})\times(Y_{n_k}-Y_{n_k+1})\cdots(Y_{n_k+\ell_k-2}-Y_{n_k+\ell_k-1}).$$

ここから，$2^{-(\ell_j-1)/2-(\ell_k-1)/2}\,{Y_{n_j}}^2(-{Y_{n_j+2}}^2)\cdots(-{Y_{n_j+\ell_j-2}}^2)\cdot{Y_{n_k}}^2(-{Y_{n_k+2}}^2)\cdots(-{Y_{n_k+\ell_k-2}}^2)$ を拾う．したがって，

$$\mathrm{tr}(\Pi_n^{\mho^+,\mathfrak{A}}(g'_kg'_j)) = 2^{n^0}\prod_{p=j,k}2^{(\ell_p-1)/2}(-1)^{\ell_p/2-1}.$$

（ii）$L(\sigma') \equiv 0$ であるから，この場合には，$\mathrm{ord}(d') + L(\sigma') \equiv 1 \pmod 2$ となり，$\Pi_n^{\mho^\varepsilon,\mathfrak{A}}(g')$ の表現行列は Y_p の奇数次単項式の一次結合である．したがって，$\mathrm{tr}(\cdot) \neq 0$ となる単項式は，補題 11.6.2 (b) の形，すなわち，${Y_1}^{c_1}{Y_2}^{c_2}\cdots{Y_n}^{c_n}$, $c_1 \equiv c_2 \equiv \cdots \equiv c_n \equiv 1 \pmod 2$, である．状況は補題 11.8.1 の **場合 2sig** と似ているが，重要な差がある．g'_j において，$\ell_j = \ell(\sigma'_j) \equiv 0$, すなわち，$\sigma'_j \notin \widetilde{\mathfrak{A}}_n$, とすると，単独成分 g'_j だけでは，表現 $\Pi_n^{\mho^\varepsilon,\mathfrak{A}}$ の定義域には入らない．必ず相手方 g'_k, $\ell_k \equiv 0$, があって，ペア $g'_jg'_k$ が基本成分になる．$\{j,k\} \sqsubset J_-$ に対して，上の $(*)$ の g'_j に対応する項からは，

$$Y_{n_j}(-Y_{n_j+1})\cdots(-Y_{n_j+\ell_j-1}) = (-1)^{\ell_j-1}Y_{K_j} = -Y_{K_j},$$

g'_k に対応する項からは $-Y_{K_k}$, が拾い上げられる．他方，$q \in Q$ に対しては，$\Pi_n^{\mho^\varepsilon,\mathfrak{A}}(\xi'_q) = Y_q$ でなければならない．これで (ii) の主張が示された．　□

定理 11.8.8 (G'_n の特別の表現 Π_n^{IIodd} の指標) $n=2n^0+1$, $G'_n = R(G(m,1,n))$ $(\supset G'^{\mathfrak{A}}_n)$ の特別のスピン既約表現 $\Pi_n^{\mathrm{IIodd}} = \mathrm{Ind}_{G'^{\mathfrak{A}}_n}^{G'_n}\Pi_n^{\mho^+,\mathfrak{A}} \cong \mathrm{Ind}_{G'^{\mathfrak{A}}_n}^{G'_n}\Pi_n^{\mho^-,\mathfrak{A}}$ の指標は次の公式で与えられる．$g' = (d',\sigma') \in G'_n$ に対し，

$$\chi(\Pi_n^{\mathrm{IIodd}}|g') = \begin{cases} 2\,\chi(\Pi_n^{\mho^+,\mathfrak{A}}|g') & g' \in G'^{\mathfrak{A}}_n \ (\text{i.e. } L(\sigma') \equiv 0 \pmod 2) \text{ のとき}, \\ 0 & g' \notin G'^{\mathfrak{A}}_n \ (\text{i.e. } L(\sigma') \equiv 1 \pmod 2) \text{ のとき}. \end{cases}$$

証明 定理 1.2.10 を指数 2 のペア $G'_n \supset G'^{\mathfrak{A}}_n$ に適用せよ. □

11.8.2.3 $\{\Lambda^n, {}^t\Lambda^n\} \in \mathbf{Y}^{\mathfrak{A}}_n(\widehat{T}^0)^1$ **の場合.**

$G'^{\mathfrak{A}}_n = (\widetilde{D}_n \times Z_3) \rtimes \widetilde{\mathfrak{A}}_n \supset H'_n := (\widetilde{D}_n \times Z_3) \rtimes \widetilde{\mathfrak{S}}_n([P_\gamma])$ を下の群 $G_n = G(m,1,n) = D_n \rtimes \mathfrak{S}_n$ のレベルに落とすと, $G^{\mathfrak{A}}_n = \Phi(G'^{\mathfrak{A}}_n) = D_n \rtimes \mathfrak{A}_n \supset H_n = \Phi(H'_n) = D_n \rtimes \mathfrak{A}_n([\zeta_\gamma])$ である. われわれが使う公式は, $\chi(\Pi^{\mho+}_{\Lambda^n}) = \mathrm{Ind}^{G'_n}_{G'^{\mathfrak{A}}_n}\Big(\chi(\Pi^{\mho+,\mathfrak{A}}_n)\cdot\chi(\mathrm{Ind}^{G^{\mathfrak{A}}_n}_{H_n}(\zeta_\gamma \boxdot \rho_{\Lambda^n}))\Big)$. ここでは, $\Lambda^n = (\boldsymbol{\lambda}^\zeta)_{\zeta\in\widehat{T}^0}$ から分割 $\boldsymbol{\nu} = (n_\zeta)_{\zeta\in\widehat{T}^0} \in P_n(\widehat{T}^0)$, $n_\zeta = |\boldsymbol{\lambda}^\zeta|$, が決まり, $\boldsymbol{\nu}$ から $\gamma = (\gamma_j)_{j\in \boldsymbol{I}_n}$ は規則 **11.7.1** によって決まる. $\widetilde{\mathfrak{S}}_n([P_\gamma]) = \widetilde{\mathfrak{A}}_n(\zeta_\gamma)$ は $\widetilde{\mathfrak{S}}_n(\zeta_\gamma)$ の指数 2 の部分群である. $s'_0 \in \widetilde{\mathfrak{S}}_n([\zeta_\gamma]) \setminus \widetilde{\mathfrak{A}}_n(\zeta_\gamma)$ をとり, $s_0 := \Phi(s'_0)$ とおくと, $\mathrm{sgn}_{\mathfrak{S}}(s_0) = -1$.

補題 11.8.9 $s_0 \in \mathfrak{S}_n(\zeta_\gamma) \setminus \mathfrak{A}_n(\zeta_\gamma)$ に対して, $s_0(\zeta_\gamma) = \zeta_\gamma$, $s_0(\chi(\rho_{\Lambda^n})) = \chi(\rho_{\Lambda^n})$.

証明 第 2 式については, $\pi_{({}^t\Lambda^n)} \cong \mathrm{sgn}_{\mathfrak{S}} \cdot \pi_{\Lambda^n}$ であるから, $(\pi_{({}^t\Lambda^n)})|_{\mathfrak{A}_n} \cong (\pi_{\Lambda^n})|_{\mathfrak{A}_n} = \rho_{\Lambda^n}$. ここに, 定理 1.2.10, もしくは, 補題 11.7.6 の拡張, を適用せよ. □

定理 11.8.10 ($\Pi^{\mho!}_{\Lambda^n}$ **の指標**) $G_n = G(m,1,n)$, $n = 2n^0+1$, のスピン型 $\chi^{\mathrm{II}} = (-1,-1,1)$ のスピン既約表現 $\Pi^{\mho+}_{\Lambda^n}$, $\{\Lambda^n, {}^t\Lambda^n\} \in \mathbf{Y}^{\mathfrak{A}}_n(\widehat{T}^0)^1$, の指標を $G'_n = R(G(m,1,n))$ の上で捉えると, $g' \in G'_n$ に対し, $g = \Phi(g') \in G_n$ として,

$$\chi(\Pi^{\mho+}_{\Lambda^n}|g') = \frac{1}{2}\,\chi(\Pi^{\mathrm{IIodd}}|g') \times \Big(\breve{\chi}(\breve{\Pi}_{\Lambda^n}|g) + \breve{\chi}(\breve{\Pi}_{({}^t\Lambda^n)}|g)\Big), \tag{11.8.14}$$

ここで, $\chi(\Pi^{\mathrm{IIodd}})$ は定理 11.8.8 により, $\breve{\chi}(\breve{\Pi}_{\Lambda^n})$ は定理 11.2.3 により与えられる.

証明 $\Pi^{\mho+}_{\Lambda^n} = \mathrm{Ind}^{G'_n}_{G'^{\mathfrak{A}}_n}\Pi^{\mho+,\mathfrak{A}}_{\Lambda^n}$ であるから, $g' \in G'^{\mathfrak{A}}_n$ に対しては,

$$\chi(\Pi^{\mho+}_{\Lambda^n}|g') = \chi(\Pi^{\mho+,\mathfrak{A}}_{\Lambda^n}|g') + \chi(\Pi^{\mho+,\mathfrak{A}}_{\Lambda^n}|s'_0 g' {s'_0}^{-1}),$$
$$\chi(\Pi^{\mho+,\mathfrak{A}}_{\Lambda^n}|g') = \chi(\Pi^{\mho+,\mathfrak{A}}_n|g') \cdot \chi(\mathrm{Ind}^{G^{\mathfrak{A}}_n}_{H_n}(\zeta_\gamma \boxdot \rho_{\Lambda^n})|g),$$

である. 第 2 式右辺において, $s'_0(\zeta_\gamma) = \zeta_\gamma$, また補題 11.8.9 により, $\chi(\rho_{\Lambda^n})$ は s_0-不変なので, 誘導表現の指標 $\chi(\mathrm{Ind}^{G^{\mathfrak{A}}_n}_{H_n}(\zeta_\gamma \boxdot \rho_{\Lambda^n})|g)$ も s_0-不変である. よって, 第 1 式の右辺は

$$\Big(\chi(\Pi^{\mho+,\mathfrak{A}}_n|g') + \chi(\Pi^{\mho+,\mathfrak{A}}_n|s'_0 g' {s'_0}^{-1})\Big) \times \chi(\mathrm{Ind}^{G^{\mathfrak{A}}_n}_{H_n}(\zeta_\gamma \boxdot \rho_{\Lambda^n})|g)$$

$$= \chi(\Pi_n^{\mathrm{IIodd}}|g') \times \frac{1}{2}\Big(\breve{\chi}(\breve{\Pi}_{\Lambda^n}|g) + \breve{\chi}(\breve{\Pi}_{({}^t\Lambda^n)}|g)\Big).$$

また，$g' \notin G'^{\mathfrak{A}}$ に対しては，$\chi(\Pi_{\Lambda^n}^{\mho+}|g') = 0$. □

n 偶のときは定理 11.7.8 で，$\Pi_{\Lambda^n}^{\mathrm{II}} \cong \Pi_n^{\mathrm{II}0} \otimes \breve{\Pi}_{\Lambda^n}$ が示された．また，スピン型 $\chi^{\mathrm{I}} = (-1,-1,-1)$ の場合では定理 11.5.8 で同様のテンソル積表示が成立している．しかし，上の指標関係式 (11.8.14) から分かるように，今の場合には同様のテンソル積表示は一般には成立しない．ただ，特殊な場合，下の例で見るような興味ある表現が存在する．

例 11.8.2　$\gamma = (\gamma_j)_{j\in \boldsymbol{I}_n}$ に対し，$\zeta_\gamma(\eta_j) = \omega^{\gamma_j}$ であるから，$\gamma = \gamma^{(k)} := (k,k,\cdots,k) \in \Gamma_n^0 \cap \Gamma_n^1$ $(0 \le \exists k < m^0)$ をとると，$\zeta_{\gamma^{(k)}}(d') = \omega^{k\,\mathrm{ord}(d')}$ $(d' \in \widetilde{D}_n)$. これは $\mathfrak{S}_n$-不変，すなわち，$\mathfrak{S}_n(\zeta_{\gamma^{(k)}}) = \mathfrak{S}_n$，となる 1 次元指標であり，$Z^{(k)}$: $\widetilde{G}_n^{\mathrm{II}} \ni g' = (d',\sigma') \mapsto \zeta_{\gamma^{(k)}}(d')$ は 1 次元の非スピン表現である．他方，$\zeta^{(k)} \in \widehat{T}^0$: $\zeta^{(k)}(y) = \omega^k$, なので，$\gamma^{(k)}$ を生じさせる $\Lambda^n = (\boldsymbol{\lambda}^\zeta)_{\zeta\in\widehat{T}^0}$ としては，

$\Lambda^{n,(k)} := (\boldsymbol{\lambda}^\zeta)_{\zeta\in\widehat{T}^0}$，$\zeta = \zeta^{(k)}$ に対して，$\boldsymbol{\lambda}^\zeta = (n)$, その他の ζ に対して，$\boldsymbol{\lambda}^\zeta = \varnothing$,

がとれる．このとき，$\Lambda^n = \Lambda^{n,(k)}$ に対して，${}^t\Lambda^n := {}^t(\Lambda^n) \ne \Lambda^n$，$\pi_{\Lambda^n} = \mathbf{1}_{\mathfrak{S}_n}$，$\pi_{{}^t\Lambda^n} = \mathrm{sgn}_{\mathfrak{S}}$，$\rho_{\Lambda^n} = \mathbf{1}_{\mathfrak{A}_n}$．ゆえに，$\breve{\Pi}_{\Lambda^n} \cong \breve{\Pi}_{{}^t\Lambda^n} \cong Z^{(k)} \times \mathbf{1}_{\mathfrak{A}_n}$．したがって，テンソル積同値関係 $\Pi_{\Lambda^n}^{\mho+} \cong \Pi^{\mathrm{IIodd}} \otimes (Z^{(k)} \times \mathbf{1}_{\mathfrak{A}_n}) = Z^{(k)} \cdot \Pi^{\mathrm{IIodd}}$ が成り立つ：$n = 2n^0+1$ 奇に対して，

(11.8.15)　$\Pi_{\Lambda^{n,(k)}}^{\mho+} \cong Z^{(k)} \cdot \Pi_n^{\mathrm{IIodd}}$，とくに，$k=0$ のとき，$\Pi_{\Lambda^{n,(0)}}^{\mho+} \cong \Pi_n^{\mathrm{IIodd}}$.

11.8.2.4　$(\Lambda^n,\kappa) \in \boldsymbol{Y}_n^{\mathfrak{A}}(\widehat{T}^0)^2$, $\kappa = 0,1$, **の場合.**

誘導表現による関係式 $\chi(\Pi_{\Lambda^n,\kappa}^{\mho+}) = \mathrm{Ind}_{G_n'^{\mathfrak{A}}}^{G_n'}\Big(\chi(\Pi_n^{\mho+,\mathfrak{A}}) \cdot \chi(\mathrm{Ind}_{H_n}^{G_n^{\mathfrak{A}}}(\zeta_\gamma \boxdot \rho_{\Lambda^n}^{(\kappa)}))\Big)$ を計算に利用する．まず注意するのは，

補題 11.8.11　$s_0' \in \widetilde{\mathfrak{S}}_n(\zeta_\gamma)\backslash\widetilde{\mathfrak{A}}_n(\zeta_\gamma)$ をとり, $s_0 := \Phi_{\mathfrak{S}}(s_0')$ とおくと, $\mathrm{sgn}_{\mathfrak{S}}(s_0) = -1$,

$$s_0(\zeta_\gamma) = \zeta_\gamma,\ s_0(\chi(\rho_{\Lambda^n}^{(\kappa)})) = \chi(\rho_{\Lambda^n}^{(\kappa+1)})\ (\kappa = 0,1),\ \kappa+1\ (\mathrm{mod}\ 2).$$
$$s_0'(P^\pm) \cong P^\mp,\ s_0'(\Pi_n^{\mho\pm,\mathfrak{A}}) \cong \Pi_n^{\mho\mp,\mathfrak{A}}\quad (\text{複合同順}).$$

証明　最下行の同型は，系 2.5.5 および定理 11.8.7 の指標の具体形から分かる． □

$G'^{\mathfrak{A}}_n$ の非スピン既約表現を $\breve{\Pi}^{(\kappa),\mathfrak{A}}_{\Lambda^n} := \mathrm{Ind}^{G^{\mathfrak{A}}_n}_{H_n}(\zeta_\gamma \boxdot \rho^{(\kappa)}_{\Lambda^n})$ とおくと，補題 11.8.11 第 2 行の同型より，$\chi(\breve{\Pi}^{(\kappa),\mathfrak{A}}_{\Lambda^n}|s_0 g s_0{}^{-1}) = \chi(\breve{\Pi}^{(\kappa+1),\mathfrak{A}}_{\Lambda^n}|g)$ $(g \in G^{\mathfrak{A}}_n)$.

定理 11.8.12 $(\Lambda^n, \kappa) \in \boldsymbol{Y}^{\mathfrak{A}}_n(\widehat{T}^0)^2$, $\kappa = 0, 1$, に対応する $G'_n = R(G(m,1,n))$ のスピン型 χ^{II} の既約表現 $\Pi^{\mho+}_{\Lambda^n,\kappa}$ の指標は次の公式で与えられる：$g' = (d', \sigma') \in G'_n$, $g = \Phi(g') \in G_n = G(m,1,n)$, に対し，

$$\chi(\Pi^{\mho+}_{\Lambda^n,\kappa}|g') = \chi(\Pi^{\mho+,\mathfrak{A}}_n|g') \cdot \breve{\chi}(\breve{\Pi}^{(\kappa),\mathfrak{A}}_{\Lambda^n}|g) + \chi(\Pi^{\mho-,\mathfrak{A}}_n|g') \cdot \breve{\chi}(\breve{\Pi}^{(\kappa+1),\mathfrak{A}}_{\Lambda^n}|g)$$

$$= \begin{cases} \chi(\Pi^{\mho+,\mathfrak{A}}_n|g')(\breve{\chi}(\breve{\Pi}^{(\kappa),\mathfrak{A}}_{\Lambda^n}|g) + \breve{\chi}(\breve{\Pi}^{(\kappa+1),\mathfrak{A}}_{\Lambda^n}|g)), & \mathrm{ord}(d') \equiv 0 \pmod 2 \text{ のとき}, \\ \chi(\Pi^{\mho+,\mathfrak{A}}_n|g')(\breve{\chi}(\breve{\Pi}^{(\kappa),\mathfrak{A}}_{\Lambda^n}|g) - \breve{\chi}(\breve{\Pi}^{(\kappa+1),\mathfrak{A}}_{\Lambda^n}|g)), & \mathrm{ord}(d') \equiv 1 \pmod 2 \text{ のとき}. \end{cases}$$

証明 第 2 の等号は，定理 11.8.7 の指標 $\chi(\Pi^{\mho\pm,\mathfrak{A}}_n)$ の公式より従う． □

11.8.2.5 $G^{\mathfrak{A}}_n = D_n \rtimes \mathfrak{A}_n$, n **奇，の線形既約表現** $\breve{\Pi}^{(\kappa),\mathfrak{A}}_{\Lambda^n}$ **の指標.**

$(\Lambda^n, \kappa) \in \boldsymbol{Y}^{\mathfrak{A}}_n(\widehat{T}^0)^2$ とする．$G^{\mathfrak{A}}_n$ の既約指標 $\breve{\chi}(\breve{\Pi}^{(\kappa),\mathfrak{A}}_{\Lambda^n})$ について述べよう．まず，

補題 11.8.13 $n \geq 4$, $g = (d, \sigma) = \xi_{q_1} \cdots \xi_{q_r} g_1 \cdots g_s \in G^{\mathfrak{A}}_n$, $\xi_q = y_q{}^{a_q}$, $g_j = (d_j, \sigma_j)$, とする．g の G_n 共役類が，2 つの $G^{\mathfrak{A}}_n$ 共役類に分裂するための必要十分条件は，

(*) $r \leq 1$, かつ，$\sigma = \sigma_1 \cdots \sigma_s \in \mathfrak{A}_n$ は第 2 種かつ第 3 種（**5.2.1** 小節参照）であること，すなわち，$\ell(\sigma_j)$ $(j \in J)$ がすべて相異なる奇数であること．

証明 命題 5.2.1 による． □

$\gamma \in \Gamma^0_n \cap \Gamma^1_n$ が Λ^n から決まるとし，部分群 $D_n \rtimes \mathfrak{A}_n(\zeta_\gamma) = \Phi(\widetilde{D}_n \overset{\mathrm{II}}{\rtimes} \mathcal{S}(P^\pm_\gamma))$ の既約表現 $\zeta_\gamma \boxdot \rho^{(\kappa)}_{\Lambda^n}$ $(\kappa = 0, 1)$, を $G^{\mathfrak{A}}_n$, または $G_n = D_n \rtimes \mathfrak{S}_n$ へ誘導した表現を考える：

$$(11.8.16)\quad \breve{\Pi}^{(\kappa),\mathfrak{A}}_{\Lambda^n} = \mathrm{Ind}^{G^{\mathfrak{A}}_n}_{D_n \rtimes \mathfrak{A}_n(\zeta_\gamma)}(\zeta_\gamma \boxdot \rho^{(\kappa)}_{\Lambda^n}),\ \breve{\Pi}^{(\kappa)}_{\Lambda^n} := \mathrm{Ind}^{G_n}_{D_n \rtimes \mathfrak{A}_n(\zeta_\gamma)}(\zeta_\gamma \boxdot \rho^{(\kappa)}_{\Lambda^n}).$$

$s_0 \in \mathfrak{S}_n(\zeta_\gamma) \setminus \mathfrak{A}_n(\zeta_\gamma)$ とするとき，$\zeta_\gamma(s_0 d s_0{}^{-1}) = \zeta_\gamma(d)$ $(d \in D_n)$, ${}^{s_0}(\rho^{(\kappa)}_{\Lambda^n}) \cong \rho^{(\kappa+1)}_{\Lambda^n}$, $\mathrm{Ind}^{\mathfrak{S}_n(\zeta_\gamma)}_{\mathfrak{A}_n(\zeta_\gamma)} \rho^{(\kappa)}_{\Lambda^n} \cong \mathrm{Ind}^{\mathfrak{S}_n(\zeta_\gamma)}_{\mathfrak{A}_n(\zeta_\gamma)} \rho^{(\kappa+1)}_{\Lambda^n} \cong \pi_{\Lambda^n}$, したがって，

$$(11.8.17)\qquad \breve{\Pi}^{(\kappa)}_{\Lambda^n} \cong \breve{\Pi}_{\Lambda^n} := \mathrm{Ind}^{G_n}_{D_n \rtimes \mathfrak{S}_n(\zeta_\gamma)} \pi_{\Lambda^n} \qquad (\kappa = 0, 1).$$

指標 $\breve{\chi}(\breve{\Pi}^{(\kappa),\mathfrak{A}}_{\Lambda^n})$ に対して，$h = (d, \sigma) \in G^{\mathfrak{A}}_n$ として，

(11.8.18)
$$\begin{cases} \breve{\chi}(\breve{\Pi}_{\Lambda^n}^{(\kappa),\mathfrak{A}}|s_0hs_0{}^{-1}) = \breve{\chi}(\breve{\Pi}_{\Lambda^n}^{(\kappa+1),\mathfrak{A}}|h), \\ \breve{\chi}(\breve{\Pi}_{\Lambda^n})\big|_{G_n^{\mathfrak{A}}} = \breve{\chi}(\breve{\Pi}_{\Lambda^n}^{(0),\mathfrak{A}}) + \breve{\chi}(\breve{\Pi}_{\Lambda^n}^{(1),\mathfrak{A}}). \end{cases}$$

$G_n^{\mathfrak{A}}$ の外側で，$\breve{\chi}(\breve{\Pi}_{\Lambda^n}|g) = 0$ なので，上の第 2 式は $\breve{\chi}(\breve{\Pi}_{\Lambda^n}|\cdot) = \breve{\chi}(\breve{\Pi}_{\Lambda^n}^{(0),\mathfrak{A}}|\cdot) + \breve{\chi}(\breve{\Pi}_{\Lambda^n}^{(1),\mathfrak{A}}|\cdot)$ とも解釈できる．また，指標の差 $\delta_\Pi(\cdot) := \breve{\chi}(\breve{\Pi}_{\Lambda^n}^{(0),\mathfrak{A}}|\cdot) - \breve{\chi}(\breve{\Pi}_{\Lambda^n}^{(1),\mathfrak{A}}|\cdot)$ は，表現 $\Pi = \breve{\Pi}_{\Lambda^n}$ の副指標といわれる（基本補題 4.2.2 の直後を参照）．

命題 11.8.14 **($G_n^{\mathfrak{A}}$ の非スピン既約指標)** $(\Lambda^n, \kappa) \in \mathbf{Y}_n(\widehat{T}^0)^2$, $\Lambda^n = (\boldsymbol{\lambda}^\zeta)_{\zeta\in\widehat{T}^0}$, とし，$\gamma \in \Gamma_n^0 \cap \Gamma_n^1$, $\mathcal{I}_n = (I_{n,\zeta})_{\zeta\in\widehat{T}^0}$ が Λ^n から決まるとする．

(i) $g = (d,\sigma) = \xi_{q_1}\cdots\xi_{q_r}g_1\cdots g_s \in D_n \rtimes \mathfrak{A}_n(\zeta_\gamma) \subset G_n^{\mathfrak{A}} = D_n \rtimes \mathfrak{A}_n$ に対して，$Q = \{q_1, q_2, \cdots, q_r\}$, $J = \{1, 2, \cdots, s\}$ とおく．このとき，$G_n^{\mathfrak{A}}$ の非スピン既約指標 $\breve{\chi}(\breve{\Pi}_{\Lambda^n}^{(\kappa),\mathfrak{A}}|g)$ は次の公式で与えられる：

(11.8.19)
$$\breve{\chi}(\breve{\Pi}_{\Lambda^n}^{(\kappa),\mathfrak{A}}|g) = \frac{1}{2}\sum_{(\mathcal{Q},\mathcal{J})} b(\Lambda^n; \mathcal{Q}, \mathcal{J}; g)\, X(\Lambda^n, \kappa; \mathcal{Q}, \mathcal{J}; g).$$

ここに，$\mathcal{Q} = (Q_\zeta)_{\zeta\in\widehat{T}^0}$, $\mathcal{J} = (J_\zeta)_{\zeta\in\widehat{T}^0}$ はそれぞれ Q, J の分割で，

(条件 QJ0)
$$|Q_\zeta| + \sum_{j\in J_\zeta} \ell_j \le n_\zeta \quad (\zeta \in \widehat{T}^0).$$

を満たす組 $(\mathcal{Q}, \mathcal{J})$ を渉り，

(11.8.20)
$$b(\Lambda^n; \mathcal{Q}, \mathcal{J}; g) = \frac{(n - |\mathrm{supp}(g)|)!}{\prod_{\zeta\in\widehat{T}^0}\Big(n_\zeta - |Q_\zeta| - \sum_{j\in J_\zeta}\ell_j\Big)!},$$

(11.8.21)
$$X(\Lambda^n, \kappa; \mathcal{Q}, \mathcal{J}; g) := \prod_{\zeta\in\widehat{T}^0} \zeta\Big(\prod_{q\in Q_\zeta}\xi_q \cdot \prod_{j\in J_\zeta} d_j\Big) \times \breve{\chi}(\rho_{\Lambda^n}^{(\kappa)}|\sigma_{\mathcal{J}}).$$

さらに，$\sigma_{\mathcal{J}}$ は σ と $\mathfrak{A}_n$-共役で，$\sigma_{\mathcal{J}} = \prod_{\zeta\in\widehat{T}^0}\sigma_\zeta$, $\sigma_\zeta \in \mathfrak{S}_{I_{n,\zeta}}$, は長さ ℓ_j $(j \in J_\zeta)$ のサイクルの積，となっているもの．

(ii) $g = (d,\sigma) \in G_n^{\mathfrak{A}}$ が $D_n \rtimes \mathfrak{A}_n(\zeta_\gamma)$ の元と共役でなければ，$\breve{\chi}(\breve{\Pi}_{\Lambda^n}^{(\kappa),\mathfrak{A}}|g) = 0$.

証明 定理 11.2.3 と同様に証明できる．詳細は問題として読者に残そう． □

11.8.2.6 $(\varepsilon, \Lambda^n) \in \mathbf{Y}_n^{\mathfrak{A}}(\widehat{T}^0)^3$, $\varepsilon = +, -$, **の場合.**

定理 11.8.15 $(\varepsilon, \Lambda^n) \in \mathbf{Y}_n^{\mathfrak{A}}(\widehat{T}^0)^3$, $\varepsilon = +, -$, に対応するスピン型 χ^{II} のスピン既約表現 $\Pi_{\Lambda^n}^{\mho^\varepsilon}$ の指標は $\widetilde{D}_n$ の外側では 0 である．$d' \in \widetilde{D}_n$ に対し，$d = \Phi(d') \in$

D_n として,

$$\chi(\Pi^{\mho^\varepsilon}_{\Lambda^n}|d') = \chi(\Pi_n^{\mho^\varepsilon,\mathfrak{A}}|d')\cdot\chi(\mathrm{Ind}_{H_n}^{G_n^{\mathfrak{A}}}\zeta_\gamma|d) + \chi(\Pi_n^{\mho^{-\varepsilon},\mathfrak{A}}|d')\cdot\chi(\mathrm{Ind}_{H_n}^{G_n^{\mathfrak{A}}}\zeta_{s_0\gamma}|d)$$

$$= \begin{cases} \chi(\Pi_n^{\mho^+,\mathfrak{A}}|g')\Big(\chi(\mathrm{Ind}_{H_n}^{G_n^{\mathfrak{A}}}\zeta_\gamma|d) + \chi(\mathrm{Ind}_{H_n}^{G_n^{\mathfrak{A}}}\zeta_{s_0\gamma}|d)\Big), \\ \qquad\qquad \mathrm{ord}(d') \equiv 0 \pmod 2 \text{ のとき}, \\ \varepsilon\,\chi(\Pi_n^{\mho^+,\mathfrak{A}}|g')\Big(\chi(\mathrm{Ind}_{H_n}^{G_n^{\mathfrak{A}}}\zeta_\gamma|d) - \chi(\mathrm{Ind}_{H_n}^{G_n^{\mathfrak{A}}}\zeta_{s_0\gamma}|d)\Big), \\ \qquad\qquad \mathrm{ord}(d') \equiv 1 \pmod 2 \text{ のとき}. \end{cases}$$

問題 11.8.4 (11.8.7) の $\Pi_n^{\mho^\varepsilon,\mathfrak{A}}$ を Π とおく. 定理 11.8.7 の (条件 II-00) の下では, 行列 $\Pi(\xi'_{q_i})$, $\Pi(g'_j)$ $(j \in J_+)$, $\Pi(g'_jg'_k)$ $(\{j,k\} \sqsubset J_-)$, たちは互いに可換である. これを証明せよ. また, (条件 $\mho$-10) の下で, 可換な組み合わせと反可換な組み合わせを分類せよ.

ヒント. 例えば, $\mathrm{ord}(d'_j) \equiv L(\sigma'_j) \equiv 1$, $\mathrm{ord}(d'_k) \equiv L(\sigma'_k) \equiv 1$, とすれば, $g'_jg'_k = z_1z_2\,g'_kg'_j$.

問題 11.8.5 命題 11.8.14 の指標公式の証明を与えよ.

11.9 一般化対称群のスピン既約表現のしめくくり

11.9.1 一般化対称群 $G_n = G(m,1,n)$ のスピン双対に対する記号まとめ

$\boldsymbol{Y}_n$ =大きさ n の Young 図形の全体, $\boldsymbol{Y} = \bigsqcup_{n\geqslant 0}\boldsymbol{Y}_n$, $\boldsymbol{Y}_0 = \{\varnothing\}$.

$\boldsymbol{Y}_n^{\mathrm{sh}}$ = 大きさ n のシフトヤング図形の全体, $\boldsymbol{Y}^{\mathrm{sh}} = \bigsqcup_{n\geqslant 0}\boldsymbol{Y}_n^{\mathrm{sh}}$, $\boldsymbol{Y}_0^{\mathrm{sh}} = \{\varnothing\}$.

$T = \boldsymbol{Z}_m$, $\widehat{T} \supset \widehat{T}^0 = \{\zeta^{(a)}\,;\,0 \le a < m' = m/2\}$, $\mathcal{K} = \widehat{T}, \widehat{T}^0$, に対して,

$$\boldsymbol{Y}_n(\mathcal{K}) = \Big\{\Lambda^n = (\boldsymbol{\lambda}^\zeta)_{\zeta\in\mathcal{K}}\,;\,\boldsymbol{\lambda}^\zeta \in \boldsymbol{Y},\ \sum_{\zeta\in\mathcal{K}}|\boldsymbol{\lambda}^\zeta| = n\Big\}\ (n \ge 0), \qquad \textbf{(11.2.8)}\text{ より}$$

$$\boldsymbol{Y}_n^{\mathrm{sh}}(\mathcal{K}) = \Big\{\Lambda^n = (\boldsymbol{\lambda}^\zeta)_{\zeta\in\mathcal{K}}\,;\,\boldsymbol{\lambda}^\zeta \in \boldsymbol{Y}^{\mathrm{sh}},\ \sum_{\zeta\in\mathcal{K}}|\boldsymbol{\lambda}^\zeta| = n\Big\}\ (n \ge 0);$$

$$P_n(\mathcal{K}) = \Big\{\boldsymbol{\nu} = (n_\zeta)_{\zeta\in\mathcal{K}}\,;\,n\text{ の分割},\ \sum_{\zeta\in\mathcal{K}} n_\zeta = n\Big\}\ (n \ge 0).$$

n の順序付き分割 $\boldsymbol{\nu} = (\nu_j)_{j\in\boldsymbol{I}_t} \in \mathcal{P}_n$, $\nu_1+\nu_2+\cdots+\nu_t = n$, $\nu_j > 0$, に対して,

$$\boldsymbol{Y}_n^{\mathrm{sh}}(\boldsymbol{\nu}) = \Big\{\Lambda^n = (\boldsymbol{\lambda}^j)_{j\in\boldsymbol{I}_t}\,;\,\boldsymbol{\lambda}^j \in \boldsymbol{Y}_{\nu_j}^{\mathrm{sh}}\Big\} \qquad \textbf{(11.3.4)}\text{ より}$$

$\Lambda^n = (\boldsymbol{\lambda}^i)_{j\in \boldsymbol{I}_t} \in \boldsymbol{Y}_n^{\mathrm{sh}}(\boldsymbol{\nu})$ に対して，

$$\begin{cases} s(\Lambda^n) = \sharp\{j \in \boldsymbol{I}_t \,;\, \varepsilon(\boldsymbol{\lambda}^j) = 1\}, \\ d(\Lambda^n) = n - \sum_{j\in \boldsymbol{I}_t} l(\boldsymbol{\lambda}^j), \end{cases} \qquad \textbf{(11.3.8)} \text{ より}$$

記号 11.3.2: $\boldsymbol{Y}_n^{\mathrm{sh}}(\boldsymbol{\nu})$ を 2 つの部分集合に分割する：

$$\begin{cases} \boldsymbol{Y}_n^{\mathrm{sh}}(\boldsymbol{\nu})^{\mathrm{ev}} := \{\Lambda^n = (\boldsymbol{\lambda}^j)_{j\in \boldsymbol{I}_t} \in \boldsymbol{Y}_n(\boldsymbol{\nu}) \,;\, s(\Lambda^n) \equiv d(\Lambda^n) \text{ が偶}\}, \\ \boldsymbol{Y}_n^{\mathrm{sh}}(\boldsymbol{\nu})^{\mathrm{odd}} := \{\Lambda^n = (\boldsymbol{\lambda}^j)_{j\in \boldsymbol{I}_t} \in \boldsymbol{Y}_n(\boldsymbol{\nu}) \,;\, s(\Lambda^n) \equiv d(\Lambda^n) \text{ が奇}\}, \end{cases}$$

$$\mathscr{Y}_n(\boldsymbol{\nu}) := \mathscr{Y}_n(\boldsymbol{\nu})^{\mathrm{ev}} \bigsqcup \mathscr{Y}_n(\boldsymbol{\nu})^{\mathrm{odd}},$$

$$\mathscr{Y}_n(\boldsymbol{\nu})^{\mathrm{ev}} := \boldsymbol{Y}_n^{\mathrm{sh}}(\boldsymbol{\nu})^{\mathrm{ev}}, \ \mathscr{Y}_n(\boldsymbol{\nu})^{\mathrm{odd}} := \boldsymbol{Y}_n^{\mathrm{sh}}(\boldsymbol{\nu})^{\mathrm{odd}} \times \{\pm 1\}.$$

$\mathscr{Y}_n(\boldsymbol{\nu})$ の元を M^n と書けば，$M^n = \Lambda^n$ または $M^n = (\Lambda^n, \beta)$, $\beta = 1, -1$.
$s(M^n) := s(\Lambda^n)$, $\tau_{\Lambda^n} := \widehat{*}_{\zeta\in\mathcal{K}} \tau_{\boldsymbol{\lambda}^\zeta}$, $\widetilde{\mathfrak{S}}_{\boldsymbol{\nu}}$ のスピン既約表現 τ_{M^n} として，

$$\tau_{M^n} := \begin{cases} \tau_{\Lambda^n}, & M^n = \Lambda^n \in \boldsymbol{Y}_n^{\mathrm{sh}}(\boldsymbol{\nu})^{\mathrm{ev}}, \\ \mathrm{sgn}^{(1-\beta)/2} \cdot \tau_{\Lambda^n}, & M^n = (\Lambda^n, \beta) \in \boldsymbol{Y}_n^{\mathrm{sh}}(\boldsymbol{\nu})^{\mathrm{odd}} \times \{\pm 1\}. \end{cases}$$

記号 11.4.1: 一般の n の分割 $\boldsymbol{\nu} = (\nu_j)_{j\in \boldsymbol{I}_t} \in \mathcal{P}_n$ に対して定義された記号 **11.3.2** は，添数 $\zeta \in \mathcal{K}$ をもつ n の分割 $\boldsymbol{\nu} = (n_\zeta)_{\zeta\in\mathcal{K}} \in P_n(\mathcal{K})$ に対してもそのまま通用させる．さらに，

$$\boldsymbol{Y}_n^{\mathrm{sh}}(\mathcal{K})^{\triangledown} := \bigsqcup\nolimits_{\boldsymbol{\nu}\in P_n(\mathcal{K})} \boldsymbol{Y}_n^{\mathrm{sh}}(\boldsymbol{\nu})^{\triangledown}, \quad \triangledown = \mathrm{ev},\ \mathrm{odd},$$

$$\mathscr{Y}_n(\mathcal{K}) := \mathscr{Y}_n(\mathcal{K})^{\mathrm{ev}} \bigsqcup \mathscr{Y}_n(\mathcal{K})^{\mathrm{odd}},$$

$$\mathscr{Y}_n(\mathcal{K})^{\mathrm{ev}} := \boldsymbol{Y}_n^{\mathrm{sh}}(\mathcal{K})^{\mathrm{ev}}, \ \mathscr{Y}_n(\mathcal{K})^{\mathrm{odd}} := \boldsymbol{Y}_n^{\mathrm{sh}}(\mathcal{K})^{\mathrm{odd}} \times \{\pm 1\}.$$

記号 11.7.1: $H^0 = \mathfrak{A}_n \bigcap \mathfrak{S}_{\boldsymbol{\nu}}$ の双対 $\widehat{H^0}$ を記述するための記号：

$$\boldsymbol{Y}_n^{\mathfrak{A}}(\widehat{T}^0) := \boldsymbol{Y}_n^{\mathfrak{A}}(\widehat{T}^0)^1 \bigsqcup \boldsymbol{Y}_n^{\mathfrak{A}}(\widehat{T}^0)^2 \bigsqcup \boldsymbol{Y}_n^{\mathfrak{A}}(\widehat{T}^0)^3,$$

$$\boldsymbol{Y}_n^{\mathfrak{A}}(\widehat{T}^0)^1 := \{\{\Lambda^n, {}^t\Lambda^n\} \,;\, \Lambda^n = (\boldsymbol{\lambda}^\zeta)_{\zeta\in\widehat{T}^0} \in \boldsymbol{Y}_n(\widehat{T}^0),\ {}^t\Lambda^n \neq \Lambda^n\},$$

$$\boldsymbol{Y}_n^{\mathfrak{A}}(\widehat{T}^0)^2 := \{(\Lambda^n, \kappa) \,;\, \Lambda^n \in \boldsymbol{Y}_n(\widehat{T}^0),\ {}^t\Lambda^n = \Lambda^n,\ |\boldsymbol{\lambda}^\zeta| \geq 2\ (\exists\zeta),\ \kappa = 0, 1\},$$

$$\boldsymbol{Y}_n^{\mathfrak{A}}(\widehat{T}^0)^3 := \{(+, \Lambda^n),\ (-, \Lambda^n) \,;\, \Lambda^n = (\boldsymbol{\lambda}^\zeta)_{\zeta\in\widehat{T}^0}, |\boldsymbol{\lambda}^\zeta| \leq 1\ (\forall\zeta)\}.$$

11.9.2　$G(m,1,n)$, m 偶，のスピン既約表現の分類・構成のために

スピン型 $\chi^{\mathrm{III}} = (-1, 1, -1)$ など，残りのスピン型の既約表現の分類と構成，その指標の計算，についてはスペースの関係で割愛する．（詳しくは，論文 [HHo2], §§8–11, を見よ．）スピン型 χ^{III} と χ^{VII} の場合は互いによく似ているが最も複雑である．χ^{V} と χ^{VI} の場合も互いによく似ていて比較的簡単である．そのうちで最も取り扱いやすいと思われる場合をここに問題として提出しておく．

問題 11.9.1　$G(m,1,n)$, m 偶，に対し，$4 \le n < \infty$ 偶の場合に，スピン型 $\chi^{\mathrm{VI}} = (1, -1, 1)$ のスピン既約表現を，(手順 1)～(手順 4) によって分類，構成せよ．

問題 11.9.2　前問で構成したスピン型 $\chi^{\mathrm{VI}} = (1, -1, 1)$ の既約表現の指標を求めよ．

下の表は，$G_n = G(m,1,n)$, m 偶，のスピン既約表現のスピン型 χ^{Y} ごとに，その分類・構成を (手続き 1)～(手続き 4) にしたがって，実行する際に役立つように作った．χ^{Y} ごとに適当な中心的部分群 $Z_{\mathrm{Y}} \subset Z$ を選んで，商群 $\widetilde{G}_n^{\mathrm{Y}} := R(G_n)/Z_{\mathrm{Y}}$ を半直積群 $G = U \rtimes S$ ととらえ，そこに **11.1** 節の (手続き 1)～(手続き 4) を適用する．

$\mathrm{Y} = \mathrm{I}, \mathrm{II}, \cdots, \mathrm{VIII}$ の 8 個のスピン型を 4 個のペアに分けてあるが，その原理は，スピン型 $\chi^{\mathrm{VII}} = (1, 1, -1)$ を介しての χ^{Y} と $\chi^{\mathrm{Y}'} = \chi^{\mathrm{VII}} \cdot \chi^{\mathrm{Y}}$ との組み合わせである．この組み分けの妥当性は，$n \to \infty$ の極限まで行けばより明らかになる．第 14 章でスピン型 χ^{VII} の特別の 2 次元スピン既約表現 $\pi_{2,\zeta^{(0)}}$ の「正規化された指標」f_0^{VII}（定理 14.8.3, 命題 14.8.4 参照）を乗ずることにより“互いに移り合う組み合わせ”である．

他方，スピン既約表現構成の手順のうち，(手順 1)～(手順 3) での“ρ, $S([\rho])$, J_ρ, の決定における類似性”に基ずく，という原則でのペアの組み方は番号で示せば，(I, V), (II, VI), (III, VII), (IV, VIII) である．この組み方の合理性は表からも読み取れる．

記号として，$Z = \langle z_1, z_2, z_3 \rangle$, スピン型は $\chi^{\mathrm{Y}} = (\beta_1, \beta_2, \beta_3)$, $\beta_i = \chi^{\mathrm{Y}}(z_i) = \pm 1$.

表 11.9.1　$G_n = G(m,1,n)$, m 偶, のスピン既約表現の分類・構成のために.

<table>
<tr><th>場合 Y
スピン型
χ^{Y}</th><th>$\widetilde{G}_n^{\mathrm{Y}} =$
$R(G_n)/Z_{\mathrm{Y}}$
$G := \widetilde{G}_n^{\mathrm{Y}}$ を
$U \rtimes S$ と書く</th><th>U のスピン既約
表現 ρ
固定化部分群
$S([\rho])$</th><th>ρ の
スピン性
(z_2, z_3 から見て)</th><th>J_ρ の
スピン性
(z_1 から
見て)</th><th>π^1 の
スピン性
(z_1 から
見て)</th><th>$J_\rho \cdot \pi^1$ の
スピン性
(z_1 から
見て)</th></tr>
<tr><td>I
$(-1,-1,-1)$</td><td>$Z_{\mathrm{I}} = \langle z_2 z_3^{-1} \rangle$
$\widetilde{D}_n \overset{\mathrm{I}}{\rtimes} \widetilde{\mathfrak{S}}_n$</td><td>$\rho = P_\gamma$ (n 偶),
$\rho = P_\gamma^{\pm}$ (n 奇),
$S([\rho]) = \widetilde{\mathfrak{S}}_n(\gamma)$</td><td>○
z_2 から
見て</td><td>○</td><td>×</td><td>○</td></tr>
<tr><td rowspan="2">II
$(-1,-1,1)$</td><td rowspan="2">$Z_{\mathrm{II}} = Z_3$
$\widetilde{D}_n \overset{\mathrm{II}}{\rtimes} \widetilde{\mathfrak{S}}_n$</td><td>$\rho = P_\gamma$ (n 偶),
$S([\rho]) = \widetilde{\mathfrak{S}}_n(\gamma)$</td><td rowspan="2">○
z_2 から
見て</td><td rowspan="2">○</td><td rowspan="2">×</td><td rowspan="2">○</td></tr>
<tr><td>$\rho = P_\gamma^{\pm}$ (n 奇),
$S([\rho]) = \widetilde{\mathfrak{A}}_n(\gamma)$</td></tr>
<tr><td rowspan="2">III
$(-1,1,-1)$</td><td rowspan="2">$Z_{\mathrm{III}} = Z_2$
$D_n^{\vee} \overset{\mathrm{III}}{\rtimes} \widetilde{\mathfrak{S}}_n$
$D_n^{\vee} = D_n \times Z_3$</td><td>$\rho = Z_\gamma$ (n 偶),
$S([\rho]) = \widetilde{\mathfrak{A}}_n(\gamma)$,
$\widetilde{\mathfrak{A}}_n(\gamma) \bigsqcup s_0' \widetilde{\mathfrak{A}}_n(\gamma)$</td><td rowspan="2">○
z_3 から
見て</td><td rowspan="2">×</td><td rowspan="2">○</td><td rowspan="2">○</td></tr>
<tr><td>$\rho = Z_\gamma$ (n 奇),
$S([\rho]) = \widetilde{\mathfrak{A}}_n(\gamma)$</td></tr>
<tr><td>IV
$(-1,1,1)$</td><td>$Z_{\mathrm{IV}} = Z_{23}$
$D_n \overset{\mathrm{IV}}{\rtimes} \widetilde{\mathfrak{S}}_n$</td><td>$\rho = \zeta_\gamma$
$S([\rho]) = \widetilde{\mathfrak{S}}_n(\gamma)$</td><td>×, ×
z_2, z_3
から見て</td><td>×</td><td>○</td><td>○</td></tr>
<tr><td>V
$(1,-1,-1)$</td><td>$Z_{\mathrm{V}} = \langle z_2 z_3^{-1} \rangle$
$\widetilde{D}_n \overset{\mathrm{V}}{\rtimes} \widetilde{\mathfrak{S}}_n$</td><td>$\rho = P_\gamma$ (n 偶),
$\rho = P_\gamma^{\pm}$ (n 奇),
$S([\rho]) = \widetilde{\mathfrak{S}}_n(\gamma)$</td><td>○
z_2 から
見て</td><td>○</td><td>○</td><td>×</td></tr>
<tr><td rowspan="2">VI
$(1,-1,1)$</td><td rowspan="2">$Z_{\mathrm{VI}} = Z_3$
$\widetilde{D}_n \overset{\mathrm{VI}}{\rtimes} \widetilde{\mathfrak{S}}_n$</td><td>$\rho = P_\gamma$ (n 偶),
$S([\rho]) = \widetilde{\mathfrak{S}}_n(\gamma)$</td><td rowspan="2">○
z_2 から
見て</td><td rowspan="2">○</td><td rowspan="2">○</td><td rowspan="2">×</td></tr>
<tr><td>$\rho = P_\gamma^{\pm}$ (n 奇),
$S([\rho]) = \widetilde{\mathfrak{A}}_n(\gamma)$</td></tr>
<tr><td rowspan="2">VII
$(1,1,-1)$</td><td rowspan="2">$Z_{\mathrm{VII}} = Z_{12}$
$D_n^{\vee} \overset{\mathrm{VII}}{\rtimes} \mathfrak{S}_n$</td><td>$\rho = Z_\gamma$ (n 偶),
$S([\rho]) = \mathfrak{A}_n(\gamma)$,
$\mathfrak{A}_n(\gamma) \bigsqcup s_0 \mathfrak{A}_n(\gamma)$</td><td rowspan="2">○
z_3 から
見て</td><td rowspan="2">×</td><td rowspan="2">×</td><td rowspan="2">×</td></tr>
<tr><td>$\rho = Z_\gamma$ (n 奇),
$S([\rho]) = \mathfrak{A}_n(\gamma)$</td></tr>
<tr><td>VIII
$(1,1,1)$
(線形)</td><td>$Z_{\mathrm{VIII}} = Z_{123}$
$D_n \rtimes \mathfrak{S}_n$</td><td>$\rho = \zeta_\gamma$
$S([\rho]) = \mathfrak{S}_n(\gamma)$</td><td>×, ×
z_2, z_3
から見て</td><td>×</td><td>×</td><td>×</td></tr>
</table>

第 12 章

群上の正定値関数と指標の一般理論

本章では群の指標の一般理論を学習する．それをとくに無限一般化対称群 $G(m,1,\infty)$ やその表現群 $R(G(m,1,\infty))$ に適用して，(9.5.b) で天下り式に与えられ，以下の定義 12.2.3 で改めて導入される一般的な「指標」が，実質として何を意味するのかを知る．

12.1　群上の正定値関数，Gelfand-Raikov 表現

H を群，e をその単位元とする．H 上の正定値関数について述べる．

定義 12.1.1　H 上の複素数値関数 f が**非負定値**，もしくは（弱い意味で）**正定値**であるとは，任意有限個の $\xi_1, \xi_2, \cdots, \xi_n \in H$ と複素数 $c_1, c_2, \cdots, c_n \in \boldsymbol{C}$ に対して，次の不等式が常に成り立つことである：

$$\sum_{i,j \in \boldsymbol{I}_n} f({\xi_j}^{-1}\xi_i)\, c_i\, \overline{c_j} \ \geq\ 0 \tag{12.1.1}$$

補題 12.1.1　H 上の関数 f が正定値ならば，

$$f(e) \geq |f(\xi)|, \quad f(\xi^{-1}) = \overline{f(\xi)} \quad (\xi \in H). \tag{12.1.2}$$

証明　$n=2$ の場合に，$\xi_1 = e$, $\xi_2 = \xi$, $c_1 = 1$, $c_2 = z$ ととると，

$$\sum_{i,j \in \{1,2\}} f({\xi_j}^{-1}\xi_i)\, c_i\, \overline{c_j} = f(e)(1 + z\,\overline{z}) + f(\xi)z + f(\xi^{-1})\,\overline{z} \ \geq\ 0.$$

これから直ちに主張が示される．□

$\mathfrak{F}(H)$ を H 上の関数で有限個の点を除いて 0 になっている関数からなる $*$-代数とする．その構造は，次で与えられる：

$$(\varphi * \psi)(\xi) := \sum_{\eta \in H} \varphi(\xi\eta^{-1})\psi(\eta),$$

$$\varphi^*(\xi) := \overline{\varphi(\xi^{-1})} \quad (\xi \in H,\ \varphi, \psi \in \mathfrak{F}(H)).$$

$\mathfrak{F}(H)$ 上には，H の左移動から来る線形変換 $L(\xi)\varphi(\eta) := \varphi(\xi^{-1}\eta)$ $(\xi, \eta \in H, \varphi \in \mathfrak{F}(H))$ が働いている．

H 上の複素数値関数 f に対して，$\mathfrak{F}(H)$ 上の内積を

$$(\varphi, \psi)_f := \sum_{\xi, \eta \in H} f(\eta^{-1}\xi)\, \varphi(\xi)\, \overline{\psi(\eta)}$$

と定義する．関数 f が，$\overline{f(\xi^{-1})} = f(\xi)$ $(\xi \in H)$ を満たせば内積 $(\varphi, \psi)_f$ は Hermite（エルミート）型，すなわち，$\overline{(\varphi, \psi)_f} = (\psi, \varphi)_f$ $(\varphi, \psi \in \mathfrak{F}(H))$ である．さらにこれが非負定値，すなわち，

$$(\varphi, \varphi)_f \geq 0 \quad (\forall \varphi \in \mathfrak{F}(H)),$$

を満たすことが，f が定義 12.1.1 の意味で非負定値もしくは（弱い意味で）正定値であることと同値である．H 上の連続，非負定値関数の全体を $\mathcal{P}(H)$ と書く．

H 上の正定値関数 $f_1, f_2 \in \mathcal{P}(H)$ の間に，半順序 $f_1 \geq f_2$ を

$$f_1 \geq f_2 \overset{\text{def}}{\iff} (\varphi, \varphi)_{f_1} \geq (\varphi, \varphi)_{f_2} \ \ (\varphi \in \mathfrak{F}(H))$$

で定義する．ある $\lambda > 0$ が存在して，$\lambda f_1 \geq f_2$ であるとき，f_1 は f_2 よりも**優勢**（f_2 は f_1 よりも**劣勢**）であるといい，$f_1 \succcurlyeq f_2$ と書く．$f \succcurlyeq 0 \Leftrightarrow f$ 正定値．

H 上の正定値関数 f に対して，$\mathfrak{F}(H)$ 上に非負定値な内積 $(\varphi, \psi)_f$ を導入し，J_f をその核 $J_f := \{\varphi\,;\, (\varphi, \varphi)_f = 0\}$ とする．商空間 $\mathfrak{F}(H)/J_f$ 上に正定値内積 $\langle \varphi^f, \psi^f \rangle_f := (\varphi, \psi)_f$ を得る．ただし，$\varphi^f := \varphi + J_f \in \mathfrak{F}(H)/J_f$ は φ の像である．その完備化として，Hilbert 空間 $\mathfrak{H}_f = \mathfrak{H}_f(H)$ を得る．内積 $\langle \varphi, \psi \rangle_f$ は H 上の左移動に関して不変，すなわち，$\langle L(\xi)\varphi, L(\xi)\psi \rangle_f = \langle \varphi, \psi \rangle_f$ $(\xi \in H)$ であるから，核 J_f は H 不変であり，$\mathfrak{F}(H)$ 上の $L(\xi)$ は，$\mathfrak{H}_f$ 上のユニタリ表現

$$\pi_f(\xi)\varphi^f(\eta) := \varphi^f(\xi^{-1}\eta) \quad (\xi, \eta \in H)$$

を導く．それを f に付随する **Gelfand-Raikov 表現**（GR 表現と略記）と呼ぶ．

余談ながら，論文 [GeRa, 1943] において，GR 表現を用いて，彼らは初めて『任意の局所コンパクト群には，十分沢山の**既約ユニタリ表現**が存在する』という基本的で重要な事実を証明したのである．

$v_f := \delta_e^f$ を単位元 e でのみ値 1 をとるデルタ関数 δ_e の $\mathfrak{H}_f(H)$ における像とする．これは長さ $\|v_f\|_f = \sqrt{f(e)}$ のベクトルであり，

$$f(\xi) = \langle \pi_f(\xi) v_f, v_f \rangle_f \quad (\xi \in H),$$

により，出発点の f が表現 π_f の行列要素として再現できる．

補題 12.1.2 H 上の関数 f が正定値とする．$\Re z$ で $z \in \boldsymbol{C}$ の実部を表すと，

$$|f(\xi) - f(\eta)|^2 \le 2f(e)\{f(e) - \Re(f(\xi^{-1}\eta))\} \quad (\xi, \eta \in H). \tag{12.1.3}$$

証明 f に付随した GR 表現 π_f を用いる．π_f はユニタリ表現だから，

$$\begin{aligned}|f(\xi) - f(\eta)|^2 &= |\langle(\pi_f(\xi) - \pi_f(\eta))v_f, v_f\rangle|^2 \le \|v_f\|_f^2 \cdot \|(\pi_f(\xi) - \pi_f(\eta))v_f\|^2 \\ &= f(e) \cdot (\|\pi_f(\xi)v_f\|_f^2 + \|\pi_f(\eta)v_f\|_f^2 - 2\Re\langle\pi_f(\xi)v_f, \pi_f(\eta)v_f\rangle) \\ &= 2f(e) \cdot \{f(e) - \Re(f(\xi^{-1}\eta))\}.\end{aligned}$$

□

$Z \subset H$ を H の中心に入る有限部分群とする．H 上の関数 φ と $\chi \in \widehat{Z}$ に対して，

$$\varphi_\chi(h) := \frac{1}{|Z|} \sum_{z \in Z} \varphi(zh)\overline{\chi(z)} \quad (h \in H),$$

とおくとき，φ_χ を φ の（Z に関する）**フーリエ係数**という．このとき $\varphi_\chi(zh) = \chi(z)\varphi_\chi(h)$ $(z \in Z, h \in H)$ であり，φ は次のように展開される：

$$\varphi = \sum_{\chi \in \widehat{Z}} \varphi_\chi. \tag{12.1.4}$$

補題 12.1.3 $Z \subset H$ を H の中心に入る有限部分群とする．f を H 上の正定値関数とする．任意の $\chi \in \widehat{Z}$ に対し，フーリエ係数 f_χ はまた正定値である．

証明 $\varphi \in \mathfrak{F}(H)$ に対し，$(\varphi, \varphi)_{f_\chi}$ を計算する．

$$\begin{aligned}(\varphi, \varphi)_{f_\chi} &= \sum_{\xi, \eta \in H} f_\chi(\eta^{-1}\xi)\,\varphi(\xi)\overline{\varphi(\eta)} = \sum_{\xi, \eta \in H} \frac{1}{|Z|} \sum_{z \in Z} f(z\eta^{-1}\xi)\,\overline{\chi(z)}\,\varphi(\xi)\overline{\varphi(\eta)} \\ &= \sum_{\xi, \eta \in H} \frac{1}{|Z|^2} \sum_{z, z' \in Z} f(zz'^{\,-1}\eta^{-1}\xi)\,\overline{\chi(zz'^{\,-1})}\,\varphi(\xi)\overline{\varphi(\eta)} =: J.\end{aligned}$$

ここで，$z, z' \in Z$ を固定して $\xi' = z\xi, \eta' = z'\eta$ と変数変換すると，

$$J = \sum_{\xi', \eta' \in H} f(\eta'^{\,-1}\xi')\,\varphi_{\overline{\chi}}(\xi')\,\overline{\varphi_{\overline{\chi}}(\eta')} \ge 0.$$

ここに，$\varphi_{\overline{\chi}}(\xi') = \sum_{z \in Z} \varphi(zh)\chi(z)$ であり，$\varphi_{\overline{\chi}} \in \mathfrak{F}(H)$ は指標 $\overline{\chi} \in \widehat{Z}$ に対する φ のフーリエ係数である． □

H のユニタリ表現 $(\pi, \mathfrak{H})$ が**巡回表現**（cyclic representation）であるとは，$\mathfrak{H}$ のあるベクトル v^0 に対して，$\pi(H)v^0 := \{\pi(h)v^0 ; h \in H\}$ が $\mathfrak{H}$ で total であること，すなわち，$\pi(H)v^0$ の元の一次結合全体が $\mathfrak{H}$ で至る処稠密になること，である．このとき，v^0 を**巡回ベクトル**という．この巡回表現を $(\pi, v^0, \mathfrak{H})$ とも表す．既約表現は巡回表現であるが，逆は真ではない．

命題 12.1.4　連続な正定値関数 $f \in \mathcal{P}(H)$ に付随した GR 表現 π_f は位相群 H の（連続な）表現であって，v^f を巡回ベクトルに持つ巡回表現である．

証明　まず，集合 $\pi_f(H)v_f := \{\pi_f(\xi)v_f = \delta_\xi^f ; \xi \in H\}$ が $\mathfrak{H}_f$ の稠密な部分空間を張ることは見易い．そこで，任意の $v_1, v_2 \in \mathfrak{H}_f$ に対して，写像 $H \ni \xi \mapsto \langle \pi_f(\xi)v_1, v_2 \rangle$ が連続であることを言えばよい．$v_1 = \pi_f(\xi_0)v_f$, $v_2 = \pi_f(\eta_0)v_f$ に対しては，$\langle \pi_f(\xi)v_1, v_2 \rangle = f({\eta_0}^{-1}\xi\xi_0)$ であるから，これは ξ につき連続である．一般の v_1, v_2 はそれぞれ $\pi_f(H)v_f$ の元の一次結合で近似される．よって，行列要素 $\langle \pi_f(\xi)v_1, v_2 \rangle$ は連続関数列で一様近似され，連続である．　□

命題 12.1.5　H の 2 つの巡回表現 $(\pi_i, v_i^0, \mathfrak{H}_i)$ $(i = 1, 2)$ において，行列要素 $f_i(h) = \langle \pi_i(h)v_i^0, v_i^0 \rangle$ が一致すれば，π_1, π_2 は互いに同値である．

証明　$f = f_1 = f_2$ とおく．GR 表現の構成法を忠実に辿れば，π_i の間の同値写像 Φ が自然に得られる．まず，$\pi_i(\varphi) := \sum_{h\in H} \varphi(h)\pi_i(h)$ $(\varphi \in \mathfrak{F}(H))$ によって，H の表現 π_i を群環 $\mathfrak{F}(H)$ の表現に拡張する．つぎに，対応 Φ: $\mathfrak{H}_1 \ni \pi_1(\varphi)v_1^0 \mapsto \pi_2(\varphi)v_2^0 \in \mathfrak{H}_2$ を考えると，

$$\begin{aligned}\langle \pi_i(\varphi)v_i^0, \pi_i(\psi)v_i^0 \rangle &= \sum_{h,k\in H} \varphi(h)\,\overline{\psi(k)}\langle \pi_i(h)v_i^0, \pi_i(k)v_i^0 \rangle \\ &= \sum_{h,k\in H} \varphi(h)\,\overline{\psi(k)} f(k^{-1}h)\end{aligned}$$

であるから，Φ は $\mathfrak{H}_1 \to \mathfrak{H}_2$ のユニタリ写像を与える．さらに群環の表現を対応させていることは Φ の定義そのものから分かる．　□

Gelfand-Raikov 表現の応用をひとつ与えておこう．

命題 12.1.6　f_1, f_2 を H 上の正定値関数とすると，積 $f = f_1 f_2$ も正定値である．

証明 $(\pi_{f_i}, v_{f_i}, \mathfrak{H}_{f_i})$ を f_i に対する GR 表現とする．各 $\mathfrak{H}_i := \mathfrak{H}_{f_i}$ の（v_{f_i} を含む）正規直交基底 $\{v_k^i\}_{k\in K_i}$ (K_i は添数集合)をとり，形式的な元の集合 $v_{k_1k_2} := v_{k_1}^1 \otimes v_{k_2}^2$，$k_i \in K_i$ $(i = 1, 2)$ を正規直交基底とする Hilbert 空間 $\mathfrak{H}_1 \otimes \mathfrak{H}_2$ を作る．その上に表現のテンソル積 $\pi := \pi_{f_1} \otimes \pi_{f_2}$ を $\pi(h)v_{k_1k_2} := (\pi_{f_1}(h)v_{k_1}^1) \otimes (\pi_{f_2}(h)v_{k_2}^2)$ $(h \in H)$ により定義できる．特別な元 $w := v_{f_1} \otimes v_{f_2}$ をとり，それの与える行列要素を計算すると，

$$\langle \pi(h)w, w\rangle = \langle \pi_{f_1}(h)v_{f_1}, v_{f_1}\rangle \langle \pi_{f_2}(h)v_{f_2}, v_{f_2}\rangle = f_1(h)f_2(h) = f(h)$$

なので，f が正定値であることが分かる． □

元 w が張る不変部分空間 $\langle \pi(H)w\rangle$ を $\mathfrak{H}_\pi$ と書くと，$(\pi|_{\mathfrak{H}_\pi}, w, \mathfrak{H}_\pi)$ は f に対応する GR 表現 $(\pi_f, v_f, \mathfrak{H}_f)$ と同型（命題 12.1.5）．よって，$(\pi_f, \mathfrak{H}_f) \hookrightarrow (\pi_{f_1} \otimes \pi_{f_2}, \mathfrak{H}_{f_1} \otimes \mathfrak{H}_{f_2})$.

上の命題により「正規化された連続正定値関数の集合 $K_1(H)$ は，関数の積に関して閉じている」ことがわかる．これは，後に第 **14.3** 節で命題 14.3.2 (iii) の証明に使われる．

12.2 群の指標の新定義

H を Hausdorff 位相群とする．H 上の連続正定値関数全体の集合 $\mathcal{P}(H)$ の部分集合 $\mathcal{P}_1(H) := \{f \in \mathcal{P}(H);\, f(e) = 1\}$ をとる．

補題 12.2.1 f を Hausdorff 位相群 H 上の正定値関数とする．f が H の単位元 e において連続ならば，f は H 上いたる処連続である．さらに，左一様位相（同時に右一様位相）に関して一様連続である．

ここで，位相群 H に対し，H の単位元の近傍 V に対し，$\eta \in H$ の近傍としてその左移動 ηV がとれる．こうして V によって決まる H の各点に対するこの近傍系の族が (V を動かして) 左一様位相を決める．これを定義としてまとめると，

定義 12.2.1 直積集合 $H \times H$ の対角線集合を $\Delta_H := \{(\xi, \xi);\, \xi \in H\}$ とする．Δ_H の近傍系の基として，

$$\mathfrak{U}_V := \{(\xi, \eta) \in H \times H;\, \xi^{-1}\eta \in V\} \quad (V \text{ は } e \text{ の近傍系を動く}),$$

を取ったときに決まる H の一様位相を**左一様位相**という．

補題 12.2.1 の証明.　f が e で連続であるとする．一様連続ならば連続なので，f の左一様連続性を示す．そのためには，任意の $\varepsilon > 0$ に対して，e の近傍 V が存在して，

$$\xi^{-1}\eta \in V \ \ (\text{i.e.}, \eta \in \xi V) \implies |f(\xi) - f(\eta)| < \varepsilon,$$

となることを示せばよい．他方，仮定により f は単位元 e で連続であるから，任意の $\varepsilon' > 0$ に対して，e の近傍 $W = W(\varepsilon')$ があって，$|f(\zeta) - f(e)| < \varepsilon'$ $(\forall\zeta \in W)$．ゆえに，(12.1.3) により，

$$|f(\xi) - f(\eta)|^2 \leq 2f(e)|f(e) - \Re(f(\xi^{-1}\eta))| < 2f(e)\,\varepsilon' \quad (\xi^{-1}\eta \in W).$$

よって，$2f(e)\,\varepsilon' < \varepsilon^2$ となるように，ε' を十分小さく取れば，そのときの $W = W(\varepsilon')$ を V とすればよい．　□

関数 f が内部自己同型で不変，すなわち，$f(\eta\xi\eta^{-1}) = f(\xi)$ $(\xi, \eta \in H)$ であるとき，f を**不変**である，または**中心的**（central）であるという．定義により，内積 $(\varphi, \psi)_f$ は H 上の左移動 $\pi_f(\xi_0)$ $(\xi_0 \in H)$ で不変であるが，さらに右移動 $\rho_f(\eta_0)\varphi(\xi) := \varphi(\xi\eta_0)$ $(\eta_0, \xi \in H)$ でも不変であるための必要十分条件が，f が中心的であること，である（証明せよ）．

9.5.1 小節と同様に，$K(H)$ で H 上の連続不変正定値関数の全体，$K_1(H) := \{f \in K(H);\, f(e) = 1\}$ とし，$E(H) := \mathrm{Extr}(K_1(H))$ で凸集合 $K_1(H)$ の端点集合を表す．

$f \in K(H)$ に対し，内積 $(\varphi, \psi)_f$ は右移動でも不変であり，右移動は H の別のユニタリ表現 ρ_f を与える．$\rho_f(\xi)$ と $\pi_f(\eta)$ とはつねに可換である．$\mathfrak{U}_f$ または $\mathfrak{V}_f$ によりそれぞれ，$\pi_f(H) := \{\pi_f(\xi);\, \xi \in H\}$ または $\rho_f(H)$ で生成される von（フォン） Neumnn（ノイマン） 環を表す．

定義 12.2.2 (von Neumann 環)　$\mathfrak{H}$ をヒルベルト空間，$\mathcal{L}(\mathfrak{H})$ を $\mathfrak{H}$ 上の連続線形変換全体とする．$\mathfrak{M} \subset \mathcal{L}(\mathfrak{H})$ が次の 2 条件を満たすとき von Neumann 環であると言われる：

1. $\mathfrak{M}$ は恒等作用素 $I_{\mathfrak{H}}$ を含む $*$-環である，ただし T^* は $T \in \mathcal{L}(\mathfrak{H})$ の共役作用素．
2. $\mathfrak{M}$ は作用素の弱収束位相[1] に関して閉じている（弱閉）．

---

1)　補題 12.2.2 の証明中に弱位相の近傍の定義がある．

集合 $\mathfrak{A} \subset \mathcal{L}(\mathfrak{H})$ に対し，その**可換子環**（commutant）とは，$\mathfrak{A}' := \{T \in \mathcal{L}(\mathfrak{H})\,;\, TA = AT\ (\forall A \in \mathfrak{A})\}$ である．上の定義の条件 2 は，条件「$\mathfrak{M}'' = \mathfrak{M}$」で置き換えられる（von Neumann の二重可換子環定理）．$\mathfrak{M}''$ は $\mathfrak{M}$ が生成する弱閉な代数である．

ある群 G の $\mathfrak{H}$ 上のユニタリ表現 π に対して，$\pi(G) := \{\pi(g)\,;\, g \in G\}$ とおくと，$\pi(G)''$ は $\pi(G)$ の生成する von Neumann 環である．Schur の補題によって，π が**既約**である必要十分条件は，$\pi(G)' = \boldsymbol{C}I_{\mathfrak{H}}$ である．これはまた $\pi(G)'' = \mathcal{L}(\mathfrak{H})$ に同値である．π が**因子表現** (factor representation) であるとは，$\pi(G)'' \bigcap \pi(G)' = \boldsymbol{C}I_{\mathfrak{H}}$, すなわち，“$\pi(G)$ の生成する von Neumann 環の中心が自明” である．

次の補題は基本的である．そして **12.3** 節で応用される．

補題 12.2.2 $\mathfrak{U}_f$ と $\mathfrak{V}_f$ は互いに他の可換子環である：$\mathfrak{U}_f = \mathfrak{V}_f'$, $\mathfrak{V}_f = \mathfrak{U}_f'$.

証明 第 1 式を証明する．$\mathfrak{U}_f \subset \mathfrak{V}_f'$ は明らかなので，逆の包含関係 $\mathfrak{U}_f \supset \mathfrak{V}_f'$ を示せばよい．$B \in \mathfrak{V}_f'$ をとる．B の $\mathcal{L}(\mathfrak{H}_f)$ における弱位相の近傍の基として，次のものがとれる： $\varepsilon > 0$, $v_j \in \mathfrak{H}_f$ $(j \in \boldsymbol{I}_n)$, に対し，

$$V(B|\,\varepsilon; v_1, \cdots, v_n) := \{T \in \mathcal{L}(\mathfrak{H}_f)\,;\, |\langle (B-T)v_j, v_k\rangle| < \varepsilon\ (j,k \in \boldsymbol{I}_n)\}.$$

一方，有界部分集合 $Q_N := \{T \in \mathcal{L}(\mathfrak{H}_f)\,;\, \|T\| \le N\}$ は弱閉である．そして，$\mathfrak{H}_f$ の部分集合 S でその一次結合全体 $\langle S\rangle_{\boldsymbol{C}}$ が $\mathfrak{H}_f$ で稠密なものをとる．S から決まる弱位相とは，近傍 $V(B|\,\varepsilon; v_1, \cdots, v_n)$ において，$v_1, \cdots, v_n \in S$ としたもので生成される位相である．すると，Q_N 上では，弱位相の制限と，S から決まる弱位相の制限とは一致する．

われわれは，S として，$\pi_f(H)v_f$ を取る．まず，$Bv_f \in \mathfrak{H}_f$ を $Tv_f \in \langle S\rangle_{\boldsymbol{C}}$, $T = \sum_i a_i \pi_f(\xi_i)$ で近似する．いま $\varepsilon > 0$ に対し，$\|Bv_f - Tv_f\| < \varepsilon$ とする．$v_j = \rho_f(\eta_j)v_f$ $(j \in \boldsymbol{I}_n)$ ととると，B, T ともに $\rho_f(\eta_j)$ と可換であるから，

$$\rho_f(\eta_j)(B-T)v_f = (B-T)(\rho_f(\eta_j)v_f),$$

$$\therefore\quad |\langle (B-T)v_j, v_k\rangle| = |\langle (B-T)v_f, \rho_f({\eta_j}^{-1}\eta_k)v_f\rangle| \le \|(B-T)v_f\| < \varepsilon,$$

$$\therefore\quad T \in V(B|\,\varepsilon; v_1, \cdots, v_n).$$

かくて，B の任意の弱近傍には $T \in \langle \pi_f(H)\rangle_{\boldsymbol{C}}$ が入って来る．依って，B は $\langle \pi_f(H)\rangle_{\boldsymbol{C}}$ の弱閉包 $\mathfrak{U}_f$ に入る． □

定義 12.2.3 (指標の一般的定義) Hausdorff 位相群 H に対して,

$$E(H) = \mathrm{Extr}(K_1(H))$$

の元を群 H の（正規化された）**指標**と呼ぶ.

群 H が有限群の場合, H の（有限次元）表現 π の同値類はそのトレース指標 $\chi_\pi(g) := \mathrm{tr}(\pi(g))$ により特徴付けられる. $\widetilde{\chi}_\pi := \chi_\pi/\dim\pi$ を**正規化した指標**と呼ぶが, これは $K_1(H)$ の元である. 既約表現 π の指標 χ_π は**既約指標**と呼ばれるが, それは $\|\chi_\pi\|_{L^2(G)} = 1$ で特徴付けられる（定理 1.1.8）. 群 H がコンパクトの場合, 既約指標の全体 $\{\chi_\pi\,;\,[\pi] \in \widehat{H}\}$ は, 不変関数からなる $L^2(G)$ の部分空間 $L^2(G)^G$ の正規直交基底をなす（定理 1.1.8）.

定理 12.2.3 H をコンパクト群, とくに有限群, とする. 上の定義 12.2.3 における指標は, H の既約指標の正規化に他ならない： $E(H) = \{\widetilde{\chi}_\pi\,;\,[\pi] \in \widehat{H}\}$.

証明 有限群の場合. 定理 1.1.8 により, H 上の不変関数 f は $\{\widetilde{\chi}_\pi\,;\,[\pi] \in \widehat{H}\}$ の一次結合である. さらに, $f \in K_1(H)$ ならば係数は非負実数である：

$$f = \sum_{[\pi]\in\widehat{H}} a_\pi\,\widetilde{\chi}_\pi, \quad a_\pi \geq 0, \quad 1 = f(e) = \sum_{[\pi]\in\widehat{H}} a_\pi\,.$$

ゆえに, f が端点であることの必要十分条件は f がどれかの $\widetilde{\chi}_\pi$ と一致することである.

コンパクト群の場合. 下の補題を引用すれば, $E(H) = \{\widetilde{\chi}_\pi\,;\,[\pi] \in \widehat{H}\}$ が示される. □

補題 12.2.4 (フーリエ展開) H をコンパクト群とする. 任意の $f \in K_1(H)$ は, 正規化された既約指標 $\widetilde{\chi}_\pi$ ($[\pi] \in \widehat{H}$) により, 次のように絶対一様収束する和に展開される：

$$f(h) = \sum_{[\pi]\in\widehat{H}} a_\pi\,\widetilde{\chi}_\pi(h) \ \ (h \in H), \quad a_\pi \geq 0, \quad \sum_{[\pi]\in\widehat{H}} a_\pi = 1.$$

証明 まず, H 上の連続関数 f が定義 12.1.1 の意味で正定値であることは次と同値である： H 上の連続関数の全体を $\mathcal{C}(H)$ と書くと,

$$I(\varphi) := \iint_{H\times H} f(\eta^{-1}\xi)\,\varphi(\xi)\,\overline{\varphi(\eta)}\,d\mu_H(\xi)\,d\mu_H(\eta) \geq 0 \quad (\forall\varphi\in\mathcal{C}(H)).$$

既約指標 χ_π に対し, $\varphi = \overline{\chi_\pi}$ ととり上式に代入して $b_\pi := I(\overline{\chi_\pi})$ とおくと,

$$b_\pi = \int_H f(\xi)\Big(\int_H \overline{\chi_\pi(\eta\xi)}\,\chi_\pi(\eta)\,d\mu_H(\eta)\Big)d\mu_H(\xi) = \int_H f(\xi)\,\overline{\widetilde{\chi}_\pi(\xi)}\,d\mu_H(\xi) \ge 0.$$

$a_\pi := b_\pi(\dim\pi)^2$ とし，$\widehat{H}$ の有限部分集合 F に対して，

$$f_F := \sum_{[\pi]\in F} b_\pi \dim\pi\cdot\chi_\pi = \sum_{[\pi]\in F} a_\pi\widetilde{\chi}_\pi, \quad f^F := f - f_F,$$

とおくと，$L^2(H)^H$ において，$f = f_F \oplus f^F$ (直交直和)，$f^F \perp \chi_\pi$ $(\forall[\pi]\in F)$，$f^F \in K(H)$，が示される．ゆえに，$f_F \le f$，$f^F(e) = f(e) - \sum_{[\pi]\in F} a_\pi \ge 0$.

$\sum_{[\pi]\in F} a_\pi \le f(e)$ なので，集合 $S(f) := \{[\pi]\in\widehat{H}\,;\, a_\pi > 0\}$ は高々可算であり，$|\widetilde{\chi}_\pi(g)| \le 1$ なので $f_\infty := \sum_{[\pi]\in S(f)} a_\pi\widetilde{\chi}_\pi$ は絶対一様収束して，$f_\infty \in K(H)$.

また，$f^\infty := f - f_\infty \in K(H)$，$f^\infty(e) = f(e) - \sum_{[\pi]\in F} a_\pi \ge 0$. しかし，$f^\infty \perp \chi_\pi$ $(\forall[\pi]\in\widehat{H})$ であるから，$f^\infty = 0$, よって $f = \sum_{[\pi]\in S(f)} a_\pi\widetilde{\chi}_\pi$ が分かる． □

なお，H が一般の Hausdorff 位相群である場合，そのユニタリ表現 π に対し，その表現作用素の集合 $\pi(H)$ から生成される von Neumann 環 $\mathfrak{U}(\pi) := \pi(H)''$（二重可換子環）が有限型因子環であるとき，その指標（正規化された，忠実，正則，有限なトレース）を t_π とするとき，

$$f_\pi(\xi) := t_\pi(\pi(\xi)) \quad (\xi\in H),$$

は，$E(H)$ の元，すなわち，定義 12.1.1 における指標である．そして，$E(H)$ はそれらによって尽くされる（下の **12.4.2** 小節，[HH5] 参照）

12.3 不変正定値関数（特に指標）の正規部分群への制限

G を位相群，N をその正規部分群とする．$K_1(N,G)$ で，$f\in K_1(N)$ でさらに G-不変なものの集合を表す：

$$K_1(N,G) := \{f\in K_1(N)\,;\, f(g\eta g^{-1}) = f(\eta)\ \ (\eta\in N,\ g\in G)\}. \tag{12.3.1}$$

記号 $E(N,G) := \mathrm{Extr}(K_1(N,G))$ により，凸集合 $K_1(N,G)$ の端点集合を表す．

定理 12.3.1 [HH6, Theorem 14.1] G を Hausdorff 位相群，N をその正規部分群で相対位相が入っているものとする．

(ｉ) $F \in K_1(G)$ に対し，$f = F|_N$ を N 上への制限とする．$f \in K_1(N, G)$ であり，もし $f = a_1 f_1 + a_2 f_2$, $a_i > 0, f_i \in K_1(N, G)$ ならば，$f_i\ (i = 1, 2)$ に対して，その拡張 $F_i \in K_1(G)$ が存在して，$F = a_1 F_1 + a_2 F_2$.

(ii) 任意の $F \in E(G)$ に対して，その制限 $f = F|_N$ は $E(N, G)$ に属する．

定理 12.3.1 は，随分と一般的な場合における肯定的な結果なので，その意味するところを [HH6] の **14.2** 小節で，G がコンパクトな場合にやや詳しく調べている．

定理 12.3.2　離散群 G とその正規部分群 N に対して，制限写像

$$\mathrm{Res}_N^G :\ E(G) \ni F \longmapsto f = F|_N \in E(N, G),$$

は全射（上への写像）である．

証明　任意の $f \in E(N, G)$ をとる．f を N の外側では 0 とおいて，G 全体に拡張したものを F_f とおく．これは $K_1(G)$ の元である．他方，離散群 G に対しては，$K_{\le 1}(G)$ は弱コンパクトであり，$\mathrm{Extr}(K_{\le 1}(G)) = E(G) \bigsqcup \{0\}$ である．弱コンパクトな凸集合 $K_{\le 1}(G)$ に，Bishop - de Leeuw の積分表示定理（定理 10.4.2）を適用すると，F_f に対して，$E(G)$ 上の測度 μ_f があって，

$$F_f = \int_{E(G)} F\, d\mu_f(F),\ \text{ゆえに}\ f = \int_{E(G)} (F|_N)\, d\mu_f(F).$$

ところが，定理 12.3.1 (ii) により，任意の $F \in E(G)$ に対し，$F|_N \in E(N, G)$ である．よって，上式は，$f \in E(N, G)$ を $F|_N \in E(N, G)$ の積分で表している．f は端点であるから，（μ_f に関して）ほとんどすべての F に対し，$F|_N = f$.　□

12.4　位相群上の正定値関数と因子表現の指標

12.4.1　局所コンパクト群に対する正定値関数の一般論

ここで，Dixmier [Dix2, §13] の局所コンパクト群に対する一般論を解説しよう．次の **12.5** 節で，それを我々の場合に適用する．G を局所コンパクト群とする．G 上の左不変な Haar 測度を μ_l と書く．任意の固定元 $h \in G$ に対し，$d\mu_l(gh) := \Delta(h)\, d\mu_l(g)$ により，モデュール $\Delta(h)$ を与える．このとき，$d\mu_l(g^{-1}) = \Delta(g)^{-1} d\mu_l(g)$, $\Delta(gh) = \Delta(g)\Delta(h)\quad (g, h \in G)$. そして $d\mu_r(g) := \Delta(g)^{-1}\, d\mu_l(g) = d\mu_l(g^{-1})$ は右不変 Haar 測度である（[Wei1, §8] 参照）．$\Delta(g) \equiv 1\ (g \in G)$ のとき，G をユニモデュラー（unimodular）という．コンパクト群や

連結半単純リー群はユニモデュラーである．μ_l に関する $L^1(G)$ に $*$-代数の構造を次の演算によって入れる： $\phi, \psi \in L^1(G)$ に対し，

$$\phi * \psi(g) := \int_G \phi(h^{-1}g)\psi(h)\, d\mu_l(h), \ \ \phi^*(g) := \Delta(g^{-1})\,\overline{\phi(g^{-1})} \quad (g \in G).$$

$L^\infty(G)$ と $L^1(G)$ の自然な対合（ついごう） (pairing) として，

$$L^\infty(G) \times L^1(G) \ni (F, \psi) \mapsto \langle F, \psi \rangle := \int_G F(g)\,\psi(g)\, d\mu_l(g) \in \boldsymbol{C},$$

を考える．$L^\infty(G)$ 上の汎弱位相 $\sigma(L^\infty(G), L^1(G))$ とは，$L^\infty(G)$ 上の汎関数 $\psi(F) := \langle F, \psi \rangle$ $(\psi \in L^1(G))$ をすべて連続にするような（線形空間としての）最弱位相のことである[2)]．

(1°) $F \in L^\infty(G)$ が $L^1(G)$ 上に定義する線形汎関数 $F(\psi) := \langle F, \psi \rangle$ $(\psi \in L^1(G))$ が正 (positive), すなわち，$F(\psi * \psi^*) \geq 0$ $(\forall \psi)$, であるための必要十分条件は，F が連続な正定値関数とほとんど至るところ一致することである（[Dix2, Théorème 13.4.5(i)]）.

(2°) $\mathcal{P}_{\leq 1}(G) := \{F \in \mathcal{P}(G)\,;\, F(e) \leq 1\} \subset L^\infty(G)$ は汎弱コンパクトである．

(3°) $\mathcal{P}_1(G) := \{F \in \mathcal{P}(G)\,;\, F(e) = 1\}$ の上の汎弱位相 $\sigma(L^\infty(G), L^1(G))$ はコンパクト一様収束の位相と一致する（[Dix2, Théorème 13.5.2]）.

(4°) G を第 2 可算（すなわち，開集合族に可算基が存在する）とする．$\mathcal{P}_{\leq 1}(G)$ は第 2 可算な弱コンパクト集合である（何故なら $L^1(G)$ は第 2 可算）．$g \in G$ に対し，$\mathcal{P}_{\leq 1}(G)$ 上の汎関数 $\mathcal{P}_{\leq 1}(G) \ni F \mapsto F(g) \in \boldsymbol{C}$ は Borel 可測である．凸集合 $\mathcal{P}_{\leq 1}(G)$ の端点集合から 0 を除いたものを $\mathcal{E}(G)$ とすると，これは G_δ 集合である（[Dix2, 13.6.8]）.

(5°) G を第 2 可算とする．任意の $F \in \mathcal{P}_1(G)$ に対して，汎弱コンパクト集合 $\mathcal{P}_{\leq 1}(G)$ の上の，$\mathcal{E}(G)$ に集中する確率測度 μ_F があって，F は端点集合 $\mathcal{E}(G)$ 上の積分で

(12.4.1)
$$F(g) = \int_{\mathcal{E}(G)} F'(g)\, d\mu_F(F') \quad (g \in G).$$

と積分表示される（[Dix2, 13.6.8, Proposition]）.

---

2) $L^1(G)$ の双対空間は $L^\infty(G)$ だが，$L^\infty(G)$ の双対空間は（一般には）$L^1(G)$ より大きいので，汎（はん）という接頭語が弱（じゃく）の前に付いているのである．

そこで，上の命題 **(5°)** に G-不変性を加えると，次のようになる．$h \in G$ による内部自己同型で $F \in \mathcal{P}(G)$ を動かすと，

$$F \mapsto \iota(h)F, \quad (\iota(h)F)(g) := F(h^{-1}gh) \ \ (g \in G),$$

となる．この写像は汎弱位相に関して $\mathcal{P}_{\leq 1}(G)$ の上で連続である．

さらに，G が第 2 可算とする．G で至る処稠密な可算部分集合 X をとると，$F \in \mathcal{P}(G)$ が G-不変であることは，可算個の連続写像による条件 $\iota(h)F = F$ $(h \in X)$ で表される．これにより，$E(G) = \mathcal{E}(G) \cap K_1(G)$ の可測性が保証される．かくて (1°)〜(5°) から次の定理が得られる．

定理 12.4.1 G を第 2 可算な局所コンパクト群とする．$E(G) \subset K_1(G)$ は汎弱位相で Borel 可測である．任意の $F \in K_1(G)$ に対して，$E(G)$ 上の確率測度 ν_F が存在して，

$$F(g) = \int_{E(G)} F'(g)\, d\nu_F(F') \quad (g \in G). \tag{12.4.2}$$

注 12.4.1 [Dix2] を元にした上の定理などでは前提条件「G は第 2 加算」が付いている．しかし，Choquet の定理 [Cho] を拡張した Bishop - de Leeuw の積分表示定理（定理 10.4.2）を元にすれば，定理 12.4.1, は G が第 2 可算でない場合にも成立することが分かる．

12.4.2 位相群の因子表現の指標

$\mathfrak{U}$ を Hilbert 空間 $\mathfrak{H}$ 上の有界作用素よりなる von Neumann 環，$\mathfrak{U}^+$ を $\mathfrak{U}$ の非負自己共役作用素全体の集合とする．ただし，自己共役な $T \in \mathfrak{U}$ が**非負**とは，$\langle Tv, v\rangle \geq 0$ $(\forall v \in \mathfrak{H})$ を満たすことである．

$\mathfrak{U}^+$ 上の**トレース**（trace）t とは，写像 $\mathfrak{U}^+ \to \boldsymbol{R}_{\geq 0} \sqcup \{\infty\}$ であって，$S, T \in \mathfrak{U}^+$ に対し，

$$\begin{cases} t(S+T) = t(S) + t(T), \quad t(\lambda T) = \lambda\, t(T) \ (\lambda \geq 0), \\ t(UTU^{-1}) = t(T) \ (\forall U \in \mathfrak{U}, \text{ユニタリ}), \end{cases}$$

を満たすものである．t は，$t(S) < \infty$ $(\forall S \in \mathfrak{U}^+)$ のとき，**有限**といわれ，

$$t(S) = \sup\{t(T)\,;\, T \in \mathfrak{U}^+,\, t(T) < \infty,\, T \leq S\} \quad (\forall S \in \mathfrak{U}^+),$$

を満たすときに，**半有限**（semifinite），また，$t(S) = 0 \Rightarrow S = 0$ のとき，**忠実**（faithful），と言われる．$\mathfrak{U}^+$ 上の半有限トレース t が，$\mathfrak{U}^+$ の任意の有界な上向き

有向族 $\{T_\alpha\}$ に対し，$t(\sup T_\alpha) = \sup t(T_\alpha)$, となるときに，$t$ を**正規**（normal）という．$\mathfrak{A}$ 上の線形汎関数 ϕ は，$t = \phi|_{\mathfrak{A}^+}$ が正規であるとき，**正規**と言われる．$\mathfrak{A}^+$ 上の有限トレース t の $\mathfrak{A} = (\mathfrak{A}^+ - \mathfrak{A}^+) + i(\mathfrak{A}^+ - \mathfrak{A}^+)$, $i = \sqrt{-1}$, 上への線形形式への（一意的）拡張を ϕ と書く．

$\mathfrak{A}$ が**因子**（factor）であるとは，その中心 $\mathfrak{Z}$ がスカラー作用素 λI ($\lambda \in \boldsymbol{C}$, $I =$ 恒等作用素) ばかりからなるときである．

定義 12.4.1 [Dix1, I.6.7, Definition 5] von Neumann 環 $\mathfrak{A}$ が**有限**（もしくは，**半有限**）とは，任意の $T \in \mathfrak{A}^+, \neq 0$, に対し，有限（もしくは半有限）な正規トレース t で $t(T) \neq 0$ となるものがあるときである．

命題 12.4.2 [Dix1, I.6.4, Corollary of Theorem 3] von Neumann 環が因子ならば，その上では 2 つの半有限忠実正規トレースは，スカラー倍を除いて一致する．

有限型因子環は I_n 型 $(1 \leq n < \infty)$ か II_1 型である．そこでは，恒等作用素 I において，$t(I) = 1$ とすれば有限忠実正規トレース t は一意的である．

定義 12.4.2 ([Dix2, Définition 5.2.6] 参照) Hausdorff 位相群 G のユニタリ表現 π に対して，von Neumann 環 $\mathfrak{A}_\pi = \pi(G)''$ が因子であるとき，π を**因子表現**という．$\mathfrak{A}_\pi$ が有限型であるとき，**有限型因子表現**という．

定義 12.4.3 [Dix2, Définition 5.3.2] Hausdorff 位相群 G の 2 つのユニタリ表現 π_1, π_2 に対して，$\mathfrak{A}_{\pi_1} \to \mathfrak{A}_{\pi_2}$ の $*$-代数としての同型 Φ が存在して，$\Phi(\pi_1(g)) = \pi_2(g)$ $(g \in G)$ となるとき，π_1 と π_2 とは**擬同値**（quasi-equivalent）であるという．

命題 12.4.3 (i) G の因子表現に擬同値なユニタリ表現はまた因子表現である．([Dix2, Proposition 5.3.4])

(ii) 因子表現は，任意の 0 でない不変閉部分空間への制限と擬同値である．したがって巡回的因子表現と擬同値である．([Dix2, Proposition 5.3.5])

π が G の有限型因子表現であるとする．$\mathfrak{A}_\pi^+$ には，$t_\pi(I) = 1$ となる有限忠実正規トレース t_π が一意的に存在する．$\mathfrak{A}_\pi$ の線形汎関数への拡張を ϕ_π とし，

$$f_\pi(g) := \phi_\pi(\pi(g)) \quad (g \in G), \tag{12.4.3}$$

とおくと，f_π は G 上の正規化された不変正定値関数である，すなわち，$f_\pi \in$

$K_1(G)$.

G の有限型因子表現 π の擬同値による同値類を $[\pi]$ とし，その全体を $\mathrm{URff}(G)$ で表す（URff は Unitary Representation factorial of finite type の略）

定理 12.4.4 [HH5, Theorem 1.6.2] Hausdorff 位相群 G に対して，(12.4.3) による写像 $\mathrm{URff}(G) \ni [\pi] \to f_\pi$ は，$E(G)$ の上への全単射を与える．$E(G)$ からの逆対応は，$f \in E(G)$ に対応する Gelfand-Raikov 表現 π_f を使って，

$$E(G) \ni f \to [\pi_f] \in \mathrm{URff}(G)$$

で与えられる．

定義 12.4.4 π を G の有限型因子表現とする．π の von Neumann 環論における**指標**とは，上の t_π もしくはその拡張 ϕ_π である．π の定義 12.2.3 における**指標**とは，(12.4.3) の $f_\pi \in E(G)$ である．

定理 12.4.4 により，$E(G)$ の各元 f を G の指標と呼ぶ**定義 12.2.3** が合理化されている．

[Dix2, 17.3] では，定理 12.4.4 の全単射は，G が局所コンパクトで**ユニモデュラー**のときに示されている．この制限条件は [Voic] では言及されていない．

12.5　環積 $G = \mathfrak{S}_\infty(T)$ から標準的部分群への制限

T をコンパクト可換群とし，S をその開部分群とする．N を $G = \mathfrak{S}_\infty(T)$ の次の正規部分群（相対位相を入れる）のどれかとする：

$$G^a := \mathfrak{A}_\infty(T) = D_\infty(T) \rtimes \mathfrak{A}_\infty,\ G^S := \mathfrak{S}_\infty(T)^S,\ G^{a,S} = G^a \cap G^S =: \mathfrak{A}_\infty(T)^S.$$

T が有限群のときは，G は離散群である．T が無限のときは，$\mathfrak{S}_n(T), n < \infty$, はコンパクト群であるが，それらの帰納極限 $\mathfrak{S}_\infty(T) = \varinjlim_{n\to\infty} \mathfrak{S}_n(T)$ は，帰納極限位相で局所コンパクトではない（[TSH, §3], [HSTH, Proposition 6.5 (iii)]）．S が開なので，N は G の開正規部分群であり，T/S および G/N は有限群である．一般理論における定理 12.3.1 により，写像 $E(G) \ni F \mapsto f = F|_N \in E(N, G)$ が得られている．上記の特別の場合にはさらに踏み込んで，この写像が $E(G) \to E(N)$ の全射を与えることが示される．

定理 12.5.1 $G = \mathfrak{S}_\infty(T)$ をコンパクト可換群 T と無限対称群 $\mathfrak{S}_\infty$ の環積と

し，N をその正規部分群で上に挙げたものの 1 つとする．このとき，$E(N)=E(N,G)$ である．制限写像 $E(G)\ni F\mapsto f=F|_N\in E(N)=E(N,G)$ は全射であり，G の指標の N への制限は N の指標であり，すべての N の指標はこのようにして得られる．

この定理の証明は 2 つの補題に分けられる．

補題 12.5.2 (i) 群 N 上の関数 φ が不変，すなわち，N-不変ならば，G-不変である．

(ii) 群 N 上の正規化された不変正定値関数の全体 $K_1(N)$ は $K_1(N,G)$ に一致する．したがって，$E(N)=E(N,G)$.

証明 勝手な $h\in N, g\in G$ に対して，$h_0\in N$ が存在して，$ghg^{-1}=h_0hh_0^{-1}$ となることを示す．そのためには，G の生成元系の各元 g に対して h_0 が取れることを示せばよい．$h=(d,\sigma)\in D_\infty(T)\rtimes\mathfrak{S}_\infty$ とし，$\mathrm{supp}(h)=\mathrm{supp}(\sigma)\bigcup\mathrm{supp}(d)\subset\boldsymbol{N}$ をとる．

$g=\sigma_0\in\mathfrak{S}_\infty\setminus\mathfrak{A}_\infty$ のときには，$\sigma_1\in\mathfrak{S}_\infty$, $\mathrm{supp}(\sigma_1)\cap\mathrm{supp}(h)=\varnothing$ となるものにより，$h_0=\sigma_0\sigma_1\in\mathfrak{A}_\infty$ とできる．何故なら，σ_1 と h とは可換だから．

$g=d_0\in D_\infty(T)$, $P(d_0)\notin S$, のときにも，上と同様に $\mathrm{supp}(h)$ の外側に台のある $d_1\in D_\infty(T)$ をとり，$h_0=d_0d_1$, $P(d_0d_1)\in S$, ととればよい． □

補題 12.5.3 写像 $E(G)\ni F\mapsto f=F|_N\in E(N)=E(N,G)$ は全射である．

証明 定理 12.3.1 と上の補題を踏まえて，次の命題を証明する：

(*)「任意の $f\in E(N)=E(N,G)$ は G のある指標 $F\in E(G)$ の制限である.」

T **が有限群の場合**． $G=\mathfrak{S}_\infty(T)$ は可算な離散群である．当然，局所コンパクトであるから，定理 12.4.1 を適用できる．F の積分表示 (12.4.2) の両辺を部分群 N に制限すると，N は可算，$F|_N=f$, であるから，

$$f(\xi)=\int_{E(G)}(F'|_N)(\xi)\,d\nu_F(F')\quad(\xi\in N).$$

ところが，f は端点であるから，（ν_F に関して）ほとんど全ての F' につき，$F'|_N\in K_1(N)$ は f に一致しなければならない．

$S\subset T$ **が開な無限群の場合**．N は開部分集合であるから，f を N の外側で 0 とおいて，G 上に拡張した関数を F とすると，F は G で連続である．また，

正定値であるから，$F \in K_1(G)$. T が有限群の場合の上の証明を見れば分かるように，(12.4.2) に類するような，$K_1(G)$ の元の積分表示があれば，証明は完結する．ところが，帰納極限 $G_\infty = \lim_{n\to\infty} G_n$, $G_n = \mathfrak{S}_n(T)$, の帰納極限位相 τ_{ind}（定義 13.0.1 参照）は，この場合にはもはや局所コンパクトではない（[HSTH, Proposition 6.5 (iii)]）．したがって，残念ながら，上の定理 12.4.1 はもはや使えない．そこで，以下では全く違ったやり方をとる．

ρ を N の因子表現で，次の条件を満たすとする： 表現空間 $V(\rho)$ に巡回ベクトル v_0 で，長さ 1，$f(\xi) = \langle \rho(\xi)v_0, v_0\rangle$ $(\xi \in N)$, となるものがある．他方，$G_\infty = \lim_{n\to\infty} G_n$ であるから，$V(\rho)$ は可分強コンパクト集合 $W_n = \rho(N\cap G_n)v_0$, $n \geq 1$, の張る部分空間の合併の閉包である．したがって，$V(\rho)$ は可算な稠密部分集合を持ち，$V(\rho)$ は可分である．

仮定により，S は T で開ゆえ，N は G で開，商群 G/N は有限群である．その上の不変測度として，集合の個数を数える測度をとる．すると，誘導表現 $\Pi = \mathrm{Ind}_N^G \rho$ は $V(\rho)$-値の $\ell^2(G/N)$-空間の部分空間に実現できる．その空間は可分である．G 上の $V(\rho)$-値関数 $\boldsymbol{\psi}$ で $\boldsymbol{\psi}(hg) = \rho(h)\boldsymbol{\psi}(g)$ $(h \in N, g \in G)$ を満たすものの空間 $V'(\Pi)$ をとると，$(\Pi(g_0)\boldsymbol{\psi})(g) := \boldsymbol{\psi}(gg_0)$ $(g_0, g \in G, \boldsymbol{\psi} \in V'(\Pi))$.

G/N の G 内の切断を使った別の実現をとろう．その表現空間 $V(\Pi)$ では，G/N の完全代表元系 $\{s_i\,;\, 1 \leq i \leq M\}$ で，$s_1 = e$ となるものを取ると，上のベクトル $\boldsymbol{\psi}(g)$ は，

$$\boldsymbol{w} := (v_i)_{1\leqslant i\leqslant M},\ \ v_i = \boldsymbol{\psi}(s_i) \in V(\rho),\ \|\boldsymbol{w}\|^2 := \sum_{1\leqslant i\leqslant M} \|v_i\|^2,\ \text{で表され,}$$

$$\Pi(g_0)\boldsymbol{w} = \boldsymbol{w}' = (v_i')_{1\leqslant i\leqslant M},\ \ v_i' = \boldsymbol{\psi}(s_i g_0) = \rho(h_i')v_{i'},\ \ s_i g_0 = h_i' s_{i'}\ (1 \leq i \leq M).$$

そこで，単位ベクトル $\boldsymbol{w}_0 = (v_i)_{1\leqslant i\leqslant M}$, $v_1 = v_0$, $v_i = 0$ $(\forall i > 1)$, をとると，$\boldsymbol{w}_0$ は巡回ベクトルで，その行列要素として F が得られる．実際，

$$\langle \Pi(\xi)\boldsymbol{w}_0, \boldsymbol{w}_0\rangle = f(\xi)\ (\xi \in N), \quad \langle \Pi(g)\boldsymbol{w}_0, \boldsymbol{w}_0\rangle = 0\ (g \notin H).$$

何となれば，$g \notin N$ に対して，$s_1 g = g \notin N$, したがって，$\Pi(g)\boldsymbol{w}_0$ の第 1 成分は $\mathbf{0}$ で，$\langle \Pi(g)\boldsymbol{w}_0, \boldsymbol{w}_0\rangle = 0$. よって，$F(g) = \langle \Pi(g)\boldsymbol{w}_0, \boldsymbol{w}_0\rangle$.

可分な表現空間 $V(\Pi)$ 上の，Π が生成する von Neumann 環 $\mathfrak{U}(\Pi) = \Pi(G)''$ をとり，F に対応する正規トレース（normal trace）を Φ と書くと，上述のように $\Phi(B) = \langle B\boldsymbol{w}_0, \boldsymbol{w}_0\rangle$ $(B \in \mathfrak{U}(\Pi))$ と書けている．$\mathfrak{Z}$ を $\mathfrak{U}(\Pi)$ の中心とする．Π の因子分解を使いたいのだが，それには，可分なヒルベルト空間上の von

Neumann 環に対する因子分解の一般論（e.g., [Tak, Theroem IV.8.21] 参照）を援用する．また，$\mathfrak{U}(\Pi)$ 上の有限正規トレースは $\mathfrak{Z}$ 上への制限で決まる（e.g., [Tak,Theorem V.2.6] 参照）．$\widehat{\mathfrak{Z}}$ を $\mathfrak{Z}$ の 1 次元表現の全体とする．$\widehat{\mathfrak{Z}}$ 上の因子表現の場 $(\Pi_\chi, \mathcal{H}(\Pi_\chi))$, $\chi \in \widehat{\mathfrak{Z}}$, と $\widehat{\mathfrak{Z}}$ 上の測度 μ があって，

$$\Pi = \int_{\widehat{\mathfrak{Z}}}^{\oplus} \Pi_\chi \, d\mu(\chi), \qquad V(\Pi) = \int_{\widehat{\mathfrak{Z}}}^{\oplus} \mathcal{H}(\Pi_\chi)\, d\mu(\chi).$$

この分解において，$\boldsymbol{w}_0 \in V(\Pi)$ と $B \in \mathfrak{U}(\Pi)$, に対して，

$$\boldsymbol{w}_0 = \int_{\widehat{\mathfrak{Z}}}^{\oplus} \boldsymbol{w}_{0,\chi}\, d\mu(\chi), \quad B = \int_{\widehat{\mathfrak{Z}}}^{\oplus} B_\chi \, d\mu(\chi),$$

したがって，$\langle B\boldsymbol{w}_0, \boldsymbol{w}_0\rangle = \int_{\widehat{\mathfrak{Z}}} \langle B_\chi \boldsymbol{w}_{0,\chi}, \boldsymbol{w}_{0,\chi}\rangle \, d\mu(\chi)$. ここで，殆どすべての χ に対して $\boldsymbol{w}_{0,\chi}$ は Π_χ の巡回ベクトルである．$\Phi_\chi(D) := \langle D\boldsymbol{w}_{0,\chi}, \boldsymbol{w}_{0,\chi}\rangle$ $(D \in \mathfrak{U}(\Pi_\chi))$ とおくと，

$$\text{(12.5.1)} \qquad \Phi(B) = \int_{\widehat{\mathfrak{Z}}} \Phi_\chi(B_\chi)\, d\mu(\chi) \qquad (B \in \mathfrak{U}(\Pi))$$

であり，Φ_χ は殆どすべての $\chi \in \widehat{\mathfrak{Z}}$ に対して，（上の形から）正規トレースで，さらに因子表現 Π_χ の正規化された指標である．$B = \Pi(g)$ $(g \in G)$ に対し，$B_\chi = \Pi_\chi(g)$ なので，

$$F_\chi(g) := \Phi_\chi(B_\chi) = \langle \Pi(\chi)(g)\boldsymbol{w}_{0,\chi}, \boldsymbol{w}_{0,\chi}\rangle \ (g \in G)$$

とおくと，F_χ は $E(G)$ の元であり，$F(g) = \int_{\widehat{\mathfrak{Z}}} F_\chi(g)\, d\mu(\chi)$.

$F|_N = f$ なので，$f = \int_{\widehat{\mathfrak{Z}}} F_\chi|_N \, d\mu(\chi)$. 他方，$f$ は $K_1(N)$ の端点なので，殆どすべての χ につき，$F_\chi|N = f$，すなわち，$F_\chi \in E(G)$ は f の拡張である．□

定理 12.5.4　群 H がコンパクト群とする．H のユニタリ表現 π が因子表現であることは，π がある既約表現 ρ の重複（mutiple）であることである．さらに，因子表現が巡回的であるためには，重複度 $m(\rho)$ につき，$0 < m(\rho) \le \dim \rho$.

なお，無限一般化対称群 $G(m,1,\infty) = \mathfrak{S}_\infty(\boldsymbol{Z}_m)$ の表現群 $R(G(m,1,\infty))$ とその標準的正規部分群の場合については，さらに **9.5** 小節を参照されよ．

問題 12.5.1　定理 12.5.4 の証明を与えよ．

第 13 章

群の帰納極限と指標の極限

コンパクト群の帰納極限. コンパクト群 H_n の増大列

(13.0.1) $$H_0 \overset{\psi_0}{\hookrightarrow} H_1 \overset{\psi_1}{\hookrightarrow} \cdots \overset{\psi_{n-1}}{\hookrightarrow} H_n \overset{\psi_n}{\hookrightarrow} H_{n+1} \overset{\psi_{n+1}}{\hookrightarrow} \cdots$$

で，埋め込み写像 $\psi_n : H_n \hookrightarrow H_{n+1}$ が連続であるものをとる．その帰納極限は，$m < n$ に対して，$\psi_{m,n} := \psi_{n-1} \cdots \psi_m : H_m \hookrightarrow H_n$ としたとき，H_m と H_n 内のその像とを同一視すれば，帰納極限の群は

(13.0.2) $$H_\infty := \lim_{n\to\infty} H_n = \bigcup_{0\leqslant n<\infty} H_n$$

であり，位相として H_n の位相 τ_{H_n} の帰納極限 $\tau_{ind} := \lim_{n\to\infty} \tau_{H_n}$ を入れる．このとき，(H_∞, τ_{ind}) は位相群になる（[TSH, Theorem 2.7]）．ただし，τ_{ind} の定義は次である：

定義 13.0.1 (位相の帰納極限) 部分集合 $X \subset H_\infty$ が τ_{ind}-開であるとは，任意の n について，$X \cap H_n$ が τ_{H_n}-開であることである．

もしすべての H_n が有限群ならば，H_∞ は可算離散群である．しかし，H_n が有限群ではなく，$n \gg 0$ において一定ではない，とすると，$(H_\infty, \tau_{H_\infty})$ はもはや局所コンパクトではない（[HSTH, Proposition 6.5 (iii)]）．

我々は本章において，H_n の（正規化された）既約指標の $n \to \infty$ における極限挙動と極限に関する一般論を与える（[HHH4, §14] 参照）．これは，当面の目標としては，有限一般化対称群 $G(m,1,n)$ の既約指標やスピン既約指標を求めて，それらの $n \to \infty$ の極限として（母群としての）無限一般化対称群 $G(m,1,\infty)$ の指標やスピン指標を求める目的に使われる．そうして得られた母群の場合の結果に，前章の制限写像 $F \mapsto f = F|_N$ を援用して，子群 $G(m,p,\infty)$, $p|m$, $p > 1$, とその表現群の場合の結果を導く（**9.5** 節参照）のであるが，本書ではこの後段部分の詳細は割愛する（詳しくは [HHo2, §15] 参照）．

すべての H_n が有限群の場合，帰納極限の群 H_∞ を Kerov [Ker, p.5] にしたがって，**局所有限群**と呼ぶ．この種の群に対しての研究は，Vershik-Kerov [VK1] による対称群の場合 $\mathfrak{S}_n \nearrow \mathfrak{S}_\infty$ が始まりである．[Bia] が続き，その後，[HH1]–[HH3], [Boy] が有限群 T の環積群の場合 $\mathfrak{S}_n(T) \nearrow \mathfrak{S}_\infty(T)$，次いで [HH4], [HH6], [HHH3] によるコンパクト群 T の環積群 $\mathfrak{S}_n(T)$ の場合が研究された．さらに，極限の群に限らずより一般的に，「分岐するグラフ」に関する極限の理論が，Jack グラフについて [KOO]，より一般のグラフについて [BO], [Ols], [HoHH], [HHoH2], [HoH] 等により研究された．

我々の当面の目標には，局所有限群の場合が必要なのだが，より一般の「無限コンパクト群の増大列の極限」の場合には新たな現象も生じてくるので，2 つの場合をまとめて一緒に述べるのが，状況がより分かり易くなるので望ましい．そのための一般的な設定や結果も簡潔に，しかし十分読める形で述べる．具体例として複素鏡映群やコンパクト群 T の環積群 $\mathfrak{S}_\infty(T) = \lim_{n\to\infty} \mathfrak{S}_n(T)$ の場合を取り扱う．望ましくはないが避け得ない現象の例にも触れる（例 13.6.2 (1), 注 13.6.1 (p.424)）．

13.1 コンパクト群の増大列と分岐グラフ

設定 G1（コンパクト群の双対の列）． コンパクト群の増大列 (13.0.1) に対し，双対の列 $\widehat{H_n}$ $(n = 0, 1, 2, \cdots)$ をグラフによって記述しよう．叙述の都合により，出発点の群を単位元だけからなる自明な群 $H_0 = \{e\}$ とし，コンパクト群 H_n は強い意味で増大している，とする．H_n の双対 $\boldsymbol{G}_n := \widehat{H_n}$ に対して**隣接関係** (adjacent relation) $\nearrow$ を次のように導入する．$\alpha \in \boldsymbol{G}_n = \widehat{H_n}$ と $\beta \in \boldsymbol{G}_{n+1} = \widehat{H_{n+1}}$ に対し，$\alpha \nearrow \beta$ とは α が実際に制限 $\beta|_{H_n}$ に含まれていることを意味する．$m < n$, $\alpha \in \boldsymbol{G}_m$, $\beta \in \boldsymbol{G}_n$ に対し，$m(\alpha, \beta)$ によりその重複度を表す：$m(\alpha, \beta) := [\beta|_{H_m} : \alpha]$．グラフの記号として，

$$\boldsymbol{G} := \bigsqcup\nolimits_{n\geqslant 0} \boldsymbol{G}_n, \quad \boldsymbol{G}_n = \widehat{H_n}, \tag{13.1.1}$$

とおき，$\boldsymbol{G}_0$ の唯一の元を $\varnothing$ と書く．

例 13.1.1 一般化対称群の一例として，B_n/C_n 型 Weyl 群 $H_n = \mathfrak{S}_n(T), T = \boldsymbol{Z}_2$, をとり，その既約表現の分岐グラフを図 **13.1.1** に示す（[HoHH, Figure 1] 参照）．この場合には，$\alpha \in \boldsymbol{G}_n$, $\beta \in \boldsymbol{G}_{n+1} = \widehat{H_{n+1}}$ に対する 重複度は $m(\alpha, \beta) = [\beta|_{H_n} : \alpha] = 0, 1,$ であり（これを**重複度無し**ともいう），線で結ばれているところ

だけ $m(\alpha,\beta)=1$ である．

この図では，既約表現 $\breve{\Pi}_{\Lambda^n}$（定理 11.2.2 参照）をそのパラメーター $\Lambda^n=(\boldsymbol{\lambda}^{\zeta_0},\boldsymbol{\lambda}^{\zeta_1})\in \boldsymbol{Y}_n(\widehat{T})$, $T=\boldsymbol{Z}_2$, $\zeta_0=\mathbf{1}_{\boldsymbol{Z}_2}$, $\zeta_1=\mathrm{sgn}_{\boldsymbol{Z}_2}$, で代表させる．さらに，参考のため，図では Λ^n の右側に次元 $\dim\breve{\Pi}_{\Lambda^n}$ を付加してある．その値はグラフ上で $\beta=\Lambda^n$ と始点 $\alpha_0=\varnothing\varnothing\in \boldsymbol{G}_0$ とを結ぶ道の個数に等しい．

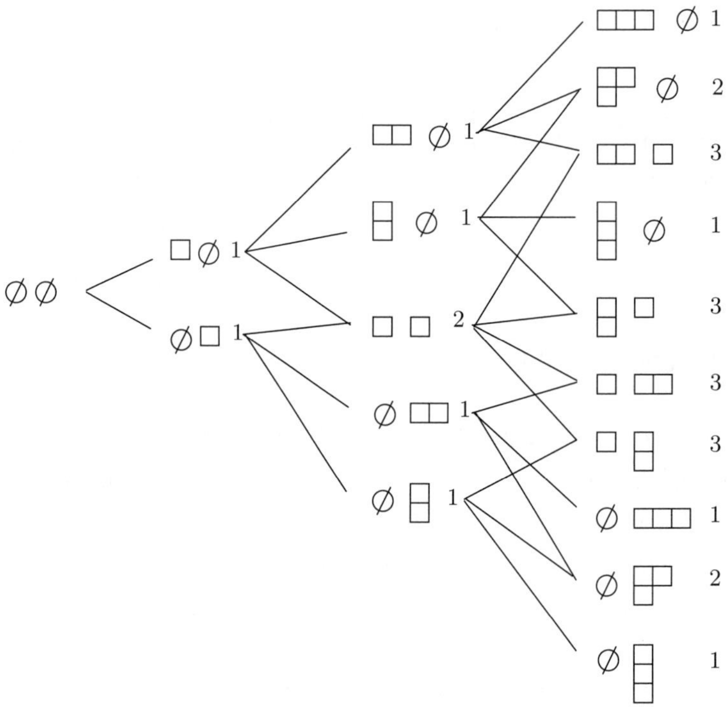

図 13.1.1　$H_n=\mathfrak{S}_n(\boldsymbol{Z}_2)$ の既約表現 $\breve{\Pi}_{\Lambda^n}$ (付. 次元) の分岐グラフ．

例 13.1.2　$m\geq 1$ 偶, $p|m$, を固定して鏡映群の増大列

$$H_n=G(m,p,n)=\mathfrak{S}_n(\boldsymbol{Z}_m)^{S(p)},\quad n\geq 1,$$

をとる．上の定義に合わせるために自明な群 $H_0=\{e\}$ をトップに付加する．$p=1$, すなわち，一般化対称群の場合には，$H_n=\mathfrak{S}_n(\boldsymbol{Z}_m)$ の双対 $\boldsymbol{G}_n$ は，誘導表現の理論（第 **1.2** 節）により決定できる．$\alpha\in\boldsymbol{G}_n$, $\beta\in\boldsymbol{G}_{n+1}=\widehat{H_{n+1}}$ に対する

$\alpha \nearrow \beta$ の状況や重複度 $m(\alpha, \beta) = [\beta|_{H_n} : \alpha]$ を具体的に書き下すのは,「誘導表現の制限」の理論（第 **1.2.8** 小節）を使えば具体的に計算できる.

例 13.1.3 一般化対称群 $G(m, 1, n) = \mathfrak{S}_n(\boldsymbol{Z}_m)$ をとり，目下われわれが研究しているスピン表現を問題にすると，表現群 $H_n = R(G(m, 1, n))$, $n \geq 4$, を取り扱うことになる．$n = 1, 2, 3$, の場合は特別なので避けておき，$H_0 = H_1 = H_2 = H_3 = \{e\}$ とおく．$H_n = R(G(m, 1, n))$ の双対 $\boldsymbol{G}_n = \widehat{H_n}$ は，第 11 章で（特定のスピン型に対して）詳しく決定されている．$\alpha \nearrow \beta$ や重複度 $m(\alpha, \beta) = [\beta|_{H_n} : \alpha]$ を具体的に調べることもできる.

設定 G1 をもっと一般化して次のように分岐グラフという設定を導入する.

設定 G2 (分岐グラフ). 分岐グラフとは層分けされた**頂点** (vertex) の集合 $\boldsymbol{G} = \bigsqcup_{n \geqslant 0} \boldsymbol{G}_n$ と辺 (edge) の集合の組で，次の公理系 (BG1)～(BG4) を満たすものである．ここに，$\boldsymbol{G}_n$ の元はレベル n の頂点と呼ばれる（[HHoH2, §14] 参照).

(BG1) 2 つの頂点 $\alpha, \beta \in \boldsymbol{G}$ は，それらが引き続いたレベルにあるときに限り**隣接** (adjacent) し得る．$\alpha \in \boldsymbol{G}_n$ と $\beta \in \boldsymbol{G}_{n+1}$ とが隣接していることを $\alpha \nearrow \beta$ で表す，そして (α, β) を内向き (ingoing) の β の辺，または外向き (outgoing) の α の辺，という.

(BG2) $\boldsymbol{G}_0$ は単一の元 $\varnothing$ からなり，それは内向きの辺を持たない.

(BG3) $\varnothing$ を除くすべての頂点に対し，内向きの辺，外向きの辺，はそれぞれ空ではない集合をなす．前者は有限集合で，後者は無限集合でもあり得る.

(BG4) もし $\alpha \nearrow \beta$ ならば，辺 (α, β) には**重複度**と呼ばれる正実数 $\kappa(\alpha, \beta) > 0$ が付随する．$\alpha \in \boldsymbol{G}_n, \beta \in \boldsymbol{G}_{n+1}$ が隣接していないときには，$\kappa(\alpha, \beta) = 0$ とおく.

公理系 (BG1)～(BG4) から，$\boldsymbol{G}$ が連結であることが分かる．実際，任意の $\beta \in \boldsymbol{G}$ が元 $\varnothing$ と何個かの辺を経ることによって繋がっている.

定理 13.1.1 設定 G1，すなわち，コンパクト群の増大列 $H_n, n \to \infty$, から決まる (13.1.1) のグラフ $\boldsymbol{G}$ は，$\alpha \in \boldsymbol{G}_n, \beta \in \boldsymbol{G}_{n+1}$ に対し，重複度 $\kappa(\alpha, \beta) = m(\alpha, \beta) = [\beta|_{H_n} : \alpha]$ (表現の重複度) をもつ分岐グラフである，すなわち，条件 (BG1)～(BG4) を満たす.

13.2　分岐グラフ上の調和関数

定義 13.2.1 (調和関数) 分岐グラフ $\boldsymbol{G}=\bigsqcup_{n\geqslant 0}\boldsymbol{G}_n$ 上の非負実数値関数 φ が次の条件を満たすとき調和であるという：

$$\varphi(\alpha)=\sum_{\beta:\,\alpha\nearrow\beta}\kappa(\alpha,\beta)\,\varphi(\beta)\quad(\alpha\in\boldsymbol{G}),\tag{13.2.1}$$

$$\mathrm{supp}(\varphi):=\{\alpha\in\boldsymbol{G}\,;\,\varphi(\alpha)\neq 0\}\quad \text{高々可算}.\tag{13.2.2}$$

さらに，φ が**正規化**されている，とは，$\varphi(\varnothing)=1$, となっていることである．

例 13.2.1 (設定 G1) 連続な中心的正定値関数のフーリエ係数．

設定 G1 において，f を帰納極限の群 $H_\infty=\lim\limits_{n\to\infty}H_n$ の上の中心的（すなわち，不変）連続正定値関数で，$f(e)=1$ と正規化されているものとする．制限 $f|_{H_n}$ はコンパクト群 H_n 上で中心的，連続正定値であり，次のように絶対収束するフーリエ級数に展開される（補題 12.2.4）： $h\in H_n$, $\boldsymbol{G}_n=\widehat{H_n}$ に対して，

$$f(h)=\sum_{\alpha\in\boldsymbol{G}_n}\varphi(\alpha)\chi_\alpha(h)=\sum_{\alpha\in\boldsymbol{G}_n}\varphi(\alpha)\dim\alpha\cdot\widetilde{\chi}_\alpha(h),\tag{13.2.3}$$

ここに，$\varphi(\alpha)=\displaystyle\int_{H_n}f(\xi)\,\overline{\chi_\alpha(\xi)}\,d\mu_{H_n}(\xi)\geq 0$, χ_α は α の（跡）指標であり，$\widetilde{\chi}_\alpha=\chi_\alpha/\dim\alpha$ は $\widetilde{\chi}_\alpha(e)=1$ と正規化された既約指標である．すると，

$$\varphi(\alpha)\geq 0,\qquad \sum_{\alpha\in\boldsymbol{G}_n}\dim\alpha\cdot\varphi(\alpha)=1.\tag{13.2.4}$$

したがって，$\mathrm{supp}(\varphi)\cap\boldsymbol{G}_n=\{\alpha\in\boldsymbol{G}_n\,;\,\varphi(\alpha)>0\}$ は高々可算，ゆえに φ の台も高々可算である．他方，$\beta\in\boldsymbol{G}_{n+1}=\widehat{H_{n+1}}$ に対して，

$$\beta|_{H_n}\cong\textstyle\sum^{\oplus}_{\alpha\in\boldsymbol{G}_n}[m(\alpha,\beta)]\cdot\alpha,\tag{13.2.5}$$

であるから，$h\in H_n$ に対しては，

$$f(h)=\sum_{\beta\in\boldsymbol{G}_{n+1}}\varphi(\beta)\chi_\beta(h)=\sum_{\beta\in\boldsymbol{G}_{n+1}}\varphi(\beta)\sum_{\alpha\in\boldsymbol{G}_n}m(\alpha,\beta)\chi_\alpha(h),$$

$$\therefore\ \varphi(\alpha)=\sum_{\beta:\,\alpha\nearrow\beta}m(\alpha,\beta)\,\varphi(\beta).$$

すなわち，φ は $\boldsymbol{G}=\bigsqcup_{n\geqslant 0}\boldsymbol{G}_n$, $\kappa(\alpha,\beta)=m(\alpha,\beta)$, の調和関数である．

例 13.2.2 (局所有限群) コンパクト群の誘導表現に関する Frobenius 相互律によれば，

$$\mathrm{Ind}_{H_n}^{H_{n+1}} \alpha \cong \sum_{\beta \in \boldsymbol{G}_{n+1}}^{\oplus} [m(\alpha, \beta)] \cdot \beta .$$

いま，各 H_n を有限群とすると，両辺の次元を計算して，

$$|H_{n+1}| \cdot |H_n|^{-1} \dim \alpha = \sum_{\beta \in \boldsymbol{G}_{n+1}} m(\alpha, \beta) \cdot \dim \beta.$$

そこで，$\varphi_1(\alpha) := |H_n|^{-1} \dim \alpha$ とおくと，$\varphi_1(\alpha) = \sum_{\beta \in \boldsymbol{G}_{n+1}} m(\alpha, \beta) \cdot \varphi_1(\beta)$.

これは，φ_1 が（設定 G1 における）調和関数であることを示す．

命題 13.2.1 設定 G1 とする，すなわち，コンパクト群の増大列 $H_n, n \to \infty$ は強い意味で増大していて，$\alpha \in \boldsymbol{G}_n, \beta \in \boldsymbol{G}_{n+1}$ に対し，$\kappa(\alpha, \beta) = m(\alpha, \beta)$. 帰納極限の群 $H_\infty = \lim H_n$ の上の任意の，中心的連続正定値関数 f に対して，(13.2.3) により，分岐グラフ $\boldsymbol{G}$ 上の調和関数 φ を得る．逆に，$\boldsymbol{G}$ 上の任意の調和関数 φ に対して，(13.2.3) により，H_∞ 上の中心的連続正定値関数 f が得られる．この対応は全単射である．

証明 前半はすでに示されているので，後半を証明する．分岐グラフ $\boldsymbol{G}$ 上の任意の正規化された調和関数 φ をとる．(13.2.1) を繰り返し適用することによって，

$$1 = \varphi(\varnothing) = \sum_{\alpha \in \boldsymbol{G}_n} \dim \alpha \cdot \varphi(\alpha),$$

を得る．$\varphi(\alpha) \geq 0$, $|\widetilde{\chi}_\alpha(h)| \leq 1$ であるから，(13.2.3) 式の右辺は H_n 上で絶対一様に収束する．その関数を f_n と書くと，これは H_n 上の中心的連続正定値である．(13.2.5) を使えば，$f_{n+1}|_{H_n} = f_n$ が分かる．$f = \lim_{n\to\infty} f_n$ と置けば，これは H_∞ 上で，中心的連続正定値である． □

分岐グラフ（設定 G2）の一般論に戻る．$\varnothing \in \boldsymbol{G}_0$ から発する**無限の道**とは $t = (t(n))_{n \geqslant 0}$, $t(n) \in \boldsymbol{G}_n$, で，$t = (t(0) \nearrow t(1) \nearrow \cdots \nearrow t(n) \nearrow \cdots)$, となるものである．**道の空間** $\mathfrak{T} = \mathfrak{T}(\boldsymbol{G})$ をこれら全体の集合とする．t のレベル n までの切片とは，

(13.2.6) $$t_n := (t(i))_{0 \leqslant i \leqslant n}$$

のことであり，その全体を $\mathfrak{T}_n$ と書く．$\alpha \in \boldsymbol{G}_m$ と $\beta \in \boldsymbol{G}_n$ $(m < n)$ とをつなぐ**道** (path) $u = (u(i))_{m \leqslant i \leqslant n}$, $\alpha = u(m) \nearrow u(m{+}1) \nearrow \cdots \nearrow u(n) = \beta$ に対して，その**重さ** (weight) w_u とは，

$$w_u := \prod_{m \leqslant i < n} \kappa(u(i), u(i+1)), \tag{13.2.7}$$

であり，$\boldsymbol{G}$ 上の（組み合わせ論的）**重複度関数**（または**次元関数**）$d(\alpha, \beta)$ を，α と β をつなぐすべての道の重さを加えて，次のように定義する：

$$d(\alpha, \beta) := \sum_{\text{道 } u:\, \alpha \nearrow \cdots \nearrow \beta} w_u. \tag{13.2.8}$$

任意の元 $\beta \in \boldsymbol{G}$ は $\varnothing \in \boldsymbol{G}_0$ と繋がるので，次が分かる：

$$d(\varnothing, \beta) > 0 \quad (\forall\, \beta \in \boldsymbol{G}). \tag{13.2.9}$$

補題 13.2.2 [HoHH, Lemma 2.7] $\boldsymbol{G}$ 上の調和関数 φ は，任意の $m < n$ と $\alpha \in \boldsymbol{G}_m$ に対して，

$$\varphi(\alpha) = \sum_{\beta \in \boldsymbol{G}_n} d(\alpha, \beta)\, \varphi(\beta). \tag{13.2.10}$$

定義 13.2.2　分岐グラフ $\boldsymbol{G}$ の部分集合 $\boldsymbol{G}^0$ で，辺の集合としては，$\boldsymbol{G}$ から来たものをとり，次の条件を満たすものを**部分グラフ**という： 任意の $\beta \in \boldsymbol{G}^0$ に対し，$\varnothing$ と β とを結ぶ $\boldsymbol{G}$ 内の道は，また $\boldsymbol{G}^0$ の道である．

補題 13.2.3　φ を $\boldsymbol{G}$ 上の調和関数とする．$\beta \in \operatorname{supp}(\varphi)$ で，α が β に至る道の途中にあれば，$\alpha \in \operatorname{supp}(\varphi)$．よって，$\boldsymbol{G}^0 := \operatorname{supp}(\varphi)$ は高々可算の部分グラフである．

証明　$\alpha \in \boldsymbol{G}_n$, $\beta \in \boldsymbol{G}_{n+1}$ のときには，$\varphi(\alpha) = \sum_{\beta:\, \alpha \nearrow \beta} \kappa(\alpha, \beta)\varphi(\beta)$．一般のときには，これの繰り返し． □

注 13.2.1 (Gelfand-Zetlin（ツェトリン） 基底との関係)　設定 G1 において，コンパクト群 H_{n+1} の既約表現 β の表現空間における Gelfand-Zetlin 基底[1] は，次のように定義される．表現の分解 $\beta|_{H_n} \cong \sum^{\oplus}_{\alpha \in \boldsymbol{G}_n} [m(\alpha, \beta)] \cdot \alpha$ に従う表現空間の分解を

$$V(\beta) \cong \bigoplus_{\alpha \nearrow \beta} \bigoplus_{1 \leqslant j \leqslant m(\alpha, \beta)} V(\alpha)_j\,,$$

とする．ここに，$V(\alpha)_j$ は $V(\alpha)$ のコピーで重複度 $m(\alpha, \beta)$ 分だけあり，パラ

[1] 1962 年当時のアメリカ数学会方式により， Гельфанд, Цетлин をラテン文字に置き換えると，Gel'fand, Cejtlin になるので，Gelfand-Cejtlin 基底ということもある．

メーター (α, j) で区別される．この分解を逐次 $H_{n+1} \downarrow H_n \downarrow \cdots \downarrow H_0 = \{e\}$ と実行してその分解に即して $V(\beta)$ の基底を選んだのが，いわゆる Gelfand-Zetlin 基底である．

他方，この分解を途中段階の $\cdots \downarrow H_m$ で止めて，β の分解の各段階の既約成分（の同値類）を H_m 段階まで逐次追跡していくやり方は，道 u： $\alpha = u(m) \nearrow u(m+1) \nearrow \cdots \nearrow u(n) = \beta$ によって表される．道 u に対する重さ w_u はその道筋に沿って H_n から H_m まで来たときの既約成分 $V(\alpha)$（と同値なもの）の重複度を表す（それは多重添字で区別される）．したがって，すべての道 u に渡って w_u を加えた $d(\alpha, \beta)$ は重複度 $m(\alpha, \beta) = [\beta|_{H_m} : \alpha]$ に等しい．とくに，$d(\varnothing, \beta) = \dim \beta$.

問題 13.2.1 補題 13.2.2 の証明を与えよ．

問題 13.2.2 局所有限群 $H_\infty = \lim_{n\to\infty} H_n$ において，単位元 $e \in H_\infty$ 上に載るデルタ関数 $f = \delta_e$ をとる．これから例 13.2.1 における調和関数 φ を作ると，φ は例 13.2.2 における φ_1 と一致することを示せ．

13.3 道の空間上の中心的確率測度

$u = (u(i))_{0 \leqslant i \leqslant n} \in \mathfrak{T}_n$ に対して，道（みち）空間 $\mathfrak{T}$ の柱状集合 (cylinder set) を

$$C_u := \{t \in \mathfrak{T};\ t_n = u\},$$

とおき，$\mathfrak{B}(\mathfrak{T})$ を $\{C_u\,;\, u \in \mathfrak{T}_n,\, n \geq 0\}$ によって生成される $\mathfrak{T}$ の σ-加法族（= 完全加法族），すなわち，$\mathfrak{T}$ を含む最小の σ-加法族，とする．

定義 13.3.1 (中心的確率測度) 可測空間 $(\mathfrak{T}, \mathfrak{B}(\mathfrak{T}))$ 上の確率測度 M が**中心的**といわれるのは，それがある可算な部分グラフ $\boldsymbol{G}^0$ の道空間 $\mathfrak{T}(\boldsymbol{G}^0)$ に載っており，さらに，勝手な n に対して，$u, v \in \mathfrak{T}_n$ が共通の終点 $\alpha \in \boldsymbol{G}^0_n$ を持つとき，

$$\frac{M(C_u)}{w_u} = \frac{M(C_v)}{w_v}, \tag{13.3.1}$$

となっていることである．

補題 13.3.1 $\mathfrak{T}$ 上の中心的確率測度 M と，$\boldsymbol{G}$ 上の調和関数 φ との間には，関係

$$(13.3.2)\qquad \frac{M(C_u)}{w_u}=\varphi(\alpha)\quad (\alpha\in\boldsymbol{G}_n,\ u\in\mathfrak{T}_n,\ u(n)=\alpha,\ n\geq 0).$$

によって，1-1 の対応が成り立つ．

証明 $\boldsymbol{G}^0$ を $\boldsymbol{G}$ の部分グラフとすると，

$$(13.3.3)\qquad \mathfrak{T}(\boldsymbol{G}^0)=\bigcap_{n=0}^{\infty}\{t\in\mathfrak{T}(\boldsymbol{G})\ ;\ t(0),\cdots,t(n)\in\boldsymbol{G}^0\},$$

である．実際，包含関係 $\subset$ は自明である．逆包含関係 $\supset$ を証明しよう．$\mathfrak{T}(\boldsymbol{G})$ は $\left(\mathfrak{T}_n(\boldsymbol{G})\right)_{n\geqslant 0}$ の射影極限であり，$\mathfrak{T}(\boldsymbol{G}^0)$ も同様である．$t\in\mathfrak{T}(\boldsymbol{G})$ に対し，レベル n までの切片 $t_n\in\mathfrak{T}_n(\boldsymbol{G})$ を (13.2.6) で定義し，射影 p_{mn} $(m<n)$ を $p_{mn}(t_n):=t_m$ とおく．$t\in\mathfrak{T}(G)$ に対して，$\left(\mathfrak{T}_n(\boldsymbol{G})\right)_{n\geqslant 0}$ の射影列 $(t_n)_{n\geqslant 0}$ が対応する．もし，t が (13.3.3) の右辺に入っていれば，$t_n\in\mathfrak{T}_n(\boldsymbol{G}^0)$ $(\forall n)$ である．これは $(t_n)_{n\geqslant 0}$ が $\left(\mathfrak{T}_n(\boldsymbol{G}^0)\right)_{n\geqslant 0}$ の射影極限の元であることを意味する．よって，(13.3.3) が示された．

さて，M を $\mathfrak{T}$ 上の中心的確率測度とし，$\boldsymbol{G}^0$ を $\boldsymbol{G}$ の可算部分グラフで M の台が $\mathfrak{T}(\boldsymbol{G}^0)$ に入るものとする．関係 (13.3.1) により，(13.3.2) 式は関数 φ を決定する．このとき，$\mathrm{supp}(\varphi)\subset\boldsymbol{G}^0$ 高々可算，である．道 $u\in\mathfrak{T}_n(\boldsymbol{G}^0)$, $u(n)=\alpha$ と $\beta\in\boldsymbol{G}_{n+1}$, $\alpha\nearrow\beta$, に対し，u の延長 $u^\beta=(u,\beta)$ をとる．すると，$C_u=\bigsqcup_{\alpha\nearrow\beta}C_{u^\beta}$, $w_{u^\beta}=w_u\,\kappa(\alpha,\beta)$, であるから，(13.3.2) から

$$\varphi(\alpha)=\sum_{\alpha\nearrow\beta}\kappa(\alpha,\beta)\,\varphi(\beta),$$

を得て，φ が調和であることが分かる．

今度は逆に，φ を $\boldsymbol{G}$ 上の正規化された調和関数として，$\boldsymbol{G}^0=\mathrm{supp}(\varphi)$ とおくと，$\boldsymbol{G}^0$ は定義の (13.2.2) により高々可算である．(13.3.2) は φ から $\mathfrak{T}_n=\mathfrak{T}_n(\boldsymbol{G})$ 上の測度 M_n を定義する．(13.2.10), (13.2.8) より，

$$1=\varphi(\varnothing)=\sum_{\alpha\in\boldsymbol{G}_n}d(\varnothing,\alpha)\varphi(\alpha)=\sum_{\alpha\in\boldsymbol{G}_n}\sum_{\substack{u\in\mathfrak{T}_n:\\ u(n)=\alpha}}w_u\varphi(\alpha)=\sum_{u\in\mathfrak{T}_n}M_n(C_u),$$

であるから，M_n は確率測度である．また，$\mathrm{supp}(M_n)$ は高々可算である．

φ の調和性は，$((\mathfrak{T}_n,M_n),(p_{mn}))$ が整合的射影族であることを保証する．よって，

$$(p_{mn})_*M_n:=M_n\circ(p_{mn})^{-1}=M_m\quad (m<n)$$

となる．したがって，確率測度の射影極限の存在定理によって，集合族 $\mathfrak{T}_n$ の射

影極限 $\mathfrak{T}$ 上に一意的に確率測度 M が存在して，射影 $p_n : \mathfrak{T} \ni t \mapsto t_n \in \mathfrak{T}_n$ に対して，$(p_n)_* M = M_n$ $(\forall n)$ を満たす．$\mathrm{supp}(M)$ は高々可算であり，M の中心性は (13.3.2) から来る．さらに，(13.3.3) は

$$M(\mathfrak{T}(\boldsymbol{G}^0)) = \lim_{n\to\infty} M(\{t \in \mathfrak{T}\,;\ t(0), \cdots, t(n) \in \boldsymbol{G}^0\}) = 1$$

を与える．対応 $\varphi \leftrightarrow M$ が全単射であることは明らかである．　□

以上をまとめると，次の定理が得られた．

定理 13.3.2　設定 G1 において，増大するコンパクト群の列 $H_0 \nearrow H_1 \nearrow \cdots \nearrow H_n \nearrow \cdots$ に即して，$\boldsymbol{G} = \bigsqcup_{n\geqslant 0} \boldsymbol{G}_n$，$\boldsymbol{G}_n = \widehat{H_n}$，$\kappa(\alpha, \beta) = m(\alpha, \beta)$，とおく．3 種の対象物

(1)　$H_\infty = \lim\limits_{n\to\infty} H_n$ 上の正規化された中心的連続正定値関数 f,

(2)　$\boldsymbol{G}$ 上の正規化された調和関数 φ,

(3)　道の空間 $(\mathfrak{T}, \mathfrak{B}(\mathfrak{T}))$ 上の中心的確率測度 M,

の間に，(13.2.3) による $f \mapsto \varphi$，(13.3.2) による $\varphi \mapsto M$，にしたがって 1-1 の自然な対応が存在する．そのとき，端点は端点に対応する．　□

道空間 $\mathfrak{T}$ 上の確率変数（すなわち可測関数）$X_n : \mathfrak{T} \to \boldsymbol{G}_n$ を $X_n(t) = t(n)$ $(t \in \mathfrak{T})$ で定義する．すると，$\mathfrak{B}(\mathfrak{T})$ は $\{X_1, X_2, \cdots\}$ で生成される，すなわち，関数 X_j $(j = 1, 2, \cdots)$ を可測にする最小の σ-加法族である．$\{X_n, X_{n+1}, \cdots\}$ で生成される部分 σ-加法族 $\sigma[X_n, X_{n+1}, \cdots]$ を $\mathfrak{B}_n$ とし，$\mathfrak{B}_\infty := \bigcap_{n\geqslant 0} \mathfrak{B}_n$ とおく．

次の命題は，中心的確率測度 M から調和関数 φ を Martin 核の極限として求める（つまり，$M \mapsto \varphi$ のための）定理 13.7.1 の証明に使われる重要なものである．

命題 13.3.3 [HoHH, Lemma 2.11]　M を道空間 $\mathfrak{T}$ 上の中心的確率で，$(\mathfrak{T}, \mathfrak{B}(\mathfrak{T}))$ 上の中心的確率全体の集合の端点（**端的**(たんてき) **(な) 中心的確率**と呼ぶ）とする．M は $\mathfrak{B}_\infty$ 上で自明，すなわち，$B \in \mathfrak{B}_\infty$ に対して $M(B) = 0$ または $M(B) = 1$.

証明の筋道　$E \in \mathfrak{B}_\infty$ で $M(E) \neq 0, 1$ とする．$B \in \mathfrak{B}(\mathfrak{T})$ に対し，

$$M_1(B) := M(E)^{-1} M(B \cap E),\ \ M_2(B) := M(E^c)^{-1} M(B \cap E^c),$$

とおく．ただし E^c は E の補集合を表す．互いに素な測度 M_1, M_2 がそれぞれ中心的であることが証明できる ([HoHH, Lemma 2.11])．ここが証明の肝だが詳細

は原論文を参照されたい．他方，$M = \lambda M_1 + (1-\lambda)M_2$,　$\lambda = M(E)$，であるが，これは M が端点であることに矛盾する．

13.4　マルチンゲール，逆マルチンゲールと収束定理

設定 G1，もしくはより一般的に設定 G2，において，道 $t = (t(0) \nearrow t(1) \nearrow \cdots \nearrow t(n) \nearrow \cdots) \in \mathfrak{T}$ に沿っての $n \to \infty$ の極限移行の際に，必然的に必要になる確率論での道具をここで導入しておこう．これは定理 13.7.1 の証明の肝である．

$(\Omega, \mathfrak{F}, P)$ を確率空間（すなわち，$(\Omega, \mathfrak{F})$ は測度空間で $P(\Omega) = 1$）とする．可測集合 $E \in \mathfrak{F}$ で表される事象が**ほとんど確実に**【a.s. (= almost surely) と略記】起こるとは，$P(E) = 1$ を意味する．実数値関数 $X(\omega)$ が $\mathfrak{F}$-可測のとき，これを**確率変数**（random variable）といい，$\boldsymbol{E}(X) := \int_\Omega X(\omega)P(d\omega)$ を X の**期待値**（expectation）という．$\mathfrak{E} \subset \mathfrak{F}$ が部分 σ-加法族であるとき，$\boldsymbol{E}$ に関する X の条件付き期待値 $\boldsymbol{E}[X|\mathfrak{E}]$ とは，$\mathfrak{E}$-可測関数で，

$$\int_A \boldsymbol{E}[X|\mathfrak{E}](\omega)P(d\omega) = \int_A X(\omega)P(d\omega) \quad (\forall A \in \mathfrak{E}), \tag{13.4.1}$$

で特徴付けられるものである．これを感覚的に言えば，$\mathfrak{F}$ よりも目の粗い $\mathfrak{E}$ で X を測るための $\mathfrak{E}$-可測関数である．上式は，次の関係式と同等である：任意の有界 $\mathfrak{E}$-可測関数 $Y(\omega)$ に対して，

$$\int_\Omega \boldsymbol{E}[X|\mathfrak{E}](\omega)Y(\omega)P(d\omega) = \int_\Omega X(\omega)Y(\omega)P(d\omega).$$

定義 13.4.1 (マルチンゲール) $(\mathfrak{F}_n)_{n\geqslant 0}$ を部分 σ-加法族の増大列とする：$\mathfrak{F}_0 \subset \mathfrak{F}_1 \subset \mathfrak{F}_2 \subset \cdots \subset \mathfrak{F}_n \subset \cdots \subset \mathfrak{F}$. 確率変数の列 $(X_n)_{n\geqslant 0}$ で，

(M1)　X_n は $\mathfrak{F}_n$-可測,

(M2)　$\boldsymbol{E}(|X_n|) < \infty \qquad (n \in \boldsymbol{I} := \{0, 1, 2, \cdots\})$,

(M3)　$\boldsymbol{E}[X_{n+1}|\mathfrak{F}_n] = X_n$ a.s. $\quad (n \in \boldsymbol{I})$,

を満たすものを $(\mathfrak{F}_n)$**-マルチンゲール**（martingale）と呼ぶ．

また，$(\mathfrak{F}_n)_{n\geqslant 0}$ を部分 σ-加法族の減少列とする：$\mathfrak{F} \supset \mathfrak{F}_0 \supset \mathfrak{F}_1 \supset \mathfrak{F}_2 \supset \cdots$. 確率変数の列 $(X_n)_{n\geqslant 0}$ で，条件 (M1), (M2) および

(M3′)　$\boldsymbol{E}[X_n|\mathfrak{F}_{n+1}] = X_{n+1}$ a.s. $\quad (n \in \boldsymbol{I})$,

を満たすものを**逆** $(\mathfrak{F}_n)$**-マルチンゲール**と呼ぶ．

これら 2 種の確率変数列に対して，それぞれ次の収束定理が成り立つ．

定理 13.4.1 (マルチンゲールの収束定理) $(X_n)_{n\geqslant 0}$ を，部分 σ-加法族の増大列 $(\mathfrak{F}_n)_{n\geqslant 0}$ に対するマルチンゲールとし，$\sup_{n\geqslant 0}\boldsymbol{E}[|X_n|] =: K < \infty$ と仮定する．このとき，極限

$$X_\infty := \lim_{n\to\infty} X_n$$

が，ほとんど確実に収束し，極限関数 X_∞ は可積分で $\boldsymbol{E}[|X_\infty|] \leq K$．さらに，$X_n$ が一様可積分（定義は下にある）であれば，X_∞ は $\mathfrak{F}_\infty := \bigcup_{n\geqslant 0}\mathfrak{F}_n$ に関して可測で，X_∞ への収束は $L^1(\Omega, \mathfrak{F}, P)$-ノルムでも成立する．そして，$\boldsymbol{E}(X_\infty|\mathcal{F}_n) = X_n$ a.s. $(n = 0, 1, 2, \cdots)$. □

上の定理は，伊藤 清先生の有名な確率論の名著 [伊藤] の定理 5.16, その証明の一部，および定理 5.17, をまとめて述べたものである．ここではスペースや話の流れの関係で，証明を短くして述べることも出来ないので，証明は [伊藤, §5.5] を見られたい．

定義 13.4.2 $(X_n)_{n\geqslant 0}$ が X_∞ に**ほとんど確実に収束**するとは，次を意味する：

$$P(\lim_{n\to\infty} X_n = X_\infty) := P(\{\omega \in \Omega \,;\, \lim_{n\to\infty} X_n(\omega) = X_\infty(\omega)\}) = 1.$$

また，可積分関数列 X_n が次の条件を満たすときに，**一様可積分**であるという：

任意の $A > 0$ に対し，$(|X_n| > A)$ で括弧内の条件を満たす $\omega \in \Omega$ の集合を表すとき，

$$\sup_n \int_{(|X_n|>A)} |X_n|(\omega)dP(\omega) \longrightarrow 0 \quad (A \to \infty).$$

定理 13.4.2 (逆マルチンゲールの収束定理) $(X_n)_{n\geqslant 0}$ を，部分 σ-加法族の減少列 $(\mathfrak{F}_n)_{n\geqslant 0}$ に対する逆マルチンゲールとする．このとき，X_n は一様可積分であり，極限 $X_\infty = \lim_{n\to\infty} X_n$ は，ほとんど確実に収束して，可積分である．そして $L^1(\Omega, \mathfrak{F}, P)$-ノルムでも収束する．$X_\infty$ は $\mathfrak{F}_\infty := \bigcap_{n\geqslant 0}\mathfrak{F}_n$ に関して可測であり，

$$\boldsymbol{E}(X_n|\mathcal{F}_\infty) = X_\infty \text{ a.s. } (n = 0, 1, 2, \cdots). \qquad □$$

この定理は [伊藤] の定理 5.18 である．その証明は上の定理 13.4.1 の証明よりも易しいが，[伊藤, §5.5] を参照されたい．また [飛田] の付録 A.1 にも述べられているがその証明は注意して読むこと．

13.5　乱歩の理論（Martin 核と Martin 境界）

本章の主題である「指標の極限の理論」をより一般的な立場から見てみようとして，目下「分岐グラフの理論」を取り扱っているのだが，そのためのモデルが，確率論の古典的で基本的な理論であるブラウン運動を含む乱歩（random walk）の理論である．これは普通の用語では「マルコフ連鎖」の特別の場合であるが，「分岐グラフの理論」の背後にあるものとして，また今後の展開の踏台として，ここで乱歩の理論の基礎を易しく述べておくのがよい．基本文献として [Saw], 参考文献として [HoH], を挙げておく．

可算離散集合 S を状態空間とし，離散時間で動く**乱歩**を定義しよう．

定義 13.5.1 (乱歩) 状態 $x \in S$ から状態 $y \in S$ へ単位時間で遷移（せんい）する**遷移確率** $p(x,y)$ が与えられているとする，すなわち，

$$p(x,y) \geq 0 \ \ (x,y \in S), \quad \sum_{y \in S} p(x,y) = 1 \ \ (x \in S). \tag{13.5.1}$$

$n \in \boldsymbol{I} = \boldsymbol{N} \cup \{0\}$ に対して，時間 n 後に x から $y = X_n(x)$ に遷移する確率を $p_n(x,y)$ とすると，$x, y \in S$ に対し，

$$p_0(x,y) = \delta_{x,y}, \ \ p_n(x,y) = \sum_{z \in S} p(x,z) p_{n-1}(z,y) \ \ (n \in \boldsymbol{N}), \tag{13.5.2}$$

である．このとき，適当な確率空間 $(\Omega, \mathfrak{F}, P)$ をとって，

$$P(X_{n+1} = y \,|\, X_n = x) = p(x,y) \quad (\forall n \geq 0),$$

が成り立つような確率変数の列 $(X_n)_{n\geqslant 0}$ がとれる．すなわち，時間に関して一様なマルコフ連鎖 $(X_n)_{n\geqslant 0}$ ができる．この $(X_n)_{n\geqslant 0}$ を S 上の**乱歩**（random walk）という[2)]．　□

遷移確率 $p(x,y)\ (x,y \in S)$ を持つ乱歩 $(X_n)_{n\geqslant 0}$ に対する **Green 関数**を，

$$G_p(x,y) := \sum_{0 \leqslant n < \infty} p_n(x,y) \quad (x,y \in S), \tag{13.5.3}$$

で定義する．$G_p(x,y)$ は x から出発して y に到達する回数の期待値である．仮定として，

2)　この定義のように時間的に一様なだけでなく，空間的にも一様なマルコフ連鎖を，乱歩と呼ぶのが普通の言葉遣いのようなのだが，ここでは簡潔を旨として拘らないこととする．

(13.5.4)　　ある点 o において，$G_p(o,y) > 0 \quad (\forall y \in S)$,

をおく，すなわち，o から出発して任意の y に正の確率で到着する，とする（o を固定して基準点という）．S 上の関数 u に対して，

$$(pu)(x) := \sum_{z\in S} p(x,z)u(z) \quad (x \in S), \tag{13.5.5}$$

とおく．S 上の複素数値関数 u が **p-調和**であるとは，

$$(pu)(x) = u(x) \quad (x \in S), \tag{13.5.6}$$

となっていることである．関係式 (13.5.1) から分かるように，S 上で定数 1 の関数 $u = 1_S$ は p-調和である．

p-調和関数の理論の目的　この調和関数の理論は，我々の場合には，以下に見るように「群の指標の漸近理論」に応用するためであるが，一般には，もともと「複素単位円盤 $S = \{z \in \boldsymbol{C}\,;\, |z| < 1\}$ における調和関数の理論」をモデルにして発展したものである．その目的は種々あるが，例えば，

(1)　すべての調和関数を特徴づける，あるいは，構成する．

(2)　S をコンパクト化して $\widehat{S}$ とし，S 上の任意の非負調和関数 u を，ある核関数 $K_p(x,\omega)$ $(x \in S,\ \omega \in \widehat{S})$ を用いて，境界 $\partial S := \widehat{S} \setminus S$ 上の積分

$$u(x) = \int_{\partial S} K_p(x,\omega)\,\mu_u(d\omega) \quad (x \in S), \tag{13.5.7}$$

によって書き表す．ここに，μ_u は境界上の測度である．　□

以下では，Martin 核，Martin 境界，Martin 極小境界，Martin 積分表示，を解説する．上の乱歩に対する **Martin 核** $K_p(x,y)$ を Green 関数を使って

$$K_p(x,y) := \frac{G_p(x,y)}{G_p(o,y)} \qquad (x,y \in S), \tag{13.5.8}$$

で定義する．ここで ∞/∞ が現れないように，$G_p(x,y) < \infty$ $(\forall\, x,y \in S)$ を仮定しておく．記号 $y_k \to \infty$ $(k \to \infty)$ は y_k が S の任意の有限集合から外れていく（すなわち，S の 1 点コンパクト化において無限遠点 ∞ に近づく）ことを意味する．Martin 核の極限 $\lim_{k\to\infty} K_p(x,y_k)$ を記述するために S の Martin コンパクト化 $\widehat{S}_M$ を定義する．このための準備としてまず次を示す．

補題 13.5.1　仮定 (13.5.4) のもとで，$C_x > 0\ (x \in S)$ が存在して，

$$K_p(x,y) := \frac{G_p(x,y)}{G_p(o,y)} \leq C_x \quad (\forall y \in S). \tag{13.5.9}$$

証明　$x \in S$ に対して，$m = m(x)$ が存在して，$p_m(o,x) > 0$ となる．

$$\sum_{z\in S} p_m(x,z)G_p(z,y) = \sum_{n\geqslant 0} p_{n+m}(x,y) = G_p(x,y) - \sum_{0\leqslant n<m} p_n(x,y),$$

$$\therefore G_p(o,y) \geq \sum_{z\in S} p_m(o,z)G_p(z,y) \geq p_m(o,x)G_p(x,y)$$

$$\therefore K_p(x,y) = \frac{G_p(x,y)}{G_p(o,y)} \leq C_x := \frac{1}{p_m(o,x)} \quad (\forall y \in S).$$

□

つぎに，S に距離 D_p を導入しよう：$x, y \in S$ に対して，

$$D_p(x,y) := \sum_{z\in S} \frac{d_z}{C_z+1}\left(|K_p(z,x) - K_p(z,y)| + |\delta_{z,x} - \delta_{z,y}|\right), \tag{13.5.10}$$

ここに，定数 $d_z > 0$ は，$\sum_{z\in S} d_z < \infty$ を満たすようにとる．

補題 13.5.2　距離 D_p に関する Cauchy 列 $\{y_k\} \subset S$ は，次の 2 種である：

(1)　$y_k = y \in S \quad (\forall k \geq k_0,\ \exists k_0)$,

(2)　$\lim_{k\to\infty} y_k = \infty$ かつ $\exists \lim_{k\to\infty} K_p(z, y_k)\ (\forall z \in S)$ (S 上の各点収束).

証明　$D_p(y_k, y_l) \to 0\ (k, l \to \infty) \Longleftrightarrow$

$$\forall z \in S \text{ に対し，} k,l \to \infty \text{ のとき，} \begin{cases} K_p(z,y_k) - K_p(z,y_l) \to 0, \\ \delta_{z,y_k} - \delta_{z,y_l} \to 0. \end{cases}$$

□

定義 13.5.2　距離空間 (S, D_p) の完備化を $\widehat{S}_M$ と書き，S の **Martin コンパクト化**とよぶ．$\partial S_M := \widehat{S}_M \setminus S$ を **Martin 境界**とよび，$y_k \to \omega \in \widehat{S}_M$ に対して，

$$K_p(x,\omega) := \lim_{y_k\to\omega} K_p(x,y_k) \quad (x \in S,\ \omega \in \widehat{S}_M) \tag{13.5.11}$$

とおいて，K_p を **Martin 核**とよぶ．

距離 D_p は $\widehat{S}_M$ まで拡張できるが，それも同じ記号で書く．

定理 13.5.3　状態空間 S, 遷移確率 $p(x,y)$, に対し，条件 (13.5.4) を仮定する．

(i)　(S, D_p) の完備化 $\widehat{S}_M$ はコンパクト．Martin 境界 ∂S_M は閉集合．

（ii） $K_p(x,y_k)$ は $S \ni y_k \to \omega \in \partial S_M$ のとき，S 上で極限関数 $K_p(x,\omega)$ に各点収束する．x を止めるごとに，$K_p(x,\omega)$ は，$\omega \in \widehat{S}_M$ の連続関数であり，$c(x)>0$ が存在して

$$|K_p(x,\omega)-K_p(x,\omega')| \le c(x)D_p(\omega,\omega') \quad (\omega,\omega' \in \widehat{S}_M).$$

証明 （i） 任意の無限列 $\{y_k\} \subset S$ の部分列 $\{y'_k\}$ で，$D_p(y'_k,y'_l) \to 0\ (k,l \to \infty)$, となるものが見つかる．実際，(1) y_k が S のある有限集合内に止まるときには，その部分列がある $y \in S$ に収束する．(2) ある部分列 y_{k_i} が $y_{k_i} \to \infty\ (i \to \infty)$ となる場合には，$0 \le K_p(x,y_k) < C_x < \infty\ (\forall k)$，$S$ 加算，なので，部分列 $y'_k \to \infty$ が存在して，$\forall x \in S$ で $K_p(x,y'_k)$ が収束する．これは，距離 D_p に関して，$y'_k \to \exists\omega \in \widehat{S}_M$ を意味する．かくて，$\widehat{S}_M$ コンパクト，が分かった．

$S \subset \widehat{S}_M$ は開，を示そう．$x \in S, \omega \in \partial S_M$ とする．点列 $S \ni y_n \to \omega$ をとると，

$$D_p(x,\omega)=\lim_{n\to\infty} D_p(x,y_n) \ge c(x)^{-1}>0, \quad c(x):=(C_x+1)/d_x\,,$$

$$\therefore\ S=\{\omega' \in \widehat{S}_M\ ;\ D_p(\omega',\partial S_M)>0\},\ \text{ゆえに}\ S\ \text{は開}.$$

（ii） $|K_p(x,y)-K_p(x,y')| \le c(x)\,D_p(y,y') \quad (y,y' \in S)$, から従う．□

定義 13.5.3 S 上の非負関数 $u(x)$ が p-**優調和**であるとは，$u(x) \ge pu(x)\ (x \in S)$ となるときである．ただし，pu は (13.5.5) による．

命題 13.5.4 $\omega \in \partial S_M$ に対して，$K_p(x,\omega)\ (x \in S)$ は S 上の p-優調和関数である．

証明 $$\sum_{z\in S} p(x,z)K_p(z,y)=K_p(x,y)-\frac{p_0(x,y)}{G_p(o,y)} \le K_p(x,y) \quad (x,y \in S),$$

の両端において，$y=y_n \to \omega$ とすれば，Fatou の補題により，

$$\sum_{z\in S} p(x,z)\lim_{n\to\infty} K_p(z,y_n)=\lim_{n\to\infty}\sum_{z\in S} p(x,z)K_p(z,y_n) \le \lim_{n\to\infty} K_p(x,y_n).$$ □

定理 13.5.5 (優調和関数の積分表示) 遷移確率 $p(x,y)$ に対して，$G_p(x,y)<\infty\ (\forall x,y \in S)$, および $G_p(o,y)>0\ (\forall y \in S)$ を仮定する．u を S 上の優調和関数とすると，Martin 境界 ∂S_M 上に測度 μ_u が存在して，u は次のように積分表示される：

$$u(x) = \int_{\partial S_M} K_p(x,\omega)\, d\mu_u(\omega) \quad (x \in S).$$

この定理の証明には，[Saw, Theorem 4.1] の証明をそのまま借用できる．

定義 13.5.4　S 上の非負調和関数 $u(x) \geq 0$ が**極小**であるとは，$u(x) \geq v(x) \geq 0$ となる任意の調和関数 v が u の定数倍 Cu となることである．

定義 13.5.5　$K_p(x,\omega)$ が x の極小調和関数となるような $\omega \in \partial S_M$ の集合を $\partial_m S_M$ と書き，**Martin 極小境界** (minimal boundary) と呼ぶ．

Martin 極小境界 $\partial_m S_M$ は Martin 境界 ∂S_M の Borel 部分集合であることが示される（[Saw, p.19] 参照）．次の**調和関数の Martin 積分表示**の定理は重要なものであるが，その証明はここで述べるにはさらに準備が必要なので解説論文 [Saw] に任せよう．

定理 13.5.6 (調和関数の Martin 積分表示) ([Saw, Theorem 4.1])
遷移確率 $p(x,y)$ に対する仮定は定理 13.5.5 と同じとする．S 上の任意の非負調和関数 u に対して，極小境界 $\partial_m S_M$ 上に**一意的に**測度 $\mu_u^{[m]}$ が存在して，u は次のように積分表示される：

(13.5.12)
$$u(x) = \int_{\partial_m S_M} K_p(x,\omega)\, d\mu_u^{[m]}(\omega) \quad (x \in S). \qquad \square$$

注 13.5.1　設定 G1, すなわち, コンパクト群 T と対称群との環積 $H_n = \mathfrak{S}_n(T) = D_n(T) \rtimes \mathfrak{S}_n$ の場合, 分岐グラフは, $\boldsymbol{G} = \bigsqcup_{n\geqslant 1} \boldsymbol{G}_n$, $\boldsymbol{G}_n = \widehat{H_n}$, $\kappa(\alpha,\beta) = m(\alpha,\beta)$, である．$H_n$ の帰納極限は $H_\infty = \mathfrak{S}_\infty(T) = D_\infty(T) \rtimes \mathfrak{S}_\infty$. ここに，$D_\infty(T)$ は $T_i = T$ $(i \in \boldsymbol{N})$ の制限直積 $\prod'_{i\in\boldsymbol{N}} T_i$. この場合の分岐グラフは次節で述べるように（$h$-変換によって）乱歩の理論に言い換えられる．$S = \boldsymbol{G} = \bigsqcup_{n\geqslant 0} \widehat{H_n}$ 上の乱歩の Martin 核は [HoH, §1.11] に見るように，

(13.5.13)
$$K(x,y) = \frac{d(x,y)}{d(y)}, \quad d(y) = \dim y \quad (x, y \in S),$$

ただし，$y \in \widehat{H_n}$, $x \in H_m$ $(n \geq m)$ のときには，$d(x,y) = [y|_{H_m} : x]$, その他のときには，$d(x,y) = 0$. この核を使って詳しく計算して Martin 境界，Martin 極小境界が具体的に求められている（[ibid, Theorem 2.5]）．

それを見ると，T が有限群の場合には，$\partial_m S_M = \partial S_M$ である．

T が無限コンパクト群の場合には，$\partial_m S_M \subsetneqq \partial S_M$ である．

さらに，[ibid., Lemma 2.8] によれば，$\omega \in \partial S_M$ に対して，

$$K(\cdot\,,\omega)\text{ が調和である} \iff \omega \in \partial_m S_M\,. \tag{13.5.14}$$

極限点 ω に対し，$y_n \in \boldsymbol{G}_n = \widehat{H_n}$, $y_n \to \omega\ (n \to \infty)$ をとる．y_n に対応する H_n の正規化された既約指標 $f_n \in E(H_n)$ をとり，$f_\omega(h) := \lim_{n\to\infty} f_n(h)\ (h \in H_\infty)$ とおくと，

$$\omega \in \partial_m S_M \iff f_n\text{ は }f_\omega\text{ にコンパクト一様に収束する}. \tag{13.5.15}$$

このとき，f_ω は H_∞ の指標である，すなわち，$f_\omega \in E(H_\infty)$.

他方，$\omega \in \partial S_M \setminus \partial_m S_M$ に対しては，$f_n \to f_\omega$ の収束は微妙で難しい問題である．たとい各点収束するとしても f_ω はもはや連続ではあり得ない．[ibid, Theorem 3.3], [HHH3, Lemma 5.3, Theorems 6.1, 7.1] や次節の注 13.6.1 も参照されたし．

13.6 h-変換で乱歩になる場合

離散無限集合 S 上の遷移確率 $p(x,y)$ の代わりに，われわれの**分岐グラフ**は，設定 **G2** に見るように，$S \times S$ 上の非負値関数 $q(x,y)$ から出発していて，いわば**乱歩もどき**である．S 上の非負値関数 u が

$$(qu)(x) := \sum_{z\in S} q(x,z)u(z) = u(x) \quad (x \in S), \tag{13.6.1}$$

を満たすときに，u を q-**調和**とよぶ．$q_0(x,y) := \delta_{x,y}$,

$$q_n(x,y) := \sum_{z_1,z_2,\cdots,z_{n-1}\in S} q(x,z_1)q(z_1,z_2)\cdots q(z_{n-1},y) \quad (n \geq 1), \tag{13.6.2}$$

とおき，q-**Green 関数** G_q を $G_q(x,y) := \sum_{n\geqslant 0} q_n(x,y)$, で定義し，$G_q(x,y) < \infty$, および，基準点 o において，$G_q(o,y) > 0\ (\forall y \in S)$，と仮定する．$q$-Martin 核は

$$K_q(x,y) := \frac{G_q(x,y)}{G_q(o,y)}\,, \tag{13.6.3}$$

により定義する．補題 13.5.1 の証明と同様にして，

$$K_q(x,y) \leq C'_x := q_m(o,x)^{-1} \quad (\exists m = m(x),\ \forall y \in S),$$

を得る．これを元にして，

$$D_q(x,y) := \sum_{z\in S} \frac{d_z}{C'_z+1}\left(|K_q(z,x)-K_q(z,y)| + |\delta_{z,x}-\delta_{z,y}|\right), \tag{13.6.4}$$

により，S に距離 D_q を入れられる．遷移確率 p の場合と同様に議論すれば，D_q-Cauchy 列の収束先を添加することによって，q-Martin コンパクト化 $\widehat{S}_M^{(q)}$，q-Martin 境界 $\partial\widehat{S}_M^{(q)}$ も同様に定義できる．そして，q-Martin 核も，次の各点収束の極限関数によって定義する：

$$K_q(x,\omega) := \lim_{S\ni y_k\to\omega} K_q(x,y_k) \quad (x\in S,\ \omega\in\widehat{S}_M^{(q)}).$$

研究課題 13.6.1　この一般化された状況において，q-優調和関数の積分表示（定理 13.5.5 の一般化），非負 q-調和関数の q-極小境界上の積分表示（定理 13.5.6 の一般化）が成立するか？

この課題は，確率論を外れて，より一般の解析学の問題である．ここでは，洞 彰人氏による一つの回答を述べよう．ヒントになったのは，注 13.5.1 (p.420) の「コンパクト群 T と対称群との環積 $H_n=\mathfrak{S}_n(T)$, $H_\infty=\mathfrak{S}_\infty(T)$」の場合であって，[HoH] では指標の具体形を取り扱うことにより Martin 積分表示まで証明できた（[HoH, Theorem 3.5]）．その成功の原因を探って，到達したのが以下の **h-変換により乱歩に同型となる場合**である．

仮定 H [HoH, Appendix]　正値関数 $h(x)>0$ $(\forall x\in S)$ で q-調和なものが存在する，

をおく．この仮定の下で，

$$p(x,y) := q^h(x,y),\ \ q^h(x,y) := h(x)^{-1}q(x,y)\,h(y) \quad (x,y\in S), \tag{13.6.5}$$

とすれば，p は S 上の遷移確率を与える（証明せよ）．このとき，遷移確率 p は q から **h-変換**により得られている，という．非負関数 u が q-調和であることは，$h^{-1}u$ が p-調和であることと同値である．また，x, $y\in S$ に対し，

$$G_p(x,y) = h(x)^{-1}\,G_q(x,y)h(y), \quad K_p(x,y) = h(o)h(x)^{-1}K_q(x,y).$$

上では S に距離 D_q を入れたが，あらためて距離 D_p を入れてみる．補題 13.5.2 を参考にすれば，D_p-Cauchy 列 $\{y_k\}$ は D_q-Cauchy 列と同じであることが分かるから，Martin コンパクト化，Martin 境界，Martin 極小境界も同じとなる．そ

して，Martin 核につき，各点収束の極限を比較して，次の関係式を得る：

$$K_p(x,\omega) = h(o)h(x)^{-1}K_q(x,\omega) \quad (x \in S,\ \omega \in \widehat{S}_M).$$

さらに，S 上の非負 q-調和関数 u の極小境界 $\partial_m S_M$ $(\subset \partial S_M)$ 上の積分表示も定理 13.5.6 と並行して成立する：

定理 13.6.1 (q-Martin 積分表示)

$q(x,y) > 0$ $(x, y \in S)$ に関して，$G_q(x,y) < \infty$ $(\forall x, y \in S)$，$G_q(o,y) > 0$ $(\forall y \in S)$, を仮定する．遷移確率 $p(x,y)$ が $q(x,y)$ から h-変換によって得られている，と仮定する．S 上の任意の非負 q-調和関数 u に対して，極小境界 $\partial_m S_M$ 上に一意的に測度 $\mu_u^{q,[m]}$ が存在して，u は次のように積分表示される：

$$u(x) = \int_{\partial_m S_M} K_q(x,\omega)\, d\mu_u^{q,[m]}(\omega) \quad (x \in S). \tag{13.6.6}$$

証明 遷移確率 p および p-調和関数 $h^{-1}u$ に関する定理 13.5.6 を書き直す．□

定理 13.6.2 例 13.2.2 における，局所有限群 $H_\infty = \lim_{n\to\infty} H_n$ の場合，

$$q(\alpha,\beta) := m(\alpha,\beta),\ \ h(\alpha) := \varphi_1(\alpha) = |H_n|^{-1}\dim\alpha \quad (\alpha \in \boldsymbol{G}_n,\ \beta \in \boldsymbol{G}_{n+1}),$$

とおく．h は q-調和である（例 13.2.2）．h-変換によって，$\alpha \nearrow \beta$, $\alpha \in \boldsymbol{G}_n$, のとき，

$$p(\alpha,\beta) = q^h(\alpha,\beta) = \frac{|H_n|}{|H_{n+1}|}\cdot\frac{\dim\beta}{\dim\alpha}\cdot m(\alpha,\beta),$$

とすれば，これは α から β への単位時間での遷移確率を与える．

証明 誘導表現 $\mathrm{Ind}_{H_n}^{H_{n+1}}\alpha \cong \sum_\beta^{\oplus}[m(\alpha,\beta)]\cdot\beta$ の次元の計算から

$$\dim\alpha\cdot(|H_{n+1}|/|H_n|) = \sum_{\alpha\nearrow\beta} m(\alpha,\beta)\dim\beta,$$

$$\therefore (qh)(\alpha) = \sum_{\alpha\nearrow\beta} q(\alpha,\beta)h(\beta) = \sum_{\alpha\nearrow\beta} m(\alpha,\beta)\cdot\frac{\dim\beta}{|H_{n+1}|} = \frac{\dim\alpha}{|H_n|} = h(\alpha).$$ □

例 13.6.1 コンパクト群 T と対称群との環積 $H_n = \mathfrak{S}_n(T)$ の場合．分岐グラフは，$\boldsymbol{G} = \bigsqcup_{n\geqslant 1}\boldsymbol{G}_n$, $\boldsymbol{G}_n = \widehat{H_n}$, $\kappa(\alpha,\beta) = m(\alpha,\beta)$. H_n の帰納極限は $H_\infty = \mathfrak{S}_\infty(T)$. ここで，

$$S = \boldsymbol{G}, \quad q(\alpha, \beta) = \kappa(\alpha, \beta) \ \ (\alpha, \beta \in \boldsymbol{G})$$

とおく．できるだけ簡単な H_∞ の指標 $f \in E(H_\infty)$ のフーリエ係数 $\varphi(\alpha)$ $(\alpha \in \boldsymbol{G})$ をとる．それは q-調和である（例 13.2.1）．もし，$\varphi(\alpha) > 0$ $(\forall\alpha \in \boldsymbol{G})$ ならば，$h(\alpha) := \varphi(\alpha)$ ととれば，q の h-変換 $p = q^h$ は遷移確率である．したがって乱歩の理論がもろに適用できる．

[HoH, Appendix] (A.18) 式で，正値 q-調和関数 h の 1 例が具体的に与えられている．

例 13.6.2　$H_n = \mathfrak{S}_n(T)$, $H_\infty = \mathfrak{S}_\infty(T)$, は前の例と同じとする．定義 12.2.3 による H_∞ の指標とは，$K_1(H_\infty)$ の端点である．その全体 $E(H_\infty)$ は，論文 [HH4], [HH6] で（T が有限群の場合の [HH1]～[HH3] での方法を拡張して）すべて具体的に求められている．その方法とは原理的には，正規化された H_n の既約指標 $f_n \in E(H_n)$ の極限関数 $f_\infty = \lim_{n\to\infty} f_n$ を求めるものである．それらは論文 [HHH3] で詳しく研究されていて，T が有限でないコンパクト群の場合（すなわち，H_∞ が局所有限でない場合）には，H_∞ は（帰納極限位相 τ_{ind} で）もはや局所コンパクトではなく，珍しい現象が起きている．

(1)　$H_\infty = \mathfrak{S}_\infty(T)$ 上の各点収束の極限関数 f_∞ には至る処不連続なものがある．それらは正定値で可測，しかし適当に修正して連続関数にできるものではない（[ibid, Remarks 5.1, 5.2]）．また，一般には $f_n \to f$ を「弱収束」の意味で捉えなければならない（[ibid, Lemma 5.3]）．

(2)　H_∞ 上の各点収束の極限関数 f_∞ が単位元で連続ならば至る処連続である．そのときには，f_n は f_∞ にコンパクト一様に収束する．その種の極限関数全体はちょうど指標の集合 $E(H_\infty)$ と一致する（[ibid, Theorems 6.1, 7.1]）．

注 13.6.1　論文 [HoHH] では，これらの結果を分岐グラフの理論に載せて確率論的に再記述した．さらに論文 [HoH] では，同じく $H_n = \mathfrak{S}_n(T)$, $H_\infty = \mathfrak{S}_\infty(T)$ の場合に，分岐グラフ $S = \boldsymbol{G}$ に対して（h-変換も接頭語 q- も使っていない），例 13.6.2 の指標の具体形を使って，Martin 核を書き下し，Martin 核 $K(x, y_k)$, $y_k \in S$ $(k \to \infty)$ の収束を鍵として，Martin 境界 ∂S_M を決定した（[ibid, Theorem 2.5]）．

極限操作 $\boldsymbol{G}_n = \widehat{H_n} \ni y_n \to \omega \in \partial S_M$ $(k \to \infty)$ に対して，（y_n に対応する）正規化された既約指標 f_n の極限操作 $f_n \to f_\omega := f_\infty$ $(n \to \infty)$ を見るとき，T が非可算の場合には，極小 Martin 境界 $\partial_m S_M$ は上の項目 **(2)** に対応し，Martin 境

界との差 $\partial S_M \setminus \partial_m S_M$ が項目 **(1)** に対応する（cf. [ibid, Theorems 3.3]）.

13.7 端的中心的確率測度の下での Martin 核の極限

13.2 節〜**13.4** 節の一般的な「分岐グラフ」の設定 **G2**： $S = \boldsymbol{G}$, $q(\alpha,\beta) = \kappa(\alpha,\beta)$ $(\alpha,\beta \in S)$, を踏まえる．ここでは，適当な h-変換が無くても，q-Martin 核，q-Martin 境界，q-Martin 極小境界，等々を使って所期の目的が達せられることを示したい．所期の目的とは一言で言えば，命題「分岐グラフ上の端的 (extremal) 中心的確率測度 M の下での Martin 核の極限は，端的調和関数 φ を生む」(ステップ $M \mapsto \varphi$) を証明することである．

いま，$\alpha \in S = \boldsymbol{G}$ から出た道が β に至る，とすると，ある $n \geq 0, m > 0$ に対して，$\alpha \in \boldsymbol{G}_n$, $\beta \in \boldsymbol{G}_{n+m}$, で，

$$q_n(\alpha,\beta) = \sum_{\alpha \nearrow \gamma_1 \nearrow \cdots \nearrow \gamma_{m-1} \nearrow \beta} \kappa(\alpha,\gamma_1)\cdots\kappa(\gamma_{m-1},\beta) \ > \ 0.$$

その他の場合には $q_n(\alpha,\beta) = 0$. Green 関数と Martin 核は，

$$G_q(\alpha,\beta) = \sum_{n \geqslant 0} q_n(\alpha,\beta) = d(\alpha,\beta),$$

$$K_q(\alpha,\beta) = \frac{G_q(\alpha,\beta)}{G_q(\varnothing,\beta)} = \frac{d(\alpha,\beta)}{d(\varnothing,\beta)}. \tag{13.7.1}$$

ここで，条件 (BG3)〜(BG4) により，$d(\varnothing,\beta) > 0$ $(\forall \beta \in \boldsymbol{G})$.

M を道空間 $\mathfrak{T} = \mathfrak{T}(\boldsymbol{G})$ 上の中心的確率測度で，可算な部分グラフ $\boldsymbol{G}^0$ に対する道空間 $\mathfrak{T}^0 := \mathfrak{T}(\boldsymbol{G}^0)$ に載っているものとする．このとき M は，部分 σ-加法族 $\mathfrak{B}^0 := \mathfrak{B}(\mathfrak{T}^0) \subset \mathfrak{B}(\mathfrak{T})$ への制限 M^0 で決まる．次の定理の証明に，逆マルチンゲールの収束定理（定理 13.4.2）が使われる．

定理 13.7.1 [HoHH, Theorem 3.2] 設定 **G2** で，M を $(\mathfrak{T}, \mathfrak{B}(\mathfrak{T}))$ 上の端的中心的確率測度とする．そして，$\boldsymbol{G}^0$ を M に（定義 13.3.1 の意味で）付随する可算な部分グラフとする．φ を $\boldsymbol{G}$ 上の端的調和関数で，M に補題 13.3.1 のように付随しているとする．このとき，M に関してほとんどすべての $t \in \mathfrak{T}$ に対して収束して，

$$\lim_{n\to\infty} K_q(\alpha, t(n)) = \lim_{n\to\infty} \frac{d(\alpha,t(n))}{d(\varnothing,t(n))} = \varphi(\alpha) \quad (\alpha \in \boldsymbol{G}^0). \tag{13.7.2}$$

さらにこれは $L^1(\mathfrak{T}, \mathfrak{B}(\mathfrak{T}), M)$ の意味でも収束している．

証明の粗筋　第 1 段. 確率変数 $X_n : \mathfrak{T} \ni t \mapsto t(n) \in \boldsymbol{G}_n$，および，部分 σ-加法族 $\mathfrak{B}_n$, $\mathfrak{B}_\infty = \bigcap_{n \geqslant 0} \mathfrak{B}_n$ を命題 13.3.3 の直前と同じとし，

$$\mathfrak{B}^0 := \mathfrak{B}(\mathfrak{T}^0) = \{B \cap \mathfrak{T}^0 ; B \in \mathfrak{B}(\mathfrak{T})\},\ \ M^0(B \cap \mathfrak{T}^0) := M(B)\ \ (B \in \mathfrak{B}(\mathfrak{T})).$$

とおく．$\alpha \in \boldsymbol{G}^0_m, n > m$ に対して，

$$Z_n^{(\alpha)}(t) := K_q(\alpha, t(n)) = \frac{d(\alpha, X_n(t))}{d(\varnothing, X_n(t))}, \quad t \in \mathfrak{T}(\boldsymbol{G}^0), \tag{13.7.3}$$

とすると，これは確率空間 $(\mathfrak{T}^0, \mathfrak{B}^0, M^0)$ 上の確率変数である．そこで，$\mathfrak{B}^0_n := \mathfrak{B}_n \cap \mathfrak{B}^0$, $n = 0, 1, 2, \cdots$，とおくと，これは $\mathfrak{B}^0$ の部分 σ-加法族の減少列である．

補題 13.7.2 $(Z_n^{(\alpha)})_{n=m+1,m+2,\cdots}$ は，逆 $(\mathfrak{B}^0_n)_{n>m}$-マルチンゲールである．

その証明には次を示せばよいが，その計算はここでは省略する：

$$\int_A Z_n^{(\alpha)} dM^0 = \int_A Z_{n+1}^{(\alpha)} dM^0, \quad A \in \mathfrak{B}^0_{n+1}. \tag{13.7.4}$$

第 2 段. $Z_n^{(\alpha)}$ の平均 $\boldsymbol{E}[Z_n^{(\alpha)}]$ は，$\boldsymbol{E}[Z_n^{(\alpha)}] = \int_{\mathfrak{T}(\boldsymbol{G}^0)} Z_n^{(\alpha)} dM^0 = \varphi(\alpha)$.

第 3 段. 定理 13.4.2 により，逆マルチンゲール $(Z_n^{(\alpha)})$ は（M に関して）ほとんど確実に収束して $\mathfrak{B}_\infty$-可測関数

$$\lim_{n\to\infty} Z_n^{(\alpha)} = Z_\infty^{(\alpha)} \tag{13.7.5}$$

を得る．M が端点であるから，命題 13.3.3 により，$Z_\infty^{(\alpha)}$ は M に関してほとんど至る処定数である．(13.7.5) はまた L^1-ノルムでも正しいので，その定数は次と一致する：$\boldsymbol{E}[Z_\infty^{(\alpha)}] = \lim_{n\to\infty} \boldsymbol{E}[Z_n^{(\alpha)}] = \varphi(\alpha)$.

ここで，α は可算集合 $\boldsymbol{G}^0$ を走るので，収束 (13.7.5) の $\mathfrak{T}$ における例外点は（すべての α について）共通にとれる．したがって，（M に関して）ほとんどすべての道 $t \in \mathfrak{T}$ で，

$$\lim_{n\to\infty} Z_n^{(\alpha)}(t) = Z_\infty^{(\alpha)}(t) = \varphi(\alpha), \text{ i.e., } \lim_{n\to\infty} K_q(\alpha, t(n)) = \varphi(\alpha)\ (\forall \alpha \in \boldsymbol{G}^0). \quad \square$$

13.8　既約指標の極限

設定 G1 では，コンパクト群の増大列 $H_0 \hookrightarrow \cdots \hookrightarrow H_n \hookrightarrow H_{n+1} \hookrightarrow \cdots$ とその帰

納極限 $H_\infty = \lim_{n\to\infty} H_n$ を取り扱う： $S := \boldsymbol{G} = \bigsqcup_{n\geqslant 0} \boldsymbol{G}_n$, $\boldsymbol{G}_n = \widehat{H_n}$, $\kappa(\alpha,\beta) := m(\alpha,\beta) = [\beta|_{H_n} : \alpha]$ $(\alpha \in \boldsymbol{G}_n, \beta \in \boldsymbol{G}_{n+1})$,

$$\chi_\beta|_{H_n} = \sum_{\alpha\in\boldsymbol{G}_n:\,\alpha\nearrow\beta} m(\alpha,\beta)\,\chi_\alpha\,. \tag{13.8.1}$$

$$q(\alpha,\beta) := \begin{cases} m(\alpha,\beta), & \alpha\nearrow\beta \text{ のとき}, \\ 0, & \text{その他のとき}. \end{cases}$$

$\alpha, \beta \in \boldsymbol{G}$ に対して，α から出た道が β に至る，とすると，$\alpha \in \boldsymbol{G}_n$, $\beta \in \boldsymbol{G}_{n+m}$, で,

$$q_n(\alpha,\beta) = \sum_{\alpha\nearrow\gamma_1\nearrow\cdots\nearrow\gamma_{m-1}\nearrow\beta} m(\alpha,\gamma_1)\cdots m(\gamma_{m-1},\beta) = m(\alpha,\beta).$$

その他の場合には $q_n(\alpha,\beta) = 0 = m(\alpha,\beta)$. Green 関数と Martin 核は,

$$G_q(\alpha,\beta) = \sum_{n\geqslant 0} q_n(\alpha,\beta) = d(\alpha,\beta) = m(\alpha,\beta).$$

$$K_q(\alpha,\beta) = \frac{G_q(\alpha,\beta)}{G_q(\varnothing,\beta)} = \frac{d(\alpha,\beta)}{d(\varnothing,\beta)} = \frac{m(\alpha,\beta)}{\dim\beta} \tag{13.8.2}$$

一般に，群 G の指標とは定義 12.2.3 によって，正規化された中心的連続正定値関数の集合 $K_1(G)$ の端点のことであり，その全体が $E(G)$．定理 13.3.2 から次の定理を得る.

定理 13.8.1 $H_\infty = \lim_{n\to\infty} H_n$ をコンパクト群の増大列の帰納極限とする．ここに，埋め込み $H_n \hookrightarrow H_{n+1}$ は連続である．このとき，次の 3 つの集合の間に自然な全単射の対応が存在する：

(1) H_∞ の指標 f の集合 $E(H_\infty)$,

(2) $\mathfrak{T}(\boldsymbol{G})$ 上の端的調和関数 φ の集合,

(3) $\mathfrak{T}(\boldsymbol{G})$ 上の端的中心的確率測度 M の集合.

ここに，対応 $f \mapsto \varphi$ は (13.2.3) 式の $f|_{H_n} = \sum_{\alpha\in\boldsymbol{G}_n} \varphi(\alpha)\chi_\alpha$ による．対応 $\varphi \mapsto M$ は補題 13.3.1 の (13.3.2) 式 による．また，対応 $M \mapsto \varphi$ は定理 13.7.1 で与えられる.

上の全単射を踏まえて，H_n の正規化された既約指標の極限定理が，定理 13.7.1 を応用して得られる.

定理 13.8.2 (既約指標の極限) コンパクト群の増大列 H_n の帰納極限 $H_\infty = \lim_{n\to\infty} H_n$ を定理 13.8.1 の通りとする．任意の指標 $f \in E(H_\infty)$ に対し，M をそ

れに対応する中心的測度とする．このとき，M に関してほとんどすべての道 $t \in \mathfrak{T}$ に対して，各点収束

$$\lim_{n\to\infty} \widetilde{\chi}_{t(n)}(h_n) = f(h) \quad (H_n \ni h_n \to h \in H_\infty) \tag{13.8.3}$$

が成立して，それは各 H_k, $k \geq 1$ の上では一様収束である．

証明　我々は [HoHH, Theorem 4.3] の証明の考え方をより一般化する．$k < n$ に対して，$\gamma \in \boldsymbol{G}_n$ とすると，

$$\chi_\gamma|_{H_k} = \sum_{\beta \in \boldsymbol{G}_k} m(\beta, \gamma)\, \chi_\beta\,. \tag{13.8.4}$$

定理 13.8.1 における対応 $f \mapsto \varphi \mapsto M \mapsto \varphi$ にしたがって，$\boldsymbol{G}^0 = \operatorname{supp}\varphi$ とおく．すると $\boldsymbol{G}^0$ は $\boldsymbol{G}$ の可算部分グラフである（補題 13.2.3）．定理 13.7.1 により，M に関してほとんどすべての道 $t \in \mathfrak{T}$ に対し，それに沿って次の極限が存在する：

$$\lim_{n\to\infty} \frac{d(\alpha, t(n))}{d(\varnothing, t(n))} = \lim_{n\to\infty} \frac{m(\alpha, t(n))}{\dim t(n)} = \varphi(\alpha) \quad (\alpha \in \boldsymbol{G}^0). \tag{13.8.5}$$

この極限が存在する道 $t \in \mathfrak{T}(\boldsymbol{G}^0)$ に対して，

$$\alpha \in \boldsymbol{G}_k,\ m(\alpha, t(n)) > 0 \implies \alpha \in \boldsymbol{G}_k^0 = \boldsymbol{G}_k \cap \boldsymbol{G}^0 \tag{13.8.6}$$

実際，$t(n) \in \boldsymbol{G}^0 = \operatorname{supp}(\varphi)$ の下流に α があるわけで，$\boldsymbol{G}^0$ が部分グラフであるから $\alpha \in \boldsymbol{G}^0$ である．$\alpha \in \boldsymbol{G}_k$ に対し，

$$Q_{t(n)}(\alpha) := \frac{m(\alpha, t(n))}{\dim t(n)} \dim\alpha \ \ (n > k), \quad Q(\alpha) := \varphi(\alpha)\dim\alpha, \tag{13.8.7}$$

とおく．$Q_{t(n)}, Q$ はそれぞれ $\boldsymbol{G}_k$ 上の確率測度を与える．それらの台については，$\operatorname{supp}(Q) \subset \operatorname{supp}(\varphi) \cap \boldsymbol{G}_k = \boldsymbol{G}_k^0$, また，(13.8.6) により，$\operatorname{supp}(Q_{t(n)}) \subset \boldsymbol{G}_k^0$. そして，$\boldsymbol{G}_k^0$ は可分である．そこで，$\widetilde{\chi}_{t(n)}|_{H_k}$ と $f|_{H_k}$ との差を測ろう．まず，

$$\widetilde{\chi}_{t(n)}|_{H_k} = \sum_{\alpha \in \boldsymbol{G}_k^0} Q_{t(n)}(\alpha)\widetilde{\chi}_\alpha, \quad f|_{H_k} = \sum_{\alpha \in \boldsymbol{G}_k^0} Q(\alpha)\widetilde{\chi}_\alpha, \tag{13.8.8}$$

である．実際，第 1 式は (13.8.4) と (13.8.7) から従う．第 2 式は $f|_{H_n} = \sum_{\alpha \in \boldsymbol{G}_n} \varphi(\alpha)\chi_\alpha$ による．

$\varepsilon > 0$ に対して，有限部分集合 $F \subset \boldsymbol{G}_k^0$ が存在して $1 - Q(F) = Q(F^c) < \varepsilon$, た

だし $F^c = \boldsymbol{G}_k^0 \setminus F$. (13.8.5) から，$n$ が十分大ならば，

$$|Q_{t(n)}(F) - Q(F)| \le \sum_{\alpha \in F} |Q_{t(n)}(\alpha) - Q(\alpha)| < \varepsilon,$$

$$\therefore Q_{t(n)}(F^c) \le 1 - Q(F) + |Q_{t(n)}(F) - Q(F)| < 2\varepsilon,$$

これを (13.8.8) に適用すると，$h \in H_k$ に対し，

$$|\widetilde{\chi}_{t(n)}(h) - f(h)| \le \sum_{\alpha \in F} |Q_{t(n)}(\alpha) - Q(\alpha)| + Q_{t(n)}(F^c) + Q(F^c) \le 4\varepsilon.$$

ゆえに，（M に関して）ほとんどすべての道 t に対して，

$$\lim_{n\to\infty} \sup_{h \in H_k} |\widetilde{\chi}_{t(n)}(h) - f(h)| \;=\; 0 \quad (H_k \text{ 上では一様収束}). \qquad \square$$

注 13.8.1 n 次ユニタリ群の増大列 $H_n = U(n)$, その帰納極限 $H_\infty = U(\infty) := \lim_{n\to\infty} U(n)$ については [Ols] で取り扱われている．

13.9 正規化された既約指標の極限はつねに指標か？

コンパクト群の増大列 $H_n \hookrightarrow H_{n+1}$ の帰納極限群 $H_\infty = \lim_{n\to\infty} H_n$ という「設定 **G1**」をとる．定理 13.8.1, 定理 13.8.2 の結果により，任意の指標 $f \in E(H_\infty)$ から出発して，$f \mapsto \varphi \mapsto M \mapsto \varphi \mapsto f = \lim_{n\to\infty} \widetilde{\chi}_{t(n)}$ となるので，次が証明されている．

定理 13.9.1 $H_\infty = \lim_{n\to\infty} H_n$ (設定 **G1**) とする．任意の指標 $f \in E(H_\infty)$ に対して，

(∗) H_n の既約表現 π_n の列があって，$f = \lim_{n\to\infty} \widetilde{\chi}_{\pi_n}$ (各 H_k 上では一様収束).

□

では，この命題の逆に類する次の問はどうだろうか．

研究課題 13.9.1 H_n の正規化された既約指標が，既約表現のある系列 $B = (\beta(k))_{k\geqslant 1}$, $\beta(k) \in \boldsymbol{G}_{n_k} = \widehat{H_{n_k}}$, $n_k \to \infty$ $(k \to \infty)$, に沿って，H_∞ 上で各点収束したとする：

(13.9.1) $$f_B(h) := \lim_{k\to\infty} \widetilde{\chi}_{\beta(k)}(h) \quad (h \in H_\infty = \lim_{n\to\infty} H_n).$$

極限関数 f_B は正定値ではあるが，さて何物(なにもの)だろうか？

また，各点収束するための条件は？

H_n が無限コンパクト群の場合に，一つの道 $t = (t(n)) \in \mathfrak{T}$ に対する極限 $f_t := \lim_{n\to\infty} \widetilde{\chi}_{t(n)}$ に対しては，この課題でとくに興味があるのは，t が定理 13.8.2 で「コンパクト一様収束」が保証される M-測度 1 のどんな部分集合からも漏れている場合である.

さて，局所有限群 H_∞ に対して，道 $t \in \mathfrak{T}$ を，次の（Martin 核の）極限 φ_t が存在するときに，**正則**であるという：

$$\varphi_t(\alpha) = \lim_{n\to\infty} \frac{m(\alpha, t(n))}{\dim t(n)}, \quad \alpha \in \boldsymbol{G}. \tag{13.9.2}$$

Kerov は（証明無しではあるが）次のように言っている [Ker, p.11]:

『正則な道 t に沿った極限関数 φ_t は調和ではあるが，端点とは限らない.』

有限群 T に対する環積群 $H_\infty = \mathfrak{S}_\infty(T) = \lim_{n\to\infty} H_n$, $H_n = \mathfrak{S}_n(T)$, の場合では研究課題 13.9.1 は肯定的に解かれている（[HH2], [HH3] 参照）．しかし，我々が知る限りでは，この研究課題は，局所有限群に対しても，未だ一般的には解明されてはいない.

一般のコンパクト群の増大列の帰納極限 $H_\infty = \bigcup_{n\geqslant 0} H_n$ の場合にも，(13.9.2) の Martin 核の極限 φ_t が存在するとき t を**正則**と呼ぶことにする．局所有限でない極限群 H_∞ に対していろいろな疑問を列挙してみよう.

疑問 1　正則な道 t に対して，各 H_k 上で $\boldsymbol{G}_k = \widehat{H_k}$ 上にわたる和

$$f_{\varphi_t}(h) := \sum_{\alpha\in\boldsymbol{G}_k} \varphi_t(\alpha)\chi_\alpha(h) \quad (h \in H_k), \tag{13.9.3}$$

を考える．これは（$|\boldsymbol{G}_k| = \infty$ のとき）各点収束するだろうか？

疑問 2　各点収束するとして H_∞ 全体の上の関数を与えるか（すなわち，φ_t は調和か）？

疑問 3　f_{φ_t} は，各点収束の極限関数

$$f_t(h) = \lim_{n\to\infty} \widetilde{\chi}_{t(n)}(h) = \lim_{n\to\infty} \sum_{\alpha\in\boldsymbol{G}_k} \frac{m(\alpha, t(n))}{\dim t(n)} \cdot \chi_\alpha(h) \quad (h \in H_k), \tag{13.9.4}$$

と一致するか（すなわち，上式右端で $\lim_{n\to\infty}$ と $\sum_\alpha$ とは交換可能か）？

疑問 4 道 $t=(t(n))$ に沿う極限関数 φ_t の存在（t の正則性）と，各点収束（？）の極限関数 f_t の存在とは同等だろうか？

群 H_∞ 上の各点収束極限 $f_t = \lim_{n\to\infty} \widetilde{\chi}_{t(n)}$ が指標でない (i.e.$f_t \notin E(H_\infty)$)，すなわち，連続でないかもしくは端点でない，ときには，**悪い**極限関数と呼ぶ．Kerov の上のコメントは，ある種の局所有限群 H_∞ に対しては，悪い極限関数 f_t が存在することを意味する．Borodin-Olshanski [BO, p.5] は，彼らがその論文で取り扱った分岐グラフのすべての例では，（大胆に翻訳すれば）「悪い極限関数は存在しなかった」という意味のことを述べている．一般のコンパクト群の増大列の場合には，上の研究課題 13.9.1 よりも，次の研究課題の方がより自然である ([HoH, QUESTION 4.7])：

研究課題 13.9.2 極限 $f_t(h) := \lim_{n\to\infty} \widetilde{\chi}_{t(n)}(h)$ $(h \in H_\infty)$ がコンパクト一様収束の意味で存在するならば，それは H_∞ の指標か？ すなわち，$f_t \in E(H_\infty)$？

ユニタリ群 $U(n)$ の帰納極限 $U(\infty)$ の場合には，この研究課題は肯定的に解かれている（[OkOl]）．

[HH4], [HH6] では，コンパクト群 T と対称群との環積 $\mathfrak{S}_n(T) \nearrow \mathfrak{S}_\infty(T)$ の場合には，$\mathfrak{S}_\infty(T)$ のすべての指標を具体的に計算した．そして [HHH3] では，$\mathfrak{S}_n(T), n<\infty,$ の既約指標を具体的に求めて，$n\to\infty$ でのすべての極限関数を計算した．そのうちから連続なものを選ぶと，それが丁度 $\mathfrak{S}_\infty(T)$ の指標全体であった．かくて，この環積群の場合には，研究課題 13.9.2, さらには研究課題 13.9.1 で収束 (13.9.1) がコンパクト一様である場合には，課題が肯定的に解かれている，すなわち，f_t（もしくは f_B）は H_∞ の指標である（[HoH, Proposition 4.10]）．

T が有限でない場合には，実際に，(13.9.1) の各点収束極限 f_t で，至る処不連続なものが現れる（前述）．これらは当然，指標ではなく，悪い極限関数である．そして，良い極限関数（指標）を得るための必要十分条件も与えた（[HHH3, Theorem 6.1]）．論文 [HoH] では，$H_\infty = \mathfrak{S}_\infty(T)$ に対するこれらの結果を，分岐グラフ，Martin 核，Martin 境界，等を使って見直した．T が無限コンパクト群のときには，研究課題 13.9.1 は多くの T に対して否定的である．実際，それらの T に対して，$H_\infty = \lim_{n\to\infty} H_n$ に対応する分岐グラフ $\boldsymbol{G} = \bigsqcup_{n\geqslant 0} \boldsymbol{G}_n, \boldsymbol{G}_n = \widehat{H_n},$ において，上記の差異が，$S=\boldsymbol{G}$ に対する Martin 境界 ∂S_M と極小 Martin 境界 $\partial_m S_M$ の差 $\partial S_M \setminus \partial_m S_M$ に対応していることが分かった（cf. [ibid., Theorems

2.5, 3.3, 4.6]).

一般化対称群 $G(m,1,n)=\mathfrak{S}_n(\boldsymbol{Z}_m)$ の表現群の増加列とその帰納極限群

$$H_n = R(G(m,1,n)), \quad H_\infty = R(G(m,1,\infty)),$$

の場合は次章で取り扱う.

閑話休題 13.9.1　コンパクト群 T と対称群との環積 $H_n=\mathfrak{S}_n(T)$, $H_\infty=\mathfrak{S}_\infty(T)$ の設定では，論文 [HHH3] では，まず H_n の既約表現と既約指標を計算した．次に，正規化された既約指標の列 $f_n \in E(H_n)$ の極限関数 $f_\infty = \lim_{n\to\infty} f_n$ を計算して具体的な公式を与えた．そこでは，**良い**極限関数として，すべての指標 $f \in E(H_\infty)$ が得られている.

ところが，T が無限コンパクト群の場合には，沢山の**悪い**極限関数 f_∞ が現れた ([HHH3, Lemma 5.3, Remark 5.1, Theorem 6.1][3])．これらは，可測ではあるが至る処不連続であって,（少々修正しても）連続関数にならない関数であり,「煩わしく余計なもの」もしくは「鬼子(おにご)のようなもの」に思われたので印象が悪く，**悪い**極限関数と呼んだわけである.

しかしながら，[HoHH] を経て，[HoH] まで来ると，この受け取り方が変わってしまった．例 13.6.1 での設定に従うと，状態空間 $S=\bigsqcup_{k\geqslant 1}\widehat{H_n}$ に Martin 核 $K(x,y)=d(x,y)d(y)^{-1}$ $(x,y\in S)$ を使って距離を入れて完備化して Martin 境界 ∂S_M を得る．$S\ni y_n\to\omega\in\partial S_M$ のとき，$K(x,\omega)=\lim_{n\to\infty}K(x,y_n)$ $(x\in S)$ とおく．全ての $K(x,\omega)$ $(x\in S)$ は優調和関数であり，さらに**調和**であるか否かで $\omega\in\partial_m S_M$ か $\omega\in\partial S_M\setminus\partial_m S_M$ かが決まる（[HoH, Lemmas 2.7, 2.8, Theorem 3.3]）．他方，y_n に属する正規化された既約指標 f_n をとり，$f_\omega := \lim_{n\to\infty} f_n$ とおくと，極限関数 f_ω が**良い**か**悪い**かは（親とも恃(たの)むべき）$K(x,\omega)$ が調和であるか優調和どまりであるかの違いによる（[HoH, Theorem 3.4] 参照）．かくて,「悪い」とされていた多くの“至る処不連続だが可測な”正定値関数 f_ω は，その親 $K(x,\omega)$ が**優調和関数**という立派なお名前を頂戴して存在意義を認知されたお蔭で，名誉ある地位を占めることになった．目出度し目出度し.

注 13.9.1　コンパクト群 $\mathfrak{S}_n(T)$ の極限 $\mathfrak{S}_\infty(T)=D_\infty(T)\rtimes\mathfrak{S}_\infty$ は T が有限群のときは離散群であるが，T が無限コンパクト群のときは，局所コンパクト群ではない（[TSH, Part I] 参照）．他方，局所コンパクト群に対しては，Dixmier [Dix2]

3) [HHH3, p.29], (5.12) 式で定義される関数 F は正定値であることが証明できる.

の 13.4.5. Théorème (i) によれば，局所コンパクト群 G に対して，

> Soient $\varphi \in \mathrm{L}^\infty(G)$, et ω la forme linéaire continue sur $\mathrm{L}^1(G)$ définie par φ. Pour que ω soit positive, il faut et il suffit que φ soit égale localement presque partout à une fonction continue de type positif.

我々の(局所コンパクトではない)極限群 $H_\infty = \mathfrak{S}_\infty(T) = \lim_{k\to\infty} H_k$, $H_k = \mathfrak{S}_k(T)$, に対しては，極限に行く手前の各 H_k の段階で $\mathrm{L}^\infty(H_k) \times \mathrm{L}^1(H_k)$ の双対を考えると，$y_n \to \omega \in \partial S_M \setminus \partial_m S_M$ にしたがって，$\mathrm{L}^\infty(H_k)$ 内で，$f_n|_{H_k} \to f_\omega|_{H_k}$ $(n \to \infty)$ と弱収束する（[HHH3, Lemma 5.3] 参照）．これは上に引用した命題の「外側」を映し出しており，「局所コンパクト」の仮定を外したときどうなるか，という課題を与えている．

研究課題 13.9.3　T を無限コンパクト群とし，$\omega \in \partial S_M \setminus \partial_m S_M$ をとる．ある f_ω が存在して，任意の収束点列 $S \ni y_n \to \omega$ に対して，f_n が f_ω に弱収束している(上述)．収束点列 $S \ni y_n \to \omega$ をうまく選べば，対応する f_n が f_ω に各点収束するようにできるか？（f_ω を代表する H_∞ 上の関数としての第 1 選択肢は前頁の脚注 3) の F である.）

研究課題 13.9.4　局所コンパクトではない極限群 H_∞ の上の不変正定値関数の族 $\{f_\omega\,;\,\omega \in \partial S_M \setminus \partial_m S_M\}$ は，群 H_∞ のユニタリ表現に対して何らかの働きをするのか？ 例えば，局所コンパクト群 H の場合には，H 上の連続正定値関数の族と H の巡回的ユニタリ表現の族との間には，Gelfand-Raikov 表現を通じて密接な関係があるが，これと類似の対応があり得るか？

第 14 章

無限一般化対称群のスピン指標

この最終章では，これまで積み重ねてきたいろいろの結果を踏み台とし，とくに前章の「群の帰納極限と指標の極限」の一般論に対する各論として，無限一般対称群の場合に応用し，具体的に指標公式を求めてみよう．

14.1　$n=\infty$ でのスピン指標と $n\to\infty$ の極限

新しい局面に入る前に，少しこれまでのところを振り返ってみる．我々は，第 7 章で n 次対称群 $\mathfrak{S}_n$ のスピン既約指標を調べ，第 8 章ではスピン既約表現の行列による構成を述べた．第 9 章では，一般化対称群（母なる群）

(14.1.1)
$$G_n := G(m,1,n) = \mathfrak{S}_n(T) = D_n(T) \rtimes \mathfrak{S}_n, \quad T = \boldsymbol{Z}_m,$$

とそれらの正規部分群（子なる群）$G(m,p,n) = \mathfrak{S}_n(T)^{S(p)}$, $p|m$, を鏡映群として導入した．表現群 $R(G(m,1,n))$ を定理 9.3.3（m 奇の場合），9.3.4（m 偶の場合）で与えたが，その中心的部分群 Z を，m の偶奇にしたがって，$Z = \langle z_1, z_2, z_3\rangle$, $Z = \langle z_1\rangle$ とすると，$R(G(m,1,n))/Z \cong G(m,1,n)$ である．表現群 $R(G(m,p,n))$, $p|m$, $p>1$, は定理 9.3.7，9.3.8 で与えた．そして，定理 9.4.1（m 奇の場合），9.4.3（場合 OE），9.4.4（場合 EO, EE）で，$R(G(m,1,n))$ への包含関係を調べた．第 10 章では，一般化対称群の表現群

(14.1.2)
$$G'_n = R(G(m,1,n))$$

における共役類を調べた．とくに Z を法とする共役類を，$G_n = G(m,1,n)$ のそれと関連付けて詳しく調べ，その完全代表系を具体的に与えた．また，スピン指標 f の性質を調べるのに，f の Z を法とする対称性，すなわち，f のスピン型を $\chi \in \widehat{Z}$ とすると，

(14.1.3)
$$f(zg'_0 g' {g'_0}^{-1}) = \chi(z) f(g') \quad (z \in Z,\ g', g'_0 \in G'_n)$$

という対称性，だけを用いて，どこまで f の性質が決まるかを追求した．$G'_n,\ 4\le n<\infty$, の上の関数 f がスピン型 $\chi\in\widehat{Z}$ を持つとは，

$$f(zg')=\chi(z)f(g')\quad(z\in Z,\ g'\in G'_n)$$

を満たすことである．G'_n の指標 f はつねにあるスピン型を持つ．スピン型 χ を持つもの全体を $E(G'_n;\chi)$ とすると，(9.5.4) に見るように，

$$E(G'_n)=\bigsqcup\nolimits_{\chi\in\widehat{Z}}E(G'_n;\chi), \tag{14.1.4}$$

である．スピン型は m 奇の場合，$\chi(z_1)=1,-1$, である．m 偶の場合は，

$$\chi=(\beta_1,\beta_2,\beta_3),\quad \beta_i=\chi(z_i)=\pm1, \tag{14.1.5}$$

と表される．このとき，スピン型は χ^{Y} (Y=I, II, ⋯, VIII) と表 10.2.1 (p.321) にしたがって名付ける（単に Y 型ともいう）．とくに，χ^{VIII} 型は非スピンである．ここでは，f の台 supp(f) の研究が重要であった．それを用いて，帰納極限群

$$G_\infty:=G(m,1,\infty)=\lim_{n\to\infty}G(m,1,n)=\bigcup\nolimits_{n\geqslant4}G(m,1,n),$$
$$G'_\infty:=R(G(m,1,\infty))=\lim_{n\to\infty}R(G(m,1,n))=\bigcup\nolimits_{n\geqslant4}R(G(m,1,n)),$$

のスピン指標の性質を調べた．$f\in K_1(G'_\infty)$ または $f\in E(G'_\infty)$ のうちスピン型が $\chi\in\widehat{Z}$ のものの全体を $K_1(G'_\infty;\chi)$ または $E(G'_\infty;\chi)$ と書くと，これらについてもスピン型に従った (14.1.4) と同様な分解が成立する．また，第 **10.4** 節における指標の因子分解可能性についての結果が重要である．本章に直接関係する結果を挙げると，まず，命題 10.4.3, 10.4.4 により，

命題 14.1.a　G'_∞ に対する，場合 Y, Y=odd, I, II, ⋯, VIII, において，$g'\in\mathcal{O}(\mathrm{Y})$ を χ^{Y} 型基本成分 $g^{(j)}$ に分解する：$g'=g^{(1)}g^{(2)}\cdots g^{(k)}$. このとき，

$$f(g')=f(g^{(1)})f(g^{(2)})\cdots f(g^{(k)}).$$ □

この性質を利用すると，$n=\infty$ におけるスピン指標 $f\in E(G'_\infty;\chi^{\mathrm{Y}})$ を，$n<\infty$ におけるスピン指標 $f_n\in E(G'_n;\chi^{\mathrm{Y}})$ の $n\to\infty$ の極限によって求めるとき（第 13 章参照）に，χ^{Y} 型基本成分に対して求めればよいので，計算が一部簡単になるはずである．

つぎに，定理 10.5.1 および定理 10.5.2 (p.331) により，

命題 14.1.b　(i) 場合 Y, Y=odd, I, IV, V, VI（第 1 グループ）において，判定条件 **(EF)** が成立する．

(ii) 場合 Y, Y=Ⅱ, Ⅲ, Ⅶ (第 2 グループ) において，判定条件 $(\mathbf{EF}\chi^{\mathrm{Y}})$ が成立する．また因子分解可能な元のなす部分集合 $F(G'_\infty;\chi^{\mathrm{Y}}) \subset E(G'_\infty;\chi^{\mathrm{Y}})$ は，

$$F(G'_\infty;\chi^{\mathrm{Y}}) = F(G'_\infty;\chi^{\mathrm{Y}};\mathcal{O}(\mathrm{str})) = E(G'_\infty;\chi^{\mathrm{Y}};\mathcal{O}(\mathrm{str})). \qquad \square$$

この命題は，$n \to \infty$ による「スピン指標の極限関数」が $n = \infty$ における指標全体 $E(G'_\infty;\chi^{\mathrm{Y}})$ を捉えているかどうか，を調べるときに有効である．

第 11 章は，$n < \infty$ における研究であって，主たる内容は，

(1)　G_n の既約表現の構成とその指標の計算；

(2)　G'_n のスピン型 $\chi \in \widehat{Z}$ のスピン既約表現の構成とそのスピン指標の計算；

である．ただし，本章 (第 14 章) にとっても基本的な，場合 Y=Ⅷ (非スピン), odd, Ⅳ, I, Ⅱ では詳述したが，(スペースの関係で) その他の場合については割愛した (問題 11.9.1，11.9.2，p.385，参照)．

第 12 章では，群の指標の一般理論をまず述べた．ついで，群 G の指標と G の正規部分群 N の指標との関係を調べた．そこでの重点は $f \in E(G)$ の N 上への制限 $f|_N$ についての議論である．ここでの一般論を，母なる群 $G = G'_n = R(G(m,1,n)), 5 \le n \le \infty$, と，子なる群 $N = \Phi^{-1}(G(m,p,n))$, $G(m,p,n) = \mathfrak{S}_n(\boldsymbol{Z}_m)^{S(p)}$, $p|m$, $p > 1$, に適用すれば，一般化対称群 $G(m,1,n)$ のスピン指標の理論から一般の鏡映群 $G(m,p,n)$ のスピン指標に対する主要な結果が導かれる．

第 13 章では，増大するコンパクト群 H_n の帰納極限群 $H_\infty = \lim_{n\to\infty} H_n$ に対して，正規化された H_n の既約指標 $f_n \in E(H_n)$ の極限関数 $f_\infty = \lim_{n\to\infty} f_n$ をとったとき，H_∞ の指標全体 $E(H_\infty)$ をどの程度カヴァーするか，を調べた．そのために分岐グラフ上の乱歩の一般論を論じた．それを $H_n = G'_n = R(G(m,1,n))$ と $H_\infty = G'_\infty = R(G(m,1,\infty))$ の場合に適用して，本章の後半でその結果を述べる．

f_n の極限を計算する方法で，スピン型 $\chi \in \widehat{Z}$ に対して次の結果が得られたとする：

(3)　スピン指標全体 $E(G'_\infty;\chi)$ の決定；

(4)　因子分解可能な $f \in K_1(G'_\infty;\chi)$ の集合 $F(G';\chi)$ の決定.

すると，命題 14.1.a, 14.1.b に対して，第 10 章における Z を法とする対称性を用いた証明とは独立な，(極限計算による) 別証明も得られたことになる．

場合 Y, Y=Ⅱ, Ⅲ, Ⅶ, では (命題 14.1.b (ii) において示唆されているが) 実際に指標全体 $E(G'_\infty;\chi^{\mathrm{Y}})$ とその部分集合 $F(G'_\infty;\chi^{\mathrm{Y}}) = E(G'_\infty;\chi^{\mathrm{Y}};\mathcal{O}(\mathrm{str}))$ との間に差異があることが示される．それには，指標 $f \in E(G'_\infty;\chi^{\mathrm{Y}})$ で $\mathrm{supp}(f) \not\subset$

$\mathcal{O}(\mathrm{str})$ となるものが存在すればよい．例えば，場合 VII では，G'_∞ の 2 次元スピン既約表現 $\pi_{2,\zeta^{(k)}}$ の正規化された指標 $f_k^{\mathrm{VII}} := \widetilde{\chi}_{\pi_{2,\zeta^{(k)}}}$（命題 14.8.4 参照）がこうした指標の具体例である．

記号は，**9.3** 節および **10.1** 節に従う．その一部を思い出すと，

記号 14.1.1 $g = (d,\sigma) \in G(m,1,n)$, $2 \le n \le \infty$, に対し，

$$
(14.1.6) \qquad \begin{cases} \mathrm{supp}(d) := \{i \in \boldsymbol{I}_n \,;\, t_i \neq e_T\}, & d = (t_i)_{i \in \boldsymbol{I}_n},\ t_i \in T_i = T, \\ \mathrm{supp}(\sigma) := \{j \in \boldsymbol{I}_n \,;\, \sigma(j) \neq j\}, & \mathrm{supp}(g) := \mathrm{supp}(d) \bigcup \mathrm{supp}(\sigma), \end{cases}
$$

ここに，e_T は T の単位元である．被覆群に対しては，$g' \in R(G(m,1,n))$, $4 \le n \le \infty$, について，$g = \Phi(g') \in G(m,1,n)$, $\mathrm{supp}(g') = \mathrm{supp}(g)$, とおく．$T = \boldsymbol{Z}_m$ の 1 次元指標 $\zeta^{(a)}$ を $\zeta^{(a)}(y) := \omega^a$, $\omega = e^{2\pi i/m}$, とおく．$G(m,1,\infty)$, $R(G(m,1,\infty))$ の一般元の標準分解については，**14.7.1** 小節にある．

14.2 無限対称群 $\mathfrak{S}_\infty = G(1,1,\infty)$ の場合

14.2.1 Thoma の指標公式

E. Thoma は [Tho2, 1964] で，無限対称群 $\mathfrak{S}_\infty = G(1,1,\infty)$ の指標を完全に決定した．その方法としては，まず，$f \in K_1(\mathfrak{S}_\infty)$ が端点（すなわち指標）であるための判定条件

$$
(\mathrm{EF}) \qquad f \in E(\mathfrak{S}_\infty) \iff f \text{ は因子分解可能},
$$

が成立することを証明した．それを承けて，指標 f の長さ ℓ の巡回置換 $\sigma^{(\ell)}$ に対する値 $s_\ell = f(\sigma^{(\ell)})$ を決定している．その結果をまとめておこう．$f \in E(\mathfrak{S}_\infty)$ を与えるためのパラメーター (α,β) として次を用意する：

$$
(14.2.1) \qquad \begin{cases} \alpha = (\alpha_i)_{i \geqslant 1}, & \alpha_1 \ge \alpha_2 \ge \alpha_3 \ge \cdots \ge 0, \\ \beta = (\beta_i)_{i \geqslant 1}, & \beta_1 \ge \beta_2 \ge \beta_3 \ge \cdots \ge 0; \\ \|\alpha\| + \|\beta\| \le 1, & \text{ここに，} \quad \|\alpha\| := \sum_{i \geqslant 1} \alpha_i, \quad \|\beta\| := \sum_{i \geqslant 1} \beta_i. \end{cases}
$$

(α,β) を **Thoma パラメーター**と呼び，その全体を $\mathcal{A}$ と書く：

$$
(14.2.2) \qquad \mathcal{A} := \{(\alpha,\beta)\,;\, \alpha = (\alpha_i)_{i \geqslant 1},\ \beta = (\beta_i)_{i \geqslant 1},\ \|\alpha\| + \|\beta\| \le 1\}.
$$

$\sigma \in \mathfrak{S}_\infty$ に対して，$\sigma = \sigma_1 \sigma_2 \cdots \sigma_m$ を，互いに素な巡回置換への分割として，

$n_\ell(\sigma)$ を σ_j のうちで長さ ℓ のものの個数とする．$\sigma \neq \mathbf{1}$ の共役類は $(n_\ell)_{\ell\geq 2}$ によって決定される．

定理 14.2.1 [Tho2]　無限対称群 $\mathfrak{S}_\infty$ の正規化された指標，すなわち，$E(\mathfrak{S}_\infty)$ の元は，(14.2.1)〜(14.2.2) でのパラメーター $(\alpha, \beta) \in \mathcal{A}$ に対応する $f_{\alpha,\beta}$ で尽くされる．ここに，$f_{\alpha,\beta}(\mathbf{1}) = 1$，$\sigma = \sigma_1\sigma_2\cdots\sigma_m \neq \mathbf{1}$ に対して，

$$
(14.2.3)\qquad \begin{cases} f_{\alpha,\beta}(\sigma) = \prod_{j\in \boldsymbol{I}_m} f_{\alpha,\beta}(\sigma_j) = \prod_{\ell\geqslant 2} s_\ell^{\,n_\ell(\sigma)}, \\ s_\ell = \sum_{i\geqslant 1} \alpha_i^{\,\ell} + (-1)^{\ell-1} \sum_{i\geqslant 1} \beta_i^{\,\ell} \quad (\ell \geq 2). \end{cases}
$$

証明 (概略)　$f \in E(\mathfrak{S}_\infty)$ は因子分解可能なので，$s_\ell = f(\sigma^{(\ell)})$，$\ell \geq 2$，により決まる．$\sigma = \sigma^{(\ell)}$ に対して，σ^{-1} が σ と共役であるから，$f(\sigma) = f(\sigma^{-1}) = \overline{f(\sigma)}$ となり，s_ℓ は実数である．$s_1 = 1$ とおく．任意の $n \geq 2$ に対して，$f|_{\mathfrak{S}_n}$ は正定値．これを $\mathfrak{S}_n$ の既約指標を使って展開する．第 **1.3.6** 小節の $\widehat{\mathfrak{S}_n}$ の代表元系 $\pi_{\boldsymbol{\lambda}}$ ($\boldsymbol{\lambda} \in P_n$) の指標 $\chi^{\boldsymbol{\lambda}} := \chi_{\pi_{\boldsymbol{\lambda}}}$ は $L^2(\mathfrak{S}_n)$ の不変関数よりなる部分空間 $L^2(\mathfrak{S}_n)^{\mathfrak{S}_n}$ の完全正規直交系をなす．補題 1.3.3 により，n の分割 $\boldsymbol{\nu_\alpha} = (1^{\alpha_1}2^{\alpha_2}\cdots n^{\alpha_n}) \in P_n$（ここに，$\boldsymbol{\alpha} = [\alpha_1, \alpha_2, \cdots, \alpha_n]$ は下の条件 (14.2.4) を満たす）で与えた $\sigma_{\boldsymbol{\nu_\alpha}} \in \mathfrak{S}_n$ の共役類 $[\sigma_{\boldsymbol{\nu_\alpha}}]$ の位数は (1.3.11) により，$|[\sigma_{\boldsymbol{\nu_\alpha}}]| = n!\, z_{\boldsymbol{\alpha}}^{-1}$，$z_{\boldsymbol{\alpha}} = \prod_{i\geqslant 1} i^{\alpha_i}\,\alpha_i!$．

また，$f(\sigma_{\boldsymbol{\nu_\alpha}}) = \prod_{i\geqslant 2} s_i^{\,\alpha_i}$．ゆえに，

$$
\begin{aligned}
f|_{\mathfrak{S}_n} &= \sum_{\boldsymbol{\lambda}\in P_n} b_{\boldsymbol{\lambda}}\,\chi^{\boldsymbol{\lambda}}, \quad b_{\boldsymbol{\lambda}} \geq 0, \\
b_{\boldsymbol{\lambda}} &= \frac{1}{n!} \sum_{\boldsymbol{\alpha}:\,(14.2.4)} |[\sigma_{\boldsymbol{\nu_\alpha}}]|\,\chi^{\boldsymbol{\lambda}}(\sigma_{\boldsymbol{\nu_\alpha}}) f(\sigma_{\boldsymbol{\nu_\alpha}}) \\
&= \sum_{\boldsymbol{\alpha}:\,(14.2.4)} \chi^{\boldsymbol{\lambda}}(\sigma_{\boldsymbol{\nu_\alpha}})\,q_{\boldsymbol{\alpha}}, \quad q_{\boldsymbol{\alpha}} := \prod_{i\geqslant 1} \frac{1}{\alpha_i!}\Bigl(\frac{s_i}{i}\Bigr)^{\alpha_i},
\end{aligned}
$$

$$
(14.2.4)\qquad \alpha_i \geq 0, \quad \sum_{i\geqslant 1} i\,\alpha_i = n.
$$

ここに，$\overline{\chi^{\boldsymbol{\lambda}}(\sigma_{\boldsymbol{\nu_\alpha}})} = \chi^{\boldsymbol{\lambda}}(\sigma_{\boldsymbol{\nu_\alpha}})$ を使った．実数列 $(s_i)_{i\geqslant 2}$ に対する必要十分条件は，

$$
(14.2.5)\qquad b_{\boldsymbol{\lambda}} \geq 0 \quad (\forall \boldsymbol{\lambda} \in P_n),
$$

である．これを言い直していくと次が示される．

補題 14.2.2 [Tho2, Lemma 3]　$z \in \boldsymbol{C}$ に対し，$s(z) := \sum_{i\geqslant 1} \frac{s_i}{i}\,z^i$,

$$P(z) := e^{s(z)} = p_0 + p_1 z + p_2 z^2 + \cdots, \tag{14.2.6}$$

とおくと，$p_0 = 1,\ p_n = \sum_{(14.2.4)} q_{\boldsymbol{\alpha}},\quad q_{\boldsymbol{\alpha}} = \prod_{i\geqslant 1} \frac{1}{\alpha_i!}\left(\frac{s_i}{i}\right)^{\alpha_i}$. 上の必要十分条件 (14.2.5) は，$(p_n)_{n\geqslant 0}$ が**全正**の実数列になることと同値である[1]. □

定義 14.2.1 両方に伸びる実数列 $\cdots, p_{-2}, p_{-1}, p_0, p_1, p_2, \cdots$ が**全正**（totally positive）であるとは, 次の四方に広がる数表から任意 r 個の行と列を選んだとき, それらのなす $r \times r$ 小行列式がつねに非負であることである：

$$\begin{array}{cccccccc}
\cdots & \cdot & \cdot & \cdot & \cdot & \cdot & \cdot & \cdots \\
\cdots & p_{-1} & p_0 & p_1 & p_2 & p_3 & p_4 & \cdots \\
\cdots & p_{-2} & p_{-1} & p_0 & p_1 & p_2 & p_3 & \cdots \\
\cdots & p_{-3} & p_{-2} & p_{-1} & p_0 & p_1 & p_2 & \cdots \\
\cdots & \cdot & \cdot & \cdot & \cdot & \cdot & \cdot & \cdots
\end{array} \tag{14.2.7}$$

このとき，もとの数列には複素変数 z の Laurent 級数 $P(z) = \cdots + p_{-2}z^{-2} + p_{-1}z^{-1} + p_0 + p_1 z + p_2 z^2 + \cdots$ を付随させる．片方に伸びる数列 $p_0, p_1, p_2, \cdots$, に対しては，$p_{-i} = 0\ (i \geq 1)$ とおく．定理の証明のために使われるのは次の結果である：

補題 14.2.3 [AESW][2] 実数列 $p_0 = 1, p_1, p_2, \cdots$ が全正であるための必要十分条件は付随する冪級数 $P(z)$ が次の形で表されることである：

$$P(z) = e^{\delta z} \prod_{1\leqslant i<\infty} \frac{1+\beta_i z}{1-\alpha_i z}, \tag{14.2.8}$$

$$\delta \geq 0,\ \alpha_i \geq 0,\ \beta_i \geq 0,\ \sum_{i\geqslant 1} \alpha_i < \infty,\ \sum_{i\geqslant 1} \beta_i < \infty. \qquad \square$$

ここに (14.2.6) の $P(z) = e^{s(z)}$ を当てはめる．両辺の log をとって微分すると,

$$\frac{d}{dz} s(z) = \delta + \sum_{1\leqslant i<\infty} \left(\frac{\beta_i}{1+\beta_i z} + \frac{\alpha_i}{1-\alpha_i z} \right),\quad \frac{d}{dz} s(z) = \sum_{\ell \geqslant 1} s_\ell z^{\ell-1},$$

$$\therefore\quad s_1 = 1 = \delta + \sum_{i\geqslant 1} \alpha_i + \sum_{i\geqslant 1} \beta_i,\quad s_\ell = \sum_{i\geqslant 1} \alpha_i^\ell + (-1)^{\ell-1} \sum_{i\geqslant 1} \beta_i^\ell \ \ (\ell \geq 2).$$

［証明 (概略) 終わり］

---

1) 定義 14.2.1 よりやや弱い条件が示されているが，それは Fekete の補題により**全正**と同値である (cf. [Scho, p.558]).

2) M. Aissen, A. Edrei, I.J. Schoenberg and A. Whitney.

注 14.2.1　指標全体の集合 $E(\mathfrak{S}_\infty)$ は，性質 (EF) により（関数の）積に関して閉じている： $f^{(1)}, f^{(2)} \in E(\mathfrak{S}_\infty) \Rightarrow f^{(1)}f^{(2)} \in E(\mathfrak{S}_\infty)$．また，$\mathfrak{S}_\infty$ 上での各点収束の位相を入れるとコンパクトである．そして，対応 $f_{\alpha,\beta} \mapsto (\alpha, \beta)$ により，（成分 α_i, β_j ごとの収束の）位相を入れたパラメーター空間 $\{(\alpha,\beta)$; 条件 (14.2.1) を満たす$\}$ と同相である．

14.2.2　$\mathfrak{S}_n \nearrow \mathfrak{S}_\infty$ に沿っての既約指標の極限

無限対称群 $\mathfrak{S}_\infty$ は n-次対称群 $\mathfrak{S}_n$ の帰納極限である．後者の既約表現の同値類の集合 $\widehat{\mathfrak{S}_n}$ は大きさ n の Young 図形

$$\text{(14.2.9)}\qquad \begin{cases} \boldsymbol{\lambda}^{(n)} = (\lambda_1^{(n)}, \lambda_2^{(n)}, \cdots, \lambda_n^{(n)}) \in P_n, \\ \lambda_1^{(n)} \geq \lambda_2^{(n)} \geq \cdots \geq \lambda_n^{(n)} \geq 0, \quad |\boldsymbol{\lambda}^{(n)}| = n, \end{cases}$$

によって，パラメーター付けされる（**1.3.6** 小節参照）．$\boldsymbol{\lambda}^{(n)}$ に対応する正規化された指標を $\widetilde{\chi}(\boldsymbol{\lambda}^{(n)};\sigma)$ $(\sigma \in \mathfrak{S}_n)$ で表す．$1 \leq k \leq n$ に対して，$\boldsymbol{\lambda}^{(n)}$ の k 番目の行（row）と列（column）の長さをそれぞれ $r_k(\boldsymbol{\lambda}^{(n)})$, $c_k(\boldsymbol{\lambda}^{(n)})$ と書く．すると，$r_k(\boldsymbol{\lambda}^{(n)}) = \lambda_k^{(n)}$ で

$$\text{(14.2.10)}\qquad \sum_{1\leqslant k\leqslant n} r_k(\boldsymbol{\lambda}^{(n)}) = n, \qquad \sum_{1\leqslant k\leqslant n} c_k(\boldsymbol{\lambda}^{(n)}) = n.$$

大きさ n の Young 図形 $\boldsymbol{\lambda}^{(n)}$ の $n \to \infty$ の列を考えて，正規化された指標 $\widetilde{\chi}(\boldsymbol{\lambda}^{(n)})$ の各点収束極限を研究したのが， A. Vershik - S. Kerov であり，[VK1, Theorems 1, 2]（さらには [VK2, Theorem 1]）で次が示されている．

定理 14.2.4 [VK1], [VK2]　各点収束極限 $\lim_{n\to\infty} \widetilde{\chi}(\boldsymbol{\lambda}^{(n)};\sigma)$ $(\sigma \in \mathfrak{S}_\infty)$ が存在するための必要十分条件は，$\boldsymbol{\lambda}^{(n)}$ の行および列の相対的長さが極限を持つこと，すなわち，

$$\text{(14.2.11)}\qquad \lim_{n\to\infty} \frac{r_k(\boldsymbol{\lambda}^{(n)})}{n} = \alpha_k, \quad \lim_{n\to\infty} \frac{c_k(\boldsymbol{\lambda}^{(n)})}{n} = \beta_k \quad (k = 1, 2, \cdots),$$

が存在することである．このとき，極限は $\mathfrak{S}_\infty$ の指標 $f_{\alpha,\beta}$, $\alpha = (\alpha_k)_{k\geqslant 1}$, $\beta = (\beta_k)_{k\geqslant 1}$, に一致する．

定理の証明に対する説明　$a_k := r_k(\boldsymbol{\lambda}^{(n)}) - k$, $b_k := c_k(\boldsymbol{\lambda}^{(n)}) - k$ はそれぞれ，Young 図形 $\lambda^{(n)}$ の k 番目の行と列の「対角線を超えた分の長さ」を表す： $1 \leq k \leq r$ $(\exists r)$,

$$a_1 > a_2 > \cdots > a_r \geq 0,\ b_1 > b_2 > \cdots > b_r \geq 0,\ \sum_i a_i + \sum_i b_i = n - r,$$

となるが，Frobenius は Young 図形 $\boldsymbol{\lambda}^{(n)}$ の代わりに

$$\begin{pmatrix} a_1 & a_2 & \cdots & a_r \\ b_1 & b_2 & \cdots & b_r \end{pmatrix} \quad (r \text{ を階数という}), \tag{14.2.12}$$

を $\mathfrak{S}_n$ の既約表現 $\pi(\boldsymbol{\lambda}^{(n)})$ に対する (Frobenius) パラメーターとして論文 [Fro4] で採用した．このとき，Frobenius の次元公式（定理 1.3.9）は次式で表される（[ibid, §4]）：

$$\dim \pi(\boldsymbol{\lambda}^{(n)}) = \frac{n!\ \Delta(a_1, a_2, \cdots, a_r)\ \Delta(b_1, b_2, \cdots, b_r)}{\prod_{1 \leqslant i \leqslant r} a_i! \cdot \prod_{1 \leqslant j \leqslant r} b_j! \cdot \prod_{1 \leqslant i,j \leqslant r} (a_i + b_j + 1)}, \tag{14.2.13}$$

ここに $\Delta(\cdot)$ は差積である．また，条件 (14.2.11) は，

$$\lim_{n\to\infty} a_k/n = \alpha_k, \quad \lim_{n\to\infty} b_k/n = \beta_k \quad (k \geq 1),$$

と同等である．そして，定理 14.2.4 の証明の鍵は，既約指標に関する F. Murnaghan ([Mur], [VK1]) の指標公式から導かれる次の漸近評価である（[HoH, Proposition 2.2] 参照）：

補題 14.2.5 (Murnaghan の公式からの漸近評価) $\mathfrak{S}_n$ の正規化された既約指標を $\widetilde{\chi}(\boldsymbol{\lambda}^{(n)};\cdot)$，$\sigma^{(\ell)}$ を長さ $\ell \geq 2$ の巡回置換とする．$n \to \infty$ における漸近評価として次が成立する：

$$\widetilde{\chi}(\boldsymbol{\lambda}^{(n)}; \sigma^{(\ell)}) = \sum_{1 \leqslant k \leqslant r} \left(\frac{a_k}{n}\right)^{\ell} + (-1)^{\ell-1} \sum_{1 \leqslant k \leqslant r} \left(\frac{b_k}{n}\right)^{\ell} + O\Big(\frac{1}{n}\Big). \tag{14.2.14}$$

対称群の表現の漸近理論の発展. [Tho2, 1964] の Thoma の公式では，パラメーター $\alpha = (\alpha_i)_{i \geqslant 1}$, $\beta = (\beta_j)_{j \geqslant 1}$ は全正の実数列の表示式 (14.2.8) から導かれている．一方，Vershik - Kerov は α_i, β_j を Young 図形の行と列の（n に関する）相対的長さの漸近によって表して，その深い意味を明らかにした．これが「対称群の表現の漸近理論」の始まりである．その後，群 $\mathfrak{S}_\infty$ 上の（指標を代表とする）因子分解可能な中心的関数や，$\mathfrak{S}_\infty$ の正則表現の既約分解をめぐる Plancherel 測度等に関係する漸近的現象の確率論的取り扱いが盛んになった．それが発展して我々が第 13 章で見たような「分岐グラフ上の調和関数」の理論へと発展してきた．詳しくは，丁寧に書かれた洞彰人氏の本シリーズ『対称群の表現とヤング図形集団の解析学 —— 漸近的表現論への序説』[洞] を読まれたい．

14.3　無限対称群 $\mathfrak{S}_\infty$ の 2 重被覆 $\widetilde{\mathfrak{S}}_\infty$ の場合

14.3.1　無限対称群の非スピン指標とスピン指標の積

無限対称群 $\mathfrak{S}_\infty$ の表現群は 2 重被覆群 $\widetilde{\mathfrak{S}}_\infty = \bigcup_{n\geq 4} \widetilde{\mathfrak{S}}_n$ であるとも言える．その指標 f 全体を $E(\widetilde{\mathfrak{S}}_\infty)$ とする．中心的部分群 $Z_1 = \langle z_1 \rangle$ の 1 次元指標は $\chi_+ = \mathbf{1}, \chi_- = \mathrm{sgn}_{Z_1}$ である．$f(z_1) = \chi(z_1) = \pm 1$ $(\chi \in \widehat{Z_1})$ のもの全体を $E(\widetilde{\mathfrak{S}}_\infty;\chi)$ と書くと，それらは $\chi = \chi_+, \chi_-$ にしたがって，$\mathfrak{S}_\infty$ の非スピンまたはスピンの II_1 型因子表現の指標全体であり，

$$E(\widetilde{\mathfrak{S}}_\infty) = \bigsqcup_{\chi \in \widehat{Z_1}} E(\widetilde{\mathfrak{S}}_\infty;\chi). \tag{14.3.1}$$

$E(\widetilde{\mathfrak{S}}_\infty;\chi_+) = E(\mathfrak{S}_\infty)$ については前節で述べたので，ここではスピン指標について論ずる．$\sigma' \in \widetilde{\mathfrak{S}}_\infty$ のサイクル分解とは，$\sigma' = \sigma'_1\sigma'_2 \cdots \sigma'_t$ で自然準同型 $\Phi_{\mathfrak{S}} : \widetilde{\mathfrak{S}}_\infty \to \mathfrak{S}_\infty$ で $\mathfrak{S}_\infty$ に落とすと，$\sigma = \sigma_1\sigma_2 \cdots \sigma_t, \sigma_j = \Phi_{\mathfrak{S}}(\sigma'_j)$, が $\sigma = \Phi_{\mathfrak{S}}(\sigma')$ のサイクル分解になっているものである．

補題 14.3.1　$\widetilde{\mathfrak{S}}_\infty$ の元 σ' が第 2 種，すなわち，$\sigma' \not\sim z_1\sigma'$ (共役でない)，となるのは，$\sigma' \in \widetilde{\mathfrak{S}}_\infty$ のサイクル分解では長さがすべて奇，となっているときである．

証明　$\sigma = \Phi_{\mathfrak{S}}(\sigma')$ のサイクル分解を $\sigma = \sigma_1\sigma_2 \cdots \sigma_t, \nu_i = \ell(\sigma_i)$ サイクル長，とする．$s(\boldsymbol{\nu}) := \{i \in \boldsymbol{I}_t\,;\, \nu_i \text{ 偶 }\}$ とおくと，命題 2.8.1 により（**5.2.1** 小節参照），

$\sigma' \in \widetilde{\mathfrak{S}}_n$ が第 2 種 $\iff$

$\boldsymbol{\nu} \in OP_n$ ($\overset{\mathrm{def}}{\Leftrightarrow}$ $s(\boldsymbol{\nu}) = 0$)，または $\boldsymbol{\nu} \in SP_n^-$ ($s(\boldsymbol{\nu})$ が奇な厳格分割)，

である．これを $n = \infty$ の場合に持ち込むと「または」以降が落ちる．□

記号 14.3.1　$\widetilde{\mathfrak{S}}_n$ の元 σ' のサイクル分割におけるサイクル長がすべて奇になっているものの全体を $\mathcal{O}(\widetilde{\mathfrak{S}}_n;OP_n)$ と書く．n の分割 $\boldsymbol{\nu} = (\nu_j)_{j\in \boldsymbol{I}_t} \in OP_n$ の最終成分 ν_t の後ろに無限個の 1 を付加して，$\boldsymbol{N}$ の分割にして，$OP_\infty := \bigcup_{n\geqslant 1} OP_n$ とおく．すなわち，区間 $\boldsymbol{I}_n = [1,n]$ の分割 $K_i := [\nu_1+\cdots+\nu_{i-1}+1, \nu_1+\cdots+\nu_i]$, $1 \leq i \leq t$, を作り，その後ろに単点集合 $\{n+1\}, \{n+2\}, \cdots$, を付加すれば $\boldsymbol{N}$ の分割が対応する．$\widetilde{\mathfrak{S}}_\infty$ の部分集合 $\{\sigma' \in \widetilde{\mathfrak{S}}_\infty\,;\, \sigma' \text{ 第 2 種 }\}$ を $\mathcal{O}(\widetilde{\mathfrak{S}}_\infty;OP_\infty)$ と書く．

命題 14.3.2　(i) スピン指標 $f \in E(\widetilde{\mathfrak{S}}_\infty;\chi_-)$ に対して

$$\mathrm{supp}(f) \subset \mathcal{O}(\widetilde{\mathfrak{S}}_\infty;OP_\infty) \subset \widetilde{\mathfrak{A}}_\infty.$$

(ii) $K_1(\widetilde{\mathfrak{S}}_\infty;\chi) := \{f \in K_1(\widetilde{\mathfrak{S}}_\infty)\,;\, f(z_1\sigma') = \chi(z_1)f(\sigma')\ (\sigma' \in \widetilde{\mathfrak{S}}_\infty)\}$ の元 f に対して，指標であるための判定条件 (EF) が成り立つ．すなわち，f が指標であるためには，f が因子分解可能であることが必要十分．

(iii) 指標全体の集合 $E(\widetilde{\mathfrak{S}}_\infty)$ は積に関して閉じている．さらに，$f_1 \in E(\widetilde{\mathfrak{S}}_\infty;\chi_1)$, $f_2 \in E(\widetilde{\mathfrak{S}}_\infty;\chi_2)$ のとき，$f_1f_2 \in E(\widetilde{\mathfrak{S}}_\infty;\chi_1\chi_2)$ である．

証明 (i) 仮定により，$f(z_1\sigma') = -f(\sigma')$ なので，上の補題により，$\mathrm{supp}(f)$ の元 σ' は必然的に第 2 種である．

(ii) $\chi = \chi_+$ の非スピンの場合は，[Tho2, Satz 1] に示されている．$\chi = \chi_-$ のスピンの場合には，(i) により，$\sigma' \in \mathrm{supp}(f)$ をサイクル分解すると，その成分 σ'_j には長さが奇のサイクル（偶元）ばかりが現れる．すると，σ'_j は互いに可換である．この事実を使うと，定理 10.4.1 と同様に（むしろより簡単に）f の因子分解可能性が証明できる．

(iii) 命題 12.1.6 が示すように，正定値関数の積はまた正定値なので，f_1, f_2 の積 $f = f_1f_2$ は正定値で，不変（中心的）であり，$f \in K_1(\widetilde{\mathfrak{S}}_\infty;\chi_1\chi_2)$ となる．他方，f_1, f_2 はそれぞれ因子分解可能であるから，f もそうである．ここに，判定条件 (EF) を使えば，f が指標であることが分かる． □

14.3.2 $\widetilde{\mathfrak{S}}_\infty$ のスピン指標（Nazarov の指標公式）

第 **5.1** 節において，**Schur** の **'主表現'** Δ'_n, $n \geq 1$, が，補題 5.1.1 と公式 (5.1.10) で定義されている． $\dim \Delta'_n = 2^{[(n-1)/2]}$ で，指標 $\chi_{\Delta'_n}$ は，定理 5.1.3 で与えられている．そこで，正規化された指標の公式を引用する．$n \to \infty$ の極限を求めようとしているので，我々は $\sigma' \in \mathcal{O}(\widetilde{\mathfrak{S}}_n;OP_n)$ に対する値だけを気にしている．まず，区間 $K = [a,b] \subset \boldsymbol{N}$ に対し，$\sigma'_K := r_ar_{a+1}\cdots r_{b-1}$ とおく．そこで $\boldsymbol{\nu} = (\nu_j)_{j\in \boldsymbol{I}_t} \in P_n$ をとり，

$$\sigma'_{\boldsymbol{\nu}} := \sigma'_1\sigma'_2\cdots\sigma'_t, \quad \sigma'_i = \sigma'_{K_i} \ \ (i \in \boldsymbol{I}_t) \tag{14.3.2}$$

とおく． 集合 $\{\sigma'_{\boldsymbol{\nu}}\,;\,\boldsymbol{\nu} \in P_n\}$ を $\widetilde{\mathfrak{S}}_n$ の**標準的代表元系**という．$l(\boldsymbol{\nu}) := t$ は分割 $\boldsymbol{\nu}$ の長さであり，

$$d(\boldsymbol{\nu}) := \sum_{p\in \boldsymbol{I}_t}(\nu_p - 1) = n - l(\boldsymbol{\nu}) \ \text{とおくと，} \ \mathrm{sgn}(\sigma'_{\boldsymbol{\nu}}) = (-1)^{d(\boldsymbol{\nu})} = (-1)^{n-t}.$$

定理 5.1.3 もしくは表 5.1.1 から主表現 Δ'_n の正規化された指標の $\mathcal{O}(\widetilde{\mathfrak{S}}_n;OP_n)$ 上の値が次のように書かれる： $\boldsymbol{\nu} = (\nu_j)_{j\in \boldsymbol{I}_t} \in OP_n$ に対し，

$$\widetilde{\chi}_{\Delta'_n}(\sigma'_{\boldsymbol{\nu}}) = \prod_{j\in \boldsymbol{I}_t}(-2)^{-(\nu_j-1)/2}. \tag{14.3.3}$$

命題 14.3.3　(i)　$\widetilde{\chi}_{\Delta'_n}$ の $\cdots \nearrow \widetilde{\mathfrak{S}}_n \nearrow \widetilde{\mathfrak{S}}_{n+1} \nearrow \cdots$ に沿った $n \to \infty$ の極限関数を ψ_Δ とする．$\sigma' \notin \mathcal{O}(\widetilde{\mathfrak{S}}_\infty; OP_\infty)$ ならば，$\psi_\Delta(\sigma') = 0$．$\sigma'_{\boldsymbol{\nu}}, \boldsymbol{\nu} = (\nu_j)_{j \in \boldsymbol{I}_t} \in OP_\infty$, に対しては

$$\psi_\Delta(\sigma'_{\boldsymbol{\nu}}) = \prod_{j \in \boldsymbol{I}_t} (-2)^{-(\nu_j - 1)/2}, \quad \mathrm{supp}(\psi_\Delta) \subset \mathcal{O}(\widetilde{\mathfrak{S}}_\infty; OP_\infty) \subset \widetilde{\mathfrak{A}}_\infty . \tag{14.3.4}$$

(ii)　ψ_Δ は $\widetilde{\mathfrak{S}}_\infty$ のスピン指標である，すなわち，$\psi_\Delta \in E(\widetilde{\mathfrak{S}}_\infty; \chi_-)$．
また，$(\psi_\Delta)^2 = f_{\alpha,\beta}$, $\alpha = \beta = \delta_{1/2} := (\frac{1}{2}, 0, \cdots)$, は $\mathfrak{S}_\infty$ の非スピン既約指標．

証明　(i)　公式 (14.3.3) から直ちに従う．　(ii)　ψ_Δ は不変かつ正定値であるから　$\psi_\Delta \in K_1(\widetilde{\mathfrak{S}}_\infty; \chi_-)$．さらに因子分解可能であるから，判定法 (EF) により，$\psi_\Delta \in E(\widetilde{\mathfrak{S}}_\infty; \chi_-)$．長さ ℓ 奇 の巡回置換 $\sigma^{(\ell)}$ に対して，$(\psi_\Delta)^2(\sigma^{(\ell)}) = (-2)^{-(\ell-1)} = 2^{-\ell+1}$．他方，

$$f_{\delta_{1/2},\delta_{1/2}}(\sigma^{(\ell)}) = 1/2^\ell + (-1)^{\ell-1} 1/2^\ell. \qquad \square$$

注 14.3.1　$\psi_\Delta = \lim_{n\to\infty} \widetilde{\chi}_{\Delta'_n}$ は，主表現 Δ'_n の "極限" として与えられる II_1 型因子表現 Δ'_∞ の指標である（[Naz2, §3] 参照）．

$E(\widetilde{\mathfrak{S}}_\infty)$ 上の掛け算写像　$\varphi\colon f \mapsto \psi_\Delta \cdot f$ をとると，命題 14.3.2 (iii) により，

$$E(\widetilde{\mathfrak{S}}_\infty; \chi_+) \underset{\varphi}{\overset{\varphi}{\rightleftarrows}} E(\widetilde{\mathfrak{S}}_\infty; \chi_-). \tag{14.3.5}$$

スピン指標全体 $E(\widetilde{\mathfrak{S}}_\infty; \chi_-)$ に対するパラメーター空間として次を用意する：

$$\mathcal{C} := \{\gamma = (\gamma_i)_{i \geqslant 1} \,;\, \gamma_1 \geq \gamma_2 \geq \gamma_3 \geq \cdots,\ \|\gamma\| = \sum_{i \geqslant 1} \gamma_i \leq 1\}. \tag{14.3.6}$$

補題 14.3.4　$f_{\alpha,\beta}, f_{\gamma,\mathbf{0}} \in E(\mathfrak{S}_\infty) = E(\widetilde{\mathfrak{S}}_\infty; \chi_+)$ とし，

$$\psi_\gamma := \psi_\Delta \cdot f_{\gamma,\mathbf{0}} = \varphi(f_{\gamma,\mathbf{0}}), \quad \gamma \in \mathcal{C}, \tag{14.3.7}$$

とおく．$\ell > 1$ に対し，区間 $K = [1, \ell]$ に対応する $\widetilde{\mathfrak{S}}_\infty$ の元 σ'_K を $\sigma^{(\ell)\prime}$ と書く．

$$\psi_\gamma(\sigma^{(\ell)\prime}) = (-2)^{-(\ell-1)/2} \cdot \sum_{i \geqslant 1} {\gamma_i}^\ell \quad (\ell > 1 \text{ 奇}),$$

$$\varphi(f_{\alpha,\beta}) = \psi_\Delta \cdot f_{\alpha,\beta} = \psi_\Delta \cdot f_{\alpha \vee \beta, \mathbf{0}} = \psi_{\alpha \vee \beta} \in E(\widetilde{\mathfrak{S}}_\infty; \chi_-),$$

$$\varphi^2(f_{\gamma,\mathbf{0}}) = \varphi(\psi_\gamma) = f_{\delta_{1/2},\delta_{1/2}} \cdot f_{\gamma,\mathbf{0}} = f_{\frac{1}{2}\gamma, \frac{1}{2}\gamma} . \tag{14.3.8}$$

ここに，$\mathbf{0} = (0, 0, \cdots)$, $\alpha \vee \beta$ は $\alpha = (\alpha_i)_{i \geqslant 1}$, $\beta = (\beta_i)_{i \geqslant 1}$ の成分を合わせて，それらを大小順に並べ換えたもの．また，$\frac{1}{2}\gamma := (\frac{1}{2}\gamma_i)_{i \geqslant 1}$.

証明 第 2 式を示す．$\ell > 1$ 奇，$\gamma = \alpha \vee \beta$ とすると，

$$\varphi(f_{\alpha,\beta})(\sigma^{(\ell)\prime}) = (-2)^{-(\ell-1)/2} \cdot (\sum_i {\alpha_i}^\ell + (-1)^{\ell-1} \sum_i {\beta_i}^\ell)$$
$$= (-2)^{-(\ell-1)/2} \cdot \sum_i {\gamma_i}^\ell = \psi_\Delta \cdot f_{\gamma,\mathbf{0}} = \psi_{\alpha \vee \beta}.$$

第 3 式は，$\varphi^2(f_{\gamma,\mathbf{0}}) = f_{\delta_{1/2},\delta_{1/2}} \cdot f_{\gamma,\mathbf{0}}$ を F とおくと，$\ell > 1$ に対し，

$$F(\sigma^{(\ell)\prime}) = ((1/2)^\ell + (-1)^{\ell-1}(1/2)^\ell) \sum_i {\gamma_i}^\ell = \sum_i (\gamma_i/2)^\ell + (-1)^{\ell-1} \sum_i (\gamma_i/2)^\ell.$$

□

この補題から見ると，掛け算写像 φ による像は

$$\varphi(E(\widetilde{\mathfrak{S}}_\infty; \chi_+)) - \{\psi_\gamma - \psi_\Delta \cdot f_{\gamma,\mathbf{0}} \ ; \ \gamma \in \mathcal{C}\} \subset E(\widetilde{\mathfrak{S}}_\infty; \chi_-),$$
$$\varphi^2(E(\widetilde{\mathfrak{S}}_\infty; \chi_+)) = \{f_{\frac{1}{2}\gamma, \frac{1}{2}\gamma} \ ; \ \gamma \in \mathcal{C}\} \subsetneqq E(\widetilde{\mathfrak{S}}_\infty; \chi_+),$$

であり，φ^2 による $E(\widetilde{\mathfrak{S}}_\infty; \chi_+)$ の像は随分縮んでいる．そこで，$\xrightarrow{\varphi}$ が上への写像かどうか，すなわち，$\varphi(E(\widetilde{\mathfrak{S}}_\infty; \chi_+)) = E(\widetilde{\mathfrak{S}}_\infty; \chi_-)$ かどうかが問題となる．そこで，任意の $\psi \in E(\widetilde{\mathfrak{S}}_\infty; \chi_-)$ に対し，$f := \psi_\Delta^{-1}\psi$（ただし，部分集合 $\mathcal{O}(\widetilde{\mathfrak{S}}_\infty; OP_\infty)$ の外では 0）を考えると，これは不変で因子分解可能，なので，数列

$$s_\ell := f(\sigma^{(\ell)\prime}) = (-2)^{(\ell-1)/2}\psi(\sigma^{(\ell)\prime}) \quad (\ell \geq 3 \text{ 奇})$$

により決まる．この f が正定値であることが Nazarov [Naz2] によって示された．

そのためには，Schur [Sch4, §§33–34] によるスピン指標の詳しい結果や Macdonald [Macd, Chap. III] の特殊関数の間の関数等式 (7.1), (7.5) を使った計算が遂行されて，やはり Thoma の方法に倣って，補題 14.2.3 の「全正の実数列の特徴付け」に持ち込む．かくて次の定理の前半が得られた．

定理 14.3.5 [Naz2, Theorem 3.3] $\widetilde{\mathfrak{S}}_\infty$ のスピン指標の集合は，

$$E(\widetilde{\mathfrak{S}}_\infty; \chi_-) = \{\psi_\gamma = \psi_\Delta \cdot f_{\gamma,\mathbf{0}} \ ; \ \gamma \in \mathcal{C}\}.$$

さらに，ψ_γ, $\gamma \in \mathcal{C}$, は $\widetilde{\mathfrak{S}}_\infty$ 上の関数としてすべて相異なる．

定理後半の証明 (14.2.8) 式において，$\alpha_i = \beta_i = \gamma_i$ とおいて，$P(z) =$

$e^{\delta z}\prod_{i\geqslant 1}\dfrac{1+\gamma_i z}{1-\gamma_i z}$ の両辺の log をとって微分すると，

$$\frac{d}{dz}\log P(z)=(\delta+2p_1)+\sum_{\ell\geqslant 3\ 奇}2p_\ell\, z^{\ell-1},\ \ p_\ell:=\sum_{i\geqslant 1}\gamma_i{}^\ell.$$

したがって，この計算を逆に辿れば，$p_\ell\ (\ell\geq 1\,奇)$ から $\gamma=(\gamma_i)_{i\geqslant 1}$ が決まる．□

14.3.3　$\widetilde{\mathfrak{S}}_n\nearrow\widetilde{\mathfrak{S}}_\infty\ (n\to\infty)$ に沿ったスピン指標の極限

$\widetilde{\mathfrak{S}}_n$ のスピン既約表現を第 8 章の Nazarov 型記号

(14.3.9)　$$\tau_{\boldsymbol{\lambda},\delta},\ \boldsymbol{\lambda}=(\lambda_1,\lambda_2,\cdots,\lambda_l)\in SP_n,\ \delta=\pm 1,$$

を使って表す．$l(\boldsymbol{\lambda}):=l$ とし，$d(\boldsymbol{\lambda}):=n-l(\boldsymbol{\lambda})$ の偶奇にしたがって $\varepsilon(\boldsymbol{\lambda})=0,1$ とおく．n の分割 $\boldsymbol{\nu}=(\nu_1,\nu_2,\cdots,\nu_t)\in P_n,\ \nu_1\geq\nu_2\geq\cdots\geq\nu_t>0,\ \sum_{1\leqslant i\leqslant t}\nu_i=n,$ に対して，

(14.3.10)　$$\boldsymbol{\nu}=(1^{\alpha_1}2^{\alpha_2}3^{\alpha_3}\cdots)=[\alpha],\ \ [\alpha]=[\alpha_1,\alpha_2,\alpha_3,\cdots],$$

という記法も用いる．$\widetilde{\mathfrak{S}}_{n-1}\nearrow\widetilde{\mathfrak{S}}_n$ に対する，既約表現の間の隣接関係は，$\tau_{\boldsymbol{\lambda},\delta}$ の制限 $\widetilde{\mathfrak{S}}_n\downarrow\widetilde{\mathfrak{S}}_{n-1}$ を見ればよい．それについては，**8.8.1** 小節において，(8.8.2) 式の $(\boldsymbol{\omega},\eta)$ の集合 $\Gamma_{\boldsymbol{\lambda},\delta}$ により，$\tau_{\boldsymbol{\lambda},\delta}|_{\widetilde{\mathfrak{S}}_{n-1}}=\sum^{\oplus}_{(\boldsymbol{\omega},\eta)\in\Gamma_{\boldsymbol{\lambda},\delta}}\tau_{\boldsymbol{\omega},\eta}$ と記述される（命題 8.8.1）．しかしながら，この式を用いて既約指標の $n\to\infty$ での極限を求めることは難しい．ここでは，Nazarov のやり方に沿ってこの極限を求める．まず，既約指標に含まれる符号の取り扱いが簡単になるように $\widetilde{\mathfrak{S}}_n$ に $\{r_j\,;\,j\in\boldsymbol{I}_{n-1}\}$ とは少しだけ異なる新しい生成元系 $\{t_j\,;\,j\in\boldsymbol{I}_{n-1}\}$ を（以下でだけ）導入する：

(14.3.11)　$$t_j=z_1^{\,j-1}r_j\quad(j\in\boldsymbol{N}).$$

$\boldsymbol{I}_{n-1}$ 部分区間 $K=[i,j]$ に対して，$t_K:=t_it_{i+1}\cdots t_{j-1}$ とし，n の分割 $\boldsymbol{\nu}=(\nu_1,\nu_2,\cdots,\nu_t)\in P_n$ に対して，$K_1=[1,\nu_1],\ K_j=[\nu_1+\cdots+\nu_{j-1}+1,\nu_1+\cdots+\nu_j]\ \ (j\geq 2),$

(14.3.12)　$$t_{\boldsymbol{\nu}}:=t_{K_1}t_{K_2}\cdots t_{K_t}$$

とおく．n の奇正整数への分割 $\boldsymbol{\nu}=(\nu_1,\nu_2,\cdots,\nu_t)\in OP_n$ に対して $t_{\boldsymbol{\nu}}$ をとれば，$t_{\boldsymbol{\nu}}\in\mathcal{O}(\widetilde{\mathfrak{S}}_\infty,OP_\infty)$ である．また，$OP_\infty=\bigcup_{n\geqslant 1}OP_n$ であるから，$t_{\boldsymbol{\nu}}$ の集合は $\mathcal{O}(\widetilde{\mathfrak{S}}_\infty,OP_\infty)$ の $\widetilde{\mathfrak{S}}_\infty$ 共役類の代表元系を与える．$\tau_{\boldsymbol{\lambda},\delta}$ の指標 $\chi^{\boldsymbol{\lambda},\delta}$ の値を $\chi^{\boldsymbol{\lambda}}_{\boldsymbol{\nu}}:=\chi^{\boldsymbol{\lambda},\delta}(t_{\boldsymbol{\nu}})$ とおく（これは $\delta=\pm 1$ には依らない）．命題 14.3.3 から次を得る：

補題 14.3.6 $\boldsymbol{\nu} \in OP_\infty$ に対して,

$$(14.3.13) \qquad (\psi_\Delta f_{\gamma,\mathbf{0}})(t_{\boldsymbol{\nu}}) = \prod_{1\leqslant j\leqslant t}\Big(2^{-(\nu_j-1)/2}\sum_{i\geqslant 1}\gamma_i{}^{\nu_j}\Big). \qquad \square$$

n の厳格分割 $\boldsymbol{\lambda} \in SP_n$ および奇正整数への分割 $\boldsymbol{\nu} \in OP_n$ に対して,

$$(14.3.14) \qquad X^{\boldsymbol{\lambda}}_{\boldsymbol{\nu}} := 2^{(l(\boldsymbol{\lambda})+\varepsilon(\boldsymbol{\lambda})-l(\boldsymbol{\nu}))/2}\chi^{\boldsymbol{\lambda}}_{\boldsymbol{\nu}},$$

とおく. $\widetilde{\mathfrak{S}}_n$ の単位元に対応する分割 (1^n) に対しては, 定理 7.1.1 (次元公式) により,

$$(14.3.15) \qquad \begin{cases} \chi^{\boldsymbol{\lambda}}_{(1^n)} = \dim \tau_{\boldsymbol{\lambda},\delta} = 2^{(n-l(\boldsymbol{\lambda})-\varepsilon(\boldsymbol{\lambda}))/2}\, g_{\boldsymbol{\lambda}} \\ X^{\boldsymbol{\lambda}}_{(1^n)} = g_{\boldsymbol{\lambda}} = \dfrac{n!}{\lambda_1!\,\lambda_2!\,\cdots\,\lambda_l!}\displaystyle\prod_{1\leqslant i<j\leqslant l}\frac{\lambda_i-\lambda_j}{\lambda_i+\lambda_j}. \end{cases}$$

次の命題は, $\boldsymbol{\nu} \in P_\infty$ を固定したときの, 正規化されたスピン既約指標の極限値

$$(14.3.16) \qquad \lim_{n=|\boldsymbol{\lambda}|\to\infty}\widetilde{\chi}^{\boldsymbol{\lambda}}_{\boldsymbol{\nu}}, \quad \widetilde{\chi}^{\boldsymbol{\lambda}}_{\boldsymbol{\nu}} := \chi^{\boldsymbol{\lambda}}_{\boldsymbol{\nu}}/\dim\tau_{\boldsymbol{\lambda},\delta},$$

を求める際に, 非スピンの場合の Murnaghan の公式と同様の役割をする.

命題 14.3.7 ([Naz2, Proposition 1.7] 参照) $\boldsymbol{\lambda} = (\lambda_1, \cdots, \lambda_l) \in SP_n$, $\boldsymbol{\nu} = (\nu_1, \cdots, \nu_t) \in OP_n$, k 奇正整数, とする. $\boldsymbol{\nu}$ から $\nu_{j_0} = k$ となる 1 項を取り除いた分割を $\boldsymbol{\nu}^0 \in OP_{n-k}$ とする ($\Phi_{\mathfrak{S}}(t_{\nu_{j_0}})$ は長さ k のサイクル). k が条件

$$(14.3.17) \qquad \lambda_i - \lambda_{i+1} > k \ (1 \le \forall i < l), \quad \lambda_l > k,$$

を満たすとき, $\widetilde{\mathfrak{S}}_n$ のスピン既約指標の値 $\chi^{\boldsymbol{\lambda}}_{\boldsymbol{\nu}}$ は, $\widetilde{\mathfrak{S}}_{n-k}$ のスピン既約指標の値によって, 次のように表される:

$$(14.3.18) \qquad X^{\boldsymbol{\lambda}}_{\boldsymbol{\nu}} = \sum_{1\leqslant i\leqslant l} X^{(\lambda_1,\cdots,\lambda_{i-1},\lambda_i-k,\lambda_{i+1},\cdots\lambda_l)}_{\boldsymbol{\nu}^0}.$$

上の命題を $\boldsymbol{\nu} = (k, 1, \cdots, 1) = (k, 1^{n-k})$ の場合に適用すると,

補題 14.3.8 $\boldsymbol{\lambda} \in SP_n$, k を条件 (14.3.17) を満たす奇正整数とすると,

$$(14.3.19) \qquad \frac{X^{\boldsymbol{\lambda}}_{(k,1^{n-k})}}{X^{\boldsymbol{\lambda}}_{(1^n)}} = 2^{(k-1)/2}\,\widetilde{\chi}^{\boldsymbol{\lambda}}_{(k,1^{n-k})} = \sum_{1\leqslant i\leqslant l} A_i(n)B_i(n),$$

$$A_i(n) = \frac{\lambda_i(\lambda_i-1)\cdots(\lambda_i-k+1)}{n(n-1)\cdots(n-k+1)}, \quad B_i(n) = \prod_{j\neq i}\frac{(\lambda_i-k-\lambda_j)(\lambda_i+\lambda_j)}{(\lambda_i-k+\lambda_j)(\lambda_i-\lambda_j)}$$

証明 $\boldsymbol{\nu} = (k, 1^{n-k})$ とすれば, $\boldsymbol{\nu}^0 = (1^{n-k})$ であり, 等式 (14.3.18) の右辺に, (14.3.15) を (n を $n-k$ として) 適用すると, 最右辺を得る. $\square$

補題 14.3.9　$\boldsymbol{\lambda} = \boldsymbol{\lambda}(n) = (\lambda_1(n), \lambda_2(n), \cdots, \lambda_{l(n)}(n)) \in SP_n$, $l(n) = l(\boldsymbol{\lambda}(n))$, をとり，各 $\boldsymbol{\lambda} = \boldsymbol{\lambda}(n)$ は k に対し，条件 (14.3.17) を満たすとし，

$$\lim_{n\to\infty} \frac{\lambda_i(n)}{n} = \gamma_i \quad (\forall i \geq 1) \tag{14.3.20}$$

とすると，$\lim_{n\to\infty} A_i(n) = {\gamma_i}^k$, $\lim_{n\to\infty} \sum_{1\leqslant i\leqslant l(n)} A_i(n)B_i(n) = \sum_{i\geqslant 1} {\gamma_i}^k$.

証明に関する説明　第 2 式を第 1 式から導くとき，$\gamma_{i-1} > \gamma_i > \gamma_{i+1}$ のときは，$\lim_{n\to\infty} B_i(n) = 1$, したがって，$\lim_{n\to\infty} A_i(n)B_i(n) = {\gamma_i}^k$. また，$\gamma_i = 0$ のときは，$\lim_{n\to\infty} A_i(n)B_i(n) = 0 = {\gamma_i}^k$. その他の場合も込めて，第 2 式を一般的に，証明するには具体的な計算による評価が用いられる（[Naz2, §5] 参照）．　□

上で，長さ k（奇）のサイクルに対応する $\sigma' \in \widetilde{\mathfrak{S}}_\infty$, $\ell(\sigma') = k$, に対する指標値が求まったので，判定条件 (EF) を勘案すると，次の定理が得られる：

定理 14.3.10 [Naz2, Theorem 3.5] スピン既約表現 $\tau_{\boldsymbol{\lambda}(n),\delta}$, $\boldsymbol{\lambda}(n) \in SP_n$, の正規化された指標 $\widetilde{\chi}^{\boldsymbol{\lambda}(n)}$ の極限が存在する必要十分条件は，極限 (14.3.20) が存在することである．そのとき，$\gamma = (\gamma_i)_{i\geqslant 1} \in \mathcal{C}$ であり，かつ，各点収束の意味で，

$$\lim_{n\to\infty} \widetilde{\chi}^{\boldsymbol{\lambda}(n)} = \psi_\Delta \cdot f_{\gamma,\mathbf{0}}\,. \tag{14.3.21}$$

□

注 14.3.2　この定理の上述の証明は，一般的な収束定理（定理 13.8.2）を踏まえれば，命題 14.3.2 (ii) と合わせて，先の定理 14.3.5 の別証を与える．

14.4　無限一般化対称群 $G(m,1,\infty)$ の非スピン指標

無限一般化対称群 $G(m,1,\infty) = \mathfrak{S}_\infty(\boldsymbol{Z}_m)$ の非スピン指標の場合（場合 viii）について，**14.1** 節における $\mathfrak{S}_\infty = G(1,1,\infty)$ と同様の議論ができる．ここでは，m を固定して，

(1)　$G_n := G(m,1,n) = \mathfrak{S}_n(T)$, $T = \boldsymbol{Z}_m$, の既約表現の正規化された指標の $n \to \infty$ における極限関数を計算し，

(2)　極限関数の全体がちょうど $G_\infty = G(m,1,\infty)$ の指標全体になることを示す．

14.4.1 $G(m,1,n)=\mathfrak{S}_n(\boldsymbol{Z}_m)$ の非スピン正規化既約指標

第 **11.1** 節から $G_n=G(m,1,n)=D_n(T)\rtimes\mathfrak{S}_n,\ T=\boldsymbol{Z}_m$, の既約線形表現の指標の結果を引用する．$\boldsymbol{Y}:=\bigsqcup_{n\geqslant 0}\boldsymbol{Y}_n$, $\boldsymbol{Y}_0=\{\varnothing\}$, $\boldsymbol{Y}_n=$ 大きさ n の Young 図形全体,

$$\boldsymbol{Y}_n(\widehat{T}):=\Big\{\Lambda^n=(\boldsymbol{\lambda}^{n,\zeta})_{\zeta\in\widehat{T}}\,;\ \boldsymbol{\lambda}^{n,\zeta}\in\boldsymbol{Y},\ \sum_{\zeta\in\widehat{T}}|\boldsymbol{\lambda}^{n,\zeta}|=n\Big\},\tag{14.4.1}$$

$$\boldsymbol{Y}(\widehat{T}):=\bigsqcup\nolimits_{n\geqslant 0}\boldsymbol{Y}_n(\widehat{T}),\tag{14.4.2}$$

とおく．G_n の既約線形表現の同値類は $\boldsymbol{Y}_n(\widehat{T})$ によりパラメーター付けされる．そして，包含関係 $\mathfrak{S}_n(T)\hookrightarrow\mathfrak{S}_{n+1}(T)$ に沿って，$\boldsymbol{Y}(\widehat{T})$ は **11.2.1** 小節で述べたように自然に分岐グラフになる．$\Lambda^n=(\boldsymbol{\lambda}^{n,\zeta})_{\zeta\in\widehat{T}}\in\boldsymbol{Y}_n(\widehat{T})$ に対して，**11.2.1** 小節で構成した G_n の既約線形表現 $\breve{\Pi}_{\Lambda^n}$（定理 11.2.2）をとる．その指標 $\breve{\chi}(\breve{\Pi}_{\Lambda^n}|\cdot)$ は定理 11.2.3 に与えられている．ここでは正規化された指標 $\widetilde{\chi}(\breve{\Pi}_{\Lambda^n}|\cdot)=\breve{\chi}(\breve{\Pi}_{\Lambda^n}|\cdot)/\dim\breve{\Pi}_{\Lambda^n}$ の公式を書き下そう．対称群 $\mathfrak{S}_k$ の Young 図形 $\boldsymbol{\lambda}$ に対する線形既約表現 $\pi_{\boldsymbol{\lambda}}$ の正規化された指標を $\widetilde{\chi}(\pi_{\boldsymbol{\lambda}}|\cdot)$ とする．$\sigma\in\mathfrak{S}_k$ での値は，σ を互いに素な巡回置換 σ_i に分解したときの巡回置換の長さの組 (ℓ_i), $\ell_i=\ell(\sigma_i)$, $\sum_i\ell_i=k$ ($\ell_i=1$ も許容）により決まり，それを $\widetilde{\chi}(\pi_{\boldsymbol{\lambda}}|(\ell_i))$ と書く．$\boldsymbol{I}_n$ の標準的な区間分割 $\boldsymbol{I}_n=\bigsqcup_{\zeta\in\widehat{T}}I_{n,\zeta}$, $|I_{n,\zeta}|=|\boldsymbol{\lambda}^{n,\zeta}|$, を取る．$\mathfrak{S}_{I_{n,\zeta}}\cong\mathfrak{S}_{n_\zeta}$, $n_\zeta=|I_{n,\zeta}|$, の既約表現 $\pi_{\boldsymbol{\lambda}^{n,\zeta}}$ をとる．部分群 $H:=D_n(T)\rtimes\prod_{\zeta\in\widehat{T}}\mathfrak{S}_{I_{n,\zeta}}$ をとり，$g=(d,\sigma)\in H$ の標準分解を

$$g=(d,\sigma)=\xi_{q_1}\xi_{q_2}\cdots\xi_{q_r}g_1g_2\cdots g_s,\quad \xi_q=(t_q,(q)),\quad g_j=(d_j,\sigma_j),\tag{14.4.3}$$

とし，$Q:=\{q_1,q_2,\cdots,q_r\}$, $J:=\{1,2,\cdots,s\}$, $K_j:=\mathrm{supp}(\sigma_j)$, $\ell_j:=\ell(\sigma_j)$ $(j\in J)$ とおくと，$K_j\subset I_{n,\zeta}$ $(\exists\zeta\in\widehat{T})$.

命題 14.4.1 $G(m,1,n)=D_n(T)\rtimes\mathfrak{S}_n,\ T=\boldsymbol{Z}_m$, の既約線形表現 $\breve{\Pi}_{\Lambda^n}$, $\Lambda^n=(\boldsymbol{\lambda}^{n,\zeta})_{\zeta\in\widehat{T}}\in\boldsymbol{Y}_n(\widehat{T})$, の正規化された指標を $\widetilde{\chi}(\breve{\Pi}_{\Lambda^n}|\cdot)$ とおく．$g=(d,\sigma)\in D_n(T)\rtimes\prod_{\zeta\in\widehat{T}}\mathfrak{S}_{I_{n,\zeta}}$ の標準分解を (14.4.3) とすると，

$$\widetilde{\chi}(\breve{\Pi}_{\Lambda^n}|g)=\sum_{\mathcal{Q},\mathcal{J}}c(\Lambda^n;\mathcal{Q},\mathcal{J};g)\widetilde{X}(\Lambda^n;\mathcal{Q},\mathcal{J};g),$$

$$c(\Lambda^n;\mathcal{Q},\mathcal{J};g)=\frac{(n-|\mathrm{supp}(g)|)!}{n!}\cdot\prod_{\zeta\in\widehat{T}}\frac{|\boldsymbol{\lambda}^{n,\zeta}|!}{\Big(|\boldsymbol{\lambda}^{n,\zeta}|-|Q_\zeta|-\sum_{j\in J_\zeta}\ell_j\Big)!},$$

$$\widetilde{X}(\Lambda^n;\mathcal{Q},\mathcal{J};g)=\prod_{\zeta\in\widehat{T}}\Big(\prod_{q\in Q_\zeta}\zeta(t_q)\cdot\prod_{j\in J_\zeta}\zeta(P(d_j))\cdot\widetilde{\chi}(\pi_{\boldsymbol{\lambda}^{n,\zeta}}|(\ell_j)_{j\in J_\zeta})\Big), \tag{14.4.4}$$

ここに，$\ell_j:=\ell(\sigma_j)$，$\mathcal{Q}=(Q_\zeta)_{\zeta\in\widehat{T}}$，$\mathcal{J}=(J_\zeta)_{\zeta\in\widehat{T}}$，はそれぞれ Q および J の分割であり，和は次の条件を満たす組 $(\mathcal{Q},\mathcal{J})$ を走る：

(条件 QJ)
$$|Q_\zeta|+\sum_{j\in J_\zeta}\ell_j\le|\boldsymbol{\lambda}^{n,\zeta}|\quad(\zeta\in\widehat{T}).$$

14.4.2　$G(m,1,n)=\mathfrak{S}_n(\boldsymbol{Z}_m)$ の非スピン既約指標の極限

ある n_0 に対して，$g=(d,\sigma)\in\mathfrak{S}_{n_0}(T)$ をとり，これを $\mathfrak{S}_n(T)$, $n\ge n_0$, の元と思う．$\Lambda^n=(\boldsymbol{\lambda}^{n,\zeta})_{\zeta\in\widehat{T}}\in\boldsymbol{Y}_n(\widehat{T})$ $(n\to\infty)$ に沿っての，正規化された既約指標 $\widetilde{\chi}(\breve{\Pi}_{\Lambda^n}|g)$ の極限値を求めよう．

第 1 段.　$g=(d,\mathbf{1}),d=(t_i)_{i\in\boldsymbol{I}_n}\in D_\infty(T):=\bigcup_{n\geqslant1}D_n(T)$, $\mathbf{1}\in\mathfrak{S}_n$**, の場合.** $Q=\mathrm{supp}(d)=\{q\in\boldsymbol{N};t_q\ne e_T\}$, $J=\varnothing$. したがって，指標公式は次のようになる：

$$\begin{cases}\widetilde{\chi}(\breve{\Pi}_{\Lambda^n}|(d,\mathbf{1}))=\sum_{\mathcal{Q}}c(\Lambda^n;\mathcal{Q})\,\widetilde{X}(\mathcal{Q};(d,\mathbf{1})),\\ c(\Lambda^n;\mathcal{Q})=\dfrac{\prod_{\zeta\in\widehat{T}}|\boldsymbol{\lambda}^{n,\zeta}|(|\boldsymbol{\lambda}^{n,\zeta}|-1)\cdots(|\boldsymbol{\lambda}^{n,\zeta}|-|Q_\zeta|+1)}{n(n-1)(n-2)\cdots(n-|Q|+1)},\\ \widetilde{X}(\mathcal{Q};(d,\mathbf{1}))=\prod_{\zeta\in\widehat{T}}\Big(\prod_{q\in Q_\zeta}\zeta(t_q)\Big)\qquad(d\in D_n).\end{cases} \tag{14.4.5}$$

ここで，係数の $n\to\infty$ での漸近評価等は

$$c(\Lambda^n;\mathcal{Q})=\prod_{\zeta\in\widehat{T}}\Big(\frac{|\boldsymbol{\lambda}^{n,\zeta}|}{n}\Big)^{|Q_\zeta|}+O\Big(\frac{1}{n}\Big), \tag{14.4.6}$$

$$\sum_{\mathcal{Q}}c(\Lambda^n;\mathcal{Q})=1,\quad\sum_{\mathcal{Q}}\prod_{\zeta\in\widehat{T}}\Big(\frac{|\boldsymbol{\lambda}^{n,\zeta}|}{n}\Big)^{|Q_\zeta|}=1. \tag{14.4.7}$$

補題 14.4.2　任意の $d\in D_\infty(T)$ に対して，$\lim_{n\to\infty}\widetilde{\chi}(\breve{\Pi}_{\Lambda^n}|(d,\mathbf{1}))$ が収束するための必要十分条件は，次の極限が存在することである：

(条件 I)
$$\exists\,B_\zeta:=\lim_{n\to\infty}\frac{|\boldsymbol{\lambda}^{n,\zeta}|}{n}\quad(\zeta\in\widehat{T}).$$

このとき，$\sum_{\zeta\in\widehat{T}}B_\zeta=1$ であり，

$$\lim_{n\to\infty}\widetilde{\chi}(\breve{\Pi}_{\Lambda^n}|(d,\mathbf{1}))=\prod_{q\in Q}F_1(t_q),\quad F_1(t):=\sum_{\zeta\in\widehat{T}}B_\zeta\,\zeta(t)\ \ (t\in T).$$

証明 n を止めて，$D_n(T)$ 上で d を動かしてみると，（n に依らない）d の有限個の関数 $X(\mathcal{Q};(d,\mathbf{1}))$ が互いに一次独立である．したがって，その係数である $c(\Lambda^n;\mathcal{Q})$ が収束することが必要十分である．そして，$n\to\infty$ での漸近評価 (14.4.6) を使う． □

第 2 段． (14.4.3) の $g \in D_n(T) \rtimes \prod_{\zeta\in\widehat{T}} \mathfrak{S}_{I_{n,\zeta}}$ に対する指標値 $\widetilde{\chi}(\breve{\Pi}_{\Lambda^n}|g)$ は命題 14.4.1 にある．ここで上の (条件 I) を仮定する．このとき，

$$\lim_{n\to\infty} c(\Lambda^n;\mathcal{Q},\mathcal{J};g) = \prod_{\zeta\in\widehat{T}} B_\zeta^{\,|Q_\zeta|+\sum_{j\in J_\zeta}\ell_j}$$

であるから，$\widehat{T}^+ := \{\zeta\in\widehat{T};\, B_\zeta>0,\}$ の元 ζ のみを含む $(\mathcal{Q},\mathcal{J})$ に対してだけ，$\lim_{n\to\infty}\widetilde{X}(\Lambda^n;\mathcal{Q},\mathcal{J};g)$ を問題にする．

ここで，定理 14.2.4 を応用すると，次の補題を得る：

補題 14.4.3 $\mathfrak{S}_{I_{n,\zeta}} \cong \mathfrak{S}_{|\boldsymbol{\lambda}^{n,\zeta}|}$ の既約表現 $\pi_{\boldsymbol{\lambda}^{n,\zeta}}$ の正規化された指標 $\widetilde{\chi}(\pi_{\boldsymbol{\lambda}^{n,\zeta}}|\cdot)$ が，$I_{n,\zeta}\nearrow I_{\infty,\zeta}$ $(n\to\infty)$, $|I_{\infty,\zeta}|=\infty$, に沿って，各点収束するための必要十分条件は，$k\geq 1$ に対して，次の極限が存在することである：

$$\lim_{n\to\infty}\frac{r_k(\boldsymbol{\lambda}^{n,\zeta})}{|\boldsymbol{\lambda}^{n,\zeta}|} = \alpha'_{\zeta;k}\,, \quad \lim_{n\to\infty}\frac{c_k(\boldsymbol{\lambda}^{n,\zeta})}{|\boldsymbol{\lambda}^{n,\zeta}|} = \beta'_{\zeta;k}\,.$$

このとき，$\alpha'_\zeta=(\alpha'_{\zeta;i})_{i\geqslant 1}$, $\beta'_\zeta=(\beta'_{\zeta;i})_{i\geqslant 1}$, とおくと，1 つの全単射 $\Phi: I_{\infty,\zeta}\to\boldsymbol{N}$ による同型： $\varphi:\mathfrak{S}_{I_{\infty,\zeta}}\to\mathfrak{S}_\infty$, $\varphi(\tau)=\Phi\circ\tau\circ\Phi^{-1}$, の下で

$$\lim_{n\to\infty}\widetilde{\chi}(\lambda^{n,\zeta};\tau) = f_{\alpha'_\zeta,\beta'_\zeta}(\varphi(\tau)) \quad (\tau\in\mathfrak{S}_{I_{\infty,\zeta}}).$$ □

そこで，$\Lambda^n=(\boldsymbol{\lambda}^{n,\zeta})_{\zeta\in\widehat{T}}$, $n\to\infty$, に対して，(条件 I) に付け加えて，

(条件 IΛ) 任意の $\zeta\in\widehat{T}^+ := \{\zeta\in\widehat{T};\, B_\zeta>0\}$ に対して次の極限が存在する：

$$\lim_{n\to\infty}\frac{r_k(\boldsymbol{\lambda}^{n,\zeta})}{|\boldsymbol{\lambda}^{n,\zeta}|} = \alpha'_{\zeta;k}\,, \quad \lim_{n\to\infty}\frac{c_k(\boldsymbol{\lambda}^{n,\zeta})}{|\boldsymbol{\lambda}^{n,\zeta}|} = \beta'_{\zeta;k} \quad (1\leq k<\infty);$$

を仮定する．このとき，

$$(14.4.8)\qquad \begin{cases} \alpha_{\zeta,0;k} := \lim_{n\to\infty}\dfrac{r_k(\boldsymbol{\lambda}^{n,\zeta})}{n}, \quad \alpha_{\zeta,1;k} := \lim_{n\to\infty}\dfrac{c_k(\boldsymbol{\lambda}^{n,\zeta})}{n}, \\ \mu_\zeta := B_\zeta - \sum_{\varepsilon=0,1}\|\alpha_{\zeta,\varepsilon}\|\geq 0, \quad \alpha_{\zeta,\varepsilon} := (\alpha_{\zeta,\varepsilon;i})_{i\geqslant 1} \ (\varepsilon=0,1), \end{cases}$$

とおくと，$\zeta \in \widehat{T}^+$ に対しては，$\alpha_{\zeta,0;k} = B_\zeta\, \alpha'_{\zeta;k}$, $\alpha_{\zeta,1;k} = B_\zeta\, \beta'_{\zeta;k}$, $\zeta \notin \widehat{T}^+$ に対しては，$\alpha_{\zeta,0;k} = \alpha_{\zeta,1;k} = 0$, $\mu_\zeta = 0$. そして，$\mu = (\mu_\zeta)_{\zeta\in\widehat{T}}$ とおけば，

$$(14.4.9) \qquad \sum_{\zeta\in\widehat{T}} \sum_{\varepsilon=0,1} \|\alpha_{\zeta,\varepsilon}\| + \|\mu\| = 1, \quad \|\mu\| := \sum_{\zeta\in\widehat{T}} \mu_\zeta\,.$$

これらのデータをひとまとめにして，

$$(14.4.10) \qquad A := ((\alpha_{\zeta,\varepsilon})_{(\zeta,\varepsilon)\in\widehat{T}\times\{0,1\}}\,;\mu)$$

とおき，$G_\infty = G(m,1,\infty) = \mathfrak{S}_\infty(T)$ の指標に対するパラメーターとする．その全体を

$$(14.4.11) \quad \mathcal{A}(\widehat{T}) := \Big\{ A = ((\alpha_{\zeta,\varepsilon})_{(\zeta,\varepsilon)\in\widehat{T}\times\{0,1\}}\,;\mu)\,;\ \text{条件 (14.4.9) を満たす} \Big\}$$

とおく．上に得られた極限関数は次の形である： $g=(d,\sigma)\in G_\infty$ の標準分解を

$$(14.4.12) \qquad g = \xi_{q_1}\xi_{q_2}\cdots\xi_{q_r} g_1 g_2 \cdots g_s,\ \xi_q = (t_q,(q)),\ g_j = (d_j,\sigma_j),$$

$d_j = (t_i)_{i\in K_j}$, $K_j = \mathrm{supp}(\sigma_j)$, とし，$Q = \{q_1,q_2,\cdots,q_r\}$, $J=\{1,2,\cdots,s\}$, とおくと，

$$(14.4.13) \quad f_A(g) := \prod_{q\in Q}\left\{ \sum_{\zeta\in\widehat{T}} \left(\sum_{\varepsilon\in\{0,1\}} \|\alpha_{\zeta,\varepsilon}\| \,+\, \mu_\zeta \right)\zeta(t_q)\right\}$$
$$\times \prod_{j\in J}\left\{ \sum_{\zeta\in\widehat{T}} \left(\sum_{\varepsilon\in\{0,1\}} \sum_{i\in\boldsymbol{N}} (\alpha_{\zeta,\varepsilon;i})^{\ell_j} \chi_\varepsilon(\sigma_j)\cdot\zeta(P(d_j)) \right)\right\},$$

ここに，$\chi_\varepsilon(\sigma_j) = \mathrm{sgn}_{\mathfrak{S}}(\sigma_j)^\varepsilon = (-1)^{\varepsilon(\ell_j-1)}$, $\ell_j = \ell(\sigma_j)$, $P(d_j) = \prod_{i\in K_j} t_i \in T$.

定理 14.4.4　(i)　$G(m,1,n) = \mathfrak{S}_n(T)$, $T = \boldsymbol{Z}_m$, の既約線形表現の正規化された指標 $\widetilde{\chi}(\breve{\Pi}_{\Lambda^n}|g)$ が $n\to\infty$ のときに各点収束するための必要十分条件は，(条件 I) + (条件 IΛ) である．このとき，(14.4.8) 式により，パラメーター

$$A = ((\alpha_{\zeta,\varepsilon})_{(\zeta,\varepsilon)\in\widehat{T}\times\{0,1\}}\,;\mu) \in \mathcal{A}(\widehat{T}),$$

を定めると，極限関数は (14.4.13) で与えられる f_A であり，それは一般化された無限対称群 $G(m,1,\infty) = \mathfrak{S}_\infty(T)$ の指標である．

(ii)　$E(G(m,1,\infty))$ を $G(m,1,\infty)$ の指標全体の集合とすると，

$$E(G(m,1,\infty)) = \{f_A\,;\,A = ((\alpha_{\zeta,\varepsilon})_{(\zeta,\varepsilon)\in\widehat{T}\times\{0,1\}}\,;\mu)\in\mathcal{A}(\widehat{T})\}.$$

証明 (i) $f_A = \lim_{n\to\infty} \widetilde{\chi}(\breve{\Pi}_{\Lambda^n}|\cdot)$ は不変な正定値関数であり，$f_A \in K_1(G(m,1,\infty))$. また，$f_A$ はその具体形 (14.4.13) から，因子分解可能である．ここに判定条件 (EF) を使えば，f_A が端点であることが分かる．

(ii) 既約表現の極限に関する一般的定理, 定理 13.8.2, を適用すれば, $E(G(m,1,\infty))$ の全ての元は極限関数として得られるので，上の主張が示された． □

例 14.4.1 $g=(d,\sigma)\in G_\infty = D_\infty(T)\rtimes\mathfrak{S}_\infty$ に対して，

$$\chi^G_{\zeta_1}(g) := \zeta_1(P(d))\ (\zeta_1\in\widehat{T});\quad \mathrm{sgn}^G_{\mathfrak{S}}(g) := \mathrm{sgn}_{\mathfrak{S}}(\sigma), \tag{14.4.14}$$

とおけば，これらは 1 次元指標である（前者については $d\to P(d)$ が $\mathfrak{S}_\infty$ 不変であることを使う）．したがって，$E(G_\infty)$ の元でもある．とくに，$m=2m^0$ 偶, $\zeta_1=\zeta^{(m^0)}$, のときの $\chi^G_{\zeta_1}(g)=(-1)^{\mathrm{ord}(d)}$ を $\mathrm{sgn}^G_D(g)$ と書く．対応するパラメーター $A((\alpha_{\zeta,\varepsilon})_{(\zeta,\varepsilon)\in\widehat{T}\times\{0,1\}}\,;\,\mu)\in\mathcal{A}(\widehat{T})$ はそれぞれ次で与えられる：

$\boldsymbol{\alpha}_{\zeta_1,0}=(1,0,0,\cdots)$, 他の $\boldsymbol{\alpha}_{\zeta,\varepsilon}=\mathbf{0}$, $\mu=\mathbf{0}$;

$\boldsymbol{\alpha}_{\zeta^{(0)},1}=(1,0,0,\cdots)$, 他の $\boldsymbol{\alpha}_{\zeta,\varepsilon}=\mathbf{0}$, $\mu=\mathbf{0}$, ここに, $\zeta^{(0)}=\mathbf{1}_T$ (T の自明指標).

注 14.4.1 群 T と対称群 $\mathfrak{S}_n$ の環積 $\mathfrak{S}_n(T)=D_n(T)\rtimes\mathfrak{S}_n$ の $n\to\infty$ の帰納極限は $\mathfrak{S}_\infty(T):=D_\infty(T)\rtimes\mathfrak{S}_\infty$, $D_\infty(T):=\bigcup_{n\geqslant 1}D_n(T)$, である．指標の極限に関する上と同様の結果が，$T$ が有限可換群の場合，一般の有限群の場合，および一般のコンパクト群の場合に，それぞれ論文 [HH1,2002], [HH2]–[HH3], および [HH4] と [HHH3], において得られている．

14.5 $G(m,1,\infty)$ から標準的正規部分群 N への制限

$T=\boldsymbol{Z}_m$ の部分群 S は $S=S(p):=\{t^p\,;\,t\in T\}$, $p|m$, の形であり，N を $G=G(m,1,\infty)=\mathfrak{S}_\infty(\boldsymbol{Z}_m)=D_\infty(\boldsymbol{Z}_m)\rtimes\mathfrak{S}_\infty$ の次の正規部分群のどれかとする：

$$G(m,p,\infty)=\mathfrak{S}_\infty(\boldsymbol{Z}_m)^{S(p)}=D_\infty(\boldsymbol{Z}_m)^{S(p)}\rtimes\mathfrak{S}_\infty=\lim_{n\to\infty}G(m,p,n),$$
$$\mathfrak{A}_\infty(\boldsymbol{Z}_m)=\lim_{n\to\infty}\mathfrak{A}_n(T)=D_\infty(T)\rtimes\mathfrak{A}_\infty\ \ (\because\ \mathfrak{A}_n(T):=D_n(T)\rtimes\mathfrak{A}_n),$$
$$\mathfrak{A}_\infty(\boldsymbol{Z}_m)^{S(p)}=D_\infty(\boldsymbol{Z}_m)^{S(p)}\rtimes\mathfrak{A}_\infty=\lim_{n\to\infty}\mathfrak{A}_n(\boldsymbol{Z}_m)^{S(p)},$$

ここに, $D_\infty(T)^S:=\{d=(t_i)_{i\in\boldsymbol{N}}\,;\,P(d)\in S\}$, $P(d)=\prod_{i\in\boldsymbol{N}}t_i$.

われわれは，第 12 章の「群 G の指標を正規部分群 N へ制限する」ことに関す

る一般論を，上の G と N の場合に適用して，N のすべての指標の集合 $E(N)$ を決定する．その結果は複素鏡映群 $G(m,p,\infty)$, $p|m$, $p>1$, のスピン指標の理論の基礎であり，また $p=2$ の場合は無限一般対称群 $G_\infty := G(m,1,\infty)$ のスピン指標の集合 $E(R(G_\infty))$ の構造を知る上で重要な働きをする．

14.5.1　指標 $f_A \in E(G_\infty)$ のパラメーターに関する対称性

定義 14.5.1　パラメーター空間 $\mathcal{A}(\widehat{T})$ 上に次の作用を考える．

(1) $\zeta_1 \in \widehat{T}$ でずらせる作用 $R(\zeta_1)$:　$R(\zeta_1)A := ((\alpha'_{\zeta,\varepsilon})_{(\zeta,\varepsilon)\in\widehat{T}\times\{0,1\}}\ ;\ \mu')$，ここに，

$$\alpha'_{\zeta,\varepsilon} = \alpha_{\zeta{\zeta_1}^{-1},\varepsilon}\ ((\zeta,\varepsilon)\in\widehat{T}\times\{0,1\}),\ \mu' = (\mu'_\zeta)_{\zeta\in\widehat{T}},\ \mu'_\zeta = \mu_{\zeta{\zeta_1}^{-1}}.$$

記号のサイズを小さくするために，$\kappa^{(a)} = R(\zeta^{(a)})\ (0 \le a < m)$ とも書く．

(2) 対合的作用 $\tau:\ A \to {}^tA$:　${}^tA := ((\alpha'_{\zeta,\varepsilon})_{(\zeta,\varepsilon)\in\widehat{T}\times\{0,1\}};\mu')$，ここに，

$$\alpha'_{\zeta,\varepsilon} = \alpha_{\zeta,\varepsilon+1},\ \mu'_\zeta = \mu_\zeta\ (\text{添字の } \varepsilon+1 \text{ は } \mathrm{mod}\ 2 \text{ で計算}).$$

これらは指標空間 $E(G_\infty)$ のある対称性を表している．例 14.4.1 で与えた G_∞ の 1 次元指標 $\chi^G_{\zeta_1}$ $(\zeta_1 \in \widehat{T})$, $\mathrm{sgn}^G_{\mathfrak{S}} \in E(G_\infty)$ との関連も次のようになっている．

命題 14.5.1　$A \in \mathcal{A}(\widehat{T})$ に対して，

$$f_{R(\zeta_1)A} = \chi^G_{\zeta_1}\cdot f_A\ \ (\zeta_1\in\widehat{T}),\ f_{\tau A} = \mathrm{sgn}^G_{\mathfrak{S}}\cdot f_A.$$

証明　$f_A(g)$ の公式 (14.4.13) を使う．第 1 式の証明では，A の代わりに $R(\zeta_1)A$ をこの公式に代入してみると，$q\in Q$ に渡る積においては，$R(\zeta_1)A$ の定義から自然に $\prod_{q\in Q}\zeta_1(t_q)$ が析出されて残りがパラメーター A に対応するものになる．$j\in J$ に渡る積においても同様に $\prod_{j\in J}\zeta_1(P(d_j))$ が析出する．合わせて都合 $\zeta_1(d)$ が析出する．

第 2 式の証明では，(14.4.13) 式右辺の $j\in J$ の項において，$\chi_\varepsilon(\sigma_j) = (-1)^{\varepsilon(\ell_j-1)}$,

$$\begin{aligned}\therefore\quad \sum_{\varepsilon\in\{0,1\}}(\alpha_{\zeta,\varepsilon;i})^{\ell_j}\chi_\varepsilon(\sigma_j) &= (\alpha_{\zeta,0;i})^{\ell_j} - (-\alpha_{\zeta,1;i})^{\ell_i}\\ &= (-1)^{\ell_j-1}((\alpha_{\zeta,1;i})^{\ell_j} - (-\alpha_{\zeta,0;i})^{\ell_i}).\end{aligned}$$

よって，置き換え $A\to{}^tA$ においては，$(-1)^{\ell_j-1} = \mathrm{sgn}(\sigma_j)$ が析出されて，合わせて都合 $\prod_{j\in J}\mathrm{sgn}(\sigma_j) = \mathrm{sgn}(\sigma)$ が析出される．　□

14.5.2 $N=G(m,p,\infty)=\mathfrak{S}_\infty(T)^{S(p)}$, $p|m$, の場合

定理 14.5.2 $G=G(m,1,\infty)$, $N=G(m,p,\infty)$, $p|m$, とする．正規部分群 N の指標の全体 $E(N)$ は，次で与えられる：

$$E(N)=\{f_A|_N\ ;\ A=((\alpha_{\zeta,\varepsilon})_{(\zeta,\varepsilon)\in\widehat{T}\times\{0,1\}}\ ;\ \mu)\in\mathcal{A}(\widehat{T})\}. \tag{14.5.1}$$

ここに，f_A は (14.4.13) で与えられる．2 つのパラメーター A,A^1 に対して，$f_A|_N=f_{A^1}|_N$ となるための必要十分条件は，

$$A^1=R(\zeta_1)A\quad(\exists\zeta_1\in\widehat{T},\ \zeta_1|_{S(p)}=\mathbf{1}_{S(p)}).$$

証明 前半については，定理 12.5.1 を離散群 G とその正規部分群 N とに適用すると，$E(N)=\{f|_N\,;\,f\in E(G)\}$ を得る．ここに，定理 14.4.4 (ii) を適用すればよい．後半については，$G/N\cong D_\infty(T)/D_\infty(T)^S\cong T/S$ の代表元系を具体的に構成して，計算する（詳しくは，[HH6, §15.3] 参照）． □

$\kappa^{(a)}|_{S(p)}=\mathbf{1}_{S(p)}\iff ap\equiv 0\ (\mathrm{mod}\ m)\iff a$ は $q=m/p$ の倍数，であるから，

系 14.5.3 正規部分群 $N=G(m,p,\infty)=\mathfrak{S}_\infty(T)^{S(p)}$, $p|m$, に対し，全指標の集合 $E(N)$ のパラメーター空間が次のように取れる：

$$E(G(m,p,\infty))=\{f_A|_N\ ;\ [A]\in\mathcal{A}(\widehat{T})/\langle\kappa^{(q)}\rangle\}.$$

14.5.3 $N=\mathfrak{A}_\infty(T)$, $\mathfrak{A}_\infty(T)^{S(p)}$, の場合

定理 14.5.4 $G=G(m,1,\infty)=\mathfrak{S}_\infty(T)$, $N=\mathfrak{A}_\infty(T)$, とする．制限写像

$$E(\mathfrak{S}_\infty(T))\ni f_A\ \longmapsto\ f_A|_N\in E(\mathfrak{A}_\infty(T))\quad(A\in\mathcal{A}(\widehat{T}))$$

は全射である．また，$A,A^1\in\mathcal{A}(\widehat{T})$ に対し，$f_A|_N=f_{A^1}|_N$ であるための必要十分条件は，$A^1=A$ または $A^1=\tau A:={}^tA$ である．したがって，全指標の集合 $E(N)$ のパラメーター空間が次のように取れる：

$$E(\mathfrak{A}_\infty(T))=\{f_A|_N\ ;\ [A]\in\mathcal{A}(\widehat{T})/\langle\tau\rangle\}. \tag{14.5.2}$$

証明 まず，定理 12.3.4 により，制限写像が，$E(G)$ から $E(N,G)$ への全射を与える．他方，N 上の関数が N-不変であれば G-不変でもあることは見易い．したがって，$E(N)=E(N,G)$ である．また，$f_A(g)$ の積表示 (14.4.13) を詳しくみ

れば，$f_A|_N = f_{\tau A}|_N$ が成立することが分かる．

そこで，今度は，$f_A|_N = f_{A^1}|_N$ から，$A^1 = A$ または $A^1 = \tau A$ を示す．$E(N)$ の任意の元 $F = f_A|_N$, $A \in \mathcal{A}(\widehat{T})$, をとると，$f_A$ が因子分解可能であるから，F は（定理 10.5.2 のように）$N = \mathfrak{A}_\infty(T)$ 上の関数として「制限された意味での因子分解」が可能である，すなわち，$g_1', g_2' \in N$（台が互いに素）に対して，$F(g_1'g_2') = F(g_1')F(g_2')$．これにより，$f_A|_N = f_{A^1}|_N$ であるための必要十分条件は（$g \in G$ の各基本因子について言えばよいので），

$$
\begin{cases} f_A(d) &= f_{A^1}(d) \qquad (d \in D_\infty(T)), \\ f_A(\sigma^{(\ell)}) &= f_{A^1}(\sigma^{(\ell)}) \qquad (\ell \ \ \text{奇}), \\ f_A(\sigma^{(\ell)}\sigma^{(\ell')}) &= f_{A^1}(\sigma^{(\ell)}\sigma^{(\ell')}) \qquad (\ell, \ell' \ \text{偶}), \end{cases} \tag{14.5.3}
$$

ここに，第 3 式の $\sigma^{(\ell)}, \sigma^{(\ell')}$ は互いに素な，それぞれ長さ ℓ, ℓ' のサイクルを表す．

このあとは，$f_A(g)$ の積表示 (14.4.13) を用いた計算によって，$A^1 = A$ または $A^1 = \tau A$ が分かる．　□

定理 14.5.5　$G = G(m, 1, \infty)$, $N = \mathfrak{A}_\infty(T)^{S(p)}$ とする．N の指標全体は，

$$E\Big(\mathfrak{A}_\infty(T)^{S(p)}\Big) = \{f_A\big|_N \ ; \ A = ((\alpha_{\zeta,\varepsilon})_{(\zeta,\varepsilon)\in\widehat{T}\times\{0,1\}} \ ; \ \mu) \in \mathcal{A}(\widehat{T})\},$$

$$f_A\big|_N = f_{A^1}\big|_N \iff [A] = [A^1] \in \mathcal{A}(\widehat{T})/\langle \tau, \kappa^{(q)} \rangle \ \ (q = m/p).$$

ここに，$[A]$ は A の同値類を表す．全指標集合 $E(N)$ のパラメーター空間は

$$E(\mathfrak{A}_\infty(T)^{S(p)}) = \{f_A\big|_N \ ; \ [A] \in \mathcal{A}(\widehat{T})/\langle \tau, \kappa^{(q)} \rangle\}. \tag{14.5.4}$$

証明　関数 f_A の具体形を使って，前 2 定理での証明を援用する．　□

注 14.5.1　$\mathrm{B}_\infty/\mathrm{C}_\infty$ 型 Weyl 群は $G(2, 1, \infty) = \mathfrak{S}_\infty(\boldsymbol{Z}_2)$ であり，D_∞ 型 Weyl 群はその正規部分群 $G(2, 2, \infty) = \mathfrak{S}_\infty(\boldsymbol{Z}_2)^{(e)}$ である．ここに，(e) は単位元よりなる $T = \boldsymbol{Z}_2$ の部分群 $S(2)$ を表す．これらについては，$\mathfrak{S}_\infty$ の Thoma パラメーターの一般化が得られていることを確認されたし．

問題 14.5.1　定理 15.5.4 の証明の最終段階における (14.4.13) を用いた計算を実行せよ．

14.6　$R(G(m, 1, \infty))$, m 奇，のスピン指標

14.6.1　有限次元スピン表現は存在しない

命題 14.6.1　(i)　$\widetilde{\mathfrak{S}}_\infty$ には有限次元スピン表現は存在しない．

(ii) m 奇の場合，$R(G(m,1,\infty))$ には有限次元スピン表現は存在しない．

証明 (i) $\mathfrak{S}_\infty$ の 2 重被覆群 $\widetilde{\mathfrak{S}}_\infty$ は有限次元スピン表現 π を持たない．実際，π の核 $N' = \mathrm{Ker}(\pi)$ は，$\widetilde{\mathfrak{S}}_\infty$ の正規部分群で，$N' \not\ni Z_1 = \langle z_1 \rangle$．典型準同型で $\mathfrak{S}_\infty$ に落とすと，$N = \Phi_{\mathfrak{S}}(N')$ は $\mathfrak{S}_\infty$ の正規部分群であるから，$\mathfrak{S}_\infty, \mathfrak{A}_\infty, \{e\}$ のどれかである．前二者のどれかとすると，N' のある 2 元の交換子として z_1 が現れるので矛盾，よって $N = \{e\}$．したがって，$N' = \{e'\}$ ($e' \in \widetilde{\mathfrak{S}}_\infty$ の単位元)．他方，$\widetilde{\mathfrak{A}}_4^{(k)} := \langle r_{4k+1}r_{4k+2}, r_{4k+2}r_{4k+3} \rangle$ $(k \geq 0)$ とおくと，$\widetilde{\mathfrak{A}}_4^{(k)} \cong \widetilde{\mathfrak{A}}_4$ であり，これらは互いに可換で，Z_1 を共有する．$\widetilde{\mathfrak{A}}_4$ のスピン既約表現の次元は ≥ 2 である（**8.3.2** 小節参照）から，生成される部分群 $H'_n := \langle \widetilde{\mathfrak{A}}_4^{(k)}; 0 \leq k \leq n \rangle$ に π を制限してみると，次元 $\geq 2^n$ の既約表現を含む．矛盾．

(ii) $G'_\infty = R(G(m,1,\infty))$ は部分群として $\widetilde{\mathfrak{S}}_\infty$ を含む．G'_∞ の有限次元スピン既約表現を $\widetilde{\mathfrak{S}}_\infty$ に制限すると有限次元スピン表現になる．(i) に矛盾する．□

注 14.6.1 定理 7.2.1 (i) により，$\widetilde{\mathfrak{S}}_n$, $n \geq 4$, のスピン既約表現の最低次元は，Δ'_n で与えられ，$\dim \Delta'_n = f_n = 2^{[(n-1)/2]} \to \infty$ $(n \to \infty)$．

14.6.2 $R(G(m,1,\infty))$, m 奇，のスピン指標

無限群 $G'_\infty = \lim_{n\to\infty} G'_n$, $G'_n = D_n(T) \rtimes \widetilde{\mathfrak{S}}_n$, $T = \boldsymbol{Z}_m$, の指標を，G'_n の既約指標の $n \to \infty$ における各点収束先として求める．G'_n の一般元 $g' = (d, \sigma')$, $d \in D_n(T)$, $\sigma' \in \widetilde{\mathfrak{S}}_n$, の標準的分解を

$$g' = (d,\sigma') = \xi_{q_1}\xi_{q_2}\cdots\xi_{q_r}g'_1g'_2\cdots g'_s,\ \ \xi_q = (t_q,(q)),\ \ g'_j = (d_j,\sigma'_j);$$
$$Q := \{q_1,q_2,\cdots,q_r\},\ J := \boldsymbol{I}_s,\ K_j := \mathrm{supp}(\sigma'_j),\ \ell_j := \ell(\sigma'_j)\ (j \in J), \tag{14.6.1}$$

とする．補題 10.2.1 (b) により，G'_n 上の不変スピン関数 f の台が評価されているが，$n \to \infty$ の極限に関係あるのは，$L(\sigma'_j) \equiv 0 \pmod{2, \forall j}$ となる場合である．m 奇の場合の G'_n のスピン型 $\chi^{\mathrm{odd}}(z_1) = -1$ のスピン指標 $\chi(\varPi_{\Lambda^n}|g')$（定理 11.4.3）を正規化して，次の補題を得る．

補題 14.6.2 G'_n のスピン既約表現 $\varPi_{\Lambda^n}$, $\Lambda^n = (\boldsymbol{\lambda}^{n,\zeta})_{\zeta\in\widehat{T}} \in \mathbf{Y}_n^{\mathrm{sh}}(\widehat{T})$, の正規化された指標 $\widetilde{\chi}(\varPi_{\Lambda^n}|\cdot)$ は次の公式で与えられる．シフトヤング図形の大きさ $|\boldsymbol{\lambda}^{n,\zeta}|$ $(\zeta \in \widehat{T})$ に対応して **11.2.1** 小節 (手順 1) で決められた $\boldsymbol{I}_n$ の標準的分割を $\mathcal{I}_n = (I_{n,\zeta})_{\zeta\in\widehat{T}}$ とし，$H' := D_n(T) \rtimes (\widehat{*}_{\zeta\in\widehat{T}}\, \widetilde{\mathfrak{S}}_{I_{n,\zeta}})$ とおく．$g' \in G'_n$ が H' の元

と共役でなければ，$\chi(\Pi_{\Lambda^n}|g')=0$.

そこで，$g'=(d,\sigma')\in H'$ の標準分解を (14.6.1) とする．このとき，各 σ'_j が $\sigma'_j=r_ar_{a+1}\cdots r_{b-1}$ の標準形になっている g' を（Z_1 を法として）選ぶ.

$$\widetilde{\chi}(\Pi_{\Lambda^n}|g')=\sum_{\mathcal{Q},\mathcal{J}}c(\Lambda^n;\mathcal{Q},\mathcal{J};g')\widetilde{X}(\Lambda^n;\mathcal{Q},\mathcal{J};g'), \tag{14.6.2}$$

$$c(\Lambda^n;\mathcal{Q},\mathcal{J};g')=\frac{(n-|\mathrm{supp}(g')|)!}{n!}\cdot\prod_{\zeta\in\widehat{T}}\frac{|\boldsymbol{\lambda}^{n,\zeta}|!}{\left(|\boldsymbol{\lambda}^{n,\zeta}|-|Q_\zeta|-\sum_{j\in J_\zeta}\ell_j\right)!},$$

$$\widetilde{X}(\Lambda^n;\mathcal{Q},\mathcal{J};g')=\prod_{\zeta\in\widehat{T}}\left(\prod_{q\in Q_\zeta}\zeta(t_q)\cdot\prod_{j\in J_\zeta}\zeta(P(d_j))\cdot\widetilde{\chi}(\tau_{\boldsymbol{\lambda}^{n,\zeta}}|(\ell_j)_{j\in J_\zeta})\right),$$

ここに，$\tau_{\boldsymbol{\lambda}^{n,\zeta}}$ は $\widetilde{\mathfrak{S}}_{I_{n,\zeta}}\cong\widetilde{\mathfrak{S}}_{|\boldsymbol{\lambda}^{n,\zeta}|}$ のスピン既約表現の Schur 型記号，$\mathcal{Q}=(Q_\zeta)_{\zeta\in\widehat{T}}$, $\mathcal{J}=(J_\zeta)_{\zeta\in\widehat{T}}$, はそれぞれ Q および J の分割であり，

(条件 QJ)
$$|Q_\zeta|+\sum_{j\in J_\zeta}\ell_j\le|\boldsymbol{\lambda}^{n,\zeta}|\quad(\zeta\in\widehat{T}),$$

を満たす組 $(\mathcal{Q},\mathcal{J})$ を走る．各 σ'_j は標準形であり，これらは偶なので互いに可換. 記号 $\widetilde{\chi}(\tau_{\boldsymbol{\lambda}^{n,\zeta}}|(\ell_j)_{j\in J_\zeta})$ はスピン既約表現 $\tau_{\boldsymbol{\lambda}^{n,\zeta}}$ の正規化指標の値を $\ell_j=\ell(\sigma'_j)$ で表す. □

$g'\in G'_{n_0}$ とする．任意の $n>n_0$ に対し，$g'\in G'_n\subset G'_\infty$ と捉えて，極限 $\lim_{n\to\infty}\widetilde{\chi}(\Pi_{\Lambda^n}|g')$ を求めよう．上の準備の下で第 **14.4** 節の議論に従う.

第 1 段　補題 14.4.2 と同様に，任意の $d\in D_\infty(T)$ に対して，極限が各点収束するための必要十分条件は，次の極限が存在することである：

(条件 I)
$$\exists\, B_\zeta:=\lim_{n\to\infty}\frac{|\boldsymbol{\lambda}^{n,\zeta}|}{n}\quad(\zeta\in\widehat{T}).$$

このとき，$\sum_{\zeta\in\widehat{T}}B_\zeta=1$,　$\lim_{n\to\infty}c(\Lambda^n;\mathcal{Q},\mathcal{J};g')=\prod_{\zeta\in\widehat{T}}B_\zeta^{\,|Q_\zeta|+\sum_{j\in J_\zeta}\ell_j}$.

第 2 段　補題 14.3.9, 定理 14.3.10 より次の補題を得る：

補題 14.6.3　$\zeta\in\widehat{T}^+:=\{\zeta\in\widehat{T};\,B_\zeta>0\}$ とする．増大する $n>n_0$ に対して，シフトヤング図形の列 $\boldsymbol{\lambda}^{n,\zeta}=(\lambda_1^{n,\zeta},\lambda_2^{n,\zeta},\cdots,\lambda_{l(n,\zeta)}^{n,\zeta})\in SP_{|\boldsymbol{\lambda}^{n,\zeta}|}$, $l(n,\zeta):=l(\boldsymbol{\lambda}^{n,\zeta})$, をとる．正規化されたスピン既約指標 $\widetilde{\chi}(\tau_{\boldsymbol{\lambda}^{n,\zeta}}|(\ell_j))$ の $n\to\infty$ での極限が存在する必要十分条件は，

(条件 IΛ-spin) $$\exists \lim_{n\to\infty} \frac{\lambda_i^{n,\zeta}}{|\boldsymbol{\lambda}^{n,\zeta}|} = \gamma_i^{\zeta\,\prime} \quad (\forall i \geq 1).$$

この条件のもとで, $\displaystyle\lim_{n\to\infty} \widetilde{\chi}(\tau_{\boldsymbol{\lambda}^{n,\zeta}}|(\ell_j)_{j\in J_\zeta}) = \prod_{j\in J_\zeta} \sum_{i\geqslant 1} (\gamma_i^{\zeta\,\prime})^{\ell_j}$.

$$\zeta \in \widehat{T}^+ \text{ に対して, } \begin{cases} \gamma_{\zeta;i} := B_\zeta\, \gamma_i^{\zeta\,\prime} \ (i \geq 1), & \boldsymbol{\gamma}_\zeta := (\gamma_{\zeta;i})_{i\geqslant 1}, \\ \mu_\zeta := B_\zeta - \|\gamma^\zeta\| \geq 0, & \mu := (\mu_\zeta)_{\zeta\in\widehat{T}}, \end{cases}$$

とおく. $\zeta \in \widehat{T}\setminus\widehat{T}^+$ に対しては, $B_\zeta = 0$ より, $\boldsymbol{\gamma}_\zeta := \mathbf{0}$, $\mu_\zeta := 0$. これらを纏めて

$$C := ((\boldsymbol{\gamma}_\zeta)_{\zeta\in\widehat{T}}\,;\mu) \tag{14.6.3}$$

とおくと, 極限関数はこのパラメーターにより以下の様に具体的に書き下される.

定理 14.6.4 $G'_n = R(G(m,1,n))$, $G'_\infty = R(G(m,1,\infty))$, m 奇, とする. G'_n のスピン既約表現 Π_{Λ^n}, $\Lambda^n \in \mathbf{Y}_n^{\rm sh}(\widehat{T})$, の正規化指標 $\widetilde{\chi}(\Pi_{\Lambda^n}|\cdot)$ が $n\to\infty$ に沿って各点収束するための必要十分条件は, (条件 I) + (条件 IΛ-spin) である. この条件の下で, 極限関数はパラメーター C により次のように表される: $g' \in G'_\infty$ の標準分解を (14.6.1) の $g' = \xi_{q_1}\xi_{q_2}\cdots\xi_{q_r}g'_1g'_2\cdots g'_s$, $\xi_q = (t_q,(q))$, $g'_j = (d_j,\sigma'_j)$, とすると, $L(\sigma'_j) \equiv 0$ ($\forall j \in J$, mod 2), すなわち, ℓ_j 奇 ($\forall j$), のとき, 下の表示を持ち, その他のときは $=0$ である:

$$f_C(g') = \prod_{q\in Q}\left\{\sum_{\zeta\in\widehat{T}} (\|\gamma_\zeta\| + \mu_\zeta)\zeta(t_q)\right\} \times \prod_{j\in J}\left\{\sum_{\zeta\in\widehat{T}}\Big(\sum_{i\geqslant 1}(\gamma_{\zeta;i})^{\ell_j}\Big)\zeta(P(d_j))\right\}.$$

定理 14.6.5 ($R(G(m,1,\infty))$, m 奇, のスピン指標) パラメーター C の空間として,

$$\mathcal{C}(\widehat{T}) := \Big\{C = ((\boldsymbol{\gamma}_\zeta)_{\zeta\in\widehat{T}}\,;\mu);\ \sum_{\zeta\in\widehat{T}} \|\gamma_\zeta\| + \|\mu\| = 1\Big\} \tag{14.6.4}$$

とおくと, $G'_\infty = R(G(m,1,\infty)$ のスピン型 $\chi^{\rm odd}(z_1) = -1$ のスピン指標全体の集合は,

$$E(G'_\infty;\chi^{\rm odd}) = \{f_C\ ;\ C \in \mathcal{C}(\widehat{T})\}.$$

証明 定理 13.8.2 により, すべての指標は各点収束極限によって得られる. さらに前定理で得たすべての極限関数は, 因子分解可能なので, 指標である (定理 10.5.1). □

14.7 スピン型 $\chi^{\mathrm{IV}} = (-1,1,1)$ の $R(G(m,1,\infty))$ のスピン指標

14.7.1 $R(G(m,1,\infty))$ の一般元の標準分解と標準的代表元

無限一般化対称群 $G_\infty = G(m,1,\infty) = D_\infty(T) \rtimes \mathfrak{S}_\infty$, $T = \boldsymbol{Z}_m$, に対し，m 偶のときの被覆群 $G'_\infty = R(G(m,1,\infty))$ の構造は（典型準同型を $\Phi : G'_\infty \to G_\infty$ として），

(14.7.1)　$\widetilde{D}_\infty(T) := \langle z_2,\, \eta_j\ (j \in \boldsymbol{N})\rangle$, $D^\wedge_\infty(T) := \langle z_2,\, \widehat{\eta}_j = z_3^{\,j-1}\eta_j\ (j \in \boldsymbol{N})\rangle$,

とおくと，$\widetilde{D}_\infty(T) \times Z_3 \cong Z_3 \times D^\wedge_\infty(T)$ であり，

(14.7.2)
$$G'_\infty \cong (\widetilde{D}_\infty(T) \times Z_3) \rtimes \widetilde{\mathfrak{S}}_\infty \cong (Z_3 \times D^\wedge_\infty(T)) \rtimes \widetilde{\mathfrak{S}}_\infty,$$
$$\widehat{\eta}_j\widehat{\eta}_k = z_2\widehat{\eta}_k\widehat{\eta}_j\ (j \neq k),$$
$$\sigma'(\widehat{\eta}_j) = \sigma'\widehat{\eta}_j\sigma'^{\,-1} = z_3^{\,L(\sigma')}\widehat{\eta}_{\sigma(j)}\ (\sigma' \in \widetilde{\mathfrak{S}}_\infty,\, \sigma = \Phi_{\mathfrak{S}}(\sigma')).$$

G'_∞ の一般元 g' とその像 $g = \Phi(g') \in G_\infty$ の標準分解を次のように与える：

(14.7.3)
$$\begin{cases} g' = z\,\xi'_{q_1}\xi'_{q_2}\cdots\xi'_{q_r}g'_1g'_2\cdots g'_s\,,\ \xi'_q = (t'_q,(q)),\ \Phi(\xi'_q) = \xi_q = (t_q,(q)), \\ z \in Z,\ g'_j = (d'_j,\sigma'_j),\ d'_j \in D^\wedge_\infty(T),\ \Phi(d'_j) = d_j,\ \Phi_{\mathfrak{S}}(\sigma'_j) = \sigma_j\ \text{サイクル}, \\ g = (d,\sigma) = \xi_{q_1}\xi_{q_2}\cdots\xi_{q_r}\,g_1g_2\cdots g_s,\ \ \xi_q = (t_q,(q)),\ \ g_j = (d_j,\sigma_j), \\ \qquad\qquad \sigma_j\ \text{サイクル, 互いに素,}\ \ \mathrm{supp}(d) \subset \mathrm{supp}(\sigma_j), \end{cases}$$

(14.7.4)
$$Q := \{q_1,q_2,\cdots,q_r\},\ J := \boldsymbol{I}_s,\ K_j := \mathrm{supp}(\sigma'_j),\ \ell_j := \ell(\sigma'_j)\ (j \in J).$$

$\boldsymbol{N}$ の中の区間 $K = [a,b] = \{a,a{+}1,\cdots,b\}$ に対して，$\sigma'_K := r_ar_{a+1}\cdots r_{b-1}$ とおく．このとき，$\sigma_K := \Phi_{\mathfrak{S}}(\sigma'_K) = s_as_{a+1}\cdots s_{b-1} = (a\ \ a{+}1\ \ \cdots\ \ b)$. G'_∞ に対して，補題 11.6.1 と同様の補題が成立するので，G'_∞ の共役類の代表元として次の条件を満たす g' がとれる（これを**標準的代表元**とよぶ）：

(標準条件 14.7)　任意の $j \in J$ に対し，$K_j = \mathrm{supp}(\sigma'_j) = [a_j,b_j]$（$\boldsymbol{N}$ の区間）であり，

$$\sigma'_j = \sigma'_{K_j},\quad d'_j = \widehat{\eta}_{a_j}^{\ \mathrm{ord}(d'_j)}.$$

14.7.2 スピン型 χ^{IV} の $R(G(m,1,\infty))$ のスピン指標

スピン型 $\chi^{\mathrm{IV}} = (-1,\,1,\,1)$ の場合には $\mathrm{Ker}(\chi^{\mathrm{IV}}) = Z_{23} := Z_2 \times Z_3$ なので，G'_∞ の χ^{IV} 型スピン表現とスピン指標は，商群 $\widetilde{G}^{\mathrm{IV}}_\infty := G'_\infty/Z_{23}$ の上でのスピン型

$z_1 \to -1$ のものと同一視できる．このとき，$\widetilde{G}_n^{\mathrm{IV}}, 4 \le n \le \infty$, は形式的に前小節の「$m$ 奇の場合の G'_n」と同型であり，それを利用して「m 奇，スピン型 χ^{odd}」の場合の議論がそのまま使える．前小節の補題や定理は（G'_n を $\widetilde{G}_n^{\mathrm{IV}}$ で置き換えれば）そのまま成立する．とくに，定理 14.6.4, 14.6.5 を逐語的に翻訳すれば次の定理が得られる．

定理 14.7.1 $G'_n = R(G(m,1,n), G'_\infty = R(G(m,1,\infty), m$ 偶，とする．

(i) G'_n のスピン型 $\chi^{\mathrm{IV}} = (-1, 1, 1)$ の既約表現 $\Pi_{\Lambda^n}, \Lambda^n \in \mathbf{Y}_n^{\mathrm{sh}}(\widehat{T})$, の正規化指標 $\widetilde{\chi}(\Pi_{\Lambda^n}|\cdot)$ が $n \to \infty$ に沿って各点収束するための必要十分条件は，定理 14.6.4 (i) と同様に，(条件 I) + (条件 IΛ-spin) である．この条件の下で，極限関数は (14.6.3) のパラメーター C により次のように表される．$g' \in G'_\infty$ を (14.7.3) の標準分解 $g' = z\xi'_{q_1}\xi'_{q_2}\cdots\xi'_{q_r}g'_1g'_2\cdots g'_s, \xi'_q = (t'_q, (q)), g'_j = (d'_j, \sigma'_j)$, を持つ標準的代表元とすると，$L(\sigma'_j) \equiv 0$ $(\forall j \in J, \bmod 2)$ のとき，下の表示を持ち，その他のときは $= 0$ である：

$$f_C^{\mathrm{IV}}(g') = \chi^{\mathrm{IV}}(z) \prod_{q\in Q}\left\{\sum_{\zeta\in\widehat{T}}(\|\gamma_\zeta\| + \mu_\zeta)\zeta(t'_q)\right\}$$
$$\times \prod_{j\in J}\left\{\sum_{\zeta\in\widehat{T}}\left(\sum_{i\geqslant 1}(\gamma_{\zeta;i})^{\ell_j}\right)\zeta(P(d'_j))\right\}.$$

(ii) G'_∞ の χ^{IV} 型スピン指標全体の集合は，$E(G'_\infty;\chi^{\mathrm{IV}}) = \{f_C^{\mathrm{IV}}\,;\, C \in \mathcal{C}(\widehat{T})\}$,
ただし，$\mathcal{C}(\widehat{T}) = \left\{C = ((\gamma_\zeta)_{\zeta\in\widehat{T}}\,;\mu)\,;\, \sum_{\zeta\in\widehat{T}}\|\gamma_\zeta\| + \|\mu\| = 1\right\}.$

14.8 $R(G(m,1,\infty))$ の有限次元スピン表現

14.8.1 有限次元表現を許す $R(G(m,1,\infty))$ のスピン型

無限表現群 $G'_\infty = R(G(m,1,\infty))$ に対して，次の問題を考える：

問題 14.8.1 G'_∞ の有限次元既約表現を求めよ．その場合のスピン型は何か？

命題 14.6.1 により，m 奇の場合，G'_∞ は有限次元スピン表現を持たない．そこで，m を偶，有限次元既約表現を π とし，そのスピン型を $\chi = (\beta_1, \beta_2, \beta_3)$ とする：$\pi(z_i) = \beta_i I$ $(1 \le i \le 3)$ (I=恒等作用素)．$R(G(m,1,\infty)) = \lim_{n\to\infty} R(G(m,1,n))$ なので，ある n_0 で π は有限群 $R(G(m,1,n_0))$ の既約表現である．任意の $n > n_0$ に対し，$r_i r_{i'}$ $(i, i' > n)$, $\eta_j\eta_k^{-1}$ $(j, k > n)$ は $R(G(m,1,n_0))$ の元と可換であ

る．したがって，Schur の補題により，

$$\pi(r_i r_{i'}) = \lambda_{i,i'} I, \qquad \pi(\eta_j \eta_k^{-1}) = \mu_{j,k} I \ \ (\lambda_{i,i'}, \mu_{j,k} \in \boldsymbol{C}^\times). \tag{14.8.1}$$

$(r_i r_{i+1})^3 = e$, $(r_i r_{i'})^2 = z_1$ $(|i-i'| \geq 2)$, なので, $(\lambda_{i,i+1})^3 = 1$, $(\lambda_{i,i+1}\lambda_{i+1,i+2})^2 = \beta_1$, $(\lambda_{i,i+1}\lambda_{i+1,i+2}\lambda_{i+2,i+3})^2 = \beta_1$. これから，$\lambda_{i,i+1}\lambda_{i+1,i+2} = \beta_1$ を得るので，$\beta_1 = 1$. かくて，$\lambda_{i,i+1} = 1$ $(i > n_0)$, $\lambda_{i,i'} = 1$ $(i, i' > n_0, i \neq i')$. よって，π は部分群 $\Phi^{-1}(\mathfrak{A}_\infty) \subset R(G(m,1,\infty))$ の上で自明であることが分かる：

$$\pi(r_i) = \pi(r_1) \ \ (i \geq 2), \quad \pi(r_1) =: J, \ \ J^2 = I. \tag{14.8.2}$$

他方，$r_j(\eta_j\eta_{j+1}^{-1})r_j = \eta_{j+1}\eta_j^{-1} = (\eta_j\eta_{j+1}^{-1})^{-1}$，$(\eta_j\eta_{j+1}^{-1})^m = z_2^{m(m-1)/2} = z_2^{m/2}$，$(\eta_j\eta_{j+2}^{-1})^m = z_2^{m/2}$，$\eta_j\eta_k^{-1}\cdot\eta_k\eta_{k+1}^{-1} = \eta_j\eta_{k+1}^{-1}$，$\eta_j\eta_{j+1} = z_2\eta_{j+1}\eta_j$，であるから

$$\mu_{j,j+1} = \mu_{j,j+1}^{-1}, \ \ (\mu_{j,j+1})^m = \beta_2^{m/2}, \ \ (\mu_{j,j+1}\mu_{j+1,j+2})^m = \beta_2^{m/2},$$
$$\mu_{j,k}\mu_{k,k+1} = \mu_{j,k+1} \ \ (j<k), \ \ \mu_{j,j+1} = \beta_2\mu_{j+1,j}.$$

これから $(\mu_{j,j+1})^2 = 1$, $\beta_2 = 1$, を得る．また，$r_k(\eta_j\eta_k^{-1})r_k^{-1} = z_3\eta_j\eta_{k+1}^{-1}$ $(j < k)$ なので，$\mu_{j,k} = \beta_3\mu_{j,k+1} = \beta_3\mu_{j,k}\mu_{k,k+1}$. ゆえに，$\mu_{k,k+1} = \beta_3$ $(\forall k)$, $\mu_{j,k} = \beta_3^{k-j}$ $(j<k)$.

補題 14.8.1　有限次元既約表現 π を許しうる唯一のスピン型は，$\chi^{\mathrm{VII}} = (1,\ 1, -1)$ である．そのとき，

$$\begin{cases} \pi(r_1) = J, \ \pi(\eta_1) = K, \quad J^2 = I, \quad K^m = I, \quad JK = -KJ. \\ \pi(r_i) = \pi(r_1) \ \ (i \geq 2), \quad \pi(\eta_j) = (-1)^{j-1}\pi(\eta_1) \ \ (j \geq 2). \end{cases} \tag{14.8.3}$$

14.8.2　スピン型 $\chi^{\mathrm{VII}} = (1,\ 1, -1)$ の有限次元スピン既約表現

実際に，π を求めるには，行列のペア $\{K, J\}$ で次の条件を満たすものを探せばよい：

$$J^2 = I, \quad K^m = I, \quad JK = -KJ, \quad \{J, K\}\ \text{既約}. \tag{14.8.4}$$

そこで，小さな半直積群 $H := D \rtimes R$, $D := \langle z\rangle \times \langle \eta_1\rangle$, $R := \langle r_1\rangle$，で，基本関係式

$$z^2 = e,\ z\ \text{中心元},\ r_1^2 = e,\ \eta_1^m = e,\ r_1\eta_1 r_1 = z\eta_1, \tag{14.8.5}$$

を満たすものを考えればよい．可換群 D のスピン双対 $\widehat{D}^- := \{\zeta_D \in \widehat{D};\, \zeta_D(z) = -1\}$ は，

$$\widehat{D}^- \cong \{\zeta_D^0, \zeta_D^1, \cdots, \zeta_D^{m-1}\}, \quad \zeta_D^k(z) = -1,\ \zeta_D^k(\eta_1) = \omega^k \quad (\omega = e^{2\pi i/m}).$$

r_1 の $\widehat{D}^-$ への作用は，$\zeta_D^k \to \zeta_D^{k+m^0}$, $m^0 = m/2$, $k + m^0 \pmod m$. これらにより，H の既約表現が得られる．それから決まる G'_∞ の既約表現を書き下すために，$\widehat{T}$ の半分 $\widehat{T}^0$ をとる：

$$\widehat{T}^0 := \{\zeta^{(a)} \in \widehat{T}\,;\, 0 \le a < m^0 = m/2\},\ \zeta^{(a)}(y) = \omega^a. \tag{14.8.6}$$

定理 14.8.2 $G(m,1,\infty)$, m 偶，のスピン型 $\chi^{\mathrm{VII}} = (1,\,1,-1)$ のスピン既約表現は 2 次元である．その完全代表系は，$\{\pi_{2,\zeta}\,;\,\zeta \in \widehat{T}^0\}$ で与えられる．ここに，

$$\pi_{2,\zeta^{(k)}}(r_i) = \pi_{2,\zeta^{(k)}}(r_1) = \begin{pmatrix} 0 & 1 \\ 1 & 0 \end{pmatrix} \quad (i \ge 1),$$

$$\pi_{2,\zeta^{(k)}}(\eta_j) = (-1)^{j-1}\pi_{2,\zeta^{(k)}}(\eta_1) = (-1)^{j-1}\begin{pmatrix} \omega^k & 0 \\ 0 & -\omega^k \end{pmatrix} \quad (j \ge 1). \qquad \square$$

この表現の指標を $G'_\infty = R(G(m,1,\infty)) \cong (Z_3 \times D^\wedge_\infty(T)) \rtimes \widetilde{\mathfrak{S}}_\infty$ ((14.7.2) 参照）の上で書き下すために，$\widetilde{D}^\vee_\infty(T) := Z_3 \times D^\wedge_\infty(T)$ の $(z_2, z_3) \to (1,-1)$ のスピン指標を

$$\zeta_k^D(z_3) := -1, \quad \zeta_k^D(\widehat{\eta}_j) := \omega^k \quad (0 \le k < m),$$

とおく．$G'_n = (Z_3 \times D^\wedge_n(T)) \rtimes \widetilde{\mathfrak{S}}_n$, $4 \le n \le \infty$, の指数 4 の正規部分群 $K'_n := \Phi^{-1}(\mathfrak{A}_n(T)^{S(2)})$ を導入する．別の書き方をすると，

$$K'_n = (Z_3 \times D^\wedge_n(T)^{\mathrm{ev}}) \rtimes \widetilde{\mathfrak{A}}_n,\ D^\wedge_n(T)^{\mathrm{ev}} := \{d' \in D^\wedge_n(T)\,;\, \mathrm{ord}(d') \equiv 0\ (2)\}.$$

定理 14.8.3 (指標公式) 指標 $\chi_{\pi_{2,\zeta^{(k)}}}$ は，次で与えられる：$g' = (d', \sigma') \in R(G(m,1,\infty)) = \widetilde{D}^\vee_\infty(T) \rtimes \widetilde{\mathfrak{S}}_\infty$, $d' \in \widetilde{D}^\vee_\infty(T)$, $\sigma' \in \widetilde{\mathfrak{S}}_\infty$, に対して，

$$\chi_{\pi_{2,\zeta^{(k)}}}(g') = \begin{cases} \zeta_k^D(d') + \zeta_{k+m^0}^D(d'), & L(\sigma') \equiv 0 \pmod 2 \text{ のとき}, \\ 0, & L(\sigma') \equiv 1 \pmod 2 \text{ のとき}. \end{cases}$$

ここに，$L(\sigma') := L(\sigma)$ は $\sigma = \Phi_{\mathfrak{S}}(\sigma') \in \mathfrak{S}_\infty$ の単純互換に関する長さ．$\mathrm{supp}(\chi_{\pi_{2,\zeta^{(k)}}}) = K'_\infty = \Phi^{-1}(\mathfrak{A}_\infty(T)^{S(2)})$. $\square$

他方，第 **10.3** 節での，G'_∞ の部分集合 $\mathcal{O}(\mathrm{VII})$ は，条件

(条件 VII) $\quad \mathrm{ord}(d') \equiv 0 \pmod 2,\ \ L(\sigma') \equiv 0 \pmod 2,$

により定義されていて，$\mathcal{O}(\mathrm{VII}) = K'_\infty$ である．集合 $\mathcal{O}(\mathrm{VII})$ の示性関数を $X_{\mathcal{O}(\mathrm{VII})}$ で表す．半直積構造 $G'_\infty = (Z_3 \times D^\wedge_\infty(T)) \rtimes \widetilde{\mathfrak{S}}_\infty$ を見るとき，

$$\sigma'(\widehat{\eta}_j) = \sigma'\widehat{\eta}_j\sigma'^{-1} = z_3^{L(\sigma')}\,\widehat{\eta}_{\sigma(j)} \quad (\sigma' \in \widetilde{\mathfrak{S}}_\infty, \sigma = \Phi_{\mathfrak{S}}(\sigma')), \tag{14.8.7}$$

であるから，指数 2 の部分群 $G^{\mathfrak{a}\prime}_\infty := \Phi^{-1}(\mathfrak{A}_\infty(T)) = (Z_3 \times D^\wedge_\infty(T)) \rtimes \widetilde{\mathfrak{A}}_\infty$ では $D^\wedge_\infty(T)$ は $\widetilde{\mathfrak{A}}_\infty$ 不変，したがって，$G^{\mathfrak{a}\prime}_\infty \cong Z_3 \times (D^\wedge_\infty(T) \rtimes \widetilde{\mathfrak{A}}_\infty)$ となり，Z_3 の符号関数 sgn_{Z_3} を $G^{\mathfrak{a}\prime}_\infty \supset \mathcal{O}(\mathrm{VII}) = K'_\infty$ まで自然に拡張できる．それを $\mathrm{sgn}^{\mathfrak{A}}_{Z_3}$ と書くと，積 $\mathrm{sgn}^{\mathfrak{A}}_{Z_3} \cdot X_{\mathcal{O}(\mathrm{VII})}$ は自然に G'_∞ 上の関数と思える．

命題 14.8.4　指標 $f^{\mathrm{VII}}_k := \widetilde{\chi}_{\pi_{2,\zeta(k)}} \in E(G'_\infty; \chi^{\mathrm{VII}})$ は，因子分解可能ではない．

$$f^{\mathrm{VII}}_0 = \mathrm{sgn}^{\mathfrak{A}}_{Z_3} \cdot X_{\mathcal{O}(\mathrm{VII})}, \quad (f^{\mathrm{VII}}_0)^2 = X_{\mathcal{O}(\mathrm{VII})}, \tag{14.8.8}$$

$$\begin{cases} f^{\mathrm{VII}}_k = f^{\mathrm{VII}}_{m^0+k}, \quad f^{\mathrm{VII}}_k f^{\mathrm{VII}}_{m^0-k} = X_{\mathcal{O}(\mathrm{VII})}, \\ (f^{\mathrm{VII}}_0 f^{\mathrm{VII}}_k)(g') = \zeta_k(P(d'))X_{\mathcal{O}(\mathrm{VII})}(g') \quad (g' = (d', \sigma') \in G'_\infty). \end{cases} \tag{14.8.9}$$

14.9　スピン型 $\chi^{\mathrm{VII}} = (1, 1, -1)$ のスピン指標

14.9.1　2 次元スピン既約表現とのテンソル積

$G'_\infty = R(G(m, 1, \infty))$ の 2 次元既約表現 $\pi_{2,\zeta(0)}$ は，任意の $G'_n = R(G(m, 1, n))$, $4 \le n < \infty$, に制限しても，スピン型 χ^{VII} の既約表現である．これを同じ記号で書き，次のようなテンソル積表現を考える．$\mathit{\Pi}$ を $G_n = G(m, 1, n)$, $4 \le n \le \infty$, の線形表現，π を G'_n のスピン型 χ^{VII} のスピン表現とするとき，$g' \in G'_n$, $g = \Phi(g') \in G_n$, として，

$$\begin{cases} (\mathit{\Pi} \otimes \pi_{2,\zeta(0)})(g') := \mathit{\Pi}(g) \otimes \pi_{2,\zeta(0)}(g'), \\ (\pi \otimes \pi_{2,\zeta(0)})(g) := \pi(g') \otimes \pi_{2,\zeta(0)}(g'), \end{cases} \tag{14.9.1}$$

とおくと，$\rho := \mathit{\Pi} \otimes \pi_{2,\zeta(0)}$ は G'_n のスピン型 χ^{VII} の表現であり，$P := \pi \otimes \pi_{2,\zeta(0)}$ は G_n の線形表現である．それぞれの指標は，

$$\chi_\rho(g') = \chi_{\mathit{\Pi}}(g) \cdot f^{\mathrm{VII}}_0(g'), \quad \chi_P(g) = \chi_\pi(g') \cdot f^{\mathrm{VII}}_0(g').$$

研究課題 14.9.1　G_n, $4 \le n < \infty$, の線形既約表現 $\mathit{\Pi}$, G'_n のスピン型 χ^{VII} のスピン既約表現 π, それぞれに対し，テンソル積表現 $\rho = \mathit{\Pi} \otimes \pi_{2,\zeta(0)}$, $P = \pi \otimes \pi_{2,\zeta(0)}$ の既約分解を求めよ．

この課題を指標の面から見てみると，f_0^{VII} を $\pi_{2,\zeta^{(0)}}$ の正規化された指標として，指標の積 $\chi_\Pi \cdot f_0^{\text{VII}}$, $\chi_\pi \cdot f_0^{\text{VII}}$ を既約指標の一次結合で書くことに当たる．これは $n < \infty$ に対しては決して易しくはない問題である．これは既約指標の台に関する表 10.2.1 (p.321) と $\mathcal{O}(\text{VII}) = \text{supp}(f_0^{\text{VII}})$ との比較からも推測できる．

そこで，$n \to \infty$ の極限を取った G'_∞ での状況を考えてみる．例えば，G_n の線形表現の列 Π_n に対して，その正規化指標 $\widetilde{\chi}_{\Pi_n}$ が $f \in E(G_\infty)$ に各点収束していれば，$\widetilde{\chi}_{\Pi_n} f_0^{\text{VII}} \to f f_0^{\text{VII}}$ となる．極限の世界（$n = \infty$ の世界）では状況は単純化されているのではないか？ それは，指標の台に関する表 10.2.1, 10.3.1 (p.323) の比較からも類推できる．ちなみに，Y=I, IV を除いて，$\mathcal{O}(\text{Y}) \subset \mathcal{O}(\text{VII})$ である．この情報の重要性は直ぐ後で分かる．

14.9.2 $R(G(m,1,\infty))$ のスピン型 $\chi^{\text{VII}} = (1,\ 1,\ -1)$ のスピン指標

$G'_n = R(G(m,1,n)), n < \infty,$ の既約指標の極限として，無限群 G'_∞ のスピン型 $\chi^{\text{VII}} = (1,\ 1,\ -1)$ のすべてのスピン指標が求められる．しかしそのやり方は複数ある．その一つは，一般的な収束定理，定理 13.8.2, を基礎として，$G'_n, n < \infty,$ のスピン型 χ^{VII} の既約指標の極限を具体的に計算することである．これは $\chi^{\text{I}}, \chi^{\text{II}}$ の場合に論文 [HHoH2, §§17–19] に詳述されている．もう一つは，研究課題 14.9.1 ($n < \infty$) からのヒントによって，極限の場合 ($n = \infty$) として，$G_\infty = G(m,1,\infty)$ の線形指標との間に近しい関係を導けるのではないか．その発想を発展させたやり方が [HHH4, §16] にある．ここでは少し異なった形で述べよう．

定義 14.9.1 (写像 $\mathcal{M}, \mathcal{N}$) 正規化された不変正定値関数の空間 $K_1(G_\infty)$, $K_1(G'_\infty;\chi^{\text{VII}})$ の間に，正規化指標 $f_0^{\text{VII}} = \widetilde{\chi}_{\pi_{2,\zeta^{(0)}}} = \text{sgn}_{Z_3}^{\mathfrak{A}} \cdot X_{\mathcal{O}(\text{VII})}$ を乗ずることで，2 つの写像 $\mathcal{M}, \mathcal{N}$ を定義する： $F \in K_1(G_\infty)$, $f \in K_1(G'_\infty;\chi^{\text{VII}})$ に対して，$g = \Phi(g')$ として，

$$\mathcal{M}(F)(g') := f_0^{\text{VII}}(g')F(g), \quad \mathcal{N}(f)(g) := f_0^{\text{VII}}(g')f(g')$$

$$K_1(G_\infty) \ \underset{\mathcal{N}}{\overset{\mathcal{M}}{\rightleftarrows}} \ K_1(G'_\infty;\chi^{\text{VII}})$$

補題 14.9.1 写像 $\mathcal{M}$ は上への写像，$\mathcal{N}$ は中への単射であり，いずれも一次結合を保存する．$\mathcal{M}\mathcal{N}$ は，$K_1(G'_\infty;\chi^{\text{VII}})$ の上の恒等写像である．

証明 命題 14.8.4 により，$f_0^{\text{VII}} = \text{sgn}_{Z_3}^{\mathfrak{A}} \cdot X_{\mathcal{O}(\text{VII})}$, $(f_0^{\text{VII}})^2 = X_{\mathcal{O}(\text{VII})}$ である．さ

らに，$f \in K_1(G'_\infty; \chi^{\mathrm{VII}})$, $\neq 0$, の台は $\mathrm{supp}(f) \subset \mathcal{O}(\mathrm{VII})$ である（表 10.3.1, 10.3.2 参照）．これらの事実から，上の主張は直ちに従う．□

定理 14.4.4 の $A = ((\alpha_{\zeta,\varepsilon})_{(\zeta,\varepsilon)\in\widehat{T}\times\{0,1\}}; \mu) \in \mathcal{A}(\widehat{T})$ とそれに対応する (14.4.13) 式の $f_A \in E(G(m,1,\infty))$ をとる．$\mathcal{A}(\widehat{T})$ 上には，互いに可換な 2 つの対合的作用 τ, κ がある：

$$(14.9.2)\qquad \begin{cases} \tau : A \to {}^tA & (\text{定義 } 14.6.1\ (2)), \\ \kappa := \kappa^{(m^0)} : A \to R(\zeta^{(m^0)})A & (\text{定義 } 14.6.1\ (1)\ \kappa^{(q)},\ q = m^0), \end{cases}$$

$$(14.9.3)\qquad \begin{cases} P_{\langle\tau\rangle} f_A := \frac{1}{2}(f_A + f_{\tau A}), \quad P_{\langle\kappa\rangle} f_A := \frac{1}{2}(f_A + f_{\kappa A}), \\ P_{\langle\tau,\kappa\rangle} f_A := \frac{1}{4}(f_A + f_{\tau A} + f_{\kappa A} + f_{\kappa\tau A}). \end{cases}$$

補題 14.9.2　$\mathrm{sgn}^G_D = \chi^G_{\zeta^{(m^0)}}$, $\mathrm{sgn}^G_{\mathfrak{S}}$ を例 14.4.1 の G_∞ の 2 つの符号指標とする．

$$f_{\tau A} = \mathrm{sgn}^G_{\mathfrak{S}} \cdot f_A,\ \ f_{\kappa A} = \mathrm{sgn}^G_D \cdot f_A;\ \ \mathrm{supp}(P_{\langle\tau\rangle} f_A) = D_\infty(T) \rtimes \mathfrak{A}_\infty = \mathfrak{A}_\infty(T),$$
$$\mathrm{supp}(P_{\langle\kappa\rangle} f_A) = \mathfrak{S}_\infty(T)^{S(2)},\ \ \mathrm{supp}(P_{\langle\tau,\kappa\rangle} f_A) = \mathfrak{A}_\infty(T)^{S(2)} = K_\infty = \Phi(K'_\infty),$$
$$f_A|_{K_\infty} = f_{\kappa A}|_{K_\infty} = f_{\tau A}|_{K_\infty} = f_{\tau\kappa A}|_{K_\infty}.$$

証明　命題 14.5.1 による．□

補題 14.9.3　$\mathcal{NM} = P_{\langle\tau,\kappa\rangle}$．より詳しく，$K_\infty$ の示性関数を X_{K_∞} とすると，

$$\mathcal{NM}(f_A) = X_{K_\infty} \cdot f_A = \tfrac{1}{4}(f_A + f_{\tau A} + f_{\kappa A} + f_{\tau\kappa A}) = P_{\langle\tau,\kappa\rangle} f_A.$$

証明　$\mathcal{NM}(f_A) = (f_0^{\mathrm{VII}})^2 f_A = X_{K_\infty} f_A$, $\Phi(\mathcal{O}(\mathrm{VII})) = K_\infty$, と補題 14.9.2 による．□

命題 14.9.4　$m = 2m^0$ 偶，$G_\infty = G(m,1,\infty)$, $K_\infty = \mathfrak{A}_\infty(\boldsymbol{Z}_m)^{S(2)}$, とする．

(i) $E(G_\infty)$ からの制限写像 $\mathrm{R}^{G_\infty}_{K_\infty} : F \mapsto f = F|_{K_\infty}$ は $E(K_\infty)$ の上への写像である．$f_A|_{K_\infty} = f_{A'}|_{K_\infty}$ となるための必要十分条件は，$A' \in \{A, \tau A, \kappa A, \tau\kappa A\}$ である．

(ii) 写像 $E(K_\infty) \ni F \mapsto f = f_0^{\mathrm{VII}} \cdot F$ は，$E(G'_\infty; \chi^{\mathrm{VII}})$ の上への全単射である．

証明　(i) の前段は，定理 12.5.1 による．後段は定理 14.5.5 による．(ii) 写像 $K_1(K_\infty) \ni F \mapsto f = f_0^{\mathrm{VII}} F \in K_1(G'_\infty; \chi^{\mathrm{VII}})$ は凸集合の間の同型を与える．実際，$(f_0^{\mathrm{VII}})^2 = X_{\mathcal{O}(\mathrm{VII})} = X_{K'_\infty}$．よって，端点集合の全単射を与える．□

定理 14.9.5　(i) 写像 $\mathcal{M}:\ K_1(G_\infty)\ni F\mapsto f=f_0^{\text{VII}}F\in K_1(G'_\infty;\chi^{\text{VII}})$ は指標の集合 $E(G_\infty)$ の上で見ると，$E(G'_\infty;\chi^{\text{VII}})$ への全射であり，

$$f_A\mapsto f_0^{\text{VII}}P_{\langle\tau,\kappa\rangle}f_A=f_0^{\text{VII}}\left(f_A|_{K_\infty}\right)\quad (A\in\mathcal{A}(\widehat{T})),\tag{14.9.4}$$

ただし，$f_0^{\text{VII}}\left(f_A|_{K_\infty}\right)$ は K'_∞ の外側では 0 と解する．これは，制限写像 $\mathrm{R}^{G_\infty}_{K_\infty}$ を介して見ると，$E(K_\infty)$ と $E(G'_\infty;\chi^{\text{VII}})$ との同型を与える．

(ii) $\mathcal{A}(\widehat{T})$ に $[A]=\{A,\tau A,\kappa A,\tau\kappa A\}$ を同値類とする同値関係をいれると，

$$E(G'_\infty;\chi^{\text{VII}})=\{f_0^{\text{VII}}P_{\langle\tau,\kappa\rangle}f_A\ ;\ [A]\in\mathcal{A}(\widehat{T})/\langle\tau,\kappa\rangle\}.$$

(iii) $E(G'_\infty;\chi^{\text{VII}})$ の元のうち，因子分解可能なもののなす集合は，

$$E(G'_\infty;\chi^{\text{VII}};\mathcal{O}(\mathrm{str}))=\{f_0^{\text{VII}}f_A,\ A\in\mathcal{A}(\widehat{T}),\ A=\tau A=\kappa A\},\tag{14.9.5}$$

ここに，$g=(d,\sigma)\in G_\infty=D_\infty(T)\rtimes\mathfrak{S}_\infty$ に対する条件 (str) は，

$$\mathrm{ord}(\xi_{q_i})\equiv 0\ (i\in\boldsymbol{I}_r),\ \ L(\sigma_j)\equiv 0,\ \ \mathrm{ord}(d_j)\equiv 0\ (j\in\boldsymbol{I}_s).\tag{str}$$

(補題 10.3.5，p.325，参照)

(vi) $A=((\alpha_{\zeta,\varepsilon})_{(\zeta,\varepsilon)\in\widehat{T}\times\{0,1\}};\mu)\in\mathcal{A}(\widehat{T})$ において，ある $\zeta\in\widehat{T},\ \varepsilon=0,1,$ に対して，$\alpha_{\zeta,\varepsilon}=1$, その他の $\alpha_{\zeta',\varepsilon'}=\mathbf{0},\ \mu=\mathbf{0}$ としたものを，$A(\zeta,\varepsilon)$ と書くと，$f_{A(\zeta,\varepsilon)}=X_{\zeta,\varepsilon},\ X_{\zeta,\varepsilon}(g):=\zeta(P(d))\cdot\mathrm{sgn}(\sigma)^\varepsilon\ (g=(d,\sigma))$ は G_∞ の 1 次元指標．

このとき，$E(G_\infty)$ の元のうち，2 次元表現の正規化指標 $\widetilde{\chi}_{\pi_{2,\zeta}}\in E(G'_\infty;\chi^{\text{VII}}),\ \zeta\in\widehat{T}^0$, に写ってくるものは，$\{X_{\zeta,0}\,,\,X_{\zeta\zeta(m^0),0}\,,\,X_{\zeta,1}\,,\,X_{\zeta\zeta(m^0),1}\}$ の 4 元である．

証明　(i), (ii) は命題 14.9.4 より分かる．(iii) は和 $f_A+f_{\tau A}+f_{\kappa A}+f_{\tau\kappa A}$ の具体形を求めて，それが因子分解可能な場合を調べればよい．(vi) は具体的計算による．　□

$\mathcal{M},\mathcal{N}$ を端点集合の上に制限したものは下図のように分解される．ここに，$\mathcal{M}',\ \mathcal{N}'$ は，f_0^{VII} の掛け算，最下段は同型である．

$$\begin{array}{ccc}
E(G_\infty) & & E(G'_\infty;\chi^{\text{VII}}) \\
\mathrm{R}^{G_\infty}_{K_\infty}\big\downarrow \text{全射} & & \text{全単射}\big\downarrow \mathrm{R}^{G'_\infty}_{K'_\infty} \\
E(K_\infty) & \underset{\mathcal{N}'}{\overset{\mathcal{M}'}{\rightleftarrows}} & E(K'_\infty;\chi^{\text{VII}})\quad [\text{同型}]
\end{array}$$

図 **14.9.1**

14.10　スピン型 $\chi^{\mathrm{I}} = (-1,-1,-1)$ のスピン指標

$G'_\infty = R(G(m,1,\infty)) = \widetilde{D}^{\vee}_\infty(T) \rtimes \widetilde{\mathfrak{S}}_\infty$，$\widetilde{D}^{\vee}_\infty(T) = Z_3 \times D^{\wedge}_\infty(T)$，$D^{\wedge}_\infty(T) = \langle \widehat{\eta}_j = z_3^{\,j-1}\eta_j \ (j \in \boldsymbol{N})\rangle$，$Z = Z_1 \times Z_2 \times Z_3$，とする．$g' = (d',\sigma') \in G'_\infty$，$g = \Phi(g') \in G_\infty$，の標準分解は (14.7.3) に従う．**10.3** 節において，G'_∞ のスピン指標 f の台を，そのスピン型と不変性から研究した．χ^{I} 型の指標 f については（表 10.3.1, 10.3.2 参照），

$$(14.10.1)\qquad \mathrm{supp}(f) \subset \mathcal{O}(\mathrm{I}) := \{g' \in G'_\infty;\ g' \text{ が (条件I) を満たす }\},$$
$$(\text{条件 I})\qquad \mathrm{ord}(\xi'_{q_i}) \equiv 0\ (\forall i),\ \ \mathrm{ord}(d'_j) + L(\sigma'_j) \equiv 0 \ (\mathrm{mod}\ 2)\ (\forall j).$$

$\mathrm{supp}(f)$ のこの評価は，以下で G'_n の既約指標の $n \to \infty$ に沿う極限の計算によって具体的な指標公式を得ることにより，別証が得られる．

14.10.1　$R(G(m,1,n))$ のスピン型 χ^{I} の正規化スピン指標

$G(m,1,n)$ のスピン型 $\chi^{\mathrm{I}} = (-1,-1,-1)$ の既約指標は定理 11.6.7 に纏められている．それを用いて $n \to \infty$ のときの極限を計算する．記号として，

$$(14.10.2)\qquad \boldsymbol{Y}_n(\widehat{T}^0) := \{\Lambda^n = (\boldsymbol{\lambda}^\zeta)_{\zeta \in \widehat{T}^0}\,;\ \boldsymbol{\lambda}^\zeta \in \boldsymbol{Y},\ \sum_{\zeta \in \widehat{T}^0} |\boldsymbol{\lambda}^\zeta| = n\},$$

とおく．$D_n(T) = T^n$ の 2 重被覆群 $\widetilde{D}_n(T)$ のスピン表現 P_γ については，第 **2.5** 節で定義され，その指標が与えられた（定理 2.5.3）．(11.5.13), p.352, では $\widetilde{D}_n(T)$ の特別のスピン表現があらためて導入された：$\gamma = \boldsymbol{0} = (0,0,\cdots,0), \tau_n\boldsymbol{0} = (0,\cdots,0,m^0)$ に対して，

$$(14.10.3)\qquad \begin{cases} P^0 := P_{\boldsymbol{0}}, & n \text{ が偶数のとき}, \\ P^+ := P_{\boldsymbol{0}},\ P^- := P_{\tau_n\boldsymbol{0}}, & n \text{ が奇数のとき}. \end{cases}$$

$\boldsymbol{I}_n$ の自明な分割 $I_{n,\zeta^{(0)}} = [1,n]$ ($\zeta^{(0)} := \boldsymbol{1}_T$, 自明指標), $I_{n,\zeta} = \varnothing$ ($\zeta \neq \zeta^{(0)}$)，と

$$(14.10.4)\qquad \Lambda^n_0 := (\boldsymbol{\lambda}^\zeta)_{\zeta \in \widehat{T}^0} \in \boldsymbol{Y}_n(\widehat{T}^0)\ :\ \boldsymbol{\lambda}^{\zeta^{(0)}} = (n),\ \boldsymbol{\lambda}^\zeta = \varnothing\ (\zeta \neq \zeta^{(0)}),$$

に対応する $G(m,1,n)$ のスピン既約表現

$$(14.10.5)\qquad \mathit{\Pi}^{\mathrm{I}0}_n := P^0 \cdot \nabla_n \quad (n \text{ 偶のとき}),\quad \mathit{\Pi}^{\mathrm{I}\pm}_n := P^\pm \cdot \nabla^\pm_n \quad (n \text{ 奇のとき}),$$

を特別扱いする．その指標をそれぞれ $\chi(\Pi_n^{\mathrm{I}0})$, $\chi(\Pi_n^{\mathrm{I}\pm})$ と書く．$G'_n=R(G(m,1,n))$ の一般元 g' の標準分解を (14.7.3) により $g'=(d',\sigma')=\xi'_{q_1}\cdots\xi'_{q_r}g'_1\cdots g'_s$ とし，g' に対する条件を 2 つ掲げる：

$$\text{(I-00)}\qquad \begin{cases}\mathrm{ord}(d')+L(\sigma')\equiv 0 \pmod 2,\\ \mathrm{ord}(\xi'_{q_i})\equiv 0\ (\forall i),\ \ \mathrm{ord}(d'_j)+L(\sigma'_j)\equiv 0 \pmod 2\ \ (\forall j)\,;\end{cases}$$

$$\text{(I-11)}\qquad \begin{cases}|\mathrm{supp}(g')|=n\ \text{奇},\ \ \mathrm{ord}(d')+L(\sigma')\equiv 1 \pmod 2,\\ \mathrm{ord}(\xi'_{q_i})\equiv 1\ (\forall i),\ \ \mathrm{ord}(d'_j)\equiv 1 \pmod 2\ \ (\forall j).\end{cases}$$

補題 14.10.1 (定理 11.6.6 参照)　(ｉ) $n=2n^0$ 偶とする．

g' が**場合 1**：$\mathrm{ord}(d')+L(\sigma')\equiv 0 \pmod 2$ のとき，

$$\chi(\Pi_n^{\mathrm{I}0}|g')\neq 0 \iff g'\ \text{が条件 (I-00) を満たす．}$$

さらに，g' が (標準条件 14.7) を満たす（Z を法とする）標準的代表元ならば

$$\chi(\Pi_n^{\mathrm{I}0}|g')=2^{n^0}\cdot\prod_{j\in J}(-1)^{[(\ell_j-1)/2]}\,2^{-(\ell_j-1)/2},\quad \ell_j=\ell(\sigma'_j). \tag{14.10.6}$$

g' が**場合 2**：$\mathrm{ord}(d')+L(\sigma')\equiv 1 \pmod 2$ のとき，$\chi(\Pi_n^{\mathrm{I}0}|g')=0$.

(ii) $n=2n^0+1$ 奇とする．

g' が**場合 1** のとき，$\chi(\Pi_n^{\mathrm{I}-}|g')=\chi(\Pi_n^{\mathrm{I}+}|g')=\chi(\Pi_n^{\mathrm{I}0}|g')$. これは上の公式で与えられる．

g' が**場合 2** のとき，$\chi(\Pi_n^{\mathrm{I}-}|g')=-\chi(\Pi_n^{\mathrm{I}+}|g')$.

$$\chi(\Pi_n^{\mathrm{I}+}|g')\neq 0 \iff g'\ \text{は条件 (I-11) を満たす．}$$

ただし，このとき $|\mathrm{supp}(g')|=n$ なので，極限操作 $n\to\infty$ には参加しない．□

$G'_n=\widetilde{D}_n^\vee(T)\rtimes\widetilde{\mathfrak{S}}_n$ の一般のスピン既約表現の指標（定理 11.6.7）を引用する．定理 11.2.3 の非スピン既約表現 $\breve{\Pi}_{\Lambda^n}$ の指標 $\breve{\chi}(\breve{\Pi}_{\Lambda^n}|g)$ を用いる．

補題 14.10.2 (定理 11.6.7 参照)　$n\geq 4, \Lambda^n=(\boldsymbol{\lambda}^\zeta)_{\zeta\in\widehat{T}^0}\in \boldsymbol{Y}_n(\widehat{T}^0)$, $g'=(d',\sigma')\in G'_n=\widetilde{D}_n^\vee(T)\rtimes\widetilde{\mathfrak{S}}_n$, $g=\Phi(g')=(d,\sigma)\in G_n=D_n\rtimes\mathfrak{S}_n=G(m,1,n)$, とする．

(ｉ) n **偶の場合**．　g' が**場合 1**：$\mathrm{ord}(d')+L(\sigma')\equiv 0 \pmod 2$ のとき，

$$\chi(\Pi_{\Lambda^n}^{\mathrm{I}}|g'))\neq 0 \implies g'\ \text{は条件 (I-00) を満たす．}$$

場合 2: $\mathrm{ord}(d')+L(\sigma')\equiv 1 \pmod 2$ のとき，$\chi(\Pi^{\mathrm{I}}_{\Lambda^n}|g')=0$.

$$\text{一般に,}\quad \chi(\Pi^{\mathrm{I}}_{\Lambda^n}|g')=\chi(\Pi^{\mathrm{I0}}_n|g')\times\breve{\chi}(\breve{\Pi}_{\Lambda^n}|g).$$

(ii) n **奇の場合.**　g' が**場合 1**: $\mathrm{ord}(d')+L(\sigma')\equiv 0 \pmod 2$ のとき，

$$\chi(\Pi^{\mathrm{I}\pm}_{\Lambda^n}|g')\neq 0 \implies g' \text{ は条件 (I-00) を満たす.}$$

場合 2: $\mathrm{ord}(d')+L(\sigma')\equiv 1 \pmod 2$ のとき，

$\chi(\Pi^{\mathrm{I}-}_{\Lambda^n}|g')=-\chi(\Pi^{\mathrm{I}+}_{\Lambda^n}|g')$. $\chi(\Pi^{\mathrm{I}\pm}_{\Lambda^n}|g')\neq 0 \implies g'$ は条件 (I-11) を満たす.

$$\text{一般に,}\ \chi(\Pi^{\mathrm{I}+}_{\Lambda^n}|g')=\chi(\Pi^{\mathrm{I}\pm}_n|g')\times\breve{\chi}(\breve{\Pi}_{\Lambda^n}|g).$$

14.10.2　$R(G(m,1,\infty))$ のスピン型 χ^{I} のスピン指標

G'_n の正規化された既約指標の極限を計算して，G'_∞ の指標を求める．まず，特別な表現 Π^{I0}_n (n 偶), $\Pi^{\mathrm{I}\pm}_n$ (n 奇) の場合，正規化された指標 $\widetilde{\chi}(\Pi^{\mathrm{I0}}_n|g')$, $\widetilde{\chi}(\Pi^{\mathrm{I}\pm}_n|g')$ は，$g'=(d',\sigma')\in G'_\infty$ が条件 (I-00) を満たすとき，(14.10.6) 式から乗法因子 $2^{n^0}\cdot$ を外せばよい．

$$f^{\mathrm{I}}_0(g'):=\lim_{n\to\infty}\widetilde{\chi}(\Pi^{\mathrm{I0}}_n|g')=\lim_{n\to\infty}\widetilde{\chi}(\Pi^{\mathrm{I}\pm}_n|g')$$

とおく．g' が標準分解 (14.7.3) で (標準条件 14.7) を満たす標準的代表元のとき，

$$f^{\mathrm{I}}_0(g'):=\prod_{j\in J}(-1)^{[(\ell_j-1)/2]}\,2^{-(\ell_j-1)/2}. \tag{14.10.7}$$

他方，線形既約表現 $\breve{\Pi}_{\Lambda^n}$ の正規化された指標 $\widetilde{\chi}(\breve{\Pi}_{\Lambda^n}|\cdot)$ については，その極限は定理 14.4.4 で求められている．それを適用すれば，

補題 14.10.3　(i) 各点収束極限 $\lim_{n\to\infty}\widetilde{\chi}(\breve{\Pi}_{\Lambda^n}|g)$, $\Lambda^n=(\boldsymbol{\lambda}^{n,\zeta})_{\zeta\in\widehat{T}^0}\in\boldsymbol{Y}_n(\widehat{T}^0)$, が収束するための必要十分条件は，(条件 I^0) + (条件 $\mathrm{I}^0\Lambda$) である：

(条件 I^0)
$$\exists\, B_\zeta:=\lim_{n\to\infty}\frac{|\boldsymbol{\lambda}^{n,\zeta}|}{n}\quad(\forall\zeta\in\widehat{T}^0).$$

(条件 $\mathrm{I}^0\Lambda$)　任意の $\zeta\in\widehat{T}^{0+}:=\{\zeta\in\widehat{T}^0;\,B_\zeta>0\}$ に対して，

$$\exists\lim_{n\to\infty}\frac{r_k(\boldsymbol{\lambda}^{n,\zeta})}{n}=:\alpha_{\zeta,0;k}\,,\quad \exists\lim_{n\to\infty}\frac{c_k(\boldsymbol{\lambda}^{n,\zeta})}{n}=:\alpha_{\zeta,1;k}\quad(\forall k\in\boldsymbol{N}).$$

(ii) $\alpha_{\zeta,\varepsilon}:=(\alpha_{\zeta,\varepsilon;i})_{i\geqslant 1}$ $(\varepsilon=0,1)$, $\mu_\zeta:=B_\zeta-\sum_{\varepsilon=0,1}\|\alpha_{\zeta,\varepsilon}\|\geq 0$, $\mu=(\mu_\zeta)_{\zeta\in\widehat{T}^0}$, $A^0=((\alpha_{\zeta,\varepsilon})_{(\zeta,\varepsilon)\in\widehat{T}^0\times\{0,1\}}\,;\,\mu)$ とおくと，

(14.10.8) $$\sum_{\zeta\in\widehat{T}^0}\sum_{\varepsilon=0,1}\|\alpha_{\zeta,\varepsilon}\|+\|\mu\|=1.$$

$g=(d,\sigma)=\Phi(g')\in G_\infty$ の標準分解を (14.7.3) の $g=\xi_{q_1}\xi_{q_2}\cdots\xi_{q_r}g_1g_2\cdots g_s$, $\xi_q=(t_q,(q))$, $g_j=(d_j,\sigma_j)$, とすると，極限 $\lim_{n\to\infty}\widetilde{\chi}(\breve{\Pi}_{\Lambda^n}|g)$ は，(14.4.13) の f_A において，A を A^0 で，かつ $\widehat{T}$ を $\widehat{T}^0$ で，置き換えた関数 $f_{A^0}(g)$ である． □

パラメーター $A^0=((\alpha_{\zeta,\varepsilon})_{(\zeta,\varepsilon)\in\widehat{T}^0\times\{0,1\}}\,;\,\mu)$, $\mu=(\mu_\zeta)_{\zeta\in\widehat{T}^0}$，で条件 (14.10.8) を満たすものの全体を $\mathcal{A}(\widehat{T}^0)$ とおく．

定理 14.10.4 (i) $G'_n=R(G(m,1,n))$ のスピン型 $\chi^{\mathrm{I}}=(-1,-1,-1)$ の正規化されたスピン既約指標の極限として現れる $G'_\infty=R(G(m,1,\infty))$ 上の関数は，$A^0\in\mathcal{A}(\widehat{T}^0)$ に対応する $F^{\mathrm{I}}_{A^0}(g')=f^{\mathrm{I}}_0(g')f_{A^0}(g)$, $g'\in G'_\infty$, $g=\Phi(g')\in G_n=G(m,1,\infty)$, である．

$g'\in G'_\infty$ の標準的分解を (14.7.3) の $g'=z\xi'_{q_1}\xi'_{q_2}\cdots\xi'_{q_r}g'_1g'_2\cdots g'_s$ とする．$\mathrm{supp}(F^{\mathrm{I}}_{A^0})\subset\mathcal{O}(\mathrm{I})$ であり，$g'\in\mathcal{O}(\mathrm{I})$ が (標準条件 14.7) を満たすとき，

$$F^{\mathrm{I}}_{A^0}(g')=\chi^{\mathrm{I}}(z)\cdot\prod_{q\in Q}\left\{\sum_{\zeta\in\widehat{T}^0}\left(\sum_{\varepsilon\in\{0,1\}}\|\alpha_{\zeta,\varepsilon}\|+\mu_\zeta\right)\zeta(t_q)\right\}\times$$
$$\times\prod_{j\in J}\left\{(-1)^{[(\ell_j-1)/2]}2^{-(\ell_j-1)/2}\sum_{\zeta\in\widehat{T}^0}\left(\sum_{\varepsilon\in\{0,1\}}\sum_{i\in\boldsymbol{N}}(\alpha_{\zeta,\varepsilon;i})^{\ell_j}\chi_\varepsilon(\sigma_j)\right)\zeta(P(d_j))\right\}.$$

(ii) 関数 $F^{\mathrm{I}}_{A^0}$ は因子分解可能である．G'_∞ の指標でスピン型 χ^{I} を持つもの全体は

$$E(G'_\infty\,;\,\chi^{\mathrm{I}})=\{F^{\mathrm{I}}_{A^0}=f^{\mathrm{I}}_0f_{A^0}\,;\,A^0\in\mathcal{A}(\widehat{T}^0)\}.$$

証明 (i) 補題 14.10.3 による． (ii) 定理 10.5.1 により，$E(G'_\infty\,;\chi^{\mathrm{I}})=F(G'_\infty\,;\chi^{\mathrm{I}})$, すなわち，判定条件 (EF) が成立している．さらに，一般的定理 13.8.2 により，G'_∞ の任意の指標は G'_n の（正規化された）指標の極限として得られる．ここで (i) を使えば，結論を得る． □

14.11 スピン型 $\chi^{\mathrm{II}}=(-1,-1,1)$ のスピン指標

$G'_\infty=R(G(m,1,\infty))=\widetilde{D}^\vee_\infty(T)\rtimes\widetilde{\mathfrak{S}}_\infty$, $K'_\infty=\Phi^{-1}(K_\infty)=\mathcal{O}(\mathrm{VII})$, $K_\infty=\mathfrak{A}_\infty(T)^{S(2)}$, とする．$G'_\infty$ 上のスピン型 $\chi^{\mathrm{Y}}\in\widehat{Z}$ の正規化された正定値関数の空

間 $K_1(G'_\infty;\chi^{\mathrm{Y}})$ の元 F に f_0^{VII} を乗ずる作用素 $\mathcal{M}$ を考えると，$K_1(G'_\infty;\chi^{\mathrm{Y}}) \ni F \xmapsto{\mathcal{M}} f = f_0^{\mathrm{VII}} \cdot F \in K_1(G'_\infty;\chi^{\mathrm{VII}}\chi^{\mathrm{Y}})$，であり，$\chi^{\mathrm{Y}} = (\beta_1,\beta_2,\beta_3)$ のときには，$\chi^{\mathrm{VII}}\chi^{\mathrm{Y}} = (\beta_1,\beta_2,-\beta_3)$ である．叙述の都合上，$f \in K_1(G'_\infty;\chi^{\mathrm{VII}}\chi^{\mathrm{Y}})$ に対し，$\mathcal{N}f := f_0^{\mathrm{VII}} \cdot f$ とおくと，$\mathcal{N}$ は $\mathcal{M}$ とは逆向きの写像で，

$$K_1(G'_\infty;\chi^{\mathrm{Y}}) \underset{\mathcal{N}}{\overset{\mathcal{M}}{\rightleftarrows}} K_1(G'_\infty;\chi^{\mathrm{VII}}\chi^{\mathrm{Y}}), \tag{14.11.1}$$

であり，$\mathcal{N}\mathcal{M}(F) = X_{\mathcal{O}(\mathrm{VII})}\,F$, $\mathcal{M}\mathcal{N}(f) = X_{\mathcal{O}(\mathrm{VII})}\,f$．また，$F \in K_1(G'_\infty;\chi^{\mathrm{Y}})$, $\mathrm{Y} = \mathrm{I} \sim \mathrm{VII}$, に対しては，$\mathrm{supp}(F) \subset \mathcal{O}(\mathrm{Y})$，$\mathrm{supp}(\mathcal{M}F) \subset \mathcal{O}(\mathrm{VII}) \cap \mathcal{O}(\mathrm{Y})$，である．

14.9 節では，$\chi^{\mathrm{VIII}} = (1,1,1)$, $\chi^{\mathrm{VII}}\chi^{\mathrm{VIII}} = \chi^{\mathrm{VII}} = (1,1,-1)$ のときを取り扱って，$K_1(G_\infty) = K_1(G'_\infty;\chi^{\mathrm{VIII}})$ の端点集合 $E(G_\infty)$ に対する結果から（$\mathcal{M}$ で右辺に移って）$K_1(G'_\infty;\chi^{\mathrm{VII}})$ の端点，すなわち指標，の集合 $E(G'_\infty;\chi^{\mathrm{VII}})$ に対する結果を導いた（定理 14.9.4, 図 14.9.1）．本節では，$\mathcal{O}(\mathrm{II}) = \mathcal{O}(\mathrm{VII}) \cap \mathcal{O}(\mathrm{I})$（後述）に注目して，**14.9** 節と同様のことを，χ^{I} と $\chi^{\mathrm{II}} = \chi^{\mathrm{VII}}\chi^{\mathrm{I}}$ の場合に実行する．それにより，前節の χ^{I} 型のスピン指標に関する結果から，χ^{II} 型のスピン指標の集合 $E(G'_\infty;\chi^{\mathrm{II}})$ に対する結果を導きたい．その前段として重要なのは，群 G'_∞ から $K'_\infty = \mathcal{O}(\mathrm{VII})$ への制限写像 $\mathrm{R}^{G'_\infty}_{K'_\infty}$ である．

$g' \in G'_\infty$, $g = \Phi(g') \in G_\infty$, の標準分解は，(14.7.3) に従う：

$$g' = z\,\xi'_{q_1}\xi'_{q_2}\cdots\xi'_{q_r}g'_1g'_2\cdots g'_s,\ z \in Z,\ g'_j = (d'_j,\sigma'_j),\ d'_j \in D^{\wedge}_\infty(T).$$

部分集合 $\mathcal{O}(\mathrm{I})$ は (14.10.1) の (条件 I) で与えられた．$\mathcal{O}(\mathrm{II})$ は，

$$\mathcal{O}(\mathrm{II}) := \{g' \in G'_\infty\ ;\ g' \text{ は (条件 II) を満たす}\}, \tag{14.11.2}$$

(条件 II)
$$\begin{cases} \mathrm{ord}(d') \equiv 0 \pmod 2,\ \ L(\sigma') \equiv 0 \pmod 2\,; \\ \mathrm{ord}(\xi'_{q_i}) \equiv 0\ (\forall i),\ \mathrm{ord}(d'_j) + L(\sigma'_j) \equiv 0 \pmod 2\ (\forall j), \end{cases}$$

で与えられる．(条件 II) は (条件 VII)+(条件 I) であるから，$\mathcal{O}(\mathrm{II}) = \mathcal{O}(\mathrm{VII}) \cap \mathcal{O}(\mathrm{I})$.

定理 14.11.1　$m > 1$ を偶とする．

(i)　$G'_\infty = R(G(m,1,\infty))$ の正規部分群 K'_∞ の上の関数 f が G'_∞-不変であることと K'_∞-不変であることは同値である．

(ii)　制限写像 $\mathrm{R}^{G'_\infty}_{K'_\infty}$ は，$K_1(G'_\infty) \to K_1(K'_\infty)$ および $E(G'_\infty) \to E(K'_\infty)$ の

全射である．さらに，$\mathrm{Y}=\mathrm{I}\sim\mathrm{VII}$ に対して，$E(G'_\infty;\chi^{\mathrm{Y}})\to E(K'_\infty;\chi^{\mathrm{Y}})$ の全射である．

証明 離散群 G とその正規部分群 N に関する制限写像 Res^G_N に関する定理 12.3.2 を元にして，定理 12.5.1 では，$G=\mathfrak{S}_\infty(T)=G_\infty$，$N=\mathfrak{A}_\infty(T)^{S(2)}=K_\infty$ に対して，同様の主張を証明している．その証明をそのまま真似て拡張すればよい． □

定理 14.10.4 (ii) により，$E(G'_\infty\,;\chi^{\mathrm{I}})=\{F^{\mathrm{I}}_{A^0}=f^{\mathrm{I}}_0 f_{A^0}\ ;\ A^0\in\mathcal{A}(\widehat{T}^0)\}$.

補題 14.11.2 (i) スピン型 χ^{I} に対して，$\mathrm{R}^{G'_\infty}_{K'_\infty}(F^{\mathrm{I}}_{A^0})=\mathrm{R}^{G'_\infty}_{K'_\infty}(F^{\mathrm{I}}_{\tau A^0})$，$A^0\in\mathcal{A}(\widehat{T}^0)$, である．制限写像 $\mathrm{R}^{G'_\infty}_{K'_\infty}:E(G'_\infty;\chi^{\mathrm{I}})\to E(K'_\infty;\chi^{\mathrm{I}})$ は $\tau A^0\neq A^0$ のときは 2:1，$\tau A^0=A^0$ のときは 1:1 である．ただし，$\tau A^0:={}^t(A^0)$ は定義 14.5.1 による．

(ii) 制限写像 $\mathrm{R}^{G'_\infty}_{K'_\infty}:E(G'_\infty;\chi^{\mathrm{II}})\to E(K'_\infty;\chi^{\mathrm{II}})$ は全単射である．

証明 (i) $K'_\infty=\mathcal{O}(\mathrm{VII})$ 上では $\prod_{j\in J}\chi_1(\sigma_j)=(-1)^{L(\sigma)}=1$，したがって，

$$\begin{aligned}\prod_{j\in J}\sum_{\varepsilon\in\{0,1\}}(\alpha_{\zeta,\varepsilon+1;i})^{\ell_j}\chi_\varepsilon(\sigma_j)&=\prod_{j\in J}\sum_{\varepsilon\in\{0,1\}}(\alpha_{\zeta,\varepsilon;i})^{\ell_j}\chi_{\varepsilon+1}(\sigma_j)\\&=\prod_{j\in J}\sum_{\varepsilon\in\{0,1\}}(\alpha_{\zeta,\varepsilon;i})^{\ell_j}\chi_\varepsilon(\sigma_j).\end{aligned}$$

定理 14.10.4 (i) による $F^{\mathrm{I}}_{A^0}=f^{\mathrm{I}}_0 f_{A^0}$ の具体形に，この等式を使えば，$\mathrm{R}^{G'_\infty}_{K'_\infty}(F^{\mathrm{I}}_{A^0})=\mathrm{R}^{G'_\infty}_{K'_\infty}(F^{\mathrm{I}}_{\tau A^0})$ はすぐ分かる．逆に，$A^0=(\alpha^0,\beta^0;\mu^0)$, $A^{0\prime}=(\alpha^{0\prime},\beta^{0\prime},\mu^{0\prime})$, に対して，$F^{\mathrm{I}}_{A^0}|_{K'_\infty}=F^{\mathrm{I}}_{A^{0\prime}}|_{K'_\infty}$ と仮定する．$E(G'_\infty;\chi^{\mathrm{I}})$ の元はつねに因子分解可能であるから，因子ごとにこの両辺を比較していけば，結論を得る（定理 14.5.4 の証明参照）．

(ii) 単射であることは，$f\in K_1(G'_\infty;\chi^{\mathrm{II}})$ に対して，$\mathrm{supp}(f)\subset\mathcal{O}(\mathrm{II})\subset K'_\infty=\mathcal{O}(\mathrm{VII})$ から分かる． □

定理 14.11.3 $G'_\infty=R(G(m,1,\infty))$，$K'_\infty=\Phi^{-1}(K_\infty)$，$K_\infty=\mathfrak{A}_\infty(T)^{S(2)}$，とする．

(i) f^{VII}_0 の掛け算作用素 $\mathcal{M},\mathcal{N}$ を端点（指標）の集合上に制限すると，次のように分解される，ただし，$\mathcal{M}'$, $\mathcal{N}'$ は f^{VII}_0 の掛け算作用素 $\mathcal{M}$, $\mathcal{N}$ を制限した

ものである：

$$\begin{array}{ccccc} E(G'_\infty;\chi^{\mathrm{I}}) & & E(G'_\infty;\chi^{\mathrm{II}}) & \\ \mathrm{R}^{G'_\infty}_{K'_\infty}\big\downarrow \text{全射} & & \text{全単射}\big\downarrow \mathrm{R}^{G'_\infty}_{K'_\infty} & \\ E(K'_\infty;\chi^{\mathrm{I}}) & \underset{\mathcal{N}'}{\overset{\mathcal{M}'}{\rightleftarrows}} & E(K'_\infty;\chi^{\mathrm{II}}) & \quad [\text{同型}] \end{array}$$

図 14.11.1

(ii) $f_0^{\mathrm{II}} := f_0^{\mathrm{VII}} f_0^{\mathrm{I}}$, $F_{A^0}^{\mathrm{II}} := f_0^{\mathrm{II}} f_{A^0}$ $(A^0 \in \mathcal{A}(\widehat{T}^0))$ とおく．$g' \in G'_\infty$ の標準分解を $g' = z\xi'_{q_1}\xi'_{q_2}\cdots\xi'_{q_r}g'_1g'_2\cdots g'_s$ とする．これが (条件 II) を満たす標準的代表元とすると，$f_0^{\mathrm{II}}(g')$ は次式で与えられ，そうでないときには，$f_0^{\mathrm{II}}(g') = 0$：

$$f_0^{\mathrm{II}}(g') = \chi^{\mathrm{II}}(z)\cdot\prod_{j\in J}(-1)^{[(\ell_j-1)/2]}\,2^{-(\ell_j-1)/2}. \tag{14.11.3}$$

図 14.11.1 に従えば，

$$\begin{array}{ccc} F_{A^0}^{\mathrm{I}} = f_0^{\mathrm{I}} f_{A^0} & & F_{A^0}^{\mathrm{II}} = f_0^{\mathrm{II}} f_{A^0} \\ \downarrow & & \downarrow \\ F_{A^0}^{\mathrm{I}}\big|_{K'_\infty} & \Longleftrightarrow & F_{A^0}^{\mathrm{II}}\big|_{K'_\infty} \end{array}$$

(iii) G'_∞ のスピン型 $\chi^{\mathrm{II}} = (-1,-1,1)$ のスピン指標の全体は，

$$E(G'_\infty\,\chi^{\mathrm{II}}) = \{F_{A^0}^{\mathrm{II}} = f_0^{\mathrm{II}} f_{A^0}\ ;\ [A^0] := \{A^0, \tau A^0\} \in \mathcal{A}(\widehat{T}^0)/\langle\tau\rangle\}.$$

$\mathcal{O}(\mathrm{II})$ の外では，$F_{A^0}^{\mathrm{II}}(g') = 0$．$f_{A^0}$ は補題 14.10.3 (ii) で与えられている．

証明　(i) 定理 14.11.1 による．(ii) 定理 14.11.1, 補題 14.11.2 による．
(iii) 定理 14.10.4, 補題 14.11.2, および上の (i), (ii) を使えばよい．□

定理 14.11.4　指標 $F_{A^0}^{\mathrm{II}} = f_0^{\mathrm{II}} f_{A^0} \in E(G'_\infty;\chi^{\mathrm{II}})$, $A^0 \in \mathcal{A}(\widehat{T}^0)$, が因子分解可能であるための必要十分条件は，${}^tA^0 = A^0$ である．

証明　具体的な計算による．□

問題 14.11.1　定理 14.11.3 を，$G'_n = R(G(m,1,n))$, $n < \infty$, のスピン型 χ^{II} の正規化された既約指標（**11.9** 節参照）の列の $n \to \infty$ の極限を計算することによって証明せよ．

問題 14.11.2　上の極限によって得られた極限関数はつねに指標であることを示せ．

14.12　スピン型 $\chi^{\mathrm{III}}, \chi^{\mathrm{V}}, \chi^{\mathrm{VI}}$ のスピン指標

スピン型 $\chi^{\mathrm{III}} = (-1, 1, -1)$, $\chi^{\mathrm{V}} = (1, -1, -1)$, $\chi^{\mathrm{VI}} = (1, -1, 1)$, に対する結果をまとめておこう．2 つのペア $(\chi^{\mathrm{IV}}, \chi^{\mathrm{III}} = \chi^{\mathrm{VII}}\chi^{\mathrm{IV}})$, $(\chi^{\mathrm{VI}}, \chi^{\mathrm{V}} = \chi^{\mathrm{VII}}\chi^{\mathrm{VI}})$ をとる．その各ペアについて，上で調べた $(\chi^{\mathrm{VIII}}, \chi^{\mathrm{VII}})$, $(\chi^{\mathrm{I}}, \chi^{\mathrm{II}})$, の場合と同様のやり方ができる．すなわち，指標の集合 $E(G'_\infty; \chi^{\mathrm{Y}})$ を Y=IV, VI の場合に決定すれば，正規化指標 $f_0^{\mathrm{VII}} = \widetilde{\chi}_{\pi_{2,\zeta^{(0)}}} = \mathrm{sgn}_{Z_3}^{\mathfrak{A}} \cdot X_{\mathcal{O}(\mathrm{VII})}$ を乗ずる写像 $\mathcal{M}, \mathcal{N}$

$$K_1(G'_\infty; \chi^{\mathrm{IV}}) \underset{\mathcal{N}}{\overset{\mathcal{M}}{\rightleftarrows}} K_1(G'_\infty; \chi^{\mathrm{III}}), \qquad K_1(G'_\infty; \chi^{\mathrm{VI}}) \underset{\mathcal{N}}{\overset{\mathcal{M}}{\rightleftarrows}} K_1(G'_\infty; \chi^{\mathrm{V}}),$$

を使って，それぞれ，Y = III, V の場合に求めることができる．その際のキーポイントは，$f \in K_1(G'_\infty; \chi^{\mathrm{Y}})$ の台の評価に関する部分集合 $\mathcal{O}(\mathrm{Y})$ である．表 10.3.2 (p.326) により，

$$(\text{条件 III}) = (\text{条件 VII}) + (\text{条件 IV}), \quad (\text{条件 V}) = (\text{条件 VI}) > (\text{条件 VII}),$$

であるから，$\mathcal{O}(\mathrm{III}) = \mathcal{O}(\mathrm{VII}) \cap \mathcal{O}(\mathrm{IV})$, $\mathcal{O}(\mathrm{VI}) = \mathcal{O}(\mathrm{V}) \subset \mathcal{O}(\mathrm{VII})$.

また，別の留意点について述べておこう．表 11.9.1 (p.386) から見えるように，これらの場合には，$G'_n = R(G(m, 1, n))$, $n < \infty$, のスピン既約表現の構成 $\Pi_n = \mathrm{Ind}_{H'_n}^{G'_n}(\pi^0 \boxdot \pi^1)$ において，$\pi^0 = \rho \cdot J'_\rho$ の相手としてとるべき $\widetilde{\mathfrak{S}}_n([\rho])$ の表現 π^1 はつねに**スピン**表現である．したがって，その正規化指標 $\widetilde{\chi}_{\Pi_n}$ の $n \to \infty$ の極限を計算するときに現れるのは，**14.3.2** 小節におけるスピン対称群の増大列 $\widetilde{\mathfrak{S}}_n \nearrow \widetilde{\mathfrak{S}}_\infty$ の極限の話（**14.6** 節の m 奇の場合と同様）である．他方，これまで取り扱った m 偶，スピン型 χ^{I}, χ^{II}, χ^{VII}, においては，G'_n, $n < \infty$, 段階での $\widetilde{\mathfrak{S}}_n([\rho])$ の表現 π^1 はつねに**非スピン**表現であり，**14.2** 節の対称群の増大列 $\mathfrak{S}_n \nearrow \mathfrak{S}_\infty$ における**非スピン**指標（= 通常指標）の極限の話が現れていた．この差異は指標全体 $E(G'_\infty; \chi^{\mathrm{Y}})$ のパラメーター空間に反映される（表 14.13.3 参照）．

研究課題 14.12.1　Y=I, II, $\cdots$, VIII とする．指標 $f \in E(G'_\infty; \chi^{\mathrm{Y}})$ に対応する $G'_\infty = R(G(m, 1, n))$ の因子表現を構成せよ．

14.12.1　スピン型 $\chi^{\mathrm{III}} = (-1, 1, -1)$ の $R(G(m, 1, \infty))$ のスピン指標

スピン型 $\chi^{\mathrm{IV}} = (-1, 1, 1)$ の $R(G(m, 1, \infty))$ のスピン指標は，定理 14.7.1 で与えられている．それを利用してスピン型 χ^{III} の場合のスピン指標を決定する．指標の台を規定する（条件 III）は，（条件 IV）にさらに，“$\mathrm{ord}(d') = \mathrm{ord}(d) \equiv$

0 (mod 2)" を追加したものである．そこで，群 $T = \boldsymbol{Z}_m$ の部分群 $S(2) = \{t^2\,;\, t \in T\}$ の指標群について調べる．T の基本生成元を y とし，$\zeta^{(a)} \in \widehat{T}$ を $\zeta^{(a)}(y) = \omega^a$, $\omega = e^{2\pi i/m}$ $(0 \le a < m)$, とおく．

補題 14.12.1　$\zeta^{(a)}|_{S(2)} = \zeta^{(b)}|_{S(2)} \iff a \equiv b \pmod{m^0 = m/2}$.

$$\zeta^{(a)}(y^{2k+1}) = -\zeta^{(b)}(y^{2k+1})\ (0 \le k < m^0) \iff a \equiv b + m^0 \pmod{m}. \qquad \square$$

定理 14.7.1 (ii) におけるパラメーター空間 $\mathcal{C}(\widehat{T})$，定義式は (14.6.4), を用いる．$C = ((\gamma_\zeta)_{\zeta \in \widehat{T}}; \mu) \in \mathcal{C}(\widehat{T})$ の $\zeta_1 \in \widehat{T}$ による移動 $R(\zeta_1)C$ とは,

$$R(\zeta_1)C := ((\gamma'_\zeta)_{\zeta \in \widehat{T}}; \mu') \in \mathcal{C}(\widehat{T}),\ \text{ここに，}\ \gamma'_\zeta = \gamma_{\zeta\zeta_1^{-1}},\ \mu'_\zeta = \mu_{\zeta\zeta_1^{-1}}\ \ (\zeta \in \widehat{T}).$$

補題 14.12.2　(14.7.3) の一般元 $g' = (d', \sigma')$, $d' \in Z_3 \times D^\wedge_\infty$, $\sigma' \in \widetilde{\mathfrak{S}}_\infty$, に対して,

$$f^{\mathrm{IV}}_{R(\zeta^{(m^0)})C}(g') = (-1)^{\mathrm{ord}(d')} f^{\mathrm{IV}}_C(g').$$

証明　定理 14.7.1 の f^{IV}_C の表示式を用いる．$\square$

パラメーター空間 $\mathcal{C}(\widehat{T})$ 上の移動 $\kappa := R(\zeta^{(m^0)})$ は対合，$\kappa^2 = I$ (恒等変換) である．商空間 $\mathcal{C}(\widehat{T})/\langle\kappa\rangle$ の元 $[C] := \{C, \kappa C\}$ に対応して,

(14.12.1)　　$f^{\mathrm{IV}}_{[C]} := \frac{1}{2}(f^{\mathrm{IV}}_C + f^{\mathrm{IV}}_{\kappa C})$　　【$P_{\langle\kappa\rangle} f^{\mathrm{IV}}_C$ とも書く】

とおくと，補題 14.12.1, 14.12.2 により，$f^{\mathrm{IV}}_{[C]}|_{K'_\infty} = f^{\mathrm{IV}}_C|_{K'_\infty}$．より詳しく，$f^{\mathrm{IV}}_{[C]}$ は $f^{\mathrm{IV}}_C|_{K'_\infty}$ を K'_∞ の外側に 0 として拡張した G'_∞ 上の関数である．次の定理は定理 14.7.1 を元にして証明される．

定理 14.12.3　$G'_\infty = R(G(m,1,\infty))$, $K'_\infty = \Phi^{-1}(K_\infty)$, $K_\infty = \mathfrak{A}_\infty(T)^{S(2)}$, とする．

(i)　$f_0^{\mathrm{VII}} = \mathrm{sgn}^{\mathfrak{A}}_{Z_3} \cdot X_{\mathcal{O}(\mathrm{VII})}$ の掛け算作用素 $\mathcal{M}, \mathcal{N}$ を端点（指標）の集合上に制

$$\begin{array}{ccc}
E(G'_\infty; \chi^{\mathrm{IV}}) & & E(G'_\infty; \chi^{\mathrm{III}}) \\
\mathrm{R}^{G'_\infty}_{K'_\infty}\Big\downarrow \text{全射} & & \text{全単射}\Big\downarrow \mathrm{R}^{G'_\infty}_{K'_\infty} \\
E(K'_\infty; \chi^{\mathrm{IV}}) & \underset{\mathcal{N}'}{\overset{\mathcal{M}'}{\rightleftarrows}} & E(K'_\infty; \chi^{\mathrm{III}}) \qquad [\text{同型}]
\end{array}$$

図 14.12.1

限すると，上のように分解される，ただし，$\mathcal{M}'$, $\mathcal{N}'$ は $\mathcal{M}$, $\mathcal{N}$ を制限したもの：

(ii) $[C] := \{C, \kappa C\} \in \mathcal{C}(\widehat{T})/\langle\kappa\rangle$ に対して，$F^{\rm III}_{[C]} := f^{\rm VII} f^{\rm IV}_{[C]}$ とおく．その具体形は $f^{\rm VII}_0 = {\rm sgn}^{\mathfrak{A}}_{Z_3} \cdot X_{\mathcal{O}({\rm VII})}$（命題 14.8.4），$f^{\rm IV}_C$（定理 14.7.1）から分かる．

図 14.12.1 に従えば，

$$\begin{array}{ccc} f^{\rm IV}_C & & F^{\rm III}_{[C]} = f^{\rm VII}_0 f^{\rm IV}_{[C]} \\ \downarrow & & \downarrow\uparrow \\ f^{\rm IV}_C|_{K'_\infty} = f^{\rm IV}_{[C]}|_{K'_\infty} & \Longleftrightarrow & F^{\rm III}_{[C]}|_{K'_\infty} = f^{\rm VII}_0 \cdot f^{\rm IV}_{[C]}|_{K'_\infty} \end{array}$$

図 14.12.2

(iii) スピン型 $\chi^{\rm III}$ の指標の全体は，

$$E(G'_\infty; \chi^{\rm III}) = \{F^{\rm III}_{[C]} = f^{\rm VII}_0 f^{\rm IV}_{[C]}\ ;\ [C] = \{C, \kappa C\} \in \mathcal{C}(\widehat{T})/\langle\kappa\rangle\}. \qquad \square$$

14.12.2　スピン型 $\chi^{\rm VI} = (1, -1, 1)$ の $R(G(m,1,\infty))$ のスピン指標

$G'_\infty = R(G(m,1,\infty))$ のスピン型 $\chi^{\rm VI}$ のスピン指標を求めるのに，次のステップを踏む．

(VI-1) $G'_n = R(G(m,1,n))$, $4 \le n < \infty$, n 偶，のスピン型 $\chi^{\rm VI}$ のスピン既約表現を，**11.1** 節の手順にしたがって構成し，その指標を計算する（問題 11.9.1, 11.9.2）．

(VI-2) 上で計算したスピン既約指標を正規化して，それらの $n \to \infty$ における各点収束による極限関数を全て求める（**14.4** 節や **14.10.2** 小節を真似ればよい）．

これらを述べるためには新たな記号等を導入するなど手間暇がかかるので，ここではバッサリとカットして，いきなりではあるが，結果をまとめて述べよう．まず，パラメーターの空間を準備する：

$$\mathcal{C}(\widehat{T}^0) := \Big\{C^0 = ((\gamma_\zeta)_{\zeta\in\widehat{T}^0}\,; \mu)\,;\ \gamma_\zeta = (\gamma_{\zeta;i})_{i\geqslant 1},\ \mu = (\mu_\zeta)_{\zeta\in\widehat{T}^0},\ (14.12.2)\ 成立\Big\},$$

$$\gamma_{\zeta;1} \ge \gamma_{\zeta;2} \ge \cdots \ge 0\,;\ \ \mu_\zeta \ge 0,\ \ \sum_{\zeta\in\widehat{T}^0} \|\boldsymbol{\gamma}_\zeta\| + \|\mu\| = 1. \qquad (14.12.2)$$

定理 14.12.4　(i) $G'_n = R(G(m,1,n))$, $4 \le n < \infty$, n 偶，のスピン型 $\chi^{\rm VI} = (1, -1, 1)$ の既約表現の正規化指標が $n \to \infty$ に沿って各点収束した極限関数はパラメーター $C^0 \in \mathcal{C}(\widehat{T}^0)$ により次のように表される： $g' \in G'_\infty = R(G(m,1,\infty))$ の標準分解を $g' = \xi'_{q_1}\xi'_{q_2}\cdots\xi'_{q_r} g'_1 g'_2 \cdots g'_s$, $g'_j = (d'_j, \sigma'_j)$, とすると，

(条件 VI)　$\mathrm{ord}(\xi'_q) \equiv 0\ (\forall q \in Q)$, $\mathrm{ord}(d'_j) \equiv 0$, $L(\sigma'_j) \equiv 0\ (\forall j \in J)\ \ (\mathrm{mod}\ 2)$,

を満たすとき $\neq 0$, その他のとき $=0$. g' が (条件 VI) を満たす標準的代表元のとき, $\ell_j := \ell(\sigma'_j) \equiv 1\ (\forall j \in J)$ で,

$$f^{\mathrm{VI}}_{C^0}(g') = \prod_{q\in Q}\Big\{\sum_{\zeta\in\widehat{T}^0}(\|\gamma_\zeta\|+\mu_\zeta)\zeta(t_q)\Big\}\times \prod_{j\in J}\Big\{\sum_{\zeta\in\widehat{T}^0}\Big((-1)^{(\ell_j-1)/2}2^{-(\ell_j-1)/2}\sum_{i\geqslant 1}(\gamma_{\zeta;i})^{\ell_j}\Big)\zeta(d'_j)\Big\}.$$

(ii) **(G'_∞ のスピン型 χ^{VI} の指標)** G'_∞ のスピン型 χ^{VI} の指標全体の集合は,

$$E(G'_\infty;\chi) = \{f^{\mathrm{VI}}_{C^0}\ ;\ C^0 \in \mathcal{C}(\widehat{T}^0)\}.$$

14.12.3　スピン型 $\chi^{\mathrm{V}} = (1,-1,-1)$ の $R(G(m,1,\infty))$ のスピン指標

先に見たように $\mathcal{O}(\mathrm{VI}) = \mathcal{O}(\mathrm{V}) \subset \mathcal{O}(\mathrm{VII})$. ゆえに $f^{\mathrm{VII}}_0 = \mathrm{sgn}^{\mathfrak{A}}_{Z_3} X_{\mathcal{O}(\mathrm{VII})}$ を乗ずる写像

$$K_1(G'_\infty;\chi^{\mathrm{VI}}) \underset{\mathcal{N}}{\overset{\mathcal{M}}{\rightleftarrows}} K_1(G'_\infty;\chi^{\mathrm{V}}), \tag{14.12.3}$$

において, $\mathcal{M}, \mathcal{N}$ はともに全単射であり, $\mathcal{N} = \mathcal{M}^{-1}$.

定理 14.12.5 (G'_∞ のスピン型 χ^{V} の指標) $G'_\infty = R(G(m,1,\infty))$ のスピン型 $\chi^{\mathrm{V}} = (1,-1,-1)$ の指標全体 $E(G'_\infty;\chi^{\mathrm{V}})$ に対し, 上の写像の制限 $\mathcal{M}' = \mathcal{M}|_{E(G'_\infty;\chi^{\mathrm{VI}})}$, $\mathcal{N}' = \mathcal{N}|_{E(G'_\infty;\chi^{\mathrm{V}})}$, をとれば, 互いに他の逆であり, 同型

$$E(G'_\infty;\chi^{\mathrm{VI}}) \underset{\mathcal{N}'}{\overset{\mathcal{M}'}{\rightleftarrows}} E(G'_\infty;\chi^{\mathrm{V}}), \tag{14.12.4}$$

を与える. 前定理の $f^{\mathrm{VI}}_{C^0}$ を用いると, G'_∞ のスピン型 χ^{V} の指標全体は,

$$E(G'_\infty;\chi^{\mathrm{V}}) = \{f^{\mathrm{V}}_{C^0} = f^{\mathrm{III}}_0 f^{\mathrm{VI}}_{C^0} = \mathrm{sgn}^{\mathfrak{A}}_{Z_3} f^{\mathrm{VI}}_{C^0}\ ;\ C^0 \in \mathcal{C}(\widehat{T}^0)\}.$$

14.13　$R(G(m,1,\infty))$ のスピン指標のパラメーター空間

無限対称群 $\mathfrak{S}_\infty$ の指標のパラメーター空間は, Thoma パラメーターの集合である：

$$\mathcal{A} := \{(\alpha,\beta);\ \alpha = (\alpha_i)_{i\geqslant 1},\ \beta = (\beta_i)_{i\geqslant 1}\ \text{条件 (14.13.1) 成立}\},$$

$$\begin{cases} \alpha_1 \geq \alpha_2 \geq \cdots \geq \alpha_i \geq \cdots \geq 0, \quad \beta_1 \geq \beta_2 \geq \cdots \geq \beta_i \geq \cdots \geq 0, \\ \|\alpha\| + \|\beta\| \leq 1, \quad \|\alpha\| := \sum_{i\geqslant 1}\alpha_i, \quad \|\beta\| := \sum_{i\geqslant 1}\beta_i. \end{cases} \tag{14.13.1}$$

$\mathfrak{S}_\infty$ の表現群（2 重被覆群）$\widetilde{\mathfrak{S}}_\infty$ のスピン指標のパラメーター空間は，次の Nazarov パラメーターの集合 $\mathcal{C}$ である：

$$\mathcal{C} := \{\gamma\,;\ \gamma = (\gamma_i)_{i\geqslant 1}\ \text{条件 (14.13.2) 成立}\},$$

$$\gamma_1 \geq \gamma_2 \geq \cdots \geq \gamma_i \geq \cdots \geq 0, \quad \|\gamma\| \leq 1. \tag{14.13.2}$$

複素鏡映群 $G_\infty = G(m,1,\infty) = \mathfrak{S}_\infty(T),\ T = \boldsymbol{Z}_m$, の指標もしくはスピン指標のための記号として，$\mathcal{K} = \widehat{T}$ もしくは $\mathcal{K} = \widehat{T}^0$ に対し，$(\alpha_{\zeta,\varepsilon})_{\varepsilon=0,1}$ を $(\alpha_\zeta, \beta_\zeta)$ と書いて，$\mathcal{A}(\mathcal{K}), \mathcal{C}(\mathcal{K})$ を下のように置く：

$$\mathcal{A}(\mathcal{K}) := \{A = (\alpha, \beta; \mu)\,;\ \alpha = (\alpha_\zeta)_{\zeta\in\mathcal{K}},\ \beta = (\beta_\zeta)_{\zeta\in\mathcal{K}},\ \mu = (\mu_\zeta)_{\zeta\in\mathcal{K}}\ \text{条件 (14.13.3),(14.13.4) 成立}\},$$

$$\begin{cases} \alpha_\zeta = (\alpha_{\zeta;i})_{i\geqslant 1}, \quad \beta_\zeta = (\beta_{\zeta;i})_{i\geqslant 1}, \\ \alpha_{\zeta,1} > \alpha_{\zeta,2} > \cdots > 0,\ \beta_{\zeta,1} > \beta_{\zeta,2} > \cdots > 0\,;\ \mu_\zeta > 0, \end{cases} \tag{14.13.3}$$

$$\|\alpha\| + \|\beta\| + \|\mu\| = 1,\ \ \|\alpha\| := \sum_{\zeta\in\mathcal{K}} \|\alpha_\zeta\|,\ \|\mu\| := \sum_{\zeta\in\mathcal{K}} \mu_\zeta. \tag{14.13.4}$$

$$\mathcal{C}(\mathcal{K}) := \Big\{C = ((\gamma_\zeta)_{\zeta\in\mathcal{K}}\,; \mu)\,;\ \gamma_\zeta = (\gamma_{\zeta;i})_{i\geqslant 1},\ \mu = (\mu_\zeta)_{\zeta\in\mathcal{K}}\ \text{は (14.13.5) 成立}\Big\},$$

$$\gamma_{\zeta;1} \geq \gamma_{\zeta;2} \geq \cdots \geq 0\,;\ \mu_\zeta \geq 0,\ \sum_{\zeta\in\mathcal{K}} \|\boldsymbol{\gamma}_\zeta\| + \|\mu\| = 1. \tag{14.13.5}$$

◆ 無限対称群の指標・スピン指標，無限複素鏡映群の指標・スピン指標に対するパラメーター付けの結果を 2 つの表にして纏めておく．

表 14.13.1　$\mathfrak{S}_\infty$, $\widetilde{\mathfrak{S}}_\infty$ の指標のパラメーター空間

	パラメーター付け	パラメーター空間	supp(f) を含む部分集合	参照個所
無限対称群 $\mathfrak{S}_\infty$	$f_{\alpha,\beta}$	$(\alpha,\beta)\in\mathcal{A}$	$\mathfrak{S}_\infty$	**定理 14.2.1**
2 重被覆 $\widetilde{\mathfrak{S}}_\infty$	$\psi_\Delta\cdot f_{\gamma,0}$	$\gamma\in\mathcal{C}$	$\mathcal{O}(\widetilde{\mathfrak{S}}_\infty;OP_\infty)\subset\widetilde{\mathfrak{A}}_\infty$	**定理 14.3.5**

($\mathcal{O}(\widetilde{\mathfrak{S}}_\infty;OP_\infty)$, ψ_Δ は命題 14.3.3 (14.3.4) を参照)

◆ $G=G(m,1,\infty)=\mathfrak{S}_\infty(T)$, $T=\boldsymbol{Z}_m$, の正規部分群

$$N=G(m,p,\infty),\quad \mathfrak{A}_\infty(T),\quad \mathfrak{A}_\infty(T)^{S(p)}=\mathfrak{A}_\infty(T)\bigcap G(m,p,\infty),$$

の非スピン指標全体 $E(N)$ についてまとめる：

表 14.13.2　$G(m,1,\infty)$ の典型的正規部分群の指標のパラメーター空間

$G(m,1,p)$ の正規部分群 N	パラメーター付け	$E(N)$ のパラメーター空間	参照個所
$G(m,p,\infty)=$ $\mathfrak{S}_\infty(T)^{S(p)}$	$f_A\|_N=(P_{\langle\kappa^{(q)}\rangle}f_A)\|_N$ $A=((\alpha_{\zeta,\varepsilon})_{(\zeta,\varepsilon)\in\widehat{T}\times\{0,1\}};\mu)$	$[A]\in\mathcal{A}(\widehat{T})/\langle\kappa^{(q)}\rangle$ $q=m/p$	**定理 14.5.2**, **系 14.5.3**
$\mathfrak{A}_\infty(T)$	$f_A\|_N=(P_{\langle\tau\rangle}f_A)\|_N$	$[A]\in\mathcal{A}(\widehat{T})/\langle\tau\rangle$	**定理 14.5.4**
$\mathfrak{A}_\infty(T)^{S(p)}=$ $\mathfrak{A}_\infty(T)\bigcap G(m,p,\infty)$	$f_A\|_N=(P_{\langle\tau,\kappa^{(q)}\rangle}f_A)\|_N$	$[A]\in\mathcal{A}(\widehat{T})/\langle\tau,\,\kappa^{(q)}\rangle$	**定理 14.5.5**

◆ 無限一般化対称群 $G(m,1,\infty)$ のスピン型ごとの指標とスピン指標のパラメーター空間をまとめる.

表 14.13.3 鏡映群 $G(m,1,\infty)$ の指標・スピン指標のパラメーター空間

場合 Y	スピン型	パラメーター付け	パラメーター空間	supp(f) を含む集合	参照箇所 定理
odd (m 奇)	$z_1 \to -1$	f_C	$C \in \mathcal{C}(\widehat{T})$	$\mathcal{O}(\mathrm{odd})$	**14.6.4**
I	(–1,–1,–1)	$f_0^{\mathrm{I}} \cdot f_{A^0}$	$A^0 \in \mathcal{A}(\widehat{T}^0)$	$\mathcal{O}(\mathrm{I})$	**14.10.4**
II	(–1,–1, 1)	$f_0^{\mathrm{II}} f_{A^0} = f_0^{\mathrm{II}} f_{[A^0]}$	$[A^0] \in \mathcal{A}(\widehat{T}^0)/\langle\tau\rangle$	$\mathcal{O}(\mathrm{II})$	**14.11.3**
III	(–1, 1,–1)	$f_0^{\mathrm{VII}} f_C^{\mathrm{IV}} = f_0^{\mathrm{VII}} f_{[C]}^{\mathrm{IV}}$	$[C] \in \mathcal{C}(\widehat{T})/\langle\kappa\rangle$	$\mathcal{O}(\mathrm{III})$	**14.12.3**
IV	(–1, 1, 1)	f_C^{IV}	$C \in \mathcal{C}(\widehat{T})$	$\mathcal{O}(\mathrm{IV})$	**14.7.1**
V	(1, −1, −1)	$f_0^{\mathrm{VII}} f_{C^0}^{\mathrm{VI}} = \mathrm{sgn}_{Z_3}^{\mathfrak{A}} f_{C^0}^{\mathrm{VI}}$	$C^0 \in \mathcal{C}(\widehat{T}^0)$	$\mathcal{O}(\mathrm{str})$	**14.12.5**
VI	(1,–1, 1)	$f_{C^0}^{\mathrm{VI}} = f_0^{\mathrm{II}} f_{C^0}^{\mathrm{IV}}$	$C^0 \in \mathcal{C}(\widehat{T}^0)$	$\mathcal{O}(\mathrm{str})$	**14.12.4**
VII	(1, 1,–1)	$f_0^{\mathrm{VII}} f_A = f_0^{\mathrm{VII}} f_{[A]}$	$[A] \in \mathcal{A}(\widehat{T})/\langle\tau,\kappa\rangle$	$\mathcal{O}(\mathrm{VII})$	**14.9.5**
VIII	(1, 1, 1) 非スピン	f_A	$A \in \mathcal{A}(\widehat{T})$	$\mathfrak{S}_\infty(\boldsymbol{Z}_m)$	**14.4.4**

($\tau:\ A \to {}^tA,\ \ \kappa = \kappa^{(m^0)}:\ A \to R(\zeta^{(m^0)})A,$ は **14.9.2** 小節参照)

付録A

群のスピン表現の歴史概観

群のスピン表現（射影表現）の歴史を概観するのに，ここでは，年表に解説を書き込んでいく形にする．まず年代を書き，そこでの主要事項を太字で示し，主要な引用文献を挙げてそれを中心として解説する．（理論物理学の視点からの解説も込めた，より詳しい歴史概観には文献 [HHoH] を見られたい．）

できるだけ原典に依拠したいので，原文を引用してあるが，仏文・独文については念のため直訳または意訳を付加してある（website での辞書機能を使えば御自分でも翻訳できるでしょうが）．

（注） 付録用の引用文献表は本文の引用文献表に無いものだけ一部別建てになっているが，付録本文中の書誌情報と合わせると完全になる．

A.1 「前　史」

1840 （四元数の実質的発見と空間回転の Rodrigues 表示）

[Rod] Olinde Rodrigues, *Des lois géométriques qui régissent les déplacements d'un système solide dans l'espace, et la variation des coordonnées provenant de ses déplacements considérés indépendamment des causes qui peuvent les produire,* Journal de Mathématiques Pures et Appliquées, **5**(1840), 380-440.

[題名訳] （移動の原因とは独立な）空間中の固体系の移動を支配する幾何学的法則と座標の変換，　[出版誌名] 純粋・応用数学ジャーナル

(1) 3 次元ユークリッド空間 E^3 における運動を，公理系から出発して，組織的に研究した長編（61 頁）の論文である．その白眉は原点を固定する空間の 2 つの回転の合成法則を「球面上の三角形」を使うことにより三角関数を使って具体的に計算式で表したことである．この計算式は「四元数」の演算を実質的に与えている．

(2) もう一つの重要な貢献は，回転の **Rodrigues 表示**である．これは，近時，回転の Euler 角による表示に代わって，実用面で有用とされている．その理

由は，（Euler 角表示と違って）パラメーターに切れ目（ジャンプ）が無く，微分方程式が書けること，2π (360 度) 以上の多重回転も問題なく書け，計算量も少ない，などである．

(3) そのほかに，ここには，（以下で説明するように）回転群 $SO(3)$ の二重被覆，および，そのスピン表現（2 価表現）が実質上，現れている．

より詳しい説明 Rodrigues によるもともとの記述は，主として球面上の三角形を使った幾何学的なものである．しかし，ここでは，180 年弱以前の論文の内容を現代数学の中で解説するので，その都合によって，始めから，四元数と現代数学用語を用いることをお許し願いたい．

四元数の標準的な単位を $1, \boldsymbol{i}, \boldsymbol{j}, \boldsymbol{k}$ とすると，その基本関係式は次である：

$$\boldsymbol{i}^2 = \boldsymbol{j}^2 = \boldsymbol{k}^2 = -1, \quad \boldsymbol{ij} = \boldsymbol{k},\ \boldsymbol{jk} = \boldsymbol{i},\ \boldsymbol{ki} = \boldsymbol{j}.$$

四元数全体を $\boldsymbol{H} = \boldsymbol{R}1 + \boldsymbol{R}\boldsymbol{i} + \boldsymbol{R}\boldsymbol{j} + \boldsymbol{R}\boldsymbol{k}$, 純四元数全体を $\boldsymbol{H}_- = \boldsymbol{R}\boldsymbol{i} + \boldsymbol{R}\boldsymbol{j} + \boldsymbol{R}\boldsymbol{k}$ と書く．$\boldsymbol{x} = x_0 + x_1\boldsymbol{i} + x_2\boldsymbol{j} + x_3\boldsymbol{k}$ $(x_j \in \boldsymbol{R})$ の長さを $\|\boldsymbol{x}\| := \sqrt{x_0^2 + x_1^2 + x_2^2 + x_3^2}$ とし，四元数のうち，長さ 1 のもの全体を $\boldsymbol{B}$, $\boldsymbol{H}_- \cap \boldsymbol{B}$ を $\boldsymbol{B}_-$ と書く．$\boldsymbol{H}_-$ の元は $\phi\boldsymbol{w}$ $(\phi \in \boldsymbol{R},\ \boldsymbol{w} \in \boldsymbol{B}_-)$ と書ける．のちに必要となる四元数の性質を述べよう．

補題 A.1.1 $\overline{\boldsymbol{x}} := x_0 - x_1\boldsymbol{i} - x_2\boldsymbol{j} - x_3\boldsymbol{k}$ とおく．

(i) $\boldsymbol{x}\,\overline{\boldsymbol{x}} = \|\boldsymbol{x}\|^2$. $\boldsymbol{x} \neq 0$ に対して，$\boldsymbol{x}^{-1} = \overline{\boldsymbol{x}}/\|\boldsymbol{x}\|^2$.

(ii) $\overline{\boldsymbol{xy}} = \overline{\boldsymbol{y}} \cdot \overline{\boldsymbol{x}}$.

(iii) $\|\boldsymbol{xy}\| = \|\boldsymbol{x}\| \cdot \|\boldsymbol{y}\|$ $(\boldsymbol{x}, \boldsymbol{y} \in \boldsymbol{H})$.

証明 (i), (ii) は直接計算によって確かめられる．
(iii) は，(i), (ii) を用いれば，次のように示される．

$$\|\boldsymbol{xy}\|^2 = (\boldsymbol{xy})\,\overline{\boldsymbol{xy}} = (\boldsymbol{xy})(\overline{\boldsymbol{y}} \cdot \overline{\boldsymbol{x}}) = \|\boldsymbol{x}\|^2 \cdot \|\boldsymbol{y}\|^2. \qquad \square$$

この補題は，$\boldsymbol{H}$ がノルムの入った斜体であること，かつ，写像 $\boldsymbol{x} \mapsto \overline{\boldsymbol{x}}$ が積を逆転させること，を示している．また，上の主張 (iii) により，$\boldsymbol{B}$ が積に関して閉じていることが分かり，また，$\|u\| = 1$ から $\|u^{-1}\| = 1$ が出るので，$\boldsymbol{B}$ が群をなすことが分かる．

補題 A.1.2 $\boldsymbol{H}$ を $\boldsymbol{R}$ 上の多元環と捉えると，$\boldsymbol{H}$ から 2 次の複素行列全体 $M(2, \boldsymbol{C})$ の上への同型写像がある．1 つの同型写像 Φ は，対応

$$\boldsymbol{i} \to I = \begin{pmatrix} 0 & -1 \\ 1 & 0 \end{pmatrix}, \quad \boldsymbol{j} \to J = \begin{pmatrix} 0 & i \\ i & 0 \end{pmatrix}, \quad \boldsymbol{k} \to K = \begin{pmatrix} -i & 0 \\ 0 & i \end{pmatrix},$$

を $\boldsymbol{R}$ 上線形に拡張したものである．

証明　基本関係式 $\boldsymbol{i}^2 = \boldsymbol{j}^2 = \boldsymbol{k}^2 = -1$, $\boldsymbol{ijk} = -1$, に対応する関係式を，行列 I, J, K が満たしていることが計算によって示される．この 3 個の行列と単位行列 E_2 とを合わせれば，$M(2, \boldsymbol{C})$ の $\boldsymbol{R}$ 上の基底をなす． □

◆ **回転の Rodrigues 表示．**

対応 $\boldsymbol{H}_- \ni \boldsymbol{x} = x_1\boldsymbol{i} + x_2\boldsymbol{j} + x_3\boldsymbol{k} \longleftrightarrow x = {}^t(x_1, x_2, x_3) \in E^3$（3 次元ユークリッド空間 E^3 の点を縦ベクトル x で表す）により，$\boldsymbol{H}_-$ と E^3 とを同一視する．原点 $\boldsymbol{0}$ を止める回転 R には必ず回転軸があることが別途示されるので，R はその回転軸 $\boldsymbol{w} \in \boldsymbol{B}_-$ と軸の回りの右ねじ回転の角度 ϕ によって，記述される．ベクトル $\phi\boldsymbol{w} \in \boldsymbol{H}_-$ を回転 R に対する parameter として採用し，

(Rod) $$R = R(\phi\boldsymbol{w}) \qquad (\phi\boldsymbol{w} \in \boldsymbol{H}_-),$$

と書く．これが **Rodrigues 表示**である．

そこで，実際に回転 $R(\phi\boldsymbol{w})$ を $\phi\boldsymbol{w}$ を用いて実現してみよう．

補題 A.1.3　$\boldsymbol{H}$ の単位球 $\boldsymbol{B}$ は積に関して群をなすが，これが回転群 $SO(3)$ の普遍被覆群を与える．

証明　$\boldsymbol{u} \in \boldsymbol{B}$ に対して，写像 $\Psi(\boldsymbol{u}) : \boldsymbol{H}_- \ni \boldsymbol{x} \mapsto \boldsymbol{x}' = \boldsymbol{uxu}^{-1} \in \boldsymbol{H}_-$ を考えると，補題 A.1.1 により，$\|\boldsymbol{x}'\| = \|\boldsymbol{u}\| \cdot \|\boldsymbol{x}\| \cdot \|\boldsymbol{u}^{-1}\| = \|\boldsymbol{x}\|$ であるから，対応する

$$\Psi'(\boldsymbol{u}) : E^3 \ni x \longmapsto x' = gx \in E^3$$

は，長さを不変にする．すなわち，$g = g(\boldsymbol{u})$ は $E^3 \cong \boldsymbol{H}_-$ の等長変換群 $O(3)$ に入る．さらに g は 3 次の単位行列 E_3 に連続的につながるので，E_3 を含む連結成分 $SO(3)$ の元，すなわち，E^3 の回転，を与える．準同型 $\Psi' : \boldsymbol{B} \ni \boldsymbol{u} \mapsto g(\boldsymbol{u}) \in SO(3)$ の核は ${\Psi'}^{-1}(\{E_3\}) = \{\pm 1\}$ であり，$\boldsymbol{B}/\{\pm 1\} \cong SO(3)$．さらに，3 次元球面は単連結だから，それと同相な $\boldsymbol{B}$ は単連結．したがって，$\boldsymbol{B}$ は $SO(3)$ の普遍被覆群である． □

補題 A.1.4　(i) 任意の $\boldsymbol{x} \in \boldsymbol{H}_-$ に対して，ある $\boldsymbol{u} \in \boldsymbol{B}$ が存在して，$\boldsymbol{x} = \boldsymbol{u} \cdot \theta\boldsymbol{i} \cdot \boldsymbol{u}^{-1}$ $(\exists\theta \geq 0)$ と表される．このとき，$\theta = \|\boldsymbol{x}\|$．

(ii) 群 $\boldsymbol{B}$ の部分集合 $\boldsymbol{B}_- = \boldsymbol{B} \cap \boldsymbol{H}_-$ は $\boldsymbol{B}$ の 1 つの共役類をなし，$\boldsymbol{B}_- = \{\boldsymbol{x} \in \boldsymbol{B}\,;\, \boldsymbol{x}^2 = -1\}$ である．

証明 (i) よく知っているように，E^3 の任意の元 x は $SO(3)$ の作用によって，${}^t(\theta, 0, 0)$ (ただし $\theta = \|x\|$) に写される．これを，前補題の証明中の対応 $\boldsymbol{H}_- \cong E^3$，$\Psi' : \boldsymbol{B} \ni \boldsymbol{u} \mapsto g(\boldsymbol{u}) \in SO(3)$, によって，引き戻すと，主張を得る．

(ii) $\boldsymbol{x} \in \boldsymbol{B}_-\,(\subset \boldsymbol{H}_-)$ に，(i) を適用する．$\|\boldsymbol{x}\| = 1$ だから，$\theta = 1$ であり，${}^t(1, 0, 0) \in E^3$ に対応する $\boldsymbol{H}_-$ の元は $\boldsymbol{i}$ であるから，$\boldsymbol{x} = \boldsymbol{u}\boldsymbol{i}\boldsymbol{u}^{-1}$ $(\exists \boldsymbol{u} \in B)$ が分かる．また，$\boldsymbol{x} \in \boldsymbol{B}$ を，$\boldsymbol{x} = \alpha + \beta\boldsymbol{i} + \gamma\boldsymbol{j} + \delta\boldsymbol{k}$ $(\alpha, \beta, \gamma, \delta \in \boldsymbol{R})$ とかくと，$\alpha^2 + \beta^2 + \gamma^2 + \delta^2 = 1$ である．そこで，条件 $\boldsymbol{x}^2 = -1$ を $\alpha, \beta, \gamma, \delta$ を用いて書き表すと，条件 $\alpha = 0$ と同値であることが分かる． □

補題 A.1.5 $\boldsymbol{x} \in \boldsymbol{H}$ に対し，

$$\exp(\boldsymbol{x}) := \sum_{0 \leqslant k < \infty} \frac{1}{k!}\boldsymbol{x}^k$$

とおくと，これは $\boldsymbol{H}$ で絶対収束する．このとき，$\boldsymbol{v} \in \boldsymbol{H}_-$ に対しては，$\exp(\boldsymbol{v}) \in \boldsymbol{B}$, すなわち，$\|\exp(\boldsymbol{v})\| = 1$ である．さらに，$\boldsymbol{v} = \phi\boldsymbol{w}$ $(\boldsymbol{w} \in \boldsymbol{B}_-,\ \phi \in \boldsymbol{R})$ と表せば，$\exp(\phi\boldsymbol{w}) = \cos\phi + \sin\phi \cdot \boldsymbol{w}$，$\exp\left((\phi + k\,2\pi)\boldsymbol{w}\right) = \exp(\phi\boldsymbol{w})$ $(k \in \boldsymbol{Z})$.

証明 $\displaystyle\sum_{0 \leqslant k < \infty} \left\|\frac{1}{k!}\boldsymbol{x}^k\right\| = \sum_{0 \leqslant k < \infty} \frac{1}{k!}\|\boldsymbol{x}\|^k = \exp\left(\|\boldsymbol{x}\|\right) < \infty,$

から絶対収束が分かる．また，$\boldsymbol{v} = \phi\boldsymbol{w}$ と表せば，$\boldsymbol{w}^2 = -1$ を使って，

$$\exp(\phi\boldsymbol{w}) = \sum_{p \geqslant 0} \frac{(-1)^p}{(2p)!}\phi^{2p} + \sum_{p \geqslant 0} \frac{(-1)^p}{(2p+1)!}\phi^{2p+1}\boldsymbol{w} = \cos\phi + \sin\phi \cdot \boldsymbol{w}. \qquad \square$$

補題 A.1.6 回転角を $\phi \to \frac{1}{2}\phi$ と半分にしてから，合成写像 $\Psi' \circ \exp : \boldsymbol{H}_- \to SO(3)$ で写すと，

$$\boldsymbol{H}_- \ni \phi\boldsymbol{w} \ \mapsto\ \Psi'\left(\exp(\tfrac{1}{2}\phi\boldsymbol{w})\right) = \Psi'\left(\cos(\tfrac{1}{2}\phi) + \sin(\tfrac{1}{2}\phi)\boldsymbol{w}\right) \in SO(3).$$

これが求める回転 $R(\phi\boldsymbol{w})$ である．すなわち，回転群 $SO(3)$ の元をその回転軸 $\boldsymbol{w}$ とその回りの回転角 ϕ とで表示している（Rodrigues 表示）.

証明 $\boldsymbol{w} = \boldsymbol{i}$ のときに示せば十分である（何故か？）．回転 $\Psi'\left(\exp(\frac{1}{2}\phi\boldsymbol{i})\right)$ を ρ とおけば，$\rho(\boldsymbol{i}) = \boldsymbol{i}$. したがって ρ の回転軸は $\boldsymbol{i}$ であるから，それと直角方向の $(\boldsymbol{j}, \boldsymbol{k})$ 平面の回転で表される．三角関数の倍角の公式を使って計算すると，

$$(\rho(\boldsymbol{j}), \rho(\boldsymbol{k})) = (\boldsymbol{j}, \boldsymbol{k})\begin{pmatrix} \cos\phi & -\sin\phi \\ \sin\phi & \cos\phi \end{pmatrix}$$

となるので，ρ は $(\boldsymbol{j}, \boldsymbol{k})$-平面の角 ϕ の回転を表すことが分かる．□

重要な留意点　写像 Ψ' では，パラメーター空間 $\boldsymbol{H}_-$ での角 $\theta = \frac{1}{2}\phi$ が E^3 での回転角としては $2\theta = \phi$ として，2 倍で現れる．これが $\Psi' : \boldsymbol{B} \ni \boldsymbol{u} \mapsto g = \Psi'(\boldsymbol{u}) \in SO(3)$ が $\mathbf{2:1}$ の写像であり，群 $\boldsymbol{B}$ が回転群 $SO(3)$ の二重被覆であることの帰結である．

また，見方を逆転させて，（局所的には 1 価だが，実際は 2 価の）対応

$$\pi : \ SO(3) \ni g = g(\boldsymbol{u}) \mapsto \boldsymbol{u} \in \boldsymbol{B} \subset \boldsymbol{H}$$

を考えると，これと（$\boldsymbol{R}$ 上の代数としての）同型 $\Phi : \boldsymbol{H} \to M(2, \boldsymbol{C})$ とを繋げると，$\boldsymbol{C}$ 上 2 次元の $SO(3)$ の射影表現 $\pi' := \Phi \circ \pi$ が現れている．これがいわゆる $SO(3)$ の 2 次元のスピン表現である（[平井 7]，例 3.2, 例 4.2 参照）.

◆ 2 つの回転の積と四元数の計算法則.

2 つの回転の積 $R(\phi\boldsymbol{w})R(\phi'\boldsymbol{w}')$ $(\boldsymbol{w}, \boldsymbol{w}' \in \boldsymbol{B}_-,\ \phi, \phi' \in \boldsymbol{R})$ を $R(\phi''\boldsymbol{w}'')$ と表し（あらわ）たとき，$(\phi'', \boldsymbol{w}'')$ を $(\phi, \boldsymbol{w})$ と $(\phi', \boldsymbol{w}')$ から計算する規則が，四元数の計算法則を与えることは以上の議論から見て当然である．（叙述を現代化するためとは言え，すでに上の議論に四元数を使ってしまっているので，話の内容が前後してしまっているのは誠に申し訳ない．）

Rodirigues の論文には四元数という言葉は全く出てこない．球面上の三角形に関する角度が現れているだけであるが，2 つの回転の合成に関する計算法則が具体的に書き下されている．この計算法則は 4 元数体 $\boldsymbol{H}$ における次の方程式で与えられる：

$$(\cos(\tfrac{1}{2}\phi) + \sin(\tfrac{1}{2}\phi)\boldsymbol{w})(\cos(\tfrac{1}{2}\phi') + \sin(\tfrac{1}{2}\phi')\boldsymbol{w}') = \cos(\tfrac{1}{2}\phi'') + \sin(\tfrac{1}{2}\phi'')\boldsymbol{w}''.$$

注　完全に 1 価にしようと，$\frac{1}{2}\phi\boldsymbol{w}$ の ϕ に制限を加えるとパラメーターに切れ目が生ずる．したがって，パラメーター空間として $\boldsymbol{H}_-$ をとり，ϕ には制限を加えず，回転軸 $\boldsymbol{w}$ の回りの多重回転をも記述させるのが自然である（[平井 5] 参照）.

1843（四元数の発見）

[Ham] W.R. Hamilton, *On a new species of imaginary quantities connected with the theory of quaternions,* Proc. Royal Irish Acad., **2**(1843), 424-434.

Hamilton は，研究生活のある時期以後，長きに渉って，複素数体 $\boldsymbol{C} = \boldsymbol{R}1 + \boldsymbol{R}i$, $i = \sqrt{-1}$, を拡張してそこで割り算ができるようにしたい（ベクトルによる割り算と言っているが）という目標で，実数体 $\boldsymbol{R}$ に虚数単位を 2 個添加した場合で苦心惨憺していたようであるが，遂に 1843 年 10 月 16 日に，3 個の虚数単位を添加して，次の計算法則（Hamilton の fundamental formula と呼ばれている）を与えればよいことを，発見した：

(Ham) $\qquad \boldsymbol{i}^2 = \boldsymbol{j}^2 = \boldsymbol{k}^2 = -1, \quad \boldsymbol{ijk} = -1 \quad$ (fundamental formula).

その後，彼は「四元数は世紀の大発見である」と固く信じてその有用性を示し，普及を図る活動を続けた．しかしながら，3 次元回転を四元数を用いて表示することには遂に成功しなかった．その齟齬の大本（おおもと）は，彼が発見者特有の自負と頑固さで「ノルム 1 の四元数全体 $\boldsymbol{B}$」と「3 次元回転の全体」との間の **1 : 1** の表示を求め続けたからである．

実際に，複素数のときには，$\boldsymbol{C} = \boldsymbol{R} + \boldsymbol{R}i \ni x + yi \longleftrightarrow (x, y) \in E^2$, により，複素数全体と 2 次元ユークリッド空間 E^2 とを同一視すれば，$\boldsymbol{B}_2 := \{w \in \boldsymbol{C}\,;\, |w| = 1\} = \{e^{i\theta}\,;\, 0 \le \theta < 2\pi\}$ の元 $e^{i\theta}$ を単に掛け算すれば，$z = x + yi \mapsto z' = e^{i\theta} z = x' + y'i$ により，角 θ の 2 次元回転

$$\begin{pmatrix} x' \\ y' \end{pmatrix} = \begin{pmatrix} \cos\theta & -\sin\theta \\ \sin\theta & \cos\theta \end{pmatrix} \begin{pmatrix} x \\ y \end{pmatrix}$$

が **1 : 1** に記述できていたのだった．すなわち，2 次元回転に関しては，自然な同型 $\boldsymbol{B}_2 \cong SO(2)$ が実現されているのである．

上記の Rodrigues, Hamilton をめぐる科学史的状況の解説としては，以下の文献を挙げる．私もここから多くの知見を得た．

[Alt] S.L. Altmann, *Hamilton, Rodrigues, and the quaternion scandal, What went wrong with one of the major mathematical discoveries of the nineteenth century*, Mathematics Magazine, **62**(1989), 291-308.

また，「歴史の皮肉」という言葉で片付けてしまうにはあまりに重い現実として，Rodrigues の（Hamilton に先行する）四元数の発見や，その他の重要な結果が，その後全く顧みられなかったという事実がある．ユダヤ系仏人として，当時のユダヤ嫌いに乗じた（王政復古後の）「ユダヤ人を公的機関から排除する」という教会権力の被害をもろに受けた彼は，一族の業である銀行家に転じたが，上記の論

文 [Rod] を立派な専門誌（J. de Mathématiques Pures et Appliquées）に掲載して貰うことが出来た．Élie Cartan もスピノールに関する彼の著作 [Car2] で，論文 [Rod] を引用しているが，Olinde 氏と Rodrigues 氏の 2 人の共著であると誤解していた[1)]．Rodrigues はこの論文に前後して，1838–1843 の間に，合わせて 7 編の論文を同じ専門誌に載せている．短いものもあるが鋭い切り口で良い論文である．これは彼の（20 年を越える沈黙の後の）43 歳～48 歳ころの論文である．

何故か最近まで全く無視されてきた，こうした科学史的事実について，ようやく Benjamin Olinde Rodrigues（1795–1851）の業績の発掘が行われ，その名誉回復が図られている（[AlOr] 参照）．私もいろいろと調べて，2011 年の津田塾大学数学史シンポジュウムで報告した [平井 5]．

A.2　「本　史」

A.2.1　群の表現論の創始

1896（それは指標の理論と群行列式の理論から始まった）

[Fro1] F. Frobenius, *Über Gruppencharaktere,* Sitzungsberichte der Königlich Preußischen Akademie der Wissenschaften zu Berlin, 985–1021(1896).

[題名訳] 群指標について　[出版誌] プロシャ王立学士院 (Berlin) 年次報告 1896 年

[Fro2] F. Frobenius, *Über die Primfactoren der Gruppendeterminante,* ibid., 1343–1382(1896).　[題名訳] 群行列式の素因子について．

[Fro3] F. Frobenius, *Über die Darstellung der endlichen Gruppen durch lineare Substitutionen,* Sitzungs. König. Preuß. Akad. Wissen. Berlin, 944–1015(1897).

[題名訳] 有限群の線形変換による表現について．

Dedekind は 1880 年から可換群の指標について研究していて，それに関して，Frobenius (1849/10/26–1917/08/03) に質問したが，それを契機として，Frobenius は非可換群についても指標の理論の研究を始めた．その最初の結果が発表されたのが上の [Fro1, 1896], [Fro2, 1896] である．これらが，（有限群の）線形表現論の始まり，である．

しかしながら，[Fro1] は非可換群 G の「指標」を方程式で定義して研究しており，[Fro2] は「群行列式」を代数的に研究しているので，線形表現はまだ現れてい

1)　Rodrigues の first name は Benjamin である．Olinde は彼の少年時代に公的命令によって付加された middle name で，父親が選んだものだが，当時のフランスでは非常に珍しいものであったらしい（Cartan の間違いの原因にもなった？）．Rodrigues はそれを（数学論文については）first name 風に用いている．

ない．しかし，翌年には [Fro3] で線形表現が表(おもて)に現れて，[Fro1] – [Fro2] もその立場から見直されている．すなわち，Frobenius の「指標」は G の既約な線形表現の trace character に他ならず，「群行列式」は $\ell^2(G)$ 上の正則表現から出てきて，その既約表現への分解を，代数的見地から支配する．

その後，1906 年までの 11 年間で書かれた約 14 編の「群の指標と表現論」関係の論文（1906 年の 2 編は I. Schur との共著）で有限群の表現論のめぼしい結果を総なめにした．彼の 46 歳くらいからのおおよそ 12 年間くらいのことである（彼は 1893 年にベルリン大学教授に就任し，プロシャ科学学士院会員に選ばれている）．それらの論文のめぼしいものを詳細に読み込んで，4 年間にわたって数学史として報告したものが，[平井 1] である．

Frobenius の理論構成は，非常に代数的で厳密ではあるが，とても読みにくい．その後 Burnside は別のアプローチの方法を [Bur1, 1898] – [Bur2, 1898] で提出した．また，弟子である Schur も線形表現と指標の理論を [Sch6, 1905] において再構成した．これらはいずれも Frobenius の後追いである．

1897（Frobenius の理論と一部重なった論文）

[Mol2] T. Molien, *Eine Bemerkung zur Theorie der homogenen Substitutionens-gruppe,* Sitzungsberichte der Dorpater Naturforscher-Gesellschaft, **11**(1897), 259-274.

[題名意訳] 群の線形変換群による表現の理論に対する一注意

Theodor Molien (1861/09/10 – 1941/12/25, ロシヤ名 Fedor Eduardovich Molin) は当時のドイツ学問の辺境であった Dorpat 帝国大学で学位を得た．学位論文の仕事は，論文 [Mol1, 1892] になったが，特筆すべきは，次の Wedderburn の定理の $K = \boldsymbol{C}$ の場合を証明したことである：

「可換体 K 上の単位元を持つ単純多元環は，K 上のある斜体 D の上の全行列環 $M(n, D)$ に同型である．」

彼は，後にその大学に職を得たが，現地の（Academie になろうとしていた？）Dorpat 自然科学者協会の年次報告（Sitzungsberichte）に Frobenius の上記の論文と重なる結果を発表した [Mol2, 1897]．これには，上記の多元環に関する自分の研究が本質的に使われている．（Frobenius の場合も自分自身の「多元環に関する研究」をもろに使っている．）Frobenius は [Fro3, 1897] の §4 において，Molien の多元環に関する論文 [Mol1, 1892] および，その理論を「群の線形表現」に応用した [Mol2] に言及して，ある重要な定理が Molien によってそこで独立に発見されていたと述べている．その後，Frobenius は Molien の論文 [Mol2, 1898] をプロシャ科学アカデミーの紀要に紹介しているが，さらに，優秀な若者と認めて就職の世話をしようとしたようであるが，それは成功しなかった．

その後，ソ連邦になったときに，Molien は（職のためにやむを得ず？）ソ連邦に残り，研究環境が劣悪なシベリヤに赴任させられたが，多くの教科書を書いたり，数学教育を主として後半生を送った ([平井 4] 参照).

A.2.2　射影表現（スピン表現）の創始

いよいよ，射影表現の登場であるが，それは「群の表現論」が 1896 年に始まってから，わずか 8 年後の 1904 年のことである．

1904（有限群の射影変換（＝一次分数変換）による表現: 実質はスピン表現）

[Sch1]　J. Schur, *Über die Darstellung der endlichen Gruppen durch gebrochene lineare Substitutionen,* J. für die reine und angewante Mathematik, **127**(1904), 20–50.

[題名意訳] 有限群の一次分数変換による表現について

師匠である Frobenius が群の「線形変換による表現」を創始したのに倣って，Schur は群の「1 次分数変換による表現」を創始した．前者は，群 G から $GL(n,K)$, $K=\boldsymbol{C}$, $\boldsymbol{R}$, への準同型，であり，後者は G から $PGL(n,K)$ への準同型である．もっとも，Schur は序文初頭において，

> Das Problem der Bestimmung aller endlichen Gruppen lineare Substitutionen bei gegebener Variabelnzahl n ($n>1$) gehört zu den schwierigsten Problemen der Algebra und hat bis jetzt nur für die binären und ternären Substitutionsgruppen seine vollständige Lösung gefunden. Für den allgemeinen Fall ist nur bekannt, daß die Anzahl der in Betracht kommenden Typen von Gruppen eine endliche ist; dagegen fehlt noch jede Übersicht über die charakteristischen Eigenschaften dieser Gruppen.
>
> Die Umkehrung dieses Problems bildet in einem gewissen Sinne die Aufgabe: alle Gruppen von höchstens h ganzen oder gebrochenen linearen Substitutionen zu finden, die einer gegebenen endlichen Gruppe $\mathfrak{H}$ der Ordnung h ein- order mehrstufig isomorph sind, oder auch, wie man sagt, alle Darstellungen der Gruppe $\mathfrak{H}$ durch lineare Substitutionen zu bestimmen.
>
> [意訳] 変数の個数 n ($n>1$) を固定したとき，n 変数の線形変換群の中に

入っている有限群をすべて決定する問題は，代数学の最も難しい問題に属する．そして，$n = 2, 3$ の場合にしか完全な回答は得られていない．一般の場合には，そうした有限群の型が有限に止まること，しか知られておらず，これらの群の特徴的な性質についての見通しは立っていない．

翻(ひるがえ)って考えると，この問題はある意味において次の研究課題を与える．「高々 h 個の線形変換もしくは一次分数変換よりなる群で，与えられた 位数 h の有限群 $\mathfrak{H}$ と同型もしくは準同型になるもの，を決定せよ」，あるいは，別の言葉で言えば，「群 $\mathfrak{H}$ の線形変換による表現をすべて決定せよ」．

と述べているので，問題意識としては，「$GL(n, \boldsymbol{C})$ に入っている有限部分群をすべて決定したい」という発想である．したがって，発想としては，「G を表現したい」というか，G の射影変換による表現 π（現代用語では，射影表現，または，スピン表現，という）の側(がわ)に重点があるのではなくて，むしろ，π によって写っていった先の「像 $\pi(G) \subset GL(n, \boldsymbol{C})$ を知る」ことに重点があった．

ここで，念のために，**射影表現**の定義（Schur によるのと同一）を与える．それは，G の各元 g に対し，1 つの線形変換 $\pi(g)$ が対応して，

$$\pi(g)\pi(h) = r_{g,h}\,\pi(gh) \quad (g, h \in G,\ r_{g,h} \in \boldsymbol{C}^\times),$$

となっているものであり，$G \times G$ 上の関数 $r_{g,h}$ を π の**因子団**と呼ぶ．

他方，$G \times G$ 上の $\boldsymbol{C}^\times := \{z \in \boldsymbol{C};\ z \neq 0\}$ の値をとる関数で

$$\text{(Sch)} \qquad r_{k,gh}\, r_{g,h} = r_{k,g}\, r_{kg,h} \quad (k, g, h \in G)$$

を満たすものを，G 上の $\boldsymbol{C}^\times$-値 2-cocycle という．2 つの 2-cocycle の積はまた 2-cocycle で，2-cocycle 全体を 同値関係 $r_{g,h} \approx r'_{g,h} := r_{g,h} \cdot (\lambda_g \lambda_h / \lambda_{gh})$, ただし，$\lambda_g \in \boldsymbol{C}^\times$ $(g \in G)$, で割った群を $H^2(G, \boldsymbol{C}^\times)$ と書き，G の Schur multiplier と呼ぶ．

論文 [Sch1] においては，有限群 G の射影表現に関する基礎理論が展開されている．まず，可換群 Z よる G の中心拡大 G' とは，

$$(*) \qquad 1 \to Z \to G' \overset{\Phi}{\to} G \to 1 \quad (\Phi : G' \to G \text{ は準同型写像})$$

が完全（exact）系列になるようなものである．G' の中に G の切断 $G \ni g \to s(g) \in \mathcal{S} \subset G'$ をとると，

$$s(g)s(h) = z_{g,h}\, s(gh) \quad (g, h \in G,\ \exists z_{g,h} \in Z),$$

となる．そこで，G' の線形表現 Π に対し，$\pi(g) := \Pi(s(g))$ $(g \in G)$ とおくと，$g, h \in G$ に対し，

$$\begin{aligned}\pi(g)\pi(h) &= \Pi(s(g))\Pi(s(h)) = \Pi(s(g)s(h)) \\ &= \Pi(z_{g,h}\, s(gh)) = \Pi(z_{g,h})\Pi(s(gh)) = \Pi(z_{g,h})\pi(gh),\end{aligned}$$

となるので，Π が既約であれば，$z \in Z$ に対し，**Schur の補題**により，$\Pi(z) = \chi_Z(z)I$, ここに，I は恒等作用素，となる．$\chi_Z \in \widehat{Z}$ を Π の spin type と呼ぶ．したがって，$\Pi(z_{g,h}) = r_{g,h}I$, $r_{g,h} = \chi_Z(z_{g,h}) \in \boldsymbol{C}^\times$，よって，

$$\pi(g)\pi(h) = r_{g,h}\,\pi(gh) \quad (g, h \in G),$$

となり，π は $G \cong G'/Z$ の射影表現である．

有限群 G の全ての射影表現 π が，その線形表現 Π から上の形で得られるような G の中心拡大 G' のうち，位数 $|G'|$ が最小のものを G の**表現群**という．G の射影表現とは，G の**多価表現**のことでもある．[Sch1] では，なかんずく，次が示されている．

(1)　任意の有限群 G に，表現群が（同値を除いて）有限個存在する．

(2)　G の全ての表現群 G' に対して，中心拡大 $(*)$ の中心的部分群 Z は G の Schur multiplier $H^2(G, \boldsymbol{C}^\times)$ に同型である．

注 A.2.1　連結リー群 G の場合には，G の普遍被覆群が表現群に当たる．有限群 G の表現群のうちの 1 個をとり，$R(G)$ と書くことにする．リー群の場合に倣って，$R(G)$ を G の（一意的ではないが）‘普遍被覆群’ ということもある（以下の項目 **A.2.3, A.2.6** 参照）．

1007（表現群の構成・個数，Schur multiplier，スピン指標）

[Sch2] J. Schur, *Untersuchungen über die Darstellung der endlichen Gruppen durch gebrochene lineare Substitutionen,* ibid., **132**(1907), 85–137.

[題名意訳] 有限群の一次分数変換による表現に関する研究

ここでは，表現群の構成法，同型でない表現群の個数の評価，Schur multiplier の計算法，が与えられた．さらに，スピン指標（スピン表現の指標）が

$$SL(2,K),\ PSL(2,K),\ GL(2,K),\ PGL(2,K),\ \text{ただし，}\ K = GF[p^n],$$

に対して計算された．これにより，基本的には，これらの群に対してスピン表現の分類が完成した．

1911（n 次対称群, n 次交代群のスピン表現の構成と, スピン指標の計算）

[Sch4] J. Schur, *Über die Darstellung der symmetrischen und der alternierenden Gruppen durch gebrochene lineare Substitutionen,* J. für die reine und angewante Mathematik, **139**(1911), 155–255.

[題名意訳] 対称群と交代群の一次分数変換による表現について

n 次対称群 $\mathfrak{S}_n$ の表現群（$n=2,3$ では $\mathfrak{S}_n$ 自身, $n \geq 4, \neq 6$ では 2 個, $n=6$ では 1 個）および n-次交代群 $\mathfrak{A}_n$ の表現群（1 個）を構成した. その線形表現を調べることにより, もとの群 $\mathfrak{S}_n, \mathfrak{A}_n$ のスピン表現を調べた. その構成, 指標の計算, が具体的に行われている.

スピン表現の構成では, $\mathfrak{S}_n$ のもっとも基本的なスピン表現 Δ_n を主表現（Hauptdarstellung）という. Δ_n は天下り式に与えられているが, それをタネにして一般のスピン既約表現を構成している. Δ_n を与える為には, 以下の項目 **A.2.4** におけるパウリ行列 3 個組（1927) と同じものを使っている.

スピン指標の計算には,（今日）Schur の Q 多項式と呼ばれているものなどが現れる. 彼の結果は包括的であり, 今日までその影響を及ぼしている.

A.2.3 Lie 群および Lie 環の場合

1913（**単純リー群の既約線形表現を最高ウェイトで決定, 回転群のスピン表現の発見**） [Car1] É. Cartan, *Les groupes projectifs qui ne laissent invariante aucune multiplicité plane,* Bull. Soc. Math. France, **41**(1913), 53-96.

[題名意訳] 射影変換からなり如何なる線形部分空間をも不変にしない群

Cartan はこの論文で, $\boldsymbol{C}$ 上の半単純 Lie 環の, $\boldsymbol{C}$ 上の既約表現を全て分類した. ここには, 単純 Lie 環の彼自身による分類も使って, 既約表現がその highest weight で決定されること, highest weight の決まり方, などを示している.

当時には, まだ, 単純 Lie 環 $\mathfrak{g}$ に対する Lie 群 G, その普遍被覆群（単連結なもの）$\widetilde{G}$, などに関する結果が不足していたので, 分類した既約表現の中に, スピン表現が含まれていることは, はっきりとは認識されていなかった.

例えば 3 次元回転群 $SO(3)$ の（実）Lie 環は $\mathfrak{so}(3) \cong \mathfrak{su}(2)$ で, 対応する Lie 群は $SU(2)$ で, これが $SO(3)$ の普遍被覆群である. $SU(2)$ の 2 次元の自然表現 $SU(2) \ni u \mapsto u$ は, $SO(3)$ から見れば 2 価の表現であり, ここがスピン表現の名前の起こりである. これを Lie 環レベルで見てみると, $\mathfrak{so}(3)$ の複素化 $\mathfrak{so}(3, \boldsymbol{C})$ は $\mathfrak{sl}(2, \boldsymbol{C})$ と同型であり, 後者に対応する普遍被覆群は $SL(2, \boldsymbol{C})$ である. $SL(2, \boldsymbol{C})$

の 2 次元の自然表現 $SL(2,\boldsymbol{C}) \ni g \mapsto g$ に対応する Lie 環の表現は $\mathfrak{sl}(2,\boldsymbol{C}) \ni X \mapsto X$ であり，$\mathfrak{sl}(2,\boldsymbol{C})$ の基底（3 組の行列）を適当に取れば，それが本質的には後述の Pauli 行列 3 つ組である．

論文 [Car1] には，残念ながら，具体的な行列表示は書かれなかったので，理論物理学者（例えば，Pauli や Dirac）が，この論文の結果を使うことはなく，彼らはあらためて Pauli 行列などを独立に再発見したのである．

解説． [CC] S.-S. Chern and C. Chevalley, *É. Cartan and his mathematical work,* Bull. Amer. Math. Soc., **58**(1952), 217-250.

A.2.4　量子力学でのスピン理論と量子力学の数学的基礎付け

1927（パウリ行列 3 個組の発見とその応用）

[Pau] W. Pauli, *Zur Quantenmechanik des magnetischen Elektrons,* Zeitschrift für Physik, **43**(1927), 601-623.　[題名意訳] 電磁場における電子の量子力学に対して
（数学的な面での内容はパウリ行列とその応用）

2×2 のエルミート型行列を

$$\text{(Pau)} \qquad a = \sigma_1 := \begin{pmatrix} 0 & 1 \\ 1 & 0 \end{pmatrix},\ b = \sigma_2 := \begin{pmatrix} 0 & -i \\ i & 0 \end{pmatrix},\ c = \sigma_3 := \begin{pmatrix} 1 & 0 \\ 0 & -1 \end{pmatrix},$$

と置くと，これが Pauli 行列の 3 つ組である．交換関係は，

$$[a,b] = 2ic,\ \ [b,c] = 2ia,\ \ [c,a] = 2ib \quad (i = \sqrt{-1}),$$

である．3 つ組み $\{a,b,c\}$ は $\mathfrak{so}(3)$ の複素化と同型な $\mathfrak{sl}(2,\boldsymbol{C})$ の基底を与える．交換関係式に虚数 $i = \sqrt{-1}$ が現れない，より数学的な言い方をすると，$B_j := i\sigma_j\ (j = 1,2,3)$，とおけば，$\{B_1, B_2, B_3\}$ は $SU(2)$ のリー環 $\mathfrak{su}(2)$ の $\boldsymbol{R}$ 上の基底を与えて，交換関係式は

$$[B_j, B_k] = 2B_l,$$

ここに $(j\ k\ l)$ は $(1\ 2\ 3)$ の巡回置換，である．

◆ ここで少し数学的な説明をしよう．**A.2.3** 小節でも触れたが，回転群 $G := SO(3)$ の普遍被覆群 $\widetilde{G} := SU(2)$ の被覆写像 $\Phi : \widetilde{G} \ni u \mapsto g \in G$ は次のように与えられる．${}^t(x_1, x_2, x_3) \in E^3$ に対して，2×2 の Hermite 型行列

$$X := \sum_{1 \leqslant j \leqslant 3} x_j \sigma_j = \begin{pmatrix} x_3 & x_1 - ix_2 \\ x_1 + ix_2 & -x_3 \end{pmatrix}, \quad \mathrm{tr}(X) = 0,$$

を対応させる．$u \in SU(2)$ に対し，$X \mapsto X' = uXu^{-1} = uXu^*$ とおき，$X' = \sum_{1 \leqslant j \leqslant 3} x'_j \sigma_j$ として得られる変換 $(x_j)_{1 \leqslant j \leqslant 3} \to (x'_j)_{1 \leqslant j \leqslant 3}$ の行列が $g = \Phi(u)$ である．計算により，次の公式が得られる（その証明は読者にお任せする）：

$$\Phi(\exp(\theta B_j)) = g_j(2\theta) \quad (1 \leq j \leq 3),$$

であって，$\exp(\theta B_j), 1 \leq j \leq 3$, と $g_j(\varphi), 1 \leq j \leq 3$, はこの順番に，

$$\begin{pmatrix} \cos\theta & i\sin\theta \\ i\sin\theta & \cos\theta \end{pmatrix}, \quad \begin{pmatrix} \cos\theta & \sin\theta \\ -\sin\theta & \cos\theta \end{pmatrix}, \quad \begin{pmatrix} e^{i\theta} & 0 \\ 0 & e^{-i\theta} \end{pmatrix},$$

$$\begin{pmatrix} 1 & 0 & 0 \\ 0 & \cos\varphi & \sin\varphi \\ 0 & -\sin\varphi & \cos\varphi \end{pmatrix}, \quad \begin{pmatrix} \cos\varphi & 0 & -\sin\varphi \\ 0 & 1 & 0 \\ \sin\varphi & 0 & \cos\varphi \end{pmatrix}, \quad \begin{pmatrix} \cos\varphi & -\sin\varphi & 0 \\ \sin\varphi & \cos\varphi & 0 \\ 0 & 0 & 1 \end{pmatrix}.$$

この場合，$\mathrm{Ker}(\Phi) = \{\pm E_2\}$ なので，Φ が 2 重被覆であることが分かる．$g_j(\varphi)$ は x_j 軸を中心とし，$j = 1, 2$ では左ネジを（$j = 3$ では右ネジを）x_j 軸の正の方向に進ませるように角度 φ だけ回転させる行列である．1 径数部分群 $\exp(\theta B_j)$ で $0 \leq \theta \leq 2\pi$ と一巡（めぐ）りするうちに，$g_j(\varphi), \varphi = 2\theta$, が（回転軸の回りを）二巡りすることが分かる．底（てい）の群 G の 1 径数部分群 $g_j(\varphi)$ の生成元は

$$A_j := \frac{d}{d\varphi} g_j(\varphi)\big|_{\varphi=0} \in \mathfrak{so}(3, \boldsymbol{R}) \quad (j = 1, 2, 3),$$

であり，これは簡単に計算できる．$\{A_1, A_2, A_3\}$ はリー環 $\mathfrak{so}(3, \boldsymbol{R})$ の生成元系を与え，交換関係 $[A_j, A_k] = A_l$ を満たす．写像 Φ の微分は，対応 $\frac{1}{2}B_j \to A_j$ $(1 \leq j \leq 3)$ により，リー環の同型を与える．実際に計算されたし．

さて，$g \in G = SO(3)$ に対し，Φ による原像 $u \in \widetilde{G} = SU(2), \Phi(u) = g$, をとり，

$$\pi_2(g) := u$$

とおくと，これは回転群の 2 次元のスピン表現である．実際，$\pi_2(g)$ は g が群の単位元のある近傍を動くときには 1:1 の写像（G と $\widetilde{G}$ の局所同型）であるが，φ を θ_0 から連続的に動かしていくと $\varphi = \theta_0 + 2\pi$ に到達したときに，$\pi_2(g_j(\theta_0 + 2\pi)) = -\pi_2(g_j(\theta_0))$, と行列の符号が変わってしまうので，2 価の表現（スピン表現）と捉える以外ない．しかし，これを G から普遍被覆群 $\widetilde{G}$ へと上がって見れば，1 価の線形表現となっている（$u \mapsto u$ の恒等表現だが）．

$G = SO(3)$ の極大な可換部分群（Cartan 部分群の 1 つ）

$$H = \{g_3(\varphi)\,;\,0 \le \varphi < 2\pi\}$$

をとる．G の表現 π に対し，その表現空間 $V(\pi)$ における $\pi(h)$ $(h \in H)$ の同時固有ベクトル $\boldsymbol{v}$ に対し，$\pi(h)\boldsymbol{v} = \chi(h)\boldsymbol{v}$ $(h \in H)$ で与えられる $\chi \in \widehat{H}$ を π のウェイト，$\boldsymbol{v}$ をそのウェイトベクトル，とよぶ．$h = g_3(\varphi)$ に対しては，ある k があって，$\chi(h) = e^{ik\varphi}$ となる．実は，π が G の（1 価の）既約線形表現であれば，k は整数であり，（2 価の）スピン表現であれば，k は純半整数（奇数/2）である．この k のうち，最大のものを π の最高ウェイトと呼ぶ．既約表現はその最高ウェイトで決定される．上の 2 次元表現 π_2 の最高ウェイトは 1/2 である．

◆ Pauli が，上に掲げた論文の結果に到達した理由は次である．

> 「電子を質点として捉える」という考え方で，波動方程式を波動関数に適用する理論では，水素原子などの原子核の回りの 1 つの電子の安定軌道の個数が，観測値に比して理論値が 2 倍になる現象（“duplexity” phenomena）が起こった．その矛盾を解決するために，Pauli は 4 番目の量子量（quantum number）を導入することとして，電子は $\pm\frac{1}{2}\hbar$ の角運動量（spin angular momentum）を持つ，

としたのである．

これを数学的にいうと，『電子に対する波動方程式・波動関数は，（座標変換として）空間の回転群 $G = SO(3)$ の変換を受けるのではなくて，その普遍被覆群 $\widetilde{G} = SU(2)$ の（スピン表現 π_2 に従う）変換を受けている』ということであり，

『電子は 3 次元ユークリッド空間 E^3 に住んでいるのではなくて，複素 2 次元（実 4 次元）の空間 $\boldsymbol{C}^2$ に住んでいる』

ことを意味する．この数学的すぎる説明は，物理学者にはなかなか理解できず，受け入れ難かったようである．例えば，私の同級生で物理学科に進んだ友人の話だと，授業では『電子はどの方向の回転軸か分からぬが，ある回転軸の回りに回転しているのだ』という説明だった，とのこと．

以上のような，Pauli の波動方程式，波動関数，これらがどのように群 $\widetilde{G} = SU(2)$ による変換を受けるか，などについて，詳しく解説してあるのが，著書 [平井山下] の第 4 章である．

1928（Quantum Theory of Electron）

[Dir] P.M.A. Dirac, *The quantum theory of electron,* Proceedings of the Royal Society London A, **117**(1928), 610-624; and Part Ⅱ, ibid., **118**(1928), 351-361.

Dirac はこの論文で，3 個組のパウリ行列を 4 個組に拡大して，Lorentz 群のスピン表現を得て，相対論的（すなわち，Lorentz 不変な）波動方程式である Dirac 方程式，を作った．この方程式で電子を記述すると，上記の duplexity phenomena が，何らの仮定も無く解決できる．

さらに，Klein-Gordon 方程式は，Dirac 方程式 2 個の積に「因数分解」できるなど，後者がより基本的であることが分かった．そして，量子力学のその後の大きな発展の基礎となったのである．少し詳しく述べるために，基礎となる Minkowski 空間 M^4 と Lorentz 群 $\mathcal{L}_4 = SO_0(3,1)$ とを準備しよう．

◆ **Minkowski 空間 M^4．** まず，M^4 とは，時空を記述するための空間であり，ベクトル（縦ベクトルで書く）

$$\boldsymbol{x} = {}^t(x_1, x_2, x_3, x_4),$$
$${}^t(x_1, x_2, x_3) \in E^3,\ \ x_4 = ct \in \boldsymbol{R},\ c = \text{光速},\ t = \text{時間},$$

の全体からなり，行列 $J_{3,1} := \mathrm{diag}(1,1,1,-1)$ による内積

$$\langle \boldsymbol{x}, \boldsymbol{x} \rangle_{3,1} := {x_1}^2 + {x_2}^2 + {x_3}^2 - {x_4}^2 = {}^t\boldsymbol{x}\, J_{3,1} \boldsymbol{x}\,,$$

が導入されている．群 $O(3,1)$ は $g \in GL(4, \boldsymbol{R})$ でこの内積を不変にする

$$\langle g\boldsymbol{x}, g\boldsymbol{x} \rangle_{3,1} = \langle \boldsymbol{x}, \boldsymbol{x} \rangle_{3,1} \quad (\boldsymbol{x} \in M^4),$$

つまり ${}^t g J_{3,1} g = J_{3,1}$ を満たす元 g の全体である．それは 4 個の連結成分を持つ．単位元 $e = E_4$ の連結成分が，固有 Lorentz 群と呼ばれ，次の記号で表される：

$$\mathcal{L}_4 = SO_0(3,1) := \{ g = (g_{ij})_{1 \leqslant i,j \leqslant 4} \in O(3,1)\ ;\ \det(g) = 1,\ g_{44} \geq 1 \}.$$

◆ **Dirac 方程式．** Dirac の波動関数 $\psi(\boldsymbol{x})$ は $V = \boldsymbol{C}^4$ に値をとる M^4 上の関数であり，列ベクトルで： $\psi(\boldsymbol{x}) = \big(\psi_j(\boldsymbol{x})\big)_{1 \leqslant j \leqslant 4}$ と書く．Dirac は，電子に対する相対論的不変な波動方程式を次のように与えた:

$$\sigma_1 = \begin{pmatrix} 0 & 1 \\ 1 & 0 \end{pmatrix},\ \sigma_2 = \begin{pmatrix} 0 & -i \\ i & 0 \end{pmatrix},\ \sigma_3 = \begin{pmatrix} 1 & 0 \\ 0 & -1 \end{pmatrix},\ \sigma_4 = \begin{pmatrix} 1 & 0 \\ 0 & 1 \end{pmatrix},$$

とおき，さらに 4×4 型行列 $\gamma_1, \gamma_2, \gamma_3, \gamma_4$ を

$$\gamma_j = \begin{pmatrix} 0_2 & -i\sigma_j \\ i\sigma_j & 0_2 \end{pmatrix} \quad (1 \leq j \leq 3), \quad \gamma_4 = \begin{pmatrix} -i\sigma_4 & 0_2 \\ 0_2 & i\sigma_4 \end{pmatrix},$$

とする．ここに，0_2 は位数 2 の零行列．すると，電磁場が零の場合の Dirac 方程

式は，電子の質量を m として，

$$\text{(Dir)} \qquad (D+\kappa)\psi = 0, \quad D := \sum_{1\leqslant j\leqslant 4} \gamma_j \partial_{x_j}, \ \partial_{x_j} := \frac{\partial}{\partial x_j}, \ \kappa := \frac{mc}{\hbar}.$$

$g \in \mathcal{L}_4$ の波動関数への作用は，$T_g(\psi)(\boldsymbol{x}) := g(\psi(g^{-1}\boldsymbol{x}))$, である．Dirac 方程式は，Lorentz 不変，すなわち，$\mathcal{L}_4$ 不変である．これを式で表すと，

$$T_g^{-1}(D+\kappa)(T_g\psi) = (D+\kappa)\psi \quad (g \in \mathcal{L}_4).$$

さらに，Klein-Gordon 方程式は，次のように分解される：

$$(\Box - \kappa^2)\psi = (D-\kappa)(D+\kappa)\psi = 0, \qquad \Box := \sum_{1\leqslant j\leqslant 3} \partial_{x_j}^{\,2} - \partial_{x_4}^{\,2}.$$

この方面のより詳しい解説には，[平井山下] の第 5 章や [HHoH1]（英文）を参照のこと．

1928（von Neumann の定式化 (1927) による量子力学）

[Wey2] H. Weyl, *Gruppentheorie und Quantenmechanik*, 1st edition, 1928 (2nd edition, 1931), Hirzel, Leipzig; English Translation of 2nd edition by H.P. Robertson, Dutton, New York, 1932. [書籍名訳] 群の理論と量子力学

von Neumann の,「量子力学の数学的な基礎付け」では，素粒子の状態を記述するのは，ある Hilbert 空間の，ベクトルというよりもそれが決める（複素）直線 (Strahlenkörper) である．したがって，状態の変換は，変換群の **Strahldarstellung = ray representation**（実質は射影表現）によって記述される．

A.2.5 A. H. Clifford の仕事 再発見

1937（有限群 H の既約表現を正規部分群 N に制限したときの状況）

[Clif] A.H. Clifford, *Representations induced in an invariant subgroup,* Ann. Math., **38**(1937), 533-550. [題名意訳] 正規部分群に誘導される表現

A.H. Clifford は（よく知られている）Clifford 代数の W.K. Clifford とは時代がずれている別人だが，Princeton 高等研究所で H. Weyl の助手をしていた時代に研究した論文であり，有限群 H の既約表現を，その正規部分群 N に制限したときに現れる N の表現全体の構造を調べた．とくに，そこに必然的に N を含むある部分群の射影表現が現れる場合があることを示した．この論文の §§3–4 の主要な結果を，私なりにまとめて定理の形にしたのが，下の定理である．

この結果を用いれば，H が正規部分群 U と，ある部分群 S との半直積（すな

わち，$H = U \rtimes S$）である場合，H の全ての既約線形表現を構成する方法が導かれる．そこには**自然に** S のある部分群の**射影表現が現れる**（本文，**3.2** 節参照）．

この点は G.W. Mackey [Mac1]–[Mac2] の誘導表現の場合と異なる．彼の場合は，U を可換群，と仮定しているので，射影表現は現れない．

定理 ([Clif, §§3–4] 参照) N を群 H の正規部分群とする．H の有限次元既約表現 τ に対し，制限 $\tau|_N$ のすべての既約成分が互いに同値である，と仮定する．すなわち，$\tau|_N \cong [\ell] \cdot \rho$，ここに，$\rho$ は N のある既約表現で，$\ell = \dim \tau / \dim \rho$ はその重複度．さらに基礎体を代数的閉と仮定する．

(i) 既約表現 τ は H の 2 つの既約な射影表現（=スピン表現）C と Γ のテンソル積に同値である：

$$\tau(h) \cong \Gamma(h) \otimes C(h) \quad (h \in H),$$

ここに，$\quad \dim \Gamma = \ell,\ \dim C = \dim \rho,$

$$\rho(h^{-1}uh) = C(h)^{-1}\rho(u)C(h) \quad (h \in H, u \in N).$$

(ii) 次のように正規化できる： $h \in H, u \in N$ に対し，

$$C(hu) = C(h)\rho(u),\ C(u) = \rho(u); \quad \Gamma(hu) = \Gamma(h),\ \Gamma(u) = E_\ell.$$

このとき，$h \mapsto \Gamma(h)$ は実質上 商群 H/N の射影表現（スピン表現）であり，C, Γ の因子団は互いに他の逆である．それらは実質上 H/N の因子団である． □

この Clifford の古典的結果は，現在の我々の仕事 [HHH4], [Hir2] にもつながっている．また，本書第 3 章 1 節および第 11 章にも密接な関係がある．

閑話休題 A.2.1 ここで少々中休みを頂いて，「スピン表現」に関する個人的感想を述べてみたい．故杉浦光夫先生のお奨めで，津田塾大学が続けていた各年一回の「数学史シンポジウム」に参加させて頂き，はじめは自分の研究の回顧の講演をしたが，次から Frobenius の「群の指標や表現」に関する論文を読んでは報告した ([平井 1])．それが一段落した後，Frobenius の直弟子で初期の論文内容では Frobenius と密接に関連していた Schur の論文を組織的に読み込んでみることにした．そこで出会った難物が彼の「射影表現三部作」([Sch1, 1904], [Sch2, 1907], [Sch4, 19011]) であった．これを読み込んで報告した ([平井 2]) が，この論文に引き続く直接の発展や関連分野への広がりについても自然と興味を持った．そこで，奇妙なことに気が付いた．Schur の第 3 論文 [Sch4] は対称群 $\mathfrak{S}_n$ と交代群 $\mathfrak{A}_n$ のスピン表現（射影表現）に関する興味ある結

果が一杯詰まっているのに，こと有限群論の範囲では，これに続く研究が発表されるまで大きな空白期間があった（他方，回転群やローレンツ群をはじめとする半単純 Lie 群についてのスピン表現の理論はそれなりに発展を続けていた）．

例えば，対称群のスピン表現については [Mor1, 1962], Schur multiplier $\mathfrak{M}(G)$ の計算については [IhYo, 1965] までの半世紀の空白がある．これにはそれなりの理由があるのだろうと想像は出来るが，なにか継子扱いされているように感じていた．

しかし，この A.H. Clifford の仕事では，「群 G の線形表現の中に自然と（ある部分群の）スピン表現が登場している」ことが示されている．これはすなわち「スピン表現は表現論の（継子などではなくて）正当の嫡子である」ことが理論的に示されている，と受け取れる．

A.2.6　数学における発展と量子力学

1939（古典型リー群のすべての既約表現の構成とその指標の計算）

[Wey1] H. Weyl, *Classical Groups, Their Invariants and Representations*, Princeton University Press, 1939.

古典型リー群は，複素数体 $\boldsymbol{C}$ 上のものの分類は，

A_n 型	$SL(n+1,\boldsymbol{C})$	$(n\geq 1)$,
B_n 型	$SO(2n+1,\boldsymbol{C})$	$(n\geq 2)$,
C_n 型	$Sp(2n,\boldsymbol{C})$	$(n\geq 3)$,
D_n 型	$SO(2n,\boldsymbol{C})$	$(n\geq 4)$,

であるが，その compact form は，

$$SU(n+1),\ \ SO(2n+1),\ \ USp(2n)=SU(2n)\cap Sp(2n,\boldsymbol{C}),\ \ SO(2n),$$

である．Weyl の unitarian trick によって，後者のユニタリ既約表現は，1-1 に前者の複素解析的（有限次元）既約表現と対応する．これらのすべての既約表現を構成して，その指標も与えた．

そこでは，線形（1 価）のものとスピン（＝射影，＝多価）のものとが，共通の指標公式，次元公式などを持って，統一的に記述されている．

1947（3 次元ローレンツ群 $\mathcal{L}_3$ の 2 重被覆群 $SL(2,\boldsymbol{R})$ の既約表現と指標）

[Bar] V. Bargmann, *Irreducible unitary representations of the Lorentz group,* Ann. Math., **48**(1947), 568-640.

空間部分が 2 次元の 3 次元ローレンツ群 $\mathcal{L}_3=SO_0(2,1)$ の 2 重被覆群が $SL(2,\boldsymbol{R})$ で実現できる．その既約表現を構成し，指標も与えた．これには，底(てい)の

群（base group）$\mathcal{L}_3$ から見て，線形（1 価）のものも，射影（=多価，ここでは 2 価）のものも含まれている．$\mathcal{L}_3$ の普遍被覆群は無限重の被覆群であり，そこまで上がると，状況はかなり変わってしまう．

1947（4 次元ローレンツ群 $\mathcal{L}_4$ の普遍被覆群 $SL(2,\boldsymbol{C})$ の既約表現と指標）

[GeNa] I.M. Gelfand and M.I. Naimark, *Unitary representations of Lorentz group* (in Russian), Izvestia Akad. Nauk SSSR, **11**(1947), 411-504 [English Translation in Collected Works of Gelfand, Vol. 2, pp.41–123].

4 次元ローレンツ群 $\mathcal{L}_4$ の普遍被覆群 $SL(2,\boldsymbol{C})$ は 2 重被覆である．その既約表現を構成，指標も与えた．

そこには，底(てい)の群 $\mathcal{L}_4 = SO_0(3,1)$ から見て，線形（1 価）のものとスピン（= 射影，= 2 価）のものとが，統一的に存在している．

1947（4 次元ローレンツ群の既約表現の infinitesimal な構成）

[HC] Harish-Chandra, *Infinite irreducible representations of the Lorentz group,* Proceedings of the Royal Society London A, **189**(1947), 327-401.

植民地時代のインドでは，優秀な現地人は見込まれれば，宗主国イギリスによんで貰って，そこで修行出来たが，Harish-Chandra が Dirac の指導を London で受けられたのも，そうしたお蔭なのだろうか？

ともかく，この仕事は「Dirac の示唆に依る」ことが，Introduction で感謝とともに記されている．ここで，infinitesimal と言っているのは，4 次元ローレンツ群の既約表現の構成を，リー環レベルで議論している，という意味である．こうした手法のことを，infinitesimal method と言っている．

リー環レベルの議論なので，（群上の関数である）既約指標の話は出てこない．

A.2.7 （半世紀の休眠を経て）有限群のスピン表現の理論 再生

半単純 Lie 群では，有限次元既約表現の場合，線形表現とスピン表現（多価表現）は，その highest weight の性格に差があるだけである．例えば $SO(3)$ の場合には，前者の highest weights は非負整数だが，後者のそれは正の半整数である．指標公式や次元公式は，共通の形をしており差は無い．そして，É. Cartan, J. Schur, H. Weyl 等の有限次元表現の時代を経て，Lorentz 群の無限次元の表現も，被覆群（$SL(2,\boldsymbol{R})$, $SL(2,\boldsymbol{C})$ など）を考えることにより，自然にスピン表現も統一的に取り込んできた．

それに反して，有限群については，スピン表現は線形表現と大きな差がある場合が多い．このことも関係するのか，あるいは，Schur のスピン表現三部作 [Sch1], [Sch3], [Sch4] が余りに網羅的，かつ，徹底的にやってしまったからか，その後が続かなかった．

1962（Schur のスピン表現の理論の再興の兆し）

[Mor1] A.O. Morris, *The spin representation of the symmetric group,* Proc. London Math. Soc., **(3) 12**(1962), 55–76.

Schur の三部作以来，半世紀のブランクを経て，有限群のスピン表現の研究が再開された．その最初の論文が上記であるが，内容は，Schur の仕事を見直すところから始めている．

このあと，徐々に，Morris の弟子達も育って，この方面の研究も花盛りになった．

1965（Schur multiplier $H^2(G, \boldsymbol{C}^\times)$ の決定）

[IhYo] S. Ihara and T. Yokonuma, *On the second cohomology groups (Schur multipliers) of finite reflexion groups,* J. Fac. Sci. Univ. Tokyo, Ser.1, **IX**(1965), 155-171.

より代数的な群論の見地からは，Schur multiplier $H^2(G, \boldsymbol{C}^\times)$ の決定は，ある時期，集中的に研究されたテーマであった．[Gor] の解説によると，有限単純群の分類に関与する部分もあって，そちらからの動機付けもあったようである．

それらの結果を使って，スピン表現・スピン指標の研究にまで歩を進めるのには，かなりの時間差があった．初期の 2 つの論文を挙げておく．

1973　[Mor2] A.O. Morris, *Projective representations of abelian groups,* London Math. Soc., **(2) 7**(1973), 235-238.

1976　[Rea1] E.W. Read, *On the Schur multipliers of the finite imprimitive unitary reflexion groups $G(m,p,n)$,* J. London Math. Soc., **(2), 13**(1976), 150-154.

1964 (局所コンパクト可換群上の Symplectic 群のヴェイユ表現)

[Wei2] A. Weil, *Sur certains groupes d'opérateurs unitaires,* Acta Math., **111** (1964), 143-211.　　[題名訳] ユニタリー作用素のある種の群について

この仕事の動機としては，Weil は，多分，アデール群上の代数群などの研究を，目標としてイメージしていたと思われる．ここでは，より一般的に，局所コンパクト可換群上の Heisenberg 群の既約表現を使って，その intertwining operators が与える，symplectic group のスピン表現を調べている．

局所コンパクト可換群が実数体 $\boldsymbol{R}$ の場合では，Symplectic group $Sp(2n, \boldsymbol{R})$ であり，2 重の被覆群を Metaplectic group といい，$Mp(2n, \boldsymbol{R})$ と書く．実は，Weil 表現は底(てい)の群（base group）$Sp(2n, \boldsymbol{R})$ の 2 価の表現であり，それらは $Mp(2n, \boldsymbol{R})$ まで上がれば，線形になることが示される．

1972 [Sait] M. Saito, *Représentations unitaires des groupes symplectiques,* J. Math. Soc. Japan, **24**(1972), 232-251.

群 $Sp(2n, \boldsymbol{R})$ の極大コンパクト部分群は $U(n)$ と同型である．それらの普遍被覆群 $\widetilde{Sp}(n, \boldsymbol{R})$, $\widetilde{U}(n)$ は，そろって無限重の被覆である．そして，$Sp(2n, \boldsymbol{R})$ は，任意の k に対し，k 重の被覆群を持つ．Weil 表現は $Sp(2n, \boldsymbol{R})$ の 2 価の表現で，$Mp(2n, \boldsymbol{R})$ の線形表現である．これを使って既約表現の各種の系列を作っている．

$$\begin{array}{ll} \widetilde{Sp}(2n, \boldsymbol{R}) & \text{普遍被覆群} \\ \quad\downarrow & \\ Mp(2n, \boldsymbol{R}) & 2\ \text{重被覆群} \\ \quad\downarrow & \\ Sp(2n, \boldsymbol{R}) & \text{base group} \end{array}$$

1979 [Yos1] H. Yoshida, *Weil's representations of the symplectic groups over finite fields,* J. Math. Soc. Japan, **31**(1979), 399-426.

有限体 K 上の $Sp(2n, K)$ の Weil 表現は，$Mp(2n, K)$ の線形表現である．

1992 [Yos2] H. Yoshida, *Remarks on metaplectic representations of* $SL(2)$, J. Math. Soc. Japan, **44**(1992), 351-373.

標数 $\neq 2$ の局所体 K に対し，$G = SL(2, K)$ の n 重被覆群 $\widetilde{G}$ を考える．$n = 2$ のときは，$K \neq \boldsymbol{C}$ に対して，G の Weil 表現が $\widetilde{G}$ の線形表現に持ち上げられる．この論文では，任意の $n \geq 3$ に対して，ちょうど n 重被覆群 $\widetilde{G}$ で線形になる G のスピン表現が構成されている．

文献

[AESW] M. Aissen, A. Edrei, I.J. Schoenberg and A. Whitney, On the generating functions of totally positive sequences, Proc. Nat. Acad. Sci. U.S.A., **37**(1951), 303–307.

[Bena] M. Benard, Schur indices and splitting fields of the unitary reflection groups, J. Algebra, **38**(1976), 318–342.

[Bia] P. Biane, Minimal factorization of a cycle and central multiplicative functions on the infinite symmetric groups, J. Combin. Theory, Ser. A, **76**(1996), 197–212.

[BiLe] E. Bishop and K. de Leeuw, The representation of linear functionals by measures on sets of extreme points, Ann. Inst. Fourier, **9**(1959), 305–331.

[BO] A. Borodin and G. Olshanski, Harmonic functions on multiplicative graphs and interpolation polynomials, Electron. J. Combin. **7**(2000), Research Paper **29**, 39 pp.

[BoHi] M. Bożejko and T. Hirai, Gelfand-Raikov representations of Coxeter groups associated with positive definite norm functions, Probability and Math. Statistics, **34**(2014), 161–180.

[Boy] R. Boyer, Chracter theory of infinite wreath products, International J. of Math. and Math. Sci., **2005**(2005), 1365–1379.

[Chev] C. Chevalley, *Theory of Lie groups* I, Princeton University Press, 1946.

[Cho] G. Choquet, Existence et unicité des représentations intégrales au moyen des points extrémaux dans les cônes convexes, Séminaire Bourbaki, Décembre, 1956.

[Clif] A.H. Clifford, Representations induced in an invariant subgroup, Ann. Math., **38**(1937), 533–550.

[DaMo] J.W. Davies and A.O. Morris, The Schur multiplier of the generalized symmetric group, J. London Math. Soc., **(2) 8**(1974), 615–620.

[Dir] P.M.A. Dirac, The quantum theory of electron, Proceedings of the Royal Society London A, **117**(1928), 610–624; and Part II, ibid., **118**(1928), 351–

361.

[Dix1] J. Dixmier, *Von Neumann Algebras*, North-Holland Mathmatical Library **27**, 1981.

[Dix2] —, *les C*-algèbres et leurs représentations*, Gauthier-Villars, Paris, 1964.

[Feke] M. Fekete and G. Polya: Über ein problem von Laguerre, Rend. Circ. Mat. Palermo, **34**(1912), 89–120.

[Fro1] F. Frobenius, Über Gruppencharaktere, Sitzungsberichte der Königlich Preussischen Akademie der Wissenschaften zu Berlin, 985–1021(1896).

[Fro2] —, Über die Primfactoren der Gruppendeterminante, ibid., 1343–1382(1896).

[Fro3] —, Über die Darstellung der endlichen Gruppen durch lineare Substitutionen, ibid., 944–1015(1897).

[Fro4] —, Über die Charaktere der symmetrischen Gruppe, ibid., 516–534(1900).

[Fro5] —, Über die charakteristischen Einheiten der symmetrischen Gruppe, ibid., 328–358(1903).

[FrSc] F. Frobenius und I. Schur, Über die reellen Darstellungen der endlichen Gruppen, Sitzungsberichte der Königlich Preußischen Akademie der Wissenschaften zu Berlin, 186–208(1906).

[Gan] F.R. Gantmacher, *The theory of matrices*, vol. 1, Chelsea Publishing Co., New York, 1959.

[GMSh] I.M. Gelfand, R.A. Minlos and Z.Ya Shpiro, *Representations of the rotation and the Lorentz groups and their applications*, Pergamon Press, 1963.

[GeRa] I.M. Gelfand and D.A. Raikov, Irreducible unitary representations of locally bicompact groups, Amer. Math. Transl., **36**(1964), 1–15 (Original Russian paper in Mat. Sbornik, **13(55)**(1943), 301–315).

[GeZe] I.M. Gelfand and M.L. Zetlin, Finite-dimensional representations of groups of unimodular matrices (in Russian), DAN SSSR, **71**(1950), 825–828.

[Glai] J.W.L. Glaisher, A theorem in partitions, Messenger of Math., **12**(1883), 158–170.

[Gor] D. Gorenstein, *Finite simple groups*, Plenam Publishing, 1982.

[飛田] 飛田 武幸，ブラウン運動，岩波書店，付録.

[Hir1] T. Hirai, Some aspects in the theory of representations of discrete groups, Japan. J. Math., **16**(1990), 197–268.

[Hir2] —, Construction of irreducible unitary representations of the infinite symmetric group $\mathfrak{S}_\infty$, J. Math. Kyoto Univ., **31**(1991), 495–541.

[平井] 平井 武，線形代数と群の表現，I, II 朝倉書店，すうがくぶっくす **20, 21**, 2001.

[平井 1] —，Frobenius による「群の指標と表現」の研究，（その 1）～（その 4），津田塾大学 数学・計算機科学研究所報，（第 15 回～第 18 回）数学史シンポジウム報告集，**26**(2005), pp.222–240； **27**(2006), pp.168–182； **28**(2007), pp.290–318； **29**(2008), pp.168–182. www2.tsuda.ac.jp/suukeiken/math/

[平井 2] —，Schur の表現論の仕事 (射影表現 3 部作)，その I, その II, ibid.，**30**(2009), pp.104–132 ; **31**(2010), pp.74–82.

[平井 3] —，対称群の線形表現の性質，スピン表現の性質に関する Schur の 2 論文について，ibid.，**37**(2016), pp.61–79.

[Hir3] T. Hirai, Centralization of positive definite functions, weak containment of representations and Thoma characters for the infinite symmetric group, J. Math. Kyoto Univ., **44**(2004), 685–713.

[Hir4] —, Classical method of constructing all irreducible representations of semidirect product of a compact group with a finite group, Probability and Math. Statistics, **33**(2013), 353–362.

[HH1] T. Hirai and E. Hirai, Characters for the infinite Weyl groups of type $\mathrm{B}_\infty/\mathrm{C}_\infty$ and D_∞, and for analogous groups, in '*Non-Commutativity, Infinite-Dimensionality and Probability at the Crossroad*', pp.296–317, World Scientific, 2002.

[HH2] — and —, Character formula for wreath products of finite groups with the infinite symmetric group, in '*the Proceedings of Japanese-German Seminar on Infinite-Dimensional Harmanic Analysis III*, pp.119–139, World Scientific, 2005.

[HH3] — and —, Characters of wreath products of finite groups with the infinite symmetric group, J. Math. Kyoto Univ., **45**(2005), 547–597.

[HH4] — and —, Character formula for wreath products of compact groups with the infinite symmetric group, in *Quntum Probability: the Proceedings of 25th QP Conference Quantum Probability and Related Topics 2004 in Będlewo*, Banach Center Publications, Institute of Mathematics, Polish Academy of Sciences, **73**(2006), 207–221.

[HH5] — and —, Positive definite class functions on a topological group and characters of factor representations, J. Math. Kyoto Univ., **45**(2005), 355–379.

[HH6] — and —, Characters of wreath products of compact groups with the infinite symmetric group and characters of their canonical subgroups, J. Math. Kyoto Univ., **47**(2007), 269–320.

[HHH1] T. Hirai, E. Hirai and A. Hora,, Realization of factor representations of finite type with emphasis on their characters for wreath products of compact groups with the inifinite symmetric group, J. Math. Kyoto Univ., **46**(2006), 75–106.

[HHH2] —, — and —, Towards projective representations and spin characters of finite and infinite complex reflection groups, *Proceedings of the fourth German-Japanese Symposium, Infinite Dimensional Harmonic Analysis, IV*, World Scientific, 2009, pp.112–128.

[HHH3] —, — and —, Limits of characters of wreath products $\mathfrak{S}_n(T)$ of a compact group T with the symmetric groups and characters of $\mathfrak{S}_\infty(T)$, I, Nagoya Math. J., **193**(2009), 1–93.

[HHH4] —, — and —, Projective representations and spin characters of complex reflection groups $G(m,p,n)$ and $G(m,p,\infty)$, I, in MSJ Memoirs, Vol. 29, Math. Soc. Japan, 2013, pp.49–122.

[HHo1] T. Hirai and A. Hora, Spin representations of twisted central products of double covering finite groups and the case of permutation groups, J. Math. Soc. Japan, **66**(2014), 1191–1226.

[HHo2] — and —, Projective representations and spin characters of complex reflection groups $G(m,p,n)$ and $G(m,p,\infty)$, III, arXiv: 1804.06063 [math.RT] (put also in ResearchGate).

[HHoH1] T. Hirai, A. Hora and E. Hirai, Introductory expositions on projective representations of groups, in MSJ Memoirs, Vol. 29, Math. Soc. Japan, 2013, pp.1–47.

[HHoH2] —, — and —, Projective representations and spin characters of complex reflection groups $G(m,p,n)$ and $G(m,p,\infty)$, II, Case of generalized symmetric groups, ibid., pp.123–272.

[HSTH] T. Hirai, H. Shimomura, N. Tatsuuma and E. Hirai, Inductive limits of topologies, their direct products, and problems related to algebraic structures, J. Math. Kyoto Univ., **41**(2001), 475–505.

[平井山下] 平井 武，山下 博 共著，表現論入門セミナー — 具体例から最先端にむかって —, 第 2 版，遊星社，2007.

[HoHu] P. Hoffman and J. Humphreys, *Projective representations of the symmetric group, Q-functions and shifted tableaux*, Oxford Mathematical Monographs, Clarendon Press, Oxford, 1992.

[Hor] A. Hora, Representations of symmetric groups and theory of asymptotic combinatorics (in Japanese), 'Sugaku', **57**(2005), 242–254, Math. Soc. of Japan.

[洞] 洞 彰人，対称群の表現とヤング図形集団の解析学 —— 漸近的表現論への序説，数学書房，2017.

[HoHH] A. Hora, T. Hirai and E. Hirai, Limits of characters of wreath products $\mathfrak{S}_n(T)$ of a compact group T with the symmetric groups and characters of $\mathfrak{S}_\infty(T)$, II, From a view point of probability theory, J. Math. Soc. Japan, **60**(2008), 1187–1217.

[HoH] A. Hora and T. Hirai, Harmonic functions on branching graph associated with the infinite wreath product of a compact group, Kyoto J. Math., **54**(2014), 775–817.

[HoOb] A. Hora and N. Obata, *Quantum Probability and Spectral Analysis of Graphs*, Theoretical and Mathematical Physics, Springer, 2007.

[Hum] J. Humphreys, *Reflection groups and Coxeter groups*, Cambridge University Press, 1997.

[IhYo] S. Ihara and T. Yokonuma, On the second cohomology groups (Schur multipliers) of finite reflexion groups, J. Fac. Sci. Univ. Tokyo, Ser. 1, **IX**(1965), 155–171.

[伊藤]　伊藤 清，確率論，岩波基礎数学講座選書，§5.5.

[岩堀]　岩堀長慶，線型代数，岩波講座基礎数学 2，1987.

[IwMa]　N. Iwahori and H. Matsumoto, Several remarks on projective representations of finite groups, J. Fac. Sci. Univ. Tokyo, Sect.I, **10**(1964), 129–146.

[Joz]　T. Józefiak, Characters of projective representations of symmetric groups, Exposition. Math., **7**(1989), 193–247.

[KaRi]　Kadison and Ringrose, Fundamentals of the theory of operator algebras, Volume II: Advanced theory, AMS.

[Kar]　G. Karpilovski, *The Schur multiplier*, London Math. Soc. Monographs, New Series, vol.**2**, Oxford Science Publications, Clarendon Press, Oxford, 1987.

[Ker]　S.V. Kerov, *Asymptotic Representation Theory of the Symmetric Group and its Applications in Analysis*, Transl. Math. Monogr., AMS, Vol. **219**, 2003.

[KeOl]　S.V. Kerov and G.I. Olshanski, Polynomial functions on the set of Young diagrams, C. R. Acad. Sci. Paris, Ser. I, Math., **319**(1994), 121–126.

[Kle]　A. Kleshchev, *Linear and projective representations of symmetric groups*, Cambridge Univ. Press, Cambridge, 2005.

[KOO]　S. Kerov, A. Okounkov and G. Olshanski, The boundary of the Young graph with Jack edge multiplicities, Internat. Math. Rev. Notices, **1998**(1998), 173–199.

[Macd]　I.G. Macdonald, *Symmetric functions and Hall polynomials*, Second ed., Clarendon Press, Oxford.

[Mac1]　G.W. Mackey, Induced representations of locally compact groups I, Ann. Math., **55**(1952), 101–139.

[Mac2]　—, Unitary representations of group extensions, I, Acta Math., **99**(1958), 265–311.

[Mor1]　A.O. Morris, The spin representation of the symmetric group, J. London Math. Soc. (3)**12**(1962), 55–76.

[Mor2]　—, A survey on Hall-Littlewood functions and their applications, in *Combinatoire et Représentaion du Groupe Symétrique*, Springer LN in Math., **579**(1976), 136–154.

[Mur]　F.D. Murnaghan, *The theory of group representations*, Dover Publications,

Mineola, N.Y., 1963.

[Naz1] M. Nazarov, Young's orthogonal form of irreducible projective representations of the symmetric group, J. London Math. Soc., **(2) 42**(1990), 437–451.

[Naz2] —, Projective representations of the infinite symmetric group, Advances Soviet Math., **9**(1992), 115–130.

[岡田] 岡田 聡一，古典群の表現論と組み合わせ論上，培風館，2006.

[Oko] A.Yu. Okounkov, Thoma's theorem and representations of the infinite bisymmetric group, Funkt. Analiz i ego Prilozheniya, **28**(1994), 31–40 (English translation: Funct. Anal. Appl., **28**(1994), 100–107).

[OkOl] A. Okounkov and G. Olshanski, Asymptotics of Jack polynomials as the number of variables goes to infinity, Internation. Math. Research Notices (13)(1998), 641–682.

[Ols] G. Olshanski, The problem of harmonic analysis on the infinite-dimensional unitary group, J. Func. Anal., **205**(2003), 464–524

[Osi] M. Osima, On the representations of the generalized symmetric groups, Math. J. Okayama Univ., **4**(1954), 39–56.

[Pau] W. Pauli, Zur Quantenmechanik des magnetischen Elektrons, Zeitschrift für Physik, **43**(1927), 601–623.

[PeWe] F. Peter und H. Weyl, Die vollstšandichkeit der primitiven Darstellungen einer geschlossenene kontinuerlichen Gruppe, Math. Annalen, **97** (1927), 737–755.

[Rea] E.W. Read, On the Schur multipliers of the finite imprimitive unitary reflexion groups $G(m,p,n)$, J. London Math. Soc., **(2), 13**(1976), 150–154.

[Saw] S.A. Sawyer, Martin boundaries and random walks, Contemporary Mathematics, **206**(1997), 17–44.

[Scho] I.J. Schoenberg, Zur Abzählung der reellen Wurzeln algebraischer Gleichungen, Math. Zeit. **38**(1934), 546–564.

[Sch1] J. Schur (= I. Schur), Über die Darstellung der endlichen Gruppen durch gebrochene lineare Substitutionen, J. für die reine und angewante Mathematik, **127**(1904), 20–50.

[Sch2] —, Untersuchungen über die Darstellung der endlichen Gruppen durch gebrochene lineare Substitutionen, ibid., **132**(1907), 85–137.

[Sch3] I. Schur, Über die Darstellung der symmetrischen Gruppe durch lineare homogene Substitutionen, Sitzungsberichte der Königlich Preussischen Akademie der Wissenschaften 1908, Physikalisch-Mathematische Klasse, 664–678.

[Sch4] J. Schur, Über die Darstellung der symmetrischen und der alternierenden Gruppen durch gebrochene lineare Substitutionen, J. für die reine und angewante Mathematik, **139**(1911), 155–255.

[Sch5] —, Über die reellen Kollineationsgruppen, die der symmetrischen oder der alternierenden Gruppe isomorph sind, ibid., **158**(1927), 63–79.

[ShTo] G.C. Shephard and J.A. Todd, Finite unitary reflection groups, Canad. J. Math., **6**(1954), 274–304.

[Tak] M. Takesaki, *Theory of Operator Algebras, I*, Springer-Verlag, 2002.

[TSH] N. Tatsuuma, H. Shimomura and T. Hirai, On group topologies and unitary representations of inductive limits of topological groups and the case of the group of diffeomorphisms, J. Math. Kyoto Univ., **38**(1998), 551–578.

[Tho1] E. Thoma, Über unitäre Darstellungen abzählbarer, diskreter Gruppen, Math. Ann., **153**(1964), 111–138.

[Tho2] —, Die unzerlegbaren positiv-definiten Klassenfunktionen der abzählbar unendlichen, symmetrischen Gruppe, Math. Z., **85**(1964), 40–61.

[VK1] A. Vershik and S. Kerov, Asymptotic theory of characters of the symmetric group, Funkts. Anal. i Prilozhen., **15**(1981), 15–27; English transl., Funct. Anal. Appl., **15**(1982), 246–255.

[VK2] — and —, Characters and realizations of representations of an infinite-dimensional Hecke algebra, and knot invariants, Dokl. Acad. Nauk SSSR, **301**(1988), 777–780; English transl., Soviet Math. Dokl., **15**(1989), 134–137.

[Voic] D. Voiculescu, Représentations factorielles de type II_1 de $U(\infty)$, J. Math. pure et appl., **55**(1976), 1–20.

[Weil] A. Weil, *L'intégration dans les groupes topologiques et ses applications*, Hermann, Paris, 1er éd. 1940, 2e éd. 1965. (和訳： 齋藤正彦訳, 位相群上の積分とその応用, ちくま学芸文庫, 2015)

[Wey1] H. Weyl, *Classical Groups, Their Invariants and Representations*, Princeton University Press, 1939.

[山田] 山田裕史, 組み合わせ論プロムナード, 2009, 日本評論社.

[Yam] K. Yamazaki, On projective representations and ring extensions of finite groups, J. Fac. Sci. Univ. Tokyo, Sect.I, **10**(1964), 147–195.

[Youn] A. Young, Quantitative substitutional analysis IV, V, Proc. London Math. Soc., **31**(1930), 253–272, 273–288.

◆ 「群のスピン表現 (射影表現) の歴史概観」文献

•• 付 録 用： 日 本 語 文 献 ：

[平井 4] 平井 武, 群の表現論草創期における T. Molien の仕事と Frobenius, 津田塾大学 数学・計算機科学研究所報, 第 21 回数学史シンポジウム, **32**(2011), pp.49–67.
http://www2.tsuda.ac.jp/suukeiken/math/suugakushi/

[平井 5] —, (Benjamin) Olinde Rodrigues (1795-1851) の業績について — とくに「空間の運動の記述」に関して —, ibid., **33**(2012), pp.59–79.

[平井 6] —, 数学者から数学者へ/シューア,『数学セミナー』2009 年 2 月号, pp.6–7.

[平井 7] —, 群の作用と群の表現,『数学セミナー』2012 年 9 月号, pp.18–22.

[平井] —, シューア小伝,『数学セミナー』, 2016 年 3 月号, pp.36–41.

•• 付 録 用： 欧 文 文 献 （本文引用文献に無いものの一部）

[Alt] S.L. Altmann, *Hamilton, Rodrigues, and the quaternion scandal, What went wrong with one of the major mathematical discoveries of the nineteenth century*, Mathematics Magazine, **62**(1989), 291–308.

[AlOr] S. Altmann and E. Ortiz edit., *The Rehabilitation of Olinde Rodrigues, Mathematics and Social Utopias in France: Olinde Rodrigues and His Times*, American Mathematical Society (Providence, RI) and London Mathematical Society, 2005, 168 pages. Contributors: Simon Altmann, Richard Askey, Paola Ferruta, Ivor Grattan-Guinness, Jeremy Gray, Eduardo L. Ortiz, Barrie M. Ratcliffe, David Siminovitch, and Ulrich Tamm.

[Bar] V. Bargmann, Irreducible unitary representations of the Lorentz group, Ann. Math., **48**(1947), 568–640.

[Bur1] W. Burnside, On the continuous group that is defined by any given group of finite order, I, Proc. London Math. Soc., Vol.**XXIX**(1898), 207–224.

[Bur2] —, On the continuous group that is defined by any given group of finite order, II, Proc. London Math. Soc., Vol.**XXIX**(1898), 546–565.

[Car1] É. Cartan, Les groupes projectifs qui ne laissent invariante aucune multiplicité plane, Bull. Soc. Math. France, **41**(1913), 53–96.

[Car2] —, *Leçons sur la théorie des spineurs* I, 1938, Hermann, Paris.

[CC] S.-S. Chern and C. Chevalley, *É. Cartan and his mathematical work,* Bull. Amer. Math. Soc., **58**(1952), 217–250. (解説)

[GeNa] I.M. Gelfand and M.I. Naimark, Unitary representations of Lorentz group (in Russian), Izvestia Akad. Nauk SSSR, **11**(1947), 411–504 [English Translation in Collected Works of Gelfand, Vol. 2, pp.41–123].

[Ham] W.R. Hamilton, On a new species of imaginary quantities connected with the theory of quaternions, Proc. Royal Irish Acad., **2**(1843), 424–434.

[HC] Harish-Chandra, Infinite irreducible representations of the Lorentz group, Proceedings of the Royal Society London A, **189**(1947), 327–401.

[Mol1] T. Molien, Ueber Systeme höherer complexer Zahlen, Math. Ann., **41**(1892), 83–156.

[Sch6] I. Schur, Neue Begründung der Theorie der Gruppencharaktere, Sitzungsberichte der Königlich Preussischen Akademie der Wissenschaften 1905, Physikalisch-Mathematische Klasse, 406–432.

索 引

記 号 索 引

第 1 章の記号：

$\mathbf{1}_G$ 自明表現 19
1_X 定数関数 19
$\boldsymbol{\alpha} = [\alpha_1, \alpha_2, \alpha_3, \cdots]$ 19
$\mathcal{A}_n = \{\boldsymbol{\alpha}\,;\, \sum_{i \geqslant 1} i\alpha_i = n\}$ 37
χ_π π の指標 8
$D_{\boldsymbol{\lambda}}$ $(\boldsymbol{\lambda} \in P_n)$ Young 図形 45
$[G]$ G の共役類全体 9
$[g]$ $g \in G$ の共役類 9
$\widehat{G}$ G の双対 6
$GL(d, K)$ 3
$GL(V)$ 3
$\boldsymbol{I}_n = \{1, 2, \cdots, n\}$ 4
$\mathrm{Ind}_H^G \rho$ 誘導表現 13
$L^2(G) = L^2(G, \mu_G)$ 5
$L^2(S; V, \mu_S)$ 14
μ_G Haar 測度 4
$[\pi]$ 同値類 6
$\pi_{\boldsymbol{\lambda}}$ $(\boldsymbol{\lambda} \in P_n)$ 44
$\pi_1 \boxtimes \pi_2$ 外部テンソル積 11
$P_n,\ P_{n,m}$ 35
$\mathcal{P}_n,\ \mathcal{P}_{n,m}$ 35
$\mathcal{R}, \mathcal{L}$ 右 (左) 正則表現 5
$\mathrm{Res}_H^G \pi$ 制限 29
$\mathfrak{S}_{\boldsymbol{\mu}}$ Frobenius-Young 部分群 35
$\mathfrak{S}_n$ n 次対称群 34
$\mathcal{SP}_n,\ \mathcal{SP}_{n,m}$ 35
$SP_n,\ SP_{n,m}$ 35
$V(\pi)$ 表現空間 3
$\mathbf{Y}_n, \boldsymbol{Y}_n^{\mathfrak{A}}$ 49
$z_{\boldsymbol{\alpha}}$ 20

第 2 章の記号：

ε, a, b, c 68, 240
$D_n(\boldsymbol{Z}_m),\ \widetilde{D}_n(\boldsymbol{Z}_m)$ 66
$\eta_j\,;\, j \in \boldsymbol{I}_n$ 64
$\Gamma_n,\ \Gamma_n^0$ 68
$G(m, 1, n),\ G(m, p, n)$ 66
$\widehat{G'}^{\mathrm{spin}}$ 57
$H^2(G, \boldsymbol{C}^\times)$ 54
$L(\sigma), L(\sigma'), \mathrm{sgn}(\sigma), \mathrm{sgn}(\sigma')$ 63
$m^0 = m/2$ 71, 101
$\mathfrak{M}(G)$ Schur 乗法因子群 54
$\mathcal{M}(N, \boldsymbol{C})$ 74
$\nabla^{(\alpha)}(r_i),\ \alpha = 1, 2, 3$ 75
$\Omega^{\mathrm{spin}}(\widetilde{D}_n(\boldsymbol{Z}_m))$ 72
$OP_\infty = \bigcup_{n \geqslant 1} OP_n$ 446
OP_n, SP_n, P_n^+, P_n^- 78
P_γ $(\gamma \in \Gamma_n)$ 69
$R(G)$ G の表現群 60
$\{\sigma_{\boldsymbol{\nu}}; \boldsymbol{\nu} \in P_n\}$ 77
$\Sigma_n^{\mathrm{OP}}, \Sigma_n^{\mathrm{SP}-}, \Sigma_n^0$ 79
$\{\sigma'_{\boldsymbol{\nu}}\,;\, \boldsymbol{\nu} \in P_n\}$ 77
$\{\sigma'_{\boldsymbol{\nu}}\,;\, \boldsymbol{\nu} \in P_n\}$ 443
$\widetilde{\mathfrak{S}}_n$ $\mathfrak{S}_n$ の表現群の 1 つ 61
$s(\boldsymbol{\nu})$ 77
$\mathfrak{S}_n(\boldsymbol{Z}_m)$ 66
$SO(n)$, $\mathrm{Spin}(n)$ 81
$\tau_p \gamma$ $(p \in \boldsymbol{I}_n,\ \gamma \in \Gamma_n)$ 71
$y_j\,;\, j \in \boldsymbol{I}_n$ 63

あ 行

か 行

事 項 索 引

欧 文

$\tau_{\boldsymbol{\lambda},\gamma}$ スピン既約表現　242
$\tau_{\boldsymbol{\lambda},\gamma}(t_k)$ $(k \in \boldsymbol{I}_{n-1})$　242
$\tau_{(n),\gamma}$　247
$U_{\boldsymbol{\lambda},k}$　242
$\{u_\Lambda\,;\,\Lambda \in \mathscr{S}_{\boldsymbol{\lambda}}\}$　240
$V_{\boldsymbol{\lambda},\gamma} = W_{\boldsymbol{\lambda},\gamma} \otimes U_{\boldsymbol{\lambda}}$　241
$W_{\boldsymbol{\lambda},\gamma}$ (Y_j^γ が働く)　241
$W_{\boldsymbol{\lambda},\gamma} \otimes U_{\Lambda,k} \subset V_{\boldsymbol{\lambda},\gamma}$　242
Y_j^γ　241
$\{z_1,\ r_j\ (j \in \boldsymbol{I}_{n-1})\}$　237
$\{z_1,\ t_k\ (k \in \boldsymbol{I}_{n-1})\}$　238

第 9 章の記号：

$\mathrm{Aut}_G(N)$　302
$D_n^\wedge(\boldsymbol{Z}_m) = \langle z_2, \widehat{\eta}_j(j \in \boldsymbol{I}_n)\rangle$　295
$E(G),\ E(N,G)$　302
$\widehat{\eta}_j$ $(j \in \boldsymbol{I}_n)$　295
$G(m,p,\infty)$　292
$G(m,p,n) = \mathfrak{S}_n(\boldsymbol{Z}_m)^{S(p)}$　289
$\iota(g),\ \iota(g)|_N$　302
$K(G),\ K_1(G),\ K(N,G),\ K_1(N,G)$　302
$R(G(m,1,n))$　294
$R(G(m,p,n))$　297
$\mathfrak{S}_n(T)$　289
$\widehat{w}_j$ $(j \geq 1)$　299

第 10 章の記号：

$K_j = \mathrm{supp}(\sigma_j)$　309
$\ell_j = \ell(\sigma_j) = |\mathrm{supp}(\sigma_j)|$　309
$\Omega_n,\ \Omega_\infty$　313
$\mathcal{O}(\mathrm{Y}), \mathrm{Y} = \mathrm{odd, I, II}, \cdots$　323
$P(d_j) = \prod_{i \in K_j} t_i,\ d_j = (t_i)_{i \in K_j}$　309

第 11 章の記号：

$d(\boldsymbol{\lambda}) = n - l(\boldsymbol{\lambda})$　341
$\widetilde{D}_n^\vee = \widetilde{D}_n \times Z_3$　350
$\varepsilon(\boldsymbol{\lambda})$　341
$\mathit{\Gamma}_n^1 \subset \mathit{\Gamma}_n$　351
$\mathcal{I}_n = (I_{n,\zeta})_{\zeta \in \widehat{T}}$　337
$\breve{\mathit{\Pi}}_{\Lambda^n}$　$G(m,1,n)$ の線形既約表現　338
$\pi_{\Lambda^n} = \boxtimes_{\zeta \in \widehat{T}} \pi_{\boldsymbol{\lambda}^\zeta}$　338
$P_n(\mathcal{K})$ $(\mathcal{K} = \widehat{T}, \widehat{T}^0)$　337
$\sigma'_K,\ \sigma_K$　359, 460
$\widetilde{\mathfrak{S}}_{I_{n,\zeta}} = \Phi_{\mathfrak{S}}^{-1}(\mathfrak{S}_{I_{n,\zeta}})$　344
$\mathfrak{S}_{\boldsymbol{\nu}} = \prod_{\zeta \in \widehat{T}} \mathfrak{S}_{n_\zeta}$　337
$\widehat{T}^0 = \{\zeta^{(a)}\,;\, 0 \leq a < m^0 = m/2\}$　337
τ_{Λ^n}　342
$\mathbf{Y}_n(\mathcal{K})$ $(\mathcal{K} = \widehat{T},\ \widehat{T}^0)$　338
$\mathbf{Y}_n^{\mathrm{sh}},\ \boldsymbol{Y}^{\mathrm{sh}}$　340
$\mathbf{Y}_n,\ \boldsymbol{Y}$　338
$\mathbf{Y}_n^{\mathrm{sh}}(\boldsymbol{\nu})$　341
ζ_γ $(\gamma \in \mathit{\Gamma}_n)$　D_n の 1 次元指標　351

第 12 章の記号：

$E(N,G),\ K_1(N,G)$　395
π_f　Gelfand-Raikov 表現　388
$\mathrm{Res}_N^G : E(G) \to E(N,G)$　396
τ_{ind}　帰納極限位相　402
$v_f = \delta_e^f$　388

第 13 章の記号：

$d(\alpha,\beta)$　重複度関数　410
$\boldsymbol{E}(X),\ \boldsymbol{E}[X|\mathfrak{C}]$　414
f_ω $(\omega \in \partial S_M)$ 極限関数　421
$G_p(x,y)$　Green 関数　416
$\kappa(\alpha,\beta)$　重複度　407
$K_p(x,y)$　Martin 核　417
$\partial_m S_M$　Martin 極小境界　420
∂S_M　Martin 境界　418

$Y_j\ (j \in \boldsymbol{I}_{2k+1})$　68
$\zeta_\gamma\ (\gamma \in \Gamma_n)$　69

第 3 章の記号：

$\gamma(\boldsymbol{\mu}) = (\gamma_j)_{j \in \boldsymbol{I}_n}$　101
$\pi^0 \boxdot \pi^1$　（内部）テンソル積　91
$\Pi(\pi^0, \pi^1) = \mathrm{Ind}_H^G(\pi^0 \boxdot \pi^1)$　91
$S([\rho])$ 固定化部分群　91
$\mathfrak{S}_{\boldsymbol{\mu}}$　101
$\boldsymbol{Y}_n, \boldsymbol{Y}$　Young 図形の集合　99
$\boldsymbol{Y}_n(\widehat{T})$　99

第 4 章の記号：

δ_π　π の副指標　114
$\mathscr{G}, \mathscr{G}'$　圏　108
$\mho(S'), \mho^{\mathrm{even}}(S'), \mho^{\mathrm{odd}}(S')$　134
$\Omega(S'), \Omega^{\mathrm{sa}}(S'), \Omega^{\mathrm{nsa}}(S')$　133
$\pi_1 \widehat{*} \cdots \widehat{*} \pi_m$　表現の歪中心積　120
$S_1' \widehat{*} S_2' \widehat{*} \cdots \widehat{*} S_m'$　群の歪中心積　110
$\overset{\mathrm{ass}}{\sim}, [\pi]_{\mathrm{ass}}$　同伴同値　116
$\widetilde{\mathfrak{S}}_{\boldsymbol{\mu}}, \mathfrak{S}_{\boldsymbol{\mu}}$　111

第 5 章の記号：

Δ_n'　Schur の主表現　149
$\widehat{\boldsymbol{\mu}}$　162

第 6 章の記号：

$\boldsymbol{\alpha} = [\alpha_1, \alpha_3, \alpha_5, \cdots]$　186
$\widetilde{D}_{\boldsymbol{\nu}}^+, \widetilde{D}_{\boldsymbol{\nu}}^- = z_1 \widetilde{D}_{\boldsymbol{\nu}}^+$　186
$d(\boldsymbol{\alpha}), l(\boldsymbol{\alpha})$　186
$\varepsilon(\boldsymbol{\mu})$　186
$F_{\boldsymbol{\lambda}}\ (\boldsymbol{\lambda} \in SP_n)$ シフトヤング図形　179
$I(\widetilde{\mathfrak{A}}_n; \widetilde{\mathfrak{S}}_n)$　183
$m_{\boldsymbol{\nu}}(x)\ (\boldsymbol{\nu} \in P_n)$　206
$\boldsymbol{\nu}_{\boldsymbol{\alpha}}, \boldsymbol{\alpha} = [\alpha_1, \alpha_3, \alpha_5, \cdots]$　186
$\varphi_{\boldsymbol{\alpha}}$　186
$\widetilde{\Pi}_{\boldsymbol{\lambda}} = \mathrm{Ind}_{\widetilde{\mathfrak{S}}_{\boldsymbol{\lambda}}}^{\widetilde{\mathfrak{S}}_n} \Delta_{\boldsymbol{\lambda}}'$　180
$p_k, p_{\boldsymbol{\alpha}}\ (\boldsymbol{\alpha} \in OP_n)$　193
$\psi_\pi = \chi_\pi|_{\widetilde{\mathfrak{A}}_n}$　181
$q_k(x)$　193
$q_{\boldsymbol{\mu}}\ (\boldsymbol{\mu} \in P_n)$　195
$\mathscr{Q}_n = \{q_{\boldsymbol{\mu}}\,;\, \boldsymbol{\mu} \in P_n\}, \mathscr{Q}_{n,K}$　195
$Q_{\boldsymbol{\nu}} \in \mathscr{Q}_{n,\boldsymbol{Z}}\ (\boldsymbol{\nu} \in \mathcal{P}_n)$　200
$\widetilde{R}_n^-, \widetilde{R}^-, \widetilde{R}_K^-$　181
$R^{\mathrm{ass}} = \bigsqcup_{n \geqslant 1} R_n^{\mathrm{ass}}$　183
$\mathscr{S}\mathscr{P}_n = \{\chi_{\widetilde{\Pi}_{\boldsymbol{\lambda}}}\,;\, \boldsymbol{\lambda} \in SP_n\}$　189
$\xi^{\boldsymbol{\lambda}} = \chi_{\tau_{\boldsymbol{\lambda}}}|_{\widetilde{\mathfrak{A}}_n}\ (\boldsymbol{\lambda} \in SP_n^-)$　189
$\boldsymbol{Y}^{\mathrm{sh}} = \bigsqcup_{n \geqslant 1} \boldsymbol{Y}_n^{\mathrm{sh}}$　180
$\zeta^{\boldsymbol{\lambda}}$　184
$\zeta^{(n)}, \zeta_{\boldsymbol{\alpha}}^{(n)}$　186

第 7 章の記号：

$g_{\boldsymbol{\lambda}}\ (\boldsymbol{\lambda} \in SP_n)$　217
$P(\boldsymbol{\lambda})$　217
$\tau_{\boldsymbol{\lambda}}\ (\boldsymbol{\lambda} \in SP_n)$ スピン既約表現　217

第 8 章の記号：

$A_{\Lambda,k}, B_{\Lambda,k}, C_{\Lambda,k}$　243
$\mathcal{C}_{n(\boldsymbol{\lambda})}$　241
$E_{\Lambda',\Lambda''}$　244
$F_{\boldsymbol{\lambda}}$　シフトヤング図形　238
$g(\Lambda, a), h(\Lambda, a)$　239
$(\boldsymbol{\lambda}, \gamma), \boldsymbol{\lambda} \in SP_n, \gamma = \pm 1$　240
$\Lambda = (\Lambda(i,j))$　239
$\boldsymbol{\lambda} = (\lambda_j)_{1 \leqslant j \leqslant l} \in P_n$　238
$l(\boldsymbol{\lambda}), d(\boldsymbol{\lambda}), \varepsilon(\boldsymbol{\lambda})$　238
$m(\boldsymbol{\lambda}), n(\boldsymbol{\lambda})$　238
$\phi(p,q), \rho(p,q)$　242
$\Phi_{\mathfrak{S}} : \widetilde{\mathfrak{S}}_n \to \mathfrak{S}_n$　238
$\mathscr{S}_{\boldsymbol{\lambda}}$　239
$\mathscr{S}_{\boldsymbol{\lambda}}/s_k$　242
$\widetilde{\mathfrak{S}}_n$　$\mathfrak{S}_n$ の表現群　237

た 行

は 行

平井　武

ひらい・たけし

略 歴

1955年　徳島県立池田高校卒業

1959年　京都大学理学部卒業

1963年　京都大学理学研究科博士課程中途退学

1963年　京都大学理学部助手

　　　　そののち，講師，助教授，教授を経て定年退職

現　在　京都大学名誉教授

著　書　線形代数と群の表現I, II，すうがくぶっくす **20, 21**（朝倉書店）

　　　　表現論入門セミナー——具体例から最先端にむかって——（共著，遊星社）

　　　　Projective representations and spin characters of complex reflection groups $G(m,p,n)$ and $G(m,p,\infty)$, MSJ Memoirs, **29**（共著，日本数学会）

謝辞.　先ず，『数学の杜』編集委員の関口次郎氏，西山享氏，山下博氏のお三方に，執筆者の一人として加えて頂きましたことにつき厚く御礼を申し上げます．とくに西山氏からは強くお勧め頂きました．つぎに，原稿の作成に関して，第1章「群の線形表現の基礎」では，山中聡恵，釣井達也，三上いつみ諸氏に拙宅の小さなセミナー室で2012年に4ヶ月約10回の講義を聴いて頂きましたが，そのときのノートや準備が大変役立ちました．また，第I部の執筆途中では，私からの質問に直ぐにお答え頂いた小林孝，西山，山下諸氏にも御礼申し上げます．内藤聡氏には，対称群のスピン表現に関する分岐律に対する質問に対して丁寧にお答え頂きましたが，そのお答えの一部をお許しを得てそのまま拝借しております．第II部の原稿作成に関して，共同研究者の洞彰人氏からの貢献は共著論文の利用を込めて多大なものがあります．とくに，第13章の分岐グラフの理論，乱歩の理論については，洞氏からの寄与がそのまま生かされております．付録Aの原稿の一部には，河上哲氏に依頼されて奈良教育大学で行った大学院集中講義の際の原稿が生かされております．藤原英徳氏には原稿の第1稿を通読して頂き，貴重なる沢山のご注意を頂きました．西山氏には原稿の大部分を見て頂き，第13章は洞氏にも見て頂きましたが，いずれにせよ，間違いがあれば著者の責任であります．さらに，本書の主題であります「群のスピン表現」に私が関心を持って研究を始めて以来，つねに興味を持って頂き，Będlewo でのWorkshopや Wrocław University でのセミナーで講演させて頂きましたが，ポーランドの M. Bożejko, W. Młotkowski, J. Wysochanski, P. Śniady 諸教授にも，またお世話になった川中宣明氏にもお礼を申し上げる．さらに大きく見て，故杉浦光夫先生には，各年1回ずつの津田塾大学数学史シンポジウムにお誘い頂きまして，長岡一昭氏のお世話により，Frobenius, Schur, Molien, Rodrigues, Hamilton, Morris, A.H. Clifford 等の論文の紹介をさせて頂きました．これら先人の業績に接近するよき機会を頂きましたこと，日本数学会で「表現論の研究」を長らく引っ張って来られました杉浦先生のお蔭を受けまして不肖なる後輩ではありますが，厚く御礼申し上げます．なお，数学書房の横山伸氏（ならびに編集委員）には，本書の出版に関しまして有り難きご配慮を賜りました．おわりに，わが妻に，その寛き心に，深甚の感謝の意を表します．

数学の杜 5
群のスピン表現入門
—— 初歩から対称群のスピン表現（射影表現）を越えて

2018年 5 月 30 日　第1版第1刷発行

著者　平井 武
発行者　横山 伸
発行　有限会社　数学書房
〒101-0051　東京都千代田区神田神保町1-32-2
TEL　03-5281-1777
FAX　03-5281-1778
mathmath@sugakushobo.co.jp
振替口座　00100-0-372475

印刷
製本　精文堂印刷 (株)
組版　アベリー
装幀　岩崎寿文

ISBN 978-4-903342-55-9

数学の杜　関口次郎・西山 享・山下 博 編集

1. 藤原英徳◆著　**指数型可解リー群のユニタリ表現**
——軌道の方法——

2. 髙瀬幸一◆著　**保型形式とユニタリ表現**

3. 太田琢也・西山 享◆著　**代数群と軌道**

4. 洞 彰人◆著　**対称群の表現とヤング図形集団の解析学**
——漸近的表現論序説——

5. 平井 武◆著　**群のスピン表現入門**
——初歩から対称群のスピン表現(射影表現)を越えて——

以下続巻

有木 進◆著　**有限体上の一般線形群の非等標数モジュラー表現論**

金行壮二◆著　**等質空間の幾何学**

今野拓也◆著　**p進簡約群の表現論入門**

関口次郎◆著　**冪零行列の幾何学**

阿部拓郎・吉永正彦◆著　**超平面配置の数学**

松木敏彦◆著　**コンパクトリー群と対称空間**

松本久義◆著　**ルート系とワイル群**
——半単純Lie代数の表現論入門——